BROCKHAUS NATURWISSENSCHAFTEN UND TECHNIK

BROCKHAUS

NATURWISSENSCHAFTEN UND TECHNIK

ERSTER BAND

A – EK

F. A. BROCKHAUS · WIESBADEN

In diesem Buch werden, wie in allgemeinen Nachschlagewerken üblich, etwa bestehende Patente, Gebrauchsmuster oder Warenzeichen nicht erwähnt. Wenn ein solcher Hinweis fehlt, heißt das also nicht, daß eine Ware oder ein Warenname frei ist.

CIP-Kurztitelaufnahme der Deutschen Bibliothek

Brockhaus, Naturwissenschaften und Technik. –
Wiesbaden: Brockhaus – ISBN 3-7653-0357-7
NE: Naturwissenschaften und Technik
Bd. 1. A–Ek. – 1983

Printed in Germany –
Einband nach Entwurf von Schlotfeldt Market Design, Peter Plasberg, Hamburg –
Satz: Satzzentrum Oldenburg GmbH, Oldenburg – Druck und Bindung: Mohndruck Graphische Betriebe GmbH, Gütersloh

A

a, 1) Einheitenzeichen für →Ar 2) und →Jahr.

2) *a,* Formelzeichen für Beschleunigung.

3) Vorsatzzeichen für →Atto.

A, 1) Einheitenzeichen für →Ampere.

2) *A,* Formelzeichen für Aktivität einer radioaktiven Substanz, für Arbeit, für Fläche, für Nukleonenzahl.

Å, Einheitenzeichen für →Ångström.

ᵃ, Einheitenzeichen für →Jahr in der Astronomie.

a_0, a_0, Formelzeichen für →Bohr-Radius.

A_r, A_r, Formelzeichen für relative →Atommasse.

AAS, Abk. für →Atomabsorptionsspektroskopie.

Abakus *der,* seit dem Altertum bis zum Aufkommen des Rechnens mit indisch-arab. Ziffern (15./16. Jh.) für die vier Grundrechnungsarten benutztes Rechenbrett (-tisch oder -tuch) mit frei bewegl. oder in Schlitzen geführten Rechensteinen, von deren Lage ihr Wert abhängt. Hieraus entstand ein noch heute in Rußland **(Stschoty)** und Ostasien gebräuchl. Rechengerät. (BILD S. 6)

a|barischer Punkt, der Punkt zw. zwei Massen, in dem die Anziehungskräfte nach beiden Massen entgegengesetzt gleich sind und der demnach kräftefrei ist; im System Erde–Mond in einer Entfernung von 1/9 des Abstandes Erde–Mond vom Mondmittelpunkt.

Abbau, Gewinnung und Förderung nutzbarer Mineralien; auch der Grubenraum, in dem A. stattfindet (→Abbauverfahren).

Abbauhammer, Handwerkszeug (Gezähe) mit Spitzeisen oder Spaten, vorwiegend durch Druckluft über einen Kolben, seltener durch Elektrizität angetrieben, zum Lösen mäßig fester Kohlen, Erze und Gesteine; Schlagzahlen 600–1600/min.

Abbaureaktionen, chem. Reaktionen, die kompliziertere Verbindungen in einfachere Reaktionsprodukte zerlegen. A. spielen in der Technik (z. B. Cracken), bei Verdauungsvorgängen (z. B. von Stärke) und im Umweltschutz (z. B. biochem. A. von Kohlenwasserstoffen und Tensiden) eine Rolle.

Abbauverfahren, Verfahren des bergmänn. Abbaus, kennzeichnet detailliert, wie ein vorgerichteter Lagerstättenabschnitt abgebaut wird und beschreibt Behandlung des Hangenden (zu Bruch werfen, auf Bergeversatz absenken, durch Lagerstättenfesten abstützen), Verhiebart (mit Einbrüchen, sägeblattartig, firstenartig, knappartig usw.), Verhiebrichtung (streichend, fallend, schwebend, schräg). Der Oberbegriff →Bauweise gliedert die A. in fünf Gruppen.

Abbeizmittel, alkal., saures oder neutrales Mittel, das, auf den getrockneten Anstrich aufgebracht, diesen so erweicht, daß er von seinem Untergrund entfernt werden kann. Die alkal. A. werden auch **Ablaugmittel,** die neutralen (lösenden) A. auch **Abbeizfluide** genannt. Ablaugmittel enthalten stark alkalisch reagierende Stoffe (Natron- oder Kalilauge u. a.) als wirksame Bestandteile; die lösenden A. sind meist Mischungen von organ. Lösemitteln (Aceton, Tetralin u. a.).

Abbesche Theorie [n. dem dt. Physiker E. Abbe, * 1840, † 1905], →Mikroskop.

Abbesche Zahl kennzeichnet die →Dispersion eines optischen Mediums.

Abbildung, 1) Mathematik: ursprünglich die Darstellung von Gegenständen (z. B. Landschaften) in der Ebene (Karte), in der Mathematik verallgemeinert als eine Vorschrift *f,* die Elementen einer Menge *A* **(Definitionsbereich)** Elemente einer Menge *B* **(Bildmenge, Wertebereich)** zuordnet. *A* und *B* sind i. a. verschiedene Mengen, können aber auch gleich sein.

Eine A. $f: A \longrightarrow B$ heißt **A. von A in B,** wenn jedem *x* der Menge *A* – in Zeichen: $x \in A$ – genau ein $y \in B$ zugeordnet wird. Man schreibt $y = f(x)$ oder $x \longmapsto y$. Beispiel: Jedem Werkstück wird eine Nummer zugeordnet. Eine A. heißt **surjektiv** oder **A. von A auf B,** wenn es zu jedem $y \in B$ mindestens ein $x \in A$ gibt mit $f(x) = y$ (BILD 1). Eine A. heißt **injektiv,** wenn es zu jedem $y \in B$ höchstens ein $x \in A$ gibt mit $f(x) = y$ (BILD 2). Eine A. heißt **bijektiv, eineindeutig** oder **umkehrbar eindeutig,** wenn sie surjektiv und bijektiv ist (BILD 3); die identische A. ist z. B. bijektiv. Ist $f: A \longrightarrow B$ eine A., *X* eine Teilmenge von *B* – in Zeichen $X \subset A$ und $Y \subset B$, dann ist das **Bild** von $X = f(X)$ die Menge der Bildelemente, für die gilt $x \in X$, geschrieben $= \{f(x) : x \in X\}$ und das **Urbild** von $Y = f^{-1}(Y) = \{x \in A : f(x) \in Y\}$. Sind *f* und *g* zwei A., so läßt sich unter bestimmten Voraussetzungen eine neue A. erklären, indem man die A. *f* und *g* hintereinander ausführt. Man nennt die neue A. $g \circ f$ (Produkt von f und g): $x \longmapsto y \longmapsto z$, d. h. $z = g(f[x])$ oder $z = g \circ f(x)$ (BILD 4).

Über A. von Mengen mit Verknüpfungsvorschriften (z. B. Gruppen) →Homomorphismus; besondere A. sind ferner die →Affinität, die →Bewegung, die →konforme Abbildung.

2) Optik: die Erzeugung eines Bildes von einem Gegenstand durch wirkl. oder scheinbare Vereinigung der von den Punkten des Gegenstandes **(Gegenstandspunkten, Dingpunkten)** ausgehenden Strahlen durch ein opt. System von Linsen, Spiegeln u. ä. in entsprechenden **Bildpunkten.** Bei einem auf einem Schirm auffangbaren **reel-**

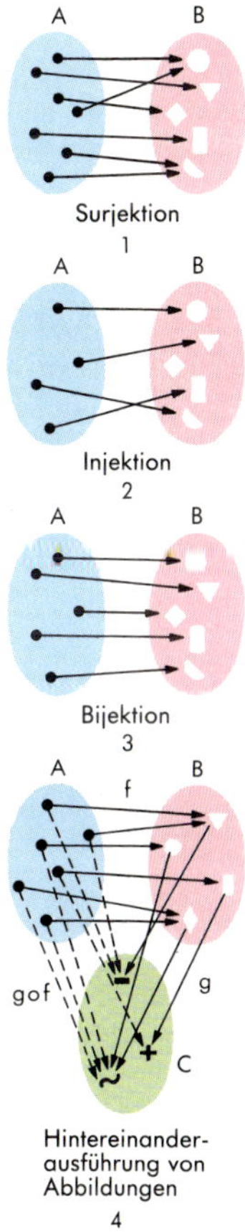

Abbildung 1)

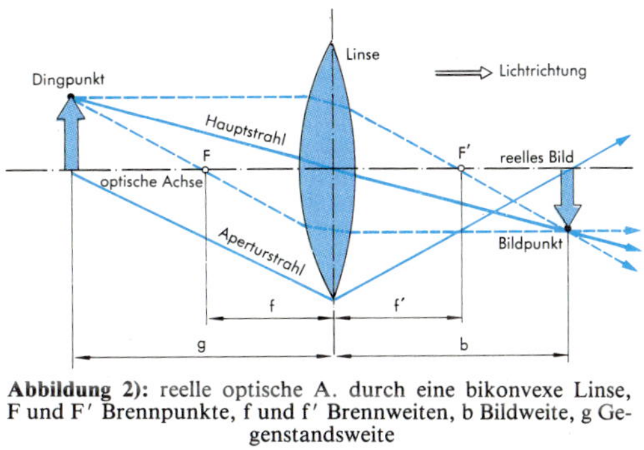

Abbildung 2): reelle optische A. durch eine bikonvexe Linse, F und F′ Brennpunkte, f und f′ Brennweiten, b Bildweite, g Gegenstandsweite

len Bild vereinigen sich die Strahlen wirklich, bei einem **virtuellen Bild** in ihrer gedachten Verlängerung. Das Bild kann vergrößert oder verkleinert sein, wobei das Verhältnis Bild- zu Gegenstandsgröße linearer **A.-Maßstab (Lateralvergrößerung)** heißt. – Scharf läßt sich eine Dingebene nur in einer Bildebene abbilden; praktisch ist aber die A. innerhalb einer bestimmten Raumtiefe (→Schärfentiefe) noch genau genug. – Grundlage der geometr. Optik ist die **Theorie der A.**, mit deren Hilfe der Strahlenverlauf abbildender Systeme berechnet wird, erleichtert durch deren Kenngrößen und ausgezeichnete Punkte (BILD), die auch in die **A.-Gleichung** eingehen:

$$\frac{1}{g}+\frac{1}{b}=\frac{1}{f} \text{ oder } (g-f)(b-f)=f^2.$$

Sichtbare oder unsichtbare Lichtstrahlen lassen sich durch Brechung in Linsen oder Reflexion an gekrümmten Spiegeln wieder vereinigen, Elektronen- und Ionenstrahlen durch elektr. und magnet. Linsen.

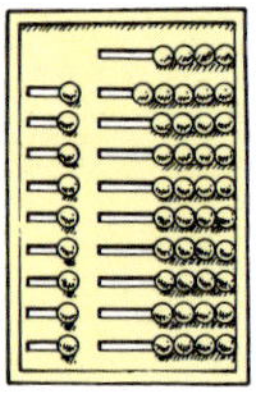

Abakus

Abbildungsfehler, Aberrationen, bei opt. oder elektronenopt. Systemen Abweichungen von der fehlerfreien →Abbildung 2), die bewirken, daß Objektpunkte im Bild nicht ideal punktförmig wiedergegeben werden. In der Nähe des Bildpunktes entsteht als Einhüllende der sich schneidenden Strahlen die →Kaustik.

Die wichtigsten A. sind: a) der rotationssymmetr. **Öffnungsfehler (sphärische Aberration):** Bei Lichtbündeln großer Öffnung werden achsenparallele oder von einem Objektpunkt auf der Achse ausgehende achsensymmetr. Strahlen nicht in einem gemeinsamen Bildpunkt vereinigt. Bei Sammellinsen schneiden sich die achsenparallel einfallenden Strahlen im Bildraum vor dem durch die paraxialen Strahlen gelieferten idealen Bildpunkt (Unterkorrektion) bei Zerstreuungslinsen dahinter (Überkorrektion). Die Differenz der Schnittweiten (Längsaberration) ist das Maß des Öffnungsfehlers. b) **Asymmetriefehler (Koma):** Verzerrung der Bildpunkte zu einseitig unscharfen ovalen Flecken bei der Abbildung von außerhalb der opt. Achse liegenden Bildpunkten. c) **Astigmatismus schiefer Bündel (Zweischalenfehler):** Für außeraxiale Objektpunkte wird auch bei kleinem Öffnungswinkel eine punktförmige Abbildung verhindert, da meridionale und die dazu senkrechten, sagittalen Strahlen eine unterschiedl. Schnittweite haben. Das Strahlenbündel hat hinter der Linse einen ellipt. Querschnitt, der in 2 verschiedenen Entfernungen zu Linien entartet, die senkrecht zueinander orientiert sind. Zwischen diesen beiden Orten ist eine engste kreisförmige Einschnürung des Bündels zu beobachten. d) **Bildfeldwölbung:** Die Punkte eines flächenhaften Objekts werden nicht in einer Ebene scharf abgebildet. e) **Distorsion (Verzeichnung),** Verzerrung eines opt. Bildes durch einen A., der durch die Variation des Abbildungsmaßstabs mit dem Bildwinkel verursacht wird: Gerade erscheinen gekrümmt, so daß das Bild dem Objekt nicht mehr geometrisch ähnlich ist. Nimmt der Abbildungsmaßstab mit dem Bildwinkel zu, wird ein Quadrat tonnenförmig, im umgekehrten Fall kissenförmig verzeichnet. f) Neben diesen **monochromat. A.,** die nur bei Bündeln mit großer Öffnung oder schiefem Bündeleinfall auf die Linse eine Rolle spielen, treten **chromat. A.** auf, die durch →Dispersion der Brechzahl des abbildenden Mediums verursacht werden und auch achsennahe Strahlen beeinflussen (→Farbabweichungen).

Durch spezielle Linsenformen, Blenden und Kombinationen von mehreren Linsen aus unterschiedl. Materialien können die A. reduziert werden. Das Maß für die Güte der Korrektion von A. sind die verbleibenden Restfehler.

Abbinden, 1) das Festwerden von →Bindemitteln, bei Klebstoffen die Verfestigung dieser in sich und die der Verbindung mit den Klebflächen der zu verbindenden Körper.

2) Holzbau: →Abbund.

Abbildungsfehler

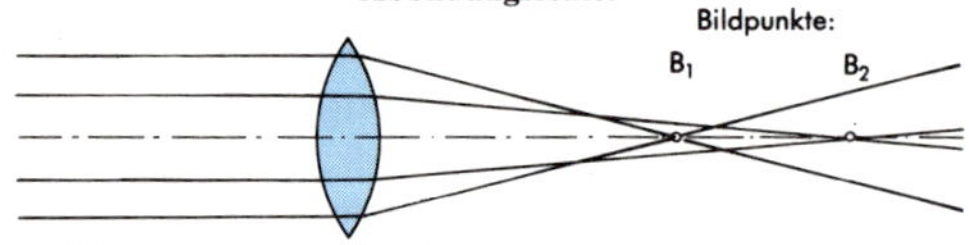

a) Öffnungsfehler (sphärische Aberration)

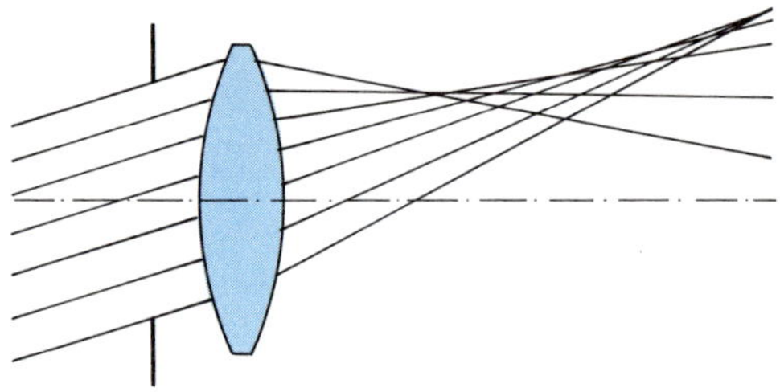

b) Koma (Asymmetriefehler)

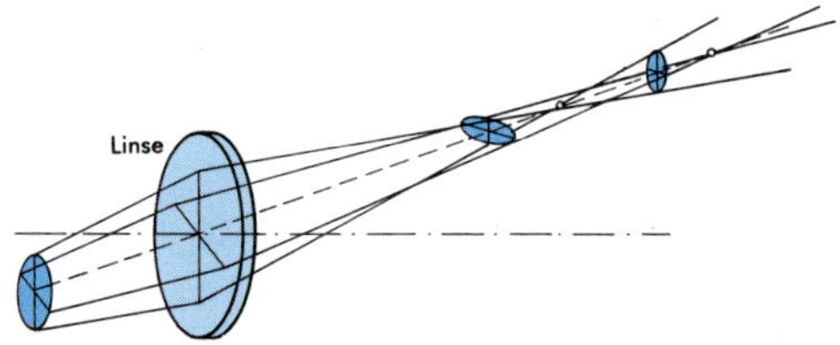

c) Astigmatismus

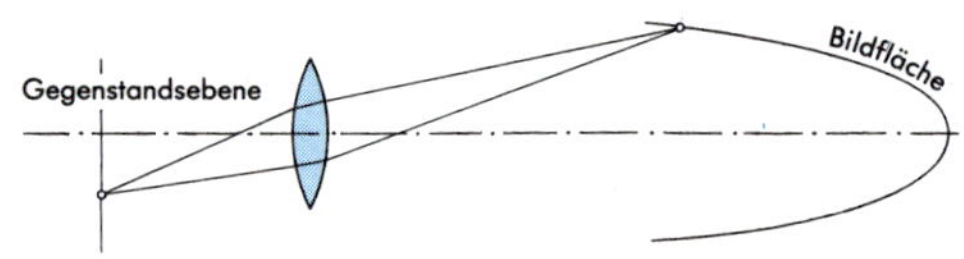

d) Bildfeldwölbung

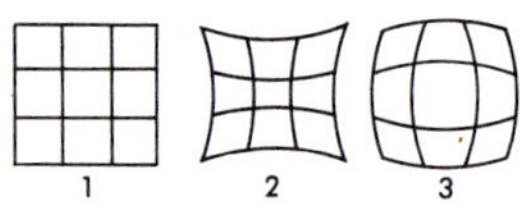

Gegenstand (Quadrat 1) wird entweder kissenförmig (2) oder tonnenförmig (3) verzeichnet.

e) Verzeichnung (Distorsion)

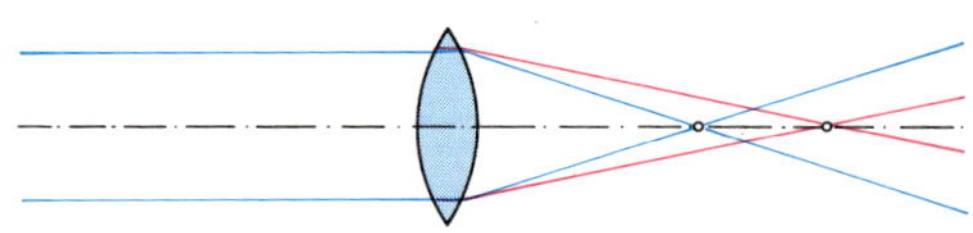

f) Farbabweichung (chromatische Aberration)

— · — · — · — · — Optische Achse

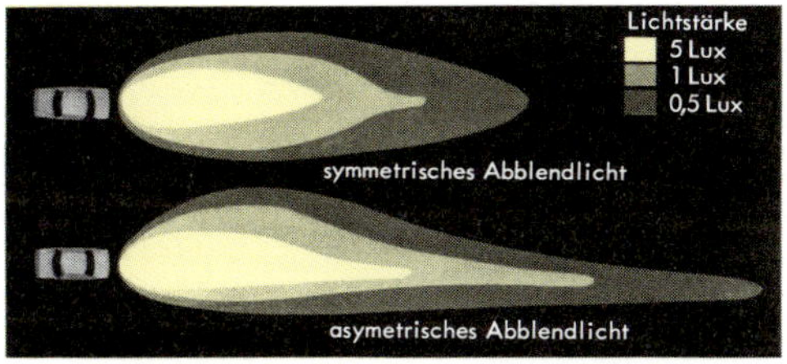

Abblenden 1): Ausleuchtung der Fahrbahn

Abblenden, **1)** Kfz: das Umschalten von Fernlicht auf **Abblendlicht;** Blendung Entgegenkommender gilt als behoben, wenn die Beleuchtungsstärke in 25 m Entfernung und Scheinwerferhöhe nicht mehr als 1 Lux beträgt. **Asymmetrisches Abblendlicht** hat zum rechten Fahrbahnrand hin unter 15° ansteigende Hell-Dunkel-Grenze. Für Fern- und Abblendlicht werden meist zwei Glühfäden (davon einer abgedeckt) in → Biluxlampen, teils auch getrennte Scheinwerfer verwendet.

2) Optik: Verringerung der Blendenöffnung.

Abbrand, **1)** Kerntechnik: **Burn up** [bə:n ʌp], die je Gewichtseinheit des Kernbrennstoffs erzeugte Energie im → Kernreaktor, angegeben in Megawattag pro Tonne Brennstoff (1 MWd/t) oder durch die prozentuale Abnahme des Brennstoffs, wobei % fifa [von engl. ›fissions per initial fissile atom‹] die Spaltungen je urspr. vorhandenes spaltbares Atom und % fima (von engl. ›fissions per initial metal atom‹) die Spaltungen je urspr. vorhandenes Schwermetallatom angibt. Abbrandabhängig sind: Reaktivität, Isotopenzusammensetzung, physikal., chemische und mechan. Veränderungen des Brennstoffs. Die Grenzwerte dieser Größen legen den maximalen A. fest: Leichtwasserreaktoren 30000–40000 MWd/t; Hochtemperaturreaktoren 40000–80000 MWd/t; Schnelle Brutreaktoren bis 100000 MWd/t. Das **Abbrandverhalten** wird über die Reaktivität mittels Neutronenabsorbern und abbrennbaren Neutronengiften gesteuert.

2) Metallkunde: a) der Rückstand nach dem Rösten sulfidischer Erze, z. B. **Kies-A.** (wichtig zur Schwefelsäure-Herstellung); b) der beim Schmelzen von Metallen entstehende Verlust durch Oxidation der Metalle; c) der Gewichtsverlust während des Wärm- und Verformungsvorganges von Metallen durch Oberflächenoxidation (Zunder oder Hammerschlag).

Abbund, Abbinden, Holzbau: das → Anreißen, Bearbeiten, Zupassen und probeweise Zusammenlegen der → Bauhölzer zu einem konstruktiven Gebilde.

ABC-Kampfmittel, Abk. für **a**tomare, **b**iologische und **c**hem. Kampfmittel.

Abdampf, der nach Durchströmen einer Dampfmaschine oder Dampfturbine austretende Dampf. Er kann zur Wiederverwendung über einen A.-Entöler, Kondensator und eine Kesselspeisepumpe zum Kessel zurückgeleitet werden, oder die in ihm enthaltene Wärmeenergie wird anderweitig verwendet (→ Abwärme).

abdampfen, svw. → eindampfen.

Abdichtung, **1)** Schutz von Bauten und Bauteilen gegen Feuchtigkeit, Zugluft, Schnee, Staub, Rauch u. ä.

2) Schutz bei Bauwerken oder Behältern gegen Austritt von Gas, Flüssigkeit, Wärme u. a.

Abdrift, Drift, seitl. Versetzung eines Fahrzeugs vom gewünschten Kurs über Grund durch Wind, Strom oder Seegang. Die Größe des Driftwinkels, gemessen zw. Längsachse des Fahrzeugs (Steuerkurs) und dem tatsächl. Kurs über Grund, hängt von der Eigengeschwindigkeit des Fahrzeugs in seinem Medium ab (Luft oder Wasser), das sich relativ zum Erdboden in best. Richtung und Geschwindigkeit bewegt (→ Vorhaltewinkel).

Abdruck, der von einer Druckform durch Übertragung von Druckfarben oder färbenden Substanzen auf Papier, Stoff, Folie u. a. hergestellte Druck.

Abelsche Gruppe [n. dem norweg. Mathematiker N. H. Abel, * 1802, † 1829], eine → Gruppe mit kommutativer Verknüpfung. Z. B. bilden die ganzen Zahlen bei der Addition eine A. G., da für alle ganzen Zahlen a und b gilt $a+b=b+a$. Die Gruppe der → Permutationen von drei Dingen ist die kleinste Nicht-A. G.

Abendfarbe, veränderte Farbwirkung bes. von Textilien bei Glühlampenlicht im Vergleich zum Tageslicht.

Abendhauptlicht, → Zodiakallicht.

Abendpunkt, der Westpunkt (→ Ostpunkt).

Abendrot, Rotfärbung des westl. Himmels nach Sonnenuntergang (entsprechend vor Sonnenaufgang am östl. Himmel das **Morgenrot).** Es kommt dadurch zustande, daß die kurzwelligen blauen und grünen Anteile des Sonnenlichts durch Rayleigh-Streuung an den Luftmolekülen beim besonders langen abendlichen (morgendlichen) Weg durch die Atmosphäre stärker gestreut werden (und zu einem geringeren Anteil zum Beobachter gelangen) als die langwelligen gelben und roten Strahlungsanteile. Infolge des → Mie-Effekts wird bei der Streuung durch Dunstteilchen die Vorwärtsrichtung stark bevorzugt, so daß der gelbe und rote Strahlungsanteil vorwiegend in Richtung der untergegangenen (der noch nicht aufgegangenen) Sonne wahrzunehmen ist.

Abendstern und **Morgenstern,** auch **Hesperos** und **Phosphoros** oder **Luzifer,** der helle Planet → Venus, abends am West-, morgens am Osthimmel. In niedrigen geographischen Breiten auch der → Merkur.

Abendweite, Winkelabstand eines untergehenden Gestirns vom Westpunkt, gemessen längs des Horizonts.

Aberration, **1)** Astronomie: **Jährliche A.,** Erscheinung, daß ein Stern in der Richtung der jeweiligen Bewegung des Beobachtungsortes von seinem wahren Ort verschoben erscheint. Ihre Ursache liegt darin, daß die Bahngeschwindigkeit der Erde mit 30 km/s ein merkl. Bruchteil

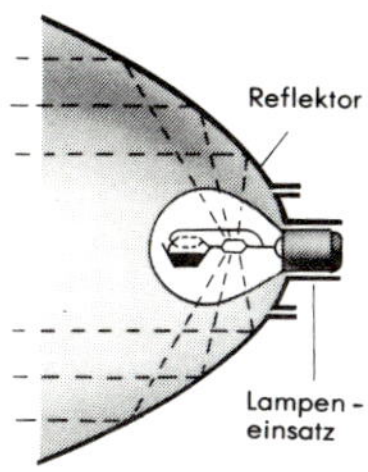

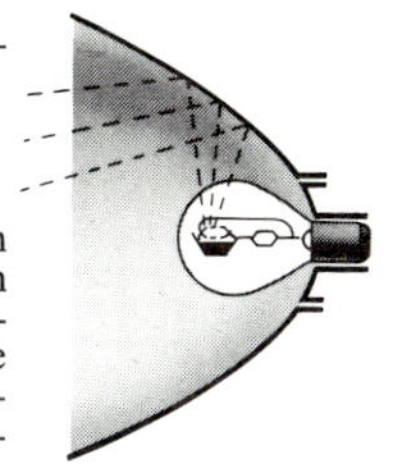

Abblenden 1): europ. System

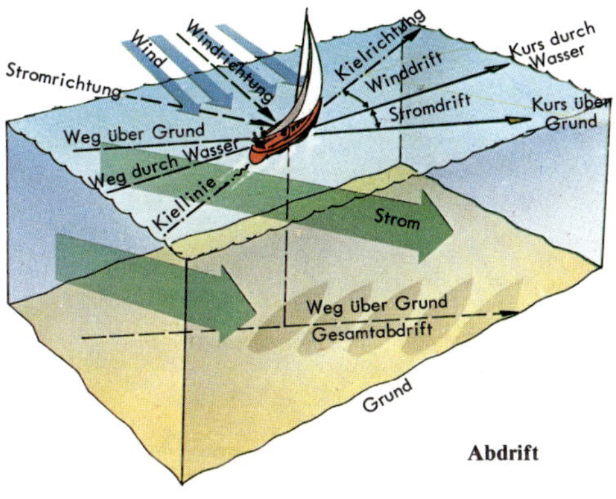

Abdrift

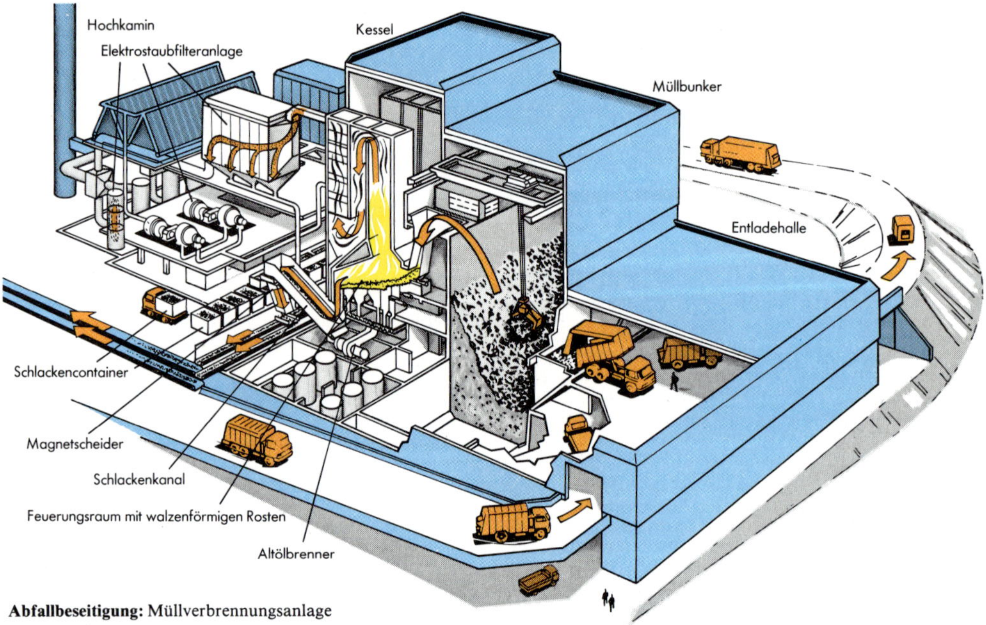

Abfallbeseitigung: Müllverbrennungsanlage

der Lichtgeschwindigkeit ist. Die Lichtstrahlen eines Sterns, die bei ruhender Erde *E* aus der wahren Richtung *S* kommen (BILD), scheinen aus der Richtung *S'* zu kommen, wenn sich die Erde in ihrer Bahn auf *A* zubewegt. Beobachtbar werden die Effekte allein darum, weil die Erdgeschwindigkeit sich nach ihrer Richtung (und Größe) im Jahresrhythmus ändert. Der Verschiebungswinkel *k* ist, wenn die Lichtstrahlen senkrecht zur Bewegungsrichtung der Erde einfallen, durch das Verhältnis zw. Erdgeschwindigkeit und Lichtgeschwindigkeit bestimmt. Sein größter Betrag ist 20,5″ **(A.-Konstante).**

Tägliche A. wird durch die Drehung der Erde um ihre Achse verursacht. Sie erreicht ihren größten Betrag von 0,3″ beim Meridiandurchgang eines Äquatorgestirns für einen Beobachtungsort am Erdäquator. Die **säkulare A.** wird durch die Bewegung des Sonnensystems im Milchstraßensystem hervorgerufen.

2) Optik: →Abbildungsfehler.

Aberrationszeit, die →Lichtzeit.

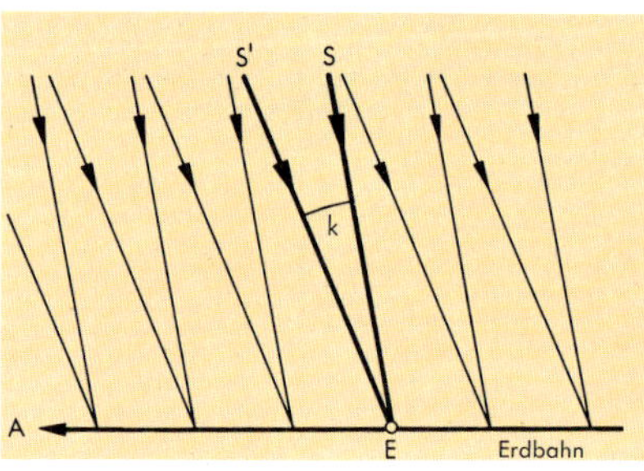

Aberration

Abfackeln, das Verbrennen von Gasen oder technisch nicht nutzbaren Abgasen in offener Flamme. Anforderungen: Wärmeinhalt der Gase muß für stabilen Verbrennungsprozeß ausreichen, Verbrennung soll rauchfrei und ohne Emission von Schadstoffen in bodennahe Schichten erfolgen, Leuchtkraft der Flamme soll möglichst gering sein. **Hochfackeln** haben etwa 10fache Kapazität von **Bodenfackeln,** jedoch auch höhere →Emission.

Abfall, →Abfallstoffe, →Müll.

Abfallbeseitigung umfaßt Sammeln, Transport und Vernichtung, Ablagerung oder Wiederverarbeitung von →Abfallstoffen aus Haushalten, Gewerbe, Industrie und sonstigen Bereichen. **Sammel- und Transportsysteme:** Sammlung ohne Behälter (Sperrmüll), in Einwegbehältern (Müllsäcken), standortfesten Behältern (Mülltonnen, Müllgroßbehälter) oder Wechselbehältern (Containersystem) und Transport in systemangepaßten Fahrzeugen; Sammlung und Transport in pneumat. oder pneumatisch-hydraul. Rohrleitungssystemen; Langstreckentransport auf Gurtbandstraßen, Schlauchbandstraßen oder auf konventionellen Massengut-Transportmitteln. **Vernichtungsverfahren:** die →Kompostierung; Verbrennung in Großanlagen, wobei Energiegewinnung (Stromerzeugung, Heizwärme) möglich ist; die festen Asche- und Schlackerückstände (10–15 Vol.-%) sind teilweise als Bauhilfsstoffe verwendbar (Straßenbau, Küstenschutz), der Eisenschrottanteil kann vor oder nach der Verbrennung abgetrennt werden (Rohstoffrückgewinnung). Besondere Probleme entstehen durch hohen Kunststoffanteil (bes. PVC), da Chlor und Chlorwasserstoff im Rauchgas freigesetzt werden; Verbrennung von Sonderabfällen mit bes. gefährlicher Abgasentwicklung (z. B. hochchlorierte Kohlenwasserstoffe) durch Spezialschiffe auf hoher See. **Ablagerung** auf → Deponien; → Dumping; Wiederverarbeitung: → Abfallverwertung. Sonderanlagen zur A. sind z. B. Verbrennungsanlagen für Sonderabfall (mit speziellen Verbrennungsverfahren und Filteranlagen), Sonderabfalldeponien müssen bes. gut gegen Grundwasser abgedichtet und sorgfältig verfüllt werden (geeignet sind z. B. alte Tongruben, stillgelegte Bergwerke).

Der A. von radioaktiven Abfällen (›Atommüll‹) dient die nukleare → Entsorgung.

Was Sie schon immer über Abfall und Umwelt wissen wollten, hg. v. V. MÖCKER u. K. G. TEMPEL (1981); Informationsschrift Abfallarten, hg. v. Länderarbeitsgemeinschaft Abfall (^{2}1981); W. GÄSSLER u. H. P. SANDER: Tb. betriebliche Abfallwirtschaft (1981).

Abfallspinnerei, allgemein die Verspinnung von gereinigten Abfällen und regenerierten Faserstoffen (→ Reißspinnfasern). Oft müssen ›Trägerfasern‹ aus Originalrohstoffen (Baumwolle, Wolle, Chemiefasern) beigemischt werden, um die Spinnfähigkeit zu sichern. Je nach Mischungskomponenten unterscheidet man u. a. **Imitat-, Vigogne-** [vig'ɔɲ-, frz.], **Werg-** und **Bourettegarne** [bur'ɛt-, frz.]. Wegen der vielfältigen Mischungsmöglichkeiten, bes. mit Chemiefasern, wird heute auch für diese Garne der Oberbegriff ›Streichgarn‹ gewählt.

Abfallstoffe, Rückstände, Nebenprodukte oder Altstoffe, die bei Produktion, Konsum und Energiegewinnung entstehen. Man unterscheidet A. nach ihrer Herkunft: **Siedlungsabfälle** (Hausmüll, Gartenabfälle, Sperrmüll, Straßenkehricht, → Klärschlamm), **Gewerbe- und Industrieabfälle** (Verpackungsmaterial, Reste verarbeiteten Materials, Fehlchargen, Formsand, Asche, Schlacke, Bauschutt), **landwirtschaftliche Abfälle,** vorwiegend aus Massentierhaltungen (Festmist, Gülle, Futterreste, Tierkadaver).

Sonderabfälle sind A. aus Siedlung und Gewerbe, die bes. gesundheits-, luft- oder wassergefährdend, brennbar, explosibel oder infektiös sind und daher von der gemeinsamen Beseitigung mit Abfall aus Haushaltungen in der Regel auszuschließen sind (→ Altöl, → Altreifen, Krankenhaus- und Schlachthofabfälle, Giftstoffe, chem. aggressive Substanzen, Lösungsmittel, radioaktive A.).

Abfallverwertung, Rückführung von → Abfallstoffen in den Produktionsprozeß zur Rückgewinnung von Rohstoffen oder zur Herstellung neuer Produkte. Die Altmaterial-Einsatzquoten sind etwa: Zinn 45%, Blei 45%, Kupfer 40%, Stahl 35–40%, Aluminium 25–30%, Zink 20–25%, Kunststoffe (vor allem PVC) 25–80%; weitere Möglichkeiten der A. gibt es bei → Altglas, → Altöl, → Altpapier, → Altreifen, → Autowracks. Die A. ist ein Teilaspekt des → Recycling.

Abfangen, 1) Bautechnik: das Aufnehmen von Lasten durch Tragwerke, z. B. Träger, Gewölbe, Pfeiler; bei Umbauten das vorübergehende Abstützen; gegen Umkippen Sichern durch verankerte Seile.

2) Flugzeug: das Überführen eines Flugzeugs aus einer geneigten Flugbahn in eine waagerechte.

3) Kristallographie: wichtiger geochem. Effekt der Anreicherung von Spurenelementen zu höheren Konzentrationen in Kristallgittern, als in den urspr. Mutter-Schmelzen oder -Lösungen vorhanden waren. Die angereicherten Spurenelement-Ionen müssen von höherer Wertigkeit aber ähnlicher Größe wie die von ihnen vertretenen sein. (→ Tarnung)

Abfangjäger, Fangjäger, engl. **Interceptor** [ɪntəs'eptə], bes. leistungs- und kampfstarkes Luftverteidigungsflugzeug, das in den eigenen Luftraum eindringende gegner. Flugzeuge vor Erreichen ihrer Ziele abfangen und vernichten oder abdrängen soll.

Abfärben, Ab- oder Anschmutzen von Textilien (trocken oder naß) bei deren Gebrauch oder Pflege infolge unechten oder ungenügend fixierten Farbstoffs oder infolge ungeeigneter, farbstoffablösender Wasch- oder Reinigungsverfahren.

Abfasen von Werkstücken: → Fase.

Abfeimen, Abziehen von Schaum und Unreinheiten von Glasschmelzoberflächen.

Abfluggewicht, Startgewicht, Gesamtgewicht eines Luftfahrzeugs beim Abflug (Summe aus Leergewicht, Betriebsstoffen, Besatzung und Nutzlast).

Abfluß, 1) allgemein: das Abströmen von Flüssigkeiten, bes. von Wasser, unter dem Einfluß der Schwerkraft; auch die hierzu dienende Einrichtung. Geographisch: das Abfließen des Niederschlags oberirdisch in Form von Flüssen und Gletschern, unterirdisch in Grundwasserströmen in tiefergelegene Sammelbecken, bes. zum Meer. **Abflußlose Gebiete** haben keinen A. zum Weltmeer; **Abflußgebiet,** → Einzugsgebiet.

2) quantitativ: Wasservolumen je Zeiteinheit (z. B. in m^3/s) aus einem Einzugsgebiet, das einen best. **Abflußquerschnitt** durchfließt. Der **Oberflächen-A.** fließt dem Gewässer oberirdisch zu, ohne in den Boden eingedrungen zu sein. Der **Zwischen-A.** fließt unterirdisch mit nur geringer Verzögerung zu. Die Summe aus Oberflächen-A. und Zwischen-A. ist der **Direkt-A.** Die Differenz zw. Gesamt-A. und Direkt-A. ist der **Basis-A. Abflußsumme** ist das in einer best. Zeitspanne abgeflossene Wasservolumen. **Abflußhöhe** ist der Quotient aus Abflußsumme und Einzugsgebiet. **Abflußjahr** ist eine einjährige, nach hydrolog. Gesichtspunkten festgesetzte Zeitspanne. **Abflußspende** ist der Quotient aus A. und Einzugsgebiet. **Abflußfülle** ist das einen best. Schwellenabfluß übersteigende Wasservolumen einer Hochwasserwelle. **Abflußregime** ist der charakterist. Gang des A. eines Gewässers, bedingt durch die maßgebenden → Regimefaktoren.

Abformmassen, Abgußmassen, plast. Materialien zum Abformen von Natur- und Kunstgegenständen, bes. aber von Zahn- und Kieferverhältnissen in der Zahnmedizin. Die A. erstarren im Mund zu einer starren (z. B. Gips) oder elast. Masse (Silicone, Polyäther).

Abfragefunkfeuer, Funkfeuer mit Sende-Empfangsgerät (engl. ›Interrogator‹), veranlaßt durch Aussenden eines vereinbarten Signals (Abfrage) ein Antwortgerät (→ Transponder) zur Aussendung einer Antwort, die das A. empfängt und auswertet. Anwendung bei → Entfernungsmessung und → Sekundärradar.

Abfüllmaschinen füllen selbsttätig fließ- oder schüttfähiges Füllgut, meist nach Volumen dosiert, hygienisch einwandfrei in Behältnisse (Tüten, Beutel, Tuben, Gläser, Flaschen u. a.); abschließend oft automat. Kontrollwägung. (→ Verpackungsmaschinen)

Abgase, bei Verbrennungsprozessen (Feuerungsanlagen, Verbrennungsmotoren) oder aus Industrieanlagen abgehende gasförmige Stoffe, die flüssige oder feste Bestandteile enthalten können. Im A. von Verbrennungsmotoren treten v. a. folgende schädl. Bestandteile auf: beim → Ottomotor Kohlenmonoxid CO, unverbrannte Kohlenwasserstoffe HC, Stickoxide NO_x, Blei (→ Antiklopfmittel); beim → Dieselmotor NO_x, Ruß. A. aus Industrieanlagen und Gewerbebetrieben enthalten als bes.

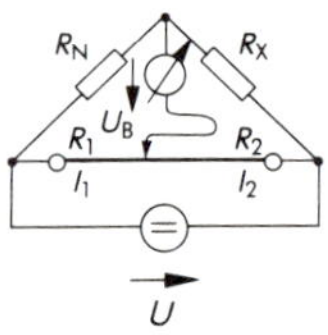

Abgleichen

Abgleichen am Beispiel der Schleifdrahtmeßbrücke; l_1 und l_2: Teillängen des Schleifdrahtes; R_N: genauer Meßwiderstand mit bekanntem Wert; R_X: gesuchter Widerstand; R_1 und R_2: Teilwiderstände des Schleifdrahtes; U: Meßspannung; U_B: Brückenspannung

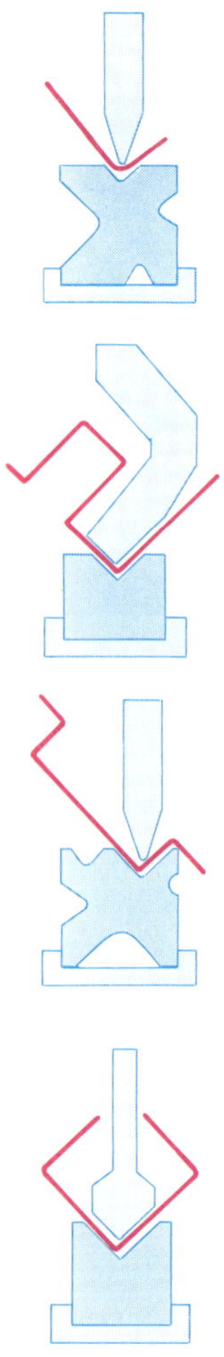

Abkanten

schädliche Bestandteile CO, Schwefeldioxid SO_2, Schwefelwasserstoff H_2S, NO_x, Chlor Cl, Chlorwasserstoff HCl, Fluorwasserstoff HF.

Abgasgesetze und -verordnungen legen die Höchstgrenze der zulässigen Schadstoffemissionen fest. In der Bundesrep. Dtl. sind das im wesentlichen das →Bundes-Immissionsschutzgesetz, die Technische Anleitung zur Reinhaltung der Luft **(TA Luft)**, in der die →Immissionskenngrößen festgelegt sind, sowie das Benzinbleigesetz vom 5. 8. 1971. Bei Kraftfahrzeugen unterscheidet man Emissionen durch den Auspuff, durch die Kurbelgehäuseentlüftung und durch das Kraftstoffsystem. Dabei dürfen die Emissionen während eines Tests, der bei Fahrzeugen mit Ottomotoren meist auf Rollenprüfständen durchgeführt wird, best. Grenzwerte für Kohlenmonoxid CO, unverbrannte Kohlenwasserstoffe HC und Stickoxide NO_x nicht überschreiten.

Abgasreaktor, Anlage zur Nachverbrennung von Automobilabgasen. Zur Emissionsverminderung von Ottomotoren kann vorteilhaft die katalyt. Abgasnachbehandlung angewendet werden. Beim Verfahren der thermischen Nachverbrennung werden Abgase im A. längere Zeit auf hoher Temperatur gehalten, wodurch eine nachträgl. Oxidation von Schadstoffen geschieht.

Abgasreinigung, Abgasentgiftung, allgemein die Verminderung der →Emission von Schadstoffen in Abgasen (→Luftverschmutzung, →TA Luft), im besonderen in Abgasen von Verbrennungsmotoren durch Maßnahmen, die darauf abzielen, daß 1) diese Bestandteile erst nach Verlassen des Verbrennungsraumes reduziert werden (durch →Katalysatoren oder →katalytische Nachverbrennung) oder daß 2) möglichst wenige dieser Bestandteile im Verbrennungsraum entstehen. Bei dieser zweiten anzustrebenden Möglichkeit haben Einfluß auf die Abgasentgiftung: →Luft-Kraftstoff-Verhältnis, Gestaltung des →Brennraumes, →Schichtladung, →Gemischbildung, →Abgasrückführung, →Verdichtungsverhältnis, →Steuerzeiten, →Zündzeitpunkt, →Kraftstoff. Fast alle diese Maßnahmen führen jedoch zu einer Verschlechterung der Motorleistung und Erhöhung des Kraftstoffverbrauchs. Weiterführende Möglichkeiten bieten u. a. die Alternativkraftstoffe (→Ottokraftstoffe).

Abgasrückführung, Rückführung eines Teils der Abgase vom Auspuff zum Ansaugrohr eines Verbrennungsmotors; Folge: Verminderung der Verbrennungshöchsttemperatur, Verringerung der Stickoxide NO_x.

Abgas|turbine, Turbine, die die im Abgas eines Verbrennungsmotors durch unvollständige Expansion noch vorhandene Energie ausnutzt. **Abgasturbolader,** ›Turbo‹, eine A. und ein Aufladegebläse, die auf einer gemeinsamen Welle sitzen, zur →Aufladung von Verbrennungsmotoren.

abgepaßte Gewebe, Gewebe mit Mittelstück- und Umrandungsmuster bei Decken, Tüchern, Teppichen usw.; Ggs.: Meterware mit durchlaufender Musterung.

Abgeschlossenheit, 1) **A. bezüglich einer Verknüpfung:** Eine Menge, in der zw. den Elementen eine Verknüpfung (z. B. +) definiert ist, heißt bezüglich dieser Verknüpfung abgeschlossen, wenn das Ergebnis der Verknüpfung wieder ein Element der Menge ist. 2) **A. einer Menge:** Eine Untermenge eines topolog. Raumes wird als abgeschlossen bezeichnet, wenn sie alle ihre Randpunkte enthält. Ggs.: →offene Menge. – Beispiel: Die Menge der reellen Zahlen x mit der Eigenschaft $0<x<1$ ist nicht abgeschlossen, da die Randpunkte 0 und 1 nicht dazugehören **(offenes Intervall).** Die Menge der reellen Zahlen x, $0 \leq x \leq 1$, ist abgeschlossen **(abgeschlossenes Intervall)**, die Menge $0<x\leq 1$ wird als **halboffenes Intervall** bezeichnet.

Abgleichen, Herbeiführen einer Gleichgewichtsbedingung bei elektrischen Brückenschaltungen oder Differenzverstärkern (Offsetabgleich). In der Funktechnik die genaue Einstellung der Induktivität von Spulen oder der Kapazität von Kondensatoren auf den verlangten Wert, bes. um die Eigenfrequenzen mehrerer Schwingkreise eines Empfängers zwecks bester Trennschärfe in Übereinstimmung zu bringen. Charakteristisch für einen Brükkenabgleich ist die **Abgleichbedingung,** z. B. bei einer Wheatstone-Brücke (→Meßbrücke). Die Brückenspannung U_B wird bei einem bestimmten Widerstandsverhältnis zu Null. Für die angegebene Schleifdrahtmeßbrücke gilt als Abgleichbedingung:

$$U_B = 0 \text{ für } \frac{R_N}{R_X} = \frac{R_1}{R_2}.$$

Abgraten, das Entfernen des Randes, der bei einigen Fertigungsverfahren (z. B. Gießen, Schmieden, Pressen, Walzen) infolge Werkstoffüberschuß aus dem Spalt der Werkzeugformen austritt.

Abgrusung, Zerfall körniger Gesteine zu Schutt von Feinkiesgröße durch physikalische Verwitterung.

Abgußmassen, svw. →Abformmassen.

Abhängigkeit. Sind Größen durch best. Vorschriften aneinander gebunden, so heißen sie abhängig. Bei einer →Funktion $y=f(x)$ unterscheidet man die abhängige Variable y von der unabhängigen Variablen x. **Lineare A.** →Vektorraum.

Abhauen, Steinkohlenbergbau: abwärts getriebene Strecke in der Lagerstätte; dient der Vorrichtung eines Abbaues (→Bergbau), der Fahrung, Förderung, Wetterführung, dem Verlegen von Leitungen. Bei Herstellung

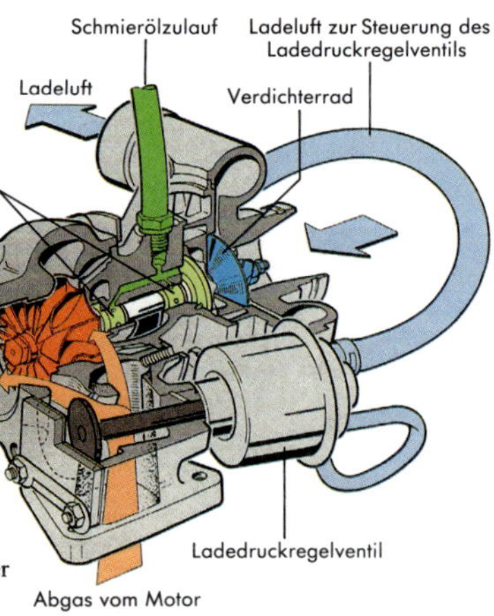

Abgasturbine: Abgasturbolader

von unten nach oben: **Aufhauen** (im Erzbergbau **Überhauen, Überbruch).**

Abhebegeschwindigkeit, Horizontalgeschwindigkeit eines Flugzeuges, bei der es während des Startvorganges gerade vom Boden abhebt.

Abhitze, svw. → Abwärme.

Abhörgerät, umgangssprachl. **Wanze,** hochempfindl. → Mikrophon mit drahtloser Sendeeinrichtung in Kleinstbauweise meist zum versteckten Mithören oder Mitschneiden von Gesprächen.

Abi|etinsäure, zu den Terpenen gehörende Harzsäure, Hauptbestandteil des Kolophoniums.

Abkanten, das → Biegen von Blechen um gerade Kanten, Verfahren zur Herstellung von Profilen. In der **Abkantmaschine** wird ein Teil des Bleches eingespannt und der frei überstehende Teil durch eine schwenkbare Wange umgebogen. Bei der **Abkantpresse** bewegt sich der Abkantstempel senkrecht zum Blech und drückt es biegend ins Gesenk. – Im **Abkantversuch** wird die Verformbarkeit von Blechen ermittelt: Ein Probestreifen (etwa 10 mm breit) wird über eine scharfe oder abgerundete Kante um 90° gebogen, dann auf evtl. Risse geprüft (→ Blechprüfung, → Faltversuch). BILD S. 10

Abketteln, Wirkerei und Stricken: das Verbinden der letzten Maschenreihe zu einem festen, nicht aufziehbaren Rand. Es gibt **Flach- und Rundkettelmaschinen.**

Abkippen, Änderung der Fluglage eines Flugzeuges, wobei dieses eine plötzliche Rollbewegung um die Längsachse ausführt, verursacht durch Abreißen der Strömung und Zusammenbrechen des Auftriebs an einer Flügelhälfte infolge zu großen Anstellwinkels **(Überziehen).**

Abklingbecken, Brenn|elementlagerbecken, → Entsorgung.

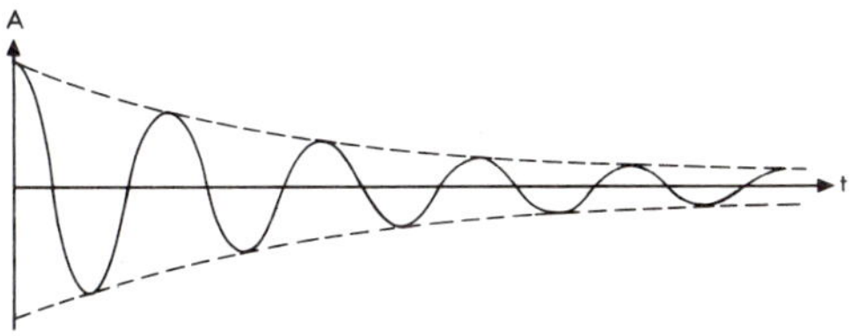

Abklingen: A momentane Auslenkung, t Zeit

Abklingen, urspr. Abnahme der Stärke eines Klanges infolge → Dämpfung der Schallschwingungen; allgemein zeitl. Abnahme einer physikal. Größe, z. B. der Amplitude einer mechan. Pendelschwingung oder der Intensität eines radioaktiven Strahlers. Der zeitl. Verlauf des A. folgt oft einer Exponentialfunktion $A(t) = A_0 \exp(-t/\tau)$, wobei A_0 der Anfangswert einer best. physikal. Größe, $A(t)$ der Wert zur Zeit t und τ die **Abklingzeit (Relaxationszeit, Zeitkonstante)** ist.

abkochen, Textiltechnik: 1) **entbasten, degummieren, abziehen,** Rohseide mit heißen Seifenlösungen behandeln, um den Seidenbast (Seidenleim, → Sericin) zu entfernen und dadurch Glanz und Griff zu erreichen. Völliges Entbasten ergibt **Cuit-Seide** [ky'it-, frz.], teilweises **Souple-Seide** [s'u:pl-, frz.]. 2) Baumwollgarne oder -gewebe vor dem Bleichen oder Färben behandeln, um die natürl. Verunreinigungen (Fette, Wachse u. a.) zwecks besserer Saugfähigkeit zu entfernen.

Abkühlung, Temperaturabnahme, meist durch → Wärmeübertragung. Bei kleinen Temperaturunterschieden ist die Abkühlungsgeschwindigkeit diesen proportional **(Newtonsches Abkühlungsgesetz** [nj'u:tn-]). – A. kann auch durch adiabat. Expansion von Gasen, beim Verdunsten von Flüssigkeiten und bei → adiabatischer Entmagnetisierung zur Erreichung sehr tiefer Temperaturen auftreten. (→ Kühlung)

Ablagerung, Sedimentation, das Absetzen von Lockermassen wie Schutt, Geröll, Kies, Sand, Schlamm, Staub, Lava, Asche, organ. Stoffe in stehenden Gewässern **(marine A.** auf Meeresböden, **limnische A.** in Binnenseen und Lagunen), durch fließende Gewässer **(fluviatile A.),** Wind **(äolische A.),** Gletscher **(glaziale A.)** oder Anhäufung von Schnee **(nivale A.),** ferner durch Vulkane, Bergstürze und auch Lebewesen. **Akkumulation** ist die örtlich verstärkte A. (Moränen, Schotter, Dünen). – Die A. ist abhängig von den physikal. und chem. Bedingungen im A.-Raum. Tragkraft des Transportmediums sowie Dichte, Größe und Form der Teilchen sind bestimmend für die A. festen Gesteinsmaterials, Sättigungsgrad, Temperatur, das Vorhandensein von Lösungsgenossen, Gasen u. a. bei der chem. Ausfällung.

ablandig, Luftbewegung vom Land zum Meer.

Ablängen, Schneiden von Rundholz, Balken, Bewehrungsstäben u. a. auf bestimmte Länge.

Ablation, das Abschmelzen oder Verdunsten des Eises (Gletscher, Inlandeis, Eisberg) durch Sonnenstrahlung, Luftwärme, Wind und Regen.

Ablationskühlung, Schmelzkühlung, Verfahren zum Schutz vor unzulässiger Aufheizung, bes. bei den früheren, in die Atmosphäre zurückkehrenden Körpern der Raumfahrt (z. B. Mercury-, Gemini-, Apollokapseln). Durch endotherme Zersetzung, Abschmelzung und Verdampfung von Schutzschichten **(Hitzeschild)** wird die beim Eintritt in die Atmosphäre durch Luftreibung entstehende Wärme abgeleitet; weitere Anwendung in Feststoff- und Flüssigkeitsraketentriebwerken. **Ablationswerkstoffe** sind Graphit, Beryllium und glas- oder asbestfaserverstärkte Kunststoffe.

Ablaufberg, bergartige Erhöhung eines Gleises in Rangierbahnhöfen, von der aus die Güterwagen durch Schwerkraft in die Richtungsgleise rollen.

Ablaufplan, Flußdiagramm, Hilfsmittel zur Darstellung log. Abhängigkeiten in einem Programm durch spezielle Sinnbilder. Ein A. bildet den ersten Schritt zur Umsetzung einer Aufgabe in ein Programm. Mit Hilfe des A. ist es möglich, ein Problem auf jeder Datenverarbeitungsanlage zu lösen, indem man den A. an Hand der Befehlsliste der benutzten Maschine in die Befehlsfolge umsetzt.

Ablaufplan-Regler, → Programmregler.

Ablaugmittel, → Abbeizmittel.

Ablaugung, → Auslaugung, → Subrosion.

Ableitung, svw. der Differentialquotient in der → Differentialrechnung.

Ablenkfehler, korpuskular- und elektronenopt. Abbildungsfehler bei der Ablenkung eines fokussierten Bündels geladener Teilchen durch elektr. oder magnet. Felder (z. B. Elektronen in Fernsehröhren).

Ablenkspule, bei → Elektronenstrahlröhren auf dem Röhrenhals angeordnete, von einem elektr. Strom durchflossene Spule zur Erzeugung eines magnet. Feldes für die → Ablenkung des Elektronenstrahls. Die Stärke

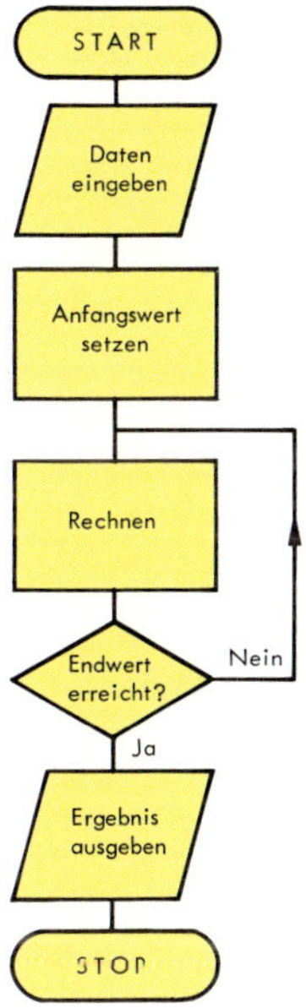

Ablaufplan 1

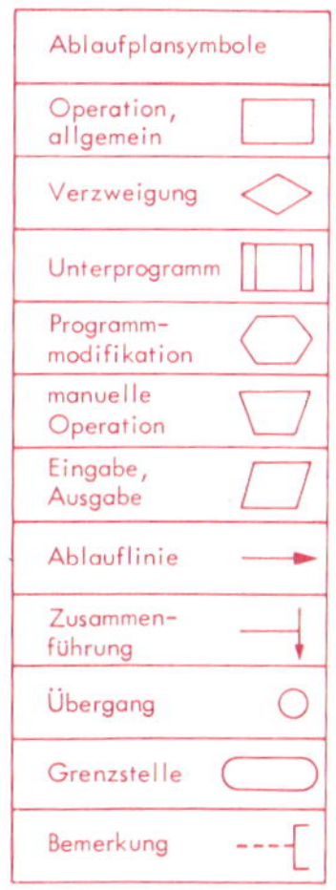

Ablaufplan 2: Ablaufplansymbole

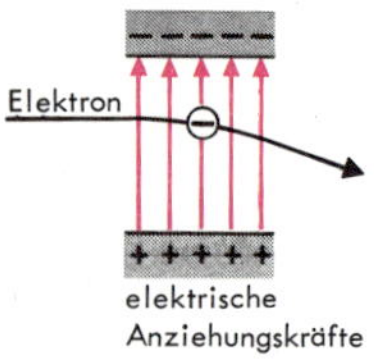

Ablenkung 2): A. eines Elektronenstrahls im elektr. Feld

der Felder ist ein Maß für die Verschiebung des von dem Elektronenstrahl auf dem Bildschirm geschriebenen Leuchtflecks aus seiner Ruhelage. Mit zwei senkrecht zueinander stehenden Feldern kann der Leuchtfleck an jede Stelle des Bildschirms geschoben werden.

Ablenkung, 1) Navigation: → Deviation.

2) Physik: Richtungsänderung einer Bewegung (Körper, Strahlung) durch eine senkrecht zur Bewegungsrichtung wirkende Kraftkomponente. Elektrisch geladene Teilchen werden durch elektr. und magnet. Felder abgelenkt, z. B. Elektronenstrahlen durch die Felder von **Ablenkplatten** (BILD) und **Ablenkspulen** (z. B. in der → Bildröhre), Ionen im Massenspektrographen.

Ablösung, Abweichung der Randstromlinie einer Strömung von der festen Begrenzung (Wand), wobei sich Walzen und Wirbel ausbilden (→ Grenzschicht).

Abluft, die aus dem Raum abströmende Luft bei einer Lüftungsanlage.

Abmagnetisierung, → Entmagnetisierung.

Abmaß, die Differenz zw. einem → Grenzmaß oder einem → Istmaß und dem → Nennmaß (→ Toleranz).

ABM-System, Abk. für **Anti-Ballistic-Missile-System** ['æntɪ bəl' ɪstɪk m'ɪsɪl s'ɪstɪm, engl.], aus Abschußvorrichtungen, Abfangflugkörpern (→ Raketenwaffen) und → Frühwarnsystem bestehendes System zur Abwehr ballist. Interkontinentalraketen.

Abmustern, Färberei: Prüfen der Übereinstimmung von Färbungen, z. B. von Farbvorlage und zu färbendem Muster.

A-Bombe, kurz für Atombombe (→ Kernwaffen).

Abonnement-Fernsehen [abɔnm'ã-], → Telekommunikation.

Abplattung, durch die Rotation verursachte relative Verkürzung der Drehachse eines Himmelskörpers. Die A. wird definiert durch das Verhältnis

$$f = \frac{a-c}{a},$$

wobei a den Äquatorialradius und c den Polradius bedeutet. Die A. der Erde beträgt nach Satellitenbahnanalysen 1:298,257; Mars 1:189,1, Jupiter 1:19,6, Saturn 1:9,51.

Abrasion, die abtragende Tätigkeit der Meeresbrandung. Sie schafft an Steilküsten eine Brandungshohlkehle, durch Nachstürzen des überhängenden Materials entsteht dann ein → Kliff. Der abgeschliffene Untergrund vor dem Kliff ist die **Abrasionsplatte (Strandplatte, Schorre).**

Abrauchen, Entfernen flüchtiger Anteile aus Feststoffen durch Erhitzen, mit oder ohne Zusatz konzentrierter Säuren.

Abraum, Tagebau: über den nutzbaren Mineralien lagernde unbrauchbare Boden- und Gesteinsmassen, die zur Gewinnung abgeräumt werden müssen; auch Bez. für Abfall.

Abraumsalze, Kalirohsalze, die urspr. bei der bergmänn. Gewinnung von Steinsalz als nicht verwendbarer Abraum auf die Halde gestürzt wurden; sind heute von großem wirtschaftl. Wert (→ Kalisalze).

Abreicherung, Kerntechnik: Verminderung der relativen Häufigkeit spezieller Isotope in einem Isotopengemisch. Abgereichertes Uran enthält einen geringeren Prozentsatz an U-235 als Natururan. Es fällt bei der → Isotopentrennung von Uran an. Ggs.: Anreicherung.

Abreißbremse, Kfz.: bewirkt bei ungewollter Trennung eines Anhängers vom Zugfahrzeug seine selbsttätige Bremsung.

Abreißheck, Kfz.: abgeschnittene Stromlinienform am Karosserieheck zur Verringerung des Luftwiderstands.

Abrichten, die genaue Formgebung von Schleifkörpern mit Hilfe von **Abrichtwerkzeugen,** z. B. Diamant; in der Holzbearbeitung die winkelgenaue Bearbeitung von Werkstücken, z. B. auf einer **Abrichthobelmaschine.**

Abrieb, bei Reibungspartnern auftretender Verschleiß; speziell **Gummi-A.** beim Übertragen großer Brems- und Antriebskräfte zw. Reifen und Fahrbahn.

ABS, Abk. für → **Anti**b**lockier**s**ystem.

Absättigung, Zustand der Bindung der größtmöglichen Zahl von Atomen an ein anderes Atom oder Molekül, z. B. wird durch Wasserstoffaufnahme aus dem ungesättigten Äthylen ($H_2C=CH_2$) gesättigtes Äthan (H_3C-CH_3).

Absatzgesteine, die → Sedimentgesteine.

Absaugungsanlage, lufttechn. Anlage, die Luft mit einem Ventilator aus dem Raum absaugt und ins Freie bläst, während Luft aus den benachbarten Räumen oder aus dem Freien nachströmt; Verwendung zur Lüftung kleiner Räume mit starker Luftverunreinigung durch Gase, Dämpfe, Gerüche oder hohe Temperaturen.

Abschalten eines Kernreaktors, Vorgang, bei dem → Absorberstäbe in den Reaktorkern oder neutronenabsorbierende Stoffe in das Kühlmittel (z. B. Bor beim Druckwasserreaktor) eingebracht werden. Dadurch wird der für die Kettenreaktion maßgebende effektive Neutronenvermehrungsfaktor kleiner als 1, die Kettenreaktion und damit die Energieerzeugung klingen ab: Der Reaktor wird ›unterkritisch‹. Man unterscheidet zw. **Rückstellen,** engl. **Run down** [rʌn daʊn], bei normalen Störfällen und **Schnellabschaltung, Schnellschluß,** engl. **Scram** [skræm], bei Notfällen.

Beim abgeschalteten Reaktor entsteht Energie in Form der **Nachwärme** durch die langsam abklingende radioaktive Strahlung.

Abschattung, Optik: die → Vignettierung.

Abscheiden, Abtrennen von flüssigen oder festen Stoffen aus Gasen und Dämpfen oder von festen Stoffen aus Flüssigkeiten durch **Abscheider** unter Ausnutzung z. B. der Flieh- oder Schwerkraft, der Adhäsion oder elektr. oder magnet. Kräfte.

Abscherfestigkeit, Scherfestigkeit, Werkstoffeigenschaft, ein **Scherversuch** dient dabei zur Ermittlung der Festigkeit des Werkstoffs von Stangen und Blechen.

Abscherung, etwa waagerechte Bewegung einer tekton. Einheit auf einem anders gebauten Unterbau. (BILD S. 13)

Abschiebung, → Verwerfung.

Abschirmung, Behinderung der Wirkungsausbreitung von Feldern, Strahlungen, Strömungen.

1) Atomphysik: Im Atom schirmen die inneren Elektronen die positive Kernladung in ihrer Wirkung auf die äußeren Elektronen (Leuchtelektronen) teilweise ab. Die dadurch bedingte scheinbare Verminderung der Kernladung, die experimentell (spektroskopisch) bestimmt wer-

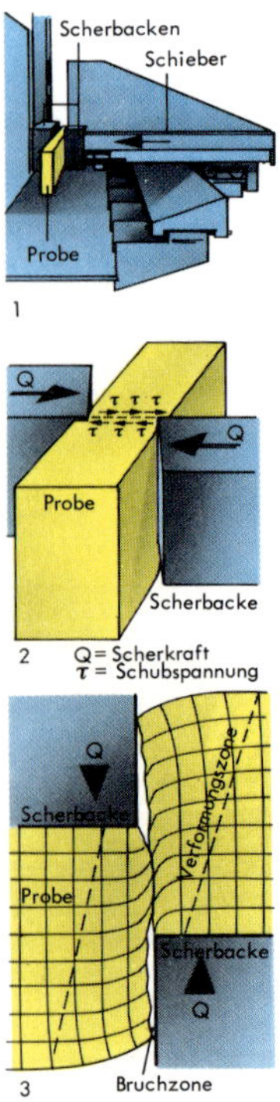

Abscherfestigkeit: **1** Druckvorrichtung für Abscherversuche. **2** Abschervorgang. **3** Netzdiagramm eines Abscherversuchs mit Kupfer

den kann, beträgt $\sigma \cdot e$ (e = Elementarladung). σ heißt **A.-Zahl.** Das Leuchtelektron bewegt sich dann im Feld der ›effektiven‹ Kernladung $Z_{eff} \cdot e$, die gleich der Kernladung $Z \cdot e$ vermindert um $\sigma \cdot e$ ist.

2) In der Kern- und Röntgentechnik dient die A. dem Schutz gegen radioaktive, Röntgen- oder energiereiche Teilchen-Strahlung, die in geeigneten Substanzen absorbiert oder zurückgestreut wird. Dabei wird die Energie an die Bausteine der Substanz abgegeben, wodurch Ionisierung oder Atomkernanregung erfolgen kann, was zu einer Sekundärstrahlung führt, die wiederum abgeschirmt werden muß. Ein Teil der Strahlungsenergie wird im Abschirmungsmaterial in Wärme umgewandelt **(Abschirmungswärme).** Abschirmungsdicke und -art werden durch die energieabhängige Reichweite und den Wirkungsquerschnitt bestimmt.

Strahlung	Abschirmmaterial	Reichweite	Sekundärstrahlung Sekundäreffekte
α	nicht erforderlich	zehntel mm	Ionisierung
β	Glas, Polyacrylharze, Aluminium	1 bis 40 mm	Röntgenstrahlung
γ	Blei, Beton	bis einige m	Photo-, Compton-Effekt, Paarbildung
Neutronen	Polyäthylen, Paraffin, Wasser, Beton	einige cm–1 m	Kernanregung

3) Nachrichtentechnik: konstruktive Maßnahme zur Vermeidung gegenseitiger Beeinflussung von Leitungen, Bauelementen, Baugruppen, Geräten und Anlagen durch elektr. und/oder magnet. Felder (→Faraday-Käfig). Zur A. von elektrostat. Feldern sind Bleche oder Folien (z. B. aus Kupfer) geeignet, die elektrisch leitend mit der Masse der Störquelle verbunden sind. Niederfrequente Magnetfelder lassen sich durch eine Hülle weichmagnet. Werkstoffs hoher Permeabilität abschirmen, hochfrequente magnet. Felder können mit einem Wirbelstromschirm abgeschirmt werden. Gegen die Einwirkung hochfrequenter elektr. Felder werden metall. Schirme verwendet. Der Schirmungseffekt beruht dabei auf einer Ladungsverschiebung auf der Hülle, so daß diese zur Äquipotentialfläche und damit das Hülleninnere feldfrei wird. I. a. weist der Schirm eine Maschen- oder Gitterstruktur auf, wobei infolge des reduzierten Bedeckungsgrades auch eine gewisse Restverkopplung bestehen bleibt.

Abschmieren, 1) ungewolltes seitl. Abrutschen des Flugzeugs bes. beim Kurvenflug, durch falsche Flugzeugführung verursacht.

2) das Zuführen von Schmiermitteln.

Abschnüren, 1) das Markieren einer geraden Linie durch Schlag einer Schnur, die nach Anzug beim Zurückwippen Farbstoff (z. B. Kreide) abgibt.

2) Schiffbau: Aufzeichnen der Schiffslinien in natürl. Größe auf dem →Schnürboden; heute weitgehend durch →optisches Anzeichnen ersetzt.

Abschrecken, Metallkunde: schnelles Abkühlen erwärmter Metalle; →Härten.

Abschroten, Trennen von Metallteilen, meist im warmen Zustand in Handarbeit mit Amboß, Abschrotmeißel und Hammer oder keilartig zugeschärftem Abschrothammer **(Abschröter).**

Abschuppung, Desquamation, Ablösung schalig-schuppiger Felsteile in ariden und semiariden Gebieten.

Abschußrampe, →Raketen-Startanlagen.

Absenken, 1) Bautechnik: das Senken der Fundamente u. ä. im Druckluftverfahren bis zum tragfähigen Baugrund.

2) Bergbau: die Abwärtsbewegung des Gebirges über den durch Abbau verursachten Hohlräumen, die im Lauf der Zeit zwangsläufig durch Gebirgsdruck wieder geschlossen werden. Man strebt durch geeignete Abbauführungen ein planmäßiges A. an, so daß die Oberfläche möglichst gleichmäßig, ohne Bruchkanten und ohne starke Neigung absinkt.

3) Wasserbau: das Senken des Grundwasserspiegels durch Abpumpen oder das Senken des Wasserspiegels eines Gewässers durch Sohlenvertiefung.

Absenkziel, niedrigster zulässiger Oberwasserstand an der Stauanlage eines Wasserlaufs.

absetzbare Stoffe, Sinkstoffe, in Wasser ungelöste Stoffe, die sich in einem genormten konischen Gefäß innerhalb von zwei Stunden absetzen. Es kann der Volumenanteil (ml in 1 l Wasser) oder der Massenanteil (mg in 1 l Wasser) angegeben werden.

Absetzbecken, Sammelbecken zur Sedimentation von ungelösten absetzbaren Stoffen, unterschieden in **Vor-** und **Nachklärbecken** (→Abwasserreinigung). Hinsichtlich der Bauform wird zw. einstöckigen Anlagen (2–2,5 m Tiefe) mit mechan. Schlammräumung und zweistöckigen Anlagen mit darunterliegendem Schlammfaulraum, z. B. →Emscherbrunnen, unterschieden.

Absetzer, 1) Bergbau: spezielle Bauart des →Gurtförderers, verwendet zum Aufschütten von Kippen oder Halden, meist in Verbindung mit langem Ausleger und hoher Fördergeschwindigkeit (große Wurfweiten).

2) chem. Technologie: →Abwasserreinigung.

Absolues [absɔl'y, frz.], Bez. für die alkohollösl. Anteile der aus Pflanzenteilen extrahierten Blütenöle, die zur Herstellung von →Duftstoffen dienen.

absolute Adresse, Datenverarbeitung: →Adresse.

absolute Helligkeit eines Sterns, →Helligkeit.

absolute Höhe, die Höhe eines Punktes der Erdoberfläche über →Normal Null.

absolute Konvergenz, →Reihe.

absoluter Betrag einer Zahl oder eines Vektors, →Betrag.

absoluter Nullpunkt, der Nullpunkt der thermodynam. Temperaturskale, festgelegt als 0 K (→Kelvin): 0 K = −273,15 °C. Am a. N. befinden sich alle physikal.

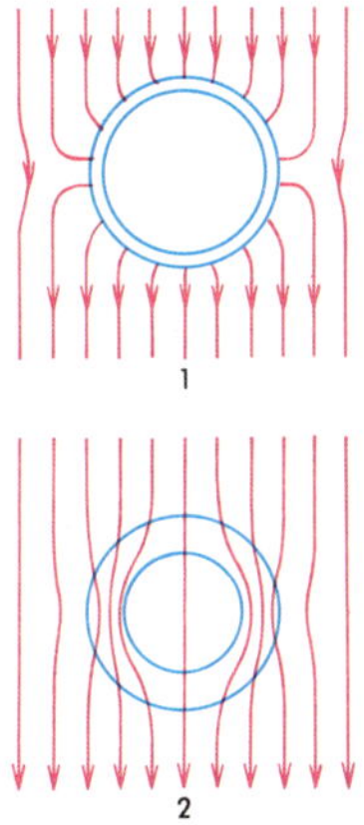

Abschirmung 3): **1** elektrische A. **2** magnetische A.

Abscherung: Gefaltete Abscherungsdecke im Schweizer Jura (nach A. Buxdorf)

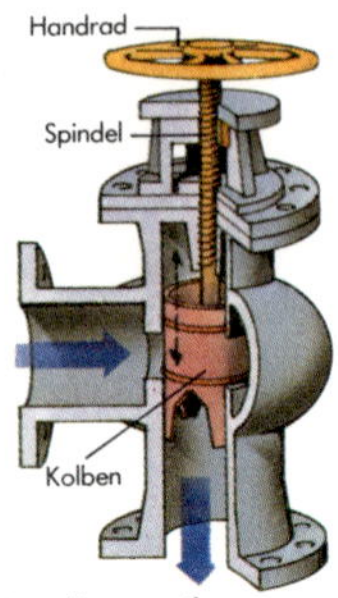

1 Kolbenventil

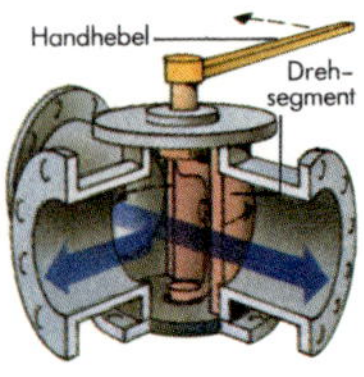

2 Dreiweg-Drehschieber

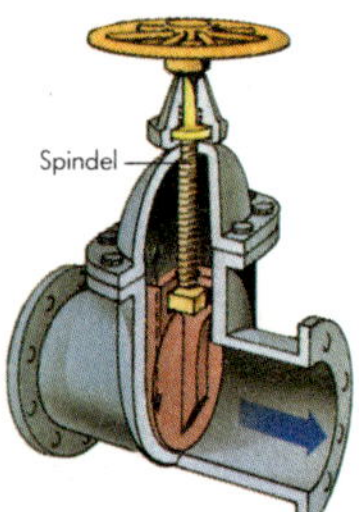

3 Flachschieber

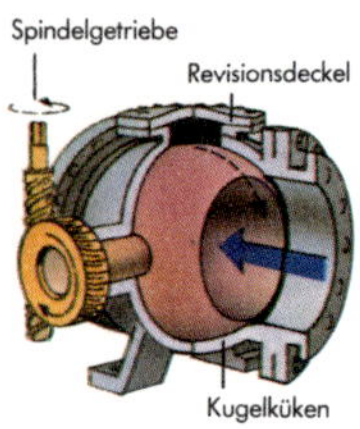

4 Kugelhahn

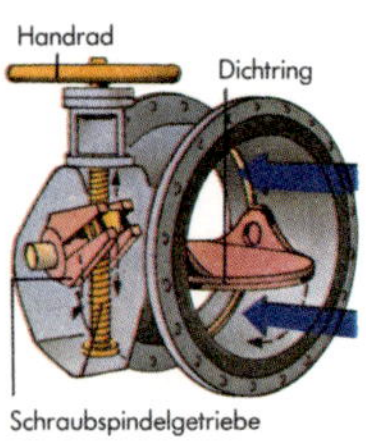

5 Ringklappe

Absperrorgan

Systeme im Zustand niedrigster Energie, dem Grundzustand. Aus dem →Nernstschen Wärmesatz folgt, daß man dem a. N. zwar beliebig nahekommen, ihn aber nie erreichen kann. (→Tieftemperaturphysik)

absolutes Glied, das Glied eines →Polynoms oder einer Gleichung, das keine Veränderlichen enthält.

absolutes Maßsystem, ein →Maßsystem, das von der Anziehungskraft der Erde unabhängig ist.

absolute Temperatur, die vom →absoluten Nullpunkt aus gemessene Temperatur.

Absonderung, Zerteilung von Gesteinsmassen durch Schichtung, Schrumpfung, Spannungsausgleich, Klüftung, Schieferung u. a. in charakterist. Weise, wichtig für Abbau und Bearbeitung von Gesteinen.

Absorber *der,* i. w. S. ein aufnehmender, ›absorbierender‹ Stoff (→Absorption), i. e. S. Bestandteil einer Absorptionskältemaschine (→Kältemaschine).

Absorberstab, Stab aus neutronenabsorbierendem Material (Bor-, Cadmium-, Hafnium-, Indium-Verbindungen) zur Regelung **(Regelstab, Steuerstab)** und Beendigung **(Abschaltstab)** des Neutronenflusses im →Kernreaktor.

Absorption, 1) Schwächung eines Teilchenstromes oder der Energie einer elektromagnet. Welle, Schallwelle u. a. bei Wechselwirkung mit Materie (z. B. durch schallschluckende Stoffe bei Schallwellen, durch Bleischutz bei radioaktiver Strahlung), wobei die gesamte oder ein Teil der Energie an die Materiebausteine abgegeben oder in andere Energieformen (z. B. Wärme) umgewandelt wird. Der Rest wird reflektiert oder geht durch die Materie hindurch **(Transmission).**

Bei der A. von Licht gehen die Moleküle der durchstrahlten Materie z. T. in angeregte Energiezustände über, wobei, je nach der Beschaffenheit der Materie, nur bestimmte Wellenlängen absorbiert werden. Das Spektrum von ehemals weißem Licht zeigt daher dunkle Linien und Banden **(Absorptionsspektrum).** Die Auswertung von Absorptionsspektren erlaubt weitreichende Schlüsse auf die Beschaffenheit der durchstrahlten Materie; z. B. lassen sich aus den sprunghaften Änderungen im Röntgen-Absorptionsspektrum **(Absorptionskanten)** die Ionisierungsenergien der inneren Elektronen der Atome berechnen **(Absorptionsspektroskopie).**

Der **A.-Grad** (das **A.-Vermögen)** α ist der Quotient aus absorbierter (Φ_a) und einfallender Strahlungsleistung Φ: $\alpha = \Phi_a/\Phi$. Bei einer monchromat. Strahlung der Wellenlänge λ spricht man vom **spektralen A.-Grad** $\alpha\ (\lambda)$. Entsprechend sind **Reflexionsgrad** $\varrho = \Phi_r/\Phi$ und **Transmissionsgrad** $\tau = \Phi_{tr}/\Phi$ definiert, wobei Φ_r reflektierte, Φ_{tr} durchgelassene Strahlungsleistung bedeuten, und es gilt $\varrho + \alpha + \tau = 1$.

In der Optik und Lichttechnik werden i. a. die Stoffkennzahlen ϱ, α und τ auf den auftreffenden Lichtstrom bezogen. Der auf den eindringenden Lichtstrom bezogene A.-Grad (Transmissionsgrad) heißt **Rein-A.-Grad** α_i (Reintransmissionsgrad τ_i).

Für die austretende (spektrale) Strahlungsleistung Φ_{ex} nach dem Durchqueren eines Mediums der Schichtdicke d gilt das (Bouguer-Lambertsche) **Absorptionsgesetz** $\Phi_{ex} = \Phi_{in}\ e^{-kd}$, wobei Φ_{in} die (spektrale) Strahlungsleistung beim Eintreten in das absorbierende Medium und k die **A.-Konstante** ist. Der Kehrwert der A.-Konstanten hat die anschaul. Bedeutung, daß längs des Weges $1/k$ die einfallende Strahlungsleistung auf $1/e \approx 37\%$ abgenommen hat.

2) Gaswäsche, Aufnahme von Gasen durch Flüssigkeiten (oder Feststoffe). Die gelöste Gaskomponente wird als **Absorbend,** die Flüssigkeit (Lösemittel) als **Absorbens** bezeichnet. Unter **Desorption** versteht man die Umkehrung der A., d. h. das Austreiben des Gases bei erhöhter Temperatur und/oder erniedrigtem Druck unter Rückgewinnung des Lösemittels. Bei der **physikal. A.** gilt das **Henrysche Gesetz,** nach dem bei konstanter Temperatur die Löslichkeit eines Gases proportional zu dessen Druck in der Gasphase ansteigt. Bei der **chem. A.** findet zw. Gas und Lösemittel eine meist reversible chem. Reaktion statt. So wird z. B. Schwefelwasserstoff aus Erd- oder Raffineriegas mit wäßrigen Äthanolaminlösungen entfernt. – In A.-Apparaten müssen Gas und Lösemittel gut durchmischt werden. Das geschieht u. a. in →Kolonnen oder in Strahlwäschern, bei denen die Flüssigkeit in dem zu reinigenden Gasstrom fein zerstäubt wird. – Die Sauerstoff- und Kohlendioxid-A. im Wasser ermöglicht das Leben der Wassertiere und Wasserpflanzen. (→Sorption)

Absorptionsfilter, →Lichtfilter.

Absorptionsquerschnitt, ein →Wirkungsquerschnitt.

Abspanen, Formgebung von Werkstücken mit den Verfahren der →spanenden Formung.

abspannen, hochragende Bauten wie Schornsteine, Baugerüste, Maste durch zugfeste Bauteile (verankerte Seile) sichern.

absperren, möglichst gleichartige →Furniere (Absperrfurniere) auf eine Mittellage mit kreuzweise angeordneter Faserrichtung beidseitig aufleimen, um das Quellen und Schwinden einzuschränken.

Absperrorgan, Vorrichtung zum Verschließen von Rohrleitungen. Die Größe des A. wird durch die Nennweite (NW) in mm und den Nenndruck (ND) in bar angegeben. Übliche Bauarten sind: Ventile, Schieber, Klappen und Hähne. Bei allen A. wird der Abschluß durch dichtes Aufsetzen eines bewegl. Absperrkörpers auf den im Gehäuse fest eingebauten Sitz erzielt. Es wird dabei: beim **Ventil** ein Ventilteller oder ein Ventilkegel geradlinig, senkrecht zum Sitz bewegt; beim **Absperrschieber** eine Platte oder ein Keil geradlinig, parallel zum Sitz bewegt (Drehschieber sind eigentlich Hähne); bei der **Klappe** ein Klappenkörper um eine Achse geschwenkt; bei einem **Hahn** der kugelige oder kegelige Absperrkörper um seine Achse gedreht. Das Gleiten der Dichtungsfläche auf dem Sitz beim Schieber und beim Hahn wird bei manchen Konstruktionen vermieden: die Dichtungsfläche wird im Absperrkörper beweglich angeordnet und beim Schließen erst dann dicht auf den Sitz gepreßt, wenn der Absperrkörper seine Bewegung beendet hat. Diese Einteilung wird nicht immer eingehalten.

A. werden an die Rohre mittels Flanschen, Muffen oder Gewindemuffen angeschlossen; bei Hochdruckleitungen werden A. auch oft angeschweißt. **Durchfluß-A.** werden in gerade Rohrstrecken, **Eck-A.** an Stelle von Krümmern, **Dreiweg-A.** an Stelle von T-Stücken eingebaut. Der spezif. Energieverlust wird in m^2/s^2, als Widerstandshöhe in m oder als dimensionslose, auf die kinet. Energie im Eintritt bezogene Widerstandszahl angegeben. Ventile verursachen größere Verluste als Schieber; günstiger sind in dieser Hinsicht Schrägsitzventile, auch Freiflußventile genannt, mit weniger schroffer Umlenkung der Strömung.

Im Verteilungsnetz einer Wasserversorgungsanlage dienen A. den Bedürfnissen des Betriebes und der Unterhaltung des Rohrnetzes. In Abständen von 300 bis 500 m und an Abzweigungen werden Schieber gesetzt (Rund- und Keilschieber). Als Rohrbruchsicherung werden Ringkolbenschieber, die besonders günstige Strömungsverhältnisse aufweisen, sowie Drossel- und Abdichtklappen verwendet, letztere auch als Regelorgane für wechselnde Förderleistungen.

A. werden von Hand, hydraulisch oder elektrisch betätigt. Um die für die Betätigung des A. notwendige Verstellkraft und damit auch die Verstellarbeit klein zu halten und gleichzeitig eine Beschädigung der Dichtungsflächen zu vermeiden, wird eine Umgehungsleitung (auch Umlaufleitung, Druckausgleichsleitung, Fülleitung, Beipaßleitung genannt) angeordnet, durch die der hinter dem A. liegende Rohrleitungsteil vor Betätigung des A. gefüllt wird, womit auf beiden Seiten des A. gleicher Druck erreicht wird. Die Gehäuse der A. werden gegossen, geschweißt oder geschmiedet; die Ausführung richtet sich nach Größe, Druck und Verwendungszweck. – Ventile und Schieber werden auch als Regelorgane verwendet.

G. Schlick: Ventile in unserem Leben (1978); W. Tochtermann u. F. Bodenstein: Konstruktionselemente des Maschinenbaues, Tl. 1 (⁹1979).

ABS-Polymerisate, Abk. für **Acrylnitril-Butadi|en-Styrol-Polymere,** thermoplastische Kunststoffe von hoher Schlagfestigkeit, die durch Polymerisation von Styrol und Acrylnitril in Gegenwart von weichem Butadienkautschuk erhalten werden. A. werden im Kraftfahrzeugbau, für Gehäuse von Haushaltsgeräten und für Schutzhelme verwendet.

abspreizen, senkrechte Bau- oder Konstruktionsteile durch verkeilte **Spreizhölzer** oder **Abspreizwinden** waagerecht gegeneinander abstützen, bei breiteren Baugruben durch **Sprengböcke.**

Abspülung, flächenhafte Abschwemmung feiner Gesteinsteile von der Erdoberfläche durch das Regenwasser, bes. bei heftigen Gewittergüssen und Starkregen.

Abstand, 1) allgemein die Entfernung zweier Punkte im Raum, dargestellt durch den Ausdruck

$$d = \sqrt{(q_1 - p_1)^2 + (q_2 - p_2)^2 + \cdots (q_n - p_n)^2},$$

wobei $p_1, p_2, \cdots p_n$ und $q_1, q_2, \cdots q_n$ die Koordinaten der beiden Punkte P und Q in einem n-dimensionalen Raum sind (für den zweidimensionalen Fall s. Bild 1), oder 2) die kürzeste Entfernung zweier paralleler Geraden oder zweier paralleler Ebenen voneinander; 3) kürzeste Entfernung eines Punktes von einer Geraden oder einer Ebene; 4) kürzeste Entfernung zweier Geraden im Raum oder einer Geraden von einer Ebene.

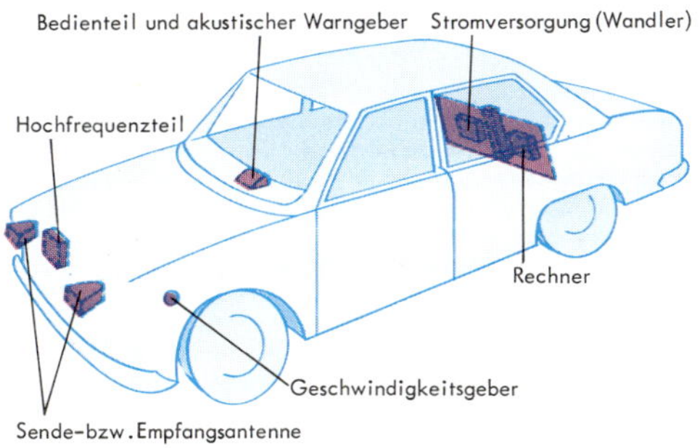

Abstandswarngerät

Abstandswaffen, Angriffswaffen von Militärflugzeugen (meist ferngelenkte oder zielsuchende → Flugkörper), die in so großem Abstand vom Ziel eingesetzt werden können, daß durch Vermeidung des gegner. Verteidigungsbereichs die Überlebenschancen des Angreifers verbessert werden.

Abstandswarngerät, Auffahrwarngerät, Gerät zur Warnung eines Kraftfahrers bei zu geringem Abstand von einem Verkehrshindernis. Die Laufzeit der Impulse eines Mikrowellensenders zum Hindernis und zurück stellt in Verbindung mit der Annäherungsgeschwindigkeit und dem Bremsweg ein Maß für den Abstand dar.

Abstechen, 1) Bearbeitungsvorgang beim Drehen. Das bearbeitete Werkstück wird durch radialen Vorschub des Abstechwerkzeugs von dem in der Spannvorrichtung (Backenfutter) verbleibenden Werkstoffrest abgetrennt.

2) A. von Hochöfen, Kupolöfen u. a.: das Ablassen geschmolzenen Metalls aus dem Ofen; → Eisen, → Industrieöfen.

Abstecken, im Hochbau das Festlegen der Lage von Mauerfluchten im Gelände mittels Schnurgerüst und Fluchtschnur. – Bei Ingenieurbauten mit vornehml. Längenausdehnung (Straßen, Eisenbahnen, Kanäle) wird das A. der Achse durch Vermessungsgeräte vorgenommen.

absteifen, abstützen, lot- und waagerechte Lasten durch Rüstung während des Bauvorgangs behelfsmäßig aufnehmen. (→ abspreizen, → abstreben)

Abstimmung, Nachrichtentechnik: die Einstellung eines Schwingkreises durch Veränderung seiner Kapazität (durch Drehkondensator oder Kapazitätsdiode) oder seiner Induktivität auf die gewünschte Frequenz (Wellenlänge), die ausgesendet oder empfangen werden soll. Bei Empfängern und Sendern der Funktechnik wird die A. entweder mit dem Bedienungsknopf vom Benutzer vorgenommen oder durch elektron. Schaltungen (z. B. automatische Scharfabstimmung bei UKW-Empfang) bewirkt.

Abstraktion, wissenschaftl. Erkenntnismethode, bei der durch das Heraussondern best., in einem gegebenen Zusammenhang wesentl. Merkmale allgemeine Begriffe und Gesetzmäßigkeiten bezüglich eines (meist konkreten) Gegenstandsbereiches gewonnen werden, auch die durch den Vorgang der A. erhaltenen Größen. Je nach Verfahren unterscheidet man **isolierende A.,** bei der best. wesentl. Aspekte eines oder mehrerer Gegenstände aus ihrem urspr. Zusammenhang herausgelöst werden, **generalisierende A.,** welche die für eine Mehrheit von Gegenständen typ. Eigenschaften heraushebt und zusammenfaßt, und **idealisierende A.,** die durch Klassifikation oder Konstruktion ideale Größen (z. B. Modelle) und ihnen entsprechende Begriffe schafft.

abstreben, Bauteile gegen schrägen oder waagerechten Kraftangriff durch → Streben sichern.

Abstrecken, Metallbearbeitung: **Abstreckziehen, Abstreck-Gleitziehen,** Durchziehen von napfförmigen Hohlkörpern durch einen Abstreckring mit einem gegen den Werkstückboden drückenden Stempel. Durch die geringere Weite des Abstreckringes wird eine Wanddickenverringerung des Hohlkörpers erreicht. **Abstreckdrükken,** → Drücken.

Abstreifkolonne, der → Stripper.

abstumpfen, vermindern der Wasserstoff- oder Hydroxid-Ionenkonzentration durch Zusatz von Laugen, Säuren oder Salzen (→ Puffer).

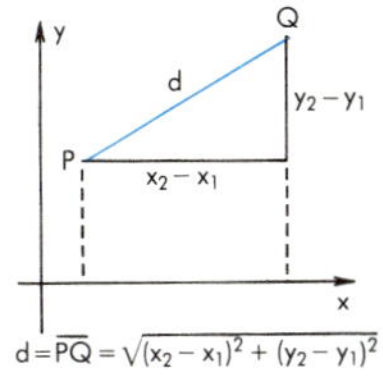

Abstand 1)

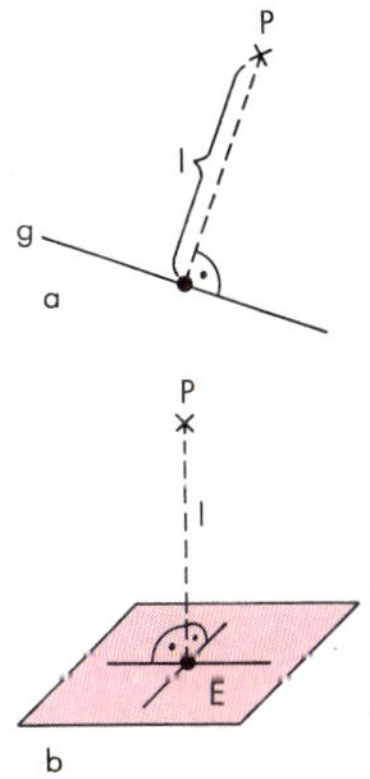

Abstand 2): A. eines Punktes; **a** von einer Geraden g; **b** von einer Ebene E

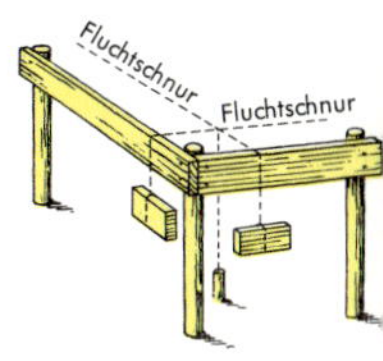

Abstecken

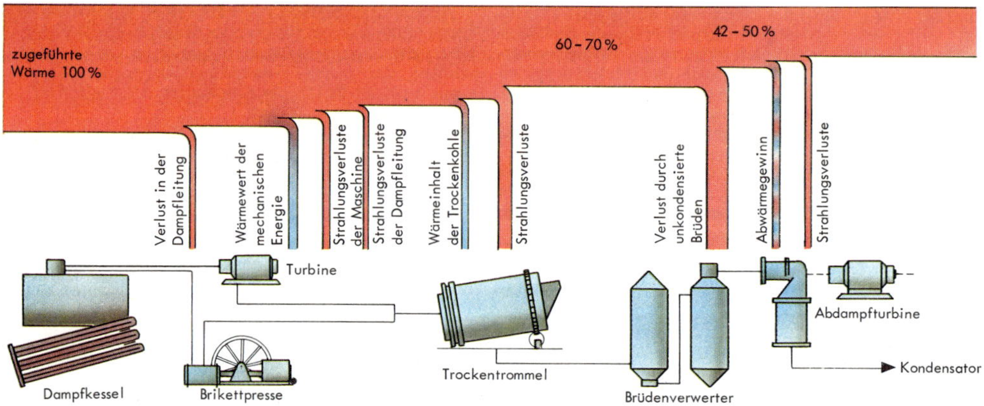

Abwärme: Wärmefluß in einer Brikettfabrik mit Brüdenverwertung

Absturz, Sohlabsturz, Querbauwerk in einem Wasserlauf, durch das eine Sohlstufe mit → Fließwechsel entsteht.

Abszisse, erste → Koordinate (i. a. die x-Koordinate) eines Punktes $P = (x, y)$ einer Ebene, in der ein kartesisches Koordinatensystem zugrunde gelegt ist (zweite Koordinate y → Ordinate). Oft wird A. auch gebraucht für die **A.-Achse,** die Gerade durch den Ursprung eines Koordinatensystems, auf der die Werte der x-Koordinaten aufgetragen werden.

Abtasten, das punktweise Aufnehmen von Informationen, Daten, Meßwerten u. a. mittels verschiedener physikal. Methoden. Es werden mechan. (z. B. bei der herkömml. → Schallplatte), elektr. (z. B. kapazitive Abtastung bei der VHD-Bildplatte), magnet. (z. B. beim → Tonbandgerät), opt. (z. B. bei → Bildaufnahmeröhren für Videoaufnahmen) u. a. Verfahren angewendet.

In der Nachrichtenverarbeitung versteht man unter A. die Entnahme von Amplitudenwerten eines → Signals zu bestimmten Zeitpunkten. Nach dem **Abtasttheorem** für Zeitfunktionen ist ein auf das Frequenzband B begrenztes Signal durch Abtastwerte im zeitl. Abstand $T \leq 1/(2\,B)$ vollständig beschrieben.

Abtastregelung, → Regelungstechnik.

Abteilung, Unterabschnitt eines geolog. → Systems.

Abteufen, Teufen, Herstellen eines senkrecht stehenden Grubenbaues, z. B. eines Schachtes, Blindschachtes, auch eines Bohrloches von oben nach unten.

Abtragen, formgebende Bearbeitungsverfahren, bei denen durch therm. oder chem. Energieumsetzung Werkstoff abgetragen wird, z. B. Erodieren, Elysieren, Ätzen.

Abtragung, Gesamtheit aller Vorgänge, die zur Erniedrigung und Einebnung der Erdoberfläche führen. Neben der flächenhaften A. **(Denudation)** werden die linienhafte → Erosion sowie die → Abrasion unterschieden. Massenbewegungen der A. treten auch allein durch Schwerkraft ein (→ Solifluktion). Die Stärke der A. ist von den Höhenunterschieden, der Pflanzendecke und klimat. Verhältnissen abhängig.

Abtrieb, das Glied eines Getriebes, an dem die (umgeformte) Energie abgenommen wird.

Abwärme, der bei der Energieerzeugung in Kraftwerken sowie bei industriellen Produktionsprozessen entstehende Wärmeanteil, der für den verursachenden Energieumwandlungsprozeß selbst nicht direkt nutzbar ist. Wegen des niedrigen Temperaturniveaus (im Mittel etwa 30 °C) ist A. von Kraftwerken z. Z. kaum wirtschaftlich nutzbar. A. aus industriellen Produktionsprozessen fällt i. d. R. mit höherer Temperatur an, die Abwärmemengen sind auf Grund größerer erreichbarer Wirkungsgrade der Anlagen (bis zu 85% z. B. durch Wärme-Kraftkopplung) deutlich geringer als bei Kraftwerken. Möglichkeiten der Weiterverwendung sind z. B. Kühlung unter Verwendung von Absorptionsmaschinen, Heizung (direkt oder über → Wärmepumpe; in näherer Umgebung des Entstehungsortes), Vorwärmung z. B. von Kesselspeisewasser, Luftvorwärmung bei Trockenvorrichtungen.

Nicht genutzte A. muß durch Kühlung an die Umgebung abgeführt werden. Kühlverfahren: Frischwasserkühlung (Kühlwasser wird aus einem Gewässer entnommen und nach Aufnahme der A. zurückgeleitet); Wasserrückkühlung (Kühlwasser wird im offenen Kreislauf geführt, Wärmeableitung durch Naßkühlturm, Ersatz von verdunstetem Wasser aus Fluß oder See); direkte Luftkühlung (Abkühlung des Turbinenabdampfes im Luftkondensator, wegen des großen Flächenbedarfs nur begrenzte Kapazität); indirekte Luftkühlung (geschlossener Kühlwasserkreislauf, Wärmeabführung durch Trockenkühlturm). Als Umweltbelastungen sind Erwärmung der Gewässer durch Frischwasserkühlung sowie klimatische Auswirkungen möglich.

Abwasser, nach häusl. oder gewerbl. Gebrauch verändert abfließendes und von Niederschlägen stammendes, in eine Kanalisation gelangendes Wasser. Es wird unterschieden zw. Regen- und Schmutzwasser. **Häusl. Schmutzwasser** enthält überwiegend biologisch abbaubare organ. Inhaltsstoffe (Fäkalien, Speisereste, Tenside), aber auch Phosphate (→ Eutrophierung). **Industrielles Schmutzwasser** enthält je nach Herkunft sehr unterschiedl. Inhaltsstoffe (Lösemittel, Salze, Schwermetalle), die z. T. schwer oder nicht biologisch abbaubar sind (→ Abwasserreinigung). Eine Größe zur Beurteilung der Belastung mit biologisch abbaubaren Stoffen ist der → biochemische Sauerstoffbedarf (BSB). Weitere sum-

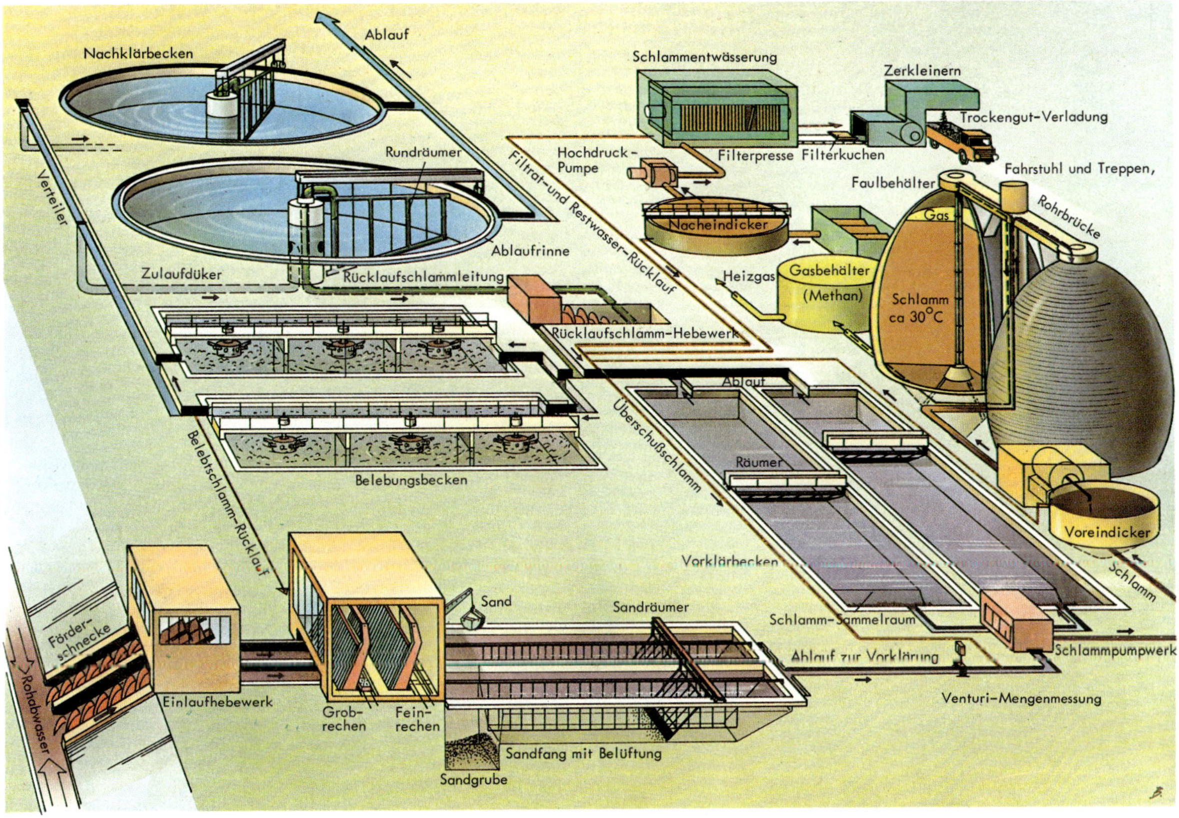

Abwasserreinigung: Schema einer Kläranlage

marische Wirkungs- und Stoffkenngrößen sind der Anteil an → absetzbaren Stoffen, der → chemische Sauerstoffbedarf (CSB) und der Gehalt an organisch gebundenem Kohlenstoff (→ TOC).

Abwasser|abgabengesetz, Ges. über Abgaben für das Einleiten von Abwasser, das in der Bundesrep. Dtl. seit 1. 1. 1978 in Kraft ist. Die Abgabe richtet sich nach der Schädlichkeit des Abwassers, die unter Zugrundelegung der → absetzbaren Stoffe, der oxidierbaren Stoffe (→ chemischer Sauerstoffbedarf), des Quecksilber- und Cadmiumgehalts sowie der Fischgiftigkeit (→ Fischtest) in Schadeinheiten angegeben wird.

Abwasserfischteich, Sonderform des → Abwasserteichs; die Nährstoffe (Phosphor, Stickstoff, Kalium) des mindestens mechanisch vorgeklärten und mit der fünf- bis zehnfachen Frischwassermenge vermischten Abwassers werden zunächst von Pflanzen aufgenommen, die dann Fischen wenig sauerstoffbedürftiger Arten (Karpfen, Schleie) als Nahrung dienen. Flächenbedarf 5 m^2/Einwohner, Tiefe 0,5–1,0 m, Durchflußzeit 20–42 Stunden, jährl. Fischfleischertrag etwa 500 kg/ha. Nachteil: Jahreszeitl. bedingte Einschränkung der Reinigungswirkung (Reduzierung des Fischbestandes).

Abwasserlast, die rechnerisch ermittelte zulässige Grenze der Belastbarkeit des Vorfluters auf Grund von Angaben über die Abflußwerte des Wasserlaufs, die Menge und Konzentration der einzuleitenden Abwässer sowie analytische, den Sauerstoffhaushalt des Gewässers betreffende Zahlenwerte. Die A. dient als Grundlage für etwa durchzuführende Reinhaltungsmaßnahmen (Reinhaltepläne).

Abwasserleitung, der Hausentwässerung dienende Rohrleitung von der Ablauföffnung bis zum Straßenkanal (**Schmutz-** oder **Regenwasserleitung;** → Kanalisation).

Abwasserpumpe, → Schneckenpumpe.

Abwasser|reinigung, Entfernung schädl. Abwasserinhaltsstoffe, meist in Kläranlagen durchgeführt, zum Zweck des Gewässerschutzes. Bei der **mechan. A.** werden ungelöste Stoffe abgeschieden. An **Rechen** aus parallel angeordneten Stäben werden grobe Bestandteile (Holz, Dosen) abgefangen. In **Sandfängern** setzt sich bei einer Strömungsgeschwindigkeit von 30 cm/s mitgeführter Sand ab. Zur Abscheidung feinerer Teilchen verwendet man rechteckige oder runde Becken **(Absetzer),** aus denen der abgesetzte Schlamm meist mit Räumvorrichtungen (Saugräumer, Bandräumer) entfernt wird. **Vorklärbek-**

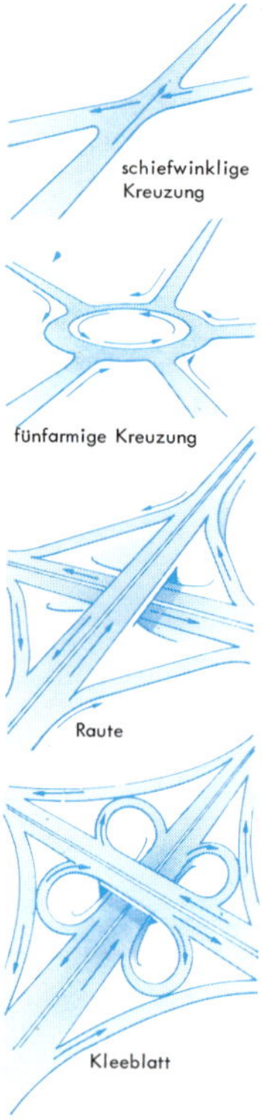

Abzweigung 1)

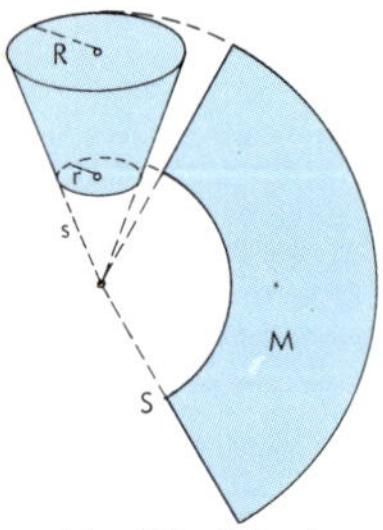

$M = \pi[(S+s)R - sr]$

abwickelbar: Abwicklung eines Kegelstumpfmantels

ken dienen zur Entfernung von Sinkstoffen aus unbehandeltem Abwasser, **Nachklärbecken** zur Abscheidung des Belebtschlamms. Die **biolog. A.** läuft, wie die natürl. Selbstreinigung der Gewässer, mit Hilfe von Mikroorganismen (bes. aerobe Bakterien) ab, wobei sich diese weitgehend an schwankende Abwasserzusammensetzungen anpassen können. Voraussetzung ist die biolog. Abbaubarkeit der Wasserinhaltsstoffe, die Abwesenheit tox. Stoffe sowie die Anwesenheit von Sauerstoff und Mineralstoffen (Phosphor, Stickstoff u. a.).

Beim **Tropfkörper-Verfahren** wird das Abwasser mit einem Drehsprenger über Schüttungen von Gesteinsbrokken oder über Kunststoffpackungen verrieselt. Auf der Oberfläche der Füllkörper siedeln sich die für den biolog. Abbau nötigen Bakterien als biolog. Rasen an. – Wegen seiner großen Anpassungsfähigkeit an unterschiedl. Belastungen wird heute überwiegend das **Belebtschlamm-Verfahren (Belebungs-Verfahren)** angewandt. Bei dem Verfahren schwimmen Bakterienkolonien (Belebtschlamm) frei in dem zu reinigenden Abwasser. **Belüfter** tragen den notwendigen Sauerstoff in das Belebungsbecken ein und sorgen gleichzeitig für eine gute Durchmischung. Dabei haben Oberflächenbelüfter (z. B. Belüftungsturbinen) nur geringe Tiefenwirkung; intensiver Sauerstoffeintrag kann über Rohrleitungen am Boden des Beckens, z. B. mit Ejektorbelüftern, erreicht werden. In der Nachklärung wird der Belebtschlamm vom Abwasser abgetrennt und z. T. in das Belebungsbecken zurückgeführt (Rücklaufschlamm), z. T. als Überschußschlamm (→ Klärschlamm) abgezogen.

Der Reinigungsgrad der Anlage nimmt mit der Schlammkonzentration im Belebungsbecken zu, er liegt zw. 80 und 95%. In modernen industriellen Belebtschlammanlagen werden statt großflächiger, offener Becken kompakte Stahlbehälter verwendet. Das führt zu geringerem Platzbedarf, geringerer Geruchsbelästigung und besserer Sauerstoffausnutzung. Auch Anlagen, die mit technisch reinem Sauerstoff – statt Luft – arbeiten, sind in Betrieb. Physikalisch-chem. Verfahren werden in speziellen Fällen zur weitergehenden A. angewandt. Bei der Reinigung kommunaler Abwässer spielt die Phosphat-Fällung mit Eisen- oder Aluminiumsalzen eine Rolle, in günstigen Fällen können über 90% des Phosphatgehaltes eliminiert werden. Spezielle Verfahren der A. für industrielle Abwässer sind die **Flockung** (z. B. Öl aus Raffinerieabwasser), die **Absorption** (z. B. Phenole und Pyridinbasen aus Kokereiabwasser), die **Ultrafiltration** (z. B. Rückgewinnung von Eiweißstoffen aus Abwasser der Milchverarbeitung) und die **Ozonbehandlung** (phenol- und cyanidhaltiges Abwasser).

Moderne Abwasserreinigungsverfahren, hg. v. d. Bayer. Landesanstalt für Wasserforschung (1978); K. H. MANGOLD u. a.: A. in der chemischen und artverwandten Industrie ([4]1979); A. in der Bundesrep. Dtl., hg. v. Umweltbundesamt (1981).

Abwasserteich, Anlage zur natürl. biolog. → Abwasserreinigung durch Sedimentation und mikrobiologische Abbauvorgänge. Flächenbedarf 20 m^2/Einwohner, Tiefe 1,2–1,8 m, Durchflußzeit etwa 10 Tage. Ausreichender Sauerstoffgehalt sowie Beseitigung des anfallenden Schlamms müssen gewährleistet sein. Eine Steigerung der Reinigungswirkung kann durch Fischbesatz erreicht werden (→ Abwasserfischteich).

Abweichung, Astronomie: die Deklination (→ astronomische Koordinaten).

abwickelbar heißen Flächen, die faltenlos in eine Ebene ausgebreitet werden können, z. B. der Mantel eines Zylinders oder Kegels; nur abwickelbare Flächen können längentreu abgebildet werden. Die Kugelfläche ist nicht abwickelbar, daher ist jede topograph. Karte der Erdkugel nicht längentreu.

Abwind, Luftströmung mit abwärts gerichteter Vertikalkomponente von 0,1 m/s und mehr, tritt im Bereich von → Frontalzonen, Schauer- und Gewitterwolken sowie im Lee überströmter Gebirge auf.

abyssaler Bereich, Meeresbereich unterhalb 900 m Wassertiefe; → hypsographische Kurve, → Tiefsee.

abyssisch, 1) in größerer Tiefe im Bereich der Erdkruste gebildete magmat. Schmelzen, Lagerstätten oder Gesteine; 2) **a. Sedimente,** in der Tiefsee gebildete Ablagerungen.

abzählbar, Mengenlehre: Eine Menge heißt a., wenn sie sich auf die Menge der natürl. Zahlen eineindeutig abbilden läßt. Jede unendl. Teilmenge der Menge der natürl. Zahlen ist a. (z. B. die Menge der geraden Zahlen, die Menge der Primzahlen), ebenso die Menge der rationalen Zahlen (durch das Cantorsche → Diagonalverfahren). Nicht a. ist die Menge der reellen Zahlen.

Abziehbilder, Drucke auf wasserdurchlässigem, mit Leim überzogenem Papier zum Übertragen auf Schilder, Spielwaren, Glas, Porzellan u. a. durch feuchtes Aufquetschen. Die Leimzwischenschicht löst sich dabei auf, das Papier kann abgezogen werden, das Bild haftet auf der neuen Unterlage.

Abziehen, 1) Anfertigung eines → Abzugs 2).

2) Holzbearbeitung: Abnehmen feinster Späne mit einer Ziehklinge, um eine glatte Oberfläche zu erzeugen.

3) Mathematik: das Subtrahieren (→ Subtraktion).

4) Textilveredlung: teilweise oder völliges Entfernen des Farbstoffes von Färbungen und Drucken, wobei je nach Farbechtheit und Aufhellungsgrad farbstoffablösende oder farbstoffzerstörende Hilfsmittel verwendet werden. Ebenso können Appreturmittel durch geeignete Verfahren wieder entfernt werden.

Abzug, 1) Digestor, Kapelle, mit einem Schiebefenster verschließbarer und mit einem Ableitungsrohr ins Freie oder in eine Gasreinigungs-Anlage versehener Experimentierraum in chem. Laboratorien; dient zum Absaugen übelriechender und schädl. Gase und Dämpfe oder zur Durchführung gefährlicher Versuche.

2) Reproduktionstechnik: Kopie eines Negativs auf Photo-Papier; auch ein erster Andruck vom gesetzten → Satz.

3) an Schußwaffen Vorrichtung zum Abfeuern.

Abzweigung, 1) Gabelung von Verkehrswegen (Autobahn, zweibahnige Schnellverkehrsstraße) in zwei gleichrangige Verkehrswege.

2) A. von elektr. Leitungen werden mittels Abzweigklemmen ausgeführt, die zum Schutz gegen Berühren und Umwelteinflüsse in **Abzweigdosen** oder **-kästen** untergebracht sind, bei erdverlegten Kabeln in **Abzweigmuffen.** (BILD S. 19)

Ac, chem. Symbol für das Element → Actinium.

AC, Abk. für engl. **Alternating Current** [ˈɔːltəneɪtɪŋ kˈʌrənt], Wechselstrom.

Acenaphthen, kondensierter aromat. Kohlenwasserstoff, der im Steinkohlenteer enthalten ist. Keimgift für Pflanzen, Zwischenprodukt bei der Synthese von

→ Naphthalincarbonsäuren, Farb- und Kunststoffen, Insektiziden u. a.

Acet|aldehyd, Äthanal, farblose Flüssigkeit mit stechendem, betäubendem Geruch und einem Siede-P. von 21 °C. A. entsteht im menschl. Körper, beim Abbau von Äthanol, die techn. Herstellung geschieht v. a. durch Oxidation von Äthylen mit Luftsauerstoff in wäßriger Lösung, die Kupfer- und Palladiumchlorid als Katalysator enthält:

$$H_2C = CH_2 + 1/2\ O_2 \longrightarrow CH_3 - CHO$$

A. ist v. a. Zwischenprodukt für die Herstellung von Essigsäure und Acetanhydrid. In Gegenwart von sauren Katalysatoren trimerisiert (→ Polymerisation) A. zu Paraldehyd. Das Tetramere des A. ist der → Metaldehyd.

Acetale, *Mz., Ez.* **Acetal,** organ. Verbindungen, die durch Einwirkung von Alkoholen auf Aldehyde entstehen. Der Alkohol wird zunächst unter Bildung eines **Halb-A.** addiert, aus dem durch weitere Reaktion mit Alkohol unter Wasseraustritt das A. entsteht. A. sind meist angenehm riechende Flüssigkeiten, die als Bukettstoffe von Weinbrand und Rum sowie in der Parfümerie von Bedeutung sind.

Acet|anhydrid, Essigsäure|anhydrid, stechend riechende Flüssigkeit, die durch Oxidation von Acetaldehyd oder durch Dehydratisierung von Essigsäure hergestellt wird. A. dient v. a. als Acetylierungsmittel, z. B. zur Herstellung von Acetylcellulose und Acetylsalicylsäure.

Acetat, Azetat *das,* Kurzbez. für **Cellulose|acetat** (→ Celluloseester), Chemiefaser aus veresterter Cellulose (gebleichte Baumwoll-Linters oder veredelter Holzzellstoff). Die naturseidenähnlichen A.-Filamentgarne hießen früher A.-Kunstseide, die wollartigen A.-Spinnfasern A.-Zellwolle. Nach der Acetylierung des Zellstoffs erhält man zunächst das **Cellulose-Triacetat.** Dieses wird durch Hydratisieren teilweise zurückverseift und als **Sekundäracetat,** ein Gemisch aus Mono-, Di- und Triester (2 1/2-A.), nach Lösung in Aceton und Alkohol im Trokkenspinnverfahren versponnen. In neuerer Zeit werden aus dem in Methylenchlorid und Alkohol löslichen Triacetat Filamentgarne und Spinnfasern hergestellt. Spinnkabel aus Sekundäracetat dienen auch als Zigarettenfilter.

Acetate, Salze und Ester der → Essigsäure.

Acet|essig|ester, Acet|essigsäure|äthylester, 3-Oxobuttersäure|äthyl|ester, angenehm riechende Flüssigkeit, die durch → Claisen-Kondensation, technisch aus Diketen und Äthanol hergestellt wird. A. tritt in einer Keto- und einer Enolform auf (→ Isomerie), die miteinander im Gleichgewicht stehen, und beide charakterist. Reaktionen eingehen können. A. ist deshalb als Ausgangsstoff für verschiedenartige Synthesen geeignet, die u. a. zur Herstellung von Farbstoffen und Arzneimitteln dienen. (FORMEL S. 20)

Acet|essigsäure, 3-Oxobuttersäure, Oxocarbonsäure, liegt in einer Keto- und einer Enolform (→ Isomerie) vor. Sie tritt im Harn von Zuckerkranken auf; zerfällt bei Erhitzen leicht in Aceton und Kohlendioxid. A. spielt eine wichtige biolog. Rolle beim Fettsäureabbau im Organismus. (FORMEL S. 20)

Acetine, Glycerinester der Essigsäure, verwendet in der Gerberei, zur Dynamitherstellung und als Lösemittel.

Aceton, Propanon, Dimethylketon, einfachstes → Keton, farblose, brennbare, mit Wasser und organ. Lösemitteln mischbare Flüssigkeit mit einem Siede-P. von 56 °C. A. erhält man im techn. Maßstab durch Oxidation von Propylen an Palladiumchloridkatalysatoren:

$$CH_3 - CH = CH_2 + 1/2\ O_2 \longrightarrow CH_3 - CO - CH_3,$$

durch Dehydrierung von Isopropylalkohol und als Nebenprodukt bei der Herstellung von → Phenol. Es dient als Lösemittel für Lacke, Klebstoffe und Acetylen in Stahlflaschen, **Dissousgas** [dis'u-, frz.] sowie zur Herstellung von Methylisobutylketon, Methacrylsäureestern, Bisphenol A u. a. (FORMEL S. 20)

Acetonitril, Methylcyanid, Essigsäure|nitril, farblose Flüssigkeit, die bei der Herstellung von Acrylnitril als Nebenprodukt anfällt; dient als Lösemittel. (FORMEL S. 20)

Acetophenon, Methylphenylketon, Acetylbenzol, einfachstes aromat. → Keton, das durch Acetylierung von Benzol hergestellt werden kann (→ Friedel-Crafts-Reaktion). (FORMEL S. 20)

Acet|oxylierung, die → Oxyacetylierung.

Acetyl . . ., Bez. für die Atomgruppierung $-CO-CH_3$ in Namen organ. Verbindungen. (→ Acyl . . .)

Acetylcellulose, svw. → Celluloseester.

Acetylchlorid, Essigsäurechlorid, stechend riechende, an der Luft rauchende Flüssigkeit, die für Acetylierungen verwendet wird. (FORMEL S. 20)

Acetylcholin, hochaktives biogenes Amin, Überträgersubstanz für Nervenimpulse in parasympath. Nerven des vegetativen Nervensystems und an ›motor. Endplatten‹ der Muskelzellen **(Vagusstoff);** entsteht aus → Cholin. A. ist physiolog. Gegenspieler von → Adrenalin durch das Enzym Cholinacetylase. Nach Reaktion am Erfolgsorgan wird A. durch das Enzym Acetylcholinesterase schnell zu Cholin und Essigsäure abgebaut.

Acetyl-Co|enzym A, Acetyl-CoA, → Coenzym A.

Acetylen, Äthin, ungesättigter gasförmiger Kohlenwasserstoff C_2H_2 aus der Gruppe der → Alkine. Aus Carbid hergestelltes A. riecht infolge Verunreinigungen mit Schwefel- und Phosphorwasserstoff knoblauchartig. A. ist eine unbeständige Verbindung, die bes. unter Druck oder bei Verflüssigung zum explosiven Zerfall neigt. Gemische von 2,3 bis 82 Vol.-% A. in Luft explodieren bei Zündung. Die H-Atome des A. lassen sich leicht durch Metalle (z. B. Kupfer oder Quecksilber) ersetzen, wobei hochexplosive **Acetylenide (Acetylide)** entstehen.

A. wurde früher ausschließlich durch Zersetzung von Calciumcarbid mit Wasser hergestellt:

$$CaC_2 + 2\ H_2O \longrightarrow HC \equiv CH + Ca(OH)_2.$$

Von größerer Bedeutung ist heute die Hochtemperaturpyrolyse von Kohlenwasserstoffen (z. B. Erdgas) bei etwa 1500 °C:

$$2\ CH_4 \longrightarrow HC \equiv CH + 3\ H_2.$$

Die hohe Temperatur wird durch einen elektr. Lichtbogen oder durch Teilverbrennung des eingesetzten Erdgases erzeugt. A. wird als Brenngas zum autogenen Schweißen und Schneiden verwendet. Seine Bedeutung als Ausgangsstoff für chem. Produkte ist stark zurückgegangen, seitdem in den 60er Jahren für A.-Folgeprodukte wie Acetaldehyd, Acrylnitril und Vinylchlorid andere Verfahren auf der Basis von Äthylen oder Propylen entwikkelt wurden. Der Grund für diese Entwicklung liegt bei der schwierigen Handhabung des A. und dem hohen Energieverbrauch bei seiner Erzeugung. – **Methylacetylen,** svw. → Propin.

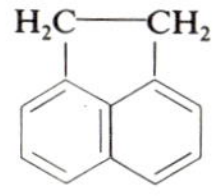

Acenaphthen

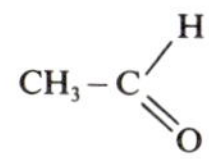

Acetaldehyd

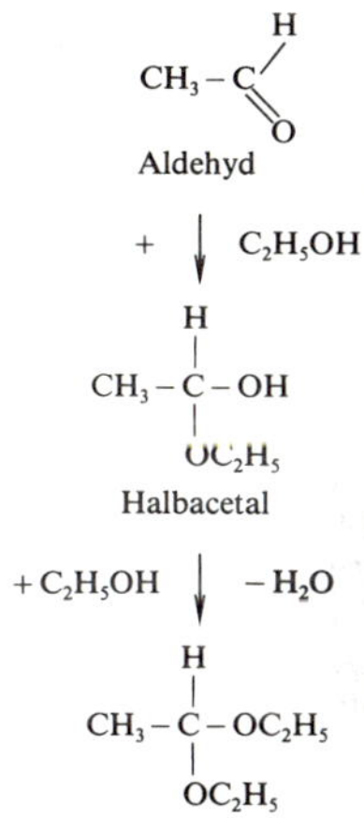

Acetal

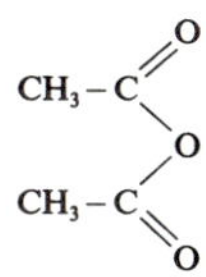

Acetanhydrid

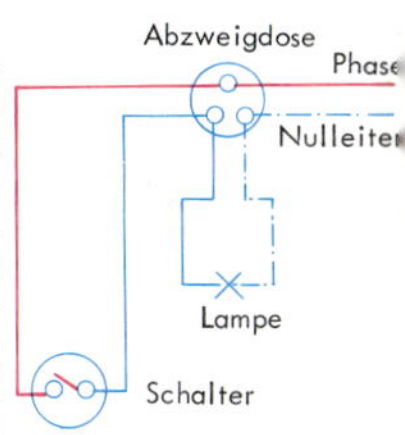

Abzweigung 2): Abzweigdose

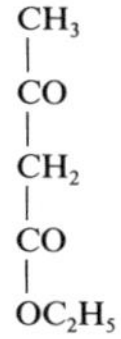

Acetessigester
(Ketoform)

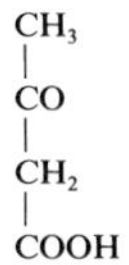

Acetessigsäure
(Ketoform)

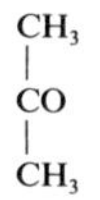

Aceton

Acetonitril

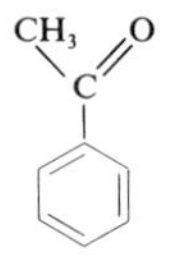

Acetophenon

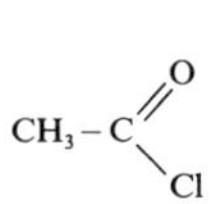

Acetylchlorid

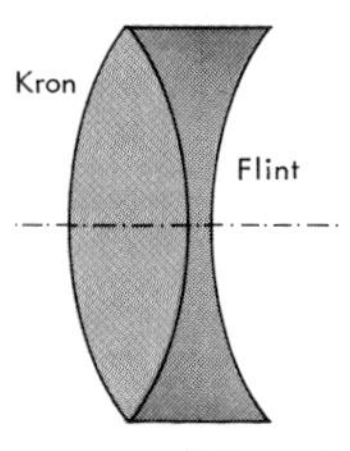

Achromat: Einfacher A. aus einer Kron- und einer weniger stark streuenden Flintlinse mit jeweils verschiedener Dispersion

Acetylencarbonsäure, die → Propiolsäure.

Acetylide, Acetylenide, vom → Acetylen abgeleitete Salze mit den Anionen C_2^{2-} oder HC_2^-. Alkali- und Erdalkali-A. (z. B. Calcium-A. = Calciumcarbid) werden durch Wasser zersetzt. Schwermetall-A. (z. B. Kupfer-A. Cu_2C_2) lassen sich durch Acetylen aus Metallsalzlösungen ausfällen und explodieren im trockenen Zustand.

Acetylierung, Reaktion, bei der eine Acetyl-Gruppe in eine organ. Verbindung eingeführt wird. Als A.-Mittel dienen Acetanhydrid und Acetylchlorid (→ Acylierung, → Friedel-Crafts-Reaktion).

Achat *der,* Form des → Chalcedons, → Quarz.

Achernar, Stern 1. Größe, α im Sternbild Eridanus.

Acheson-Verfahren [ˈætʃɪsn-, n. dem amerikan. Chemiker E. G. Acheson, * 1856, † 1931], → Graphit.

Achilles, Planetoid der Gruppe der → Trojaner.

A|chromasie, Freiheit von Farbfehlern bei opt. Systemen; wird durch Systeme von Linsen (→ Achromat) oder Prismen aus unterschiedl. Glasarten mit verschiedenen Brechzahlen erreicht.

A|chromat *der,* Linsensystem mit mindestens einer Sammel- und einer Zerstreuungslinse aus Gläsern verschiedener Dispersion (BILD), bei dem chromat. → Abbildungsfehler, v. a. die Variation der Schnittweite für zwei Wellenlängen korrigiert sind. Die zw. diesen beiden liegenden Wellenlängen liefern eine zu kurze, die außerhalb liegenden eine zu lange Schnittweite. (→ Photographie)

Achs|anordnung, 1) Eisenbahn: kennzeichnet Zahl und Reihenfolge der Treib- und Laufachsen sowie ihre Verteilung auf Hauptrahmen, Dreh- und Lenkgestelle. **Laufachsen** werden durch arabische Ziffern (1 oder 2), gekuppelte **Treibachsen** durch große lat. Buchstaben (A oder B oder C), nicht gekuppelte Treibachsen durch Beifügen einer kleinen Null (C_0 = drei einzeln angetriebene Treibachsen) bezeichnet. In einem vom Hauptrahmen unabhängigen Gestell gelagerte Achsen oder Achsgruppen, z. B. Drehgestell, werden mit einem Apostroph versehen (B_0' = zweiachsiges Triebdrehgestell mit einzeln angetriebenen Treibachsen). Bei Triebfahrzeugen, die aus mehreren einzelnen Einheiten zusammengesetzt sind, werden die Achsformeln der einzelnen Fahrzeuge durch das Pluszeichen verbunden, z. B. bei einem Triebzug 2'B_0' + 2'2' + B_0'2'.

2) Kfz: bewegl. Aufhängung der Räder am Wagenkörper unter Zwischenschaltung von → Federung und Dämpfung. Die Räder sollen so geführt sein, daß beim Durchfedern möglichst geringe, kontrollierte Änderungen der Radgeometrie (Spur, Sturz, Vorspur, Nachlauf, Spreizung) auftreten. Neben **Starr-** und **Pendelachsen** werden zunehmend **Lenkerachsen** gebaut, welche die Räder unabhängig voneinander (Einzelradaufhängung) führen. Man unterscheidet Längs-, Quer- und Schräglenkeranordnungen. Die Verbundlenkerachse kombiniert Eigenschaften von Starr- und Längslenkerachse. Bei Lkw sind Starrachsen üblich, bei Pkw allgemein Lenkerachsen, als Hinterachsen teils auch Starr- oder Pendelachsen. Die Federung geschieht durch Stahlfedern (Blatt-, Schrauben-, Torsionsfeder), Luft- oder Gasfederung. Führungs- und Federungsarten erlauben viele Ausführungen von A., die sich in Aufwand und Fahrverhalten stark unterscheiden. (BILDER S. 21)

Achsdruck, fälschlich für → Achslast.

Achse, 1) Kristallographie: → Kristall.

2) Mathematik: besonders ausgezeichnete Gerade, z. B. Koordinaten-A., Rotations-A., Symmetrie-A.; **Achsensymmetrie,** → Symmetrie.

3) Physik: **Drehachse (Rotationsachse)** eines Körpers oder eines Systems von Körpern ist diejenige Gerade, deren Punkte bei einer Drehung, oft auch nur während relativ kurzer Zeit, in Ruhe bleiben. Sie kann frei beweglich (Erdachse) oder in einem (Spielkreisel) oder zwei Punkten (Welle einer Maschine) gelagert sein. – Die **optische A.** eines abbildenden Systems ist dessen rotationssymmetr. A.; sie läuft durch die Krümmungsmittelpunkte der Oberflächen von Linsen und Spiegeln, die entsprechend ›zentriert‹ sein müssen. Bei doppelbrechenden Stoffen bezeichnet die optische A. diejenige Durchstrahlungsrichtung im Kristall, bei der keine Aufspaltung eines Lichtbündels auftritt.

4) Technik: Stab zur Aufnahme von Rollen, Rädern und Scheiben, deren radial und axial wirkende Belastungskräfte er auf die Lager überträgt. Im Gegensatz zur → Welle dient er aber nicht zur Fortleitung von Drehmomenten und kinetischer Energie.

In der **Fahrzeugtechnik** allgemein die Anordnung zweier nebeneinanderliegender Räder, ohne Rücksicht auf eine etwaige Verbindung der Räder untereinander. Von Pferden oder Schleppern gezogene Wagen haben im allgemeinen Starrachsen in fester Verbindung mit dem Fahrzeugrahmen und nach außen abwärts geneigten Achswellen oder Achsschenkeln.

Eisenbahnachsen sind sich in Gleit-, Wälz- oder Rollenachslagern drehende Achswellen, auf denen die ebenfalls stählernen Räder fest aufsitzen (→ Radsatz). Die Achswelle mit zwei Rädern nimmt in den Achsschenkeln die Last des Fahrzeugs auf und überträgt sie über Radkörper und Radreifen auf die Schienen.

Kraftfahrzeuge mit Starrachse haben eine sich nicht drehende A. (Achskörper), bei Einzelradaufhängung fehlt sie (→ Achsanordnung). Bei Einzelrädern (Kraftrad, Fahrrad) spricht man im Sinne des allg. Maschinenbaus von der zu jedem Rad gehörenden Radachse.

Achsen|affinität, spezielle → Affinität, bei der Geraden durch zugeordnete Punkte parallel sind, und eine Gerade **(Affinitätsachse)** existiert, die die Verbindungsstrekken zugeordneter Punkte in einem konstanten Teilverhältnis schneidet. (BILD S. 22)

Achslast, fälschlich **Achsdruck,** der auf jede der Achsen entfallende statische Anteil des Fahrzeuggewichtes. Mit Rücksicht auf die beschränkte Tragfähigkeit der Fahrbahn oder der Gleisanlagen ist die zulässige A. begrenzt. Bei Kraftfahrzeugen bestehen dafür von Staat zu Staat unterschiedl. Bestimmungen, in der Bundesrep. Dtl. für Einzelachse maximal 10 t, für → Doppelachse 16 t. Bei Eisenbahnen ist die höchstzulässige A. 20 t.

Achsschenkel, Kfz: schwenkbares Achsteil, mit dem zus. ein gelenktes Rad eingeschlagen wird (→ Lenkung).

Achsstand, bei zweiachsigen Schienenfahrzeugen der Abstand zw. den Achsmitten der beiden Radsätze; bei mehrachsigen Schienenfahrzeugen unterscheidet man zw. **Gesamt-A.** (Abstand der äußersten Achsmitten voneinander) und **Einzel-A.** aufeinanderfolgender Achsen. Der feste A. muß (außer bei Drehgestellen) mindestens 2,5 m und darf höchstens 4,5 m betragen. Der Gesamt-A. kann bei Verwendung von Lenkachsen oder Drehgestellen größer als 4,5 m sein. Bei Kraftfahrzeugen spricht man vom → Radstand.

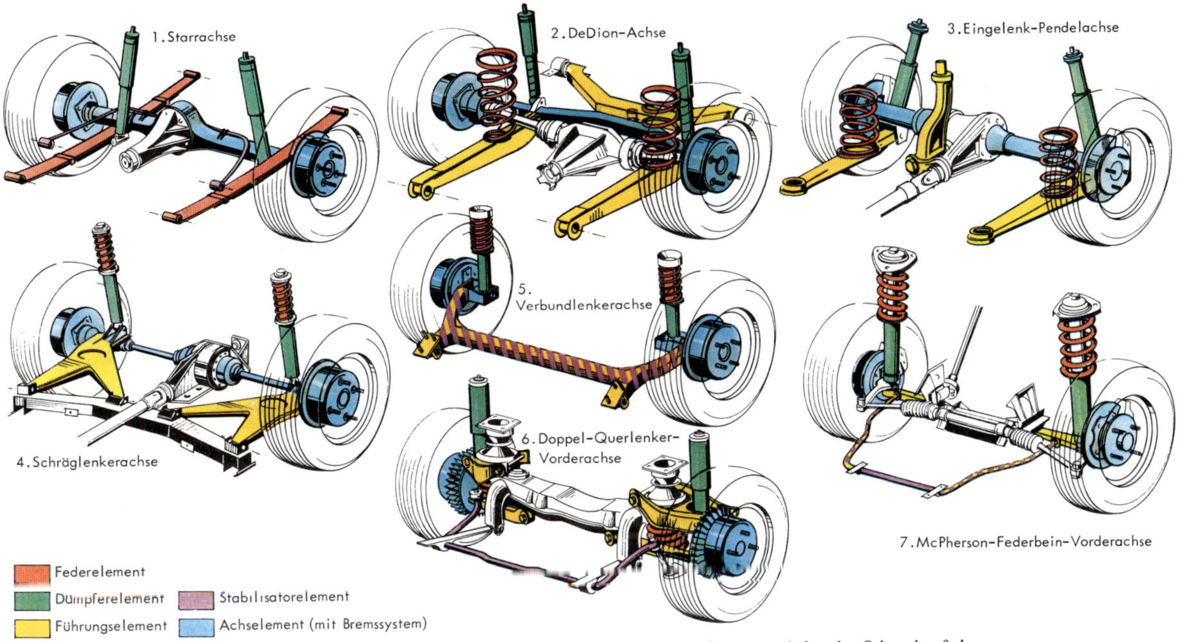

Achsanordnung 2): **1–4** Hinterachsen: **1** Starrachse mit Längsblattfedern, **2** DeDion-Achse mit starrem Achsrohr, Schraubenfedern, Längslenkern und Lenker zur Querführung, **3** Eingelenk-Pendelachse mit tiefliegendem Drehpunkt, Schraubenfedern und Längslenkern, **4** Schräglenkerachse mit räumlichen Lenkerachsen und Federbeinen, **5** Verbundlenkerachse mit Federbeinen. **6 und 7** Vorderachsen: **6** Doppel-Querlenkerachse mit Schraubenfedern und Torsionsstabilisator, **7** McPherson-Federbein-Achse mit unterem Querlenker und Stabilisator-Anlenkung

Acidimetrie, → Säure-Base-Titration.

Acidität, Maß für den Säuregehalt oder die Säurestärke einer Lösung. Sie äußert sich in deren Fähigkeit, Protonen an Wassermoleküle abzugeben, wobei hydratisierte H_3O^+-Ionen (Hydronium-, Oxoniumionen) entstehen. Maß ist der → pH-Wert, je geringer der pH-Wert (< 7), desto höher die A. Grad und Stärke der A. werden durch → Indikatorfarbstoffe geprüft (z. B. Lackmuspapier), quantitativ durch Neutralisations-Titration bestimmt. (→ Wasserstoffionenkonzentration)

Acidum, *Mz.* **Acida,** internat. Freiname für → Säure.

Ackergeräte, die → Bodenbearbeitungsgeräte.

Ackerschiene, am Schlepperheck angebrachte, mit Löchern versehene Flacheisenschiene zur Anbringung von Maschinen und Geräten.

Ackerschlepper, Schlepper, Traktor, Trecker, überwiegend mit Dieselmotor ausgerüsteter Vierradschlepper; früher nur Zugschlepper, heute zentrale Energiequelle für alle Feld- und Transportarbeiten in der Landwirtschaft, z. T. auch für Hofarbeiten. Die mit Stollen versehenen pneumat. → Reifen ermöglichen schwere Zugarbeiten auf dem Acker (Ziehen von Pflügen, Mähdreschern, Stalldungstreuern usw.) und alle Transportarbeiten auf der Straße; bes. hohe Zugkraft bietet der → Allradantrieb. Die am Heck oder auch vorn angebrachte → Zapfwelle treibt angehängte oder angebaute Maschinen an. Die → Schlepperhydraulik betätigt den → Kraftheber oder → Regelkraftheber, den → Frontlader, die → hydraulische Steckdose ermöglicht den hydraul. Antrieb von angehängten Maschinen oder deren Organen. Die meisten A. sind mit mechanisch oder hydraulisch an-

Ackerschlepper mit 6-Zylinder-Dieselmotor, Leistung 81 kW (110 PS), Allradantrieb, klimatisierte, geräusch- und schwingungsisolierte Kabine. Gesamtgewicht 5630 kg, Länge 4,70 m, Spurweite vorn 1,60–2,07 m, hinten 1,56–2,27 m.

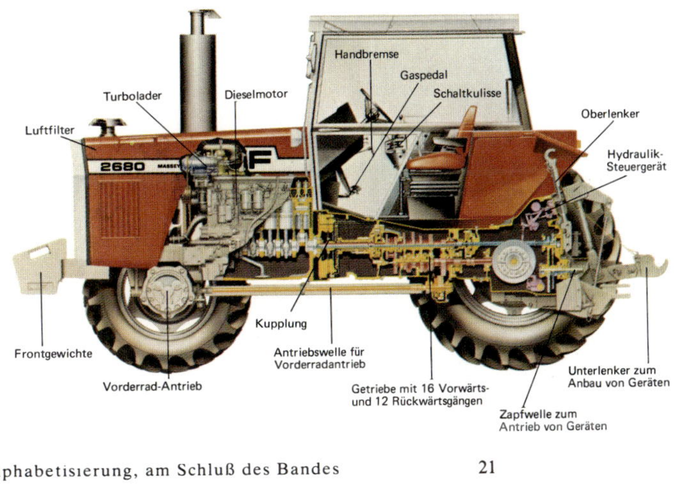

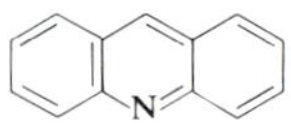

Acridin

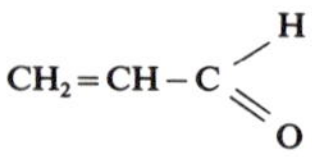

Acrolein

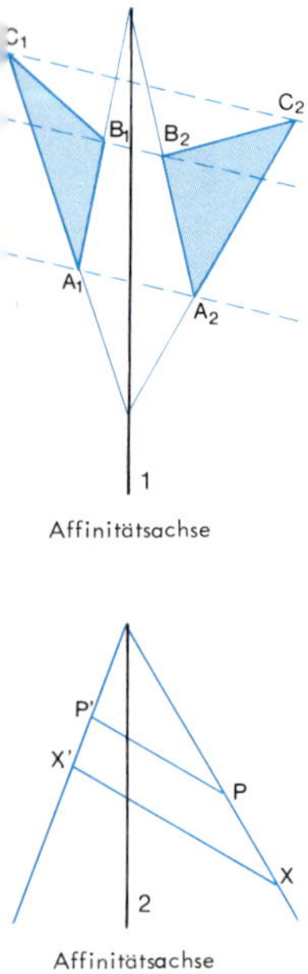

Achsenaffinität

$CH_2=CH-CN$

Acrylnitril

$CH_2=CH-COOH$

Acrylsäure

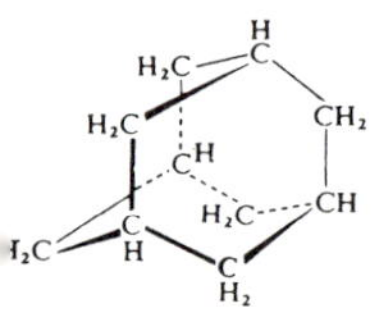

Adamantan

getriebenen → Mähbalken versehen. Zu den Anforderungen an den A. gehören weiterhin verstellbare Spurweite zur Anpassung an den Reihenabstand der zu bearbeitenden Kulturen. Eine Sonderbauart des Vierradschleppers ist der → Geräteträger. Sehr selten werden auch Raupenschlepper eingesetzt. Fahrgeschwindigkeiten der normalen A. liegen zw. 0,4 und 30 km/h.

Ackerwagen, Einachs- oder Zweiachswagen in der Regel mit Achsschenkellenkung, für landwirtschaftl. Transportarbeiten; werden auch als Kipper, als → Ladewagen, → Entladewagen oder → Stalldungstreuer gebaut; Luftbereifung.

ACN, Abk. für → **Acrylnitril.**

acre ['eɪkə], in den angloamerikan. Ländern noch gebräuchl. nichtmetr. Flächeneinheit: 1 acre = 4 roods = 4 840 yd^2 = 4046,856 m^2 (ÜBERSICHT Einheiten, angloamerikanische).

Acridin, heterozykl. organ. Verbindung, die aus → Anthracenöl isoliert werden kann; Ausgangsstoff für A.-Farbstoffe und Pharmazeutika. A. ist hautreizend.

Acridinfarbstoffe, vom Diaminoacridin abgeleitete Farbstoffe werden in der Farbphotographie angewendet.

Acrolein, Propenal, ungesättigter Aldehyd, dessen Dampf stechend riecht und zu Tränen reizt. Es entsteht beim Überhitzen von Fetten und direkt nach dem Auslöschen einer Kerze. A. wird durch katalyt. Oxidation von Propylen hergestellt und u. a. zur Herstellung von Glycerin und Methionin verwendet.

Acrylglas, Bez. für organ. Kunstgläser aus → Polymethacrylaten.

Acrylharnstoffe, N-A., die → Ureide.

Acrylharze, Polymerisate und Copolymerisate von Acrylsäure und Methacrylsäure sowie deren Ester. Die thermoplast. A. haben große Bedeutung als Lackbindemittel, die in Dispersionen (→ Dispersionsfarben) oder Lösungen angewendet werden. Vernetzungsfähige A. enthalten Monomere mit reaktionsfähigen Gruppen und härten bei höherer Temperatur (Einbrennlacke).

Acrylnitril, Acrylsäure|nitril, Abk. **ACN, Vinylcyanid,** farblose, leicht polymerisierende Flüssigkeit, die im techn. Maßstab durch → Ammonoxidation von Propylen an eisenhaltigen Wismut-Molybdänoxid-Katalysatoren bei etwa 450 °C hergestellt wird:

$$CH_2=CH-CH_3+3/2\ O_2+NH_3 \longrightarrow CH_2=CH-CN+3\ H_2O.$$

Als Nebenprodukte entstehen Acetonitril und Blausäure. A. wird zur Herstellung von Acrylfasern (Dralon, Orlon), schlagfesten ABS- und SAN-Kunststoffen und Nitrilkautschuk verwendet. A. ist ein Atemgift, es wird zu den krebserzeugenden Arbeitsstoffen gezählt.

Acrylnitril-Butadi|en-Styrol-Polymere, die → ABS-Polymerisate.

Acrylsäure, einfachste ungesättigte Carbonsäure, stechend riechende, beim Stehen polymerisierende Flüssigkeit. A. wird durch katalyt. Oxidation von Propylen mit Luft oder Sauerstoff oder aus Acetylen, Kohlenmonoxid und Wasser bei 160 bis 200 °C und 40 bis 55 bar hergestellt (Reppe-Verfahren)

$$HC\equiv CH+CO+H_2O \longrightarrow CH_2=CH-COO\,H.$$

A. und ihre Ester (z. B. **Äthylacrylat**) sind wichtige Monomere zur Herstellung von Polymerisaten, die als Anstriche und Klebstoffe sowie in der Papier- und Textilveredlung angewendet werden.

ACTH, Corticotropin, Abk. für **adrenocorticotropes Hormon** des Hypophysenvorderlappens, regelt Synthese und Ausschüttung der Nebennierenrindenhormone (→ Glucocorticoide); Protein aus 39 Aminosäuren; Molekulargewicht 4566.

Actidion, Handelsname für das → Cycloheximid.

Actin, an der Muskelkontraktion beteiligtes Muskelprotein, nach → Myosin mit 14% am zweithäufigsten.

Actiniden, veraltet für die → Actinoide.

Actinium, chem. Symbol **Ac,** seltenes radioaktives metallisches chem. Element (→ chemische Elemente); 1899 von A. DEBIERNE in Pechblenderückständen entdeckt, chemisch dem Lanthan ähnlich; Ordnungszahl 89, mehr als 20 Isotope, davon ist ^{227}Ac (Halbwertszeit 21,773 a) ein Zerfallsprodukt des Uran 235 und Glied der **Uran-A.-Reihe.** ^{228}Ac (Halbwertszeit 6,13 Stunden) kommt in der **Thoriumreihe** vor (→ Radioaktivität).

Actinoide, Gruppe der radioaktiven Elemente 89 bis 103, die chemisch den → Lanthanoiden nahestehen. Zu den A. gehören die meisten → Transurane.

Actinomycine, antibiotisch wirkende Chromopeptide mit bakteriostat. und cytostat. Wirkung. Sie wirken hemmend auf die DNS-abhängige RNS-Synthese auf der Transkriptionsstufe.

actio = reactio, das → Reaktionsprinzip.

Acyl . . . , allg. Bez. für die einbindige Atomgruppierung

$$R-\underset{|}{C}=O,$$

die formal aus einer Carbonsäure durch Entfernung einer OH-Gruppe entsteht, z. B. **Acetyl . . .** CH_3CO-, **Benzoyl . . .** C_6H_5CO-.

Acylierung, chem. Reaktion, bei der eine Acyl-Gruppe in eine organ. Verbindung eingeführt wird (→ Friedel-Crafts-Reaktion).

ADA, Ada, Programmiersprache, benannt nach ADA AUGUSTA BYRON (* 1816, † 1851), die als ›erste Programmiererin der Welt‹ mit mechan. Rechenmaschinen arbeitete. ADA wurde für das amerikan. Verteidigungsministerium entwickelt, ist allerdings nicht auf militär. Anwendungen beschränkt. Gegenüber anderen Sprachen ist ADA wegen des modularen Aufbaus bes. gut zur Programmierung komplexer Probleme geeignet sowie für Echtzeitanwendungen und zur Lösung numer. Aufgaben.

Adamantan, verbrückter polyzykl. Kohlenwasserstoff, $C_{10}H_{16}$, in dem die C-Atome den gleichen räumlichen Aufbau wie im Diamant haben.

Adaptation, i. w. S. die Anpassung von Organen oder Organismen an bestimmte Umwelt-Reiz-Bedingungen, i. e. S. die Fähigkeit des menschl. Auges, sich in seiner Empfindlichkeit dem herrschenden Helligkeitspegel anzupassen. Dadurch bleibt es über einen großen Leuchtdichtebereich (etwa 6–8 Zehnerpotenzen) funktionsfähig. Die A. an eine geringere Leuchtdichte wird durch Veränderung der Pupillenöffnung (Steigerung der Lichtempfindlichkeit bei Erweiterung auf etwa das 20fache), v. a. jedoch durch die Sinnesrezeptoren der Netzhaut erreicht. Diese Änderungen benötigen eine gewisse Zeit **(Adaptationszeit),** die bei normalen, im tägl. Leben vorkommenden Übergängen einige Sekunden bis höchstens 3 min beträgt. Mit dem Übergang vom helladaptierten Zustand zum dunkeladaptierten ist eine Änderung der spektralen Empfindlichkeit des Auges verbunden.

Adapter *der,* Verbindungsstück, das den Anwendungsbereich eines Gerätes erweitert, z. B. in der Phototechnik zur Anpassung eines Elektronenblitzgerätes an die Elektronik einer Photokamera; in der Elektrotechnik zur Anpassung von Steckverbindern bei elektroakust. Geräten, die nach versch. Normen hergestellt wurden, oder in der Raumfahrttechnik ein Konstruktionsteil zum Koppeln verschiedenartiger Raumfahrzeuge.

ADC, Abk. für **Analog-Digital-Converter,** →Analog-Digital-Umsetzer.

Adcock [ˈædkɔk], nach dem engl. Erfinder benanntes Peilantennensystem, das die nachteffektfreie Peilung (→Dämmerungseffekt) eines Senders ermöglicht, da es nur auf vertikal polarisierte Komponenten des elektromagnet. Feldes anspricht. Der A. besteht aus zwei zueinander senkrecht angeordneten Strahlerpaaren, deren vertikale Einzelantennen einen Abstand von maximal 1/4 Wellenlängen haben. Durch gegenphasige Zusammenfassung der zwei Strahlerelemente jedes Paares erhält man zwei Doppelkreis-Richtdiagramme, wie beim Kreuzrahmen mit →Goniometer und Peilempfänger (→Funkpeiler). Weiterentwicklung mit drei Strahlerpaaren (Sechs-Mast-A.) und Watson-Watt-Sichtpeiler.

Addition, 1) eine Grundrechnungsart, die durch das Zeichen + bezeichnete Vorschrift für das Zusammenzählen **(Addieren):** Eine Zahl a_1 **(Summand)** wird um eine Zahl a_2 oder mehrere andere Zahlen a_3, a_4, . . . vermehrt; das Ergebnis heißt **Summe,** $S = a_1 + a_2 + a_3 + a_4 + \ldots$ Die A. ist für viele mathemat. Größen erklärt, z. B. für →komplexe Zahlen, Matrizen, (→Matrix 2), →Vektoren.

2) chem. Reaktion, bei der Atome oder Atomgruppen in ein Molekül eingebaut werden, ohne daß ein Teil des Moleküls verlorengeht. Voraussetzung ist das Vorliegen einer →Doppelbindung oder →Dreifachbindung. A.-Reaktionen sind u. a. die Hydrierung, Hydratisierung und Bromierung von Alkenen; z. B.

$$\underset{\text{Äthylen}}{CH_2{=}CH_2} + Br_2 \longrightarrow \underset{\text{1,2 Dibromäthan}}{\underset{|\quad\ \ |}{CH_2-CH_2}\atop{Br\quad Br}}$$

Additions|theorem, Aussage, die es ermöglicht, den Funktionswert einer Summe aus Funktionswerten der Summanden zu berechnen, z. B. bei der Logarithmen- und Potenzrechnung. Am bekanntesten sind die A. für die →Winkelfunktionen, für die gilt:

$$\sin(\alpha \pm \beta) = \sin\alpha\cos\beta \pm \sin\beta\cos\alpha$$
$$\cos(\alpha \pm \beta) = \cos\alpha\cos\beta \mp \sin\alpha\sin\beta$$
$$\tan(\alpha \pm \beta) = (\tan\alpha \pm \tan\beta)/(1 \mp \tan\alpha\tan\beta)$$
$$\cot(\alpha \pm \beta) = (\cot\alpha\cot\beta \mp 1)/(\cot\beta \pm \cot\alpha.$$

A. der Geschwindigkeiten, →Relativitätstheorie.

Additionsverbindungen. Hierunter werden v. a. Molekülverbindungen und solche chem. Verbindungen verstanden, die durch direkte Aneinanderreihung von Molekülen ohne gleichzeitige Bildung von Nebenprodukten, z. B. Wasser, entstehen.

Additive, Substanzen, die Kraftstoffen, Kunststoffen, Lacken, Schmierölen, Waschmitteln u. a. Produkten in kleinen Mengen zugesetzt werden, um deren Qualität zu verbessern oder ihre Verarbeitung zu erleichtern. Bei Lebensmitteln wird der Begriff →Zusatzstoffe verwendet. Zu den A. gehören z. B. Antiklopfmittel, Antioxidantien, Antischaummittel, Gleitmittel.

additives Farbverfahren, →Farbphotographie.

Adenin, Abk. **A** oder **Ade,** 6-Aminopurin, Baustein der Nucleinsäuren. A. ist Bestandteil von Adenosinphosphaten und anderen biologisch wirksamen Substanzen. In der →DNS geht A. mit Thymin eine Basenpaarung ein, frei kommt es in pflanzl. Organismen vor.

Adenosin, Nucleosid aus Adenin und D-Ribose. Mit Phosphorsäure verarbeitet entsteht das Nucleotid **Adenosinphosphorsäure,** auch als **Adenylsäure** bezeichnet. Je nach Phosphorsäurerest gibt es Adenosindi- und -triphosphat. Sie spielen in der Zelle die Rolle von Energielieferanten und -speichern. Biochemisch wichtig ist neben dem Triphosphat das zyklische Monophosphat (Abk. cAMP). Es ist an einer Vielzahl wichtiger Stoffwechselprozesse beteiligt, es trägt z. B. zur Bildung und Abgabe von Hormonen bei.

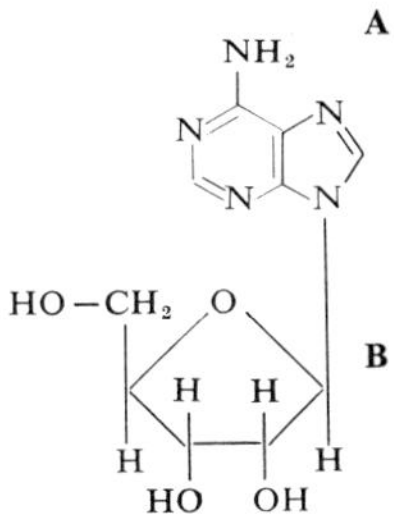

Adenosin
A Adeninrest
B Riboserest

Adermin, das Vitamin B_6; →Vitamine.

Adern, Elektrotechnik: isolierte Leiter aus Kupfer oder Aluminium in Kabeln.

ADF, Abk. von **Automatic Direction Finder** [ɔːtəmˈætɪk dɪrˈekʃn fˈaɪndə], **Radiokompaß,** automatisch arbeitendes Bordpeilgerät (→Funkpeiler).

Adhäsion, das Aneinanderhaften von Stoffen infolge von Kräften, die zw. den Molekülen zweier versch. Stoffe bei enger Berührung wirken: →Adsorption von Gasmolekülen an festen Grenzflächen, →Benetzung von festen Oberflächen durch Moleküle, Haftreibung zw. versch. festen Körpern in Ruhe (z. B. bei geschliffenen Flächen von Endmaßen) und der trockenen Reibung bei Bewegung. Zusammenhalt von Molekülen des gleichen Stoffes: →Kohäsion.

Adhäsionsbahn, die →Reibungsbahn (→Fahrdynamik).

A|diabatensatz, von P. EHRENFEST 1916 zunächst als Adibaten-Hypothese formuliertes Gesetz: Wenn die äußeren Bedingungen, denen ein Atom ausgesetzt ist (z. B. ein magnet. Kraftfeld), sich ganz langsam ändern, so wird das Atom hierdurch nicht zu Quantensprüngen veranlaßt. Dies war bes. bedeutungsvoll im älteren Stadium der Quantentheorie, als man die Atommodelle noch behelfsweise nach der klass. Mechanik berechnete: Diejenigen Größen, denen man dann ganzzahlige Werte zuschrieb, mußten **adiabat. Invarianten** sein, d. h. Größen, die bei langsamer Änderung der äußeren Bedingungen unverändert bleiben.

a|diabatisch heißt eine Änderung des physikal. oder chem. Zustandes (z. B. Kompression eines Gases, Magnetisierung, chem. Reaktion), wenn während der Zustandsänderung keine Wärme zwischen dem System und der Umgebung ausgetauscht wird, der Wärmeinhalt Q des Systems also unverändert bleibt: $dQ = 0$. Im Zustandsdiagramm (pV-Diagramm; p Druck, V Volumen) beschreibt die **Adiabate** die Kurve gleicher →Entropie. Solche Zustandsänderungen sind →reversibel. Reale Zustandsänderungen haben einen irreversiblen Anteil, der durch Reibung oder Wärmeübergang bei verschiedenen Temperaturen an der Berührungsfläche hervorgerufen wird. Näherungsweise laufen jedoch auch Zustandsänderungen in einem gut wärmeisolierten Gefäß (→Dewar-Gefäß, Thermosflasche, →Kalorimeter) oder schnelle Zustandsänderungen, in denen die Zeit für einen merkbaren Wärmeübergang zwischen dem System und der Umgebung nicht ausreicht, adiabatisch ab.

Bei der **a. Verdichtung** eines Gases (Luftpumpe, Dieselmotor) wird die mechan. Verdichtungsarbeit in Wärmeenergie umgewandelt, da nach dem Energiesatz keine Arbeit verlorengehen kann. Die Zunahme der Wärmeenergie führt zu einer Temperaturerhöhung. Umgekehrt kühlt sich das Gas bei einer Volumenvergrößerung ab, wenn dabei Arbeit geleistet wird.

Bei idealen Gasen ergibt sich für die Adiabate die **Poissonsche Gleichung** [pwas'õ-] $p \cdot V^{\varkappa} = \text{konst.}$, wobei die Poisson-Konstante $\varkappa$ das Verhältnis der → spezifischen Wärme bei konstantem Druck C_p zur spezifischen Wärme bei konstantem Volumen C_V bedeutet, $\varkappa = C_p/C_V$.

a|diabatische Entmagnetisierung, Verfahren zur Erzeugung sehr tiefer Temperaturen (kleiner 1 K) unter Ausnutzung eines → magnetokalorischen Effekts. Paramagnet. Atome in einem Kristallgitter, die man wegen ihres magnet. Moments als winzige Elementarmagnete ansehen kann, besitzen Spins, die normalerweise ganz regellos orientiert sind und ihre Richtung im Raum ununterbrochen verändern. Legt man nach Abkühlung auf etwa 1 K ein äußeres Magnetfeld (Stärke etwa 1 Tesla) an, so werden die Spins ausgerichtet. Bei diesem Übergang vom ungeordneten in den geordneten Zustand wird (ähnlich wie beim Phasenübergang von Wasser zu Eis) Energie (Wärme) frei, die an das zur Vorkühlung benutzte Kühlmittel abgegeben wird. Wird anschließend die Magnetfeldstärke wieder langsam verringert, so kehren die magnet. Momente in ihren statistisch ungeordneten Zustand zurück (Entmagnetisierung). Unterbricht man vor der Reduzierung des Magnetfelds den Wärmekontakt der Probe mit der Umgebung (adiabat. Prozeßführung), so wird die zur Erhöhung der Spinentropie erforderl. Wärmemenge den therm. Gitterschwingungen der Atome entzogen, was eine Temperaturerniedrigung zur Folge hat. Das Verfahren arbeitet nur bis zu einer Temperatur, bei der die magnet. Wechselwirkung zw. den atomaren Dipolen zu einer spontanen Ausrichtung ohne äußeres Magnetfeld führt. Diese Ordnungstemperatur der verwendeten Substanz, die um so niedriger ist, je kleiner die magnet. Wechselwirkung ist, muß unterhalb der gewünschten Endtemperatur liegen, die außerdem von der Ausgangstemperatur und der Magnetfeldstärke abhängt. Bei 1 K Ausgangstemperatur sind durch a. E. der magnet. Momente der Elektronenhülle in Verbindungen mit magnet. Ionen der seltenen Erden (paramagnet. Salze) Temperaturen von rd. 1 mK erreichbar. Wird die Probe auf 0,01 K vorgekühlt, so läßt sich auch die a. E. der magnet. Kernmomente, die etwa drei Größenordnungen schwächer sind als die Momente der Elektronen, ausnutzen, wozu jedoch Magnetfelder von 10 Tesla benötigt werden. Auf diese Weise sind Temperaturen im Mikro-Kelvin-Bereich zugänglich (→ Tieftemperaturphysik).

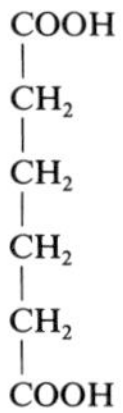

Adipinsäure

a|diatherman, svw. → atherman.

Adinol *der,* dichtes metamorphes Gestein aus Quarz und Albit, entstanden durch Einwirkung von basalt. Schmelzen auf Tonschiefer (→ Metasomatose).

Adipinsäure, Butan-1,4-dicarbonsäure, weiße Kristalle. Bei der techn. Herstellung wird Cyclohexan zunächst zu einem Gemisch von Cyclohexanol und Cyclohexanon (›Anol-Anon‹ oder ›KA-Öl‹) oxidiert, das dann weiter oxidativ zu A. gespalten wird. A wird zu etwa 90% zu Nylon weiterverarbeitet, weitere Folgeprodukte sind Alkydharze, Weichmacher und Polyurethane.

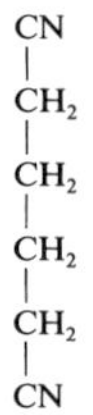

Adiponitril

Adiponitril, Adipinsäuredinitril, Abk. **ADN,** farbloses Öl, das durch Reaktion von Adipinsäure mit Ammoniak unter Wasserabspaltung oder durch hydrierende Dimerisierung von Acrylnitril hergestellt wird. A. wird zu Hexamethylendiamin weiterverarbeitet.

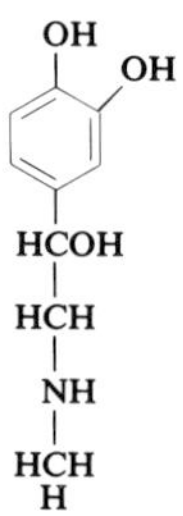

Adrenalin

ADI-Wert, Abk. für **Acceptable Daily Intake** [əks'eptəbl d'eılı 'ıntεık, engl.], höchste duldbare Tagesdosis für einen Pflanzenschutzmittelrückstand. Grundlage der Berechnung ist der hundertste Teil der Dosis, die ein Versuchstier bei lebenslanger Aufnahme ohne Schäden verträgt.

Adjunktion, Mathematik: Ist R ein → Ring, O ein Oberring von R und T eine Teilmenge von O ($T = \{a_1, a_2, \ldots a_n\} \subset O$) und bildet man den Durchschnitt aller Ringe, die R und T enthalten, so erhält man einen Oberring $R[T]$, der durch **Ringadjunktion** von T aus R entstand, und man schreibt $R[a_1, a_2 \ldots a_n]$. Analoges gilt für → Körper: Ist K ein Körper, E eine Körpererweiterung, $T \subset E$, dann ist der Durchschnitt aller Oberkörper von K, die K und T enthalten, auch ein Oberkörper $K(T)$ von K, der durch **Körperadjunktion** von T aus K entstand, und man schreibt $K(a_1, a_2, \ldots a_n)$.

Adler, lat. **Aquila,** ein → Sternbild der Äquatorzone; im Sommer am Abendhimmel sichtbar. Der hellste Stern im A. ist → Atair, er gehört zum → Sommerdreieck. Durch das Sternbild zieht sich die Milchstraße.

Admittanz, der → Scheinleitwert im Wechselstromkreis, Kehrwert der Impedanz.

Adonis, Planetoid mit sehr großer Exzentrizität (→ Apollo-Objekte).

Adrastea, ein Mond des → Jupiters.

Adrenalin, Epinephrin, Hormon des Nebennierenmarks; chemisch ein Catecholamin (Brenzkatechin-Abkömmling), ist A. wie → Noradrenalin (**Nor|epinephrin, Arterenol**) chem. Überträgersubstanz von Nervenreizen im sympath. Nervensystem (›adrenergische‹ Nervenfasern). Synthet. A.: **Suprarenin.** Wirkung im Organismus bei erhöhter A.-Ausschüttung: Mobilisierung der Glykogenreserven der Leber und der Fettreserven.

adrenocorticotropes Hormon, das → ACTH.

Adrenosteron, Steroidhormon der Nebennierenrinde mit schwach androgener Wirkung.

Adresse, EDV: best. Folge von Zeichen zur Kennzeichnung eines Speicherplatzes, eines zusammenhängenden Speicherbereiches oder einer Funktionseinheit. Über die A. können Daten in best. Speicherbereiche eingeschrieben oder aus diesen entnommen werden. Bei der Programmierung werden i. a. **symbol. A.** (Zeichenkombinationen) benutzt, die vor dem Programmlauf durch den → Compiler oder → Assembler in **relative** und **absolute A.** umgewandelt werden. Ein Befehlswort (→ Wort) gliedert sich i. d. R. in Operationsteil und Adreßteil. Der Adreßteil gibt den Speicherplatz an, unter dem die Information zu finden ist, mit der die Operation ausgeführt werden soll. Je nach Maschinentyp kann der Befehl im Adreßteil eine oder mehrere A. enthalten: **Ein-, Zwei-** oder **Dreiadreß-Systeme.**

Adressieren, EDV: Art zur Auffindung eines best. Speicherplatzes, eines zusammenhängenden Speicherbereiches oder einer Funktionseinheit, z. B. Kartenleser, Bildschirmeinheit oder Magnetplatteneinheit. Bei der **direkten Adressierung** wird im Adreßteil des Befehlswortes der gesuchte Speicherbereich unmittelbar angesprochen. Dagegen wird bei der **indirekten Adressierung** im Befehlswort der Speicherplatz angesprochen, der die → Adresse enthält. Dies hat den Vorteil, daß Adressen als Ergebnis von Operationen programmintern berechnet werden können.

Die direkte Adressierung arbeitet nur dann wirtschaftlich, wenn ein hoher Anteil des Umfanges eines Ordnungsmerkmals aktiv ist. Bei der indirekten Adressierung können die Ordnungsmerkmale der aktiven Datensätze durch ein Umrechnungsverfahren verdichtet werden. Bei der direkten Adressierung ist das Ordnungsmerkmal der Speicheradresse umkehrbar eindeutig zugeordnet. Diese Eigenschaft ist bei der indirekten Adressierung nicht gegeben. Weitere Adressierungsarten sind: indiziert, relativ, substituiert, virtuell, immediate, indirekt indiziert; Bit-, Byte-, Wort-, Blockadressierung.

Adreßteil, EDV: →Adresse, →Adressieren.

Adreßzähler, EDV: zur Adressierung eines Speichers verwendetes zählendes Register.

Adsorption, best. →Sorption; die Anlagerung von Gasen und gelösten Stoffen an der Oberfläche fester Körper, z. B. die Bindung von Wasserdampf **(Adsorbat, Adsorptiv)** aus der Luft an Aktivkohle **(Adsorbens, Adsorptionsmittel)** oder von Verunreinigungen des Wassers an Oxidhydrate (→Abwasserreinigung); zu unterscheiden von der →Absorption. Die angelagerten Moleküle können durch schwache van-der-Waalssche Kräfte **(Physisorption)** oder chemisch gebunden sein **(Chemisorption).** Die A. spielt sich dabei nicht nur an der sichtbaren Oberfläche des Teilchens ab, sondern auch in dessen Poren, soweit diese für das Adsorbat zugänglich sind; die gesamte Oberfläche kann mehrere 100 m^2 je g Adsorbens betragen. Bei der A. wird die **A.-Wärme,** etwa im Ausmaß der Kondensationswärme (40 kJ/mol), frei. Die **A.-Isotherme** gibt an, wie die adsorbierte Menge bei konstanter Temperatur vom Gasdruck oder der Konzentration abhängt. Mit steigender Temperatur nimmt die A. ab. Wichtige Adsorbentien sind Aktivkohle, Kieselgel, Aktivtonerde (Aluminiumoxid), Bleicherde und Molekularsiebe. – Techn. Anwendungen der Physisorption sind die Entfernung von Lösemitteldämpfen aus Abluft (Aktivkohle), die Gastrocknung (Kieselgel), die Reinigung von Abwasser (Aktivkohle) und die Abtrennung von Normalparaffinen aus Erdölfraktionen (Molekularsiebe). Die A. ist ein wichtiger Vorgang bei der heterogenen →Katalyse.

Bei der **Desorption** (Umkehrung der A.) durch höhere Temperatur oder geringeren Druck entweicht der schwerer adsorbierbare Stoff zuerst, was zur Trennung eines Gemischs mehrerer Stoffe angewendet werden kann. A. und Desorption bilden die Grundlage der **A.-Analyse** durch →Chromatographie.

Bioselektive A., svw. →Affinitätschromatographie.

Adsorptions|pumpe, eine →Sorptionspumpe.

ADU, Abk. für →**A**nalog-**D**igital-**U**msetzer.

Adular, Mineral, ein Kalifeldspat (→Feldspate).

Advektion, Zufuhr von Luft, deren Temperatur, Feuchte- und Aerosolgehalt in einem anderen groß- oder kleinräumigen Klimagebiet geprägt wurde, wie bei Arktikluft in Mitteleuropa oder bei nächtlicher Kaltluft von Hochflächen in Tallagen.

A/D-Wandler, Abk. für **Analog/Digital-Wandler,** andere Bez. für einen →Analog-Digital-Umsetzer.

AE, Einheitenzeichen für →**A**stronomische **E**inheit.

A|eration, bei →Tragflügelbooten durch Seegang, Stampfen oder Sogwirkung hervorgerufener Lufteinbruch in das Unterdruckgebiet an der Profiloberseite des Auftrieb liefernden Tragflügels. Das Boot sackt infolge des Auftriebsverlustes ab, bis der Lufteinbruch abreißt und das Unterdruckgebiet sich wieder aufbaut.

a|erobe Bakterien, die →Bakterien, die für ihren Stoffwechsel Sauerstoff benötigen. A. B. oxidieren unter katalyt. Fermenteinwirkung organ. Nährstoffe zu einfacheren Verbindungen (Mineralisation), haben große Bedeutung für die →Abwasserreinigung (Tropfkörper) und die →Selbstreinigung der Gewässer.

A|erodynamik, Teilgebiet der →Aeromechanik und der →Strömungslehre, die Lehre von der Bewegung der Luft, allgemein der Gase. Die A. i. e. S. beschränkt sich auf inkompressible Gase, für die die Gesetze der →Hydrodynamik gelten, während die A. i. w. S. auch die kompressiblen Gase einbezieht, die Gegenstand der →Gasdynamik sind.

A|ero|elastizität, A|ero|elastik, Spezialgebiet der Mechanik zur Beschreibung der elast. Verformungen von Flugzeugen und deren Bauteilen unter der gemeinsamen Wirkung von aerodynam. Kräften und elast. Rückstellkräften **(statische Verformungen)** sowie zusätzlich von Massenträgheits- und Dämpfungskräften **(dynam. Verformungen).** Stat. Verformungen können die aerodynam. Eigenschaften von Bauteilen in unerwünschter Weise verändern und dadurch die Flugeigenschaften verschlechtern; durch dynam. Verformungsvorgänge können Bauteile bis zur Zerstörung beansprucht werden (→Flattern).

A|ero|elektrik, →Geoelektrik.

A|erofoil-Fluggerät, →Airfoil-Fluggerät.

A|erogeophysik, Bez. für geophysikal. Meßverfahren (→Geophysik), die aus der Luft eingesetzt werden und auf der Fernwirkung geophysikal. Erscheinungen beruhen, z. B. **A|ero|elektrik** oder **-magnetik.**

A|erologie, Teilgebiet der Meteorologie zur Erkundung der freien Atmosphäre bis 80 km Höhe (darüber →Aeronomie). Die **wissenschaftl. H.** untersucht seit dem 19. Jh. die physikal. und chem. Zustände und Vorgänge in dieser Schicht unter Verwendung von Flugzeugen, Fesselballonen, Raketen u. a. Instrumententrägern. – Die **prakt. A.** beschränkt sich auf die Erfassung von Temperatur, Feuchte, Luftdruck und Wind, früher mit Drachen, heute durch →Radiosonden bis 30 km Höhe (~10 mbar), liefert diese Angaben weltweit, genormt und regelmäßig (00 + 12 Uhr GMT) als Grundlage für Höhenwetterkarten. Ihre Werte werden in neuester Zeit durch Fernmessung von Satelliten ergänzt.

A|eromechanik, Teilgebiet der →Kontinuumsmechanik, die Lehre von den ruhenden (→Aerostatik) und bewegten (→Aerodynamik) Gasen. Bei vernachlässigbarer Dichteänderung gelten die Gesetze der →Hydromechanik.

A|eronomie, die Wissenschaft von dem Teil der Atmosphäre (Ionosphäre und Magnetosphäre), dessen Eigenschaften durch Dissoziation und Ionisation der Moleküle bestimmt sind, i. Ggs. zur →Meteorologie, bei der thermodynam. Vorgänge die Hauptrolle spielen.

Aeration

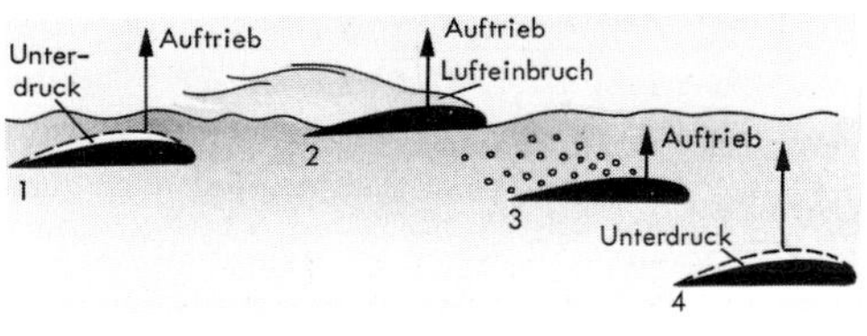

A|erophotogrammetrie, Luftbildmessung, der Zweig der → Photogrammetrie, dessen Aufgabe die Auswertung und Kartierung von → Luftbildern ist.

A|erosole, feinst verteilte Materie (Feststoffe oder Flüssigkeiten) in Luft oder anderen Gasen, Größe der Schwebstoffteilchen zw. 0,01 und 100 µm. Erscheinungsformen: Rauch, Staub, Dunst, Nebel, Entstehung durch Kondensation (z. B. Nebel) oder Dispersion (z. B. Flugasche). Gemessen wird mit versch. Filterverfahren (→ Bacharach-Skala, → Ringelmann-Skala, Membranfiltermethode) und Geräten wie Konimeter (Abtrennung der Teilchen unter 10 µm mittels Haftscheibe aus dem Gasstrom), Staubzählkammer (Teilchen werden nach der Sedimentation in geschlossener Kammer mikroskopisch ausgezählt) sowie nach dem Impinger-Prinzip (Auswaschung aus dem Gasstrom durch Wasser), ferner durch → Lidar, → Sodar, radiometr. Verfahren (Filterung, Absorptionsmessung mit Betastrahlen).

In der Meteorologie werden die kleineren Teilchen bis 0,1 µm Radius als **Aitkenkerne,** die bis 1 µm als **Große Kerne** und die über 1 µm Radius als **Riesenkerne** bezeichnet. A. werden von der Erdoberfläche aufgewirbelt, gelangen bei Verbrennung in die Atmosphäre oder entstehen dort durch luftchem. Prozesse. Wind und turbulenter →Austausch verfrachten die Schwebstoffe, bis sie durch Niederschlag ausgewaschen werden oder durch trockenen Ausfall zum Boden gelangen. A. verunreinigen die Atemluft, führen zur chemischen Belastung der Niederschläge und beeinflussen als Dunst durch Streuung und Absorption die Strahlung. Sie vermindern die Sichtweite, schwächen die direkte Sonnenstrahlung, verstärken aber die diffuse Himmelsstrahlung. Ob das zur Erwärmung oder Abkühlung der Atmosphäre führt, hängt von der →Albedo des Untergrundes, der Höhe der Aerosolschicht und dem mittleren Sonnenstand ab.

A|erostatik, Teilgebiet der →Aeromechanik, die Lehre von den Gleichgewichtszuständen der (ruhenden) Luft, allgemein der (ruhenden) Gase, unter Einwirkung äußerer Kräfte, bes. der Schwerkraft. Wenn Gasmassen untersucht werden, deren Höhenausdehnung 10 m und mehr beträgt, muß die variable Gasdichte berücksichtigt werden; bei dünnen Schichten ergeben sich nur geringe Abweichungen gegenüber der → Hydrostatik. Eine wichtige Anwendung der A. bildet die → barometrische Höhenmessung.

A|erotriangulation, Meß- und Rechenprozeß zur Bestimmung von Neupunkten aus einer Folge von einander teilweise überdeckenden Luftbildern zum Zweck der Kartierung oder Verdichtung von Punktfeldern (BILD).

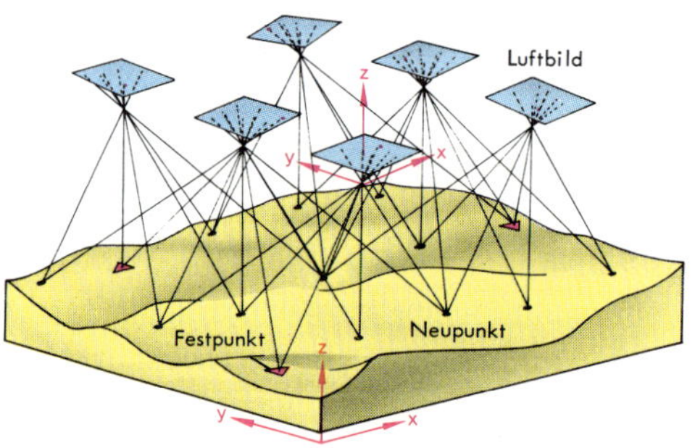

Aufnahmesituation der **Aerotriangulation**

Es gibt im wesentlichen zwei Verfahren: **die analytische A.** (Bündelmethode) verarbeitet Koordinaten aus Meßbildern; die **A. der unabhängigen Modelle** beruht auf Koordinaten aus Stereobildpaaren, die in Doppelbildauswertegeräten direkt gemessen oder rechnerisch aus Punktkoordinaten von Meßbildern abgeleitet werden. Die Rechenprozesse beider Verfahren lösen die Aufgabe der Punktbestimmung im Raum durch Vereinigung aller Meßdaten unter Abstützung auf wenige bekannte Festpunkte. Digitalrechner erlauben die simultane Verarbeitung von mehreren tausend Bildern und Punkten. (→ Photogrammetrie)

AES, Abk. für **Auger-Elektronenspektroskopie** [oʒ'e-], →Auger-Effekt.

AFC, Abk. für engl. **automatic frequency control** [ɔ:təm'ætɪk fr'i:kwənsɪ kəntr'əʊl], die automat. Frequenzregelung eines Oszillators (z. B. im Rundfunkempfänger) bei Frequenzschwankungen.

Affination, 1) bei der Gold-Silber-Scheidung die Trennung von Gold und Silber durch heiße konzentrierte Schwefelsäure. **2)** in der Zuckerind. das Waschen der Zuckerkristalle von anhaftender Melasse.

Affinität, 1) Chemie: chem. Verwandtschaft, ›chem. Triebkraft‹, die zur Verbindung chem. Elemente und Moleküle zu neuen Stoffen führt. Nach J. H. VAN T'HOFF (* 1852, † 1911) ist die A. einer Reaktion die auf dem Weg über einen Gleichgewichtszustand erreichbare maximale Arbeit abzüglich der dabei tatsächlich auftretenden Volumenarbeit. (→ freie Energie)

2) Mathematik: **affine Abbildung,** geometr. ›Verwandtschaft‹ zweier Figuren, die durch Parallelprojektion ineinander übergeführt werden können. Die A. wird definiert als geometr. Abbildung, die Punkte auf Punkte, Gerade auf Geraden und Ebenen auf Ebenen abbildet, wobei Parallelität und Streckenverhältnisse erhalten bleiben. Sonderfälle sind u. a.: die →Achsenaffinität, die → Scherung, Ähnlichkeitsabbildungen (→Ähnlichkeit), → Kollineation und die → Bewegungen.

Affinitäts|chromatographie, bioselektive Adsorption, Methode der → Chromatographie, die bes. in der Biochemie zur Isolierung spezieller Proteine u. a. Komponenten aus komplexen biolog. Systemen und zur Erhöhung der Konzentration eines Stoffs eingesetzt wird. Die A. beruht auf der Fähigkeit best. zusammengehöriger Partner wie Antigen-Antikörper oder Enzym-Substrat, sich gegenseitig zu erkennen und miteinander in Wechselwirkung zu treten.

Affinograph, Affinzeichner, Gerät zum Umzeichnen ebener Figuren, wobei in einer Richtung die Längen der Strecken erhalten bleiben, während die senkrecht dazu verlaufenden verkürzt oder verlängert werden.

Affinor, veraltet für →Tensor.

Aflatoxine, Pilzgifte (→ Mycotoxine), bes. der Schimmelpilzart **Aspergillus flavus;** wirken leberschädigend und im Tierversuch krebserzeugend; Vorkommen z. B. in verschimmeltem Brot, in verschimmelten Nüssen.

afokales System, brennpunktloses opt. System, bei dem ein paralleles Strahlenbündel nach dem Durchgang parallel bleibt, z. B. eine planparallele Platte oder ein auf Unendlich eingestelltes astronom. Fernrohr, bei dem der bildseitige Brennpunkt der ersten mit dem objektseitigen Brennpunkt der zweiten Sammellinse zusammenfällt.

AFS, Abk. für die →Atomfluoreszenzspektroskopie.

Aft-Fan-Triebwerk [engl. ɑ:ft fæn-; amerikan.

æft-], Zweistrom-(Zweikreis-)Turbinen-Luftstrahltriebwerk (→Strahltriebwerk), bei dem im Gegensatz zum Front-Fan-Triebwerk der Verdichter am hinteren Ende des Triebwerkes angeordnet ist.

Ag, chem. Symbol für das Element →Silber.

Agar-Agar, Extrakt aus best. Rotalgen (bes. aus Japan), der beim Abkühlen seiner heißen wäßrigen Lösungen ein festes Gel bildet. A.-A. besteht aus den Polysacchariden **Agaropectin** und **Agarose.** A.-A. und Agarose werden in der Lebensmittelindustrie, Pharmazie, chem. Analytik (Gelchromatographie) sowie zur Herstellung von Bakteriennährböden verwendet.

AGC, Abk. für engl. **automatic gain control** [ɔ:təm'ætɪk geɪn kəntr'əʊl], die automat. Verstärkungsregelung eines Verstärkers bei schwankender Empfangsfeldstärke.

Agfacolor-Verfahren, →Farbphotographie.

Agfacontourfilm [-t'ur-], Handelsname für einen Zwischenkopierfilm, der eine Halbtonvorlage in Form von Linien oder Streifen wiedergibt. In der Kopie erscheinen nur die Teile der urspr. Photographie, die gleiche Dichte aufweisen (→Äquidensiten). Zur Erzeugung farbiger Linien oder Streifen wird auf ein farbphotograph. Material umkopiert. Auf einfache Weise entstehen so Bilder, die sonst nur durch Farbtontrennungsverfahren oder Pseudosolarisation (→Solarisation) erreichbar sind. Durch beim Kopieren vorgesetzte Filter wird der Schwärzungsumfang der Vorlage eingeengt.

Agglomerat, Anhäufung z. B. loser Gesteinstrümmer, bes. von Lavabrocken.

Agglutination, Zusammenballung von Zellen oder Blutkörperchen durch die Wirkung spezif. Antikörper **(Agglutinine).** Bekannt ist die Anwendung der A. zur Bestimmung der Blutgruppen **(Häm|agglutination).**

Aggregat 1) Maschinenbau: auch **Satz,** Gruppe von zwei oder mehreren gekuppelten Maschinen, z. B. Turbo-A. oder →Turbosatz, Kompressor-A. (Motor mit Luftkompressor, Windkessel, Regeleinrichtung).

2) Mathematik: mehrgliedrige algebraische Summe, z. B. $(2x+y)+(4z+1)-[(3y+4z)-(4y+1)]$.

Aggregation, Zusammenballung von Molekülen und Atomen durch Kohäsion; bei gleichartigen Molekülen als **Assoziation** bezeichnet.

Aggregatzustand, der durch Druck und Temperatur bestimmte Zustand der Materie als fester Körper, Flüssigkeit, Gas oder Plasma. Die Moleküle und Atome als Bausteine der Materie werden einerseits durch wechselseitige Anziehung zusammengehalten, der die Wärmebewegung entgegenwirkt. Daher werden bei Temperaturerhöhung die A. vom festen über den flüssigen zum gasförmigen durchlaufen. Dabei kann der flüssige A. übersprungen werden. Andererseits kann oberhalb des kritischen Punktes nicht zw. dem flüssigen und dem gasförmigen A. unterschieden werden. Bei weiterer Temperaturerhöhung werden die Atome ionisiert, und die Materie geht in den Plasmazustand (→Plasma) über.

Im **festen A.** überwiegen die anziehenden Kräfte und haben die Formbeständigkeit zur Folge. Nach Einwirkung einer verformenden Kraft auf den Festkörper bewirkt die Formelastizität, daß er wieder in seine ursprüngliche Lage zurückkehrt. Beim Überschreiten der Elastizitätsgrenze erleidet der Körper dauernde plastische Verformungen. Im **flüssigen A.** sind durch die stärkere Wärmebewegung die Moleküle zwar leicht gegeneinander verschiebbar, andererseits hängen sie doch noch so stark zusammen, daß die Flüssigkeit ein bestimmtes Volumen hat und eine Oberfläche ausbildet. Im **gasförmigen A.** überwiegt die Wärmebewegung über die zwischenmolekularen Kräfte, und das Gas füllt jedes ihm gebotene Volumen ganz aus (→kinetische Gastheorie). Materie im **Plasmazustand** dehnt sich ebenfalls wie ein Gas aus, ist jedoch durch die Ionisierung ihrer Bestandteile elektrisch leitfähig und von Lichterscheinungen begleitet.

Beim Übergang von einem A. zu einem anderen wird Wärme verbraucht **(Schmelzwärme, Verdampfungswärme)** oder Wärme frei **(Kondensationswärme).** Zw. den A. eines Stoffes ist unter gewissen Bedingungen Gleichgewicht möglich, das durch die →Gibbssche Phasenregel bestimmt wird.

Die Druck- und Temperaturgebiete, in denen die einzelnen A. stabil sind, werden im →Zustandsdiagramm von Reinstoffen durch die entsprechenden Grenzlinien (Phasengrenzen) fest/flüssig **(Schmelzkurve),** fest/gasförmig **(Sublimationskurve)** und flüssig/gasförmig **(Dampfdruckkurve)** voneinander getrennt. Nur auf diesen Grenzlinien, die im →Tripelpunkt ihren Ausgang nehmen, liegen die entsprechenden A. nebeneinander vor. Bei Temperaturerhöhung endet die Dampfdruckkurve im kritischen Punkt (→kritischer Zustand), an dem die Eigenschaften von Flüssigkeit und Gas identisch werden. Auch innerhalb eines bestimmten A. können Phasengrenzen auftreten, die verschiedene Phasen des gleichen A. voneinander trennen (Graphit und Diamant, Helium I und Helium II; δ-, γ-, unmagnet. α-, magnet. α-Eisen, →Eisen-Kohlenstoff-Diagramm). (→Phasenübergang)

Ägirin, ein Mineral, →Pyroxene.

A|glykon, zuckerfreier Bestandteil der →Glykoside.

Agone *die,* **Nullinie,** verbindet Punkte mit der Deklination Null des →erdmagnetischen Feldes.

AGR, Abk. für **Advanced Gascooled Reactor** [ədv'ɑ:nst g'æsku:ld rɪ'æktə, engl.], ein →Kernreaktor.

Agrarluftfahrt, →Landwirtschaftsfliegerei, →Arbeitsflugzeuge.

Agrartechnik, Sammelbegriff für die in der Landwirtschaft verwendete Technik, z. B. Bau-, Maschinen- und Geräte-, Kulturbau- oder Forsttechnik. (→Landtechnik)

Agrikulturchemie, Landwirtschaftschemie, Zweig der angewandten Chemie, befaßt sich mit den chem. Vorgängen bei der Pflanzen- und Tierernährung, der Bewirtschaftung des Bodens sowie mit der Wirkung und Produktion von →Düngemitteln und →Pflanzenschutzmitteln.

Ah oder **A · h,** Einheitenzeichen für →Amperestunde.

Ahle, Werkzeug zum Löchervorstechen in Leder u. a. Schuhmacher verwenden meist krumme, Sattler gerade A., z. T. mit Öhr zum Fadendurchziehen.

Ahmings, Tiefgangsmarken eines Schiffes (→Tiefgang).

Ähnlichkeit, Gleichheit der Form geometr. Figuren, nicht notwendig ihre Deckungsgleichheit (→kongruent). Ä. liegt vor, wenn entsprechende Seiten das gleiche Größenverhältnis haben und entsprechende Winkel gleich sind. Ähnl. Figuren kann man u. a. durch Verschiebung oder Spiegelung erzeugen. Für **ähnliche Dreiecke** gelten die **Ähnlichkeitssätze,** nach denen zwei Dreiecke einander ähnlich sind, wenn sie übereinstimmen 1) in der Größe von zwei Winkeln oder 2) im Verhältnis ihrer drei Seiten oder

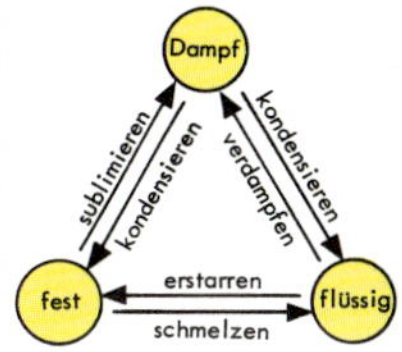

Aggregatzustand

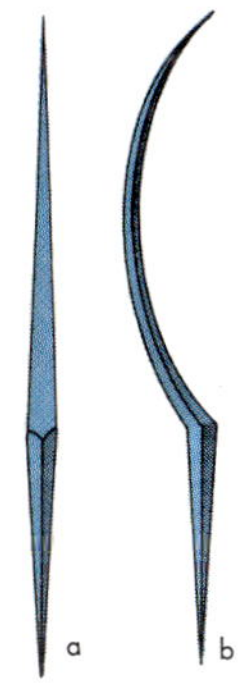

Ahle:
a Sattlerahle,
b Schuhmacherahle

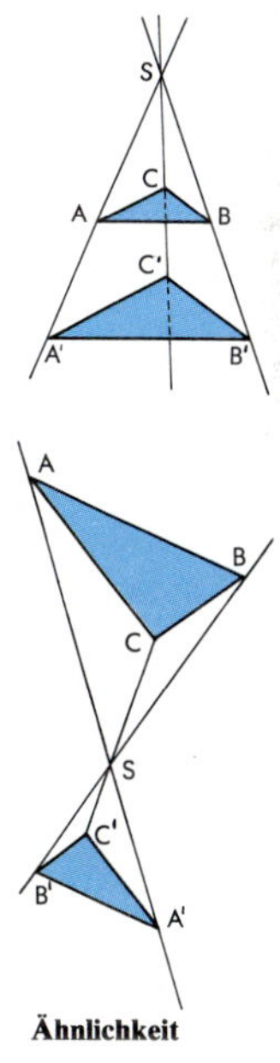

Ähnlichkeit

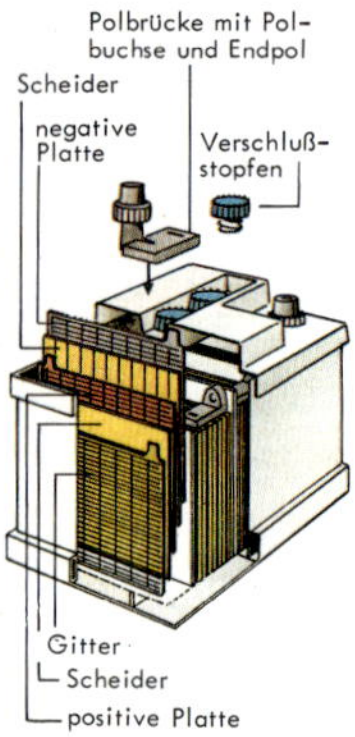

Akkumulator 1): Schnittbild

3) im Verhältnis zweier Seiten und der Größe des eingeschlossenen Winkels oder 4) im Verhältnis zweier Seiten und der Größe des Winkels, der der größeren Seite gegenüberliegt. – Als **Ähnlichkeitsabbildung** bezeichnet man eine eineindeutige (bijektive), streckenverhältnistreue und geradentreue Abbildung der Ebene auf sich, sie ist eine spezielle Affinität, bei der sich die Paare der Bildgeraden unter demselben Winkel schneiden wie die Paare der Urbildgeraden.

Ähnlichkeitstheorie, Theorie zur method. Auffindung und Untersuchung von Vorgängen in theoretisch schwer oder gar nicht zu beherrschenden physikal. Teilgebieten, wie der → Strömungslehre und der Theorie der Wärmeübertragung. Die wichtigsten Hilfsmittel der Ä. sind gewisse dimensionslose Parameter; ihre Gleichheit für zwei geometrisch vergleichbare physikal. Vorgänge gewährleistet deren Ähnlichkeit im Sinne eines physikalischen → Modells. – Vorläufer und Spezialfall der Ä. ist das **Ähnlichkeitsgesetz** von HELMHOLTZ (1882), nach dem die → Reynolds-Zahl einer Modellströmung mit derjenigen der geometrisch ähnlichen wirkl. Strömung übereinstimmen muß, wenn man aus den am Modell gemessenen Kräften die wirkl. Kräfte berechnen will.

AH-Salz, Abk. für **Hexamethylen|di|ammonium|adipat,** das Salz der Adipinsäure mit Hexamethylendiamin. A. ist Rohstoff für die Nylonherstellung.

Aiken-Code ['eɪkɪn-, n. dem amerikan. Mathematiker H. H. Aiken, * 1900, † 1973], Binärcode für Dezimalziffern, der aus 4-Bit-Einheiten (Tetraden) mit der Gewichtung 2-4-2-1 aufgebaut ist. Zur Darstellung der Ziffern 0 bis 4 werden die ersten fünf und zur Darstellung der Ziffern 5 bis 9 die letzten fünf Tetraden der natürlichen Dualzahlenfolge genutzt. Die in der Mitte liegenden sechs als → Pseudotetraden bezeichneten Biteinheiten sind für diesen Code ungültig. Auf Grund der Symmetrie ergeben sich interessante Eigenschaften: Bei Rundungen $\geqq 5$ braucht nur die 1. Binärstelle untersucht zu werden, ein Dezimalübertrag bewirkt auch einen Tetradenübertrag, die Komplementbildung für die Darstellung der negativen Zahlen erfolgt durch einfaches Vertauschen von 1 und 0. Die Zuordnung der Dezimalziffern zu den Tetraden des Binärsystems ist in der Tabelle → Binärcode dargestellt.

Air bag ['eə bæg, engl.], der → Luftsack.

Airbus ['eə-], 1) im planmäßigen Luftverkehr ein Pendeldienst mit vereinfachtem Abfertigungsverfahren (keine Platzreservierungen) zw. zwei Flughäfen. 2) Sammelbez. für einige in USA, Europa und der UdSSR entstandene Großraumflugzeuge für Strecken mit hohem Passagieraufkommen im Kurz- bis Mittelstreckenbereich. 3) eine Flugzeugfamilie von Großraum-Passagierflugzeugen (A 300, A 310) für Kurz- und Mittelstrecken.

Airfoil-Fluggerät

Airfoil-Fluggerät ['eəfɔɪl-], **A|erofoil-Fluggerät,** Fluggerät, das durch Ausnützung des → Bodeneffekts beim Flug sehr dicht über ebenen Oberflächen (Wasserflächen) eine bes. hohe Wirtschaftlichkeit des Betriebs erreicht; unter Verzicht darauf kann das A.-F. auch in größerem Bodenabstand geflogen werden.

Airglow ['eəgləʊ, engl.], durch photochem. Reaktionen in der Mesosphäre erzeugtes schwaches Leuchten.

Aitken-Kerne ['eɪtkɪn-, n. dem engl. Physiker J. Aitken, * 1839, † 1919], → Aerosole.

Akanthit, monokliner → Silberglanz.

Akarizide, Mitizide, Wirkstoffe zur Bekämpfung von Milben (z. B. Obstbaumspinnmilben, Zecken). Verwendet werden neben Phosphorsäureestern und Carbamaten (→ Insektizide) Nitrophenolester und Formamidine.

Akkommodation, die Einstellung des → Auges auf eine best. Entfernung. Beim normalsichtigen Auge in Ruhestellung liegt der → Fernpunkt im Unendlichen. Damit näher als 5 m gelegene Gegenstände scharf gesehen werden, muß die Brechkraft des Auges erhöht werden. Dies geschieht durch stärkere Wölbung der Augenlinse, bewirkt durch Anspannung des ringförmigen Augenmuskels.

Akkumulation, → Ablagerung.

Akkumulator, 1) elektrochem. Energiespeicher, Abk. **Akku,** oft auch als **Batterie** bezeichnet, bei dessen Ladung sich chem. Reaktionen vollziehen, die bei der Entladung in umgekehrter Richtung ablaufen **(Sekundärzelle).** Ähnlich einer Primärzelle (→ Batterie, → galvanische Elemente) enthält eine **A.-Zelle** zwei in einen Elektrolyten getauchte chemisch verschiedene Elektroden.

Beim **Blei-A.** bestehen die gitterförmig gestalteten Elektroden aus Blei mit einer in die Maschen gefüllten ›aktiven Masse‹, auf der positiven Seite Bleidioxid (PbO_2), auf der negativen fein verteiltes, poröses Blei (Bleischwamm). Der Elektrolyt ist 20%ige Schwefelsäure (H_2SO_4). Der chem. Vorgang beim Laden und Entladen kann durch folgende Gleichung beschrieben werden:

$$PbO_2 + 2\,H_2SO_4 + Pb \underset{\text{laden}}{\overset{\text{entladen}}{\rightleftharpoons}} 2\,PbSO_4 + 2\,H_2O + 348\,kJ.$$

Beim Entladen verbinden sich die positiven Bleiionen mit den negativen Sulfationen zu Bleisulfat ($PbSO_4$), wodurch Wasserstoff im Elektrolyten und Sauerstoff an der positiven Elektrode frei werden und sich zu Wasser (H_2O) verbinden. Die Entladespannung je Zelle beträgt etwa 2 V. Anfangs ist das spezif. Gewicht der Schwefelsäure 1,16–1,25, sinkt jedoch im Laufe der Entladung. Sollen bleibende Schäden vermieden werden, so muß nach Absinken der Klemmenspannung auf 1,85 V (spez. Gewicht 1,11–1,22) neu geladen werden. Die Ladespannung ist 2,1–2,3 V. Sie erhöht sich später bis auf 2,8 V, wobei Gasentwicklung eintritt, die anzeigt, daß die Ladung beendet ist und jetzt Wasser zersetzt wird.

In einer A.-Batterie sind mehrere Zellen hintereinandergeschaltet, so z. B. bei der **Kraftfahrzeugbatterie** 3, 6 oder 12 Zellen (entsprechend einer Spannung von 6, 12 oder 24 V). Die **Kapazität** (Aufnahmefähigkeit) des

Blei-A. ist das Produkt aus Stromstärke und Zeit der Stromentnahme, sie beträgt für kleine Zellen 10–100 Amperestunden, für große ortsfeste bis über 10000 Ah.

Der **Nickel-Eisen-A. (Edison-A.** [ˈedɪsn-]) besteht aus einer positiven Elektrode aus Nickelhydroxid ($Ni(OH)_3$) und einer negativen aus feinverteiltem Eisen, Elektrolyt ist verdünnte Kalilauge. Die Zellenspannung beträgt etwa 1,3 V. Dem geringeren energet. Nutzeffekt als beim Blei-A. steht die größere Unempfindlichkeit gegen unsachgemäße Behandlung und schnelle Entladung gegenüber.

Große Bedeutung haben **Nickel-Cadmium-A.** erreicht. Sie werden als Großakkumulatoren mit offenen Zellen hergestellt und als kleine gasdichte gekapselte Knopf- und Rundzellen, die wegen ihrer Wartungsfreiheit gut zur Stromversorgung in elektron. Geräte (z. B. Taschenrechner, Rundfunkgeräte, Blitzlichtgeräte u. a.) eingebaut werden können. Nickel-Cadmium-A. sind aus einer positiven Elektrode aus Nickelhydroxid und einer negativen aus metall. Cadmium aufgebaut, Elektrolyt ist Kaliumhydroxid. Die Entladespannung je Zelle beträgt 1,25 V. Für spezielle Anwendungen gibt es weitere A., z. B. **Silber-Cadmium-A.** und **Silber-Zink-A.**

Neue Entwicklungen haben zum Ziel, die Speicherkapazität zu erhöhen und die Lebensdauer zu verlängern **(Natrium-Schwefel-A., Lithium-Schwefel-A.).** Ein A., der weder Metalle noch Metallionen enthält, ist der **Polyacetylen-A.** mit Elektroden aus Polyacetylenfolien, die in einen Elektrolyten aus einer Lösung von Tetrabutylammoniumperchlorat in Propylencarbonat eingetaucht sind. Beim Laden wird die Kathode mit Tributylammonium-Ionen, die Anode mit Perchlorat-Ionen dotiert. Die so entgegengesetzt geladenen Polyacetylenelektroden können sich dann über einen äußeren Stromkreis (Verbraucher) wieder entladen.

2) EDV: Speichereinheit (Schieberegister) innerhalb des →Rechenwerks eines →Computers, die der Arithmetik- und Logik-Einheit (→ALU) als Ergebnisregister für die ausgeführten Rechenoperationen dient. Jede Rechenanlage enthält mindestens einen A., zu dessen Inhalt addiert und von dessen Inhalt subtrahiert werden kann.

3) Der **hydraulische A.** speichert mechan. Energie in einer Flüssigkeit, in Hydraulikanlagen als Druckenergie im Luft- oder Gaspolster **(Druckwindkessel, Gasdruckspeicher)** oder als potentielle Energie in einem mit dem Tauchkolben hochgehobenen Gewicht oder in einer gespannten Feder **(Gewichts-A., Feder-A.)**, in Wasserkraftanlagen in dem in einen Speichersee hochgepumpten Wasser.

A|kline *die,* der erdmagnetische →Äquator.

Akmit, ein Mineral, →Pyroxene.

Akrab, Stern β im Sternbild Skorpion.

Aktinolith, →Strahlstein, →Amphibole.

Aktinometrie, die Strahlungsmessung, v. a. die Messung der Strahlung der Sonne. **Aktinometer, Aktinograph** sind Geräte zum Messen und Registrieren der Wirksamkeit **(Aktinität)** von Lichtquellen, bes. der Sonne bei versch. Höhenstand, z. B. mittels photograph. Papiers oder Photozelle. Die Messung der direkten Sonnenstrahlung dient v. a. zur Bestimmung der Lufttrübung. Die A. i. e. S. untersucht die relativen Strahlungsintensitäten, die **Pyrheliometrie** befaßt sich mit Absolutmessungen (z. B. der Solarkonstanten) mittels **Pyrheliometer,** die meist nach dem Prinzip der Umwandlung von Strahlungs- in Wärmeenergie arbeiten.

Aktions|prinzip, das 2. Newtonsche Axiom (→Newtonsche Bewegungsgleichung).

Aktionsradius, ohne Ergänzung des Kraftstoffvorrats mögliche Fahr- oder Flugstrecke eines Fahrzeugs (meist hin und zurück).

Aktions|turbine, Gleichdruckturbine, im Ggs. zur Reaktionsturbine mit gleicher Druckhöhe vor und hinter jedem rotierenden Schaufelrad arbeitende →Dampfturbine und →Gasturbine. Bei →Wasserturbinen veraltet für Freistrahlturbine (Pelton-Turbine).

Aktivierung, 1) Chemie: Prozeß, bei dem Stoffe in einen chemisch reaktionsfähigen, aktiven Zustand versetzt werden, z. B. durch Oberflächenvergrößerung oder Zusatz von **Aktivatoren** (→Katalysator, →Aktivkohlen).

2) Kernphysik: Bestrahlung eines Stoffes mit energiereichen Teilchen (z. B. Neutronen), wodurch Kernreaktionen und damit künstl. →Radioaktivität ausgelöst werden.

Aktivierungs|analyse, kernphysikal. Meßmethode zur chem. Analyse. Bei diesem bes. empfindl. Verfahren der →analytischen Chemie wird die Probe mit Teilchen beschossen. Es entstehen radioaktive Isotope, die sich auf Grund charakterist. Zerfallseigenschaften qualitativ und quantitativ bestimmen lassen. Die A. wird meist mit therm. Neutronen eines Kernreaktors als **Neutronen-A. (NAA)** durchgeführt, die noch in die instrumentelle **(INAA)** und die radiochem. **(RNAA)** Neutronen-A. unterschieden wird. Die A. wird wegen ihrer niedrigen Erfassungsgrenze von $<10^{-13}$g v. a. in der →Spurenanalyse eingesetzt (Rückstandsanalyse, in der Archäologie, Prüfung von Kunstwerken, Fertigungskontrolle, Umweltanalytik u. a.).

Aktivierungs|energie, Energiebetrag, der zur Auslösung best., z. B. chem. Vorgänge aufgewendet werden muß.

Aktivierungsquerschnitt, der →Wirkungsquerschnitt eines Atomkerns für eine best. zu seiner →Aktivierung 2) führenden Kernreaktion.

Aktivität, 1) Kernphysik: kurz für **A. einer radioaktiven Substanz,** Formelzeichen A, Maß für die Zahl der Zerfälle einer radioaktiven Substanz in einer best. Zeit. SI-Einheit der A. ist das Becquerel: $1\ Bq = 1 s^{-1}$. Auch das Curie ($1\ Ci = 3{,}7 \cdot 10^{10}$ Bq) ist bis zum 31. 12. 1985 offiziell zugelassen.

2) Optik: →optische Aktivität.

3) Physikal. Chemie: ›wirksame‹ Konzentration von Atomen, Ionen oder Molekülen in einer Lösung. Die A. erhält man, indem man die Konzentration mit dem **A.-Koeffizienten** multipliziert, der die gegenseitige Störung der Teilchen berücksichtigt. Damit kann man für nur ideale Systeme gültige Gesetze (z. B. das →Massenwirkungsgesetz) auf solche Konzentrationsbereiche erweitern, in denen kein ideales Verhalten mehr vorliegt. Bezogen auf gasförmige Systeme heißt der der A. analoge Begriff **Fugazität.**

Die **A. eines Katalysators** als Maß für dessen Wirksamkeit wird angegeben als die in der Zeiteinheit durch ein best. Katalysatorvolumen (oder eine best. Katalysatoroberfläche) umgesetzte Stoffmenge.

Aktivkohlen, kohlenstoffreiche Produkte mit poröser Struktur und inneren Oberflächen zw. 500 und 1500 m^2/g. Zur Herstellung werden kohlenstoffhaltige Stoffe (z. B. Holz, Nußschalen, Torf) mit dehydratisierenden Chemikalien wie Zinkchlorid oder Phosphorsäure (chem. Aktivierung) oder mit sauerstoffhaltigen Gasen wie Wasserdampf oder Kohlendioxid (Gasaktivierung) bei Tem-

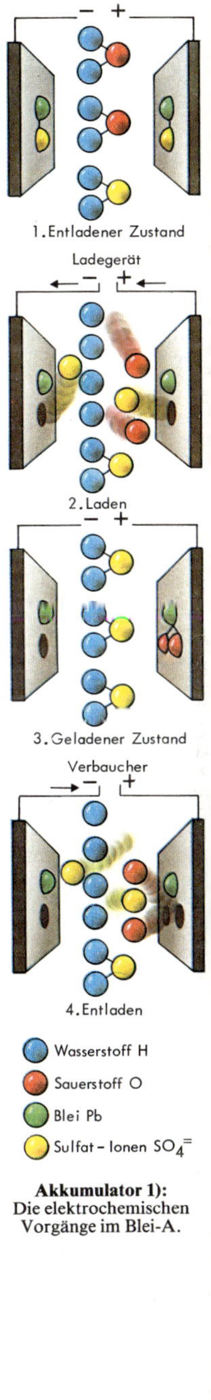

Akkumulator 1): Die elektrochemischen Vorgänge im Blei-A.

peraturen bis zu 1000 °C behandelt. – A. werden als Adsorptionsmittel zur Entfernung unerwünschter oder schädl. Stoffe aus Gasen (Lösemittelrückgewinnung aus Abluft, Filter für Atemschutz, Zigarettenfilter) und Trinkwasser sowie als Katalysatoren und medizin. Kohle verwendet.

Aktivstoffe, Festkörper, deren Energieinhalt höher als normal ist, weshalb sie thermodynamisch als instabil anzusehen sind. A. sind z. B. kristalline Stoffe mit Kristallbaufehlern und in amorpher oder sehr fein verteilter Form vorliegende Feststoffe.

Aktualismus, geolog. Arbeitsprinzip: Erklärung erdgeschichtl. Vorgänge und Bildungen durch solche der Gegenwart. Infolge Evolution und Ausnahmesituationen nicht immer anwendbar (→Exzeptionalismus, →Katastrophentheorie).

aktual unendlich, →Menge.

Aktuogeologie, Wiss. von der Bildungsweise fossil möglicher paläontolog. Urkunden in der Gegenwart.

Akustik, die Lehre vom →Schall. Die **physikal. A.** ist gleichbedeutend mit der Lehre von den in den Hörbereich (zw. etwa 20 und 20000 Hz) fallenden mechan. →Schwingungen und →Wellen. Die **physiolog.** und **psycholog. A.** befaßt sich mit der Wirkung des Schalls auf den Menschen. Der Einsatz der Elektrotechnik führt zur →Elektroakustik. Die Erzielung guter Hörverhältnisse in Räumen ist Aufgabe der →Raumakustik. Die →Bauakustik befaßt sich mit den akust. Eigenschaften von Baustoffen.

ERWIN MEYER u. E. G. NEUMANN: Physikal. und technische A. (^{3}1979); W. STAUDER: Einführung in die A. (^{2}1980). Reallexikon der A., hg. v. M. M. RIELÄNDER (1982)

Akustik|log, geophysikal. Verfahren zur Bestimmung der Gesteinsschichtgrenzen durch Messung der Laufzeiten elast. Wellen im Bohrloch.

Alabaster
(Florenz)

akustische Impedanz, Verhältnis von Schalldruck zu Schallfluß. I. a. sind Schalldruck und Schallfluß nicht in Phase, so daß die a. I. mathematisch durch eine komplexe Größe beschrieben wird.

akustisches Filter, System aus Hohlräumen und Rohren, das nur Schallschwingungen einer best. Frequenz oder ein Frequenzband hindurchläßt; z. B. sind Kfz-Schalldämpfer (Auspufftöpfe) **akust. Tiefpaßfilter,** d. h., Schallkomponenten oberhalb einer Grenzfrequenz werden unterdrückt.

akustisches Mikroskop, das →Ultraschallmikroskop.

Akusto|elektronik, Teilgebiet der Elektronik, das auf der Grundlage des piezoelektr., elektrostriktiven oder magnetostriktiven Effekts die Beeinflussung von elektron. Funktionen in Festkörpern durch akust. Oberflächen- und Volumenwellen zur Entwicklung von Bauelementen ausnutzt. Ursache der akustoelektron. Effekte sind die Wechselwirkungen zw. Elektronen und Phononen im Kristall. Die A. verwendet überwiegend →Oberflächenwellen-Bauelemente, bei denen auf piezoelektr. Materialien akust. Oberflächenwellen angeregt werden, die sich entlang der Festkörperoberfläche als Rayleigh-Wellen ausbreiten.

Akusto|optik, Teilgebiet der Optik, das Wechselwirkungen zw. elektromagnet. und hochfrequenten akust. Wellen (Frequenz 10^5 bis 10^9Hz) untersucht und zum Bau von Schaltern, Modulatoren (→Lichtmodulation) oder Ablenkelementen für Licht, v. a. Laserstrahlen, anwendet. Eine durch einen transparenten Festkörper sich ausbreitende Schallwelle beeinflußt einen senkrecht zu ihrer Fortpflanzungsrichtung verlaufenden Lichtstrahl durch Brechung und Beugung, da sie den Kristall deformiert und den Brechungsindex verändert. Dies führt zu einer Strahlablenkung und einer Modulation der Amplitude, Phase, Frequenz oder Polarisation der opt. Welle. Zur Anregung der akust. Welle wird auf den Kristall ein piezoelektr. Wandler (z. B. ein Quarzplättchen) aufgebracht, der mit einer hochfrequenten Wechselspannung angesteuert wird. In Bauelementen der →integrierten Optik ist eine Beeinflussung der Lichtausbreitung durch akust. Oberflächenwellen möglich, die in einem piezoelektr. Substrat angeregt werden. Akustoopt. Lichtablenker, mit denen ein Strahl in bis zu 10^6 unterscheidbare Richtungen pro Sekunde abgelenkt werden kann, werden z. B. bei der Adressierung von Speicherzellen in holograph. Datenspeichern eingesetzt.

Akzeleration, Beschleunigung; in der Astronomie eine nichtperiod. Änderung der Mondbewegung **(säkulare A.),** die bewirkt, daß sich der Mond in 100 Jahren um 8″ in seiner Bahn weiter fortbewegt, als nach der Theorie zu erwarten wäre. Die Ursache liegt in der Abnahme der Erdbahn-Exzentrizität und der Verzögerung der Erdrotation infolge der Gezeitenreibung.

Akzelerator, svw. Teilchenbeschleuniger, →Beschleuniger.

Akzeptor, Stoff oder Körper, der einen anderen bindet, z. B. in der Chemie eine Substanz, die Atome, Moleküle, Ionen oder spezif. Reste anlagern kann. Bei Halbleitern bindet ein in das Kristallgitter als Störstelle eingebautes Fremdatom ein Elektron, wenn das Fremdatom ein Valenzelektron weniger als die Atome des Grundmaterials besitzt. Da somit ein Elektron zur Bildung kompletter Bindungspaare fehlt, kann der A. bei niedriger Aktivierungsenergie ein Elektron aus dem Valenzband aufnehmen, wobei er vom neutralen in den elektrisch negativ geladenen Zustand übergeht. Das im Valenzband entstehende bewegl., positiv geladene Loch führt zur Defektelektronenleitung (→Defektelektron). Wichtige A. für die →Dotierung von Silicium oder Germanium sind Bor, Aluminium, Gallium. Die **A.-Dichte** n_a gibt die Anzahl der A. pro Volumeneinheit an. Ggs.: →Donator.

Akzessori|en, →Gesteine.

Akzidenzen, Druckarbeiten, die nicht zum Zeitungs-, Zeitschriften- und Werkdruck gehören, z. B. Briefblätter, Prospekte u. a. für geschäftl. und gesellschaftl. Zwecke bestimmte Drucksachen.

Al, chem. Symbol für →Aluminium.

Alabaster, feinkörnige, durchscheinende Art des →Gipses von weißer, gelber, roter oder grauer Farbe.

Alanin, Aminopropionsäure, Abk. **Ala,** $CH_3-CH(NH_2)-COOH$, eine der wichtigsten nichtessentiellen →Aminosäuren.

Alarm|einrichtungen, Signalanlagen, die bei Störungen, Gefahren, unbefugtem Eindringen von Hand oder selbsttätig ausgelöst werden und opt. und/oder akust. Warngeräte wie Hupen, Sirenen, Blinkleuchten einschalten. Anwendungen sind z. B. →Feuermeldeanlagen, →Polizeirufanlagen, →Raumschutzanlagen (Überfall- und Einbruchmeldeanlagen).

Alaune, Doppelsalze der allg. Formel

$$Me^IMe^{III}(SO_4)_2 \cdot 12\,H_2O$$

(Me^IMe^{III} = ein- und dreiwertige Metallionen); als Me^I können z. B. vorkommen: K, Na, NH_4, Tl; als Me^{III} z. B.

Al, Ti, Mn, In, Fe, Cr, V (→chemische Elemente). Bekanntester Vertreter ist der in Oktaedern oder Würfeln kristallisierte **Kalium|aluminium-A. (Alaun)** $KAl(SO_4)_2 \cdot 12\ H_2O$; wird zur Herstellung tintenfester Papiere, in der Färberei und Gerberei sowie als blutstillendes Mittel und mildes Ätzmittel in der Medizin verwendet.

Alaunschiefer, dunkle Tongesteine, deren Schwefelkiesgehalt durch Verwitterung in Alaun übergeht.

Alaunstein, das Mineral →Alunit.

Albedo *die,* in der Astronomie und Meteorologie ein Maß für das Rückstrahlvermögen von diffus reflektierenden, also nicht spiegelnden Oberflächen. Die **geometr. A.** ist definiert als der von einem senkrecht bestrahlten Oberflächenelement diffus in den Halbraum reflektierte Bruchteil der auffallenden Lichtmenge, die **sphär. A.** als das Verhältnis der von einer nicht spiegelnden Kugeloberfläche nach allen Richtungen reflektierten Lichtmenge zur parallel eingestrahlten Lichtmenge. Die sphär. A. ist bei gleichen Materialien meist etwas größer als die geometr. A. und ermöglicht in der Astronomie Rückschlüsse auf die Oberflächenbeschaffenheit der Planeten durch Vergleich mit der A. ird. Substanzen (TABELLE).

Albireo, Stern 3. Größe, β im Sternbild Schwan.

Albit, ein Mineral, →Feldspate.

Albumine, leicht wasserlösliche Eiweißstoffe mit niedrigen Molekulargewichten, sie sind stark schwefelhaltig und koagulierbar. Abtrennung von anderen Eiweißstoffen durch Ultrazentrifugation, Elektrophorese oder chromatograph. Verfahren. A. sind weit verbreitet und dienen als Klebemittel, zur Herstellung von Kitt und als Farbenbindemittel.

Alchemb, der Stern →Algenib.

Alchemie, Alchimie, Alchymie, Lehre, die im griechisch sprechenden Ägypten im 2./3. Jh. entstand und bis ins 17. Jh. die wissenschaftl. Beschäftigung mit chem. Stoffen darstellte. (→Chemie)

ALCM, Abk. für engl. **air launched cruise missile** [ˈeə lɔ:ntʃt kru:z mˈɪsɪl], luftgestützter Marschflugkörper (→Cruise Missile).

Aldebaran, Stern 1. Größe, α im Sternbild Stier, mit stark rötlichem Licht.

Aldehyde, organ. Verbindungen mit der A.-Gruppe **(Formylgruppe)** – CHO. Die Namen der aliphat. A. **(Alkanale)** werden aus denen der Kohlenwasserstoffe gleicher C-Zahl (z. B. Methan) und der Endsilbe -al gebildet (Methanal). Gebräuchlicher sind jedoch die aus den lat. Bez. der Carbonsäuren abgeleiteten Namen, z. B. HCHO, Methanal = →Formaldehyd; CH_3CHO, Äthanal = →Acetaldehyd. – A. entstehen bei der Dehydrierung von primären Alkoholen (daher der Name von **Al**cohol **dehyd**rogenatus), bei der Oxidation von Alkenen und durch →Oxosynthese. A. sind an der Luft unbeständig. Sie reduzieren u. a. ammoniakal. Silbersalzlösungen zu metall. Silber, wobei sie selbst zu Carbonsäuren oxidiert werden. Die CO-Doppelbindung der A. geht leicht →Additionen (→Aldoladdition) und →Kondensationen ein (→Phenylhydrazin, →Oxime). Die niederen A. sind wichtige Zwischenprodukte der organ. Chemie. Höhere aliphat. (z. B. Dodecanal, Citral) und aromat. (z. B. Vanillin, Zimt-A.) A. finden als Riechstoffe Verwendung.

Alderamin, Stern 3. Größe, α im Sternbild Kepheus.

Aldohexose, svw. D-Galactose (→Galactose).

Aldol|addition, durch Basen katalysierte Reaktion von zwei Aldehydmolekülen, die eine zur Aldehydgruppe benachbarte Methyl- oder Methylengruppe haben, z. B.

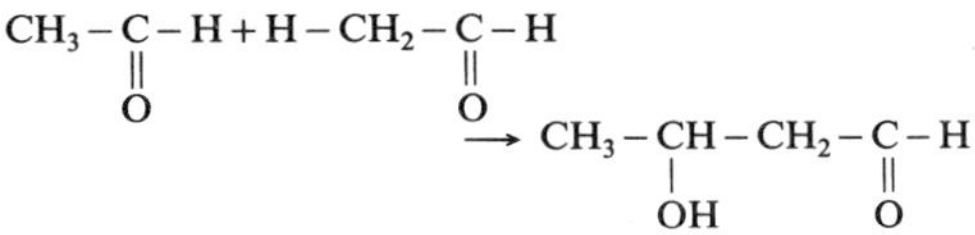

(Acetaldol)

Die entstehenden Hydroxyaldehyde **(Aldole)** spalten bei höherer Temperatur Wasser ab, wobei ungesättigte Aldehyde entstehen. Techn. Bedeutung hat die A. für die Herstellung von →2-Äthylhexanol.

Aldosen, →Zuckerarten.

Aldosteron, hochwirksames Nebennierenrindenhormon, wichtigstes Mineralcorticoid, das die Kochsalz-Rückresorption und die Kaliumausscheidung steuert; Aufbau in der Leber aus Progesteron über Cortexon und Corticosteron.

Aldrin, Chlorkohlenwasserstoff, wird als →Insektizid gegen Bodenschädlinge verwendet.

Alembertsches Prinzip, d'Alembertsches Prinzip [dalãbˈɛ:r-], eine von J.-B. D'ALEMBERT (* 1717, † 1783) entwickelte Beschreibung von beschleunigenden Kräften, die es ermöglicht, dynam. Aufgaben nach dem Vorbild statischer Gleichgewichtsaufgaben zu lösen. Eine beschleunigende Kraft $\boldsymbol{F}$, die einem Körper von außen ›eingeprägt‹ wird, löst eine gleich große, aber entgegengesetzte Kraft der Trägheit **(d'Alembertsche Hilfskraft)** $\boldsymbol{H} = -m\boldsymbol{b}$ aus, die wie eine äußere Kraft behandelt wird. Dann ist $\boldsymbol{F} + \boldsymbol{H} = 0$; auch ein beschleunigter Körper oder Massenpunkt ist im Gleichgewicht. Das gleiche gilt für Systeme von Massenpunkten oder Körpern, deren innere Kräfte sich paarweise aufheben. Hier ist $\sum(\boldsymbol{F} + \boldsymbol{H}) = 0$.

Aleph, der erste Buchstabe des hebräischen Alphabets, geschrieben א, Mathematik: die Mächtigkeit (→Äquivalenz) der Menge der reellen Zahlen. Die Mächtigkeit der natürl. Zahlen wird mit $\aleph_0$ **(Aleph-Null)** bezeichnet.

Alexandrit, smaragdgrüner, bei normalem Lampenlicht roter Drillings-Kristall des →Chrysoberyll.

Alfol-Prozeß, Verfahren, bei dem Äthylen und Triäthylaluminium zunächst zu höheren Trialkylaluminiumverbindungen umgesetzt werden. Durch Oxidation und Hydrolyse entstehen daraus →Fettalkohole.

Alfonsinische Tafeln [n. dem König von Kastilien und León, Alfons X, * 1221, † 1284], Tabellenwerk zur Berechnung der Örter von Sonne, Mond und der damals bekannten fünf Planeten, um 1272 auf der Grundlage des Ptolemäischen Planetensystems aufgestellt. Die A. T. sollten die →Toledischen Tafeln ersetzen und blieben bis zum Erscheinen der →Prutenischen Tafeln und →Rudolfinischen Tafeln in Gebrauch.

Alfvén-Wellen [alvˈe:n-, n. dem schwed. Physiker H. Alfvén, * 1908], transversale →magnetohydrodynamische Wellen.

Algebra, 1) Teilgebiet der Mathematik, beschäftigt sich mit Rechenverfahren, die zur Lösung →algebraischer Gleichungen führen. Der Prozeß, der von der verbalen Form der Aufgabenstellung zur symbol. algebraischen Schreibweise (Variable, Platzhalter) führte, war erst Ende des 17. Jh. beendet, obwohl bereits in der ind. Mathematik abstrakte Zeichen bekannt waren. Für

Körper	Albedo
Merkur	0,06
Venus	0,76
Erde	0,39
Mond	0,07
Mars	0,16
Jupiter	0,67
Saturn	0,69
Uranus	0,93
Neptun	0,84
Pluto	0,14
Wolken	0,7 –0,9
Schnee	0,5 –0,9
Wasser	0,02–0,7
Wiesen	0,02–0,15
Wald	0,04–0,1
Kreide	0,85
Gips	0,34
Granit	0,31
Basalt	0,05
vulkan. Asche	0,2

Albedo

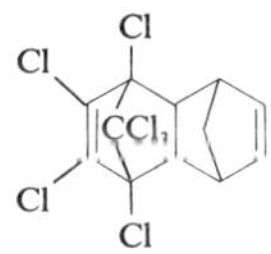

Aldrin

Gleichungen 1. und 2. Grades waren Lösungen schon im Altertum bekannt (→ linear, → quadratische Gleichung), im 16. Jh. fand man die Lösungen der Gleichungen 3. und 4. Grades (→ Cardanische Formeln). Der Fundamentalsatz der A.: ›Jede algebraische Gleichung n-ten Grades besitzt genau n Lösungen‹ wurde 1799 von C. F. GAUSS bewiesen. E. GALOIS zeigte zu Beginn des 19. Jh. den engen Zusammenhang zw. der Auflösbarkeit einer algebraischen Gleichung und der Theorie der Gruppen auf (→ Galois-Theorie) und bewies mit N. H. ABEL, daß die Lösungen von Gleichungen mit höherem als 4. Grad in ihrer allgemeinen Form nicht durch Radikale darstellbar sind.

In der modernen Mathematik versteht man unter A. im wesentl. die Untersuchungen der algebraischen Strukturen → Gruppe, → Ring, → Körper. Spezialgebiete sind u. a. die → lineare Algebra, die → universelle Algebra, die → Boolesche Algebra.

Begriffe und Methoden der A. werden zunehmend in der theoret. Physik, bes. in der → Quantentheorie, angewendet. So werden beobachtbare Größen durch lineare → Operatoren, Symmetrien physikal. Systeme und Gesetze allgemein durch Gruppen und deren Darstellungen beschrieben.

B. L. v. d. WAERDEN: Algebra 1. und 2. Teil ([8]1971, [5]1967); B. HORNFECK: Algebra ([3]1976).

2) Bez. für ein → hyperkomplexes System.

algebraisch abgeschlossen heißt ein → Körper, wenn jede → algebraische Gleichung, deren Koeffizienten Elemente aus dem Körper sind, lösbar ist. – Beispiele: Der Körper der rationalen Zahlen ist nicht abgeschlossen, da die Gleichung $x^2 - 2 = 0$ nicht lösbar ist, denn als Lösungen kommen nur die Zahlen $\pm\sqrt{2}$ in Frage, und $\sqrt{2}$ ist keine rationale Zahl. Ein a. a. Körper ist der Körper $\mathbb{C}$ der komplexen Zahlen. In einem a. a. Körper zerfällt jedes Polynom mit Koeffizienten aus dem Körper in Linearfaktoren, z. B.

$$f(x) = x^2 + 1 = (x + \mathrm{i}) \cdot (x - \mathrm{i}),$$

wobei $\mathrm{i} = \sqrt{-1}$.

algebraische Fläche, Fläche im dreidimensionalen Raum (z. B. Kugel-, Kegel-, Zylinderflächen), die durch eine → algebraische Gleichung beschrieben werden kann, wobei die Koordinaten eines Punktes der Fläche die Lösungstripel der Gleichung bilden. – Beispiel: Die Menge aller Tripel (x, y, z), die die Lösungen der algebraischen Gleichung $x^2 + y^2 + z^2 - r^2 = 0$ bilden, sind die Punkte einer Kugelfläche mit dem Radius r.

algebraische Funktion. Die Funktion

$$w = f(z_1, z_2, \ldots, z_n)$$

heißt algebraisch, wenn w der Gleichung

$$F(z_1, z_2, \ldots, z_n, w) = 0$$

genügt, wobei F eine ganze rationale Funktion (→ Polynom) der Variablen $z_1, z_2, \ldots, z_n$ und w ist, d. h. w genügt einer → algebraischen Gleichung. Die Menge der a. F. bildet einen → Körper.

algebraische Geometrie, Teilgebiet der Mathematik zur Darstellung geometrischer Probleme mit algebraischen Mitteln, wobci man z. B. gcomctr. Gcbildc (Kurven, Flächen im Raum) betrachtet, die durch → algebraische Gleichungen dargestellt werden.

algebraische Gleichung, eine Gleichung der Form

$$a_n x^n + a_{n-1} x^{n-1} + \ldots + a_2 x^2 + a_1 x + a_0 = 0,$$

wobei die Koeffizienten a_i Elemente eines → Körpers sind. Gehören die Koeffizienten dem Körper der rationalen Zahlen an, dann ergeben sich für $a_n = a_{n-1} = \ldots = a_4 = a_3 = 0$ die → quadratischen Gleichungen

$$a_2 x^2 + a_1 x + a_0 = 0,$$

und für $a_n = a_{n-1} = \ldots = a_3 = a_2 = 0$ die → linearen Gleichungen

$$a_1 x + a_0 = 0,$$

die somit spezielle a. G. darstellen. Der größte Exponent n heißt **Grad** der a. G. Nach dem Fundamentalsatz der Algebra hat eine a. G. mit einer Variablen n-ten Grades höchstens n verschiedene Lösungen. Über die Lösungen von a. G. → Algebra, → Cardanische Formeln.

Allgemeiner wird die a. G. definiert als eine Gleichung der Form $f(x_1, x_2, \ldots, x_n) = 0$, wobei f eine ganz rationale → Funktion der Variablen $x_1, \ldots, x_n$ ist.

algebraische Kurve, ebene Kurve oder Raumkurve; die Koordinaten ihrer Punkte genügen einer → algebraischen Gleichung. – Beispiele: → Kegelschnitte.

algebraische Struktur. Ist auf einer nichtleeren Menge M eine Verknüpfung definiert (z. B. +, allgemein ∘), so bildet das Paar $(M, \circ)$ eine a. S., z. B. bilden die Menge der natürl. Zahlen $\mathbb{N}$ und die Verknüpfung + die a. S. $(\mathbb{N}, +)$. Für eine a. S. können auch mehrere Verknüpfungen definiert sein, z. B. bildet die Menge der rationalen Zahlen mit den Verknüpfungen ›plus‹ (+) und ›mal‹ (·): $(\mathbb{Q}, +, \cdot)$ eine spezielle a. S., nämlich den → Körper $\mathbb{Q}$. Weitere spezielle a. S. sind u. a. → Ringe, → Gruppen.

algebraische Zahlen, die Lösungen einer algebraischen Gleichung

$$a_n x^n + a_{n-1} x^{n-1} + \ldots + a_2 x^2 + a_1 x + a_0 = 0,$$

wobei a_i ganze Zahlen sind. **Ganze a. Z.** sind die Lösungen algebraischer Gleichungen mit $a_n = 1$. Die Menge der algebraischen Zahlen bildet einen → Körper; die ganzen a. Z. bilden einen → Ring. Der **Grad einer a. Z.** entspricht dem der zugehörigen algebraischen Gleichung. – Beispiele: Die ganzen Zahlen sind algebraisch, sie genügen den linearen Gleichungen $x + a_0 = 0$ (a_0 eine ganze Zahl); $\sqrt{2}$ ist algebraisch vom Grad 2, denn $\sqrt{2}$ ist die Lösung der algebraischen Gleichung $x^2 - 2 = 0$; auch die imaginäre Einheit i ist eine a. Z.; sie genügt der algebraischen Gleichung $x^2 + 1 = 0$.

Nicht-algebraische Z. heißen → transzendente Zahlen, z. B. die Kreiszahl $\pi = 3{,}14159\ldots$, die Eulersche Zahl $e = 2{,}718\ldots$ – Der Körper der rationalen Zahlen läßt sich durch → Adjunktion einer a. Z. zu einem **algebraischen Zahlkörper** erweitern.

Algen, ein- oder mehrzellige Pflanzen, unterteilt in sieben Klassen: 1. Geißelalgen (Flagellatae), 2. Kieselalgen (Diatomeae), 3. Grünalgen (Chlorophyceae), 4. Jochalgen (Conjugatae), 5. Armleuchteralgen (Characeae), 6. Braunalgen (Phäophyceae), 7. Rotalgen (Rhodophyceae). Die Blaualgen (Cyanophyceae) gehören wie die → Bakterien zur Abteilung der Spaltpflanzen (Schizophyta, Organismen ohne echten Zellkern). Lebensräume der A.: v. a. Wasser, aber auch im Boden, auf Felsen und Baumrinden; häufig tritt die Symbiose von Blau- oder Grünalgen mit Pilzen in Form von Flechten auf.

A. spielen eine große Rolle bei der → Eutrophierung der Gewässer: durch Nährstoffeintrag (Stickstoff und Phosphor aus Abwässern) entsteht eine Massenentwicklung von A. (›Wasserblüte‹); → Gewässerschutz, → Sauerstoffbedarf, → Selbstreinigung. A. sind von Bedeutung bei → Gewässeruntersuchungen (→ Saprobiensystem). A. werden in zunehmendem Maß zu wirtschaftlich-techn. Zwecken kultiviert (Nahrungs-, Futtermittelherstellung, Abwasserreinigung).

Fossil sind nur Gruppen erhalten, deren Körpergerüst aus mineral. Substanzen, z. B. Kalk oder Kieselsäure, besteht, z. B. die → Diatomeen; Vorkommen seit dem Präkambrium bis in die Gegenwart.

Algenib, 1) auch **Alchemb,** Stern 2. Größe, α im Perseus. **2)** Stern 3. Größe, γ im Pegasus.

Algenstoffe, Inhaltsstoffe von Meeresalgen (Seetangarten), z. T. von großer wirtschaftl. Bedeutung. Zu ihnen gehören stärkeähnliche Schleimstoffe wie → Alginsäure und Alginate, → Agar-Agar. In Meeresalgen ist Jod stark angereichert. Der Eiweißgehalt macht Tangmehle als Futter- und Düngemittel verwendbar.

Alginsäure, stärkeähnl., wenig wasserlösl. Kohlenhydrat aus Braunalgen (Seetangarten). Die Salze **(Alginate)** sind kolloid als Gel (Gallerte) leicht löslich in Wasser. – Verwendung: Verdickungsmittel in Emulsionen, kosmet. und Lebensmittelind. (bes. Speiseeis), Klebstoffe, Appreturen, Grundsubstanz für elast. Abdruckmassen (z. B. für die Zahnmedizin).

Algol, Stern 3. Größe, β im Perseus, um 1670 als → Bedeckungsveränderlicher erkannt. – Prototyp der **A.-Sterne,** die zwei kugelförmige Komponenten und eine Lichtwechselperiode von 2–5 Tagen haben.

ALGOL, Abk. für **algorithmic language** [ælgər'ɪðmɪk l'æŋgwɪdʒ, engl.], problemorientierte → Programmiersprache für wissenschaftlich-techn. Anwendungen. Sie baut auf der algorithm. Beschreibungsweise von Problemen auf und ist deshalb für den mathematisch Geschulten leicht zu erlernen. Als Sprachelemente dienen numer., alphabet. und alphanumer. Symbole sowie standardisierte Wortsymbole der engl. Sprache, z. B. ›begin‹, ›end‹, ›go to‹, ›read‹, ›print‹.

algonkischer Umbruch, tekton. Regenerationsphase zu Beginn des Proterozoikums, wobei die orogen versteifte Erdkruste tektonisch wieder mobil wurde.

Algonkium, Bez. für präkambrische Gesteinsfolgen, → Proterozoikum, → Präkambrium.

Algorab, Stern 3. Größe, δ im Sternbild Rabe.

Algorithmus, urspr. Rechnen nach dem im 17. Jh. eingeführten Dezimalsystem, heute ein Rechenverfahren, das in genau festgesetzten Schritten vorgeht. Ein A. kann endlich sein wie der → Euklidische Algorithmus oder das → Sieb des Eratosthenes, er kann aber auch beliebig weit fortgesetzt werden wie bei der Bestimmung der Dezimalbruchentwicklung einer irrationalen Zahl ($\sqrt{2}$) durch eine → Intervallschachtelung. – In der Informatik ist A. allg. eine Folge von exakten Arbeitsanweisungen (Rechenanweisungen) an eine Datenverarbeitungsanlage, durch die der Lösungsweg einer Rechenaufgabe in endlich vielen Schritten eindeutig beschrieben wird. Derartige A.-Programmiersprachen sind z. B. → ALGOL und → FORTRAN.

Alhidade, mit Nullmarke oder Nonius versehener drehbarer Arm von Winkelmeßinstrumenten.

Alioth, Stern 2. Größe, ε im Großen Bären.

Aliphaten, aliphatische Verbindungen, organ. Verbindungen mit geraden oder verzweigten Kohlenwasserstoffketten, i. Ggs. zu den ringförmigen → Aromaten und → alizyklischen Verbindungen, wichtige A.: Fette, Öle, Benzin, Äthanol, Essigsäure.

Alitieren, Calorisieren, Verfahren zur Herstellung einer aluminiumreichen, wenig verformungsfähigen Diffusionsschicht auf Metallen, vorwiegend auf Stahl, durch Glühen im Kontakt mit Aluminium (als Pulver, Schmelze oder Überzug) bei Temperaturen von etwa 800 °C. Durch das A. wird der Stahl sehr wirksam gegen Verzundern bei hohen Temperaturen bis rd. 950 °C geschützt. Verfahrensarten: **Spritz-, Pulver-** und **Tauch-A.** Beim hauptsächlich angewendeten **Spritz-A.** werden Stahlteile mit aufgespritztem Aluminiumüberzug bis zu 5 Stunden bei 850 °C geglüht.

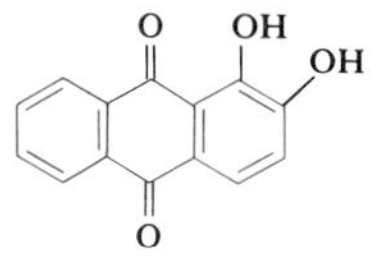

Alizarin

Alizarin, 1,2-Dihydroxy-anthrachinon, roter → Anthrachinonfarbstoff, der als Glykosid in der Krapp-Pflanze vorkommt und synthetisch aus Anthrachinon hergestellt wird. A. ist ein Beizenfarbstoff.

alizyklische Verbindungen, ringförmige organ. Verbindungen, wie z. B. → Cycloalkane, nicht aber die aromat. und heterozykl. Verbindungen.

Alkali|en, Substanzen, deren wäßrige Lösungen alkal. Reaktionen zeigen, bitter schmecken und die Haut reizen, v. a. die Hydroxide der → Alkalimetalle, Ammoniumhydroxyd und die Hydroxide der → Erdalkalimetalle.

Alkali-Mangan-Zelle, Primärzelle (→ Batterie) mit einer Nennspannung von 1,5 V. Die Elektroden bestehen wie bei der → Kohle-Zink-Zelle aus Mangandioxid und Zink, es wird jedoch Kaliumhydroxid (KOH) als Elektrolyt verwendet. Die Spannung einer A.-M.-Z. sinkt bei Belastung weit weniger ab als die einer Kohle-Zink-Zelle und ist daher und wegen längerer Lagerfähigkeit für viele Anwendungen besser geeignet.

Alkalimetalle, die einwertigen Elemente der I. Hauptgruppe des → Periodensystems: Lithium, Natrium, Kalium, Rubidium, Cäsium und Francium. A. haben geringe Dichte sowie niedrige Schmelz- und Siede-P., große Atomvolumina und deshalb eine starke Tendenz, positive Ionen zu bilden. Sie sind chemisch sehr reaktionsfähig und reagieren leicht mit Luft und Wasser, mit dem sie stark bas. Alkalihydroxide bilden.

Alkalimetrie, → Säure-Base-Titration.

Alkalireserve, Gehalt eines Motorenöls an bas. Zusätzen (z. B. bas. Sulfonate, kolloidal verteiltes Carbonat). Die A. verhindert Motorkorrosion durch saure Verbrennungsprodukte.

alkalische Reaktion, basische Reaktion, durch Hydroxid-Ionen(OH^-)-Überschuß in wäßriger Lösung hervorgerufene Reaktion, entsteht aus den stark bas. Hydroxiden der → Alkalimetalle und → Erdalkalimetalle durch einfache → Dissoziation (zum Beispiel $NaOH \longrightarrow Na^+ + OH^-$) und aus vielen Salzen durch → Hydrolyse. Die a. R. wird durch best. Farbstoffe angezeigt (→ Indikatorfarbstoffe), der → pH-Wert der Lösung ist > 7. (→ Wasserstoffionenkonzentration)

Alkaloide, überwiegend in Pflanzen vorkommende bas. Naturstoffe, Einteilung z. B. in folgende Strukturgruppen: Pyrrolidin-, Pyrrolizidin-, Tropan-, Piperidin-, Chinolizidin-, Isochinolin-, Rutaxen- und Terpen-A. Es sind über 1000 A. bekannt. Sie sind Produkte des Sekundärstoffwechsels und unterliegen keinem nennenswerten Abbau, womit ihre anhaltende Giftwirkung teilweise erklärt wird. Die Biosynthese der A. geht meist von → Aminosäuren, v. a. Ornithin, Lysin, Phenylalanin, Tyrosin und Tryotophan, aus. – Morphin wurde als erstes A. 1806 von F. W. SERTÜRNER entdeckt. Die erste Synthese gelang 1886 A. LADENBURG mit dem Aufbau des Coniins aus α-Picolin. Bei der techn. Herstellung für medizin. Zwecke werden A. meist aus Drogen aufgebaut. Die Giftwirkung ist seit langem bekannt und wird oft therapeutisch ge-

Alkoholtest: Atemalkoholprüfröhrchen; UNTEN nach Reaktion

nützt, z. B. Opium, Morphin, Cedein, Papaverin, Narcotin zur Schmerzstillung, Chinin früher gegen Malaria.

Alkane, Paraffine, Grenzkohlenwasserstoffe, gesättigte azykl. → Kohlenwasserstoffe mit der allg. Summenformel C_nH_{2n+2}. Bei Raumtemperatur und Atmosphärendruck sind A. bis zu 4 C-Atomen Gase, von 5 bis 16 C-Atomen (Hexadecan) Flüssigkeiten und mit einer noch höheren C-Zahl wachsartige Feststoffe.

Name	Formel	Siede-P. °C
Methan	CH_4	−161,5
Äthan	$CH_3{-}CH_3$	− 88,6
Propan	$CH_3{-}CH_2{-}CH_3$	− 42,1
n-Butan	$CH_3{-}CH_2{-}CH_2{-}CH_3$	− 0,5
n-Pentan	$CH_3{-}CH_2{-}CH_2{-}CH_2{-}CH_3$	36,1
n-Hexan	$CH_3{-}CH_2{-}CH_2{-}CH_2{-}CH_2{-}CH_3$	68,7
n-Heptan	$CH_3{-}CH_2{-}CH_2{-}CH_2{-}CH_2{-}CH_2{-}CH_3$	98,4

Vom Butan an existieren mehrere Isomere (→ Isomerie). Die geradkettigen A. werden auch als **n-Paraffine (Normalparaffine)**, die verzweigten als **i-Paraffine (Isoparaffine)** bezeichnet. **Cyclo-A. (Cycloparaffine)** sind ringförmige gesättigte Kohlenwasserstoffe mit der allg. Summenformel C_nH_{2n} (→ Cyclohexan). – Als wesentl. Bestandteil von Erdgas und Erdöl dienen A. als Brennstoffe, Kraftstoffe, Lösemittel und Rohstoffe für die → Petrochemie. i-Paraffine haben als Kraftstoffkomponenten eine hohe → Oktanzahl. n-Paraffine lassen sich durch Molekularsiebe aus Kohlenwasserstoffgemischen abtrennen. Sie sind wichtige Ausgangsstoffe für die Herstellung biologisch abbaubarer Waschrohstoffe.

Alkene, Olefine, ungesättigte azykl. → Kohlenwasserstoffe mit einer Doppelbindung und der allg. Summenformel C_nH_{2n}. Verbindungen mit mehreren Doppelbindungen werden **Alkadiene** (→ Diene), **Alkatriene** oder allg. → Polyene genannt. Die Namen der A. werden aus denen der entsprechenden → Alkane und der Endsilbe -en gebildet.

Name	Formel
Äthen (Äthylen)	$CH_2{=}CH_2$
Propen (Propylen)	$CH_2{=}CH{-}CH_3$
1-Buten (Butylen)	$\overset{1}{C}H_2{=}\overset{2}{C}H{-}\overset{3}{C}H_2{-}\overset{4}{C}H_3$
2-Buten	$\overset{1}{C}H_3{-}\overset{2}{C}H{=}\overset{3}{C}H{-}\overset{4}{C}H_3$
Isobuten (2-Methylpropen)	$\overset{1}{C}H_2{=}\overset{2}{C}(CH_3){-}\overset{3}{C}H_3$

Kurzkettige A. werden großtechnisch durch → Steamcracken aus Erdölfraktionen hergestellt. Sie sind wichtige Zwischenprodukte der → Petrochemie. A. lassen sich auch durch → Dehydratisierung von Alkoholen, → Dehydrierung von Alkanen, → Oligomerisierung von Äthylen oder → Metathese aus anderen A. herstellen.

Alkine, Acetylene, ungesättigte azykl. → Kohlenwasserstoffe mit einer Dreifachbindung und der allg. Summenformel C_nH_{2n-2}. Die Namen der A. werden aus denen der entsprechenden → Alkane und der Endsilbe -in gebildet, z. B. Äthin (Acetylen) $HC{\equiv}CH$, Propin $HC{\equiv}C{-}CH_3$. – A. entstehen durch Pyrolyse von Kohlenwasserstoffen bei Temperaturen über 1000 °C.

Alkohol, i. w. S. → Alkohole, i. e. S. der Äthylalkohol, svw. → Äthanol.

Alkohole, organ. Verbindungen, in denen eine oder mehrere Hydroxylgruppen (– OH) an gesättigte C-Atome gebunden sind. Der Name wird aus dem des Kohlenwasserstoffs mit gleicher C-Zahl und der Endsilbe -ol gebildet. Je nachdem, wie viele OH-Gruppen im Molekül enthalten sind, spricht man von ein-, zwei- oder dreiwertigen A.

Name	Formel	Siede-P. °C
Methanol (Methylalkohol)	CH_3OH	64,5
Äthanol (Äthylalkohol)	CH_3CH_2OH	78,3
1-Propanol (n-Propylalkohol)	$CH_3CH_2CH_2OH$	97,2
2-Propanol (Isopropylalkohol)	$CH_3CH(OH)CH_3$	82,3
2-Methyl-2-propanol (tert.-Butylalkohol)	$CH_3{-}C(CH_3)(OH){-}CH_3$	82,6
1,2-Äthandiol (Äthylenglykol)	$CH_2(OH){-}CH_2(OH)$	198

Je nachdem, ob das C-Atom, an dem sich die OH-Gruppe befindet, mit einer (oder keiner), zwei oder drei weiteren Kohlenwasserstoffgruppen verknüpft ist, spricht man von primären (z. B. Äthanol), sekundären (z. B. 2-Propanol) oder tertiären (z. B. 2-Methyl-2-propanol) A.

Die niederen einwertigen A. sind leicht bewegliche, brennend schmeckende, mit Wasser mischbare Flüssigkeiten. Mit steigender C-Zahl liegen ölige Flüssigkeiten und schließlich wachsähnliche Feststoffe vor. Viele A. kommen frei oder in Form ihrer Ester in der Natur vor, z. B. in gegorenen Fruchtsäften (Äthanol = umgangssprachlich ›Alkohol‹), in Fetten (Glycerin) oder in äther. Ölen (Menthol). – Synthetisch können A. durch → Oxosynthese, durch Hydratation der entsprechenden Alkene oder durch Hydrierung von Fettsäuren hergestellt werden. – A. sind sehr schwache Säuren. Die davon abgeleiteten Salze heißen **Alkoholate**; z. B. reagiert Äthanol mit Natrium zu Natriumäthylat:

$$C_2H_5OH + Na \longrightarrow C_2H_5O^- \, Na^+ + {}^1/_2\,H_2$$

Durch Oxidation lassen sich A. in die entsprechenden → Aldehyde und weiter in Carbonsäuren überführen. (→ Fettalkohole)

Alkoholtest, Test zur Bestimmung der Alkoholkonzentration im Blut; das Schnellverfahren mit einem **Atemalkoholprüfröhrchen** beruht darauf, daß der Alkoholgehalt der ausgeatmeten Luft stets in einem best. Verhältnis zum Alkoholspiegel des Blutes steht. Das Prüfröhrchen, das graduiert sein kann, besteht aus einem Röhrchen, einem Mundstück und einem Meßbeutel. Es enthält auf einem Trägermaterial ein Chromat-Schwefelsäure-Gemisch, das mit Alkohol reagiert, der eventuell in der Atemluft vorhanden ist. Hierbei wird gelbes Dichromat zu einer grünen Chrom(III)-Verbindung reduziert. – Zur Bestimmung des Alkoholgehaltes im Blut dient die **Alkoholblutprobe,** die heute meist enzymatisch und gaschromatographisch ausgewertet wird.

Alkor, Reiterlein, spektroskop. Doppelstern im Großen Bären, mit bloßem Auge sichtbar (›Augenprüfer‹).

Alkydharze, Polyester, die durch Polykondensation von mehrwertigen Alkoholen (z. B. Glycerin) mit Dicarbonsäuren (z. B. Phthalsäure, Isophthalsäure) hergestellt werden. A. sind stets mit Fettsäuren oder Ölen modifiziert. Je nach deren Gehalt unterscheidet man **kurzölige** (< 40% Ölanteil), **mittelölige** (40 bis 60%) und **langölige**

(>60%) A. Auch Harzsäuren, Styrol, Silicone u. a. Stoffe können für die Modifizierung verwendet werden. Die dicköligen bis zähplast. A. sind bedeutende, universell anwendbare Lackbindemittel. Mit trocknenden Ölen (z. B. Sojaöl) modifizierte A. sind lufttrocknend. Mit nichttrocknenden Ölen (z. B. Ricinusöl) oder gesättigten Fettsäuren modifizierte A. werden zus. mit Aminoplasten zu Einbrennlacken verarbeitet.

Alkyl . . ., allg. Bez. für eine einbindige Kohlenwasserstoffgruppe, die formal durch Abtrennung eines H-Atoms aus einem Alkanmolekül entsteht, z. B. Methyl $-CH_3$, Äthyl $-C_2H_5$.

Alkylbenzolsulfonate, wichtige synthet. Waschrohstoffe, die praktisch in allen Vollwaschmitteln enthalten sind. Um eine biolog. Abbaubarkeit zu garantieren, muß die Alkylgruppe R – CH – R unverzweigt sein.

Alkylhalogenide, organ. Verbindungen, in denen ein oder mehrere H-Atome eines Alkans durch Halogenatome ersetzt sind (→Chlorkohlenwasserstoffe, →Chlorfluorkohlenstoffe).

Alkylierung, Einführung einer Alkylgruppe in eine organ. Verbindung in Gegenwart saurer Katalysatoren wie Aluminiumchlorid oder Schwefelsäure (→Friedel-Crafts-Reaktion). Von techn. Bedeutung sind u. a. die A. von Benzol mit Äthylen zu Äthylbenzol und die Herstellung klopffester Ottokraftstoffe (Alkylatbenzin) aus Isobutan und Buten.

Allanit *der*, Mineral, der →Orthit.

Allantoin, Abbauprodukt des Eiweißstoffwechsels bei Säugetieren (bes. Raubtieren) u. a., in Pflanzen Produkt der Ammoniakentgiftung. Verwendung zur Wundbehandlung und in kosmet. Präparaten.

Allen, Propadien, einfachstes →Dien mit kumulierter Doppelbindung. A. entsteht bei der Pyrolyse von Erdölfraktionen gemeinsam mit dem isomeren Propin.

Alleskleber, →Klebstoffe.

Allgebrauchslampen, Sammelbez. für →Glühlampen (Standardlampen, Kryptonlampen) in verschiedensten Bauformen (Kerzen-, Tropfen-, Röhren-, Großkolben-, Reflektorlampen). Weitere Lampentypen: →Leuchtstofflampen, →Entladungslampen.

allgemeine Gleichung n-ten Grades, eine →algebraische Gleichung von der Form

$$a_n x^n + a_{n-1} x^{n-1} + \ldots + a_2 x^2 + a_1 x + a_0 = 0,$$

wobei die Koeffizienten $a_0, \ldots, a_n$ Elemente eines →Körpers sind. Die Suche nach Lösungsformeln war eine der Hauptaufgaben der →Algebra (→linear, →quadratische Gleichung, →Cardanische Formeln). 1824 wies N. H. ABEL mit Hilfe der →Galois-Theorie nach, daß es unmöglich ist, allgemeine Gleichungen vom 5. und höheren Grad durch Radikale aufzulösen.

Allgemeine Luftfahrt, Teilbereich der zivilen Luftfahrt, der alle gewerbl. und nichtgewerbl. Anwendungen und Nutzungen außerhalb des planmäßigen Luftverkehrs (Linienluftverkehr) umfaßt. Unterbereiche der A. L. sind: Geschäftsflugwesen, Flugschulung, Flugsport, Lohnfliegerei mit →Arbeitsflugzeugen.

allitisch, hydratisch, Verwitterungsart in semihumidem bis semiaridem Klima; Wegfuhr von Kieselsäure, Ausfällung von Aluminiumhydroxiden; →Roterden.

allochthon, Ggs. von →autochthon.

allothigen, Ggs. von →authigen.

Allotropie, Vorkommen gleicher chem. Elemente in versch. Zustandsformen; z. B. →Kohlenstoff als Diamant und Graphit.

Allpaß, elektr. Filterschaltung, deren Übertragungsfunktion in Abhängigkeit von der Frequenz nur eine Phasenänderung $\varphi(\omega)$ und keine Betragsänderung aufweist. Man nennt eine solche Übertragungsfunktion auch **Allpaßfunktion.** Verwendet werden **Allpaßfilter** zur Phasenentzerrung und zur Signalverzögerung.

Alkylbenzolsulfonate

Allrad|antrieb, Antrieb aller Räder eines Fahrzeugs, z. B. beim **Allradschlepper**, einem →Ackerschlepper, bei dem alle 4 Räder angetrieben werden; hat wesentlich höhere Zugkraft als der normale hinterradgetriebene Schlepper.

Allradlenkung, Lenkung aller Räder eines Fahrzeugs.

Allstromgerät, elektr. Gerät für wahlweisen Betrieb mit Gleich- oder Wechselstrom.

Allstrommotor, Universalmotor, kleiner, meist schnellaufender Reihenschlußmotor (bis etwa 500 W), für Gleich- und auch Wechselstromspeisung (→Elektromotor).

Alluvionen, Alluvial . . ., Name für quartäre Anschwemmungen, **Alluvium**, veraltet für →Holozän.

Allwetterlandung, →Landeführungssysteme, →Wetterminima.

Allwettertauglichkeit, Eignung eines Luftfahrzeugs zum Einsatz unter allen Wetterbedingungen. Die **Allwetterflugfähigkeit** verlangt unproblemat. Flugeigenschaften, Ausrüstung mit Geräten für sichtunabhängige Flugführung (Flugführungs-, Navigations- und Nachrichtengeräte) sowie zusätzl. Einrichtungen (Wetterradar, Enteisungsanlagen). Die bei militär. Fluggeräten darüber hinaus geforderte **Allwetterkampffähigkeit** verlangt zusätzlich Geräte zur sichtunabhängigen Zielfindung, -verfolgung und -bekämpfung.

$H_2C=C=CH_2$

Allen

Allyl . . ., Bez. für die einbindige Kohlenwasserstoffgruppe $-CH_2-CH=CH_2$.

Allylen, das →Propin.

Almagest, verstümmelter Titel (der arab. Übersetzung) des astronom. Handbuchs des PTOLEMÄUS (* um 100, † um 160); Bez. seit dem Hochmittelalter üblich. Er beschreibt das **Ptolemäische Weltsystem**, ein →geozentrisches Weltsystem. U. a. erhält er den erweiterten Fixsternkatalog des HIPPARCH. Erstmals werden die →Helligkeiten von Sternen in sechs Größenklassen eingeteilt. Aus den verzeichneten Sternpositionen konnten J. HALLEY 1718 und J. T. MAYER 1760 nach dem Vergleich mit neueren Beobachtungen erstmals auf →Eigenbewegungen von Fixsternen schließen.

Almanach, Astronomie: Vorläufer der heutigen →Jahrbücher.

Almandin *der*, blutroter →Granat in Gneisen und Glimmerschiefern.

Alpaka, auch **Alpakka**, →Neusilber.

Alpha (α, A), ein →griechischer Buchstabe (ÜBERSICHT).

1) α, physikal. Symbol für das Alphateilchen (→Alphastrahlung).

2) α, Formelzeichen für die →Madelung-Konstante, die →Sommerfeld-Feinstrukturkonstante, den thermischen Ausdehnungskoeffizienten, die Winkelbeschleunigung, die Rektaszension.

Alpha Canum Venaticorum-Sterne, → Veränderliche.

Alpha Centauri, → Proxima Centauri.

alphanumerische Zeichen, Zeichenvorrat, der mindestens aus den Dezimalziffern und den Buchstaben des gewöhnl. Alphabets besteht. I. a. ist der Zeichenvorrat noch um Sonderzeichen erweitert, die je nach Anwendung (z. B. Fernschreiber, Drucker) vereinbart sein müssen.

Alphard, Stern 2. Größe, α im Sternbild Hydra.

Alphastrahlung, α-Strahlung, eine Korpuskularstrahlung, die bei der natürl. und künstl. → Radioaktivität auftritt, und die aus (aus den Atomkernen) herausgeschleuderten Heliumkernen **(Alphateilchen)** besteht. Die spontane Umwandlung eines Atomkerns durch Emission von α-Teilchen heißt **Alphazerfall** (→ Gamowsche Theorie). Die α-Teilchen sind aus 2 Protonen und 2 Neutronen

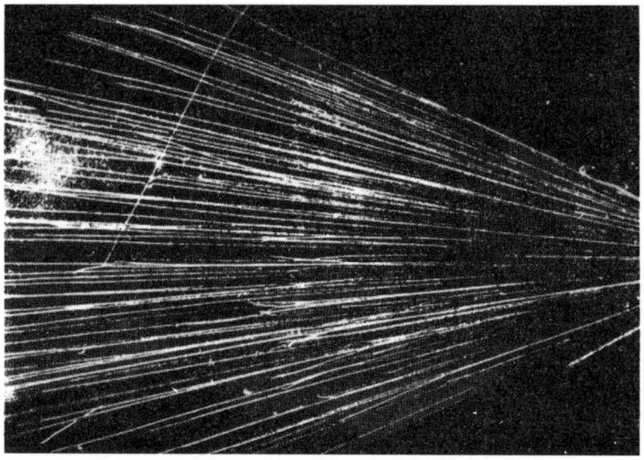

Alphastrahlung: Nebelkammer-Aufnahme von α-Strahlen; links Zusammenstoß eines α-Teilchens mit dem Kern eines Stickstoffatoms, bei dem sich beide Partner in neue Atomkerne umwandeln (Sauerstoff- und Wasserstoffkern)

aufgebaut und stellen den energetisch stabilsten aller zusammengesetzten Atomkerne dar. Da sie zwei positive Elementarladungen besitzen, sind sie im Magnetfeld ablenkbar. Sie rufen auf Zinksulfidschirmen und in Szintillationskristallen Lichtblitze hervor, können in der Nebelkammer und in Kernemulsionen indirekt sichtbar gemacht werden und lassen sich u. a. auch mit Geigerzählrohren und Halbleiterzählern nachweisen. α-Teilchen können je nach Atomart kinet. Energien bis etwa 10 MeV haben. Ihre Reichweite beträgt in Luft einige cm, in festen Stoffen nur einige hundertstel mm. (→ Geiger-Nuttallsche Regel)

Alphateilchenmodell, ein → Kernmodell.

Alpheratz, Sirrah, Stern 2. Größe, α im Sternbild Andromeda, Entfernung etwa 40 pc.

Alphinateilchen, seltene Bez. für einen (stabilen) Heliumkern der Massenzahl 3 ($^3_2$He), bestehend aus 2 Protonen und 1 Neutron.

alpidische Gebirgsbildung schuf zw. Jura und Pleistozän die meisten heutigen Hochgebirge **(Alpiden)** wie z. B. Pyrenäen, Atlas, Apennin, Alpen, Karpaten, Dinariden, Kaukasus, Himalaya, Anden.

alpinotyp heißt ein Gebirgsbau mit Falten- und Deckentektonik; Ggs. → germanotyp.

Altair, svw. → Atair.

Altar, lat. **Ara,** ein → Sternbild des Südhimmels.

Alt|azimut, Instrument zur Messung von Höhe und Azimut eines Gestirns.

Alt|eisen, Schrott und Eisengußbruch, → Eisen, → Altmetallverhüttung.

Alter Mann, Bergbau: durch Abbau von Lagerstätteninhalt entstandener Hohlraum, der normalerweise nicht mehr betreten wird.

Altern → Alterung.

Alternativkraftstoffe, → Ottokraftstoffe.

alternieren, Mathematik: **alternierend** heißt eine algebraische Summe oder Reihe, wenn abwechselnd Glieder addiert und subtrahiert werden:

$$a - b + c - d + e - \ldots$$

Altersbestimmung, Feststellen oder Abschätzen des Alters von Gegenständen oder der Zeit, die seit einem Ereignis vergangen ist. Bei der **relativen A.** werden die Ereignisse und Objekte relativ zueinander zeitlich eingeordnet, z. B. ist bei einer ungestörten Ablagerung von geolog. Schichten die obere Schicht die jüngere. Eine **absolute A.** liegt vor, wenn angegeben werden kann, wie viele Jahre seit einem Ereignis verstrichen sind. Erst durch den Einsatz physikal. Methoden (z. B. radiometr. A., → Thermolumineszenzanalyse, → Aminosäuredatierung, → ESR-Datierung, → Kernspaltungsspuren-Methode) ist die A., die z. B. im Bereich der Archäologie früher auf den Stilvergleich von frühgeschichtl. Funden angewiesen war, auf eine naturwissenschaftlich befriedigende Grundlage gestellt worden.

Radiometrische Verfahren der A. nutzen den Zerfall von in dem zu datierenden Material enthaltenen radioaktiven Isotopen aus **(A. mit Radionukliden).** Nach dem Zerfallsgesetz nimmt die Konzentration $N_1(t)$ der radioaktiven Mutternuklide exponentiell mit der Zeit t ab:

$$N_1(t) = N_1(0) \cdot e^{-\ln 2 \cdot t / T_{1/2}}$$

Hierbei ist N_1 (0) die Konzentration des Radionuklids bei der Bildung der Probe, $T_{1/2}$ seine Halbwertszeit. Gleichzeitig nimmt die Konzentration des stabilen Tochterisotops gemäß: $N_2(t) = N_2\ (0) + N_1\ (0) - N_1(t)$ zu. Ist $N_1(0)$ bekannt, so reicht die Messung des derzeitigen Isotopengehalts $N_1(t)$ zur Datierung (→ Radiokarbonmethode). In anderen Fällen muß das Verhältnis $N_2(t)/N_1(t) = \exp\ (\ln 2 \cdot t/T_{1/2}) - 1$, z. B. durch Massenspektrometrie oder Neutronenaktivierung bestimmt werden. Diese A. mit Radionukliden erreicht eine hohe Genauigkeit, da $T_{1/2}$ eine von chem. Reaktionen und Umgebungsbedingungen (Druck oder Temperatur) unabhängige Konstante ist. Voraussetzungen für ihre Anwendbarkeit sind, daß die Konzentration $N_2(0)$ der Tochtersubstanz bei der ursprüngl. Probenbildung hinreichend klein war, daß die Konzentration der radioaktiven Substanz allein durch den Zerfall verändert worden ist, sowie daß alle gebildeten Zerfallsprodukte die Probe nicht verlassen konnten. Die A. mit Radionukliden läßt sich auch ohne Schwierigkeiten anwenden, wenn das radioaktive Mutternuklid über eine Zerfallsreihe in die stabile Tochtersubstanz umgewandelt wird, solange die Halbwertszeiten der instabilen Zwischenprodukte um Größenordnungen kleiner als die der Muttersubstanz sind. Dies gilt z. B. für die → Bleimethode. Andernfalls werden die mathemat. Zusammenhänge komplizierter.

Astronomie, Kosmologie. Zur A. der Erde, des Mondes und der Meteorite wird v. a. die → Bleimethode verwendet. Danach ist unser Planetensystem vor etwa 4–6 Mrd. Jahren entstanden. – Wird die bei der Aufnahme der Spektren entfernter Galaxien gefundene → Rotverschiebung als Doppler-Effekt gedeutet, so folgt aus ihr eine Expansion des Weltalls (→ Hubble-Effekt, → Urknall), deren Beginn bei Annahme einer konstanten Fluchtbewegung vor etwa 10–20 Mrd. Jahren anzusetzen ist. – Die Analyse des Isotopenverhältnisses von Rhenium 187 (Halbwertszeit für radioaktiven Betazerfall 60 Mrd. Jahre) zu Osmium 187 in Meteoriten ergibt in guter Übereinstimmung ein Alter des Universums zw. 13 und 22 Mrd. Jahren.

Geowissenschaften. In der Erdgeschichte verwendet man zur Gliederung der → geologischen Systeme die Methoden der → Stratigraphie, der Biostratigraphie und der → Tektonik, bei jüngeren Ablagerungen auch die Untersuchung von Fluß- und Strandterrassen und fossilen Böden. Die relative Datierung von räumlich getrennten Schichten ist über Leitfossilien möglich. – Das absolute Alter geowissenschaftl. Objekte läßt sich durch folgende Methoden bestimmen: → Dendrochronologie (Anwendungsbereich bis etwa 3000 Jahre), → Pollenanalyse (bis 12000 Jahre), → Warvenmethode (bis 20000 Jahre) und Bestimmung nach der → Strahlungskurve (bis 900000 Jahre). Bes. wichtig für die absolute A. ist auch im Bereich der Geowiss. die Datierung mit Hilfe von Radionukliden. Der Gehalt an Zerfallsprodukten in Mineralen und Gesteinen erlaubt bei der Bleimethode und der → Heliummethode Schlüsse auf deren Alter; bei der → Kalium-Argon-Methode und der → Rubidium-Strontium-Methode werden die bei einem einmaligen Zerfallsprozeß gebildeten Isotope analysiert (Anwendungsbereich vom Tertiär bis Präkambrium). Objekte nachtertiären Alters lassen sich nach der Radiokarbonmethode (bis 70000 Jahre) oder der → Tritiummethode (bis 100 Jahre) bestimmen. Für die relative A. von Fossilien ist die → Fluormethode entwickelt worden.

Ein Teil dieser Methoden wird auch für vorgeschichtl., archäolog. und paläoanthropolog. A. benutzt. Die Vorgeschichtsforschung verwendet auch den → Archäomagnetismus.

Alterung, Altern, allgemein die zeitliche, häufig unerwünschte Veränderung der Eigenschaften von Stoffen und lebenden Substanzen, z. B. Relaxation, Härtesteigerung, Versprödung, Erweichung, Gefügeumwandlung.

A. von Stahl äußert sich in einem Anstieg der Streckgrenze, Festigkeit und Härte bei gleichzeitiger Verringerung der Zähigkeit, hervorgerufen durch gelösten Kohlenstoff und bes. Stickstoff. Die gelösten Elemente blockieren die Versetzungen und/oder scheiden sich als Carbide und Nitride aus. Durch Legierungselemente, die den Stickstoff abbinden (Aluminium), kann die Alterungsanfälligkeit verringert werden.

Die **natürliche A.** setzt im Lauf der Zeit ohne äußere Einwirkung bei Raumtemperatur nach nicht zu langsamer Abkühlung von hohen Temperaturen ein. Die größte Wirkung tritt ein nach Abschrecken aus dem Temperaturgebiet der maximalen Löslichkeit des → Ferrits (**Abschreck-A.**, → Eisen-Kohlenstoff-Diagramm). Am schnellsten verläuft die A. nach Kaltverformung (**Reck-A.**). Bei **künstlicher A.**, d. h. beschleunigter A. durch abermalige Erwärmung, lassen sich gewünschte Eigenschaftsänderungen erzielen. Es lassen sich so z. B. die als **Maß-A.** bezeichneten Maßänderungen fertig gehärteter Teile künstlich vorwegnehmen, so daß Meßwerkzeuge u. ä. später ihre Toleranzen nicht mehr ändern. Ursachen für die Maß-A. sind Veränderungen der Härtespannungen oder Gefügeänderungen, die nach zu kurzem Anlassen nach dem Härten auftreten können.

A. von Kunststoffen, langsam fortschreitende Veränderungen, u. a. Verfärben, Verformung, Verspröden, Rißbildung, verursacht z. B. durch Licht, Wärme, Feuchtigkeit, Luftsauerstoff, mechan. Belastung. Durch spezielle Hilfsmittel kann die Beständigkeit eines Kunststoffes gegen A. oft verbessert werden.

A. in der Zuverlässigkeitstechnik → Burn in.

Altglas, Sammelbegriff für Glas, das im Hausmüll anfällt (überwiegend Einwegbehälter), kann gesammelt und als Rohstoff in der Glasindustrie verwendet werden, Voraussetzung ist die farbliche Vorsortierung.

Altgrad, → Grad 1).

Altmetallverhüttung, Gewinnung von Metallen aus Schrott, Fabrikationsabfällen u. dgl.; durch A. werden mehr als 1/3 der verbrauchten Neumetalle zurückgewonnen. Reine Fabrikationsabfälle können durch einfaches Umschmelzen nutzbar gemacht werden. Schrott, Metallasche und -sinter sind dagegen durch besondere Scheide- und Raffinierverfahren aufzuarbeiten, ehe sie Umschmelzwerken (bei Edelmetallen **Scheideanstalten**) zugeführt werden.

Altminute, → Minute 2).

Alt|öl, gebrauchtes, durch Wasser, Feststoffe, Luft- und Temperatureinwirkung für den urspr. Zweck nicht mehr verwendungsfähiges Schmieröl; kann durch Filtration, Destillation und Raffination aufgearbeitet werden. Die Beseitigung von A. ist in der Bundesrep. Dtl. seit 1968 gesetzlich geregelt, zur ordnungsgemäßen Beseitigung wurden Sammelstellen eingerichtet.

Altpapier, Papier, Karton und Pappe, die nach Gebrauch über Recycling der Papierindustrie zugeführt (ein Drittel des einheim. Aufkommens) oder durch Verbrennen oder Deponieren des Mülls vernichtet werden.

Altreifen, abgefahrene oder sonst unbrauchbar gewordene Reifen, die verbrannt, deponiert, runderneuert oder anderweitig verwendet werden. Es bestehen Verwertungsmöglichkeiten als Baustoff im Straßen-, Sportanlagenbau, Küstenschutz, als Schallschutz u. a.

Altsekunde, → Sekunde 1).

Altwasser, → Fluß.

ALU, Abk. für engl. **Arithmetic and Logic Unit** [ærıθm'etık ænd l'ɔdʒık j'u:nıt], **Arithmetik- und Logik-Einheit,** der Teil innerhalb der Zentraleinheit eines → Computers, der zur Ausführung arithmet. und log. Operationen mit Daten dient. Zu den erstgenannten Funktionen gehört z. B. die Addition, während zur zweiten Gruppe die Funktionen der → Schaltalgebra zählen. Die ALU bezieht ihre Anweisungen aus dem Programmspeicher des Computers. Sie verknüpft entsprechend den dort abgelegten Befehlen entweder zwei Operanden miteinander oder modifiziert einen Operanden gemäß den gegebenen Instruktionen über einen Mode-Control- und mehrere Select-Eingänge. Die Grundfunktion einer ALU ist die eines 4-Bit-Volladdierers mit schneller Übertragungsverarbeitung (›Carry Look Ahead Technik‹). Zur Umschaltung zw. arithmet. und log. Funktionen wird der Signalpegel des Mode-Control-Einganges zw. ›low‹ und ›high‹ umgeschaltet.

Aluminate, aluminiumhaltige Salze, die durch Auflösen von Aluminiumhydroxid in Alkalilaugen entstehen.

Aluminieren, das Aufbringen von Überzügen aus Aluminium, z. B. durch → Plattieren, durch Schmelztauchen, nach dem → Metallspritzverfahren, durch → Alitieren (Diffusion), durch → Aufdampfen im Vakuum, durch

Aluminiumalkyle

$C_2H_5 - Al - C_2H_5$
|
C_2H_5

Triäthylaluminium

$C_2H_5 - Al - C_2H_5$
|
H

Diäthylaluminiumhydrid

Galvanisieren in nichtwäßrigen Bädern (→ Galvanotechnik). Bei den thermischen Verfahren entstehen Mischkristalle und intermetallische Verbindungen. Durch Aufdampfen im Hochvakuum können beliebige Werkstoffe, z. B. Metalle, Textilien, Kunststoffe, Papier, Glas und Keramik mit Aluminium überzogen werden.

Aluminium, chem. Symbol **Al,** ein → chemisches Element, silberweißes, dehnbares wichtiges Leichtmetall aus der Gruppe der Erdmetalle, Ordnungszahl 13. Die elektr. Leitfähigkeit von reinstem A. ist hoch (65% von der des Kupfers bei um rd. 50% günstigerem Leitungsgewicht); durch Legierungszusätze ausgezeichnete mechan. Eigenschaften (→ Aluminiumlegierungen). Reinstes metall. A. überzieht sich mit einer dichten, harten, durchsichtigen und festhaftenden, wasserunlösl. Oxidschicht, wodurch es sehr korrosionsbeständig wird. Diese Oxidschicht kann auch durch → anodische Oxidation erzeugt und verstärkt werden. Sehr beständig gegen viele Stoffe (z. B. Alkohol, Glycerin, Fette, verdünnte Säuren), angegriffen (z. T. sehr langsam) u. a. von Chlor, Alkalien, konzentrierten Säuren. – Quecksilbersalzlösungen amalgamieren A.-Oberflächen, die dann leicht von feuchter Luft unter A.-Hydroxidbildung angegriffen werden. Feinverteiltes A. verbrennt, einmal gezündet, unter starker Licht- und Hitzeentwicklung (Blitzlicht) und A.-Oxidbildung. Verwendung als Reduktions- (Aluminothermie) und Desoxidationsmittel in der Stahlerzeugung.

Vorkommen. In der Natur nur in Verbindungen; mit 8,1 Gew.-% am Aufbau der Erdkruste beteiligt, dritthäufigstes Element nach Sauerstoff und Silicium. 70% der gesteinsbildenden Minerale sind A.-Silikate. Für die A.-Gewinnung wichtigster Rohstoff ist der → Bauxit, der einen A.-Oxid-Gehalt (Al_2O_3) bis zu 60% haben kann.

Gewinnung. Die großtechn. Darstellung von A. geschieht durch elektrolyt. Zersetzung des in einer Kryolithschmelze gelösten reinen A.-Oxids. Dieses wird aus Bauxit nach dem **Bayerverfahren** hergestellt. Es beruht darauf, daß sich die A.-Hydroxide des feingemahlenen Bauxits in Natronlauge bei höherer Temperatur leicht lösen und sich aus der vom Rückstand (Rotschlamm) abgetrennten verdünnten Aluminatlauge beim Abkühlen reines A.-Hydroxid abscheidet. Das ausgefällte, abfiltrierte und gründlich gewaschene Hydroxid ist Ausgangsstoff für die Herstellung der verschiedensten A.-Verbindungen und nach dem Kalzinieren in langen Drehrohröfen bei 1200–1300 °C für A.-Oxid. Zur Elektrolyse wird das wasserfreie A.-Oxid mit der rd. zehnfachen Menge Kryolit unter Zusatz von A.-Fluorid und Calciumfluorid in einer mit Kohle ausgekleideten Eisenwanne (Minuspol) auf rd. 950 °C zum Schmelzen erhitzt. Als Pluspol dient ebenfalls eine Kohleelektrode (Blockanode). Das geschmolzene A. setzte sich auf dem Boden der Wanne ab, wo es zur Weiterverarbeitung abgelassen werden kann.

Mit geringerem Energieaufwand, mit kostengünstigeren Salzen an Stelle von Kryolith, mit Bauxiten und Tonen, die für die normale Elektrolyse unbrauchbar sind, und umweltfreundlicher arbeitet die **Aluminiumchloridelektrolyse.** Dazu wird A.-Oxid in A.-Chlorid umgewandelt und die anschließende Elektrolyse in dicht abgeschlossenen Zellen bei Lösung in Kalium- oder Natriumchloridschmelzen vorgenommen. Durch Raffination läßt sich A. mit einem Reinheitsgrad von 99,99% herstellen. Das bekannteste Verfahren dafür ist die **Dreischichtenelektrolyse.**

Verarbeitung und Verwendung. A. läßt sich schweißen, warm und kalt walzen, pressen, ziehen, stanzen, zu Blatt-A. ausschlagen und schmieden. Das Gießen erfordert besondere Sorgfalt. – Etwa 35% des A. werden im Fahrzeug- und Flugzeugbau, etwa 12% in der Elektrotechnik und etwa 15% zu A.-Folien und A.-Pulver verarbeitet; großer Bedarf besteht auch für Haushaltsgeräte und im Bauwesen. (BILDER S. 39)

Geschichte. A. wurden von H. CHR. OERSTED (1825) in unreiner Form und rein von F. WÖHLER (1827) durch Reduktion von A.-Chlorid mit Alkalimetall hergestellt, in der Zeit von 1855 bis 1890 nach H. SAINTE-CLAIRE DEVILLE durch Reduktion von A.-Natrium-Doppelchlorid mit metall. Natrium, seit etwa 1890 auf elektrolyt. Weg.

Aluminium|alkyle, sehr reaktive, an der Luft selbstentzündliche metallorgan. Verbindungen. Triäthylaluminium und Diäthylaluminiumhydrid sind Zwischenprodukte beim → Alfol-Prozeß. In Verbindung mit Übergangsmetallverbindungen (z. B. Titantetrachlorid) dienen A. als Katalysatoren für die Polymerisation von Olefinen (→ Ziegler-Natta-Katalysatoren).

Aluminiumlegierungen zeichnen sich durch niedrige Dichte, meist gute Bearbeitbarkeit, Verformbarkeit, Schweißbarkeit, Korrosionsbeständigkeit, Wärmeleitfähigkeit und elektr. Leitfähigkeit aus, lassen sich leicht polieren und behalten lange Zeit ihren metall. Glanz. Die nach DIN genormten A. werden vorwiegend im Fahrzeug- und Flugzeugbau, für Konstruktionen, die Temperaturen unter 200 °C ausgesetzt werden, im chem. Apparatebau, in der Architektur und zur Herstellung von Haushaltswaren und Metallmöbeln verwendet. Wichtigste Bestandteile sind neben Aluminium Magnesium, Silicium, Kupfer und Zink.

Aluminiumverbindungen. Als Element der III. Hauptgruppe des Periodensystems tritt Aluminium dreiwertig auf und bildet mit zahlreichen Elementen einfache, meist farblose Verbindungen. Wichtige A.: **Aluminiumsilikat** → Siliciumverbindungen; **Aluminiumnitrat** $Al(NO_3)_3$ wird u. a. in der Ledergerbung verwendet, **Aluminiumphosphat** $AlPO_4$, natürlich als **Wawellit** $Al_3[(OH)_3/(PO_4)_2] \cdot 5\,H_2O$ und → Türkis vorkommend, dient als Flußmittel z. B. in Gläsern. Mit Sauerstoff wird **Aluminiumoxid** Al_2O_3 gebildet, das in mehreren Modifikationen auftritt, die z. T. in der Natur vorkommen wie der → Korund oder die Edelsteine Rubin und Saphir. Al_2O_3 wird u. a. verwendet als Adsorbens, als Trockenmittel und als keram. Werkstoff. Mit zweiwertigen Metalloxiden bildet es → Spinelle. – **Aluminiumhydroxid** kommt natürlich in versch. Formen mit wechselndem Wassergehalt vor, z. B. als Hydrargillit, → Diaspor und verunreinigt als → Bauxit. Aus wäßrigen Lösungen gefälltes $Al(OH)_3$ ist amphoter. Es löst sich in starken Laugen unter Bildung des $[Al(OH)_4]$-Ions, **Tetrahydroxy|aluminat.** Durch Glühen von $Al(OH)_3$ können aktive Al_2O_3-Formen entstehen, die als Katalysatoren Anwendung finden. – Durch Lösen in Schwefelsäure entsteht **Aluminiumsulfat,** das ähnlich wie der Alaun technisch genutzt wird. Wichtig ist auch das **Aluminiumchlorid** $AlCl_3$, eine starke Lewis-Säure (→ Lewis-Base), die bei zahlreichen organ. Synthesen Anwendung findet. Ein Natrium-Aluminiumfluorid ist der → Kryolith. – **Lithiumaluminiumhydrid, Lithium|alanat** $LiAlH_4$ ist ein wichtiges Reduktionsmittel der organ. Chemie. Die **Aluminium|alkyle,** z. B. Aluminiumtriäthyl $Al(C_2H_5)_3$ sind feuchtigkeitsempfindlich und selbstentzündlich.

Aluminothermie, Gewinnung von Schwermetallen wie Chrom, Mangan, Molybdän, Vanadin, Titan u. a. aus ihren Oxiden infolge der reduzierenden Wirkung des Aluminiums. Dazu mischt man das betreffende Oxid mit Alu-

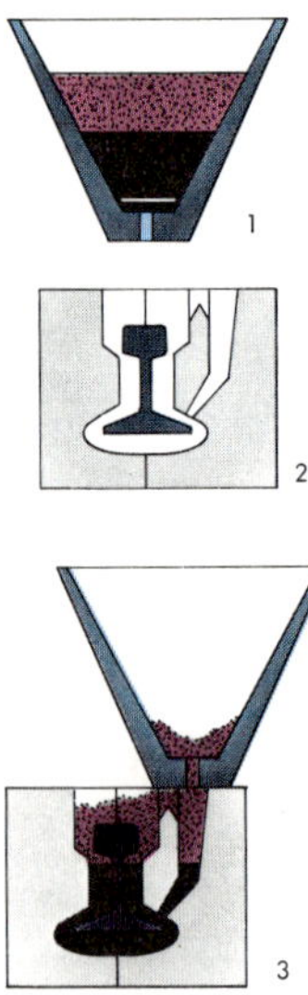

Aluminothermie: Der Thermittiegel **1** wird auf die Form um die Bahnschiene **2** gesetzt. **3** Umgießen der Bahnschiene

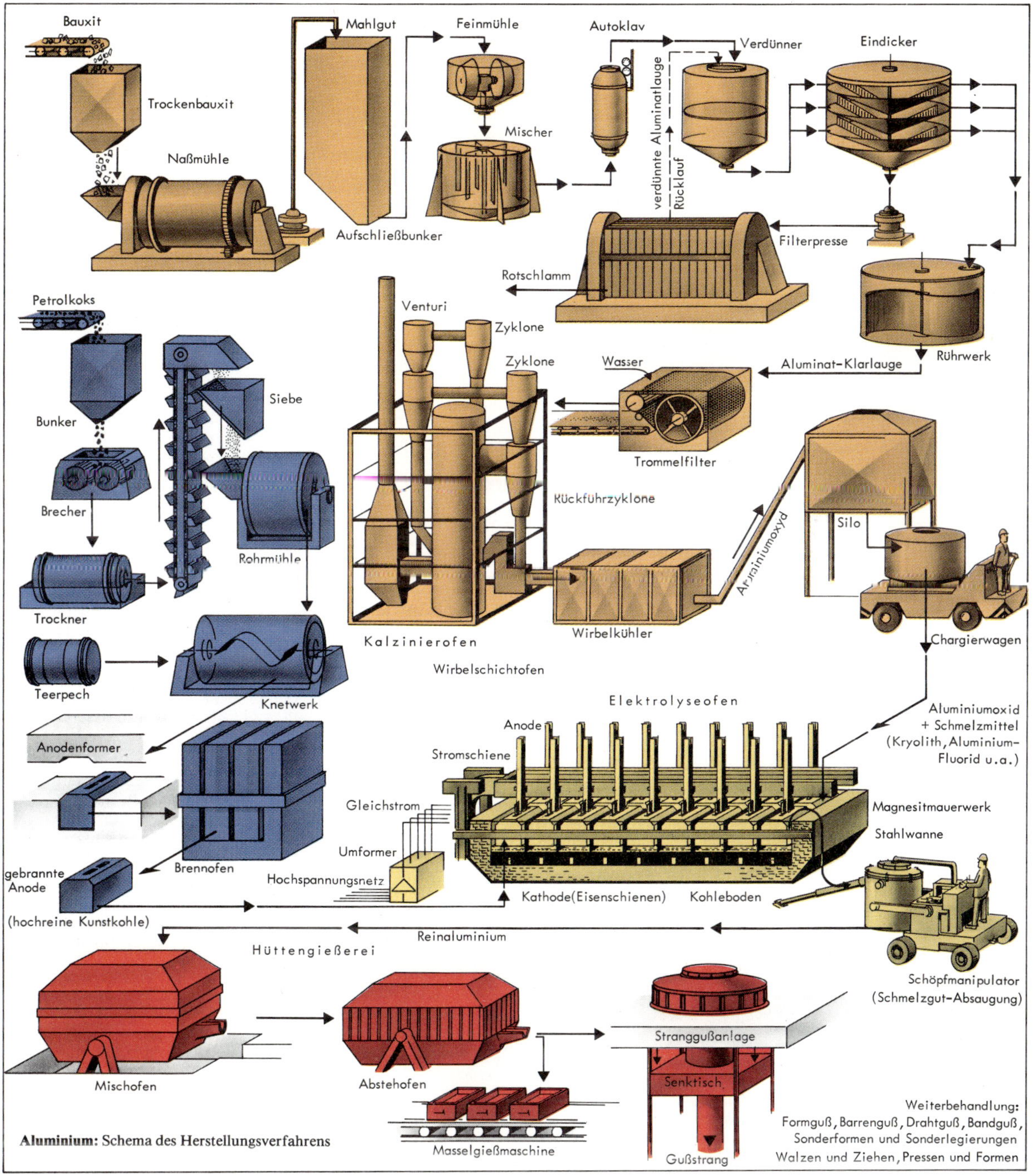

Aluminium: Schema des Herstellungsverfahrens

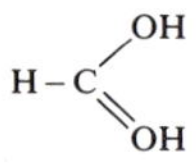

Ameisensäure

Alunit,
dicht (Ungarn)

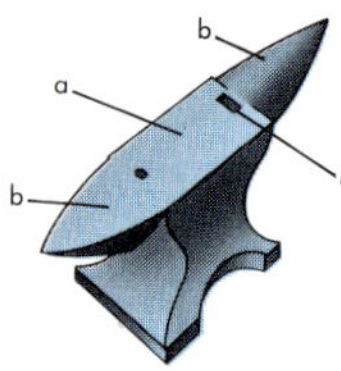

Amboß

miniumgrieß oder -pulver und zündet die Masse in einem feuerfesten Tiegel. Bei Weißglut-Temperatur setzt sich das zu gewinnende Schwermetall als Schmelze am Boden ab, während das Aluminiumoxid als Schlacke auf der Schmelze schwimmt. Die erstarrte Schlacke wird zerkleinert und wird als hochfeuerfester Baustoff und für Schmirgelzwecke verwendet; sie enthält bis zu 90% Korund. Die A. dient ferner zur Schweißung **(Thermitschweißung)** bes. von Bahnschienen sowie zur Reparatur. Hierbei wird z. B. ein Gemisch von Eisenhammerschlag (Fe_3O_4) und Aluminiumgrieß nach der Gleichung $3\,Fe_3O_4 + 8\,Al = 4\,Al_2O_3 + 9\,Fe + 3\,330\,kJ$ zur Reaktion gebracht. Das bei der erzeugten Temperatur von über 3000 °C flüssige Eisen fließt in eine Form ab, mit der man die zu schweißenden Teile umgeben hat, und läßt die Schienenenden zusammenschmelzen. Die Schienenenden werden anschließend mit einer Klemmvorrichtung zusammengestaucht.

Alunit, Alaunstein, weißes Mineral, meist körnig oder dicht; $KAl_3[(OH)_6/(SO_4)_2]$, Zersetzungsprodukt trachyt. Gesteine, zur Alaungewinnung.

ALWEG-Bahn [n. dem schwed. Industriellen **A. L. We**nner-Gren, * 1881, † 1961], eine → Einschienenbahn.

Am, chem. Symbol für das Element → Americium.

AM, Abk. für **A**mplituden-**M**odulation, → Modulation.

Amalgam, Quecksilber-Silberlegierung; Mischung der Minerale **Moschellandsbergit** und **Kongsbergit.** Über Amalgame → Quecksilberlegierungen. – **Zahnamalgam** wird aus Silber-Zinnlegierungen mit Zusätzen anderer Metalle (Kupfer, Zink) durch Verreiben mit Quecksilber hergestellt; wegen Härte, Bruchfestigkeit, leichter Anwendbarkeit immer noch häufig verwendetes Mittel für Zahnfüllungen.

Amalgamation, Verf. zur Gold- und Silber-Gewinnung aus Erz mit Hilfe von Quecksilber, vom 16. bis Ende des 19. Jh. sehr wichtig, heute meist in Verbindung mit nachfolgender Cyanidlaugung (→ Gold).

Amalthea, ein Mond des Planeten → Jupiter.

Amanitin, bizykl. Polypeptid des grünen Knollenblätterpilzes. A. ist hochgiftig und hemmt die RNS-Polymerase.

Amateurfunk [-t'œ:r-], drahtlos mit kurzen oder ultrakurzen Wellen durchgeführte Nachrichtenübermittlung zw. Funkamateuren, die privaten (nichtkommerziellen oder öffentlichen) Zwecken dient. Der A. ist auf best. Wellenbereiche beschränkt, der Betrieb von A.-Sendern unterliegt behördl. Bestimmungen.

Amatol, → Trinitrotoluol.

Amazonit, Amazonenstein, grüne Varietät des Minerals Mikroklin, → Feldspate.

Ambiophonie, Verfahren zur besseren Wiedergabe des Raumeindrucks bei der → Stereophonie durch Anordnung zusätzlicher Raummikrophone im Aufnahmeraum, die vornehmlich den Nachhall aufnehmen. Ihre Ausgangsspannungen werden mit denen der Rechts-Links-Mikrophone für den Direktschall durch Summen- und Differenzbildung verknüpft. Am Wiedergabeort gewinnt man daraus durch eine Matrix zwei Seitensignale, die von zusätzlichen Lautsprechern abgestrahlt werden.

Amblygonit, weiß oder schwach gefärbtes Mineral $LiAl\,[PO_4(F, OH)]$, zur Lithiumgewinnung verwendet.

Amboß, Stahlblock, der beim Schmieden von Hand als Unterlage für das Werkstück und zum Auffangen der Hammerschläge dient. Die Amboßbahn a ist gehärtet. Auf (runden oder vierkantigen) Hörnern b können Stäbe gebogen und Ringe oder kurze Rohre geschweißt werden. Zum Einstecken der Hilfswerkzeuge dienen ein oder zwei Löcher c, zum Stauchen langer Werkstücke mitunter ein Staucher. Schwere A. ruhen auf einem z. T. in der Erde eingegrabenen Holzklotz, dem **Amboßstock.**

Ameisensäure, Methansäure, einfachste → Carbonsäure. Stechend riechende, ätzende und reduzierend wirkende Flüssigkeit, die im Giftsekret von Ameisen und in Brennesseln vorkommt. Ihre Salze und Ester heißen **Formiate; A.-Amid** → Formamid. A. fällt als Nebenprodukt bei der Herstellung von Essigsäure durch Kohlenwasserstoffoxidation an. Sie wird u. a. bei der Herstellung von Grünfuttersilagen und zum Ansäuern von Farbbädern verwendet. Ihre Salze sind Hilfsmittel in der Textil- und Lederind.

Americium, chem. Symbol **Am,** künstl. radioaktives instabiles → chemisches Element, ein → Actinoid und → Transuran mit mehr als zehn Isotopen, Ordnungszahl 95. ^{243}Am hat eine Halbwertszeit von 7370 Jahren, ^{241}Am eine solche von 433 Jahren. – A. wurde 1944 von G. T. SEABORG und Mitarbeitern durch Neutroneneinfangreaktionen von Plutoniumisotopen gewonnen. – A. ist in reinem Zustand ein silberweißes geschmeidiges Metall und tritt als einziges Actinoidenelement in jeder Oxidationsstufe von zweiwertig bis siebenwertig auf, die stabilste und in seinen Verbindungen überwiegend vorkommende ist die dreiwertige.

Die langlebigen A.-Isotope ^{241}Am und ^{243}Am, die in großen Mengen beim Betrieb von Kernreaktoren in den Brennelementen gebildet werden, stellen eines der Hauptprobleme bei der Langzeitlagerung des radioaktiven Abfalls der Wiederaufarbeitungsanlagen dar. Die Gefährlichkeit dieser Radionuklide wird noch dadurch erhöht, daß sie zu den giftigsten Stoffen im radioaktiven Abfall gehören. – Das Isotop ^{242}Am hat von allen bekannten Nukliden den größten Wirkungsquerschnitt für Kernspaltung, so daß sich im Prinzip krit. Anordnungen für eine Kettenreaktion mit einer Mindestmasse von 3,8 kg (weniger als halb soviel wie im Fall von metall. Plutonium 239) erreichen lassen. Das Isotop ^{241}Am wird als α-Strahlen-Quelle, z. B. in Feuermeldeanzeigen und Blitzschutzanlagen, eingesetzt. Preßt man ^{241}Am als Oxid mit Beryllium zusammen, so lösen die α-Teilchen eine Kernreaktion im Be mit Neutronenemission aus. **Am/Be-Neutronenquellen** finden für Feuchtemessungen an Glas- oder Gießereisand, Koks und Sintererzmischungen sowie bei geolog. und hydrolog. Bodenuntersuchungen Anwendung.

A. ist das erste Transuran mit Supraleitfähigkeit (Sprungpunkt ungefähr 1 K).

Amethyst *der,* violette bis purpurrote Schmucksteinvarietät von → Quarz; meist in → Drusen.

Amiant, Mineral, ein → Amphibol.

Amici-Bertrand-Linse [-tʃi bɛrtr'ã-, n. dem ital. Astronomen G. B. Amici, * 1786, † 1863, und dem frz. Physiker E. Bertrand, * 1844, † 1909], Linsensystem zw. Okular und Analysator im → Polarisationsmikroskop.

Amide, i. a. versteht man darunter die **Säureamide,** organ. Verbindungen, die sich aus Säuren ableiten, indem die Hydroxylgruppe (– OH) durch eine einfache (– NH_2) oder substituierte Aminogruppe (– NH – R, – NR_2) ersetzt wird. Aus Carbonsäuren entstehen Carbonsäure-A., aus Sulfonsäuren Sulfonsäure-A. Die Namen leiten sich von den lat. Bez. der Säuren ab, z. B. Formamid (von Acidum formicicum = Ameisensäure), Acetamid (von Acidum aceticum = Essigsäure). Durch wiederholte A.-Bildung zw. Dicarbonsäuren und Diaminen entstehen hochmolekulare →Polyamide. – Ersetzt man die H-Atome der einfachen oder substituierten Aminogruppe durch Metallatome, so erhält man **Metallamide;** durch anorgan. Säurereste, so erhält man ebenfalls A. (z. B. Cyanamid $H_2N-C\equiv N$, Amidoschwefelsäure H_2N-SO_2-OH).

A|mikronen, Teilchen mit Durchmessern unter 5 nm, die auch im Ultramikroskop nicht mehr erkennbar sind.

Amine, organ. Verbindungen, die sich formal vom Ammoniak ableiten, indem H-Atome durch Alkyl- **(aliphat. A.)** oder Arylgruppen **(aromat. A.)** ersetzt werden. Je nachdem, ob 1,2 oder 3 H-Atome des NH_3-Moleküls ersetzt sind, spricht man von primären, sekundären und tertiären A. Alle A. sind Basen und bilden mit Säuren Alkyl- oder Arylammoniumsalze, z. B.

$$R-NH_2+HCl\longrightarrow[R-NH_3]^+Cl^-.$$

Tertiäre A. reagieren mit Alkylhalogeniden zu quartären Ammoniumverbindungen (→quartäre Verbindungen). A. bilden sich im lebenden Organismus **(biogene A.)** und spielen u. a. als →Hormone (z. B. Adrenalin) eine Rolle. Die niederen aliphat. A. riechen ammoniak- oder fischartig.

Name	Formel	Siede-P. °C
Methylamin	CH_3NH_2	– 6,3
Dimethylamin	$(CH_3)_2NH$	6,9
Trimethylamin	$(CH_3)_3N$	2,9
Äthylamin	$CH_3CH_2NH_2$	16,6
Propylamin	$CH_3CH_2CH_2NH_2$	48,5
Anilin (Aminobenzol)	$C_6H_5NH_2$	184,1

Methyl-A. werden durch stufenweise katalyt. Methylierung von Ammoniak (NH_3) mit Methanol (CH_3OH) hergestellt:

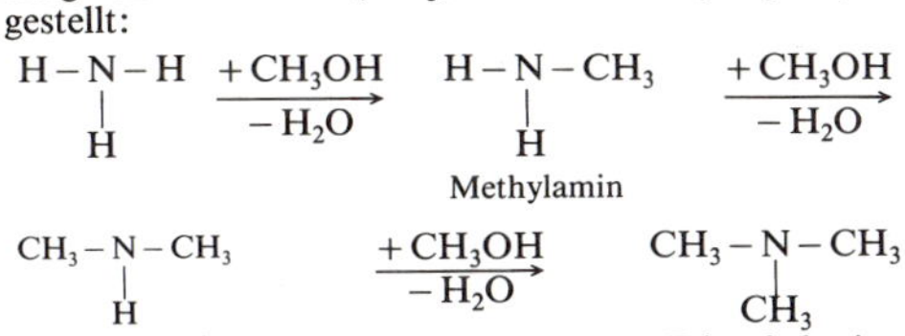
Methylamin
Dimethylamin
Trimethylamin

Methyl- und Dimethyl-A. werden u. a. zu den Lösemitteln Methylpyrrolidon und Dimethylformamid weiterverarbeitet. **Äthyl-A.** entstehen durch Reaktion von Acetaldehyd mit NH_3 und Wasserstoff. Sie dienen u. a. zur Herstellung von Äthanolaminen. Langkettige, aus Fettsäuren hergestellte **Alkyl-A.** werden als →Fettamine bezeichnet. Ein zykl. A. ist →Urotropin. Wichtige aromat. A. sind →Anilin, →Benzidin und die →Toluidine.

Amino . . ., Bez. für die vom Ammoniak abgeleitete einbindige funktionelle Gruppe $-NH_2$.

Aminobenzoesäuren, farblose bis hellgelbe Kristalle. Die Ester der 2-A. **(Anthranilsäure)** werden als Riechstoffe verwendet. 4-A. **(Vitamin H, PABA)** ist ein Bakterienwuchsstoff. Ihre Ester dienen als Anästhetika.

Aminobenzol, svw. →Anilin.

Amino|essigsäure, →Glycin.

Aminophenole, farblose bis hellbraune Kristalle, die zur Herstellung von Azofarbstoffen, Pharmazeutika und Antioxidantien verwendet werden.

Aminoplaste, aushärtbare Polykondensationsprodukte des Formaldehyds oder anderer Carbonylverbindungen mit Harnstoff **(Harnstoffharze),** Melamin **(Melaminharze)** oder anderen Stoffen mit Aminogruppe. Die Kondensation erfolgt in zwei Schritten. Im ersten Schritt werden kettenförmige Moleküle, d. h. lösliche und schmelzbare Reaktionsprodukte erhalten, z. B.

$$H_2N-CO-NH_2 \xrightarrow{+2\,HCHO}$$

$$HOCH_2-HN-CO-NH-CH_2OH \xrightarrow[-H_2O]{+H_2N-CO-NH_2}$$

$$HOCH_2-HN-CO-NH-CH_2-NH-CO-NH_2 \text{ usw.}$$

Im zweiten Schritt (Aushärtung) werden die Molekülketten in der Hitze oder in Gegenwart von Katalysatoren (Härter) vernetzt, so daß unschmelzbare, lösemittelbeständige Kunststoffe **(Thermodure)** entstehen. A. werden v. a. in der holzverarbeitenden Ind. als Leimharze für Spanplatten und Möbel verwendet. Daneben dienen sie als Tränkharze zum Imprägnieren von Papier und, zus. mit Füllstoffen, als Formmassen.

Aminosalicylsäure, Abk. **PAS,** von **para-Aminosalicylsäure,** pharmakologisch wichtiges Derivat der Salicylsäure, bekanntes Antituberkulosemittel.

Aminosäuredatierung, Racematmethode, Verfahren zur absoluten →Altersbestimmung von fossilen Knochen, das die →optische Aktivität von Aminosäuren (z. B. Isoleucin, Asparaginsäure) ausnutzt. Im lebenden Organismus kommt i. d. R. nur die die Polarisationsebene des Lichts linksdrehende l-Form der Aminosäuren vor, die sich nach dem Absterben über geolog. Zeiträume hinweg in die stereoisomere, rechtsdrehende d-Form umwandelt, bis ein Gleichgewicht (→Racemat) erreicht ist. Daher kann aus dem Verhältnis von l- und d-Form das Alter bestimmt werden. Hierbei sind Datierungen über Zeitspannen von 600 000 Jahren (maximal bis 1,2 Mio. Jahre) möglich. Von Vorteil ist der geringe Probenbedarf. Die Genauigkeit der A. wird durch nicht kontrollierbare Denaturierung der Probe, nachträgl. Zufuhr von Aminosäuren und die Abhängigkeit der Umwandlungsgeschwindigkeit von Katalysatoren und Temperaturschwankungen begrenzt.

Aminosäuren, Aminocarbonsäuren, Carbonsäuren mit einer oder mehreren Aminogruppen ($-NH_2$), je nach Stellung der Amino- zur Carboxylgruppe als α-, β-, γ-, . . . A. bezeichnet. 20 A. sind am Aufbau der →Eiweiße beteiligt. Daneben sind noch mehr als 60, teils sehr seltene, natürl. A. bekannt. Alle A. werden bes. in der Eiweißchemie mit Kurzsymbolen benannt (TABELLE). Die A. werden eingeteilt in:

1) basische, saure und neutrale A., je nach Lage des →isoelektrischen Punktes.

2) nach Art der Seitenketten: a) A. mit neutraler und hydrophiler Seitenkette: Gly (TABELLE), Ala, Val, Leu, Ile, Phe, Trp, Pro und Met; b) A. mit saurer und hydrophober Seitenkette: Ser, Tyr, Thr, Cys, Asn und Gln (= Glu(NH_2)); c) A. mit saurer und hydrophiler Seitenkette: Asp und Glu; d) A. mit basischer und hydrophiler Seitenkette: Lys, Arg und His.

3) nach Art der Abbauprodukte im Körper in a) glucoplast. A., sie werden zu Dicarbonsäuren mit vier Kohlenstoffatomen (C_4-Bausteinen) oder zu Brenztraubensäure abgebaut und in Kohlenhydrate umgewandelt; b) keto-

Amide

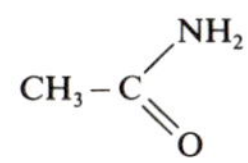
Acetamid

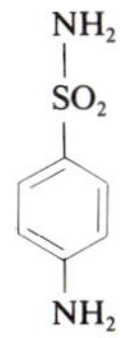
4-Aminobenzolsulfonamid

Aminobenzoesäuren

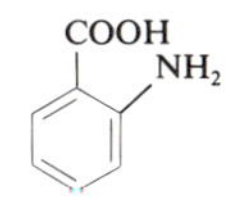
2-Aminobenzoesäure (Anthranilsäure)

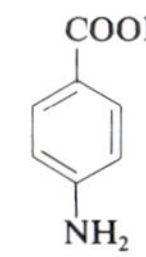
4-Aminobenzoesäure

Aminophenole

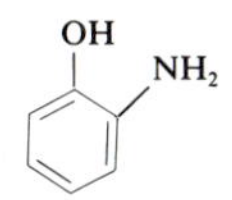
2-Aminophenol

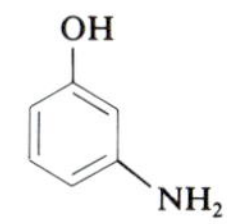
3-Aminophenol

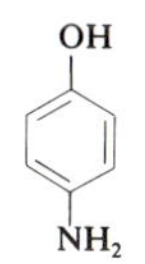
4-Aminophenol

plast. A., sie werden spezifisch zu Ketokörpern, speziell Acetessigsäure, abgebaut; c) aglucoplast. und aketoplast. A.: Lys und Trp.

4) nach physiolog. Gesichtspunkten in a) essentielle Aminosäuren die vom Organismus nicht aufgebaut werden können oder deren Biosynthese zu langsam verläuft und die daher mit der Nahrung zugeführt werden müssen; b) nichtessentielle A., die vom Körper synthetisiert werden können; c) halbessentielle A. und solche mit Sonderstellung, da ihr Bedarf vom jeweiligen Zustand des Organismus abhängt.

Alle A. außer Glykokoll enthalten ein asymmetr. Kohlenstoffatom und sind deshalb optisch aktiv. A. bilden wegen der vorhandenen COOH– und basischen Aminogruppen in Wasser →Zwitterionen (innere Salze). Unter Wasseraustritt verbinden sich A. zu kettenförm. Peptiden (Di- bis Polypeptiden).

Eiweiße sind Polypeptide mit sehr vielen A.-Bausteinen, die in best. Reihenfolge (Sequenz) verknüpft sind; bei ihrer Spaltung (Hydrolyse) werden die freien A. erhalten.

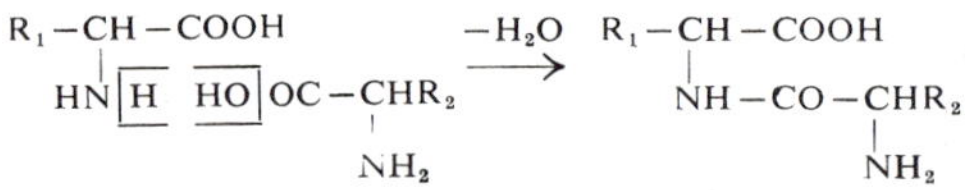

Für den Nachweis von A. gibt es eine Reihe von Farbreaktionen, für aromat. A. die →Xanthoprotein-Reaktion. Die quantitative Trennung der A. läßt sich durch versch. chromatograph. Verf. durchführen sowie durch kombinierte Gaschromatographie-Massenspektrometrie-Verf. und durch →Elektrophorese. Hohe Spezifität hat die enzymat. Analyse.

A. sind lebenswichtig. Pflanzen bauen alle A. aus einfacheren Vorstufen auf, Mensch und Tier dagegen nur die nichtessentiellen A. Sie haben neben ihrer Funktion als Eiweiß-Bausteine im Organismus auch andere Aufgaben; z. B. ist Arginin wachstumsfördernd, Cystin dient dem Keratinaufbau und ist wichtig beim Leberstoffwechsel, Valin zum Funktionieren des Nervensystems. Bei best. Enzymdefektkrankheiten (Enzymopathien) kommt es zu Störungen im **A.-Stoffwechsel**, z. B. bei Brenztraubensäure-Schwachsinn, Sichelzellenanämie. A.-Gemische in Lösung dienen über den Blutkreislauf der künstl. Ernährung und in der Lebensmittelind. als Würze.

Aminosäuren

Essentielle A.: Isoleucin (Symbol: Ile oder I in der Einbuchstaben-Notation für A.-Sequenzen), Leucin (Leu, L), Lysin (Lys, K), Methionin (Met, M), Phenylalanin (Phe, F), Threonin (Thr, T), Tryptophan (Trp, W) und Valin (Val, V).
Nichtessentielle A.: Alanin (Ala, A), Asparagin (Asn = Asp (NH_2), N), Asparaginsäure (Asp, D), Glutaminsäure (Glu, E), Glycin (Gly, G), Hydroxyprolin (Hyp), Ornithin (Orn), Prolin (Pro, P) und Serin (Ser, S).
Halbessentielle A.: Arginin (Arg, R) und Histidin (His, H).
Sonderstellung: Cystein (Cys, C) und Tyrosin (Tyr, Y), die aus den essentiellen A. Met und Phe synthetisiert werden.

Die Entstehung von A. in einer Uratmosphäre aus Wasser, Ammoniak, Methan und Wasserstoff konnte in Modellversuchen (St. L. Miller, S. W. Fox) nachgeahmt werden.

H. Bremer u. Sabine Kowalewski: A. (1981).

Aminozucker, →Zuckerarten.

Amminsalze, auch **Ammoniakate,** Komplexe des →Ammoniaks (NH_3) mit Metallsalzen, bei denen je nach Koordinationszahl des Zentralatoms 3, 4, 6 oder 8 NH_3-Moleküle koordinativ gebunden sind.

Ammon . . ., Abk. für →Ammonium.

Ammon-Gelite, handhabungssichere, wasserbeständige, gelatinöse Sprengstoffe aus Ammoniumnitrat und Nitroglykol.

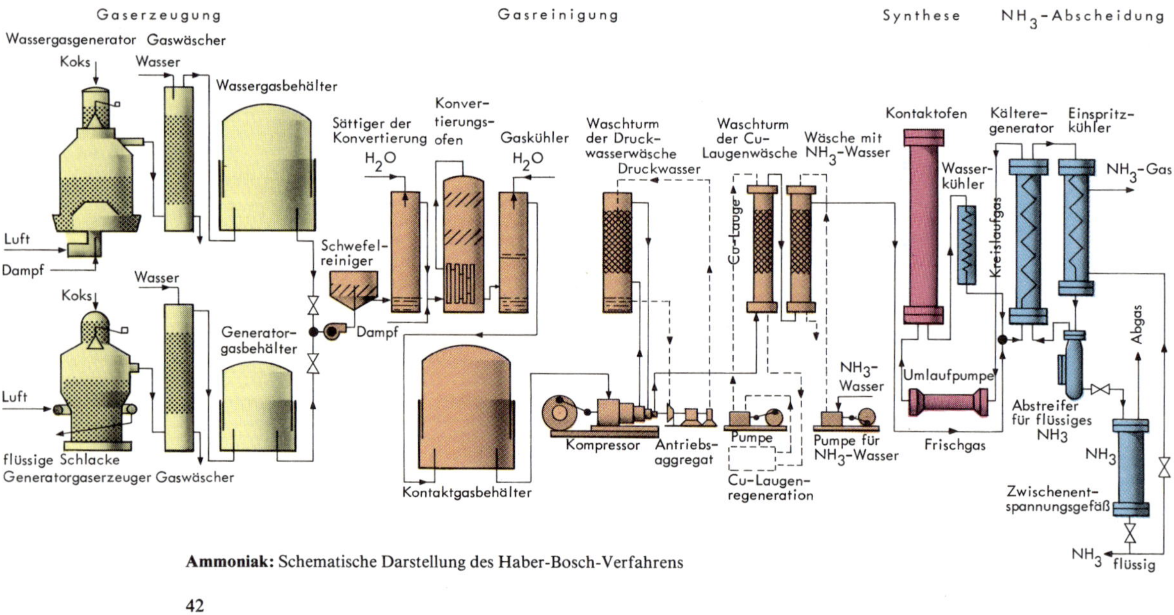

Ammoniak: Schematische Darstellung des Haber-Bosch-Verfahrens

Ammoniak *das,* NH_3, farbloses, stechend riechendes Gas, D. 0,5967 (0 °C, 1 bar), Litergewicht 0,771 g (0 °C), läßt sich bei 8–9 bar und 20 °C verflüssigen und kommt in Stahlflaschen komprimiert in den Handel. Flüssiges A. siedet bei – 33 °C mit sehr starkem Wärmeverbrauch, deshalb wird es in Kältemaschinen angewendet. Bei – 78 °C wird es fest. Handelsüblich werden 28–29%ige konzentrierte A.-Lösung **Ätz-A.,** wäßrige Lösung **A.-Wasser** und verdünnter Salmiakgeist genannt. Die schwach ätzend wirkenden wäßrigen Lösungen des A. reagieren mäßig alkalisch, da nach

$$NH_3 + H_2O \rightleftharpoons NH_4{}^+ + OH^-$$

Hydroxid-Ionen entstehen. Das NH_3-Molekül kann mit einem freien Elektronenpaar am Stickstoff Protonen anlagern (→Ammonium) oder Elektronenlücken anderer Atome ausfüllen (→Amminsalze). Nachweis von A. u. a. durch Geruch, Bläuung feuchten Lackmuspapiers oder mit →Neßlers Reagenz. – A. entsteht durch Zersetzung organ. Stickstoffverbindungen, bei Fäulnis tier. und pflanzl. Stoffe. Im Labor erhält man A. durch Erhitzen von A.-Wasser oder aus Ammoniumchlorid und Alkalihydroxid; A. wurde 1774 erstmals von J. PRIESTLEY hergestellt. Technisch wird A. nach dem **Haber-Bosch-Verfahren** (seit 1913) gewonnen, bei dem Stickstoff und Wasserstoff bei hohem Druck und erhöhter Temperatur mit Hilfe von Katalysatoren nach

$$N_2 + 3\ H_2 \rightleftharpoons 2\ NH_3$$

umgesetzt werden. A.-Synthesegas gewinnt man überwiegend aus Erdgas, aber auch durch →partielle Oxidation von Schwerem Heizöl. – A. dient u. a. zur Herstellung von Harnstoff, Sulfonamiden, Chemiefasern, Soda oder Salpetersäure und wird in der Textil- und Kältemittelind. sowie Metallurgie und zum Löschen von Benzinbränden, in Form der Ammoniumsalze (z. T. auch direkt) für Düngemittel verwendet. A. ist Bestandteil von Reinigungs- und Putzmitteln, Fleckenwasser u. a., flüssiges A. ein Lösemittel für viele Stoffe. (Weiteres BILD S. 42)

Ammoniakate, svw. →Amminsalze.

Ammonite, pulverförmige Gesteinssprengstoffe aus Ammoniumnitrat und aromat. Nitroverbindungen (z. B. Nitrotoluole); auch als **PA-Sprengstoffe** bezeichnet.

Ammoniten, Ammonshörner, Ammonoidea, ausgestorbene Kopffüßer mit äußerer Kalkschale, dem heutigen Nautilus verwandt. Das Gehäuse war meist spiralig, aber auch gerade gestreckt oder schneckenförmig; stets durch Scheidewände in Kammern geteilt. Die A. waren schwimmende Meerestiere, viele A. sind Leitfossilien (Silur bis Ende der Kreidezeit); Schalendurchmesser wenige mm bis über 2 m.

Ammonium . . ., Abk. **Ammon . . .,** nicht frei vorkommende Atomgruppe NH_4. Sie vertritt in **A.-Verbindungen** als Kation die Stelle eines Metalls und verhält sich ähnlich einem Alkalimetallion. – **A.-Chlorid, Salmiak,** NH_4Cl, ein farbloses, bitter-salzig schmeckendes, gut kristallisierendes Salz, ist schwach giftig. Verwendung u. a. beim Weichlöten **(Lötstein),** Verzinken und Verzinnen, in Trockenbatterien, Düngemitteln **(Kalkammon),** in der Galvanoplastik, Keramik, Gerberei und Färberei. **A.-Carbonat (Hirschhornsalz),** $(NH_4)_2CO_3$, und **A.-Hydrogencarbonat,** NH_4HCO_3, werden u. a. in der Wollwäscherei, Färberei und in Feuerlöschgeräten verwendet. **A.-Carbamat,** NH_4COONH_2, dient als Treibmittel, z. B. bei Backwaren. **A.-Nitrat (Ammonsalpeter),** NH_4NO_3, bildet farblose, zerfließende Kristalle, die beim Erwärmen in Wasser und Stickstoff(I)oxid **(Lachgas),** N_2O, zerfallen; es wird in Sicherheitssprengstoffen verwendet, in Gemischen, z. B. mit Kaliumchlorid **(Kali|ammonsalpeter),** als Düngemittel (→Salpeter). – Von den A.-Phosphaten ist das **Diammoniumhydrogenphosphat,** $(NH_4)_2HPO_4$, ein wichtiger Volldünger **(Nitrophoska).** – **Ammoniumperchlorat,** NH_4ClO_4, wird für Sprengstoffe und Raketentreibstoffe verwendet. Nach A.-Nitrat ist **A.-Sulfat,** $(NH_4)_2SO_4$, das technisch wichtigste A.-Salz, das z. B. durch Einleiten von Ammoniak (NH_3) in 80%ige Schwefelsäure hergestellt wird. Es ist u. a. ein wichtiger Stickstoffdünger. – Beim Einleiten von Schwefelwasserstoff in wäßrige Ammoniaklösung entsteht farbloses **A.-Hydrogensulfid,** NH_4HS. Mit elementarem Schwefel entstehen daraus gelbgefärbte **A.-Polysulfide,** $(NH_4)_2S_x$ ($x = 2$ bis 7). A.-Sulfidlösungen riechen nach Schwefelwasserstoff und reagieren alkalisch. Sie werden in der analyt. Chemie zur Ausfällung der Schwermetallsulfide eingesetzt. – **A.-Acetat,** →Essigsäure.

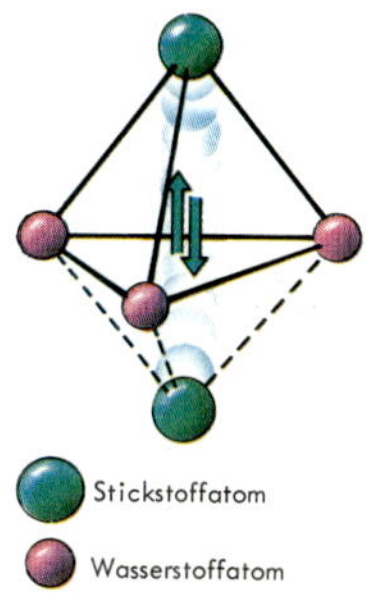

Ammoniak: molekulare Struktur; das über der Ebene der H-Atome befindliche N-Atom kann mit einer bestimmten Frequenz durch diese Ebene hindurchschwingen

Ammonolyse, der →Hydrolyse analoge Reaktion einer chem. Verbindung mit Ammoniak, z. B.

$$C_6H_5Cl \ + \ NH_3 \ \longrightarrow \ C_6H_5NH_2 \ + \ NH_4Cl$$

Chlorbenzol Ammoniak Anilin Salmiak

Ammon|oxidation, Ammoxidation, Verf. zur Herstellung von Nitrilen (z. B. →Acrylnitril) durch Reaktion von Kohlenwasserstoffen mit Ammoniak und Sauerstoff.

Amontonssches Gesetz [amõt'õ:, n. dem frz. Physiker G. Amontons, * 1663, † 1705]. Bei eingeschlossenen idealen (näherungsweise auch bei vielen realen) Gasen beträgt die Druckerhöhung bei je 1° Temperaturerhöhung stets 1/273 des Druckes p_0 bei 0 °C: $p = p_0\,(1 + t/273{,}15\ °C)$; t = Temperatur in °C. Diese 1702 erkannte Gesetzmäßigkeit liegt dem Luftthermometer zugrunde, das jedoch noch in Abhängigkeit vom Luftdruck korrigiert werden muß.

amorph heißen feste Körper, deren Atome nicht als Kristallgitter regelmäßig angeordnet sind, z. B. Gläser, Harze, Kunststoffe. Solche Körper besitzen keine physikalisch ausgezeichnete Richtung und sind deshalb ähnlich den Flüssigkeiten isotrop.

Ampere [amp'ɛ:r, n. dem frz. Mathematiker und Physiker A. M. Ampère, * 1775, † 1836] *das,* Einheitenzeichen **A**, SI-Basiseinheit der elektr. →Stromstärke, definiert als die Stärke eines zeitlich unveränderl. Stromes, der, durch zwei im Vakuum parallel im Abstand von 1 m voneinander angeordnete, geradlinige, unendlich lange Leiter von vernachlässigbar kleinem, kreisförmigem Querschnitt fließend, zw. diesen Leitern je 1 m Leiterlänge elektrodynamisch die Kraft $2 \cdot 10^{-7}$ Newton hervorruft. Dies entspricht einem Durchtritt von $6{,}241460 \cdot 10^{18}$ Elektronen je Sekunde durch den Leiterquerschnitt. 1 Mikroampere = 1 µA = 10^{-6} A = 0,001 mA, 1 Milliampere = 1 mA = 10^{-3} A = 0,001 A, 1 Kiloampere = 1 kA = 10^3 A = 1000 A. Das zuvor verwendete **internationale A.** (A_{int}) war definiert als die Stromstärke, die in einer Sekunde aus einer wäßrigen Silbernitratlösung 1,1180 mg Silber abscheidet.

Amperemeter, ein →Strommesser.

Ampèresches Gesetz. Parallele und gleichgerichtete elektr. Ströme ziehen sich an, parallele, aber entgegengesetzt gerichtete stoßen sich ab.

Ampèresches Verkettungsgesetz, →Durchflutung.

Amperesekunde, Einheitenzeichen **As** oder **A·s,** anderer Ausdruck für →Coulomb.

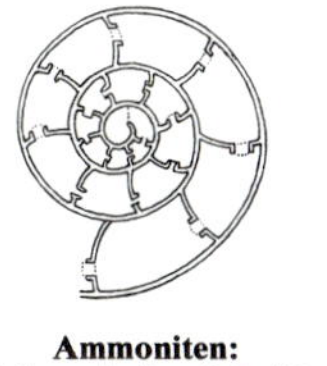

Ammoniten: Schematischer Schnitt durch das Gehäuse des ausgestorbenen Kopffüßers Tropites phoebus

Amphibienflugzeug: Hochseetüchtiges japanisches Mehrzweck-Flugboot Shin Meiwa PS-1 mit Einziehfahrwerk und STOL-Eigenschaften, angetrieben von vier Propellerturbinen

Amphibole:

Aktinolith in Talkschiefer (Fundort Tirol)

Hornblende, Einzelkristall und Verwachsung (Fundort Eifel)

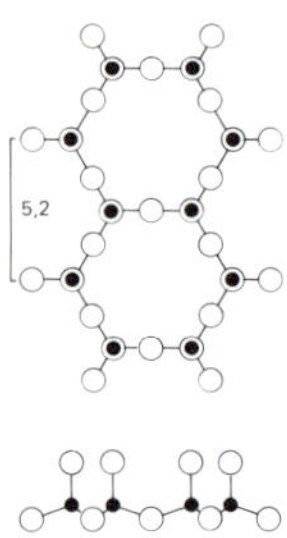

Amphibole
Typ der $[Si_4O_{11}]^{6-}_{\infty}$-Kette

Amperestunde, Einheitenzeichen **Ah** oder **A·h,** gesetzl., SI-fremde Einheit der Elektrizitätsmenge: 1 A·h = 3600 A·s.

Amperewindungszahl, das Produkt aus elektr. Stromstärke *I* und Windungszahl *n* einer Spule. Wird die A. durch die Länge der benutzten Spule *l* dividiert, so erhält man die → magnetische Feldstärke $H = n \cdot I/l$.

Amperometrie, quantitatives elektrochem. Analyseverfahren durch → Titration, deren Endpunkt an einer plötzl. Stromänderung zw. Elektrode und Lösung erkennbar ist.

Ampexverfahren, von der amerikan. Firma Ampex entwickeltes Verfahren zur → magnetischen Aufzeichnung von Fernsehsignalen.

Amphibi|enfahrzeug, schwimmfähiges Landfahrzeug, dessen Karosserie als Bootskörper ausgebildet ist. Antrieb auf dem Land mit Rädern oder Ketten, im Wasser mit Schiffsschraube, Lenkung mit den gelenkten Rädern (auch im Wasser) oder mit Hilfsrudern. Die Öffnungen des Schwimmkörpers (Durchgang der Antriebsachsen, Propellerwellen) müssen abgedichtet sein.

Amphibi|enflugzeug, Wasser-Land-Flugzeug, Flugzeug, das auf Land- und Wasserflächen starten und landen (wassern) kann; meist Wasserflugzeug mit wasserdicht untergebrachtem Einziehfahrwerk.

Amphibole *Mz., Ez. der* **Amphibol,** Gruppe gesteinsbildender Minerale der Zusammensetzung $R_7^{2+}[Si_8O_{22}(OH)_2]$, wobei R für die Elemente Magnesium, Eisen, Calcium, auch Natrium, Aluminium und Titan steht und Silicium durch Aluminium ersetzt werden kann (→ Mischkristalle). Die A. gehören zu den Bändersilikaten (→ Silikate) mit dem Verhältnis Si : O = 4 : 11; A.-Kristalle haben meist sechseckigen Querschnitt, vollkommene → Spaltbarkeit nach (110), Spaltwinkel von 124°; H. 5–6, D. 2,9–3,4. Mit Ausnahme des braunen **Anthophyllit** (rhomb.-bipyramidal, R = Magnesium/Eisen) gehören alle A. der monoklin-prismat. → Kristallklasse an; wichtige A.: **Tremolith (Grammatit),** weiß oder hell, $R_7 = Ca_2Mg_5$, in Kalkstein und Schiefer; als wichtige → gesteinsbildende Minerale die **basaltische** und die **gemeine Hornblende,** reich an Eisen, schwarz, oft Kristallzwillinge bildend; **Arfvedsonit, Barkevikit, Glaukophan** und der asbestartige **Krokydolith** sind natriumreich; **Aktinolith** bildet auch feinfilzige Aggregate **(Hornblendeasbest, Amiant, Bergleder, Nephrit** u. a.); **Grünerit,** R = Eisen, in metamorphen Schiefern.

Amphibolit *der,* → metamorphes Gestein, vorwiegend aus Plagioklas und Hornblende; → Mineralfazies.

Ampholyte, Moleküle oder Ionen, die sich je nach Versuchsbedingungen als Säure oder Base verhalten.

amphoter heißen Verbindungen, die sich gegenüber stärkeren Säuren wie Basen, gegenüber stärkeren Basen wie Säuren verhalten, z. B.

$$Al^{3+} + 3\ OH^- \rightleftharpoons Al(OH_3) \rightleftharpoons AlO_3^{3-} + 3\ H^+.$$

Amplitude, 1) Mathematik: größter absoluter Funktionswert periodischer Funktionen, z. B. hat die Funktion $f(x) = 4 \cos x$ die Amplitude 4.

2) Physik: **Schwingungsweite, Scheitelwert,** Maximalauslenkung aus der Ruhelage bei einer → Schwingung.

Amplitudengang, Regelungstechnik: → Frequenzgang.

Amplitudenmodulation, Abk. **AM,** → Modulation.

Amsterdamer Pegel, → Normal Null.

Amtszeichen, Fernmeldetechnik: → Signaltöne.

Amygdalin, Glykosid in bitteren Mandeln und Obstkernen; setzt bei Hydrolyse Blausäure frei.

Amyl . . ., veraltete Bez. für → Pentyl . . .

Amyl|alkohole, svw. → Pentanole.

Amylasen, → Hydrolasen, die Stärke und Glykogen direkt oder über Dextrine zu Maltose und Glucose abbauen können.

Anabasin, Alkaloid; Insektizid aus dem Gänsefußgewächs Anabasis aphylla, wirkungsähnlich dem Nicotin.

Anabolismus, die Gesamtheit der assimilator. **(anabolen)** Vorgänge in Lebewesen, die dem Aufbau spezifisch-körpereigener Stoffe dienen; Ggs.: → Katabolismus. Im jugendl. Alter überwiegen die anabolen Vorgänge; sie werden von Hormonen, z. B. von Insulin, gefördert. Den A. fördernde Stoffe **(Anabolika)** werden arzneilich verwendet, z. B. anabole → Steroide. (→ Metabolite)

an|aerobe Bakterien, → Bakterien, die unter Sauerstoffausschluß existieren. Es gibt fakultativ a. B. (z. B. → Colibakterien) und obligatorisch a. B. (z. B. Methanbakterien). A. B. wirken mit bei der Schlammausfaulung (→ Faulschlamm).

Anaglyphenverfahren, ein Raumbildverfahren (→ Stereoskopie), bei dem die zugeordneten Halbbilder in zwei verschiedenen (Komplementär-)Farben (links meist rot, rechts blaugrün) übereinander gedruckt oder projiziert werden. Durch Betrachtung mit einer Brille, deren Gläser wie die Halbbilder, jedoch vertauscht, gefärbt sind, wird jeweils das dem Auge nicht zugehörige Halbbild zum Verschwinden gebracht. Beide Halbbilder ergeben durch ihr Verschmelzen einen räumlichen Eindruck. Anwendung in der Photogrammetrie (Kartiergeräte) zur räuml. Darstellung des Geländes oder geometrischer Körper. Bei Verwendung für den Stereofilm oder dreidimensionales Fernsehen ist eine Farbwiedergabe nicht möglich.

Analcim *der,* helles Mineral $Na[AlSi_2O_6] \cdot H_2O$, H. 5½, D. ~2,2; ein → Feldspatvertreter. (BILD S. 45)

analog, entsprechend, gleichartig; das **Analogon,** das Entsprechende, ähnl. Fall. Physik: 1) Zwei physikal. Systeme heißen a., wenn sie sich durch die gleiche mathemat. Beziehung beschreiben lassen. – 2) Die Darstellung einer physikal. Größe heißt a., wenn sie durch eine andere Größe erfolgt: z. B. die Temperatur durch die Länge des Flüssigkeitsfadens eines Thermometers; die Zeit durch den Winkel, um den der Zeiger der Uhr aus der Null-Lage wandert **(Analoganzeige).** Unterschied: → digital.

Analog-Digital-Umsetzer, Abk. **ADU,** auch **ADC,** Einrichtung zur Umsetzung eines analogen Eingangssignals in ein digitales Ausgangssignal. Dabei wird die Signalstruktur von einem analogen Signal in ein digitales Signal verändert. Die Technik der ADU ist wesentlich komplizierter als die der → Digital-Analog-Umsetzer. Man unterscheidet drei prinzipiell versch. Verfahren: Beim **Parallelverfahren** vergleicht man die Eingangsspannung gleichzeitig mit *n* Referenzspannungen und stellt fest, zw. welchen beiden Referenzwerten sie liegt. Das Verfahren ist schnell, jedoch sehr aufwendig. Beim **Wägeverfahren** wird jeweils nur eine Stelle der zugehörigen Dualzahl ermittelt. Man beginnt mit der höchsten Stelle und stellt fest, ob die Eingangsspannung größer als die Referenzspannung für die höchste Stelle ist. Falls dies der Fall ist, setzt man die höchste Stelle gleich 1, subtrahiert die Referenzspannung und vergleicht den Rest mit der Referenzspannung für die nächst niedrigere Stelle usw. Das einfachste Verfahren ist das **Zählverfahren,** bei dem man abzählt, wie oft die Referenzspannung der niedrigsten Stelle addiert werden muß, um die Eingangsspannung zu erhalten. Es erfordert den geringsten Schaltungsaufwand, benötigt jedoch auch die höchste Umsetzzeit bis zu 100 ms. Die wichtigsten Schaltungsvarianten sind der **Stufenumsetzer,** der **Sägezahnumsetzer** und der **Zweirampenumsetzer.** Die letztere Variante stellt eine in der Praxis bewährte Lösung für Anwendungen dar, bei denen die Umsetzungszeit nicht extrem kurz sein muß. In Verbindung mit Mikrorechnern gewinnt der Stufenumsetzer wegen der kürzeren Umsetzungszeit zunehmend an Bedeutung.

Analogrechner, Datenverarbeitung: Rechenanlage, die, i. Ggs. zu digitalen Rechengeräten, mit kontinuierlich veränderl. Größen wie Länge, Winkel, Spannung arbeitet, indem mathemat. Zusammenhänge durch physikal. Vorgänge dargestellt werden. Falls dies nicht direkt möglich ist, wird eine Folge von Einzelprozessen gebildet, für die es jeweils Analogien gibt. Als **Recheneinheiten (Rechenelemente)** treten Summierglieder, Integratoren, Multiplikatoren, (Servo-)Potentiometer u. a. auf. Moderne A. arbeiten elektronisch. Nachteilig wirkt der Aufwand zur Erhöhung der Genauigkeit, vorteilhaft ist die anschauliche Darstellung der Ergebnisse (z. B. als Kurven) und die einfache Möglichkeit, Parameter zu ändern. Für die Analyse eines vorgegebenen physikal. oder mathemat. Problems auf dem A. ergeben sich folgende Arbeitspunkte: 1. Aufstellen des zu lösenden Gleichungssystems (z. B. einer Differentialgleichung); 2. Umformung der mathemat. Gleichungen in Maschinengleichungen durch Einführen der Maßstabsfaktoren für Zeit und Amplitude und gegebenenfalls Auflösen des Gleichungssystems nach dem Glied mit der jeweils höchsten Ordnung des Differentialquotienten; 3. Herstellung einer Rechenschaltung unter Verwendung der verschiedenen Symbole entsprechend den durchzuführenden Rechenoperationen und Eintragen der Maschinengrößen; 4. Bestimmung der Schaltelemente und der Größe der zuzuführenden Spannungen; 5. Kontrolle der Schaltung.

Die angeführten Punkte, die man unter dem Begriff **Programmierung** zusammenfaßt, bedürfen oft eines verschieden großen Aufwandes. Geht man von einem techn. Problem aus, so muß man dieses zunächst mit Hilfe physikal. Grundgesetze mathematisch formulieren. Dieser Arbeitsschritt geht der Rechnung voraus und wird deshalb vielfach nicht zur Programmierung gezählt.

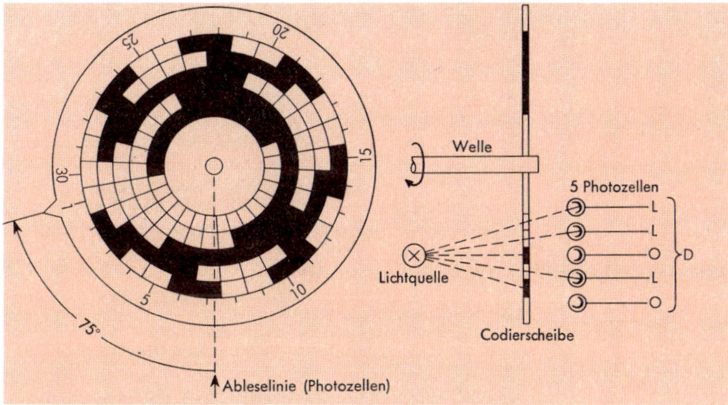

Analog-Digital-Umsetzer mit Codierscheibe und Photozellen für digitales Ablesen der Winkelstellung einer Welle. Diese Anordnung veranschaulicht die auch ohne elektron. Baugruppen mögliche Umwandlung einer analogen Größe in ein digitales Signal. Der Vollkreis ist in 30 Stufen zu 12° eingeteilt (quantisiert). Jede Stufe ist durch eine radial verlaufende Schwarzweißmarke in einem reflektierten 5-Bit-Code ablesbar. Zur gezeigten Winkelstellung von 75° gehört die 7. Stufe (72° bis 84°) mit dem Codezeichen LLOLO (L für lichtdurchlässiges, O für schwarzes Feld der Codierscheibe)

Analysator, 1) mathematisches Instrument zur Durchführung → harmonischer Analysen.

2) Physik: → Polarisation.

Analyse, 1) Chemie: quantitative und qualitative Bestimmung der Bestandteile einer unbekannten Substanz mit Methoden der → analytischen Chemie.

2) Datenverarbeitung: **lexikalische A., syntakt. A.** und **semant. A.** sind Schritte beim Übersetzen eines → Programms.

3) Mathematik: → harmonische Analyse (technisch durch **Analysatoren),** → Varianzanalyse.

Analysenlampe, Schwarzlichtlampe, Quecksilberdampflampe zur Erzeugung ultravioletter Strahlung; sie dient zum Sichtbarmachen fluoreszierender und phosphoreszierender Stoffe und zum Erkennen von Edelsteinen, Geheimtinten u. a.

Analysenwaage, Balken- oder Schaltgewichtsbalkenwaagen für die chem. Analyse mit Höchstbelastungen bis zu 200 g und einer Genauigkeit von ± 0,1 mg. Für sehr kleine Belastungen verwendet man **Mikrowaagen** mit einer Genauigkeit von $5°10^{-6}$ g bei einer Höchstlast von 20–30 g.

Analysis, Teilgebiet der Mathematik, in dem v. a. Grenzwertuntersuchungen (→ Grenzwert) der verschiedensten Arten angestellt werden. Zur A. gehören im wesentl. die Behandlung von → Folgen und → Reihen, die Infinitesimalrechnung (→ Differentialrechnung, → Integralrechnung) und ihre Grenzgebiete, die Theorie der → Funktionen reeller Variablen, die → Funktionentheorie und die → Funktionalanalysis, die → Maßtheorie, die → Variationsrechnung und die → Vektoranalysis, ferner die Theorie der → Differentialgleichungen, der → Diffe-

Analcim,
Kristalle
(Seiser Alm, Südtirol)

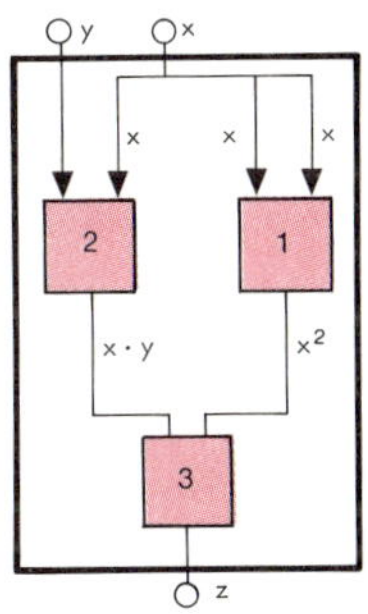

Analogrechner

Analogrechner: Beispiel (mit 3 Grund-Rechenwerken): $z = x^2 - x \cdot y$; x, y = Eingangsgrößen; **1** Multiplikations-Analog-Rechenwerk (bildet $x \cdot x = x^2$); **2** Multiplikations-Analog-Rechenwerk (bildet $x \cdot y$); **3** Subtraktions-Analog-Rechenwerk (bildet $x^2 - x \cdot y$); z = Ergebnis (in Form einer Spannung)

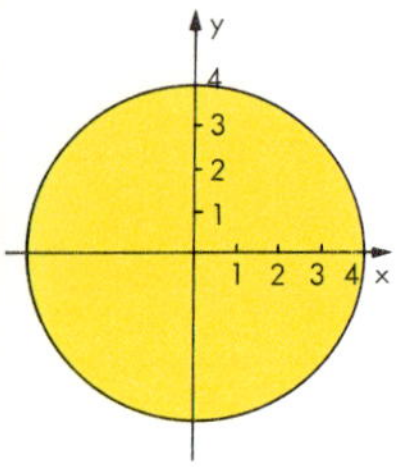

analytische Geometrie 1

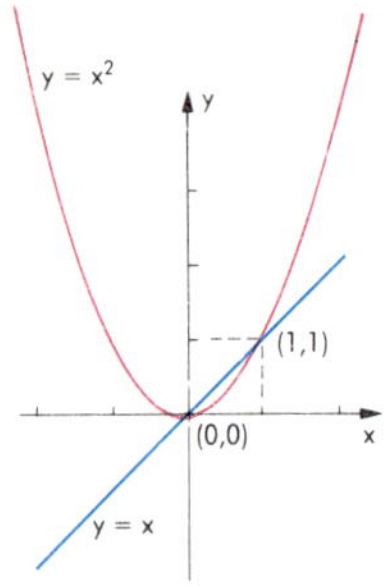

analytische Geometrie 2

renzengleichungen und der → Integralgleichungen; als Randgebiete die → Differentialgeometrie und die → analytische Zahlentheorie.

Systematisch entwickelten um 1675 G. W. LEIBNIZ und I. NEWTON völlig unabhängig voneinander die Infinitesimalrechnung. Die Brüder JAKOB und JOHANN BERNOULLI, L. EULER, J.-B. D'ALEMBERT, J. L. LAGRANGE und P. S. LAPLACE begannen Anfang des 18. Jh. mit der Theorie der Differentialgleichungen, die komplexe A. konnte nach Einführung der → Gaußschen Zahlenebene systematisch aufgebaut werden; daran waren wesentlich beteiligt A. L. CAUCHY, G. F. B. RIEMANN und K. TH. W. WEIERSTRASS.

H. BEHNKE u. F. SOMMER: Theorie der analytischen Funktionen einer komplexen Veränderlichen ([3]1976); R. COURANT: Vorlesungen über Differential- und Integralrechnung, 2 Tle. ([4]1971, [4]1972); H. GRAUERT u. a.: Differential- und Integralrechnung, 3 Tle. ([4]1976, [3]1978, [2]1977)

Analysis situs, Analysis der Lage, veraltete Bez. für die → Topologie.

analytische Chemie, Zweig der → Chemie zur qualitativen und/oder quantitativen Bestimmung chem. Stoffe oder Gemische. Die a. C. wird in mehrere Gebiete aufgeteilt: 1. chem. Methoden in Gravimetrie **(Gewichtsanalyse)** und Volumetrie **(Maßanalyse);** 2. elektrochem. Methoden in Potentiometrie, Konduktometrie, Polarographie, Coulometrie, Hochfrequenztitrimetrie, Dielektrometrie, Amperometrie, Elektrophorese; 3. opt. Methoden in Kolorimetrie, Polarometrie, Refraktometrie, Interferometrie, Nephelometrie, Flammenphotometrie; 4. chromatograph. Methoden, → Chromatographie; 5. spektroskop. Methoden, → Spektralanalyse; 6. kernchem. Methoden (z. B. Neutronenaktivierung, Isotopenverdünnung).

Neben der Verminderung der Nachweisgrenze (bei $< 10^{-15}$ g) wurden die größten Erfolge der a. C. durch Automatisierung, Perfektionierung und Einsatz von Rechnern erreicht, auch können mehrere Methoden zu Analysensystemen gekoppelt werden, z. B. Gaschromatographie-Massenspektrometrie, Hochdruckflüssigkeitschromatographie-Massenspektrometrie, Hochdruckflüssigkeitschromatographie-Kernresonanzspektroskopie. Gemische hochmolekularer, biochem. Verbindungen (Proteine, Peptide u. a.) können automatisch abgebaut (sequenziert) und nachgewiesen werden. Versch. Methoden der a. C. eignen sich nicht nur zur qualitativen und quantitativen Bestimmung, sondern auch zur Untersuchung der räuml. Anordnung (→ Stereochemie). Mit Hilfe der Röntgenstrukturanalyse können nicht nur Kristallgitter-Typen vermessen, sondern auch die räuml. Verhältnisse von Biomolekülen untersucht werden.

Analytiker-TB: 1, hg. v. H. KIENITZ u. a. (1980); 2, hg. v. R. BOCK u. a. (1981); Analytikum; Methoden der a. C. und ihre theoretischen Grundlagen ([5]1981).

analytische Fortsetzung, in der → Funktionentheorie die Fortsetzung einer in einem Gebiet G erklärten holomorphen Funktion g über G hinaus. Sind G und H zwei Gebiete, der Durchschnitt von G und H nicht leer (in Zeichen $G \cap H \neq \emptyset$), die Funktion g in G, die Funktion h in H holomorph und gilt in $G \cap H$ $g(z) = h(z)$, dann gibt es genau eine holomorphe Funktion f in der Vereinigung von G und H ($G \cup H$), die in G mit g und in H mit h übereinstimmt, h wird als a. F. von g bezeichnet.

analytische Funktion. In der Analysis bezeichnet man eine Funktion f einer reellen Veränderlichen als **analytisch an der Stelle x_0,** wenn sie um den Punkt x_0 in eine → Potenzreihe entwickelt werden kann. Die Funktion heißt **analytisch auf einer offenen Menge M,** wenn sie um jeden Punkt $x \in M$ in eine Potenzreihe entwickelt werden kann. In der Literatur wird der funktionentheoret. Begriff der a. F. verschieden gebraucht, z. T. werden die a. F. mit den holomorphen (oder regulären) Funktionen gleichgesetzt und damit als Funktionen definiert, die um jeden Punkt eines Gebiets in eine Potenzreihe entwickelbar sind, z. T. werden sie als spezielle holomorphe Funktionen definiert und heißen **analytisch in einem Gebiet G,** wenn sie 1) außer holomorphen dort höchstens noch singuläre Punkte besitzen, 2) man je zwei holomorphe Punkte durch eine Kurve verbinden kann, auf der f überall holomorph ist und 3) f bei jeder möglichen → analytischen Fortsetzung in G eindeutig bleibt. Besondere a. F. sind die → meromorphen Funktionen.

analytische Geometrie, Teilgebiet der Mathematik, in dem Punkte und andere geometr. Gebilde durch Zahlen und die zw. ihnen bestehenden Beziehungen durch Gleichungen oder Ungleichungen gekennzeichnet werden. Damit lassen sich Probleme der Geometrie auf Probleme der Algebra zurückführen.

Nach Einführung eines Koordinatensystems (meist rechtwinklig) bezeichnet man die geordneten Paare reeller Zahlen (x,y) als Punkte der Ebene mit dem x-y-Koordinatensystem. Entsprechend bezeichnet man ein geordnetes Tripel reeller Zahlen (x,y,z) als Punkt des Raumes mit dem x-y-z-Koordinatensystem und verallgemeinert ist das geordnete n-Tupel reeller Zahlen $(x_1, x_2, \ldots, x_n)$ ein Punkt des n-dimensionalen Raumes. Nun kann man jedem Punkt ein Zahlen-Tupel zuordnen und somit geometrische Figuren durch Zahlen und Gleichungen beschreiben, z. B. kann man die Parabel durch den Ursprung des Koordinatensystems mit Hilfe der Gleichung $y = x^2$ beschreiben. Weitere Beispiele: Die Punkte (x,y) der Ebene, die der Ungleichung $x^2 + y^2 < 16$ genügen, sind genau die Punkte der Ebene, die innerhalb eines Kreises mit dem Radius 4 um den Nullpunkt des Koordinatensystems liegen (BILD 1). Löst man das Gleichungssystem $y = x^2$ und $y = x$ nach x und y auf, so erhält man als Lösungen die Koordinaten der Schnittpunkte der durch $y = x^2$ dargestellten Parabel mit der durch $y = x$ dargestellten Geraden zu (0,0) und (1,1) (BILD 2). Die Probleme der a. G. werden in der modernen Mathematik z. T. mit der Vektormethode erfaßt und beschrieben (→ Vektor).

Als Begründer der modernen a. G. gelten R. DESCARTES und P. DE FERMAT. Nach Descartes wird noch heute ein rechtwinkliges Koordinatensystem ›kartesisch‹ genannt.

Lit. → Vektorraum

analytische Zahlentheorie, Anwendung der Methoden der → Analysis in der → Zahlentheorie. Insbes. hat man mit Hilfe der Theorie der Funktionen reeller Varia-

Anamorphot: Aufnahme-Anamorphot nach Prof. Chrétien; **1** negative Zylinderlinse; **2** positive Zylinderlinse; **3** sphärisches Objektiv; **4** Aufzeichnungsfilm; **5** aufzunehmendes Objekt

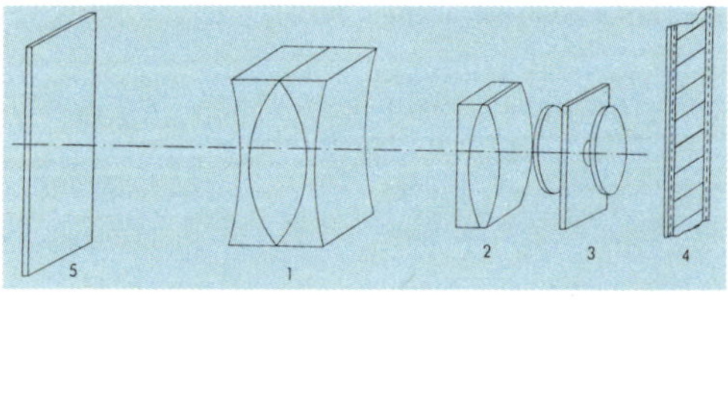

Anbaugeräte

bler und der Theorie der → analytischen Funktion in der Zahlentheorie neue Erkenntnisse gewonnen: So hängt die Anzahl der Primzahlen, die kleiner als eine feste Zahl x sind (dargestellt durch die zahlentheoretische Funktion π [x]) eng zus. mit den Nullstellen der → Riemannschen Zetafunktion

$$\zeta(z) = 1 + \frac{1}{2^z} + \frac{1}{3^z} + \ldots,$$

wobei z eine → komplexe Zahl ist, deren Realteil größer als 1 ist. (→ Goldbachsche Vermutung)

Ana|morphot *der,* Abbildungssystem aus Prismenkombinationen, gekreuzten Zylinderlinsen oder aus einem Prismensatz, kombiniert mit Zylinderlinsen. A. ändern den Bildwinkel und damit den Abbildungsmaßstab in nur einer Richtung, bes. in der Horizontalen; Aufnahme- und Wiedergabeobjektive bei → Breitwandverfahren (Cinemascope). BILD S. 46

Ananke, ein Mond des Planeten → Jupiter.

Ana|phorese, seltene Bez. für die Wanderung negativ geladener Teilchen zur Anode bei der → Elektrophorese.

An|astigmat *der,* photographisches Objektiv, bei dem Öffnungs- und Farbfehler, Astigmatismus und Bildfeldwölbung korrigiert sind; Anwendung bei Weitwinkel-, Stereo-, Innenaufnahmen u. a.

Anatas *der,* Mineral TiO_2, gelb bis schwarzblau, H. 5–6, D. 3,9; hydrothermal auf Klüften, in Mineralseifen.

Anatexis, teilweise oder völliges Aufschmelzen fester Gesteine bei der → Ultrametamorphose.

Anbaugeräte, landwirtschaftl. Maschinen oder Geräte ohne Stützräder, die fest an den Schlepper oder an seine Dreipunktanhängung angebaut werden. Ggs.: → Anhängegeräte, → Aufsattelgeräte.

anblasen, einen neuen oder neu zugestellten Hochofen in Betrieb nehmen. Hierbei wird ein leicht reduzierbarer → Möller verwendet. Der Koksverbrauch ist um ein Mehrfaches höher als im Normalbetrieb (Verhältnis Koks zu Eisen etwa 3:1 bis 4:1), da Wärme für die Erwärmung des kalten Möllergutes und der kalten → Zustellung gebraucht wird.

Anchimetamorphose, gesteinsbildender Prozeß im Grenzbereich von → Diagenese und → Metamorphose, z. B. die Bildung von → Dachschiefern.

Andalusit *der,* metamorphes Mineral $Al_2[O/SiO_4]$, grau, rötlich, grün, H. 7–7,5, D. 3,1–3,2, in kristallinen Schiefern und Pegmatiten. **Chiastolith,** A. mit dunkel pigmentiertem Kern.

Andesin *der,* Mineral, ein → Feldspat.

Andesit *der,* porphyr. Ergußgestein, feinkörnige bis glasige Grundmasse mit Einsprenglingen von Plagioklas, Biotit, Hornblende oder Pyroxen; verbreitet bes. rund um den Pazifik. – Die **A.-Linie** grenzt den innerpazif. Bereich mit Basaltvulkanismus von einem äußeren mit vorwiegend andesit. Magmatiten ab.

AND-Gate [ænd geɪt, engl.], Digitaltechnik: engl. Bez. für das → UND-Glied.

Andradit [n. dem brasilian. Geologen J. B. de Andrada e Silva, * 1763, † 1838], Mineral $Ca_3Fe_2[SiO_4]_3$, ein → Granat.

Andreaskreuz, Verkehrszeichen an → Bahnübergängen.

Andrehen, das Verbinden durch Zusammendrehen zweier Garn- oder Vorgarnenden beim Spinnen und beim Einlegen einer Webkette in die Webmaschine.

Androgene, die männl. Geschlechtshormone, → Hormone, → Nebennierenhormone.

Andromeda, ein → Sternbild am Nordhimmel, im Herbst und Winter am Abendhimmel beobachtbar, mit dem → Andromeda-Nebel, einem mit bloßem Auge sichtbaren Spiralnebel. Die **Andromediden (Bi|eliden),** ein Ende Nov. auftretender Sternschnuppenschwarm (→ Meteorstrom), dessen Ausstrahlungspunkt im Sternbild A. liegt, sind Reste des → Bielaschen Kometen.

Andromeda-Nebel, das im Sternbild Andromeda sichtbare nächste → Sternsystem. Die Entfernung von der Erde beträgt 2 Mio., der Durchmesser etwa 100000 Lichtjahre. Photograph. Aufnahmen zeigen ihn als spiralförmig gebautes System mit einem bes. dichten Kern in der Mitte (BILD). Der A.-N. hat zwei kleine Begleiter vom strukturlosen ellipt. Typus. Der A.-N. gehört zur **lokalen Nebelgruppe** (→ lokale Gruppe) wie das Milchstraßensystem und ist im Aufbau diesem sehr ähnlich.

Androsteron *das,* männl. Geschlechtshormon, → Hormone.

Andruck, 1) Probedruck nach Beendigung der Druckformenherstellung. **2)** Druckbeginn von Zeitungsdruckmaschinen.

Anemo . . ., Wind . . ., z. B. **Anemograph,** der Windschreiber, **Anemometrie,** die → Windmessung.

Anemostat, Lüftungstechnik: Deckenluftauslaß mit konischer Anordnung von Luftleitblechen, durch die die austretende Luft in horizontaler Richtung abgelenkt wird.

Andalusit:
OBEN gestreckter Kristall auf Schiefer;
UNTEN Kristallquerschnitt (Chiastolith)

Anatas,
Kristalle
(Binntal, Schweiz)

Andromeda-Nebel

Anglesit, Spaltstück (Tsumeb, Südwestafrika)

Anhydride

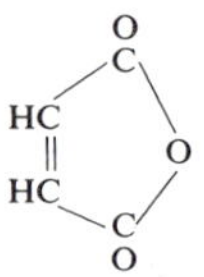

Maleinsäure-A. (zyklisch)

Anhydrit

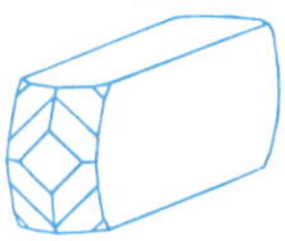

Anhydrit (Idealkristall)

Anhydrit, dicht (Sulz am Neckar)

An|ergie, Begriff aus der techn. Thermodynamik (→Exergie).

Aneroid, Aneroidbarometer, ein →Barometer.

Anethol *das,* wesentl. Bestandteil des Anis- und Sternanisöls; zur Likörfabrikation, für kosmet. Präparate und in der Farbphotographie verwendet.

Aneurin, das Vitamin B_1; →Vitamine.

Anfachung, 1) Vergrößerung der Amplitude einer Schwingung. **2)** Verstärkung der Phosphoreszenz bei Phosphoren durch Absorption von Licht bestimmter Wellenlänge. **3)** Strömungslehre: A. der →Grenzschicht, Beschleunigung der Grenzschichtströmung durch Energiezufuhr, um Wirbelbildung zu vermeiden.

Anfangswertproblem, die Aufgabe, eine Lösung einer →Differentialgleichung zu finden, die vorgegebene **Anfangsbedingungen** erfüllt.

Anflug, Flugphase vor Erreichen eines best. Ziels oder vor der Landung (→Landeanflug). **Anfluggeschwindigkeit,** die beim Landeanflug eines Flugzeuges einzuhaltende Geschwindigkeit, die zur Erzielung einer kurzen Landestrecke möglichst niedrig, zur Gewährleistung sicherer Steuerbarkeit ausreichend hoch sein soll; etwa das 1,3fache der Mindestgeschwindigkeit, bei der das Flugzeug noch steuerbar ist. **Anflugrundlinie,** die meist durch ein Ansteuerungsfunkfeuer gekennzeichnete, in Anflugrichtung zum Flughafen verlängerte Mittellinie der Landebahn.

Angel, 1) runder Stift oder Zapfen am Beschlag, um den sich ein Tür- oder Fensterflügel mit den **Angelbändern** dreht. **2)** an Werkzeugen (Messern, Feilen u. a.) der spitz zulaufende Fortsatz zur Befestigung des Handgriffs.

angeordnet heißen →algebraische Strukturen, für deren Elemente ein Positiv- und ein Negativbereich erklärt sind, d. h., für jedes Element x ist die Kleiner- oder Größerrelation vereinbart, so daß gilt $x=0$ oder $x>0$ oder $-x>0$ (anders geschrieben $x<0$). Wenn z. B. in einem →Körper $x-y>0$ aus $x>y$ folgt, so wird in diesem Körper eine **Anordnung** festgelegt (→Archimedisches Axiom).

angewandte Mathematik, Bereiche der Mathematik, die ihre Fragestellung z. T. aus anderen Wissenschaftsgebieten beziehen. Zu ihr rechnet man u. a. graphische und numerische Methoden (›praktische Mathematik‹), die →Wahrscheinlichkeitsrechnung und Statistik, Versicherungsmathematik, →Spieltheorie, ›Operations Research‹ und die Lehre von den Möglichkeiten der Rechenautomaten. Auch manche, stark mathematisierte Teile der Mechanik, z. B. Strömungslehre, werden z. T. zur a. M. gerechnet. Anwendungen der Mathematik haben durch die Entwicklung von →Computern stark an Bedeutung zugenommen.

G. Böhme: Anwendungsorientierte Mathematik, 4 Tle. ([4]1981, [3]1975, [3]1976, [3]1977); H. Werner: Praktische Mathematik, 2 Tle. ([3]1982, [2]1979).

Angiotensin, Angiotonin, Hypertensin, blutdrucksteigerndes Peptidhormon. Durch →Renin entsteht im Blut aus Plasmaprotein das Dekapeptid **A. I** und aus diesem durch Abspaltung von His-Leu das aktive Oktapeptid **A. II,** das sehr viel wirksamer als Noradrenalin ist. – Das synthetisch nachgebildete Präparat **Angiotensinamid,** dessen Wirkung der des Noradrenalins gleicht, wird zur Behandlung von best. Schockzuständen u. a. eingesetzt.

Anglesit *der,* helles Mineral $Pb[SO_4]$, H. 3, D. 6,3; Oxidationsprodukt von Bleiglanz.

anglo|amerikanische Einheiten, →Einheiten (Übersicht).

Ångström [ˈɔŋ-, n. dem schwed. Physiker A. J. Ångström, * 1814, † 1874] *das,* Einheitenzeichen **Å**, nicht gesetzl. Längeneinheit: $1 \text{Å} = 10^{-10}$ m $= 0{,}1$ nm.

Anhängegeräte, fahrbare landwirtschaftl. Maschinen oder Geräte, die an den Schlepper angehängt werden; im Unterschied zu →Anbaugeräten und →Aufsattelgeräten.

Anhänger, ein- oder mehrachsiges Fahrzeug ohne eigenen Antrieb. Bei mehrachsigen A. ist mindestens eine Achse lenkbar. Kraftfahrzeuge mit A. bilden einen **Zug.** Die Anhängelast darf i. d. R. das Gesamtgewicht des ziehenden Fahrzeugs nicht überschreiten. A. müssen i. a. vom Zugfahrzeug aus gebremst werden können. Ohne Bremse dürfen nur leichte Einachsanhänger bei bestimmten Gewichtsverhältnissen verkehren. **Anhängerkupplung** dient zur Verbindung von Zugfahrzeug und Anhänger: bei Lastzügen automatische Anhängerkupplung mit Kuppelbolzen im Fangmaul und Zugöse, bei Einachsanhängern hinter Personenwagen einfache Kugel-Anhängerkupplung.

Anhydride, Säure|anhydride, Verbindungen, die formal durch Wasserabspaltung aus Säuren entstehen, z. B.

$$H_2SO_4 \longrightarrow H_2O + SO_3$$

Schwefelsäure — Wasser + Schwefeltrioxid = Schwefelsäure-A.

$$2\,CH_3COOH \longrightarrow H_2O + \begin{matrix} CH_3-CO \\ \quad\;\; > O \\ CH_3-CO \end{matrix}$$

Essigsäure — Wasser + Essigsäure-A. (Acet-A.)

Dicarbonsäuren bilden beim Erhitzen zyklische oder polymere A. A. werden für Acylierungen verwendet. Beispiel polymeres Adipinsäure-A.:

$$HOOC\left[(CH_2)_4-\underset{\displaystyle O}{\overset{}{C}}-O-\underset{\displaystyle O}{C}\right]_n(CH_2)_4-COOH$$

Anhydrit *der,* Mineral $CaSO_4$, farblos durchsichtig, weiß, bläulich oder rötlich; grobkörnig oder dicht; H. 3–3,5; D. 3; häufig in großen Massen in Steinsalzlagerstätten, geht durch Wasseraufnahme in →Gips über; A. ist Rohstoff für die Schwefelsäureherstellung, Bindemittel (→Anhydritbinder), dient als Trockenmittel.

Anhydritbinder, anorganisches Luftbindemittel (→Bindemittel) aus Anhydrit ($CaSO_4$) und die Wasserbindung des Anhydrits anregenden Stoffen, vorwiegend Alkalisalzen und Schwermetallsulfaten. Verwendet wird Naturanhydrit oder synthetischer Anhydrit. A. erhärtet nach dem Anmachen mit Wasser; aus A. werden Estriche und Putzmörtel hergestellt.

Anilin, Aminobenzol, Phenyl|amin, einfachstes aromat. →Amin, ölige, farblose, an der Luft sich gelb bis braun verfärbende Flüssigkeit mit bas. Eigenschaften. A. wird durch Hydrierung von Nitrobenzol bei 270–475 °C an nickel- oder kupferhaltigen Katalysatoren erhalten:

$$C_6H_5NO_2 + 3\,H_2 \longrightarrow C_6H_5NH_2 + 2\,H_2O$$

A. ist wichtiges Zwischenprodukt zur Herstellung aromat. Verbindungen. Hauptfolgeprodukte sind Polyurethane und Kautschuk-Additive, auch Hydrochinon, Farbstoffe und Pharmazeutika. Durch Inhalation oder durch die Haut aufgenommen wirkt A. als Blutgift. – **A.-Methylaniline,** die →Toluidine. (Formel S. 49)

An|ion, negatives →Ion einer dissoziierbaren chem. Verbindung; →Elektrolyse, →Anode.

Anis, Stufe der alpinen →Trias.

Anis|aldehyd, 4-Methoxybenz|aldehyd, nach blühendem Weißdorn riechendes Öl, das durch Oxidation des im Anisöl enthaltenen Anethols hergestellt wird. A. wird als Riechstoff in Seifen verwendet.

An|isochronismus, bei Uhren die Eigenschaft, daß die Schwingungsdauer abhängig ist von der Schwingungsweite und von der räumlichen Orientierung des Schwingsystems.

Anisol, Methylphenyl|äther, angenehm riechende, leicht entflammbare Flüssigkeit; Löse- und Wärmeübertragungsmittel, Zwischenprodukt bei Riechstoffsynthesen.

An|isotropie, Richtungsabhängigkeit physikal. und chem. Eigenschaften von Stoffen (z. B. von Kristallen) und ihrer Materialkonstanten. Sie beruht auf der räumlichen Anordnung der Atome, Ionen oder Moleküle. A.-Effekte spielen in der →Erzmikroskopie eine bed. Rolle.

An|kathete, die in einem rechtwinkligen Dreieck einem spitzen Winkel anliegende Kathete.

Anker, 1) Bautechnik: stab- oder litzenförmige Bauelemente aus Stahl, Stahlbeton oder Kunststoff, die auf Zug beansprucht werden und ein Bauwerk zusammenhalten. Im Fels- und Tiefbau meist einbetonierter Rundstahl mit Gewinde und Schraubenmutter zur Sicherung von Baugrubenwänden und Böschungen oder von Ausbruchquerschnitten im Tunnelbau.

2) Elektrotechnik: a) jener Teil einer rotierenden →elektrischen Maschine, in dessen Wicklungen vom Magnetfeld elektr. Spannungen induziert werden. Bei Gleichstrommaschinen ist meist der Läufer, bei Synchronmaschinen meist der Ständer der A. b) der vom Magnetfeld eines Elektromagneten angezogene Teil, z. B. der A. eines elektromagnetischen Relais.

3) Schiffahrt: Gerät zum Festlegen von Schiffen gegen Wind, Strom und See. Unter den stählernen A., die sich mit hakenartigen Armen (Flunken) in den Grund selbsttätig eingraben, sind v. a. üblich: **Stock-** oder **Admiralitäts-A.** (der quer zum A.-Schaft oben angebrachte Stock legt sich bei Zug auf die A.-Kette flach, ein Flunken gräbt sich ein; früher allg. verwendet, heute auf Sport- und Segelschiffen oder zur Reserve); **stocklose (Patent-) A.,** wie Hall-A., Inglefield-A. u. a. (gegen den Schaft klappbare Flunken graben sich beide ein; heute allg. auf See- und Binnenschiffen verwendet); **Pilz-** oder **Schirm-A.** (bei Dauerliegern wie Feuerschiffen üblich, wird eingespült); **Draggen** (vier Flunken, kein Stock; wird von Flußschiffen oder als Such-A. benutzt). Ohne Bodenberührung leistet der **Treib-A.** Widerstand nur im Wasser: ein trichterförmiger Segeltuchsack verringert die Abdrift.

Gewicht des A. und Stärke der **A.-Kette** (ggf. auch Stahl- oder Hanftrosse) müssen der Schiffsgröße entsprechen. Die Kette führt von **A.-Klüse** über **A.-Spill** zum Kettenkasten. Das **A.-Spill** wird von Hand, durch Dampf oder elektrisch betrieben. Die durch Bojenreep mit dem A. verbundene **A.-Boje** kennzeichnet die Lage des A.

4) Uhrentechnik: der hin- und hergehende Teil der →Hemmung einer Uhr.

Ankerausbau, ein →Grubenausbau, bei dem eine etwa 1 bis 3 m lange Stahlstange in Bohrlöcher eingeführt, am hinteren Ende durch Keile oder Spreizen festgeklemmt, über das herausragende Ende eine Stahlplatte mit einer Mutter gegen das Gebirge gepreßt wird.

Ankerit [n. dem Mineralogen M. J. Anker], **Braunspat,** Mineral, $CaFe[CO_3]_2$, in isomorpher Mischungsreihe mit →Dolomit.

ankörnen, Metallbearbeitung: kleine, kegelige Vertiefungen mit dem **Körner** zur Markierung von Punkten und Linien auf einem Werkstück einschlagen.

Ankreis, der Kreis, der eine Seite eines Dreiecks von außen und die Verlängerungen der beiden anderen Seiten von innen berührt.

Anlassen, 1) alle Maßnahmen, die zum Anlauf (Hochlauf) →elektrischer Maschinen notwendig sind, in erster Linie die Strombegrenzung durch →Anlasser.

2) Metallkunde: allg. die Wärmebehandlung von Metallen bei Temperaturen unterhalb etwa 700 °C; speziell: Stahl nach vorausgegangenem →Härten, aushärtbare Legierungen nach dem Lösungsglühen und Abschrecken (→Aushärtung) oder kaltverformte Werkstoffe nach der Verformung auf eine Temperatur unter dem Umwandlungspunkt erwärmen und auf dieser Temperatur für eine best. Zeit halten; anschließend erfolgt eine teilweise gesteuerte Abkühlung (→Anlaßfarben). Bei Stahl unterscheidet man mit steigender Temperatur vier Anlaßstufen: 1. Abbau der Tetragonalität des Martensits und Ausscheidung von ε-Karbid. 2. Zerfall des Restaustenits. 3. Ausscheidung von Zementit. 4. Bildung von Sondercarbiden, falls entsprechende Legierungselemente vorliegen.

Anlasser, 1) Elektrotechnik: verstellbarer Widerstand oder Widerstandssatz zur Verhinderung unzulässiger Stromaufnahme (→Anlaufstrom) vor Erreichen der Betriebsdrehzahl eines Elektromotors. A. werden als Metall- oder Flüssigkeits-A. (Metallmesser tauchen nach und nach in eine schwach leitende Flüssigkeit, wobei ein anfangs großer Widerstand kleiner wird) ausgeführt.

2) Kfz: alte Bezeichnung für →Starter.

Anlaßfarben, Anlauffarben, auf Interferenzerscheinungen beruhende Farben, die beim Erwärmen von metallisch blanken Oberflächen (bes. von Stahl) durch Oxidationsschichten zunehmender Dicke entstehen. A. können zur Temperaturbestimmung benutzt werden, z. B. beim →Anlassen gehärteter Stähle.

Anlauf, Hochbau: gleichmäßige, allmähliche Ab- oder Zunahme der Dicke (oder Abmessung) eines langen Baugliedes von einem Ende zum anderen.

Anlaufen, 1) unerwünschte Veränderung der Oberfläche eines Anstriches durch einen hauchartigen Belag, der den Glanz oder die Farbe beeinträchtigt. **2)** bei Metallen die Bildung einer dünnen, festhaftenden Oxid- oder Sulfidschicht auf der Oberfläche.

Anlaufglas, Farbglas, das kolloidale Kriställchen enthält, die durch selektive Lichtstreuung die Färbung erzeugen. Die Kriställchen erhalten die wirksame Größe durch Wärmebehandlung des urspr. meist farblosen Glases **(Anlaufvorgang).** Beispiele: Goldrubin (rosa bis purpur), Kupferrubin (rot), Silberrubin (gelb).

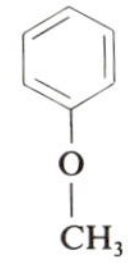

Anisol

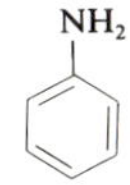

Anilin

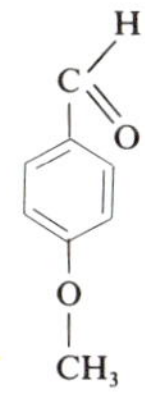

Anisaldehyd

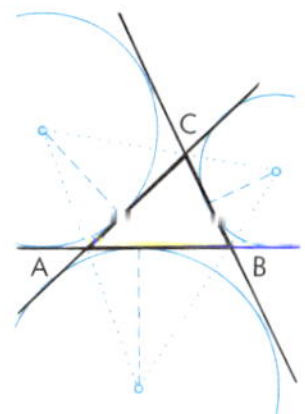

Ankreis

Anker

Stockanker

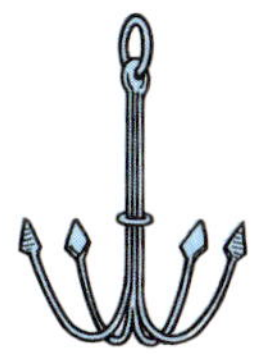

Draggen

Pilzanker

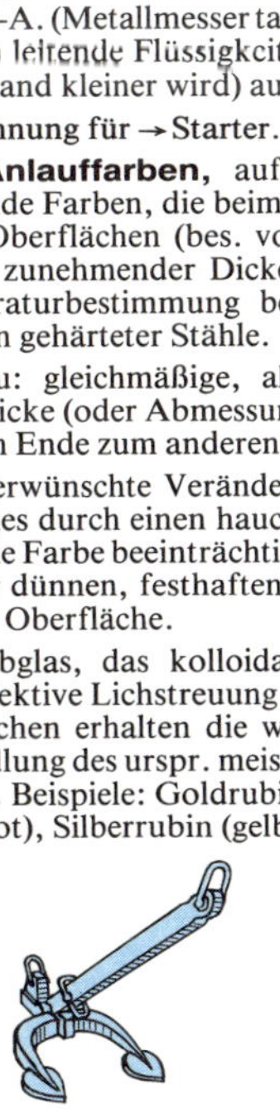

Inglefield-Anker

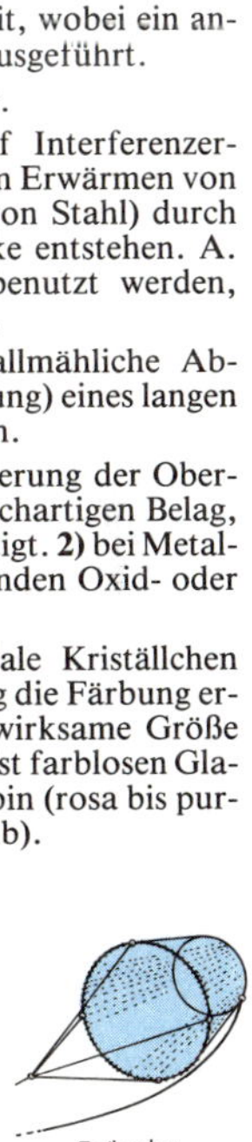

Treibanker

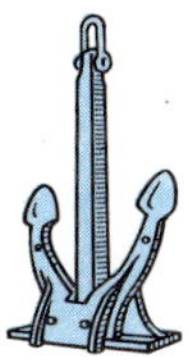

Hallanker

Anker 3)

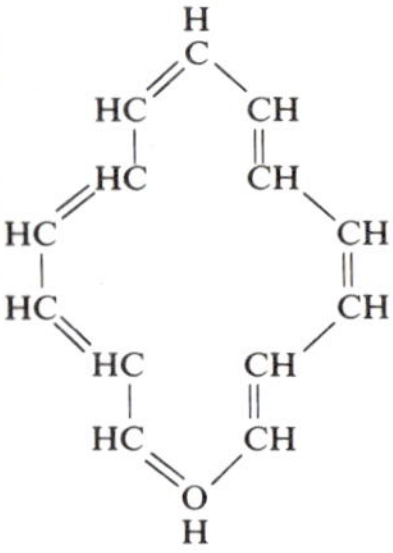

[14]-Annulen

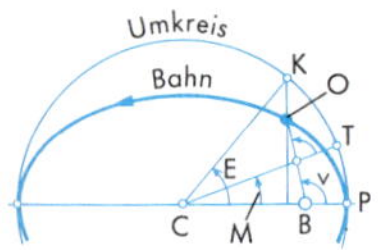

Anomalie 1)

Anlaufmoment, Anzugsmoment, das Drehmoment, das ein Elektromotor unmittelbar nach dem Einschalten entwickelt.

Anlaufstrom, 1) der beim Einschalten eines Elektromotors auftretende Stromstoß. Er ist bei Asynchronmotoren etwa vier- bis sechsmal so groß wie deren Nennstrom. Bei großen Motoren wird der A. durch →Anlasser oder Anlaßtransformatoren begrenzt. – Bei elektr. Geräten (Drosselspulen, Transformatoren, Glühlampen u. ä.) spricht man von **Einschaltstrom. 2)** Gitterlose Elektronenröhren (Dioden) besitzen einen Betriebsbereich **(A.-Gebiet),** in dem trotz schwach negativ vorgespannter Anode ein geringer A. fließt, da einige mit großer Geschwindigkeit aus der Kathode austretende Elektronen die bremsende Wirkung der negativen Anode überwinden können.

Annehmbare Qualitätsgrenzlage, →AQL.

Annihilation, →Zerstrahlung.

Annulari|en, beblätterte Zweige ausgestorbener Schachtelhalmgewächse; wichtige Fossilien bes. im Oberkarbon und Rotliegenden.

Annulene, ungesättigte zykl. Kohlenwasserstoffe mit großer Anzahl von Kohlenstoffatomen im Ring und in durchlaufend konjugierten Doppelbindungen. Die Anzahl der C-Atome wird in eckiger Klammer vorangestellt.

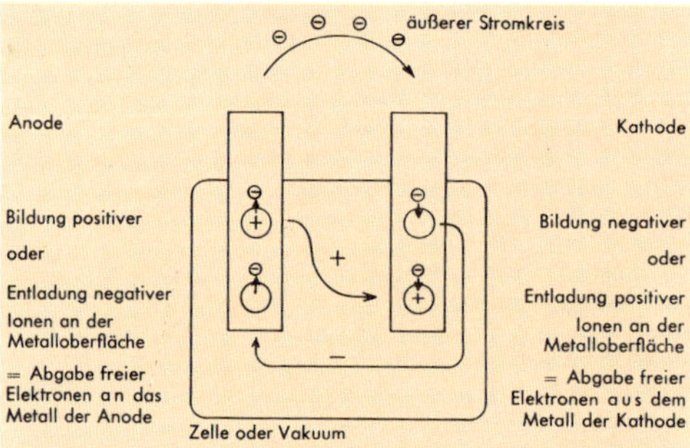

Anode

Anode, die Elektrode, aus der die positive Ladung in eine elektrolyt. Zelle oder in ein Vakuum austritt und in die die negative Ladung (Elektronen) aus der Zelle oder dem Vakuum eintritt (z. B. bei einer Elektronenröhre). In Lösungen finden an der A. stets Oxidationsvorgänge statt **(anodische Oxidation),** Anionen werden entladen, und Kationen gehen in Lösung. Die A. dient in →Röntgenröhren zur Erzeugung von Röntgenstrahlen durch Abbremsung der aufprallenden Elektronen. – **Anodenstrahlen** gehen von der elektrisch geheizten A. eines Entladungsrohres aus, auf die best. Gemische von Alkali- oder Erdalkalisalzen aufgebracht wurden. Sie bestehen aus positiven Metallionen, die durch Verdampfung und therm. Ionisation bei 900–1 500 °C entstehen und im Spannungsgefälle des Rohres hoch beschleunigt werden.

Bei →Elektronenröhren mit einem oder mehreren Gittern heißt der von der Kathode durch die Gitter zur A. fließende Elektronenstrom **Anodenstrom,** die zw. Kathode und A. liegende Spannung **Anodenspannung.**

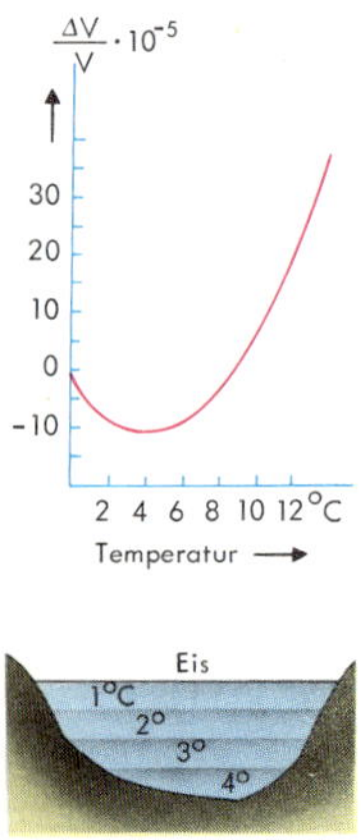

Anomalie des Wassers: OBEN Diagramm der temperaturabhängigen Volumenänderung des Wassers. UNTEN Temperaturschichtung beim Gefrieren eines Sees

Anodenschlamm, 1) meist edelmetallhaltiger Rückstand bei der elektrolyt. Raffination von Rohmetallen, bes. von Blei, Kupfer, Silber, Zinn. **2)** in der Galvanotechnik der Rückstand von den Anoden, die bei der galvan. Abscheidung von Metallüberzügen elektrolytisch aufgelöst werden.

anodische Oxidation, Anodisieren, elektrolyt. Herstellung von oxidischen Schutzschichten auf Metallen, v. a. auf Aluminium und seinen Legierungen. Bei der Elektrolyse geeigneter Lösungen (bes. von Schwefel-, Oxal- und Chromsäure) bildet sich auf den als Anoden in der Lösung befindl. Metallteilen eine Oxidschicht, die sich mit anorgan. Mitteln oder organ. Farbstoffen färben und durch Nachbehandlung verdichten läßt; sie dient bes. zum Schutz gegen Korrosion und Abrieb (›Hartanodisieren‹), als elektr. Isolation oder als dekorativer Überzug. Nach Imprägnieren mit lichtempfindl. Silberverbindungen lassen sich photographisch auch Zeichnungen und Bilder aufbringen (z. B. zur Herstellung von Schildern und Skalen). Die Bez. ›Eloxalverfahren‹ für a. O. von Aluminiumwerkstoffen ist geschützt. Eloxiertes Aluminium verwendet man in großem Umfang in der Architektur (Hausfassaden, Türen, Fensterrahmen, Treppengeländer u. a.), im Fahrzeugbau (z. B. für Zierleisten) für Behälter, Geräteteile u. a.

Anol, Kurzbez. für →Cyclohexanol.

Anomalie, 1) Astronomie: Winkel zur mathemat. Beschreibung der Stellung eines Planeten in seiner Bahn um die Sonne. **Wahre A.** (v): ∢ *PBO* zw. Perihel (*P*), Sonne (*B*) und Planeten (*O*); **exzentrische A.** (*E*): ∢ *PCK* zw. *P*, Zentrum der Bahnellipse (*C*) und dem auf den Umkreis projizierten Planetenort (*K*); **mittlere A.** (*M*): ∢ *PCT* zw. *P* und einem gedachten Körper (*T*), der sich mit konstanter Winkelgeschwindigkeit, aber gleicher Umlaufzeit um die Sonne bewegt. – Zw. mittlerer und exzentr. A. besteht die Beziehung: $M = E - \varepsilon \sin E$, die **Keplersche Gleichung,** wobei ε die numer. Exzentrizität (→Ellipse) der Bahn ist.

2) Geophysik: begrenztes Gebiet, in dem Schwere (→Schwereanomalien) oder Erdmagnetismus von einem Normalwert abweichen, z. B. über Erz- und Salzlagerstätten.

3) Kristallographie: **optische A.** an Kristallen beruht auf Störungen im Gitterbau oder auf Spannungen.

4) Wetterkunde: Abweichung einer meteorolog. Größe von ihrem räuml., meist jedoch zeitl. Mittelwert; tritt unvermittelt auf und kann mehrere Jahre anhalten (→Klimaschwankungen).

Anomalie des Wassers. I. Ggs. zu den meisten Stoffen zieht sich Wasser beim Abkühlen unter 4 °C nicht weiter zusammen, sondern dehnt sich wieder aus, es hat also bei 4 °C seine größte Dichte ($\varrho = 1$ g/cm³). Da die dichtesten Wasserschichten am schwersten sind und nach unten absinken, behält ein See selbst bei großer Kälte in den tieferen Wasserschichten eine Temperatur von 4 °C, so daß Wassertiere überleben können. Diese Eigenschaft des Wassers führt auch zur Belüftung von Seen im Herbst und Frühjahr. Beim Übergang von Wasser zu Eis (Erstarren) kommt es (ähnlich wie bei Quecksilber) i. Ggs. zu den meisten Stoffen zu einer weiteren Volumenvergrößerung um etwa 10%. Eis ($\varrho = 0{,}9168$ g/cm³ bei 0 °C) schwimmt daher auf dem Wasser ($\varrho = 0{,}9999$ g/cm³ bei 0 °C). Bei weiterem Abkühlen zeigt das Eis normales Verhalten, d. h. es zieht sich zusammen. (→Meerwasser)

Anomalonen, Atomkerne mit anomal starker

Wechselwirkung mit anderen Kernen, die mit der konventionellen Kernphysik nicht vereinbar ist. Es wird vermutet, daß A. auf Grund einer Umordnung der die Nukleonen aufbauenden → Quarks zustandekommen oder daß beim Zusammenstoß zweier Kerne die Kernmaterie in einen neuen Phasenzustand gerät, der gewissen Pulsationen unterworfen ist.

Anomaloskop, Gerät zur Prüfung von Farbenfehlsichtigkeiten. Zur Feststellung von Abweichungen im Rot-Grün-Sehen wird monochromat. gelbes Licht vorgegeben, dessen Farbton, Sättigung und Helligkeit durch monochromat. rotes und grünes Licht nachgemischt werden soll. Die dazu notwendigen Farbwerte (Mischungsverhältnisse) werden mit denen von Normalsichtigen verglichen.

Anon, Kurzbez. für → Cyclohexanon.

Anordnung, 1) Mathematik: → angeordnet.

2) Technik: räumlich und zeitlich nebeneinander wirkende Teile eines Gegenstandes, der nicht notwendig eine körperl. Substanz hervorbringen muß, z. B. eine elektr. Schaltung; eine der Patentkategorien (→ Patent).

an|organisch nennt man den unbelebten Bereich der Natur i. Ggs. zur organischen, belebten Natur (z. B. organ. und anorgan. Chemie). Der Übergang zw. beiden Bereichen ist oft fließend.

An|orthit *der,* Mineral, ein → Feldspat.

An|orthoklas *der,* Mineral, ein → Feldspat.

An|orthosit *der,* ein → Tiefengestein, das fast nur aus → Plagioklas besteht. Kommt auch als Mondgestein vor **(lunarer A.).**

Anpaßbau, Bauverfahren, bei dem auf dem Bau jeder Teil dem anderen angepaßt wird; Kennzeichen handwerklichen Bauens. Ggs.: → Austauschbau.

Anpassung, Elektrotechnik: die Bemessung des Widerstandes R_a eines Stromverbrauchers im Vergleich zum Innenwiderstand R_i einer Stromquelle, wobei Zwischenglieder, z. B. Filter, zum Stromverbraucher oder zur Stromquelle gerechnet werden. Bei festliegenden Werten von R_a und R_i schaltet man zur A. einen Widerstandswandler, z. B. einen Transformator **(A.-Übertrager),** dazwischen, um einen umgewandelten Widerstand $R_a{}'$ zu erhalten. Bei $R_a = R_i$ oder $R_a{}' = R_i$ ist i. a. die übertragene Leistung am größten, jedoch der Wirkungsgrad nur 50%. Bei Verstärkern ist die günstigste A. nicht $R_a = R_i$, sondern von der Spannungs- und Stromaussteuerbarkeit abhängig. Bei A. eines Abschlußwiderstandes an eine Leitung wird zur Vermeidung von Reflexionen von elektr. Wellen der Abschlußwiderstand gleich dem → Wellenwiderstand der Leitung bemessen.

Anregung, Quantenphysik: Übergang eines physikal. Systems, z. B. eines Moleküls, Atoms, Kerns oder Metallelektrons, in einen Zustand höherer Energie, z. B. durch Absorption eines Photons oder inelastischen Stoß mit einem anderen Teilchen. Die A. kann nur in ganz bestimmten Energiebeträgen entsprechend den → Energieniveaus der Teilchen erfolgen.

Anreicherung, 1) Aufbereitung: Erhöhung des Gehalts an nutzbarem Mineral durch Sortierung.

2) Kerntechnik: Erhöhung des Anteils spezieller Isotope in einem Isotopengemisch. **Uran|anreicherung:** Natururan enthält neben nichtspaltbarem ^{238}U nur 0,71% spaltbares ^{235}U, das für den Einsatz in Leichtwasserreaktoren auf 2–4%, für Hochtemperaturreaktoren auf 90% angereichert werden muß. (→ Isotopentrennung)

3) Verhüttung: Ansammlung (Konzentration) best. Metalle oder -verbindungen in einem Zwischenprodukt.

4) Wasserversorgung: → Grundwasseranreicherung.

Anreicherungstyp, Elektronik: spezieller Typ eines MOS-Feldeffekttransistors (→ MOSFET).

anreißen, dünne, sichtbare Linien auf Werkstücken einritzen zur Bestimmung von Bearbeitungspunkten, -linien und -flächen für die weitere, meist spanabhebende Bearbeitung. **Anreißwerkzeuge** sind Reißnadel (u. a. für Parallel- und Universalreißer), Stahllineal, Winkel und Anreißplatte als genaue, plane Arbeits- und Maßbezugsfläche.

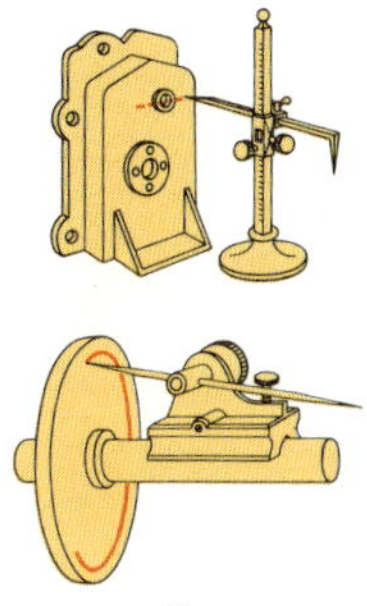

anreißen: OBEN Parallelreißer, UNTEN Universalreißer

Anruf, direkt oder mit Hilfe der → Vermittlungstechnik ausgelöste Aufforderung zur Aufnahme einer Verbindung zw. Teilnehmern eines Nachrichtensystems (z. B. Fernsprechen, Fernschreiben, Funkdienste u. a.). Art und Ausführung sind systemabhängig (z. B. Wählen, Senden verabredeter Zeichen). Best. A. können vor anderen Priorität haben, z. B. → Notrufe.

Anrufbeantworter, Zusatzgerät zum Fernsprecher, das zum selbsttätigen Beantworten ankommender Anrufe dient. Dabei wird der Automat durch den Ruf in Tätigkeit gesetzt und dem Anrufenden eine Mitteilung von einem Magnettonträger zugesprochen.

Anrufschranke, auf Anruf fernbediente → Schranke.

Ansatz, das Formulieren einer ›Textaufgabe‹ in einer zur Lösung führenden Gestalt, auch Lösungsweg für bestimmte Probleme durch Funktionen oder Gleichungen, bei denen zunächst manche Koeffizienten unbestimmt bleiben (›Exponentialansatz‹).

Anschlag, Vorsprung eines Maschinenteils, Mauerfalz zur Aufnahme des Fenster- oder Türblendrahmens.

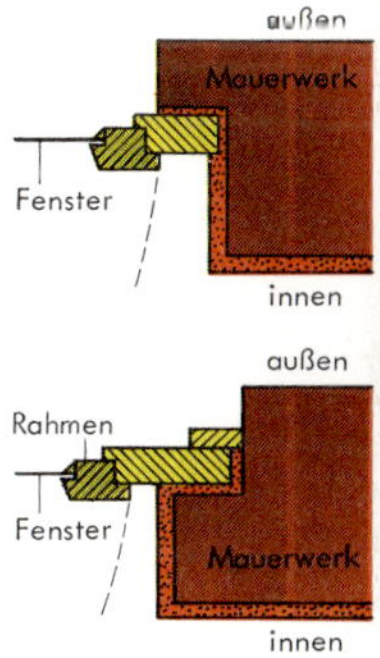

Anschlag

Anschlagwinkel, rechter Winkel mit Anschlagleiste zum Prüfen oder Anreißen von Werkstücken.

Anschliff, für Untersuchungen im Auflicht geschliffenes und poliertes Erz-, Gesteins- oder Kohlestück: → Dünnschliffe.

Anschluß, Fernmeldetechnik: die apparative Verbindung eines Teilnehmers zu einem Nachrichtensystem (z. B. Fernsprechen).

Anschlußbahnen, Anschlußgleise, Eisenbahnen des nichtöffentl. Verkehrs für den Anschluß von Güterumschlagstellen, z. B. in Fabrikanlagen, an die Bahnen des öffentl. Verkehrs durch unmittelbare Gleisverbindungen.

Anschlußdose, Dose für eigenen Stromkreis mit Anschlußklemmen zum Übergang von einer festverlegten auf eine bewegl. Leitung, gebräuchlich z. B. für den Anschluß von Geräten mit höherem Stromverbrauch und von Fernsprechapparaten.

Anschlußstelle, Verkehrsknoten in mehreren Ebenen, der die Verbindung einer kreuzungsfrei geführten Straße (→ Autobahn) mit dem übrigen Straßennetz herstellt. Neben den herkömmlichen einseitigen und zweiseitigen gibt es platzsparende A. mit parallel zur Autobahn geführten → Rampen.

Anschlußwert, die Summe der Nennleistungen aller zu einem best. Bereich eines Energieübertragungsnetzes gehörenden Verbraucher. Der A. darf größer als die größte zur Verfügung stehende Leistung sein, da erfahrungsgemäß nie alle Einrichtungen gleichzeitig in Betrieb sind.

Anschnallgurt, Sicherheitsvorrichtung in Flugzeugen, die Fluggäste und Besatzung zum Schutz vor Verlet-

Antenne 1: LINKS Richtstrahler, Vorhangantennensystem, Wertachtal; MITTE Rundstrahler, Südwestfunksender Ginsterhahn; RECHTS Spiegelantenne Helios als Erdefunkstelle für Satelliten, Raisting

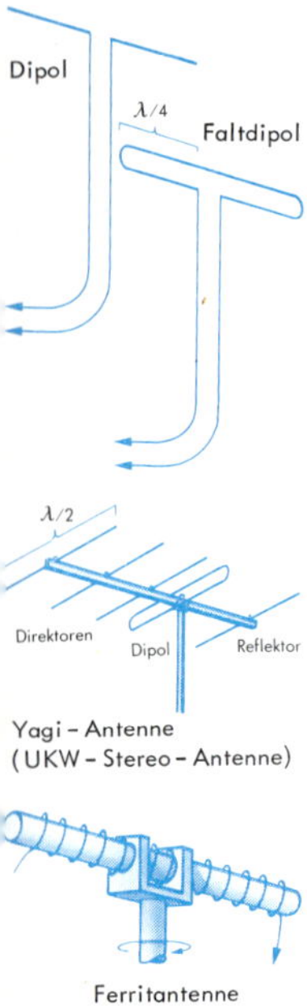

Antenne 2

zungen bei Unfällen mit dem Sitz verbindet: Bauchgurte für Fluggäste, kombinierte Schulter- und Bauchgurte für Besatzungsmitglieder; in Kraftwagen der → Sicherheitsgurt.

Anschnitt|steuerung, → Phasenanschnittsteuerung.

Anstauchen, Metallbearbeitung: → Schmieden.

Anstehendes, anstehendes Gestein, Gestein, das in seinem natürl. Verband leicht zugänglich ist.

Anstellwinkel, bei Tragflügeln der Winkel α zw. fester Bezugslinie in Flügelprofil (meist Sehne) und Bewegungs- oder Anströmrichtung.

Anstrengungs|hypothese, Werkstoffkunde: Theorie zur Erfassung des Zusammenhanges zw. räuml. Spannungszustand und der Sicherheit eines Baugliedes, beruht auf Spannungs- oder Dehnungsbetrachtungen oder auf der Volumen- oder Gestaltsänderungsarbeit kleinster Materialteilchen. Hierbei wird entweder das Fließen und Gleiten, der allmähl. Bruch oder der plötzl. Sprödbruch betrachtet.

Anstrich, gleichmäßig verteilter Auftrag von → Anstrichstoffen auf einem Untergrund, auf dem er nach dem Trocknen haftet. Er kann in den Untergrund eindringen und ein- oder mehrschichtig **(A.-Aufbau)** sein.

Anstrichstoffe, flüssige bis pastenförmige oder auch pulverförmige Beschichtungsstoffe, die aus Bindemitteln sowie ggf. aus Pigmenten, Füllstoffen, Lösemitteln und sonstigen Zusätzen bestehen. A. werden durch Streichen, Spritzen, Tauchen u. a. Methoden auf einen Untergrund aufgetragen, dessen Oberfläche sie sich anpassen. Sie ergeben nach physikal. oder chem. Trocknung einen festen Anstrich. Beispiele sind → Lacke, → Firnisse und Einlaßmittel, die die Saugfähigkeit eines Untergrunds verringern.

Ant|apex, Anti|apex, Gegenpunkt des → Apex.

Antares, roter Stern 1. Größe, α im Sternbild → Skorpion.

Anteklise, Aufwölbung in Tafelgebieten.

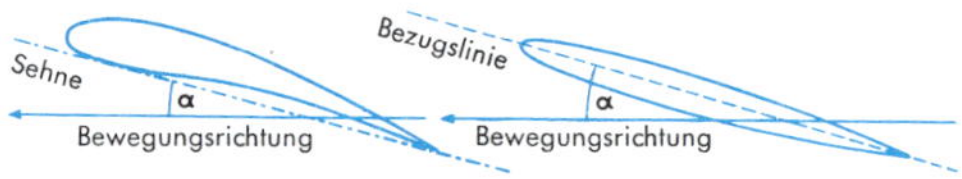

Anstellwinkel

Antenne, metallisches, z. B. aus Draht oder Eisenmasten bestehendes Gebilde zum Aussenden oder Empfangen elektromagnet. Wellen. Der in der **Sende-A.** fließende Hochfrequenzstrom erzeugt im umgebenden Raum ein periodisch sich änderndes magnet. Feld und die Hochfrequenzspannung an der A. ein periodisch sich änderndes elektr. Feld. Liegt die Länge der A. in der Größenordnung einer Wellenlänge λ (Lichtgeschwindigkeit/Frequenz), so wird ein großer Teil der zugeführten Energie in Form von elektromagnet. Wellen in den Raum abgestrahlt, weil die Feldlinien so lang sind, daß sie aus Zeitmangel nicht in die A. zurückkehren können. Das von der Sende-A. ausgestrahlte elektromagnet. Feld erzeugt in der **Empfangs-A.** eine hochfrequente Wechselspannung, wenn die A. eine genügende Ausdehnung in Richtung der elektr. Feldlinien hat.

Sende-A. Für den Mittel- und Langwellen-Rundfunk wird die Sende-A. als **Rundstrahler** ausgebildet, meist als ein auf einem Isolator stehender Eisenmast. Zum Kurzwellen-Überseeverkehr dienen **Richtstrahler** (BILD), die aus mehreren symmetrisch eingespeisten Leitern **(Dipo-**

len) zu Dipolwänden zusammengesetzt sind, um die Richtwirkung in waagerechter und senkrechter Ebene zu erhöhen. UKW-Rundfunk-A. und Fernseh-A. werden als Richt- oder Rundstrahler ausgeführt und möglichst hoch angeordnet, z. B. auf den A.-Masten von Mittelwellensendern. Sie bestehen i. a. aus vier quadratisch um einen Mast herum angeordneten Dipolwänden.

Empfangs-A. Beim Kurz-, Mittel- und Langwellen-Rundfunk stehen die elektr. Feldlinien nahezu senkrecht auf der Erde (senkrechte Polarisation). Deshalb genügt eine senkrecht stehende **Stabantenne** (BILD), die zur Vermeidung des Empfanges von Störungen durch elektr. Geräte auf dem Dach angebracht ist und eine abgeschirmte Zuleitung hat. Auf dem Mittel- und Langwellenbereich ist auch die in Rundfunkempfängern meist eingebaute, manchmal drehbare **Ferritstab-A.** (BILD), eine Spule mit langem Ferritkern, anwendbar. Sie ist eine Abart der urspr. **Rahmen-A.,** einer großen flachen Spule aus einer oder mehreren Windungen mit senkrechter Windungsebene, bei der infolge ihrer Richtwirkung der Empfang am stärksten ist, wenn eine Schmalseite auf den Sender zeigt (→Peilen). Für den UKW-Empfang (Hörrundfunk) und Fernsehempfang verwendet man eine symmetrische A., einen **Dipol,** bei dem keine Erdung anwendbar ist und der waagerecht angeordnet wird, weil die ausgesendeten elektr. Feldlinien zur Vermeidung von Zündstörungen durch Kraftwagenmotoren waagerecht polarisiert sind. Beim Dipol läßt sich ein Spannungsgewinn durch annähernde Abstimmung dadurch erzielen, daß seine beiden Teile ungefähr je gleich einem Viertel der Wellenlänge gewählt werden (deshalb getrennte A. für VHF und UHF beim Fernsehen, BILD). Eine allg. gebräuchl. Abart des Dipols ist der **Faltdipol** (BILD), der den Vorteil hat, daß infolge seines größeren A.-Widerstandes die beiden Zuleitungsdrähte einen größeren Abstand voneinander haben können (größerer →Wellenwiderstand) und deshalb die Zuleitung verlustärmer ist. Ein hinter dem Dipol angeordneter, ungespeister Dipol (Reflektor) vergrößert die Empfangsspannung und die Richtwirkung. Für den UKW-Empfang sind zur Unterdrükkung der Richtwirkung (Rundempfang) zwei um 90° gegeneinander versetzte Dipole erforderlich **(Kreuzdipol,** BILD), die über einen 90°-Phasenschieber miteinander verbunden werden. Für den Fernsehempfang wird die **Yagi-A.** (BILD) verwendet, die außer dem Dipol und dem erwähnten Reflektor noch mehrere Dipole ohne Zuleitung **(Direktoren)** auf der anderen Seite des Dipols enthält. Die Direktoren steigern ebenso wie der Reflektor die Bündelung der Empfangsenergie. – Die für mehrere Wohnungen bestimmte **Gemeinschafts-A.** speist über einen →Antennenverstärker eine in die einzelnen Wohnungen führende Leitungsanlage. – Die **aktive A.** oder **elektronische A.** ist eine Empfangs- oder Sende-A., die mit einem oder mehreren aktiven Bauelementen (z. B. Transistoren) zusammengebaut ist, so daß die A., z. B. eine Kraftwagen- oder Flugzeug-A. oder eine A. für den Helm eines Astronauten, wesentlich kleinere Abmessungen haben kann.

Höchstfrequenz-A. (Dezimeter- und Mikrowellen-A.). In der Radartechnik und für Richtfunkverbindungen wird wegen ihrer Richtwirkung eine **Spiegel-A.** (BILD) verwendet. Sie besteht aus einem Parabolspiegel mit gut leitender Oberfläche als Reflektor und einem Erreger im Brennpunkt. Als Erreger dient bis 2 GHz (über 10 cm Wellenlänge) ein Dipol oder eine Wendelantenne und über 2 GHz ein **Trichterstrahler (Hornstrahler),** der über einen Hohlleiter gespeist wird. Eine solche A. ist die in Satelliten-Bodenstationen verwendete **Cassegrain-A.** [kasgr'ɛ̃-] (BILD), bei der zur Verringerung der räuml. Abmessungen wie beim Spiegelteleskop nach Cassegrain mit zweimaliger Strahlumlenkung gearbeitet wird. Im Brennpunkt des Hyperbol-Hauptspiegels liegt ein kleiner Parabol-Konvex-Reflektor, der die vom Hauptspiegel aufgenommenen, parallel verlaufenden Strahlen zu einem Hornstrahler in einer mittleren Öffnung im Hauptspiegel reflektiert oder umgekehrt.

Geschichte. H. HERTZ verwendete 1887 bei Laborversuchen zum Nachweis der elektromagnet. Wellen eine Dipol-A. Von G. MARCONI wurde die A. 1896 in der zum Nachweis der Gewitterelektrizität vorbekannten Form eines senkrechten Leiters zur drahtlosen Telegraphie eingeführt. Die Rahmen-A. stammt von F. BRAUN (1899) und die Yagi-A. von den Japanern YAGI und UDA (1928).

E. STIRNER: A., 1 (1977), 2 (1980); H. G. MENDE: Praktischer Antennenbau (1981).

Antennen|effekt, Funknavigation: durch Asymmetrie eines Peil- oder Kreuzrahmens hervorgerufener Störeffekt, der die Minimumschärfe der Richtkennlinie trübt. Hierbei wirkt die gesamte Peilantenne gegenüber dem Erdboden als Vertikalantenne. Eine Gegenmaßnahme ist die →Enttrübung.

Antennengewinn, Spannungsgewinn einer aus mehreren Elementen bestehenden →Antenne (Yagi-Antenne) gegenüber einem Dipol, gemessen in Dezibel.

Antennensynthese, →Apertursynthese.

Antennenverstärker, elektron. Anordnung zur Verstärkung der von der →Antenne empfangenen hochfrequenten Spannungen zur Vergrößerung des Abstandes zw. Rausch und Signalspannung am Empfänger. Der A. wird zw. Antenne und nachfolgende Antennenleitung geschaltet, damit nur das Nutzsignal und nicht auch die von der Leitung aufgenommenen Störungen verstärkt werden. Bei Gemeinschaftsantennenanlagen mit vielen Verbrauchern dient der A. gleichzeitig der Leistungserhöhung und der Anpassung.

Antho|cyane, glykosid. Pflanzenfarbstoffe, bewirken rote, blaue, violette und schwarze Farbtönungen in Blättern, Blüten und Früchten höherer Pflanzen.

Anthophyllit *der,* Mineral, ein →Amphibol.

Anthracen, kondensierter aromat. →Kohlenwasserstoff, der 1832 im Steinkohlenteer entdeckt wurde. Zur Gewinnung wird aus dem Teer zunächst →Anthracenöl abdestilliert. Durch Abkühlung erhält man aus diesem anthracenhaltige Kristalle, die durch Umkristallisation und Destillation gereinigt werden. A. wird fast ausschließlich zu Anthrachinon weiterverarbeitet, einem wichtigen Zwischenprodukt für die Herstellung von Farbstoffen. Reinstes A. dient als Szintillatorsubstanz zum Nachweis energiereicher Strahlung.

Anthracen|öl, zw. 300 und 400 °C siedende Fraktion der Teerdestillation. A. dient zur Gewinnung von Anthracen, zur Herstellung von Ruß und als Holzschutzmittel.

Anthrachinon, hellgelbe, thermisch stabile, sublimierbare Kristalle, die aus Phthalsäureanhydrid und Benzol oder durch Oxidation von Anthracen hergestellt werden. A. ist Ausgangsstoff für A.-Farbstoffe.

Anthrachinonfarbstoffe, Gruppe von →Farbstoffen, die als Substitutionsprodukte des Anthrachinons aufgefaßt werden können. Art und Lage der Substituenten (z. B. $-OH$, $-NH_2$, $-NH$) beeinflussen die Farbe,

Anthracen

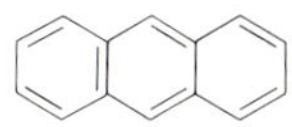

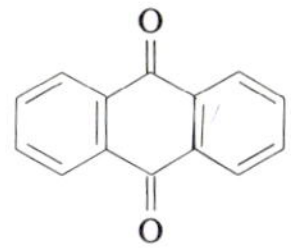

Anthrachinon

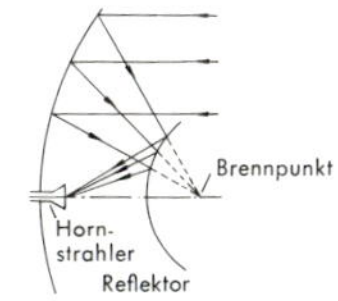

Antenne 4: Cassegrain-Strahlengang

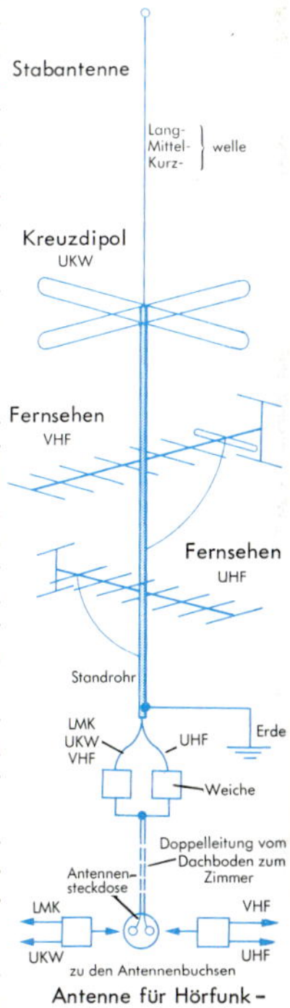

Antenne für Hörfunk- und Fernsehempfang

Antenne 3

aber auch die Affinität zur Faser, Lichtechtheit u. a. Zu den A. gehört der natürl. Farbstoff →Alizarin. A. werden v. a. für rote bis blaue Töne verwendet. Synthet. A. werden meist aus Anthrachinon über Anthrachinonsulfonsäuren hergestellt. Sie haben besondere Bedeutung als Dispersions-, Säure-, Reaktiv- und kationische Farbstoffe.

Anthrachinonfarbstoffe

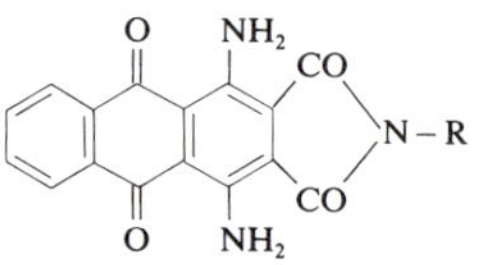

türkisfarbener Dispersionsfarbstoff

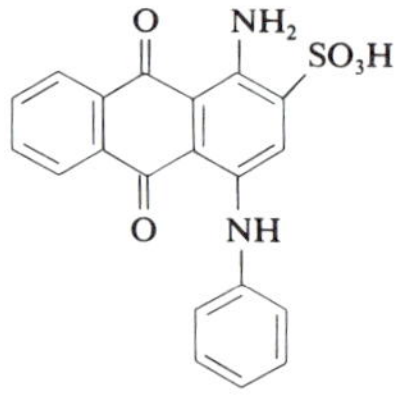

blauer Säurefarbstoff

Anthranilsäure, eine →Aminobenzoesäure.

Anthrazit, harte, glänzende Steinkohle, →Kohle.

Anti|absetzmittel, →Ausschwimmverhütungsmittel.

Anti|apex, Ant|apex, Gegenpunkt des →Apex.

Anti|atome, →Antimaterie.

Anti-Ballistic-Missile [ˈæntɪ bəlˈɪstɪk mˈɪsɪl], Abk. **ABM,** →ABM-System.

Antibiotika, *Ez.* **Antibiotikum,** natürliche oder synthetisch nachgebildete Stoffwechselprodukte von Bakterien, Pilzen, Algen, Flechten und höheren Pflanzen, die Mikroorganismen abtöten **(Bakterizide)** oder in ihrer Vermehrungsfähigkeit beeinträchtigen **(Bakteriostase)** können.

Der chem. Struktur nach handelt es sich bes. um Aminosäuren, Peptide, Lactone, Polyene, zuckerhaltige Substanzen, aromat. Verbindungen, sauerstoff-, stickstoff- und schwefelhaltige Ringsysteme. – Die Wirkung eines A. richtet sich gegen wenige Mikroorganismen oder gegen eine Vielzahl **(Breitspektrum-A.).** Der große therapeut. Wert der A. wird durch Abnahme der Empfindlichkeit von Bakterienstämmen (Resistenz), durch Auslese unempfindl. Bakterienstämme bei Mischinfektionen (Infektionswechsel, Superinfektion), durch tox. Nebenwirkungen und allerg. Reaktionen der Kranken begrenzt. Auch die normale, in Symbiose mit ihrem Träger lebende Bakterienflora kann geschädigt werden. – Wirkungsmechanismus der A.: 1) Hemmwirkung auf den Aufbau von Bakterienzellwänden (z. B. Penicilline); 2) Veränderung der Durchlässigkeit von Zellmembranen, die zum Austritt lebenswichtiger Zellinhaltsstoffe führt (z. B. Streptomycin); 3) Hemmung der Eiweiß- und Enzymsynthese im Zellstoffwechsel (z. B. Tetracycline). – Die Kenntnis der versch. Wirkungsmechanismen ist von prakt. Bedeutung für die kombinierte Anwendung von zwei oder mehreren A., weil nicht nur eine verstärkte bakterizide Wirkung, sondern u. U. auch ein Antagonismus auftritt. Zum anderen ergeben sich Hinweise auf die Toxizität der A. für den Menschen. Da (im Unterschied zu Membranen tier. Zellen) Zellwände nur von pflanzl. Organismen (Bakterien) gebildet werden, haben penicillinartig wirkende A. geringere Nebenwirkungen als solche Präparate, welche die für jede lebende Zelle maßgeblichen Stoffwechselprozesse beeinflussen.

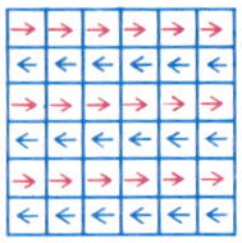

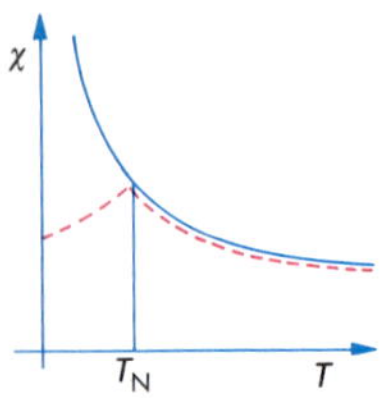

Antiferromagnetismus: OBEN Modell des antiferromagnet. Zustandes mit zwei ferromagnetisch geordneten Teilgittern. UNTEN Abhängigkeit der Suszeptibilität χ von der Temperatur *T*: —— paramagnet., --- antiferromagnet. Stoff. T_N Néel-Temperatur

Antiblockiersystem (ABS)

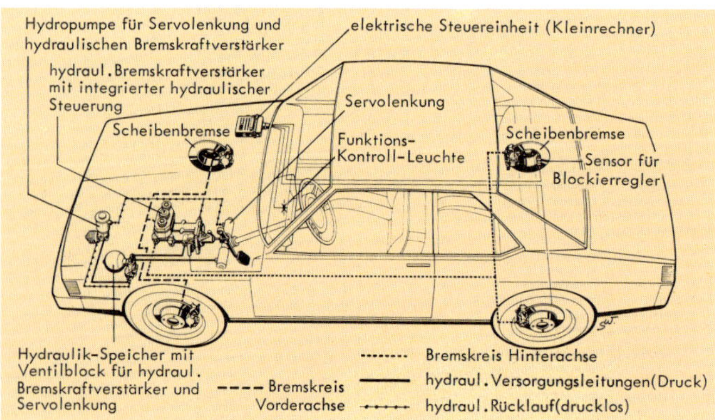

Antiblockiersystem, Abk. **ABS, Blockierregler, Bremsschlupfregler, Blockierschutz,** Kfz: Regeleinrichtung im Bremssystem, das zum Erreichen der größtmöglichen Bremsverzögerung und zur Erhaltung der Seitenführung das →Blockieren eines Rades selbsttätig verhindert. Sie besteht aus Meßfühlern (Sensoren) für die Drehschnelle des Rades, dem elektron. Steuergerät, das die Raddrehzahländerung ermittelt und mit einem Schwellwert vergleicht, und den dadurch angesteuerten Bremsdruck-Magnetventilen, die den Bremsdruck kurz vor dem Blockieren verringern und nach Wiederbeschleunigung des Rades erhöhen.

Anti-Dive [-daɪv] *der,* Kfz.: Bremsnickausgleich durch Radaufhängung gegen Tauchen der Vorderachse beim Bremsen.

Antidot, Gegenmittel bei Vergiftungen.

Antidröhnmaßnahmen dienen der Körperschalldämpfung. Möglichkeiten: Verwendung von Werkstoffen mit hohem inneren Verlust, Sandwichkonstruktionen, Oberflächenbedämpfung durch Entdröhnmasse oder -belag **(Antidröhnbelag),** Verringerung der Schallabstrahlung (z. B. durch gelochte Bleche).

Anti|elektron, svw. **Positron,** das →Antiteilchen des Elektrons.

Anti|enzyme, i. e. S. Proteine mit Eigenschaften von Antikörpern und Enzym-Inhibitoren, i. w. S. Chemikalien, die die Enzymwirkung hemmen.

Antiferromagnetismus, ›verborgener‹ Magnetismus einiger Stoffe (z. B. Mangan-, Eisen-, Kobalt- und Nickeloxide und -fluoride), der wie der →Ferromagnetismus auf Austauschkräften zw. Kristallgitterionen beruht. I. Ggs. zum Ferromagnetismus sind beim A. die Spins der Gitterionen antiparallel gestellt, d. h. es treten mindestens zwei ferromagnet. Untergitter auf, in denen die Spins jeweils parallel ausgerichtet sind. Die magnet. Momente der versch. Untergitter kompensieren sich jedoch gegenseitig, so daß ein **Antiferromagnet** i. Ggs. zu einem Ferromagneten keine spontane Magnetisierung zeigt. Die Antiferromagnetika sind –wie die Ferromagnetika oberhalb der Curie-Temperatur – oberhalb der Néel-Temperatur T_N paramagnetisch (→Paramagnetismus). Beim Phasenübergang vom antiferromagnet. zum paramagnet. Zustand wird die Suszeptibilität χ bei der Néel-Temperatur maximal.

Antifoulingfarben [-f'aʊlɪŋ-], Anstrichmittel zur Verhütung pflanzl. und tier. Bewuchses an unter Wasser gelegenen Schiffsteilen.

Antigen-Antikörper-Reaktion, Abk. **AAR,** die Bindung eines Antigens an seinen spezif. Antikörper zum immunologisch inaktiven Antigen-Antikörperkomplex. Die AAR ist für die Diagnose von Krankheiten wichtig. Im Organismus bewirkt sie z. B. die Entgiftung von Toxinen durch Antitoxine, andererseits kann sie Ursache krankheitserregender Vorgänge sein, z. B. von allerg. Reaktionen.

Antigene, Stoffe, die nach Berührung mit dem Organismus in Mensch und Tier die Bildung von → Antikörpern hervorrufen. Als A. wirken artfremde Eiweißstoffe tier. und pflanzl. Herkunft, bes. diejenigen der Infektionserreger, manche Schlangen- und Pflanzengifte. A. oder **Vollantigene** bestehen aus einem wesentlich unspezifischen, hochmolekularen Träger für die Auslösung der Immunität und aus einer kleineren chem. Gruppe, die die Spezifität eines A. bestimmt.

Antigorit *der,* Mineral, ein → Serpentin.

Antihidrotika, svw. → Antitranspirationsmittel.

Antihistaminika, die physiolog. Wirkung des → Histamins aufhebende oder abschwächende Stoffe zur Behandlung allerg. Erkrankungen **(Antiallergika).**

Anti-Icings ['æntɪ 'aɪsɪŋz], Additive für Ottokraftstoffe, die eine Vergaservereisung verhindern sollen. Angewendet werden oberflächenaktive Stoffe (z. B. organ. Stickstoff- und Phosphorverbindungen), die ein Festsetzen der Eiskriställchen verhindern. Auch Verbindungen, die den Gefrierpunkt erniedrigen (z. B. Isopropylalkohol) können als A. verwendet werden.

Antikathode, → Röntgenröhre.

Antiklinale, Antikline *die,* Sattel einer geolog. → Falte. **Antiklinorium,** Faltengebiet, in dem sich die mittleren Falten in Hochlage befinden. Ggs.: **Synklinorium.**

Antiklinaltheorie, Theorie zur Erklärung von Erdölvorkommen. (→ Erdöl)

Antiklopfmittel, Klopfbremsen, Zusatzstoffe, die in Konzentrationen unter 1% die → Klopffestigkeit von Ottokraftstoffen verbessern. Verwendet werden Bleialkyle wie Tetraäthylblei (TEL = engl. **T**etra **E**thyl **L**ead) und Tetramethylblei (TML = engl. **T**etra **M**ethyl **L**ead) zus. mit organ. Halogeniden (z. B. 1,2-Dibromäthan). Bleialkyle sind stark giftige Verbindungen, die schon durch die Haut aufgenommen werden. – Der Bleigehalt von Kraftstoffen ist begrenzt, z. B. in der Bundesrep. Dtl. auf 0,15 g/l. Als A. wirken auch andere Verbindungen (z. B. Eisencarbonyl, N-Methylanilin), die jedoch keine Bedeutung haben. (→ Methyl-tert-butyläther)

Antiko|inzidenzschaltung, → Koinzidenzmessung.

Antikörper, Immunkörper, Schutzstoffe, die im Körper nach Berührung mit → Antigenen enststehen. Die A. reagieren im Körper oder im Reagenzglas biochemisch so mit dem Antigen, daß dieses ungefährlich wird; deshalb spielen die A. eine Rolle bei der Immunität. Der Nachweis von A. dient auch dem Erkennen von Infektionskrankheiten. A. können durch Immunisierung von Großtieren gewonnen und im Heilserum künstlich angereichert werden.

Antilogarithmentafel, Logarithmentafel, bei der in der Eingangsspalte statt der Numeri die Logarithmen eine arithmet. Zahlenfolge bilden.

Antimaterie, Materie aus Atomen, die ausschließlich aus → Antiteilchen bestehen. Die **Antikerne** solcher **Antiatome** bestehen aus **Antiprotonen** und **Antineutronen,** die Atomhüllen aus **Antielektronen (Positronen).** Im Labor konnten **Antiwasserstoff** ($^1_1\bar{H}$), **Antideuterium** ($^2_1\bar{H}$), **Antitritium** ($^3_1\bar{H}$) und **Antihelium-3** ($^3_2\bar{He}$) erzeugt werden.

Beim Zusammentreffen eines Teilchens mit dem entsprechenden Antiteilchen kommt es zur vollständigen Zerstrahlung **(Annihilation).** In einem von Normalmaterie freien Raum ist A. jedoch ebenso stabil wie Normalmaterie, so daß man sich auch eine ganz aus A. bestehende Welt **(Antiwelt)** vorstellen kann. Es erscheint möglich, daß weit entfernte Sternsysteme aus A. aufgebaut sein könnten. (Die Lichtaussendung durch A. stimmt vollständig mit derjenigen durch Normalmaterie überein.) Man geht jedoch überwiegend davon aus, daß das Universum fast ausschließlich Materie enthält. Eine Erklärung für diese Asymmetrie in der Verteilung von Materie und A. läßt sich mit Hilfe von Theorien der Elementarteilchenphysik (→ Kosmologie) finden.

Antimetabolite, chem. Verbindungen, die einem → Metaboliten strukturell so ähneln, daß sie dessen Platz am Enzym einnehmen können. Dabei kommt es entweder zur Hemmung der Enzymreaktion oder zur Umsetzung anstelle des Metaboliten und ggf. zum Einbau. In beiden Fällen treten Stoffwechselstörungen oder Hemmung der Zellteilung auf. Sie haben daher bakteriostat. Wirkung (Sulfonamide) und Bedeutung in der Krebsforschung.

Antimon, lat. **stibium,** chem. Symbol **Sb,** ein → chemisches Element der V. Hauptgruppe des Periodensystems, Ordnungszahl 51, Wertigkeiten +3, +5, 0 und –3; natürl. A. besteht aus den Isotopen ^{121}Sb (57,25%) und ^{123}Sb (42,74%), daneben rd. 30 künstl. radioaktive Isotope; → Halbmetall mit zwei allotropen Modifikationen: das stabile, **graue A.,** ein silberweißes, sehr sprödes Metall, und das unbeständige, amphotere **schwarze A. Gelbes A.** ist ein Mischpolymerisat aus A. und Wasserstoff. – A. kommt als → Antimonit Sb_2S_3 vor, daneben in Blei-, Silber-, Kupfer- und Nickelerzen (Fahlerz oder Rotgültigerz). Bei der Verhüttung von Bleierzen gewinnt man unmittelbar Blei-A.-Legierungen **(Antimonblei).** Die meisten A.-Erze müssen erst durch → Flotation angereichert werden. Nach Abrösten der Sulfide wird das verflüchtigte Oxid Sb_2O_4 mit Koks zu Rohantimon reduziert. Techn. Bedeutung besitzt A. als Legierungsbestandteil sowie in → Antimonverbindungen.

Antimonblüte, Mineral, der → Valentinit.

Antimonit, Antimonglanz, Grauspießglanz, Stibnit, Mineral Sb_2S_3, wichtigstes Antimonerz; grau, metallisch glänzend, H. 2–2,5; D. 4,5–4,7; langsäulige Kristalle oder nadelig-strahlige bis dichte Aggregate; mit anderen Sulfiden in Erzgängen.

Antimonverbindungen. Als Element der V. Gruppe des Periodensystems tritt Antimon drei- und fünfwertig auf. Bei Einwirkung von Magnesiumantimonid Mg_3Sb_2 und Salzsäure entsteht gasförmiger, giftiger **Antimonwasserstoff, Stibin** SbH_3, der beim Erhitzen wieder in die Elemente zerfällt. Wird bei ihm der Wasserstoff durch Metalle ersetzt, entstehen **Antimonide. – Antimon(III)-chlorid** $SbCl_3$ **(Antimonbutter)** entsteht aus

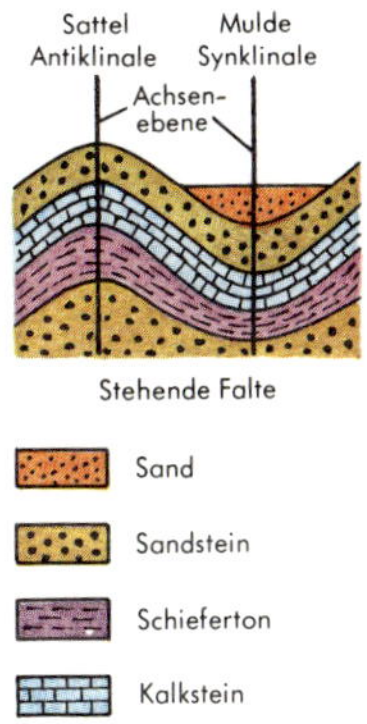

Antiklinale

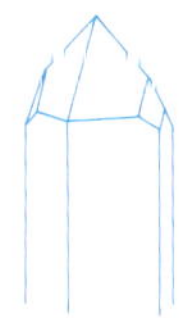

Antimonit

Antimonit, langstengelige Kristalle (Insel Shikoku, Japan)

Äolsball

den Elementen oder durch Destillation von gepulvertem Antimonsulfid in heißer, konzentrierter Salzsäure als weiche, hygroskop., die Haut stark reizende Masse. Es wird u. a. als Ätzmittel in der Medizin, als Sprühreagenz für die Chromatographie, als Katalysator und als Gerbhilfsmittel verwendet. Mit überschüssigem Chlor entsteht **Antimon(V)-chlorid,** ein Chlorierungsmittel. Mit Wasser reagieren die Antimonhalogenide infolge → Hydrolyse unter Abscheidung der Antimonoxide, oft unter Bildung von Antimonoxid-Verbindungen. **Antimon(III)-oxid** Sb_2O_3 bildet sich z. B. durch Rösten aus sulfid. Antimonerzen. **Antimon(V)-oxid** Sb_2O_5 ist ein gelbes Pulver, das bei 950–1 000 °C in das weiße Sb_2O_4 übergeht. Wäßrige Aufschlämmungen von Sb_2O_5 reagieren schwach sauer, mit Laugen bilden sich die **Antimonate. – Antimon(III)-sulfid** Sb_2S_3 kommt als Mineral vor (→ Antimonit). Es entsteht auch bei der Fällung saurer Antimon(III)-salzlösungen mit Schwefelwasserstoff als orangeroter Niederschlag, ebenso wie aus Antimon(V)-salzlösungen das orangerote **Antimon(V)-sulfid** Sb_2S_5 **(Goldschwefel)** entsteht. Es wird für Zündhölzer, pyrotechn. Artikel und Pigmente, Sb_2S_3 auch zur Vulkanisation verwendet.

antiparallel

Antineutrino, das → Antiteilchen des Neutrinos.

Antineutron, das → Antiteilchen des Neutrons.

Antinomie, Logik: unvereinbarer Widerspruch, die Aussage, daß ein Satz A und seine Negation Nicht-A (¬ A) gleichzeitig gültig sind, in log. Zeichen A ∧ ¬ A. In der Mengenlehre ergibt sich die → Russelsche Antinomie.

Antiope, Abk. für **Aquisition Numérique et Télévisualisation d'Images Organisées en Pages d'Ecriture** [akizisj'ɔ̃ nymer'ik e televizyalizasj'ɔ̃ dim'a:ʒɔrganiz'e ã pa:ʒ dekrit'yr], Bez. für das in Frankreich entwickelte Verfahren der Textübermittlung im Fernsehen (→ Telekommunikation). Das System erlaubt auch die Darstellung von nichtlatein. Schrift (z. B. Kyrillisch oder Arabisch) auf dem Bildschirm.

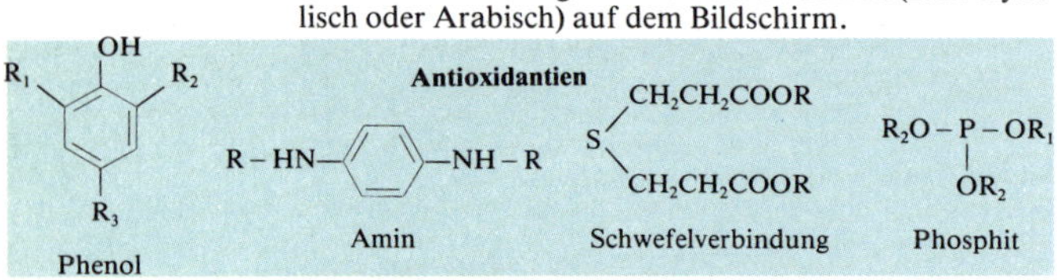

Antioxidantien, Substanzen, die Kraftstoffen, Kunststoffen, Lebensmitteln, Schmierölen u. a. Produkten in kleinen Mengen zugegeben werden, um eine Qualitätsverschlechterung durch → Autoxidation zu verhindern. Je nach ihrem Einfluß auf den Ablauf der Autoxidation unterscheidet man **Oxidationsinhibitoren (Radikalfänger),** die durch Übertragung eines Wasserstoffatoms Radikale absättigen und damit die Reaktionskette abbrechen (Phenole und Amine) und **Peroxidzersetzer,** die Hydroperoxide (ROOH, R = Rest) in inaktive Stoffe umwandeln und damit eine Kettenverzweigung verhindern (schwefel- und phosphorhaltige Verbindungen). Für Lebensmittel sind z. B. Salze der Ascorbinsäure und Tocopherol als A. allg. zugelassen. Gallate und Butylhydroxyanisol (BHA) dürfen nur für best. Lebensmittel verwendet werden.

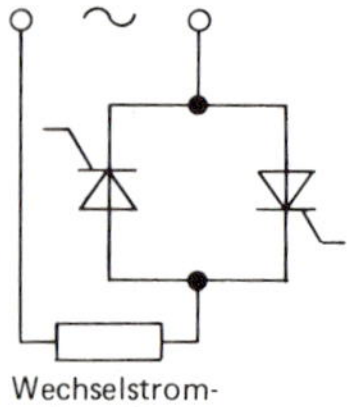

Antiparallelschaltung

antiparallel nennt man zwei gerichtete, parallel verlaufende Geraden, Strecken, Vektoren, Kräfte u. a. mit entgegengesetzter Richtung.

Antiparallelschaltung, eine Parallelschaltung zweier elektr. Bauteile so, daß sie von entgegengesetzt gerichteten Strömen durchflossen werden, z. B. Wechselstromsteller mit zwei Thyristoren in A.

Antiproton, das → Antiteilchen des Protons.

Antireflexglas, Alkali-Borosilikatglas, dessen Reflexionsverluste für sichtbare und infrarote Strahlung i. Ggs. zu unbeschichtetem Glas nur 0,1% betragen. Der durch Behandlung mit verdünnten, sauren Lösungen aus Ammoniumfluorid oder Ammoniumbifluorid entstandene silikatreiche, transparente Oberflächenfilm besitzt eine deutlich niedrigere Brechzahl als das darunterliegende Glas. Hierdurch wird wie beim → Vergüten durch eine niedrigbrechende Schicht auf der Glasoberfläche eine Reflexminderung erzielt.

Antischaummittel, Entschäumer, Schaumverhütungsmittel, Stoffe wie Siliconöle und Polyäthylenglykoläther, die an Gas-Flüssigkeits-Grenzflächen einen geschlossenen Film bilden und damit die Ausbildung von Schäumen verhindern.

Antiskating-Einrichtung [-sk'eitiŋ-], mechan. oder elektron. Vorrichtung an Plattenspielern zur Kompensation der → Skatingkraft mittels einer Feder oder eines Gegengewichts.

Antistatika, Stoffe zur Verhinderung der elektrostat. Aufladung von Chemiefasertextilien (z. B. Teppichböden), Kunststoffen (z. B. Benzinkanister) u. a. Die Wirkung beruht meist auf einer Erhöhung der elektr. Leitfähigkeit der Oberfläche. **Innere A.** (z. B. Ruß, Polyäthylenglykole, Monofettsäureester des Glycerins) sind Bestandteile der Kunststoffrezeptur. **Äußere A.** (z. B. quartenäre Ammoniumverbindungen) werden erst nach der Verarbeitung als Lösung aufgetragen.

Antiteilchen, ein → Elementarteilchen, dessen Masse (Ruheenergie), Spin, Isospin und Lebensdauer mit dem zugeordneten Teilchen übereinstimmen (gleicher Betrag und gleiches Vorzeichen), die sich aber bei den ladungsartigen Quantenzahlen, beim magnet. Dipolmoment (bei Fermionen auch bei der Parität) bei gleichem Absolutbetrag im Vorzeichen unterscheiden. Allg. gibt es zu jedem Elementarteilchen ein A. Zur Kennzeichnung seines A. wird über dem Symbol des Teilchens ein Querstrich oder eine Tilde [~] benutzt, z. B. $\bar{n}$ oder $\tilde{n}$ für das **Antineutron,** das A. des Neutrons n oder $\bar{\nu}$, $\tilde{\nu}$ für das **Antineutrino,** das A. des Neutrinos ν. Geladene Teilchen kann man auch am Ladungszustand (rechter oberer Index) unterscheiden, z. B. Elektron e^- und **Antielektron (Positron)** e^+, Myon μ^- und **Antimyon** μ^+, Pion π^+ und **Antipion** π^-, Proton p^+ und **Antiproton** p^-. Bei einigen elektrisch neutralen Bosonen sind Teilchen und A. identisch (z. B. π^0).

Den Teilchenfamilien wie Leptonen, Mesonen, Baryonen, Nukleonen, Hyperonen (ÜBERSICHT Elementarteilchen) lassen sich entsprechend die **Antileptonen, Antimesonen, Antibaryonen, Antinukleonen, Antihyperonen** zuordnen. Auch zu jedem → Quark gibt es ein **Antiquark.** (→ Antimaterie)

antithetisch, → Verwerfung.

Antitranspirationsmittel, Antitranspirantien, Antihidrotika, kosmet. Mittel (Sprays, Lotionen, Cremes, Stifte oder Puder), die adstringierende (eiweißdenaturierende) Stoffe, meist Metall-, vornehmlich Aluminiumsalze, enthalten. Sie dichten die zur stärkeren Transpiration (Schwitzen) neigenden Hautbereiche ab und schränken dadurch die Feuchtigkeitsabgabe der Haut ein (max. bis etwa 50%), ohne Einfluß auf die Tätigkeit der Schweißdrüsen selbst zu nehmen.

Antiwelt, → Antimaterie.

Antizyklone, svw. → Hochdruckgebiet.

Antlia, das → Sternbild Luftpumpe am Südhimmel.

Antrieb, in der Technik 1) der einem Körper, etwa einer ortsfesten Maschine oder einem Fahrzeug, zugeführte → Impuls; übertragen auch die Kraftmaschine, die den mechan. A. liefert, z. B. Elektromotoren, Wärme-, Wasser- und Windkraftmaschinen. 2) die Teile einer Maschine oder Anlage, die die Bewegung übertragen. Man unterscheidet nach dem Kraftmittel: Hand-, Fuß-, elektr., hydraul., pneumat. A.; die motor. Kraftübertragung kann über starre oder elast. Zwischenglieder (Getriebe, Kupplungen) erfolgen. Dabei kann die Kraft auf jede Maschine einzeln **(Einzel-A.)** oder auf mehrere Maschinen durch einen gemeinsamen Motor **(Gruppen-A.)** übertragen werden.

SEW-Hb. der Antriebstechnik, hg. v. SEW-Eurodrive (1980).

Antriebsbahn, bei einer Rakete der aktive Teil der Flugbahn, zw. Abheben und → Brennschluß. Anschließend folgt die antriebslose Phase (Freiflugbahn, → Flugbahn). Bei Satelliten und anderen Raumflugkörpern dienen Antriebsphasen meist zur Bahnkorrektur (→ Bahnkorrekturantrieb) oder zu Abbremsmanövern.

Anweisung, Datenverarbeitung: eine in der betreffenden Programmiersprache abgefaßte Arbeitsvorschrift, die im gegebenen Zusammenhang und im Sinn dieser Sprache abgeschlossen ist.

Anwendungsprogramm, Computerprogramm, das die betriebsspezif. Aufgaben eines Benutzers erfüllt; → Betriebssystem.

Anzapfen, Herstellen eines Anschlusses **(Anzapfung)** zw. den Enden eines Stromkreises (z. B. einer Spule), um z. B. versch. Spannungen abgreifen zu können.

Anziehung, Attraktion, → Kraft.

Anzündlitze, Schwarzpulverzündschnur, die schnell mit offener Flamme abbrennt. A. können zur besseren Wärmeleitung eine Seele aus Kupferdraht haben.

äolisch, vom Wind geformt oder abgelagert.

Äolsball, von HERON VON ALEXANDRIA beschriebene drehbar gelagerte Hohlkugel, die mit Dampf gespeist wird, der unter Druck aus zwei einander gegenüberliegenden L-förmig gebogenen Röhren austritt. Nach dem Rückstoßprinzip wird die Kugel in Drehung versetzt (Vorläufer der Dampfturbine). BILD S. 56

AOS, Abk. für engl. **Algebraic Operation System** [ældʒɪbrˈeɪɪk ɔpərˈeɪʃn sˈɪstɪm], das algebraische Operationssystem kennzeichnet ein bei Taschenrechnern angewandtes Logiksystem der internen Operandenverarbeitung. Dabei wird sowohl die Klammerhierarchie als auch die Hierarchie unter den Operationen und Funktionen berücksichtigt. Es gilt folgende Hierarchie: 1. Funktionen (z. B. ›log‹, ›sin‹), 2. Multiplikation und Division, 3. Addition und Subtraktion. Vorteil: Eine mathemat. Gleichung kann vom Blatt in den Rechner eingegeben werden. Das Gleichheitszeichen schließt alle Operationen ab und liefert das Ergebnis. Nachteil: Zwischenergebnisse werden nur unvollständig angezeigt, so daß i. Ggs. zur UPN-Technik (→ UPN) ein gedankliches Mitvollziehen der Rechnung, insbes. bei komplexen Ausdrücken, nicht möglich ist. (→ Notation)

Apastron *das,* Sternferne (→ Apsiden).

Apatit *der,* Mineral $Ca_5[(F, Cl)/(PO_4)_3]$; hexagonal-bipyramidal; wasserhell, undurchsichtig, farblos oder in allen Farben; H. 5; D. 3,2. Kleine A.-Kristalle kommen in geringer Menge in fast allen magmat. Gesteinen vor. Abarten: **Fluor-A., Chlor-A., Carbonat-A.** u. a. A. ist Hauptträger der Phosporsäure im Mineralreich. Technisch wichtig als Düngemittel und für die Phosphorgewinnung sind die sedimentären dichten Aggregate des **Kollophan** (→ Phosphorit). – A. ist in Form des **Hydroxylapatits** $Ca_5[(OH)(PO_4)_3]$ Bestandteil des Skelettes (Knochen, Zahnhartgewebe) von Mensch und Säugetieren.

aper, schneefrei; **Aperwind,** der Tauwind in den Alpen.

a|periodisch, unperiodisch, verläuft jeder nicht in gleichen Zeitabständen wiederkehrende Vorgang. Eine gedämpfte Schwingung heißt a., wenn die Dämpfung so stark ist, daß das charakterist. Merkmal der Schwingung, nämlich ihre Periodizität, nicht zur Ausbildung gelangt. Der **a. Grenzfall** bildet die Grenze zw. period. und a. Schwingungsverlauf **(a. Kriechfall);** bei letzterem verläuft die Bewegung ohne Schwingung nach Erreichen eines Maximalausschlages asymptotisch (kriechend) gegen die Ruhelage (BILD Dämpfung 3).

Apertometer, Gerät zur Messung der → Apertur von Mikroskopobjektiven.

Apertur, der Sinus des **Aperturwinkels,** d. h. des halben Winkels der Randstrahlen, die noch von einem Dingpunkt aus in ein opt. System eintreten können **(Aperturstrahl,** BILD Abbildung). **Numerische A.** ist das Produkt aus A. und Brechungsindex im Dingraum. Sie kann bei mikroskop. Trockenobjektiven bis fast 1,0, bei Objektiven mit Ölimmersion bis 1,45 betragen und bestimmt Auflösungsvermögen und Lichtstärke (Bildhelligkeit).

Aperturblende, → Blende zur Begrenzung des Öffnungswinkels der zur opt. Abbildung beitragenden Strahlenbündel; bestimmt das Auflösungsvermögen.

Apertursynthese, Antennensynthese, interferometr. Verfahren der → Radioastronomie zur Positionsbestimmung und Beobachtung der Detailstruktur von kosm. Radioquellen (→ Radiointerferometer); verwendet Antennenanlagen mit wenigstens zwei Reflektoren auf zueinander senkrechten Schienen und wertet die bei der schrittweisen Beobachtung einer Radioquelle gewonnenen Interferenzkurven aus, wobei auch die tägl. Drehung der Erde ausgenutzt wird. Die größte, als Very Large Array bezeichnete A.-Anlage der Erde (BILD Radioteleskop) mit einem ›Auflösungsvermögen‹, das einer Parabolantenne von rund 35 km Durchmesser entspricht, steht bei Socorro (Neu-Mexiko/USA).

Apex, der Punkt des Himmels, auf den die Bewegung der Erde in ihrer Bahn um die Sonne gerichtet ist; der entgegengesetzte Punkt heißt **Ant(i)apex.** – **A. der Sonnenbewegung** heißt der Punkt (im Sternbild des Herkules), auf den sich unser Sonnensystem mit einer Geschwindigkeit von 20 km/s hin bewegt.

Apfelsäure, Äpfelsäure, Hydroxybernsteinsäure, organ. Säure, die u. a. in unreifen Äpfeln und Vogelbeeren vorkommt. A. wird durch Hydratation von Malein- und Fumarsäure hergestellt und findet in der Lebensmittelind. Verwendung. (FORMEL S. 58)

Ap|hel, Sonnenferne (→ Apsiden).

APL, Abk. für **A Programming Language** [eɪ prəʊgrˈæmɪŋ lˈæŋgwɪdʒ, engl. ›eine Programmiersprache‹], eine 1962 in den USA entwickelte Programmiersprache für technisch-wissenschaftl. Anwendungen.

Aplanat *der,* photograph. Objektiv ohne Koma; der A. ist hinsichtlich sphär. und chromat. Aberration korri-

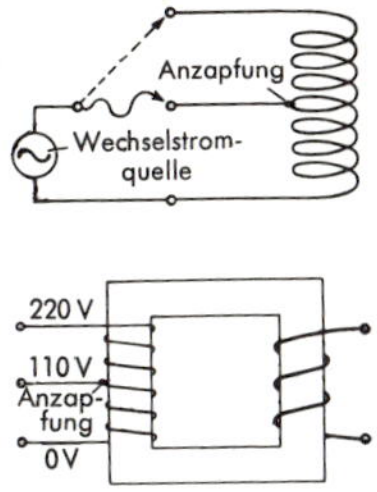

Anzapfen:
OBEN angezapfte Spule,
UNTEN angezapfte Transformatorenwicklung

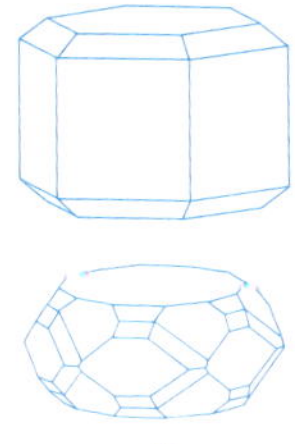

Apatit

Apatit,
großer Kristall
(Snarum, Norwegen)

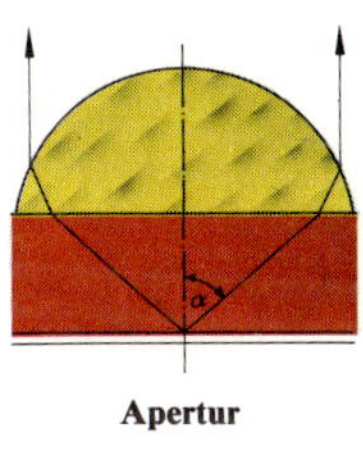

Apertur

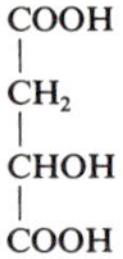

Apfelsäure

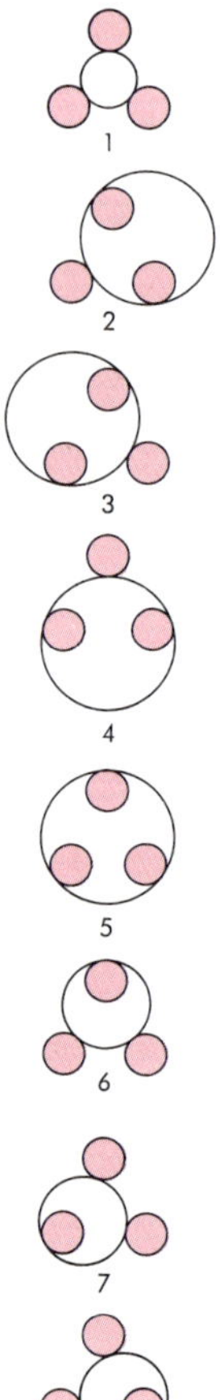

Apollonisches Problem: die 8 Lösungsmöglichkeiten

giert und weist verringerten Astigmatismus auf (→Abbildungsfehler); Anwendung bei Porträt-, Gruppen- und Landschaftsaufnahmen.

Aplit *der,* helles kleinkörniges →Ganggestein, überwiegend aus Feldspäten und Quarz bestehend.

Apochromat *der,* Photo-, Mikroskop- oder Fernrohrobjektiv mit gesteigerter Abbildungsleistung, bei dem der chromat. →Abbildungsfehler für drei Wellenlängen (meist im roten, grünen und blauen Bereich, →Achromat) und die sphär. Abweichung für zwei Wellenlängen korrigiert sind. Verwendung: wissenschaftl. Aufnahmen; Farben- und Reproduktionsphotographie.

Apodisation, Maßnahme zur Verbesserung des Auflösungsvermögens opt. Instrumente durch Unterdrükkung der äußeren Beugungsringe höherer Ordnung. Dadurch werden u. a. schwachleuchtende Objekte in unmittelbarer Nähe sehr heller Objekte wahrnehmbar gemacht.

Apogalaktikum, Milchstraßenzentrumsferne (→Apsiden).

Apogäum, Erdferne (→Apsiden).

Apollo, 1932 entdeckter Planetoid; das erste Objekt dieser Art, dessen Bahn als die Erdbahn kreuzend erkannt wurde (→Apollo-Objekte).

Apollonischer Kreis [n. dem grch. Mathematiker Apollonios von Perge, *um 262 v. Chr., †um 180 v. Chr.], Kreis, für dessen Peripheriepunkte (C) gilt, daß das Verhältnis der Entfernungen von zwei festen Punkten A und B konstant ist, also $CA : CB = k =$ const. für alle C. Der A. K. kann konstruiert werden, indem man die Strecke AB im Verhältnis k außen und innen teilt (→harmonische Teilung), dadurch ergeben sich die Punkte D und E, deren Mittelpunkt der Mittelpunkt des A. K. ist.

Apollonisches Problem, die Aufgabe, Kreise zu konstruieren, die drei gegebene Kreise von innen oder außen berühren. Das A. P. läßt sich auch auf das einfachere Problem zurückführen, Kreise zu konstruieren, die durch einen Punkt gehen und zwei Kreise berühren. Dabei können höchstens acht Lösungen auftreten (BILD); die Konstruktion ist mit Zirkel und Lineal möglich.

Apollo-Objekte, →Planetoiden wie **Adonis, Hermes, Apollo, Icarus** u. a., deren Bahnen die Erdbahn kreuzen und von denen über 30 bekannt sind. Man kann abschätzen, daß sich etwa alle 100 Jahre ein solches Objekt der Erde bis auf mindestens Mondentfernung nähert und daß durchschnittlich alle 250000 Jahre die Erde einen Zusammenstoß mit einem A.-O. erleidet. Auf der Erdoberfläche sind rd. 1500 große Krater, z. B. der →Arizonakrater, bekannt, deren Entstehung auf Einschläge von A.-O., die einen typ. Durchmesser von 1–2 km besitzen, zurückzuführen sein dürfte. A.-O. können auch wesentlich an der Bildung großer Krater auf dem Mond, dem Merkur und der Venus beteiligt gewesen sein.

Umstritten ist, ob das Aussterben der Dinosaurier sowie das Massensterben mariner Organismen am Ende der Kreidezeit mit dem Aufschlag eines Planetoiden oder Kometen auf die Erde in Zusammenhang gebracht werden kann. Der beim Aufprall aufgewirbelte Staub soll die Sonne jahrelang verdunkelt und die Energiezufuhr der Pflanzen abgeschnitten haben.

Apollo-Programm, Raumfahrtprogramm der USA mit dem Ziel bemannter Mondlandungen, durchgeführt von der NASA zw. 1968 und 1972 im Anschluß an die Programme der unbemannten Mondsonden →Ranger, →Lunar Orbiter und →Surveyor sowie an das bemannte →Mercury-Programm und →Gemini-Programm.

Für das A.-P. waren mehrere Raumfahrzeug-Einheiten nötig, deren Masse eine Trägerrakete erforderte, wie sie erst mit der dreistufigen, rd. 2900 t schweren →Saturn 5 zur Verfügung stand. Das gesamte Raumfahrzeug setzte sich zusammen aus einer rd. 5,8 t schweren Raumkapsel (selbständige Führungseinheit, Kommandokapsel, engl.

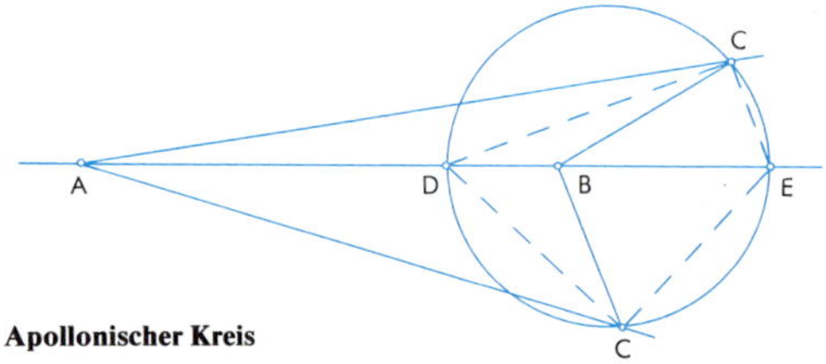

Apollonischer Kreis

›Command Module‹, CM) mit dem Basisdurchmesser von 3,9 m, einer Betriebs- und Versorgungseinheit (engl. ›Service Module‹, SM) von rd. 25 t, davon über 18 t Treibstoffe, und einer 16 t schweren Mondlandeeinheit (engl. ›Lunar Module‹, LM), die ihrerseits aus zwei Teilen bestand, dem Lande- und Wiederaufstiegssystem. Ein Haupttraketentriebwerk und Steuertriebwerke dienten zu Lage- und Bahnänderungen der Führungseinheit.

Mission (Verlauf, Aufgaben): Start vom J. F. Kennedy Space Center auf Cape Canaveral, Umlenkung in eine erdnahe →Parkbahn, Wiederzünden der dritten Stufe, Erreichen der Fluchtgeschwindigkeit (rd. 40000 km/h). Nach einem Dreh- und Kopplungsmanöver Trennung der Nutzlast von der dritten Stufe. Nach Bahnkorrekturen und Abbremsung auf rd. 6000 km/h Umlenken in die Mondumlaufbahn; zwei Astronauten stiegen für den Abstieg zum Mond in die Mondlandefähre um, die von der Führungseinheit getrennt wurde. Zur Rückkehr vom Mond Start der Mondfährenoberstufe mit eigenem

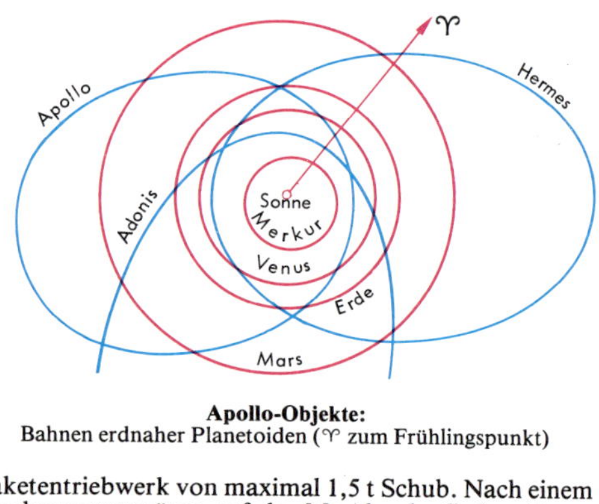

Apollo-Objekte:
Bahnen erdnaher Planetoiden (♈ zum Frühlingspunkt)

Raketentriebwerk von maximal 1,5 t Schub. Nach einem Rendezvousmanöver auf der Mondumlaufbahn stiegen die zwei Astronauten in die Führungseinheit zu deren Kommandanten um; Abtrennung der Mondfährenoberstufe, Beschleunigung der Führungseinheit auf Mondfluchtgeschwindigkeit, Bahnänderungsmanöver in Rich-

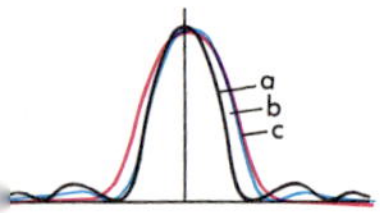

Apodisation: Beugungsfiguren a ohne, b und c mit A., auf gleiche Maximalintensität bezogen

tung Landekorridor, Abtrennung der Betriebs- und Versorgungseinheit, Eintauchen in die Erdatmosphäre, Bremsung der Fallgeschwindigkeit durch drei Fallschirme auf 8,5 m/s, Wasserung.

Die wissenschaftl. Hauptaufgaben des A.-P. auf dem Mond bestanden im Aufsammeln und Überbringen von Mondgestein, in der Aufstellung von Geräten (kleine Forschungsstation mit Kernbatterie), in der photograph. Dokumentation. Die Geräte dienten u. a. seismischen Experimenten, der Untersuchung des Sonnenwinds, der Messung von Magnetfeldern und des Wärmeflusses im Boden, der Ermittlung einer möglichen Mondatmosphäre, der Entfernungsmessung mit Laserreflektor. Auch in der Mondumlaufbahn der Führungseinheit wurden mit deren Geräten Untersuchungen angestellt und die Mondoberfläche photographiert. Von Apollo 15 bis 17 wurden je ein batteriegetriebenes Mondfahrzeug mitgeführt (zurückgelegte Gesamtstrecken 90 km) und außerdem ein Subsatellit auf der Mondumlaufbahn ausgestoßen.

Im Rahmen des A.-P. wurden sechs bemannte Mondlandungen ausgeführt. An vorbereitenden Raumflügen fanden statt: Erdumläufe von drei Attrappen (Apollo 1 bis 3, 1965) und drei unbemannten Kapseln (Apollo 4 bis 6, 1967/68). BILDER S. 60, 61

Bemannte Vorbereitungsflüge des Apollo-Programms

Apollo-Mission Trägerrakete	7 Saturn 1 B	8 Saturn 5	9 Saturn 5	10 Saturn 5
Mannschaft	W. Schirra D. Eisele W. Cunningham	F. Borman J. Lovell W. Anders	J. McDivitt D. Scott R. Schweickart	T. Stafford J. Young E. Cernan
Rufzeichen	—	—	CM: Gumdrop LM: Spider	CM: Charlie Brown LM: Snoopy
Start	11. 10. 1968	21. 12. 1968	3. 3. 1969	18. 5. 1969
Erdumkreisungen	163	1½	151	1½
Mondumkreisungen	—	10	—	31
Rückkehr	22. 10. 1968	27. 12. 1968	13. 3. 1969	26. 5. 1969
Bemerkungen	1. bemannter Apollo-Flug	1. bemannter Flug in eine Mondumlaufbahn	1. bemannter LM-Testflug in der Erdumlaufbahn	1. vollständige Apollo-Mission außer der Mondlandung. Getrennter 8stündiger LM-Flug um den Mond

CM: Command Module = Kommandoeinheit
LM: Lunar Module = Mondlandeeinheit

Mondlandungen im Apollo-Programm

Apollo-Mission		11	12	14	15	16	17
Mannschaft		N. Armstrong M. Collins E. Aldrin	C. Conrad R. Gordon A. Bean	A. Shepard S. Roosa E. Mitchell	D. Scott A. Worden J. Irwin	J. Young T. Mattingly C. Duke	E. Cernan R. Evans H. Schmitt
Rufzeichen	CM: LM:	Columbia Eagle	Yankee Clipper Intrepid	Kitty Hawk Antares	Endeavour Falcon	Casper Orion	America Challenger
Start		16. 7. 1969	14. 11. 1969	31. 1. 1971	26. 7. 1971	16. 4. 1972	7. 12. 1972
Mondlandung		20. 7. 1969	19. 11. 1969	5. 2. 1971	30. 7. 1971	20. 4. 1972	11. 12. 1972
Landeort und Koordinaten		Mare Tranquillitatis 0°41′15″ n. B. 23°26′ ö. L.	Oceanus Procellarum 3°12′ s. B. 23°24′ w. L.	Fra Mauro 3°40′ s. B. 17°28′ w. L.	Hadleysche Rille 26°06′ n. B. 3°39′ ö. L.	Hochebene Descartes 8°59′ s. B. 15°31′ ö. L.	Taurus/Littrow 20°10′ n. B. 30°45′ ö. L.
Mond-EVA Anzahl Gesamtdauer Distanz		1 2 h 30 min 250 m	2 7 h 46 min 2 km	2 9 h 9 min 3,3 km	3 18 h 35 min 27,9 km	3 20 h 14 min 26,7 km	3 22 h 2 min 35 km
Gesamtaufenthalt auf dem Mond		21 h 36 min	31 h 31 min	33 h 32 min	66 h 55 min	71 h 2 min	75 h 00 min
Mondsubstanz zurückgebracht (kg)		22	34	43	77	96	117
Anzahl der Mondumläufe		30	45	34	74	63	75
Rückkehr		24. 7. 1969	24. 11. 1969	9. 2. 1971	7. 8. 1971	27. 4. 1972	19. 12. 1972
Gesamtflugdauer		195 h 19 min	244 h 36 min	216 h 2 min	295 h 12 min	265 h 51 min	301 h 52 min
Bemerkungen		1. bemannte Mondlandung. Fernsehübertragung von der Tätigkeit auf dem Mond. Quarantäne nach Rückkehr.	Landung nur 184 m vom Landeort des Surveyor 3 (1967). Fernsehübertragung kurz nach der Landung unterbrochen. Sonnenlicht beschädigte Kamera. Quarantäne.	Schwierigkeiten mit der Kopplung zw. LM und CM. Landung 50 m vom Zielpunkt. Handwagen auf dem Mond verwendet.	Erstmalig Mondfahrzeug mitgeführt. Während des Rückfluges EVA (38 min 12 s), um Film zu bergen. Keine Quarantäne.	Mondfahrzeug mitgeführt. Landung um mehr als 5 h verspätet wegen Schwierigkeiten mit Triebwerk. EVA für etwa 1 h. Rückkehr um 22 h vorverlegt.	Letzte Mondlandung. Start um fast 3 h verzögert. Mondfahrzeug mitgeführt. EVA während des Rückfluges.

CM: Command Module = Kommandoeinheit
LM: Lunar Module = Mondlandeeinheit
EVA: Extra Vehicular Activity = Tätigkeit außerhalb des Raumfahrzeugs

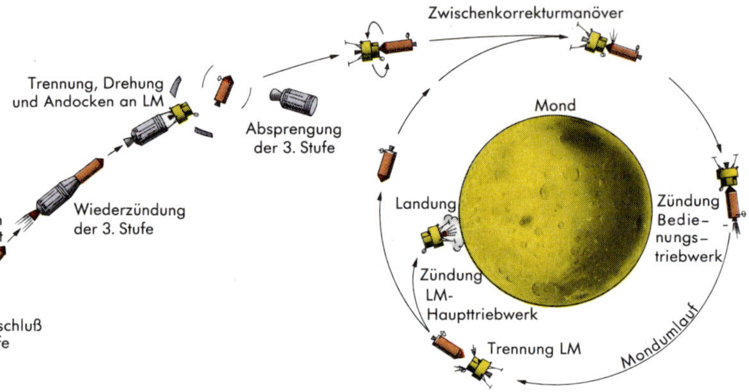

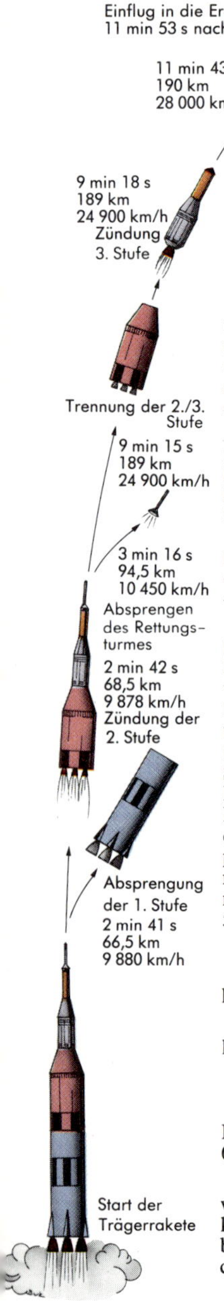

Apollo-Programm 1: Aufstiegsphase und Mondlandung

Die Mission des am 11. 4. 1970 gestarteten Apollo 13 mit der Besatzung J. LOVELL, F. HAISE, J. SWIGERT mußte nach einer Explosion eines Sauerstofftanks im Versorgungsteil in etwa 330000 km Entfernung von der Erde abgebrochen werden; nach Umfliegen des Mondes kehrte die Besatzung unversehrt zur Erde zurück.

Das **Apollo-Nachfolgeprogramm** umfaßte die bemannten amerikan. Unternehmen Raumstation →Skylab (1973) und das amerikan.-sowjet. Programm →Apollo-Sojus (1975) bis hin zum →Raumtransporter (Space Shuttle, Spacelab) der 1980er Jahre.

W. BÜDELER: Projekt Apollo (1969); J. v. PUTTKAMER: Columbia, hier spricht Adler ([2]1970); N. ARMSTRONG u. a.: Wir waren die ersten (a. d. Amerikan., 1970); Das große Projekt Raumfahrt u. A.-P., hg. v. den Carl-Zeiss-Werken (1971).

Apollo-Sojus, Apollo Sojuz Test Project [-prˈɔdʒekt], Abk. **ASTP**, bemanntes sowjetisch-amerikan. Raumfahrtprogramm zur Erprobung von Rendezvous- und Koppelungsvorrichtungen unterschiedl. Raumfahrzeuge. Start von Sojus 19 mit A. A. LEONOW und V. N. KUBASOW am 15. 7. 1975; 7$^1/_2$ Stunden später folgte eine Apollo-Raumkapsel der NASA mit T. P. STAFFORD, V. BRAND und D. K. SLAYTON. Am 17. 7. Koppelung über Westeuropa mit Sojus als inaktivem Partner; zweitägiger Raumflug der miteinander verbundenen Raumkapseln mit Durchführung gemeinsamer Experimente und gegenseitigen Besatzungsbesuchen. Trennung am 19. 7.; Landung von Sojus 19 am 21. 7., Wasserung von Apollo am 24. 7. nach einer Flugdauer von 224 h 58 min 33 s (138 Erdumkreisungen).

K.-H. EYERMANN: Sojus, Apollo 1975 (Leipzig 1975).

Apomorphin, Derivat des →Morphins, schnellwirkendes, starkes Brechmittel, z. B. bei Vergiftungen.

Apophyse *die,* Abzweigung eines magmat. Gesteinskörpers oder Ganges in das Nebengestein.

Aposelen, Mondferne (→Apsiden).

Apostilb *das,* Einheitenzeichen **asb,** nicht gesetzl. Einheit der →Leuchtdichte: 1 asb = $(1/\pi)$ (cd/m^2) = $0{,}3183099\ cd/m^2$.

Apothecaries' system [əpˈɔθɪkərɪz sˈɪstɪm], Gewichtssystem in Großbritannien und den USA für Medikamente, gekennzeichnet durch die Abk. ›apoth‹ in Großbritannien und ›ap‹ in den USA hinter dem Einheitenzeichen. (ÜBERSICHT Einheiten, angloamerikanische)

Apparat, Gerät, zusammengesetzte Werkzeugeinheit.

Appositionswachstum, →Kristallisation.

Appretur *die,* **Ausrüstung,** frz. **apprêt** [aprˈɛ], engl. **finishing** [fˈɪnɪʃɪŋ], Textilveredlung: 1) urspr. die Behandlung von Geweben mit füllenden, steifenden oder weichmachenden Substanzen, dann auch Veredlungsprozesse mit speziellen Produkten zur Verbesserung des Gebrauchswertes und der Ausstattung der Textilien mit besonderen, verwendungsabhängigen Eigenschaften (wasserabweisend, knitterarm, schwerentflammbar, quellfest, schmutzabweisend, antistatisch, krumpffest u. a.). Die **A.-Mittel** werden meist aus wäßrigen Lösungen durch Foulardieren (→Foulard) aufgebracht. Die Qualität einer A. bestimmt maßgeblich die Widerstandsfähigkeit des Gewebes gegen die sich beim Gebrauch und bei der Pflegebehandlung (Waschen, Chemischreinigen) ergebenden Einwirkungen. A. mit hoher Beständigkeit nennt man **Permanent-A.** oder **-ausrüstung.**

2) i. w. S. die Gesamtheit der Veredlungsarbeiten an einem Textilgut: Carbonisieren, Entschlichten, Waschen, Walken, Noppen, Brühen, Befeuchten, Dämpfen, Krumpfen, Trocknen, Scheren, Sengen, Kalandern, Pressen, Dekatieren, Rauhen, Ratinieren u. a.; ausgenommen sind meist Färben, Drucken, Bleichen und Mercerisieren. Je nach Art und Zeitpunkt der Durchführung unterscheidet man die **chem.** und **mechan. A.,** die **Naß-** (oder **Vor-**) und **Trocken-**(oder **Nach-**)**A.**

Approximation, algebraische oder geometr. Näherungslösung, z. B. kann die Kreisfläche durch eine Folge von regelmäßigen, dem Kreis einbeschriebenen Vierecken approximiert werden. Nach dem **Approximationssatz von Weierstraß** kann man eine in einem abgeschlossenen Intervall stetige Funktion durch ein Polynom beliebig genau approximieren (→Weierstraßsche Sätze, →Taylorscher Satz).

Apsiden, die beiden Punkte der ellipt. Bahn eines Himmelskörpers, in denen dieser dem in einem der Brennpunkte stehenden Hauptkörper am nächsten oder am fernsten ist. Bei den Planetenbahnen heißen sie **Perihel** (Sonnennähe) und **Ap|hel** (Sonnenferne), bei der Mondbahn **Perigäum** (Erdnähe) und **Apogäum** (Erdferne), bei der Bahn eines künstl. Mondsatelliten **Periselen** (Mondnähe) und **Aposelen** (Mondferne), bei Doppelsternbahnen **Periastron** (Sternnähe) und **Apastron** (Sternferne), bei der Bahn eines Sterns um das Zentrum des Milchstraßensystems **Perigalaktikum** (Milchstraßenzentrums-

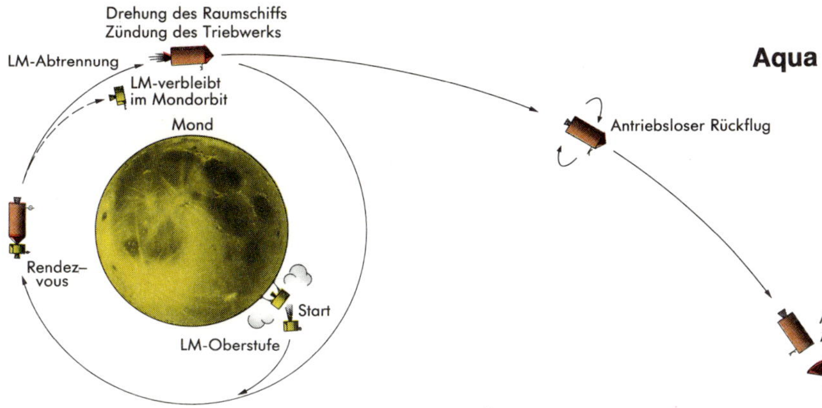

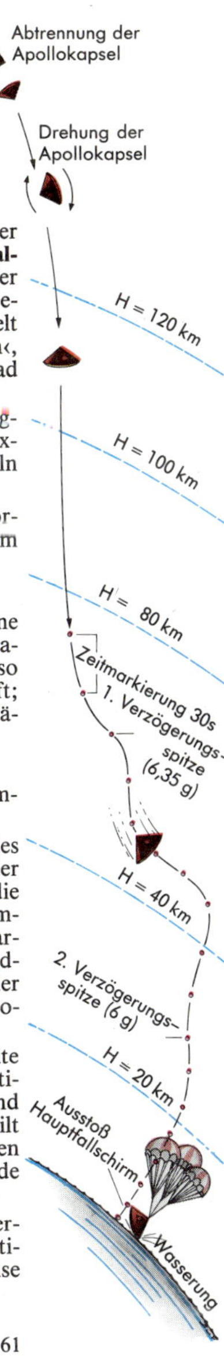

Apollo-Programm 2:
Start vom Mond
und Erdlandung

nähe) und **Apogalaktikum** (Milchstraßenzentrumsferne). Die Verbindungslinie zw. den A., zugleich die große Achse der Bahnellipse, heißt **A.-Linie.**

Apus, Paradiesvogel, ein → Sternbild des Südhimmels.

AQAP, Abk. für engl. **Allied Quality Assurance Publications** [ˈælaɪd kwˈɔlɪtɪ əʃˈʊərəns pʌblɪˈkeɪʃnz], in einem Vorschriftenwerk festgelegtes Qualitätssicherungssystem, das in der Bundesrep. Dtl. u. a. vom Bundesamt für Wehrtechnik und Beschaffung (BWB) angewendet wird.

AQL, Abk. für **Acceptable Quality Level** [ækˈseptəbl kwˈɔlɪtɪ levl], **Annehmbare Qualitätsgrenzlage,** Begriff aus der → Qualitätssicherung. Der AQL-Wert stellt den maximalen Prozentsatz fehlerhafter Teile aus einem Lieferlos dar, der bei einer repräsentativen Stichprobenprüfung gerade noch als akzeptabler Durchschnitt angesehen wird. Zusammen mit dem **Stichprobenplan** gibt der AQL-Wert Auskunft über den Stichprobenumfang, die höchstzulässige Anzahl fehlerhafter Teile, bei der das Los noch angenommen wird, und die Mindestanzahl fehlerhafter Teile, bei der das Lieferlos zurückgewiesen wird.

Aquädukt *der,* brückenartiges Steinbauwerk zur Überführung von Freispiegel-Wasserleitungen mit natürl. Gefälle von etwa 0,2 bis 0,5% über Täler oder andere Bodenunebenheiten. Die Römer entwickelten die A. zu Monumentalbauten mit offenen oder gedeckten Kanälen, die den Städten das Wasser von Gebirgsquellen oder aus Oberflächengewässern zuleiteten. Der erste röm. A., die **Aqua Appia** (312 v. Chr. von APPIUS CLAUDIUS erbaut), führte das Wasser auf einem etwa 16,5 km langen Weg von den Albaner Bergen in die Stadt Rom. Reste antiker A. finden sich in Italien, Spanien, Frankreich (Nîmes, Pont du Gard), Dtl. (Mainz), Schweiz, Nordafrika, Kleinasien, Griechenland. Vor den Römern gab es A. bereits im Vorderen Orient, bei den Phönikern und in Griechenland. In neuerer Zeit sind Freispiegelleitungen bei Fernwasserversorgungen infolge moderner Pumpenfördertechnik nur noch auf bes. günstige Geländehöhenverhältnisse beschränkt.

Aquamarin *der,* Mineral, meergrüner bis blaßblauer → Beryll mit Edelsteinqualität. (BILDER S. 63)

Aquaplaning *das,* **Wasserglätte,** Kfz.: Aufschwimmen eines Reifens auf tragendem Wasserfilm, verbunden mit dem Verlust der Antriebs-, Brems- und Lenkkräfte. A. kann eintreten auf nasser Straße, bei höherer Geschwindigkeit und mäßiger Profiltiefe. Das **A.-Signalsystem** warnt den Fahrer rechtzeitig durch opt. oder akust. Signale vor der Gefahr des A. Dabei werden die Geschwindigkeitsverläufe der Räder mit Sensoren ermittelt und einem Rechner zugeführt. Dieser kann ›erkennen‹, wenn A. bevorsteht, weil beim aufschwimmenden Rad charakterist. Verläufe des Schlupfs entstehen.

Aquarellfarben, Wasserfarben, die aus feinsten Pigmenten (z. B. Phthalocyanine), Pflanzenleim oder Dextrin als Bindemittel sowie Netz- und Feuchthaltemitteln (z. B. Glycerin, Glucosesirup) bestehen.

Aquariden, Sternschnuppenschwärme (→ Meteorstrom) aus dem Sternbild **Aquarius** (Wassermann), im April/Mai und Juli/August.

Aquarius, das Sternbild → Wassermann.

Aquatinta, graph. Ätzverfahren, bei dem auf eine Kupferplatte gleichmäßig Kolophoniumstaub aufgetragen und durch Erhitzen körnig angeschmolzen wird, so daß die Säure die Kupferplatte nur punktförmig angreift; eignet sich für die Herstellung großer, gleichmäßiger Flächen im Tiefdruck.

aquatisch, im Wasser befindlich, entstanden.

Äquator *der,* eine gedachte Linie um den Kugelumfang, die die Kugel in zwei gleiche Teile teilt.

1) Astronomie: **Himmels-Ä.,** die Projektion des Erd-Ä. auf die Himmelskugel. Er steht senkrecht auf der Himmelsachse (Erdachse) und teilt den Himmel in die nördl. und die südl. Halbkugel. Eine Hälfte des Himmels-Ä. befindet sich über dem Horizont, die andere darunter. Steht die Sonne im Himmels-Ä., herrscht Tagundnachtgleiche (→ Äquinoktium). Die **Äquatorhöhe** ist der Winkel zw. der Ä.-Ebene und dem Horizont. (BILD astronomische Koordinaten)

2) Geodäsie: **Erd-Ä.,** der größte Breitenkreis (→ Breite 2) des Erdellipsoids oder der Erdkugel (→ Erde, Geodätisches), dessen Ebene auf der Erdachse senkrecht steht und von den Erdpolen einen Winkelabstand von 90° hat, teilt die Erde in die Nord- und Südhälfte. Er wird von den → Meridianen senkrecht geschnitten und in Längengrade (→ Länge 4) geteilt. Seine Länge beträgt rd. 40075 km.

3) Geophysik: Der **erdmagnetische Ä.,** die **Akline,** verbindet Punkte mit der Inklination Null des → erdmagnetischen Feldes und steht senkrecht auf der magnet. Achse der Erde.

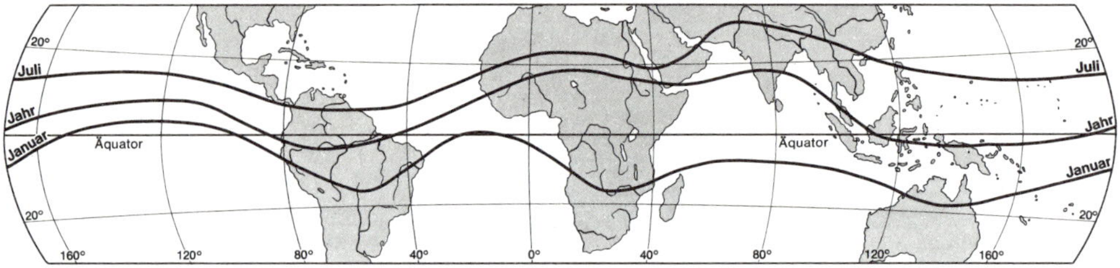

Äquator 4): meteorologischer Ä.

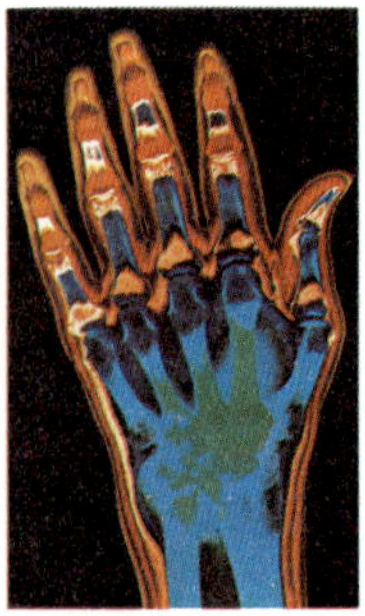

Äquidensiten: Bild einer an chron. Gelenkrheumatismus erkrankten Hand

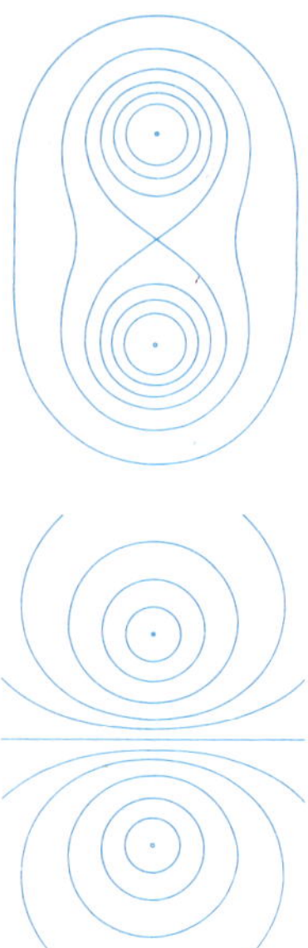

Äquipotentialfläche: OBEN Äquipotentiallinien zweier Punktquellen mit gleichem, UNTEN Äquipotentiallinien zweier Punktquellen mit ungleichem Vorzeichen

4) Meteorologie: **kalor. Ä.,** Breitenkreis, der von der Sonne im Sommer und Winter die gleiche Strahlungssumme erhält (~2¹/₂° n. Br.); **therm. Ä.,** Zone höchster Temperatur; **meteorolog. Ä.,** Konvergenzzone des NO- und SO-Passats, Grenzlinie zw. der nord- und südhemisphär. →Zirkulation der Atmosphäre.

Äquatoreal, Äquatorial, ein parallaktisch montiertes Fernrohr (→Fernrohrmontierung).

Äquatorialsystem, äquatoriales Ko|ordinatensystem, Äquatorsystem, →astronomische Koordinaten.

Äquidensiten, Linien oder Flächen gleicher →Schwärzung (Dichte) oder Helligkeit einer photographischen Vorlage. Sie können durch photograph. (z. B. →Agfacontourfilm) oder elektron. Verfahren sichtbar gemacht werden. Die **Äquidensitometrie,** die sich mit den Herstellungs- und Auswerteverfahren von Ä. befaßt, wird in der Photometrie, in der Meßtechnik und v. a. bei der Bildanalyse angewendet; z. B. können die Grautöne einer Röntgenaufnahme farblich umgesetzt werden (Flächen gleicher Schwärzung wird jeweils ein best. Farbton zugeordnet).

Aquifer *der,* internat. Bez. für Grundwasserleiter.

Aquiferspeicher, ein →Untergrundspeicher.

Aquila, lat. Bez. für das Sternbild →Adler.

Äquinoktialregen, Frühlings- und Herbstmaximum des Niederschlags in der äquatorialen Regenwaldzone (→Zenitalregen).

Äquinoktium, die Zeit der **Tagundnachtgleiche,** am Frühlingsanfang um den 21. März **(Frühlings-Ä.),** am Herbstanfang um den 23. Sept. **(Herbst-Ä.).** Die Sonne steht dann im Äquator und geht für alle Orte der Erde um 6 Uhr Ortszeit auf, um 18 Uhr unter. Zu allen anderen Zeiten sind Tag und Nacht für alle Orte, die nicht unter dem Äquator liegen, von ungleicher Länge. Die beiden Punkte, an denen sich die Sonne zur Zeit der Tagundnachtgleiche befindet und in denen Ekliptik und Himmelsäquator sich schneiden, heißen **Äquinoktialpunkte (Frühlingspunkt** oder **Widderpunkt** und **Herbstpunkt** oder **Waagepunkt;** BILD Ekliptik). Sie verschieben sich infolge der →Präzession. – **Äquinoktialjahr,** das trop. →Jahr.

Äquipartitionsprinzip, Äquipartitionstheorem, der →Gleichverteilungssatz.

Äquipotentialfläche (auch **Potentialfläche, Niveaufläche), Äquipotentialkurve, Äquipotentiallinie,** Fläche, Kurve oder Linie gleichen →Potentials in elektr., magnet., Strömungs-Feldern u. a.

Äquivalent, 1) Chemie: das →Äquivalentteilchen.

2) Physik: a) **mechan. Ä. der Wärme,** →mechanisches Wärmeäquivalent. b) **elektr. Ä. der Wärme,** →elektrisches Wärmeäquivalent.

Äquivalentdosis, →Dosis.

Äquivalentgewicht, Äquivalentmasse, die Masse eines Elements oder einer Verbindung in Gramm, die bei einer chem. Reaktion einem →Mol Wasserstoff (1,008 g) oder einem Mol Elektronen (96450 Coulomb) äquivalent ist. Im allg. ist das Ä. gleich dem Quotienten aus Atom- oder Molekulargewicht und Wertigkeit.

Äquivalent|teilchen, Äquivalent, gedachter Bruchteil $1/z$ eines Teilchens (Atom, Molekül, Ion), wobei z eine ganze Zahl (Äquivalentzahl, →Wertigkeit) ist, die angibt, wie oft eine best. Funktion in dem Teilchen auftritt, z. B. ist bei Schwefelsäure $z=2$, da ein H_2SO_4-Molekül 2 H-Ionen abgeben kann.

Äquivalenz, 1) Logik: Sind A und B zwei Aussagen, dann besteht zw. beiden eine log. Ä., wenn gleichzeitig gilt: Aus A folgt B und aus B folgt A, und man schreibt $A \leftrightarrow B$ (›A genau dann, wenn B‹), A (B) ist notwendige und hinreichende→Bedingung für B (A). Beispiel: Zwei Geraden in einer Ebene sind genau dann parallel, wenn sie sich nicht schneiden. Ebenso gilt die Umkehrung: Zwei Geraden in einer Ebene schneiden sich genau dann nicht, wenn sie parallel sind.

2) Mengenlehre: Zwei Mengen M_1 und M_2 heißen **äquivalent** oder von gleicher **Mächtigkeit,** wenn es eine bijektive→Abbildung zw. M_1 und M_2 gibt, z. B. sind die Menge der geraden natürl. Zahlen $\{2,4,6,\ldots\}$ und die Menge der ungeraden natürl. Zahlen $\{1,3,5,\ldots\}$ äquivalent.

Äquivalenzklasse. Ist auf einer Menge M eine →Äquivalenzrelation R erklärt, so bezeichnet man die Menge aller zu einem Element a aus M äquivalenten Elemente als Ä., jedes Element der Ä. ist einer ihrer **Repräsentanten.** (→Klasse, →modulo)

Äquivalenzprinzip, Äquivalenzhypothese, behauptet die Gleichwertigkeit und damit die gegenseitige Austauschbarkeit zweier an sich versch. Begriffe. Die von A. EINSTEIN 1905 mittels der speziellen Relativitätstheorie erkannte **Äquivalenz von Masse und Energie** geht davon aus, daß Energie E und Masse m beliebiger Körper und Strahlungen universell proportional sind: $E=mc^2$ (c = Vakuumlichtgeschwindigkeit). Die **Äquivalenz (Gleichheit) von träger und schwerer Masse** und die damit gleichbedeutende Annahme, daß Wirkungen von Beschleunigungen und Wirkungen der Schwerkraft grundsätzlich nicht unterscheidbar sind, ist die durch Experimente (→ Eötvös-Versuch) sehr genau gestützte, von A. Einstein 1907 formulierte Grundannahme der allg. Relativitätstheorie.

Äquivalenzpunkt, → Neutralisation, → Maßanalyse.

Äquivalenzrelation, eine zweistellige → Relation *R* auf einer Menge *M,* die 1) reflexiv, 2) symmetrisch und 3) transitiv ist; es gilt also für alle *a,b* aus *M* 1) *aRa,* 2) $aRb \iff bRa$, 3) (aRb und bRc) $\iff aRc$. Die Parallelen-Relation ist eine Ä., denn es ist 1) $a \| a$, 2) aus $a \| b$ folgt $b \| a$ und 3) aus $a \| b$ und $b \| c$ folgt $a \| c$, ebenso die Kleiner-Relation (›<‹). Die Relation ›steht senkrecht auf‹ (in Zeichen ⊥) ist keine Ä., sie ist zwar symmetrisch (aus $a \perp b$ folgt $b \perp a$), doch nicht reflexiv ($a \perp a$ ist falsch) und auch nicht transitiv. Durch eine Ä. wird eine Menge in einander elementfremde → Äquivalenzklassen geteilt.

Äquivokation, Nachrichtenverarbeitung: der Informationsverlust bei der Nachrichtenübertragung, → Informationstheorie.

Ar, 1) chem. Symbol für das Element → Argon.

2) Einheitenzeichen **a,** gesetzl. Einheit zur Angabe der Fläche von Grund- und Flurstücken: $1\ a = 100\ m^2$.

AR, Abk. für **ascensio recta,** → Rektaszension.

Ara, Altar, ein → Sternbild des Südhimmels.

Ära, Geologie: 1) Bildungszeit einer stratigraph. Gruppe, eines **Ärathems;** 2) Hauptzeit einer Gebirgsbildung mit mehreren → Faltungsphasen.

Arabinose, → Zuckerarten.

arabische Ziffern, die heute gebräuchl. → Ziffern, die von den Arabern übernommenen, urspr. indischen zehn Zahlzeichen. Die in Europa übliche Form entstand im 10. Jh. in Katalonien; im 15. Jh. verdrängten die a. Z. in Dtl. die → römischen Ziffern.

Arachidonsäure, 5,8,11,14-Eicosa|tetraensäure, $C_{19}H_{31}COOH$, vierfach ungesättigte essentielle Fettsäure, aus der im Organismus die → Prostaglandine synthetisiert werden.

Aragonit, Mineral $CaCO_3$, sehr ähnlich dem → Calcit; farblos, weiß oder verschiedenfarbig, H. 3,5–4, D. 2,9; Vorkommen: in Hohlräumen von Ergußgesteinen, in Sedimenten und heißen Quellen als Krusten **(Sprudelstein)** oder als Kügelchen **(Erbsenstein, Pisolith);** weiße, verzweigte Aggregate **(Eisenblüte);** Bestandteil der Schalen und Gerüste vieler Tiere.

Aragoscher Punkt [n. dem frz. Astronomen D. F. J. Arago, * 1786, † 1853], → Himmelsstrahlung.

Umrechnung von Aräometergraden *n* in Dichten *ϱ*

	t in °C	leichter als Wasser	schwerer als Wasser
Balling	17,5	$\varrho = \frac{200}{200+n}$	$\varrho = \frac{200}{200-n}$
Baumé	15	$\varrho = \frac{144{,}3}{144{,}3+n}$	$\varrho = \frac{144{,}3}{144{,}3-n}$
Beck	12,5	$\varrho = \frac{170}{170+n}$	$\varrho = \frac{170}{170-n}$
Brix	15,625	$\varrho = \frac{400}{400+n}$	$\varrho = \frac{400}{400-n}$
Cartier	12,5	$\varrho = \frac{136{,}8}{126{,}1+n}$	$\varrho = \frac{136{,}8}{126{,}1-n}$
Stoppani	15,625	$\varrho = \frac{166}{166+n}$	$\varrho = \frac{166}{166-n}$

ϱ = Dichte in g/cm³

Aramide, aromat. Polyamide aus Terephthal-, Isophthalsäure und Phenylendiaminen, die sich durch hohe Festigkeit und Temperaturbeständigkeit auszeichnen. A. werden zur Herstellung von flammgeschützten Fasern, elektr. Isoliermaterialien und Reifencord verwendet.

Aräometer, Senkwaage, Senkspindel, Gerät zum Messen der Dichte von Flüssigkeiten, dessen Wirkungsweise auf dem Archimed. Prinzip (→ Auftrieb) beruht: Ein unten beschwerter Glaskörper läuft nach oben in ein zylindr. Glasrohr mit Skale aus. In eine Flüssigkeit gebracht, verdrängt das A. in der Schwimmlage eine Flüssigkeitsmenge, deren Gewichtskraft der Gewichtskraft des A. gleich ist. Es sinkt in einer leichteren Flüssigkeit tiefer ein als in einer schwereren. Da die Dichte von Flüssigkeiten temperaturabhängig ist, muß die Temperatur der Flüssigkeit mit der Eichtemperatur übereinstimmen. Bei entsprechender Einteilung kann die Dichte direkt auf der Skale abgelesen werden. Es gibt viele Spezial-A., z. B. Alkoholometer, Milch-A. (Laktometer), Saccharimeter (→ Saccharimetrie), Säurewaagen. Diese können so geeicht sein, daß Prozentgehalte an der Skale direkt abgelesen werden können, die → Mostwaagen sind in Öchslegrade eingeteilt. Die histor. Entwicklung hat eine Vielzahl versch. Skalen hervorgebracht, deren A.-Grade in Dichten umgerechnet werden. (BILD S. 64)

Ärathem, Gruppe, Zusammenfassung mehrerer stratigraph. Systeme, z. B. Paläozoikum, Mesozoikum.

Arbeit. Die physikal. Größe A., Formelzeichen *W* oder *A*, ist in der Mechanik definiert als das Produkt aus der an einem Körper angreifenden Kraft *F* und dem unter deren Einwirkung zurückgelegten Weg *s*, wenn Kraft und Weg in ihrer Richtung übereinstimmen; allgemeiner das Skalarprodukt von Kraftvektor **F** und Wegvektor **s**:

$$W = \boldsymbol{F} \cdot \boldsymbol{s} = F \cdot s \cos \alpha$$

(α Winkel zw. Kraft- und Wegrichtung). Falls die Kraftkomponente längs des Weges sich ändert und/oder der Weg gekrümmt ist, ergibt sich für jedes Wegelement d*s* die differentielle Bez. $dW = \boldsymbol{F}\, d\boldsymbol{s}$. Durch Aufsummieren der infinitesimalen Arbeitsbeträge d*W* (Integration) erhält man für die längs des Weges verrichtete Gesamtarbeit:

$$W = \int_a^b \boldsymbol{F}\, d\boldsymbol{s}.$$

Nur bei → konservativen Kräften erhält man die gleiche A., wenn man auf versch. Wegen von einem Ausgangspunkt *a* zu einem Endpunkt *b* gelangt.

Aus der allg. Definition lassen sich versch. Formen der **mechanischen A.** ableiten: um einen Körper der Masse *m* in der Nähe der Erdoberfläche gegen die (konservative) Schwerkraft oder Gewichtskraft $G = m\, g$ (g = örtl. Fallbeschleunigung) um die Höhe *h* zu heben ist die **Hubarbeit** $W = G \cdot h = m\, g\, h$ erforderlich. Die gleiche A. wird verrichtet, wenn die Hebung nicht senkrecht zur Erdoberfläche, sondern längs einer um den Winkel α geneigten Ebene erfolgt, weil sich zwar der Weg auf $h/\sin\alpha$ verlängert, dafür aber eine kleinere Kraft $m\, g \sin\alpha$ benötigt wird (→ Goldene Regel der Mechanik). Der gehobene Körper kann bei der Rückkehr in die Ausgangslage Arbeit verrichten (z. B. werden manche Pendeluhren durch angehobene Gewichtsstücke angetrieben). Die ihm zugeführte A. wird als → Energie, d. h. als **Arbeitsvermögen,** gespeichert und zwar im Falle von Hubarbeit als potentielle Energie.

Um einen Körper mit der Masse *m* von der Anfangsgeschwindigkeit v_1 auf die Endgeschwindigkeit v_2 zu beschleunigen, ist die **Beschleunigungsarbeit**

$$W = \tfrac{1}{2} m\, v_2^2 - \tfrac{1}{2} m\, v_1^2$$

Aquamarin: Kristall in Quarz (Minas Gerais, Brasilien)

Aquamarin

Aragonit: OBEN Drillingskristall, Ungarn; UNTEN ästiges Aggregat (Eisenblüte), Steiermark

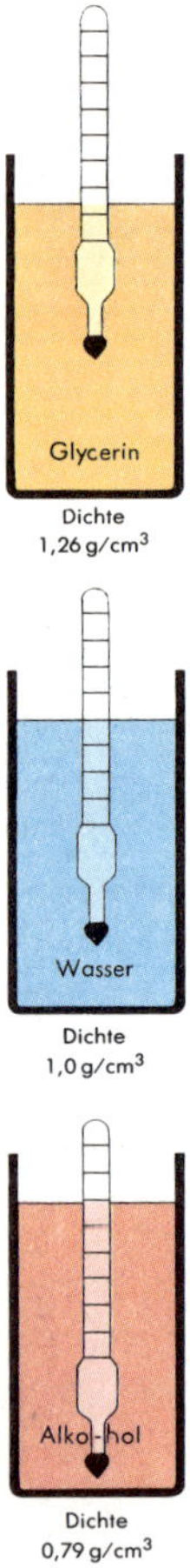

Aräometer: Das A. sinkt in einer Flüssigkeit um so tiefer ein, je kleiner die Dichte der Flüssigkeit ist

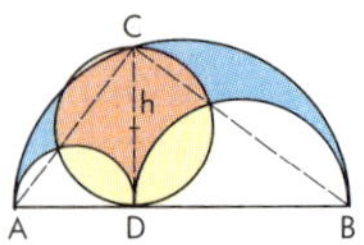

Arbelos

erforderlich, die in Form von zusätzl. kinet. Energie gespeichert wird. Um bei einer Schraubenfeder mit der Federkonstanten D die Dehnung vom Betrag x_1 auf den Betrag x_2 zu steigern, ist die **Spannarbeit**

$$W=\tfrac{1}{2}Dx_2^2-\tfrac{1}{2}Dx_1^2$$

erforderlich. Diese gespeicherte A. kann wie andere **Verformungsarbeiten** beim Entspannen zurückgewonnen werden. Bei konstanter Reibungskraft F_R ergibt sich für die über den Weg s verrichtete **Reibungsarbeit:** $W=F_R\cdot s$.

Der Begriff A. läßt sich auch auf andere Gebiete der Physik erweitern, z. B. beim ›Heben‹ eines Elektrons im Atom auf eine höhere ›Bahn‹ entgegen der elektr. Anziehung des Atomkerns oder beim Bewegen des Kolbens durch die expandierenden Gase im Verbrennungsmotor entgegen dem äußeren Luftdruck **(thermische A.).**

Die **elektrische A.,** die zur Verschiebung einer Ladung Q in einem elektrostat. Feld zw. 2 Punkten, zw. denen die Spannung U herrscht, erforderlich ist, ergibt sich zu $W=Q\cdot U$. Für die Arbeit eines stationären Stromes mit der Stromstärke I, der während der Zeit t fließt, ergibt sich daraus $W=U\cdot I\cdot t$; für sinusförmige Wechselströme beträgt die während einer Periodendauer T verrichtete A.

$$W=U_{\text{eff}}\cdot I_{\text{eff}}\cdot T\cdot\cos\varphi=\tfrac{1}{2}U_0\cdot I_0\cdot T\cdot\cos\varphi,$$

wobei φ die Phasenverschiebung zw. Strom und Spannung, U_{eff}, I_{eff} die Effektivwerte und U_0, I_0 die Spitzenwerte sind.

In der Thermodynamik versteht man unter A. solche Energiedifferenzen, die nicht thermisch ausgetauscht werden, z. B. wird bei der Ausdehnung eines Gases von diesem die A. $\mathrm{d}W=p\cdot\mathrm{d}V$ geleistet, wobei p der Gasdruck und $\mathrm{d}V$ die Volumenänderung ist. Bei der Kompression nimmt es die A. $\mathrm{d}W=-p\,\mathrm{d}V$ auf.

Zur Untersuchung von Gleichgewichten mechan. Systeme wurde das Prinzip der **virtuellen A.** (→ virtuelle Verrückung) entwickelt.

Die SI-Einheit der A. (und der Energie) ist das Joule. 1 Joule ist die A., die verrichtet wird, wenn der Angriffspunkt der Kraft 1 Newton in Richtung der Kraft um 1 Meter verschoben wird: 1 J = 1N · 1m = 1 Newtonmeter = 1 Nm (= 1 Wattsekunde = 1 Ws). Auch die →Kilowattstunde ist gesetzlich zugelassen. Veraltete Einheiten sind das →Meterkilopond und das →Erg.

Arbeitsflugzeuge, Starr- oder Drehflügelflugzeuge für →Landwirtschaftsfliegerei, Luftbildwesen, Rettungswesen und Katastrophenschutz, Überwachungsaufgaben, geolog. Prospektion, Luftwerbung, Nachrichtentechnik, Transport- und Versorgungswesen. Gefordert werden Einfachheit, Robustheit, Mehrzweckeignung und hohe Betriebswirtschaftlichkeit.

Arbeitsmaschine, Maschine, die von Menschen- oder Tierkraft oder →Kraftmaschinen angetrieben wird und eine Arbeit verrichtet, z. B. Pumpen, Landmaschinen, Werkzeugmaschinen.

Arbeitspunkt, Elektrotechnik: Betriebspunkt innerhalb eines Kennlinienfeldes, der durch entsprechende Dimensionierung oder Einstellung für den ordnungsgemäßen Betrieb vorgesehen ist. Bei Halbleiterschaltungen spricht man von **Arbeitspunkteinstellung** durch Spannungsteiler, Basisstromeinprägung, Gleichstromgegenkopplung, Gleichspannungsgegenkopplung oder Referenzspannung. Der A. wird durch den Schnittpunkt zweier →Kennlinien bestimmt, z. B. Transistorkennlinie mit **Arbeitsgeraden** oder Maschinenkennlinie mit Belastungskennlinie.

Arbeitsspeicher, zur Zentraleinheit eines Computers gehöriger Speicher, der die Aufgabe hat, Programme, Daten und Zwischenergebnisse aufzunehmen und für die gerade ablaufende Verarbeitung verfügbar zu halten.

Arbeitsstrombetrieb, Betriebsweise einer elektr. Anlage, bei der im Arbeitszustand, d. h. nach dem Einschalten eines Stromkreises, ein Strom fließt; angewendet z. B. in der Fernmeldetechnik. Im Ggs. dazu spricht man von **Ruhestrombetrieb** (z. B. bei Fernmelde- und Alarmanlagen), wenn in der ruhenden Anlage ständig ein Strom (Ruhestrom) fließt; erst bei Unterbrechung des Stromkreises wird ein Schaltvorgang ausgelöst.

Arbeitstakt, der Takt eines →Verbrennungsmotors, bei dem durch die Verbrennungsgase Arbeit an den Kolben abgegeben wird.

Arbeitsvermögen, Werkstoffkunde: mögliche Arbeitsaufnahme eines Werkstoffs oder eines Bauteils, bei elast. Verformung reversibel, nach Überschreiten der Elastizitätsgrenze mindestens z. T. irreversibel. Als Werkstoffkennwert wird die gesamte vom Werkstoff aufgenommene mechan. Arbeit bis zum Bruch angegeben.

Arbelos, Schusterkneif, Schustermesser, das aus den Halbkreisen über AB, AD und DB (BILD) gebildete Kreisbogendreieck, dessen Inhalt gleich dem des Kreises mit dem Durchmesser DC ist.

arc, Abk. für **Arkus,** → Bogenmaß.

arccos, Abk. für die →Arkusfunktion Arkuscosinus. (→Winkelfunktionen)

arccot, Abk. für die →Arkusfunktion Arkuscotangens. (→Winkelfunktionen)

Archaikum, →Präkambrium.

Archäomagnetismus, die →Altersbestimmung archäolog. Funde auf Grund ihrer magnet. Eigenschaften. Beim Brennen von Gefäßen und Ziegeln aus eisenhaltigem Ton stellen sich die magnet. Momente der Eisenatome in Richtung des erdmagnet. Feldes der Umgebung ein. Beim Abkühlen wird diese Magnetisierung fixiert. Sie ermöglicht Rückschlüsse auf das erdmagnet. Feld zur Zeit der Herstellung.

Archäometrie, zusammenfassende Bez. von naturwissenschaftl. Verfahren (wie z. B. die physikal. Methoden der →Altersbestimmung) der Archäologie und Vorgeschichtsforschung.

Archimedischer Punkt [n. dem grch. Physiker Archimedes, * um 285 v. Chr., † 212 v. Chr.], gedachter fester Punkt außerhalb der Erde, nach dem legendären Ausspruch des ARCHIMEDES: ›Gebt mir einen Platz zum Stehen, und ich werde die Erde bewegen‹.

Archimedisches Axiom, ein →Axiom, nach dem es zu zwei Größen a und b eine Zahl n gibt, so daß $n\cdot a>b$ gilt. Die Größen a und b können auch Strecken darstellen. Gilt dieses Gesetz für je zwei Elemente a, b eines →Körpers, wobei n eine natürl. Zahl ist, so nennt man den Körper **archimedisch angeordnet.** Die Körper der rationalen und der →reellen Zahlen sind archimedisch angeordnet, nicht dagegen der Körper der →komplexen Zahlen.

Archimedische Schraube, eine Förderschnecke, z. B. zur Beförderung von Wasser auf ein höheres Niveau (→Schneckenpumpe).

Archimedisches Prinzip, →Auftrieb.

Archipel, eine Gruppe von Inseln.

arcosh, Abk. für die →Areafunktion Areacosinus. (→Winkelfunktionen)

arcoth, Abk. für die →Areafunktion Areacotangens. (→Winkelfunktionen)

arcsin, Abk. für die →Arkusfunktion Arkussinus. (→Winkelfunktionen)

arctan, Abk. für die →Arkusfunktion Arkustangens. (→Winkelfunktionen)

Arcus, Arkus, →Bogen.

Ardometer, ein spezielles Gesamtstrahlungspyrometer.

Areafunktionen, die Umkehrfunktionen der →Hyperbelfunktionen, z. B. gehört zu der Hyperbelfunktion $y = \sinh x$ die A. $x = \text{arsinh}\, y$. Für die vier A. gilt:

Areacosinus, Abk. arcosh $x = \ln(x + \sqrt{x^2 - 1})$ $(x \geq 1)$

Areacotangens, Abk. arcoth $x = \frac{1}{2} \ln \frac{x+1}{x-1}$ $(|x| < 1)$

Areasinus, Abk. arsinh $x = \ln(x + \sqrt{x^2 + 1})$

Areatangens, Abk. artanh $x = \frac{1}{2} \ln \frac{1+x}{1-x}$ $(|x| > 1)$.

Arecolin, acetylcholinähnlich wirkendes, giftiges Alkaloid; Hauptalkaloid der Betelnuß.

Arene, svw. →Aromaten.

Arenit, Bez. für klast. Carbonatsedimente (Korngröße 0,63 bis 1,0 bzw. 2,0 mm), z. B. Kalksandstein.

Argentit, Silbererz, kubischer →Silberglanz.

Argentometrie, Verfahren der →Maßanalyse.

Arge-Prozeß, →Fischer-Tropsch-Synthese.

Arginin, wachstumsfördernde Aminosäure, bes. in den Protaminen (→Eiweiße), wichtiges Zwischenglied der Harnstoffsynthese im Organismus. **Arginin-Harnstoff-Zyklus,** der →Ornithinzyklus.

Argo, das Sternbild →Schiff Argo.

Argon, chem. Symbol **Ar**, ein →chemisches Element, ein →Edelgas, Ordnungszahl 18. Das farb-, geruch- und geschmacklose Gas ist mit 0,93 Vol.-% in der Luft enthalten (Anteil des Isotops ^{40}Ar beträgt 99,6%). A. entsteht z. T. aus dem Kaliumisotop ^{40}K; aus dem $^{40}K/^{40}Ar$-Verhältnis kann das geolog. Alter von Gesteinen bestimmt werden. – Techn. Darstellung durch fraktionierte Destillation von flüssiger Luft. – Verwendung als Schutzgas bei der Metallverarbeitung (z. B. beim Schweißen), zur Füllung von Glühlampen und Leuchtröhren.

Argument, in der Mathematik 1) der Winkel im Bogenmaß, der zu einer →komplexen Zahl in der Darstellung $z = a + ib = r \cdot (\cos\varphi + i \sin\varphi)$ gehört. 2) ein Element des Definitionsbereichs (→Abbildung) einer Funktion, in der Darstellung $y = f(x)$ ist x das A. oder die unabhängige Variable der Funktion f.

Ariane, dreistufige Trägerrakete der Europ. Weltraumorganisation (ESA), wurde nach dem Scheitern der früheren Europa-Raketen zw. 1973 und 1981 unter frz. Führung entwickelt, um Europa eine von anderen Nationen unabhängige Startkapazität zu geben. Zw. Ende 1979 und Ende 1981 fanden vier Testflüge der A. statt, von denen einer ein Fehlschlag war. Der erste operationelle Flug scheiterte in der Startphase am 10. 9. 1982, wobei der zweite Satellit →Marecs und der Satellit Sirio-2 verlorengingen. Startplatz ist das frz. Raumfahrtzentrum bei Kourou. – A. hat eine Länge von 47,4 m und wiegt beim Start 210 t (davon ca. 90% Treibstoff). Die Nutzlastkapazität beträgt 970 kg für die geostationäre Umlaufbahn oder 4000 kg für eine erdnahe Bahn. A. soll stufenweise bis 1987 auf die Version A.-4 ausgebaut werden, die dann 2400 kg auf die geostationäre Bahn bringen könnte.

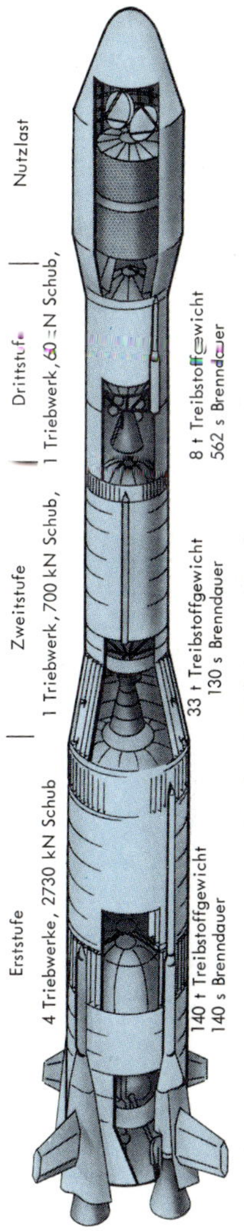

Ariane

arid, trocken, dürr. **arides Klima,** Trockenklima, in dem die Verdunstung größer ist als der Niederschlag. Im **vollariden Klima** ist die mögliche Verdunstung das ganze Jahr über größer als der Niederschlag, im **semiariden Klima** während des größeren Teils des Jahres. – **Aridität,** Trockenheit, Dürre.

Ari|el, ein Mond des →Uranus.

Ari|es, das Sternbild →Widder.

Arine, Bezeichnung für instabile zykl. Verbindungen, die im selben Ring zwei Doppel- und eine Dreifachbindung haben, z. B. Dehydrobenzol.

Arine

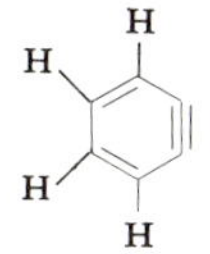

Dehydrobenzol

Arithmetik, Teilgebiet der Mathematik; umfaßt die →Zahlentheorie und das Rechnen mit Zahlen in den vier Grundrechenarten: →Addition, →Subtraktion, →Multiplikation, →Division und deren Erweiterungen Potenzieren (→Potenz), Logarithmieren (→Logarithmus), Quadrieren, Radizieren (→Wurzel). Wegen vielfacher Überschneidungen ist eine klare Abgrenzung der A. zu anderen Gebieten, z. B. zur →Algebra und →Analysis, nicht möglich.

Arithmetik- und Logik-Einheit, →ALU.

arithmetisches Mittel, →Mittelwert.

Arizonakrater, Meteoritenkrater (→Astroblem) in Arizona (USA), Durchmesser 1,3 km, Tiefe 176 m. (→Apollo-Objekte)

Arkose, Sandstein mit >25% Feldspat; Produkt aus zerstörten feldspatreichen Gesteinen wie Granit.

Arktur, Arcturus, Stern 1. Größe, α im Sternbild des Bootes.

Arkus, Arcus, Abk. **arc,** der →Bogen oder Bogenmaß eines Winkels.

Arkusfunktionen, zyklometrische Funktionen, die Umkehrfunktionen der →Winkelfunktionen, z. B. gehört zu der Winkelfunktion $y = \sin x$ die A. $x = \arcsin y$, dabei gibt eine A. den im Bogenmaß gemessenen Winkel an, für den die zugehörige Winkelfunktion vorbestimmte Werte annimmt, z. B. ist $\arcsin 1 = \pi/2$, da $\sin(\pi/2) = 1$. Die graph. Darstellung der A. erhält man aus denen der zugehörigen Winkelfunktion durch Spiegelung an der Geraden $y = x$. Wegen der Periodizität der Winkelfunktion kann man diese jeweils nur bei Einschränkung des Definitionsbereiches auf geeignete Intervalle umkehren. Je nach Wahl der Intervalle ergeben sich versch. Wertevorräte der Umkehrfunktionen. Die **Hauptwertfunktionen**

$-\frac{\pi}{2} \leq \arcsin x \leq \frac{\pi}{2}$ $\quad -\frac{\pi}{2} < \arctan x < \frac{\pi}{2}$

$0 \leq \arccos x \leq \pi$ $\quad 0 < \text{arccot}\, x < \pi$

sind in BILD 1 und BILD 2 (S. 66) dargestellt.
Für die Hauptwerte der einzelnen A. gelten die Formeln

Arkuscosinus, Abk. arccos $x = -i \ln(xi + \sqrt{x^2 - 1})$

Arkuscotangens, Abk. arccot $x = -i \ln\left(-\sqrt{\frac{xi-1}{xi+1}}\right)$

Arkussinus, Abk. arcsin $x = -i \ln(xi + \sqrt{1 - x^2})$

Arkustangens, Abk. arctan $x = -i \ln\left(-\sqrt{\frac{1+xi}{1-xi}}\right)$

Armalcolit [n. den Apollo-11-Astronauten N. A. **Arm**strong, * 1930, E. E. **Al**drin, * 1930, und M. **Col**lins, * 1930], Mineral (Fe, Mg) Ti_2O_5, erstmals im Mondgestein

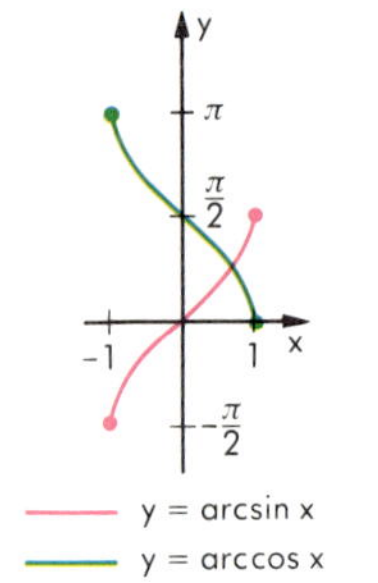

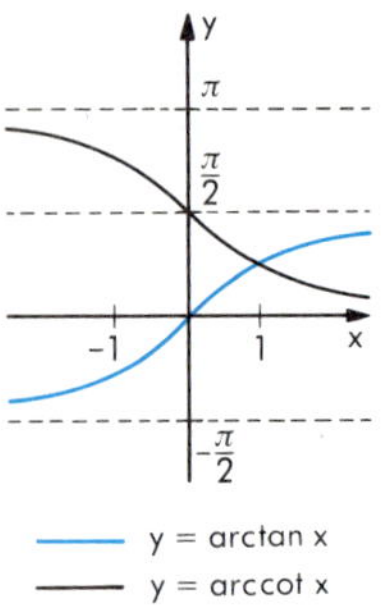

Arkusfunktionen 1 und 2

nachgewiesen, neuerdings auch in terrestr. Impakt- und Tiefseegesteinen, hier zus. mit Kimberlit.

Armatur, Ausrüstungsstück einer Maschinenanlage, z. B. Meß- und Bedienungsinstrumente **(Armaturenbrett** im Kraftwagen); auch → Absperrorgane von Rohrleitungen.

Armfüßer, die → Brachiopoden.

Armierung, → Bewehrung.

Armillarsphäre, Armilla, Ringkugel, astronom. Gerät zur Darstellung der Haupt-Himmelskreise; bis ins 17. Jh., zu Lehrzwecken noch heute gebräuchlich. Teilweise bewegl. Ringe stellen die wichtigsten Kreise der Himmelskugel dar. Aus diesem Demonstrationsgerät entwickelte sich das → Planetarium. Da die bewegl. (mit Gradeinteilung versehenen) Ringe auch das Anvisieren von Gestirnen und das Ablesen ihrer Koordinaten (Örter) gestatteten, diente die A. auch als Beobachtungsgerät. (→ Astrolabium)

Armorikanisches Gebirge, → Variskisches Gebirge.

Aromaten, Arene, zyklische organ. Verbindungen, die nur aus Benzolmolekülen aufgebaut sind, einschließlich ihrer → Substitutionsprodukte. Der Name geht auf den angenehm ›aromatischen‹ Geruch einiger aus Pflanzen isolierter Abkömmlinge des → Benzols zurück. Die Stellung von Substituenten am Benzolring kann durch Bezifferung oder Verwendung der Präfixe **ortho-, meta-** und **para-** (Abk. **o-, m-, p-**) angegeben werden (vgl. TABELLE). → polyzyklische Aromaten.

Aromaten: Aromatische Kohlenwasserstoffe

	Formel	Siedepunkt °C
Benzol	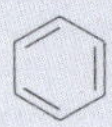	80,1
Toluol (Methylbenzol)	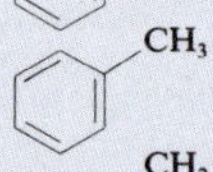	110,6
Äthylbenzol	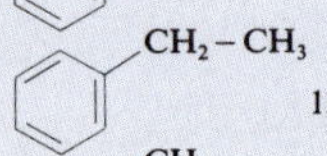	136,2
o-Xylol (1,2-Dimethylbenzol)	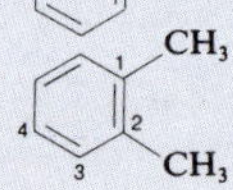	144,4
m-Xylol (1,3-Dimethylbenzol)	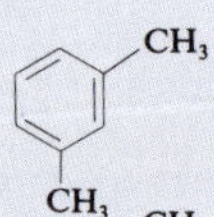	139,1
p-Xylol (1,4-Dimethylbenzol)	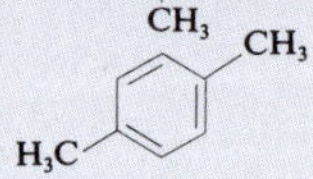	138,4
Naphthalin	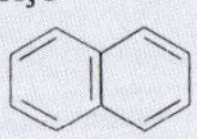	218
Anthracen	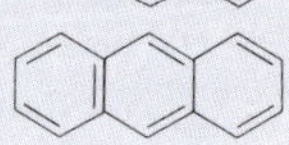	340

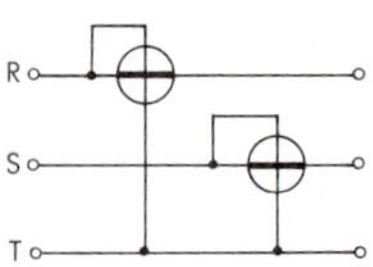

Aronschaltung

Aromatisierung, → Cyclisation.

Aronschaltung, Meßschaltung mit zwei Wattmetern, zur Messung der elektr. Leistung bei dreiphasigen Drehstromsystemen verwendet.

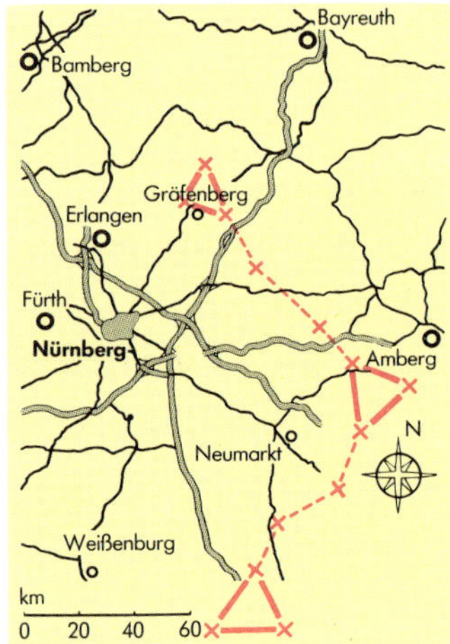

Array 4): das seism. A. (rot) des Seismolog. Zentralobservatoriums in Erlangen ist eine Anordnung von Seismometern, die auf jeweils ca. 60 km langen Schenkeln installiert sind. Das A. besteht aus drei Dreiecken (Sub-A.), zw. denen jeweils noch zwei weitere Stationen liegen. Die Meßwerte aller Seismometer werden zu einer Datenzentrale übertragen und auf Magnetband registriert

Array [əˈreɪ], **1)** Astronomie: → Radioteleskop.

2) EDV: Bez. für ein Datenfeld bei den Programmiersprachen ALGOL und FORTRAN.

3) Elektronik: matrixförmige Anordnung von gleichartigen elektron. Bauelementen (z. B. Widerstands-A., Dioden-A., Transistor-A.) und logischen Schaltkreisen (z. B. Gate-A.), die überwiegend aus digitalen, aber auch aus linearen und gemischten Gattern bestehen. Die einzelnen Funktionselemente eines A. werden separat verdrahtet und sind so für spezielle Anwendungen geeignet.

4) Geophysik: **Seismisches A.,** Erdbebennetz, bei dem eine best. Anzahl von Seismometern über eine größere Geländefläche in Form eines geometr. Musters verteilt ist. Es erlaubt, Störpegel zu unterdrücken, die Richtung eintreffender seism. Wellen zu bestimmen und die Wellenzahlen zu filtern. Die Bundesrep. Dtl. hat ein seism. A. bei Gräfenberg im Fränkischen Jura.

5) Nachrichtentechnik: Antennenanordnung, deren steuerbare Antennenrichteigenschaften kombinierte Abtastmöglichkeiten bieten (Arrayantenne); Anwendung bei Suchradaranlagen (→ Radar).

Array-Prozessor [əˈreɪ-], Datenverarbeitung: ein ›Feld-Rechner‹ mit parallelen Rechenwerken zur Abarbeitung größerer Datenfelder. Bei der sequentiellen Arbeitsweise herkömml. Universalrechner läßt sich die Rechengeschwindigkeit nur durch Verbesserung der Technologie erhöhen, die Verarbeitungsgeschwindigkeit wird nicht von der Gleichartigkeit wiederkehrender Aufgaben beeinflußt. Anders ist dies bei dem A.-P.: Mehrere Einzel-Prozessoren verarbeiten die Daten gleichzeitig. Für Aufgaben der Adressierung, des Datentransfers und der arithmet. Verarbeitung gibt es speziell geschaffene Prozessoren. Bes. die Echtzeitsignalverarbeitung verlangt eine hohe Rechengeschwindigkeit, die bei den A.-P. in der Größenordnung von $12 \cdot 10^6$ Gleitkomma-Operationen/s liegt. Häufig benutzte mathemat. Algorithmen, wie z. B.

die Lösung von Differenzengleichungen, Matrixinversion u. a. sind Standard-Aufgaben für die A.-P.

arretieren, empfindl. Waagen und Instrumente zur Schonung der Lager feststellen.

Arsen, chem. Symbol **As,** ein →chemisches Element der V. Hauptgruppe des →Periodensystems; Ordnungszahl 33. Das Halbmetall mit dem stabilen Isotop 75 und mehreren radioaktiven Isotopen kommt mit mehreren Modifikationen vor, von denen die metall. **graue** die stabilste ist. Das nichtmetall. **gelbe A.** sublimiert bei 61,3 °C. Vorkommen gediegen als →Scherbenkobalt sowie als Sulfid, z. B. →Realgar, Auripigment, →Arsenopyrit, →Cobaltin, ferner in Gold-, Silber- und Kupfererzen. Daneben ist A. in der ganzen Erdkruste spurenweise vorhanden. Gewinnung hauptsächlich durch Erhitzen von Arsenkies unter Luftabschluß, wobei A. sublimiert:

$$FeAsS \longrightarrow FeS + As.$$

A. wird als härtesteigernder Legierungszusatz, zur Herstellung von Halbleitern und für Arsenverbindungen verwendet. Während metall. A. und die schwerlösl. Sulfide fast ungiftig sind, sind v. a. leicht resorbierbare dreiwertige A.-Verbindungen hoch toxisch, z. B. Arsenik. – Verbindungen des A. waren schon in der Antike bekannt, metall. A. wurde erstmalig um 1250 von ALBERTUS MAGNUS hergestellt.

Arsenik, →Arsenverbindungen.

Arsenopyrit, Arsenkies, wichtiges Arsenerz FeAsS, silbergrau, spröde, H. 6, D. 6–6,2; in Erzgängen und metasomat. Lagerstätten; größte Arsenlagerstätte in Boliden, Schweden, mit hohem Goldgehalt.

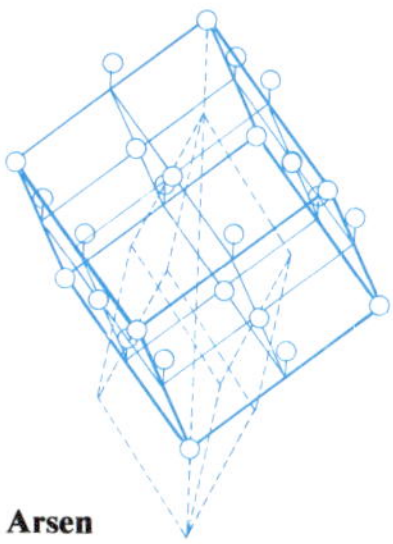

Arsen

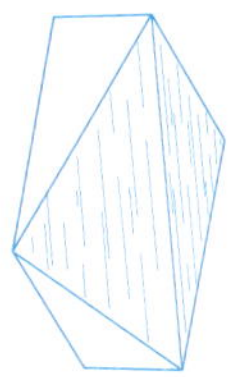

Arsenopyrit

Arsenverbindungen. Als Element der V. Hauptgruppe des →Periodensystems tritt Arsen in den Wertigkeiten +3, +5 und −3 auf. – **Arsenwasserstoff,** AsH_3, ist ein brennfähiges, farbloses, stark giftiges (MAK 0,05 mg/m^3) Gas von widerl. Geruch, das bei Einwirkung von verdünnter Schwefelsäure auf Arsenide oder von naszierendem Wasserstoff auf Arsenik entsteht. AsH_3 verbrennt zu Arsentrioxid und Wasser. Es wird zum Dotieren von Silicium-Halbleitern verwendet. Der Ersatz des Wasserstoffs in AsH_3 durch 1-wertige organ. Reste (R) führt zu den **Arsinen** (primäre $RAsH_2$, sekundäre R_2AsH, tertiäre R_3As). Arsine sind meist unangenehm riechende selbstentzündl. giftige Flüssigkeiten. – Die wichtigste Verbindung mit Sauerstoff, **Arsentrioxid,** As_2O_3 **(Arsenik),** wird durch Rösten von arsenhaltigen Erzen **(Hüttenrauch)** gewonnen. Die wäßrige Lösung von As_2O_3 reagiert schwach sauer und enthält **arsenige Säure,** die **Arsenite** bildet; sie ist in freiem Zustand unbekannt. Arsentrioxid ist ein starkes Gift. Es ist Ausgangsstoff für zahlreiche A. und diente früher zur Konservierung von Fellen und zur Herstellung von Schädlingsbekämpfungsmitteln. Bei der Oxidation von As_2O_3 mit Salpetersäure entsteht **Arsensäure.** Die Salze der Arsensäure sind die **Arsenate.** Arsendisulfid, As_2S_2, dimer als Mineral **Realgar,** As_4S_4, wird in der Pyrotechnik und Gerberei verwendet, gelbes **Arsentrisulfid,** As_2S_5 (als Mineral **Auripigment),** und hellgelbes **Arsenpentasulfid,** As_2S_5, als Pigmente. Eine wichtige organ. A. ist das Salvarsan, das sich von **Arsenobenzol,** $As_6(C_6H_5)_6$, ableitet.

Arsenopyrit, Kristalle (Banat)

arsinh, Abk. für die →Areafunktion Areasinus. (→Winkelfunktionen)

artangh, Abk. für die →Areafunktion Areatangens. (→Winkelfunktionen)

Arterite, Geologie: Migmatite, deren mobiler Anteil magmat. Ursprungs ist. – Ggs.: **Venite.**

Artgewicht, veraltete Bez. für **Wichte** (→Dichte).

Arthropoden, die →Gliederfüßer.

Articulation-Index [ɑ:tɪkjʊlˈeɪʃn-], Beurteilungsmaßstab für die Sprachverständlichkeit bei störenden Geräuschen.

Artwärme, veraltet für →spezifische Wärmekapazität.

Aryl . . ., allg. Bez. für eine einbindige Kohlenwasserstoffgruppe, die formal durch Abtrennung eines H-Atoms aus einem Arenmolekül (→Aromaten) entsteht, z. B. Phenyl  – $= C_6H_5 -$ aus Benzol.

Arzneimittel, Medikamente, Pharmaka, Stoffe, die zur Erkennung, Verhütung und Behandlung von Krankheiten und Schmerzen dienen. Verwendet werden: Pflanzenteile als Tees, Infuse, Tinkturen; aus Drogen isolierte Wirkstoffe, z. B. Alkaloide, Glykoside, Hormone, Stoffwechselprodukte von Mikroorganismen (→Antibiotika), und zahlreiche synthet. chem. Verbindungen.

As, 1) chem. Symbol für das Element →Arsen.

2) auch **A·s,** Einheitenzeichen für →**A**mpere**s**ekunde.

ASA, Abk. für **American Standards Association** [əmˈerɪkən stˈændədz əsəʊsɪˈeɪʃn], Normenstelle der USA, u. a. für die Empfindlichkeitsbestimmung photograph. Materials **(ASA-Grad),** z. B. 50 ASA ≙ 18 DIN (ÜBERSICHT Lichtempfindlichkeit).

asb, Einheitenzeichen für →**A**po**s**til**b**.

Asbest *der,* verfilzte, faserartige Silikatmineralien (→Serpentin, →Amphibole), hellfarbig bis dunkelgrün, unbrennbar, unempfindlich gegen viele Säuren und Laugen, schlechter Wärmeleiter, Schmelz-P. von **Serpentin-A.** bei 1 500 °C, von **Hornblende-A.** bei 1 100 °C. – **Asbeststaub** entsteht bei Verarbeitung und Abrieb von asbesthaltigem Material. Eingeatmeter A. kann schwere Gesundheitsschäden verursachen: Gefahr von Lungenschädigungen **(Asbestose)** und Krebs; entscheidend sind nicht die chem. Eigenschaften, sondern Struktur und Größe der faserförmigen Teilchen (Durchmesser unter 2 μm, Länge 5–100 μm). – Die verspinnbaren **A.-Fasern** (unbrennbar und hitzebeständig) werden zur Herstellung feuerfester Schutzkleidung, kürzere zu Dichtungen, Isolierungen, für hitzebeständiges Papier, A.-Pappe und Platten aus →Asbestzement verwendet.

Asbest:
OBEN Serpentinasbest (Quebec, Kanada);
UNTEN Hornblendeasbest (Untersulzbach, Tirol)

Asbestzement, Gemisch aus fein aufgeschlossenen Asbestfasern und Zement unter Wasserzugabe, in speziellen Maschinen hergestellt. Aus A. werden zahlreiche Erzeugnisse für das Bauwesen wie ebene und gewellte Platten **(Asbestschiefer, Wellasbest)**, Rohre und extrudierte Profile gefertigt.

Asche, Bez. für die bei der restlosen Verbrennung (→Veraschen) von organ. Substanzen zurückbleibenden anorgan. Bestandteile. **Pflanzen-A.** enthält v. a. wasserlösl. Kalium- und Natriumcarbonate. **Holz-A.** war früher Rohmaterial für Kaliumcarbonat **(Pott-A.). Knochen-A.** enthält überwiegend Calciumphosphat. **Kohlen-A.** besteht aus Ton, Eisenoxid und Sulfaten und besitzt keinen Düngewert. – **Vulkan. A.** ist staubartiges bis feines, in die Luft (oder untermeerisch) ausgeschleudertes vulkan. Gesteinsmaterial, vom Wind oft weit getragen. **Aschentuff** ist verfestigte, vulkan. A.

aschgraues Mondlicht, der →Erdschein.

ASCII, Abk. für **American Standard Code for Information Interchange** [əm'erɪkən st'ændəd kəʊd fɔ: ɪnfəm'eɪʃn ɪntətʃ'eɪndʒ, engl.], aus sieben Bits bestehende Codierung für alphanumer. Zeichen sowie Satz- und Sonderzeichen, die u. a. bei der Datenübertragung, z. B. zw. einem Computer und der Eingabetastatur, verwendet wird. Der erweiterte ASCII-Zeichenvorrat umfaßt 128 Zeichen einschl. der Groß- und Kleinbuchstaben; davon sind 32 Zeichen ausschließlich für Steuerfunktionen vorgesehen (z. B. Zeilenvorschub bei der Fernschreibmaschine). Der eingeschränkte ASCII-Zeichenvorrat beschränkt sich auf 64 Zeichen (Großbuchstaben, Ziffern und einige Sonderzeichen).

Ascorbinsäure, Vitamin C, →Vitamine.

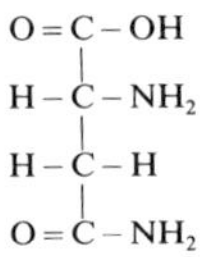

Asparagin

Asparagin, nicht essentielle Aminosäure in vielen Peptiden und Eiweißstoffen, u. a. in Spargel, Keimlingen von Schmetterlingsblütlern sowie in Kartoffeln. A. wird durch das Enzym **Asparaginase** in die in Eiweißstoffen häufige Asparaginsäure und in Ammoniak gespalten. – Asparaginase wird zur Behandlung von Leukämie eingesetzt.

Aspekt, die von der Erde aus gesehene Stellung (→Konstellation 1) von Sonne, Mond und Planeten zueinander.

Asphalte, dunkelbraune bis schwarze, zähe Gemische von →Bitumen und Mineralstoffen (Splitt, Sand), die v. a. im Straßenbau **(A.-Beton)**, aber auch zur Herstellung von **Guß-A.-Estrich** und **A.-Platten** verwendet werden. **Natur-A.** kommen z. B. auf Trinidad (etwa 50% Bitumen) und bei Hannover (5% Bitumen) vor. **Asphaltite** sind Natur-A. von großer Härte mit niedrigem Gehalt an Mineralstoffen (z. B. Gilsonit), im Unterschied zu den **A.-Gesteinen** wie A.-Kalkstein oder A.-Sand.

Asphaltene, kolloide Erdölbestandteile, die sich durch niedere Alkane (z. B. Pentan) aus Erdölrückständen ausfällen lassen.

Asphaltlacke, Lacke, die als Bindemittel Asphaltite enthalten. A. zeigen gute Wasserbeständigkeit, sie werden z. B. zum Schutz von Stahlkonstruktionen verwendet.

a|sphärisch, von der Kugelfläche abweichend.

Aspirations|psychrometer, tragbares Gerät zur Bestimmung der relativen Luftfeuchtigkeit mit strahlungsgeschützten Thermometern, eines zum Messen der Lufttemperatur und ein zweites, dessen Gefäß mit einem wassergetränkten Strumpf überzogen ist. An ihm entsteht im stetigen vom Sog des Aspirators erzeugten Luftstroms durch →Verdunstung eine Temperaturerniedrigung, die der relativen Luftfeuchtigkeit proportional ist.

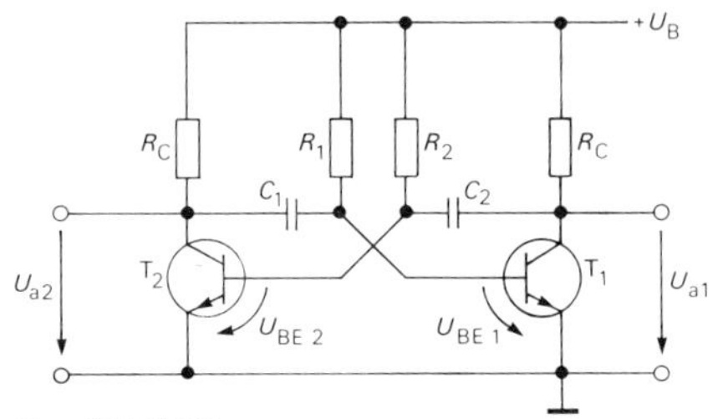

Grundschaltung

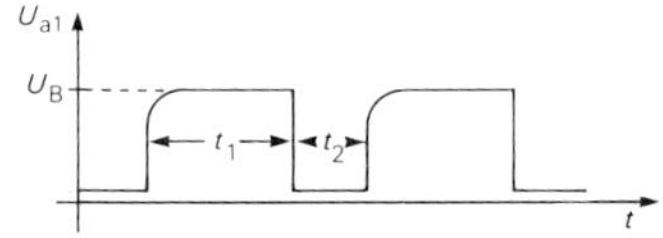

Spannungs-Zeit-Diagramm

astabile Kippschaltung, Prinzipschaltbild und zeitlicher Verlauf der Ausgangsspannung. T_1 und T_2: Transistoren; C_1 und C_2: Kopplungskondensatoren; R_C: Kollektorwiderstände; R_1 und R_2: Basiswiderstände; U_{a1} und U_{a2}: Ausgangsspannungen; U_{BE1} und U_{BE2}: Spannungsabfälle an den Basis-Emitter-Strecken; U_B: Versorgungsspannung.

Assay [əs'eɪ], engl. Bez. für Untersuchung, Probe, Kontrolle (auf Zusammensetzung, Gewicht u. ä.).

Assembler [əs'emblə, engl.], *der,* Datenverarbeitung: Systemprogramm zum Übersetzen von Anwender-Software, die in einer maschinenorientierten A.-Sprache geschrieben ist. Beim Übersetzen wird aus jedem A.-Befehl im wesentlichen genau ein Maschinenbefehl erzeugt. Man spricht hierbei von einer 1:1-Übersetzung. Der A.-Befehl ist als →mnemotechnischer Code definiert und stellt eine sinnvolle Abkürzungsschreibweise für den entsprechenden Maschinenbefehl dar. Anstelle der Codierung der Maschinenoperation ›Addieren‹, die in einem 8-Bit-Operationscode z. B. durch das Bitmuster 00010111 festgelegt sein kann, lautet die entsprechende A.-Anweisung ›ADD‹. Wenn in einem A.-Programm bestimmte Folgen von Befehlen häufiger vorkommen, ist es zweckmäßig, →Makrobefehle (kurz Makros) einzuführen. Der Makrobefehl wird unter seinem Namen, dessen Befehlsfolge vorher definiert ist, wie ein einzelner Befehl aufgerufen.

Assimilation, 1) Biologie: die Überführung der von einem Lebewesen aufgenommenen Stoffe in Körpersubstanz (Anabolismus, Aufbaustoffwechsel), bei Pflanzen bes. die Umwandlung anorgan. Stoffe in organ. Verbindungen. – Die **Kohlenstoff-A. (Kohlensäure-A.)** ist der wichtigste Teil der pflanzl. A. Das Kohlendioxidgas (CO_2) der Luft liefert den Kohlenstoff zur Bildung der organ. Verbindungen. Die A. wird meist in den Chloroplasten im Licht (→Photosynthese) vollzogen, das die erforderl. Energie bereitstellt. Bei der lichtunabhängigen **Stickstoff-A.** wird das durch die Wurzeln aufgenommene Nitrat zur Ammoniakstufe (NH_3) reduziert; bes. wichtig für die Bildung einiger Aminosäuren.

2) Petrographie: **magmatische A., Syntexis,** die Aufnahme, Umwandlung und Einschmelzung von Fremdgestein in Magma, wobei dessen chem. Zusammensetzung wesentlich verändert werden kann.

Assoziation, 1) Astronomie: → Sternassoziationen. **2)** Chemie: → Aggregation.

Assoziativgesetz. Ist in einer Menge eine Verknüpfung ∘ definiert (∘ kann z. B. die Bedeutung von + oder · haben) und gilt für diese Verknüpfung ∘ das Gesetz $(a \circ b) \circ c = a \circ (b \circ c)$, so nennt man die Verknüpfung **assoziativ.** Addition und Multiplikation im Bereich der komplexen (und somit auch der reellen) Zahlen sind assoziativ. Beispiele:

$$(3+4)+5=3+(4+5), \text{ denn } 7+5=3+9$$

und

$$(2\cdot 3)\cdot 4=2\cdot(3\cdot 4), \text{ denn } 6\cdot 4=2\cdot 12.$$

Das A. ist für eine Verknüpfung nicht selbstverständlich. Definiert man z. B. $a \circ b = 2a + b$, dann ist

$$3 \circ (4 \circ 5) = 3 \circ (2\cdot 4+5) = 3 \circ 13 = 2\cdot 3+13 = 19$$

und

$$(3 \circ 4) \circ 5 = (2\cdot 3+4) \circ 5 = 10 \circ 5 = 2\cdot 10+5 = 25,$$

d. h., die so definierte Verknüpfung ist nicht assoziativ. Das A. gilt auch nicht beim Skalarprodukt von → Vektoren. Das A. ist eines der Axiome einer → Gruppe.

assoziierte Produktion, → seltsame Teilchen.

a|stabile Kippschaltung, elektron. Schaltung mit zwei Verstärkerelementen (z. B. bipolare oder Feldeffekt-Transistoren), die nach Anlegen der Betriebsspannung zw. zwei quasistabilen Zuständen hin und her kippt. Sie wird auch als **Multivibrator** bezeichnet. Die a. K. entsteht aus der Grundschaltung eines → Flipflops, in dem die Gleichspannungskopplung zw. den beiden Verstärkerstufen jeweils durch Kondensatorkopplungen ersetzt werden. Für die Schaltzeiten der Grundschaltung einer a. K. (BILD S. 68) gilt:

$$t_1 = R_1 \cdot C_1 \cdot \ln 2 \text{ (Sperrung von Transistor } T_1\text{)},$$
$$t_2 = R_2 \cdot C_2 \cdot \ln 2 \text{ (Sperrung von Transistor } T_2\text{)}.$$

A|stasierung, Beseitigung der Einwirkung von Fremdfeldern bei Präzisionsmeßgeräten.

Astat, chem. Symbol **At,** radioaktives nichtmetall. instabiles → chemisches Element aus der Gruppe der → Halogene, Ordnungszahl 85. Von den mehr als 20 kurzlebigen Isotopen haben ^{210}At (8,3 Stunden) und ^{211}At (7,2 Stunden) die längsten Halbwertzeiten. Der A.-Gehalt der Erdkruste wird auf < 30 g geschätzt. Das freie Element ist flüchtig, in seinem chem. Verhalten ähnelt es dem Jod. ^{211}At wurde 1940 von D. R. CORSON, K. R. MACKENZIE und E. SEGRÉ hergestellt.

Asterismus, Eigenschaft mancher Kristalle, auffallendes Licht in Form heller Streifen zu reflektieren. Ursachen: feine Hohlkanäle oder fremdmineral. Einschlüsse. **Asterie,** Edelstein, der A. zeigt.

Asteroiden, die → Planetoiden.

Asthenosphäre, Fließzone des oberen Erdmantels (→ Erde).

Astigmatismus der opt. Abbildung, → Abbildungsfehler. Der **A. des Auges, Stabsichtigkeit** (eine Fehlsichtigkeit des Auges), beruht auf einer abnormen Wölbung der Hornhaut oder Ungleichmäßigkeit in der Oberfläche der Linse. Beim **regulären Hornhaut-A.** ist die Hornhaut in einer Richtung stärker gewölbt als in der darauf senkrechten. Er kann durch Zylindergläser (→ Brille) ausgeglichen werden. **Irregulärer A.** entsteht in erster Linie durch Hornhautnarben. Eine opt. Korrektur ist gelegentlich durch Kontaktlinsen möglich.

ASTP, Abk. für engl. **Apollo Sojuz Test Project** [-prˈɔdʒekt], → Apollo-Sojus.

Astrakanit, Blödit *der,* farblos, weiß oder hell gefärbtes Salzmineral $Na_2Mg(SO_4)_2 \cdot 4\,H_2O$; in Bittersalzseen sowie im Staßfurter Salz.

Astroblem, fossiler Meteoritenkrater mit rundl. Form und stark zerrüttetem, durch Schockwellenmetamorphose verändertem Gestein.

Astrodynamik, die → Himmelsmechanik; i. e. S. auch die Anwendung der Himmelsmechanik bei der Planung und Berechnung der Flugbahnen von Raumfahrzeugen.

Astro|gnosie, → Sternbilder.

Astrograph, Fernrohr mit einem aus Linsen zusammengesetzten Objektiv, das zur photograph. Aufnahme der Gestirne dient. (BILD astronomische Instrumente)

Astroide, ebene Kurve, die durch die Gleichung

$$x^{2/3} + y^{2/3} = a^{2/3}$$

beschrieben wird. Geometrisch ist eine A. ›Einhüllende‹ (→ einhüllende Kurve) einer Schar von Geraden oder Ellipsen.

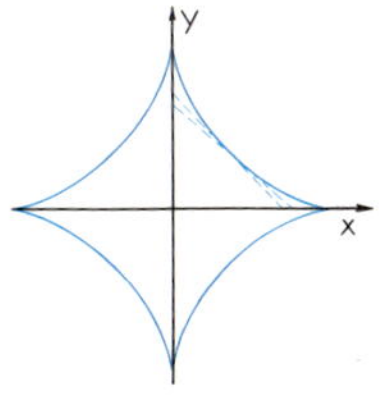

Astroide

Astrolabium, 1) antike Bez. für die → Armillarsphäre als Beobachtungsgerät. 2) Bez. für die aus der Armillarsphäre entwickelte Planisphäre, die bis ins 17. Jh. zur mechan. Lösung von astronom., astronomisch-geograph. und astrolog. Aufgaben diente. 3) modernes astronomisch-geodät. Beobachtungsinstrument (→ Prismenastrolabium).

Astrometrie, Positions|astronomie, Teilgebiet der Astronomie, das sich mit der direkten und photograph. Messung von Sternörtern (→ astronomischer Ort) befaßt, um sie in → astronomischen Koordinaten festzuhalten. Sie schafft die Grundlage für die Bahnbestimmung (→ Bahn 1) der Himmelskörper, die Ableitung von → Eigenbewegungen und Entfernungen von Fixsternen (→ Sternentfernung) und die genaue Zeitbestimmung und -haltung. – Die Ergebnisse der A. sind in Positionskatalogen niedergelegt, von denen der Fundamentalkatalog FK 4 (→ Sternkatalog) besondere Bedeutung hat.

Astronautik, die → Raumfahrt.

Astronavigation, astronomische Navigation, die → Navigation auf Grund von Standortbestimmungen, deren geograph. Koordinaten mittels Gestirnbeobachtungen (Höhenbeobachtungen von zwei Gestirnen) festgestellt werden; meist in der Seefahrt üblich.

Asterismus: Asterie

Astronmaschine, Gerät zur Erzeugung eines magnetisch eingeschlossenen Hochtemperaturplasmas. Ein Deuterium-Tritium-Gemisch wird durch Stöße mit eingeschossenen, fast lichtschnellen Elektronen ionisiert und aufgeheizt. Die magnet. Feldlinien verlaufen achsenpar-

Astronmaschine

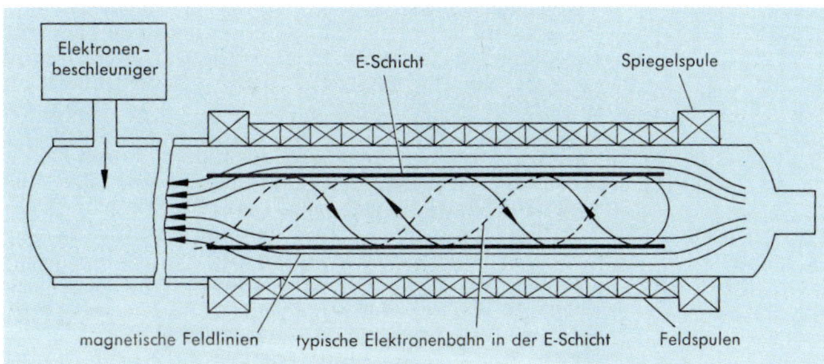

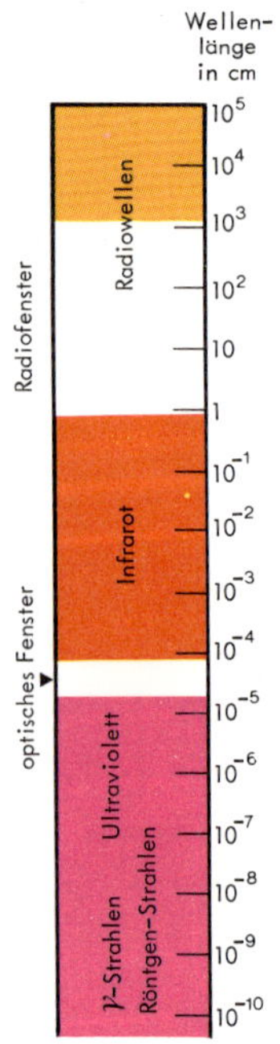

astronomische Fenster

allel (BILD) und werden an den Enden durch Spiegelspulen zusammengedrängt **(magnet. Flasche),** wodurch das Plasma magnetisch eingeschlossen wird.

Astronomie, Sternkunde, Himmelskunde, die Wissenschaft, die sich mit der Erforschung des Universums befaßt, d. h. mit der kosm. Materie, ihrer Verteilung und Bewegung, ihrem physikal. Zustand sowie ihrer Entstehung und Entwicklung, aber auch der raumzeitl. Struktur der Welt als Ganzem. Grundlage ist die Analyse der aus dem Kosmos ankommenden elektromagnet. Strahlung und der Korpuskelstrahlung (→kosmische Strahlung). Die A. umfaßt mehrere selbständige Gebiete, die sich z. T. erst im Laufe der letzten 100 Jahre ausgebildet haben.

Zu den klass. Teilgebieten der A. gehören die **Astrometrie,** die sich mit der Orts- und Bahnbestimmung der Gestirne befaßt, die **Himmelsmechanik,** die die Bewegung der Gestirne gemäß dem Newtonschen Gravitationsgesetz bestimmt und berechnet, sowie die **Stellarstatistik,** in deren Rahmen Aufbau und Dynamik abgegrenzter Objektgruppen, z. B. unserer Milchstraße, analysiert werden. Die Entwicklung der **Astrophysik,** die das physikal. Verständnis der Himmelsobjekte (Aufbau der Sternatmosphären und des Sterninnern, später auch →Sternentwicklung bis zur theoret. Deutung aller ›besonderen Objekte‹, wie z. B. Quasare) zum Ziel hat, brachte eine große Ausweitung der A. und ihrer Methoden. Heute wird die A. auch entsprechend der beobachteten Wellenlängenbereiche des elektromagnet. Spektrums unterteilt **(Gamma-A., Röntgen-A., Ultraviolett-A., opt. A., Infrarot-A., Mikrowellen-** oder **Radio-A.).** Die Ausdehnung des beobachteten Spektralbereichs über das sichtbare Licht hinaus lieferte zahlreiche neue Erkenntnisse über die unterschiedlichsten kosm. Strahlungsquellen, die im Rahmen der Astrophysik zu einem Gesamtbild geformt werden; von ihnen profitiert auch die **Kosmologie,** die sich mit der Entstehung und Entwicklung des Weltalls als Ganzem befaßt. Neben der elektromagnet. Strahlung wird auch korpuskulare Strahlung untersucht, z. B. geben die von der →Sonne ausgehenden Neutrinos **(Neutrino-A.)** Auskunft über Kernfusionsprozesse im Sonneninnern, ferner werden Versuche unternommen, um →Gravitationswellen nachzuweisen. In jüngster Zeit hat die **Planetenforschung** durch die Entsendung unbemannter Raumsonden einen starken Auftrieb erfahren, der ohne die Entwicklung der Weltraumfahrt undenkbar gewesen wäre, ebenso wie die Ausweitung astronom. Beobachtungen auf die von der Erdoberfläche auf Grund der Absorption durch die Erdatmosphäre nicht registrierbaren Bereiche der elektromagnet. Strahlung mit Hilfe der **Satelliten-A.;** von der Planetenforschung profitiert v. a. die **Kosmogonie,** die sich mit der Entstehung des Planetensystems beschäftigt.

G e s c h i c h t e. Die Anfänge der A. liegen im Dunkeln, doch konnten die frühen Hochkulturen (Ägypter, Babylonier, Chinesen) bereits auf Grund ausdauernder systemat. Himmelsbeobachtungen besondere astronom. Ereignisse vorausberechnen (Finsternisse, Planetenbewegung); die A. diente ihnen v. a. zur Kalender- und Zeitbestimmung (Sonnenjahr, Mondjahr), wobei zum Ausgleich zw. Mondjahr (rd. 354,4 Tage) und Sonnenjahr (rd. 365,25 Tage) komplizierte Schaltregeln entwickelt wurden. Erste Versuche, den Aufbau des Himmels zu erklären, sind aus dem klass. Griechenland bekannt. Ausgehend von der naiven Beobachtung eines geozentr. Weltbildes wurden die sieben ›Wandelsterne‹ (Mond, Merkur, Venus, Sonne, Mars, Jupiter, Saturn) auf Kristallsphären plaziert, die sich relativ zur äußeren Fixsternsphäre bewegten. Die ungleichförmige Bewegung der Planeten wurde später durch die →Epizykeltheorie erklärt, die zus. mit dem geozentr. Weltbild von PTOLEMÄUS um 150 n. Chr. in seinem Buch ›Almagest‹ festgeschrieben wurde; dieses **ptolemäische Weltbild** blieb bis zum Ausgang des Mittelalters unumstritten, obwohl bereits ARISTARCH um 260 v. Chr. ein heliozentr. Weltbild vorgeschlagen hatte; er bestimmte u. a. das Verhältnis der Entfernungen von Sonne und Mond; rd. 20 Jahre nach ihm ermittelte ERATOSTHENES den Umfang der Erde zu rd. 40000 km. Während des Mittelalters wurde das griech. Weltbild von den Arabern gepflegt, die jedoch wenig eigene Beobachtungen beisteuerten; aus dieser Zeit stammen zahlreiche Eigennamen von Sternen.

Die Erneuerung der A. ging im 15. Jh. von Deutschland aus (z. B. von REGIOMONTANUS). Die Abweichungen der Planetenbewegungen relativ zu den vorausberechneten Örtern sowie die allmähl. Diskrepanz zw. dem Julian. Kalender und dem wirkl. Sonnenlauf (→Kalender) zwangen zu einer Neubesinnung. Vermutlich angeregt durch die Ideen des Aristarch entwickelte N. KOPERNIKUS um 1510 ein heliozentr. Planetensystem, konnte sich dabei aber nicht von der klass. Vorstellung der Kreisbahnen lösen, so daß auch er nicht ohne zahlreiche Epizykel auskam. T. BRAHE schlug einen Kompromiß vor, den jedoch J. KEPLER mit der Auswertung von Brahes Beobachtungen der Marspositionen schon wenig später widerlegte: seine Gesetze der Planetenbewegung (→Keplersche Gesetze) zeigten die Ellipsennatur der Planetenbahnen auf, aus der sich die ungleichförmige Bewegung ohne weitere Hilfskonstruktionen ergibt. Endgültig anerkannt wurde das **kopernikanische Weltbild** aber erst, nachdem I. NEWTON das Gravitationsgesetz (→Gravitation) formuliert hatte und damit eine theoret. Grundlage zur Berechnung der Planetenbewegung gegeben war. Die Erfindung des Fernrohres um 1608 erweiterte die Beobachtungsmöglichkeiten der A. gewaltig. Schon G. GALILEI erkannte die erdähnl. Natur der Planeten und des Mondes (sie reflektieren nur das auftreffende Sonnenlicht), beobachtete vier Monde des Jupiter (etwa gleichzeitig mit S. MAYR) und die Sonnenflecken (etwa gleichzeitig mit J. FABRICIUS und C. SCHEINER); die Erkenntnis, daß auch die himml. Objekte nicht frei von Veränderungen und Vergänglichkeit sind, ließ sie als Forschungsgegenstand interessant werden.

Bei dem Versuch, auch den letzten Beweis für die Bewegung der Erde um die Sonne zu finden, entdeckte E. HALLEY die Eigenbewegung der Fixsterne, erkannte J. BRADLEY die →Aberration des Lichtes und fand F. W. HERSCHEL die Eigenbewegung des Sonnensystems.

Unklarheit über die räuml. Verteilung der Fixsterne herrschte bis in das 20. Jh.; zwar hatte bereits Herschel versucht, durch Sternzählungen in ausgewählten Himmelsfeldern eine Vorstellung von der Ausdehnung des Kosmos zu gewinnen, doch konnte er die Entfernung zu den Fixsternen noch nicht messen. Dies gelang erst F. W. BESSEL, der 1838 erstmals die Bestimmung einer Fixsternparallaxe (→Parallaxe) beim Stern 61 Cygni durchführte. Der Einsatz immer größerer Fernrohre führte zur Entdeckung von →Nebeln, die sich z. T. als leuchtende Gaswolken erwiesen, z. T. aber auch aus Sternen bestehen mußten, ohne daß man sie in Einzelsterne hätte auflösen können. Erst E. HUBBLE konnte 1924 mit dem damals größten Fernrohr (2,5-Meter-Spiegel) Sterne im Randbereich des Andromedanebels photographieren und mit Hilfe der 1912 von HENRIETTA LEAVITT gefundenen →Perioden-Leuchtkraft-Beziehung best. veränderl. Sterne (→Ce-

1

2

astronomische Instrumente 1–5: 1 Einstein-Turmteleskop, Potsdam. **2** Schmidt-Spiegelteleskop, Hamburg, Spiegeldurchmesser 120 cm, Brennweite 240 cm. **3** Großer Refraktor, Berlin, Objektivdurchmesser 65 cm, Brennweite 10,5 m. **4** Strahlengang im Refraktor (OBEN im Galileischen, UNTEN im Keplerschen Fernrohr). **5** Zonen-Astrograph, Hamburg, fünflinsiges Objektiv mit 23 cm Öffnung, 206 cm Brennweite

3

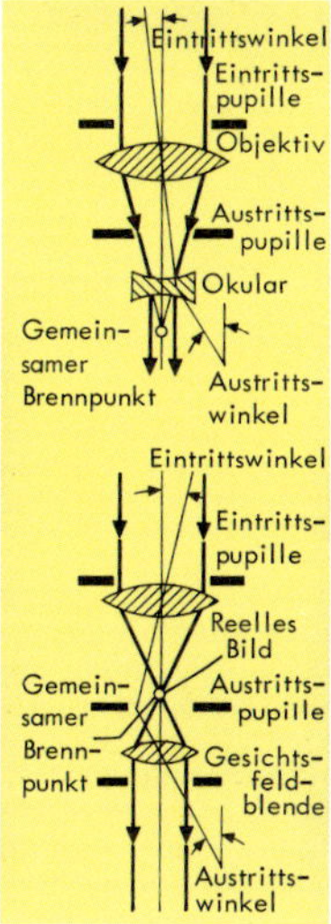

4

5

pheiden) seine Entfernung ermitteln, die ihn als Objekt außerhalb unseres Milchstraßensystems auswies. 1929 fand Hubble schließlich einen linearen Zusammenhang zw. der von H. SHAPLEY entdeckten Nebelflucht und der Entfernung der Galaxien (→Hubble-Effekt, →Kosmologie). Die Entdeckung von K. JANSKY, daß auch elektro-

astronomische Instrumente:
Europäische Südsternwarte (ESO) auf dem Berg La Silla, Chile, mit 3,6-Meter-Teleskop, das als erstes vollständig auf Computerbetrieb eingestellt ist.
Bauwerk: 1 erdbebensichere Betonkonstruktion. **2** Coudé-Laboratorium. **3** Beobachtungsebene. **4** Beobachterkabine. **5** Personenaufzug. **6** Klappe für Kuppelspalt. **7** Beobachtungsspalt. **8** Windschutzschirm. **9** Kuppelrad. **10** Wärmeisolation. **11** Krananlage. **Mechanik: 12** Fußstützen. **13** eiserner Unterbau. **14** Antriebsrad für Polachse. **15** dazu ein Antriebsmotor. **16** Lagerring für Nordende der Polachse. **17** Lagerring für Deklinationsachse. Hinter **18** Beobachterkabine für Cassegrain-Fokus. **19** Abschirmung von Fremdlicht. **20** oberer Ring mit dem zweiten Coudé-System. **21** Beobachterkabine für Primär-Fokus. **22** Primär-Fokus-System. **23** zweites Cassegrain-System. **Optik: 24** Hauptspiegel. **25** zweiter Coudé-Spiegel. **26** dritter Coudé-Umlenkspiegel. **27** vierter Coudé-Umlenkspiegel. **28** fünfter Coudé-Umlenkspiegel. **29** Hilfsfernrohr. **30** Kollimator. **31** Kamera für Coudé-Spektrographen. **32** kleiner Turm für ein Coudé-Hilfsteleskop

magnet. Strahlung im Radiofrequenzbereich die Erdatmosphäre durchdringen kann (er entdeckte 1931 die Meterwellenstrahlung der Milchstraße), führte nach dem 2. Weltkrieg zu einer Ausweitung astronom. Beobachtungsmöglichkeiten. Während die opt. A. v. a. Materie im kondensierten Zustand (Sterne) untersucht, erlaubt die Radio-A. eine Beobachtung auch der → interstellaren Materie; mittlerweile hat man im Bereich zw. den Sternen rd. 50 versch. Atomverbindungen nachgewiesen. Darüber hinaus stieß die Radio-A. auf recht exot. Objekte (→ Quasare, → Pulsare). Durch den Ausbau der erdgebundenen → astronomischen Instrumente sowie durch den Einsatz spezieller Empfänger an Bord hochfliegender Ballone **(Ballon-A.)** und Satelliten über der Erdatmosphäre wird A. inzwischen auf allen Wellenlängenbereichen betrieben, was zu einer Fülle neuer Erkenntnisse führte, die noch zu einer Gesamtschau vereint werden müssen.

J. HERRMANN: Großes Lexikon der A. (1980); Cambridge-Enzyklopädie der A., hg. v. S. MITTON (a. d. Engl., ^{2}1980); A. UNSÖLD u. B. BASCHEK: Der neue Kosmos (^{3}1981).

astronomische Einheit, Einheitenzeichen **AE,** international auch **AU (astronomical unit** [æstrənˈɔmɪkl jˈuːnɪt, engl.]), SI-fremde Längeneinheit in der Astronomie: $1\ \mathrm{AE} = 149{,}597870 \cdot 10^9$ m, entspricht dem mittleren Abstand Erde–Sonne.

astronomische Fenster, die Wellenlängenbereiche des elektromagnet. Spektrums, die ohne wesentl. Abschwächung die Atmosphäre passieren (BILD S. 70), d. h. der Bereich des sichtbaren Lichts **(opt. Fenster)** und ein Teil des Radiowellenbereiches **(Radiofenster).**

astronomische Instrumente, meistens fest (in → Sternwarten) aufgestellte Geräte zur Beobachtung und Messung von Gestirnen und anderen kosm. Objekten sowie Zusatz- und Auswertungsinstrumente. Wichtigstes Beobachtungsinstrument ist das → Fernrohr, das den Sehwinkel des Beobachters vergrößert. Lichtstärke und → Auflösungsvermögen kennzeichnen seine Leistungsfähigkeit. Beim Refraktor oder Linsenfernrohr dient dazu ein Linsensystem, beim Reflektor oder → Spiegelteleskop ein Hohlspiegel, oft mit weiteren Spiegeln und Linsensystemen kombiniert. Der photograph. Refraktor wird zur Aufnahme und Überwachung von Sternfeldern eingesetzt, zur Bestimmung der astronom. Zeit das → Durchgangsinstrument (Passageinstrument), zur Bestimmung der Polhöhenschwankungen das z. T. nicht ortsgebundene → Zenitteleskop.

Durch Zusatzinstrumente kann die aufgenommene Strahlung auf verschiedene Parameter hin untersucht werden: So werden eingesetzt zur Spektralanalyse Spektrograph (→ Spektralapparate) und → Objektivprisma, zur Photometrie und Temperaturbestimmung → Photozellen, → Thermoelemente, → Bolometer und → Radiometer (→ Astrophotometrie), zur Bestimmung von Winkeldistanzen Mikrometer und → Interferometer. Genaue → Uhren und → Chronographen gehören ebenfalls zum astronom. Instrumentarium. Besondere Instrumente zur Sonnenforschung sind der → Spektroheliograph und der → Koronograph. (BILDER S. 71 und 72)

Entsprechend den andersartigen Aufgabenstellungen und Forschungsmöglichkeiten werden in den über die opt. Astronomie hinausgehenden Forschungsbereichen (→ Astronomie) spezielle Geräte eingesetzt, z. B. die → Radioteleskope in der → Radioastronomie.

G. D. ROTH (Hrsg.): Handbuch für Sternfreunde ([3]1981).

astronomische Karten, → Sternkarten.

astronomische Konstanten, durch Beobachtung ermittelte feste Größen, die in mathemat. Formeln eingehen. Sie wurden in einer Tabelle der Internat. Astronom. Union 1976 zusammengestellt. A. K. sind: Präzession, Nutation, Aberration, Ekliptikschiefe, Sonnenparallaxe, astronom. Einheit, Äquatorialhorizontal-Parallaxe des Mondes; Masse, Radius und Abplattung von Erde, Sonne, Mond und Planeten; Definition von Jahr, Monat, Tag; Lage der galakt. Pole und Richtung zum galakt. Zentrum; Gravitationskonstante, Lichtgeschwindigkeit u. a.

astronomische Koordinaten, Zahlenpaar zur Festlegung des astronom. Ortes eines Gestirns an der Himmelskugel, vergleichbar den Längen- und Breitengraden auf der Erde. Jedes Netz a. K. **(astronom. Koordinatensystem)** wird definiert durch einen Grundkreis um den Ursprung (etwa den Beobachter oder den Erdmittelpunkt), einen Ausgangspunkt auf diesem Grundkreis und den Richtungssinn, in dem diese Koordinate (das Gegenstück zur geograph. Länge) gezählt wird; in dem auf der Grundebene senkrecht stehenden Kreis durch das Objekt wird der Abstand vom Grundkreis in Richtung auf einen der beiden Pole gemessen (Gegenstück zur geograph. Breite), in Nordrichtung positiv, in Südrichtung negativ.

Es gibt versch. astronom. Koordinatensysteme:

1) **Azimut-** oder **Horizontsystem** (›natürliches‹ System der Beobachtung) mit dem Beobachter im Zentrum, seinem Horizont als Grundkreis und der Höhe über dem Horizont als zweiter Koordinate; der Azimutwinkel A wird von S über W, N und O (0 bis 360 Grad) gezählt, die Höhe h vom Horizont zum Zenit oder – als Zenitdistanz z – vom Zenit zum Horizont (0 bis 90 Grad);

2) **festes Äquator-** oder **Stundenwinkelsystem** (für die Beobachtung am Fernrohr) mit dem Erdmittelpunkt im Zentrum, dem Himmelsäquator als Grundkreis und der Deklination δ als zweiter Koordinate; der Stundenwinkel τ eines Gestirns wird längs des Himmelsäquators vom Schnittpunkt Himmelsäquator/Meridian in westl. Richtung gezählt (0 bis 24 Stunden, 1 Std. ≙ 15 Grad), die Deklination vom Himmelsäquator in Richtung der Himmelspole (0 bis plus/minus 90 Grad);

3) **bewegliches Äquator-** oder **Rektaszensionssystem** (für Sternkarten und Kataloge); den Grundkreis bildet wieder der Himmelsäquator, doch wird die Rektaszension α in östl. Richtung vom → Frühlingspunkt aus gezählt (0 bis 24 Stunden); die Deklinationszählung erfolgt wie unter 2);

4) **ekliptikales System** mit der → Ekliptik als Grundkreis, auf dem die ekliptikale Länge λ in östl. Richtung vom Frühlingspunkt aus gezählt wird und von dem aus die ekliptikale Breite β in Richtung zu einem der beiden Ekliptikpole gemessen wird; das ekliptikale System ist gegenüber dem bewegl. Äquatorialsystem um etwa 23,5 Grad geneigt (Schiefe der Ekliptik);

5) **galaktisches System** (für die Milchstraßenforschung) mit der Milchstraßenebene als Grundkreis, auf dem die galakt. Länge l von der Richtung zum galakt. Zentrum aus in östl. Richtung und von dem aus die galakt. Breite b in Richtung auf einen der beiden galakt. Pole gemessen wird; die Milchstraßenebene ist gegen den Himmelsäquator um etwa 62,6 Grad geneigt.

astronomischer Ort, *Mz.* **astronomische Örter, Sternort,** Position eines Gestirn an der Himmelskugel durch → Rektaszension und → Deklination, seltener durch Länge und Breite angegeben (→ astronomische Koordinaten). Der **wahre a. O.** ist nicht ohne weiteres mit dem **beobachteten a. O.** gleichzusetzen. Die Berücksichtigung der → atmosphärischen Lichtbrechung liefert den **scheinbaren a. O.,** die Berücksichtigung der → Aberration führt diesen in den wahren a. O. über.

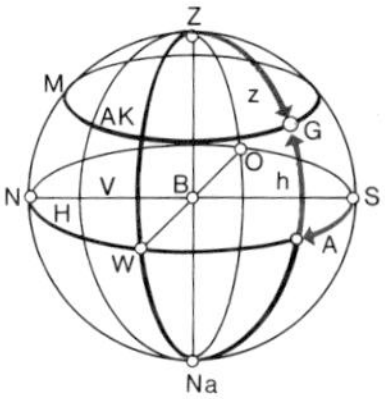

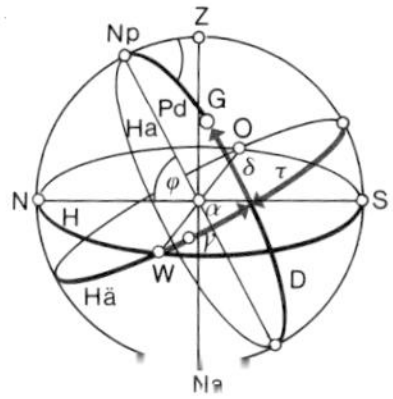

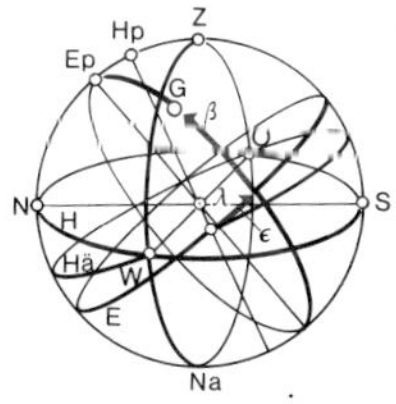

astronomische Koordinaten

astronomische Koordinaten: OBEN Horizontalsystem, MITTE Äquatorialsystem, UNTEN Ekliptikalsystem. A Azimut, AK Azimutalkreis, B Beobachter, D Deklinations-, Stundenkreis, E Ekliptik, Ep Pol der Ekliptik, G Gestirn, H Horizont, Ha Himmelsachse, Hä Himmelsäquator, M Meridian, N Nordpunkt, Np Nordpol, Na Nadir, O Ostpunkt, Pd Poldistanz, S Südpunkt, V Erste Vertikale, W Westpunkt, Z Zenit, h Höhe, Elevation, z Zenitdistanz, α Rektaszension, β ekliptikale Breite, δ Deklination, ε Ekliptikschiefe (23°27′), λ ekliptikale Länge, ♈ Frühlingspunkt, τ Stundenwinkel, $\tau + \alpha$ = Stundenwinkel des Frühjahrspunktes, φ geographische Breite

astronomische Uhr, 1) Uhr, die neben der Zeit den Planetenlauf, die Gezeiten, bewegl. Feste, Himmelserscheinungen u. a. anzeigt; seit dem Altertum bekannt. Berühmt ist die a. U. im Straßburger Münster oder am Altstädt. Rathaus in Prag. 2) Uhr höchster Präzision (früher Pendeluhr, jetzt Quarz- oder Atomuhr), die durch astronom. Zeitbestimmungen ständig mit der Erdumdrehung verglichen wird.

astronomische Zeichen, Symbole für → Planeten (und die ihnen in Antike und MA. zugeordneten Wochentage und Metalle), Zeichen des Tierkreises, der Aspekte (→ Konstellation) u. a. (ÜBERSICHT S. 74). Sie entstanden aus Abkürzungen ihrer Namen oder aus Bildern; in der üblichen Form sind sie bis auf die Zeichen für Uranus und Neptun seit dem Spät-MA. in Gebrauch.

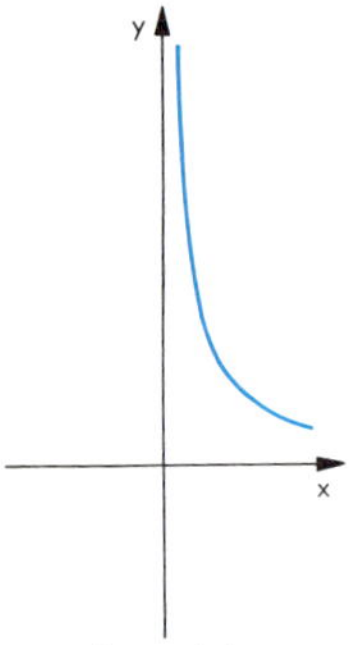

Asymptote

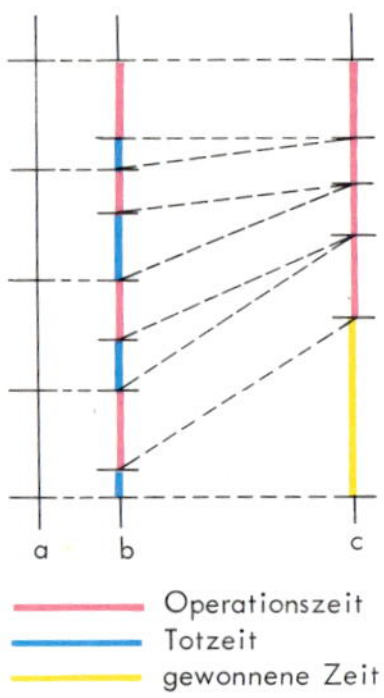

Asynchronrechner: a Taktgeber, b synchroner Betrieb c asynchroner Betrieb

Astrophotographie, Anwendung der Photographie zur Aufnahme von Himmelskörpern mit Fernrohren; ermöglicht durch lange Belichtungszeiten (und elektron. Bildverstärkeranordnungen) auch lichtschwache Objekte und Feinheiten der Oberflächenstruktur von Gestirnen in versch. Spektralbereichen im Bild festzuhalten. Die A. wird bes. in Astrometrie, -photometrie und -spektroskopie eingesetzt.

Astrophotometrie, astronomische Photometrie, Messung der Strahlung und scheinbaren Helligkeit von Himmelskörpern unter Einsatz visueller, photograph., photo- und thermoelektr. Methoden. Bei der **visuellen A.** wird die → Helligkeit eines Sterns durch Vergleich mit anderen Sternen bekannter Lichtintensität (→ Stufenschätzung) oder mit einer regelbaren künstl. Lichtquelle (visuelles Photometer) bestimmt. – Die **photograph. A.** wird angewendet, wenn man mit wenigen Aufnahmen eine große Zahl von Sternen erfassen und vermessen will. Die durch das Sternenlicht bewirkte Schwärzung der Photoplatte wird mit einem Photometer festgestellt und mit der Schwärzungskurve auf die betreffende Strahlungsenergie bezogen. Die Schwärzungskurve wird durch Anpassung an photoelektrisch gemessene Helligkeiten geeicht. – Bei der **photoelektr. A.** werden als Strahlungsempfänger lichtelektr. Photometer benutzt. Meistens muß während der Messungen der Luftzustand mitbestimmt werden. Durch Vorschalten von Farbfiltern **(Mehrfarbenphotometrie)** lassen sich zusätzl. Informationen über den physikal. Zustand der Sterne oder der interstellaren Materie gewinnen. – In der **Spektralphotometrie** wird die Sternhelligkeit bei versch. Wellenlängen getrennt gemessen. – Die Instrumente der **thermoelektr. A.,** Thermoelemente und Bolometer, registrieren die von der zu messenden Strahlungsintensität in ihnen hervorgerufene Erwärmung.

Astrophysik, Teilgebiet der modernen → Astronomie und der Physik, das sich mit den physikal. Eigenschaften der Himmelskörper befaßt, wobei die Gesetze und Erfahrungen der Physik Anwendung finden, v. a. die Spektralanalyse, die zur Kenntnis der Zusammensetzung der Atmosphären der Planeten, der Sterne und bes. der Sonne **(Sonnenphysik)** führt und die Natur der Kometen aufklärt. Die Häufigkeitsverteilung der chem. Elemente, die Temperaturen, Massen, Dichten, Radien und Leuchtkräfte der Sterne und das Verhalten der interstellaren Materie sind ebenfalls Ziel der Untersuchung durch die A. Die **theoretische A.** befaßt sich mit dem inneren Aufbau der Sterne und der Konstitution der Sternatmosphären. Auch Fragen der → Sternentwicklung und der Energieerzeugung im Sterninnern sind Gegenstand der A. Auf den Erkenntnissen der Astrophysik baut die → Kosmologie auf.

A. Weigert u. H. J. Wendker: Astronomie und A. – ein Grundkurs (1982).

astronomische Zeichen (Wochentage und Metalle sind symbolische Zuordnungen der Alchemie)

Himmelskörper	Wochentag	Metall	Tierkreis	
☉ Sonne	Sonntag	Gold	♈ Widder	♎ Waage
☿ Merkur	Mittwoch	Quecksilber	♉ Stier	♏ Skorpion
♀ Venus	Freitag	Kupfer	♊ Zwillinge	♐ Schütze
♁ Erde		Antimon	♋ Krebs	♑ Steinbock
☾ Mond	Montag	Silber	♌ Löwe	♒ Wassermann
♂ Mars	Dienstag	Eisen	♍ Jungfrau	♓ Fische
♃ Jupiter	Donnerstag	Zinn		
♄ Saturn	Samstag	Blei	**Aspekt**	**Mondphase**
⛢ Uranus			☌ Konjunktion	● Neumond
♆ Neptun			□ Quadratur	☽ erstes Viertel
♇ Pluto			☍ Opposition	○ Vollmond
				☾ letztes Viertel

ASW-Flugzeug: Mit Hilfe der von ihm abgeworfenen Funkbojen kann ein U-Boot geortet und von dem ASW-F. bekämpft werden

Astrospektroskopie, Anwendung der → Spektralanalyse auf Himmelskörper. Mit **Objektivprisma** oder **Gitter-** und **Prismenspektrograph** werden die Spektren erzeugt und meist photographisch, oft unter Einschaltung elektron. Bildverstärker, festgehalten. Die Photometrie des kontinuierl. Sternspektrums dient der Temperaturbestimmung (nach dem → Planckschen Strahlungsgesetz). Aus den Intensitäten vom Emissions- und Absorptionslinien lassen sich Schlüsse auf die physikal. Verhältnisse in den Atmosphären der Sonne und anderer Objekte und über deren chem. Zusammensetzung ziehen. Die Messung der Wellenlängen und ihrer Verschiebungen führt über das Doppler-Prinzip zu Aussagen über die Bewegungsvorgänge von Gestirnen. – Die A. bildet eine Grundlage für die Einteilung der Sterne in → Spektralklassen.

Ästuar, Geographie: → Fluß 2).

ASW-Flugzeug, Abk. für engl. **Anti-Submarine-Warfare** ['æntɪ s'ʌbməri:n w'ɔ:feə], Militärflugzeug mit extremer Reichweite und Flugdauer, das zur Bekämpfung von U-Booten mit besonderen Zielsuchgeräten (elektron. Anlagen, Magnetfelddetektoren, Schallortungsbojen) sowie Angriffswaffen (Wasserbomben, zielsuchenden Torpedos, Lenkflugkörpern) ausgerüstet ist.

A|symmetrie, Mangel an → Symmetrie.

A|symmetriefehler, → Abbildungsfehler.

Asymptote *die,* Gerade, die sich einer Kurve beliebig nähert, ohne sie jedoch (im Endlichen) zu erreichen. Beispiele: x- und y-Achse sind A. der Kurve mit der Gleichung $y = (1/x)$. Die Gerade mit der Gleichung $y \equiv 1$ (Parallele zur x-Achse) ist A. der Kurve mit der Gleichung $y = x^2/(x^2 + 1)$.

A|synchronmotor, der meistverwendete → Elektromotor.

A|synchronrechner, Rechner mit völlig asynchronem Betrieb, ohne zentralen Taktgeber; daher entfällt die Totzeit, die durch die verschieden langen Operationen bei festem Taktrhythmus entsteht. Bei digitalen Rechenanlagen werden einzelne Einheiten oft für Asynchronbetrieb eingerichtet. (BILD S. 74)

aszendent heißen in der Geologie aus der Tiefe aufsteigende Lösungen oder Dämpfe und deren mineral. Abscheidungen; Ggs.: deszendent.

at, Einheitenzeichen für die techn. → **At**mosphäre.

At, chem. Symbol für das Element → Astat.

ata, Einheitenzeichen für die techn. → Atmosphäre bei absolutem Druck (veraltet).

Atacamit, wichtiges, grünes Kupfererz $CuCl_2 \cdot 3\ Cu(OH)_2$, u. a. in Chile, Bolivien, Australien, Südafrika.

Atair, auch **Altair,** Stern 1. Größe, α im Sternbild Adler; Entfernung: 16 Lichtjahre.

Atem|alkoholprüfröhrchen, → Alkoholtest.

Atemfilter, → Filtergeräte.

Atemgeräte, Atmungsapparate, 1) Vorrichtungen für künstl. Beatmung, z. B. Eiserne Lunge, Respirator. 2) Hilfsgeräte bei Sauerstoffmangel, für Arbeits- und Rettungszwecke (→ Tauchgeräte, → Atemschutzgeräte, → Höhenatemgeräte).

Atemgifte, in der Luft meist feinverteilte, feste, flüssige oder gasförmige Fremdstoffe, die beim Einatmen über die Lungen in den Körper gelangen und dort schädigend wirken. Unterschieden werden: Schwebstoffe (Staub, Rauch, Aerosole, Nebel), Gase (Phosgen, Chlor, Ammoniak, Kohlendioxid), Dämpfe (Äther, Schwefelkohlenstoff, Benzol). Wirkung auf den Menschen: Erstickende A. setzen den Sauerstoffgehalt unter die notwendige Menge herab, z. B. Methan, Wasserstoff, Stickstoff. A. mit Reiz- und Ätzwirkung wirken auf die Schleimhäute der Atemwege, rufen Reizung der Augen und Haut hervor, z. B. Ammoniak, Chlorwasserstoff, Brom. Atemgifte mit Wirkung auf Blut und Nerven vergiften das Blut, z. B. Anilin.

Atemschutz, Schutz von Menschen und Tieren gegen Einatmung gesundheitsschädlicher Mengen (→ MAK-Wert) von → Atemgiften durch Atemschutzgeräte, Absaug- und Raumbelüftungsanlagen, z. B. am Arbeitsplatz, auf Brand- oder Unfallstellen sowie bei Kriegshandlungen.

Atemschutzgeräte sollen Atmung in nicht atembarer Atmosphäre aufrechterhalten und vor Einwirkungen schädlicher Stoffe schützen. Verwendung im Bergbau unter Tage, in Industriebetrieben, in denen gesundheitsschädl. Konzentrationen von Atemgiften auftreten (→ MAK-Wert), bei Feuerwehren, für Taucher, in der Luftfahrt, zu medizin. Zwecken sowie militärisch. Unterschieden werden: abhängig von der Umgebungsatmosphäre wirkende A. (→ Filtergeräte), unabhängig von der Umgebungsatmosphäre wirkende A.; hierzu zählen Schlauchgeräte (→ Frischluftgeräte und Druckluftschlauchgeräte), Behältergeräte (→ Preßluftatmer), Regenerationsgeräte mit Kreislaufatmung und mit Pendelatmung (→ Sauerstoffschutzgeräte, Mehrstundengeräte, Sauerstoffatmer, → Höhenatemgeräte).

Atemschutzmaske, das Gesicht schützende Vollmaske, dient als Atemanschluß an → Atemschutzgeräte, besteht aus Maskenkörper, Dichtrahmen, Augenfenster, Anschlußstück und Bänderung; Maskenkörper überwiegend aus Gummi gefertigt, Augenfenster aus splittersicherem Kunstharz. Es werden zwei Maskentypen unterschieden: Masken mit Einwegatmung (Pendelatmung, Ein- und Ausatmen über einen Weg) und Masken mit Zweiwegatmung (über Ein- und Ausatemventil).

Äth . . ., in organ. Verbindungen wird internat. Eth . . . geschrieben, z. B. Äther – Ether, ätherisch – etherisch, Äthanol – Ethanol.

Äthan, gasförmiger Kohlenwasserstoff aus der Gruppe der → Alkane. Ä. ist in Erd- und Raffineriegasen enthalten. Verwendung zur Herstellung von Äthylen.

Äthanal, svw. → Acetaldehyd.

1,2-Äthandial, svw. → Glyoxal.

1,2-Äthandiol, svw. → Äthylenglykol.

Äthanol, Äthyl|alkohol, Weingeist, Alkohol, farblose, brennend schmeckende, leicht entzündliche Flüssigkeit mit einem Siede-P. von 78,3 °C und einer D. von 0,789 g/cm³, chem. Formel C_2H_5OH. Ä. ist mit Benzin, Äther, Benzol und Wasser unbegrenzt mischbar. Hochprozentiges Ä. wird auch als **Sprit** bezeichnet. – **Gärungs-Ä.** bildet sich unter dem Einfluß von Hefeenzymen

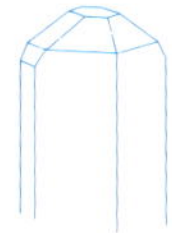

Atacamit

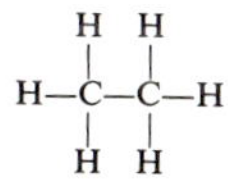

Äthan, C_2H_6

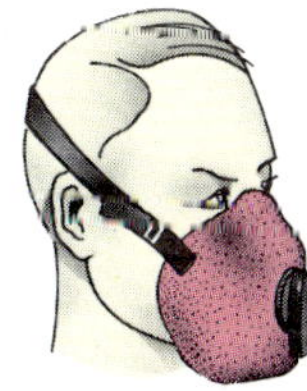

Schwammgummimaske

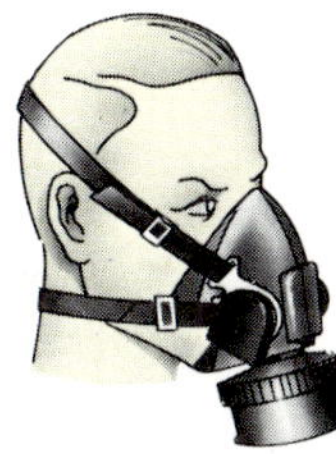

Leichte Halbmaske

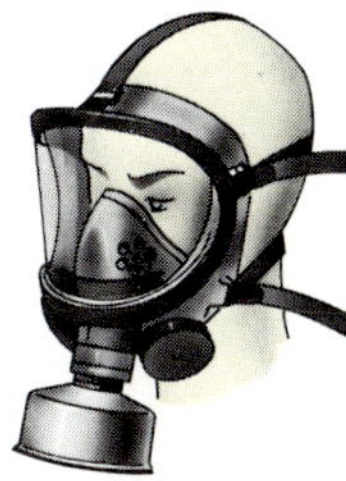

Vollgasmaske

Atemschutzgeräte

Atemschutzgeräte: LINKS Sauerstoffschutzgerät, MITTE Wege der Atemluft (Vollmaske), RECHTS Preßluftatmer

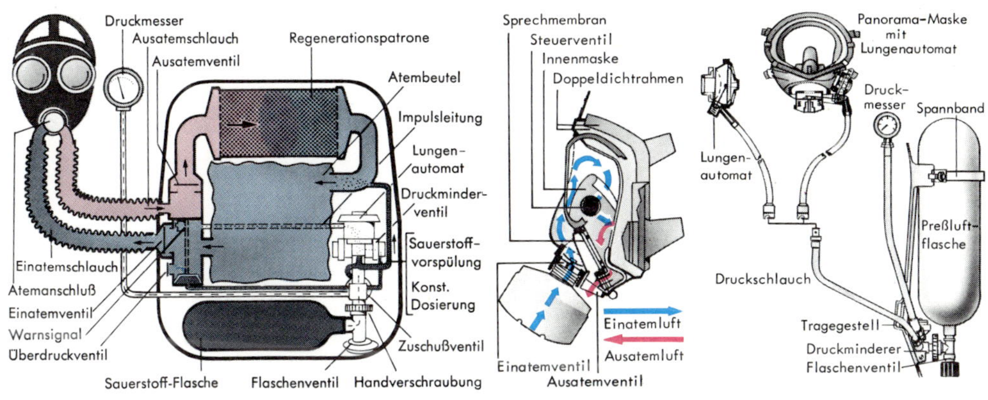

Äthanol: Modellanlage einer Äthanolfabrik zur Erzeugung von Trinkbranntwein aus Kartoffeln oder Getreide

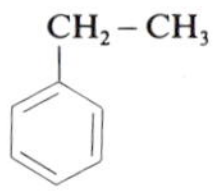

Äthylbenzol

Äthanolamine

$H_2N-CH_2CH_2OH$

Monoäthanolamin

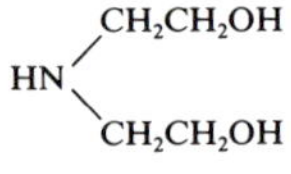

Diäthanolamin

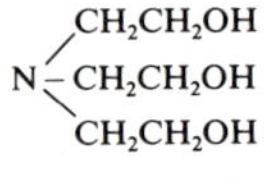

Triäthanolamin

aus vergärbaren Kohlenhydraten (z. B. Glucose, Rohrzucker) nach folgender Gleichung:

$$C_6H_{12}O_6 \longrightarrow 2\,C_2H_5OH + 2\,CO_2.$$

Als Ausgangsstoffe dienen u. a. Zuckerrübenmelasse und Früchte. Gärungs-A. wird v. a. für Genußzwecke und Kosmetika verwendet. Stärke ist nicht direkt vergärbar, nach Aufschluß der stärkehaltigen Rohstoffe (Kartoffeln, Getreide) durch Dämpfen muß diese zunächst durch Enzyme (z. B. aus Malz) zu vergärbaren Zuckern abgebaut werden. Bei der Zellstoffherstellung anfallende Sulfitablauge kann ebenfalls zu Ä. vergoren werden.

Durch Gärung entstehen Lösungen mit höchstens 18% Ä., da die Hefezellen bei höheren Ä.-Gehalten nicht mehr lebensfähig sind. Hochprozentiges Ä. bis maximal 95,6% wird durch → Destillation (Brennen) gewonnen. Zur Herstellung von entwässertem (absolutem) Ä. wird heute überwiegend die → Azeotropdestillation mit Benzol oder Toluol als Schleppmittel angewandt. – **Synthese-Ä.** erhält man durch → Hydratation von Äthylen bei 300 °C an phosphorsäurehaltigen Katalysatoren:

$$CH_2 = CH_2 + H_2O \longrightarrow C_2H_5OH.$$

Synthese-Ä. dient als Lösemittel und zur Herstellung von Estern, Äthern und Acetaldehyd. In der Bundesrep. Dtl. wird Ä. von der Monopolverwaltung für Branntwein vermarktet, die auch den Preis festsetzt. Ä. zu allgemein ermäßigtem Verkaufspreis (steuerfreier Branntwein) muß mit 2-Butanon, Pyridinbasen (z. B. Brennspiritus) u. a. vergällt werden.

Ä. ist ein langsam wirkendes Narkotikum. Da zuerst die Fähigkeiten zur Durchführung erlernter Tätigkeiten und zur Selbstkontrolle gelähmt werden, hat Ä. scheinbar eine anregende Wirkung. Zur Bestimmung des Ä.-Gehaltes in der Atemluft → Alkoholtest.

Äthanol|amine, ölige Flüssigkeiten (Mono-Ä., Tri-Ä.) oder kristalline Stoffe (Di-Ä.), die in Wasser und Äthanol leicht löslich sind. Sie werden durch Reaktion von Äthylenoxid mit Ammoniak hergestellt. Ä. geben mit Fettsäuren Seifen von geringer Alkalität (hautfreundlich), guter Emulgierwirkung und guter Löslichkeit in organ. Lösemitteln. Sie werden deshalb für die Herstellung von Emulsionen zur Textil-, Leder-, und Holzbehandlung verwendet. Ä. dienen auch als Emulsionsbrecher bei Ölbohrungen, Korrosionsinhibitoren und bei der Gasreinigung zur Abtrennung von Schwefelwasserstoff (→ Absorption).

Äthen, svw. → Äthylen.

Äther *der,* **1)** Chemie: organ. Verbindungen der allg. Formel $R_1 - O - R_2$. Ä.-Bindungen treten in vielen Naturstoffen auf, z. B. in Lignin, Zuckern und Stärke. Die Namen der Ä. können aus denen der beteiligten Kohlenwasserstoffgruppen (R_1,R_2) und der Endung -äther oder mit der Bez. -oxy- gebildet werden, z. B.

$$CH_3 - O - CH_2 - CH_3$$

ist Methyl-äthyl-äther oder Methoxyäthan. – Die meisten Ä. sind leicht bewegl., brennbare Flüssigkeiten. Am wichtigsten ist der → Diäthyläther meist kurz als ›Äther‹ bezeichnet. Ä. können aus Alkylhalogeniden und Alkoholaten, z. B.

$$CH_3J + NaOC_2H_5 \longrightarrow CH_3 - O - C_2H_5 + NaJ$$

oder durch Dehydratation von Alkoholen, z. B.

$$2\,C_2H_5OH \longrightarrow C_2H_5 - O - C_2H_5 + H_2O$$

hergestellt werden. – Ä. unterliegen leicht der → Autoxidation, wobei explosive Peroxide gebildet werden. Zykl. Ä. sind u. a. Dioxan, Tetrahydrofuran und die Epoxide. – Ä. werden als Lösemittel verwendet. Vinyl-Ä. sind Monomere für spezielle Kunststoffe.

2) Physik: (hypothetischer) feinster Stoff, von dem man bis ins 19. Jh. annahm, daß er alle Materie durchdringe und den Weltraum erfülle. Auch die elektromagnet. Wellen sollten auf Bewegungen eines solchen Ä. **(Lichtäthers)** beruhen **(Ätherwellen).** Erst die → Relativitätstheorie A. EINSTEINS (1905) ging von der Nichtexistenz des Ä. aus. Die heutige Physik lehrt, daß dem leeren Raum (→ Vakuum) selbst die Eigenschaft zuzuschreiben sei, bestimmte physikal. Zustände anzunehmen.

ätherische Öle, Bez. für alle duftenden Stoffe, die durch physikal., bevorzugt destillative Verfahren aus Pflanzen, Pflanzenteilen oder -exkreten sowie Gewürzen gewonnen werden können. Sie sind Gemische von Alkoholen, Aldehyden, Ketonen, Estern, Lactonen, schwefel- und stickstoffhaltigen Verbindungen und Kohlenwasserstoffen. Ä. Ö. sind u. a. löslich in: Alkohol, Benzin, Benzol, z. T. in Olivenöl, Mineralöl, Glycerin und Chloroform. Geruchsbestimmend sind → Terpene und Sesquiterpene. Viele ä. Ö. sind empfindlich gegen Luftsauerstoff, Licht und Wärme. Einige ä. Ö. gelten als appetitanregend, verdauungsfördernd und schleimlösend. Zur Gewinnung wird meist aus den zerquetschten, geraspelten oder geschnittenen Pflanzenteilen das ä. Ö. durch Wasserdampf destilliert und durch Kühlung vom Destillationswasser getrennt. Ä. Ö. und ihre Bestandteile sind für die Riechstoff-Ind., Pharmazie, Kosmetik und viele Zweige der Lebensmittel-Ind. von großer Bedeutung.

a|therman, a|diatherman, svw. wärmeundurchlässig, v. a. undurchlässig für Wärmestrahlung (Ggs.: **diatherman).** Glas ist a. für Wellenlängen größer als 1,5μm; Ursache für den → Treibhauseffekt.

Äthin, svw. → Acetylen.

Äthyl . . ., Bez. für die vom Äthan abgeleitete einbindige Kohlenwasserstoffgruppe $CH_3 - CH_2 - = C_2H_5$.

Äthyl|alkohol, svw. → Äthanol.

Äthylbenzol, farblose Flüssigkeit, die im techn. Maßstab durch → Alkylierung von Benzol mit Äthylen bei 40–90 °C in Gegenwart von Aluminiumchlorid hergestellt wird. Ä. ist Zwischenprodukt für die Herstellung von Styrol (→ Aromaten).

Äthylcellulose, → Celluloseäther.

Äthylen, Äthen, ungesättigter gasförmiger Kohlenwasserstoff aus der Gruppe der → Alkene und wichtigstes

Zwischenprodukt der →Petrochemie, v. a. zur Herstellung von Kunststoffen; chem. Formel C_2H_4. Ä. wird technisch durch →Steamcracken von Benzin oder Äthan bei etwa 850 °C gewonnen:

$$CH_3-CH_3 \longrightarrow CH_2=CH_2+H_2.$$

Weiterverarbeitung v. a. zu →Polyäthylen (rd. 50%), →Vinylchlorid, →Äthylenoxid, →Styrol und →Acetaldehyd. – Ä. wirkt als Phytohormon auf das Wachstum von Pflanzen, bei Behandlung mit Ä. reifen z. B. grüne Bananen innerhalb weniger Tage.

Äthylendiamin|tetra|essigsäure, engl. **ethylene-diaminetetraacetic acid** [ˈeθɪliːn dˈaɪəmiːnt ˈetrəəsˈetɪk ˈæsɪd], Abk. **EDTA,** kristalline Verbindung, die mit Metallionen wasserlösliche Chelate bildet.

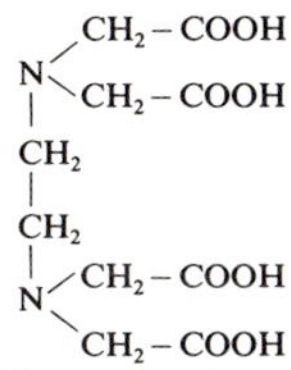

Äthylendiamintetraessigsäure

Äthylen|glykol, 1,2-Äthandiol, Glykol, zähflüssige, süß schmeckende, giftige, mit Wasser mischbare Flüssigkeit. Ä. wird durch Reaktion von Äthylenoxid mit Wasser hergestellt:

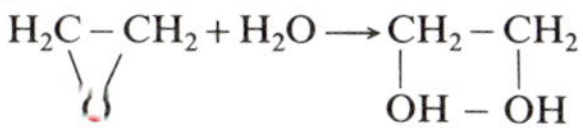

Verwendung als Gefrierschutzmittel in Kraftfahrzeugmotoren und zur Herstellung von Polyestern.

Äthylen|oxid, Oxiran, hautreizende, giftige Flüssigkeit, die technisch durch Oxidation von Äthylen mit Luft oder Sauerstoff bei 250 bis 300 °C an Silberkatalysatoren hergestellt wird. Etwa die Hälfte der produzierten Menge wird zu Äthylenglykol weiterverarbeitet. Weitere Folgeprodukte sind Tenside, Äthanolamine und Glykoläther.

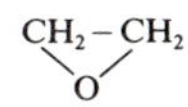

Äthylenoxid

2-Äthylhexanol, Octanol, höherer Alkohol, der technisch über die →Oxosynthese und →Aldoladdition aus Propylen hergestellt wird. Durch Veresterung mit Phthalsäureanhydrid erhält man den wichtigen PVC-Weichmacher **Di-2-äthylhexylphthalat (DOP).**

Atlas, 1) Geographie: *Mz.* **Atlanten,** seit MERCATOR (1595) Bez. für eine Sammlung von Karten in Form von Buch, Mappe oder Hefter. Je nach dargestelltem Bereich gibt es den **Weltraum-, Welt-(Erd-), National-** und **Regional-A.,** je nach Format den **Taschen-, Lexikon-** und **Hand-A.** Wird nur ein besonderes Thema dargestellt (z. B. Klima) liegt ein **Fach-A. (Spezial-A.)** vor. Der Welt-A. (Erd-A.) enthält neben topograph. heute meist auch zahlreiche themat. Karten. Ein National- oder Regional-A. besteht aus solchen themat. Karten, die als Bestandsdarstellung eine wichtige Grundlage raumbezogener Planung bilden. Der **topograph. A.** ist heute die landeskundl. Erläuterung best. Gebiete eines Landes an Hand ausgewählter Kartenausschnitte. Entsprechend gibt ein **Luftbild-A.** Erläuterungen an Hand von Luftbildern.

2) Raketentechnik: frühere ballist. Interkontinentalrakete (IBCM) der amerikan. Luftwaffe, erster Probeabschuß 1957; $1^1/_2$stufig mit drei Flüssigkeitstriebwerken. Seitdem wurden unterschiedl. Ausführungen entwickelt und Weiten über 16000 km erzielt. Die Version **Atlas D** (Länge 25 m, Masse 118000 kg, Startschub 1630 kN) dient auch als Grundstufe für die verschiedensten mehrstufigen Trägerraketen zum Transport von militär. und zivilen Nutzlasten. Die A. brachte 1962 z. B. den ersten amerikan. Astronauten an Bord einer Mercury-Kapsel auf eine Erdumlaufbahn. Verwendete Konfigurationen für unbemannte Satelliten- und Planetensondenprogramme: Atlas SLV 3A/Agena D, Atlas SLV-3C/→Centaur, Atlas SLV-3D/Centaur D-1A, die u. a. 820 kg zum Planeten Venus oder 285 kg zum Jupiter transportieren kann. Bisher wurden einige hundert A.-Starts registriert.

Atlasbindung, 1) Grundbindungsart von Geweben (→Bindung 2). **Kett-A.** hat hohe Kettdichte, **Schuß-A.** hohe Schußdichte. 2) eine Kettengewirkebindung.

Atlas|spat, ein Mineral, →Gips.

atm, Einheitenzeichen für die physikal. →**Atmo**sphäre.

atmophile Elemente, in der Erdatmosphäre vorkommende chem. Elemente (Stickstoff, Sauerstoff, Wasserstoff, Kohlenstoff, Edelgase).

Äthylen

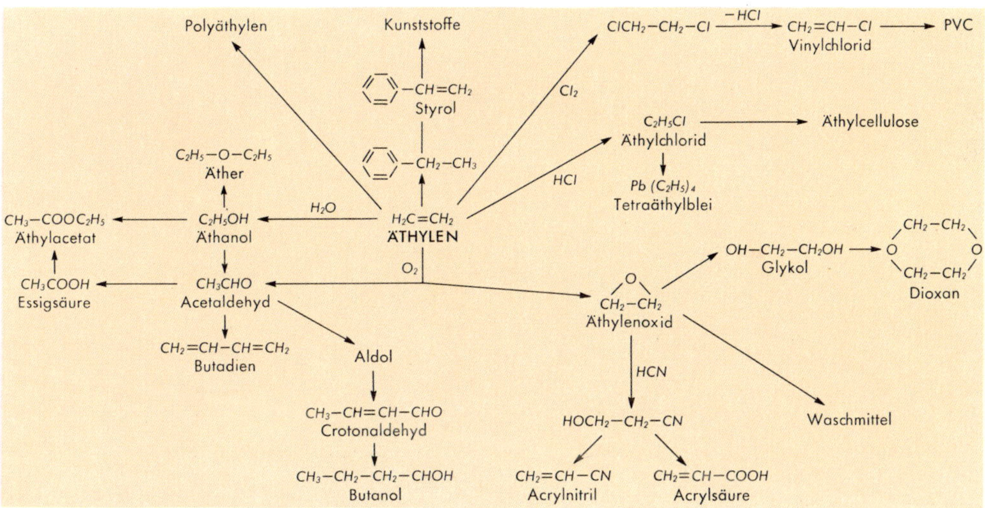

Atmosferics [ætməsf'erɪks, engl.], svw. → Sferics.

Atmosphäre, 1) Einheiten: 1) **physikalische A.,** Einheitenzeichen **atm,** nicht gesetzl. Einheit des Drucks; 1 atm = 760 Torr = 1,01325 bar = 101 325 Pa. 2) **technische A.,** Einheitenzeichen **at,** nicht gesetzl. Einheit des Druckes; 1 at = 1 kp/cm^2 = 0,980665 bar = 98 066,5 Pa. Die nicht mehr zulässigen Bez. atü (ü für Überdruck gegenüber 1 at) und ata (a für den absoluten Druck) widersprechen der Definition von Größen und Einheiten.

2) Geophysik: die Gashülle der Planeten und Fixsterne, die mit deren Entwicklung und Zusammensetzung verbunden und hinsichtlich Masse und Ausdehnung relativ klein ist. Die **Erdatmosphäre** ist die Lufthülle, die die Erde allseitig umgibt. Sie wird durch die Erdanziehung zusammengehalten und steht an ihrer Oberseite in Wechselwirkung mit dem interplanetar. Raum.

Zusammensetzung. Die atmosphär. Luft ist ein Gasgemisch, das im Trockenzustand zu 78,09% (Gewichtsanteil 75,53%) aus Stickstoff, zu 20,95% (23,15%) aus Sauerstoff, zu 0,93% (1,28%) aus Argon, zu 0,03% (0,04%) aus Kohlendioxid, daneben aus Spuren der übrigen Edelgase sowie einiger anderer chem. Stoffe besteht. Der Wasserdampfanteil schwankt zeitlich und örtlich von 0 bis 4 Vol.-%. Stickstoff, Sauerstoff und Kohlendioxid sind für den Ablauf der biolog. Prozesse Voraussetzung; Kohlendioxid und der Wasserdampf bilden den Wärmeschutz der Erde.

Höhe und Gestalt. Es erscheint zweckmäßig, alles zur Erd-A. zu rechnen, was innerhalb des magnet. Hohlraums liegt, der durch die Wirkung des → erdmagnetischen Feldes in der Strömung des → Sonnenwindes ausgespart wird. Innerhalb dieses Raumes rotiert die Lufthülle mit der Erde, im inneren Teil durch Reibungskräfte, im

Atmosphäre 2) 1: Sonnenspektrum und Lufthülle: Die Wellenlängen der Sonnenstrahlung reichen von etwa 1 Å bis 100 km. Die Lufthülle läßt davon nur zwei Bereiche (c_1, c_2) durch: das sichtbare Licht (300 nm bis 2 μm) sowie das kosmische und solare Rauschen (Ultrakurzwellen). Die Durchlässigkeit für die Bereiche b_1 und b_2 ist veränderlich und hängt vom Zustand der Troposphäre (b_1) und der Ionosphäre (b_2) ab. Für die Bereiche a ist die Lufthülle fast völlig undurchlässig. Die zu a_3 gehörige Strahlung wird von der Ionosphäre reflektiert; die Infrarotstrahlung (a_2) wird in der Troposphäre (0 bis 12 km Höhe), die Ultraviolett- und Röntgenstrahlung (a_1) in der Stratosphäre und Ionosphäre größtenteils absorbiert. Die Absorption der Strahlung hängt mit substantiellen Veränderungen der Luft zusammen. So bewirkt die Strahlung mit 170 bis 210 nm die Bildung von Ozon (O_3) in der Stratosphäre (Ozondichte 0,25 Milligramm je Kubikmeter), die Strahlung mit 125 bis 170 nm dissoziiert oberhalb 80 km Höhe den Sauerstoff ($O_2 \rightarrow O + O$), die Strahlung unterhalb 125 nm, insbesondere die intensiven Spektrallinien HL α (1216Å) und He II (304Å), ionisieren O_2 zu O_2^+, N_2 zu N_2^+ und O zu O^+. Dargestellt ist die mittlere Lage der Elektronendichte-Maxima der Ionosphären-Schichten (E, F_1, F_2) mit der Zahl der freien Elektronen je Kubikzentimeter. Die Vorgänge sind sehr verwickelt und manche noch ungeklärt. Die größte Strahlungsintensität der Sonne fällt in den Bereich c_1

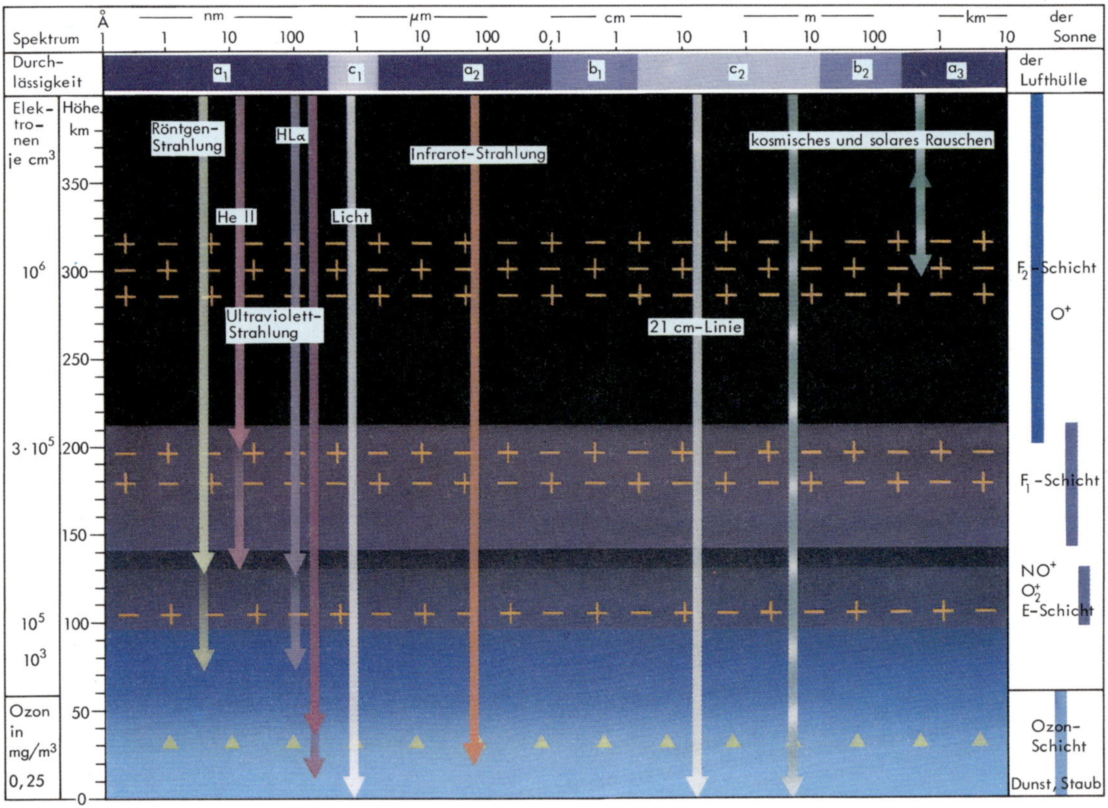

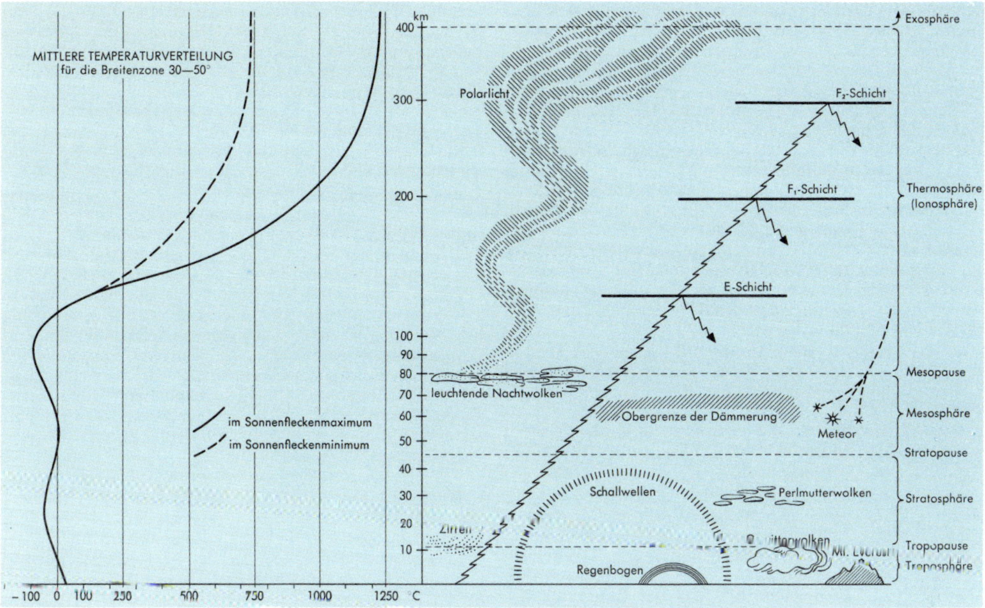

Atmosphäre 2) 2: Aufbau und mittlere Temperaturverteilung der Erdatmosphäre

äußeren durch magnet. Kräfte mitgenommen; außerhalb strömt der Sonnenwind.

Gliederung. Die A. wird 1) nach ihren chem. und elektr. Eigenschaften, 2) nach der Temperaturverteilung, 3) nach ihrer Zusammensetzung eingeteilt:

1) Bis 20 km Höhe existieren in der A. nur Moleküle. Darüber, in der **Ozonschicht** (20 bis 30 km Höhe), wird durch die ultraviolette Sonnenstrahlung der Sauerstoff dissoziiert, und es bildet sich Ozon (O_3). Für den beobachteten Abbau der Ozonschicht werden als → Treibgas verwendete → Fluorkohlenwasserstoffe und die Abgase von Überschallflugzeugen verantwortlich gemacht. – In der **Chemosphäre** (bis etwa 100 km Höhe) werden durch den gleichen Prozeß Wasserdampf und Kohlendioxid in ihre Bestandteile zerlegt. – In der → Ionosphäre (bis etwa 400 km Höhe) überwiegen ab 100 km die Sauerstoffatome gegenüber den Sauerstoffmolekülen. Oberhalb 120 km beginnt sich die A. zu entmischen. Der molekulare Stickstoff nimmt mit der Höhe am schnellsten ab, gefolgt vom atomaren Sauerstoff. Im gleichen Sinn nimmt das mittlere Molekulargewicht der A. ab. – Durch die ionisierende Wirkung der Sonne bilden sich in der Ionosphäre in großer Zahl Elektronen und positive Ionen, die in vier leitenden Schichten **(D-, E-, F_1- und F_2-Schicht)** konzentriert sind. Diese reflektieren Radiowellen.

2) Das Wetter spielt sich größtenteils im unteren Bereich der A., der **Troposphäre,** ab. Durch horizontale und vertikale Durchmischung nimmt in ihr je km in der Höhe die Temperatur um 6 °C ab. Durch den unmittelbaren Strahlungs- und Reibungseinfluß des Erdbodens entsteht eine 1–2 km dicke Grundschicht, auf die sich hauptsächlich der tägl. Temperaturverlauf und der Reibungseinfluß auf den Wind beschränken. Die Obergrenze der Troposphäre, die **Tropopause,** liegt über dem Äquator in etwa 16–17 km Höhe mit Temperaturen zw. – 75 und – 80 °C, über den Polen in etwa 8 km Höhe mit Temperaturen zw. – 40 °C (Sommer) und – 65 °C (Winter). In ihrem Bereich beobachtet man Zonen höchster Windgeschwindigkeit, die → Strahlströme, verbunden mit den stärksten troposphär. Luftmassengegensätzen (→ Frontalzone). In der unteren **Stratosphäre** (etwa 10–20 km Höhe) bleiben die Temperaturen nahezu konstant **(Isothermie)** bei – 50 bis – 60 °C, in den Polarzonen dagegen zw. – 40 °C im Sommer und – 80 °C im Winter. Windgeschwindigkeit und Luftfeuchtigkeit nehmen rasch ab, so daß die Stratosphäre praktisch wolkenfrei ist. Der Luftdruck beträgt in 16–17 km Höhe nur noch ein Zehntel des Bodenwertes. – In der obersten Stratosphäre (50 km Höhe) steigt die Temperatur wegen der Absorption der ultravioletten Sonnenstrahlung durch Ozon an und beträgt an der Stratopause im Maximum + 10 °C. In der **Mesosphäre** nimmt die Temperatur wieder rasch ab, im Bereich der **Mesopause** (80 km Höhe) bis auf – 90 °C. Hier bilden sich die leuchtenden Nachtwolken. In der darüberliegenden **Thermosphäre,** der eine best. Obergrenze fehlt, nimmt die Temperatur wieder zu auf etwa 1 200 °C bei 500 km Höhe. In ihr befindet sich der Van-Allen-Strahlungsgürtel, und in ihr entstehen die Nordlichter.

3) In der bis 85 km reichenden **Homosphäre** hat trokkene Luft etwa die gleiche Zusammensetzung; ihr mittleres Molekulargewicht beträgt 29. In der **Heterosphäre** nimmt der Anteil der leichteren Partikel mit der Höhe zu; das Molekulargewicht verringert sich. Ihr oberer Teil, die **Exosphäre** (ab 400 km Höhe), besteht aus reinem Wasserstoff, der in der **Protosphäre** (ab 800 km Höhe) vollständig, in der **Metasphäre** (von 400 bis 800 km) teilweise ioni-

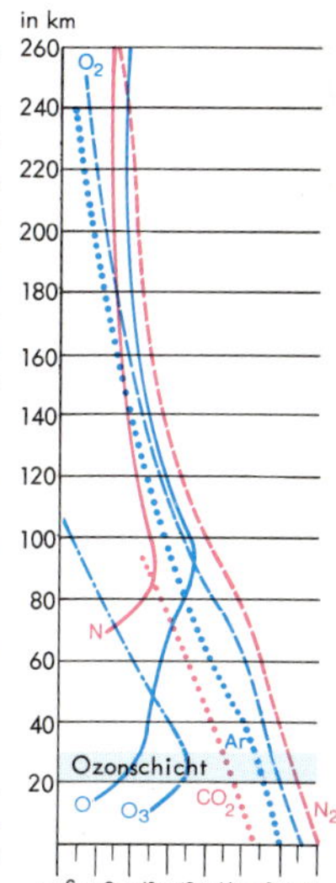

Atmosphäre 2) 3: Zusammensetzung der Luft

siert ist. Aus der Exosphäre können Teilchen mit ausreichend großer Geschwindigkeit in den interplanetar. Raum entweichen. In der **Magnetosphäre** ist das Gas weitgehend ionisiert, alle Bewegungsvorgänge werden daher vom erdmagnet. Feld kontrolliert.

Physikalische Eigenschaften. Die Wärmeleitfähigkeit der Luft ist sehr gering (0,00021 J/Grad·cm·s); Wärmetransport findet daher bes. durch →Austausch statt. Auch die molekulare Reibung ist gering. Ihre Dichte beträgt im Meeresniveau bei 0 °C 1,29 g/l und fällt je 17 km Höhenzunahme jeweils auf ein Zehntel. In 100 km Höhe beträgt sie etwa ein Millionstel des Bodendrucks, oberhalb nehmen Druck und Dichte immer langsamer ab, sind aber von Tages- und Jahreszeit und der Sonnenaktivität abhängig. Die Temperaturen oberhalb 200 km entsprechen den therm. Schwingungen der Neutralgasteilchen, Elektronen und Ionen.

Hb. der Geophysik, Bd. VIII: Physik der A., hg. v. B. GUTENBERG (1961); J. C. G. WALKER: Evolution of the atmosphere (New York 1977); A. R. MEETHAM u. a.: Atmospheric pollution; its history origins and prevention (Frankfurt a. M., 41981).

Atmosphärili|en, die chemisch und physikalisch wirksamen Stoffe in der Atmosphäre, z. B. Sauerstoff, Kohlendioxid, Ammoniak, Salpetersäure und Ozon.

atmosphärische Extinktion, Abschwächung des Sternenlichtes beim Durchgang durch die Erdatmosphäre, verursacht durch Streuung an Luftmolekülen und Dunstteilchen. Sie ist wellenlängenabhängig, nimmt vom Zenit zum Horizont hin zu und ist bei astrophotograph. Messungen zu berücksichtigen. Da der Blauanteil des Sonnenlichts am stärksten gestreut wird, erscheint der Taghimmel blaugefärbt (→Himmelsblau). Steht die Sonne in Horizonthöhe, ist der Weg des Sonnenlichts durch die Atmosphäre bes. lang, d. h., es wird bes. viel kurzwelliges Licht aus dem an sich ›weißen‹ Sonnenlicht herausgestreut, so daß die Sonne im langwelligen Rotlicht zu leuchten scheint.

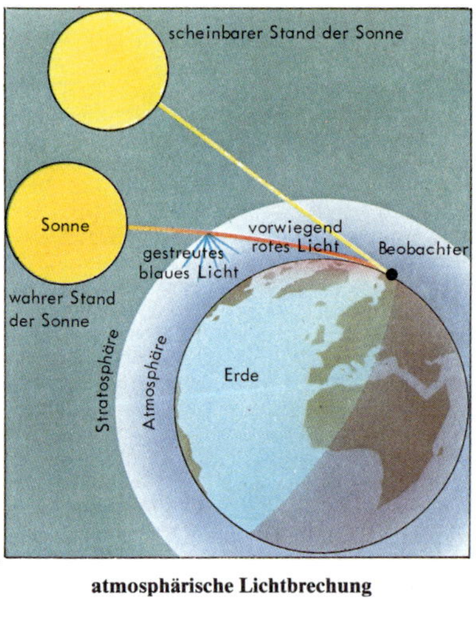

atmosphärische Lichtbrechung

atmosphärische Lichtbrechung, Refraktion, die →Brechung der Lichtstrahlen in der Atmosphäre. Man unterscheidet die **ird. (terrestr.) Refraktion,** bei der es sich um Strahlen zw. ird. Punkten handelt (→Luftspiegelung), und die **astronom. Refraktion,** d. h. die Brechung der Lichtstrahlen von Gestirnen in der Erdatmosphäre, die im Zenit fehlt, aber mit wachsender Zenitdistanz zunimmt und am Horizont 36′ 34″,4 erreicht. Dadurch ›verspätet‹ (›verfrüht‹) sich der Untergang (Aufgang) eines Himmelsobjekts. Da der scheinbare Sonnendurchmesser etwa der Refraktion im Horizont entspricht, ist die Sonne in Wirklichkeit bereits untergegangen, wenn ihr unterer Rand den Horizont berührt (BILD).

atmosphärische Optik umfaßt die atmosphärisch-opt. Erscheinungen wie →Regenbogen, Nebensonnen und →Halos, →Kränze, →Glorie, →Abendrot und →Grüner Strahl. Zur Erklärung dieser Phänomene sind nur elementare Prinzipien der Physik erforderlich, z. B. Brechung, Reflexion, Beugung von Licht (insbesondere an Wassertröpfchen und Eiskriställchen), Interferenz und Streuung. Trotzdem konnten manche dieser Erscheinungen erst in neuester Zeit durch Computersimulationen qualitativ und quantitativ gedeutet werden, weil man es mit einer sehr großen Anzahl von opt. Elementen mikroskop. Dimension zu tun hat, deren aufsummierte gemeinsame Wirkung oft nicht anschaulich und unmittelbar einleuchtend erklärt werden kann.

R. GREENLER: Rainbows, halos and glories (New York 1981).

Atmung, Respiration, Gasaustausch der Lebewesen: Aufnahme von Sauerstoff (O_2) aus der Luft oder dem Wasser und Abgabe von Kohlendioxid (CO_2). In den Zellen des Organismus werden bei der A. energiereiche Substanzen (z. B. Zucker, Fette, Eiweiße) mit Hilfe von Enzymen über Zwischenprodukte stufenweise unter Oxidation durch Sauerstoff (Ggs.: Anaerobiose) abgebaut. Die damit freigesetzte Energie dient zur Aufrechterhaltung der Lebensvorgänge **(Betriebsstoffwechsel)** und zum Wachstum **(Baustoffwechsel).** Endprodukte der A. sind Wasser (H_2O) und Kohlendioxid (CO_2), spurenweise auch Ammoniak. Pflanzen bauen das energieliefernde Substrat für die A. mit Hilfe der →Photosynthese selbst auf, der tier. und menschl. Organismus ist auf die Zufuhr von Nährstoffen angewiesen.

Bei den Pflanzen läuft die A. **(Dissimilation)** neben der Assimilation einher; sie ist deren Umkehrung (A.: O_2-Aufnahme, CO_2-Ausscheidung; Assimilation: CO_2-Aufnahme, O_2-Ausscheidung). Die A. findet in allen lebenden Zellen Tag und Nacht durch Interzellularen oder Durchlüftungsgewebe statt.

Bei Tieren vollzieht sich der Gasaustausch neben der Diffusion durch Zellwände auch durch besondere respirator. Oberflächen (z. B. Lungenbläschen).

Beim Menschen werden die **äußere Lungen-A.** und die **innere Zell-** oder **Gewebe-A.** durch den Blutkreislauf aufrechterhalten. Der Aufnahme des Luftsauerstoffes dient die Lunge. Durch die Lungenbläschen kommt die eingeatmete Luft mit dem Blut in engen Kontakt. Die roten Blutkörperchen, die O_2 und CO_2 transportieren, besitzen eine Oberfläche, die etwa das 2000fache der Körperoberfläche beträgt. Die Verlangsamung des Blutstromes in den Lungenkapillaren ermöglicht eine rasche Aufladung des Blutes mit O_2 und eine schnelle Abgabe des CO_2 aus dem Blut.

Atmungskette, Multienzymsystem der Zellatmung in den Mitochondrien, das durch ›kaskadenartige‹ Elektronen- und Wasserstoffübertragung den Wasserstoff von Substraten aus dem Zitronensäurezyklus schrittweise zu Wasser oxidiert. Dabei frei werdende Energie wird zum Aufbau von Adenosintriphosphat (→Adenosin) und damit des Stoffwechsels verwendet.

Atoll *das,* ringförmige Koralleninsel trop. Meere, wenige Meter über dem Meeresspiegel aufsteigend, umschließt eine seichte Lagune, die durch Riffkanäle mit dem offenen Meer verbunden ist.

Atom *das,* kleinster Teil eines chem. Elements, der mit chem. Mitteln nicht weiter teilbar ist. Ein A. besteht aus einem **Atomkern,** dessen Radius etwa 10^{-12} cm beträgt und der fast die gesamte Masse des A. (99,9%) enthält, und einer aus → Elektronen aufgebauten **Atomhülle.** Der Kern enthält *Z* gleichartige positiv elektrisch geladene → Protonen und *N* elektrisch neutrale → Neutronen (Protonen und Neutronen werden als **Nukleonen** bezeichnet). Beim neutralen A. wird die Elektronenhülle aus *Z* negativ geladenen Elektronen gebildet (BILD 1). *Z* heißt **Kernladungs-** oder **Protonenzahl,** *N* **Neutronenzahl,** *A* **Nukleonen-** oder **Massenzahl** ($A = Z + N$). A.-Arten mit gleichen Kernladungs-, aber verschiedenen Massenzahlen heißen → Isotope (BILD 1, 1). Die natürl. Elemente sind meist Isotopengemische der betreffenden A.-Art. A.-Kerne mit gleicher Neutronen-, aber verschiedener Kernladungszahl heißen **Isotone,** solche mit gleicher Massen-, aber unterschiedl. Neutronen- und Kernladungszahl **Isobare.** Gibt ein A. ein oder mehrere Elektronen ab oder nimmt es zusätzliche auf, z. B. bei einem Stoß, so entsteht ein → Ion, das andere chem. und physikal. Eigenschaften hat als das ursprüngliche A.

Aus mehreren gleichen oder versch. A. können sich durch Umlagerung der Elektronenhüllen **Moleküle** bilden (→ chemische Bindung). Die chem. Eigenschaften der Stoffe beruhen im wesentl. auf der Struktur der Elektronenhüllen ihrer A. und Moleküle. Dichte und Regelmäßigkeit der Anordnung der A. und Moleküle bestimmen den → Aggregatzustand eines Stoffes.

Bisher sind A. mit Kernladungszahlen von 1 bis 107 sowie $Z = 109$ bekannt, d. h. es gibt insgesamt 108 (natürl. und künstl.) chem. Elemente, die z. T. nur eine kurze Lebensdauer haben (→ Transurane). Das leichteste A. ist das des Wasserstoffs mit $Z = 1$, $N = 0$ und der Masse $1{,}6736 \cdot 10^{-24}$ g. Im → Periodensystem sind die A. nach wachsenden Kernladungszahlen geordnet, die auch **Ordnungszahlen** oder **Atomnummern** heißen. Mit Hilfe des Symbols für das betreffende chem. Element, der Protonenzahl *Z* und der Nukleonenzahl *A* läßt sich jeder Atomkern symbolisch in der Form ›$^{A}_{Z}$Symbol‹ darstellen, z. B. $^{1}_{1}$H für den Kern des (leichten) Wasserstoffatoms. Als Maß für die Masse eines Atoms wird häufig die relative → Atommasse (relatives Atomgewicht) angegeben.

Atom 2: Energieniveauschema des H-Atoms mit Hauptquantenzahlen *n* und eingezeichneten Spektralserien

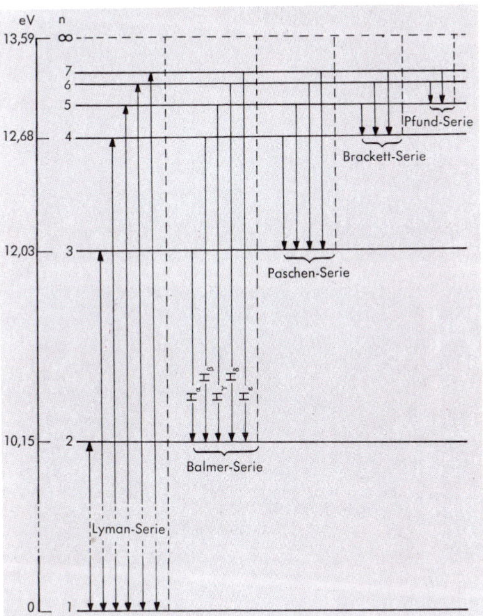

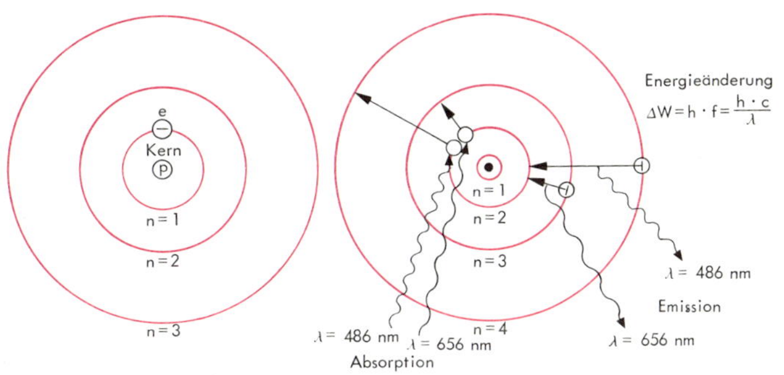

Atom 3: LINKS Einfaches Atommodell; Grundzustand und mögliche Elektronenbahnen. RECHTS Elektronenübergänge (Beispiel aus der Balmer-Serie siehe Bild 2); Sprung von innerer Bahn auf äußere Bahn: Energiezufuhr; Sprung von äußerer Bahn auf innere Bahn: Energieabgabe

ATOMBAU

Die Untersuchung und Beschreibung der Atomkerne ist Aufgabe der → Kernphysik. Die Physik der Elektronenhülle wird als → Atomphysik bezeichnet; für deren Verständnis ist die Theorie des Wasserstoffatoms grundlegend, das als einfachstes Atom nur aus einem Proton und einem Elektron besteht. Das negative Elektron bewegt sich im anziehenden elektr. Feld des positiven Protons, ähnlich wie sich Planeten im Anziehungsbereich der Schwerkraft der Sonne bewegen. Die Bewegungsgesetze des Elektrons sind jedoch nicht durch die Gesetze der klass. Mechanik, sondern durch die der Quantentheorie bestimmt. Eine der wesentl. Folgerungen aus dieser Theorie ist, daß das Elektron nicht – wie es nach der klass. Mechanik der Fall wäre – jede beliebige Energie (kinet. und potentielle Energie) haben kann, sondern daß nur bestimmte diskrete Energiewerte möglich sind. Der Zustand mit der kleinsten Energie heißt **Grundzustand.** In ihm hält sich das Elektron normalerweise auf, so wie eine Kugel unter der Einwirkung der Schwerkraft den tiefsten Punkt einer Mulde aufsucht. Die mögl. Zustände höherer Energie heißen **angeregte Zustände.** Trägt man die mögl. Energieniveaus mit ihren Anregungsenergien neben einer Energieskala auf, erhält man das **Energieniveauschema** des Wasserstoffatoms (BILD 2). Die Energieniveaus sind numeriert, beginnend mit dem Grundzustand, der die Zahl 1 erhält. Diese den Energiezustand charakterisierende Zahl nennt man die **Hauptquantenzahl** *n* des Elektrons. Wenn sich das Elektron z. B. im Zustand mit der Hauptquantenzahl $n = 3$ befindet, so bedeutet das, daß es eine Anregungsenergie von 12,03 eV hat. Mit wachsender Anre-

1

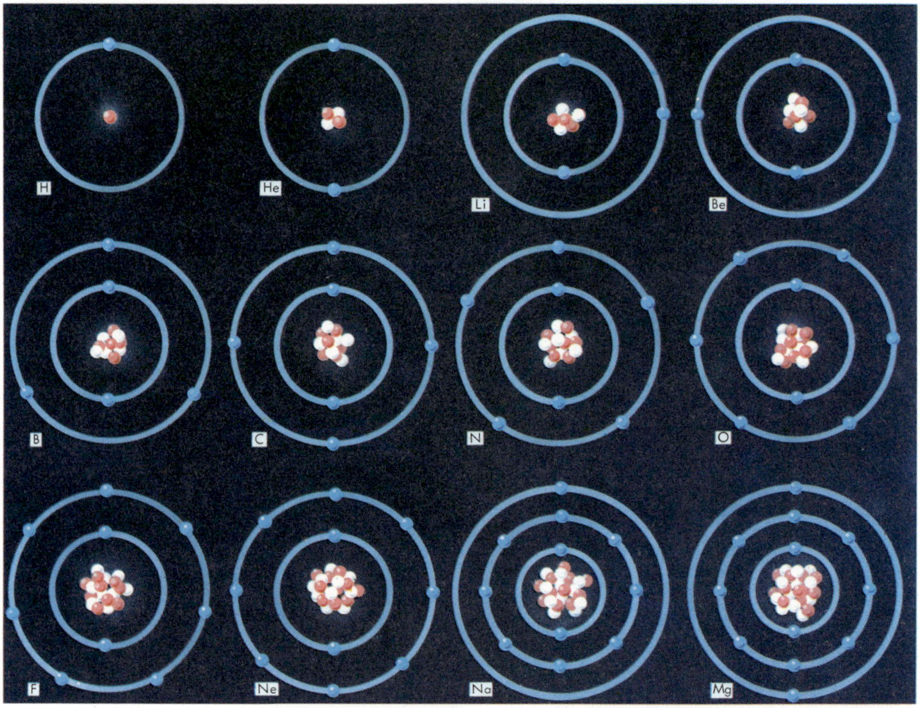

2

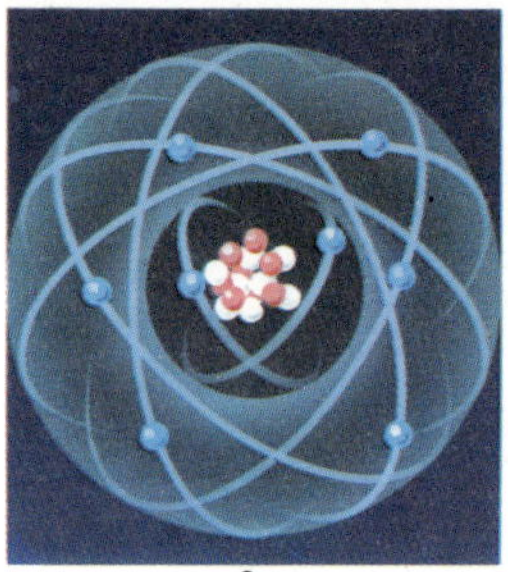

3

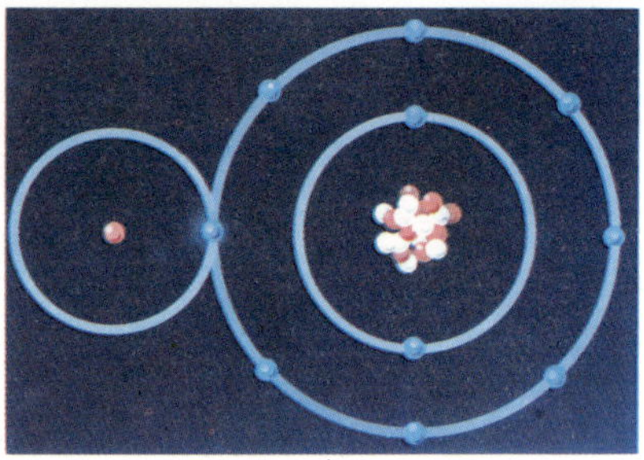

4

Atom 1: 1 Die drei Isotope des Wasserstoffs: links gewöhnlicher, in der Mitte schwerer (Deuterium), rechts überschwerer (Tritium) Wasserstoff (+ Proton, n Neutron, – Elektron). **2** Stark vereinfachte Modelle von Wasserstoff bis Magnesium; bei den Edelgasen Helium und Neon ist jeweils eine Elektronenschale abgeschlossen. **3** Vereinfachtes Bohrsches Modell des Sauerstoffatoms; man unterscheidet die innere Elektronenschale mit zwei und die äußere mit sechs Elektronen. **4** Stark vereinfachtes Molekülmodell der Verbindung Fluorwasserstoff; das Elektron des Wasserstoffatoms vervollständigt die 2 s–2 p-Schale des Fluors zu der des Neons auf die maximale Zahl von acht Elektronen

gungsenergie rücken die Energieniveaus immer enger zusammen, bis sie sich bei 13,59 eV häufen. Ein Elektron, das mehr als 13,59 eV Anregungsenergie erhält, kann sich vom A. losreißen; das A. ist dann ionisiert. Die **Ionisierungsenergie** des Wasserstoffatoms ist also 13,59 eV. Geht ein Elektron von einem höheren angeregten Zustand zu einem tieferliegenden über, so sendet es die dabei freiwerdende Energie i. a. als Licht (elektromagnet. Strahlung) aus. Die Frequenz ν des ausgesandten Lichtes ist dabei durch die **Bohrsche Frequenzbedingung** $E_a - E_e = h \cdot \nu$ bestimmt, wo h das Plancksche Wirkungsquantum und E_a und E_e die Energien des Anfangs- und Endzustandes des Überganges sind (BILD 3).

Durch die mögl. Übergänge von höheren angeregten Zuständen zum gleichen Endzustand entsteht eine Serie von Frequenzen, die im Linienspektrum des Wasserstoffs aufgefunden werden können. Die Übergänge zum Grundzustand z. B. bilden die **Lyman-Serie,** diejenige zum 1. angeregten Zustand (mit der Hauptquantenzahl 2) die **Balmer-Serie** (BILD 4). Die Wellenzahl N ($N = 1/\lambda = \nu/c$, λ Wellenlänge, c Lichtgeschwindigkeit) der durch den betreffenden Übergang **(Quantensprung)** erzeugten Spektrallinie läßt sich in einfacher Weise aus den Hauptquantenzahlen der beteiligten Energiezustände berechnen: $N = R_H\,(1/n_e^2 - 1/n_a^2)$. Dabei sind n_e und n_a die Hauptquantenzahlen des End- und Anfangszustandes und R_H

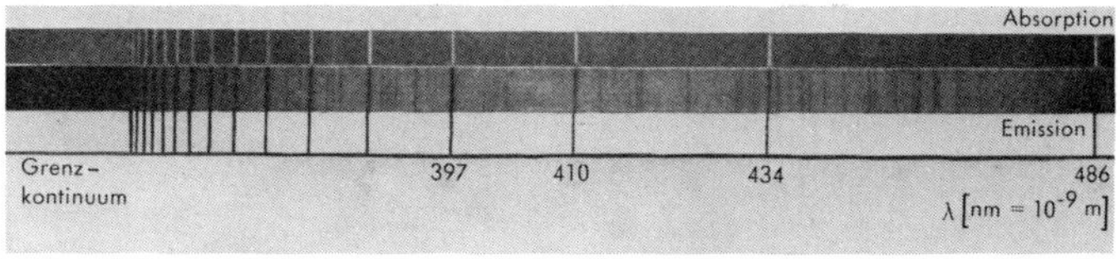

Atom 4: Aufnahme der Balmer-Serie (ohne H_α) in Emission und Absorption in den Spektren der Fixsterne γ Cassiopeiae und α Cygni; darunter Zeichnung der Balmer-Serie des Wasserstoffatoms (nach Pohl)

die → Rydberg-Konstante, die mit Hilfe der Quantentheorie berechenbar ist.

Angeregte A. entstehen z. B. durch Stöße mit anderen A. bei hoher Temperatur, bei Einstrahlung von Licht passender Energie oder beim Einfang eines Elektrons durch ein Ion.

Ein Zustand ist durch die Hauptquantenzahl n i. a. noch nicht vollständig bestimmt; vielmehr kann das Elektron noch versch. Bahndrehimpulse (klassisch das Produkt aus Abstand vom Kern mit der Geschwindigkeit und der Masse des Elektrons) haben. Nach der Quantentheorie kann aber der Bahndrehimpuls nur ein ganzzahliges Vielfaches des (durch 2 π geteilten) Planckschen Wir-

Atom 5: Wellenmechanische ›Bilder‹ des H-Atomelektrons (nach White). Die Helligkeit gibt die Aufenthaltswahrscheinlichkeit des Elektrons an jeder Stelle wieder. (Nach Finkelnburg, Einführung in die Atomphysik)

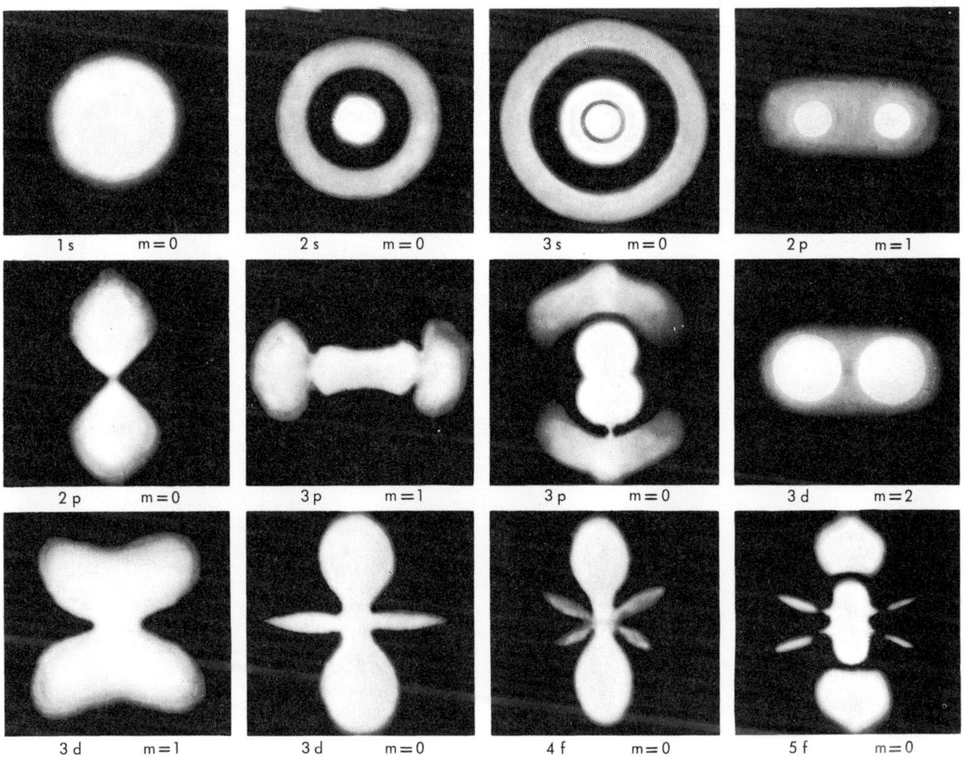

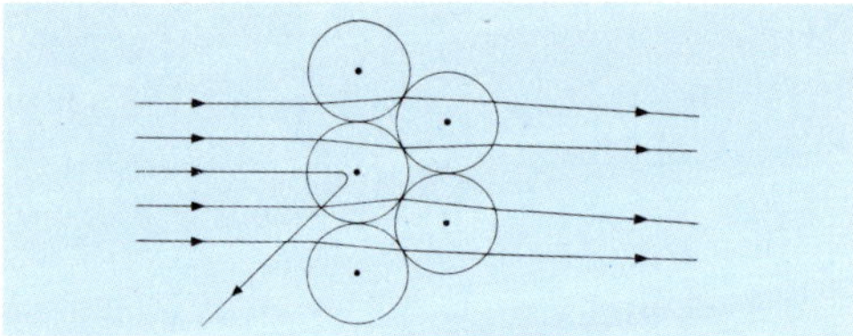

Atom 6: Streuung von α-Teilchen durch die Atome einer dünnen Metallfolie. Aus der geringen Häufigkeit großer Winkelablenkungen läßt sich die Existenz der Atomkerne und ihre Größe relativ zum Gesamtatom erschließen. (Nach Finkelnburg, Einführung in die Atomphysik)

kungsquantums h sein. Dieses Vielfache bezeichnet man als **Bahndrehimpuls-** oder **Nebenquantenzahl** l. Bei gegebener Hauptquantenzahl n darf l nur die Werte 0, 1, 2 usw. bis $n-1$ annehmen. Den Zustand mit $l=0$ bezeichnet man als **s-Zustand,** den mit $l=1$ als **p-Zustand,** die weiteren mit **d, f, g, h** usw. (Die Buchstaben s, p, d, f sind historisch bedingte Abkürzungen für **s**charfe Nebenserie, **P**rinzipalserie, **d**iffuse Nebenserie, **F**undamentalserie, die in der heutigen Theorie ihre ursprüngl. Bedeutung verloren haben.) Der Zustand des Elektrons wird durch die Angabe des Bahndrehimpulses ergänzend gekennzeichnet; z. B. ist der 2p-Zustand derjenige, bei dem sich das Elektron im Zustand mit der Hauptquantenzahl 2 und dem Bahndrehimpuls 1 (mal $h/2\pi$) befindet. Eine weitere Quantenzahl, die **magnetische Quantenzahl** m, ist notwendig, wenn die Existenz eines äußeren Feldes, z. B. eines Magnetfeldes, die Orientierung der ›Bahn‹ des Elektrons gegenüber der Feldrichtung erlaubt. m ist dann ein Maß für die Komponente des Bahndrehimpulses in der Feldrichtung. Auch diese Komponente ist ›gequantelt‹. m kann nur die Werte $m=-l, -l+1, \ldots l-1, l$, zusammen also $2l+1$ versch. Werte annehmen. In einem s-Zustand ($l=0$) ist daher die magnet. Quantenzahl stets gleich Null: die ›Elektronenbahn‹ selbst besitzt keine ausgezeichnete Richtung, sie ist im Mittel kugelsymmetrisch. Für $l=1$ gibt es die drei Werte $m=-1$, $m=0$ und $m=+1$ entsprechend einer antiparallelen, senkrechten und parallelen Einstellung des Bahndrehimpulses relativ zu einer äußeren Feldrichtung. Schließlich kann jedes Elektron noch 2 versch. Spin-Einstellungen (→ Spin) haben, eine parallel zu einer äußeren Richtung ($S_z=+\frac{1}{2}$) und die andere antiparallel dazu ($S_z=-\frac{1}{2}$). Die vier Quantenzahlen n, l, m und S_z reichen zur vollständigen Kennzeichnung des Zustandes des A. aus. Die Energie hängt beim Wasserstoff-A. jedoch nur von n ab. Man sagt, die Zustände im Wasserstoff-A. seien **entartet,** weil mehrere Zustände mit der gleichen Energie existieren. Zu $n=1$ sind z. B. die beiden Zustände $(n, l, m, S_z)=(1, 0, 0, +\frac{1}{2})$ und $=(1, 0, 0, -\frac{1}{2})$ möglich. Für einige weitere Werte der Hauptquantenzahlen n enthält die folgende TABELLE die mögl. Kombinationen der Quantenzahlen l und m:

Atom 7: Verteilung der Elektronen auf die einzelnen Schalen und zugehörige Energieniveaus (schematisch)

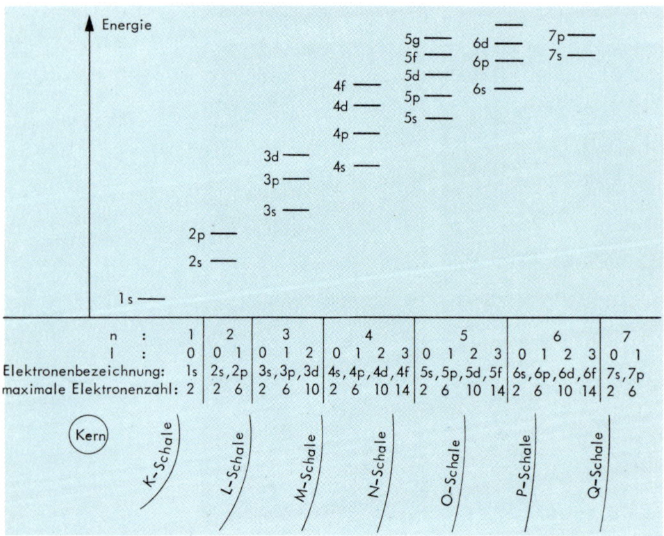

n	l	m	Anzahl der Zustände je l*)	Gesamtzahl der Zustände je n
1	0	0	2	2
2	1	−1 0 1	6	8
	0	0	2	
3	2	−2 −1 0 1 2	10	
	1	−1 0 1	6	18
	0	0	2	
4	3	−3 −2 −1 0 1 2 3	14	
	2	−2 −1 0 1 2	10	32
	1	−1 0 1	6	
	0	0	2	

*) verdoppelt durch Berücksichtigung der beiden möglichen Werte von S_z.

Die fehlende Bahnorientierung in s-Zuständen zeigt, daß die Bewegung des Elektrons um den Kern nicht mit einer ›Planetenbahn‹ veranschaulicht werden kann. Die Quantentheorie beschreibt das Elektron beim Wasserstoff-A. durch eine um den Kern ausgebreitete ›Wolke‹, deren Gestalt und Größe verschieden sind für die versch. Zustände (n, l, m). Die Dichte dieser Wolke an einem best. Ort ist ein Maß für die Wahrscheinlichkeit, mit der das Elektron bei einer Ortsmessung an diesem Ort vorzufinden wäre. Bemerkenswerterweise ist die Wahrscheinlichkeitsverteilung des Elektrons im Grundzustand (1 s-Zustand) eine kugelsymmetr. Verteilung mit dem Maximum in der Mitte, also am Kernort. Wahrscheinlichkeitsverteilungen einer Reihe von Quantenzuständen sind in BILD 5 veranschaulicht. Jede dieser Wahrscheinlichkeitsverteilungen kann aus den Lösungen der fundamentalen Gleichung der quantenmechan. A.-Theorie, der → Schrödinger-Gleichung, gewonnen werden. Sie liefert für das Wasserstoff-A. nicht nur die räuml. Verteilung der Aufenthaltswahrscheinlichkeit des Elektrons, sondern auch die zugehörigen Quantenzahlen.

Wesentlich für das Verständnis des Aufbaus der A. mit mehr als einem Elektron ist das → Pauli-Prinzip. Es besagt, daß in einem atomaren System keine zwei Elektronen in allen vier Quantenzahlen n, l, m und S_z übereinstimmen dürfen. Je mehr Elektronen im A. vorhanden sind, um so mehr Zustände sind ›besetzt‹. Insbes. sind beim Helium, das die Kernladung 2 hat, beide zu $n=1$ gehörenden Zustände $(1, 0, 0, +\frac{1}{2})$ und $(1, 0, 0, -\frac{1}{2})$ belegt. Das beim Lithium hinzukommende dritte Elektron muß also in der zu $n=2$ gehörigen **Schale** Platz nehmen. Diese Schale hat

Atom: Verteilung der Elektronen auf die einzelnen Schalen

Atom-Nr. Z	Element	chem. Symbol	Schalen K $n=1$ s	L $n=2$ s	p	M $n=3$ s	p	d	N $n=4$ s	p	d	O $n=5$ s	p
1	Wasserstoff	H	1										
2	Helium	He	2										
3	Lithium	Li	2	1									
4	Beryllium	Be	2	2									
5	Bor	B	2	2	1								
6	Kohlenstoff	C	2	2	2								
7	Stickstoff	N	2	2	3								
8	Sauerstoff	O	2	2	4								
9	Fluor	F	2	2	5								
10	Neon	Ne	2	2	6								
11	Natrium	Na	2	2	6	1							
12	Magnesium	Mg	2	2	6	2							
13	Aluminium	Al	2	2	6	2	1						
14	Silicium	Si	2	2	6	2	2						
15	Phosphor	P	2	2	6	2	3						
16	Schwefel	S	2	2	6	2	4						
17	Chlor	Cl	2	2	6	2	5						
18	Argon	A	2	2	6	2	6						
19	Kalium	K	2	2	6	2	6		1				
20	Calcium	Ca	2	2	6	2	6		2				
21	Scandium	Sc	2	2	6	2	6	1	2				
22	Titan	Ti	2	2	6	2	6	2	2				
23	Vanadium	V	2	2	6	2	6	3	2				
24	Chrom	Cr	2	2	6	2	6	5	1				
25	Mangan	Mn	2	2	6	2	6	5	2				
26	Eisen	Fe	2	2	6	2	6	6	2				
27	Kobalt	Co	2	2	6	2	6	7	2				
28	Nickel	Ni	2	2	6	2	6	8	2				
29	Kupfer	Cu	2	2	6	2	6	10	1				
30	Zink	Zn	2	2	6	2	6	10	2				
31	Gallium	Ga	2	2	6	2	6	10	2	1			
32	Germanium	Ge	2	2	6	2	6	10	2	2			
33	Arsen	As	2	2	6	2	6	10	2	3			
34	Selen	Se	2	2	6	2	6	10	2	4			
35	Brom	Br	2	2	6	2	6	10	2	5			
36	Krypton	Kr	2	2	6	2	6	10	2	6			
37	Rubidium	Rb	2	2	6	2	6	10	2	6		1	
38	Strontium	Sr	2	2	6	2	6	10	2	6		2	
39	Yttrium	Y	2	2	6	2	6	10	2	6	1	2	
40	Zirkon	Zr	2	2	6	2	6	10	2	6	2	2	
41	Niob	Nb	2	2	6	2	6	10	2	6	4	1	
42	Molybdän	Mo	2	2	6	2	6	10	2	6	5	1	
43	Technetium	Te	2	2	6	2	6	10	2	6	6	1	
44	Ruthenium	Ru	2	2	6	2	6	10	2	6	7	1	
45	Rhodium	Rh	2	2	6	2	6	10	2	6	8	1	
46	Palladium	Pd	2	2	6	2	6	10	2	6	10		
47	Silber	Ag	2	2	6	2	6	10	2	6	10	1	
48	Cadmium	Cd	2	2	6	2	6	10	2	6	10	2	
49	Indium	In	2	2	6	2	6	10	2	6	10	2	1
50	Zinn	Sn	2	2	6	2	6	10	2	6	10	2	2
51	Antimon	Sb	2	2	6	2	6	10	2	6	10	2	3
52	Tellur	Te	2	2	6	2	6	10	2	6	10	2	4
53	Jod	I	2	2	6	2	6	10	2	6	10	2	5
54	Xenon	Xe	2	2	6	2	6	10	2	6	10	2	6

Atom-Nr. Z	Element	chem. Symbol	Schalen (K-, L-, M-Schalen vollbesetzt) N $n=4$ s	p	d	f	O $n=5$ s	p	d	f	P $n=6$ s	p	d	Q $n=7$ s
55	Cäsium	Cs	2	6	10		2	6			1			
56	Barium	Ba	2	6	10		2	6			2			
57	Lanthan	La	2	6	10		2	6	1		2			
58	Cer	Ce	2	6	10	2	2	6			2			
59	Praseodym	Pr	2	6	10	3	2	6			2			
60	Neodym	Nd	2	6	10	4	2	6			2			
61	Promethium	Pm	2	6	10	5	2	6			2			
62	Samarium	Sm	2	6	10	6	2	6			2			
63	Europium	Eu	2	6	10	7	2	6			2			
64	Gadolinium	Gd	2	6	10	7	2	6	1		2			
65	Terbium	Tb	2	6	10	9	2	6			2			
66	Dysprosium	Dy	2	6	10	10	2	6			2			
67	Holmium	Ho	2	6	10	11	2	6			2			
68	Erbium	Er	2	6	10	12	2	6			2			
69	Thulium	Tm	2	6	10	13	2	6			2			
70	Ytterbium	Yb	2	6	10	14	2	6			2			
71	Lutetium	Lu	2	6	10	14	2	6	1		2			
72	Hafnium	Hf	2	6	10	14	2	6	2		2			
73	Tantal	Ta	2	6	10	14	2	6	3		2			
74	Wolfram	W	2	6	10	14	2	6	4		2			
75	Rhenium	Re	2	6	10	14	2	6	5		2			
76	Osmium	Os	2	6	10	14	2	6	6		2			
77	Iridium	Ir	2	6	10	14	2	6	9					
78	Platin	Pt	2	6	10	14	2	6	9		1			
79	Gold	Au	2	6	10	14	2	6	10		1			
80	Quecksilber	Hg	2	6	10	14	2	6	10		2			
81	Thallium	Tl	2	6	10	14	2	6	10		2	1		
82	Blei	Pb	2	6	10	14	2	6	10		2	2		
83	Wismut	Bi	2	6	10	14	2	6	10		2	3		
84	Polonium	Po	2	6	10	14	2	6	10		2	4		
85	Astatin	At	2	6	10	14	2	6	10		2	5		
86	Radon	Rn	2	6	10	14	2	6	10		2	6		
87	Francium	Fr	2	6	10	14	2	6	10		2	6		1
88	Radium	Ra	2	6	10	14	2	6	10		2	6		2
89	Actinium	Ac	2	6	10	14	2	6	10		2	6	1	2
90	Thorium	Th	2	6	10	14	2	6	10		2	6	2	2
91	Protactinium	Pa	2	6	10	14	2	6	10	2	2	6	1	2
92	Uran	U	2	6	10	14	2	6	10	3	2	6	1	2
93	Neptunium	Np	2	6	10	14	2	6	10	4	2	6	1	2
94	Plutonium	Pu	2	6	10	14	2	6	10	6	2	6		2
95	Americium	Am	2	6	10	14	2	6	10	7	2	6		2
96	Curium	Cm	2	6	10	14	2	6	10	7	2	6	1	2
97	Berkelium	Bk	2	6	10	14	2	6	10	8	2	6	1	2
98	Californium	Cf	2	6	10	14	2	6	10	10	2	6		2
99	Einsteinium	Es	2	6	10	14	2	6	10	11	2	6		2
100	Fermium	Fm	2	6	10	14	2	6	10	12	2	6		2
101	Mendelevium	Mv	2	6	10	14	2	6	10	13	2	6		2
102	Nobelium	No	2	6	10	14	2	6	10	14	2	6		2
103	Lawrencium	Lw	2	6	10	14	2	6	10	14	2	6	1	2

8 Quantenzustände, ist also erst beim Element Neon mit der Kernladungszahl 10 voll besetzt. Die zu $n=1$ gehörige Schale heißt **K-Schale;** die zu $n=2$ gehörige **L-Schale** usw. (ÜBERSICHT). Elemente, bei denen in der Folge der Besetzung der Quantenzustände ein Schalenabschluß erreicht wird, sind chemisch besonders träge (Edelgase). Das Periodensystem der Elemente wird damit aus der Besetzungsfolge der Quantenzustände auf Grund des Pauli-Prinzips verständlich (ÜBERSICHT). Die genaue Ausrechnung der Wahrscheinlichkeitsverteilung der einzelnen Elektronen ist auch bei schweren Kernen mit vielen Elektronen im Prinzip möglich; das Problem ist jedoch wegen der gegenseitigen Beeinflussung der einzelnen Elektronen recht kompliziert. Man benutzt daher gelegentlich statistische Methoden, wie die Beschreibung der Elektronenhülle als Fermi-Gas **(Thomas-Fermi-Modell).** Das wichtigste ex-

perimentelle Hilfsmittel zur Erforschung des A.-Baues ist die →Spektroskopie. Weitere Erkenntnisse über den Atombau liefern die Erzeugung und Untersuchung von →exotischen Atomen (d. h. A. mit anderen Bestandteilen als gewöhnl. A.), Quasiatomen (d. h. A., die kurzzeitig durch die Bildung einer gemeinsamen Elektronenhülle bei der Kollision hochbeschleunigter Ionen entstehen können, →Quasimoleküle) und →Rydberg-Atomen (d. h. hochangeregten A.).

ATOMMODELLE

Der Begriff A. und die Frage nach der atomistischen Struktur der Materie traten bereits im Altertum auf (→Atomistik). Die ersten physikalisch begründeten Hinweise auf die Existenz der A. erhielt man, als J. DALTON 1808 erkannte, daß sich die chem. Elemente nur in ganz best. Massenverhältnissen zu Verbindungen vereinigen, was durch Zusammenbau aus gleichartigen kleinen Teilchen erklärt werden konnte. Die kinetische Gastheorie (R. J. E. CLAUSIUS, J. C. MAXWELL, L. BOLTZMANN) zur Aufklärung der therm. Eigenschaften der Materie gab ebenfalls einen deutl. Hinweis auf die atomist. Struktur der Materie und führte zum einfachsten Atommodell, bei dem die Atome als kleine, kugelförmige, gleichmäßig mit Materie erfüllte, vollkommen elastische Gebilde angesehen werden **(Kugelmodell, Dalton-Atommodell).**

Die Untersuchungen des Atombaus begannen mit den Versuchen E. RUTHERFORDS zur Streuung von Alphateilchen an Folien (BILD 6) und P. LENARDS über den Durchgang von Elektronenstrahlen durch Materie. Sie führten Lenard 1903 zur Vorstellung, daß die Masse der A. auf räumlich sehr kleine Zentren konzentriert sein müsse **(Dynamidentheorie).** J. J. THOMPSON schlug 1904 ein elektrisch neutrales Modell aus einer kugelförm. positiven Ladungsverteilung und darin bewegl. negativen Ladungen (Elektronen) vor **(Thompson-Atommodell).** Das von Rutherford 1911 auf Grund seiner Untersuchungen entwickelte **Rutherfordsche Atommodell** [rʼʌðəfəd-] ging davon aus, daß die gesamte positive Atomladung und fast die gesamte Atommasse auf einen Bereich von etwa 10^{-14} m ∅, dem Atomkern, im Mittelpunkt des A. konzentriert ist, während sich die negativ geladenen Elektronen in einem Abstand von maximal rd. 10^{-10} m um den Kern bewegen und die Atomhülle bilden. Danach ist der größte Teil eines Atoms leerer Raum. Nach den Vorstellungen der klass. Physik ist ein solches Gebilde instabil, weil die durch die Coulomb-Kräfte im Atomverband gehaltenen Elektronen sich auf gekrümmten Bahnen bewegen und damit ständig einer →Beschleunigung unterliegen und somit (als Träger beschleunigter Ladungen) ständig Energie in Form von elektromagnet. Wellen abstrahlen müßten. Bereits nach 10^{-6} s müßten sie auf spiralförmigen Bahnen in den Kern stürzen. Die allermeisten Atome sind jedoch beständig.

N. BOHR löste 1913 diesen Widerspruch, indem er von der klass. Physik abweichende Postulate für die Vorgänge innerhalb der Atomhülle aufstellte **(Bohrsches Atommodell).** Nach dem **1. Bohrschen Postulat** bewegen sich die Elektronen ohne Energieabgabe (strahlungsfrei) auf Kreisbahnen mit best., fest vorgegebenen Radien und können nur best. diskrete Energiewerte annehmen. Nach dem **2. Bohrschen Postulat** (Bohrsche Frequenzbedingung) werden beim Sprung eines Elektrons von einer Energiestufe auf eine andere (Quantensprung) Strahlungsquanten absorbiert und emittiert. Um auch die Feinstruktur im Energieniveauschema des Wasserstoffatoms erklären zu können, erweiterte A. SOMMERFELD 1915 das Bohrsche Modell zum **Bohr-Sommerfeldschen Modell.** Er nahm an, daß sich Elektronen außer auf Kreis- auch auf Ellipsenbahnen bewegen können und berücksichtigte die relativist. Massenzunahme der Elektronen. Die ältere Quantentheorie versagte jedoch bei der Beschreibung von A. mit mehreren Elektronen. Dies gelang erst durch die Einführung der →Quantenmechanik. Dabei beschreiben die sich als Lösung der →Schrödinger-Gleichung ergebenden →Wellenfunktionen das Verhalten der Elektronen. Der klass. Begriff der ›Bahn‹ eines Elektrons wird sinnlos, weil der Ort eines Elektrons nicht mehr genau vorhersagbar ist. Es läßt sich nur eine durch das Betragsquadrat der Wellenfunktion festgelegte Aufenthaltswahrscheinlichkeit des Elektrons angeben **(quantenmechan. Atommodell).** Im **Schrödingerschen Atommodell (wellenmechan. Atommodell)** wurde das Betragsquadrat der Wellenfunktion anschaulicher als die den Raum kontinuierlich erfüllende Ladungsdichte interpretiert (→Wellenmechanik).

W. FINKELNBURG: Einführung in die A.-Physik ([12]1976); E. W. SCHPOLSKI: A.-Physik (a. d. Russ., Berlin-Ost, [15]1979); H. HAKEN: A.- u. Quantenphysik (1980); T. MAYER-KUCKUK: A.-Physik, eine Einführung (1980); W. DÖRING: A.-Physik u. Quantenmechanik (1981).

Atom . . ., in zusammengesetzten Begriffen oft ungenau für →Kern . . .; z. B. Atomreaktor statt Kernreaktor; Atomenergie statt Kernenergie.

Atom|absorptions|spektro|skopie, Abk. **AAS,** chem. Analysenverfahren, das auf der Wechselwirkung zw. Atomen im dampfförmigen Zustand und elektromagnet. Strahlung beruht. In der Dampfphase vorliegende Atome absorbieren die elektromagnet. Strahlung der Wellenlänge, die sie im angeregten Zustand aussenden. Wird durch eine Atomwolke ein Lichtstrahl definierter Wellenlänge gesendet, so ist die Elementkonzentration in der Atomdampfwolke der Absorption proportional. – I. d. R. werden nur einzelne Elemente mit der A. nachgewiesen.

Atom|abstand, Kern|abstand, Entfernung der Ruhelagen von Atomkernen in einem Molekül oder in Kristallgittern.

atomare Masseneinheit, kurz für **vereinheitlichte atomare Masseneinheit,** Einheitenzeichen **u,** der zwölfte Teil der Masse eines Atoms des Nuklids ^{12}C; $1\,u = 1{,}660\,565\,5 \cdot 10^{-27}$ kg; gesetzl. Einheit.

Atombatterie, die →Isotopenbatterie.

Atombindung, Art der →chemischen Bindung.

Atombombe, →Kernwaffen.

Atombrenner, veraltet für Kernreaktor.

Atom|energie, nicht exakte Bez. für **Atomkernenergie,** die →Kernenergie.

Atomfluoreszenz|spektro|skopie, Abk. **AFS,** beruht auf der Absorption elektromagnet. Strahlung von Atomen und Molekülen, so daß diese in einen angeregten Zustand übergehen. Durch Emission von Strahlen gleicher Wellenlänge fallen sie in den Grundzustand zurück (→Fluoreszenzspektroskopie). Die A. ist empfindlicher als die →Atomabsorptionsspektroskopie.

Atomgewicht, →Atommasse.

Atomgitter, Kristallstrukturen, deren Gitterpunkte von elektrisch neutralen Atomen besetzt sind, die durch homöopolare Hauptvalenzkräfte (→chemische Bindung) zusammengehalten werden, i. Ggs. etwa zu →Ionengittern und →Molekülgittern. A. treten z. B. auf beim Diamant, bei vielen Oxiden und Sulfiden und ähnl. Verbindungen. Metallgitter sind hiernach keine A., obwohl sie manchmal als solche bezeichnet werden.

Atomisierungswärme, → Dissoziation.

Atomistik, Atomismus, die im antiken Griechenland im 5. Jh. v. Chr. von LEUKIPP und DEMOKRIT begründete naturphilosoph. Lehre, nach der das Naturgeschehen von einer Vielzahl kleinster unteilbarer Teilchen **(Atome)** verursacht ist. J. DALTON, der die Atome als gleichartige kugelförmige Teilchen auffaßte, die von Element zu Element sich nur durch ihr Atomgewicht unterscheiden, leitete zu Beginn des 19. Jh. die **chem. A.** ein, die von J. J. BERZELIUS durch genaue Atomgewichtsbestimmungen gefördert wurde. In den sechziger Jahren des 19. Jh. wurde die A. in der Physik durch die kinet. Gastheorie untermauert. Die Erkenntnis, daß Atome eine innere Struktur besitzen, führte schließlich zur Atomphysik (Physik der Atomhülle), zur Kernphysik (Physik des Atomkerns) und zur Elementarteilchenphysik.

Atomkern, → Atom.

Atomkraftwerk, nicht exakte Bez. für → Kernkraftwerk.

Atom|masse, verschieden gebrauchter Begriff in Chemie und Physik. **1) relative A.,** häufig noch als **Atomgewicht** bezeichnet, Formelzeichen A_r, dimensionslose Verhältniszahl, die angibt, wie groß die Masse eines Atoms im Vergleich zu einem Zwölftel der A. des Kohlenstoffisotops ^{12}C ist. Da das Element Kohlenstoff eine geringe Menge des Isotops ^{13}C enthält, ist die relative A. des Kohlenstoffs 12,01115. Viele chem. Elemente sind Gemische von → Isotopen, deshalb weichen ihre relativen A. mehr oder weniger stark von ganzen Zahlenwerten ab. Die heutige, seit 1. 1. 1962 gültige Festlegung der relativen A. wurde gemeinsam von Chemikern und Physikern getroffen. – Früher wurden die relativen A. auf die natürl. Isotopengemische bezogen **(chemisches Atomgewicht),** zunächst, indem man das Atomgewicht des Wasserstoffs gleich 1,00 . . .00 setzte; danach ging man aus prakt. Gründen zum Sauerstoff über, dem man als Element das Atomgewicht 16,00 . . .00 zuschrieb. Nach Entdeckung der Isotopen wurde eine Verfeinerung des Begriffes Atomgewicht gefordert. Man führte das **physikal. Atomgewicht** ein, das zunächst auf das Sauerstoffisotop ^{16}O mit einem auf 16,00 . . . 00 festgelegten Atomgewicht bezogen wurde. – Die auf chem. Wege bestimmte relative A. eines Elements stellt die mittlere relative A. aller beteiligten Isotope dar. Isotopenmassen und Isotopenhäufigkeiten lassen sich mit dem Massenspektrometer sehr genau bestimmen. Die aus solchen Bestimmungen berechneten mittleren relativen A. der Elemente stimmen mit den auf chem. Wege ermittelten überein.

2) absolute A., Masse eines Atoms, Formelzeichen m_a, wobei $m_a = A_r \cdot m_u$ gilt. m_u ist die **(vereinheitlichte) Atommassenkonstante,** $m_u = m_a(^{12}C)/12$, wobei zw. der physikal. Größe m_u und der → atomaren Masseneinheit u der Zusammenhang $m_u = 1u$ $(= 1{,}6605655 \cdot 10^{-27} kg)$ besteht.

Atom|meiler, svw. → Kernreaktor.

Atom|modelle, → Atom.

Atom|müll, svw. radioaktiver Abfall (→ Entsorgung).

Atomnummer, svw. → Ordnungszahl.

Atom|orbitale, → Orbitale von Atomen.

Atomphysik, Teilgebiet der Physik, das etwa um 1900 entstand und sich mit den → Atomen und allen mit dem Atomkonzept erklärbaren physikal. Erscheinungen befaßte. Heute versteht man unter A. i. a. die Physik der Atomhülle und der in ihr ablaufenden Vorgänge, während die Physik der Atomkerne als → Kernphysik bezeichnet wird.

Atomprozent, veraltetes Konzentrationsmaß, welches das Verhältnis der Anzahl der Atome (Mole) eines best. Elements zur Gesamtzahl der in einer Mischung vorhandenen Atome (Mole) in Prozent ausdrückt.

Atomradius. Ein fester Radius läßt sich für ein einzelnes → Atom nicht angeben, da nach der Quantenmechanik die Wahrscheinlichkeitswolke der Hüllenelektronen grundsätzlich bis ins Unendliche reicht. Treten im festen Zustand Atome in → Atomgittern auf, so lassen sich A. aus den gegenseitigen Atomabständen berechnen, wenn man die Atome als starre, sich berührende Kugeln ansieht (→ Ionenradien).

Atomrakete, 1) Rakete mit atomarem Sprengkopf (→ Kernwaffen). 2) **Kernenergierakete,** (noch nicht realisierte) Rakete mit → Kernenergieantrieb.

Atomreaktor, nicht exakte Bez. für → Kernreaktor.

Atomrümpfe entstehen aus Atomen durch Abspaltung der äußeren, in den nicht abgeschlossenen Elektronschalen befindl. Elektronen, der **Leuchtelektronen (Valenzelektronen).** Die Elektronen der A. heißen **Rumpfelektronen.** Die positiv geladenen Gitterionen von Metallgittern sind z. B. solche Atomrümpfe.

Atomspektrum, das durch freie Atome emittierte oder absorbierte → Spektrum, für das scharfe Spektrallinien bei best., für jedes Atom charakterist. Wellenlängen typisch sind.

Atomstrahlen, gebündelte Strahlen aus fast parallel verlaufenden, schnell bewegten neutralen Atomen. Man erhält sie beim Verdampfen eines Metalls im Vakuum und läßt sie durch eine enge Öffnung austreten.

Atomstrahlresonanzmethode, Rabi-Methode, von I. I. RABI [* 1898] entwickeltes Verfahren der → Hochfrequenzspektroskopie für Präzessionsmessungen der magnet. Dipol- und Oktupol- sowie der elektr. Quadrupolmomente von Atomkernen. Dazu durchläuft ein Atomstrahl im Hochvakuum hintereinander ein star-

Atomstrahlresonanzmethode

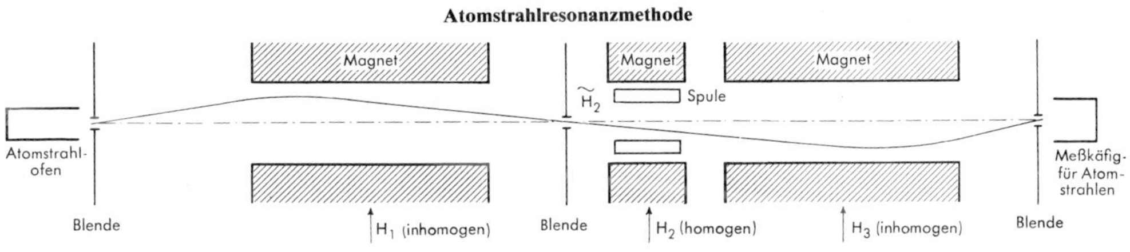

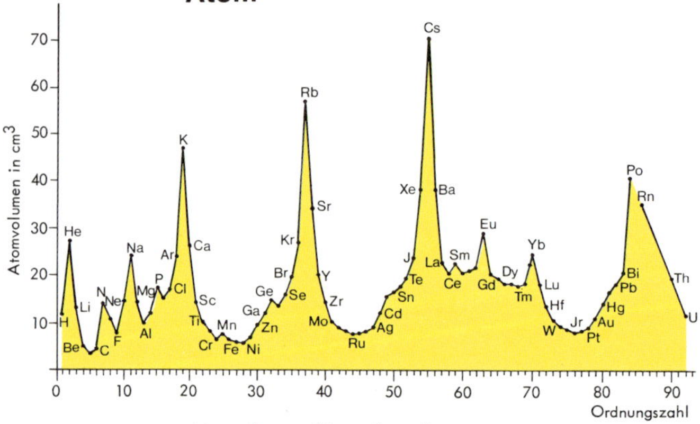

Atomvolumen: Atomvolumenkurve

kes inhomogenes Magnetfeld H_1, ein homogenes Magnetfeld H_2 und ein diesem überlagertes schwaches magnet. Wechselfeld $\tilde{H}_2$, und schließlich ein zweites inhomogenes Magnetfeld H_3. Wenn die Felder H_2 und $\tilde{H}_2$ nicht eingeschaltet sind, so wird der Strahl durch H_1 und H_3 gerade so gelenkt, daß er die Meßeinrichtung erreicht (BILD). Durch Einschalten von H_2 wird an den Kernen, die sich wie magnet. Kreisel verhalten, eine Präzessionsbewegung hervorgerufen, die bei Resonanz der Präzessionsfrequenz mit der Frequenz des ebenfalls eingeschalteten Wechselfeldes $\tilde{H}_2$ die Kreisel zum Umkippen bringen kann. Das ›Umklappen‹ des (gequantelten) Kernspins (Übergang zw. zwei Zeeman-Niveaus) setzt bei Resonanz sehr scharf ein; die Kerne mit geändertem Spin werden im Feld H_3 anders abgelenkt und gelangen nicht in den Meßkäfig **(Flop-out-Methode).** Aus der Lage des Intensitätsminimums läßt sich die Größe des **gyromagnet. Verhältnisses** μ/J (μ magnet. Moment, J Kernspin) und bei Kenntnis des Spins die Größe des magnet. Kernmoments ablesen. Die Felder H_1 und H_3 können auch so gewählt werden, daß nur Atome, die einen Übergang zw. zwei best. Zeeman-Niveaus ausgeführt haben, auf den Detektor fokussiert werden. Diese **Flop-in-Methode** liefert eine höhere Empfindlichkeit.

Atwoodsche Fallmaschine

Die A. ist eine Weiterentwicklung des → Stern-Gerlach-Versuchs. Die A. ist nur mit Atomen und Molekülen durchführbar, die kein resultierendes magnet. Moment der Elektronenhülle besitzen, das die Wirkung des Kernspins verdecken kann.

Atom|uhr, ein Frequenzstandard höchster Genauigkeit zur Zeitbestimmung, für die Eigenschwingungen der Atome genutzt werden. Die **Cäsium-A.** benutzt eine im Mikrowellenbereich liegende Eigenfrequenz des Nuklids ^{133}Cs, gemäß der Definition der Sekunde, die auf der Festlegung der Frequenz des Hyperfeinstrukturübergangs im Grundzustand des ^{133}Cs-Atoms zu 9192631770 Hz beruht. Diese Eigenfrequenz wird erregt durch Einstrahlung einer künstlich erzeugten Vergleichsfrequenz, die z. B. durch Vervielfachung der Frequenz einer → Quarzuhr gewonnen wird. Der Frequenzvergleich geschieht bei der Cäsiumuhr nach der → Atomstrahlresonanzmethode, bei der **Rubidium-A.** nach der Doppelresonanzmethode, die auf einer Änderung der optischen Eigenschaften von Rubidiumdampf in einem hochfrequenten Magnetfeld beruht. Die relative Unsicherheit beträgt z. Z. weniger als 1 s in 300000 Jahren. – Die **Ammoniak-** und die **Wasserstoffuhr** haben sich nicht durchsetzen können. A. werden angewendet als primäre Zeitnormale in Normalzeit- und Normalfrequenzanlagen, für Präzisionsmessungen und für best. Navigationsverfahren (→ Entfernungsmessung).

Atom|umwandlung, Atomkernumwandlung durch natürliche oder künstliche → Kernreaktionen.

Atomvolumen, allg. das einem Atom in einem chem. Element zur Verfügung stehende Volumen; meistens versteht man unter A. jedoch das Volumen, das ein Grammatom des betreffenden Elements im festen Zustand einnimmt, ergibt in Abhängigkeit von der Ordnungszahl aufgetragen die **A.-Kurve** (BILD); sie läßt die Gesetzmäßigkeiten des → Periodensystems der chem. Elemente (z. B. deutl. Maxima bei den Alkalimetallen) hervortreten.

Atomwaffen, svw. → Kernwaffen.

Atomwärme, → Wärmekapazität.

Atomzerfall, svw. radioaktiver Zerfall (→ Radioaktivität).

Atomzertrümmerung, ungenau für Kernzertrümmerung (→ Kernexplosion).

ATP, Abk. für **Adenosin|tri|phosphat,** → Adenosin.

Atropin *das,* D,L-Hyoscyamin, ein Alkaloid, das natürlich in verschiedenen Nachtschattengewächsen (z. B. Tollkirsche, Stechapfel, Bilsenkraut) vorkommt. A. und seine Verbindungen sind giftig. Seine pharmakolog. Wirkung besteht in einer Erweiterung der Pupillen, Hemmung von Schweiß-, Schleim- und Speicheldrüsenabsonderung, Krampflösung bei Magen-Darm-Erkrankungen und der Bronchialmuskulatur bei Asthma sowie Pulsbeschleunigung.

A|trop|isomerie, → Konformation.

Atto, Vorsatzzeichen **a,** ein → Vorsatz vor Einheiten für den Faktor 10^{-18} (Trillionstel); z. B.: 1 Attometer = 1 am = 10^{-18} m.

Attraktion, Anziehung, → Kraft.

Attritus, feines Zerreibsel organ. Substanz, meist i. S. von Pflanzenzerreibsel.

atü, Einheitenzeichen für die techn. → Atmosphäre bei Überdruck (veraltet).

Atwoodsche Fallmaschine ['ætwʊd-, n. dem engl. Physiker G. Atwood, * um 1745, † 1807], Gerät zur Untersuchung der Fallgesetze, das aus einer leicht drehbaren Rolle besteht, über der ein Faden liegt, an dessen beiden Enden gleichschwere Gewichtstücke mit jeweils der Masse M befestigt sind, so daß zunächst Gleichgewicht herrscht. Bei Anbringung eines kleinen Zusatzgewichtstücks mit der Masse m an einem der beiden großen Gewichtstücke bewegt sich die Masse $M+m$ gleichförmig beschleunigt nach unten (und die Masse M des anderen großen Gewichtstücks nach oben). Als beschleunigende Kraft wirkt die Gewichtskraft mg (g = örtl. Fallbeschleunigung). Da die Gesamtmasse $2M+m$ beschleunigt werden muß, ist die auftretende Beschleunigung $b=[m/(2M+m)]\cdot g$, die durch Verkleinerung von m beliebig verringert werden kann, so daß alle für den → Fall wesentl. Größen infolge der kleinen Beschleunigung genau gemessen werden können.

Ätz|alkali|en, die Hydroxide der Alkalimetalle, z. B. **Ätznatron,** Natriumhydroxid; **Ätzlauge,** Lösung von Natrium- oder Kaliumhydroxid.

Ätzen, Entfernen von Oberflächenteilen eines Körpers mit auflösenden Mitteln.

1) Glasbearbeitung: Glas wird meist mit flußsäure- oder fluoridhaltigen Pasten, Lösungen oder Dämpfen geätzt: a) **tief-** und **mattätzen** von Mustern in Kunst- und Gebrauchsgläsern, Skalen und Schrift auf Glasgeräten und -apparaten; b) **blankätzen** (säurepolieren). – Zinnchloridlösungen dienen als schwache Glasätzmittel.

2) Metallkunde: Metalloberflächen werden durch Ätzmittel zur Beobachtung des Gefüges unter einem Mikroskop behandelt (→Metallographie). Versch. Verfahren, die sich nach dem verwendeten Ätzmittel (chem. Ä., elektrolyt. Ä.), der Temperatur (therm. Ä.), dem zeitlichen Ablauf und sonstiger Behandlung (v. a. Polieren, Vakuum-Ä.) unterscheiden, ergeben unterschiedl. Einzelheiten, aus denen Schlüsse über die Beschaffenheit der Probe gezogen werden können. **Makroätzungen** lassen das Gefüge mit bloßem Auge erkennen, **Mikroätzungen** sind für mikroskop. Untersuchungen gedacht. Fast ausschließlich Mikroätzungen sind: **Kornflächenätzung** zur Unterscheidung ganzer Körner oder Kristalle; **Korngrenzenätzung** zum Aufzeigen der Korngrenzen; **Kristallfigurenätzung** zum Aufzeigen weiterer Formen innerhalb der Kristalle.

3) Reproduktionstechnik: Durch Behandlung der Oberfläche von Metallplatten mit Ätzmitteln erhält man druckfähige Bildelemente (→Autotypie, →Klischee). In der Chemigraphie wird das Metall der Ätzplatten an den bildfreien Stellen aufgelöst. Die Bildstellen werden durch Schutzschichten vor der Ätzwirkung geschützt. Das Ä. wird manuell im **Ätzbad** oder maschinell in **Ätzmaschinen** durchgeführt, in denen das Ätzmittel mechanisch oder pneumatisch gegen die Ätzplatte geschleudert wird.

4) Stoffdruckerei: Vorgefärbte Gewebe erhalten nach Aufdruck reduzierender Chemikalien durch örtliche Zerstörung des Farbstoffs eine Musterung in Weiß **(Weißätze)** oder Bunt **(Buntätze).**

Au, chem. Symbol für das Element →Gold.

Audiogramm, Aufzeichnung des Hörvermögens für Töne oder Sprache mit Hilfe eines →Audiometers. Angegeben ist die jeweilige Hörbarkeitsgrenze in Dezibel, die über der normalen Hörschwelle von 0 Phon liegt.

Audiometer, elektroakust. Gerät zum Messen der Hörfähigkeit. Es besteht aus einem Schwingungserzeuger einstellbarer Frequenz und einer Lautstärkeregelung. Beim Messen des Hörvermögens werden i. a. die Hörschwellen bestimmt, d. h. die Lautstärken, bei denen ein Ton gerade noch gehört wird. Die graph. Darstellung heißt Audiogramm.

Audion *das,* die älteste Schaltung (1907) einer Verstärkerröhre zur Demodulation (Gleichrichtung) von Hochfrequenzschwingungen, die in der ersten Zeit der Rundfunktechnik (seit 1923) viel verwendet wurde.

Audio|vision, Sammelbegriff für alle Geräte und Verfahren, die gleichzeitiges Sehen und Hören **(audiovisuell)** ermöglichen. Urspr. für audiovisuelle Unterrichtsmittel geprägt, hat sich der Begriff auch für elektron. Bildspeicher wie →Bildplatte, →Videoband, →EVR durchgesetzt. Das Teilgebiet der A., das sich zur Bildwiedergabe eines Fernsehempfängers bedient, bezeichnet man auch als Kassettenfernsehen. Zur Zeit sind am aussichtsreichsten: Bildplatte mit optischer oder kapazitiver Abtastung sowie Videorecorder mit magnet. Abtastung.

Aue, Tal|au(e), der bei Hochwasser überflutete und mit dessen Sedimenten **(Auelehme, Aueböden)** überlagerte Teil des Talbodens.

Auer-Metall [n. dem österreich. Chemiker C. Freiherr Auer von Welsbach, * 1858, † 1929], eine →Cerlegierung für Feuersteine.

Aufarbeitung, Kerntechnik: →Wiederaufarbeitung.

Aufbauschneide, Fertigungstechnik: Ablagerung von Werkstoffteilchen des Werkstückes durch Verschweißen auf der Schneide eines Werkzeugs beim Zerspanen; abhängig vom Werkstoff des Werkzeugs, des Werkstücks und der Schnittgeschwindigkeit. A. verschlechtern die Oberflächengüte des Werkstücks und können zu Maßabweichungen führen.

Aufbauten, bei Handelsschiffen von Bord zu Bord gehende Räume, bei Kriegsschiffen alle Räume über dem Verbands- oder Hauptdeck (→Deck).

Aufbereitung, Trennung von Stoffen und Stoffgemischen, meist mineral. Rohstoffe wie Erz, Kohle, Salz, Kalkstein, Kies, Sand, Erdöl nach Teilchengrößen und/oder in ihre Stoffkomponenten, d. h. ihre wertigen (Konzentrate) und unwertigen Bestandteile (Abgänge, Berge), z. B. Erz-A., Steinkohle-A., in der Kerntechnik die →Brennstoffaufbereitung. Die A. ist eine der wichtigsten Techniken für eine wirtschaftl. Rohstoffversorgung. Aufbereitungsstufen: →Zerkleinerung, →Klassierung, →Sortierung, →Entwässerung, →Trocknung. – A. in der Wasserversorgung: →Wasseraufbereitung.

Aufbruch, Bergbau: →Blindschacht.

Aufdampfen, Herstellen von Überzügen aus Metallen u. a. anorgan. Stoffen (Oxiden, Fluoriden u. a.) auf Metallen, Kunststoffen, Glas u. dgl. Die Materialien werden im Hochvakuum verdampft, die Dämpfe auf den zu überziehenden Teilen niedergeschlagen. (→Kathodenzerstäubung)

aufdornen, Löcher oder Enden eines Hohlkörpers durch Eintreiben eines Dornes aufweiten.

Auffahrwarngerät, Kfz: →Abstandswarngerät.

Aufgang. Unter A. und **Untergang** der Gestirne versteht man das Erscheinen und Verschwinden der Gestirne am Horizont, das auf der Drehung der Erde von W nach O

Aufgang und Untergang der Sonne

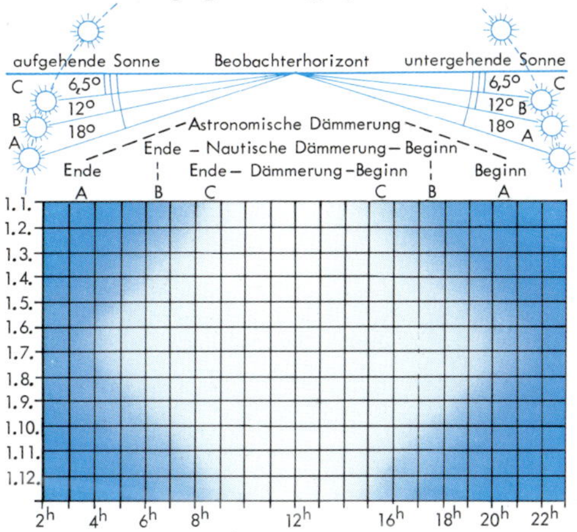

beruht. Infolge der →atmosphärischen Lichtbrechung sieht man ein Gestirn bereits dann am Horizont, wenn es etwa einen Sonnendurchmesser unter ihm steht. Daher ist der **wahre A.** von diesem **scheinbaren A.** zu unterscheiden (Entsprechendes gilt für den Untergang). Nach dem Zeitpunkt des A. oder Untergangs eines Gestirns im Verhältnis zum Sonnen-A. oder -Untergang werden folgende jährlich nur einmal auftretende A. und Untergänge unterschieden: **wahrer kosmischer A.** oder **wahrer Früh-A.** (Stern- und Sonnen-A. sind gleichzeitig), **wahrer kosmischer Untergang** oder **wahrer Frühuntergang** (Stern geht bei Sonnen-A. unter); **wahrer akronychischer A.** oder **wahrer Spät-A.** (Gestirn geht bei Sonnenuntergang auf), **wahrer akronych. Untergang** oder **wahrer Spätuntergang** (Gestirn und Sonne gehen gleichzeitig unter). Diese Erscheinungen sind jedoch wegen der noch oder schon herrschenden Helligkeit mit bloßem Auge nicht beobachtbar. Der erste sichtbare A. eines Gestirns in der Morgendämmerung ist der **heliakische A. (Früh-A.)**, der **heliakische Untergang (Spätuntergang)** ist der letzte sichtbare Untergang eines Gestirns in der Abenddämmerung, der **scheinbare akronych. A. (Spät-A.)** der letzte sichtbare A. eines Sternes in der Abenddämmerung, der **scheinbare kosmische Untergang (Frühuntergang)** der erste sichtbare Untergang eines Gestirns in der Morgendämmerung. (→Dämmerung)

Aufhauen, Bergbau: →Abhauen.

Aufhellen, **1)** Mikroskopie: Steigerung der Lichttransmission von Präparaten durch Überführen in Einschlußmittel mit hohem Brechungsindex, bes. Kolophoniumgemische, Glycerin, Kanadabalsam.

2) Textilveredlung: Verbesserung des Weißgrades ungefärbter Textilien mit Hilfe fluoreszierender Substanzen **(optische Aufheller, Weißtöner, Weißmacher),** die wie Farbstoffe aufgebracht werden. Sie wandeln kurzwellige, nicht sichtbare Strahlung in längerwelliges, sichtbares Licht um, wodurch die gelbl. Eigenfarbe der Textilien kompensiert wird.

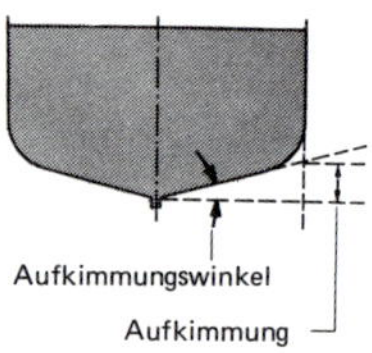

Aufkimmung

Aufkimmung, seitliches Ansteigen des Schiffsbodens gegen die Horizontale; bei großen Schiffen gering, bei Segelbooten z. T. erheblich (verringert die →Abdrift).

Aufklärung, Militärwesen: Die Feststellung der Lage beim Gegner, die Erkundung des Geländes und des Wetters zur Entschlußfassung der eigenen Führung. Es wird unterschieden zw. strateg., operativer und takt. A.; hierzu stehen umfangreiche techn. A.-Mittel zur Verfügung: Satelliten-A., Radar- und Fernmelde-A., Luft-A., Luftraumüberwachung, Artillerie- und Panzer-A., Gefechts-A. aller Truppen sowie Fernspäh-A.

Aufklärungs|sensoren, in der →Luftaufklärung verwendete Geräte oder Einrichtungen zur Beschaffung von Informationen über die Absichten, Vorkehrungen und Handlungen eines Gegners; überwiegend Strahlungsempfänger für Energiestrahlungen unterschiedlichster Wellenlänge (opt., photograph. Systeme, Infrarotsysteme, elektron. Anlagen). Es werden auch luftverlegte und funktechnisch überwachte Bodensensoren mit seism. oder akust. Wirkungsweise verwendet.

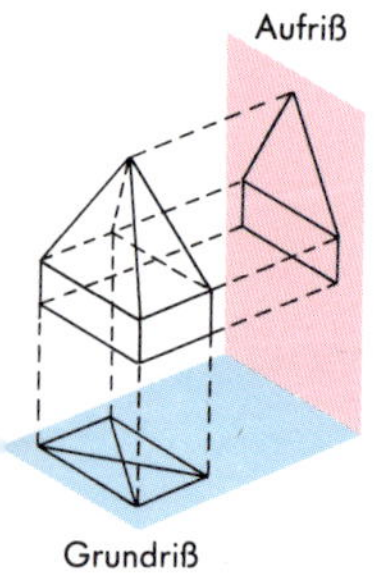

Aufriß eines Körpers

Aufkohlung. Erhöhung des Kohlenstoffgehaltes von Metallschmelzen oder Werkstücken wird vorgenommen: 1) in Schmelzöfen, wenn der Kohlenstoffgehalt nach dem Einschmelzen zu niedrig ist, um den Frischprozeß zu gewährleisten oder um den gewünschten Kohlenstoffgehalt einer Stahlschmelze vor dem Abstich bei Aufbauschmelzen und Umschmelzchargen einzustellen. 2) in Kohlenstoff abgebenden Mitteln zum Einsatzhärten (→Zementieren) von Werkstücken, die eine harte, verschleißfeste Oberflächenschicht mit zähem Kern erhalten sollen. Die A. wird erreicht durch Glühen bei Temperaturen über 800 °C in festen, flüssigen oder gasförmigen Medien. Nach der Einsatzbehandlung ist ein Härten und Anlassen der Teile erforderlich.

Aufladegebläse, Kompressor, vom Motor mechanisch angetriebener Drehkolben-(Roots-)Verdichter zur →Aufladung 2) von Verbrennungsmotoren.

Aufladung, **1)** Elektrizität: Aufnehmen positiver oder negativer Ladung gegenüber der Umgebung.

2) Kfz: die Vorverdichtung der Verbrennungsluft oder des Luft-Kraftstoff-Gemisches bei Verbrennungsmotoren zur Leistungssteigerung, z. B. durch vom Motor mechanisch angetriebene →Aufladegebläse oder, heute vorwiegend, durch Abgasturbolader (→Abgasturbine) oder auch durch Druckwellenladung (→Comprex-Lader).

Auflager, Bautechnik: Körper aus Stahl, Beton, Stahlbeton, Stein, auf denen Bauteile wie Träger, Platten, Schalen ruhen und die die Bauwerksbelastung in den Unterbau (Pfeiler, Widerlager, Mauern) übertragen.

Auflaufbremse, Bremsanlage für Kraftwagen-Anhänger, deren Wirkung ganz oder teilweise durch die Auflaufkraft des Anhängers auf das Zugfahrzeug erzeugt wird. Als Ansprechschwelle für die Bremsbetätigung dienen Federn oder hydraul. Stoßdämpfer.

Auflösen von Gleichungen, das Finden von Lösungen, die einer oder mehreren Gleichungen mit einer oder mehreren Unbekannten genügen, z. B. wird die Gleichung $5+x=8$ durch $x=3$ aufgelöst. Mit dem A. v. G. befaßt sich die →Algebra.

Auflösungsvermögen, **1)** Kernphysik: Das **zeitl. A. (Auflösungszeit, Zeitauflösung)** von Strahlungsdetektoren ist das Zeitintervall, das zw. dem Eintreten zweier Ereignisse liegen muß, um sie getrennt registrieren zu können. Das **energet. A. (Energieauflösung)** gibt an, welche minimalen Energieunterschiede, das **räuml. A. (Raumauflösung),** welche minimalen Abstände nachgewiesen werden können (z. B. bei Spurkammern).

2) Optik: bei der →Abbildung durch opt. Instrumente der Kehrwert des kleinsten Abstands Δs oder Winkelabstands $\Delta\varphi$ zweier Objektpunkte, deren Bildpunkte (Beugungsscheibchen) noch deutlich getrennt werden können. Das A. wird begrenzt durch die Beugung an der Eintrittsblende, den Abstand der lichtempfindl. Zellen des Empfangsorgans, Brennweite f und Objektivdurchmesser d des Abbildungssystems und durch die Wellenlänge λ des verwendeten Lichts. Für Auge und Fernrohr gilt:

$$A=1/\Delta=0{,}82\,\frac{d}{\lambda\cdot f},$$

d. h. gute Fernrohre haben großen Durchmesser. Für das Auge ist $\Delta\approx 40''$ (Bogensekunden) und $A=6500$. Für das Mikroskop ist der kleinste auflösbare Objektpunktabstand $\Delta s\approx\lambda/2$. Beim Elektronenmikroskop ist λ sehr klein und daher das A. sehr groß. Bei →Spektralapparaten versteht man unter Auflösung die Fähigkeit, Strahlung bei eng benachbarten Wellenlängen (Frequenzen) zu trennen. Als A. wird in diesem Fall die Größe $\lambda/\Delta\lambda$ definiert, wobei $\Delta\lambda$ die kleinste gerade noch unterscheidbare Wellenlängendifferenz bei der Wellenlänge λ ist.

Bei der Photographie ist Auflösung die Fähigkeit von photograph. Objektiven und Aufnahmematerialien, eng beieinander liegende Bilddetails noch getrennt wiederzugeben. Das A. wird in diesem Fall meist in Linien/mm angegeben und durch die endl. Größe der Silberkörner in der Schicht begrenzt.

Aufnahme, 1) Bild-, Tonaufzeichnung: das Aufzeichnen sichtbarer und/oder hörbarer Dinge oder Vorgänge auf Bild- und/oder Tonträgern, auch das geschaffene Dokument selbst; ferner die Aufzeichnung und Sichtbarmachung unsichtbarer Strukturen: z. B. → Infrarotphotographie.

2) Geodäsie: die → Landesaufnahme.

Aufriß, horizontales Bild eines Gegenstandes bei einer senkrechten parallelen → Projektion. (BILD S. 90; → Grundriß)

Aufruf, EDV: spezielle → Anweisung innerhalb eines Programms, die den Vorgang des Verzweigens aus dem betreffenden Programm in ein Unterprogramm bewirkt.

Aufsammelmaschinen, bes. für die Halmguternte verwendete Feldmaschinen, die das Erntegut vom Feld aufsammeln, wie → Ballenpressen oder → Feldhäcksler. A. werden als zapfwellengetriebene Schlepperanhängegeräte oder als Selbstfahrer mit eigenem Dieselmotor-Antrieb gebaut.

Aufsattelgeräte, landwirtschaftl. Maschinen oder Geräte, die hinten mit einem Stützrad versehen sind und mit ihrer Vorderseite am Schlepperheck befestigt werden, z. B. Aufsattelpflüge; i. Ggs. zu → Anhängegeräten und → Anbaugeräten.

Aufschiebung, → Verwerfung.

Aufschlämmen, Trennverf. für Gemische aus Feststoffen unterschiedl. Dichte und/oder Teilchengröße auf Grund ihrer unterschiedl. Sedimentationsgeschwindigkeit in einer Flüssigkeit.

Aufschleppe, geneigte Ebene zum Herausziehen und Einsetzen von Wasserfahrzeugen, meist mit Schleppwagen auf Schienen, ausgeführt als **Quer-A.** und **Längs-A.**

aufschließen, 1) Bergbau: auch **erschließen,** eine Lagerstätte durch Schächte, Stollen, Strecken zugänglich und abbaufähig machen. (→ Aufschlußverfahren)

2) Chemie: Schwerlösl. Stoffe in lösl. Verbindungen überführen. Hierzu werden meist feste Aufschlußmittel bei erhöhten Temperaturen oder in der Schmelze zugegeben. Durch den **Aufschluß** soll die Substanz der chem. Analyse zugänglich gemacht werden.

Aufschluß, Stelle, an der das an der Erdoberfläche anstehende Gestein unmittelbar zu beobachten ist. Man unterscheidet natürl. (z. B. Felswände, Steilufer) und künstl. A. (z. B. Steinbrüche, Bergwerke).

Aufschlußverfahren, bergmännische, geolog., geophysikal. und geochem. Untersuchungsmethoden zur Erforschung nutzbarer Lagerstätten **(Prospektion),** von Wasservorkommen oder des Baugrundes. Dazu dienen direkte (Schurf, Bohrung, Stollen) und indirekte Verfahren (Gravimetrie, Geomagnetik, Geoelektrik, angewandte Seismik, Radiometrie, geotherm. und Bohrloch-Messungen).

Aufschmelzung, Geologie: → Anatexis.

Aufschrumpfen, Verfahren zur festen Verbindung einander umschließender Metallteile, z. B. Welle und Ring. Der äußere Teil wird erwärmt, dehnt sich hierbei aus, wird aufgezogen. Beim Erkalten schrumpft er und preßt sich dem inneren Teil auf. Das gleiche kann durch Abkühlen der Welle erzielt werden. Solche Preßpassungen (→ Passung) werden u. a. bei der Herstellung der Eisenbahnräder (Aufziehen des Radreifens auf den Radkörper, des Rades auf die Achse) und häufig bei Reparaturen angewendet.

Aufschwimmen. Ein Schiff schwimmt auf, sobald sein Auftrieb sein Gewicht erreicht (beim Stapellauf, Ausdocken u. a.).

Aufsetzen, Bergbau: → Auskeilen.

Aufsprech|entzerrung, Hervorhebung der hohen Frequenzen und evtl. Absenkung der tiefen Frequenzen bei der Aufnahme und Übertragung von Musik zur Erzielung eines günstigen Dynamikbereichs, z. B. beim Nadeltonverfahren durch die → Schneidkennlinie. Beim → Dolby-System geschieht die A. in Abhängigkeit von der Amplitude (Schallstärke). Die A. muß bei der Wiedergabe wieder rückgängig gemacht werden.

Aufstandsfläche, Kfz: → Reifen.

Auftau|boden, → Dauerfrostboden.

Auftrieb. Der **statische A.** F_A ist die Kraft auf einen in Flüssigkeiten oder Gasen ruhenden oder sich bewegenden Körper, die durch die Verdrängung von Flüssigkeit oder Gas durch diesen Körper hervorgerufen wird. Er ist nach oben gerichtet, weil der Druck in Flüssigkeiten und Gasen nach unten stetig zunimmt und daher an der Unterseite des Körpers größer als an seiner Oberseite ist. Ein Körper, der allseitig von Flüssigkeit oder Gas umgeben ist (Unterseeboot, Luftschiff), **steigt,** wenn der stat. A. die Gewichtskraft des Körpers übersteigt; **schwebt,** wenn dieser gleich der Gewichtskraft ist; **sinkt,** wenn er kleiner ist als die Gewichtskraft. Ein Körper, der in die Oberfläche einer Flüssigkeit eintaucht (Schiff), **schwimmt,** wenn die Gewichtskraft der verdrängten Flüssigkeit gleich der Gewichtskraft des Körpers ist. In allen Fällen ist der stat. A. gleich der Gewichtskraft der verdrängten Flüssigkeits- oder Gasmenge **(Archimedisches Prinzip);** ein im Wasser befindl. Gegenstand z. B. scheint also um die Gewichtskraft des verdrängten Wassers leichter als außerhalb des Wassers. Der stat. A. in Gasen ist meist klein und zu vernachlässigen (Ausnahme: Luftschiffe und Ballone); bei Präzisionswägungen muß er berücksichtigt werden.

Besitzt der Körper gegenüber dem umgebenden Medium (Flüssigkeit oder Gas) eine Relativgeschwindigkeit, so kann senkrecht zur Bewegungsrichtung ein zusätzl. **dynam. A.** entstehen. Bei geeigneter Formung des Körpers (z. B. → Tragflügel) tritt → Zirkulation auf, die auf der Oberseite eine größere Strömungsgeschwindigkeit und damit einen geringeren Druck (Sog), auf der Unterseite kleinere Geschwindigkeit und größeren Druck liefert. Der resultierende Druckunterschied bewirkt den dynam. A. (BILDER)

Auftriebserscheinungen im Meer, Aufwärtsbewegung von Meerwasser **(Auftriebwasser)** aus tieferen Schichten (100–300 m) an die Meeresoberfläche in begrenzten Gebieten **(Auftriebsgebiete).** Das Auftriebwasser unterscheidet sich in seinen physikal. und chem. Eigenschaften wesentlich von dem Oberflächenwasser der Auftriebsgebiete. Es ist kälter (bis zu 8 °C), salz- und sauerstoffärmer, aber sehr reich an Nährstoffen (Phosphate). In den Auftriebsgebieten kommt es daher zu be-

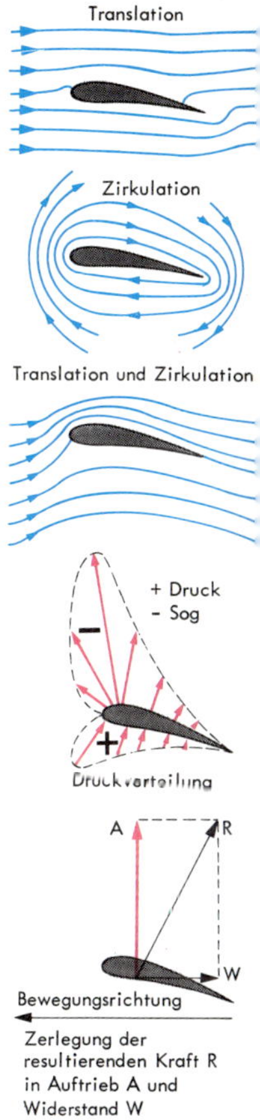

Auftrieb 2: dynamischer A.

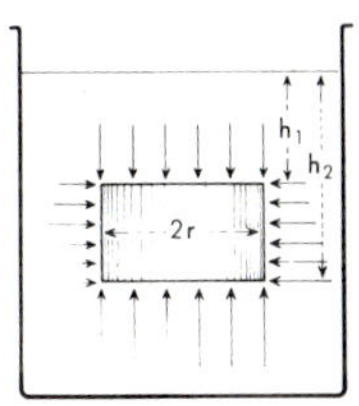

Auftrieb 1: statischer Auftrieb eines Zylinders in einer Flüssigkeit der Dichte ϱ. Auf die obere Kreisfläche πr^2 wirkt die Kraft $h_1 g\varrho\pi r^2$ senkrecht nach unten, auf die untere die Kraft $h_2 g\varrho\pi r^2$ senkrecht nach oben. Der Auftrieb ergibt sich als Differenz beider Kräfte zu $(h_2 - h_1)g\varrho\pi r^2 = g\varrho V = G$; g = örtl. Fallbeschleunigung, V = Zylindervolumen = Volumen der verdrängten Flüssigkeitsmenge, G = Gewichtskraft der verdrängten Flüssigkeitsmenge

Auftrieb 1

sonderem Plankton- und Fischreichtum, so daß diese Gebiete von großer wirtschaftl. Bedeutung sind. Die wichtigsten Auftriebsgebiete liegen an den Westküsten der Kontinente in den Wurzelgebieten der Passate im Bereich des Äquators im Atlantik und Pazifik und in den polaren Regionen.

Auftriebskörper, engl. **Lifting Body** [-b'ɔdɪ], flügelloser Flugkörper, dessen Rumpf so geformt ist, daß er einen für einen Gleitflug ausreichenden Auftrieb liefert, um gezielte Flachlandungen auf Flugplätzen zu ermöglichen. A. werden verwendet zur Erprobung von Landeverfahren für rückführbare und wiederverwendbare bemannte Raumfahrzeuge (Raumtransporter).

aufweiten, → ausbauchen.

Aufweitversuch, Werkstoffprüfung an Rohren zum Nachweis der Verformbarkeit. Ein kegelförmiger Stahldorn **(Aufweitdorn)** wird so lange in das Rohr getrieben, bis die vorgeschriebene Aufweitung erreicht oder ein Riß sichtbar geworden ist.

Aufwind, Luftströmung mit ausgeprägter aufwärts gerichteter Komponente (Ggs.: → Abwind). Man unterscheidet Wärme-A. (→ Thermik), Gelände-A. (→ Stau) und Scherungs-A., der entsteht, wenn bei einer Zunahme des Horizontalwindes mit der Höhe dort der Druck fällt. A. führt häufig zu Wolkenbildung. Die größten Geschwindigkeiten um 50 m/s treten an der Vorderseite von Gewittern auf. (→ Segelflug)

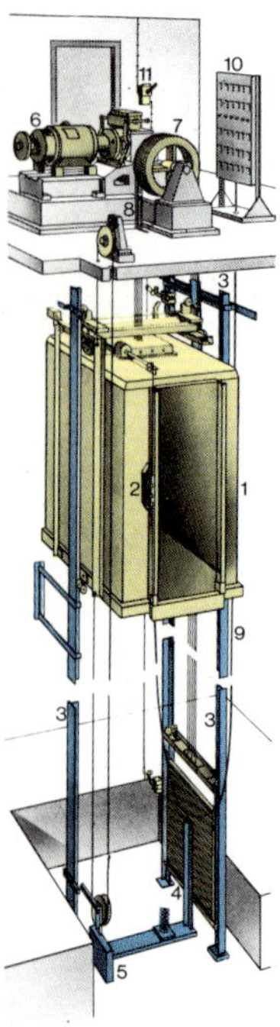

Aufzug: **1** Fahrkorb, **2** Türverschluß, **3** Führungsschienen, **4** Gegengewicht, **5** Regler-Spanngewicht, **6** Elektromotor und Bremsmagnet, **7** Treibscheibe, **8** Tragseile, **9** Hängekabel, **10** elektrischer Steuerapparat, **11** Hauptschalter

Aufzeichnungsverfahren, Methoden zur Aufzeichnung, d. h. zur Speicherung von Informationen, Daten, Signalen, Bildern u. a. auf geeignete Träger. Die je nach Anwendung unterschiedl. Verfahren nutzen versch. physikal. Wirkungsweisen aus. Beispiele sind 1) mechanische A.: Stanzen einer → Lochkarte, Musikaufnahme auf eine → Schallplatte; 2) magnetische A.: Aufnahme von Ton- und Fernsehbildsignalen auf Magnetband (→ magnetische Aufzeichnung), Datenspeicherung auf → Disketten oder Plattenspeichern; 3) elektrische A.: Speicherung von Spannungswerten (Informationseinheiten) in elektron. Halbleiterspeichern (z. B. → RAM) für die elektron. Datenverarbeitung; 4) optische A.: → Photographie, → Film.

Aufzug, ortsfeste Förderanlage für Personen oder Lasten, deren Förderkörbe (Kabinen) sich senkrecht oder geneigt in Führungsbahnen bewegen und mindestens zwei Stationen verbinden.

Der **Fahrkorb** besteht aus einem Traggerüst, das nach den Anforderungen des Personen- oder Gütertransportes verkleidet ist. Die über eine Antriebsscheibe laufenden Drahtseile tragen den Fahrkorb und das Gegengewicht. Die **Antriebsscheibe** ist durch eine Kupplung und eine Doppelbackenbremse mit dem Schneckengetriebe und dem Motor verbunden. Diese Antriebseinheit ist mit der Steuerung meist über dem A.-Schacht angeordnet. Der **A.-Motor** muß bestimmte Forderungen an Beschleunigung, Geschwindigkeit, Nutzlast, Geräusche, Schalthäufigkeit und Einschaltdauer erfüllen. Das Anfahren, Bremsen und die Haltegenauigkeit stellen hohe Anforderungen, denen der polumschaltbare Kurzschlußläufer-Drehstrom-Motor genügt, der eine Abstufung der Geschwindigkeit erlaubt. Höhere Geschwindigkeiten sowie stufenloses (weiches) Anfahren und Bremsen ermöglicht der Leonard-Antrieb; er belastet die mechan. Teile des A. gering. **Schaltgeräte** eines A. sind Schütze, Steuer- und Hilfsrelais, Stockwerks- sowie Schutz- und Notschalter. Die **Steuerung** erfolgt heute bei Personen-A. über Druckknöpfe (Selbstbedienung) oder Hebel (Lasten-A.). Bei zeitabhängigen Spitzenbelastungen werden Sammelsteuerungen verwendet, die Fahrwünsche richtungsabhängig speichern. – Personen-A. besitzen eine Fahrschacht- und eine Fahrkorbtür mit Schließkraftbegrenzung.

Eine Sonderform sind die **Paternoster-A.,** bei denen mehrere Fahrkörbe (Abstand etwa 4 m) an zwei endlosen Ketten stetig umlaufen. Das Betreten und Verlassen der vorn offenen Fahrkörbe geschieht während der Fahrt. Paternoster wurden häufig in Gebäuden mit gleichmäßigem Personenverkehr (Behörden) verwendet, dürfen hierfür jedoch nicht mehr gebaut werden.

Lasten-A. dienen der kombinierten Güter- und Personenbeförderung. Sie besitzen nur Fahrschachttüren. **Güter-A.** sind ausschließlich zur Güterbeförderung bestimmt und auf wenige Haltestellen beschränkt. **Sonder-A.** sind für spezielle Einsatzfälle konstruiert, z. B. Schräg-A., Kleinlasten-A., hydraulische A.

H. THIEMANN: Aufzüge (⁵1980).

Auge. Das Sehorgan des Menschen und der Wirbeltiere besteht im wesentl. aus einer bildentwerfenden Optik und einer Schicht feiner, nervöser Strahlungsempfänger **(Rezeptoren),** die über Nervenleitungen mit den zugehörigen Gehirnteilen verbunden sind. Die **Optik** des A. besteht aus mehreren, nahezu kugelförmigen zentrierten brechenden Flächen, von denen die optisch wirksamste die vordere **Hornhautfläche** ist, da hier der Unterschied der Brechzahlen vor und hinter der Fläche (vorn Luft, hinten Hornhaut) am größten ist. Hinter der Hornhaut, die einen Meniskus bildet, durchsetzt die eintretende Strahlung eine wäßrige Flüssigkeit und trifft dann auf die **Augenlinse,** einen bikonvexen Beutel, der seine Krümmungen reflektorisch verändert je nach der Entfernung des Gegenstandes, auf den der Sehende blickt. Durch die versch. Krümmung wird die Gesamtbrennweite der Optik so geändert, daß auf der Schicht der Rezeptoren, der **Netzhaut (Retina)** ein scharfes Bild des betreffenden Gegenstandes erzeugt wird **(Akkommodation).** Mittels der Rezeptoren wird Punkt für Punkt die Beleuchtungsstärke in diesem Netzhautbild aufgenommen, in Nervenerregungen umgewandelt und dem Gehirn weitergemeldet, wo das Bild ins Bewußtsein tritt; → Brechungsfehler des Auges lassen sich meist durch → Brillen und → Kontaktlinsen korrigieren.

Augenblickswert, Elektrotechnik: der Momentanwert einer zeitlich veränderl. Wechselgröße (z. B. Strom, Spannung, magnet. Fluß).

Augenpunkt, Augpunkt, Auge, das Projektionszentrum einer → Perspektivität.

Auger-Effekt [oʒ'e-, n. dem frz. Physiker P. V. Auger, *1899], Elektronenübergang aus einer äußeren hochenerget. in eine innere niederenerget. ›Bahn‹ der Elektronenhülle eines Atoms; die frei werdende Energie wird nicht abgestrahlt, sondern löst ein anderes Elektron aus der Elektronenhülle (strahlungsloser Übergang). Auf dem A.-E. beruht die → Auger-Elektronenspektroskopie.

Auger-Elektronen|spektroskopie [oʒ'e-], Abk. **AES,** chem. Analysenverfahren, das auf der Messung der Energie von Elektronen beruht, die aus den Außenschalen der Atome ausgelöst werden. Der → Auger-Effekt kann mit Elektronen- oder Röntgenstrahlen erzielt werden, der

Elektronenstrahl wird wegen der höheren Ausbeute bevorzugt.

Augit *der,* ein Mineral, → Pyroxene.

Aulakogen, langgestreckte asymmetr. Senke mit mächtigen Sedimenten auf alten Tafelstrukturen.

Aurate, Salze der Goldsäure; allg. Formel Me [AuO_2] (Me = einwertiges Metall), → Goldverbindungen.

linearer und kubischer Ausdehnungskoeffizient einiger Stoffe in 1/°C

feste Stoffe	linearer A.-K. bei 18 °C	Flüssigkeiten	kubischer A.-K. bei 18 °C
Aluminium	0,0000218	Alkohol	0,00110
Blei	0,0000288	Aceton	0,00143
Eisen	0,000012	Glycerin	0,00049
Kalium	0,000084	Quecksilber	0,000181
Diamant	0,0000013	Wasser	0,00018
Jenaer Glas	0,0000081	Petroleum	0,00092
Quarzglas	0,0000006		
Benzoesäure	0,000170		
Polyvinylchlorid	0,000050–0,000100		
Polyacrylharz	0,000080		

Aureole, atmosphärische Optik: → Hof.

Aurichalzit *der,* kupferhaltiger → Hydrozinkit.

Auriga, das Sternbild → Fuhrmann.

Auripigment, Rauschgelb, Mineral As_2S_3, gelb, meist derb; auf Erzgängen und in Sedimenten.

aus|äthern, mit Äther → ausschütteln.

Ausbau, 1) Bergbau: → Grubenausbau. **2)** Hochbau: alle Arbeiten an einem Bauwerk, die nach Fertigstellung des → Rohbaus erforderlich sind, z. B. Putz-, Schreiner-, Glaser-, Fliesen-, Malerarbeiten, Installationen, Heizungsanlagen. – Im Wohnungsbau heißt A. im besonderen das Schaffen von Wohnraum durch A. des Dachgeschosses. **3)** bei Straßen: → Straßenbau (Abschnitt Entwurfs- oder Ausbaugeschwindigkeit). – **Ausbauplan,** stufenweiser A. unter Berücksichtigung wirtschaftl. Gesichtspunkte.

ausbauchen, Hohlkörper aufweiten, z. B. Teekessel, durch Einsetzen des zylindrisch vorgeformten Teiles in geteilte Formen und Auswölben durch Spreizkerne, Gummistempel oder Flüssigkeitsdruck.

Ausbesserungswerke, Abk. **Aw,** Eisenbahnwerkstätten zur Unterhaltung und Erneuerung der Eisenbahn- und Straßenfahrzeuge sowie zur Wahrnehmung der gesetzl. Untersuchungspflicht.

Ausbiß, Geologie: der → Ausstrich.

Ausblühungen, 1) Bautechnik: Ausscheidungen von Salzen auf Ziegel- und Natursteinmauerwerk sowie auf Beton und Mörtel; hervorgerufen durch die vom Trocknungsprozeß veranlaßte Wanderung der in feuchten Stoffen enthaltenen oder von außen zugeführten Salzlösungen zur Oberfläche.

2) Bodenkunde: Anreicherung von Calcium- oder Natriumsalzen nach Wasserverdunstung auf Böden in Trockengebieten.

Ausbreitungsvektor, → Wellenvektor.

ausbrennen, → schneiden.

Ausbrenner, Sammelbez. für Gewebe mit modischen Effekten, die durch mustergemäßes Herauslösen (Ätzen) einer Faserart aus Mischtextilien entstehen, z. B. Ätzcloqué.

Ausbruch, vulkan. A., → Eruption.

Ausdehnung, Expansion, i. w. S. jede Volumenzunahme, i. e. S. die Volumenzunahme eines Körpers bei Erwärmung **(Wärme-A.),** die von Stoffart, Anfangstemperatur und Temperaturerhöhung abhängt. Die meisten Körper dehnen sich in allen Richtungen gleichmäßig aus **(isotrope A.).**

Die A., die ein fester Körper in einer Richtung erfährt, z. B. ein Stab in Richtung seiner Länge, heißt **lineare A.;** sie ist in erster Näherung verhältnisgleich zur Temperaturerhöhung. Der **lineare Ausdehnungskoeffizient (therm. Längenausdehnungskoeffizient)** α ist der Bruchteil, um den die Länge je Grad zunimmt (häufig auf °C bezogen).

Bei flüssigen und gasförmigen Körpern kann nur die Volumenänderung gemessen werden. Der **Volumenausdehnungskoeffizient** oder **kubische Ausdehnungskoeffizient** γ ist der Bruchteil, um den das Volumen je Grad zunimmt; er ist bei festen Körpern näherungsweise gleich dem dreifachen linearen Ausdehnungskoeffizienten.

Bei idealen Gasen ist unabhängig von der Temperatur der Volumenausdehnungskoeffizient $\gamma = 1/273{,}15$ °C (→ Gay-Lussacsche Gesetze). Die realen Gase weichen i. a. wenig von diesem Wert ab. – Die A.-Koeffizienten sind i. d. R. positiv. Die wichtigste Ausnahme bildet Wasser, das zw. 0 °C und 4 °C einen negativen A.-Koeffizienten hat **(Zusammenziehung),** bei 4 °C also die größte Dichte besitzt (→ Anomalie des Wassers). Eine prakt. Anwendung der linearen A. zur Temperaturmessung bildet das → Thermometer.

Als **A. des Weltalls** wird die aus dem → Hubble-Effekt auf Grund des → Doppler-Effekts erschlossene wechselseitige Vergrößerung der Abstände aller Galaxien voneinander bezeichnet.

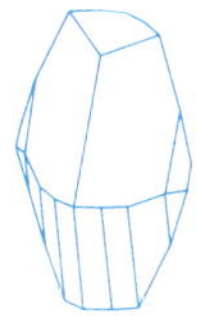

Auripigment, Kristalle (Moldowa, Rumänien)

Ausdehnungsgefäß, Bestandteil einer Wasserheizung (→ Heizung) in offener oder geschlossener Ausführung (Druckgefäß) zur Aufnahme der bei der Erwärmung des Heizwassers eintretenden Volumenvergrößerung und zur Vermeidung sicherheitsgefährdender Druckerhöhungen.

Auripigment

Ausfall. Erfüllen techn. Einrichtungen, Geräte, Bauelemente u. ä., die zu Beginn ihrer Beanspruchung als fehlerfrei angesehen wurden, ihre Funktion nicht mehr (Nichterfüllung mindestens eines Ausfallkriteriums), spricht man vom A. der betroffenen Einheit. Bei **Sprungausfällen** tritt dieser Zustand plötzlich und vom Zeitpunkt her nicht vorhersagbar auf (z. B. Drahtbruch in einem Kabel), bei **Driftausfällen** unterliegt der Ausfallzeitpunkt einer statist. Gesetzmäßigkeit (z. B. Abnutzung der Bremsbeläge bei einem Kraftfahrzeug) und läßt sich grundsätzlich voraussagen. Auf Grund der allmähl. Zustandsänderung muß hier ein Grenzwert festgelegt werden, bei dessen Überschreitung die Betrachtungseinheit als ›ausgefallen‹ angesehen wird.

Ausfällen, → Fällung.

Ausfallrate, relativer Anteil der → Ausfälle je Zeiteinheit, eine der wichtigsten Kenngrößen zur Bestimmung der → Zuverlässigkeit von techn. Erzeugnissen. Die A. wird experimentell ermittelt, indem man eine genügend große Anzahl gleicher Prüflinge (z. B. Halbleiterdioden) unter definierten Umgebungsbedingungen mit Nennbelastung (d. h. keiner elektr., therm., chem. oder mechan. Überbeanspruchung) betreibt und alle innerhalb einer best. Zeitdauer ausgefallenen Bauelemente zählt. Die A. wird nach der Näherungsformel

$$\lambda = \frac{c}{N \cdot \Delta t}$$

errechnet und i. a. pro Stunde (h^{-1}) angegeben (λ = Ausfallrate, c = Anzahl der Ausfälle, N = Anzahl der Prüflinge, Δt = Beobachtungszeitraum). Ein typ. Wert für die A. bei 50%iger Aussagewahrscheinlichkeit ist z. B. für Si-Halbleiterdioden $\lambda = 5 \cdot 10^{-7}\,h^{-1}$.

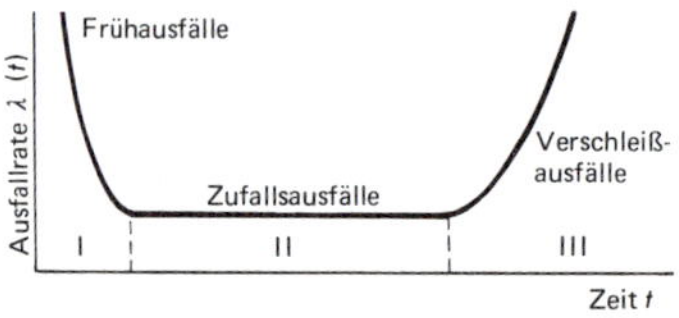

Ausfallrate: Verlauf der A. λ über der Zeit t (›Badewannenkurve‹)

Trägt man die A. als Funktion $f(t)$ über der Zeit t auf, erhält man die wegen ihrer typ. Form so genannte **Badewannenkurve** (BILD). Sie läßt sich in drei Bereiche aufteilen: Abschnitt I: **Frühausfälle,** gekennzeichnet durch eine mit der Zeit abnehmende A., Ursache können z. B. Fertigungsfehler sein. Derartige Ausfälle lassen sich durch ein → Burn in (Altern) vor dem eigtl. Einsatz verringern. Abschnitt II: **Zufallsausfälle,** die A. ist auf einen niedrigen Wert gefallen und im Mittel zeitlich konstant. Im Idealfall umfaßt dieser Bereich die normale Betriebsdauer. Abschnitt III: **Verschleißausfälle,** treten mit zunehmendem Alter immer häufiger auf. – Der Kehrwert der A. wird als **mittlere Lebensdauer, charakterist. Lebensdauer** oder → MTBF bezeichnet.

Ausgleichsgetriebe: **1** Antriebskegelrad (Kraftübertragung vom Motor), **2** Tellerrad, **3** Ausgleichskegelräder (mit Tellerrad fest verbunden), **4** Kegelräder für den Radantrieb, **5** Radantriebswellen

Ausfallsicherheit, Fail-safe-Prinzip [f'eɪls'eɪf-, engl.], Eigenschaft eines Bauteiles, nach Versagen oder Bruch einzelner Bauelemente noch (begrenzt) funktionsfähig zu bleiben, um Totalausfälle zu vermeiden; erzielbar durch Aufteilung der Beanspruchung auf versch. Elemente und Vervielfachung bes. wichtiger Elemente.

Ausflockung, → Kolloide durch Koagulation aus ihren Lösungen abscheiden.

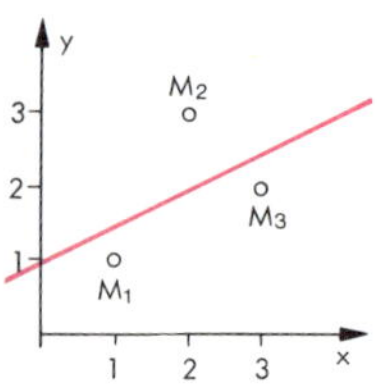

lineare **Ausgleichsrechnung**

Ausflußgesetz. Das A. nach TORRICELLI (1644) bestimmt die Geschwindigkeit v einer aus einem Gefäß ausfließenden Flüssigkeit unter Vernachlässigung der Reibung. Sie ist $v = \sqrt{2gh}$; h = Abstand der Ausflußöffnung von der Flüssigkeitsoberfläche, g = örtl. Fallbeschleunigung. Dieselbe Geschwindigkeit würde ein Körper erlangen, der die Höhe h frei durchfällt. Ein entsprechendes Gesetz gilt für Gase:

$$v = \sqrt{2\,(p_1 - p_0)/\varrho}\ ;$$

ϱ = Gasdichte; p_1 = Druck im Gefäß; p_0 = Druck im Außenraum.

Ausfrieren, therm. Trennverfahren zum Konzentrieren von Lösungen und Reinigen und Trocknen von Lösemitteln, wobei man sich die Tatsache zunutze macht, daß beim Abkühlen von flüssigen Lösungen zunächst reines Lösungsmittel auskristallisiert (→ Kristallisation).

Ausgang, Elektrotechnik: die Seite eines elektr. Vierpols (z. B. eines Oszillators, Verstärkers, Rundfunkempfängers und dgl.), an dessen Ausgangsklemmen weitere elektr./elektron. Einrichtungen und Geräte angeschlossen oder zu sonstigen Zwecken elektr. Signale abgenommen werden können. Ggs.: Eingang.

Ausgangsleistung, die an den Ausgangsklemmen einer elektr./elektron. Einrichtung abgreifbare Wirkleistung, z. B. die einer Lautsprecherbox zugeführte elektr. Leistung eines Hifi-Verstärkers.

Ausgleichsgetriebe, Differential, Kraftwagengetriebe, welches das Antriebsmoment des Motors gleichmäßig auf zwei Antriebsräder verteilt und den beim Kurvenfahren auftretenden Drehzahlunterschied zw. innerem und äußerem Rad ausgleicht. Außerdem werden A. bei Fahrzeugen mit mehreren Treibachsen zur Verteilung des Drehmomentes entsprechend der Achslasten verwendet **(Verteilergetriebe).** Das A. besteht aus Stirn- oder Kegelrad-Planetengetrieben. Im angetriebenen Ausgleichsgehäuse sind beide Achswellenräder im Eingriff mit Ausgleichsrädern und werden durch diese auch bei unterschiedl. Drehzahl mitgenommen. Durch die feste Drehmomentverteilung kann nie mehr Antriebskraft auf der Straße wirksam werden, als durch das Rad mit dem kleinsten Reibwert vorgegeben wird; dieses dreht dann durch. Abhilfe: einschaltbare oder selbsttätige Sperrung des A.

Ausgleichsküste, Bez. für eine begradigte Küstenlinie, entsteht an Tiefwasserküsten, die aus Lockergesteinen bestehen und eine kräftige Brandung haben; durch → Strandversetzung bilden sich Strandwälle (→ Nehrungen) vor den Buchten, die bei weiterer Abschnürung zu → Haffs werden (z. B. dt. Ostseeküste).

Ausgleichspunkt, der → punctum aequans.

Ausgleichsrechnung, Verfahren zur Berechnung von Werten ($A, B, C, \ldots$) aus mehreren fehlerbehafteten Beobachtungen $a, b, c, \ldots$ (z. B. einer Meßreihe). Bei der Methode der kleinsten Quadrate (A. M. LEGENDE, C. F. GAUSS) erhält man die ›günstigsten‹ Werte dadurch, daß die Quadratsumme der Differenzen von A und a, B und b, ... ein Minimum ergibt. – Bei der **linearen A.** (→ Regression) wird ein lineares Gesetz gesucht, das zw. Veränderlichen (z. B. Gewicht und Körpergröße) besteht und sich den Meßwerten (M_1, $M_2 \ldots$) möglichst gut anpaßt. Das Maß für die Güte ist der Korrelationskoeffizient (→ Korrelation 2).

Ausgleichsvorgänge, Elektrotechnik: die beim Übergang von einem stationären Zustand in einen anderen auftretenden Strom- und Spannungsänderungen, z. B. beim Ein- oder Ausschalten eines Stromkreises.

Ausguß, offener Behälter aus emailliertem Stahl, Steinzeug oder Feuerton, der über einen Ablauf am Boden Flüssigkeiten ins Freie oder in die Kanalisation leitet.

Aushärtung, Metallkunde: früher auch **Alterung,** eine bei vielen Legierungen angewendete Wärmebehandlung zur Erhöhung der Härte und Festigkeit. Sie kann bei → Mischkristallen vorgenommen werden, die eine mit sinkender Temperatur abnehmende Löslichkeit für das zugesetzte Element haben (→ Zustandsdiagramm). Die A. beginnt mit einem Löseglühen im Bereich maximaler Löslichkeit des Mischkristalls für das Legierungselement. Durch anschließende rasche Abkühlung wird die Ausscheidung dieses Zusatzelements unterdrückt; der Mischkristall ist nun bei Raumtemperatur übersättigt. Beim anschließenden Lagern bei Raumtemperatur oder leicht erhöhten Temperaturen setzt die Ausscheidung des Legierungselementes ein. Während des Auslagerns bei tiefen Temperaturen und kurzen Zeiten sammeln sich die Atome des Legierungselementes in einatomaren Schichten an und verursachen so eine Härtesteigerung **(Kalt-A.).** Bei höheren Temperaturen und längeren Zeiten entstehen Ausscheidungen einer zweiten Kristallart **(Warm-A.).** Durch Teilchenvergröberung sinkt die Festigkeit nach längeren Zeiten wieder ab **(Überalterung).**

Ausheilen von Strahlenschäden, →Strahlenschädigung.

Auskeilen, allmähliches Dünnerwerden einer Gesteinsschicht, eines Flözes oder Erzganges zw. zwei anderen Schichten bis zum Verschwinden. Das Wiedereinsetzen an anderer Stelle wird als **Aufsetzen** bezeichnet.

Auskolkung, 1) Geographie: →Kolk.

2) Metallbearbeitung: Verschleißerscheinung auf der Spanfläche eines Werkzeugs durch Abrieb infolge von Reibungsvorgängen zw. Span und Schneidstoff, die zur Muldenbildung und damit zur Schwächung und schließlich zum Bruch der Schneidkante führt.

Auskragung, auch **Ausladung,** Bau- und Konstruktionsteile, die frei über eine Unterstützung vorspringen: Balken, Träger, Erker oder ganze Stockwerke.

Auslaugung, i. w. S. das Herauslösen von Stoffen oder Stoffgemischen durch →Extraktion mit geeigneten Lösungsmitteln oder -gemischen; i. e. S. die Wegführung leicht lösl. Substanzen aus dem Gesteinsverband (→Karst). Breitflächige unterird. A. bei Salzgesteinen nennt man auch **Ablaugung,** bei leicht lösl. Gesteinen →Subrosion.

Ausleger, bei Kränen **(Auslegerkran)** oder Brücken das über die Unterstützung hinausragende Gerüst.

Auslösen, Fernmeldetechnik: Nach Abschluß des Gesprächs wird der Verbindungsweg getrennt und alle Durchschaltmittel (z. B. Relais) in den Zustand ›frei‹ zurückgeführt.

Auslösung, Ingangsetzen eines physikal., chem. oder techn. Vorgangs durch einen verhältnismäßig kleinen Anstoß.

Auspuff, periodisches Ausströmen der Abgase aus Verbrennungskraftmaschinen, des Abdampfes aus Kolbendampfmaschinen; bei Kraftwagen Kurzbez. für die den A. ermöglichenden Teile **(Auspuffkrümmer, Auspufftopf** oder →Schalldämpfer, **Auspuffrohr).**

Ausrufungszeichen, Mathematik: $n! = 1 \cdot 2 \cdot 3 \cdot \ldots \cdot n$ (gesprochen: n Fakultät), →Fakultät.

Ausrüstung, 1) Bautechnik: der Abbau des →Lehrgerüsts, auf dem das Bauwerk hergestellt wurde. Die A.-Vorrichtungen müssen das von der Last befreite Gerüst so weit absenken, daß es trotz der gleichzeitigen Durchbiegung des Bauwerks freikommt.

2) Textilveredlung: mechan. und chem. Veredlungsarbeiten (i. allg. außer Bleichen, Färben und Drucken), durch die textile Faserstoffe, ggf. unter Mitverwendung spezieller →Textilhilfsmittel (→Appretur), weiterverarbeitungs- oder verkaufsfähig gemacht werden.

Aussagenlogik, elementarer Bestandteil der →mathematischen Logik. Im Unterschied zur →Prädikatenlogik untersucht die A. den Wahrheitsgehalt von Aussagen und einfachen und zusammengesetzten Aussagen-Verbindungen in Abhängigkeit von den verknüpfenden log. Bindegliedern (→Junktoren). Sie beschränkt sich dabei auf solche Aussagen-Verbindungen, bei denen der **Wahrheitswert** (wahr, falsch) des zusammengesetzten Satzes nur von den Wahrheitswerten der Teilsätze abhängt, und für die somit →Wahrheitsfunktionen aufgestellt werden können. (→Tautologie)

Aussalzen, Ausscheidung eines Stoffes aus einer Lösung oder Dispersion durch Zusatz von festen oder gelösten Salzen.

ausschalen, Betonbau: Schalungen und Formen nach ausreichendem Erhärten des Betons beseitigen. Die **Ausschalfrist** (Mindestwartezeit) ist durch DIN vorgeschrieben.

Ausscheidungshärtung, Metallkunde: Verfahren zur Verfestigung von Metallegierungen, →Aushärtung.

Ausschlag, Abweichung von der Ruhelage (Pendel, Zunge an Waagen).

ausschließen, Setzerei: Zeilen und Textblöcke ausgeglichen auf die vorgeschriebene Breite bringen.

Ausschließungsprinzip, das →Pauli-Prinzip.

Ausschuß, Werkstoffe, Werkstücke oder Fertigware, die mit Fehlern behaftet sind, so daß sie für den ihnen zugedachten Zweck nicht brauchbar sind.

Ausschütteln, Flüssig-Flüssig-Extraktion von gelösten Stoffen durch Schütteln, →Extraktion.

Auskragung

Außenbordmotor

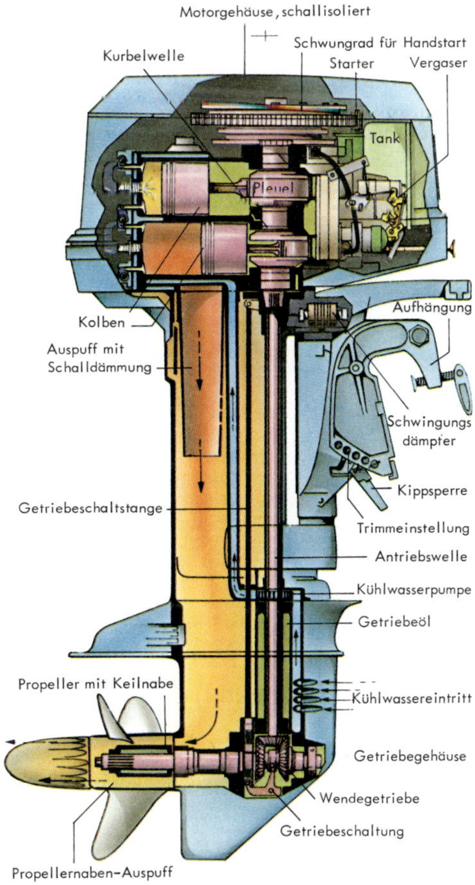

Austastlücke 1:
Horizontale A.; Synchronisierzeichen und Bildinhalt einer Zeile

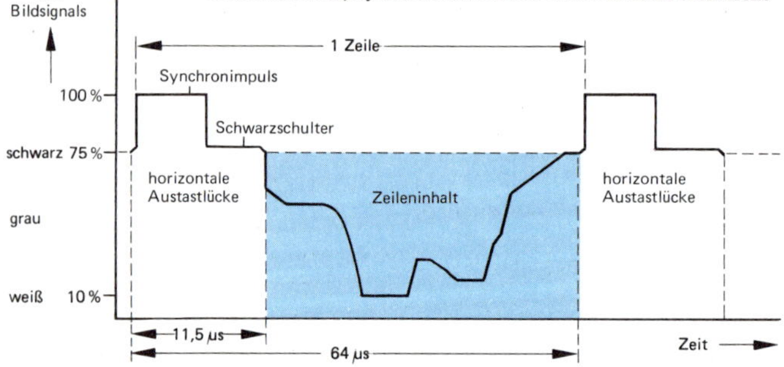

Ausschwimmverhütungsmittel, Lackadditive, die im nassen Anstrich ein Ausschwimmen von Pigmenten verhindern. Sie verhindern gleichzeitig ein Absetzen der Pigmente **(Antiabsetzmittel).** Verwendet werden Netzmittel (z. B. Calciumseifen, Ammoniumstearat), Silicone und Verdickungsmittel (z. B. modifizierte Bentonite, Kieselsäureprodukte, hydrierte Ricinusöle).

Außenbordmotor, Bootsmotor, der am Bootsende angebracht wird, meist Zweitakt-Ottomotor. Ein Motor mit senkrecht stehender Kurbelwelle bildet mit Abtriebswelle, Kegelradgetriebe, Schraube und z. T. auch Kraftstofftank eine Einheit. (BILD S. 95)

Außenganghaus, Laubenganghaus, zwei- oder mehrgeschossiges Wohnhaus, in dem an einem offenen Gang in jedem Geschoß Wohnungen nebeneinanderliegen. Die Außengänge sind über ein Treppenhaus zugänglich. Die weiteste Entfernung einer Wohnung von der Treppe darf 25 m nicht überschreiten.

Außenhaut, 1) Flugzeug: kräfteaufnehmende oder nur formgebende äußere Wandung der Flugzeugzelle aus Blechen, Verbundwerkstoffen, Holz oder Gewebe.

2) Schiff: von den Spanten gestützte Beplattung (Stahl) oder Beplankung (Holz) der Seiten und des Bodens von Schiffen (Booten), bei Faltbooten auch Gewebe; im Bootsbau zunehmend homogene Haut aus faserverstärkten Kunststoffen.

Außenleiter, → Drehstrom.

Außenluft, die aus dem Freien angesaugte Luft bei einer Lüftungsanlage. **Außenluftrate,** Mindestaußenluftmenge, die geschlossenen Räumen stündlich pro Person zuzuführen ist, festgelegt für gewerbl. und nicht gewerbl. Räume: Für Räume mit Rauchverbot: 20 m^3/Stunde und Person, für Räume mit Raucherlaubnis: 30 m^3/Stunde und Person.

Austastlücke 2:
Vertikale A.; Impulsfolge beim Wechsel zwischen dem ersten und dem zweiten Halbbild (Teilbild)

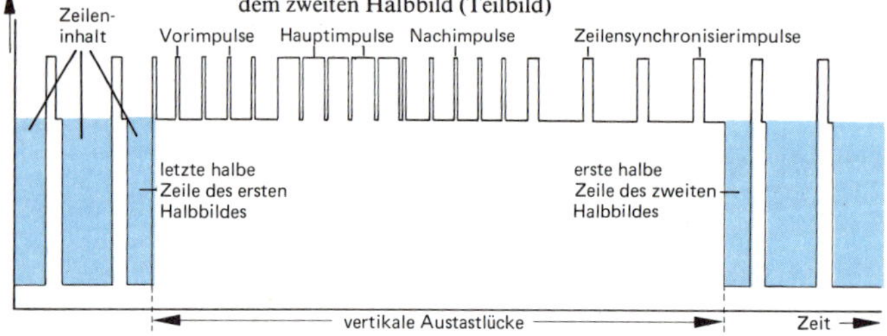

Außenpolmaschine, eine → elektrische Maschine, bei der die Pole im äußeren Teil der Maschine untergebracht sind.

Außensenke, svw. → Vortiefe.

Außenwinkel, der → Nebenwinkel eines Innenwinkels beim konvexen Vieleck. Im ebenen Dreieck ist ein A. so groß wie die Summe der nicht anliegenden Innenwinkel.

äußeres Produkt, das → Vektorprodukt.

außergalaktisch, svw. → extragalaktisch.

außerordentlicher Strahl, → Doppelbrechung.

Aussolen, Gewinnung von Steinsalz durch unterird. Auflösen in Wasser zu Sole. A. kann selbsttätig durch den Grundwasserstrom, durch Zuführung von Wasser durch Bohrlöcher oder bergmännisch erfolgen. Die entstehende Sole wird über Tage weiter verarbeitet.

Aussteifungen, Stäbe, mit denen die dünnen Tragwände von vollwandigen Holz-, Fertigbeton-, Spannbeton-, Stahlträgern zur Krafteinleitung und zur Verhinderung des Ausbeulens verstärkt oder ein Bauteil oder Bauwerk gegen den Angriff waagerechter Kräfte (z. B. Winddruck, Erddruck) standfest gemacht werden.

Aussteuerbereich, der Spannungs- und Strombereich, in dem eine Verstärkerröhre oder ein Transistor praktisch verzerrungsfrei arbeitet.

Aussteuerung, Elektronik: Betrieb eines aktiven Bauelements (z. B. Transistor, Elektronenröhre) durch Anlegen eines Eingangssignals an die steuernde Elektrode (z. B. Basis oder Gate beim Transistor, Gitter bei der Elektronenröhre), um ein meist verstärktes, in jedem Fall aber in proportionalem Zusammenhang zur Eingangsgröße stehendes Ausgangssignal zu erhalten. Der je nach Anwendung und Bauelement durch geeignete Beschaltung festzulegende **Aussteuerbereich** gibt an, innerhalb welcher Grenzen das Bauelement nutzbringend betrieben werden darf. Wird dieser Bereich überschritten, spricht man von **Übersteuerung.** Es treten dann i. d. R. Verzerrungen auf, die sich z. B. in elektroakust. Geräten durch die Erhöhung des Klirrfaktors störend bemerkbar machen.

Ausstrahlung, die Energieabgabe eines Körpers durch → Strahlung, v. a. die Aussendung von elektromagnet. Strahlung wie Licht und Wärme, z. B. die Wärmeabgabe von Erdoberfläche und Atmosphäre an den Weltraum.

Ausstrich, Ausstreichen, Ausbiß, Schnitt einer Gesteinsschicht mit der Erdoberfläche.

Austarieren, beim Wiegen das Ausgleichen des Gefäßgewichtes durch Gegengewichte.

Austastlücke. Bei der Darstellung eines Fernsehbildes treten zur Unterdrückung von Bildinhalten zwei versch. A. auf: 1) Die Zeitspanne, die der Elektronenstrahl benötigt, um von einem Zeilenende zum nächsten Zeilenanfang zu springen **(horizontale A.)** und 2) die Zeit, die zur Rückführung des Elektronenstrahls nach jedem Halbbild an den oberen Bildschirmrand zum Anfang des nächsten Halbbildes notwendig ist **(vertikale A.).** Der Zeilensprung wird durch einen auf den Zeileninhalt folgenden Synchronisierungsimpuls (→ Synchronisation) ausgelöst und durch die sich anschließende Schwarzschulter (→ Schwarzpegel) dunkelgetastet. Beim Farbfernsehen wird während dieser Zeit zusätzlich die Farbträgerfrequenz (Burst) übertragen. Der Halbbildwechsel erfolgt beim ersten Teilbild nach der letzten halben Zeile, eingeleitet durch Vorimpulse und ausgelöst durch mehrere Hauptimpulse. Das zweite Teilbild beginnt dann wieder nach der A. mit einer halben Zeile und endet mit einer ganzen.

Für die Übertragung von →Videotext und von Zusatzinformationen zum Fernsehbild (z. B. Begleittext für Gehörlose) wird die vertikale A. genutzt, die bei durchlaufendem Fernsehbild als schwarzer Balken zw. den Bildern zu sehen ist.

Austausch, Übertragung gewisser, in einer Flüssigkeit oder einem Gas ungleichmäßig verteilter Eigenschaften (z. B. Wärme) durch →Turbulenz, z. B. in der Meteorologie die ungeordnete Vermischung der Luft infolge der atmosphär. Turbulenz, wobei durch den A. von Luftteilen alle ihnen anhaftenden Eigenschaften (Temperatur, Wasserdampfgehalt, Bewegungsenergie usw.) auch quer zur mittleren Windrichtung ausgetauscht werden. – In der Mikrophysik bewirkt der A. von Teilchen oder Teilcheneigenschaften innerhalb von größeren Systemen (Atomen, Molekülen, Atomkernen usw.) eine Reihe von besonderen physikal. Effekten, v. a. Kraftwirkungen (→Austauschkraft).

Austauschbau, 1) Bauverfahren unter Anwendung von vorgefertigten Bauteilen, die beim Zusammenbau ohne Nacharbeit, Verhau oder Verschnitt gegeneinander ausgetauscht werden können. Ggs.: →Anpaßbau.

2) Fertigungstechnik: Herstellung von Maschinen, Geräten u. dgl. mit möglichst vielen genormten Teilen, die beim Zusammenbau oder bei einer Ausbesserung leicht ausgetauscht werden können.

Austausch|energie, Austausch|integral, aus der Quantenmechanik folgender, durch die Korrelation zw. den Koordinaten ununterscheidbarer Teilchen (→Nichtunterscheidbarkeit) bedingter Anteil an der Wechselwirkungsenergie. Die **Elektronen-A.** z. B. ist wesentlich für die Erklärung der Elektronenhüllen der Atome, der chem. Bindung und des Ferromagnetismus.

Austauscher, →Ionenaustauscher, →Wärmetauscher.

Austauschkraft, eine zuerst in der Quantentheorie der chem. Bindung, bes. der Bindung zw. unpolaren Atomen (homöopolare Bindung) entdeckte Kraft, die durch ständigen Austausch von Elektronen zustande kommt. Sie bewirkt im Bindungsfall bei Annäherung der Atome Energiegewinn (→Austauschenergie). Der Begriff der A. reicht jedoch viel weiter. In der Quantenmechanik, bes. in der Quantenfeldtheorie, erscheinen ganz allg. Wechselwirkungskräfte als Folge eines Austauschs von speziellen Elementarteilchen, den Feldquanten oder Bindungsteilchen (→Wechselwirkung). I. Ggs. zum Fall der chem. Bindung sind jedoch die auszutauschenden Partikel nicht ständig vorhanden. Sie werden erst im Austauschprozeß selbst erzeugt und wieder absorbiert. Z. B. kommt die elektr. Abstoßung zw. Elektronen durch den Austausch von Lichtquanten zustande, die, von einem Elektron emittiert, zum anderen wandern und von diesem absorbiert werden, was sich hin- und hergehend ständig wiederholt. Da die auszutauschenden Partikel in jedem Austauschakt nur vorübergehend existieren, braucht nach der Heisenbergschen →Unschärferelation ihre Ruhenergie nicht voll aufgebracht zu werden: sie erscheinen im Zwischenprozeß nicht als freie Teilchen, sondern nur als virtuelle Teilchen (→virtueller Zustand).

Austauschmotor, Abk. **AT,** teilweise aus neuen Teilen bestehender Ersatzmotor, bes. für Kraftfahrzeuge.

Austauschreaktion, Ersetzen eines Atoms, Ions oder einer Atomgruppe in einem Kristallgitter oder Molekül durch ein anderes Ion, Atom oder eine andere Atomgruppe (z. B. →Substitution); nachweisbar mit radioaktiven Indikatoren oder NMR-spektroskopisch.

Austenit [n. dem engl. Forscher W. C. Roberts-Austen, * 1843, † 1902] *der,* eine kubisch-flächenzentrierte Kristallform von Eisen und Stählen **(austenitische Stähle).** Der A. ist paramagnetisch, warmfest, korrosions- und hitzebeständig. Im →Eisen-Kohlenstoff-Diagramm ist das Temperatur-Konzentrationsgebiet angegeben, in dem der A. oder γ-Mischkristall beständig ist. Durch Zulegieren weiterer Elemente wie Mangan oder Nickel gelingt es, das Zustandsfeld bis Raumtemperatur auszuweiten. Bei anderen Stählen wird die Umwandlung des A. bei der Abkühlung durch Legierungszusätze verzögert, so daß sie sich erst nach längerer Zeit umwandeln (→Zeit-Temperatur-Umwandlungsdiagramm). Dieses Verhalten wird bei der Wärmebehandlung von Stählen ausgenutzt. Als **Austenitisieren** bezeichnet man eine Glühung des Stahls im Austenitgebiet des Eisen-Kohlenstoff-Diagramms. Es ist die erste Stufe der Wärmebehandlung beim Härten oder beim Normalglühen.

Austreiber, einfaches keilförmiges Werkzeug zum Lösen der Reibverbindung zw. zwei meist kegelig ineinandersitzenden Teilen.

Austrittsarbeit, Energie, die benötigt wird, um ein Elektron aus einem Stoff herauszulösen. Sie kann durch Erhitzung (→Glühemission), Belichtung (→Photoeffekt), Anlegen einer hohen Spannung (Feldemission, →Feldelektronen) oder Teilchenbeschuß (Sekundäremission, →Sekundärelektronen) zugeführt werden. Die A. hängt bei gleichem Material von den kristallograph. Flächen ab und wird sehr stark durch Fremdatome beeinflußt (z. B. halbiert Cäsium oder Thorium auf Wolfram die A.) und kann durch Oxidation stark vermindert werden.

Metall	A. in eV[1]	Metall	A. in eV
Cäsium	1,94	Molybdän	4,24
Kalium	2,25	Silber	4,36
Barium	2,52	Wolfram	4,53
Strontium	2,74	Platin	5,36

[1]) 1 eV ≈ $1{,}60 \cdot 10^{-19}$ J.

Austrittsfenster, Lenard-Fenster [n. dem dt. Physiker P. E. A. Lenard, * 1862, † 1947], Austrittsöffnung für einen gebündelten Elektronenstrahl aus einer evakuierten Kathodenstrahlröhre, meist durch eine dünne Leichtmetallfolie (Aluminium) abgedeckt.

Auswahl|axiom, dem →Wohlordnungssatz und dem →Zornschen Lemma äquivalentes Axiom: Ist F eine Menge der Mengen $M_1, M_2, \ldots$ (wobei $M_1, M_2, \ldots$ keinen gemeinsamen Durchschnitt haben), dann gibt es eine Menge A, die aus jeder der Mengen $M_1, M_2, \ldots$ genau ein Element enthält.

Auswahlregeln, Atom-, Kern-, Elementarteilchenphysik: einschränkende Regeln für die Übergänge eines quantenmechan. Systems von einem Zustand in einen anderen. Da alle Zustände aller quantenmechan. Systeme (z. B. Atome, Atomkerne, Elementarteilchen, Moleküle, Kristalle) durch eine Anzahl von →Quantenzahlen charakterisiert sind, besteht eine A. in der Vorschrift, um wie viele Einheiten sich eine best. Quantenzahl bei einem Übergang des Systems aus einem Zustand in einen anderen ändern darf. Zum Beispiel kann sich in einem →Atom die Bahndrehimpulsquantenzahl *l* eines Elektrons bei der Emission oder Absorption von Licht (elektr. Dipolstrahlung) nur um + 1 oder − 1 ändern. Die A. für die Emission oder Absorption von Licht können experimentell aus den in den Emissions- oder Absorptionsspektren auftretenden Linien abgelesen werden. Vom theoret. Standpunkt sind die A. einfache Folgerungen aus der mathemat. Formulierung der Quantentheorie des betrachteten Systems. Historisch waren die A. von besonderer Bedeutung für das Eindringen in die Gesetze der Quantentheorie. Unter bestimmten physikal. Bedingungen können die A. übertreten werden, z. B. kann ein Atomelektron bei einem Stoß mit einem energiereichen Elektron in jeden beliebigen Zustand gebracht werden, der wegen der A. bei der ungestörten Lichtabsorption oder -emission nicht erreichbar wäre. Die dabei emittierten Spektrallinien heißen **verbotene Linien.** Auch beim Zerfall oder der Umwandlung von →Elementarteilchen spielen A. eine Rolle.

Auswaschen, sich an die Filtration anschließende Reinigung eines Niederschlags durch Zugabe von Waschflüssigkeit, in der sich der Niederschlag möglichst wenig und die Verunreinigung gut lösen sollte.

Auswerfer, Vorrichtung zum Auswerfen eines Werkstückes aus einem Werkzeug oder einer Fertigungsmaschine; auch zum Ausheben eines Kunstharz-Preßteiles aus der Unterform. A. werden mechanisch oder hydraulisch durch einen besonderen Unterkolben in der Presse betätigt. Ähnliche A. gibt es auch am Schloß der Handfeuerwaffen und am Verschluß der Geschütze, um nach dem Schuß die leere Patronen- oder Kartätschhülse aus dem Lauf oder Rohr zu entfernen.

Auswuchten, das Prüfen und Korrigieren der Massenverteilung von Drehsystemen (z. B. Rädern) mit dem Zweck, →Unwucht zu beseitigen. A. ist in der Maschinen- und Feinwerktechnik erforderlich, um 1) bei schnell rotierenden Teilen (z. B. Kurbelwellen) unerwünschte Reaktionskräfte und damit Fehlfunktionen, Verschleiß, Geräusch oder sogar Zerstörung durch Resonanzerscheinungen zu vermeiden (→kritische Drehzahl) und um 2) bei Meßsystemen (z. B. Schwingsystemen von Uhren) die notwendige Meßgenauigkeit zu erreichen. Je nachdem, ob zur Unwuchtbestimmung die Schwerkraft oder Fliehkräfte herangezogen werden, unterscheidet man **statisches** oder **dynamisches A.** Starre Körper benötigen zum A. eine oder zwei, wellenelast. Rotoren mehrere Ausgleichsebenen, in denen ein Massenausgleich vorzunehmen ist.

authigen, am Fundort entstanden, z. B. Minerale oder Teile eines Gesteins. Ggs.: **allothigen.**

Auto, 1) Abk. für **Automobil,** svw. →Kraftwagen.

2) Abk. für →**Auto**typie.

Autobahn, Schnellverkehrsweg, der mit getrennten Richtungsfahrbahnen kreuzungsfrei geführt wird. Die zwei- oder mehrspurigen Richtungsfahrbahnen sind durch einen meist bepflanzten, mit Leitplanken (→Leiteinrichtungen) und gelegentlich Blendschutzeinrichtungen versehenen Mittelstreifen voneinander getrennt. Zum Übergang auf das übrige Straßennetz dienen →Anschlußstellen, zum Übergang von einer A. auf eine andere in mehreren Ebenen angelegte kreuzungsfreie Verteilerbauwerke **(A.-Kreuz, A.-Dreieck, A.-Kleeblatt;** →Kreuzung), zur Ein- und Ausmündung einer A. in eine andere kreuzungsfreie →Abzweigungen. Der auf- und abfahrende Verkehr wird auf Beschleunigungs- und Verzögerungsspuren ein- oder ausgeführt. Die Fahrbahndecken werden in Beton- oder bituminöser Bauweise hergestellt.

Autobus, →Kraftomnibus.

autochthon, an Ort und Stelle entstanden (von Gesteinen und Lebewesen). – Ggs.: **allochthon.**

Auto|empfänger, in Kraftwagen eingebauter Rundfunkempfänger, dessen Betriebsspannung aus der Kraftwagen-Batterie entnommen wird. A. sind häufig kombiniert mit Kassetten-Tonbandgeräten, z. T. auch mit Decodern für den →Verkehrsfunk.

Autofahrerwelle, drahtlose Übermittlung von Verkehrshinweisen, →Verkehrsfunk.

Autogas, →Flüssiggase.

autogenes Schweißen, Schmelzschweißverfahren, bei dem Wärme durch Verbrennen von Gasen erzeugt wird (→Schweißen).

Autogiro [-ʒ'i:ro] *das,* →Tragschrauber.

Autokatalyse, Form der Katalyse, bei der das Reaktionsprodukt die Reaktion beschleunigt.

Autoklaven, verschließbare, auf Überdruck geprüfte Metallgefäße, die zur Durchführung von Druckreaktionen (z. B. Hydrierungen, Polymerisationen) sowie zur Sterilisierung von medizin. Geräten und Dosenkonserven verwendet werden.

Autokollimation, Optik: Verfahren zur schnellen und genauen Einstellung eines Fernrohrs (z. B. an einem Spektrometer) auf Unendlich. Dabei wird ein Fadenkreuz über den →Kollimator und einen davor stehenden senkrecht zur opt. Achse justierten Planspiegel auf sich selbst abgebildet. Die A. wird über Beobachtung durch das Okular kontrolliert.

Autolyse, Auflösung von abgestorbenen Organen und Geweben unter Einwirkung eiweißabbauender Eigenenzyme ohne bakterielle Mitwirkung.

Automat, früher ein kunstvolles feinmechanisches Gebilde, das Tätigkeiten von Menschen oder Tieren nachahmen konnte, Ursprung der Feinwerktechnik; heute ein System (Vorrichtung, Maschine), bei dem nach einer Schaltbetätigung ein programmierter Prozeß mehr oder weniger selbsttätig abläuft **(Voll-A., Teil-A.).** Auf Grund des Programms trifft das System Entscheidungen, die auf der Verknüpfung von Eingaben mit den jeweiligen Zuständen des Systems beruhen und Ausgaben zur Folge haben. Ein wesentliches Merkmal des A. ist das Vorhandensein mindestens einer Verzweigung im Programm mit verschiedenen Ablaufmöglichkeiten. Auch das Stillsetzen ist als möglicher Zweig des Programmablaufs zu verstehen.

Vielfach bezeichnet man als A. auch Maschinen zum Bearbeiten, Handhaben oder Prüfen von Werkstücken (→automatische Werkzeugmaschine) oder Sondermaschinen wie **Wickel-A., Auswucht-A., Montage-A.** – **Handhabungs-A.** werden meist als →Roboter (→Industrieroboter, →Manipulator) bezeichnet. – Über **Rechen-A.** →Computer. – **Sicherungs-A.** unterbrechen bei Überlastung selbsttätig den Strom. – **Münz-A.** geben nach Einwurf einer Münze oder Marke Waren ab **(Waren-A.,** z. B. Zigaretten-, Getränke-, Blumen-A.), andere **Verkaufs-A.** liefern Berechtigungsnachweise (Briefmarken-, Fahrkarten-, Parkschein-A. u. a.). Der A. kann auch ein Spiel ermöglichen **(Spiel-A.)** oder eine Dienstleistung vollbringen **(Leistungs-A.** wie Münzfernsprecher, Musikboxen, Wasch-, Photo-, Wiege-A.).

Geschichtliches. A. wurden schon im Altertum als Mechanismen gebaut, die Bewegungen und Verrichtungen lebender Wesen nachahmten (›künstl. Menschen‹). HERON VON ALEXANDRIA schrieb im 1. Jh. n. Chr. über den Bau von Automatentheatern. Später entstanden automat. Uhren mit Figurenwerk, z. B. am Straßburger Münster 1352 und an der Frauenkirche in Nürnberg 1356. Im 16. Jh. tauchte das erste automat. Klavier auf. Bes. die Renaissance- und die Barockzeit hatten eine Vorliebe für A. Im 18. Jh. wurden die A. von J. DE VAUCANSON (z. B. künstliche Ente 1738) und von P. J. DROZ (z. B. Schreiber-A. 1760) bekannt.

J. COHEN: Golem und Roboter (1968); K. STEINBUCH: Automat und Mensch ([4]1971).

Automatenlegierungen, Werkstoffe von guter Zerspanbarkeit, werden zur Erhöhung der → Standzeit der Werkzeuge bes. auf → automatischen Werkzeugmaschinen verwendet: Zusätze von Schwefel, Blei, Tellur, Selen in Stahl **(Automatenstahl),** von Thallium, Selen usf. in Kupfer, von Eisen, Mangan, Cadmium in Leichtmetallen u. dgl. bewirken kurze, brüchige Späne, niedrigere Schnittemperaturen, geringe Zerspanungskräfte.

Automatentheorie, mathemat. Theorie über Arbeitsprinzipien und Anwendung von → Automaten. Die Zusammenhänge zw. den Eingangsgrößen, der inneren Struktur mit Zustandsgrößen und den Ausgangsgrößen werden durch mathemat. Formeln beschrieben. Die A. dient anderen Bereichen als Grundlage (Kybernetik, Schaltalgebra, Computertechnik).

H. HOMUTH: Einführung in die A. (1977); J. METZ: Abstrakte Rechnermodelle (1980).

Automation, → Automatisierung.

automatische Flugzeugsteuerung, Autopilot, Gerätesystem zur selbsttätigen Steuerung von Luftfahrzeugen, das in Fernlenkflugzeugen oder Lenkflugkörpern den Piloten ersetzt oder diesen in bemannten Flugzeugen entlastet. Mit Hilfe eines → Flugreglers und einer Kraftsteuerung der Ruder können Fluglage und Flugbahnen in vorgegebener Weise konstant gehalten oder über eine Fernlenkanlage sowie gemäß einem programmierten Flugplan in gewünschter Weise beeinflußt werden.

automatische Kupplung, → Eisenbahnkupplung.

automatisches Getriebe, → Kraftwagengetriebe.

automatische Waffen, → Maschinenwaffen.

automatische Werkzeugmaschine, Automat, ein Fertigungssystem (→ Fertigungstechnik), das aus einem Rohteil auf Grund eines Wirkprozesses zw. Material, Energie und Information ein Fertigteil erstellt, wobei alle Gruppen- oder Einzelfunktionen, die zur Fertigstellung erforderlich sind, je nach dem Grad der → Automatisierung selbsttätig ausgelöst und durchgeführt werden. Um in dieser Weise funktionsfähig zu sein, erfordert die a. W. ein Informationssystem (Speicher, Steuerwerk), das gestattet, ein einmal im Speicher aufgenommenes Fertigungsprogramm wiederholt abzurufen und den zeitl. Ablauf sowie die Reihenfolge der Einzelfunktionen des Prozesses selbsttätig zu steuern. Die Entwicklung der a. W. ist gekennzeichnet durch zunehmende Flexibilität im Hinblick auf schnelle Änderung von Programmen durch den Übergang von mechan. Speichern (Kurvenscheiben, Nockenleisten) auf → numerische Maschinensteuerung. Während das zeitintensive Einrichten kurvengesteuerter Werkzeugmaschinen aus wirtschaftl. Gründen lange Laufzeiten ein und desselben Programmes, d. h. hohe Stückzahlen (Massenfertigung) erforderte, erlaubt die kurze Umrüstzeit bei numerisch gesteuerten Werkzeugmaschinen den wirtschaftlich sinnvollen Einsatz der a. W. auch in der Mittel- und Kleinserienfertigung, u. U. sogar in der Einzelfertigung.

Automatisierung, Automation, die Gestaltung von Abläufen in der Weise, daß ›der Mensch weder ständig noch in einem erzwungenen Rhythmus für den Ablauf tätig zu werden braucht‹ (C. M. DOLEZALEK).

Gründe für die A. sind technischer (konstante und zuverlässige Arbeitsgeschwindigkeiten und -qualität), wirtschaftlicher (höhere Produktivität und Nutzung von Menschen und Maschinen sowie Ersatz des teurer werdenden Produktionsfaktors Arbeit durch Kapital) sowie sozialer Art (Freistellung des Menschen für höherwertige Tätigkeiten und seine Herausnahme aus gesundheits- oder lebensschädigenden Situationen).

Weit verbreitet ist die A. in der industriellen Produktionstechnik mit ihren Hauptgebieten Energie-, Verfahrens- und Fertigungstechnik sowie den verbindenden Techniken für den Materialfluß (Fördertechnik) und Informationsfluß (Informationstechnik). In der Energietechnik wurde die A. schon frühzeitig angewandt, um z. B. ständig Energie aus Kraftwerken zur Verfügung zu stellen. In der Verfahrenstechnik war sie für den zuverlässigen Ablauf physikal. und chem. Prozesse notwendig. Die A. in der → Fertigungstechnik setzte beim Bearbeitungsvorgang für Werkstücke ein. Sie ist v. a. in der Massenfertigung weit fortgeschritten, da hohe Stückzahlen von Werkstücken gleicher Gestalt den Bau und den Einsatz automat. Maschinen vereinfachen (→ automatische Werkzeugmaschine). Bei häufig wechselnden Werkstückformen und Arbeitsabläufen (›Losfertigung‹) ist die Flexibilität einer automatisierten Produktionsanlage, d. h. ihre Umstellbarkeit auf neue Bedingungen, entscheidend für den wirtschaftl. Einsatz. Lösungen dafür sind programmierbare Arbeitsmaschinen, z. B. computergesteuerte Werkzeugmaschinen, flexible Fertigungssysteme, sowie programmierbare Handhabungsgeräte (→ Industrieroboter), deren Steuerung in zunehmendem Maß programmierbare Rechner und Mikroprozessoren übernehmen. Die Steuerung aller Abläufe in der automat. Fabrik der Zukunft könnte durch eine dezentrale Rechnerhierarchie vollzogen werden. Dabei würde der überwachende Mensch die jeweiligen Zustände im Dialogverkehr von den Rechnern abfragen können. Die A. wird zunehmend auch in den planenden und verwaltenden Bereichen betrieben.

Ein markantes Beispiel der A. in der Informationstechnik ist der → Selbstwählverkehr in der Fernsprechtechnik (Vermittlungstechnik).

In der Fördertechnik veranlaßt die zunehmende Verkehrsdichte die A. vieler Vorgänge. Ein Beispiel sind die → Eisenbahnblockeinrichtungen, die Streckenblockung und -freigabe automatisieren (Signaltechnik). Verkehrsampeln in Räumen hoher Verkehrsdichte werden von einem Rechner in Abhängigkeit von der Zahl der Fahrzeuge an den einzelnen Kreuzungen sowie der Geschwindigkeit des an- und abfließenden Verkehrs geschaltet.

Wenn die A. nur in Teilbereichen technisch und wirtschaftlich möglich ist, sollte der Arbeitsablauf so strukturiert werden, daß Mensch und Technik entkoppelt sind, wobei der Gefahr der körperl. Unterforderung und psychischer Überforderung entgegenzuwirken ist. Die A. stellt dann einen wichtigen Beitrag zur Humanisierung der Arbeitswelt dar.

Arbeitsmedizinische Rückwirkungen der A. sind Verringerung der Unfallgefahren, Rückgang der Berufs-

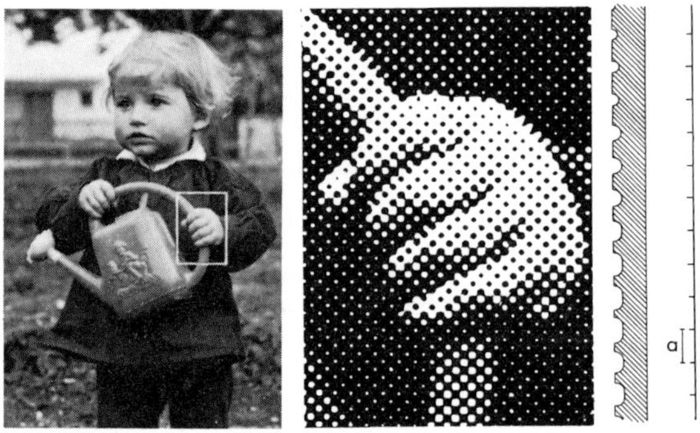

1 2 3

Autotypie: 1 normale Autotypie; **2** etwa sechsfach vergrößerter Ausschnitt von 1; **3** Schnitt durch eine Druckplatte (a Rasterweite)

krankheiten, bessere hygien. Gestaltung mancher Arbeitsvorgänge u. a. Die menschl. Arbeitskapazität muß allerdings dem Fertigungsgang angepaßt werden, da sonst nervliche Belastungen mit ihren psychologischen Auswirkungen auftreten können.

G. Brack: Technik der A.-Geräte ([2]1972); Fachlexikon ABC A., hg. v. H.-D. Junge (1975); G. Spur: Produktionstechnik im Wandel (1979). A.technik; Praxis, Aufgaben, Lösungen, hg. v. J. Breier (1980); Mess- u. A.-Technik; Technologie, Verfahren, Ziele, hg. v. D. Grusl u. M. Thoma (1980).

Automatisierungsgrad, der Grad der → Automatisierung, gibt den Quotienten aus der von einer Maschine, dem → Automaten, übernommenen Anzahl von Entscheidungen und der gesamten Anzahl von Entscheidungen an, die während der Funktionsabläufe in einem Mensch-Maschine-System zu treffen sind. Bei der analyt. Ermittlung des A. sind die einzelnen Entscheidungen ihrer Bedeutung nach zu gewichten durch die Anzahl der erforderl. Programmschritte bis zur Entscheidung. Bei summarischer Ermittlung wird das zu untersuchende System mit einem System bekannten A. verglichen.

Automobil, kurz **Auto,** → Kraftwagen.

automorphe Funktionen, Bez. für spezielle → analytische Funktionen, die bei best. Transformationen des Arguments dieser Funktionen invariant bleiben. Beispiele für a. F. sind die → elliptischen Funktionen.

Automorphismus, isomorphe → Abbildung (→ Isomorphismus) einer algebraischen Struktur (z. B. Gruppe, Ring) auf sich selbst, d. h., die Elemente der Gruppe oder des Ringes treten selbst wieder als Bildelemente auf. Die A. einer algebraischen Struktur bilden eine Gruppe **(Automorphismengruppe),** wenn man als Verknüpfung das ›Hintereinanderausführen‹ zweier A. versteht.

Autopilot, → automatische Flugzeugsteuerung.

Auto|radiographie, Verfahren zum Nachweis der lokalen Verteilung radioaktiver Isotope in dünnen Schichten oder auf Oberflächen, das in der Biologie, Medizin und Metallurgie angewandt wird. Der Untersuchungsgegenstand kann dabei die radioaktiven Komponenten als natürl. Bestandteil enthalten (z. B. Minerale), sie können ihm zugeführt (z. B. durch Einspritzung in Gewebe) oder in ihm durch Bestrahlung best. Anteile künstlich radioaktiv (→ Aktivierungsanalyse) gemacht werden.

Auto|rotation, Selbstdrehung, Flugzustand eines Hubschraubers, der bei Triebwerkausfall durch Verstellung der Rotorblätter eingenommen werden kann. Der durch einen Freilauf vom Triebwerk entkuppelte Rotor wird im Sinkflug durch den hindurchtretenden Luftstrom in Drehung gehalten, wodurch eine Auftriebskraft geliefert wird, die mit einem besonderen Abfangvorgang eine sichere Landung erlaubt.

Autostraße, die → Kraftfahrzeugstraße.

Autotelephon, → Funkdienst.

Autotypie, chemigraphisch hergestellte Originaldruckplatte zur Wiedergabe von Halbtonbildern im Buch- und Flachdruck mit Hilfe eines → Rasters, durch den das ganze Bild aus kleinen, regelmäßig verteilten, aber verschieden großen Elementen aufgebaut wird. Die erhaltenen photograph. Negative werden auf lichtempfindl. Metallplatten (Kupfer, Zink, Messing) kopiert und diese geätzt. Man erhält dann Druckplatten mit einem System druckender Punkte. – Die A. dient auch als Grundlage des Drei- und Vierfarbendrucks **(Mehrfarben-A.).**

Die Erfindung der A. leitete in den letzten Jahrzehnten des 19. Jh. im Zusammenwirken mit der Photographie eine Umwälzung in der Buch-, Zeitschriften- und Zeitungsillustration ein. Sie ist heute weitgehend abgelöst vom Offset- und Tiefdruckverfahren.

Autowracks, Bez. für unbrauchbar gewordene Kraftfahrzeuge, können in Paketpressen komprimiert (hoher Verunreinigungsgrad) oder in → Shredderanlagen aufbereitet werden (hoher Reinheitsgrad des Eisenschrotts); der gewonnene Schrott dient in der Stahlerzeugung als Rohstoff.

Aut|oxidation, flammenlose Reaktion eines Stoffes mit Luftsauerstoff bei Raumtemperatur oder schwach erhöhter Temperatur. Die A. von Erdölprodukten, Kunststoffen oder Lebensmitteln führt mit der Zeit zu einer Qualitätsverschlechterung dieser Produkte. Bes. anfällig sind ungesättigte Verbindungen (z. B. Pyrolysebenzin, ungesättigte Fettsäuren). Die A. wird durch Initiatoren (Licht, Metallspuren) ausgelöst und läuft als Kettenreaktion über → Radikale (R) ab:

$R-H \longrightarrow R\cdot + \cdot H$	Kettenstart
$R\cdot + O_2 \longrightarrow ROO\cdot$ $ROO\cdot + R-H \longrightarrow ROOH + R\cdot$	Kettenfortpflanzung
$ROOH \longrightarrow RO\cdot + \cdot OH$	Kettenverzweigung

Autunit *der,* Mineral, ein → Uranglimmer.

Auxine, pflanzl. Wuchsstoffe (→ Pflanzenhormone). Hauptvertreter ist die β-[Indolyl-(3)]-essigsäure **(Heteroauxin),** die auch im menschl. Harn vorkommt. Biosynthese aus Tryptophan.

auxochrome Gruppen, Bez. für Substituenten mit freien Elektronenpaaren wie NR_2, OR, COOH, SO_3H u. a., die durch ihren Eintritt in Chromogene (→ Chromophore) Farbveränderungen oder Färbbarkeit bewirken können.

Avalanche-Diode [ˈævəlɑːnʃ-, engl.], Halbleiterbauelement, das i. a. als → Z-Diode bezeichnet wird, obwohl der Durchbruch bei Sperrspannungen über etwa 6 V vom Lawineneffekt hervorgerufen wird und nicht vom Zener-Effekt. Anwendungsbereich wie bei der Z-Diode.

Aventurin, zwei äußerlich ähnl. Minerale: **A.-Quarz** (Goldstein) und **A.-Feldspat** (Sonnenstein), mit rotbraunem, gelbem oder grünem Schillerglanz durch eingelagerte Eisenglanz- oder Glimmerblättchen; Schmuckstein.

Aventuringläser, Gläser, die glitzernde Metallflitter, meist aus Kupfer oder Chrom, enthalten.

Avionik, Abk. aus **Avi**atik und Elektr**onik,** die Gesamtheit elektron. Luftfahrtgeräte sowie auch die Wissenschaft und Technik dieser Geräte und Systeme. Zur A. gehören: Nachrichtengeräte, Funknavigationsgeräte, Flugregler, Flugführungssysteme, Landeführungssysteme, Bordrechner, Kollisionsverhütungssysteme, Meßwertübertragungsanlagen sowie militär. Sondergeräte.

Avivage [-v'a:ʒ, frz.], **avivieren,** urspr. die Nachbehandlung von gefärbter Seide, um den → Griff zu korrigieren; heute allg. die Griffbeeinflussung von Textilmaterial, z. B. mit Weichgriff-, Knirschgriffavivagen, in besonderen Fällen auch mit antielektrostat. Wirkung.

Avivagemittel [aviv'a:ʒ-, frz.], die → Weichspülmittel.

Avogadro-Konstante [n. dem ital. Physiker A. Avogadro, * 1776, † 1856], gibt die Anzahl der Atome oder Moleküle an, die in einem → Mol eines Stoffes enthalten sind: $N_A \approx 6{,}022 \cdot 10^{23}/\text{mol}$. In der deutschsprachigen Literatur wurde die A.-K. auch **Loschmidtsche Zahl** genannt, während als **Avogadro-Zahl** die Anzahl der Moleküle je cm^3 eines idealen Gases unter Normalbedingungen bezeichnet wurde. Heute bezeichnet man die Anzahl der Moleküle je m^3 eines idealen Gases als **Loschmidt-Konstante** n_0: $n_0 = N_A/V_m \approx 2{,}687 \cdot 10^{25}\ m^{-3}$. Dabei bedeutet V_m das molare Volumen des idealen Gases (genaue Werte: ÜBERSICHT Naturkonstanten).

Avogadrosches Gesetz, von A. AVOGADRO 1811 formuliertes Gesetz: Gleiche Volumina idealer Gase enthalten bei gleichem Druck und der gleichen Temperatur die gleiche Anzahl von Atomen oder Molekülen.

Avoirdupois system [ævədəp'ɔɪz s'ɪstɪm, engl.], Gewichtssystem, das in Großbritannien und den USA noch allgemein gilt außer bei Edelsteinen und Edelmetallen (→ Troysystem) und bei Medikamenten (→ Apothecaries' system). ÜBERSICHT Einheiten, angloamerikanische.

A. W. G., Abk. für **American Wire Gauge** [əm'erɪkən waɪə gɔ:dʒ, engl.], amerikan. Drahtgröße, Maßzahl für den Drahtdurchmesser von elektr. Leitungen, die nach amerikan. Vorschriften hergestellt werden. Aufsteigende A. W. G.-Nummern bedeuten dabei abnehmende Drahtdurchmesser.

Axerophthol, veraltete Bez. für Vitamin A, → Vitamine.

axial, auf die Achse bezüglich, in der Richtung der Achse; Ggs.: → radial. **Axialkraft,** Längskraft. **Axiallager,** Längslager. **Axialturbine,** in axialer Richtung durchströmte Turbine, **Axialverdichter,** in axialer Richtung durchströmter Verdichter.

Axiom *das,* Logik, Mathematik: ein Grundsatz, der nicht von anderen Sätzen abgeleitet, d. h. nicht bewiesen werden kann. Die A. sind aber darum nicht unbegründete Annahmen, sondern gelten als unmittelbar einsichtig. Aus ihnen können Sätze **(axiomatische Sätze)** und Begriffe **(axiomatische Begriffe)** abgeleitet werden. – Unter **Axiomatik** versteht man die Gesamtheit der mit A. durchführbaren log. Operationen oder die Lehre von der Aufstellung eines → Axiomensystems. Die **axiomatische Methode,** d. h. die Untersuchung der log. Folgerungen aus Aussagen, unabhängig von der Bedeutung der in ihr vorkommenden Prädikate, kennzeichnet die moderne Mathematik, v. a. die Algebra und Topologie; sie hat (z. T. Modelltheorie genannt) auch Eingang in die empir. Wissenschaften (Physik, Wirtschaftstheorie u. a.) gefunden. Geschichtlich liegt der Ursprung des Begriffs A. in der Geometrie. Zu Beginn der Neuzeit wurde auch in dem Bereich der Mechanik versucht, alle Lehrsätze aus einem System von A. herzuleiten (G. GALLILEI, I. NEWTON), nach der Wiederbelebung der axiomat. Methode gegen Ende des 19. Jh. ebenso für die Gebiete der Logik, Arithmetik und Analysis sowie der Mengenlehre. (→ Formalismus, → Intuitionismus)

axiomatische Feldtheorie, Forschungszweig der Quantenfeldtheorie, in dem u. a. die Verträglichkeit der Grundannahmen dieser Theorie mit mathematisch exakten Methoden untersucht wird.

Axiomensystem, Gesamtheit der → Axiome, die ein best. Teilgebiet eines Wissenschaftsbereiches (bes. in der Mathematik) begründen. Jeder Satz dieses Gebiets muß sich aus diesem A. logisch herleiten lassen. Wichtig für jedes A. ist, daß es **widerspruchsfrei, unabhängig** und **vollständig** ist. Das ist gewährleistet, wenn sich ein Modell finden läßt, das alle Bedingungen des A. erfüllt. Beispiele sind die A. des EUKLID und von D. HILBERT in der → Geometrie sowie das → Peanosche Axiomensystem.

Axion, zur Lösung von grundsätzl. Spiegelinvarianzproblemen der starken Wechselwirkung postuliertes Elementarteilchen. Es gibt erste experimentelle Hinweise, daß A. wirklich existieren.

Axonometrie, spezielle parallele → Projektion mit Bedeutung für die Praxis als → Kavalierperspektive und → Militärperspektive.

Axt, Werkzeug zur Holzbearbeitung, unterscheidet sich vom → Beil durch schmalere Schneide, längeren Stiel und größeres Gewicht. Der Holzfäller benutzt die leichte

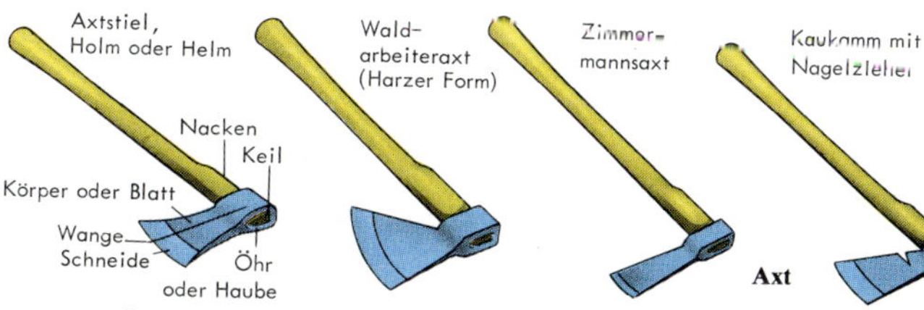

Axt

Fäll- und **Ästaxt** sowie die schwere **Spaltaxt.** Der Zimmermann bearbeitet das Bauholz mit der normalen A. Mit der **Stich-A. (Stoß-A.)** arbeitet er Zapfen und Zapfenlöcher heraus. Der **Kaukamm** dient Bergleuten zum Zurechthauen von Grubenhölzern. Die A. ist schon aus vorgeschichtl. Zeit als Werkzeug oder Waffe **(Streit-A.)** bekannt, die geschliffene **Stein-A.** erscheint in der Jungsteinzeit. Später wurde sie aus Kupfer oder Bronze und schließlich aus Eisen gefertigt.

Azaserin, Antibiotikum, wirkt als Antimetabolit des Glutamins mutagen, bakterizid, fungizid, cytostatisch.

Azbel-Kaner-Resonanz [nach M. J. Azbel und E. A. Kaner], → Zyklotronresonanz in Metallen.

Azeotropdestillation, therm. Verfahren zur Trennung von → azeotropen Gemischen, die durch → Destillation nicht trennbar sind. Die A. arbeitet mit einem Hilfsstoff (Schleppmittel) und wird z. B. bei der Gewinnung von Aromaten und der Herstellung von wasserfreiem Äthanol angewandt. Bei der Abtrennung von Äthanol aus wäßriger Lösung durch Rektifikation bildet sich stets ein azeotropes Gemisch aus 95,6% Äthanol und 4,4% Wasser. Bei Zusatz von Toluol als Hilfsstoff läßt sich aus der Kolonne ein leichter siedendes azeotropes Gemisch aus

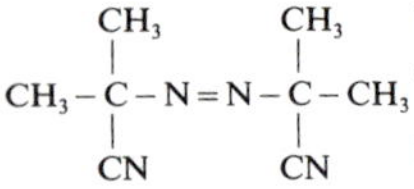

Azodiisobutter-säurenitril

Azofarbstoffe

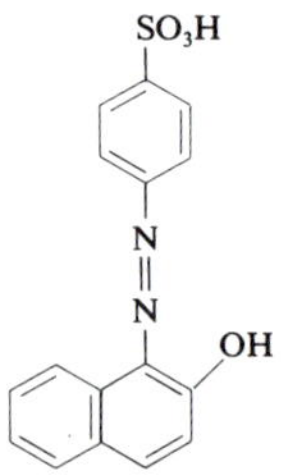

orangefarbener Säurefarbstoff

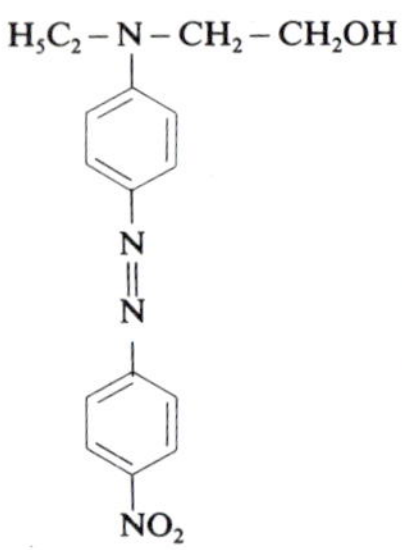

roter Dispersionsfarbstoff

Azoverbindungen

$CH_3-N=N-CH_3$

Azomethan

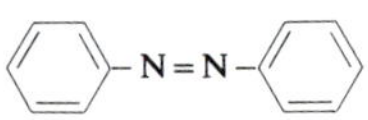

Azobenzol

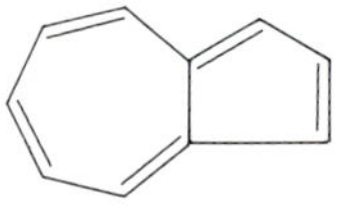

Azulen

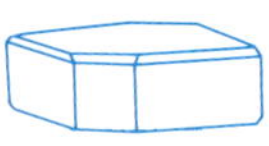

Azurit

Wasser, Toluol und etwas Äthanol abdestillieren. Reines Äthanol verbleibt als Rückstand.

azeotropes Gemisch. Ein a. G. von Flüssigkeiten liegt vor, wenn die Zusammensetzung des Gleichgewichtsdampfes mit der der Flüssigkeit übereinstimmt. A. G., die nur bei Stoffen mit ausreichend großen spezif. Wechselwirkungen beobachtet werden, verhalten sich somit wie Reinstoffe und können nur durch →Azeotropdestillation in ihre Bestandteile zerlegt werden. Ihr Siede-P. liegt über oder unter dem der einzelnen Komponenten (Siedepunktsmaximum oder -minimum).

Azet . . ., →Acet . . .

Azide, Salze der Stickstoffwasserstoffsäure H_3N. Die explosiven Schwermetall-A. dienen als Initialsprengstoffe.

Azidität, svw. →Acidität.

Azimut *das* und *der,* **1)** Astronomie: der Winkel zw. dem Südpunkt und dem Schnittpunkt des Vertikalkreises eines Gestirns mit dem Horizont, von S (geodätisch von N) aus gezählt (BILD → astronomische Koordinaten).

2) Geodäsie: der in einem Punkt *P* der Erdoberfläche vom nördl. Ast seines Meridians an im Uhrzeigersinn gezählte Winkel, unter dem eine → geodätische Linie durch *P* den Meridian schneidet.

3) Mathematik: Winkel in einem System von Polarkoordinaten (→Koordinaten 3).

4) Navigation: im Uhrzeigersinn gemessener Winkel zw. der Richtung zu einem Objekt (Radialstandlinie) und der Nordrichtung, gesehen von einem Punkt auf der Erdoberfläche, z. B. dem Aufstellungsort einer Funkortungsanlage.

Azimutalkreis, jeder dem Horizont parallele Kreis der Himmelskugel (→astronomische Koordinaten).

Azimutalprojektion, →Kartennetzentwürfe.

Azimutalsystem, →astronomische Koordinaten.

Azine, 1) Organ. Verbindungen mit der funktionellen Gruppe $>C=N-N=C<$. 2) Heterozykl. Verbindungen, die in einem sechsgliedrigen Ring mindestens ein Stickstoffatom enthalten.

Azinfarbstoffe, Farbstoffe, die sich vom heterozykl. Ringsystem

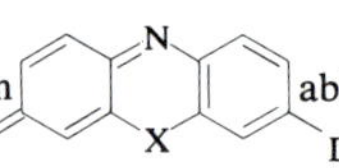

ableiten. D sind funktionelle Gruppen wie $-NH_2$ (oder $=NH$) oder $-OH$ (oder $=O$). X kann eine $-NH-$ oder $-NR$-Gruppe (R = Rest) **(Phenazinfarbstoffe),** ein Sauerstoffatom **(Oxazinfarbstoffe)** oder ein Schwefelatom **(Thiazinfarbstoffe)** sein. Phenazinfarbstoffe sind z. B. Induline, Nigrosine, Safranine.

Azo . . ., Vorsilbe zur Kennzeichnung der Atomgruppierung $-N=N-$ in systemat. Namen organ. Verbindungen. →Azoverbindungen.

Azobenzol, →Azoverbindungen.

Azo|di|isobuttersäure|nitril, Abk. **AIBN,** organ. Verbindung, die beim Erhitzen unter Stickstoffentwicklung in Radikale zerfällt. A. eignet sich deshalb als Initiator für radikalische Polymerisationen.

Azofarbstoffe, synthet. →Farbstoffe, die **Azogruppen,** $-N=N-$, enthalten. Je nach Anzahl der Azogruppen unterscheidet man Mono-, Bis-, Tris- und Tetrakis-A. Unlösl. →Farbmittel mit Azogruppen werden **Azopigmente** genannt. Die Herstellung von A. erfolgt meist durch Diazotierung (→Diazoniumverbindungen) eines primären aromat. Amins (Diazokomponente) und anschließende Azokupplung (→Kupplungsreaktionen) mit einem aromat. Amin oder einem Phenol (Kupplungskomponente). – A. sind die wichtigsten techn. Farbstoffe, v. a. im gelben bis roten Bereich. Sie können als Säure-, Dispersions-, Entwicklungs-, Direkt- und Reaktivfarbstoffe hergestellt werden. Als erster A. wurde 1863 das Bismarckbraun synthetisiert. **Anion. Mono-A.** werden als Papier- und Lederfarbstoffe sowie als Säurefarbstoffe für Polyamidfasern verwendet. Sie enthalten meist Anilinderivate als Diazokomponenten, Pyrazolon-, Naphthol- oder Naphthylaminderivate als Kupplungskomponenten und Sulfogruppen zur Erhöhung der Wasserlöslichkeit. Die Kupplungskomponenten von **Dispersions-A.** sind meist Anilinderivate mit Substituenten, die die Wasserlöslichkeit herabsetzen. **Entwicklungs-A.** lassen sich mit →Naphthol AS als Kupplungskomponente herstellen. **Direkt-A.** enthalten mehrere Azogruppen, wodurch die Affinität zu Cellulosefasern verbessert wird. Als Kupplungskomponente wird u. a. →I-Säure verwendet.

Azoikum, veraltet für →Kryptozoikum.

Azomethan, →Azoverbindungen.

Azopigmente, →Azofarbstoffe.

Azotometer, Gerät zur quantitativen Bestimmung von Stickstoff in organ. Verbindungen. Die Probe wird verbrannt, der dabei freigesetzte Stickstoff in einem geeichten Glasrohr aufgefangen, aus dem eine Flüssigkeit verdrängt wird. Dadurch kann die Menge des Stickstoffs abgelesen und der Stickstoffgehalt in der Verbindung berechnet werden.

Azoverbindungen, organ. Verbindungen, in denen die **Azogruppe,** $-N=N-$, mit Alkyl- oder Arylgruppen verknüpft ist. **Azomethan** ist ein explosives Gas, das leicht in Methylradikale und Stickstoff zerfällt. **Azobenzol,** die Stammsubstanz der →Azofarbstoffe, ist ein orangeroter Feststoff, der durch Reduktion von Nitrobenzol erhalten wird. 4-Aminoazobenzol wird als Diazokomponente für Bisazofarbstoffe verwendet.

Azulen, polyzykl. kondensierter →Kohlenwasserstoff von blauer Farbe. Alkylderivate des A. (z. B. Chamazulen, Guajazulen) lassen sich aus äther. Ölen (z. B. Kamillenöl) gewinnen. Sie haben entzündungshemmende Wirkung.

Azur, das →Himmelsblau.

Azurit: LINKS Überzug und Kristalle (Chessy bei Lyon); RECHTS großer Kristall (Tsumeb, Südwestafrika)

Azurit *der,* **Kupferlasur, Chessylith** [ʃ-], blaues, durchscheinendes Mineral $Cu_3[OH/CO_3]_2$; kurzsäulige oder tafelige Kristalle, auch derbe Aggregate; in Kupferlagerstätten.

a|zyklische Verbindungen, chem. Verbindungen, die nur einfache oder verzweigte Ketten enthalten.

B

b, 1) Einheitenzeichen für → Barn.

2) *b,* Formelzeichen für Breite.

3) physikal. Symbol für Bottom-Quark (Beauty-Quark).

B, 1) chem. Symbol für das Element → Bor.

2) *B,* Formelzeichen für magnetische Flußdichte, Blindleitwert und Baryonenzahl.

3) Kurzzeichen für → Bel.

Ba, chem. Symbol für das Element → Barium.

Babinetscher Punkt [babin'ɛ-, n. dem frz. Physiker und Astronomen J. Babinet, * 1794, † 1872], → Himmelsstrahlung.

Babinetsches Theorem [babin'ɛ-], Optik: Bei Beleuchtung entsteht hinter einer Öffnung (außerhalb des Bereiches der geometrisch-opt. Abbildung) das gleiche Beugungsbild wie hinter einem deckungsgleichen Hindernis (bei dem durchsichtige und undurchsichtige Partien gegenüber der Öffnung vertauscht sind), z. B. liefert ein enger Spalt die gleichen Beugungsbilder wie ein dünner Draht.

Bach, kleiner → Fluß.

Bacharach-Skala, Meßanordnung zur Beurteilung von → Rauchgasen. Das Abgas wird durch einen Filter gesogen, dessen Schwärzungsgrad mit einer 10stufigen Rußzahlenskala verglichen wird.

Back *die,* von Bord zu Bord gehender Aufbau auf dem Vorschiff (nutzbarer Raum, Verbesserung der Seefähigkeit).

Backbord *das* oder *der,* die linke Seite des Schiffes.

Backenbrecher, Steinbrecher, Geräte zum Vorzerkleinern von Gestein mit einer festen und einer schwingenden Brechbacke. Durch Ändern des Abstandes der Brechbacken kann die Größe des gebrochenen Gutes verändert werden. (→ Brecher)

Backenfutter, Fertigungstechnik: Vorrichtung zum → Spannen von Werkstücken.

Backstein, in einzelnen Gebieten gebräuchl. Bez. für → Ziegel; wird in den DIN-Normen nicht verwendet.

Backsteinbau, Bau aus Ziegeln oder Klinkern, berappt, verputzt, verkleidet oder nicht verputzt.

Backvermögen, Fähigkeit von Kohlen, beim Erhitzen in einen plast. Zustand überzugehen und beim weiteren Erhitzen einen stückigen Koks zu bilden.

Backward|diode [b'ækwəd-, engl.], spezielle → Tunneldiode aus Germanium, die wegen des flachen Verlaufs ihrer Strom-Spannungs-Kennlinie in umgekehrter Richtung betrieben wird. Der sonst bei Tunneldioden im Durchlaßbereich auftretende negative differentielle Widerstand ist bei der B. kaum ausgeprägt, die Kennlinie verläuft hier fast waagerecht ohne nennenswerte Ausbildung von Strommaximum und -minimum. Dieser Bereich kann daher i. Ggs. zu anderen Dioden als Sperrbereich genutzt werden. Anwendungen: Gleichrichtung kleiner Wechselspannungen bei sehr hohen Frequenzen.

Badewannenkurve. Wird die → Ausfallrate (z. B. von elektron. Bauelementen) über der Zeit aufgetragen, entsteht eine charakterist. badewannenähnl. Kurve, die eine Aussage über die Zuverlässigkeit der betrachteten Einheiten erlaubt.

Bagger, Maschine zum Abtragen von Schüttgütern, z. B. Erdmassen, in stetiger oder absetzender Arbeitsweise, an Land oder in Gewässern. **Trocken-B.** fahren auf fester Gleisanlage, oft mit Gleisrückvorrichtung, auf Raupenketten oder auf luftbereiften Rädern (Auto-B.), das Oberteil ist fest oder schwenkbar. **Eimerketten-B.** haben eine mit Schürfeimern besetzte geschlossene Kette, die an einer heb-, senk- und knickbaren Eimerleiter umläuft, so daß auch grabenförmige Profile ausgehoben werden können. Die Förderleistung beträgt bis 2500 m^3/h (Braunkohlenbergbau). **Saug-B.** saugen durch Pumpen ein Gemisch aus Wasser und festen Teilen (Sand, Kies) vom Grund eines Gewässers an und transportieren es in Röhren ab; gefördert werden bis 5000 m^3/h.

Löffel-B. haben einen Ausleger, an dem das Grabgefäß (Löffel) angesetzt ist. Löffel-B. sind meist **Universal-B.**, bei denen durch Zusatzeinrichtungen der B.-Einsatz variabel ist: Hoch- und Tieflöffel-, Greif-, Schleppschaufel-, Planier-B. u. a. Löffel-B. haben Löffel bis 100 m^3 Inhalt, eine Höchstnutzlast von 200 t, 200 m Schwenkradius und 50 m größte Entladehöhe. Bis zu einem Löffelinhalt von 3 m^3 haben sich **Hydraulik-B.** durchgesetzt, deren Bewegungsfunktionen von Arbeitszylindern und Hydraulikmotoren übernommen werden. Eine dieselmotorangetriebene Hydraulikpumpe versorgt das System mit Drucköl. Vorteile des Hydraulik-B. sind seine kompakte

Bagger: Schnittmodell eines Hydraulikbaggers

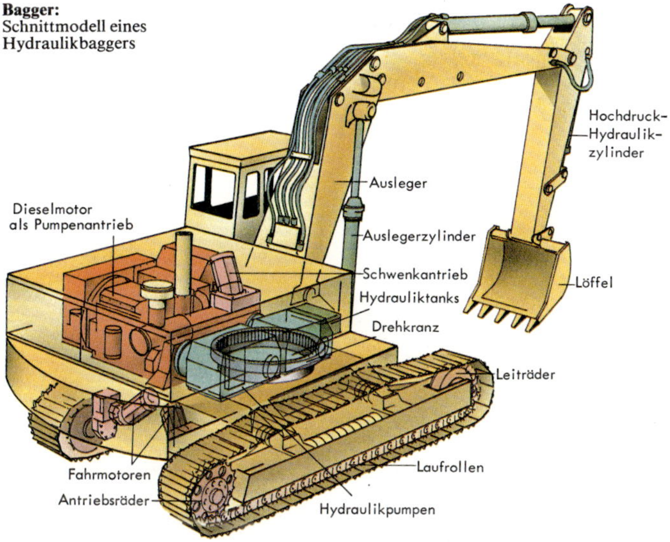

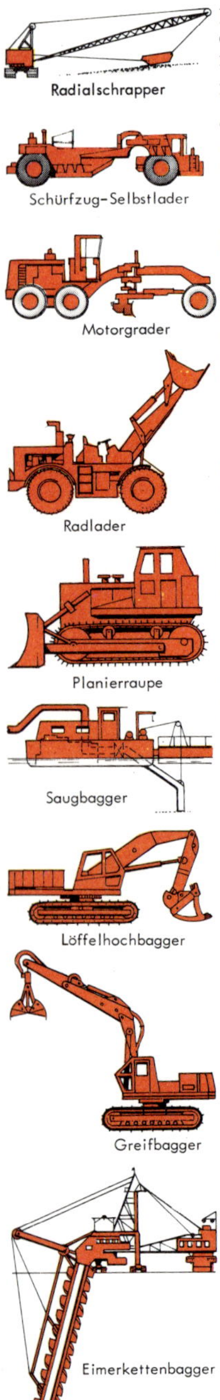

Bagger

Bauweise und Funktionssicherheit, er ist jedoch teurer als eine Seilkonstruktion. Der **Schaufelrad-B.** besteht aus einem schwenkbaren Oberbau mit neigbarem Schaufelradausleger, einem raupenfahrbaren Unterbau und aus einer Verladevorrichtung. Das rotierende Schaufelrad gräbt durch die oszillierende Bewegung des Oberbaus. Große Schaufelrad-B. fördern 6000 m^3/h (Braunkohlentagebau).

Der **Schürfkübel-B.** bewegt einen unter seiner Eigenlast aufliegenden Kübel mit Hilfe eines Seiles über den Boden und füllt ihn so. B. ähnlicher Bauart: Schrapper, Kabel-B., Tragseilschrapper.

Flach-B. sind die als Raupenschlepper mit Brustschild ausgebildeten **Planierraupen, Reifenplaniergeräte** (Rad-Dozer), **Motorstraßenhobel** (Grader), **Motorschürfwagen** (Scraper), **Schürfraupen, Laderaupen** und **Radlader,** die alle fahren müssen, um ihr Grabgefäß zu füllen oder Planierarbeit zu leisten.

H. HEUER u. a.: Baumaschinen-Tb. ([2]1975); G. PAJER u. a.: Tagebaugroßgeräte und Universalbagger ([2]1979).

Bahn, 1) Astronomie: Bei Planeten und Kometen unterscheidet man die **scheinbare B.** an der Himmelskugel, die durch das Zusammenspiel der Bewegung der Erde und des Himmelskörpers zustande kommt, und die **wahre B.,** die unter der Wirkung der Schwerkraft um den Schwerpunkt des Sonnensystems beschrieben wird. Sie kann als Ellipse eine geschlossene und als Parabel oder Hyperbel eine offene B. sein. Die Ebenen einer Planeten- und der Erdbahn schneiden sich in der **Knotenlinie** (BILD), die den **aufsteigenden Knoten** ☊ mit dem **absteigenden Knoten** ☋ verbindet. Im ☊ tritt der Himmelskörper von der Südseite der Erdbahn auf deren Nordseite über, im ☋ kehrt er auf die Südseite zurück. Die Gestalt einer B. wird durch die **halbe große Achse** a und die **Exzentrizität** e bestimmt. Ihre Lage im Raum ist definiert durch die **Länge des aufsteigenden Knotens** Ω und durch die **Neigung** i gegen die Erdbahn. Die Orientierung der Bahnellipse innerhalb ihrer Bahnebene ist durch den Abstand des Perihels vom Knoten ω gegeben. Zur Bestimmung des Ortes eines Himmelskörpers in seiner B. gehört die Angabe des **Zeitpunktes eines Periheldurchgangs** T. Sein Winkelabstand vom Perihel wird durch die → Anomalie 1) gemessen. Die Bahnbewegung der Himmelskörper wird durch die → Keplerschen Gesetze beherrscht. Aufgabe der **Bahnbestimmung** ist es, aus der beobachteten scheinbaren B. die wahre B. zu berechnen, d. h. die sechs **Bahnelemente** a, e, Ω, i, ω und T zu ermitteln. (BILD S. 105)

2) Physik: der aus einzelnen Ortsbestimmungen erschlossene Weg eines Körpers im gewöhnl. dreidimensionalen Raum. Im vierdimensionalen Raum-Zeit-Kontinuum wird die B. zur **Weltlinie.** In der Quantenmechanik ist der B.-Begriff nur näherungsweise anwendbar (→ Unschärferelation). Die **Bahngeschwindigkeit** ist die Geschwindigkeit eines Körpers in einem best. Punkt der Bahn. Greifen an einem Körper Kräfte senkrecht zur B.-Geschwindigkeit an, dann ändert sich nur die Richtung, aber nicht die Größe der B.-Geschwindigkeit. Bei senkrechten Kräften mit konstanter Größe wird die B. zur Kreisbahn. Kräfte in Richtung der B.-Geschwindigkeit erhöhen deren Größe, ändern aber nicht deren Richtung. Der Körper erfährt dann eine **Bahnbeschleunigung.**

3) Führungsgleitfläche an Maschinen.

4) bei Stoffen, Tapeten u. a. lange Stücke best. Größe.

5) bei Verkehrsmitteln: Kurzbez. für Fahrweg, z. B. Schienenbahn; auch die Eisenbahn insgesamt.

Bahnbetriebswerke, → Betriebswerke.

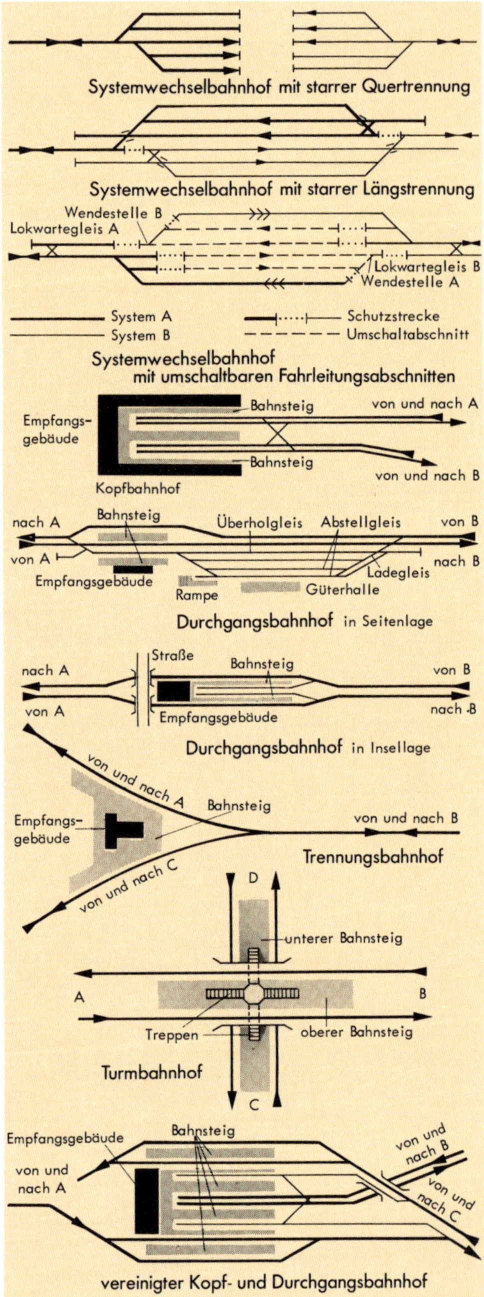

Bahnhof 1

Bahnhof, Anlage zur Abwicklung des Personen- und Güterverkehrs der Eisenbahn, wo Züge beginnen, enden, kreuzen, überholen oder mit Gleiswechsel wenden dürfen. Durchfahrende Züge benutzen i. a. durchgehende Hauptgleise, zu überholende Überholungsgleise. Für untergeordnete Betriebsaufgaben stehen Nebengleise zur Verfügung. **Personen-B.** besitzen u. a. Empfangsgebäude und Bahnsteige für den Zu- und Abgang der Reisenden zu den Zügen. In großen Personen-B. sind Kundendienstzentren teilweise mit offenen Beratungs- und Verkaufsständen (Counter) für Reiseberatung, Fahrausweisverkauf, Gepäckbetreuung und Kassendienst eingerichtet und mit elektron. Datenverarbeitungsanlagen (bei der Dt. Bundesbahn als ›Mofa‹, Abk. für modernisierten Fahrkartenverkauf, bezeichnet) ausgerüstet. Für den Nahverkehr werden Fahrausweise über Automaten verkauft. Auf B. erleichtern international einheitlich gestaltete Pictogramme die Orientierung. **Güter-B.** enthalten Ladehallen, Ladestraßen und Rampen mit Straßenanschlüssen zum Be- und Entladen der Güterwagen.

Die Bildung der Personenzüge, Pflege und Reinigung der Personenwagen geschieht in **Abstell-B.** Güterzüge über große Entfernungen werden in **Rangier-B.** zusammengestellt, aufgelöst oder umgeordnet und meist über angeschlossene kleinere **Knoten-B.** im Netz zur Be- und Entladung verteilt. Die Gleisanlagen der Rangier-B. sind allgemein in Einfahr-, Richtungs-, (Nach-)Ordnungs- und Ausfahrgruppen zusammengefaßt. In den fast horizontal angelegten Flachbahnhöfen werden die Güterwagen mit Rangierlokomotiven über →Ablaufberge gedrückt und in Richtungsgleisen nach Ausgangsrichtungen gesammelt; in den Gefällebahnhöfen rollen die Güterwagen mittels Schwerkraft selbständig ab. Sie werden jeweils durch Bremswagen oder ortsfeste Bremsen festgehalten.

Sonderformen. Für spezielle Aufgaben im Eisenbahnnetz gibt es z. B. B. für den →kombinierten Verkehr, **Hafen-B.** zur Bedienung der zahlreichen Umschlagstellen an den Kaianlagen und Lagerhallen, **Werks-B.** für den Güterumschlag in Industrieanlagen, **Stückgut-B.** für den Versand und Empfang von Stückgütern oder deren Umladung und Sortierung, **Grenz-B.** für die Abfertigung von Reisenden und Gütern an den Landesgrenzen mit Zollgebäuden und Umladehallen, **Fähr-B.** für den Übergang von Eisenbahnfahrzeugen auf Fährschiffe, **Systemwechsel-B.** mit Übergangseinrichtungen versch. Fahrleitungssysteme, **Spurwechsel-B.** mit Umschlageinrichtungen für Eisenbahnen versch. Spurweite oder Umspureinrichtungen zum Wechsel der verschiedenspurigen Radsätze unter den Eisenbahnfahrzeugen. Die beiden letzteren sind meist mit Grenz-B. verbunden. Für Einsatz und Pflege der Fahrzeuge stehen →Betriebswerke, für die fristgemäße Untersuchung in Verbindung mit einer Teilerneuerung

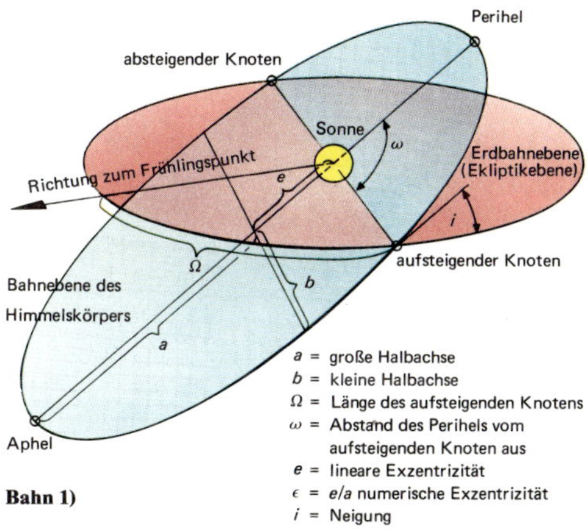

Bahn 1)

die **Ausbesserungswerke** (Aw) zur Verfügung. Dem städt. Schienenschnellverkehr dienen **S-Bahnhöfe.**

Nach der Grundrißform unterscheidet man Kopf- und Durchgangs-B. Bei **Kopf-B.** enden die Streckengleise im B. stumpf, bei **Durchgangs-B.** gehen diese hindurch. Als Mischform gibt es den **vereinigten** Kopf- und Durchgangs-B. Beim **Turm-B.** kreuzen sich zwei oder mehrere Eisenbahnlinien im Bahnsteigbereich in verschiedenen Ebenen (z. B. Osnabrück). In Ballungsgebieten entwickeln sich B. zu **Verknüpfungspunkten** mehrerer im Verbund zusammengeschlossener Verkehrsmittel. (Weitere BILDER S. 104 und S. 106)

M. KUBINSZKY: B. Europas (1971); Bauten des Verkehrswesens, hg. v. S. NAGEL und S. LINKE (1973); P. REINTHALER: B. im Modell ([2]1974); H. MATHAR: Binnenland-Umschlag-B. (Terminals) im kombinierten Verkehr von Containern (1979).

Bahnkörper, im Eisenbahnwesen Teil des Fahrweges, unterschieden in Unter- und Oberbau. Der **Unterbau** besteht aus dem Erdkörper der Strecke (Damm, Einschnitt oder Anschnitt) mit den zugehörigen Kunstbauten (z. B. Brücken), nach obenhin begrenzt durch das **Planum.** Dies ist eine geebnete, zur Abführung des Oberflächenwassers mit 1 : 20 abgedachte Auflagerfläche für den **Oberbau** (→Eisenbahnoberbau).

Bahnkorrekturantrieb, Antrieb zur Korrektur von Flug- und Umlaufbahnen von Satelliten und Raumflugkörpern, erforderlich infolge von Einschußungenauigkeiten, von bei der Trennung von der Raketenoberstufe entstandenen Effekten, Gravitationseffekten, atmosphär. Störungen, Lichtdruck, Solarwind u. a. In der

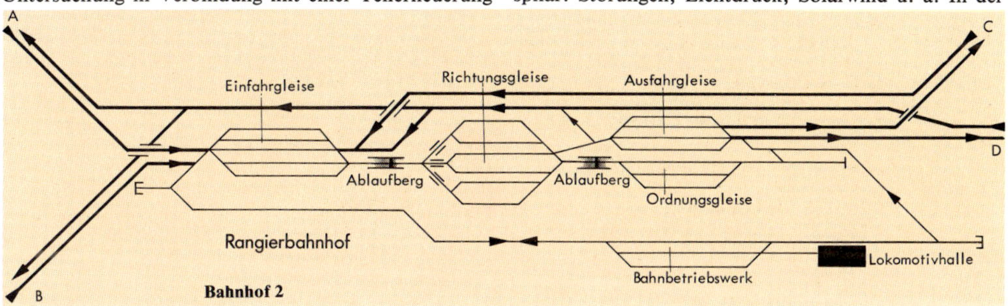

Bahnhof 2

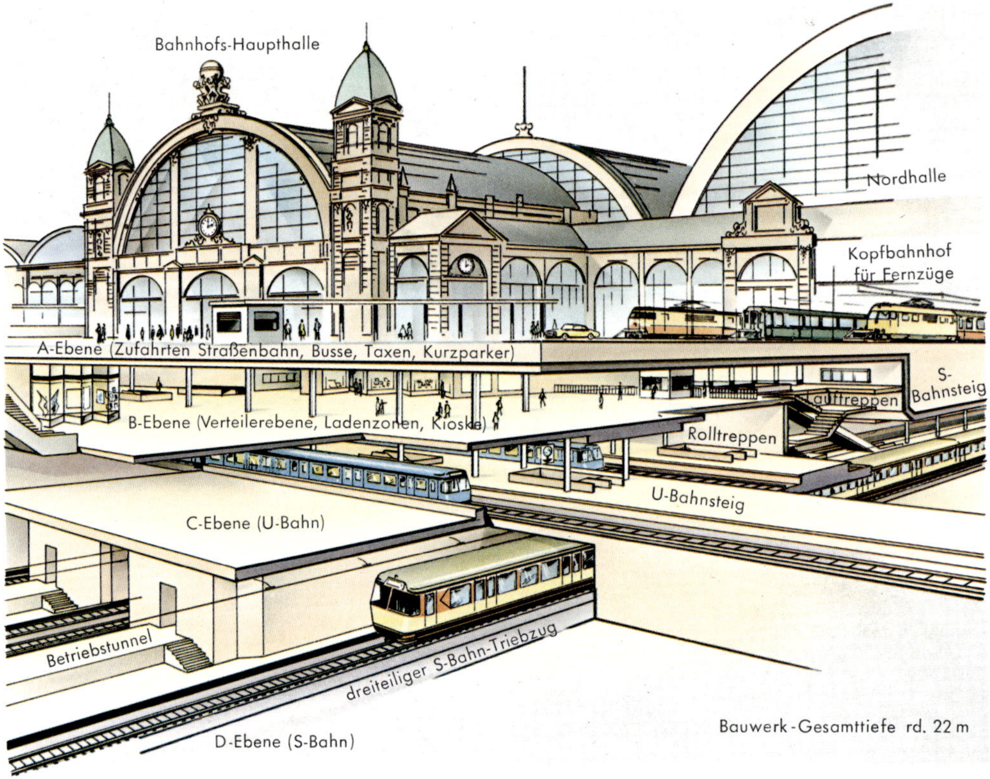

Bahnhof 3: Schnitt durch den Frankfurter Hauptbahnhof

Regel werden hierfür meist schubschwächere chemische Triebwerke oder Kaltgasdüsenantriebe verwendet.

Bahnübergänge, höhengleiche Kreuzungen von Eisenbahnen mit Straßen, Wegen und Plätzen, meist gekennzeichnet durch Andreaskreuze. Diese stehen rechts (und links) der kreuzenden Straße im Abstand von mindestens 3 m vor der Gleisachse des äußeren Gleises. Auf der Straße können die B. durch Warnzeichen und -baken gemäß Straßenverkehrsordnung angekündigt werden. Die Annäherung eines Zuges wird entweder unmittelbar durch die Sicht auf den Zug oder Wahrnehmung dessen hörbarer Signale (Pfeifen) oder mittelbar durch → Schranken, → Blinklichtanlagen oder mit ruhendem Rotlicht versehene Lichtzeichen, evtl. in Verbindung mit Schranken, angezeigt. Man unterscheidet B. mit schwachem, mäßigem und starkem Verkehr, entsprechend bis 100, mehr als 100 bis 2500 und mehr als 2500 Kraftfahrzeuge je Tag.

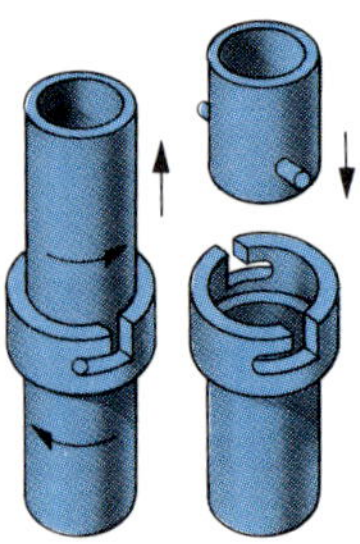

Bajonettverbindung

Bahnwiderstand, in einem Halbleiter (Diode, Transistor) der Ohmsche Widerstand des Halbleiterkristalls selbst bis zur Sperrschicht. Der gesamte Widerstand besteht aus einer Reihenschaltung des Sperrschichtwiderstandes und des B. Bei höheren Stromstärken ist der Sperrwiderstand so klein, daß der B. überwiegt.

Bajonettverbindung, leicht lösbare → Renkverbindung, die durch axiales Zusammenstecken und anschließendes Verdrehen erreicht wird, z. B. bei Glühlampen von Kraftfahrzeugen (→ Fassung), Kameraobjektiven.

Bake, Markierungs-, Warn- oder Begrenzungszeichen. **1)** Eisenbahn: Rechtecktafeln mit 3, 2 und 1 schwarzen Schrägstrichen auf weißem Grund, kündigen ein Vorsignal an (250, 175 und 100 m davor).

2) Geodäsie: → Fluchtstab.

3) Luftfahrt: Markierungszeichen, die optische oder Funksignale aussenden zur Landebahnrand-, Einflugschneisen-, Lande- oder Startbahnbefeuerung u. a.

4) Schiffahrt: fest gegründetes, pfahl- oder gittermastartiges → Schiffahrtszeichen mit Kennung durch Form und/oder Farbe.

5) Straße: a) Rechtecktafeln mit 3 bis 1 roten Schrägstrichen auf weißem Grund in Abständen von 240, 160 und 80 m vor einem Bahnübergang; b) blaue Tafeln mit 3 bis 1 weißen Schrägstreifen in Abständen von 300, 200 und 100 m vor den Abfahrten an den Anschlußstellen der Bundesautobahnen.

Bakelite [n. dem Chemiker H. Baekeland, * 1863, † 1944], Handelsname für → Phenolharze.

Baker-Nunn-Kamera [bˈeɪkə nˈʌn-, engl.], für die besonderen Gegebenheiten der Satellitenphotographie entwickeltes mittelgroßes astronom. Fernrohr zur exakten Ortsbestimmung von Satelliten.

Baker-Schmidt-Spiegel [bʹeɪkə-, engl.], ein Schmidt-Spiegelteleskop (→ Schmidt-Spiegel), bei dem die Bildfeldwölbung der Bildebene durch Einbau eines konvexen Hilfsspiegels beseitigt wird.

bakteriẹlles Laugen, → Laugung.

Baktẹri|en *Mz.,* Mikroorganismen aus der Abteilung Schizophyta, ohne echten Zellkern. Formen: kugelförmig (Coccus), stäbchenförmig (Bazillus, Bakterium i. e. S.), korkenzieherförmig (Spirillium, Vibrio, Spirochäte), Größe 0,5 µm (Coccus-Arten) bis 100 µm (Spirillium-Arten), Vermehrung durch Teilung, Sporenbildung (Bazillen) oder bei einigen Arten auch sexuell. Einige B.-Arten können sich mittels Geißeln aktiv fortbewegen. Die Lebensweise ist vorwiegend heterotroph (d. h., Nährstoffe werden aus organ. Substanz bezogen), und zwar saprophytisch (Nahrung aus lebloser organ. Materie) oder parasitisch (lebender Wirtsorganismus notwendig, z. B. bei allen pathogenen B.). Unterscheidung in → aerobe Bakterien und → anaerobe Bakterien, Einteilung nach Temperaturbereichen: psychrophile (kälteliebende) B. existieren zw. −7 und 35 °C, mesophile (mittlere Temperaturen bevorzugende) B. zw. 10 und 50 °C (z. B. die pathogenen B.) und thermophile (wärmeliebende) B. zw. 40 und 76 °C. B. sterben bei Temperaturen von 80–100 °C ab (Sporen erst bei mehr als 110 °C)

B. haben Bedeutung als Krankheitserreger, im natürl. Stoffkreislauf (Mineralisierung organ. Substanz), bei der → Selbstreinigung der Gewässer, in techn. Anwendungen (Nahrungsmittelherstellung, Essig- und Alkoholgärung, biochem. Verfahren). – Toxine sind giftige Stoffwechselprodukte, die ausgeschieden werden (Exotoxine), oder Bestandteile der B., die erst nach deren Absterben freigesetzt werden. – **Archae-Bakterien** sind von den bisher bekannten B. zu unterscheidende Lebensformen, die auf isländ. Vulkanfeldern in schwefel- und wasserstoffreichem Wasser heißer Quellen (nahe dem Siedepunkt, kein Sauerstoff) entdeckt wurden. Ihre Membranen sind gegen chemisch-physikal. Einflüsse widerstandsfähig und durch Antibiotika nicht angreifbar.

Bakterienfilter, Filter zum Abtrennen von Bakterien aus Flüssigkeiten und Gasen, z. B. → Berkefeld-Filter. B. dienen zur quantitativen oder qualitativen Erfassung von Bakterien und anderen Mikroorganismen in der Luft und in Flüssigkeiten.

Bakterizịde, Bakterien abtötende Substanzen, die meist zur Bekämpfung von Krankheitserregern, aber auch zur Konservierung u. a. verwendet werden. Als B. wirken viele Chemotherapeutika und die nur äußerlich anzuwendenden → Desinfektionsmittel.

Balgen, lichtdichtes, faltbares Gehäuse, z. B. bei Klappkameras zw. Objektiv und Kamerakörper angeordnet oder als → Kompendium ausgebildet. **Balgen(nah)einstellgerät,** ausziehbares Zusatzteil zw. Kameragehäuse und (auswechselbarem) Objektiv, schützt den Zwischenraum vor Fremdlicht und erlaubt eine stufenlose Veränderung des Abbildungsmaßstabs in weitem Bereich; wird bes. bei Nahaufnahmen eingesetzt.

Balken, → Schnitthölzer meist rechteckigen Querschnitts, die i. d. R. als waagerechte Träger lotrechte Lasten zu tragen haben (z. B. bei Holzbalkendecken). Nach DIN unterscheiden sich B. (Höhen ≧ 20 cm, Breiten ≧ 10 cm) von → Kanthölzern (Höhen 6–18 cm, Breiten 6–16 cm). Im übertragenen Sinn bezeichnet man auch Träger aus anderen Baustoffen als B., z. B. Stahlbeton-B. Im Sinn der Statik heißt B. ein Träger, der auf zwei (einfacher B.) oder mehreren (durchlaufender oder kontinuierlicher B.) Auflagern ruht und überwiegend auf Biegung beansprucht ist.

Balkenbucht, Höhe der Querwölbung des Decks von Schiffen, dient dem Wasserablauf und der Festigkeit.

4 008500 009475

Balkencode
zur Kennzeichnung von Waren aus 13 Ziffern (Herkunftsland 2, Hersteller 5, Artikelnummer 5, Prüfziffer 1)

Balkencode, Strichcode, engl. **Bar Code** [bɑː kəʊd], zur Datenerfassung auf opt. Weg geeigneter Code (→ Zeichenerkennung). Die in einen B. umgesetzten Informationen können über einen Zeichenleser erfaßt und direkt einem Computer zugeleitet werden. Als Lesevorrichtung stehen sowohl Handleser mit optoelektron. → Reflexkopplern zur Verfügung als auch stationäre **Scanner** [skʹænə, von engl. to scan ›abtasten‹], die die Zeichen optisch mit Hilfe eines Lasers abtasten. Die Anwendungsgebiete von B. umfassen mittlerweile viele Bereiche der Technik und Wirtschaft, z. B. direkte Eingabe von Computerprogrammen, Dokumentation, Buchausleihe in Bibliotheken, Artikelnummern von Waren (BILD), Lagerkontrolle u. a.

Balkenspirale, Form eines → Sternsystems.

Balkọn, nicht überdeckte, begehbare Auskragung in den Geschossen eines Hauses, auch im Innern von Gebäuden, z. B. in Sälen und Theatern; muß Geländer oder Brüstung an den freien Seiten haben.

Ball|eisen, ein Beitel mit schräger Schneide für einfache Drechsler- und Holzbildnerelarbeiten.

Ball|empfänger, verzerrungsarmer und trennscharfer Spezialempfänger in Rundfunksendestationen zum Empfang einer fremden Rundfunksendung, die über den eigenen Sender weitergesendet wird.

Ballenlader, Maschinen oder Geräte zum Aufsammeln und Laden (auf den Ackerwagen) der von einer Aufsammelpresse auf das Feld abgeworfenen Heu- oder Strohballen. B. arbeiten mechanisch (meist mit Förderband) oder hydraulisch, werden entweder als fahrbare Maschinen zw. Schlepper und Ackerwagen gehängt oder sind Anbaugeräte für den Schlepper.

Ballenpressen, Heupressen, Strohpressen, Maschinen zum Verdichten von Halmgut (Heu, Stroh usw.), das sie zu Transport- und Lagerraum sparenden Ballen formen und automatisch mit Bindegarn oder Bindedraht abbinden. B. wurden früher meist stationär hinter der Dreschmaschine eingesetzt, sie werden heute fast ausschließlich als → Aufsammelmaschinen (Pick-up-Pressen) verwendet. Die vom Ackerschlepper gezogene und angetriebene Aufsammelpresse wirft den gebundenen Ballen entweder auf das Feld ab, von wo er später aufgeladen wird (→ Ballenlader), oder sie fördert ihn mittels → Ladeschurre auf den an die Presse angehängten Ackerwagen. Anstatt der Ladeschurre werden auch → Ballenwerfer verwendet. Man unterscheidet zw. **Hochdruckpressen** (Preßdruck 20–40 N/cm^2, Ballendichten bei Stroh etwa 100–160 kg/m^3), i. d. R. mit geradlinigem Preßkanal, und **Niederdruckpressen** (Preßdruck 10–20 N/cm^2, Strohballendichten 60–80 kg/m^3), meist mit gekrümmtem Preßkanal. Ferner gibt es **Rollballenpressen,** die das Halmgut, ähnlich wie einen Teppich, zu zylinderförmigen Ballen zusammenrollen.

Ballenwerfer, am Ende des Preßkanals einer Aufsammelpresse (→ Ballenpressen) angebrachtes Gerät, das die in der Presse erzeugten Halmgutballen auf den an diese angehängten Ackerwagen wirft; besteht meist aus zwei parallel übereinanderliegenden schnell umlaufenden Förderbändern, die den Ballen aus dem Preßkanal zw. sich aufnehmen und ihn mit hoher Geschwindigkeit abschleudern.

ballig nennt man schwach gewölbte Flächen, z. B. die Laufflächen einer Riemenscheibe.

Ballistik, die Lehre von der Bewegung geworfener, geschossener oder durch Rückstoß angetriebener Körper im lufterfüllten Raum, insbes. die Lehre von der Geschoßbewegung.

Die **innere B.** beschäftigt sich mit den Vorgängen im Lauf von Feuerwaffen, wie der Dynamik der Pulvergase, der Rohrlänge und -beschaffenheit. Die **äußere B.** behandelt die Bewegung eines Körpers, der mit einer best. Anfangsgeschwindigkeit geworfen oder abgeschossen wird nach Aufhören des ihn bewegenden Impulses, also auch die Frage, an welchem Ort er sich zu einem best. Zeitpunkt befindet, die Wurfweite, Flugzeit und Gipfelhöhe der Bahn sowie die Treffergenauigkeit **(ballistische Kurve, Wurfbahn,** →Flugbahn, →Wurf). **Ballistisches Problem** i. e. S. heißt die Frage nach der Wurfbahn eines nur der Schwerkraft und dem Luftwiderstand ausgesetzten Geschosses. – Da die äußere B. vom jeweiligen Zustand der Luft abhängt, bearbeitet der **ballistische Wetterdienst** (bes. militär.) die erforderlichen physikal. Daten und Vorhersagen.

Balustrade

Während für Geschosse aus Feuerwaffen ausschließlich die Gesetze der B. gelten, kann für die Flugbahnen von Großraketen der Einfluß des Luftwiderstandes bei Erreichen großer Höhen verschwindend klein werden; die Flugbahn wird dann allein durch die Gesetze der Himmelsmechanik bestimmt.

ballistische Bombe, verschraubbarer, mit Druckaufnehmer ausgestatteter Stahlhohlkörper zur Untersuchung des Abbrandverhaltens von Schießpulver.

ballistische Kurve, die Bahn einer ›geworfenen‹ Punktmasse unter Berücksichtigung des Luftwiderstandes (→Flugbahn).

ballistische Rakete, Rakete, die nur auf einem kurzen Abschnitt ihrer Bahn angetrieben wird, dann im freien Flug einer ballist. Kurve (→Flugbahn) folgt.

ballistischer Mörser, Gerät zum Vergleich der Leistungsfähigkeit von Sprengstoffen, bei dem 10 g Sprengstoff mit einem Geschoß an einem Pendel angebracht werden. Bei der Detonation erfolgt durch den Rückstoß ein Pendelausschlag, der gemessen wird.

ballistisches Galvanometer dient zur Messung von kurzen Stromstößen. Durch den Stromstoß wird die bewegl. Drehspule des Galvanometers in eine Drehbewegung ›geworfen‹. Die Größe des 1. Ausschlags ist der Elektrizitätsmenge proportional.

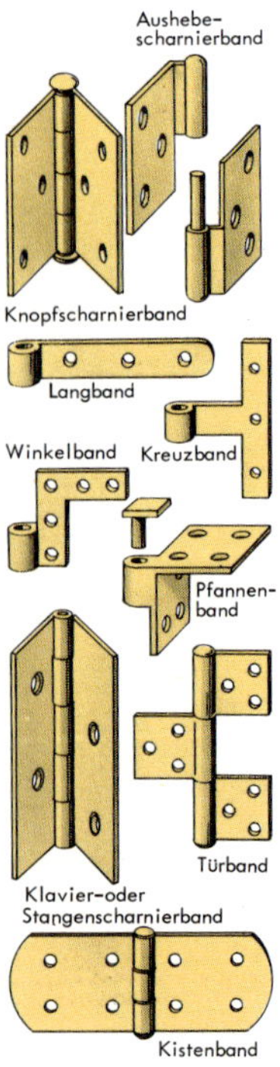

Band 2)

ballistisches Pendel, Pendelvorrichtung zur Bestimmung von Geschoßgeschwindigkeiten; dabei wird in den Pendelkörper geschossen und aus dessen Ausschlag die Geschwindigkeit ermittelt.

Ballo|elektrizität tritt auf, wenn bei plötzlicher Zerstäubung oder Zerkleinerung flüssiger oder fester Körper die durch Polarisation an der Oberfläche entstandenen Ladungen getrennt werden. Bei Wasserfällen z. B. werden in der Luft schwebende, negativ geladene Tröpfchen gebildet, während das abfließende Wasser die zurückbleibende positive Ladung enthält **(Wasserfall-Elektrizität, Lenard-Effekt).**

Ballon [bal'ɔ̃, frz.], Luftfahrzeug ›leichter als Luft‹, das durch den statischen Auftrieb eines Füllgases geringer Dichte (Stadtgas, Wasserstoff, Helium, Heißluft) getragen wird; das Gas ist in einer gasdichten Hülle aus B.-Stoff eingeschlossen (→Fesselballon, →Freiballon).

Ballon|astronomie, Zweig der Astronomie. Höhenballons bis 100 m ∅ bringen **Ballonteleskope** und Meßinstrumente in 30–45 km Höhe zur photograph. und spektroskop. Beobachtung der Sonne, der Planeten und anderer Objekte.

Ballonsatelliten, insbes. früher gestartete Satelliten aus einer beim Start zusammengelegten dünnwandigen Hülle, die auf der Umlaufbahn durch chem. Gasentwicklung zu einem Ballon aufgeblasen wurde. Ein dünner metall. Überzug als passiver Reflektor diente zur Funksignalübermittlung, z. B. bei den amerikan. B. ›Echo 1‹ (1960) und ›Echo 2‹ (1964).

Ballung, Agglomeration, Konzentration von Bevölkerung und Produktionsstätten auf engem Raum (in Dtl. mehr als eine halbe Mio. Menschen bei einer Wohndichte von rd. 1000 Ew. je km^2 auf zusammenhängender Fläche).

Balme, nischenartige Höhlung unter einem Felsüberhang, durch Herauswitterung weicher Schichten entstanden.

Balmer-Serie [n. dem schweizer. Mathematiker J. J. Balmer, * 1825, † 1898], eine Spektralserie des Wasserstoffatoms (→Atom).

Balsame, dickflüssige Säfte aus den Rinden best. Bäume, die i. a. Lösungen von festen Holzbestandteilen in äther. Ölen sind; erhärten allmählich an der Luft. Verwendung in der Medizin, Parfümind. und Mikroskopiertechnik.

Baltischer Schild *der,* präkambr. Festlandskern N-Europas von Finnland bis Norwegen, Teil von →Fennosarmatia.

Balustrade, →Brüstung aus gedrungenen, stark profilierten Säulen **(Balustern, Docken).**

Banach-Raum [n. dem poln. Mathematiker S. Banach, * 1892, † 1945], v. a. in der →Funktionalanalysis gebrauchter Begriff für einen →Vektorraum mit einer →Norm, für den außerdem die →Vollständigkeit verlangt wird, d. h., jede →Cauchy-Folge konvergiert gegen ein Element des Raumes. Z. B. bildet die Gesamtheit aller in einem abgeschlossenen Intervall stetigen reellen Funktionen $f(x)$ einer reellen Variablen einen B.-R., wenn man setzt $\|f(x)\| = \max |f(x)|$ (gelesen: Maximum absolut fx).

Bananenstecker, einpolige Steckvorrichtung mit federnden Kontaktflächen.

Band, 1) Audio-, Videotechnik: →Tonband, →Videoband.

2) Bautechnik: Beschläge (Baubeschläge) an Türen und Fenstern, mit denen die Flügel am Rahmen drehbar aufgehängt sind. Die häufigsten Arten sind: das **gerade B. (Langband),** das **Kreuzband,** oft als Zierband in Kunstschmiedearbeit ausgeführt, das **Winkelband,** das **Aufsatz-** oder **Fischband,** das **Scharnierband,** das **Pfannenband,** das **Kistenband.**

3) Funktechnik: →Frequenzband.

4) Textiltechnik: Erzeugnisse der →Bandweberei, Schmalgewebe mit beidseitig festen Kanten, in vielen Materialzusammensetzungen als Stapelartikel des tägl. Gebrauchs, als modische Erzeugnisse und für techn. Zwecke, auch als gummielast. Bänder.

Bandbreite, Elektronik: die Differenz aus einer oberen und einer unteren Grenzfrequenz. Die Grenzfrequenzen sind dadurch bestimmt, daß die Beträge der betrachteten frequenzabhängigen Größe gegenüber ihren Extremwerten um den Faktor $\sqrt{2}$ verschieden sind. Bei Schwingkreisen ist die B. als Differenzfrequenz ein Maß für die Breite der Resonanzkurve. Bei Wechselspannungsverstärkern ist die B. die Differenz zw. der oberen und unteren Grenzfrequenz, bei der die Verstärkung auf den $\sqrt{2}$-ten Teil des maximalen Wertes oder um 3 dB abgefallen ist. Bei Gleichspannungsverstärkern ist die B. identisch mit der oberen Grenzfrequenz.

Bändermodell, theoret. Modell zur Beschreibung der elektron. Energiezustände in → Festkörpern, mit dem viele physikal. Eigenschaften, v. a. die unterschiedl. elektr. Leitfähigkeit von Metallen, Halbleitern und Isolatoren quantitativ erfaßt und anschaulich gedeutet werden können. Das B. geht von einem idealen Einkristall aus, bei dem die positiv geladenen Atomrümpfe in einem streng period. Kristallgitter sitzen und Schwingungen um ihre Gleichgewichtslage vernachlässigt werden. Die atomaren Elektronenniveaus spalten wegen der elektrostat. Wechselwirkung der Elektronen mit den Nachbaratomen auf. Bei der enorm großen Zahl von miteinander wechselwirkenden Atomen in einem Kristall werden die erlaubten Energiezustände zu Bändern mit mehr als 10^{20} versch. Quantenzuständen und einer typ. Breite von 1 eV verschmiert, die durch **verbotene Zonen (Bandlücken),** in denen keine erlaubten Elektronenniveaus existieren, voneinander getrennt sind (BILD 1).

Für die Elektronen der inneren Schalen ist die Wechselwirkung mit benachbarten Atomen und damit die Niveauverbreiterung sehr gering. Sie sitzen in tiefen Potentialmulden, fest an ihr Atom gebunden (lokalisierte Elektronenzustände). Die äußeren Valenzelektronen können die Potentialberge zw. den einzelnen Atomen leicht überwinden. Sie sind im gesamten Kristall quasifrei beweglich und lassen sich nicht mehr einem einzelnen Atom zuordnen. Die Wechselwirkung eines Valenzelektrons mit den Atomrümpfen wird durch ein period. Potential beschrieben, das durch die restl. Elektronen teilweise abgeschirmt wird **(Einelektronennäherung).**

Bei sehr tiefen Temperaturen besetzen die Elektronen die verfügbaren Energiezustände unter Beachtung des Pauli-Prinzips bis zur Fermi-Grenze (→ Elektronengas-

Bändermodell 1:
Zur Veranschaulichung der Aufspaltung diskreter atomarer Energieniveaus in ein Energieband im Festkörper

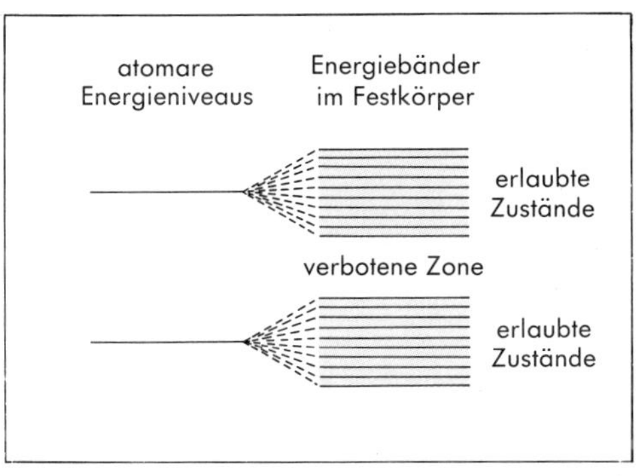

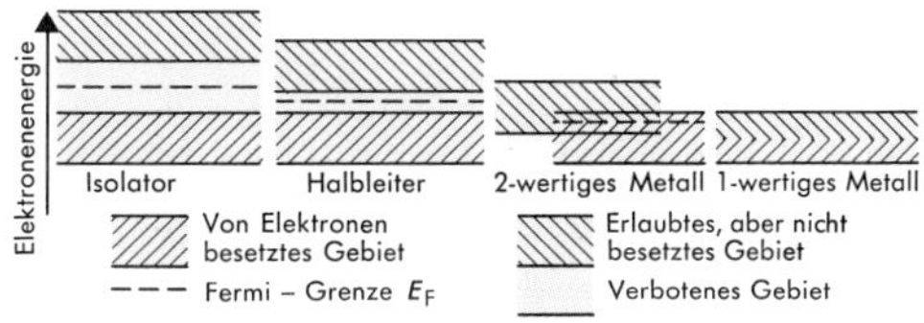

Bändermodell 2:
Energiebändermodelle mit Leitfähigkeitstypen. Die jeweils obersten Energiebänder unterscheiden sich folgendermaßen: *Isolator:* Alle besetzten Bänder sind voll besetzt, es ist kein elektrischer Ladungstransport möglich; leere Bänder durch breite verbotene Zonen von den vollen getrennt. *Halbleiter* (störstellenfrei): Die besetzten Bänder sind voll besetzt, die verbotene Zone zum ersten leeren Band ist jedoch schmal. Durch geringe äußere Energiezufuhr können Elektronen in das leere Band gehoben werden, die Substanz wird leitend. *Zweiwertiges Metall:* Zwei Bänder überlappen sich, beide sind bis E_F besetzt. Das Metall ist leitend. *Einwertiges Metall:* Ein Band ist nicht voll besetzt, das Metall ist leitend

theorie). Bei höheren Temperaturen stellt sich eine Fermi-Dirac-Verteilung ein. Das oberste, bei $T = 0$ K voll besetzte Band heißt **Valenzband,** das niedrigste leere oder nur teilweise besetzte **Leitungsband.** Der energet. Abstand E_g zw. dem obersten Valenzbandniveau und dem untersten Leitungsbandniveau ist die Breite der Bandlücke, auch Breite der verbotenen Zone (engl. Gap, Bandabstand, Gap-Energie). In elektr. Feldern können Elektronen in vollbesetzten Bändern nicht beschleunigt werden, d. h. zusätzl. Energie aufnehmen, da es für sie keine unbesetzten Zustände mit wenig höherer Energie gibt. Diese Elektronen tragen daher nicht zur elektr. Leitfähigkeit bei. In Isolatoren ist die Bandlücke zw. vollbesetzten und leeren Bändern so groß, daß Elektronen sie nicht überspringen können. Halbleiter haben einen Bandabstand von etwa 1 eV. Bei Energiezufuhr (Temperaturerhöhung, Bestrahlung mit Photonen) können Elektronen ins Leitungsband angeregt werden. In einwertigen Metallen ist das obere besetzte Band nur bis zur Hälfte aufgefüllt. Bei zweiwertigen Metallen treten Überlappungen von Energiebändern auf. Das Fermi-Niveau liegt bei Halbleitern und Isolatoren in der verbotenen Zone, bei Metallen innerhalb eines Bandes bzw. im Überlappungsbereich mehrerer Bänder (BILD 2).

In → Realkristallen treten i. Ggs. zu perfekten Kristallen erlaubte Zustände in der Bandlücke auf, die Elektronen an Störstellen zuzuordnen sind, die sich nicht über den ganzen Kristall ausbreiten, sondern nur zu den unmittelbaren Nachbaratomen tunneln können. Besetzte Zustände, die nahe am Leitungsband liegen, können sehr leicht Elektronen ins Leitungsband abgeben (→ Donator 2). Unbesetzte Zustände knapp oberhalb der Valenzbandkante können leicht Elektronen aus dem Valenzband aufnehmen (→ Akzeptor). Wegen der fehlenden kristallinen Fernordnung ist bei amorphen Halbleitern die Dichte von örtlich lokalisierten Elektronenzuständen in der Bandlücke so groß, daß das B. nur bedingt anwendbar ist.

Bänderschirm, ein → Fallschirm, dessen Kappe aus einzelnen textilen Bändern gebildet wird. Er ist höher belastbar und vermindert wegen vergrößerter Luftdurchlässigkeit den Entfaltungsstoß.

Bänderton, sehr regelmäßig feingeschichteter Ton, bestehend aus hellen Feinsand- und dunklen Tonlagen; gebildet in Seen im Vorland von Gletschern. Die gute Schichtung ist das Ergebnis der jahreszeitlich schwankenden Wasser- und Sedimentzufuhr (→ Warven).

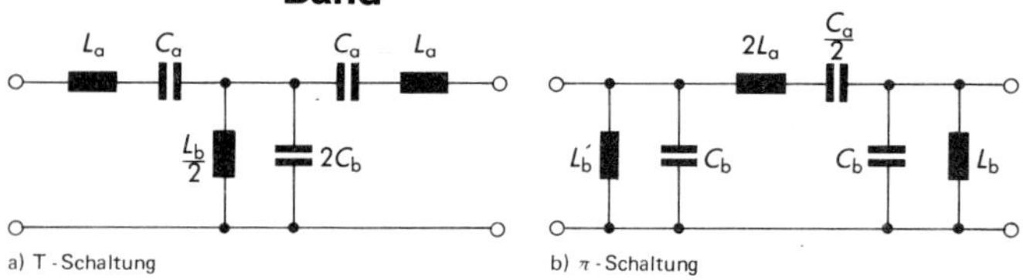

Bandpaß in T- und π-Schaltung mit Dimensionierungshinweisen für die Umwandlung der einen in die andere Schaltungsart (L_a und C_a: Induktivitäten und Kapazitäten im Längszweig; L_b und C_b: Induktivitäten und Kapazitäten im Querzweig)

Bandfilter, zur Kopplung von Hochfrequenz- oder Zwischenfrequenzverstärkerstufen in Rundfunkempfängern verwendete Filteranordnung. B. bestehen i. a. aus zwei induktiv (oder kapazitiv) gekoppelten Schwingkreisen, die auf eine feste Resonanzfrequenz eingestellt sind oder (bei induktiver Kopplung) z. B. mit einem Doppeldrehkondensator synchron abgestimmt werden können.

Bandförderer, der → Gurtförderer.

Bandgenerator, Van-de-Graaff-Generator [-græf-, n. dem amerikan. Physiker und Ingenieur R. J. van de Graaff, * 1901, † 1967], Gerät zur Erzeugung von Hochspannungen bis zu mehreren Mio. Volt bei Leistungen bis zu rund 1 kW. Der B. stellt eine Weiterentwicklung der früher viel verwendeten Influenzmaschinen dar: Ein isoliert aufgestellter Konduktor wird durch ein über Rollen laufendes endloses Band aus biegsamem Isoliermaterial aufgeladen, das durch Influenz oder Spitzenwirkung an Stellen niederen Potentials elektr. Ladung aufgenommen hat. Der B. dient v. a. in der Kernphysik zur Beschleunigung geladener Teilchen. Kleinstausführungen werden auch als Hochspannungsquelle für den Unterricht hergestellt. Im **Tandem-B. (Van-de-Graaff-Tandemgenerator,** → Tandemgenerator) wird die Hochspannung zweifach zur Beschleunigung benutzt.

Bandlücke, → Bändermodell.

Bandmaß, flexibles Band mit Maßeinteilung, meist in ein Gehäuse einrollbar, aber auch als **Einlegemaß** in Stoffballen und Kabeln. B. aus Stahlblech sind eichfähig.

Bandpaß, elektr. → Filter, das nur Schwingungen innerhalb eines gewünschten Frequenzbandes durchläßt, andere dagegen sperrt; Ggs.: → Bandsperre. B.-Filter mit frei wählbaren Grenzfrequenzen können aus einer Kombination von → Hochpaß und → Tiefpaß (entweder in T- oder in π-Schaltung) aufgebaut werden.

Bandscheider, → Magnetscheidung.

Bandsperre, elektr. → Filter, das Schwingungen innerhalb eines gewünschten Frequenzbandes sperrt, andere dagegen durchläßt; Ggs.: → Bandpaß. Die B. wird häufig auch als RC-Schaltung in Form einer Wien-Robinson-Brücke realisiert.

Bandsperre in T- und π-Schaltung mit Dimensionierungshinweisen für die Umwandlung der einen in die andere Schaltungsart (L_a und C_a: Induktivitäten und Kapazitäten im Längszweig; L_b und C_b: Induktivitäten und Kapazitäten im Querzweig)

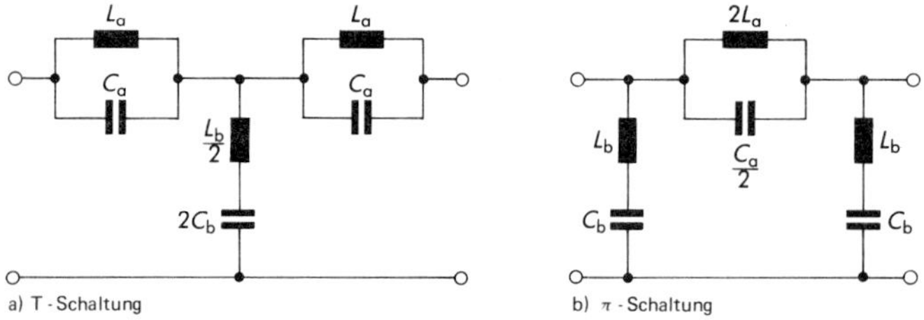

Bandstahl, unmittelbar von der Fertigwalze aus zu einer Rolle aufgewickelter Flachstahl. Breitband ≥ 600 mm, Mittel- und Schmalband < 600 mm breit, Dickeneinteilung wie bei Blech. Verarbeitung, vielfach nach zusätzl. Oberflächenbehandlung, durch Pressen, Tiefziehen oder Stanzen. Herstellung in Warm- und Kaltbandstraßen, → Walzwerk.

Bandstruktur, Gesamtheit der mögl. Energiezustände von Elektronen in einem Festkörper (→ Bändermodell). Zur Darstellung der B. wird die Energie der Ladungsträger als Funktion des Wellenvektors aufgetragen.

Bandweberei, Schmalweberei, Herstellung von Bändern und Borten, entspricht weitgehend der von Breitgeweben. Auf mehrgängigen Maschinen werden gleichzeitig mehrere Bänder mittels von Zahnstangen bewegten Webschützen nebeneinander und/oder übereinander gewebt. Auf eingängigen Maschinen wird der Schuß bei sehr hoher Produktionsleistung mit Schiffchen oder mit Nadeln eingetragen.

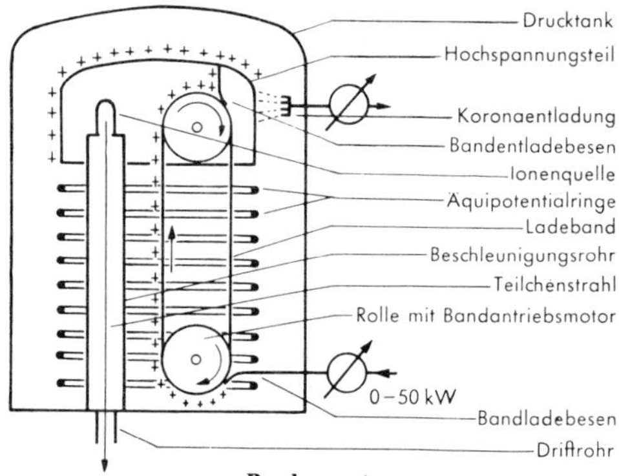

Bandgenerator

Banjo|achse, Kfz: gegossenes oder geschweißtes Starrachsgehäuse mit eingebauten Antriebselementen.

Bank, 1) feste, von Schichtfugen begrenzte einheitl. Gesteinsschicht. Deutliche Gliederung einer Schichtserie oder von Magmatiten in dickeren B. nennt man **Bankung.**

2) Für die Schiffahrt gefährl. Erhebungen des Fluß- oder Meeresbodens (Untiefen, Sand-B., Platen).

Bank|eisen, gelochter Flachstahl mit Spitze zum Befestigen von Tür- und Fensterrahmen im Mauerwerk.

Bankẹtt *das,* **1)** Grundbau: Streifenfundament, das zum Tragen von Wandlasten dient.

2) Straßenbau: unbefestigter → Seitenstreifen neben der Fahrbahn zur Böschungsbefestigung, zur Aufstellung von Leit- und Markierungseinrichtungen und als Fußweg.

Banknotendruck, Druck von Banknoten im Tiefdruckverfahren mit weitgehender Sicherung gegen Fälschung durch Nachdruck. Die aufwendigen **B.-Maschinen** haben nur einen Plattenzylinder, der von mehreren Farbwerken gleichzeitig eingefärbt wird. Der Tiefdruckzylinder wird nicht photochemisch geätzt, sondern mechanisch nach Art des Stahlstichs auf Guillochiermaschinen graviert. Die → Guillochen machen photograph. Reproduktion praktisch unmöglich, das Muster würde unscharf. Wenn die Farben für B. fluoreszierend angerieben werden, läßt sich durch Bestrahlung (z. B. mit Ultraviolett) eine Fälschung sofort erkennen. Beim meist mehrfarbigen B. werden die Farbnuancen mit so geringen Abständen der opt. Wellenlänge gewählt, daß sie bei photograph. Filterung nicht unterschieden werden. Das Farbphoto einer Banknote (als Grundlage für einen Farbendruck) gelingt also nicht. – Das Papier für B. wird nach geheimgehaltenen Rezepten angefertigt. Die wenigen spezialisierten Fabriken erzeugen ein sehr zähes und falzfestes Papier. Diese primären Sicherheitsfaktoren gegen Fälschung werden ergänzt durch opt. Merkmale wie → Sicherheitsfaden und → Wasserzeichen.

Bannwald, geschonter Wald, v. a. in den Alpenländern Schutz gegen Lawinen, Erdrutsch, Steinschlag.

Bar, Einheitenzeichen **bar,** gesetzliche Einheit des → Druckes, hervorgegangen aus dem CGS-System (→ Maßsystem); 1 bar $= 10^6$ dyn/cm$^2 = 10^5$ Pa; 1 Millibar = 1 mbar $= 10^{-3}$ bar = 0,001 bar.

Bär, 1) Astronomie: zwei Sternbilder des Nordhimmels: **Großer Bär, Ursa Maior.** Die hellsten Sterne bilden den Großen Wagen. **Kleiner Bär, Ursa Minor.** Die hellsten Sterne bilden den kleinen Wagen, der äußerste Deichselstern ist der → Polarstern.

2) bewegl., meist schwerer Stahlklotz in einer Ramme oder einem Schmiedehammer; wird durch freien Fall oder zusätzlich durch Oberdruck beschleunigt und gibt seine Energie beim Auftreffen an das Werkstück ab

Baracke, Behelfshaus zur vorübergehenden Unterbringung von Truppen, Arbeitskräften u. a.; nicht unterkellert, meist einstöckig, aus vorgefertigten stockwerkshohen Wandtafeln als Montagebau errichtet, gewöhnlich zerlegbar und wiederholt verwendungsfähig.

Barbitursäure, Hexahydropyrimidin-2,4,6-trion, farblose, bitter schmeckende Kristalle, deren wäßrige Lösung schwach sauer reagiert. **Barbiturate** sind Derivate der B. mit Alkylgruppen am C-Atom 5 und am N-Atom 3, die als Beruhigungs- und Schlafmittel Verwendung finden. Mit Anzahl und Größe der Alkylgruppen sowie bei Einführung eines Schwefelatoms am C-Atom 2 **(Thiobarbiturate)** erhöht sich die Schnelligkeit und Stärke der Wirkung, während die Wirkungsdauer abnimmt. Zu den kurz wirkenden Barbituraten gehört Thiopental, zu den lang wirkenden Phenobarbital (Luminal) und Barbital (Veronal). Bei wiederholter Anwendung führen Barbiturate zur Gewöhnung mit Entzugserscheinungen. Zu hohe Dosen (4 bis 10 g) führen zum Tod durch Atemstillstand und Kreislaufversagen.

Barbitursäure

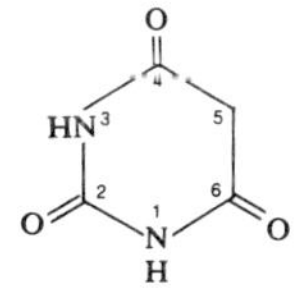

Barbiturate

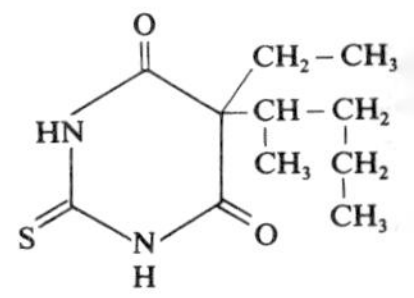

Thiopental

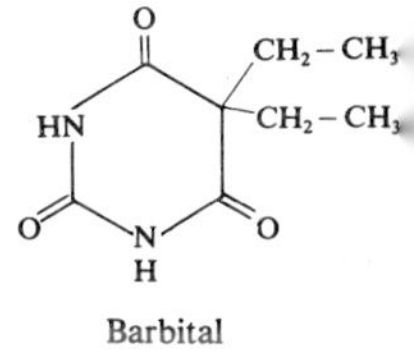

Barbital

Barchan *der,* Sichel- oder Bogendüne; → Dünen.

Bar Code [b'ɑ: kəʊd], → Balkencode.

Bärenhüter, lat. **Bootes,** ein → Sternbild am Nordhimmel, im Frühjahr am Abendhimmel sichtbar.

Bärenstrom, der → Ursa Maior-Haufen.

Bargecarrier [b'ɑ:dʒkærıə, engl.], Oberbegriff für versch. Behälterschiffe nach Art des → Lash.

barisches Windgesetz, Regel, die besagt, daß der tiefe Druck links (auf der Südhalbkugel rechts) liegt, wenn man dem Wind den Rücken kehrt.

Barium *das,* chem. Symbol **Ba,** ein → chemisches Element, → Erdalkalimetall; Ordnungszahl 56, sieben natürl. und mehr als 20 radioaktive Isotope; Häufigkeit in der Erdkruste: 0,04–0,05%. Das silberweiße, weiche, an der Luft schnell oxidierende Metall ähnelt dem Calcium. Natürl. Vorkommen nur in Verbindungen, v. a. als → Baryt und Witherit $BaCO_3$. – Darstellung: durch Reduktion von B.-Oxid mit Aluminium oder Silicium bei 1200 °C im Vakuum. Verwendet v. a. in → Bariumverbindungen.

Bariumverbindungen. In seinen Verbindungen tritt Barium ausschließlich zweiwertig auf. Flüchtige Bariumsalze färben die Flamme grün; lösl. Bariumsalze sind starke Gifte. – **Bariumchlorid,** $BaCl_2 \cdot 2\,H_2O$, farbloses wasserlösl. Salz, dient u. a. zur Stahlhärtung und als Reagenz auf SO_4^{2-}-Ionen. – **Bariumchlorat,** $Ba(ClO_3)_2$, wird in der Feuerwerkerei verwendet. – **Bariumoxid,** BaO, reagiert mit Wasser unter Wärmeentwicklung zu **Bariumhydroxid,** $Ba(OH)_2$ **(Ätzbaryt, Barythydrat),** das u. a. zur Wasserenthärtung und in der Glasfabrikation verwendet wird. Die stark basisch reagierende wäßrige Lösung **(Barytwasser** oder **Barytlauge)** dient als Reagenz auf Kohlendioxid. – **Bariumperoxid,** BaO_2, ist ein starkes Oxidationsmittel, dient zur Herstellung von Wasserstoffperoxidlösungen und für Zündsätze in der Aluminothermie. – **Bariumsulfid (Schwefelbarium),** BaS, wird zur Herstellung von Schädlingsbekämpfungs- und Enthaarungsmitteln und für Leuchtmassen verwendet. – **Bariumsulfat,** $BaSO_4$, wird u. a. als Füllstoff, z. B. für Spezialpapiere und Plaste, als Bindemittel in der Bauind., für Pigmente und in der Medizin als Kontrastmittel verwendet. – **Bariumnitrat,** $Ba(NO_3)_2$, findet in der Feuerwerkerei für Grünfeuer Verwendung; **Bariumchromat,** $BaCrO_4$, als gelber **(Barytgelb)** und **Bariummanganat,** $BaMnO_4$, als grüner Farbstoff **(Mangangrün).** – **Bariumcarbonat,** $BaCO_3$, in der Natur als Witherit vorkommend, wird u. a. in der Glasind. verwendet. – **Bariumtitanat,** $BaTiO_3$, dient zur Herstellung von Ultraschall-Sendern, elektr. Kondensatoren hoher Kapazität und wird in der Optoelektronik verwendet.

Barkevikit *der,* ein Mineral, → Amphibole.

Barkhausen-Effekt [n. dem dt. Physiker H. Barkhausen, * 1881, † 1956], die sprunghafte Änderung der Magnetisierung ferromagnet. Stoffe mit Zunahme des erregenden Feldes. Dabei klappen die gleichgerichteten Elementarmagnete eines → Weissschen Bezirkes jeweils gruppenweise plötzlich und unregelmäßig in die durch das äußere Feld gegebene Richtung. Diese Magnetisierungssprünge **(Barkhausen-Sprünge)** können z. B. durch Knakken oder Rauschen **(Barkhausen-Geräusch)** mit Hilfe eines Lautsprechers hörbar gemacht werden. – Ein analoger Effekt tritt bei Ferroelektrika auf.

Barkhausensche Röhrenformel, der Zusammenhang zw. den drei elektr. Größen **Steilheit** *S,* **Durchgriff** *D* und **innerer Widerstand** R_i bei der mit kleinen Wechselspannungen gesteuerten → Elektronenröhre: $D \cdot S \cdot R_i = 1$.

Barn, Einheitenzeichen **b,** nicht gesetzl. Flächeneinheit zur Angabe des Wirkungsquerschnitts in der Atom- und Kernphysik: 1 b $= 10^{-28}$ m$^2 = 100$ fm^2.

Barnards Stern, Barnards Pfeilstern [b'ɑ:nədz-, n. dem amerikan. Astronomen E. E. Barnard, * 1857, † 1923], Stern im Sternbild Schlangenträger, hat etwa 1/6 Sonnenmasse und ist 5,9 Lichtjahre entfernt, scheinbare Helligkeit 9,^{m}5. B. S. zeigt die bis jetzt bekannte größte Eigenbewegung von 10,3'' je Jahr. Messungen, denen zufolge B. S. eine komplizierte Schlangenlinie am Himmel vollführt, werden von einigen Astronomen als Folge der Schwerewirkung massereicher Planeten gedeutet (bis zu fünf mögliche größere Begleiter), die Realität der Beobachtungen ist jedoch umstritten.

Barnett-Effekt [n. S. J. Barnett], ein → gyromagnetischer Effekt.

Barograph, Gerät, das den Luftdruck fortlaufend (als **Barogramm**) aufzeichnet, z. B. ein mit einem Schreibhebel verbundenes Aneroid-Barometer (→ Barometer).

Barometer *das,* Gerät zur Messung des atmosphär. Luftdrucks. **Quecksilber-B.** gehen auf eine Beobachtung von E. TORRICELLI (1643) zurück, wonach der Luftdruck dem Gewicht einer entsprechend hohen Flüssigkeitssäule die Waage halten kann. Dazu stellt man eine einseitig geschlossene vollständig gefüllte Röhre mit der (zeitweilig geschlossenen) Öffnung nach unten in ein offenes Gefäß. In der Röhre fällt dann die Flüssigkeit so weit, bis der Druck der verbleibenden Säule gleich dem äußeren Luftdruck ist. Oberhalb der Flüssigkeitssäule bildet sich ein luftleerer Raum (**Torricellisches** [-tʃ-] **Vakuum**). Die Höhe der Flüssigkeitssäule ist ein Maß für den Luftdruck. Für Wasser ist die Säule bei normalem Luftdruck etwa 10 m, für Quecksilber etwa 760 mm hoch. Der Luftdruck wurde deshalb u. a. in → Meter-Wassersäule (mWS) oder → Millimeter-Quecksilbersäule (mmHg) gemessen, wobei 1 mmHg auch → Torr genannt wurde. Seit 1. 1. 1978 ist als Einheit das Millibar (mbar) vorgeschrieben; 1 mm Hg = 1 Torr = 1,333224 mbar = 133,3224 Pa. Neben diesem einfachen **Gefäß-B.** gibt es **Heber-B.**, bei denen ein zweiter Schenkel der Röhre das Gefäß bildet (BILD 1). – **Aneroid-B.** (auch **Metall-**, **Dosen-** oder **Feder-B.**), 1847 von L. VIDIE erfunden, bestehen aus einer oder mehreren geschlossenen, luftleeren Metalldosen mit elast., wellblechartigen Grundflächen, die durch eine starke Feder auseinander gehalten werden. Bei steigendem Luftdruck werden Dose und Feder stärker zusammengedrückt, die Auf- und Abwärtsbewegungen werden durch ein Hebelsystem auf einen Zeiger (BILD 2) oder eine Schreibvorrichtung (→ Barograph) übertragen. – **Siede-B.**, das → Hypsothermometer.

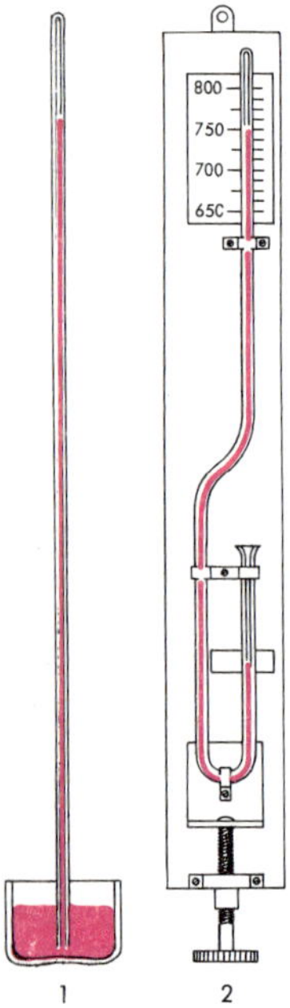

Barometer 1:
1 Gefäßbarometer;
2 Heberbarometer

barometrische Höhenmessung beruht auf der gesetzmäßigen Abnahme des Luftdrucks mit der Höhe. Sie läßt sich durch die **barometrische Höhenformel** $h = 18400\,(1 + \gamma t) \cdot (\lg p_1 - \lg p_2)$ darstellen, wobei $\gamma = 0{,}00367/{}^\circ\mathrm{C}$ den Ausdehnungskoeffizienten der Luft bedeutet. Wenn man den Luftdruck p_1 in der Höhe h_1 und p_2 in der Höhe h_2 in $\mathrm{N/m^2}$ sowie die Mitteltemperatur t der dazwischen liegenden Luftschicht in °C kennt, dann ergibt h den Höhenunterschied zw. beiden Punkten in Metern. Für genaue Berechnungen muß auch der Wasserdampfgehalt der Luftschicht berücksichtigt werden. Die b. H. findet in der Luftfahrt (→ Höhenmesser), in der Vermessungskunde (→ Höhenmessung) und in der Aerologie Anwendung.

Barre, untermeerische Schlamm- und Sandbank vor der Mündung eines sinkstoffreichen Flusses; am unteren Ende des ausgehenden Ebbestromes und am oberen Ende des eingehenden Flutstromes.

barrel [bˈærəl, engl.], noch gebräuchl. amerikan. Hohlmaß für Erdöl: 1 barrel (US) = 42 gal (US) = 158,987 l; für Trockensubstanzen 1 dry barrel (US) = 115,627 $\mathrm{dm^3}$. (ÜBERSICHT Einheiten, angloamerikanische)

Barren, in rechteckige Blöcke von meist trapezähnl. Querschnitt gegossene Metalle. B. haben in engen Toleranzen ganz best. Gewichte, z. B. B.-Gold zu 12,5 kg.

Barrentheorie, Theorie der Salzlagerstättenbildung, wonach in durch Barren fast abgeschlossenen Meeresbuchten in aridem Klima der Ersatz des verdunstenden Wassers durch einströmendes Salzwasser durch Übersättigung zur Salzausscheidung führt.

Barriere-Kunststoffe, Kunststoffe mit bes. niedriger Gasdurchlässigkeit, wie z. B. Acrylnitril-Copolymere. B. werden zur Herstellung von Flaschen und Behältern für Getränke, Kosmetika, Öle u. a. verwendet.

Baryonen, *Ez.* **Baryon** *das,* schwere Elementarteilchen mit einer Ruhmasse nicht kleiner als die des Protons. Als Hadronen unterliegen sie der starken → Wechselwirkung. Alle B. haben halbzahligen Spin, sind also Fermionen. Neben den → Nukleonen (Protonen und Neutronen) und → Hyperonen sind eine Vielzahl von **B.-Resonanzen,** d. h. sehr kurzlebige (10^{-22} s), angeregte Zustände der B., bekannt (→ Massenresonanzen). Die versch. B. gehen unter Emission oder Absorption von neutralen und ladungstragenden Teilchen (Mesonen, Leptonen, Photonen) ineinander über (Elementarteilchen ÜBERSICHT). B. werden u. a. durch die → Baryonenzahl charakterisiert. Es wird angenommen, daß alle B. aus je drei → Quarks aufgebaut sind.

Baryonenzahl, auch **Baryonenladung,** Formelzeichen *B,* ladungsartige Quantenzahl der Elementarteilchen, die für → Baryonen den Wert + 1 und deren → Antiteilchen, den Antibaryonen, den Wert – 1, für alle anderen Elementarteilchen den Wert Null hat (Elementarteilchen ÜBERSICHT). Für die B. wurde bisher ein Erhaltungssatz postuliert, der den Zerfall des → Protons in leichtere Elementarteilchen verhindert. Die Theorie der großen Vereinigung der → Wechselwirkungen stellt dies jedoch in Frage.

Barysphäre, der schwere Erdkern (→ Erde).

Baryt, Schwerspat, verbreitetstes und sehr formenreiches Barium-Mineral, $BaSO_4$, weiß, gelb oder rötlich, auch grau; H. 3–3,5; D. um 4,5; Kristalle tafelig oder säulig, auch schalige Aggregate. Weitverbreitetes hydrothermales Gangmineral, auch in Sedimenten (z. B. **Barytrosen**) oder metasomatisch. (BILDER S. 113)

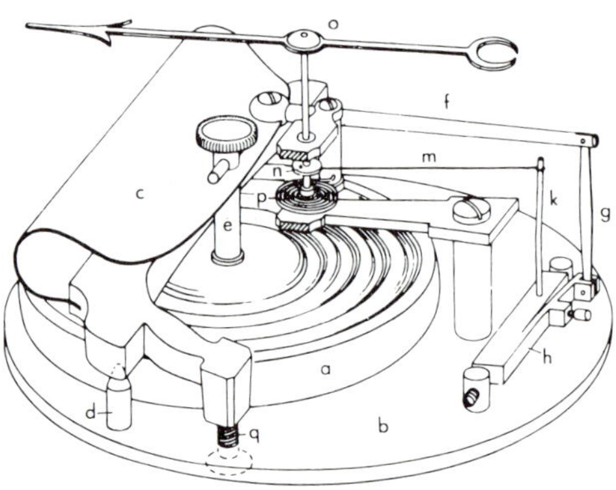

Barometer 2 (Aneroidbarometer): a geschlossene, luftleere, flache, zylindrische Metalldose mit elastischen, wellblechartigen Grundflächen; b Bodenplatte; c Feder; d Träger der Feder; e Verbindungsstück zwischen Dose und Feder; f, g, k Hebel; h drehbare Verbindungsstange; m Schnur oder feine Kette; n Schnurtrommel; o Zeiger; p Spiralfeder; q Reguliervorrichtung der Feder c

baryzentrische Koordinaten. Wählt man drei feste Punkte in der Ebene, die nicht auf einer Geraden liegen, als Grundpunkte eines Koordinatensystems (→Koordinaten 3), dann lassen sich alle Punkte der Ebene durch ein Tripel $\lambda_1\,\lambda_2\,\lambda_3$ reeller Zahlen umkehrbar eindeutig beschreiben, wobei die Bedingung $\lambda_1 + \lambda_2 + \lambda_3 = 1$ erfüllt sein muß. Man nennt diese Tripel b. K. oder **Schwerpunktskoordinaten,** weil sie einer physikal. Deutung fähig sind. – **baryzentrische Regeln,** svw. die →Guldinschen Regeln.

BASA, Abk. für **Bahn-Selbstwählanschlußanlage,** →Eisenbahnfernmeldeanlagen.

Basalte *Mz.,* dunkle, basische →Vulkanite (Anteil mehr als 90%), mit Plagioklas (Anorthit-Gehalt >55%) und Pyroxen. Nach dem Anteil weiterer Minerale (z. B. Olivin, Nephelin) werden zahlreiche Varietäten unterschieden. Dunkle Färbung durch feinverteilten Magnetit, Ilmenit und durch Pyroxen. Gefüge meist dicht, feinkristalline, z. T. glashaltige Grundmasse, oft porphyrisch (→Porphyr), selten körnig **(Dolerit). B.-Mandelsteine** enthalten hydrothermal gebildete Minerale in Blasenräumen. B. sondert häufig in langen, senkrecht zur Abkühlungsfläche stehenden Säulen ab. Er bildet Kuppen, Gänge und oft mächtige Decken (→Trapp). **Olivin-B.** treten auch im Bereich küstenferner Ozeanböden und der →Mittelozeanischen Rücken auf. – B. werden als Schotter und Splitt verwendet, geschmolzene B. zu **B.-Fasern** für Isoliermaterial verarbeitet.

Basaltschale, Basaltschicht, auch **Gabbroschale,** Bezeichnung für den unteren Teil der Erdkruste; →Erde.

Basekapazität, summarische Stoffkenngröße zur Beurteilung des Säuregehaltes von Wasser. Die B. (K_B) ist die Stoffmenge an Hydroxidionen in mmol (z. B. als Natronlauge zugegeben), die von 1 l Wasserprobe aufgenommen werden kann, bis der pH-Wert 8,2 (Basekapazität bis zum pH-Wert 8,2 = $K_{B8,2}$) bzw. 4,3 (Basekapazität bis zum pH-Wert 4,3 = $K_{B4,3}$) erreicht ist (→Säurekapazität).

Basen, anorgan. und organ. Verbindungen, die in wäßriger Lösung Hydroxyl-Ionen, OH^-, erzeugen **(alkal. Reaktionen)** oder nach J. N. BRØNSTEDT Wasserstoff-Ionen anlagern können. **Lewis-Basen** [lˈu:ıs-] heißen Moleküle oder Atomgruppierungen, die ein freies Elektronenpaar besitzen (Elektronenpaar-Donator); wichtig zur Erklärung chem. Reaktionen in nicht wäßrigen Lösungen oder für Komplexbildungsreaktionen. →Basizität, →Wasserstoffionenkonzentration

BASIC, Abk. für engl. **Beginners All-purpose Symbolic Instruction Code** [bıgˈınəz ɔl pˈə:pəs sımbˈɔlık ınstrˈʌkʃən koud], leicht zu erlernende Programmiersprache. BASIC eignet sich bes. für den direkten Dialog (Austausch von Daten) zw. Benutzer und Datenverarbeitungsanlage mittels einer Datenendstation (z. B. Textverarbeitung), aber auch für die mathematisch-wissenschaftl. Programmierung (u. a. von Tischrechnern). BASIC wurde 1964 am Dartmouth College in den USA entwickelt und hat sich mit versch. Ergänzungen als dialogfähige Programmiersprache insbes. zum Dialog im Personalcomputerbereich bewährt. Operationszeichen und Funktionssymbole sind eng an die mathemat. Schreibweise angelehnt (z. B. SQR (X) für $\sqrt{x}$, EXP (X) für e^x oder SIN (A) für $\sin \alpha$).

Basis, 1) Bauwesen: Unterbau von Gebäuden, Monumenten u. ä.; Grundplatte von Säulen oder Pfeilern.

2) Elektroakustik: in einer stereophon. Anlage der Abstand der äußeren Mikrophone oder Lautsprecher voneinander.

3) Geodäsie: mit einem **Basismeßgerät** sehr genau gemessene Grundlinie von 5 bis 10 km Länge zur Maßstabsfestlegung bei der →Triangulation.

4) Halbleitertechnik: der mittlere von drei Halbleiterbereichen des bipolaren →Transistors. Die geringer als der →Emitter dotierte B. ist je nach Transistortyp als p- oder n-leitende Halbleiterzone aufgebaut. Beim Transistorbetrieb bewegen sich die vom Emitter injizierten Ladungsträger durch die B. zum →Kollektor. Die Bez. rührt vom Aufbau der ersten Transistoren her, bei denen die B. durch den Grundkristallblock gebildet wurde.

5) Kristallographie: die in die Einheitszelle eingebauten Atome, Moleküle und Ionen, deren period. Wiederholung eine Kristallstruktur ergibt (→Raumgruppe).

6) Mathematik: a) Geometrie: Grundlinie, Grundfläche. b) Arithmetik: Grundzahl, 1) bei einer Potenz a^x ist a die B.; 2) die Zahl, auf der ein Logarithmensystem aufgebaut ist (→Logarithmus). c) bei einem linearen Raum ein minimales System linear unabhängiger Vektoren, aus denen sich jeder andere Vektor des Raumes als Linearkombination ergibt.

Basisband, Frequenzband der durch Bündelung zusammengefaßten und geschlossen zu übertragenden Nachrichtenkanäle eines →Multiplex-Systems; insbes. das Band der gebündelten Fernsprechkanäle in der →Trägerfrequenztechnik.

Basisbreitenschaltung, elektron. Einrichtung bes. für Stereokofferradios und Stereoton-Fernsehgeräte zur Erzeugung eines stärkeren raumakust. Eindrucks, der sonst nur durch einen größeren Abstand der Lautsprecher (Basis) voneinander zu erzielen wäre. Der Effekt wird dadurch erreicht, daß dem rechten Kanal ein Teil des aus dem linken Kanal stammenden Signals gegenphasig zugemischt wird und dort die restl. Signalanteile des linken Kanals reduziert oder ausgelöscht werden; dies gilt sinngemäß ebenso für den linken Kanal.

1 2 3
Baryt

Baryt: 1 Helle, gestreckte Kristalle (Iberg bei Bad Grund, Harz). **2** Blättrige, braune Kristalle (Schemnitz, ČSSR). **3** Dichter Schwerspat (Bottenhorn, Kreis Biedenkopf, Hessen)

basische Reaktion, svw. →alkalische Reaktion.

Basis|einheiten, früher **Grundeinheiten,** meist die zu den →Basisgrößen gehörenden Einheiten. Es gibt in jedem →Einheitensystem stets ebenso viele B. wie Basisgrößen. Die z. Z. gültigen 7 B. des Internationalen Einheitensystems (→SI-Einheiten) werden durch die →Generalkonferenz für Maß und Gewicht festgelegt und definiert.

Basisgrößen, früher **Grundgrößen,** zweckmäßig gewählte und vereinbarte, voneinander unabhängige physikal. →Größen, die nicht aus anderen Größen abgeleitet werden, sondern als gegeben betrachtet werden. B. bilden die Grundlage eines →Größensystems. Alle anderen Größen werden aus diesen abgeleitet.

Basislatte, Geodäsie: im Zielpunkt horizontal aufgestellte 2 m lange Latte, deren Endmarken mit dem →Theodolit angemessen werden. Aus dem parallaktischen Winkel (→Parallaxe) und der Basis läßt sich die Entfernung Theodolitstandpunkt–Zielpunkt errechnen.

Basisschaltung, eine Grundschaltung des →Transistors, bei der die Basis den Punkt konstanten Potentials bildet, bes. geeignet für Spannungsverstärkung und hohe Grenzfrequenzen. (→Emitterschaltung, →Kollektorschaltung). BILD S. 114.

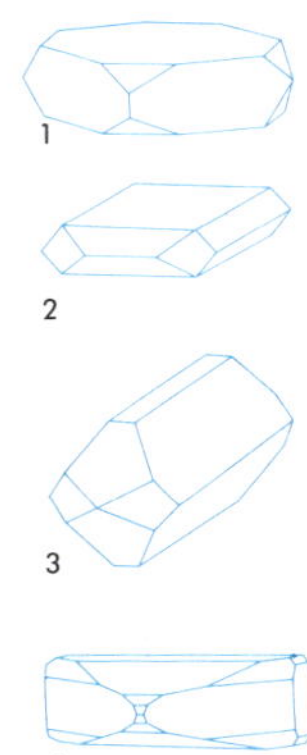

1 2 3 4

Baryt:
1 und **2** tafelige,
3 und **4** gestreckte
Kristalle

Basizität, Maß für die Basenstärke, ausgedrückt durch den → pH-Wert oder den → pK-Wert. Allg. Bez. für die Fähigkeit einer anorgan. oder organ. Verbindung, als Protonenakzeptor oder Elektronenpaardonator zu wirken (→ Basen).

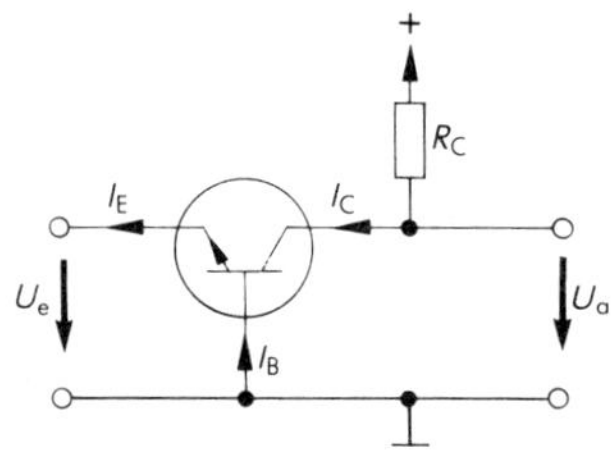

Basisschaltung am Beispiel eines npn-Transistors; U_e: Eingangsspannung; U_a: Ausgangsspannung; I_c, I_B, I_E: Kollektor-, Basis- und Emitterstrom des Transistors; R_C: Kollektorwiderstand

Basküleverschluß, schweizer. **Espagnolette** [ɛspaɲɔl'ɛt], Tür- oder Fensterverschluß, bei dem durch Handgriff über Zahnrad oder Stiftenscheibe je ein Riegel nach oben und unten geschoben wird.

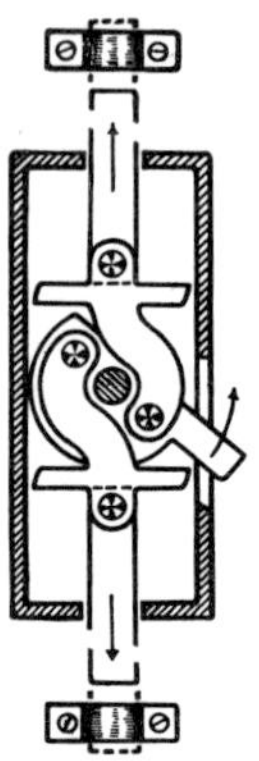

Basküleverschluß

BAS-Signal, Fernsehtechnik: Abk. für das gesamte zur Darstellung einer Zeile notwendige elektr. Signal beim Fernsehen; es besteht aus dem **Bildinhalt** (Zeileninhalt), dem **Austastsignal** (Schwarzpegel) und dem **Synchronisierzeichen** (BILD Austastlücke).

Baßreflexbox, Lautsprechergehäuse mit einem Helmholtz-Resonator in Form einer zusätzl. Austrittsöffnung. Durch die B. wird die Abstrahlung der tiefen Töne bei kleineren Gehäuseabmessungen verbessert.

Bast, Seidenbast, Seidenleim, → Sericin.

Bastseide, 1) Écruseide [ekr'y-, frz.], die noch nicht abgekochte (nicht ›entbastete‹) glanzlose Rohseide, deren Fibroinfäden noch vom Seidenbast umhüllt sind und die deshalb noch harten Griff aufweist. **2)** Gewebe aus B.

batch processing [bætʃ pr'əusesɪŋ, engl.], Datenverarbeitung: → Stapelverarbeitung.

Batholith *der,* ausgedehnter, meist granit. Tiefengesteinskörper mit nach unten auseinanderweichenden Flanken.

Bathyal, lichtarmer Meeresbereich zw. 200 und 900 m Wassertiefe.

Bathy|sonde, in der Meeresforschung verwendetes Gerät zur Bestimmung von Dichte, Temperatur, Salzgehalt, Strömung und anderen Größen in situ.

Bathythermograph, → ozeanographische Instrumente.

Batik *der,* v. a. in Java und Indien entwickeltes Verfahren des Reservedrucks (→ Textildruck).

batschen, Jutespinnerei: Juteristen mit einer Fett-Emulsion benetzen und auf **Batschmaschinen** quetschen, um die Baststränge teilen zu können.

Batterie, i. w. S. die Zusammenschaltung (seriell oder parallel) mehrerer Elemente zu einer Einheit; i. e. S. alle → galvanischen Elemente, die auf elektrochem. Wege eine elektr. Spannung erzeugen und eine Leistung abgeben können (→ Elektromotorische Kraft). Eine galvan. Zelle besteht ähnlich wie ein → Akkumulator im Prinzip aus zwei Elektroden, die sich in einem festen oder flüssigen Elektrolyten befinden. Durch die Konzentration der Elektrolytflüssigkeit und bes. durch die Wahl des Elektrodenmaterials wird die Höhe der entstehenden Spannung festgelegt, da jedem Material eine bestimmte Potentialdifferenz gegenüber der → Normalwasserstoffelektrode zugeordnet werden kann, wodurch seine Stellung in der elektrochem. Spannungsreihe definiert ist.

Je nach Ablauf des chem. Vorgangs unterscheidet man zw. Primär- und Sekundärzellen. Als **Primärzellen** (galvan. Elemente) werden alle → elektrochemischen Elemente bezeichnet, deren chem. Reaktionen irreversibel (d. h. nicht umkehrbar) verlaufen. Diese B. können, nachdem sie einmal verbraucht sind, nicht wiederverwendet werden, da es keine praktikablen Methoden zur Aufladung gibt. Die handelsübl. B. besitzen keine flüssigen Elektrolyten mehr, sondern mit einem Quellmittel eingedickte Elektrolytlösungen **(Trocken-B.).** Darüber hinaus sind moderne B. mit einem isolierten Stahlmantel umhüllt, der ein Auslaufen des Elektrolyten, z. B. bei starker thermischer Überlastung, verhindern soll (›Leak Proof‹). – Eine weitverbreitete B. ist die → Kohle-Zink-Zelle, die 1865 von dem frz. Chemiker G. LECLANCHÉ erfunden wurde (Leclanché-Element). Durch Verwendung eines anderen Elektrolyten (→ Alkali-Mangan-Zelle) und die Wahl neuer Elektrodenmaterialien (→ Quecksilberoxid-Zelle, → Silberoxid-Zelle) konnten der Wirkungsgrad, die Entladeeigenschaften, die Kapazität und die Lebensdauer wesentlich erhöht werden. Bes. langlebig sind → Lithium-Zellen, die Lagerzeiten bis zu 10 Jahren ohne Eigenentladung überstehen können.

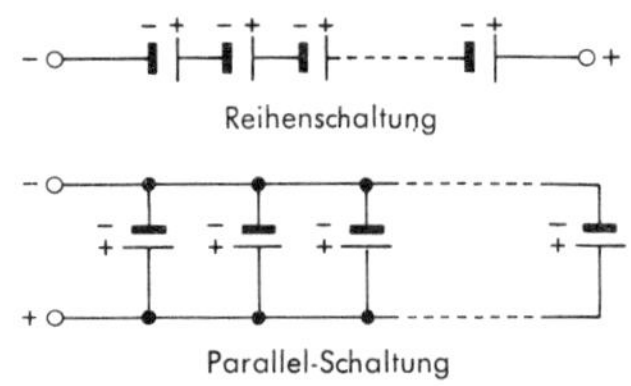

Batterie

Bei den **Sekundärzellen** finden reversible (d. h. umkehrbare) elektrochem. Reaktionen statt. Sie werden als → Akkumulatoren bezeichnet und gehören i. Ggs. zu den Primärzellen den Einrichtungen zur Energiespeicherung an, da sie (theoretisch beliebig oft) wieder aufgeladen werden können.

Batteur [-t'œ:r, frz.], **Schlagmaschine, Scutcher** [sk'ʌtʃə, engl.], **Vorwerk,** Spinnerei: Einprozeßanlage zum Öffnen, Reinigen und Mischen von Baumwolle und Chemiefasern.

BAT-Wert, Abk. für **Biologischer Arbeitsstofftoleranzwert,** → MAK-Wert.

Bau|akustik, Schallschutz im Hochbau; Studium der Schallausbreitung in Gebäuden in Form von → Luftschall und → Körperschall; Meßverfahren zur Beurteilung des Schallschutzes von Bauteilen; Entwicklung von Bauelementen mit hohem Schallschutz. Der Luftschallschutz der Einfachwand beruht auf → Schalldämmung und wächst mit der Wandmasse. Bei Doppelwänden und -fenstern ist das Produkt aus der mittleren Masse der Einzelschale und dem Abstand der Schalen für den Schallschutz maßgeblich. Durch biegeweiche Elemente mit innerer Dämpfung wird die **Spuranpassung** vermieden, die den Schallschutz verringert; Verbundgläser mit elast. Zwischenschicht geben besseren Schallschutz als gleich schwere Einfachgläser. Fugendichtigkeit ist entscheidend wichtig. Frisch- und Abluft wird über **Schalldämpfer** geführt (→ Verkehrslärm). Zur Schalldämpfung dienen offenporige Materialien, z. B. Mineralwolle. Durch schalldämpfende Materialien wird die Nachhallzeit herabgesetzt, der Schallschutz nach außen aber kaum geändert. Zum **Trittschallschutz** dienen schwimmende Estriche und elast. Fußbodenbeläge, z. B. Teppichböden.

Bau|art, Konstruktion, Art, in der Baustoffe oder Bauteile zusammengefügt sind; Baugattung mit best. Merkmalen, z. B. Stahlbrücke, Spannbetonbrücke.

Baubiologie untersucht die Lebensbedingungen der tierischen und pflanzl. Schädlinge von Baustoffen (z. B. Hausbock, Holzwurm, Hausschwamm, Moderfäule) und entwickelt vorbeugende Schutzmaßnahmen sowie Mittel zur Bekämpfung. Die B. untersucht auch den (schädigenden) pflanzl. Bewuchs von Betonoberflächen, bes. in den Tropen.

Bauchlandung, Notlandung eines Flugzeuges auf der Rumpfunterseite bei techn. Störung des Fahrwerkausfahrmechanismus oder zur Minderung des Landerisikos bei Außenlandungen.

Baud [bo:d], Abk. **Bd** [n. dem frz. Ingenieur J. M. E. Baudot, * 1845, † 1903], in der Nachrichtentechnik verwendetes Maß für die **Schrittgeschwindigkeit** υ eines zeitdiskreten Signals (1 Bd = 1 Schritt/s). ›Schritt‹ bedeutet hier eine Zustandsänderung des Signals bei zwei mögl. Zuständen, z. B. eine Stromänderung von $I = 0$ auf $I = 40$ mA oder umgekehrt. Mit T als kürzester Zeit zw. zwei Zustandsänderungen **(Taktzeit)** erhält man für die Schrittgeschwindigkeit $\upsilon = 1/T$. Beispiel: In der Fernschreibtechnik ist eine Schrittgeschwindigkeit von $\upsilon =$ 50 Bd üblich; das bedeutet, daß auf der Fernschreibleitung Impulse mit einer **Schrittdauer** von $T = 20$ ms übertragen werden können.

Baudichte, die → Bebauungsdichte 1).

Bau|element, Einzelteil einer elektr. oder elektron. Schaltung (auch eines Gerätes), das auf Grund seiner speziellen physikal. Eigenschaften best. Funktionen, z. B. Verstärken, Gleichrichten, Schalten u. a., ausführen kann. Die moderne Technik verwendet sowohl **diskrete B.** (z. B. Widerstände, Dioden, Transistoren) als auch in zunehmendem Maße **integrierte Schaltkreise,** auf deren Halbleiterchips (→ Chip) jeweils einige 100 000 B. untergebracht sein können. Als **aktive B.** bezeichnet man z. B. Transistoren und Elektronenröhren, mit deren Hilfe sich Spannungen und Ströme verstärken oder steuern lassen, **passive B.,** z. B. Widerstände, Kondensatoren, Spulen, sind dazu nicht in der Lage. Nach ihren elektr. Übertragungseigenschaften, die z. B. als Strom-Spannungs-Kennlinie auf dem Bildschirm eines Oszilloskops dargestellt werden können, werden **lineare** und **nichtlineare B.** unterschieden. Von den bislang genannten **elektron. B.** lassen sich die **elektromechan. B.** abgrenzen, hierzu gehören z. B. Relais, Schalter und Steckverbinder. Für spezielle Einsatzgebiete wurden besondere B. entwickelt: optoelektron. B. (→ Optoelektronik), → Oberflächenwellen-Bauelemente, ladungsträgergekoppelte Halbleiter-B. (→ CCD), → Josephson-Elemente u. a.

L. STARKE u. a.: Leitfaden der Elektronik, 2: B. der Elektronik in der Praxis ([4]1976); B. MORGENSTERN: Elektronik, 1: B. ([2]1980).

Bauen, Ausführen von baulichen Anlagen (Hochbauten, Tiefbauten, Ingenieurbauten wie Brücken, Talsperren u. a., auch garten- und landschaftsbaul. Anlagen) als **Neubau, Umbau** (Umgestaltung eines vorhandenen Objektes mit wesentl. Eingriffen in Konstruktion oder Bestand) oder **Modernisierung** (baul. Maßnahmen zur nachhaltigen Erhöhung des Gebrauchswertes eines Objektes, soweit es sich nicht um einen Umbau handelt); i. e. S. das Errichten von Gebäuden.

Bauernregeln, Volkswetterregeln, volkstüml. Merksprüche der Wettervorhersage und Ernteweissagung in Tages- und Monatsregeln (häufig als Reim). Manche dieser B. stimmen oft recht gut mit den meteorolog. Erkenntnissen überein; andere haben jedoch infolge von Klimaschwankungen ihren Sinn eingebüßt, sich als Aberglaube erwiesen oder sind auf Gebiete übertragen worden, auf die sie nicht zutreffen.

Baufehler, Kristallographie: → Realkristall.

Bauflucht, überholt für → Baulinie.

Baugips, anorganisches Luftbindemittel aus Dehydratationsprodukten des Calciumsulfat-Dihydrats (Gips), ggf. mit Zusätzen zur Verbesserung der Verarbeitungseigenschaften (Stellmittel). B. wird aus Gipsgestein (→ Gips) oder anderen natürl. oder künstl. gipsreichen Rohstoffen durch Brennen und/oder besondere Aufbereitungsverfahren für die versch. Anwendungen als Stuckgips, Putzgips, Fertigputzgips, Haftputzgips, Maschinenputzgips, Ansetzgips, Fugengips und Spachtelgips hergestellt. B. erhärtet nach dem Anmachen mit Wasser, aus B. werden Putzmörtel (→ Mörtel), Bauplatten (→ Gipsbauplatten, → Gipskartonplatten) hergestellt.

Bauglas, alle beim Bau verwendeten Gläser: Fensterglas, Gußglas, Drahtglas, Wandplatten aus Glas, Spiegelglas, Glasbausteine, -dachziegel, -fasern, Betongläser.

Baugrube, ausgehobene Vertiefung für die Gründung eines Bauwerks, Verlegung von Rohrleitungen u. a. in offener Bauweise unterhalb der Erdoberfläche auszuführende Bauarbeiten. Die Tiefe der B. wird durch die Tragfähigkeit des Bodens bestimmt und muß für eine frostfreie Gründung ausreichen.

Baugrund, von einem Bauwerk belasteter Teil des Erdbodens oder Felsens oder Lockergesteins. Lockergestein (auch Boden genannt) ist entweder körnig-kohäsionslos (Geröll, Kies, Sand), bindig (Lehm, Ton) oder organisch (Torf, Kreide). Die Wissenschaft vom Boden als B. ist die → Bodenmechanik, die vom Fels als B. die → Felsmechanik.

Wird der B. durch ein Bauwerk belastet, so entsteht im Boden ein best. Spannungszustand. Als Folge der Verdichtung und Verdrängung des Bodens unter dem Bauwerk tritt auch eine → Setzung des B. ein. Bodenpressung und Setzung dürfen ein gewisses Maß nicht überschreiten und sind daher baubehördlich begrenzt.

B. VOTH: Boden-B. und Baustoff (1978); W. STIEGLER: B.-Lehre (1979); Grundbau-Tb., 1 ([3]1980), 2 ([3]1975).

Baugruppe, Elektronik: Gruppe von zusammengeschalteten → Bauelementen in einem elektr./elektron. Gerät, die eine konstruktive Einheit bilden und oft der Erfüllung einer gemeinsamen Funktion dienen, z. B. bestückte Leiterplatten, Verstärker, Netzteile.

Bauhöhe, das senkrechte Raumbedarfsmaß eines Bauwerks oder Bauteils; insbes. im Brückenbau die Höhe zw. Schienen- oder Fahrbahnoberfläche und Unterfläche der Tragkonstruktion; im Hochbau die Höhe zw. Fußbodenoberfläche und Deckenunterfläche.

Bauholz, 1) **Bauschnittholz,** das in Sägewerken zu Balken, Bohlen, Kanthölzern, Brettern, Latten u. a. geschnitten ist, sowie 2) entrindetes **Baurundholz,** das als Gruben-, Rüstholz und für Maste verwendet wird. B. ist meist Kiefern- und Fichtenholz, jedoch auch Lärchen-, Tannen-, Buchen- und Eichenholz.

Baukalk, anorganisches Bindemittel aus Calciumoxid (Kalk) und z. T. auch Magnesiumoxid (Magnesia) sowie Verbindungen dieser Oxide mit Siliciumdioxid (Kieselsäure), Aluminiumoxid (Tonerde) und Eisenoxid. B. mit hohem Gehalt an Kalk und Magnesia erhärtet vorwiegend durch Aufnahme von Luftkohlensäure (Carbonaterhärtung). Carbonaterhärtung kennzeichnet die **Luftkalke** (Weißkalk, Dolomitkalk, Karbidkalk). B. mit hohem Gehalt an Kieselsäure, Tonerde und Eisenoxid zeigt Carbonat- und hydraulische Erhärtung. Das Zusammenwirken von Carbonat- und hydraul. Erhärtung kennzeichnet die **hydraulisch erhärtenden Kalke** (Wasserkalk, hydraulischer Kalk, hochhydraulischer Kalk). B. wird zur Herstellung von Mauer- und Putzmörtel (→ Mörtel), von → Kalksandsteinen und → Gasbeton sowie zur → Bodenverfestigung verwendet.

Baukastensystem, Methode zum Aufbau von komplizierten Systemen mit Hilfe einfacher ›Bausteine‹, deren Herstellung, Überprüfung und Austausch bes. wirtschaftlich ist und die durch nahezu beliebige Kombinationsmöglichkeiten eine hohe Funktionsflexibilität des Gesamtsystems und eine wirtschaftlich optimale Anpassung an die Aufgabenstellung ermöglichen.

Baukeramik, Baustoff oder Bauelement aus gebranntem → Ton, mit oder ohne Glasurüberzug, als Ziegeleierzeugnis (Mauer-, Decken-, Dachziegel, Klinker, Dränrohre, Terrakotten), als Steingut und Steinzeug (Wand- und Bodenfliesen, Spaltplatten, Kanalisationsrohre) und als Porzellan (sanitäres Geschirr).

Baulinie, früher **Bauflucht,** von einem Bebauungsplan festgesetzte Linie, auf der die Bauten zu errichten sind, um – etwa zur Straße – einen einheitl. Abstand zu erzielen. Eine festgesetzte **Baugrenze** darf nicht über-, i. Ggs. zur B. jedoch unterschritten werden. Eine festgesetzte **Bebauungstiefe** wird von der Straßengrenze aus gemessen.

Bau|maschinen, alle im Hoch- und Tiefbau sowie im Ingenieurbau (Brücken-, Eisenbahn-, Straßen-, Erd-, Tunnel-, Grund- und Wasserbau) benutzten maschinellen Hilfsmittel; meist auf Großbaustellen eingesetzt.

Im einzelnen werden benutzt für 1) Erdbau: Bagger, Planierraupen, Straßenhobel, gleisgebundene und geländegängige Transportgeräte, Absetzgeräte, Bodenverdichtungsgeräte; 2) Eisenbahnbau: Bettungsreinigungsmaschinen, Gleisrückmaschinen, Gleisstopfmaschinen, Gleisbaumaschinen, Schotterpflug; 3) Straßenbau: Erdmaschinen, Bodenverdichtungsgeräte, Deckenfertiger (Betondecken-Einbaumaschinen, Gleitschalenfertiger, Gußasphalt-Einbaumaschinen), Splittstreuer, Schneepflüge; 4) Tunnelbau: Bohrgeräte, Schaufellader, Schrapper, Schildfräsen, Pressen, Wanderschalungen; 5) Grundbau: Bohrer, Rammen, Pfahlzieher, Pumpen für Wasserförderung und Wasserhaltung, Taucherglocken; 6) Ingenieurbau und Hochbau: Geräte zur Materialaufbereitung (Brecher, Siebanlagen, Waschanlagen, Mischer), Geräte zur Materialförderung (Bauaufzüge, Krane, Förderbänder), Geräte zur Verarbeitung (Rüttler, Stampfer, Pressen für Kunststeine).

H. Heuer u. a.: B.-Tb. ([2]1975); H. Nowitzki u. R. Schwarz: B.-Kunde ([11]1981); K. Laufer: Maschinentechnik im Bauwesen (1982).

Bau|massenzahl, Abk. **BMZ,** → Bebauungsdichte.

bäumen, zetteln, Weberei und Wirkerei: Kettfäden auf einen Kettbaum aufwinden.

Baumkante, Waldkante, berindeter oder entrindeter Rest der Baumoberfläche am → Schnittholz (→ besäumen).

Baumringchronologie, svw. → Dendrochronologie.

Baumspritzen, Rebenspritzen, Obstspritzen, fahrbare und tragbare Geräte zum Zerstäuben von flüssigen Schädlingsbekämpfungsmitteln in Obst- oder Weinanlagen; bestehen meist aus einem Flüssigkeitsbehälter, einer Hand- oder Motorpumpe und einer Spritzdüse am Ende des Spritzschlauches.

Bau|musterprüfung, → Musterprüfung.

Baumwolle, die Samenhaare mehrerer Arten der Gattung Gossypium aus der Familie der Malvengewächse, auch die daraus gewonnene Textilfaser. Die **B.-Pflanze,** einjährige Sträucher von 0,5 bis 2,5 m Höhe, gedeiht in trop. und subtrop. Gebieten zw. 41° n. Br. und 28° s. Br. Aus den walnußgroßen, kapselartigen Früchten, die zur Zeit der Reife mit drei bis fünf Klappen aufspringen, quellen die Samenhaare hervor. Gepflückt werden sie mit der Hand, mit rechenartigen Geräten, mit fahrbaren Maschinen, die mit vielen Saugarmen ausgerüstet sind (Vakuumpflücker), oder mit sich drehenden Spindeln, die die Fasern erfassen und eindrehen (Spindelpflücker). Die getrocknete B. wird in **B.-Entkernungsmaschinen (Egreniermaschinen)** entkernt (egreniert). Die meist verwendete Säge-Egreniermaschine trennt die Baumwollhaare vom Samenkern durch schnell umlaufende Sägezahnscheiben ab, die zw. Roststäben hindurchlaufen und die Samenhaare mitreißen, während die Samenkerne von den Roststäben zurückgehalten werden (Produktion bis 1500 kg je Tag). Die **Roh-B.** wird unter hohem Druck in Ballen gepreßt.

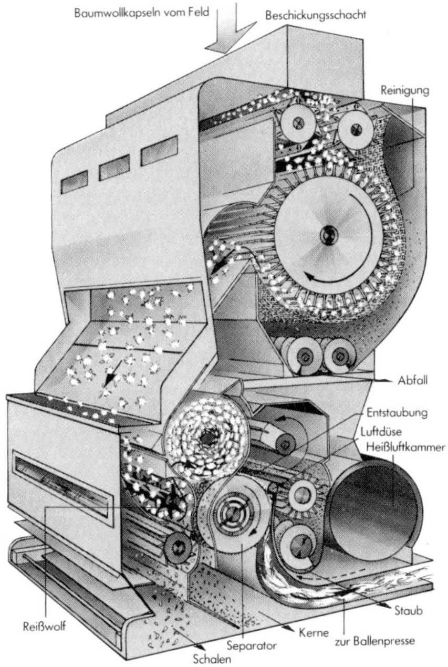

Baumwolle: Egreniermaschine

Die **B.-Faser** ist ein einzelliges Haar, bandartig flach (Breite zw. 0,012 und 0,030 mm) mit verdickten Rändern und stellenweisen Verwindungen. Die ziemlich dicke Zellwand besteht aus fast reiner Cellulose. Die B.-Qualität wird u. a. nach Feinheitsgrad, Farbe, v. a. aber nach dem Stapel (Faserlänge) beurteilt. Man unterscheidet gewöhnlich: **kurzstapelige B.** (unter 22 mm), **mittelstapelige B.** (22 bis 29 mm) und **langstapelige B.** (über 29 mm). Durch Behandlung mit kalter konzentrierter Natronlauge unter Spannung (→Mercerisation) wächst die Festigkeit um etwa 15%; gleichzeitig erhält die B. ein seidenglänzendes Aussehen und erhöhtes Anfärbevermögen. Die kurzen Samenhaare **(Linters)** dienen als Rohstoff für die Chemiefaserherstellung und Zellstoffindustrie.

Aus den B.-Samenkernen wird Speiseöl gewonnen. Die ausgepreßten Saatreste (Samenschalen und Ölkuchen) dienen als Düngemittel und eiweißreiches Kraftfutter.

A. HOFER: Textilrohstoffe ([4]1977); H. W. HAUDEK: Textilfasern (1980).

Bauphysik, die physikal. Grundlagen der Bautechnik, i. e. S. zusammenfassende Bez. für Raumakustik, Schall-, Wärme-, Feuchtigkeitsschutz im Bauwesen.

J. BERBER: B. ([2]1979); K. GÖSELE: Schall, Wärme, Feuchte . . . ([5]1979); P. SCHULZ: Schallschutz, Wärmeschutz, Feuchteschutz, Brandschutz im Innenausbau ([3]1980); H. W. BOBRAN: Hb. der B. ([5]1982); E. SCHILD: B. ([3]1982).

Bauplatten, plattenförmige Bauteile (v. a. für nichttragende Wände) aus unterschiedl. Baustoffen, z. B. Asbestzement, Gasbeton oder Leichtbeton, Holzwolle, Gipskarton oder Leichtziegeln. **Mehrschicht-Leicht-B.** bestehen aus Schaumkunststoffen und Holzwolle.

Bauschinger-Effekt [n. dem Werkstoff-Fachmann J. Bauschinger, * 1834, † 1893]. Vorverformte Werkstoffe zeigen bei Umkehr der Beanspruchungsrichtung eine niedrigere Festigkeit, als wenn in der ursprüngl. Richtung weiterverformt wird. Die Ursachen sind die bei der Verformung zw. Versetzungen aufgebauten Eigenspannungen, die die Versetzungsbewegung in der entgegengesetzten Richtung begünstigen.

Baustahl, zu den Qualitätsstählen zählende Stahlsorten, die besonderen Anforderungen bei der Verarbeitung genügen (→Stahl), im Unterschied zu Grund- und Edelstählen; B. gliedern sich in **Form-**, **Stab-** und **Flachstahl.**

Baustahlgewebe, Baustahlmatten, werden hergestellt aus kalt gezogenen, glatten oder gerippten Sonderbetonstahldrähten, die an ihren rechtwinkligen Überkreuzungsstellen punktverschweißt sind. Sie werden als Betoneinlage im Straßenbau, als Bewehrung im Stahlbetonbau und, mit einem Rabitzgewebe versehen **(Baustahlputzmatte),** als Putzträger bei Monier- und Rabitzarbeiten verwendet.

Bausteine, 1) Bauwesen: zum Herstellen von Mauerwerk geeignete Steine. Als B. werden verwendet Natursteine (z. B. Granit, Sandstein, Kalkstein) und künstlich hergestellte B.; hierzu gehören Mauerziegel, Kalksandsteine, Hüttensteine, Gasbetonsteine, Vollsteine und Hohlblocksteine aus Beton und Leichtbeton.

2) Elektronik: svw. →Baugruppe.

Baustoffe, Sammelbegriff für Stoffe zur Fertigung von Bauteilen und Bauwerken. Nach der Art des Grundstoffes unterscheidet man metallische und organische und nichtmetallisch-anorganische B., nach der Dichte (Rohdichte) Leicht- und schwere B., nach dem inneren Aufbau einphasige (homogene) oder mehrphasige (inhomogene) B. (Verbundbaustoffe), nach der Entstehung künstliche oder Naturbaustoffe.

Metallische B. werden meist aus Gußeisen oder Stahl (Baustahl, Betonstahl, Spannstahl) sowie aus Nichteisenmetallen (Leichtmetall, Schwermetall) hergestellt. **Organische B.** umfassen Holzwerkstoffe, bituminöse Stoffe (Bitumen, Teer, Asphalt) und Kunststoffe für das Bauwesen. **Nichtmetallisch-anorganische B.** sind Naturstein, Mörtel und Beton aus anorgan. Zuschlag und Bindemittel, Glas und Keramik.

Leicht-B. mit vergleichsweise niedriger Rohdichte (Dichte) sind z. B. Leichtmörtel, Leichtbeton, Leichtziegel, Leichtzuschlag, Leichtmetall (Aluminium), Schaumstoff. **Schwere B.** mit vergleichsweise hoher Dichte (Rohdichte) sind Schwerbeton, Schwerzuschlag, Schwermetalle (Blei, Kupfer, Zink) u. ä.

Verbund-B. werden zur Erzielung besonderer Eigenschaften wie hoher Tragfähigkeit oder Wärmedämmung aus mehreren Stoffen zusammengesetzt. Bewehrte Verbund-B. mit Bewehrung in Form von Stäben oder Fasern sind z. B. Stahlbeton, Spannbeton, Faserbeton, faserverstärkter Kunststoff (GFK, CFK) oder Asbestzement; als geschichteter Verbund-B. können mehrschaliges Mauerwerk, Sandwichplatten u. ä. gelten.

Künstliche B. werden aus Rohstoffen durch Wärme- oder chem. Behandlung hergestellt; dazu gehören z. B. Stahl, Zement, Glas und Keramik. **Natürliche B.** werden aus natürl. Vorkommen, oft unter mechan. Bearbeitung gewonnen, u. a. Bauholz, Kiessand, Naturstein, Lehm (Erdbaustoffe).

Als **Grund-B.** werden manchmal die Ausgangsstoffe für auf der Baustelle herzustellende B. bezeichnet, z. B. Zement, Baukalk, Baugips als Ausgangsstoffe für Mörtel und Beton oder Mauersteine und Mauermörtel als Grund-B. für Mauerwerk. **Kunst-B.** werden manchmal natürlichen B. nachempfundene künstliche B. genannt, z. B. Kunstmarmor, Kunststein, Kunstholz.

Baustoffprüfungen werden vorgenommen, um die Güte und Beschaffenheit von B. festzustellen (→Werkstoffprüfung). Besondere Prüfbedingungen, Ausführungs- und Überwachungsvorschriften sind festgelegt für B., die im Bauwerk auf Zug, Druck, Biegung, Knicken, Abscheren beansprucht werden und darum bestimmte Mindestfestigkeitswerte unter Berücksichtigung ihres konstruktiven Einsatzes aufweisen müssen.

R. WENDEHORST u. H. SPRUCK: Baustoffkunde ([21]1975); K. WESCHE: B. für tragende Bauteile, 1 ([2]1977), 2 ([2]1981), 3 (1973), 4 (1973); H. PILTZ u. a.: Technologie der B. ([6]1979); W. ROHWER: B. ([3]1981).

Bautechnik, i. S. moderner Technik das Bauen auf der Grundlage angewandter Naturwissenschaft: Statik, Baustofforschung, Baubetriebswissenschaft. Den Ggs. bildet das **Bauhandwerk,** das Bauen nach meist überlieferten empir. Regeln. Die Verfahren der B. sind durch Berechnung, Konstruktion, Maschineneinsatz und Vorfertigung, die Verfahren des Bauhandwerks durch Brauch, Regeln, manuelle Ausführung, von Hand geführtes Gerät, und ›Entwerfen beim Werken‹ gekennzeichnet.

K. FIEDLER: Grundlagen der Bautechnologie ([2]1977); E. WERNER: Technisierung des Bauens (1980); Jb. der B., 1 (1982).

Bautenschutz, Maßnahmen zum Schutz von Bauwerken und Baustoffen gegen schädliche chemische und physikal. Einflüsse. **B.-Mittel,** →Dämmstoffe, →Sperrstoffe.

Bauweise, 1) Bauwesen: a) Verfahren, Methode der Bauausführung, z. B. im Stahlbetonbau die Schüttbauweise, im Holzbau die handwerkliche und industrielle B. b) die Anordnung der Bebauung eines Geländes; man unterscheidet z. B. offene, geschlossene, Zeilen- und Block-B.

2) Bergbau: Vorgehen beim Abbau einer Lagerstätte im Untertage-Bergbau. Je nach Lagerung (steil, flach),

Mächtigkeit und Mineral- sowie Nebengesteinsbeschaffenheit hat man die Wahl zw. der langfrontartigen, stoß-, pfeiler-, kammer- und blockartigen B.

Bauwich, seitlicher Abstand eines Gebäudes von den Nachbargrenzen, durch Baunutzungs-VO geregelt.

Bauwürdigkeit, Bergbau: Kriterium zur Beurteilung von Lagerstätten. Eine Lagerstätte ist bauwürdig, wenn sie bei dem jeweiligen Stand der Technik und der für ihre Lebensdauer voraussehbaren Preis- und Kostenentwicklung ohne finanzielle Verluste abgebaut werden kann. Staatliche, soziale und großbetriebliche Interessen werden gelegentlich diesem Grundsatz übergeordnet. – Der **B.-Koeffizient** ist das Verhältnis von linearer, flächiger oder räumlicher bauwürdig vererzter Dimension zur Gesamtdimension einer Erzlagerstätte.

Bauxit, mineral. Gemenge (Gestein) aus Alumogel, Diaspor, Boehmit, Hydrargillit, Tonmineralen u. a.; abhängig von Gehalt an Eisenoxidhydrat weißgrau, gelblich, rot oder braun; chem. Zusammensetzung wechselnd: 55–65% Al_2O_3, 0–25% Fe_2O_3, 7% SiO_2, 12–30% Wasser; wichtigster Rohstoff für die Aluminiumgewinnung, zur Herstellung von feuerfesten Ziegeln, künstl. Korund, zur Schmierölraffination, als Katalysatorträger u. a. B. entstand unter trop. Wechselklima durch allit. Verwitterung (→ allitisch, → Roterden, → Laterit). Vorkommen: 1) als Krusten und Schlieren in laterit. Verwitterungsdecken tonerdereicher Gesteine **(Silikat-B.)**, 2) dekkenartig oder in Wannen, Dolinen und Schlotten (→ Karst) auf Kalksteinen **(Kalk-B.)**.

Bauzeichnungen, der Planung, Herstellung und Aufnahme baul. Anlagen dienende zeichner. Darstellungen; ihre Maßstäbe richten sich nach dem Informationserfordernis. Nach ihrem Zweck unterscheidet man B. für den Entwurf (Vorentwurf, Entwurf, Bauvorlagen), Zeichnungen für die Herstellung (Ausführungszeichnungen, Detailzeichnungen), Sonderzeichnungen (z. B. Bewehrungspläne für Stahlbetonbauteile, sanitäre Anlagen, elektr. Anlagen usw.) sowie Bestandszeichnungen (Bauaufnahmen, Revisionszeichnungen).

BBK, Abk. für → **B**reit**b**and**k**ommunikation.

BCD-Code, Abk. für **Binary Coded Decimals** [b'aınərı k'oudıd d'esımlz, engl.], ein 4-Bit-Code mit der Bitgewichtung 8-4-2-1. Beim BCD-C. wird jeder Ziffer einer Dezimalzahl das binäre Äquivalent in Form einer → Tetrade zugeordnet. Daher spricht man auch von einer direkten dualen Verschlüsselung. Von den 16 möglichen Tetraden werden zur Codierung der Dezimalziffern nur die ersten zehn benötigt, so daß sechs → Pseudotetraden übrig bleiben. Die Addition zweier im BCD-C. verschlüsselter Dezimalzahlen erfolgt für jede Ziffer tetradenweise. Falls die Summe größer als 9 ist, muß zusätzlich eine binäre 6 hinzuaddiert werden, damit die Pseudotetraden übersprungen werden. Die Zuordnung der Dezimalziffern zu den Tetraden des Binärsystems ist in der TABELLE Binärcode dargestellt.

BCS-Theorie, von J. BARDEEN, L. N. COOPER und J. R. SCHRIEFFER 1957 entwickelte atomist. Theorie der → Supraleitung, die alle physikal. Effekte in → Supraleitern 1. Art quantitativ befriedigend beschreibt. Nach der BCS-T. ist ein Ordnungsvorgang im System der Leitungselektronen, durch den der Energieaustausch zw. Elektronen und Ionengitter unterdrückt wird, die Ursache für den Eintritt der Supraleitung. Verantwortlich für diesen → Phasenübergang ist eine anziehende Wechselwirkung zw. je zwei Leitungselektronen mit gleich großem, aber entgegengesetzt gerichtetem Impuls und Spin, die größer als die abstoßende Coulomb-Kraft wird, wenn die → kritische Übergangstemperatur T_c, die → kritische magnetische Feldstärke H_c und die → kritische Stromstärke I_c unterschritten werden. Diese anziehende Kraft, die je zwei Leitungselektronen zu einem → Cooper-Paar bindet, wird indirekt über das Gitter vermittelt, und zwar zieht die negative Ladung eines Elektrons die positiven Gitterionen in seiner Umgebung aus ihrer Ruhelage heraus an sich heran. Dies führt zu einer Polarisation des Gitters (Anhäufung von positiver Ladung in der Umgebung des Elektrons), die das zweite Elektron spürt. Da die Gesamtenergie der beiden Elektronen eines Cooper-Paares um einige 10^{-4} eV kleiner als die Summe der Grundzustandsenergien der Einzelelektronen im normalleitenden Zustand ist, existiert im supraleitenden Zustand im Anregungsspektrum der Leitungselektronen eine temperaturabhängige → Energielücke. Da die Cooper-Paare Bosonen sind, können alle denselben quantenmechan. Zustand besetzen, d. h., sie stimmen in allen physikal. Größen überein. Die Gesamtheit der Cooper-Paare kann quantenmechanisch durch eine Wellenfunktion mit wohldefinierter Phase beschrieben werden. Die Kohärenzeigenschaften dieser Materiewellen führen zu den → Josephson-Effekten.

Die Vorstellungen der BCS-T. sind durch den experimentellen Nachweis der Energielücke und der → Flußquantisierung sowie durch die Entdeckung der Josephson-Effekte eindrucksvoll bestätigt worden.

Bd, Abk. für → Baud.

Be, chem. Symbol für das Element → Beryllium.

Beamfinder [b'i:mfaındə, engl.], Schaltungseinrichtung in modernen → Oszilloskopen, mit der man den Elektronenstrahl auf die Mitte des Bildschirms richten kann, wenn z. B. durch falsches Einstellen der Meßbereiche oder der Nullage kein Bild der Meßgröße zu bekommen ist.

Bearbeiten, Fertigungstechnik: das Formgeben von Werkstücken mit Hilfe von Verfahren und Werkzeugen, die dem Ausgangszustand und dem Werkstoff des Werkstückes sowie dem Bearbeitungsziel angepaßt sein müssen, um ein technisch und wirtschaftlich optimales Bearbeitungsergebnis zu erzielen. Verfahren sind: Walzen, Schmieden, Biegen, Ziehen, Drücken, Drehen, Bohren, Fräsen, Schleifen, Schneiden u. v. a.

Beaufort-Skale [bof'ɔ:r-, n. dem brit. Admiral F. Beaufort, * 1774, † 1857], eine 12stufige Windskale, → Windmessung.

Be|aufschlagung, Zuführung des Treibmittels zu den Laufrädern von Turbinen. **B.-Strom,** die von der Turbine in einer Zeiteinheit verarbeitete Wasser-, Dampf- oder Gasmenge, in m^3/s oder in kg/h angegeben.

Beauty [bj'u:tı, engl.], charakterist. → Quantenzahl (*b*) des fünften → Quarks, genannt **B.-Quark** oder **Bottom-Quark** (b), auf dessen Existenz durch die Entdeckung des → Y-Teilchens geschlossen wurde.

Bebauungsdichte, 1) das Verhältnis der bebauten zur unbebauten Fläche einer Stadt.

2) das Verhältnis der Überbauung, gemessen in Geschoßflächensumme (Geschoßfläche × Zahl der Geschosse) oder in m^3 umbauten Raumes, zur Bezugsfläche. Bezieht man auf die (anrechenbare) Grundstücksfläche (Nettobaugrundstück), so erhält man damit die **Geschoßflächenzahl** (GFZ, Ausnutzungsziffer) oder **Baumassenzahl** (BMZ).

Beben, → Erdbeben.

Becher, lat. **Crater,** →Sternbild des Südhimmels.

Becherglas, becherförmiges Laborgefäß aus dünnem, wärmebeständigem Glas, mit Ausguß.

Becherwerk, Elevator, Fördertechnik: Stetigförderer für vertikalen Transport von Schüttgütern. Das Fördergut wird an einer Aufgabestelle in Becher gefüllt, die an einer endlosen Kette umlaufen, und am oberen Umkehrpunkt durch Schwer- oder Fliehkraft entleert; max. Leistung: 500 t/h.

Becken, 1) Geologie: meist schüsselförmiger Sedimentationsraum mit kennzeichnenden und bei Absenkungstendenz mächtigen Ablagerungen **(Beckenfazies).** B. müssen morphologisch nicht als solche in Erscheinung treten (Mainzer B., Pariser B.).

2) Geomorphologie: größere, mehr oder weniger geschlossene Eintiefung der Erdoberfläche; rundl. B. werden **Kessel,** längl. **Wanne** oder **Graben** genannt.

Becklin-Neugebauer-Objekt, BN-Objekt, 1966 entdeckter Infrarotstern im Orionnebel, mit einer Strahlungstemperatur um 600 K; möglicherweise ein kollabierender Protostern.

Beckmann-Thermometer [n. dem dt. Chemiker E. O. Beckmann, * 1853, † 1923], Quecksilberthermometer hoher Empfindlichkeit, das die Messung von Temperaturdifferenzen auf ± 0,001 Grad ermöglicht.

Beckmann-Umlagerung, durch Säuren, Phosphorpentachlorid oder Aluminiumchlorid katalysierte intramolekulare Umlagerung von Ketoximen (→Oxime) in N-substituierte Säureamide. Technisch bed. für die Herstellung von →Caprolactam aus Cyclohexanonoxim. Schema:

$$R^1-\underset{\underset{NOH}{\|}}{C}-R^2\longrightarrow R^1-\underset{\underset{OH}{|}}{C}=N-R^2\longrightarrow R^2-\underset{\underset{O}{\|}}{C}-NH-R^2$$

Becquerel [bɛkrˈɛl, frz.; n. dem frz. Physiker A. H. Becquerel, * 1852, † 1908], Einheitenzeichen **Bq,** SI-Einheit für die →Aktivität einer radioaktiven Substanz; $1\ Bq = 1\ s^{-1}$.

Becquerel-Strahlung [bɛkrˈɛl-], nicht mehr übl. Bez. für die Gesamtheit der natürl. Strahlung eines radioaktiven Elements.

Bedeckung, teilweises oder vollständiges Verschwinden eines Gestirns hinter einem anderen, das die Sichtlinie Beobachter–erstes Gestirn durchläuft. Die Beobachtungsergebnisse der häufigen B. von Sternen durch den Mond **(Stern-B.)** dienen dem Studium der Mondbewegung und der Unregelmäßigkeiten der Erdrotation.

Bedeckungsexperiment, Verfahren zur Ermittlung der Atmosphärendichte und deren Höhenabhängigkeit bei einem Planeten während des Vorbeiflugs einer Sonde auf seiner Rückseite.

Bedeckungsveränderliche, photometrische →Doppelsterne, deren Bahnebene etwa in Blickrichtung liegt, so daß sich ihre Komponenten regelmäßig ganz oder partiell bedecken. Aus dem sich daraus ergebenden zeitl. period. Helligkeitswechsel (Lichtkurve) und aus Veränderungen des Spektrums läßt sich auf ihre Zustandsgrößen und Atmosphäre schließen. Nach der Form der Lichtkurve werden unterschieden: **Algolsterne, Beta Lyrae-Sterne** und **W Ursae Maioris-Sterne.**

Bedingung, Logik: Sind A und B zwei Aussagen, dann bezeichnet die →Implikation A ⇒ B (gesprochen ›wenn A, dann B‹) die Aussage, daß B aus A folgt. A heißt **hinreichende B.** von B und B **notwendige B.** von A; gilt A ⟺ B (›A genau dann, wenn B‹), spricht man von log. →Äquivalenz. Beispiel: Die Aussage (Voraussetzung) A: ›Alle vier Seiten eines Vierecks sind gleich lang‹, ist hinreichend für die Folgerung (Behauptung) B: ›Dieses Viereck ist ein Parallelogramm.‹ Die Aussage A′: ›Zwei Seiten eines Vierecks sind gleich lang‹ ist notwendige B. für die Aussage B, jedoch nicht hinreichend. Die Aussage A″: ›Je zwei Gegenseiten eines Vierecks sind gleich lang‹ ist **notwendige und hinreichende B.** für die Aussage B, beide Aussagen sind äquivalent, in diesem Fall sind Voraussetzung und Behauptung vertauschbar.

Beersche Regel [n. dem Physiker A. Beer, * 1825, † 1863], →Lambert-Beersches-Gesetz.

Befehl, Datenverarbeitung: Anweisung, die sich in der benutzten Programmiersprache nicht mehr in weitere Teile zerlegen läßt, die selbst Anweisungen sind. Maschinenbefehle erzeugen über das Leitwerk des Computers Steuersignale für die Arithmetik- und Logik-Einheit (→ALU).

Befehlswerk, zur Zentraleinheit eines →Computers gehörige Baugruppe.

Befehlszyklus, Datenverarbeitung: alle zur Ausführung eines →Befehls gehörenden Aktivitäten, bestehend aus der **Übernahme des Befehls** aus dem Programmspeicher in das Befehlsregister im Leitwerk, der **Befehlsinterpretation** und der **Befehlsausführung.** Bei der Befehlsinterpretation wird mit dem Adreßteil der Operand im Speicher festgelegt. Der Operationsteil wird zur Bildung von Steuersignalen für das Rechenwerk (ALU) decodiert. Die eigentliche Befehlsausführung wird im Rechenwerk in Form der Verknüpfung binärer Signale durchgeführt. Nach Ausführung der Operation wird über das Leitwerk das Befehlsregister um ›1‹ erhöht und der nächste B. eingeleitet. Die Befehlszykluszeit bestimmt maßgeblich die Arbeitsgeschwindigkeit eines Computers. Sie beträgt z. B. bei einem 16-Bit-Mikroprozessor für eine Addition 3–4 µs und für eine Multiplikation 8–14 µs bei einer Taktfrequenz von 8 MHz.

Befeuchtungsanlage, lufttechnische Anlage zur Raumluftbefeuchtung durch Wasserzerstäubung, Wasserverdunstung oder Dampfeinblasen. B. werden bes. in Industriebetrieben eingesetzt, in denen stark hygroskopische Stoffe bearbeitet oder gelagert werden (Textil-, Tabak-, Papierindustrie), außerdem in Büchereien, Museen. (→Klimaanlage)

Befeuerung, die Kennzeichnung von Luft- oder Schiffahrtsstraßen sowie von Landebahnen, Zubringer (engl. taxiway) und Hindernissen im Anflug- und Abflugbereich von Flughäfen **(Hindernisfeuer)** durch optische oder hochfrequente Strahlungsquellen.

Beflocken, Aufbringen von kurzgeschnittenen (meist elektrostatisch parallelgerichteten) Faserstücken **(Flock)** auf eine ganzflächig oder mustergemäß mit einem Kleber versehene Fläche, um wildleder-, samt- oder fellähnliche Oberflächeneffekte zu erzeugen. (BILD S. 120)

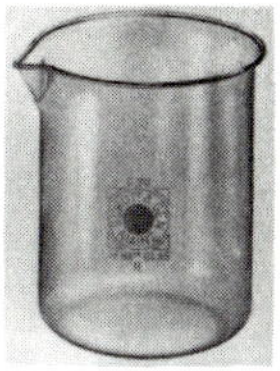

Becherglas

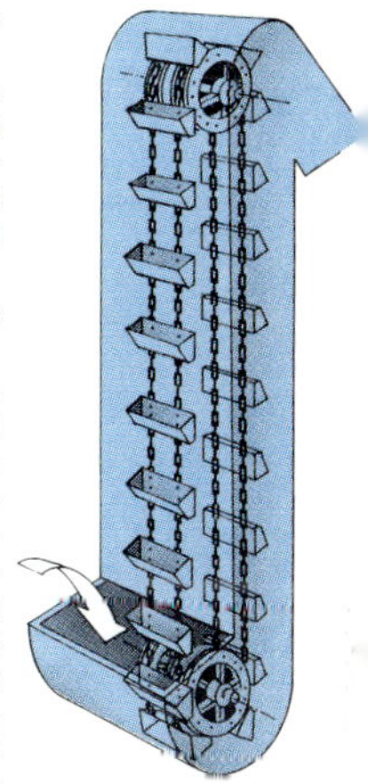

Becherwerk

Befehle in der Programmiersprache FORTRAN	Bedeutung
A = 2 * B	a = 2b
C = A ** 2	$c = a^2 = 4b^2$
C = C + 1.5	c um 1.5 erhöhen

Befehl, Datenverarbeitung

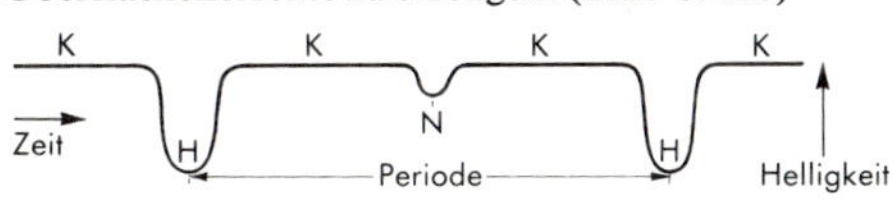

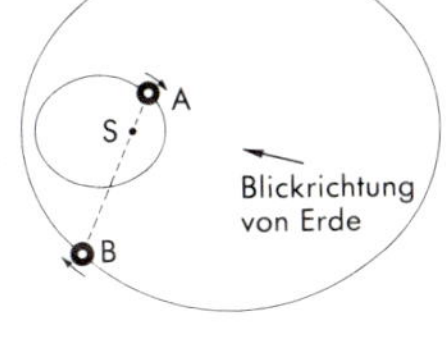

Bedeckungsveränderliche: OBEN Lichtkurve; H Hauptminimum (hellerer Stern wird bedeckt), N Nebenminimum (schwächerer Stern wird bedeckt), K konstante Helligkeit. RECHTS Bedeckungsveränderliche A und B mit Ellipsenbahnen um den Schwerpunkt S

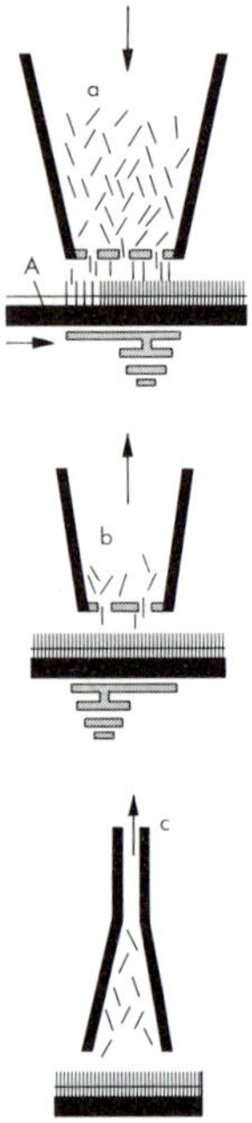

Beflocken (elektrostatische Methode): A Grundgewebe; *a* Aufbringen der Fasern im elektrostatischen Feld; Entfernen nicht haftender Fasern *b* im umgepolten elektrostatischen Feld, *c* durch Absaugen

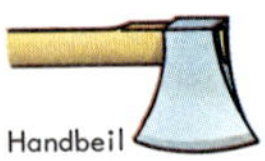
Handbeil

Breitbeil

Segerz oder Lenkbeil

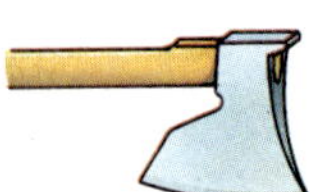
Fleischerbeil

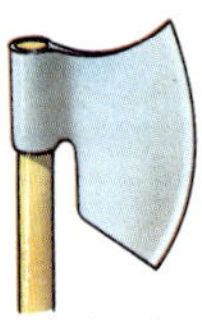
Binderbarte oder Breithacke

Beil

befreundete Zahlen, Bez. für ein Paar natürl. Zahlen, die jeweils gegenseitig als Summe aller mögl. Teiler (mit Ausnahme von sich selbst) darstellbar sind, z. B. sind 220 und 284 b. Z., weil gilt: Menge der Teiler von 220:

$$\{1,2,4,5,10,11,20,22,44,55,110,220\}$$

und $1+2+4+5+10+11+20+22+44+55+110=284$, Menge der Teiler von 284: $\{1,2,4,71,142,284\}$ und $1+2+4+71+142=220$.

Begrenzerschaltung, elektron. Schaltungsanordnung zur Begrenzung der (positiven und/oder negativen) Amplituden einer Wechselspannung auf einen bestimmten Höchstwert; geeignet hierzu sind Dioden, Z-Dioden und Transistoren. B. werden u. a. in der → Impulstechnik zur Impulsformung eingesetzt.

Behaglichkeit, Bedingung für das Wohlbefinden; als Gradmesser für die Güte des Raumklimas verwendet (→ Klimaanlage).

Behälter, 1) Transportgefäße, austauschbare Ladeeinheiten für Güter, → Container. **Behälterwagen,** → Eisenbahnwagen.

2) in der chem. Industrie wird zw. **Arbeits-B.** (→ Reaktionsapparate) sowie **Vorrats-** und **Aufbewahrungs-B.** unterschieden. Unter letzteren gibt es u. a. Druckgas-, Gas-, Flüssiggas-, Mineral- und Heizöl-, Carbid-, Kraftstoff-, Säuren- und Laugen-, Luft-, Wasser-, Nahrungsmittel-Behälter, sowohl in liegender wie stehender als auch in fahrbarer Ausführung. In Spezial-B. werden radioaktive Stoffe aufgenommen. Besondere Vorsichtsmaßnahmen sind beim Reinigen von B. nötig, ebenso beim Umgang mit → Druckbehältern. (→ Konverter)

Beharrungsvermögen, svw. → Trägheit.

Behelfsbrücke, schnell aufstellbare Brücke für zeitlich begrenzte Zwecke, meist Stahlbrücken aus austauschbaren, genormten Einzelelementen. B. können auf festen Jochen oder auf schwimmender Unterstützung (Pontons u. ä.) gelagert sein.

Beiboot, an Bord von Kriegsschiffen mitgeführtes, mit Davits oder Kränen ein- und aussetzbares Boot für Verkehrs- und seemänn. Zwecke. Motor-B. werden als **Pinasse,** Ruder-B. als **Kutter** oder **Dingi** bezeichnet.

Beidellit [beı-] *der,* ein → Tonmineral.

Beil, Handwerkszeug zum Behauen und Nacharbeiten von Holzstücken, hat i. Ggs. zur → Axt einen kürzeren Stiel und wird nur mit einer Hand geführt. Neben dem gewöhnlichen **Handbeil** gibt es das einseitig geschärfte (›einballige‹) **Breitbeil** der Zimmerleute, das **Richtbeil,** auch **Rundbeil** oder **Rundhacke** der Stellmacher, das **Fleischerbeil** u. a.

Bei|leitung, Überleitung, künstl. offenes oder geschlossenes Gerinne zur Zuleitung von Abflüssen aus Nachbareinzugsgebieten.

Beilstein-Probe [n. dem dt. Chemiker F. K. Beilstein, * 1838, † 1906], unspezif. Halogennachweis in organ. Verbindungen, beruhend auf der Flammenfärbung flüchtiger Kupferhalogenide.

Beitel *der,* **Stecheisen, Stemmeisen,** meißelartiges Handwerkzeug zum Bearbeiten von Holz durch Drükken oder durch Schläge mit dem Holzhammer. Der **Stechbeitel** hat eine gerade, der **Hohlbeitel** eine gebogene Schneide, der **Lochbeitel,** der auch als Hebel benutzt wird, hat eine dicke Klinge. (→ Balleisen)

Beiwagen, beim Kraftrad → Seitenwagen.

beizen, die Oberfläche best. Werkstoffe und Verbrauchsgüter mit Lösungen von Säuren, Salzen u. a. **(Beizen)** auf Weiterbehandlung oder Verbrauch vorbereiten:

Bei Holz wird die Oberfläche so gefärbt, daß die Maserung sichtbar bleibt oder verstärkt wird. Die Farbstoffe sind in der Beize enthalten (Farbbeize) oder entstehen erst im Holz (chemische Beize). Je nach dem Lösungsmittel der Beize werden **Wasser-, Sprit-** (mit Spiritus) und **Ölbeize** (mit Terpentinöl) unterschieden. **Doppelbeizen** erfordern ein Vor- und Nachbeizen. **Wachsbeizen** lassen sich gut polieren. Die oft mit Salmiak arbeitenden **Räucherbeizen** bilden mit dem Gerbstoff Farbstoffe. Beim **Struktur-B.** wird die Oberfläche schlichter Holzarten mit Imitationen einer edlen Holzart so bedruckt, daß die ursprüngliche Maserung gerade noch durchscheint und ein verändertes Maserbild entsteht.

Bei Leder werden die chemisch enthaarten und dabei zum Quellen gebrachten Häute mit schwach erwärmten Bädern behandelt, die neben Enzymen neutralisierende Ammoniumsalze enthalten; nach der Entquellung wird das Hautfasergeflecht aufgelockert.

Textilien (zu färbende oder gefärbte) werden mit Metallsalzen (meist Chrom- oder Kupfersalzen) zur Verbesserung der Farbechtheit behandelt.

Bei Metallen werden die nichtmetallischen anorgan. Oberflächenschichten, meist Oxide, Zunder, Rost, beseitigt, um metallisch reine Oberflächen zu erhalten. Normalerweise werden un- und niedriglegierte Stähle in verdünnten Säuren (v. a. Schwefelsäure oder Salzsäure), hochlegierte Stähle in Gemischen aus Salz-, Salpeter- und Flußsäure gebeizt. Beizempfindlich, d. h. empfindlich gegen Wasserstoff sind hochfeste Stähle. Um den Grundwerkstoff vor Auflösung zu schützen und somit die Wasserstoffbildung weitgehend zu unterdrücken, setzt man Sparbeizzusätze (Inhibitoren) zu, die überdies auch wirtschaftl. Vorteile bieten können. Das **Brennen** ist ein kurzes B. von Kupferlegierungen in salpetersäurehaltigen Lösungen. In besonderen Fällen beizt man in Säuren elektrolytisch. Die Abwässer aus Beizereien müssen vor der Ableitung in die Oberflächengewässer oder in die Kanalisation neutralisiert und die Metallverbindungen niedergeschlagen werden.

Bei Glas wird die Oberfläche bei erhöhter Temperatur eingefärbt, wobei farblose, im Glas enthaltene Ionen durch farbwirksame Ionen gleicher Wertigkeit ausgetauscht werden, z. B. Kupferbeize, Silberbeize.

Saatgut wird mit Chemikalien zum Schutz gegen anhaftende Schmarotzerpilze behandelt. Das entsprechende Verfahren zum Schutz gegen tier. Schädlinge heißt meist **Saatgutbehandlung.**

Beizmaschinen, Maschinen zum Vermischen von Saatgut mit Beizpulver (→ beizen). Hauptbestandteil der B. ist ein schräg geneigter Blechzylinder, in dem eine von einem Elektromotor angetriebene Schnecke für die Vermischung beider Komponenten sorgt.

Bel [n. dem angloamerikan. Physiologen und Techniker A. G. Bell, * 1847, † 1922] *das,* Kurzzeichen (Hinweiszeichen) **B,** Pseudoeinheit (Hinweis) für das logarithmierte Verhältnis zweier physikal. Größen gleicher Dimension; → Vorsätze sind möglich. Fast ausschließlich verwendet wird der zehnte Teil des B., das → Dezibel (dB).

Belastung, 1) allgemein und Bautechnik: → Last, → Lastannahme.

2) Elektrotechnik: Eine Spannungsquelle (z. B. eine Batterie) oder eine Signalquelle (z. B. ein Mikrophon) werden durch einen Verbraucher belastet. Eine optimale Leistungsanpassung des Verbrauchers an den Spannungserzeuger erhält man, wenn der Belastungswiderstand gleich dem inneren Widerstand der Spannungsquelle ist ($R_a = R_i$).

Belastet werden auch elektr. Maschinen, wobei dies bei Elektromotoren in erster Linie durch das Drehmoment an der Motorwelle, bei Generatoren durch die Stromentnahme an den Anschlußklemmen geschieht. In der Energieversorgung stellt die B. die Summe aller elektr. Leistungen dar, die während einer Zeiteinheit von den angeschlossenen Verbrauchern aufgenommen wird. Sie läßt sich graphisch als Belastungskurve über einen Tag, Monat oder Jahr darstellen, aus der man die Zeiten höchster B. (Leistungsspitze) und geringsten Verbrauchs ablesen kann. In diesem Zusammenhang ist die Ermittlung der **Grundlast** (der während eines Tages in etwa gleichbleibende Teil der B.) und der **Spitzenlast** (die zu bestimmten Zeiten höchste B. am Tage) für die Energiewirtschaft von besonderer Bedeutung.

3) Umwelttechnik: Die B. eines Gewässers ist die Menge eines verschmutzenden Stoffes, die einem Gewässer innerhalb eines Zeitabschnittes zugeführt wird, z. B. m^3 Faserstoffe je Tag, t Natriumchlorid je Stunde. Auch ein Simultanwert kann zur Messung der B. benutzt werden, z. B. die Menge des biochemischen Sauerstoffbedarfs oder des chemischen Sauerstoffverbrauchs in der Zeiteinheit.

Belastungsmetamorphose, Gesteinsumwandlung durch den Druck überlagernder Gesteinsmassen (Druckzunahme von etwa 27 kp/cm² je 100 m Tiefe) und Auswirkung der → geothermischen Tiefenstufe.

Belebtschlammverfahren, Belebungsverfahren, Verfahren der → Abwasserreinigung.

Beleg, Datenträger, der Informationen in Klartext (z. B. gedruckte Buchstaben) oder in codierter Form (z. B. Balkencode) enthält. B. (z. B. Lochkarten, Lochstreifen, Magnetkarten, Formulare) können zur → Belegverarbeitung einer Datenverarbeitungsanlage zugeführt werden und als Nachweis oder für spätere Anwendungen aufbewahrt werden.

Belegen, Inanspruchnahme fernmeldetechnischer Einrichtungen (z. B. Leitungen, Wähler, Register).

Belegverarbeitung: vollständiger Zeichensatz

Belegverarbeitung, Datenverarbeitung: Verfahren zur Verarbeitung von Belegen wie Schecks, Zahlungsanweisungen u. a. durch eine elektron. Datenverarbeitungsanlage. Dabei sind genormte Schriftzeichen zu benutzen, die von einem **Belegleser** erfaßt werden können. Zur B. gehören auch **Belegdrucker** und **Belegsortierer.**

Belemniten, Belemnoidea, im Eozän (→ Tertiär) ausgestorbene Kopffüßer mit einer inneren dreiteiligen Kalkschale, auch mit Tintenbeutel; meist ist nur ein bis 0,5 m langer kegelförmiger Teil der Schale **(Rostrum, Donnerkeil, Teufelsfinger)** erhalten. Die B. erschienen im Karbon; im Jura und in der Kreide erreichten sie ihre Hauptentwicklung.

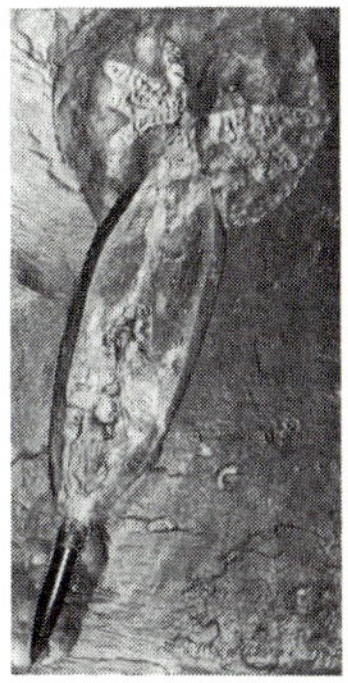

Belemniten

Belemniten: B. mit erhaltenen Weichteilen aus den Ölschiefern des Unteren Jura von Holzmaden, Bad.-Württ., deutlich erkennbar der zum kalkigen B. gehörende Tintenfischkörper

Beleuchtung, die Bestrahlung nicht selbstleuchtender Gegenstände mit Licht, die dadurch für das Auge sichtbar werden, sowie die Ausrüstung eines Raumes, Verkehrsmittels (→ Kraftfahrzeugbeleuchtung), Verkehrsweges (→ Straßenbeleuchtung) u. a. mit Lichtquellen (→ Beleuchtungstechnik).

Beleuchtungsstärke, Formelzeichen E, E_v, das Verhältnis des auf eine Fläche fallenden → Lichtstroms zur Größe der Fläche; SI-Einheit ist das → Lux.

Beleuchtungstechnik, Planung und Realisierung der Beleuchtung in Innenräumen und Außenanlagen. Grundlage der B. sind die physiologisch-opt. Gesetzmäßigkeiten des Sehens, insbes. die Erkenntnisse über die Kontrastempfindlichkeit des menschl. Auges und die Anpassungsmechanismen des Auges an örtl. und zeitl. Leuchtdichteänderungen im Gesichtsfeld (→ Adaptation). Hinzu kommen arbeitspsycholog. Erkenntnisse sowie die biolog. Bedeutung des Lichtes als Energiequelle für viele Lebensprozesse.

Die wichtigsten lichttechn. Faktoren für die Güte einer Beleuchtungsanlage sind: das **Beleuchtungsniveau** (Beleuchtungsstärke, Leuchtdichte); die **Lichtverteilung** (Schattenwirkung, körperhaftes Sehen, harmon. Helligkeitsverteilung im Gesichtsfeld); Störung durch **Reflexe** und **Blendung; Lichtfarbe** und **Farbwiedergabe** der Lichtquellen. Die Wirtschaftlichkeit einer Beleuchtungsanlage wird v. a. von dem installierten Lichtstrom bestimmt. Dies führt zu ständigen Verbesserungen und Neuentwicklungen von Lichtquellen mit immer höherer Lichtausbeute. Sie beträgt bei Allgebrauchs- → Glühlampen je nach Leistungstype 12–16 lm/W (Lumen/Watt). Bei den in Arbeitsräumen hauptsächlich eingesetzten → Leuchtstofflampen erreicht man bei guten Farbwiedergabei-

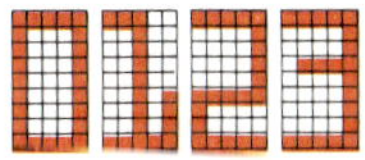

Belegverarbeitung: Auflösung der Schriftzeichen in 45 Feldelemente

Beleuchtungstechnik

Art der Tätigkeit	mittlere Nennbeleuchtungsstärke in Lux (lx)	Beispiele
Orientierung; nur vorübergehender Aufenthalt	30	Verkehrszonen, Flure
leichte Sehaufgaben; große Details mit hohen Kontrasten	120	einfache Montagearbeiten, Restaurants
normale Sehaufgaben; mittelgroße Details mit mittleren Kontrasten	500	Büroräume, Montage kleiner Geräte, Unterrichtsräume
schwierige Sehaufgaben; kleine Details mit geringeren Kontrasten	1000	Meß- und Prüfräume, Farbkontrolle
sehr schwierige Sehaufgaben; sehr kleine Details mit sehr geringen Kontrasten	2000	Werkzeugbau, Kontrollplätze
Sonderfälle	5000	Operationsbeleuchtung, Schaufenster

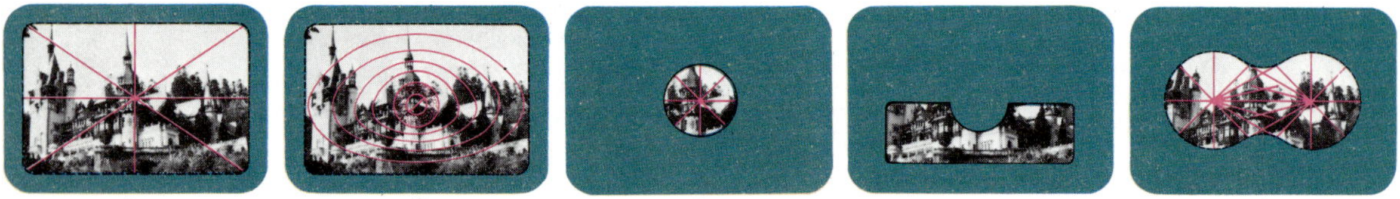

Belichtungsmesser: 1 Integralmessung, **2** mittenbetonte Integralmessung, **3** Punktmessung, **4** Zonenmessung, **5** CLC-Verfahren

genschaften Werte von 60 lm/W. Noch höhere Werte ergibt die → Dreibandenlampe. In hohen Hallen und in der Außenbeleuchtung kommen Quecksilberdampf-Hochdrucklampen (bis ca. 60 lm/W, → Quecksilberdampflampe), → Halogen-Metalldampflampen (bis ca. 100 lm/W), Natrium-Hochdrucklampen (bis ca. 130 lm/W) sowie die Natrium-Niederdrucklampe (bis 183 lm/W) zur Anwendung.

Innenraumbeleuchtung. Die Höhe des erforderl. Beleuchtungsniveaus ist hauptsächlich von der Art der Sehaufgabe abhängig. **Tageslichtbeleuchtung** durch Fenster und Oberlichter ist nur bei einer begrenzten, von der Jahreszeit abhängigen Stundenzahl möglich. Wichtig sind dabei entsprechende Sonnenschutzmaßnahmen. Die **künstl. Beleuchtung** mit techn. Lichtquellen geschieht im Normalfall durch eine Allgemeinbeleuchtung des ganzen Raumes, je nach den Anforderungen an die Lichtverteilung durch mehr direkt- oder mehr indirekt strahlende Leuchten. Bei sehr hohen Anforderungen (in der Regel ab 1000 lx) wird der Arbeitsplatz zusätzlich beleuchtet. Gewisse, harmonisch abgestimmte Helligkeitskontraste im Gesichtsfeld werden als angenehm empfunden. Zw. Arbeitsfeld und näherem Umfeld sollten jedoch keine größeren **Leuchtdichtekontraste** als 3:1 (oder 1:3) vorhanden sein. Die ›Modellierwirkung‹ des Lichtes wird durch das Verhältnis Vertikal- zu Horizontalbeleuchtungsstärke bestimmt. Übliche Werte sind 0,3–0,7.

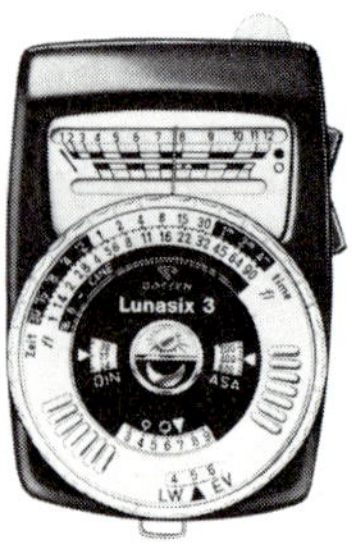

Belichtungsmesser 6: Handgerät

Blendung durch Lichtquellen kann durch fachgerechte Projektierung weitgehend vermieden werden. Schwieriger zu verhindern ist das Auftreten von **Lichtreflexen,** bes. bei unterschiedlich orientierten, spiegelnden Arbeitsflächen. Von der Seite einfallendes Licht, großflächige Leuchten mit ›flügelartiger‹ Lichtverteilung, u. U. eine indirekte Beleuchtung, mattes Arbeitsgut sind Möglichkeiten der Reflexvermeidung.

Die **Lichtfarbe** der Beleuchtung beeinflußt Stimmung und Aktivität. Im Wohn- und Erholungsbereich werden warmweiße (gelbliche) Lichtfarben bevorzugt, im Arbeitsbereich neutralweiße oder tageslichtweiße. Je nach Anforderung sind Lichtquellen mit entsprechenden Farbwiedergabeeigenschaften auszuwählen (Farbwiedergabe-Index).

Außenbeleuchtung (öffentliche Beleuchtung). Die Beleuchtung von Straßen, Plätzen, Tunnels und Unterführungen, Fußgängerüberwegen, unterird. Anlagen u. a. dient in erster Linie der Sicherheit und Vermeidung von Unfällen.

Hb. für Beleuchtung ([4]1975); E. FOLKERTS: Hausgeräte-, Licht- und Klimatechnik (1980).

Belichtung, Exposition, allgemein der Vorgang, bei dem eine photograph. Schicht einer Strahlung ausgesetzt wird, für die die Schicht empfindlich ist; im besonderen das Produkt aus Beleuchtungsstärke und Einwirkungszeit beim Photographieren. Von Spezialverfahren abgesehen (z. B. Verwendung von photoausbleichbaren Farbstoffen), entsteht ein unsichtbares, → latentes Bild, das erst durch die Entwicklung sichtbar wird. Zu schwache B. nennt man **Unter-,** zu reichliche **Überbelichtung.** (→ Vorbelichtung, → Nachbelichtung)

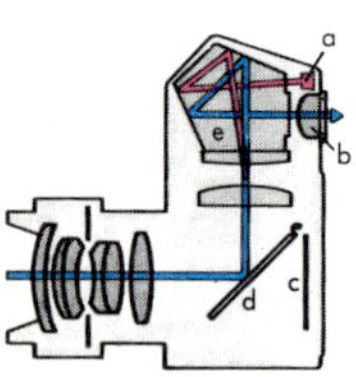

Belichtungsmesser 7: **a** Meßzelle, **b** Sucher, **c** Film, **d** Spiegel, **e** Prisma, blau = Strahlengang für Sucherbild, rot = Strahlengang für Meßlicht

Belichtungsautomatik stellt in Abhängigkeit von der Motivhelligkeit auf Grund der vom → Belichtungsmesser ermittelten Werte Verschlußzeit und/oder Blende des Photoapparates ein.

Bei Filmkameras kennt man die (meist abschaltbare) **Blendenautomatik,** bei der die Blende von der Drehspule des elektr. Belichtungsmessers gesteuert wird, und die **Blendensteuerung,** bei der man die Blende manuell auf Grund einer Anzeige im Sucher einstellt.

Bei Photoapparaten unterscheidet man: **Blendenvorwahl:** die Blende wird manuell eingestellt und der Verschluß elektronisch gesteuert; **Zeitvorwahl:** Belichtungszeit wird manuell vorgewählt, die Blende wird gesteuert; **programmierter Verschluß:** Motivhelligkeit bestimmt Verschlußzeit, mit der zugehörige Blenden gekoppelt sind; die Lichtstärke des verwendeten Objektivs wird dabei von der Automatik berücksichtigt; **Nachführungsprinzip:** Blende oder Zeit werden – nach manueller Vorwahl des jeweiligen anderen Parameters – von Hand auf Grund einer Anzeige im Sucher eingestellt. **Blitz-Blenden-Automatik:** Entfernungs-Blenden-Steuerung bei festliegender Belichtungszeit. **Blitzautomatik:** auf Grund der Belichtungsmessung entscheidet das Gerät, ob ein Blitz gezündet wird oder nicht.

Belichtungsmesser, Gerät zur Ermittlung der richtigen → Belichtung. Es mißt die vom Aufnahmegegenstand her auf die Kamera auffallende Strahlung (Objektmessung, Messung der Leuchtdichte). Die heute überwiegend verwendeten **photoelektrischen B.** haben einen → Photodetektor (CdS-Photowiderstände, Selen-Photoelemente oder Silicium-Photodioden) in Verbindung mit einem elektr. Meßinstrument. Moderne Kameras haben meist einen eingebauten B., der i. d. R. Teil einer → Belichtungsautomatik ist. Bei der v. a. bei Spiegelreflexkameras heute üblichen **Innenmessung** trifft das durch das Objektiv tretende Licht auf den eingebauten B.: **TTL-Messung,** von engl. **Through The Lens** [θru: ðə lenz]. Meßmethoden: Integralmessung: Ausmessung des gesamten Bildfeldes (BILD 1), Mittelwertbildung unter stärkerer Berücksichtigung der Bildmitte als den Bildrandgebieten (BILD 2), die in modernen Photoapparaten meist angewandte Methode; Punkt- oder Spotmessung: Messung nur in der (meist für das Motiv wichtigsten) Bildmitte (BILD 3); Zonenmessung: Berücksichtigung nur der unteren Bildhälfte (BILD 4), da oben meist der ›unwichtigere‹ Himmel liegt; CLC-Verfahren (engl. Contrast-Light-Compensator): Messung an zwei Motivpunkten und Mittelwertbildung (BILD 5). – Bei kinematograph.

Aufnahmen mißt man häufig mit **Beleuchtungsmessern** das auf das Objekt fallende Licht (Licht- oder Subjektmessung), um den Kontrastumfang zu ermitteln.

Bellatrix, Stern 2. Größe, γ im Sternbild → Orion.

Belüftung, 1) Klimatechnik: → Lüftung.

2) Landtechnik: **Belüftungsanlagen, Unterdachtrocknungsanlagen,** einfache Anlagen zur → Trocknung von Halmfutter oder Körnerfrüchten oder zur B. von Kartoffeln oder Gemüse mittels normaler oder vorgewärmter Luft (→ Heißlufttrocknungsanlagen). Halm- und Körnerfrüchte werden bis zur Lagerfähigkeit getrocknet, die wärmer geernteten Kartoffeln auf etwa 4 °C gekühlt. Die Luft wird von einem **Belüftungsgebläse** (meist Axialgebläse) über ein Verteilersystem aus Holz oder Blech durch das geschüttete oder in Säcken liegend ruhende Gut

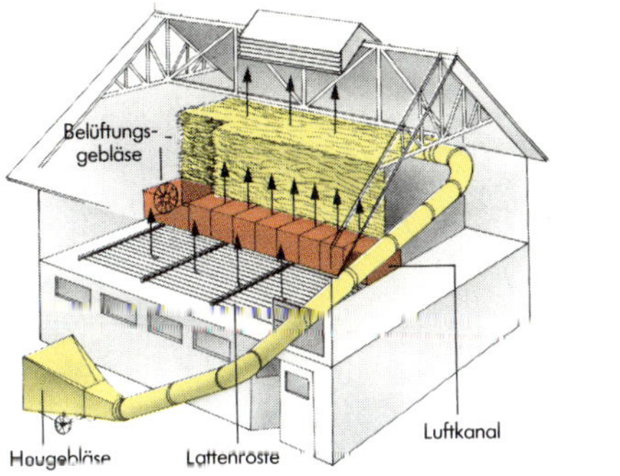

Belüftung 2) 1: Heubelüftungsanlage

hindurchgeblasen. In Heubelüftungsanlagen wird das auf dem Feld (bis zu rd. 45% Feuchtegehalt) vorgetrocknete Grüngut bis auf den lagerfähigen Zustand von 20% zu Ende getrocknet. Die auf dem Hof installierte Heubelüftungsanlage ersetzt so die sehr verlustreiche → Bodentrocknung oder die → Reutertrocknung auf dem Feld.

3) Umwelttechnik: Eintrag von Sauerstoff in Gewässer durch natürl. Aufnahme aus der Atmosphäre (›physikalische B.‹), durch Produktion von Sauerstoff durch grüne Pflanzen (›biogene B.‹) oder durch künstl. B. zur Behebung kritischer Situationen des Sauerstoffhaushalts von Oberflächengewässern (z. B. Wehrüberfall, Kaskaden, Düsenbelüfter, Schwimmkreisel, verschiedene Systeme der Turbinenbelüftung). Bei der → Abwasserreinigung bildet die B. des Abwassers die Grundlage des Belebtschlammverfahrens.

Belüftungsventil, selbsttätig wirkendes oder gesteuertes Ventil, das sich bei eingestelltem Unterdruck öffnet und die Außenluft einströmen läßt.

Bemusterung, Probenahme, -vorbereitung und -untersuchung in der Lagerstättenforschung.

Benetnasch, Deichselstern des Großen Wagens, η im Großen Bären.

Benetzung, die unterschiedl. Neigung einer Flüssigkeit, an der Oberfläche fester Körper zu haften (BILD). Je größer die → Oberflächenspannung einer Flüssigkeit, desto geringer ist die B.-Tendenz. Eine benetzende Flüssigkeit steht an der sie einschließenden Gefäßwand höher als in der Mitte (BILD Meniskus). – **B.-Wärme** wird frei bei der Berührung eines festen Körpers mit einer Flüssigkeit, sie ist der Größe der Berührungsfläche proportional. – Die B.-Fähigkeit von Wasser kann durch **B.-Mittel** (grenzflächenaktive Stoffe) gesteigert werden.

Bengalische Feuer, → Pyrotechnik.

Benioff-Zonen [n. dem amerikan. Seismologen H. Benioff, * 1899, † 1968], zungenförmige, in den Erdmantel bis etwa 700 km reichende Zonen, in denen sich Erdbeben ereignen.

Benson-Kessel [b'ensn-], ein Hochleistungskessel (→ Dampferzeuger).

Benthal *das,* Region des Gewässerbodens (Meere und Seen) i. Ggs. zum → Pelagial.

Benthos *das,* Gemeinschaft der am Boden der Gewässer lebenden Organismen, die festsitzend **(sessil)** oder frei beweglich **(vagil)** sein können.

Bentonit *der,* durch Verwitterung vulkan. Aschen und Tuffe entstandener Ton, der vorwiegend aus → Montmorillonit besteht; Plastizität, Ionenaustauschvermögen und Wasseraufnahmefähigkeit (fünf- bis sechsfache Menge) sind hoch; **B.-Suspensionen** zeigen die Eigenschaft der → Thixotropie. – Verwendung: zum Entfärben tier. und pflanzl. Öle, zur Schönung von Wein und Bier, zur Erhöhung der Beständigkeit von Emulsionen (Bohrspülung) und als Dichtungsmittel im Grundbau.

Benzalchlorid, stechend riechende Flüssigkeit, die durch Chlorierung von Toluol hergestellt und zur Herstellung von Benzaldehyd verwendet wird.

Benz|aldehyd, einfachster aromat. Aldehyd. Die nach bitteren Mandeln riechende, ölige Flüssigkeit wird an der Luft zu Benzoesäure oxidiert. B. entsteht bei der Zersetzung des in bitteren Mandeln enthaltenen Amygdalins. Die Herstellung erfolgt durch katalyt. Oxidation von Toluol oder durch Hydrolyse von Benzalchlorid mit Kalkmilch. B. dient zur Farb- und Riechstoffherstellung.

Benzedrin, ein → Weckamin.

Benzidin, 4,4'-Di|amino|biphenyl, aromat. → Amin, das zur Herstellung von Azofarbstoffen verwendet wird; zählt zu den krebserzeugenden Arbeitsstoffen. (FORMEL S. 124)

Benzil, Bi|benzoyl, kristalline Substanz, die durch Oxidation von Benzoin hergestellt werden kann. (FORMEL S. 124)

Benzilsäure, Di|phenyl|glykolsäure, bildet sich beim Erhitzen von Benzil mit starken Basen **(B.-Umlagerung).** FORMEL S. 124

Benzin, engl. **Gasoline** [g'æsəli:n], Sammelbegriff für die von Raumtemperatur bis etwa 210 °C siedenden Erdölfraktionen. Gewöhnliches B. ist eine wasserhelle, leicht verdunstende, sehr feuergefährl. Flüssigkeit. Meist wird zw. niedriger siedendem **Leicht-B.** und höher siedendem **Schwer-B. (Naphtha)** unterschieden. Unmittelbar durch Erdöldestillation gewonnenes **Straightrun-B.** [str'eɪtrʌn-] besteht überwiegend aus Alkanen und Cycloalkanen. **Crack-B.** [kræk-] enthält außerdem Alkene. Die Erhöhung des Aromatengehaltes erfolgt v. a. durch → Reformieren. Dabei entsteht bes. klopffestes **Reformat-B.** Beim → Steamcracken anfallendes **Pyrolyse-B.** zeichnet sich ebenfalls durch hohen Aromatengehalt aus. B. mit hohem Gehalt an klopffesten verzweigten Alkanen wird durch Oligomerisierung von Isobuten an Phosphorsäurekatalysatoren **(Polymer-B.),** Alkylierung von niederen Alkanen (z. B. Isobutan) mit Alkenen (z. B. Propylen) in Gegenwart von Fluorwasserstoff **(Alkylat-B.)** oder Abtrennung der geradkettigen Alkane mit Molekularsieben gewonnen. **Synthet. B.** kann durch → Kohlehydrierung oder → Fischer-Tropsch-Synthese hergestellt werden.

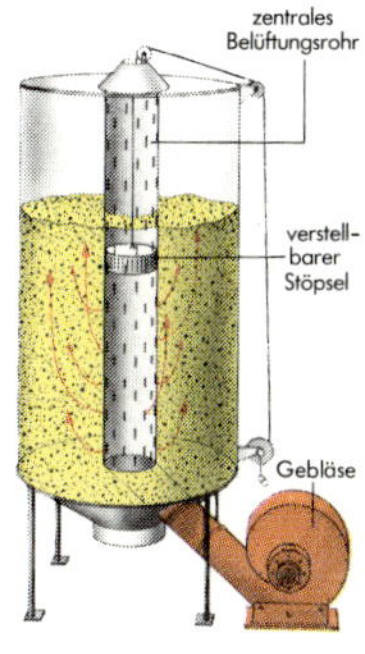

Belüftung 2) 2: Getreidebelüftungsanlage

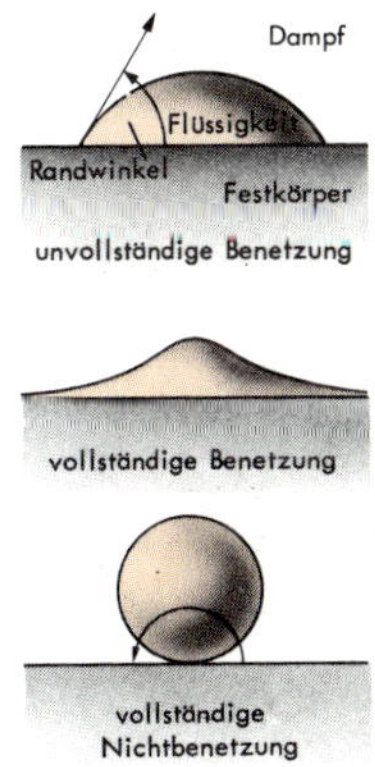

Benetzung

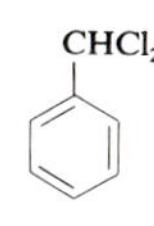

Benzalchlorid

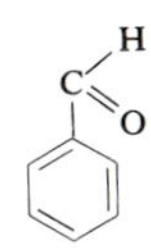

Benzaldehyd

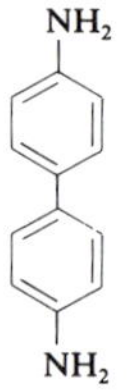

Benzidin

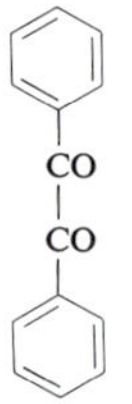

Benzil

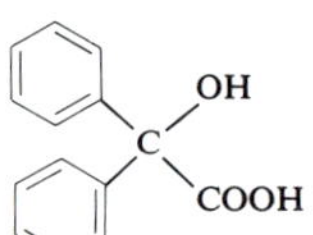

Benzilsäure

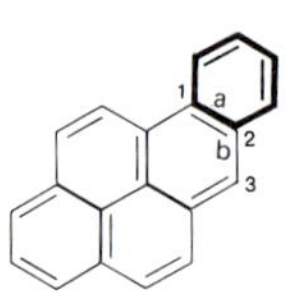

Benzo(a)pyren
1,2-Benzpyren
(Zahlen und Buchstaben gelten für das schwächer gedruckte Pyrenmolekül)

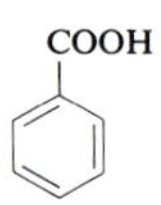

Benzoesäure

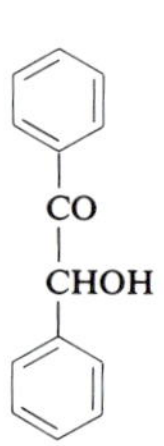

Benzoin

B. dient v. a. als →Ottokraftstoff. Entschwefeltes Straightrun-B. ist unter Bez. wie **Rohbenzin** oder **Naphtha** wichtigster Rohstoff der →Petrochemie. Reformat-B. dient auch zur Herstellung von Aromaten. **Petroläther** ist eine niedrig siedende B.-Fraktion (25 bis 80 °C), die als Extraktionsmittel und bei der chem. Analyse verwendet wird. **Siedegrenzen-B.** hat einen engen Siedebereich (z. B. 60 bis 95 °C oder 100 bis 140 °C) und wird als Lösemittel sowie für Extraktions- und Reinigungszwecke verwendet. Zu ähnlichen Zwecken dient auch **Test-B.** mit einem Siedebereich zw. 130 und 220 °C. Vergaserkraftstoff für Kraftfahrzeuge wird in der Bundesrep. Dtl. in zwei Qualitäten als **Normal-B.** und **Super-B.** angeboten, die sich bes. in der →Oktanzahl unterscheiden. Normal-B. hat mindestens eine Research-Oktanzahl (ROZ) 91,0 und eine Motor-Oktanzahl (MOZ) 82,0, Super-B. eine ROZ 97,4 und eine MOZ 87,2. Die Zumischung von Bleialkylen als →Antiklopfmittel ist in der Bundesrep. Dtl. durch das Benzinbleiges. auf max. 0,15 g Pb/l B. begrenzt. Flug-B. darf höhere Gehalte haben.

Benzin|abscheider, Vorrichtung zum Auffangen und Abtrennen von Benzin u. a. feuergefährl. Leichtflüssigkeiten aus Abwässern zur Entlastung der Kläranlagen und zum Schutz der Kanalisation vor Explosionen.

Benzin|einspritzung, Einspritzung des Kraftstoffes in die Verbrennungsluft beim Ottomotor durch →Einspritzdüsen direkt in den →Brennraum (innere Gemischbildung) oder vor die Einlaßventile (äußere Gemischbildung, heute meist üblich). Mögliche Vorteile gegenüber der Gemischbildung im Vergaser: höhere Leistung, geringerer Verbrauch, weniger schädliche Abgasbestandteile.

Benzinsynthese, →Fischer-Tropsch-Synthese.

Benzo(a)pyren, 1,2-Benzpyren, veraltet **3,4-Benzpyren,** 1933 als krebserzeugende Komponente des Steinkohlenteers entdeckt. Es ist neben anderen →polyzyklischen Aromaten als Produkt der unvollständigen Verbrennung organ. Substanzen, in Autoabgasen, gegrilltem Fleisch, Zigarettenrauch u. a. enthalten. B. wird für den Zusammenhang zw. Zigarettenrauchen und dem Auftreten von Lungenkrebs verantwortlich gemacht.

Benzoate, Salze und Ester der →Benzoesäure.

Benzo|esäure, einfachste aromat. Carbonsäure, die in Form von Estern im Benzoeharz vorkommt. B. bildet weiße Kristallblättchen und wird durch Oxidation von Toluol mit Luftsauerstoff hergestellt. B. ist Zwischenprodukt bei der Herstellung von Phenol und Caprolactam. **Natriumbenzoat** wird zur Konservierung von Lebensmitteln, **B.-Methylester** als Färbereihilfsmittel und in Desinfektionsmitteln verwendet.

Benzofuran, svw. →Cumaron.

Benzoin, kristalline Substanz, die durch Dimerisierung von Benzaldehyd in Gegenwart von Kaliumcyanid gebildet wird (›B.-Kondensation‹).

Benzol, Stammsubstanz der →Aromaten, die erstmalig 1825 von M. FARADAY durch Kondensation aus Leuchtgas erhalten wurde. B. ist eine farblose, lichtbrechende Flüssigkeit, die mit stark rußender Flamme brennt, und wichtiges chem. Zwischenprodukt. Rohstoffe für die Gewinnung sind heute überwiegend aromatenreiche Erdölfraktionen wie →Pyrolysebenzin und →Reformat, aus denen das B. durch →Extraktivdestillation oder Flüssig-Flüssig-Extraktion (→Extraktion) isoliert wird. B. wird auch durch →Hydrodealkylierung von Toluol hergestellt. Die Gewinnung aus Kokereigas und Steinkohlenteer, bis etwa 1960 in Dtl. wichtigstes Verfahren, ist heute von untergeordneter Bedeutung. Die Weiterverarbeitung erfolgt v. a. zu →Styrol (rd. 45%), →Cumol und →Cyclohexan. Folgeprodukte wie Alkylbenzole, Nitrobenzol, Chlorbenzol und Maleinsäureanhydrid spielen eine geringere Rolle. – Längeres Einatmen verdünnter B.-Dämpfe führt zu einer Abnahme der roten Blutkörperchen und Blutblättchen mit dem Krankheitsbild einer Anämie. B. wird zu den krebserzeugenden Arbeitsstoffen gezählt. (FORMELN S. 125)

Für das B. mit der Summenformel C_6H_6 stellte F. A. KEKULÉ 1865 eine Ringformel auf, in der 6 CH-Gruppen abwechselnd durch Einfach- und Doppelbindungen miteinander verknüpft sind. I. Ggs. dazu ergibt die Röntgenstrukturanalyse des B. ein planares Sechseck mit gleichartigen C-C-Bindungen und einer Bindungslänge von 0,1397 nm. Auch das chem. Verhalten des B.-Ringes unterscheidet sich grundlegend von dem, das Verbindungen mit Doppelbindung (→Alkene) zeigen. Alkene gehen z. B. leicht Additionsreaktionen ein, während am B.-Molekül Substitutionsreaktionen den Vorrang haben. Bes.

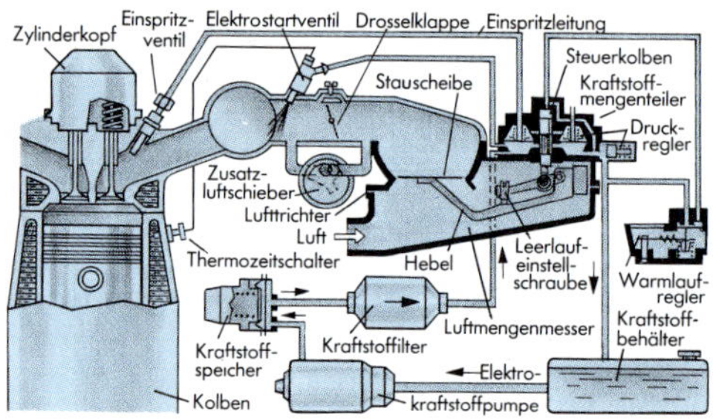

Benzineinspritzung:
Prinzip einer mechanischen Steuerung (›k-Jetronik‹/Bosch)

auffällig ist auch die große Stabilität des B.-Moleküls. Beim B.-Ring liegt ein typischer Fall von →Mesomerie vor. Die Kekulé-Formeln geben lediglich Grenzstrukturen an. In Wirklichkeit sind die π-Elektronen, die die Doppelbindung bilden, nicht lokalisiert, sondern gleichmäßig über den gesamten Ring verteilt. Zur Kennzeichnung dieses Zustands wird nach einem Vorschlag von R. ROBINSON (1925) das B.-Molekül häufig durch einen Kreis im Ring dargestellt. Die Stellung von Substituenten am B.-Ring kann durch Bezifferung oder Verwendung der Präfixe **ortho-, meta-** und **para-** (Abk. **o-, m-, p-**) angegeben werden, z. B.

o-Xylol
(1,2-Dimethylbenzol)

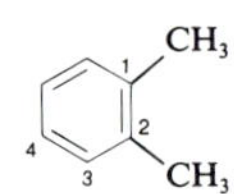

m-Xylol
(1,3-Dimethylbenzol)

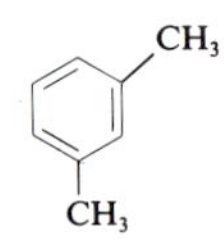

p-Xylol
(1,4-Dimethylbenzol)

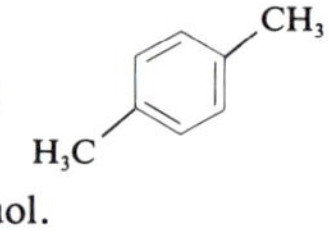

Methylbenzol, svw. →Toluol.

Benzol|dicarbonsäure, → Phtalsäure. – **1,4-B.** die → Terephtalsäure. – **Benzol|hexacarbonsäure,** die → Mellithsäure. – **1,2,4,5-Benzol|tetracarbonsäure,** die → Pyromellithsäure.

Benzophenon, Diphenylketon, rosenartig riechender Feststoff, der in der Parfümerie verwendet wird.

Benzoyl . . ., → Acyl . . .

Benzoylchlorid, stechend riechende Flüssigkeit, die für **Benzoylierungen** (Einführung der Benzoylgruppe) verwendet wird. Folgeprodukte sind u. a. Benzoylperoxid und Benzophenon.

Benzpyren, → Benzo(a)pyren.

Benzyl . . ., Bez. für die vom Toluol abgeleitete Kohlenwasserstoffgruppe $C_6H_5-CH_2-$.

Benzyl|alkohol, farblose Flüssigkeit, die als Lösemittel für Lacke verwendet wird. Seine Ester haben als Riechstoffe Bedeutung.

berappen, Wandflächen mit grobem Putzmörtel bewerfen, ohne die Flächen später glattzureiben. **Berappmaschinen** werden mit Druckluft betrieben.

Beregnung, Art der → Bewässerung von Kulturböden. **B.-Anlagen** bestehen aus einer Wasserpumpe, Rohr- oder Schlauchleitungen und den Spritzdüsen zum Versprühen des Wassers, das einem natürl. oder künstl. Reservoir entnommen wird. Man unterscheidet zw. den herkömml. **Reihenregnerverfahren,** bei denen mehrere an eine Rohrleitung angeschlossene Regner betrieben werden, und den modernen Einzelregner- und Tropfbewässerungsverfahren. Die **Einzelregnermaschinen** arbeiten mit Großflächenregnern mit Wurfweiten bis zu 100 m und mit Wassermengen bis zu 120 m³/h oder mit zwei mittelstarken Regnern. Der auf einem Schlitten befestigte Regner wird durch Aufwickeln des 200–500 m langen Polyäthylen-Rohres auf eine Trommel selbsttätig an die feststehende, aber fahrbare B.-Maschine herangezogen, oder die mit dem Regner ausgerüstete ganze Maschine wird an den am Feldende verankerten Schlauchanfang herangezogen. Die Anfang der 1960er Jahre in Israel entwickelte **Tropfbewässerung** (engl. **Drip Irrigation** [-ɪrɪɡˈeɪʃn]) für Obst- und Gemüseanlagen sowie Staudenkulturen führt das Wasser durch am Boden liegende, mit Löchern versehene Schläuche oder Rohre tropfenweise den Pflanzen zu. Mit Hilfe der Tropfbewässerung können, je nach Klima und Bodenart, 20–50% Wasser eingespart werden.

Bereich, in der Mathematik verschieden gebrauchter Begriff, bei manchen Autoren für eine beliebige offene Menge gebraucht, bei anderen für den Begriff → Gebiet, heute meist für eine reguläre, endliche, abgeschlossene Punktmenge, die von endlich vielen geschlossenen, aber disjunkten regulären Oberflächen berandet ist. In der Topologie: abgeschlossene Hülle einer offenen Menge (eines topolog. Raumes). In der Algebra zusammenfassende Bez. für die Begriffe → Integritätsbereich, → Ring, → Körper.

Berg, abgrenzbare Geländeerhebung, vom **Hügel** nur durch die Größenordnung unterschieden. Vom **Bergfuß** leitet der **Hang** zum **Scheitel** (Gipfel, Grat, First, Kamm, Rücken). I. d. R. ist ein B. Teil eines ›Ge-birges‹; einzeln aus einer Ebene aufragende B. (›Insel-B.‹ der Tropen, Vulkane) sind verhältnismäßig selten. – B. können durch Aufschüttung entstehen (z. B. Vulkan-B., Moränen, Dünen), meist sind sie aber durch Abtragungsvorgänge herausgeschnitten. (BILD S. 130)

Bergbahnen, Bahnen zur Erschließung hoch gelegener, schwer zugängl. Ortschaften, von Berggipfeln, Sportgebieten u. ä. B. werden als Reibungs-, Zahnrad-, Standseil- oder Seilschwebebahnen angelegt. **Reibungsbahnen** können bei genügend hoher Reibungskraft des Triebfahrzeuges gewählt werden (z. B. Teilstrecke der Zugspitzbahn), zur Verringerung der maximalen Neigung eventuell mit künstl. Längenentwicklung durch Schleifen und Kehrtunnel. Bei stärkeren Neigungen oder ungenügender Reibungskraft werden **Zahnradbahnen** gebaut (bis etwa 25% Steigung), z. B. Zugspitzbahn, Jungfraubahn (Pilatusbahn ausnahmsweise mit 48%). Zur Fortbewegung greift ein unter dem Triebfahrzeug befindl. Zahnrad in die mitten im Gleis verlegte Zahnstange ein. Die Fahrgeschwindigkeit beträgt etwa 5–12 km/h. Bei gerader, meist kurzer Strecke baut man **Standseilbahnen:** Über ein umlaufendes, auf Rollen zw. den Schienen liegendes Seil werden an den Seilenden je ein Fahrzeug bergwärts gezogen und talwärts abgelassen. In Streckenmitte befindet sich eine Ausweichanlage mit zwei Gleisen. Das Seil wird heute meistens auf der Bergstation elektrisch angetrieben. Bei sehr steilem oder unregelmäßigem Gelände wird zw. Berg- und Talstation (evtl. über Zwischenstützen, freie Spannweiten bis 1700 m, Stützhöhen bis 70 m) eine **Seilschwebebahn (Drahtseilbahn)** für Kabinenbetrieb angelegt; bei der Bauart als Zweiseilbahn werden die Wagen an einem endlosen Zugseil über die aus je einem Tragseil bestehende Strecke gezogen, bei der Einseilbahn ist das verstärkte Zugseil auch das Tragseil. Diese Anordnung wird v. a. für Skilift und Sesselbahnen benutzt (→ Schwebebahn). BILDER S. 126 und 127.

W. HEFTI: Schienenseilbahnen in aller Welt (1975); ders.: Zahnradbahnen der Welt (1976); ders.: Unkonventionelle B. (1978).

Bergbau, Wirtschaftszweig zur Aufsuchung und Gewinnung von Bodenschätzen. Zugehörige Betriebe sind **Bergwerke** oder **Bergwerksbetriebe.** B. erstreckt sich auf Steinkohle, Braunkohle, Torf, Erdöl, Erdgas, Ölschiefer, Ölsande; auf Eisenerze und praktisch alle anderen Metallerze; auf Schwefel, Steinsalz, Kalisalze, Phosphate und Stickstoffmineralien; auf Edelsteine und auf Steine und Erden aller Art.

Technik. B. setzt gewöhnlich die Suche nach → Lagerstätten **(Prospektion)** und deren sorgfältige Untersuchung **(Exploration)** zur Ermittlung der Vorratsmenge und Prüfung der → Bauwürdigkeit voraus. Zur Ermittlung der Vorratsmenge ist die Sichtbarmachung des Lagerstätteninhaltes an einer genügenden Anzahl von Punkten, sei es durch Kernbohrungen, Schürfgräben oder -schächte oder Untersuchungsstrecken, notwendig.

Je nach Tiefenlage werden feste Rohstoffe im **Tagebau** oder **Untertagebau,** manchmal in beiden Betriebsarten abgebaut. Am Beginn der praktischen Bergbautätigkeit steht die Erschließung der Lagerstätte **(Ausrichtung).** Diese umfaßt im → Tagebau die teilweise Beseitigung des Abraumes und die Einteilung der Lagerstätte in technisch und wirtschaftlich optimal zu bewältigende Abschnitte. Tiefbaugruben erschließt man bei Lage am Berghang meist durch Stollen, bei Lage unter der Talsohle oder im Flachland durch → Schächte. Von diesen aus werden horizontale Strecken (Richtstrecken, Querschläge) auf verschiedenen Niveaus (Sohlen) aufgefahren, die den Stollen entsprechen. In angemessener Entfernung vom Schacht werden die Sohlen durch → Blindschächte verbunden. Alle diese Baue liegen meist im Nebengestein, um sie weitgehend den Auswirkungen des Abbaues zu entziehen.

Nach Ausrichtung eines genügend großen Feldesteiles beginnt die **Vorrichtung,** die den unmittelbaren Zugang

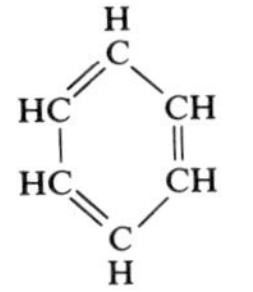

mesomere Grenzformen

Benzol

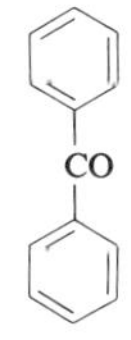

Benzophenon

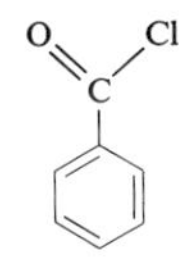

Benzoylchlorid

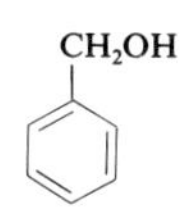

Benzylalkohol

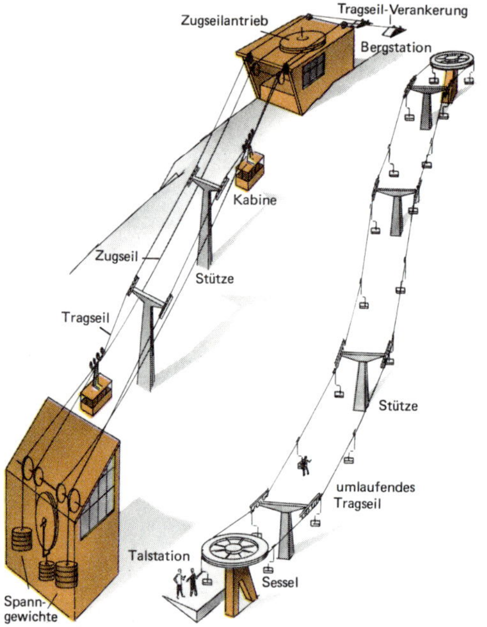

Bergbahnen 1: Seilschwebebahnen; LINKS Zweiseilbahn für Kabinenbetrieb, RECHTS Einseilbahn als Sessellift

zur Lagerstätte selbst herstellt und diese durch → Strecken (→ Streckenvortrieb) und → Abhauen oder Aufhauen in gewinnbare Abschnitte einteilt. Ein zweiter Ausgang zu Tage (Schacht oder Stollen) ist als Fluchtweg und zur Erzielung eines durchgehenden Wetterstromes (→ Wetterführung) erforderlich. Häufig fallen dem zweiten Schacht noch andere Aufgaben zu, wie Seilfahrt, Materialförderung u. a. Zuschnitt des Streckennetzes und der Aus- und Vorrichtungsbaue werden von Form und Festigkeit der Lagerstätte und des Nebengesteins und von dem gewählten Abbauverfahren bestimmt. Hinsichtlich des Gesamtvolumens der Lagerstätte kennt man den Abbau vom Schacht zur Feldesgrenze (zu Felde bauen) oder umgekehrt (Rückbau).

Das gewonnene Material wird mit den Einrichtungen der **Abbauförderung** aus dem Abbau herausgefördert, z. B. Kohle auf einem längs der Abbaufront verlegten, mechanisch rückbaren Kettenkratzförderer. In den stärker geneigten Flözen kommen u. a. Rutschen zum Einsatz. Bei Erz und Salz setzt man v. a. gleislose Förderfahrzeuge und Schrapper, z. T. auch stetige Förderer ein. Bei weit vom Abbau entfernter oder auf einem anderen, meist tieferen Niveau liegender Hauptförderstrecke oder -sohle schließen sich an die Abbauförderung die **Abbaustrekken-** und (oder) die **Zwischensohlenförderung** an. Während im Erz- und Salzbergbau bei kleinen Entfernungen das Abwärtsfördern durch → Rollöcher verbreitet ist, gelangt Kohle auf Förderbändern und über die Schachtwendel eines Blindschachtes oder durch Bandberge zur Hauptfördersohle, bei steiler Lagerung auch mit Hilfe von Förderwagen und Abbaulokomotiven. Im Blindschacht werden die Wagen mit einer Gestellförderung transportiert. Dem Weitertransport zum Schacht dient die **Hauptstreckenförderung** mit Bandanlagen oder Förderwagen. In Blindschächten geförderte Wagen werden zu Zügen zusammengestellt. Streckenlokomotiven ziehen die Züge zum Schacht (beim Stollenbau direkt zur Tagesöffnung, dem Stollenmundloch). Die **Schachtförderung** hebt das Rohfördergut nach über Tage, wo in der → Aufbereitung marktfähige Produkte, z. B. Stück-, Nuß- und Feinkohle, Erzkonzentrate oder Dünge- und Speisesalz erzeugt werden.

Lagerstätten flüssiger oder gasförmiger Rohstoffe werden durch Bohrlöcher erschlossen, durch die anschließend auch die Förderung durch den in der Lagerstätte herrschenden Druck oder Pumpen erfolgt (→ Erdöl).

Neben der Verbesserung der konventionellen Abbaumethoden werden heute neue Gewinnungsmöglichkeiten in Betracht gezogen oder erprobt, z. B. der → Hydroabbau, die biologische oder bakterielle → Laugung, der → Meeresbergbau, die → Untertagevergasung. (BILDER S. 128, 129, 130)

Geschichte. B. (auf Feuerstein) gab es in NW- und Mittel-Europa schon in der Altsteinzeit. In der Bronzezeit setzte der B. (auf Kupfer und Zinn) in allen alten Kulturlandschaften ein. Eisenerze, in Anatolien von den Hethitern im 14. Jh. v. Chr. verarbeitet, wurden in Europa seit ca. 800 v. Chr. gewonnen. Untertägige Betriebe der Hallstattzeit mit Verzimmerungen, Förder- und Steiganlagen hat man bei Salzburg und in Tirol festgestellt. Der antike B. gründete sich bes. auf Lagerstätten in Zypern (Kupfer), Laurion (Silber, Blei, Zink, Kupfer), Spanien (Silber, Zinn), Irland und Cornwall (Zinn).

Bergbahnen 2: Standseilbahn; OBEN in Seitenansicht, UNTEN in Draufsicht

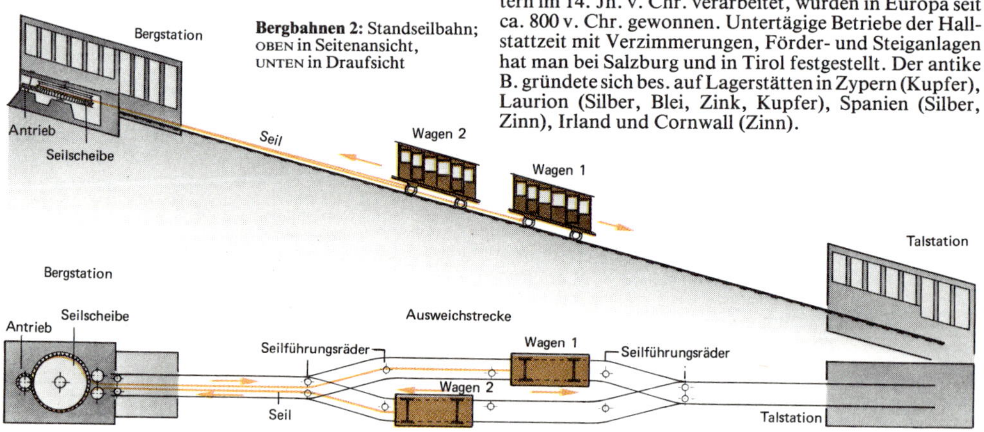

In China war Honan im 2. vorchristl. Jahrtsd. ein Zentrum des B. auf Kupfer und Zinn. Im vorkolonialen Amerika wurde Kupfer in Michigan, Gold, Silber, Kupfer, Zinn in Mexiko, Bolivien, Peru, Ecuador abgebaut.

Im Mittelalter war bis ins 16. Jh. der dt. B. führend, nicht nur in Dtl. selbst (Harz, Erzgebirge, Alpen, Schlesien, Böhmen), sondern durch dt. Bergleute auch im übrigen Europa (Ungarn, Spanien). Ende des 12. Jh. war die Entwicklung des Bergrechts im wesentlichen schon abgeschlossen. Der B. wurde in Form der Gewerkschaft betrieben, finanziert durch große Geldgeber (Fugger). Das 16. Jh. brachte durch techn. Verbesserungen (Pferdegöpel, Schießarbeit, naßmechan. Aufbereitung, Wasserhaltung) und durch Lb. (AGRICOLA) einen neuen Aufschwung. Im Absolutismus begann der Staat den B. zu beherrschen, die Bergleute wurden zu Knappschaften zusammengeschlossen, Bergakademien gegründet. Im 18. Jh. ermöglichte die Dampfmaschine B. in größerer Tiefe

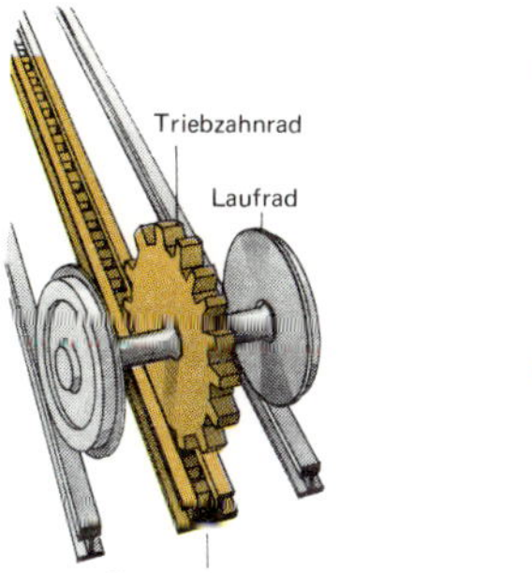

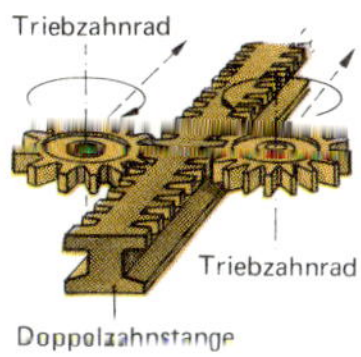

Bergbahnen 3:
Zahnradbahn

und machte ihn zum industriellen Großbetrieb. Entscheidend wurden die Lagerstätten des Eisens, der Stein- und Braunkohle. Seit dem Ende des 18. Jh. gewann England die Führung in der sich entwickelnden Schwerindustrie. Seit 1850 begann die Entwicklung der großen Reviere in Nordfrankreich, Belgien, Dtl. (Ruhr, Saar, Oberschlesien). Gleichzeitig setzte die industrielle Ausbeutung der Bodenschätze in aller Welt ein: Australien (Gold), USA (Kohle, Kupfer, Erdöl, Eisen, Nickel), Südafrika (Diamanten, Gold). In jüngster Zeit kommt dem Abbau der Uranerze und der Gewinnung von Erdöl und Erdgas immer größere Bedeutung zu, z. T. mit den Mitteln der Offshore-Technik. Die UdSSR hat den älteren B. (Ural, Donez, Baku) ausgebaut und modernisiert und neue B.-Gebiete (im N und in der Steppe) erschlossen. Noch in der Zukunft liegt die techn. und wirtschaftl. Nutzung des Meeresbergbaus.

Technik: C. H. FRITZSCHE: Lb. der Bergbaukunde 1 (101961), 2 (101962); J. MAERCKS und W. OSTERMANN: Bergbaumechanik (71968); F. FRIEDENSBURG: Die Bergwirtschaft der Erde (71976); Das Bergbauhandbuch, hg. v. d. Wirtschaftsvereinigung B. e. V. Bonn (31976); W. BISCHOFF: Das kleine Bergbaulexikon (21979); H. ROSCHLAU u. W. HEINTZE: Wissensspeicher B. (21980); E.-U. REUTHER: Planung neuer Steinkohlenbergwerke (1980).

Geschichte, Kultur: G. SCHREIBER: Der B. in Gesch., Ethos und Sakralkultur (1962); H. WINKELMANN: Der B. in der Kunst (1971); Eroberung der Tiefe, hg. v. W. ARNOLD (31975); H. G. CONRAD u. a.: Dt. B.-Museum Bochum (1978); G. HEILFURTH: Der B. und seine Kultur (1981).

Berge *Mz.*, das taube Gestein, das beim Herstellen der Grubenbaue, bei der Gewinnung und der Aufbereitung nutzbarer Mineralien anfällt.

Bergius-Pier-Verfahren [n. den dt. Chemikern F. Bergius, * 1884, † 1949, und M. Pier, * 1882, † 1965], → Kohlehydrierung.

Bergkristall, sehr reine Form von → Quarz.

Bergleder, Mineral, ein → Amphibol.

Bergschrund, Spalte zw. bewegtem Gletschereis und dem am Fels festgefrorenen Eis.

Bergsturz, Bergrutsch, Bergschlipf, das Abstürzen oder Abgleiten größerer Fels-, Schutt- oder Erdmassen **(Erdrutsch)** an Berghängen, verursacht durch natürl. oder künstl. Unterschneidung und Versteilung der Böschungen. Bei kleineren Gesteinsmassen spricht man von **Felssturz** oder → Steinschlag.

Berg- und Talwind, ein im Gebirge bes. an Schönwettertagen auftretendes tagesperiod. Windsystem, bei dem die Winde tagsüber hangaufwärts, nachtsüber hangabwärts wehen. Ursache ist die tägl. Erwärmung und nächtl. Abkühlung des Gebirges gegenüber der umgebenden Atmosphäre.

Bergwerk, → Bergbau treibender Betrieb.

Berkefeld-Filter [n. W. Berkefeld, * 1836, † 1897], Kleinfilter aus Kieselgur, meist in Kerzenform, innen hohl und an einem Ende offen; dient zum Filtrieren von Flüssigkeiten, bes. zum Zurückhalten von Bakterien im Trinkwasser; verwendet im Laboratorium und zur Einzelversorgung von Wasserentnahmestellen.

Berkelium, chem. Symbol **Bk**, künstl., stark radioaktives Element aus der Gruppe der → Actinoide, Ordnungszahl 97, das stabilste Isotop hat die Halbwertszeit 1380 Jahre. Erstmalig 1949 von G. SEABORG und Mitarbeitern durch Beschuß von Americium-241 mit Helium-Ionen hergestellt. B.-Nuklide lagern sich bevorzugt im Skelett ab.

In seinen Verbindungen ist das B. bevorzugt dreiwertig, daneben auch vierwertig.

Berliner Blau, Eisen(III)-hexacyanoferrat (II), lichtechte Malerfarbe; hochwirksames → Antidot bei Vergiftungen durch radioaktives Cäsium.

Berme *die,* Erd- und Wasserbau: annähernd waagerechter Absatz in einer Böschung.

Bernoullische Gleichung [-n'uli-, n. dem schweizer. Physiker D. Bernoulli, * 1700, † 1782], in der Theorie der reibungsfreien inkompressiblen Flüssigkeiten und Gase die Beziehung zw. Druck p und Strömungsgeschwindigkeit v. Meist gebräuchl. Form:

Statischer Druck + Staudruck = Gesamtdruck = const.

$$p + \frac{1}{2}\varrho v^2 = p_{\text{ges}} = const.$$

Hier bedeutet ϱ die Dichte der Flüssigkeit oder des Gases. Die B. G. ermöglicht durch Messung des stat. Druckes p und des Gesamtdruckes p_{ges} die Ermittlung des Staudrucks (dynamischer Druck, hydrodynamischer Druck) $1/2\ \varrho v^2$ und damit der Strömungsgeschwindigkeit v (→ Staurohr).

Bernoullisches Theorem [-n'uli-, n. dem schweizer. Mathematiker Jakob Bernoulli, * 1654, † 1705], Gesetz der großen Zahl in der Wahrscheinlichkeitsrechnung; danach wird die Wahrscheinlichkeit P, daß bei einer genügend großen Anzahl a von Versuchen die Häufigkeit eines Ereignisses e der Wahrscheinlichkeit p seines Eintreffens ungefähr gleich wird, also $P \longrightarrow 1$, wenn $\frac{e}{a} \approx p$ für $a \longrightarrow \infty$.

Bernoullische Ungleichung [-n'uli-], Bez. für die nach JAKOB BERNOULLI benannte Ungleichung

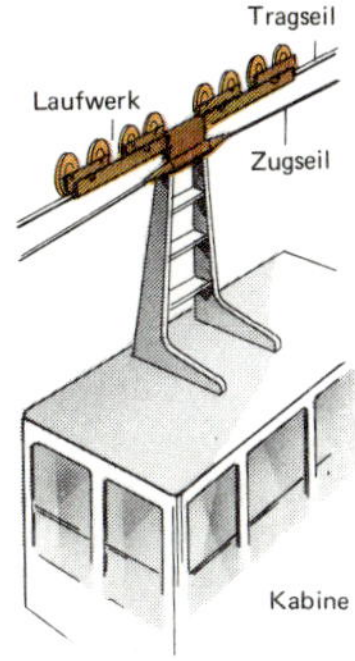

Bergbahnen 4:
Laufwerke von Seilschwebebahnen;
OBEN Kabinenbahn,
UNTEN Sessellift

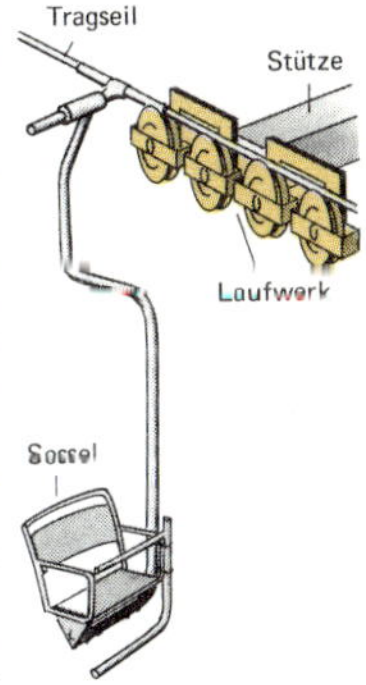

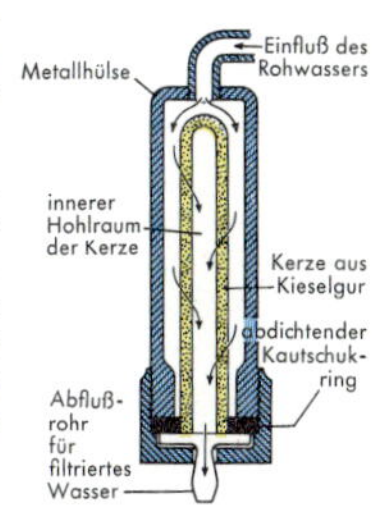

Berkefeld-Filter

1

2

Bergbau 1–3:
1 Walzenschrämmaschine in einem Kohlenstreb mit schreitendem Schildausbau; Stahlmeißel lösen die Kohle aus dem Streb, die auf das Fördermittel fällt.
2 Bandförderung in der Strecke, hier mit Gurtförderer.
3 Förderstreckenabzweig unter Tage

Bergbau 4–6:
4 Dieselhydraulischer Bohrwagen in einem Zink-Bleierz-Bergwerk.
5 Beraubefahrzeug mit schwerem Hydraulikhammer im Eisenerzbergwerk mit Ankerausbau.
6 Streckenvortriebsmaschine, mit der im Steinkohlebergbau eine höhere Auffahrgeschwindigkeit erzielt werden kann als beim heute noch vorherrschenden Sprengvortrieb

3

$(1+x)^n > 1+nx$ ($n>2$ und ganzzahlig, $x > -1$ und $\neq 0$). Auch die Ungleichung $(1+x)^n < (1-xn)^{-1}$ ($n \geq 1$ und ganzzahlig, $-1 < x < n^{-1}$) wird als B. U. bezeichnet.

Bernoullische Zahlen [-n'uli-], die Koeffizienten der **Bernoullischen Polynome**

$$B_n(x) = \sum_{i=0}^{n} \binom{n}{i} B_i \cdot x^{n-i};$$

die B. Z. lassen sich mit Hilfe von $B_0 = 1$ und der Formel

$$\sum_{i=0}^{n-1} \binom{n}{i} B_i = 0$$

berechnen, es ergeben sich

$$B_1 = -\frac{1}{2}, B_2 = \frac{1}{6}, B_3 = 0, B_4 = -\frac{1}{30} \ldots$$

Vom Index 3 ab haben alle B. Z. mit ungeradem Index *i* den Wert Null. Die B. Z. haben Bedeutung für die asymptotische Darstellung von Funktionen (z. B. in der Eulerschen Summenformel).

Bernstein, Succinit, fossiles Harz, oft mit Fossileinschlüssen, 3–8% B.-Säure, Schwefel, äther. Öle; amorph, D. 1,05–1,1, H. 2–2,5, Schmelz-P. 290–385°. Farbe hellgelb bis schwarzbraun, undurchsichtig bis durchsichtig, brennbar, beim Reiben negativ elektrisch. – B. ist erhärtetes Harz von Nadelbäumen aus Kreide bis Tertiär. Für den reichl. Harzerguß werden klimat. und patholog. Veränderungen angenommen. Meist auf sekundärer (oder tertiärer) Lagerstätte (Verfrachtung durch Wasser, Eis oder Brandung) in Schichten von der Kreide bis heute. Bekannteste Vorkommen mit Abbau im Samland (Blaue Erde). – B. wird als Schmuckstein verwendet. (Bild S. 132)

Bernsteinsäure, eine Dicarbonsäure, die früher durch Erhitzen von Bernstein, heute u. a. durch Oxidation von Furan-Derivaten oder Hydrierung von Maleinsäure hergestellt wird. Ihre Salze heißen **Succinate.** B. und ihr Anhydrid werden v. a. zur Herstellung von Alkydharzen, Polyestern und als Vernetzungsmittel für versch. Polymere verwendet. – **B.-Imid,** das → Succinimid. (Formel S. 131)

Berstscheiben, Sicherheitseinrichtungen für Druckanlagen. Die aus Metall oder anderen Materialien bestehenden B. brechen bei plötzlich auftretendem Überdruck und öffnen die Anlage in ungefährl. Richtung.

Berstsicherung, kerntechn. Begriff für Methoden, ein Bersten des Reaktordruckbehälters eines Kernreaktors mit Austritt radioaktiver Spaltprodukte zu verhindern, v. a. durch die Wahl optimaler Werkstoffe, besondere Konstruktionsforderungen, Vorprüfungen sowie laufende Überwachung der Stahlqualität. Eine zusätzl. Ummantelung der druckführenden Systeme mit Stahlbeton **(Berstschutz)** wird von der dt. Reaktor-Sicherheitskommission weder als notwendig noch als geeignet angesehen; u. a. werden regelmäßige Wiederholungsprüfungen des Druckbehälters (z. B. durch Ultraschallmeßmethoden) dadurch praktisch unmöglich.

Berstversuch, Werkstoffprüfung: die Belastung eines Hohlkörpers durch Innendruck bis zum Bruch, wobei Verformungs- und Festigkeitsverhalten ermittelt werden. Wichtige Kennwerte sind der **Fließbeginn,** bei dem der Bauteil sich bleibend zu verformen beginnt, der **Höchstdruck** und der **Berstdruck.** (Bild S. 133)

Bertrandit [n. dem frz. Geologen M. A. Bertrand, * 1847, † 1907] *der,* Mineral $Be_4[(OH)_2/SiO_4/SiO_3]$, → Beryllium.

Bertrand-Linse [bɛrtr'ã-, n. dem frz. Physiker E. Bertrand, * 1844, † 1909], →Amici-Bertrand-Linse.

Berührung, zwei Kurven oder Flächen oder eine Kurve und eine Fläche berühren sich, wenn die →Tangenten oder Tangentialebenen übereinstimmen. – Ist x ein Punkt eines topolog. Raumes R und T eine Teilmenge von R, so ist x ein **Berührungspunkt,** wenn jede Umgebung von x mindestens einen Punkt von T enthält; die Menge aller Berührungspunkte bildet die **Hülle** von R.

Berührungsgifte, svw. →Kontaktgifte 2).

Berührungsspannung, Kontaktspannung, 1) Elektrochemie: elektr. Spannung, die bei enger Berührung zweier chemisch versch. Stoffe auftritt, da von dem einen Körper Elektronen an den anderen abgegeben werden, wodurch sich an der Berührungsstelle durch Ladungstrennung eine elektr. Doppelschicht ausbildet. Bei zwei elektr. Leitern liegt die B. in der Größenordnung von einigen Volt, bei zwei Nichtleitern bis etwa 10000 V. Bei Metallen (Leiter 1. Klasse) ist die B. gleich der Differenz der Austrittspotentiale (bei Angabe des Austrittspotentials in V tritt der gleiche Zahlenwert auf wie bei der entsprechenden →Austrittsarbeit in eV). In einer geschlossenen Kette von Leitern 1. Klasse ist die Summe aller B. gleich Null. Diese Leiter lassen sich infolgedessen in eine →Spannungsreihe (Voltasche Spannungsreihe) einordnen. Ist die Summe von Null verschieden, dann muß mindestens ein Leiter 2. Klasse, z. B. ein Elektrolyt, vorhanden sein (→galvanische Elemente). Die B. ist eng verwandt mit der →Reibungselektrizität und der →Balloelektrizität. Bei Isolatoren lädt sich die Substanz mit größerer Dielektrizitätskonstante i. a. positiv auf. Die B. zw. festen Körpern und benetzenden Flüssigkeiten kann durch →Elektrophorese, →Elektroosmose und →Strömungsströme gemessen werden.

2) Elektrotechnik: die durch einen Defekt hervorgerufene Spannung z. B. am Gehäuse eines elektr. Gerätes, die bei Berührung einen Stromfluß durch den menschl. Körper zur Folge hat. Die für den Menschen höchstzulässige B. ist auf 65 V festgelegt worden, was in ungünstigen Fällen bereits zu einem Strom von 50 mA führen kann. Es sind daher für Anlagen und Geräte, die mit höheren Spannungen betrieben werden, spezielle Maßnahmen zum →elektrischen Berührungsschutz vorgeschrieben.

Beryll *der,* Mineral $Be_3Al_2[Si_6O_{18}]$, farblos oder gefärbt, klar bis durchscheinend, hexagonale Säulen, H. 7, D. um 2,7; meist in Pegmatiten. **Gemeiner B.,** weißlichgelb, bis meterlange Kristalle (B.-Gewinnung); Edelsteinvarietäten: **Smaragd,** grün durch Chromoxid, in Glimmerschiefern; **Aquamarin,** blaßblau, blau bis grünlich; **Goldberyll,** gelb, als **Heliodor** grünlichgelb; **Morganit,** rosenrot. (BILDER S. 132)

Beryllium *das,* chem. Symbol **Be,** chem. Element, ein Erdalkalimetall, Ordnungszahl 4, einzige stabile Massenzahl 9 (→chemische Elemente). B. ist ein stahlgraues, glänzendes, leicht oxidierbares, hartes, sprödes, bei Rotglut dehnbares Leichtmetall, das sich in Säuren und Laugen löst. Von Wasser wird B. nicht angegriffen. B. und seine Verbindungen sind toxisch. Das seltene Element kommt in der Natur nur in Verbindungen vor, v. a. im →Beryll, der u. a. Ausgangsmaterial für die Gewinnung ist. Daneben hat **Bertrandit,** $Be_4[(OH)_2/SiO_4/SiO_3]$, eine gewisse Bedeutung. – B.-Minerale werden über Sulfate oder komplexe Fluoride aufgeschlossen und hieraus B.-Hydroxid, $Be(OH)_2$, dargestellt. Dieses wird in B.-Chlorid oder B.-Fluorid übergeführt und anschließend zum Metall reduziert.

4

5

6

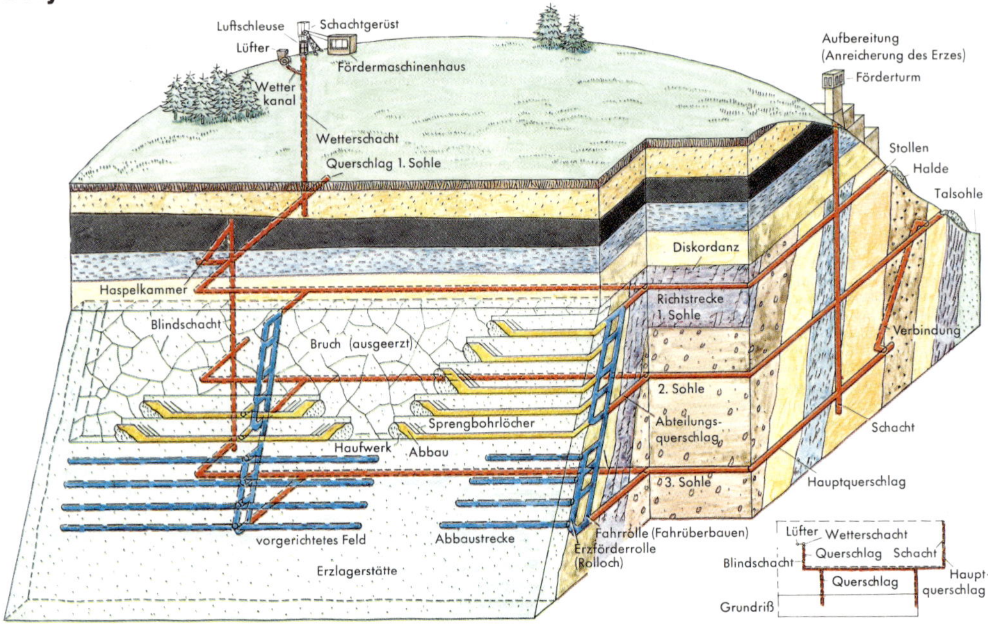

Bergbau: Schematische Darstellung der Untertageanlage eines Bergwerks

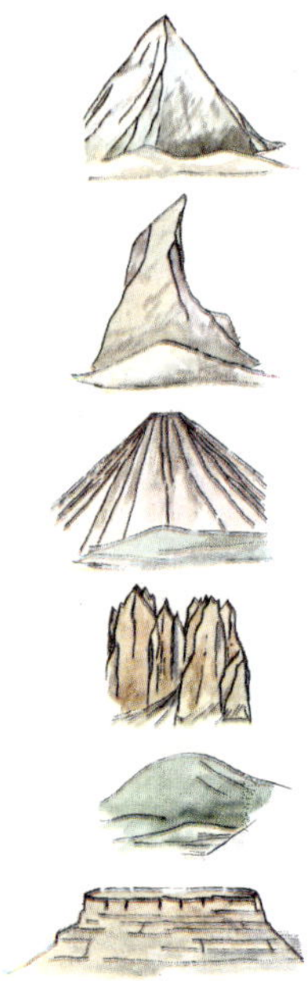

Berg:
Bergformen:
Pyramide, Horn, Kegel,
Zinnen, Kuppe, Tafel

B. wird als bis zur Rotglut korrosionsbeständiges Leichtmetall in Raumfahrt und Raketentechnik verwendet (→ Berylliumlegierungen). Es dient als Austrittsfenster für Röntgenstrahlen und wegen seines kleinen Einfangquerschnittes für Neutronen als wichtiges Konstruktionsmaterial für Kernreaktoren.

B. wurde 1798 von L. N. VAUQUELIN entdeckt, von F. WÖHLER und unabhängig davon von A. A. B. BUSSY 1828 erstmalig als Metall dargestellt.

B.-Verbindungen. B. ist zweiwertig und teils dem Aluminium, teils dem Magnesium ähnlich. **B.-Oxid,** BeO, Schmelz-P. 2530 °C, wird für feuerfeste, gasdichte Massen als Isoliermaterial und für Spezialgläser sowie in der Elektronik verwendet. **B.-Hydroxid,** $Be(OH)_2$, fällt aus B.-Salzlösungen mit Basen aus und ist im Überschuß als **Beryllat,** $Be(OH)_4^{2-}$, löslich. **B.-Chlorid, -Nitrat** und **-Sulfat** sind leichtlösl. Salze. **B.-Fluorid,** BeF_2, wird für Gläser und in der Reaktortechnik verwendet.

Berylliumlegierungen. Legierungen von Beryllium mit Aluminium und Titan sind wegen des geringen Gewichts und der hohen Belastbarkeit für Strukturelemente in der Luft- und Raumfahrttechnik von Bedeutung. Die Zulegierung von Beryllium zu Kupfer und Nickel erhöht deren Bruch- und Biegefestigkeit, weshalb diese Werkstoffe als Federn und Präzisionsteile Verwendung finden.

Besatz, inerter Stoff, mit dem im Bergbau ein Bohrloch nach dem Laden mit Sprengstoff verschlossen wird. Verwendet werden u. a. Lehm oder mit Wasser gefüllte Kunststoffröhrchen.

besäumen, Bretter und Bohlen durch Absägen der baumkantigen Säumlinge scharfkantig, Holzwerkstoffe rechtwinklig sägen.

beschichten, 1) auf Gewebe, Papier, Folien u. a. Trägerbahnen Kunststoffmasse, Kautschuk oder Wachse aufbringen, z. B. durch Aufgießen, Kalandern, Streichen, Tauchen, Sprühen ein- oder beidseitig oder zw. mehreren Bahnen. Die Flächen werden dadurch dicht, korrosions- und abriebfest, voluminös, wasserundurchlässig usw. oder verbessern den opt. Eindruck. Beispiele: mit Polyäthylen beschichtetes Papier als Lebensmittelverpackung, Isoliertapete als Wärmedämmung, beschichtete Gewebe als Regenschutz.

2) auf Holz oder Holzwerkstoffe tafel- oder folienförmige Schichtpreß- oder Kunststoffe, sowie Aluminiumfolien zum Schutz oder zur Zierde aufkleben, bes. um harte und dichte Oberflächen zu erhalten. Aufgedruckte Photo-Holzimitationen ersetzen teilweise das Furnieren.

Beschlag, Form der → Hydrometeore als flüssiger Tau- oder fester Frostbeschlag.

Beschläge, bei Fenstern, Türen und Möbeln die meist metallenen Glieder, die die bewegl. Teile miteinander verbinden, gangbar und schließbar machen: **Konstruktions-B., Bewegungs-B., Verschluß-B.; Zier-B.** sind Griffe, Knöpfe, Leisten.

Beschleuniger, Teilchenbeschleuniger, Geräte und Anlagen zur Beschleunigung von geladenen Elementarteilchen und Ionen für die Untersuchung von Atomkernen durch Auslösung von Kernreaktionen, für die Erforschung der Eigenschaften der Elementarteilchen und deren Wechselwirkungen sowie für die Herstellung von radioaktiven Isotopen und für Bestrahlungen. Die Beschleunigung beruht grundsätzlich auf der Wirkung elektrischer Felder auf elektrische Ladungen. Man unterscheidet **Geradeaus-B.** und **Kreis-B.,** je nachdem, ob das Teilchen die vorgesehenen Potentialgefälle einmal oder mehrmals durchläuft. Die Kreis-B. benötigen magnet.

Führungsfelder, die die Teilchen auf der Kreisbahn halten. Elektronenstrahlen werden erzeugt, indem Elektronen einer Glühkathode elektronenoptisch zu einem Strahl gebündelt und einem B. zugeführt werden. Dieser kann hierbei aus einer einfachen Hochspannungsanlage, einem →Bandgenerator, einem →Betatron, einem →Mikrotron, einem →Linearbeschleuniger oder einem Elektronensynchrotron bestehen. Ionen erzeugt man meist in Gasentladungen (→Ionenquellen). Die Beschleunigung geschieht in Bandgeneratoren, →Zyklotrons, →Synchrozyklotrons, →Synchrotrons und Linearbeschleunigern. Der Einsatz von Schwerionen-B. in der →Schwerionenforschung lieferte in den letzten Jahren wichtige Erkenntnisse und ermöglichte u. a. die Synthese neuer Elemente. Beim Vordringen in immer kleinere Dimensionen der Materie werden in der Hochenergiephysik als ›Sonden‹ immer energiereichere Elementarteilchen, d. h. immer größere B., benötigt. Mit diesen Anlagen (ÜBERSICHT) sollen im Schwerpunktsystem Energien oberhalb 100 GeV realisiert werden, um z. B. die Theorie der elektroschwachen →Wechselwirkung durch Nachweis der intermediären →Vektorbosonen überprüfen zu können. Die wichtigsten B. Westeuropas sind am →Deutschen Elektronen-Synchrotron und bei →CERN entwickelt und gebaut worden.

Beschleunigung, Formelzeichen ***a***, die zeitl. Änderung der Geschwindigkeit nach Betrag und/oder Richtung (Einheit m/s^2). Die B. ist ein Vektor. Bei geradliniger Bewegung besteht sie in einer Zunahme **(positive B.)** oder Abnahme **(negative B., Verzögerung)** des Geschwindigkeitsbetrages, d. h. eine geradlinige Bewegung mit gleichbleibender Geschwindigkeit ist unbeschleunigt. Dagegen liegt bei einer krummlinigen Bewegung auch dann eine B. vor, wenn die gekrümmte Bahnkurve mit gleichbleibendem Geschwindigkeitsbetrag durchlaufen wird, z. B. tritt bei einer Kreisbewegung mit Radius r und konstanter Umfangsgeschwindigkeit v eine zum Kreismittelpunkt gerichtete B. vom Betrag v^2/r auf **(Normal-B., Zentripetal-B., Radial-B.)**. Die gleichförmig-beschleunigte →Bewegung erfolgt mit konstanter B. $a = v/t$; ein Sonderfall dieser Bewegung ist der freie →Fall, bei dem die **Fall-B.** auftritt. Allgemein ist die B. als 1. Ableitung des Geschwindigkeitsvektors $\boldsymbol{v}$ oder als 2. Ableitung des Ortsvektors $\boldsymbol{r}$ eines Massepunktes nach der Zeit t definiert:

$$\boldsymbol{a} = \mathrm{d}\boldsymbol{v}/\mathrm{d}t = \mathrm{d}^2\boldsymbol{r}/\mathrm{d}t^2.$$

Die senkrecht zur Normalbeschleunigung in Richtung der Bahntangente gerichtete B.-Komponente in dem betreffenden Bahnpunkt heißt **Tangential-B. (Bahn-B.)**. Bei der geradlinigen Bewegung tritt nur die Tangential-B., bei der gleichförmigen Kreisbewegung nur die Normal-B. auf. Bei best. Bewegungen tritt eine Coriolis-Beschleunigung (→Coriolis-Kraft) auf.

Zur Messung stark wechselnder B., z. B. von Kolben, verwendet man **Beschleunigungsmesser**, bei denen eine Masse, die zw. Piezoquarzen oder aus dünnen Kohleblättchen aufgebauten elektr. Widerständen liegt, den Bewegungen folgt. Durch die Druckänderungen entstehen veränderl. Spannungen oder Widerstandsänderungen, die gemessen oder im Kathodenstrahloszillographen sichtbar gemacht werden.

Die Belastung des Menschen durch eine B. hängt bes. von Größe, Richtung, Dauer und Anstieg der einwirkenden Kraft sowie von Körperlage, Schutzkleidung und körperl. Training ab. Anhaltende B. kopfwärts machen den Menschen bei 5–6 g (g = Erdbeschleunigung), fußwärts bei 20 g körperlich hilflos.

Die wichtigsten Beschleuniger der Hochenergiephysik

Typ	Teilchen	Name	Ort	Energie*) in GeV	Inbetriebnahme
Linearbesch.	e^-	SLAC I	Stanford (USA)	20	1966
Elektronensynchrotron	e^-	Cornell-Elektronensynch.	Cornell (USA)	12	1967
		DESY	Hamburg	7	1964
Protonensynchrotron	p	PS CERN	Genf	30	1959
	p	SPS CERN	Genf	400	1976
	p	AGS	Brookhaven (USA)	33	1960
	p		Serpuchow (UdSSR)	70	1967
	p	FNAL	Batavia (USA)	500	1972
	p	KEK	Japan	12	1975
	p	Peking Protonensynchrotron	Peking	50	1985 (in Bau)
	p	Tevatron	Batavia (USA)	1 000	(in Bau)
	p	UNK	Serpuchow (UdSSR)	2 000–3 000	1990 (geplant)
Elektron-Positron-Speicherringe	e^+e^-	SPEAR	Stanford (USA)	2×4	1973
	e^+e^-	DORIS	Hamburg	2×5	1974
	e^+e^-	DCI	Orsay (Frankr.)	2×2	1977
	e^+e^-	PETRA	Hamburg	2×19	1978
	e^+e^-	PEP	Stanford (USA)	2×15	1980
	e^+e^-	VEPP	Nowosibirsk (UdSSR)	2×7	1978
	e^+e^-	CESR	Cornell (USA)	2×8	1979
	e^+e^-	LEP	Genf	2×50	nach 1985
Proton-Proton-Speicherringe	p p	ISR CERN	Genf	2×30	1971
	p $\bar{p}$	Super ISR CERN	Genf	2×400	1985 (geplant)
	p p	Isabelle	Brookhaven (USA)	2×400	1983 (in Bau)
	p p	Tevatron	Batavia (USA)	2×1 000	(in Bau)
Antiproton-Proton-Speicherringe	p $\bar{p}$	SPS CERN	Genf	2×270	1981
	p $\bar{p}$	Tevatron	Batavia (USA)	2×1 000	(geplant)
	p $\bar{p}$	UNK	Serpuchow (UdSSR)	2×1 000	(geplant)
Elektron-Proton-Speicherringe	e^- p	HERA	Hamburg	820 (Protonen), 30 (Elektronen)	(geplant)

*) Bei den Linearbeschleunigern und Protonensynchrotrons ist die zur Teilchenerzeugung nutzbare Energie im Schwerpunktsystem erheblich geringer als die im Laborsystem erreichte Teilchenenergie. Bei Kollisionen in →Speicherringen steht die gesamte erzeugte Energie im Schwerpunktsystem zur Verfügung.

beschränkt. Mathematik: a) Eine Punktmenge in einem →metrischen Raum heißt b., wenn sie eine obere Grenze der Abstände je zweier Punkte besitzt. b) Eine Menge reeller Zahlen heißt b., wenn es eine Zahl gibt, die größer (obere Schranke) und eine Zahl, die kleiner (untere Schranke) ist als jede Zahl der Menge.

Besetzt|ton, →Signaltöne.

Besetzungs|inversion, Besetzungs|umkehr, liegt vor, wenn angeregte Energiezustände, bes. ein bestimmter, stärker besetzt sind als energetisch tiefere Zustände. Die B. ist Grundbedingung für die Inbetriebnahme von →Lasern.

Besetzungszahl, Anzahl der Mikroteilchen, die sich in einem durch die Quantenzahlen gekennzeichneten Quantenzustand (z. B. auf einem best. Energieniveau) befinden. Für Fermionen (z. B. Elektronen) ist die B. auf Grund des Pauli-Prinzips immer 0 oder 1, für Bosonen besteht keine solche Einschränkung.

Bespulung, →Pupinisierung.

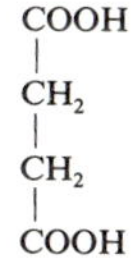

Bernsteinsäure

Bernstein mit Insekteneinschlüssen

Beryll (Idealkristall)

Beryll: großer Kristall (Spitzkopje, Südwestafrika, Distrikt Swakopmund)

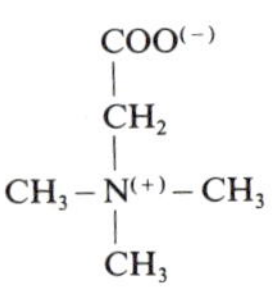

Betain

Bessel-Funktionen [n. dem dt. Astronomen F. W. Bessel, * 1784, † 1846], **Zylinder-Funktionen,** in der Physik häufig gebrauchte Funktionen, die einer Differentialgleichung 2. Ordnung, der **Besselschen Differentialgleichung** $x^2y'' + zy' + (z^2 - n^2)y = 0$ genügen. Man unterscheidet B.-F. 1. Art (n ganzzahlig und positiv), andere Lösungen der Besselschen Differentialgleichung liefern die B.-F. 2. Art, die als **Neumannsche Funktionen** bezeichnet werden, solche 3. Art nennt man **Hankelsche Funktionen.**

Bessemer-Verfahren [n. dem brit. Ingenieur Sir H. Bessemer, * 1813, † 1898], 1855 erfundenes Verfahren, das seit 1860 die Massenerzeugung von Flußstahl **(Bessemer-Stahl)** in einem birnenförmigen Gefäß, der **Bessemer-Birne** (Bessemer-Konverter), ermöglichte; → Blasstahl, → Eisen.

Besteck, Navigation: Ermittlung der geograph. Koordinaten eines Schiffsortes aus denen eines vorhergehenden Ortes durch Anbringung von Längen- und Breitenunterschied, der sich aus Kurs und Distanz ergibt **(Koppeln). Besteckversetzung** ist der Unterschied zw. dem Koppelort und dem wahren Schiffsort.

Besteg, feiner mineral. Belag auf Kluftflächen.

Bestimmungsgleichung, eine → Gleichung, in der unbekannte Größen auftreten, die durch Rechnung bestimmt werden sollen, wodurch **Lösungen** definiert werden. Z. B. wird durch die B. $4x - 12 = 8$ die Lösung $x = 5$ definiert. Eine Lösung für eine B. muß nicht immer existieren, z. B. gibt es keine Zahl x, die die B. $x + 3 = x - 5$ erfüllt.

Bestrahlungsstärke, Formelzeichen E, E_e, der Quotient aus der auf eine Fläche A_2 auftreffenden Strahlungsleistung (→ Strahlungsfluß) Φ und dieser Fläche, $E = \Phi/A_2$, genauer $E = d\Phi/dA_2$. SI-Einheit: $[E] = W/m^2$. Die entsprechende → photometrische Größe ist die → Beleuchtungsstärke.

Beta (β, B), ein → griechischer Buchstabe (ÜBERSICHT). β, Formelzeichen für das Verhältnis von Geschwindigkeit v zu Vakuumlichtgeschwindigkeit c in der Relativitätstheorie: $\beta = v/c$.

Beta Canis Maioris-Sterne, Beta Cephei-Sterne, Bez. für → Pulsationsveränderliche mit sehr kleinen Lichtwechselperioden (3–6 Stunden) und kleiner Lichtwechselamplitude.

Betain, Trimethyl|amino|acetat, Zwitterion mit positiver und negativer Ladung, das in der Zuckerrübe (Beta = Rübe) und als Oxidationsprodukt des Cholins beim Eiweißstoffwechsel auftritt.

Beta Lyrae-Sterne, Bez. für → Bedeckungsveränderliche mit zwei ellipsoidischen Komponenten und einer Lichtwechselperiode, größer als 1 Tag.

Betamax, ein Videoaufzeichnungsverfahren, → Videorecorder.

Betanin, Hauptfarbstoff der roten Rübe, wird zum Färben von Lebensmitteln (z. B. Tomatenmark) verwendet.

Betastrahlung, β-Strahlung, Korpuskularstrahlung, die bei der natürl. und künstl. → Radioaktivität auftritt, sie besteht aus negativ geladenen Elektronen **(Betateilchen),** die aus dem Atomkern stammen. Die Maximalenergie der in der B. vorkommenden Elektronen liegt meist bei etwa 1 MeV. Je nach ihrer Energie durchdringt B. metall. Folien bis zu einigen mm Schichtdicke. Da die B. beim Durchgang durch Gase Ionen bildet, die als Kondensationskerne für den übersättigten Wasserdampf dienen, läßt sie sich in der Wilsonschen Nebelkammer durch ihre Nebelspuren sichtbar machen. Die Krümmung der Spuren in elektr. und magnet. Feldern liefert den Nachweis der negativen Ladung der Betateilchen; aus der Größe der Krümmung läßt sich ihre Energie berechnen. Für diesen Zweck verwendet man **Betastrahl-Spektrometer,** mit denen die Energieverteilung der ausgesandten Betateilchen (das **Betaspektrum)** bestimmt wird. Außer der Ablenkungsmessung werden zur Energiebestimmung auch die von den Elektronen ausgelöste und im Proportionalzähler ermittelte Gesamtionisation oder die mit dem Szintillations-Spektrometer gemessene Lichtausbeute bei Szintillationen benutzt. – B. aussendende Radionuklide werden **Betastrahler** genannt.

Während die in der Natur vorkommenden radioaktiven Kerne nur Elektronen aussenden, gibt es bei künstlich hergestellten instabilen Isotopen auch Positronenstrahlen (→ Betazerfall), die in erweitertem Sinn ebenfalls Betastrahlen genannt werden.

Betatron, auch **Elektronenschleuder,** Beschleunigungsanlage für Elektronen nach dem Prinzip des Transformators. Um ein zeitlich veränderl. Magnetfeld entsteht ein ringförmiges elektr. Feld, das eine geschlossene evakuierte Röhre (als Sekundärspule) durchsetzt, in die Elektronen eingeschossen werden. Das Magnetfeld wird dabei so gesteuert, daß es als Führungsfeld für eine stabile Elektronenbahn sorgt. Die Elektronen erreichen nach etwa 10^6 Umläufen Energien bis zu 400 MeV. Höhere Energien sind nicht möglich, da die bewegten Elektronen elektromagnet. Strahlung aussenden, deren Energie dann gleich der Beschleunigungsenergie wird. Ökonomisch arbeiten B. aber wegen der Strahlungsverluste nur etwa bis 50 MeV. B. werden in der Kernphysik, bei der Werkstoffprüfung und in der Medizin zur Strahlentherapie (bis 50 MeV) verwendet. Die Elektronenstrahlen oder wahlweise (durch Beschuß eines Targets) erzeugten ultraharten Röntgenstrahlen erreichen wegen ihrer hohen Durchdringungsfähigkeit auch im Körperinneren gelegene Geschwulstherde und machen so die Tumorbestrahlung unter Schonung der Haut und der Nachbarorgane möglich. Höhere und konstantere Elektronenausbeuten erzielt man mit dem → Linearbeschleuniger, der das B. deshalb zunehmend ablöst.

Betatronschwingungen, → Synchrotron.

Betäubungsmittel, Stoffe, die v. a. Schmerzen, Hunger, Durst und Angstgefühl aufheben, bei den meisten Menschen einen lustbetonten Zustand (Euphorie) hervorrufen und eine Sucht erzeugen können. – Unter das **B.-Gesetz** fallen Stoffe wie Opium, Morphin, Thebain, Cocain, ind. Hanf und Codein.

Betazerfall, β-Zerfall, spontane Umwandlung eines Atomkerns unter Aussendung von → Betastrahlung, wobei β^--Strahlen (Elektronen), oder β^+-Strahlen (Positronen) auftreten können. Im 1. Fall entsteht aus einem Neutron ein Proton, ein Elektron und ein Antineutrino ($n \longrightarrow p + e^- + \tilde{\nu}$), im 2. Fall aus einem Proton ein Neutron, ein Positron und ein Neutrino ($p \longrightarrow n + e^+ + \nu$). Die bei den Prozessen freigesetzte Energie verteilt sich auf die ausgestrahlten Teilchen statistisch, so daß die Energie der **Betateilchen** von der gesamten Umwandlungsenergie (abzüglich einer Rückstoßenergie) bis Null reicht (charakterist. **Betaspektrum).** Bei diesen Kernprozessen bleibt die Nukleonenzahl konstant, die Kernladungszahl ändert sich um + 1 **(β^--Zerfall, negativer B.)** oder – 1 **(β^+-Zerfall, positiver B.);** es entstehen ›isobare Kerne‹. Die

→ Halbwertszeiten 3) bei diesen Kernreaktionen schwanken zw. etwa 10^{-2} Sekunden und 10^{11} Jahren. Auch das freie Neutron wandelt sich durch β^--Zerfall in ein Proton mit einer Halbwertszeit von rd. 15 min um. β-radioaktive Isotope gibt es von fast allen Elementen.

Eine dem β^+-Zerfall ähnl. Reaktion ist der **Elektroneneinfang:** Ein Elektron der inneren Schalen der Elektronenhülle (meist der K-Schale; **K-Einfang)** wird vom Atomkern eingefangen, wodurch ein Proton in ein Neutron umgewandelt wird ($p + e^- \longrightarrow n + \nu$).

Beteigeuze, Stern (der 1. Größenklasse) im Sternbild → Orion (Alpha Orionis); roter Riesenstern (∅ rd. 400 Sonnen-∅) mit halbregelmäßigen Helligkeitsschwankungen von fast einer Größenklasse über 2070 Tage.

Bethe-Bloch-Formel [n. dem dt. Physiker H. A. Bethe, * 1906, und dem schweizer.-amerikan. Physiker F. Bloch, * 1905]. Die B.-B.-F. beschreibt den auf elektromagnet. Wechselwirkung beruhenden mittleren Energieverlust $-\mathrm{d}\bar{E}$ geladener Teilchen je Wegstrecke dx beim Durchgang durch Materie.

Bethe-Heitler-Formel [n. H. A. Bethe und dem dt. Physiker W. H. Heitler, * 1904, † 1981], die 1934 aufgestellte B.-H.-F. beschreibt die Bremsung von Elektronen durch Materie.

Bethe-Weizsäcker-Formel [n. H. A. Bethe und dem dt. Physiker C. F. von Weizsäcker, * 1912], Interpolationsformel für die Bindungsenergien der Atomkerne in Abhängigkeit von ihrer Neutronen- und Protonenzahl.

Bethe-Weizsäcker-Zyklus, Kohlenstoff-Stickstoff-Zyklus, Reihe von Atomkernumwandlungsprozessen, die wahrscheinlich die Hauptenergiequelle im Innern massereicher Sterne auf der Hauptreihe des

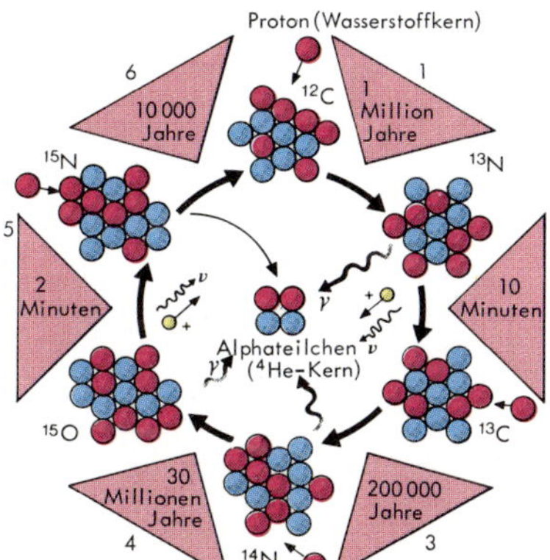

Bethe-Weizsäcker-Zyklus

→ Hertzsprung-Russell-Diagramms darstellt. Über Kernreaktionen des Kohlenstoffs (C), Stickstoffs (N) und Sauerstoffs (O) entsteht aus vier Wasserstoffkernen (Protonen) ein Heliumkern. Dabei wird eine Energie von 27 MeV, d. h. 180 800 kWh je g Helium freigesetzt. Ähnliche Reaktionen verlaufen über die Kerne ^{16}O (Sauerstoff) und ^{20}Ne (Neon); die Sonne bezieht ihre Energie hauptsächlich aus der → Proton-Proton-Reaktion.

Beton, ein künstlicher Stein, der aus einem Gemisch von (meist) Zement, Zuschlagstoffen und Wasser, ggf. auch Zusätzen (→ Betonzusätze), durch Erhärten des Zementleims entsteht **(Zement-B.).** Neben Zement als Bindemittel können auch Bitumen **(Asphalt-B.)** und Kunststoff **(Kunststoff-B.)** verwendet werden.

Betonarten. Die Eigenschaften von B. lassen sich durch das Mischungsverhältnis und die Auswahl der Ausgangsstoffe (Zement, Zuschlag, Zusätze) in weiten Grenzen verändern. Nach der Rohdichte werden unterschieden **Leicht-B.** bis 2000 kg/m³, **Normal-B.** 2000–2800 kg/m³ und **Schwer-B.** über 2800 kg/m³. Nach seiner Druckfestigkeit im Alter von 28 Tagen wird B. in Festigkeitsklassen eingeteilt.

Verbundbaustoffe aus B. und Stahl sind → Stahlbeton und → Spannbeton (→ Betonstahl, Spannstahl) für Bauteile, bei denen das Zusammenwirken von B. und Stahl für die Lastaufnahme nötig ist; bei unbewehrtem B. ist ausschließlich B. an der Lastaufnahme beteiligt.

Nach dem Erhärtungszustand bezeichnet man den fertig gemischten B. als **Frisch-B.,** solange er verarbeitet werden kann. Nach der Konsistenz wird steifer, plastischer und weicher B. unterschieden. **Fließ-B.** ist durch Zusatzmittel verflüssigter Frischbeton. Durch Erstarren und Erhärten geht der Frischbeton in Fest-B. über.

Während bei **Baustellen-B.** die Bestandteile auf der Baustelle zugegeben und gemischt werden, wird **Transport-B.** außerhalb der Baustelle hergestellt. Als **Ort-B.** bezeichnet man Baustellen- oder Transportbeton, der als Frischbeton in endgültiger Lage eingebracht wird, **B.-Fertigteile** und **B.-Waren** werden dagegen im Betonwerk hergestellt und im einbaufertigen Zustand zur Baustelle befördert.

Zur Kennzeichnung der Zusammensetzung sind Bezeichnungen nach der verwendeten Zementart und Zuschlagart wie **Portlandzement-B., Kiessand-B., Splitt-B., Bims-B., Blähton-B., Holz-B.** u. a. üblich. Die Unterteilung nach dem Gefüge kennt B. mit geschlossenem Gefüge **(gefügedichter B.),** der nach dem Verdichten keine größeren Hohlräume (Gefügeporen) enthält, und den **haufwerksporigen B.** mit einem größeren Anteil an Hohlräumen (Haufwerksporen). Haufwerksporiger B. aus einem groben Zuschlaggemisch heißt **entfeinter B.,** aus einer Korngruppe **Einkorn-B.** B. mit wenigen Vol.-% künstlich eingeführter, sehr kleiner Luftporen (Mikroluftporen) zur Erhöhung des Frost-Tausalz-Widerstandes wird gelegentlich **Luftporen-B.** genannt. B. mit einem großen Volumenanteil künstlich erzeugter Luftporen wird als **Poren-B.** (Gasbeton, Schaumbeton, Gassilikatbeton) bezeichnet.

Häufig wird B., dessen Eigenschaften auf eine bestimmte Anwendung ausgerichtet sind, auch hiernach bezeichnet. Unter **Strahlenschutz-B.** wird Normal- und Schwerbeton zur Abschwächung ionisierender Strahlung verstanden, als **Straßen-B.** bezeichnet man B. für Fahrbahndecken und Flugplatzbefestigungen. B. wird **Sicht-B.** genannt, wenn seine Oberfläche zur architekton. Gestaltung herangezogen wird; bei **Struktur-B.** ist die Oberfläche reliefartig gestaltet, bei **Wasch-B.** ist die obere Zuschlaglage durch Auswaschen des Zementsteins, bei **Betonwerkstein** die obere Zuschlaglage durch steinmetzartige Bearbeitung sichtbar gemacht. **Massen-B.** wird zur rissefreien Herstellung massiger Bauwerke (Talsperren, Schleusen) und massiger Bauteile (Fundamente) verwendet, **Feuer-B.** für hochtemperaturbeanspruchte Bauteile (Ofenbau u. a.). Häufig wird B. nach besonderen Verfahren beim Herstellen, Fördern und Verarbeiten gekennzeichnet, so bei **Pump-B., Spritz-B., Guß-B., Rüttel-B., Schütt-B., Vakuum-B., Schleuder-B., Walz-B., Stampf-B., Schock-B.** u. a.

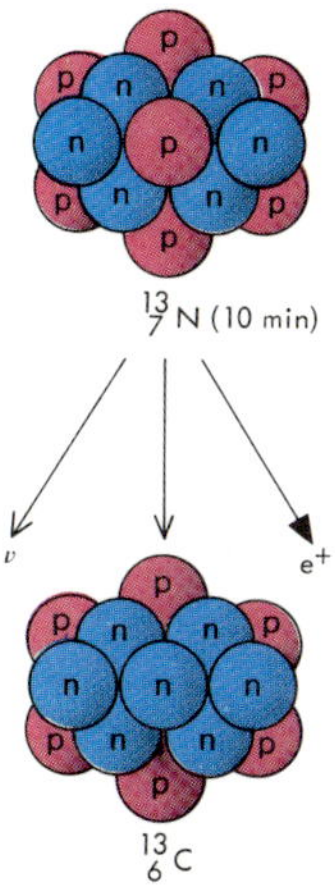

Betazerfall: β^+-Zerfall des ^{13}N-Atomkerns

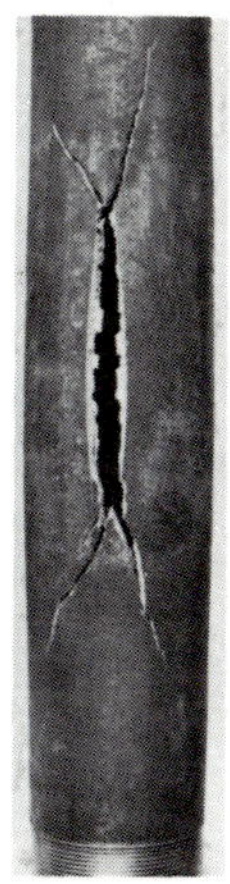

Berstversuch

Beton: Mischwerk für alle Betonarten

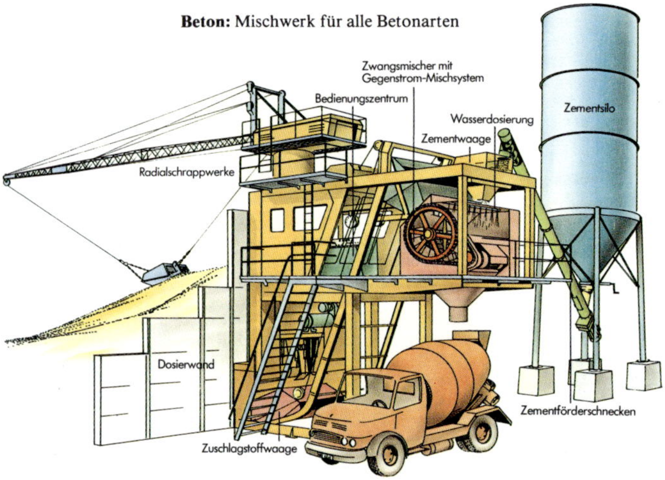

Die Zusammensetzung von B. wird durch das Mischungsverhältnis festgelegt. Es gibt das Verhältnis der Ausgangsstoffe Zement, Zuschlag und Wasser an; das Mischungsverhältnis von 1:6:0,50 besagt, daß einem Gewichtsteil Zement 6 Gewichtsteile Zuschlag und 0,50 Gewichtsteile Wasser zugemischt werden. Das Gewichtsverhältnis von Wasser zu Zement wird **Wasserzementwert** genannt. Die Zusammensetzung wird häufig zusätzlich durch die Angabe des Zementgehalts in kg je m^3 verdichtetem Frisch-B. gekennzeichnet.

Eigenschaften. Die Konsistenz (Verarbeitbarkeit, Fließfähigkeit) ist als Kennwert für den Arbeitsaufwand auf der Baustelle die wichtigste Eigenschaft des Frisch-B. Für die meisten Anwendungsgebiete ist die Druckfestigkeit des B. bestimmend, der Wasserzementwert stellt die wichtigste Einflußgröße auf die Druckfestigkeit dar (Wasserzementwertgesetz). Die Zugfestigkeit ist vergleichsweise gering, daher ist in biegebeanspruchten Konstruktionen die Aufnahme der Zugkräfte durch → Bewehrung erforderlich. Für die konstruktive Anwendung ist weiterhin die Kenntnis der Formänderungen notwendig, die durch die Kennwerte Elastizitätsmodul, Querdehnzahl, Kriechzahl, Schwindmaß, Wärmedehnzahl erfaßt sind. – B. zählt zu den nichtbrennbaren Stoffen, die Feuerwiderstandsdauer von B.-Bauteilen ist sehr hoch.

Geschichtliches. Unter CALIGULA wurde 37–41 n. Chr. bei Neapel ein Molenbau mit B. hergestellt (Bindemittel vermutlich Kalk mit hydraul. Eigenschaften und Kalk mit Puzzolan oder Santorinerde als hydraul. Zusätzen). Auch Traß aus den noch heute betriebenen Brüchen der vulkan. Eifel bei Andernach fand als Zusatz viel Verwendung. Im MA. geriet B. in Vergessenheit. Erst zu Anfang des 19. Jh. finden sich wieder Anfänge in Frankreich; die weitere Entwicklung ist eng mit der des Zementes verbunden. Mit der Erfindung des Stahl-B. (1855 ff.) und der Entwicklung des Leicht- und Spann-B. wurde der Anwendungsbereich des B. außerordentlich erweitert.

B.-Hb., hg. v. Dt. B.-Verein (1973); B.-Herstellung nach Norm, hg. v. Bundesverband der Dt. Zementindustrie (1976); R. WEBER: Guter B. ([14]1981); B.-Atlas, hg. v. dems. (1981); W. REICHEL: B. Eine Einführung, 2 Bde. (1981). B.-Kalender (seit 1906, jährl.); Beton- und Fertigteil-Technik (seit 1934, jährl.); Betontechn. Berichte, hg. v. Forschungsinst. der Zementindustrie (seit 1960, jährl.).

Betonbau, die Anwendung von unbewehrtem Beton, i. Ggs. zum Stahlbetonbau, z. B. Wohnbauten, deren Wände aus Ziegelsplittbeton geschüttet werden, Brücken aus reinen Betongewölben, Durchlässe, Gewichtsstaumauern, Stützmauern.

Betondachsteine, im Strangpreßverfahren aus mineral. Zuschlag und hydraul. Bindemitteln (→ Zement) hergestellte Formsteine für die → Dachdeckung. B. werden als Biberschwanz, Falzdachstein und Pfanne (Frankfurter Pfanne) vorwiegend anthrazitfarben, jedoch auch in brauner oder roter Farbe gefertigt.

Betonfertigteil, ein Fertigbauteil, → Fertigbau.

Betonglas, gepreßte oder geblasene dickwandige Glaskörper für Glaswände und Glasstahlbeton.

Betonmischmaschine fertigt Betongemisch aus Zuschlagstoffen, Zement und Wasser. **Freifallmischer** (Kipptrommelmischer, Durchlaufmischer, Umkehrtrommelmischer) arbeiten absatzweise. Durch einen Schrägaufzug werden Zuschlagstoffe und Zement in eine Mischtrommel eingefüllt, durch eine Abmeßvorrichtung Wasser zugesetzt. Kleinere Mischer werden durch Schwenken entleert, größere meist durch Umsteuern der Drehrichtung und Entleerungsschaufeln. Auf Großbaustellen werden auch absatzlos arbeitende **Stetigmischer** verwendet.

Betonpfähle, Pfähle aus Stahlbeton zur → Gründung von Bauwerken. Sie werden entweder als **Schleuderbetonpfähle** vorgefertigt oder mit Hilfe von eingerammten oder eingebohrten Stahlrohren, die meist wieder verwendet werden können, im Boden betoniert.

Betonpumpe, Druckpumpe, die das Betongemisch (Pumpbeton) durch Rohrleitungen mit Schnellkupplungen zu den Verwendungsstellen fördert, kann auf einem Lastkraftwagen aufgebaut sein.

Betonrüttler, Betonverdichter, Rüttelgeräte zum Verdichten des Betons. Elektromagnetisch oder durch Druckluft- oder Elektromotoren angetriebene Unwuchtkörper werden zu Schwingungen bis zu 20000 Hz erregt und diese auf den Beton übertragen. Man unterscheidet **Innen-, Schalungs-, Oberflächenrüttler.** Auf dem **Rütteltisch** werden Betonfertigteile hergestellt.

Betonstahl dient zur → Bewehrung von Beton oder Mauerwerk, wobei Stahl die Zugspannungen, Beton oder Mauerwerk die Druckspannungen aufnehmen. Spannstähle dienen zur Erzeugung von Druckspannungen im Beton durch Spannen der Stahl-Bewehrungsglieder.

Betonversiegelung, Oberflächenschutz für Betonfußböden gegen Abnutzung, Staub- und Rißbildung; wird durch Auftragen festhaftender Kunstharz- und Kunstkautschuklacke hergestellt, die harte Oberflächen bilden, aber elastisch bleiben.

Betonwaren, meist in Massenfertigung hergestellte Erzeugnisse aus Beton oder Stahlbeton, z. B. Betondachsteine, Betonrohre.

Betonzusätze, Stoffe zur Beeinflussung von Eigenschaften des Betons. Pulverförmige oder flüssige **Betonzusatzmittel** wirken in geringen Mengen als Verflüssiger, Fließmittel, Verzögerer, Beschleuniger, Luftporenbildner und Dichtungsmittel. Pulverförmige **Betonzusatzstoffe** werden in größeren Mengen bes. als Farbstoffe oder als mineral. (puzzolanische) Feinstoffe zugegeben.

Betrag, absoluter B. Der B. einer reellen Zahl a, geschrieben $|a|$, ist definiert als $|a| = a$ für $a > 0$, $|a| = -a$ für $a < 0$, $|a| = 0$ für $a = 0$. Der B. einer → komplexen Zahl

$z = x + iy$ ist die reelle Zahl $|z| = \sqrt{x^2 + y^2}$. Der B. eines →Vektors ist anschaulich seine Länge. Die wichtigsten Gesetze für den B. lauten: $|a \cdot b| = |a| \cdot |b|$ und $|a+b| \leq |a| + |b|$. (→ Bewertung)

Betriebsart, bei Maschinen die Art ihrer Beanspruchung, z. B. Dauerbetrieb, Kurzzeitbetrieb, → Nennbetrieb, Aussetzbetrieb; dieser ist ein mehrfach wiederholter Kurzzeitbetrieb, z. B. beim Aufzug. Bei Funksendern Bez. für ihre Übertragungs- oder Modulationsart.

Betriebsauslaß, Wasserbau: Entnahmeanlage eines Speicherbeckens, die betriebl. Zwecken dient, z. B. der Entnahme von Trink- oder Brauchwasser, der Niedrigwasseranreicherung, der Energieerzeugung.

Betriebsfestigkeit, Verhalten von Werkstoffen unter schwingender Beanspruchung, die den Bedingungen im Betrieb entspricht.

Betriebssteuerzentrale, Bez. für Melde-, Überwachungs- und Befehlsstellen zur Steuerung von Produktionsabläufen. Eine Prozeßrechneranlage sammelt automatisch alle Daten von den verschiedenen Verarbeitungsstellen und wandelt sie in lesbare und bildhafte Informationen auf Monitoren, so daß bei Betriebsunregelmäßigkeiten entsprechende Weisungen vom Betriebsleitpersonal gegeben werden können. B. werden außer bei Fabrikationsprozessen (z. B. in Brauereien, Kraft-, Stahl- und Zementwerken) auch im Eisenbahnwesen (dort **Betriebsleitstelle** genannt), im Stadtbahnverkehr und im Straßenverkehr (Polizeistellen und Autobahnmeistereien) eingesetzt.

Betriebssystem, System von Programmen für eine digitale Rechenanlage, das zus. mit den Eigenschaften aller Funktionseinheiten die Grundlage der mögl. Betriebsarten bildet und insbes. die Abwicklung von Benutzerprogrammen (Anwendungsprogrammen) steuert und überwacht. Es enthält standardmäßig: Programme zum Starten des Rechners (Loader), zum allg. Betrieb (Monitor), zum Kopieren, Kompilieren (→ Compiler), Ändern und Abarbeiten von Programmen einschließlich aller Ein/Ausgabe-Operationen. Teile des B. befinden sich stets im Zentralspeicher, spezielle Hilfsmittel werden nach Bedarf vom Massenspeicher abgerufen. Multi-Programming-Systeme erlauben Time-Sharing-Betrieb, bei dem mehrere Benutzer z. B. über Bildschirme gleichzeitig Programme bearbeiten können und die Anlage gleichzeitig Ergebnisse ausgibt. Zur besseren Nutzung wird das B. i. a. in der Maschinensprache programmiert, dabei werden ›hierarchische Strukturen‹ aufgebaut. Je nach Einsatz gibt es für eine Anlage verschiedene B. wie →Time-Sharing, →Echtzeitbetrieb, →Stapelverarbeitung, → virtuelles Speicher-Betriebssystem.

Betriebstechnik, svw. → Fertigungstechnik.

Betriebswasser, neuere Bez. für **Brauchwasser,** gewerbl., industriellen, landwirtschaftl. oder ähnl. Zwekken dienendes Wasser mit unterschiedl. Güteeigenschaften. Beispiele sind Kühl- und Kesselspeisewasser, Wasser als Lösemittel und für Reinigungszwecke. B. darf als → Trinkwasser nicht verwendet werden, es ist in einem von der Trinkwasserversorgung getrennten Leitungsnetz zu führen. B. für Lebensmittelbetriebe muß i. d. R. die Beschaffenheit von Trinkwasser haben (Trinkwasser-VO v. 31. 1. 1975).

Betriebswerke, Abk. **Bw,** früher **Bahnbetriebswerke,** ausführende Organe des Betriebsmaschinendienstes der Eisenbahn, dem Regelung des Einsatzes, Pflege und Instandhaltung von Fahrzeugen und maschinentechn. Anlagen sowie die Überwachung des gesamten Zugförderungsdienstes obliegen. B. umfassen heute i. d. R. mehrere dieser Aufgabenbereiche, weshalb spezielle Bez. wie Bahnbetriebswagenwerke, Starkstrommeistereien, Umformerwerke u. a. entfallen sind. B. dienen im einzelnen der Instandhaltung und/oder dem Betrieb von Lokomotiven, Wagen, Kraftwagen, elektr. Anlagen (50 Hz). Stromerzeugungsanlagen (Bahnstrom 16²/₃ Hz) aus Dampf- und Wasserkraft, Umformeranlagen (50 Hz Landesnetz/16²/₃ Hz Bahnnetz), Umspannanlagen (110/15 kV, 16²/₃ Hz), Ober-, Speise- und Fernleitungen der elektrifizierten Strecken und von Hauptlagern zur Versorgung der übrigen Dienststellen mit Betriebsstoffen und Geräten.

Bett, 1) Geographie: **Strom-, Fluß-** oder **Bachbett,** die von fließenden Gewässern geschaffene und dauernd oder zeitweilig **(Trocken-B.)** von Wasser erfüllte Geländerinne. **Gletscherbett** heißt die Geländewanne, in der sich das Gletschereis talabwärts bewegt.

2) bei Werkzeugmaschinen das Gestell zur Aufnahme aller Bewegungsteile und deren Führungen.

Bettmaterial, Wasserbau: Feststoffe an der Oberfläche einer alluvialen, beweglichen Wasserlaufsohle, deren Zusammensetzung den von der Strömung fortbewegten Feststoffen entspricht, und die mit diesen in einem bis heute nur unvollkommen geklärten, hydrodynamisch bedingten Austauschprozeß stehen.

Bettung, 1) das Schotterbett im → Eisenbahnoberbau.

2) Im Straßenbau die Kiessand- oder Sandschicht, in die die Pflastersteine gesetzt oder gerammt werden.

Bettungszahl, ein best. Verhältnis zw. Sohldruck (Pressung in der Aufstandsfläche) und Einsenkung (Setzung) des Gründungskörpers in den Baugrund, abhängig vom Untergrund und der Form der Bausohle.

Beugung, Diffraktion, Abweichung der Licht- und Wellenausbreitung vom geometr. und opt. Strahlengang. B. tritt ein, wenn die Wellenausbreitung durch ein im Strahlengang befindl. Hindernis gestört wird, wobei ein Teil der Wellenenergie in den Schattenbereich gelangt (BILD 1). Sie ist relativ stark, wenn die Wellenlänge λ im Vergleich zu den Abmessungen des Hindernisses groß ist; z. B. folgen Rundfunkwellen im Lang- und Mittelwellenbereich (λ einige hundert Meter) der Erdkrümmung (BILD elektromagnetische Wellen), dagegen kann B. bei Lichtwellen ($\lambda \approx 5 \cdot 10^{-5}$ cm) nur selten unmittelbar beobachtet werden.

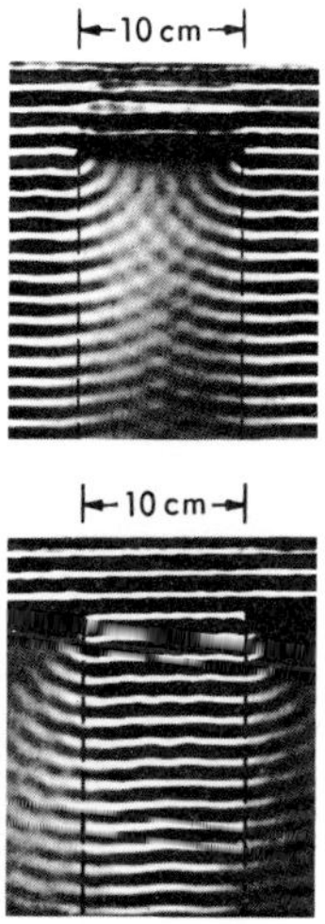

Beugung 1: OBEN B. von Wasserwellen am Hindernis, UNTEN am Spalt (nach POHL, Mechanik)

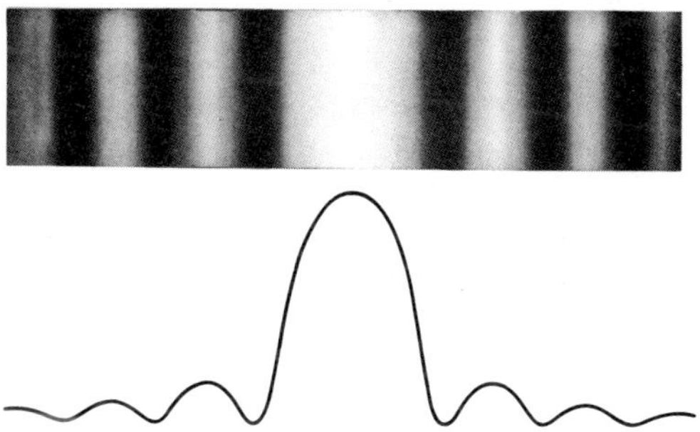
Beugung 2: Beugungsbild eines Spaltes und dessen Intensitätsverteilung

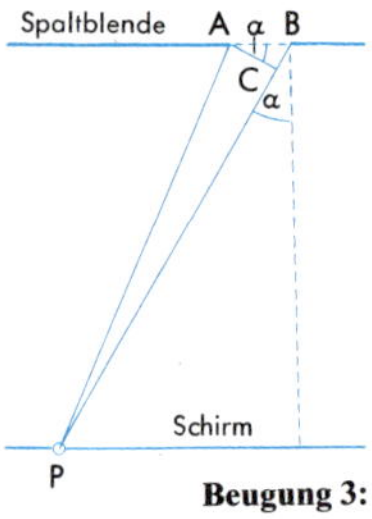

Bes. eingehend untersucht wurden die B.-Erscheinungen beim Licht, die stets zusammen mit → Interferenz auftreten. BILD 2 zeigt das Beugungsbild eines Spaltes mit den parallel zur Spaltrichtung verlaufenden hellen und dunklen Interferenzstreifen und deren Helligkeitsverteilung, bei Beleuchtung mit monochromat. Licht. Aus Spaltbreite und Lage der dunklen Streifen läßt sich die Wellenlänge λ bestimmen (BILD 3). Dunkelheit tritt ein, wenn der Gangunterschied der Randstrahlen ein ganzes Vielfaches der Wellenlänge ist. Der Streifenabstand ist um so größer, je kleiner die Spaltbreite und je größer die Wellenlänge ist. B.- und Interferenzerscheinungen werden vollständig durch das Huygens-Fresnelsche Prinzip (→ Huygenssches Prinzip) gedeutet.

Beugung 3: Berechnung der Wellenlänge λ; es gilt für Dunkelheit (in P) $\overline{AB}\sin\alpha = \overline{BC} = n\cdot\lambda$ ($n = 1, 2, 3, \ldots$)

Eine runde Blende erzeugt ein B.-Bild aus mehreren hellen und dunklen konzentr. Ringen mit einem hellen Fleck in der Mitte. Eine runde Scheibe wirkt ähnlich, das B.-Bild hat ebenfalls eine helle Kreisfläche in der Mitte (→ Fresnelsche Zonenkonstruktion). Mit weißem Licht werden die Erscheinungen farbig (BILD 4). Die B. an einer Linsenfassung begrenzt das **Auflösungsvermögen** und die mit Nutzen anwendbare **Vergrößerung** bei opt. Geräten. Wegen der B. kann andererseits ein enges Lichtbündel nicht auf längeren Strecken zusammengehalten werden.

Beugung 4: vor einer Lochblende

Bei B. an sehr kleinen Teilchen spricht man von **Streuung** des Lichtes; das Licht wird bis zu 180° aus seiner ursprüngl. Richtung abgelenkt. Sie wird angewendet im → Ultramikroskop. Durch stärkere Streuung des blauen Lichtes gegenüber dem längerwelligen roten in der Atmosphäre entsteht das → Himmelsblau.

Verwendung findet die B. beim **Beugungsgitter** (→ Gitter 5), bei dem Licht an vielen in gleichen Abständen nebeneinander angeordneten ›Spalten‹ gebeugt wird, deren Interferenzstreifensysteme sich überlagern. Die resultierenden Beugungsmaxima werden um so intensiver und schmäler, je größer die Zahl der beugenden ›Spalte‹ ist. Bei Beleuchtung mit weißem Licht entsteht das **Beugungsspektrum,** das durch Zusammenwirken aller Spalte zustande kommt. – Wellen sehr geringer Wellenlänge (Röntgenstrahlen, → Materiewellen von schnellen Elektronen u. a.) werden an den Atomen eines Kristallgitters gebeugt. Die natürl. Kristall-Beugungsgitter werden daher in der Röntgenspektroskopie benutzt; umgekehrt untersucht man an Hand der Interferenzerscheinungen durch B. an Kristallen die → Kristallstruktur.

Beule, durch vertikale Tektonik erfolgte Aufwölbung von Schichten ohne seitliche Einengung.

BeV, in den USA Abk. für **billion electron volts,** svw. Gigaelektronvolt (1 GeV = 10^9 eV).

Bewässerung, Zufuhr von Wasser an den Boden zur Förderung des Pflanzenwachstums, u. U. im Frühjahr zur Erhöhung der Bodentemperatur oder zur Vermeidung von Frostschäden im Obst- und Weinbau. Zur B. dienen reines Wasser oder Gemische von Wasser und Jauche; aus tieferen Bodenschichten gewonnenes Wasser wird vielfach in Vorratsbehältern vorgewärmt. Abwasser muß aus hygien. Gründen vorgereinigt werden; bei der einseitigen Zusammensetzung industrieller Abwässer muß der landwirtschaftl. Sachverständige die Zweckmäßigkeit einer Vorbehandlung beurteilen.

Man unterscheidet heute zw. den einfacheren traditionellen Bewässerungsanlagen und der modernen → Beregnung. Die B. kann auf einfache Weise durch **Überstauung** von mit Dämmen umgebenen Bodenflächen geschehen wie bei Reis- oder Zuckerrohranbauflächen. Das über einen längeren Zeitraum innerhalb der Dämme liegende Wasser kann jedoch zur Versauerung des Bodens führen; um dies zu vermeiden, wird die **Stauberieselung** angewandt, bei der ständig frisches Wasser zu- und verbrauchtes Wasser abgeführt wird. Bei natürl. oder künstlich er-

Bewässerung: 1 Überstauung; a Fluß, b Zuleiter, c Dämme, d Stauschleuse, e Einlaßschleusen, f Auslaßschleusen, g Verteil- und Entwässerungsgräben. **2** Furchenberieselung, A im Querschnitt; a Zuleitungsgraben, b Verteilgraben. **3** Natürlicher Hangbau mit verschiedenen Unterarten (I bis III); a Fluß, b Zuleiter, c Stauschleuse, d Rieselrinnen, e Verteilgraben, f verschiebbarer Abschluß, durch den der unmittelbar darüber gelegene Hangabschnitt mit Frischwasser versorgt wird, g Abzugrinnen, die das bereits benutzte Wasser ableiten und so eine Versorgung der tiefer liegenden Hangabschnitte mit Frischwasser ermöglichen. **4** Grabeneinstau; a Fluß, b Zuleiter, c Wehr, d Stauschleuse, e Einlaßschleusen. **5** Feldleitungsschema für Beregnung im Sechseckverband (System Lanninger); a Pumpe, b Feldleitung, c Hauptflügel, d Zusatzflügel

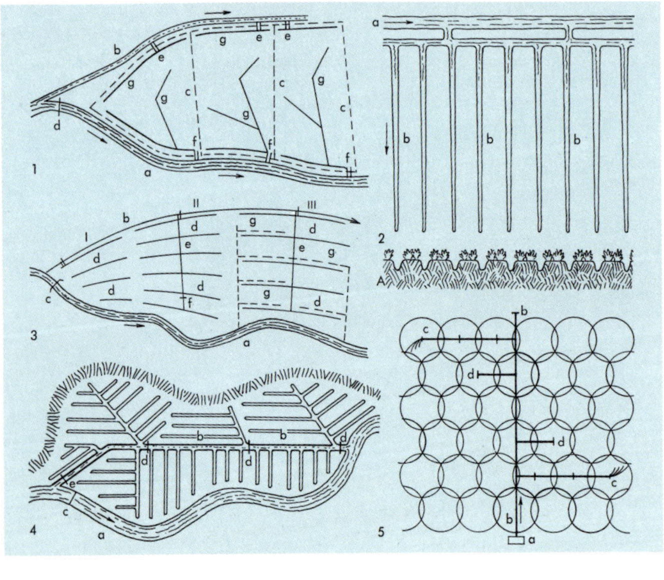

zeugtem Bodengefälle von mindestens 2% wird, bes. für Grünland, oft die reine **Berieselung** verwendet; dabei wird das Wasser auf die höchste Geländestelle gefördert und in dünner Schicht oder mit Hilfe von Verteilergräben oder Rinnen über die Bodenfläche verrieselt. Im Ackerbau wird auch die **Furchenberieselung** oder die **Grabeneinstauung** angewendet, wobei der Wasserhaushalt im Boden durch Verschließen oder Öffnen der Entwässerungsgräben geregelt wird.

Geschichte. B. und Entwässerung sind uralte Verfahren der Bodenkultur. In Trockengebieten wie Ägypten, Indien oder China wurde die B. schon Jahrtausende v. Chr. betrieben. Auch im gemäßigten Klima von Europa spielte die B. durch Gräben, Kanäle, Staumauern oder Schöpfwerke schon frühzeitig eine Rolle. In der modernen Landwirtschaft gewinnen Beregnungsanlagen zunehmend an Bedeutung.

B. WITHERS u. S. VIPOND: B. (a. d. Engl., 1978).

Beweglichkeit, Formelzeichen μ (in der Festkörperphysik) und u (bei Elektrolyten), bei Ladungsträgern (z. B. bei Elektronen in Halbleitern oder Ionen in Elektrolyten) der Proportionalitätsfaktor zw. der mittleren Geschwindigkeitskomponente (Driftgeschwindigkeit) v_{dr} in Richtung eines angelegten elektr. Feldes und der elektr. Feldstärke E, $v_{dr} = \mu E$.

Bewegtbildübertragung, alle Formen der → Telekommunikation zur Übertragung bewegter Bilder, z. B. Fernsehen, Bildfernsprechen. Die Signale beanspruchen Bandbreiten von mehreren MHz (Breitbandkommunikation). Ggs.: → Festbildübertragung.

Bewegung, 1) Mathematik: besondere Form der → Affinität, eine bijektive → Abbildung eines Raumes auf sich, bei der alle Längen erhalten bleiben, Bild und Original sind kongruent. Die B. einer Ebene lassen sich zusammensetzen aus den Translationen (Parallelverschiebungen), Drehungen um einen festen Punkt und Spiegelungen an einer Geraden. Die B. bilden eine → Gruppe 2), wenn man als Verknüpfung das ›Hintereinanderausführen‹ zweier B. versteht.

2) Physik: die Veränderung des Ortes eines Körpers oder Massenpunktes relativ zu einem als ruhend angenommenen Bezugssystem **(Relativ-B.)**. Wird von der Ursache der B. abgesehen, so wird die **B.-Lehre** auch als **Kinematik** bezeichnet. I. Ggs. dazu werden in der **Dynamik** die Kräfte als B.-Ursache untersucht.

Geradlinige B. werden eingeteilt in **gleichförmige B.** (mit konstanter Geschwindigkeit), in **gleichförmig-beschleunigte B.** (mit konstanter Beschleunigung) und **ungleichförmige B.** Eine gleichförmige B. ergibt in einem **B.-Diagramm** (bei dem auf der waagerechten Achse die Zeit, auf der senkrechten der Weg aufgetragen werden) eine Gerade, eine ungleichförmige eine Kurve (BILD). Die Geschwindigkeit der B. ist gleich der Steilheit der Kurve.

Krummlinige B., wie z. B. die **gleichförmige Kreis-B.** (Kreis-B. mit konstanter Winkelgeschwindigkeit), besitzen in jedem Bahnpunkt eine senkrecht zur Bahntangente gerichtete → Beschleunigung.

Bei **period. B.** kehren in regelmäßigen Zeitabständen die gleichen Bewegungszustände wieder, z. B. beim Pendel oder bei der B. der Planeten.

B. ist ein relativer Begriff. Bewegt sich z. B. ein Mensch auf einem fahrenden Schiff, so ist seine B. relativ zum Schiff eine andere als relativ zur Erde. Ohne Angabe des Bezugssystems ist deshalb jede Beschreibung von B. inhaltlos. Von **absoluter B.** oder absoluter Ruhe kann nicht gesprochen werden (→ Relativitätstheorie).

Bewegungsgröße, svw. → Impuls 1).

Bewegungssternhaufen, Bewegungshaufen, Gruppe von Sternen, die eine nach Richtung und Größe gleiche Bewegung im Raum auf einen Zielpunkt **(Vertex)** vollführen; z. B. der → Ursa Maior-Haufen. B. sind offene → Sternhaufen, deren Auflösung weit fortgeschritten ist.

Bewehrung, Armierung, zur Verstärkung von Baustoffen eingelegte Fasern und Stäbe, Bewehrungsstäbe aus → Betonstahl und Spannstahl (Stahlbewehrung) für → Stahlbeton und → Spannbeton.

Beweis, Darlegung der Richtigkeit **(Verifikation)** von Urteilen durch log. oder empir. Gründe. Als B. gilt zum einen die Ableitung eines Urteils aus anderen, die als wahr vorausgesetzt sind (Prämissen), oder auch aus → Axiomen oder Definitionen. Hierbei gelten best. Schlußregeln. Dieser **deduktive** oder **axiomatische B.** ist in den exakten Wiss. vorherrschend, v. a. in der Mathematik. In den Erfahrungswiss. werden meist **induktive B.** (z. B. von Hypothesen) mit wahrscheinl. Wahrheitsgehalt durch Beobachtungen, Erfahrungen und Experimente geführt (→ Induktion 2).

Beim **indirekten** oder **apagogischen B.** wird die Wahrheit des zu beweisenden Satzes aus der Darlegung erschlossen, daß die Annahme seiner Falschheit einen log. Widerspruch einschließen würde, wobei der ›Satz vom ausgeschlossenen Dritten‹ (→ Prinzip vom ausgeschlossenen Dritten) vorausgesetzt wird. (→ Mathematik)

Bewertung, eine Abbildung f eines → Körpers 1) in die Menge der reellen Zahlen. Ein Körper K heißt bewertet, wenn es eine Abbildung $f(x)$ gibt, die jedem Körperelement x ein Element eines angeordneten Körpers P zuordnet. $f(x)$ muß dabei folgenden Gesetzen genügen:

$$1)\ f(x) > 0 \text{ für } x \neq 0;\ f(0) = 0;$$
$$2)\ f(x \cdot y) = f(x) \cdot f(y);$$
$$3)\ f(x + y) \leq f(x) + f(y).$$

Z. B. ist der → Betrag im Körper der komplexen Zahlen eine B., denn jeder komplexen Zahl wird durch den Betrag eine reelle Zahl zugeordnet, d. h. eine Zahl eines angeordneten Körpers. Die B. kann als eine Verallgemeinerung des Betragsbegriffs verstanden werden. Die **triviale B.** hat jeder Körper, man setzt $f(0) = 0$ und $f(x) = 1$ für alle $x \in K$. f heißt **nichtarchimedische B.** von K, wenn $f(x) \leq 1$ ist für alle $x \in K$. Ist der Bewertungskörper K archimedisch angeordnet (→ Archimedisches Axiom) – darauf beziehen sich die wichtigsten Untersuchungen –, wird f als eine **archimedische B.** bezeichnet. Eine spezielle **diskrete B.** des Körpers der rationalen Zahlen $\mathbb{Q}$ wird folgendermaßen festgelegt: Ist p eine feste Primzahl und schreibt man jedes $a \in \mathbb{Q}$, $a \neq 0$ als $a = \frac{s}{t} \cdot p^n$, wobei s und t durch p nicht teilbar sind, dann ist durch $f_p(a) = p^{-n}$, $f_p(0) = 0$ die **p-adische B.** von $\mathbb{Q}$ definiert, sie beschreibt damit die Teilbarkeitsverhältnisse rationaler Zahlen bezüglich einer Primzahl p.

Bewertungsfaktor, → Dosis.

Bewertungskurven, Meßtechnik: → Lärm, → Schallpegelmesser.

Bewetterung, Bergbau: → Wetterführung.

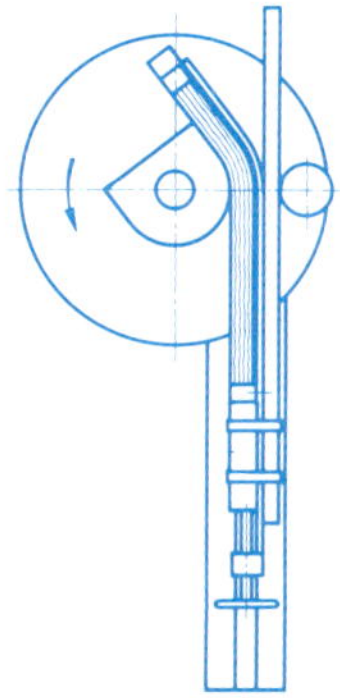

biegen: Schema einer Universal-Holzbiegemaschine

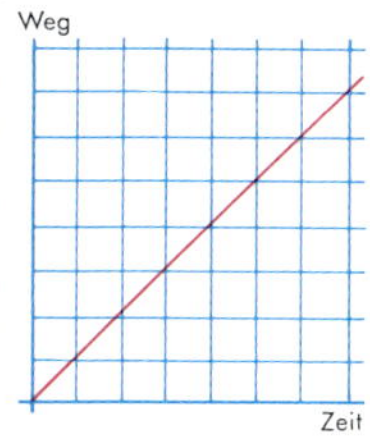

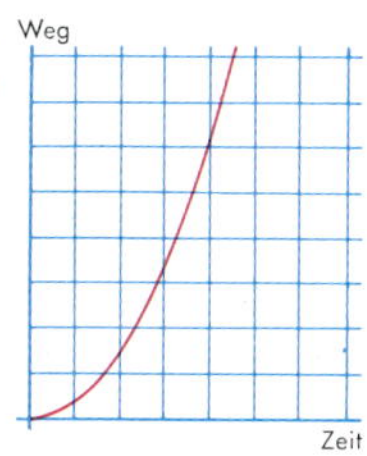

Bewegung 2)

Bewegung 2): Das Bewegungsdiagramm bei gleichförmiger B. (OBEN) ergibt eine Gerade, bei gleichförmig beschleunigter B. (UNTEN) eine Parabel

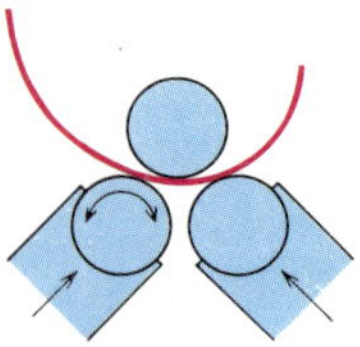

biegen: Arbeitsweise einer Dreiwalzen-Biegemaschine

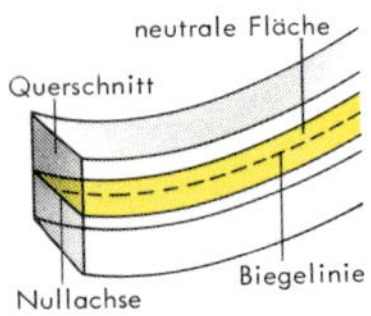

Biegung

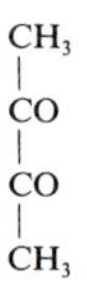

Biacetyl

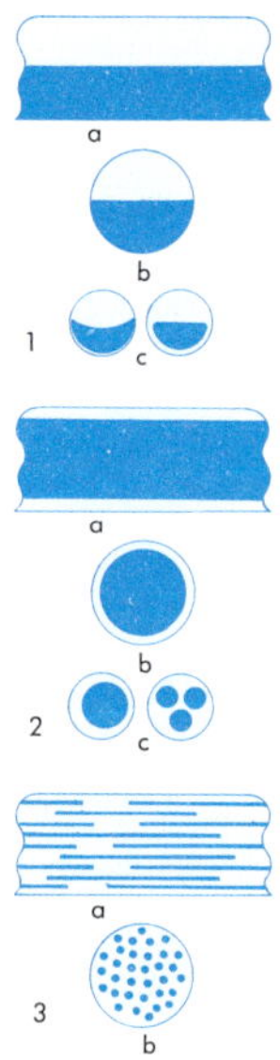

Bikomponentenfasern: **1** B. vom S/S-Typ, **2** B. vom C/C-Typ, **3** B. vom M/F-Typ – a Längsschnitt, b Querschnitt, c Varianten

Bewölkung, der Grad der Bedeckung des Himmels mit Wolken, wird bei Klimabeobachtungen in Zehnteln, sonst in Achteln der Himmelsfläche nach Schätzung angegeben: 0 = wolkenlos, 1–2 = heiter, 3 = leicht bewölkt, 4–6 = wolkig, 7 = stark bewölkt, 8 = bedeckt. Großräumig tritt die meiste B. mit Monatswerten von mehr als 7/8 an den äquatorialen Westküsten der Kontinente auf, ferner über den Ozeanen in hohen Breiten. Minimale B. zeigen die Wüstengebiete.

Bezirksnetz, → Fernmeldenetz.

Bezugssystem, das mit dem Beobachter verbundene, im gleichen Bewegungszustand befindl. Koordinatensystem, auf das er alle beobachteten physikal. Vorgänge bezieht, z. B. die Bewegung anderer Körper. Ein B. heißt **Inertialsystem,** wenn auf Körper, die gegenüber dem B. ruhen oder sich in gleichförmig-geradliniger Bewegung befinden, keine Kräfte wirken. (→ Relativitätstheorie)

BFO, Abk. für engl. **Beat Frequency Oscillator** [bi:t fr'i:kwənsɪ 'ɔsɪleɪtə], Oszillator in einem Einseitenbandempfänger (bes. für Kurzwelle von Funkamateuren gebraucht), der die nicht mitgesendete Trägerfrequenz als Zwischenfrequenz im Empfänger erzeugt, weil ohne die Trägerfrequenz nicht demoduliert werden kann.

B-Horizont, Unterschicht im Profil des → Bodens.

bi . . ., Bi . . ., zwei . . ., doppel(t) . . ., 1) in der anorgan.-chem. Nomenklatur nicht mehr zulässiges Präfix für saure Salze; ersetzt durch → Hydrogen . . . (z. B. Bicarbonat, Hydrogencarbonat). 2) in der organ.-chem. Nomenklatur an Stelle von → Di . . . (auch Bis . . .) zur Kennzeichnung der Verdopplung ident. Reste (z. B. Biphenyl).

Bi, 1) chem. Symbol für das Element → Wismut.

2) Einheitenzeichen für → Biot.

Bi|acetyl, 2,3-Butandion, einfachstes Diketon und Aromastoff der Butter.

Bibenzoyl, svw. → Benzil.

biegen, räumlich gekrümmte Werkstücke aus Blechen, Drähten, Stäben oder Rohren herstellen, wobei keine wesentl. Änderung der Dicke oder Länge des Ausgangsmaterials eintritt (→ Biegung).

Metall. Zylindrische und konische Werkstücke oder Ringe aus Walzprofilen werden meist auf **Dreiwalzen-** oder **Vierwalzen-Biegemaschinen (Rundmaschinen)** gebogen. Ein oder zwei angetriebene Walzen bewegen das Werkstück, bis es beim Durchlauf durch die verstellbaren Walzen die gewünschte Form angenommen hat. Beliebig geformte Blechprofile werden durch → Abkanten oder durch → Walzprofilieren hergestellt. Massen- und Kleinteile werden unter → Pressen in **Biegestanzen** zw. **Biegestempel** und **Biegegesenk** gebogen. **Rohrbiegevorrichtungen** und **Rohrbiegemaschinen** arbeiten mit Formteilen, die das Rohr von außen umfassen oder mit Dornen, die, in das Rohr eingeführt, den Rohrquerschnitt erhalten.

Holz. Geradfaseriges, fehlerfreies Holz läßt sich unter Einfluß von Wärme und Feuchtigkeit (Sattdampf 100 bis 120 °C) leicht um Formen **(Biegeform)** biegen. Es wird dabei gestaucht, damit es sich auf der äußeren Seite (Zugseite) nicht dehnt und reißt. Den Stauchdruck bringt im **Thonet-Verfahren** ein Biegeband aus Stahl mit Stauchbacken an den Enden auf. Die **Holzbiegemaschinen** arbeiten oft nach demselben Prinzip. Die gebogenen Stücke werden in der Form gekühlt und getrocknet, damit sie die Biegung behalten. Flächige, gebogene Lagenholzteile, z. B. Sperrholzformteile für Stuhlsitze, erzeugt man ohne Stauchung in Form-Heißpressen aus Furnieren unter gleichzeitiger Verleimung. (Weiteres BILD S. 137)

Kunststoffe. Platten, Rohre oder Profile aus Thermoplasten werden in angewärmtem Zustand über Formen gebogen und bis zum Erkalten festgehalten.

Biegeschwingung, eine → elastische Schwingung.

Biegeversuch, Werkstoffprüfung an Bauteilen (Träger, Balken, Platten, Rohren) oder Probestücken. Das auf → Biegung zu beanspruchende Teil wird an den Enden aufgelegt und in der Mitte belastet. Ermittelt wird die Last, bei der eine bestimmte plastische Formänderung oder Bruch eintritt.

Biegung, elast. oder plast. Formänderung von längl. Körpern (z. B. Balken) durch Biegemomente, d. h. Paaren von Kräften, die in endl. Abstand voneinander in entgegengesetzter Richtung auf den Körper wirken. Die B. verursacht auf der einen Seite des Bauteils eine Druckspannung und dadurch eine Verkürzung, auf der entgegengesetzten Seite eine Zugspannung und dadurch eine Verlängerung. Der Übergang von der Zugspannung auf die Druckspannung über den Querschnitt erfolgt stetig und geht durch eine Fläche, in der die Spannung zu Null wird (neutrale Fläche).

Durch den → Biegeversuch kann die **Biegefestigkeit** des Werkstoffes eines auf B. beanspruchten Bauteils ermittelt werden. Die Biegefestigkeit unterscheidet sich von der Zugfestigkeit infolge plast. Verformung mehr oder weniger stark, bes. bei stark verformungsfähigen Werkstoffen.

Bielascher Komet [bj'ela-, n. W. v. Biela, * 1782, † 1856], 1826 entdeckter Komet, Umlaufzeit 6 3/4 Jahre; teilte sich im Januar 1846 in zwei Teile, die sich voneinander weg bewegten, 1852 voneinander 2,5 Mio. km entfernt waren, seitdem aber nicht mehr beobachtet wurden. Der später auftretende → Meteorstrom der **Bieliden** oder **Andromediden** hat gleiche Bahnelemente, so daß er wahrscheinlich die Überreste des B. K. darstellt.

Bifilarwicklung, Elektrotechnik: induktionsfreie Wicklung, die bes. für Präzisionswiderstände angewandt wird. Der Widerstandsdraht wird zweifädig so gewickelt, daß Hin- und Rückleitung nahe beieinander liegen und sich in ihren magnet. Wirkungen gegenseitig aufheben.

Bifokalgläser, Zweistärkengläser für Fern- und Nahsicht, → Brille.

Big-Bang [bɪgb'æŋ, engl.], svw. → Urknall.

Bigfon, BIGFON, Abk. für **Breitbandiges integriertes Glasfaser-Fernmeldeortsnetz,** Systemversuch für den Einsatz von Glasfaserkabeln zur optischen Nachrichtenübertragung im Fernmeldenetz der Dt. Bundespost.

bijektiv, Mathematik: → Abbildung 1).

Bikomponentenfasern, Chemiefasern, die aus zwei synthet. Polymeren unterschiedlicher Schrumpfneigung zwecks ›angeborener‹ Kräuselung (Spinntexturierung) bestehen oder verschiedenen Schmelzpunkt zum thermischen ›Verschweißen‹ von → Vliesstoffen haben. Man unterscheidet drei Typen: Bei den **S/S-Typen** (side-by-side) sind zwei Polymere nebeneinander, bei den **C/C-Typen** (centric-cover-core) als Kern-Mantel-Fasern umeinander versponnen und bei den **M/F-Typen** (matrix-fibrill) als Fibrillen in eine Matrix eingesponnen. Letztere Typen heißen auch **Bikonstituentenfasern.**

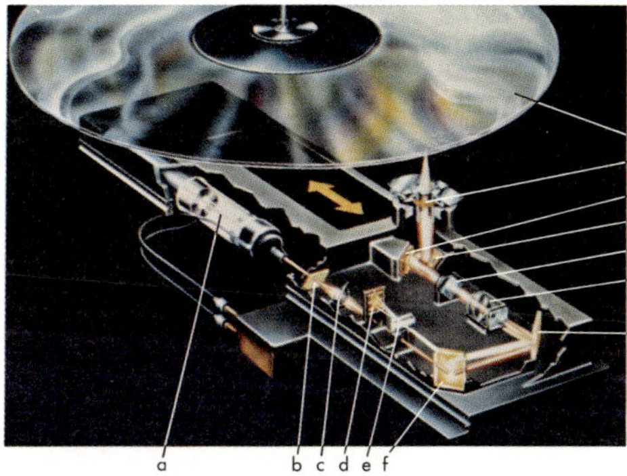

Bildplatte 1: schematisierter Aufbau und Strahlengang eines Plattenspielers zur opt. Abtastung einer Laser Vision B.; a = Laser, b = Strahlenteiler, c = Zwischenlinse, d = Photodiode, e = Zylinderlinse, f und g = Umlenkspiegel, h = dreiteiliges Prisma (Wollaston-Prisma), i = Viertel-Lambda-Platte, j = radialer Drehspiegel, k = tangentialer Drehspiegel, l = Objektiv, m = Laser Vision (LV-)Bildplatte

bikonkav auf beiden Seiten konkav (hohl); **bikonvex,** auf beiden Seiten konvex (→ Linsen 2).

Bild, 1) Mathematik: →Abbildung 1).

2) Optik: →Abbildung 2).

Bildaufnahmeröhre, Fernsehen: elektron. Gerät zur Umwandlung eines opt. Bildes in eine Folge von zur Fernübertragung oder Speicherung geeigneten elektr. Impulsen. Ein Elektronenstrahl wird zeilenweise über das auf dem vorderen Schirm (Speicherplatte) der B. für die Dauer der Abtastung gespeicherte Bild geführt und bewirkt dabei eine Umladung der einzelnen Speicherzellen. Die dadurch fließenden impulsförmigen Entladeströme der Zellen stellen die Bildsignale dar. Die heute bedeutendste B. mit Halbleiter-Speicherplatte ist das →Vidikon, daneben werden auch ladungsgekoppelte Halbleiterbauelemente (→CCD) als Bildaufnahmeelemente in Videokameras eingesetzt.

Bildband, →Videoband.

Bildbandgerät, Bez. für den →Videorecorder, audiovisuelles Gerät zur → magnetischen Aufzeichnung und Wiedergabe von Fernsehprogrammen, als Speichermedium dient ein →Videoband.

Bildfeldwinkel, Optik: →Bildwinkel.

Bildfeldwölbung, ein →Abbildungsfehler, bei dem das Bild einer ebenen Objektfläche gewölbt ist.

Bildfernsprechen, Bildtelephon, Fernseh-Telephon, Form der →Telekommunikation mit Bewegtbildübertragung während des Ferngesprächs zw. den Teilnehmern. Nach frühen Anfängen in der Pionierzeit des Fernsehens (1936 erstes öffentl. B. Berlin–Leipzig) hat es sich trotz der techn. Möglichkeiten noch nicht auf breiter Basis durchgesetzt: Notwendigkeit sowie Qualitätsanforderungen und Wirtschaftlichkeit sind umstritten. **Bildfernsprechkonferenz:** → Videokonferenz.

Bildformate, →Film 3), →Photopapier.

Bildfrequenz, Film und Fernsehen: die Zahl der je Sekunde abgetasteten (vorgeführten) Bilder: beim Amateurschmalfilm 18, beim Stummfilm 16, beim Tonfilm 24, beim Fernsehen in den USA 30, in Europa 25. Beim → Zeilensprungverfahren wird jedes Bild zweimal mit halber Zeilenzahl übertragen.

Bildfunk, die drahtlose → Bildtelegraphie.

Bildhauer, lat. **Sculptor,** auch **Bildhauerwerkstatt,** → Sternbild des Südhimmels, enthält den Südpol der Milchstraße.

Bildkarte, Kartographie: Karte, die aus Ansichtsdarstellungen (z. B. von Gebäuden) besteht (→ Militärperspektive); auch Name für Luftbildkarte.

Bildkraft, die Kraft, mit der eine elektr. Ladung vor einer ebenen leitenden Fläche von der darin influenzierten Ladung angezogen wird. Zur Berechnung der B. läßt sich die influenzierte Flächenladung ersetzen durch eine im Spiegelbild der erzeugenden angebrachte, gleich große Ladung entgegengesetzten Vorzeichens. (BILD S. 140)

Bildplatte, Videoplatte, scheibenförmiges Speichermedium aus Kunststoff, das die Bild- und Tonsignale eines Fernsehprogramms enthält. Mit Hilfe eines geeigneten Abspielgerätes kann das Programm über ein Fernsehgerät wiedergegeben werden. Die drei z. Z. wichtigsten Systeme sind das opt. System **LV,** Abk. für **Laser Vision** [lˈeɪzə vɪʒn, engl.], das kapazitive System **CED,** Abk. für **Capacitance Electronic Disc** [kəpˈæsɪtəns ɪlektrˈɔnɪk dɪsk, engl.], sowie das ebenfalls kapazitiv abtastende System **VHD,** Abk. für **Video High Density** [vˈɪdɪəʊ haɪ dˈensɪtɪ, engl.].

Das LV-System, bislang auch **VLP = Video Long Play** [-lɔŋ pleɪ] genannt, beruht auf einer berührungslosen opt. Abtastung der B. Die in eine digitale Form gebrachten Bild- und Toninformationen sind als winzige Vertiefungen (Pits) auf dem Kunststoffträger untergebracht; sie sind spiralförmig angeordnet und werden (von innen nach außen) von einem 1 µm dicken Laserstrahl abgetastet. Der Informationsgehalt steckt in der Länge und dem Abstand der Pits, die anderen Abmessungen sind für alle Pits gleich (Breite 0,4 µm, Tiefe 0,1 µm). Die derart gewonnenen Informationen werden mittels elektron. Schaltungen im Abspielgerät in die von jedem Fernsehgerät verwertbaren Fernsehsignale zurückverwandelt. Die Spielzeit einer LV-B. beträgt bei der **CAV**-Version, Abk. für **Constant Angular Velocity** [kˈɔnstənt ˈæŋgjʊlə vɪlˈɔsətɪ, engl.], maximal 36 min je Seite und bietet eine Reihe von Sonderfunktionen (z. B. schneller Suchlauf, Zeitraffer, Zeitdehner, Standbild, Einzelbildwiedergabe). Die **CLV**-Version (Abk. für **Constant Linear Velocity** [-lˈɪnɪə-, engl.], etwa: ›konstante Auslesegeschwindigkeit‹) erreicht wegen der von 1 500 auf 500 Umdrehungen pro min abnehmenden Drehzahl eine Spieldauer von 1 Stunde je Seite, bietet dafür aber nicht die Sonderfunktionen wie die CAV-Version.

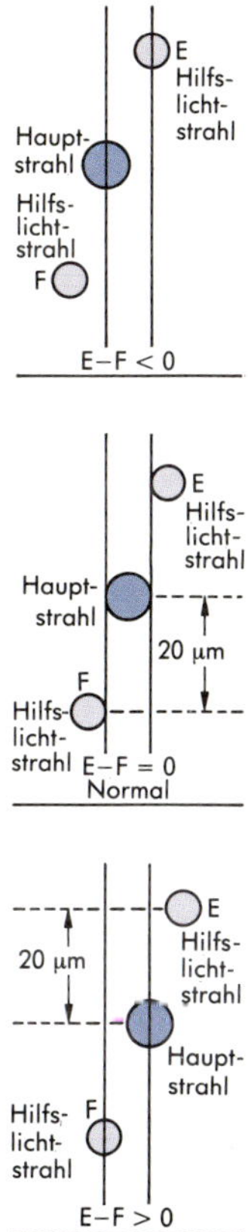

Bildplatte 2

Bildplatte 2: Spursteuerung bei der LV-B. mittels zweier gegenüber der Spurmitte leicht versetzten Hilfslichtstrahlbündel

Bildplatte 3: Spurführung für versch. Betriebsarten bei der LV-B. (CAV-Version); a = zeitlich unbegrenzte Stehbildwiedergabe, b = Zeitraffer, c = Bildrücklauf

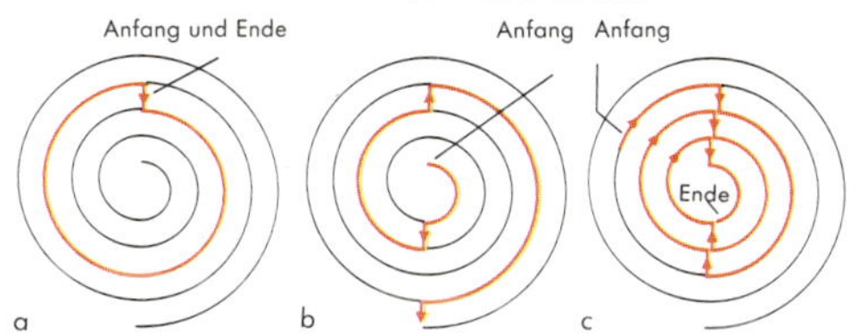

Bildschirmtext

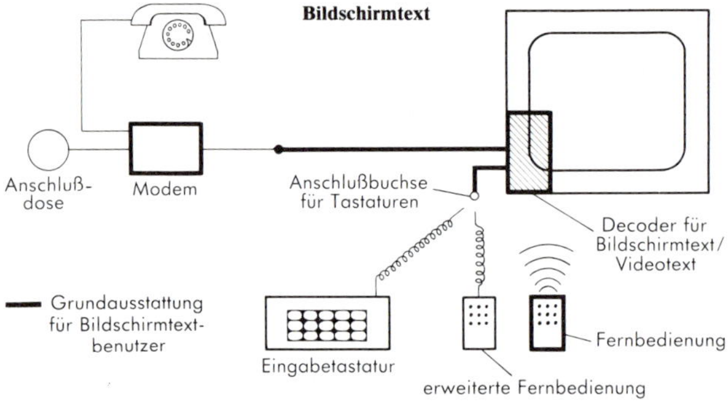

Beim CED-System werden die Bild- und Toninformationen in Form von wellenartigen, flachen Rillen auf die elektrisch leitende Trägerplatte gebracht. Getragen von einer über die Rillen gleitenden, spurführenden Diamantnadel tastet ein Metallplättchen die auf der CED-B. gespeicherten Informationen in kapazitiver Weise ab, dabei stellen das Metallplättchen und das B.-Trägermaterial die Elektroden eines Kondensators dar. Die hierdurch erzeugten äußerst geringen Kapazitätsänderungen werden durch elektron. Schaltungen soweit aufbereitet, daß sie einem Fernsehgerät zugeführt werden können. Die Spieldauer beträgt bei 450 Umdrehungen/min und 30 cm Durchmesser 1 Stunde je Seite.

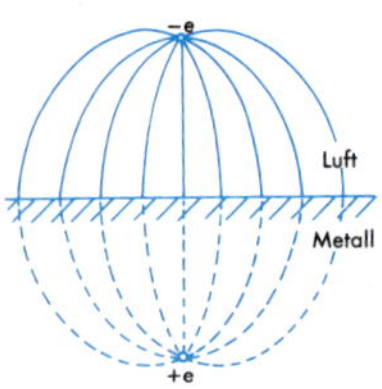

Bildkraft eines Elektrons über einer Metallfläche

Das VHD-System arbeitet ebenso wie das CED-System mit einer kapazitiven Abtastung der Informationen, benötigt jedoch keine mechan. Spurführung, da dies elektronisch geregelt wird. Es sind daher ebenso wie bei der LV-B. versch. Sonderfunktionen möglich. Nachteil ist wie bei der CED-B. die hohe Empfindlichkeit gegenüber Staub und Fingerabdrücken; sie darf daher i. Ggs. zur LV-B. nur mit einer Schutzhülle gehandhabt werden.

In der Entwicklung befindet sich eine B., die nach dem Prinzip des →magnetooptischen Speichers arbeitet. Sie könnte beliebig gelöscht und wieder bespielt werden.

Bildröhre, beim Fernsehempfänger die →Elektronenstrahlröhre, auf deren →Leuchtschirm das Empfangsbild entworfen wird. Der von der Kathode ausgehende Elektronenstrahl wird von den der Kathode zugeführten Bildsignalen in seiner Intensität gesteuert. Je nach der Größe der augenblickl. Signalspannung an der Steuerelektrode gelangen mehr oder weniger Elektronen zum Leuchtschirm und erzeugen dort einen Leuchtfleck entsprechender Helligkeit; dieser wird durch eine magnet. oder elektrostat. Elektronenlinse zu einem feinen Punkt konzentriert, von den magnet. Feldern der Ablenkspule zeilenweise über den Schirm geführt und baut so das Bild aus den Punkten verschiedener Helligkeit auf. Die Leuchtschicht wird zur Erhöhung der Lichtausbeute mit einer als Spiegel wirkenden Aluminiumschicht hinterlegt. Bei Implosion der B. wird der Betrachter z. B. durch aufgekittete Glasscheiben (engl. ›Twin panel‹) oder durch den Bildkolben umfassende Metallgürtel geschützt.

Zur Wiedergabe farbiger Bilder werden B. verwendet, bei denen drei Elektronenstrahlen über einen aus Farbtripeln oder Farbstreifen zusammengesetzten Leuchtschirm abgelenkt werden und bei denen Schattenmasken oder Metallgitter im Strahlweg dafür sorgen, daß jeder der Elektronenstrahlen nur die ihm zugeordneten Leuchtstoffelemente trifft. Einstrahlröhren mit →Farbgitter (wie z. B. das →Chromatron) haben sich bisher nicht durchsetzen können.

bildsame Formgebung, plastische Formgebung, die Fertigungsverfahren des →Umformens.

Bildsamkeit, das plastische Formänderungsvermögen der Werkstoffe unter Einwirkung äußerer Kräfte.

Bildschirm, →Leuchtschirm, →Projektionswand.

Bildschirmtext, Abk. **BTX** oder **Btx.** Der als B. bezeichnete Kommunikations- und Informationsdienst benutzt i. Ggs. zum →Videotext, der Informationen auf dem Fernsehbildschirm sichtbar macht, die in der →Austastlücke vom Fernsehsender ausgestrahlt werden, das Fernsehgerät nur zur Darstellung der Information; zur Auswahl und Übermittlung dient beim B. das Fernmeldenetz.

Die Darstellung ist farbig in Form von Texten (max. 24 Zeilen je 40 Zeichen) oder einfachen Graphiken. Die Informationen werden von den Anbietern in Datenbanken eingegeben; die Benutzer von B. können sie mit Hilfe eines zusätzl. Decoders zum Fernsehempfänger und eines an das Fernmeldenetz angeschlossenen →Modems abrufen, indem sie best. Anbieter direkt aus einem Anbieterverzeichnis auswählen oder einer →Suchbaumstruktur (BILD) folgen. Außer dem reinen Abruf bietet B. die Möglichkeit, Mitteilungen an andere Teilnehmer zu übermitteln, bes. an solche, die eigene Rechner an das System angeschlossen haben (z. B. Bestellungen aus mittels B. übertragenen Versandhausanzeigen).

E. RUPP: B., Technik, Nutzung, Marktchancen (1980). – B.-Magazin für Teleleser (seit 1980).

Bildspeicherung, 1) alle Verfahren zur Speicherung von Bildern oder Bildsignalen analog den Verfahren der Schallspeicherung mit dem Zweck, die Bilder jederzeit wiedergeben zu können, →Audiovision.

2) beim Fernsehen in **Bildspeicherröhren** angewandte Methode der kurzzeitigen Speicherung von Bildern zur Erhöhung der Empfindlichkeit von →Bildaufnahmeröhren.

Bildstörung, Fernsehen: durch Fehler im Fernsehstudio, im Fernsehsender oder auf dem Übertragungsweg verursachte Störung bei der Wiedergabe des Bildes auf dem Bildschirm des Fernsehempfängers, wie fehlendes Bild (Ausfall von Geräten im Studio, im Sender oder im Übertragungsweg), durchlaufendes oder verzerrtes Bild (Synchronisationsstörung) oder verrauschtes Bild (verringerte Feldstärke).

Bildtelegraphie, engl. **telephoto** [telɪfˈəʊtəʊ], Festbildübertragung von **Halbtonbildern** mit beliebigen (analogen) Grauwerten (z. B. Photographien). Die B. ähnelt im Verfahren dem Fernsehen. Im Sender beleuchtet ein Lichtstrahl punktförmig das auf eine Trommel gespannte Original. Drehung und Vorschub der Trommel bewirken zeilenweise Abtastung. Das durch unterschiedl. Grauwerte der Bildpunkte reflektierte Licht (Lesestrahl) liefert über ein lichtempfindl. Element (Photozelle, Pho-

Bildtelegraphie (schematisch)

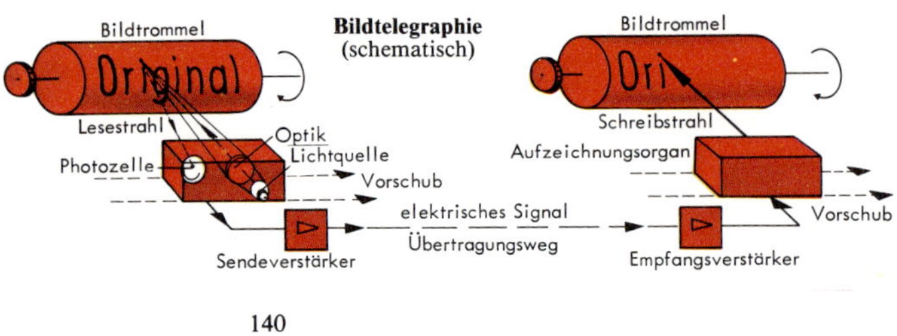

todiode) ein übertragbares elektr. Signal. Im Empfänger wird damit über eine steuerbare Lichtquelle (Kerr-Zelle, Glimmlampe) die Intensität des Schreibstrahls gesteuert. Auf einer mit lichtempfindl. Papier bespannten Trommel mit zur Sendetrommel synchroner Bewegung (Drehung und Vorschub) entsteht eine Reproduktion des Originals, das amplitudenmoduliert über störungsarme Fernsprechkanäle oder frequenzmoduliert über Funkwege **(Funkbild)** übertragen wird. Übertragungsdauer je nach Bildgröße und Bildgüte mehrere Minuten je Bild. Getrennte Übertragung von Farbauszügen in den drei Grundfarben Blau, Gelb und Rot ermöglicht Reproduktion von Farbbildern.

Anwendungsgebiete: Nachrichtendienste der Zeitungen (Pressephoto), der Polizei (Fahndungsbilder), des Wetterdienstes (Wolkenbilder von Satelliten) u. a.

Die B. ist relativ aufwendig und störanfällig. Genügen reine Schwarzweißbilder (ggf. mit einigen Grauwerten), ist → Fernkopieren wirtschaftlicher (z. B. für Dokumente, Bankbelege, Fingerabdrücke, Wetterkarten).

Bildtelephon, → Bildfernsprechen.

Bildungswärme, Wärmemenge, die beim Aufbau einer Verbindung aus den Elementen frei (→ exotherm) oder verbraucht wird (→ endotherm).

Bildwand, → Projektionswand.

Bildwandler, elektron. Anordnung zur Umwandlung von Bildern, die durch eine sichtbare oder unsichtbare Strahlung (Röntgenstrahlen, Ultraviolett- oder Infrarotlicht) hervorgerufen werden, in geometrisch ähnl. Bilder einer Strahlung anderer Wellenlänge (meist sichtbares Licht). B. werden u. a. verwendet als Röntgenbildverstärker sowie (mit Infrarotlicht) für Nachtfernrohre und Nachtfahrgeräte.

Bildweite, → Abbildung 2 (BILD).

Bildwerfer, svw. → Projektor.

Bildwinkel, Optik: der Winkel, unter dem das Bild oder der Gegenstand vom abbildenden System aus erscheint. – Als **Bildfeldwinkel** bezeichnet man den Raumwinkel, unter dem das gesamte Bildfeld erscheint.

Bilge *die,* unterer ungenutzter Raum im Bereich des Schiffsbodens, z. B. unter Antriebsanlagen.

Bilgenöl, mit Wasser, Fett und Treibstoffresten verschmutztes Öl, das beim Betrieb von Schiffsdieselmotoren anfällt.

Bilinearform, algebraischer Ausdruck, der aus zwei Folgen $x_1, x_2, \ldots, x_n$ und $y_1, y_2, \ldots, y_n$ von Variablen besteht, die nur in der ersten Potenz auftreten; Beispiel: $ax_1y_1 + bx_2y_2 + cx_3y_3$; B. sind Spezialfälle der → Multilinearformen.

Billiarde, die Zahl 10^{15} = 1000 Billionen = 1000000000000000.

Billion, die Zahl 10^{12} = 1000 Milliarden = 1000000000000, in den USA 10^9 = 1 Milliarde.

Biluxlampe, Handelsname einer häufig verwendeten Zweifadenlampe für Fahrzeugscheinwerfer mit zwei getrennt schaltbaren Leuchtkörpern: für **Fernlicht** im Brennpunkt des Scheinwerferspiegels, für **Abblendlicht** außerhalb und durch Kappe abgedeckt (BILD Abblenden).

Bimetall, feste, durch Schweißen oder Kleben hergestellte Verbindung zweier Metalle. Beim **B.-Draht** sind die Metalle koaxial geschichtet; die äußere Hülle dient dem Korrosionsschutz. **B.-Streifen** bestehen aus Metallen mit unterschiedl. Wärmeausdehnungen (z. B. Stahl und Messing). Beim Erhitzen dehnen sich die beiden Bänder verschieden stark aus; dadurch krümmt sich der Streifen nach der Seite des Metalls mit der geringeren Ausdehnung. Diese Krümmungsbewegung kann z. B. zur temperaturabhängigen Steuerung elektr. Kontakte benutzt werden. Bimetallstreifen finden u. a. Verwendung bei Temperaturreglern in Zentralheizungen, Kühlschränken, elektr. Heizkissen, Bügeleisen sowie als Schaltorgan bei Blinkschaltern überall dort, wo elektron. Schaltelemente zu aufwendig sind.

BIMOS, Halbleitertechnologie, die es ermöglicht, zur Herstellung integrierter Schaltungen bipolare und MOS-Transistoren auf demselben → Chip zu erzeugen.

Bimsstein, Bims, helles, aus kieselsäure- und gasreicher → Lava schaumig erstarrtes Gesteinsglas. Ausgeworfene Lavafetzen werden abgelagert als **Bimssand** und **-kies;** verfestigt als **Bimstuff.** B. dient gemahlen als Polier- und Schleifmittel sowie als Betonzusatz.

binär, aus zwei Einheiten bestehend. **1)** Chemie: a) **b. System, Zweistoffsystem,** → Zustandsdiagramm. b) **b. Verbindungen,** aus zwei Atomarten zusammengesetzte Verbindungen.

2) Datenverarbeitung: **b. Darstellung,** Darstellung von Zahlen und Entscheidungen (ja/nein) mit zwei Zeichen; → Binärcode, → Binärsystem, → Code.

3) Mathematik: **b. Zahlen** sind Zahlen des → Dualsystems. **B. Formen** sind b. quadratische Ausdrücke von der Art $ax^2 + bxy + cy^2$ oder die → Bilinearformen.

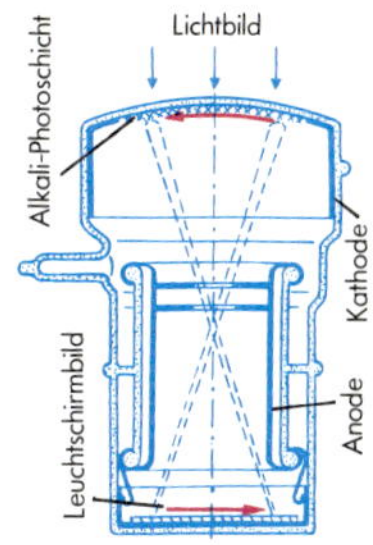

Bildwandler-Diode (Schnitt)

Binärcode, zweiwertiger → Code zur Darstellung von Daten oder Zuständen. Da es technisch bes. vorteilhaft ist, nur zwei physikalisch leicht unterscheidbare Zustände darzustellen und zu verarbeiten, hat sich die binäre Codierung in der Datentechnik fast ausschließlich durchgesetzt, ausgeführt durch best. Zustände physikal. Größen, z. B. Strom – kein Strom oder Potential hoch – niedrig oder Lochkartenposition gelocht – nicht gelocht. Die vier wichtigsten B. sind → BCD-Code, → Aiken-Code, → Exzeß-3-Code und → Gray-Code. (TABELLE)

Dualzahlen	Dezimalzahlen			
Tetraden der Binärcodes	BCD-Code	Aiken-Code	Exzeß-3-Code	Gray-Code
0000	0	0		0
0001	1	1		1
0010	2	2		3
0011	3	3	0	2
0100	4	4	1	7
0101	5		2	6
0110	6		3	4
0111	7		4	5
— — —	— — —	— — —	— — —	— — — Symmetrielinie
1000	8		5	(9) bei 4 Abtastspuren
1001	9		6	
1010			7	
1011		5	8	
1100		6	9	8 bei mehr als 4 Abtast-
1101		7		9 spuren
1110		8		
1111		9		

Binärcode, die vier wichtigsten B. in Tetradenform.

Binärkampfstoffe, binäre → chemische Kampfstoffe.

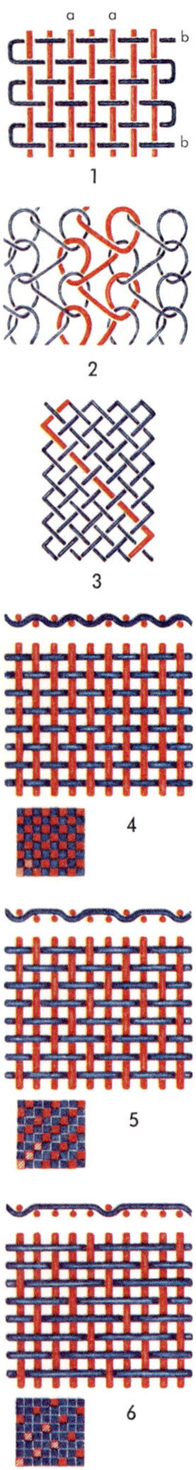

Bindung 2)

Binärsystem, Datenverarbeitung: abgeschlossene Folge zweiwertiger Zeichen zur Darstellung von Informationen. Der Begriff B. ist eine übergeordnete Bez., die sich auf die zweiwertige (binäre) Darstellungsweise und nicht auf den inneren Aufbau des Zahlensystems bezieht. Das **Dualsystem** ist ein Sonderfall möglicher B., da auch hier der Ziffernvorrat aus zwei Elementen besteht. Wichtige B. in der Computertechnik bilden die Tetraden-Codes, bei denen je vier Binärstellen für eine Dezimalziffer verwendet werden (→ Binärcode).

Binärwaffen, Binärkampfstoffe (→ chemische Kampfstoffe).

bin|aurales Hören, zweiohriges Hören; es ermöglicht auf Grund richtungsabhängiger Verzögerungen zw. dem Eintreffen des Schalls auf dem einen und anderen Ohr und ebenfalls richtungsabhängiger Lautstärkeunterschiede zw. den von beiden Ohren aufgenommenen Schallsignalen ein → Richtungshören. In der → Stereophonie dient das b. H. dazu, dem Hörer den Eindruck unterschiedl. Standorte der Schallquelle zu vermitteln. Am deutlichsten tritt der Binauraleffekt beim Abhören mit Kopfhörer auf. Wird bei binauralen Darbietungen mit strukturellen Unterschieden zw. den den beiden Ohren angebotenen Schallsignalen gearbeitet, so entstehen aus dem Zusammenwirken verschiedener Nervenreize neue Tonqualitäten **(Binauraltöne).**

Bindedraht, Stahldraht, durch Glühen (Erwärmung bis zur Rotglut) und langsames Erkaltenlassen weich und geschmeidig gemacht.

Bindegarn, meist Sisal-, seltener Kunststoffgarn, zum Binden von Halmgutballen oder Garben in → Ballenpressen oder → Bindemähern mit Selbstbindevorrichtungen.

Bindemäher, Mähbinder, Feldmaschinen, die Getreide mähen und zu Garben binden; die Garben werden zur Nachtrocknung auf dem Feld zu Hocken zusammengestellt und danach ausgedroschen. B. sind heute weitgehend durch → Mähdrescher ersetzt.

Bindemittel, 1) Stoffe, die Festkörperpartikel (z. B. Kies im Beton, Pigmente in Lacken, Holzteilchen in Spanplatten) untereinander und häufig auch mit dem Untergrund verbinden. Als B. werden auch die verbindenden Stoffe in Klebstoffen, Dichtungsmassen u. a. bezeichnet. Das Abbinden (Erhärten) geschieht durch physikal. Vorgänge (Trocknen, Kristallisation) oder chem. Reaktionen. **Anorganische B.** sind pulverförmige Stoffe, die mit Wasser verarbeitet werden. **Hydraulische B.** (z. B. Zement) erhärten durch Hydratation sowohl an der Luft als auch unter Wasser. **Luft-B.** erhärten nur an der Luft, entweder durch Reaktion mit Kohlendioxid (Kalk) oder durch Hydratation (Gips). **Organische B.** sind z. B. Alkyd- und Epoxidharze, Bitumen.

2) Geologie: ausfüllender und verfestigter Zement zw. Körnern klastischer Sedimente.

Binder, Bautechnik: a) bei Ziegelmauerwerk der senkrecht zur Mauerflucht liegende Ziegel; B. werden in Schichten abwechselnd mit den längs der Mauerflucht liegenden **Läufern** vermauert; b) bei Dachkonstruktionen senkrecht zur Firstlinie stehende Fachwerk- oder Vollwandträger **(Dachbinder)** aus Holz, Stahl oder Stahlbeton, die meist in einem Abstand von 5–12 m die Breite der Bauwerke überspannen und die Dachlasten eines **Binderfeldes** auf die Mauern oder Stützen übertragen.

Bindfaden, stark gedrehte Garne aus Flachs oder Hanf, die zwei- oder dreifach verzwirnt und anschließend geglättet (poliert) werden; Verwendung zu Verpackungs- und technischen Zwecken.

Bindigkeit, 1) Chemie: **Bindungswertigkeit,** Zahl der von einem Atom ausgehenden Elektronenpaare (→ chemische Bindung), unabhängig von der formalen Oxidationszahl.

2) Erdbau: der Zusammenhalt von Böden. Mit steigendem Gehalt an feinstkörnigen Bestandteilen (Korngröße unter 0,1 mm ∅) und Feuchtigkeit nimmt die B. zu, die Bearbeitbarkeit ab (schwere Böden).

Bindung, 1) Physik, Chemie: das Zusammentreten von zwei oder mehr Teilchen zu einem neuen Gebilde. Die Energiedifferenz zw. dem gebundenen und dem Zustand, in dem die einzelnen Teilchen vollständig getrennt sind, heißt **B.-Energie.** Sind die Teilchen Atome, die zu einem Molekül oder Kristall zusammentreten, liegt → chemische Bindung vor. Sind die Teilchen Nukleonen, die einen Atomkern bilden, ist die durch → Austauschkräfte verursachte Bindung mit einem → Massendefekt verbunden.

2) Textilkunde: die Art der Fadenvereinigung. Zu einem **Gewebe (Web-B.,** BILD 1) gehören zwei sich rechtwinklig kreuzende Fadensysteme (Kette a und Schuß b). **Wirk-** und **Strickwaren (Wirk-B.,** BILD 2) haben entweder einen Faden, der mit sich selbst zur Masche verhängt wird (Kulierwirkware), oder ein System von Fäden (Kettenwirkware), die miteinander als Maschen verbunden werden; zw. Kulierwirkwaren und Strickwaren besteht kein bindungstechn. Unterschied. Bei Verkreuzung mehrerer Fäden nach Art eines Zopfes in Diagonalrichtung entstehen **Geflechte** (BILD 3). Bei textilen → Verbundstoffen bedeutet B. den Grad der Verfestigung.

Das Verkreuzen, Verschlingen oder Verhängen und Verflechten der Fäden oder Fadensysteme wird mit Zeichnungen **(Patronen)** festgelegt. Bei Geweben wird kariertes Patronenpapier benutzt. Der Raum zw. zwei senkrechten Linien stellt einen Kettfaden, zw. zwei waagerechten Linien einen Schußfaden dar. Für Wirkerei und Geflechtherstellung gelten spezielle Kennzeichnungsregeln.

Webgrundbindungen sind: 1) **Leinwand-B.** (BILD 4), bei Wollstoffen **Tuch-B.,** bei Seidenstoffen **Taft-B.** genannt: zu einem Rapport gehören je 2 Kett- und 2 Schußfäden. 2) **Köper-B.** (BILD 5) weist einen diagonalen Verlauf der B.-Punkte in Z- oder S-Drehung (→ Garn) auf. Der kleinste Rapport umfaßt je 3 Kett- und Schußfäden. 3) **Atlas-B.** (BILD 6) entsteht durch regelmäßige Verteilung der Kettfaden-Hoch- und Tiefgänge über den ganzen B.-Rapport, so daß sie sich an keiner Stelle berühren. Dadurch wird eine glatte Warenoberfläche erzielt. Hierzu sind je Rapport mindestens 5 Kett- und Schußfäden erforderlich. – Außer den Grundbindungen gibt es abgeleitete (kombinierte) B. in unbegrenzter Zahl.

Lit. → Weberei, → Wirkerei.

Bindungsteilchen, → Feldquanten.

Bindungswertigkeit, svw. → Bindigkeit 1).

Binge, Pinge, oberflächlicher Erdeinbruch durch Zusammenstürzen von Grubenbauen.

Binnendruck, svw. Kohäsionsdruck (→ Kohäsion).

Binnenland, die inneren meerfernen Teile eines Festlandes, vom Küstenland bes. durch das stärker kontinentale Klima unterschieden.

Binnenmeer, Binnensee, großflächiges Gewässer, rings von Land umgeben (Kasp. Meer, Aralsee) oder mit dem Ozean nur durch schmale Auslässe verbunden (Schwarzes Meer, Ostsee).

Bin|okular *das,* zwei nebeneinander angeordnete → Okulare, die das beidäugige Beobachten durch ein opt. Instrument (z. B. Fernrohr, Mikroskop) ermöglichen.

Bi|nom *das,* algebraischer Ausdruck, der die Form einer Summe mit zwei Gliedern hat, z. B. $a + b$ oder $a - b$.

Bi|nomialko|effizient, die Koeffizienten $\binom{n}{k}$ (gesprochen ›n über k‹) der Formel des → binomischen Lehrsatzes, wobei gilt $\binom{n}{0} = 1$ und

$$\binom{n}{k} = \frac{n \cdot (n-1) \cdot (n-2) \cdot \ldots \cdot (n-k+1)}{k!}$$

mit $k! = 1 \cdot 2 \cdot 3 \cdot \ldots \cdot k$. Beispiel:

$$\binom{10}{5} = \frac{10 \cdot 9 \cdot 8 \cdot 7 \cdot 6}{1 \cdot 2 \cdot 3 \cdot 4 \cdot 5} = \frac{30240}{120} = 252$$

Die B. spielen eine große Rolle in der → Wahrscheinlichkeitsrechnung, z. B. gibt es $\binom{49}{6}$ Möglichkeiten, 6 Zahlen aus einer Menge von 49 Zahlen auszuwählen.

Bi|nomialverteilung gibt die Wahrscheinlichkeit dafür an, daß bei n-maliger unabhängiger Wiederholung eines Versuchs mit zwei mögl. Ausgängen die eine Alternative (mit der Wahrscheinlichkeit p) genau x-mal, die andere (mit der Wahrscheinlichkeit $1 - p$) also $n - x$-mal auftritt. Diese Wahrscheinlichkeit ist $\binom{n}{x} p^x \cdot (1-p)^{n-x}$.

bi|nomische Formeln, die Formeln für die Produkte und Potenzen von Binomen, wobei gilt:

$$(a + b) \cdot (a - b) = a^2 - b^2,$$
$$(a \pm b)^2 = a^2 \pm 2\,ab + b^2$$
$$(a \pm b)^3 = a^3 \pm 3\,a^2b + 3\,ab^2 \pm b^3 \text{ usw.},$$

die allgemeine Formel liefert der → binomische Lehrsatz.

bi|nomischer Lehrsatz, Formel zur Berechnung höherer Potenzen von Binomen, es gilt:

$$(a + b)^n = \binom{n}{0} a^n + \binom{n}{1} a^{n-1} b + \binom{n}{2} a^{n-2} b^2 + \ldots \binom{n}{n} b^n$$

wobei die Koeffizienten $\binom{n}{k}$ (gesprochen ›n über k‹) als die → Binomialkoeffizienten bezeichnet werden, n eine ganze Zahl und k eine natürl. Zahl ist. Der b. L. kann verallgemeinert werden für beliebige reelle Zahlen a (statt n), dann gilt für jedes x mit $-1 < x < +1$ die Entwicklung in die **binomische Reihe**

$$(1 + x)^a = 1 + \binom{a}{1} x + \binom{a}{2} x^2 + \ldots \binom{a}{n} x^n + R_n,$$

wobei das Restglied R_n bei festem x und $n \to \infty$ gegen Null geht.

Bi|normale, 1) Kristallographie: → Kristalloptik.

2) Mathematik: die Senkrechte auf Tangente und Normale in einem Punkt einer → Raumkurve.

Biochemie, die Lehre von der Zusammensetzung und Wirkung der am Aufbau und Stoffwechselgeschehen lebender Organismen beteiligten chem. Verbindungen. Es bestehen Überschneidungen mit anderen Wissenschaften (Chemie, Biologie, Medizin u. a.), die eine strenge Abgrenzung verhindern. Spezialgebiete sind z. B. Molekularbiologie, Phyto-, Histo-, Immunchemie und die ökolog. Chemie.

Die **statische** oder **deskriptive B.** behandelt die Zusammensetzung, Struktur und Beschreibung der organ. Naturstoffe einschließlich der Enzyme, Vitamine, Hormone, Eiweiße, Träger der Erbinformation u. a. Die **dynamische B.** sucht das Zusammenwirken der versch. Komponenten, die Steuerungs- und Regulationsmechanismen des Stoffwechsels, der Assimilation und der Übermittlung der genet. Information zu erforschen.

P. KARLSON: Kurzes Lehrbuch der B. (1980).

biochemischer Sauerstoffbedarf, Abk. **BSB,** Kenngröße für den Gehalt an biologisch abbaubaren Wasserinhaltsstoffen. Der b. S. ist die Sauerstoffmenge, die von Mikroorganismen bei 20 °C innerhalb einer bestimmten Anzahl von Tagen (BSB_5 = nach 5 Tagen) verbraucht wird. Zur Bestimmung wird eine Wasserprobe mit Luftsauerstoff gesättigt und auf zwei genormte Flaschen verteilt. In der einen Flasche wird sofort, in der anderen nach fünftägigem Stehen (für BSB_5) der Sauerstoffgehalt bestimmt. Aus der Differenz ergibt sich der b. S., der in mg/l angegeben wird.

Biochip [-tʃɪp, engl.] *der,* in den menschl. Organismus einpflanzbarer, biologisch aufgebauter (noch nicht realisierbarer) Mikroprozessor mit einer sehr hohen Schaltelementdichte, z. B. zur Reparatur beschädigten Nervengewebes.

Bio|elemente, biophile Elemente, am Aufbau der Lebewesen beteiligte Elemente: Kohlenstoff, Wasserstoff, Sauerstoff, Stickstoff, Schwefel, Phosphor, Chlor, Natrium, Kalium, Calcium, Magnesium, Eisen und die oft katalytisch wirksamen → Spurenelemente Jod, Fluor, Kupfer, Mangan, Zink, Kobalt.

Biofilter, Vorrichtungen zur biologischen → Abgasreinigung, bes. geeignet bei geruchsintensiven Schadstoffen geringer Konzentration. Bei der naßbiologischen Reinigung werden gasförmige Schadstoffe nach Absorption in die wäßrige Phase überführt und biochem. oxidiert; bei der trockenbiologischen Reinigung werden Schadstoffe adsorbiert (z. B. in Kompost) und anschließend mikrobiell abgebaut.

Biogas, Faulgas, brennbares Gasgemisch, das bei der Zersetzung von Biomasse, wie Fäkalien, Gartenabfällen, Stroh u. a. durch Bakterien unter Luftabschluß (anaerob) gebildet wird. Beim Einsatz von Klärschlamm spricht man von **Klärgas.** Die Ausgasung wird in Faulbehältern, zweckmäßig bei Temperaturen um 35 °C durchgeführt. B. besteht aus 54–70% Methan, 27–45% Kohlendioxid, geringen Mengen Stickstoff, Wasserstoff, Schwefelwasserstoff u. a. und hat einen Brennwert (bei 60% Methan) von etwa 24 MJ/m³.

bio|gen [grch.], durch die Tätigkeit von Lebewesen entstanden, → Biolithe.

Biogeochemie, Geobiochemie, zw. Bio- und Geochemie stehendes, der ökolog. Chemie verwandtes, interdisziplinäres Forschungsgebiet, das sich mit den Wechselwirkungen zw. Stoffen und Organismen in Litho-, Hydro- und Atmosphäre befaßt. – Bei der **biogeochem. Prospektion (Biogeoprospektion)** dient die chem. Analyse von metallanzeigenden Pflanzen oder Mikroorganismen zum Auffinden und Lokalisieren bes. von Erzlagerstätten.

Bio|indikatoren, Organismen und biologische Präparate, die spezifische Reaktionen auf Schadstoffeinwirkungen zeigen und daher zu Immissionsnachweisen benutzt werden können. 1) Lebensgemeinschaften und Organismen sind zur Untersuchung ökologischer und biologischer Effekte geeignet (→ Saprobiensystem, Flechtenexpositionsverfahren, standardisierte Graskulturen); 2) Gewebe, Organe und Zellkulturen lassen die Untersuchung biologischer, biochemischer und biophysikalischer Effekte zu (Blutbleispiegel, Schadstoffanreicherungen in höheren Tieren); 3) mit zellfreien Präparaten werden biochemische und biophysikalische Effekte nachgewiesen. Schwierigkeiten bereitet die Standardisierung der Indikationsverfahren (notwendig zur Isolierung bestimmter Immissionswirkungen von sonstigen Umwelteinflüssen).

Biokatalysatoren, natürl. Wirkstoffe, die biochem. Reaktionen in Organismen steuern, z. B. Enzyme, Vitamine.

Biokeramik, keram. Werkstoffe (bes. hochreines Aluminiumoxid), die eine gute Verträglichkeit mit biolog. Gewebe haben und daher als Knochen-, Gelenk- und Zahnwurzelersatz in der Medizintechnik verwendet werden können. Sie zeichnen sich gegenüber Kunststoff-Metall-Kombinationen durch größere Haltbarkeit, bessere Einheilung des Implantats in den Knochen ohne Fremdkörperreaktionen sowie die Möglichkeit der zementfreien Verankerung im Knochenschaft aus.

Bioklimatologie, Bioklimatik, Wissenschaft von der Beeinflussung biolog. Vorgänge durch Wetter und Klima; sie wurde ermöglicht durch Verfeinerung der Wetteranalyse, Anwendung exakter statist. Korrelationsmethoden und durch Schaffung künstl. klimat. Bedingungen in Klimakammern. Als gesonderte Forschungsrichtungen bildeten sich aus die Biometeorologie, die Klimaphysiologie und die Meteoropathologie. – Praktische Bedeutung hat die B. für die Klimaheilkunde.

Biokonversion, Biomasse-Konversion, Verfahren, mit deren Hilfe die → Biomasse durch mikrobielle Einwirkung in andere Produkte, bes. Energieträger (z. B. → Biogas), umgewandelt werden soll.

Biolithe, aus Resten von Pflanzen **(Phytolithe)** oder Tieren **(Zoolithe)** gebildete Sedimentgesteine, eingeteilt in brennbare **Kausto-** und nicht brennbare **Akausto-B.**

Biologie, Naturwissenschaft vom Lebendigen, umfaßt die biolog. **Anthropologie** (Menschenkunde), die **Zoologie** (Tierkunde), die **Botanik** (Pflanzenkunde), die **Genetik** (Erblehre) und die **Protisten**-(Einzeller-)**Kunde** (Mikrobiologie).

In der Methodik strebt die biolog. Forschung danach, ihren rein qualitativen Aussagen quantitative Fassung zu geben, z. B. mit Hilfe der Biomathematik und in der → Biochemie.

Biolog. Untersuchungen werden u. a. in Heilkunde, Nahrungs- und Arzneimittellehre, Obst-, Garten-, Land- und Waldbau, Pflanzen- und Tierzüchtung, Pflanzen- und Tierheilkunde, Kulturpflanzenschutz und Schädlingsbekämpfung, Naturschutz, Umweltschutz praktisch angewendet.

biologische Kampfstoffe, Kampfstoffe auf der Grundlage von Toxinen, Viren und Bakterien. Die Erreger und Toxine werden aus Nährlösungen, z. B. von Pest-, Milzbrand-, Cholera- u. a. Kulturen, meist durch Gefriertrocknung isoliert. Sie können in Form von Aerosolen waffentechnisch eingesetzt werden.

biologisches Laugen, engl. **Bioleaching** [baɪəʊl'i:tʃɪŋ], → Laugung.

Biomasse, Bez. für organ. Siedlungs-, Landwirtschafts- und Ind.-Abfälle sowie Land- und Wasserpflanzen, → Biokonversion. (→ Ottokraftstoffe)

Biomathematik, Anwendung mathemat. Methoden auf biolog. Fragen; bes. die Untersuchung mathemat. Modelle für Organismen und Systeme von Organismen.

Biometeorologie, Erforschung der Einflüsse meteorolog. Erscheinungen auf Lebewesen. Die B. steht vielen Problemen durch zivilisator. Eingriffe in das Bezugssystem Wetter und Mensch gegenüber, die B. hat sich daher stark erweitert und erfordert interdisziplinäre Studien von Ärzten, Naturwissenschaftlern, Psychologen, Kriminalisten, Städtebauern, Umweltschützern u. a.

Biomineralisation, Bildung von **Biomineralen** (z. B. Apatit, Calcit, Kieselsäure) im lebenden Organismus zum Aufbau von Hartteilen (z. B. Knochen, Zähne, Schalen) oder Fremdkörpern (z. B. Gallensteine); meist zus. mit organ. Komponente (z. B. Kollagen, Chitin).

Biomoleküle, Sammelbez. für die am Aufbau und Stoffwechsel lebender Organismen beteiligten Moleküle. Die überwiegende Zahl der mehr als 10 Mio. Arten verschiedener B. (Proteine, Nucleinsäuren, Polysaccharide) sind relativ komplizierte Gebilde, die durch Polymerisation aus einfacheren Bausteinen entstanden sind.

Bionik, technisch orientierte Wissenschaftsdisziplin mit dem Ziel, gegebene Konstruktionen der belebten Welt im Hinblick auf techn. Verwertbarkeit zu untersuchen und als Anregung für eigenständiges techn. Gestalten zu nehmen. Beispiele für ausgeführte Konstruktionen: Schwingflossenvortrieb nach Art der Fischflosse, Bilderkennungsschaltung nach Art des Insektenauges, radioastronom. Teleskop nach Art von Lichtsinnesorganen bei Krebsen, Übertragung der Mutations-Selektions-Kriterien der natürl. Evolution auf die Technik (Prinzipien der ›Evolutionsstrategie‹). Eines der wichtigsten Ziele: das ›künstliche Blatt‹, die technolog. Nachahmung der Photosynthese. Nicht zu verwechseln mit → Biotechnik und → Biotechnologie.

Biophysik, Wissenschaft, in der biolog. Objekte und Vorgänge mit Begriffen und Methoden der Physik untersucht werden. Arbeitsgebiete der B. sind z. B. die elektronenmikroskop. Untersuchung von Zellstrukturen und Makromolekülen, die Röntgenstrukturanalyse von Proteinen, die elektrophysiolog. Untersuchung der Nervenfunktionen, die Funktion der Sinnesorgane, die Informationsübertragung zw. Zellen, die Wirkung versch. Strahlungen auf Organismen. Die B. ist eng verknüpft mit der → Biochemie, der Molekularbiologie und der → Biomathematik. Ihre Ergebnisse werden in der Medizin vielfältig angewandt, z. B. in der Strahlentherapie (Krebsbehandlung).

Bioreaktor, svw. → Fermenter.

Bio-Satelliten, wissenschaftl. Rückkehr-Satelliten mit biomedizin. Aufgabenstellungen, z. B. Untersuchung der physiolog. und genet. Reaktionen unter kombiniertem Einfluß von Schwerelosigkeit und Strahlung auf Zellen, Pflanzen und Tiere. In den USA wurden 3 B.-S. gestartet (Bios 1: 1966, Bios 2: 1967, Bios 3: 1969 mit einem Primaten als Versuchstier); jüngste sowjet. B.-S.: Kosmos 936 (1977) und Kosmos 1129 (1979). Die NASA plant statt B.-S. entsprechende Experimente mit dem Raumtransporter und dem Spacelab.

Biosphäre, die mit Lebewesen besiedelten Schichten der Erde: die Atmo-, Hydro- und Pedosphäre.

Biosynthese, Aufbau biochem. Substanzen in Organismen unter Mitwirkung von Enzymen in wäßriger, stark verdünnter Lösung, häufig mit Hilfe von energiereichen Verbindungen **(enzymat. Synthese).**

Biot [bjo, n. dem frz. Physiker und Astronomen J. B. Biot, * 1774, † 1862], Einheitenzeichen **Bi,** nicht gesetzl. Einheit für die elektr. Stromstärke: 1 Bi = 10 Ampere.

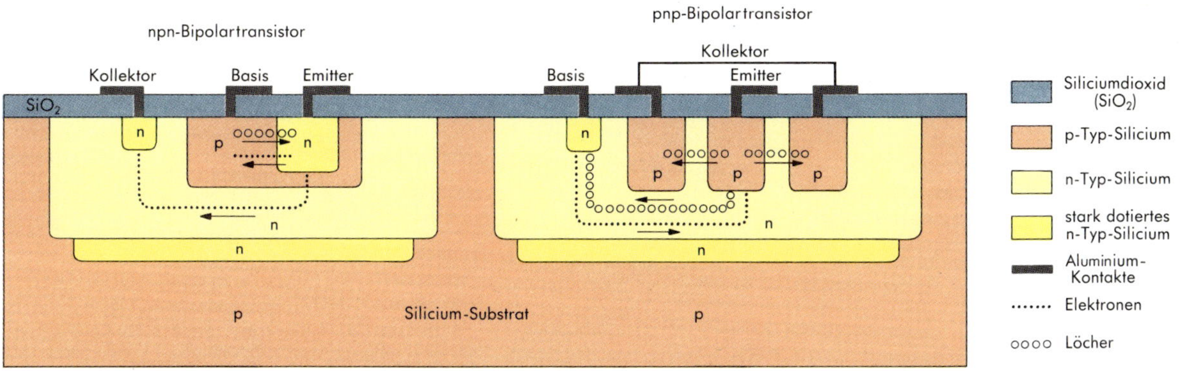

Bipolartechnik

Biotechnik, Wissenschaftsdisziplin im Grenzbereich zw. Biologie und techn. Physik, die versucht, biolog. Objekte mit techn. Methoden zu erforschen und mit technisch-physikal. Vokabular zu beschreiben. Wichtige Teilgebiete sind Schwimmen und Fliegen der Tiere, Blutströmung in Gefäßen, statischer Aufbau von Stützskeletten u. a. Nicht zu verwechseln mit → Biotechnologie und → Bionik.

Biotechnologie, anwendungsorientierte Wissenschaft, die sich mit der techn. Durchführung biolog. Verfahren beschäftigt. Aufgabe der B. ist Gewinnung von Biomasse aus Mikroorganismen und Zellen (z. B. Futterhefe aus Sulfitablauge oder Alkanen), Gewinnung hochmolekularer Zellprodukte (z. B. Enzyme, Nucleinsäuren) und niedermolekularer Zellprodukte (z. B. Essigsäure aus Äthanol oder Methan in Abwasserfaultürmen). Mikrobiolog. Prozesse dieser Art werden allg. als **Fermentationen** bezeichnet. Bei Verfahren, die unter Luftabschluß (anaerob) arbeiten, spricht man von **Gärung.** Es wird damit gerechnet, daß die B. in Zukunft stark an Bedeutung gewinnt. Aussichtsreiche Verfahren sind u. a. die Proteinherstellung aus Methanol, Herstellung von Äthanol aus Cellulose und Gewinnung von Interferon. (→ Enzymtechnologie)

Biotin, das Vitamin H, → Vitamine.

Biotit [n. J. B. Biot] *der,* ›Katzengold‹, Mineral, dunkler → Glimmer.

Biotop *der, das,* Lebensstätte; die für eine Lebensgemeinschaft an einer Erdstelle wesentl. Wirkungsfaktoren.

Biot-Savartsches Gesetz [bjo sav'a:r-, n. J. B. Biot und dem frz. Physiker F. Savart, * 1791, † 1841], Vorläufer des Durchflutungsgesetzes, gibt den Beitrag eines stromdurchflossenen Leiterelements zur magnet. Feldstärke in einem Punkt der Leiterumgebung in Abhängigkeit von Stromstärke, Entfernung und Richtung des Leiterelements an.

Biozide, chem. Mittel zum Abtöten von pflanzl. und tierischem Leben.

Biphenyl, Diphenyl, fester Kohlenwasserstoff mit hoher therm. Beständigkeit. B. wird zur Konservierung von Citrusfrüchten und, zus. mit B.-Äther, als Heizflüssigkeit verwendet. – **B.-Äther,** → Phenoläther.

bipolare ICs, in → Bipolartechnik monolithisch aufgebaute → integrierte Schaltungen für analoge und digitale Aufgaben; Ggs.: → MOS-ICs.

bipolare Transistoren, Oberbegriff für alle → Transistoren, die mit zwei entgegengesetzt gepolten pn-Übergängen betrieben werden; Ggs.: → unipolare Transistoren.

Bipolartechnik, Technologie zum Aufbau → integrierter Schaltungen aus bipolaren Transistoren (→ Transistor), die i. Ggs. zu MOSFETs aus einer geschichteten Struktur mit Bereichen unterschiedl. Leitfähigkeitstyps bestehen. Neben Transistoren können auch andere zur Herstellung von elektron. Schaltkreisen notwendige Bauelemente, wie z. B. Dioden, Kondensatoren und Widerstände, in B. erzeugt werden.

Bei der Fertigung wird zunächst durch Dotierung des Siliciums mit einem geeigneten Akzeptor p-Leitung im gesamten → Chip hergestellt. In diesem p-leitenden Silicium werden für jeden Transistor und jedes andere Schaltungselement getrennte n-leitende Inseln gebildet. Beim Schaltungsentwurf muß beachtet werden, daß alle Inseln positive Spannung gegen das Substrat haben, damit (außer dem geringen Sperrstrom) kein Strom zw. Inseln und Substrat fließen kann. Zur Herstellung eines npn-Transistors wird in der n-leitenden Insel ein See von p-leitendem Material und darin eine kleine Insel vom n-Typ-Halbleiter aufgebaut. Die innere Insel dient als Emitter, der umgebende p-leitende Bereich als Basis, die äußere Isolationsinsel als Kollektor. Bei einem pnp-Transistor übernimmt die n-Typ-Isolationsinsel die Funktion der Basis, und zwei separate p-dotierte Bereiche, von denen der eine den anderen ringförmig umschließt, bilden Kollektor und Emitter. Da die Basiszone bei diesem Fertigungsprozeß wesentlich breiter wird als beim npn-Transistor, sind die Schaltgeschwindigkeit und die Stromverstärkung des pnp-Transistors deutlich niedriger.

Hauptnachteile der B. gegenüber der → MOS-Technologie sind die geringere Packungsdichte und der aufwendigere Fertigungsprozeß bipolarer Schaltkreise.

In B. werden z. B. (analog arbeitende) Operationsverstärker und (digitale) TTL-Schaltungen aufgebaut, die eine wesentlich höhere Arbeitsgeschwindigkeit als MOS-Schaltungen erreichen. Höhere Integrationsdichten und geringeren Leistungsverbrauch ermöglichen bipolare Schaltungen mit I^2L-Logik (→ integrierte Injektionslogik).

Bipolymere, → Copolymere.

Bipyramiden, best. Kristallformen (→ Pyramide).

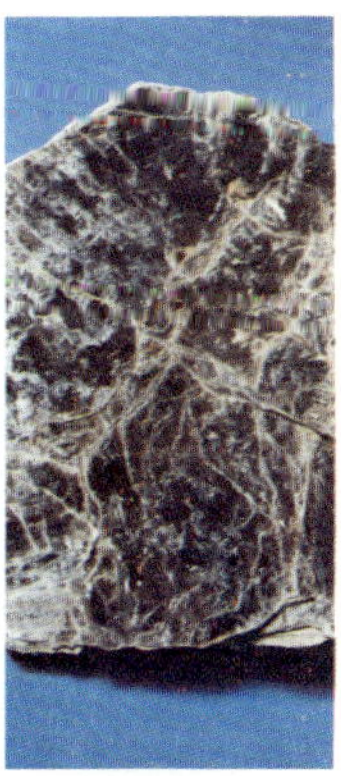

Biotit: Spaltstück (Minas Gerais, Brasilien)

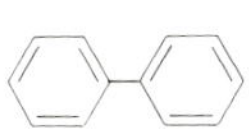

Biphenyl

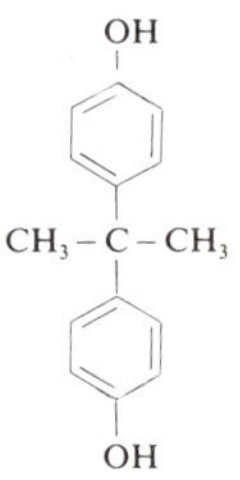

Bisphenol A

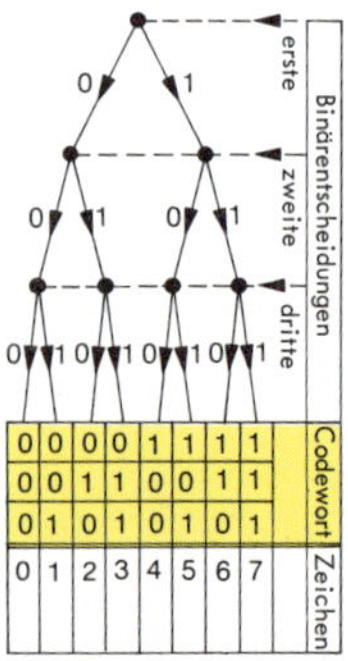

Bit: Codebaum

Bismuthin, derb (Moraviţa, Rumänien)

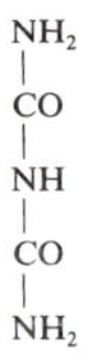

Biuret

Biquadrat, das Quadrat eines Quadrats; **biquadratische Gleichung:** $ax^4+bx^2+c=0$, die sich durch Substitution von x^2 durch z in eine quadrat. Gleichung $az^2+bz+c=0$ umwandeln läßt. Hat die quadrat. Gleichung die Lösungen z_1 und z_2, so hat die biquadrat. Gleichung die vier Lösungen $+\sqrt{z_1}$, $-\sqrt{z_1}$, $+\sqrt{z_2}$, $-\sqrt{z_2}$.

Bis-, Präfix zu chem. Namen, → bi ...

Bisektrix *die,* → Kristalloptik (BILD 5).

Bis-male|in-imide, → Polyimide.

Bismut, internat. Bez. für → Wismut.

Bismuthin, Bismuthinit *der,* **Wismutglanz,** Mineral Bi_2S_3, zinnweiß, oft bunte (bes. gelbl.) Anlauffarben. Bei Verwitterung Übergang in gelben **Wismut|ocker,** Bi_2O_3, oder in Bismutit. Wichtiges Wismuterz.

Bi|sphenoide, best. Kristallformen (→ Sphenoide).

Bisphenol A, 2,2-Bis(4-hydroxyphenyl)propan, kristalline Substanz, die aus Phenol und Aceton (Name) hergestellt und zu Epoxidharzen, Polycarbonaten und Polysulfonen weiterverarbeitet wird.

bistabile Kippschaltung, elektron. Schaltung (→ Kippschaltung) mit zwei Verstärkerelementen, in der Digitaltechnik oft als → Flipflop bezeichnet. Die Grundschaltung einer b. K. besteht aus den beiden Transistoren T_1 und T_2 (BILD), die über Widerstände miteinander verkoppelt sind. Die b. K. besitzt zwei stabile Zustände: 1) Transistor T_1 gesperrt/Transistor T_2 durchgeschaltet und 2) Transistor T_1 durchgeschaltet/Transistor T_2 gesperrt. Der Wechsel von einem in den anderen Schaltzustand erfolgt durch Spannungen, die von außen an die Eingänge der Schaltung gelegt werden. Im Ggs. zur → astabilen Kippschaltung, bei der die Schaltung selbständig zw. den beiden Zuständen hin- und herkippt, kann die b. K. in einen definierten Zustand versetzt werden, den sie bis zum nächsten Steuersignal beibehält. Die Eingänge E_1 und E_2 dürfen jedoch nicht gleichzeitig positiv oder negativ sein, sonst ergibt sich kein definierter Signalzustand, wenn die Spannung an E_1 und E_2 wieder Null wird. Die b. K. besitzt zwei Ausgänge, Q und $\bar{Q}$, deren logische Zustände in einem komplementären Verhältnis zueinander stehen. Aufbauend auf der Grundschaltung (BILD) sind für die prakt. Anwendung einige Erweiterungen der Schaltung möglich. So lassen sich b. K. sowohl statisch (mit einem best. Spannungszustand) als auch dynamisch (mit einer Spannungsflanke) ansteuern. Zusätzl. Vorbereitungseingänge und ein Takteingang sind z. B. bei synchronem Betrieb mehrerer derartiger Schaltungen notwendig. Die Schaltzeiten lassen sich durch Koppelkondensatoren (parallel zu R_B) verkürzen.

Bit, als Nachrichteneinheit **bit** geschrieben, Abk. für engl. **Binary Digit** [b'aınərı d'ıdʒıt], dt. **Binärziffer,** kleinste Informationseinheit als Alternativentscheidung zw. 1 oder 0 (ja/nein-Entscheidung); auch die einzelne Stelle eines Binärwortes. Da man alle log. Entscheidungen auf die Elementarentscheidung ›ja/nein‹ zurückführen kann, bildet 1 bit die Maßeinheit für den Informationsgehalt einer Nachricht. Die Bit-Wortlänge n zur selektiven Auswahl aus einem Ereignisvorrat S ergibt sich als die nächst größere ganze Zahl des Logarithmus zur Basis 2 (Abk. ld) aus dem Ereignisvorrat $S: n=[\mathrm{ld}\, S]$. Zur Auswahl eines Zeichens aus einem Zeichenvorrat mit 8 Symbolen ist z. B. ein Binärwort aus 3 Bits erforderlich, was sich an Hand eines Codebaums (BILD) zeigen läßt.

Bit-Slice-Prozessor [bit-slaıs-, engl.], schnelles bipolares Prozessor-Bauelement mit Befehlsausführungszeiten unter 1 µs. Beim B.-S.-P. ist die Arithmetik- und Logik-Einheit (→ ALU) einschließlich der Register und Multiplexer aus einzelnen Scheiben (Slices) zusammengesetzt. Die Signalverarbeitung erfolgt in Low-Power-Schottky-TTL-Technik und besteht aus folgenden Baugruppen: ALU, in einem Schreib-Lese-Speicher (→ RAM) zusammengefaßte interne Register, Hilfsregister zur Durchführung von Multiplikationsoperationen und Multiplexer, die Weichen für den Informationsfluß zw. den versch. Baugruppen stellen. Durch Verkettung mehrerer B.-S.-P.-Elemente können beliebige Wortlängen verwirklicht werden, z. B. 16-Bit-CPU unter Verwendung von vier 4-Bit-Slice-Prozessor-Elementen.

Bittersalz, das Mineral → Epsomit, $MgSO_4 \cdot 7\,H_2O$.

Bitterspat, das Mineral → Magnesit, $MgCo_3$.

Bitterstoffe, Naturstoffe, die bes. in Korbblütern, Enziangewächsen und Lippenblütern vorkommen und eine Steigerung der Speichel- und Magensaftsekretion hervorrufen. Chemisch sind B. meist Terpene mit Lactongruppierungen. Verwendung zur Herstellung von best. Getränken.

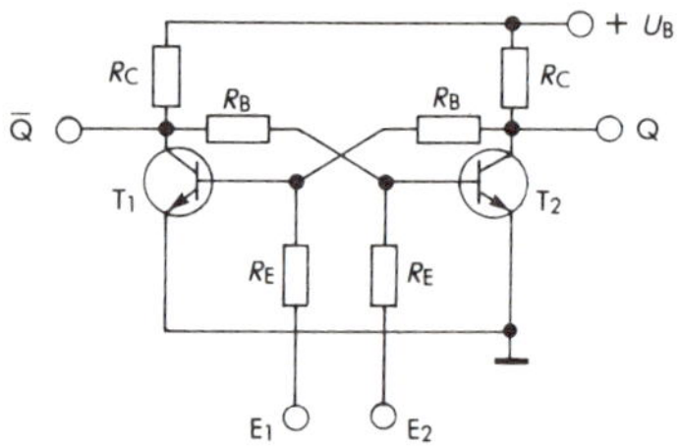

bistabile Kippschaltung: Grundschaltung. (U_B = Betriebsspannung; E_1, E_2 = Eingänge; $\bar{Q}$, Q = Ausgänge; T_1, T_2 = Transistoren; R_C = Kollektorwiderstände; R_B = Basiswiderstände; R_E = Eingangswiderstände)

Bitumen, bei der Aufarbeitung von Erdölen gewonnene, dunkelfarbige, halbfeste bis springharte, schmelzbare Produkte. B. ist ein kolloiddisperses Zweiphasensystem von harten → Asphaltenen, die in dickflüssigem Öl (Maltene) fein verteilt sind. Der bei der Vakuumdestillation von Erdöl verbleibende Rückstand wird als **destilliertes B.** bezeichnet. Es stellt etwa 75% der B.-Produktion und wird v. a. im Straßenbau verwendet. Versch. Sorten werden durch die → Penetration gekennzeichnet. Sie reichen von B 300 (sehr weich) bis B 15 (sehr hart). **Hochvakuum-B.** wird durch weiteres Abdampfen flüchtiger Bestandteile im Hochvakuum erhalten. Durch Behandlung mit Luft bei 250 bis 290 °C werden geblasene B. **(Oxidations-B.)** hergestellt, die v. a. zur Herstellung von Dach- und Dichtungsbahnen sowie von Isolier- und Imprägniermassen verwendet werden.

Bitumenlacke, Lacke, die neben Lösemitteln (z. B. Testbenzin) und eventuell Füllstoffen Bitumen als Bindemittel enthalten. Anstriche mit B. sind beständig gegenüber Wasser und Salzlösungen. Sie werden zum Bautenschutz und Unterbodenschutz von Kraftfahrzeugen verwendet.

Biuret, Carbamoylharnstoff, hygroskop. Kristalle, die sich beim Erhitzen von Harnstoff auf 150 bis 160 °C bilden. B. und andere Verbindungen mit mehreren CO-NH-Gruppen (z. B. Eiweißstoffe) geben in alkal. Lösung mit Kupfersulfat eine violette Färbung **(B.-Reaktion).**

Bixin, aus den Samenschalen des Rocoubaumes gewonnener roter bis violetter Farbstoff, der zum Färben von Lebensmitteln (z. B. roter Überzug von Edamer Käse) verwendet wird.

Bk, chem. Symbol für → Berkelium.

Black Box [blæk bɔks, engl.] *die,* Wissenschaftsmethodik: kybernet. System (Technik, Informationsverarbeitung, Sozialwiss., Biologie), dessen innerer Aufbau unbekannt oder im Rahmen einer vergleichenden Untersuchung unerheblich ist **(Black-Box-Methode).** Die Erschließung dieser inneren Strukturen wird z. T. durch experimentelle Einwirkungen möglich, bei denen die funktionellen Beziehungen zw. unterschiedlichen eingegebenen Größen (Input) und jeweiligen Reaktionen (Output) ausgewertet werden.

Black hole [blæk həʊl, engl.], → Schwarzes Loch.

Blackout [bl'ækaut, engl.], Aussetzen der Reflexion von Radiowellen an der → Ionosphäre durch erhöhte Absorption infolge Zunahme der Elektronenkonzentration im unteren Teil der Ionosphäre (D-Gebiet), bewirkt durch verstärkte solare UV- und Röntgenstrahlung **(Mögel-Dellinger-Effekt)** oder schnelle solare Protonen **(Polarkappen-Absorption). Künstlicher B.** wird bewirkt durch künstl. Erhöhung der Elektronenkonzentration in Höhen zw. 60 und 100 km, z. B. durch die ionisierende Strahlung von nuklearen Höhenexplosionen.

Blähton, Blähschiefer, geblähter Leichtzuschlag aus entsprechend aufbereiteten Tonen, Schiefertonen und Tonschiefern für Leichtbeton und -mörtel.

Blank [blæŋk, engl.], EDV: Leerzeichen(-taste) mit der Bedeutung: ›keine Information‹. Symbol: ƀ.

Blanket [bl'æŋkɪt, engl.], svw. **Brutmantel,** → Brüten.

Blasar, engl. **blazar** [bl'eɪzɑ:], **BL Lacertae-Objekt, BL Lac-Objekt,** mögl. Unterklasse oder besonderer Entwicklungszustand eines → Quasars; ein extragalakt. Objekt, das in opt. Teleskopen wie ein Stern aussieht und unregelmäßige, relativ schnelle Helligkeitsschwankungen aufweist, was C. HOFFMEISTER veranlaßte, den 1929 entdeckten Prototyp BL Lacertae im Sternbild Lacerta (Eidechse) als veränderl. Stern einzuordnen. Als 1969 an derselben Position eine kompakte Radiostrahlungsquelle gefunden wurde, stellte man fest, daß es sich nicht um einen ›gewöhnlichen‹ veränderl. Fixstern handelt. Die Intensitätsverteilung im Radiospektrum von B. ähnelt der von Quasaren, ihr opt. kontinuierl. Spektrum zeigt jedoch nur sehr schwache Emissionslinien, was eine viel kleinere oder dünnere Gashülle als bei Quasaren wahrscheinlich macht, weshalb B. auch als ›hüllenlose‹ Quasare bezeichnet werden. Es sind etwa 50 ähnl. Objekte nachgewiesen.

Blasen, 1) Glasblasen, → Glas.

2) Kunststofftechnik: **Blasformen,** Verfahren zum Herstellen von Hohlkörpern und Folien. Hohlkörper, z. B. Flaschen, Behälter, Puppen, werden aus frisch extrudiertem Rohr (meist Polyäthylen oder Polyvinylchlorid) geblasen, Blasfolien aus frisch extrudiertem Polyäthylenschlauch.

Blasenkammer, Gerät zum Sichtbarmachen der Spuren ionisierender Teilchen. Die B. besteht aus einem durchsichtigen, mit einer Flüssigkeit gefüllten Gefäß. Die Flüssigkeit wird mit einem Kolben unter einem Druck gehalten, der etwas größer ist als ihr Dampfdruck bei der eingestellten Temperatur. Wird der Kolben plötzlich zurückgezogen, so müßte sofort unter heftiger Blasenbildung Dampf entstehen. Tatsächlich tritt jedoch für Bruchteile einer Sekunde **Siedeverzug** ein: Die Blasenbildung ist gehemmt. Schießt man in dieser Zeit ein ionisierendes Teilchen ein, so bilden sich kleine Bläschen, die die Teilchenbahn kennzeichnen und photographiert werden können. Man verwendet B. mit organ. Flüssigkeiten (z. B. Pentan) oder flüssigem Helium und Wasserstoff zu Untersuchungen von Elementarteilchenprozessen der Hochenergiephysik. Dem empfindl. Volumen der B. ist i. a. ein starkes Magnetfeld überlagert, wodurch die Teilchenbahnen gekrümmt werden. Aus der Krümmung der Bahnen kann der Impuls der Teilchen bestimmt werden.

Blasensäule, chemischer Reaktor für Gas-Flüssigkeits-Reaktionen, wie z. B. Oxidationen, Hydrierungen, Alkylierungen. B. sind Hohlzylinder, an deren Boden Gas durch einen Siebboden oder eine Fritte verteilt wird und in Form von Blasen durch die in der B. enthaltene Flüssigkeit aufsteigt.

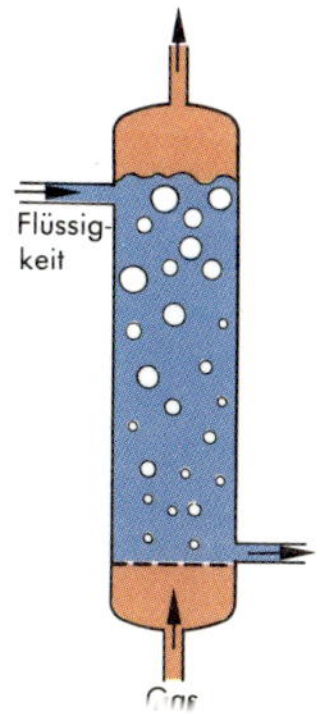

Blasensäule

Blasenspeicher, → Magnetblasenspeicher.

Bläser, Sprengtechnik: Sprengschuß, bei dem die Ladung nach planmäßiger Zündung nicht die gewünschte Sprengwirkung erzielt, sondern die Druckwelle durch das Bohrloch ins Freie entweicht.

Bläsertriebwerk, Fantriebwerk [f'æn-, engl.], ein → Strahltriebwerk, dem ein großes einstufiges Gebläse vor- oder nachgeschaltet ist.

Blasstahl, durch Blasfrischen erzeugter Stahl: Mit Hilfe von Ein-, Durch- oder Aufblasen oxidierender Gase (Luft, reiner Sauerstoff, Gemische aus beiden), unter Verbrennung der im flüssigen Roheisen enthaltenen Begleitelemente ohne äußere Wärmezufuhr, wird schmelzflüssiger Stahl hergestellt. (→ Eisen)

Blatt, Weberei: auch **Webeblatt, Riet, Weberkamm,** Bestandteil der Webmaschine, dient zur Führung der Kettfäden und zum Anschlagen des zuletzt eingetragenen Schusses an den Warenrand.

Blätterkohle, Dysodil, Papierkohle, feinblättrige, aus Faulschlamm entstandene Bitumenkohle.

Blatterstein, der → Variolith.

Blattfarbstoffe, Naturfarbstoffe, zu denen die → Chlorophylle (grün), Carotinoide (orange, → Carotin), die damit verwandten → Xanthophylle (Lutein), die die Gelbfärbung im Herbst hervorrufen, und die → Anthocyane (rot, blau) gehören.

Blattgold, reines Gold, zu dünnen Blättchen bis 0,00014–0,00011 mm Stärke ausgeschlagen, zum Bedrucken von Bucheinbänden (›Goldprägung‹) und Vergolden, bes. von Buchschnitt, Kuppeln, Denkmälern. **Unechtes B., Rausch-** oder **Knittergold,** → Schlagmetall.

Blattgrün, svw. → Chlorophyll.

Blattverschiebung, → Verwerfung.

Blaubruch, Bruch infolge erhöhter Sprödigkeit von Stahl im Temperaturgebiet der blauen Anlauffarbe (250 bis 350 °C, **Blauwärme).**

Blau|eisenerz, Mineral, der → Vivianit.

Bläuen, Überdecken des auch bei gebleichten Textilien noch schwach gelblichen Farbtons durch geringe Mengen bläulichen Farbstoffs. Das komplementäre Blau steigert die Weißwirkung. Heute ist statt dessen die Verwendung von Weißtönern üblich (→ Aufhellen 2).

Blaufilter, Photographie: → Farbfilter.

Blau|gel, Trockenmittel, ein Kieselgel, → Kieselsäure.

Blaukreuz, im 1. Weltkrieg eingesetzter chem. Kampfstoff (Diphenylarsinchlorid und -cyanid); ein Nasen- und Rachenreizstoff.

Blausäure, Cyanwasserstoff, chem. Formel HCN, farblose, bittermandelartig riechende, leicht polymerisierende Flüssigkeit mit einem Siede-P. von 25,7 °C. Die wäßrige Lösung reagiert schwach sauer. Die Salze der B. heißen **Cyanide.** B. kommt in einigen Glykosiden vor, die z. B. in Bittermandeln, Pflaumenkernen und Maniok enthalten sind. B. wird durch Reaktion von Kohlenwasserstoffen (z. B. Methan) mit Ammoniak bei 1000 bis 1500 °C hergestellt. Sie fällt auch als Nebenprodukt bei der Herstellung von Arylnitril an. – B. wird v. a. zu Alkalicyaniden, über Acetoncyanhydrin zu Methacrylsäureestern und über Chlorcyan zu Herbiziden und Reaktivfarbstoffen weiterverarbeitet. B. und Cyanide sind starke Gifte. Die Inhalation von Luft mit einer B.-Konzentration von über 0,2 bis 0,3 mg/l oder die orale Aufnahme von 0,2 bis 0,3 g Kalium- oder Natriumcyanid führen zu sofortiger Bewußtlosigkeit und Tod durch Atemlähmung.

Blauschlick, Meeresablagerung überwiegend festländ. Ursprungs am Kontinentalabhang in Meerestiefen von 200 bis etwa 2000 m.

Blech, gewalztes Metall in Form von ebenen, flachen Tafeln oder Bändern. Einteilung nach der Dicke: **Fein-B.** <3 mm, **Mittel-B.** 3–4,76 mm, **Grob.-B.** >4,76 mm (Euro-Norm 79–69).

Stahl-B. unterscheidet man nach dem Verwendungszweck: **Kessel-B., Schiffs-B., Behälter-B., Bau-** oder **Konstruktions-B., Dynamo-** und **Transformatoren-B., nichtrostendes B., Panzerplatten, Stanz-B., Tiefzieh-B., Bekleidungs-** und **Karosserie-B., Emaillier-B.;** nach der Profilierung: **Riffel-, Raupen-, Tränen-** und **Warzen-B., Well-B.;** nach der Oberflächenbehandlung: **Handels-B.** (das im warmgewalzten Zustand gefertigte **Schwarz-B.); Qualitäts-** oder **Spezial-B.,** das dekapiert (gebeizt) und bei höheren Güten kaltgewalzt **(Hochglanz-B.)** ist; nach der Oberflächenveredlung: das durch Aufwalzen eines NE-Metalls **plattierte B.,** das im elektrolyt. Bad mit einem Metall überzogene **galvanisierte,** das **lackierte, emaillierte, brünierte B.,** das im Schmelzfluß eines Metalls überzogene B., z. B. **feuerverzinktes B., Weiß-B. (verzinntes B.).**

Grob- und Mittel-B. werden in Warmwalzwerken in Einzeltafeln aus dem Stahlblock über die Bramme als Zwischenformat hergestellt. Zur Herstellung von Fein-B. wurden früher vorgewalzte Tafeln gedoppelt und zu mehreren Tafeln in Paketen gleichzeitig warm ausgewalzt unter Anwendung von Zwischenglühungen. Stahl-B. wird immer mehr im Breitbandwalzwerk warm ohne Zwischenglühungen von der Bramme ausgewalzt, Fein-B. < 2 mm wird im Kaltwalzwerk fertiggewalzt und vom Band abgeteilt (→ Walzwerk).

B. aus NE-Metallen. **Aluminium-B.** und **B. aus Aluminium-Legierungen** sowie **Magnesium-Legierungen** haben hohe Festigkeit bei geringem Gewicht; Anwendung im Fahrzeug- und Flugzeugbau. Aluminium-B. und **Kupfer-B.,** kaltgewalzt, werden im Behälter- und Apparatebau, für Haushaltsgegenstände u. a. vielseitig verwendet. **Messing-B.,** kaltgewalzt, wird für Metallwaren, Apparate, Musikinstrumente u. a. gebraucht. **Zink-B.,** vor allem bei Dachdeckerarbeiten verwendet, wird bei Temperaturen zwischen 100 und 150 °C gewalzt. Hauptverbraucher für **Blei-B.,** das ebenfalls kaltgewalzt wird, ist die chem., bes. die Schwefelsäureindustrie.

B.-Bearbeitung umfaßt Umform- und Trennverfahren (→ Fertigungsverfahren). B. wird überwiegend kalt bearbeitet, nur schweres Kessel- und Behälter-B. rotglühend. Oft wird mit kombinierten Werkzeugsätzen in einem Arbeitsgang gezogen, gelocht und ausgeschnitten, wodurch sich die Fertigung verbilligt.

J. Jaschke: Die Blechabwicklungen ([21]1968); H. Ohl u. H. Lindemann: Grundlagen der Blechbearbeitung ... ([5]1979).

Blechdruck, Offsetverfahren zum Bedrucken von Blech (für Konservendosen, Spielzeug u. a.). Die Blechtafeln werden grundiert, nach dem Drucken lackiert. Wichtig beim B. sind Farbe und Trocknung, weil davon die Kratzfestigkeit abhängt.

Blechlehre, Schablone aus Stahl mit verschiedenen Einschnitten und Bohrungen zur Bestimmung der Dicke von handelsüblichen Blechen und Drähten (Drahtlehre).

Blechprüfung, besondere, auf die geringe Dicke des Materials abgestellte Prüfverfahren: Abkant-, Falt-, Federblech-Biegeversuch, Härteprüfung, Hin- und Herbiege-, Tiefungs-, Zugversuch.

Blei, lat. **plumbum,** chem. Symbol **Pb,** ein → chemisches Element, Ordnungszahl 82, vier natürl. Isotope, davon 208 (52,3%), 206 (23%), 207 (22,6%), außerdem mehr als 20 künstl. radioaktive Isotope. Die stabilen Isotope sind Endprodukte der Zerfallsreihen von Uran-Actinium (^{207}Pb), Uran-Radium (^{206}Pb) und Thorium (^{208}Pb). Mit Hilfe dieser Isotope lassen sich geolog. Altersbestimmungen durchführen (→ Bleimethode). – Eigenschaften. B. ist ein bläulichgraues, weiches, dehnbares Schwermetall, das sich gießen, walzen und pressen läßt. Von Salpetersäure wird B. rasch zu B.-Nitrat gelöst, mit Phosphor-, Salz- und Schwefelsäure entstehen dagegen dünne oberflächl. Schichten der entsprechenden unlösl. B.-Verbindungen, die einen weiteren Angriff verhindern. An Luft bildet sich eine dünne Schicht von B.-Oxid. In Gegenwart von Sauerstoff greift weiches Wasser B. unter Bildung von **Bleihydroxid,** $Pb(OH)_2$, an, bei gleichzeitiger Anwesenheit von Kohlensäure bildet sich lösl. **Bleihydrogencarbonat,** $Pb(HCO_3)_2$. In hartem Wasser entsteht eine unlösl. Schutzschicht von **Bleicarbonat,** $PbCO_3$. Da fast alle Bleisalze schwer löslich sind, gehört B. zu den korrosionssicheren metall. Werkstoffen. Metall. B. und seine Verbindungen sind giftig (MAK 0,1 mg/m^3) für Mensch und Tier, ihre Pflanzenschädlichkeit ist jedoch gering. Hauptemissionsquellen sind: Industrie (Abgase, Abwasser) und Straßenverkehr (Autoabgase enthalten B. aus Kraftstoffzusätzen, die Bleimenge ist gesetzlich geregelt). Akute Bleivergiftungen sind wegen der geringen Resorption relativ selten.

Vorkommen und Gewinnung. In der obersten Erdkruste ist B. nur zu 0,0018% vertreten. Es kommt in gediegener Form sehr selten vor, häufig dagegen in Verbindungen. Wichtigstes **B.-Erz** ist der stets silberhaltige → Galenit, PbS, daneben der → Cerussit, $PbCO_3$, **Krokosit (Rotbleierz),** $PbCrO_4$, **Wulfenit (Gelbbleierz),** $PbMoO_4$, **Anglesit,** $PbSO_4$, **Vanadinit,** $Pb_5Cl(VO_4)_3$ und **Pyromorphit,** $Pb_5[Cl/(PO_4)_3]$. B.-Erze sind meist vergesellschaftet mit Pyrit, Kupferkies und anderen Schwermetallsulfiden, bes. von Zink, Arsen, Antimon und Wismut. – B. wird aus sulfid. Erzen durch → Rösten zu B.-Oxid und Schwefeldioxid und anschließender Reduktion **(Röstreduktionsverfahren),** mit Kohle aus bleireichen Sulfiderzen nach dem Röstreaktionsverfahren zu **Werkblei** aufgeschlossen. Die noch enthaltenen Begleitmetalle Gold, Silber, Kupfer, Antimon, Arsen, Zinn, Zink, Eisen, Nickel und Wismut können u. a. durch versch. Raffinations-Verfahren oder Seigerung entfernt werden. Endprodukte bei der B.-Erzverhüttung sind **Weich-B.** oder **Elektrolyt-B.** mit bis zu 99,99% B., sowie B.-Legierungen, B.-Glätte, Mennige, B.-Staub, B.-Schrot, B.-Pigmente.

Verwendung findet B. bei der Herstellung von →Akkumulatoren (z. B. in der Bundesrep. Dtl. mehr als 40% des Gesamtverbrauchs), chem. Apparaten, Munition und B.-Farben sowie als Zusatz von Benzin, als Schriftmetall und Hauptbestandteil vieler Bleilegierungen.

Geschichtliches. B. wurde als eines der ältesten Gebrauchsmetalle schon 3000 v. Chr. in Ägypten und Vorderasien sowie später in Spanien und Mitteleuropa gewonnen. Frühe Anwendungen für Wasserleitungsrohre und als Hilfsmittel zur Silbergewinnung, einige B.-Verbindungen auch als Kosmetika und Arzneimittel.

Blei|alkyle, bleiorgan. Verbindungen, bei denen vier Alkylgruppen an ein Bleiatom gebunden sind. B. sind giftige schwere Flüssigkeiten, die durch Reaktion von Bleilegierungen mit Alkylhalogeniden hergestellt werden:

$$4\,NaPb + 4\,R{-}Cl \longrightarrow R_4Pb + 4\,NaCl + 3\,Pb.$$

Von besonderer Bedeutung als →Antiklopfmittel sind **Tetra|äthylblei** und **Tetra|methylblei.**

Bleialkyle

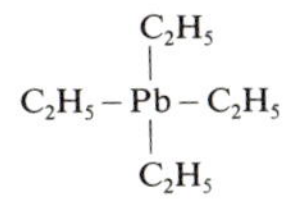

Tetraäthylblei

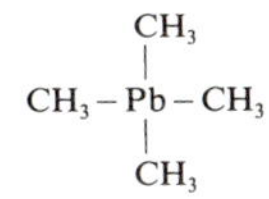

Tetramethylblei

Bleichen, 1) Beseitigung der natürl. Eigenfarbe, Aufhellung der Farbtöne, um einen reineren Weiß- oder Farbton zu erhalten oder geringe farbliche Verunreinigungen zu beseitigen. Alles, was nicht durch → Waschen entfernt werden kann, wird gebleicht. Außer textilem Fasergut werden zahlreiche andere Stoffe gebleicht, z. B. Holz, Papier, Stroh, Haare, Knochen, Elfenbein, aber auch Zukker, Mehl und Öle.

a) **Chemische Bleiche** wird mit Hilfe von → Bleichmitteln durchgeführt.

b) **Physikalische** oder **optische Bleiche** beruht auf der Verwendung optischer Aufheller (→ Aufhellen).

2) Geologie: das Aufhellen von Gesteinen durch Säuren und Gase, die aus Lava und/oder Magma frei werden.

3) Photographie: das Oxidieren des Bildsilbers zu Silber(I)-Verbindungen, die im Fixierbad (→ fixieren 2) herausgelöst werden. Bleichbäder verwendet man bei farbphotograph. Materialien, bei der → Umkehrentwicklung und beim Verstärken und Abschwächen (→ Tonung).

Bleicherde, 1) Fullererde, Bez. für feinverteilte Feststoffe, die v. a. aus Tonmineralen der Montmorillonitgruppe bestehen und von denen einige durch Säurebehandlung aktiviert werden können. B. binden polare Stoffe (z. B. Farbstoffe) durch chem. Reaktionen und Adsorption und werden deshalb zum Entfärben von Fetten, Ölen und Wachsen verwendet.

2) ein Bodentyp, → Boden.

Bleichfixieren, Photographie: Zusammenfassung von Bleich- und Fixierbad (→ Bleichen 2, → fixieren 2) in einem Bad zwecks Zeitersparnis und Vereinfachung; wird bei der Verarbeitung von Farbpapier angewendet, jedoch nicht bei Farbfilmen.

Bleichmittel, Substanzen, die farbtragende Anteile von Fasern, Papier, Lebensmitteln u. a. chemisch verändern und damit zu einer Aufhellung dieser Produkte führen. **Oxidierende B.** zerstören den Farbstoff. Zu ihnen gehören Chlor und Hypochlorite (Natriumhypochlorit, Chlorkalk). Schonender wirken Chlordioxid, Natriumchlorit sowie Wasserstoff- und Natriumperoxid. Für die Ligninentfernung bei der Papierherstellung werden Chlor, Hypochlorite, Chlordioxid und Peroxide verwendet. Baumwolle wird mit Chloriten und Peroxiden, Wolle mit Wasserstoffperoxid gebleicht. Natriumperborat ist als bleichende Komponente in Waschmitteln enthalten.

Reduzierende B. führen meist nur zu einer reversiblen Umwandlung des Farbstoffs, d. h. häufig nicht zu einer bleibenden Entfärbung. Zu ihnen gehören Schwefeldioxid, Dithionite (z. B. für Wolle, Seide, Stroh, Lebensmittel) und Derivate der Sulfoxylsäure (z. B. für Leim, Seife).

Bleiglanz, Mineral PbS, → Galenit.

Bleiglas enthält wesentliche Mengen an Bleioxid, dient wegen des hohen Brechungsindex als → optisches Glas und Kunstglas, wegen der hohen Absorption energiereicher Strahlen als Strahlenschutzglas. Hochbleihaltige Gläser zeigen ausgeprägten Faradayeffekt.

Bleikammerverfahren, → Schwefelsäure.

Bleikristall, → Kristallglas.

Bleilegierungen. Der niedrige Schmelzpunkt, die gute Verformbarkeit, Bearbeitbarkeit und hohe Korrosionsbeständigkeit machen Blei für viele Zwecke gut geeignet, doch muß seine Festigkeit i. a. durch Legierungszusätze, insbes. Antimon, erhöht werden. **Kabelblei** enthält bis zu 1% Antimon und wird für Kabelummantelungen verwendet, **Rohrblei** mit 0,75 bis 1,25% Antimon für Wasserleitungen. **Hartblei (Antimonblei)** mit 5–13% Antimon dient der Herstellung von Akkumulatorenplatten und von Teilen im chem. Apparatebau. **Schriftmetall** ist eine B. mit 3–15% Antimon, 2,5–16% Zinn, Rest Blei. Blei ist weiterhin wichtiger Bestandteil vieler Lote.

Bleimethode, Verfahren der absoluten → Altersbestimmung, v. a. von Mineralen, benannt nach dem stabilen Endprodukt beim radioaktiven Zerfall von Uran (U) und Thorium (Th) über verschiedene kurzlebige Zwischenprodukte (→ Radioaktivität); bei bekannter → Halbwertszeit der Ausgangsisotope läßt sich das Alter der Minerale aus dem Gleichgewichtsverhältnis für Ausgangs- und Endprodukt bestimmen **(Bleialter),** wobei das Blei (Pb) auf seine isotope Zusammensetzung analysiert werden muß. Von Bedeutung sind die Zerfallsreihen: $^{238}U/^{206}Pb$ (Halbwertszeit $4{,}5 \cdot 10^9$ a), $^{235}U/^{207}Pb$ ($7{,}6 \cdot 10^8$ a) und $^{232}Th/^{208}Pb$ ($1{,}39 \cdot 10^{10}$ a).

Bleipigmente, Bez. für bleihaltige Pigmente, z. B. **Bleiglätte,** PbO, **Bleiweiß** (bes. Bleicarbonat), **Mennige,** Pb_3O_4, **Chromgelb,** $PbCrO_4$, **Chromorange** oder -rot, $PbO \cdot PbCrO_4$, und **Chromgrün,** $PbCrO_4$.

Bleisatz, herkömml. Art der Zusammenfügung von Lettern aus Bleilegierung mit der Hand oder mit der Setzmaschine, im Unterschied zum → Photosatz. (→ Setzerei)

Bleistift, genauer **Graphitstift,** Schreib- und Zeichenstift aus Holz mit eingelegter Graphitmine (früher **Bleimine),** auch in Form eines Dreh- oder Druckbleistifts (Taschenbleistift mit auswechselbarer Schreibmine). Die Minen werden nach Härtegraden H (engl. hard ›hart‹), B (black ›schwarz‹), F (fast ›fest‹) unterschieden.

Bleistift: Fertigungsstufen

Bleiverbindungen. Blei tritt in seinen Verbindungen zwei- und vierwertig auf. Alle B. sind giftig. **Blei(II)oxid,** PbO **(Bleiglätte),** kommt in einer gelben und einer stabileren roten Modifikation vor; Darstellung z. B. durch Oxidation von geschmolzenem Blei mit Luft; Verwendung für Akkumulatoren, Glasfliesen, in der Keramik, zur Porzellan- und Glasmalerei. **Blei(IV)oxid,** PbO_2 **(Bleidioxid),** entsteht als schwarzbraunes Pulver bei der elektrolyt. oder chem. Oxidation von Bleisalzen. Es ist ein starkes Oxidationsmittel und wird u. a. in der Zündholzind., Pyrotechnik und zur Herstellung von Elektroden verwendet. **Blei(II, IV)oxid,** Pb_3O_4 **(Mennige),** ein leuchtendrotes Pulver, wird durch Oxidation von PbO dargestellt. Verwendung als Korrosionsschutz-Grundanstrich

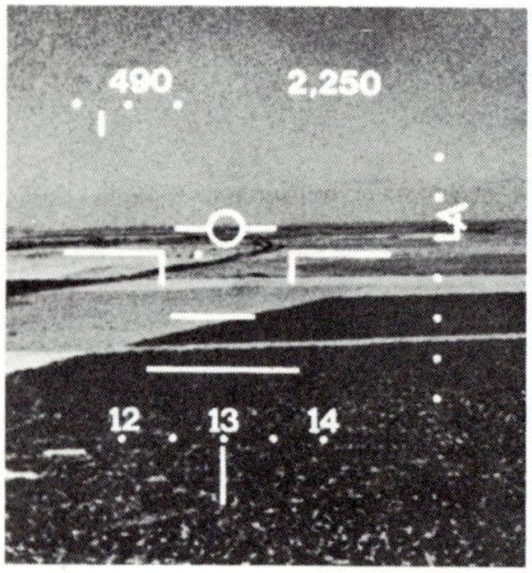

Blickfelddarstellungsgerät: Darstellung eines B. bei der Benutzung als Navigationshilfe. Der Pilot kann wahlweise gewisse Symbole löschen und solche zur Anzeige auswählen, die gerade gebraucht werden. In diesem Beispiel werden angezeigt: Fluglage (Tragflügel waagerecht, Rumpfnase aufwärts); Flugkommandoanlage (zwei horizontale Linien und ein Punkt kennzeichnen Richtung und Höhehalten auf ein Ziel zu, das automatisch angesteuert wird, z. B. ein Flughafen, der dem Piloten noch nicht sichtbar ist); Geschwindigkeitsanzeige (490 Knoten); Geschwindigkeitsabweichung (10 Knoten unter Vorschrift); barometrische Höhe (2250 Fuß); Kurs (130°); Vertikalgeschwindigkeit (250 Fuß/min Steigen)

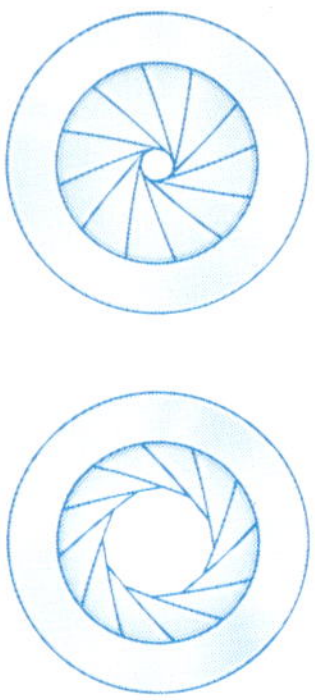

Blende 1) (Irisblende): OBEN fast geschlossen, UNTEN teilweise geöffnet

für Stahl und für Glasuren. **Blei(II)chlorid,** $PbCl_2$, dient zur Herstellung von Bleichromat, als Flußmittel und Lot. **Bleinitrat,** $Pb(NO_3)_2$, entsteht aus Bleioxid und Salpetersäure und wird in der Farbstoff-, Sprengstoff- und Zündholzind. sowie in der Feuerwerkerei verwendet. **Blei(II)sulfat,** $PbSO_4$, dient als Beschwerungsmittel, als weiße Malerfarbe und zur Herstellung von Leinölfirnis und Mennige, **Bleichromat,** $PbCrO_4$, als Malerfarbe **(Chromgelb). Bleiazid,** $Pb(N_3)_2$, ein weißes, kristallines Salz, explodiert bei Schlag und Hitze heftig und wird daher als Initialzünder verwendet. **Tetraäthylblei,** $Pb(C_2H_5)_4$, und **Tetramethylblei,** $Pb(CH_3)_4$, dienen beide als Antiklopfmittel. **Blei(IV)acetat,** $Pb(CH_3COO)_4$, **(Bleitetraacetat),** weiße Kristalle, Schmelz-P. 175 °C, dient in der organ. Chemie als Oxidationsmittel.

Blende, 1) Optik: Vorrichtung zur Begrenzung von Strahlenbündeln bei der →Abbildung 2), die überflüssige und störende (Rand-)Strahlen zurückhält, z. B. Metallblende **(Iris-B.,** BILD) oder Pupille des Auges (→Öffnungsverhältnis). Je stärker die Ausblendung, desto schärfer, aber auch lichtschwächer ist das Bild. – Bei der Photographie ist die B. (Blendenzahl) der Quotient aus Brennweite und Durchmesser der Eintrittsblende (Eintrittspupille), d. h., der Kehrwert des Öffnungsverhältnisses. Moderne Spiegelreflexkameras besitzen eine **Offen-B.,** d. h. während der Festlegung des Bildmotivs und Entfernungseinstellung ist die B. ganz geöffnet (beste Einstellmöglichkeit wegen geringster Tiefenschärfe). Beim Auslösen des Verschlusses springt die B. **(Spring-B.)** unmittelbar vor der Belichtung auf den manuell vorgewählten oder aus der → Belichtungsautomatik resultierenden Wert **(Arbeits-B.).**

Blindenhilfsmittel: LINKS Alphabet, Satzzeichen, Ziffern der Blindenschrift; RECHTS Ausschnitt aus einem Stadtplan (Marburg) mit Straßenrelief und Namen in Blindenschrift

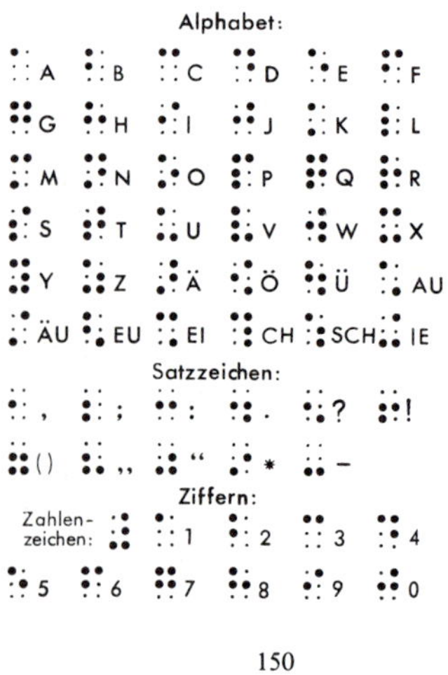

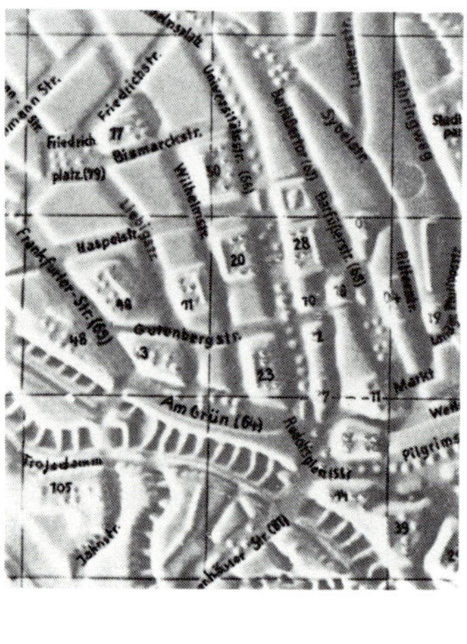

2) Schiffbau: Stahldeckel für Seitenfenster (→ Bullauge) zum Abblenden, Schutz gegen Seeschlag, Gasdruck der Schiffsgeschütze bei Kriegsschiffen u. a.

Blenden, durchsichtige bis durchscheinende sulfid. Erzminerale, z. B. Zink-B. (→ Glanze, → Kiese)

Blendenautomatik, Blendenvorwahl, → Belichtungsautomatik.

Blendrahmen, fest mit der Mauer verbundener Rahmen, in den die Fenster- oder Türflügel eingehängt sind.

Blendschutz, Mittel zur Verringerung der Blendung, z. B. durch Schutzbrillen; bei Kraftfahrzeugen durch Abblendlicht, klappbare Sonnenblende u. a. Vollständiger B. ist nur gegenüber Lichtquellen mit polarisiertem Licht möglich, das durch polarisierende Scheiben fast ganz ausgelöscht werden kann. Der Einführung bei Kraftfahrzeugen stehen vor allem hohe Kosten entgegen.

Blendung, Beeinträchtigung des Sehvermögens durch zu hohe Leuchtdichten im Gesichtsfeld. Eine physiolog. Auswirkung der B. ist z. B. die Verschlechterung der Kontrastempfindlichkeit. Die Blendlichtquelle verursacht infolge der leicht getrübten Augenmedien im Augeninnern ein Streulicht, das sich auf der Netzhaut dem eigtl. Netzhautbild überlagert und somit den Bildkontrast verringert. Die Größe des Streulichts ist proportional der Blendbeleuchtungsstärke und umgekehrt proportional dem Quadrat des Winkels zw. Blickrichtung und Blendlichtquelle. In der → Beleuchtungstechnik sind daher nach Möglichkeit Maßnahmen zur Vermeidung von B. vorzusehen (→ Blendschutz).

Blickfelddarstellungsgerät, engl. **Head-up Display** [h'edʌp dɪspl'eɪ], elektronisch-opt. Flugzeugbordgerät, mit dem Flugdaten und -informationen so in das Blickfeld des Piloten projiziert werden, daß sie ohne Blickwendung und Akkommodation des Auges gleichzeitig mit dem Bild der Außenwelt wahrgenommen werden können. Dadurch wird die Aufgabe der Flugzeugführung bes. im Tiefflug sowie beim Landeanflug wesentlich erleichtert.

Blimp, in den USA Bez. für ein unstarres Kleinluftschiff.

Blinddruck, farbloses Drucken oder Prägen, um ein erhaben oder tief geprägtes farbloses Schriftbild oder sonstiges Motiv zu erhalten.

Blindenhilfsmittel, im techn. Bereich auf der Grundlage der Blindenschrift (Brailleschrift), der Blindenkurzschrift und Blindennotenschrift in erster Linie die **Blindenschrift-Bogenmaschine** (Schreibmaschine), die **Blindenschrift-Stenographiermaschine,** das **Blindenzeichengerät** und die **Blindenlesemaschinen.**

Für den **Blindenschrift-Druck** wurden seit Ende des 19. Jh. versch. Verfahren entwickelt; Blindenkurzschriftsysteme können über Computer auf Druckmaschinen übertragen werden. **Blindenlesemaschinen** setzen mit Hilfe einer Elektronenstrahlabtastung gewöhnl. Schrift in hörbare Zeichen um. Tragbare **Direktlesegeräte** übersetzen

Druckschrift-Vorlagen durch Ausdruck eines Lesestreifens in Blindenschrift. Für stark Sehbehinderte wird neben Großdrucktexten ein mit einer Fernsehkamera arbeitendes Gerät zur Schriftvergrößerung und Kontrastverstärkung angeboten. **Bildschirmtextgeräte** für Blinde setzen die opt. Textzeichen elektronisch in Brailleschrift um.

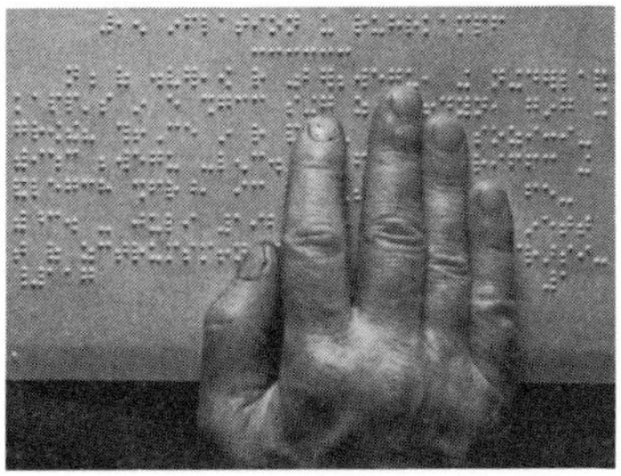

Blindenhilfsmittel: eine Seite Blindendruck

Es gibt auch eine **Audio-Textverarbeitungs-Einheit** für blinde und sehbehinderte Schreibkräfte, die Schreibmaschinenanschläge, Funktionen und Maschineneinstellungen in synthet. Sprache umwandelt.

Orientierungshilfen sind neben dem Stock und dem Blindenhund kleine, tragbare **Ultraschall-Leitgeräte,** deren Signale in akust. oder taktile Reize umgesetzt werden. Als prakt. Alltagshilfe werden Metermaße, Thermometer, Uhren, elektron. Rechner u. a. Geräte hergestellt, bei denen die Information durch tastbare Punkte, Kerben oder hörbare Zeichen vermittelt wird.

blinde Strecke, diejenige Strecke, die ein schnellfliegendes Flugzeug in der für die Reizleitung vom Auge zum Gehirn benötigten Zeit (etwa 1/20 s) zurücklegt und die deshalb von dem in Flugrichtung blickenden Piloten nicht mehr wahrgenommen werden kann. Dadurch werden rechtzeitige Ausweichbewegungen bei Kollisionsgefahr sowie die Zielerkennung bei militär. Flugaufgaben erschwert.

Blindflug, das Führen von Luftfahrzeugen ohne Boden- und Horizontsicht nach Maßgabe geeigneter → Bordinstrumente. (→ Instrumentenflug)

Blindholz, das von aufgeleimten Furnieren verdeckte, i. w. S. das gesamte nicht sichtbare Holz bei Möbeln und im Innenausbau. Als B. eignen sich am besten leichte, wenig schwindende Holzarten wie Nadelhölzer, Pappel, Abachi.

Blindlandung, → Landeführungssysteme.

Blindlast, der induktive und/oder kapazitive Anteil der Belastung eines Wechselstromnetzes durch einen elektr. Verbraucher.

Blindleistung, der Anteil der elektr. → Leistung in einem Wechselstromkreis, der nicht zur tatsächl. Arbeitsleistung beiträgt, sondern im Takt der doppelten Netzfrequenz zw. Netz und Verbraucher hin- und herpendelt. Je nach Art des Verbrauchers spricht man bei Spulen von **induktiver B.** ($Q_L = U \cdot I_L$) und bei Kondensatoren von **kapazitiver B.** ($Q_C = U \cdot I_C$); die Einheit ist in beiden Fällen das → Var (1 var = 1 W). Durch geometr. Addition von B. und → Wirkleistung erhält man die → Scheinleistung.

Da insbes. die induktive B. die mögliche Ausnutzung von Generatoren und Energieübertragungseinrichtungen verringert sowie zusätzliche Verluste verursacht, werden zu ihrer Kompensation **B.-Kondensatoren** und **B.-Generatoren** verwendet.

Blindleistungsgenerator, früher **Phasenschieber** genannt, ein leerlaufender Synchrongenerator (→ Generator), der bei Übererregung magnet. Blindleistung an das Netz abgibt und bei Untererregung aufnimmt.

Blindleitwert, Suszeptanz, Formelzeichen B, der Kehrwert des → Blindwiderstandes X im Wechselstromkreis: $B = 1/X$.

Blindprobe, zur Prüfung der Reinheit der verwendeten Reagenzien durchgeführte chem. Analyse ohne die zu bestimmende Substanz.

Blindschacht, Schacht, der zwei oder mehr Sohlen in einem Bergwerk miteinander verbindet, aber die Erdoberfläche nicht erreicht. Von unten nach oben hergestellt (hochgebrochen), heißt er **Aufbruch,** von oben nach unten hergestellt (geteuft), **Gesenk.**

Blindstrom, Blindkomponente eines → Wechselstromes.

Blindwatt, Einheitenzeichen **bW,** nicht mehr zulässige Einheit für elektr. Blindleistung; durch → Watt oder das → Var ersetzt.

Blindwiderstand, Reaktanz, Formelzeichen X, derjenige Anteil des → Scheinwiderstandes eines Wechselstromkreises, der durch Kapazitäten (→ Kondensator) und/oder Induktivitäten (→ Spule) gebildet wird und dementsprechend spezieller als → kapazitiver Widerstand bzw. als → induktiver Widerstand benannt werden kann. Die Bez. rührt daher, daß Kondensator und Spule dem Wechselstrom zwar einen Widerstand entgegensetzen, jedoch im Ggs. zum → Wirkwiderstand keine verwertbare Leistung (wie z. B. Wärme, Licht) abgeben können. Kehrwert: → Blindleitwert.

Blinkkomparator, Gerät zum Vergleich zweier zu verschiedenen Zeiten gemachter Aufnahmen des gleichen Himmelsbereichs. Veränderungen (Ort, Helligkeit) von Objekten auf den in raschem Wechsel betrachteten Aufnahmen erscheinen als ›Flimmern‹.

Blinkleuchten, Leuchten zu beiden Seiten eines Kraftwagens, die eine beabsichtigte Richtungsänderung anzeigen. Ein **Blinkgeber** schaltet sie elektronisch (Multivibrator) oder noch thermomagnetisch (Hitzdrahtblink-

Blindenhilfsmittel: Blindentaschenuhr

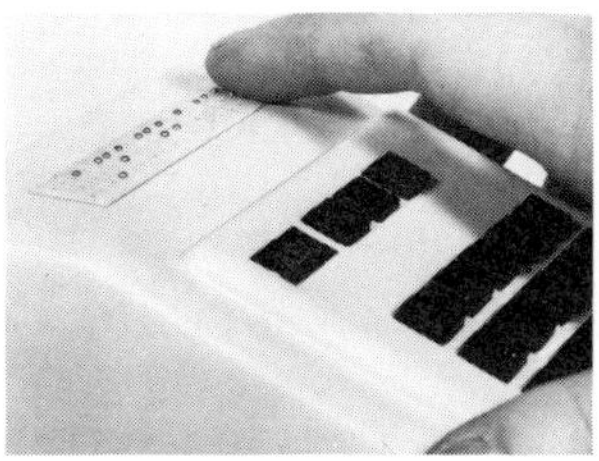

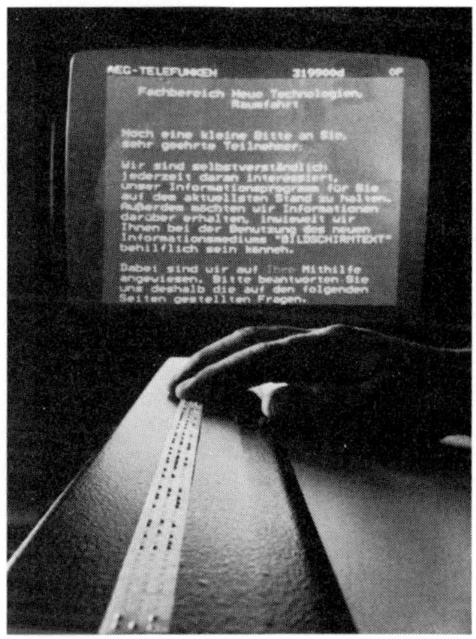

Blindenhilfsmittel: OBEN elektron. Rechner, mit dem alle Daten, die ein Sehender ablesen kann, auf einer Blindenschriftzeile mit acht Stellen abtastbar wiedergegeben werden; RECHTS Bildschirmtextgerät, das die Zeichen einer Bildschirmtextzeile elektronisch umsetzt und sie in einer ebenso langen mechanischen Blindenschriftzeile anzeigt

geber) mit 90 ± 30 Impulsen/min ein; er muß den Ausfall von Blinklampen bemerkbar machen.

Blinklichtanlagen zeigen bei der techn. Sicherung von → Bahnübergängen durch Aufleuchten eines roten Blinklichtes mit 60 Blinken/min die Annäherung eines Zuges an. B. werden an Bahnübergängen auf Nebenbahnen mit starkem Verkehr und auf Hauptbahnen angewendet. Die mit Streu- und Farbgläsern versehene, gegen Blendeinwirkungen durch eine Schute abgeschirmte Blinklicht-Laterne ist in einem Signalschirm über dem Andreaskreuz angebracht. Die B. werden durch Schienenkontakte bei Zugfahrten automatisch ein- und ausgeschaltet. Das ordnungsgemäße Arbeiten der Anlagen wird über Eisenbahnsignalanlagen überwacht. In Verbindung mit B. können automatisch gesteuerte Halbschranken angeordnet werden (→ Schranken).

Blitz, von Licht- und Schallerscheinungen begleitete natürliche Funkenentladung zw. verschieden geladenen Wolken oder Wolken und Erde. Durch schrittweise Ionisation bauen die Vorentladungen leitende Kanäle auf. Haben diese den Gegenpol erreicht, folgt die erste Hauptentladung. Sie dauert etwa 5 µs und klingt allmählich in der zehnfachen Zeit ab. Bei Potentialdifferenzen um 10^8V betragen die Stromstärken mehrere 10^4 A, die im Kanal Temperaturen von über 20000 K erzeugen. Oft erfolgen mehrere Schläge durch die gleichen Kanäle. Häufigste Form ist der vielfach verästelte **Linien-B.; Perlschnur-B.** sind selten. Über die extrem seltenen **Kugel-B.** gibt es viele Theorien und wenig gesicherte Beobachtungen; es scheint sich aber um ein echtes physikal. Phänomen zu handeln.

Blitzableiter, → Blitzschutz.

Blitzlampe, Kolbenblitz, Photolichtquelle, bestehend aus einer in einem kleinen Glaskolben eingeschlossenen Füllung feingeschnitzelter Metallfolie (neuerdings Zirkonfolie oder -draht) in Sauerstoffüberdruckatmosphäre nebst einer elektrisch auszulösenden Zündpille. Die mittels Kondensatorentladung gezündete Pille leitet die in 15–30 ms ablaufende, den Lichtblitz erzeugende Verbrennung der Füllung ein. Bei Photoapparaten mit → Synchronverschluß ist die Zündung der B. mit dem Auslösen des Verschlusses gekoppelt. Die Farbtemperatur des Lichtblitzes von 4000 K wird für Farbaufnahmen bei Tag durch eine blaue Lackschicht auf dem Glaskölbchen auf 5500 K gehoben und so dem Tageslicht angepaßt. In der handelsübl. Form werden vier B. mit je einem eigenen Reflektor zu einem **Blitzwürfel** zusammengefaßt. Zur Erzeugung wiederholter Lichtblitze wird meist das → Elektronenblitzgerät verwendet. – Das früher benutzte **Blitzlicht** bestand aus einer Mischung von Aluminium- oder Magnesiumpulver mit sauerstoffabgebenden Chemikalien.

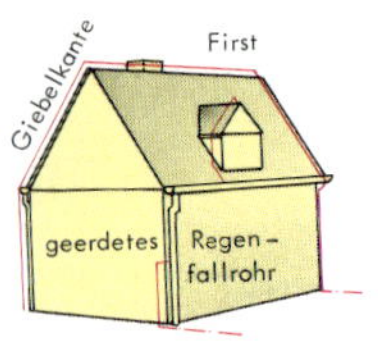

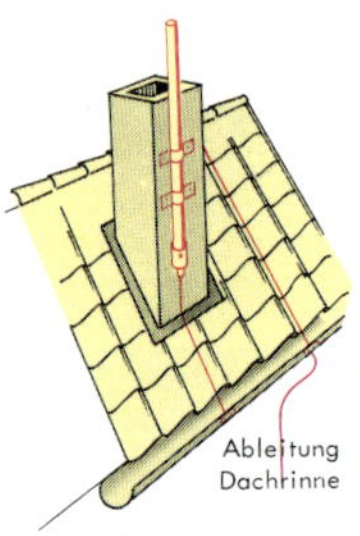

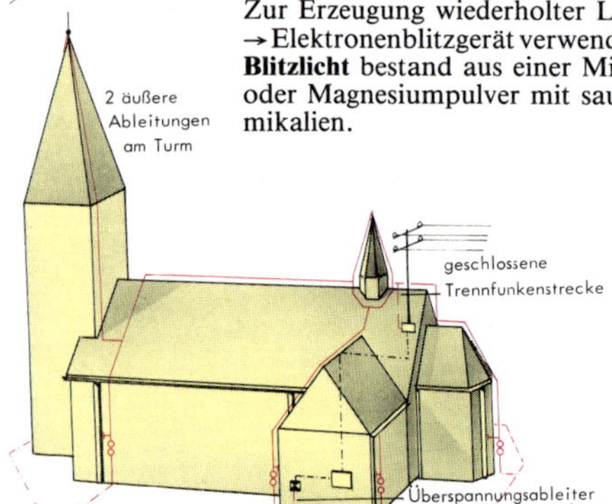

Blitzschutz: Blitzschutzanlage
OBEN Bei einem Satteldach sind die Dachrinnen an die Blitzschutzanlage angeschlossen, der Schornstein ist mit einer Auffangeinrichtung versehen; MITTE Der Schornstein liegt in der Nähe der Dachrinne, die Ableitung wird an die Dachrinne angeschlossen; UNTEN Blitzschutzanlage an einer Kirche ohne elektrische Anlage im Turm

Blitzröhre, Lichttechnik: Gasentladungsröhre, in der eine Kondensatorentladung einen kurzen, Milli- bis Mikrosekunden dauernden Lichtblitz erzeugt. Xenongefüllte Röhren ergeben die höchste Lichtausbeute. In tragbaren, z. B. mit Photoapparaten gekoppelten → Elektronenblitzgeräten wird die nötige Spannung (500–2000 Volt) über Akku, Zerhacker, Transformator und Gleichrichter geliefert.

B., deren Lichtimpulse in kurzen Zeitabständen aufeinanderfolgen, mit wählbaren Frequenzen bis in den Kilohertzbereich und höher, setzt man in → Stroboskope ein. Solche Impulsröhren oder -lampen nennt man darum auch **Stroboskoplampen.** In der Kurzzeitphysik und bei best. → Lasern werden spezielle B. eingesetzt.

Blitzschutz, Einrichtung zum Auffangen von Blitzen und zum gefahrlosen Ableiten der Blitzströme zur Erde **(Blitzableiter)** zum Schutz baulicher Anlagen und ihres Inhalts gegen Blitzeinschlag. Die **Blitzschutzanlage** besteht aus Auffangeinrichtungen, Ableitungen und Erdungsanlage, Verbindungs- und Befestigungsmaterial. Gesichtspunkte für die Notwendigkeit einer B.-Anlage sind: die Wahrscheinlichkeit/Häufigkeit (z. B. wegen der Lage oder Höhe des Gebäudes) und die Schwere der Folgen eines Blitzeinschlags (Brand-, Explosions-, Panikgefahr bei Menschenansammlungen, historisch wertvolle Gebäude).

Der beste B. ist eine geerdete metallische Abschirmung (Umhüllung) des zu schützenden Raumes (Auto, Eisenbahn). Flugzeuginsassen sind durch Blitzschlag nicht direkt gefährdet, weil die Außenhaut des Flugzeuges als Faraday-Käfig wirkt. Blitzeinschläge können jedoch den Ausfall wichtiger elektron. Bordgeräte verursachen und in Ausnahmefällen die tragende Struktur oder das Steuerwerk beschädigen, wodurch schwere Folgeschäden entstehen können. Die elektrostat. Aufladungen der Außenhaut versucht man durch Aufladungsableiter nach dem Prinzip der Spitzenentladung abzuleiten oder zu mindern. In elektr. Anlagen gehören zum B. Geräte zum Abbau von Überspannungen nach Blitzeinschlägen (→ Überspannungsschutzgerät).

Geschichte. Der erste Blitzableiter wurde 1752 von B. FRANKLIN gesetzt, unmittelbar nach seiner Erkenntnis, daß der Blitz eine elektr. Erscheinung sei. Die Untersuchung einer Kommission des Elektrotechn. Vereins Berlin 1886 stellte den Blitzschutz erstmalig auf wissenschaftliche Grundlagen.

H. MEIDINGER: Gesch. des Blitzableiters (1888); A. HÖSL u. a.: B.-Fibel (1970); B.-Anlagen, hg. v. DNA (1971); J. WIESINGER: Blitzforschung u. B. (1972); ders. u. P. HASSE: Hb. für B. und Erdung (²1982).

Blizzard [blˈɪzəd, engl.] *der,* Sturmwetterlage in Nordamerika mit Windgeschwindigkeiten über 15 m/s, Kälte, Sicht unter 150 m durch Schneetreiben.

BL Lacẹrtae-Objekte, die → Blasare.

Bloch-Wand [n. dem schweizer.-amerikan. Physiker F. Bloch, * 1905], in ferromagnet. Stoffen (→ Ferromagnetismus) die Grenzschicht zw. zwei → Weissschen Bezirken versch. Magnetisierungsrichtung, in der sich diese kontinuierlich von der des einen Bezirks in die des anderen ändert (Dicke: etwa 100 Atomabstände und mehr).

Block, 1) Datenverarbeitung: Zusammenfassung von Daten, um sie gemeinsam speichern oder verarbeiten zu können.

2) Eisenbahn: → Eisenbahn-Blockeinrichtungen.

3) Hüttenkunde: der in einer → Kokille abgegossene Metallblock **(Blockguß)** mit rundem, rechteckigem oder polygonalem Querschnitt, aus dem ein Werkstück geschmiedet oder gewalzt wird.

Blockade, Setzerei: → Blockieren 2).

Blockbau, 1) Bautechnik: aus behauenen oder unbehauenen Baumstämmen errichtetes Gebäude. Der B., hauptsächlich in Nadelholzgebieten vertreten, ist seit der Bronzezeit bekannt (→ Holzbau). Die vollendetste Ausbildung fand der B. im **Blockhaus** der Alpengebiete, bes. des Berner Oberlandes: Roh behauene, gleichmäßig runde Baumstämme werden waagerecht zu Wänden übereinandergelagert und an den Ecken überstehend miteinander verbunden (verkämmt, überblattet oder verzinkt; → Holzverbindungen). Das Blockhaus wird noch als Wochenendhaus, Jagdhütte u. a. errichtet.

2) Bergbau: Abbauverfahren, bei dem ein blockförmiger Abschnitt der Lagerstätte durch Strecken und Bohrlöcher, ggf. auch durch Unterschneiden (Unterschrämen), aus dem Verband gelöst und durch Sprengarbeit oder Schwerkraft zerkleinert wird; bes. der **Blockbruchbau.**

Blockdiagramm, Blockbild, 1) Datenverarbeitung: svw. → Ablaufplan.

2) Geologie: schemat. Schrägbild (Zeichnung oder Modellphoto) eines blockförmigen Ausschnitts der Erdkruste, der an der Oberfläche des Blocks die Form, an den Seiten den inneren Bau erkennen läßt.

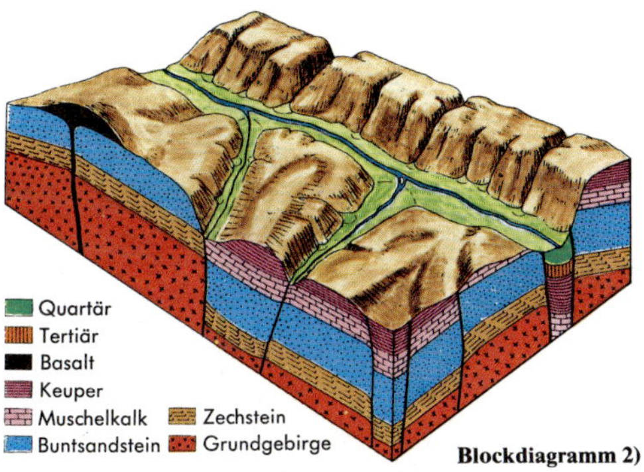

Blockdiagramm 2)

Blocken, Eisenbahn: Betätigen von → Eisenbahn-Blockeinrichtungen zur Sicherung von Zugfahrten.

Blockgeschwindigkeit, Luftfahrt: aus Streckenlänge und → Blockzeit gebildete mittlere Geschwindigkeit.

Blockheizung, Wärmeversorgung eines größeren Gebäudekomplexes oder Wohngebietes von einer Heizzentrale oder der Unterstation einer → Fernheizung aus; meist mit Warm- oder Heißwasser betrieben.

Blockieren, 1) Mechanik: das plötzliche Sperren der drehenden oder hin- und hergehenden Bewegung eines Körpers. Ein Rad blockiert, wenn die Bremskraft die Reibungskraft an der Fahrbahn (Boden oder Schiene) übersteigt. Das Rad gleitet dann ohne Drehbewegung, wobei die Reibungskraft gegenüber dem mit Schlupf rollenden Rad erheblich geringer sein kann.

2) Setzerei: das Auffüllen von Stellen im Drucksatz mit auf den Kopf gestellten Typen oder Zeichen, um im Korrekturabzug auf unleserliche oder fehlende Stellen im Manuskript hinzuweisen. Die blockierte Stelle heißt **Blokkade** oder **Fliegenkopf.**

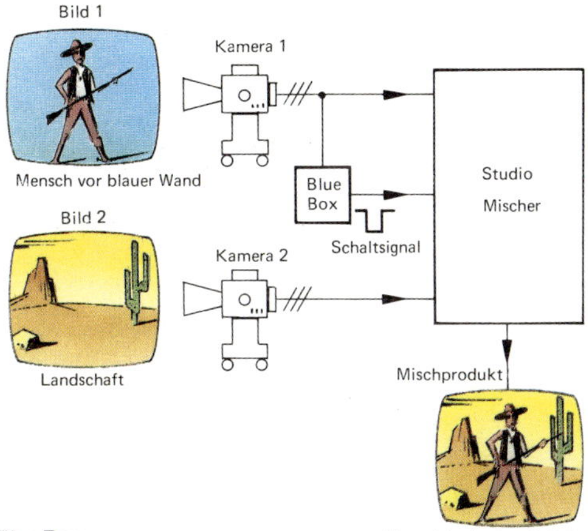

Blue Box

Blockierregler, Bremsschlupfregler, Blockierschutz, → Antiblockiersystem.

Blockmeer, Felsenmeer, das massenhafte Auftreten kantiger oder gerundeter Felsblöcke auf Gipfeln und Bergrücken oder auf Berghängen, wo nach abwärts eine Auflösung in Blockhalden, Blockströme, Blockstreifen und Blockstreu erfolgt. B. entstehen durch Verwitterung, bes. von Massengesteinen.

Blockschema, → Fließbild.

Blockwalzwerk, ein → Walzwerk zur Verformung der vom Stahlwerk gelieferten, meist quadrat. Gußblöcke auf Zwischenabmessungen für die weitere Verarbeitung. Durch → Strangguß werden B. eingespart.

Blockzeit, Zeit vom Abrollen des Flugzeuges vom Startflughafen bis zum Stillstand am Zielflughafen. Die B. schließt den Zeitbedarf für Roll-, Start- und Landevorgänge sowie für Warteflüge mit ein.

Blow-Down-System [bləu dˈaun-, engl.], Sicherheits- und Entleerungssystem für chemische Anlagen, Raffinerien u. a. Das B.-D.-S. sammelt gasförmige und flüssige Produkte, die bei Notfällen und Undichtigkeiten von Anlageteilen abgeblasen werden (→ Fackelsystem).

Blue Box [blu: bɔks, engl.], elektron. Gerät im Fernsehstudio zur Erzeugung von Trickbildern. Die von einer elektron. Fernsehkamera gelieferten Signale enthalten wegen des vorgeschalteten Blaufilters keine blauen Bildanteile mehr, an diesen Stellen erzeugt die B. B. bes. Schaltsignale, die die Zumischung anderer Fernsehsignale zulassen (Überlagerung zweier oder mehrerer Bilder). Die Farbe ›blau‹ wurde gewählt, da sie nur zu geringen Anteilen in der menschl. Haut vorkommt; grundsätzlich würde dieses Verfahren auch mit den Farben ›rot‹ und ›grün‹ funktionieren.

Blumendraht, dünner weichgeglühter Stahldraht, u. a. zum Binden von Blumen benutzt.

Blut. B. kann als flüssiges ›Gewebe‹ oder ›Organ‹ des menschl. und tier. Organismus angesehen werden. – Im Rahmen des Blutkreislaufs dient es dem Transport des Sauerstoffs aus der Lunge und der Nahrungsstoffe aus dem Darm in die Gewebe und führt Schlackenstoffe, wie Kohlendioxid und harnpflichtige Substanzen, aus den Geweben in die Ausscheidungsorgane (Lunge, Nieren). Es vermittelt die Wirkung der Hormone und ist Träger von Stoffen und Zellen, die Gifte und Krankheitserreger unschädlich machen.

Beim Menschen beträgt die **Blutmenge** etwa 7,7% seines Körpergewichtes; das sind beim Erwachsenen (bei 70 kg Körpergewicht) etwa 5–5,4 l. Das B. setzt sich zusammen aus der **Blutflüssigkeit (Plasma)** und den geformten Bestandteilen, den **Blutkörperchen (Korpuskeln).** Seine Farbe beruht auf dem **Blutfarbstoff** (→ Hämoglobin).

Das B. der Säugetiere hat wesentliche Eigenschaften mit dem B. des Menschen gemeinsam. Mit zunehmender verwandtschaftl. Entfernung differenzieren sich jedoch auch die Eigenschaften des B.

Im B. der wirbellosen Tiere finden sich neben Hämoglobin das kupferhaltige **Hämocyanin** (z. B. Krebse, Muscheln, einige Schnecken) sowie das eisenhaltige **Chlorocruorin** und **Hämerythrin** (einige Ringelwürmer). Das B. der Insekten ist farblos.

Blutersatzmittel, Plasmavolumenersatz, v. a. isoton. Kolloidlösungen auf Dextran- oder Gelatinebasis, die meist zur Kreislaufstabilisierung nach akuten Blutverlusten als intravenöse Infusion verabreicht werden.

Blutfaserstoff, svw. → Fibrin.

Blutlaugensalz, Kalium-Eisen-Cyanidsalze (→ Cyanverbindungen).

Blutstein, Mineral, völlig dichter → Hämatit.

Bo, chem. Symbol für → Bohrium.

Bö, Böe *die,* **1)** heftiger Windstoß mit einer Geschwindigkeitszunahme von mindestens 5 m/s in 20 s; entsteht durch → Turbulenz, bes. bei Schauern und Gewittern. **2)** kurzer heftiger Schauer (Regenbö, Hagelbö u. a.).

Bobine, 1) schmale Papierbahn in Rollenform.

2) Bergbau: spulenartiger Seilträger für Fördermaschinen mit einem Flachseil.

3) Spinnerei: Spule mit konischen Ansätzen.

Bock, Bauwesen: eine Stützkonstruktion, als Hängebock und Sprengbock gleichbedeutend mit Hängewerk und Sprengwerk. Im Gerüstbau B.- oder Schragengerüst.

BOD, Abk. für engl. **Biochemical Oxigen Demand** [baɪəʊk'emɪkl 'ɔksɪdʒən dɪm'ɑ:nd], → biochemischer Sauerstoffbedarf (BSB).

Bodden *der,* seichte, unregelmäßig geformte Bucht mit enger Öffnung zum Meer. Durch Eindringen des Meeres in junge Grundmoränenlandschaft entstanden (z. B. Mecklenburg).

Bode-Diagramm, in Nachrichtentechnik und → Regelungstechnik gebräuchl. graph. Darstellung des → Frequenzgangs. Amplituden- und Phasengang werden dabei getrennt aufgetragen, wobei die Koordinatenachsen für Frequenz und Amplitude logarithmisch geteilt sind. Dies ermöglicht, nach Festlegen der sog. Eckfrequenzen, eine einfache Näherungskonstruktion des Amplitudengangs

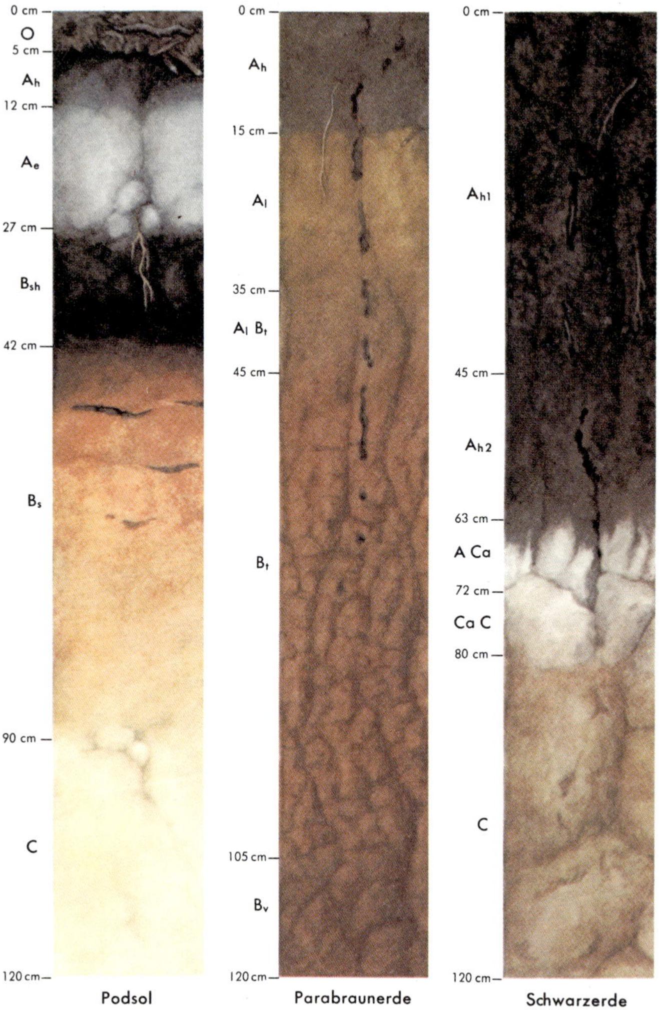

Boden: Podsol-B. aus silikatarmem Sand ist ein verbreiteter Bodentyp des kühlen, humiden Klimas. Podsol entsteht vornehmlich aus basenarmen Gesteinen. Die Horizonte (pedogene Schichten) kennzeichnen seinen Aufbau und sind mit Symbolen (am Profilbild links) bezeichnet: *O* Rohhumus; A_h oberster, humoser Mineralboden, A_e stark verarmt und gebleicht; B_{sh} Anreicherung von Humus und von Sesquioxiden des Eisens und Aluminiums; B_s nur Sesquioxide; *C* Ausgangsgestein. Eigenschaften: stark ausgewaschen und verarmt, daher gebleicht; stark saure Reaktion, nährstoffarm, biologisch inaktiv, zur Trockenheit neigend, unfruchtbar

Parabraunerde aus Löß ist ein verbreiteter Bodentyp der natürlichen Laubwaldregion des gemäßigt warmen, humiden Klimas. Parabraunerde entsteht vorwiegend aus kalkhaltigen, festen und lockeren Gesteinen. Aufbau: A_h oberster, humoser Mineralboden, A_l tonverarmt, A_lB_t Übergang, B_t tonangereichert, B_v nur verwittert; *C* Ausgangsgestein. Eigenschaften: Tonverlagerung aus dem oberen in einen tieferen Profilbereich, mäßig bis stark saure Reaktion, mäßiger bis hoher Nährstoffgehalt, guter Wasser- und Lufthaushalt, biologisch mittelaktiv, fruchtbar

Schwarzerde aus Löß ist der typische Boden des kontinentalen, semihumiden Steppenklimas. Schwarzerde entsteht meist aus kalkhaltigen Lockergesteinen. Aufbau: A_{h1} oberster, A_{h2} zweitoberster, humoser Mineralboden; *ACa* und *CaC* kalkreiche Übergangshorizonte zu C; *C* Ausgangsgestein. Eigenschaften: Auswaschung gering, alkalische oder neutrale Reaktion, hoher Nährstoffgehalt, Humusform, Wasser- und Lufthaushalt gut, biologisch sehr aktiv, sehr fruchtbar

als Streckenzug. Weitere Vorzüge des B. sind die Vereinfachung der graph. Multiplikation und der Inversion von Frequenzgängen sowie die Möglichkeit graph. Stabilitätsuntersuchungen an → Regelkreisen.

Boden, oberste, belebte Verwitterungsschicht der Erdrinde. Der Grad der → Verwitterung hängt von physikal., chem. und biolog. Faktoren ab. – Organ. Naßböden, die **Moor-B.** (Hoch-, Niederungs-, Übergangsmoor), entstehen aus abgelagerten, kaum zersetzten Pflanzenresten. **Verwitterungs-B.** bilden sich aus den ortseigenen Verwitterungsprodukten und sind wechselnd tiefgründig sowie z. T. stein- oder schotterhaltig. – **Sediment-B.** gehen auf eine Verlagerung durch Transportkräfte des Wassers, des Eises oder des Windes zurück, z. B. Löß-, Schwemmland- oder Moränen-B.

Bodentypen. Die B. weisen eine im Profil sichtbare horizontale Schichtung auf, die den jeweiligen Zustand oder die Entstehung des B. kennzeichnen. Der **A.-Horizont,** der wegen der Humusanreicherung auch Krume genannt wird, bildet die oberste Schicht, der **C-Horizont** den unveränderten Untergrund. Charakteristisch ist das A/C-Profil der **Steppen-B.** im kontinentalen Klima, aus denen nach starker Humusanreicherung (5–10%) die **Schwarzerden,** bei geringer Humusbildung **kastanienbraune B.** oder **südl. Schwarzerden** entstehen. Im gemäßigteren Klima werden bei starker Zersetzung der organ. Substanz die **Braunerden** ausgebildet.

Überwiegt die Durchwaschung des Bodens, so wird der A-Horizont zum Eluvialhorizont, und die Verlagerungsprodukte werden im neugebildeten Zwischenhorizont als **B-Horizont** (Illuvial- oder Einschwemmungshorizont) abgesetzt; es entstehen **degradierte Schwarzerden,** im gemäßigten Klima **Parabraunerden** mit geringerer Humusanreicherung und z. T. Humusauswaschung. Bei **Podsol-B. (Bleicherden)** liegen infolge starker Auswaschung und geringer Krumenausbildung die B-Horizonte in geringer Tiefe. Der verdichtete und stark versauerte eisenhaltige B-Horizont heißt **Ortstein.** Bewirkt die Verdichtungsschicht einen Wasserstau, entsteht **Pseudogley,** während der Gleyhorizont **(Gley-B.)** durch wechselnden Grundwasserstand ausgebildet wird. Überwiegt die Verdunstung des B., kommt es zu Salzausblühungen, und es entstehen **Salz-B., Salzsteppen.** Bei fehlender Humusausbildung der Halbwüsten entstehen **Grauerden.** Die Verwitterung unter trop. Bedingungen führt zu **Laterit-B.** oder **Roterden (Latosol;** → tropische Böden), die arm an Kieselsäure und Humus sind. (Weitere BILDER S. 154)

Bodenarten. Die natürl. B. bestehen aus Teilchen versch. Größe. Bei ›schweren‹ B. **(Ton-** bis **Lehm-B.)** überwiegen die feinen (kolloiddispersen) Teilchen, bei ›leichten‹ B. **(Sand-B.)** grobe Teilchen. Die Sand- und Steinanteile werden als **B.-Skelett** bezeichnet. Die wertvollsten mineral. Fraktionen sind der Schluff und der Ton. Die Tonminerale sind für die physikal. und chem. Eigenschaften des B. die wichtigsten Bestandteile. – Die **Humusstoffe** des B. sind Verrottungsprodukte (bis 10% bei Mineral-B.) aus organ. Substanzen. Alle B.-Eigenschaften werden beeinflußt durch den Gehalt an Calciumcarbonat und die an der Oberfläche der Tonteilchen absorbierten Calciumionen. Vom Kalkgehalt des B. wird der Säurezustand (pH-Wert, **B.-Acidität)** bestimmt, der

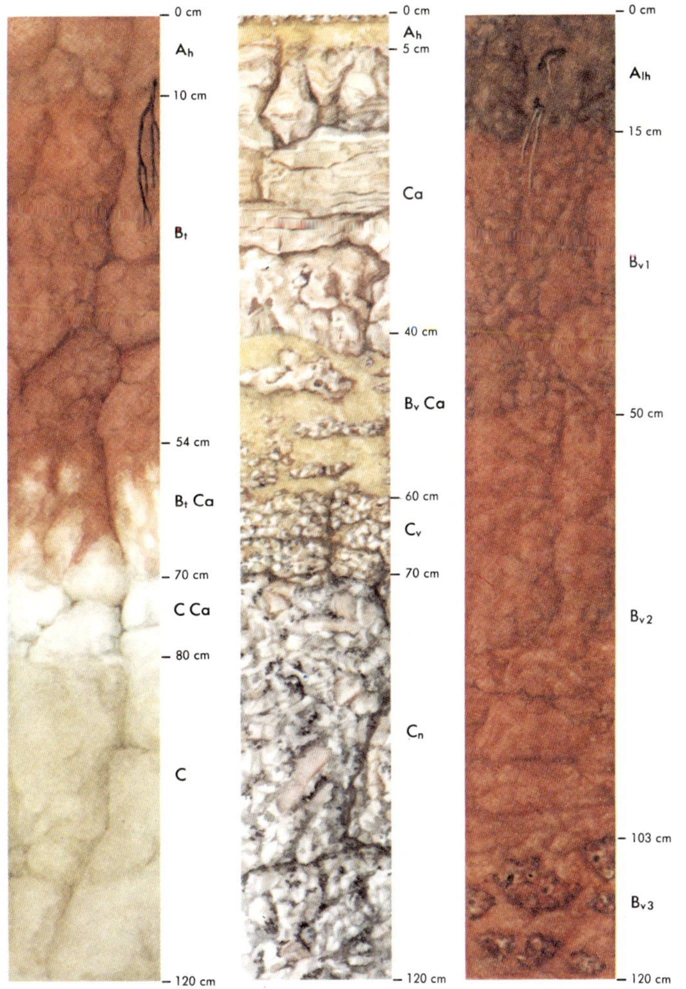

Rötlichbrauner Boden — Kalkkrusten-Boden — Roterde (Latosol)

Boden: Rötlichbrauner B. aus Löß ist ein Bodentyp des semiariden Klimas (einschl. Halbwüste) und steht als zonaler Bodentyp zwischen dem hellen Kastanienbraunen Boden und der Grauerde. Rötlichbrauner Boden entsteht aus vielerlei Gesteinen. Die Horizonte (pedogene Schichten) kennzeichnen seinen Aufbau und sind mit Symbolen (am Profilbild links) bezeichnet: A_h oberster, tonverarmter, humoser Mineralboden, B_t tonangereichert, B_tCa angereichert mit Ton und Kalk, *CCa* Kalkanreicherung in C; *C* Ausgangsgestein. Eigenschaften: kalkhaltig, auch reich an anderen Basen, humusarm, trocken, biologisch wenig aktiv, wenig fruchtbar

Kalkkrusten-B. auf Granit ist ein alter Bodentyp des Wüstenklimas. Kalkkrusten-Boden entsteht auf vielerlei Gesteinen. Aufbau: A_h oberster, humoser Mineralboden; *Ca* feste Kalkkruste, B_vCa kalkreich und verwittert; C_v schwach verwittertes Gestein; C_n frisches Gestein. Eigenschaften: Kalkanreicherung an oder nahe der Oberfläche, humusarm, hart, dicht, trocken, unfruchtbar

Roterde aus Basalt ist ein Bodentyp des feuchten Tropenklimas. Roterde entsteht aus vielerlei Gesteinen. Aufbau: A_{lh} oberster, humoser Mineralboden; B_{v1}, B_{v2}, B_{v3} verwitterte Horizonte, B_{v3} mit Lateritknöllchen. Eigenschaften: sehr stark verwittert, geringer Basen- und Nährstoffgehalt, saure Reaktion, reich an Aluminiumhydroxid und Eisenoxid, mäßig humos, durchlässig für Wasser und Luft, meist wenig fruchtbar

durch die im ›System B‹ (Oberfläche der Teilchen und Bodenlösung) vorhandenen übrigen Kationen und Anionen mitbeeinflußt wird; sie sind wie der Kalk die Mineralnährstoffe für die Pflanzen.

Durchmesser der Teilchen

	> 2,0	mm Kies und Steine	Bodenskelett
0,063 –	2,0	mm Sand	Feinboden
0,002 –	0,063	mm Schluff	
	< 0,002	mm Ton	

Boden

Eigenschaften. Die Oberflächen der Tonminerale ist der Ort der chem. und physikal. Aktivität des B., wo die an der Oberfläche gebundenen Kationen und Anionen von der Teilchenoberfläche in die Bodenlösung übergehen können. Die adsorbierten Ionen sind für die Krümelung des B. und für die Ernährung der Pflanzen wirksam. Bei Einzelkornstruktur verschlämmen die B. und sind schlecht durchlüftet. Günstig ist die Vereinigung der Einzelteilchen zu Aggregaten **(Krümelstruktur),** wobei die Krümel verschieden groß sein sollen. Bes. wichtig ist die Krümelfraktion zw. 1 und 10 mm Durchmesser. Die Bildung von B.-Krümeln wird z. B. durch Kalk und Humusanreicherung gefördert. Weiterhin wird die Krümelung durch die Lagerung des B. beeinflußt. Die Krümelstruktur ist Voraussetzung für günstigen Wasserhaushalt und Durchlüftung. Der von Wasser und Luft eingenommene Raum ist das **Porenvolumen,** der vom B. eingenommene Raum das **B.-Volumen.** Optimal anspruchsvolle Ackerpflanzen beenden ihr Wachstum, wenn das Luftvolumen kleiner als 12–15% ist; Grünlandpflanzen gedeihen noch bei 10% Luftvolumen.

Wasserhaushalt. Die durch Niederschläge auf den Boden fallenden Wassermengen dringen als Sickerwasser in tiefere Schichten ein. In den feineren Poren der Krümel kann das Wasser **(Haftwasser)** für die Vegetationszeit den Pflanzen zur Verfügung gehalten werden. An der Oberfläche des B. verdunstet das Wasser; B.- Bearbeitung und Beschattung können die Verdunstung klein halten. Das hygroskopisch gebundene Wasser kann die Pflanze osmotisch nicht aufnehmen (totes Bodenwasser). Der Wasserhaushalt des B. bestimmt die Bodenfruchtbarkeit.

Bodenorganismen. Zu den B.-Organismen gehören: B.-Pilze, B.-Bakterien, Algen und tier. Organismen. Verschiedene Bakterien können den organisch gebundenen Eiweiß- und Amidstickstoff stufenweise abbauen. Daneben existieren Bakterien, die den elementaren Stickstoff der Luft binden und den höheren Pflanzen zur Verfügung stellen, so die mit einer Wirtspflanze in Symbiose lebenden Wurzelknöllchenbakterien und die freilebenden Stickstoffbakterien. Der Kreislauf anderer Elemente im B. wird durch versch. Bakterien beeinflußt, z. B. Cellulose-, Fäulnis-, Schwefel-, Eisenbakterien. Auch Pilze zersetzen organ. Substanzen und sind am Zusammenleben mit der Pflanzenwurzel beteiligt. Allg. sind alle Mikroorganismen am Abbau organ. Substanzen (Pflanzenreste, Stallmist u. a.), bes. der Kohlenhydrate, beteiligt. Wird die Zersetzung nicht zu Ende geführt, entsteht Dauerhumus. Die Mikroorganismen werden durch Klima und Bodenbearbeitung entscheidend beeinflußt. Der Austausch der CO_2-armen Luft der Atmosphäre mit der CO_2-angereicherten Bodenluft wird als **B.-Atmung** bezeichnet.

Neben den pflanzl. beeinflussen auch die tier. Organismen (Protozoen, Rädertierchen, Fadenwürmer, Regenwürmer, Tausendfüßler, Insekten) die Krümelung und die Durchlüftung.

E. Mückenhausen: Entstehung, Eigenschaften u. Systematik der Böden der Bundesrep. Dtl. (1976); F. Schaffer u. a.: Lehrbuch der Bödenkunde (1979).

Bodenbearbeitungsgeräte, Ackergeräte, Maschinen und Geräte, die die Struktur des Bodens durch mechan. Bearbeitung verändern und für den Pflanzenwuchs verwendbar machen. Man unterscheidet gezogene B. (z. B. → Pflüge, → Grubber, → Eggen, → Walzen, → Hackgeräte) und B., die von der Zapfwelle des Schleppers angetrieben werden (z. B. → Bodenfräse, → Kreiselpflug). Bei den gezogenen Geräten wird die benötigte Zugenergie unter hohen Schlupfverlusten zw. Schlepperantriebsrädern und Boden übertragen, während bei Zapfwellenantrieb nur geringe Verluste (Getriebeverluste) auftreten.

Bodenbelag, die oberste Nutzschicht eines → Fußbodens. Der B. besteht aus Holz (Holzdielung, Parkett, Stabfußboden, Holzklotzpflaster), Naturstein (z. B. Solnhofener Platten, Marmor, Granitplatten), Kunststein (Terrazzo, Asphalt, Hartbeton), gebranntem Ton (Fliesen, Mosaikfliesen), Kunststoffen (Linoleum, Gummi, Polymerisaten) oder textilen Flächen (Kokos-, Bastmatten, Teppichen, Teppichfliesen).

Bodendruck, 1) Fahrzeugtechnik: **spezifischer B.,** der Quotient der Masse eines Fahrzeugs und der Aufstandsfläche der Reifen (oder Auflagefläche der Gleisketten), abhängig u. a. von Reifenkonstruktion, -profil, -querschnitt und -innendruck. Der B. ist z. B. eine Kenngröße für die Geländegängigkeit eines Fahrzeugs oder für die Verdichtungskräfte von Radwalzen beim Straßenbau.

2) Physik: → Hydrostatik (Bild).

Bodeneffekt, alle Erscheinungen, die bei umströmten Körpern oder der Wirkung von Gasstrahlen in Bodennähe auftreten. Bei Tragflügeln wird bei geringem Bodenabstand der induzierte Widerstand vermindert, der Auftrieb vergrößert und die Flugstabilität beeinflußt. Der Schub von Hubschrauberrotoren sowie der Strahlschub von Hubtriebwerken nehmen mit Annäherung an den Boden zu. Ein spezieller B. liegt der Wirkungsweise der Bodeneffektfahrzeuge zugrunde.

Bodeneffektfahrzeug, Luftkissenfahrzeug, engl. **Hovercraft** [h'ɔvəkrɑ:ft], Fahrzeug, das in geringem Abstand über einer Boden- oder Wasserfläche durch ein Luftkissen (Gebiet erhöhten Druckes) in der Schwebe gehalten wird. Durch motorisch angetriebene Gebläse wird Luft durch einen schmalen Ringspalt zw. Fahrzeugunterseite und Bodenfläche ausgeblasen, wodurch das Luftkissen sowohl erzeugt als auch gegen den Außendruck abgedichtet wird. Aerodynam. B. erzielen den Bodeneffekt aus dem Fahrtluftstrom (wing in ground effect). Vortriebs- und Steuerkräfte werden aerodynamisch aufgebracht (Propeller- oder Strahlantriebe, abgezweigte Gebläseluft, aerodynam. Ruder). Vorteile der B. sind ihre amphib. Eigenschaften sowie die Verwendbarkeit über sonst für den Fahrzeugbetrieb ungeeigneten Bodenflächen (Sumpf, Eis, Sand u. a.). B. werden als Seefähren sowie für militär. Aufgaben verwendet. (Bild S. 157)

Bodenerosion, die durch die Tätigkeit des Menschen über das natürl. Maß hinaus gesteigerte Abtragung v. a. des landwirtschaftlich genutzten Bodens durch Wasser und Wind. Hauptursache ist die Beseitigung des natürl. Pflanzenkleides bei der Gewinnung von Ackerflächen; dadurch ist der Boden vor der Saat und nach der Ernte ungeschützt Winden (Staubstürme) und Niederschlägen ausgesetzt.

Bodenfeuchtigkeit, → Bodenwasser.

Bodenfilter, dränierte Böden ohne landwirtschaftl. Nutzung als Versickerungsanlage für Abwasser und Oberflächenwasser zur mechan. und biolog. Reinigung und zur Grundwasseranreicherung. Abwasser muß mechanisch vorgereinigt sein, da Schlamm die B. unwirksam macht.

Bodenfließen, svw. → Solifluktion.

Bodenfräse, von der Schlepperzapfwelle angetriebene Bodenbearbeitungsmaschine zum Feinzerkleinern des Ackerbodens; mit starren oder federnden Zinken oder Fräsmessern ausgerüstet, die mit relativ hoher Geschwindigkeit (2–7 m/s) um eine horizontale Achse umlaufen. Auf leichteren und mittelschweren Böden kann die B. den Scharpflug u. U. ersetzen und den Boden ohne andere Geräte saatfertig vorbereiten; auch zum Zerkleinern harter Erdkluten oder zum Einmischen von Stroh oder Stalldung in den Boden geeignet.

Bodenfreiheit, kleinster Abstand zw. dem Fahrzeugboden und dem Erdboden; zeigt an, welche Unebenheiten das Fahrzeug ohne Berührung überrollen kann; bei manchen Fahrzeugen einstellbar.

Bodenfrost, Meteorologie: Temperatur unter 0 °C (→ Frost) an der Bodenoberfläche durch → Ausstrahlung bei sonst positiver Lufttemperatur.

Bodenfunkstelle, Sende-Empfangs-Station zum Funkverkehr mit Luft- und Seefahrzeugen, auch Peilanlagen; im Rahmen der → Bodenorganisation eingesetzt (vorwiegend zur Flug- und Schiffsverkehrskontrolle).

Bodenkunde, Pedologie, Wissenschaft, die sich mit der Untersuchung des Zustandes, der Entstehung, Veränderung und Verbesserung des → Bodens im Hinblick auf die Eignung für landwirtschaftl. und forstwirtschaftl. Zwecke befaßt.

Bodenmechanik, Lehre von den physikal. Eigenschaften des Erdbodens; bes. werden Zusammendrückbarkeit, Scherfestigkeit, elast. und plast. Eigenschaften des Bodens, Fragen der Bodenverfestigung und des Bodenfrostes untersucht. Die **prakt. B.** befaßt sich mit den Anwendungen in der Baupraxis, mit der → Gründung von Bauwerken, der Aussteifung von Baugruben beim Tunnel-, Stollen-, Böschungsbau u. dgl. Die **theoret. B.,** ein Teil der angewandten Mechanik untersucht idealisierte Bodenarten unter der Wirkung von äußeren Einflüssen.

A. Kézdi: Hb. der B., 4 Bde. (1973–76); K. Simmer: Grundbau, Tl. 1 ([17]1980); G. Gudehus: B. (1981).

Bodenorganisation, alle zur Durchführung und Sicherung des zivilen und militär. Flugbetriebes erforderl. Bodenanlagen und -einrichtungen sowie das zur Bedienung erforderl. Bodenpersonal. Zur B. gehören ein Netz von → Flughäfen und Einrichtungen der → Flugsicherung. Anlagen und Einrichtungen zur Wartung, Versorgung und Instandhaltung der Fluggeräte, Stellen zur Einsatzplanung und -lenkung des Flugbetriebes, Fernmeldeeinrichtungen und Wetterdienststellen sowie für die Raumfahrt spezielle Bahnverfolgungsstellen.

Bodenschätze, nutzbare mineralog. Rohstoffe als natürl. Anreicherung in der Erdkruste, z. B. Erze, Kohle, Kohlenwasserstoffe, Salze, Grundwasser.

Bodentemperatur, 1) an einer Wetterstation in 2 m Höhe gemessene Temperatur. 2) Temperatur im Erdboden; der Tagesgang der B. nimmt mit der Tiefe ab und verschwindet bei 100 cm.

Bodentrocknung, herkömmliches Verfahren zur Heubereitung (Heuwerbung): Das gemähte Grüngut wird auf dem Boden ausgebreitet und unter ständigem Wenden durch → Heuwender von der Luft getrocknet.

Bodenverdichter, Bodenverdichtungsgeräte, Geräte zur Bodenverdichtung, bei bindigen Böden z. B. Glatt-, Gummirad-, Gitter- und Schaffußwalzen (→ Walzen), Explosionsstampfer (→ Ramme), bei nichtbindigen Böden Vibrationswalzen, Plattenrüttler u. a. (→ Rüttelgeräte).

Bodenverfestigung, früher auch **Bodenvermörtelung,** die dauerhafte Erhöhung der Frostbeständigkeit und Tragfähigkeit von Böden durch Zumischung von hydraulischen (Zement, Mischbinder, hochhydraul. Kalk) oder bituminösen Bindemitteln auf der Baustelle (mixed-in-place) oder in zentraler Mischanlage (mixed-in-plant). Bei der **Bodenverbesserung** wird lediglich die Einbaufähigkeit und Verdichtbarkeit der Böden erhöht.

Bodenwasser, Gesamtmenge des im Boden vorhandenen Wassers; das frei in den Poren bewegliche ebenso wie das Haftwasser (Kapillar- oder Adsorptionswasser, auch **Bodenfeuchtigkeit**).

Bodenwelle, Funktechnik: die längs des Erdbodens sich ausbreitende elektromagnet. Welle. Langwellen sind immer B., Mittelwellen nur bei Tage (→ Raumwelle).

Bodenwind, der an einer Wetterstation in 10 m Höhe gemessene Wind (Ggs.: → Höhenwind).

Bodenwrange, Querverbandselement im Bodenbereich von Schiffen

Bode-Titiussche Reihe [n. dem dt. Astronom J. E. Bode, * 1747, † 1826, und dem dt. Naturwissenschaftler J. D. Titius, * 1729, † 1796], die → Titius-Bodesche Reihe.

Böe, → Bö.

Bogen, 1) Bautechnik: bogenförmiges Tragwerk aus biegefestem Material wie Stahl, Stahlbeton, Holz, das der

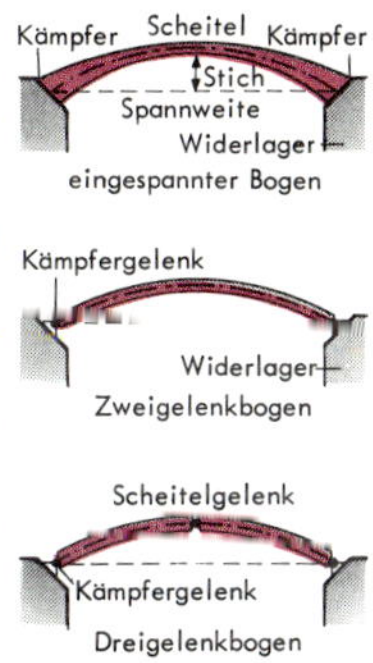

Bogen 1) 1

Bodeneffektfahrzeug: SR. N 4 von der British Hovercraft Corporation. Das Schwebefahrzeug von 168 t Gesamtgewicht und 50 t Nutzlast hat eine höchste Reisegeschwindigkeit von 130 km/h und 160 km Fahrstrecke. Als Autofähre faßt es bis zu 34 Pkw und 174 Passagiere

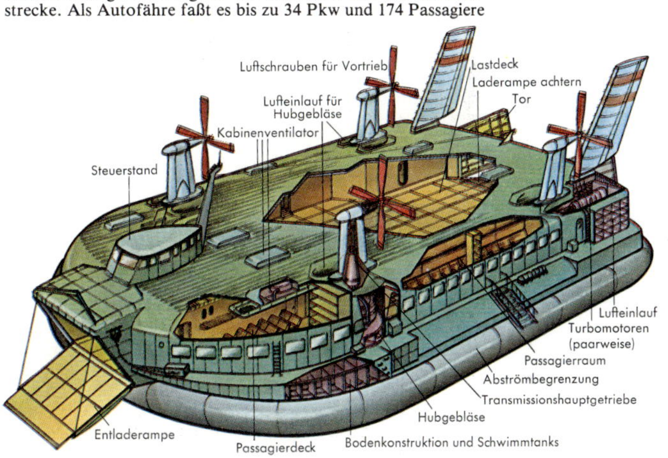

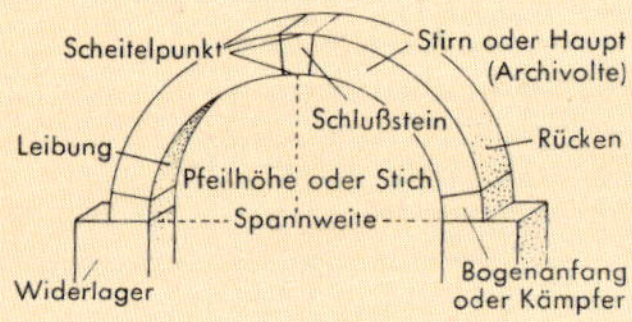

Bogen 1) 2: Einzelteile

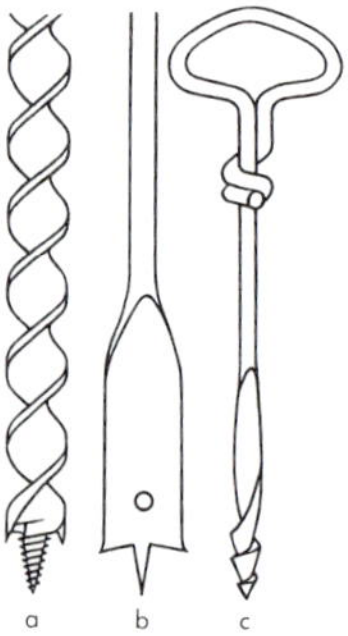

Bohren 2): Holzbohrer: *a* Schlangenbohrer, *b* Zentrumbohrer, *c* Nagelbohrer

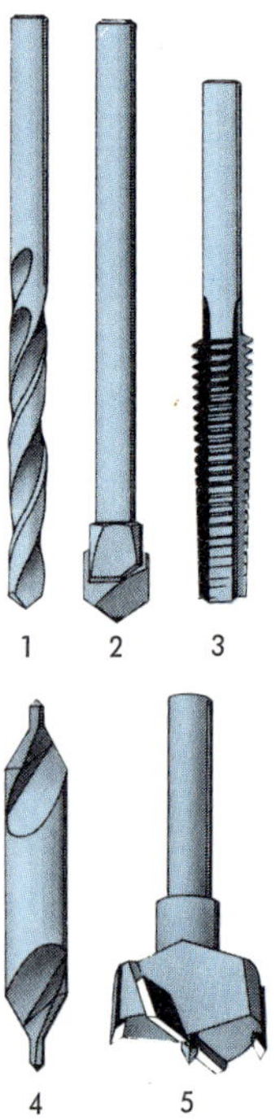

Bohren 2):

Überbrückung von Räumen (z. B. bei Hallen, Brücken) dient und bei Fehlen von Zugbändern Horizontalschübe auf die Auflager ausübt. Es gibt **Zweigelenk-B., Dreigelenk-B.** und **fest eingespannte B.** Im allg. Sprachgebrauch werden auch → Gewölbe (aus nur druckfestem Material) als B. bezeichnet. Scheitrechter B. → Sturz.

2) Mathematik: allgemein Teil einer Kurve, speziell ein Teil des Kreises **(Kreisbogen).** Zu einem Kreisbogen gehört der Zentriwinkel α, ist r der Radius des Kreises, so ist die **Bogenlänge**

$$b = 2\,\pi\,r\,\frac{\alpha}{360^\circ}$$

(α im Gradmaß). Über die Bogenlänge allgemeiner Kurven → Rektifikation.

3) Papier in Formaten (→ DIN-Formate), die ungefalzt DIN A3 oder größer sind, und Formate in gefalztem Zustand. Beispiel: Ein gefalzter Bogen DIN A3 besteht aus zwei Blättern DIN A4. Der **Druckbogen** (→ Buchformate), beidseitig bedruckt, besteht z. B. aus 8 Quart- oder 16 Oktavbuchseiten.

Bogenentladung, eine → Gasentladung.

Bogenlampe, elektr. Lichtquelle hoher Leuchtdichte, bei der zw. den Elektroden ein → Lichtbogen brennt. Die bis 4000 K heiße positive Elektrode liefert bei B. mit reinen Kohlen den Hauptanteil des Lichts; bei B. mit Kohlen, die einen mit Metallsalzen getränkten Docht besitzen, trägt der Lichtbogen wesentlich zur Lichterzeugung bei. Durch Abbrand wird der Abstand zw. den Kohlen größer, deshalb müssen die Elektroden mit Hand oder durch von der B. gesteuerte Regeleinrichtungen nachgestellt werden. Nach der Art der Regelung unterscheidet man **Hauptstrom-, Nebenstrom-** und **Differential-B.**

In allen heute wichtigen B. brennt der Bogen zw. Elektroden v. a. aus Wolfram in einem gasdichten Gefäß meist aus Glas (Quarzglas), dessen Hauptfüllung der Lampe den Namen gibt: → Quecksilberdampflampe, → Xenonlampe. In der → Leuchtstofflampe wird die ultraviolette Bogenstrahlung durch den Leuchtstoff in sichtbares Licht umgewandelt.

Bogenmaß, Maßzahl der Länge eines Kreisbogens des Einheitskreises, die durch den zugehörigen Zentriwinkel α bestimmt wird, Bez. arc α (gelesen Arkus α). Z. B. entspricht dem Vollwinkel von 360° der Umfang des Einheitskreises $2\,\pi$. Das B. ist eine positive Zahl, wenn der Drehsinn gegen den Uhrzeigersinn gerichtet ist, SI-Einheit ist der **Radiant,** Abk. rad, $1\ \text{rad} = \frac{360^\circ}{2\pi}$.

Bogenminute, der 60. (Altgrad) oder 100. (Neugrad) Teil eines **Bogengrades** (→ Grad 1); sie hat 60 (100) **Bogensekunden.**

Bogheadkohle [b'ɔghed-, engl.], asche- und gasreiche Kohlenart, im wesentlichen aus bitumenreichen Algen; ein Gyttjagestein.

1 Spiralbohrer mit Zylinderschaft für Holz und Metalle. **2** Spitzbohrer mit Hartmetallschneidplatte für Stahl. **3–5** für Metalle: **3** Muttergewindebohrer, **4** Zentrierbohrer, **5** Zylinderkopfbohrer (mit Zentrierspitze, 2 Vorschneiden und 2 Stirnschneiden)

Bohle, ein → Schnittholz von mehr als 38 mm Dicke, mindestens etwa dreimal so breit wie dick; **Baubohlen** als Bauholz sind höchstens 100 mm dick.

Bohlenweg, durch Bohlen, Faschinen u. a. befestigter Weg auf weichem, bes. moorigem Untergrund.

Bohlwand, früher **Bohlwerk,** eine → Uferwand aus Holz-, Stahl- oder Stahlbetonbohlen, die horizontal hinter Pfählen eingebaut werden.

Bohn|erz, erbsen- und bohnenförmige Konkretionen von → Limonit, in Taschen verkarsteter Jura-Kalke (S-Deutschland, Frankreich), im Tertiär gebildet.

Bohren, Sammelbegriff für die spanabhebende Formgebung von Umdrehungsinnenflächen (Löcher, Bohrungen).

1) Bergbau: → Bohrgerät 2), → Bohrung 1), → Bohrverfahren 1).

2) Fertigungstechnik: B. ist ein Schruppzerspanen des Werkstoffes mit der Stirnseite eines meist zweischneidigen Werkzeugs, dem **Bohrer,** der i. a. die erforderl. Schnitt- und Vorschubbewegung ausführt, während das Werkstück stillsteht. Die dabei nach den Gesetzmäßigkeiten der Spanbildung (→ Zerspanung) entstehenden Späne werden durch die geometr. Ausbildung des Bohrers (Spiralnut, daher auch **Spiralbohrer, Wendelbohrer)** entweder selbsttätig oder bei anderen Bohrerformen und -verfahren (z. B. Tiefbohren) u. a. mit Hilfe von Bohröl aus der Bohrung entfernt.

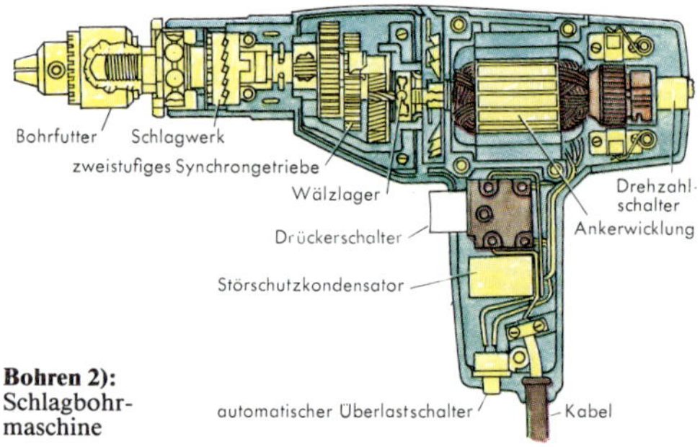

Bohren 2): Schlagbohrmaschine

B o h r v e r f a h r e n. Nach den Gesichtspunkten der Erzeugung, der Formänderung und der Oberflächenverfeinerung unterscheidet man die Arbeitsverfahren Bohren, Aufbohren (Ausbohren), Senken, Feinbohren, Reiben. **Bohren ins Volle** geschieht meist mit Spiralbohrern mit möglichst großer Zerspanleistung ohne besondere Genauigkeitsansprüche. **Aufbohren** mit ein- oder mehrschneidigen Werkzeugen dient der Verbesserung der Genauigkeit einer bereits vorhandenen Bohrung. **Senken** bezweckt die formgebende Veränderung der Stirnseite einer Bohrung. **Feinbohren** ist ein Aufbohren mit hohen Schnittgeschwindigkeiten, kleinen Vorschüben und kleiner Spanbreite zur Erzielung großer Maß- und Formgenauigkeit. Verwendet wird hier meist ein einschneidiges Werkzeug in einer Bohrstange. **Reiben** ist ein Aufbohren mit niedrigen Schnittgeschwindigkeiten, großen Vorschüben und kleiner Spanbreite zur Erzielung großer Maßgenauigkeit und Oberflächengüte.

Sonderverfahren des B. werden angewendet bei besonderen Zerspanbarkeitseigenschaften des Werkstoffes oder bei außergewöhnl. Abmessungen der herzustellenden Bohrung in bezug auf Länge und Durchmesser. Harte

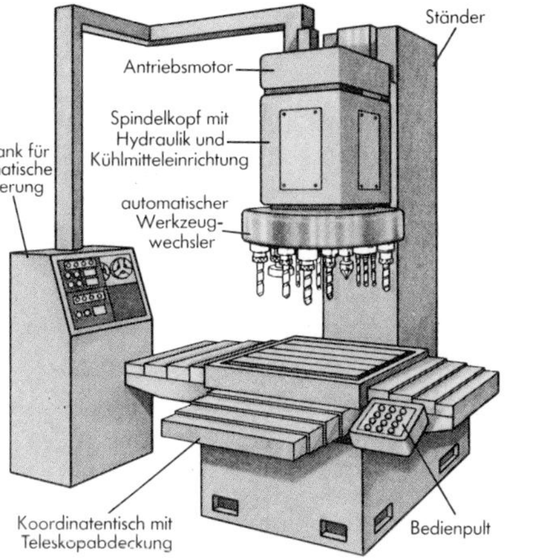

Bohren 2): numerisch gesteuerte Koordinatenbohrmaschine mit automatischem Werkzeugwechsler

Werkstoffe, z. B. Glas, werden mit Hilfe wäßriger Aufschlämmungen von sehr harten Pulvern (Metalloxiden oder -karbiden) und einem in Bohrrichtung schwingenden Werkzeug bearbeitet (→Ultraschall). Metallisch harte Werkstoffe werden mit Hilfe des →Elektronenstrahlbohrens und der Funkenerosion (→Elektroerosion) gebohrt. Bohrungen mit einem Längen-Durchmesser-Verhältnis von mehr als 5 bezeichnet man als **Tiefbohrungen.**

Bohrwerkzeuge, Bohrgeräte, Bohrmaschinen. Das zum B. von Metall am häufigsten verwendete Bohrwerkzeug ist der **Spiralbohrer (Wendelbohrer).** Seine Schneidengeometrie sowie die Steigung der Drallnut sind abhängig vom zu bearbeitenden Werkstoff und unterliegen den gleichen Gestaltungsrichtlinien, die für den Drehmeißel gelten. Als Werkstoff wird je nach Anforderung verwendet: Schnellarbeitsstahl versch. Güteklassen oder Hartmetall in Form von Schneidplatten, die stirnseitig in den Grundkörper des Bohrers eingelassen sind. Der **Spitzbohrer** wird heute nur noch für Bohrungen mit kleinen Durchmessern und geringer Tiefe eingesetzt. Der **Zentrierbohrer** dient zum Anbohren und Zentrieren von Werkstücken, da er infolge seiner kurzen stabilen Bauart nicht verläuft.

Zum B. von Holz werden Spiralbohrer sowie **Schnekken-** und **Schlangenbohrer** verwendet. Mit dem **Zentrumsbohrer** werden Bohrungen mit großen Durchmessern hergestellt. Mit dem **Krauskopf** und dem **Forstnerbohrer** werden Stirnseiten von Bohrungen bearbeitet. Mit dem **Zapfenschneider** werden Astlöcher und Scheiben zum Einleimen in diese ausgebohrt.

Bei der **Bohrknarre (Bohrratsche)** wird der Bohrer mittels Hebel, Schaltklinke und Schaltrad stückweise gedreht. Sie wird dort angewendet, wo wegen Platzmangels keine volle Umdrehung möglich ist. Bei der **Bohrkurbel** oder **Bohrwinde** liefert das Gewicht des Menschen die Vorschubkraft. Die Schnittgeschwindigkeit und das Drehmoment werden über eine von Hand betätigte Kurbel, ggf. mit einer Getriebeübersetzung, erzeugt. **Drillbohrer** bestehen aus einer Triebwelle mit Steilgewinde, die durch Hin- und Herbewegung einer entsprechenden Mutter in Drehbewegung versetzt wird. **Handgeführte Bohrmaschinen,** zu denen auch die vielen Ausführungen der Heimwerker-Bohrmaschinen gehören, werden zur Erzielung größerer Bohrleistungen elektrisch oder pneumatisch angetrieben. Die Vorschubkraft wird vom Menschen erzeugt. Zum Teil sind sie als **Schlagbohrmaschine** ausgebildet, bei der der drehenden eine axiale (schlagende) Bewegung überlagert wird.

Stationäre Bohrmaschinen sind →Werkzeugmaschinen zur mechanisierten und teilweise automatisierten Durchführung von Bohrverfahren. **Tisch-, Säulen-** und **Ständerbohrmaschinen** unterscheiden sich in der konstruktiven Anordnung von Getriebe, Motor und Tisch. Große und sperrige Werkstücke werden auf der **Radialbohrmaschine** (auch Ausleger- oder Schwenkbohrmaschine) bearbeitet. Hierbei ist der Getriebekasten mit der Bohrspindel auf einem Auslegearm verschiebbar, der seinerseits um eine Säule geschwenkt werden kann. Große Werkstücke mit waagerecht liegender Bohrungsachse werden auf **Horizontalbohrwerken** oder **Waagerechtbohr- und -Fräswerken** bearbeitet. Bohrungen, die nach Lage und Form sehr genau sein müssen, werden auf dem **Lehrenbohrwerk** hergestellt. Bohrungen mit höchster Durchmessergenauigkeit und Oberflächengüte werden auf **Feinbohrwerken** erzielt.

Kulturgeschichtliches. Technisch geringer entwikkelte Völker bohren mit Steinen, Knochen und Hölzern oder verwenden Bohrstäbe mit Stein- oder Metallspitze, auch Hohlbohrer aus Bambus oder Knochen, die mit den Händen oder mit einer darumgelegten, auf versch. Weise bewegten Schnur in Drehung versetzt werden.

In der Altsteinzeit bohrte man mit Knochen- oder Steingerät (z. B. bei Perlen). Während der Mittel- und bes. der Jungsteinzeit spielte das Bohren eine wichtige Rolle (Voll- und Kernbohrung). In der Bronze- und Eisenzeit wurden Bohrer aus Bronze in versch. Formen, später auch solche aus Eisen verwendet. Für das 12. Jh. ist der Drillbohrer mit Schnur (Rennspindel) belegt. Mit Wasserkraft betriebene Bohrmaschinen benutzte man im 16. Jh., 1770 wurde in England der Spiralbohrer erfunden.

P. Streicher: Tiefbohren der Metalle (1974); H. H. Klein: B. und Aufbohren (1975); W. Engelhard: B., Aufbohren, Aufsenken (1976); G. Kühn: Stichwort Erdbohren (1977); Dieter Maier: Das mehrspindelige B., 2 Tle. (1979); W. König: Fertigungsverfahren, 1: Drehen, Fräsen, B. (1981).

Bohrgerät, 1) Fertigungstechnik: →Bohren 2).

2) Gesteinsbohren: maschinelle Anlage zur Herstellung von Bohrlöchern in Gesteinen. Dimensionierung und konstruktive Gestaltung sind abhängig von der vorgesehenen Bohrtiefe, dem Bohrlochdurchmesser sowie den Lasten, die in Form des →Bohrstranges und der Futterrohre in das Bohrloch eingeführt werden. Das B. hat folgende Hauptteile: Das eigtl. Bohrgerät in Form eines →Bohrturms oder -masts, -bocks oder einer -lafette, meist ausgestattet mit Flaschenzug, Bohrhaken und einem Turmrollenlager. Es hat alle beim Bohren, Rohreinund -ausbau und beim Bohrlochvermessen auftretenden Lasten aufzunehmen und den Bohrstrang stets genau vertikal über dem Bohrloch zu halten. – Das **Hebewerk,** das mit Seiltrommel, Bremseinrichtungen und Bohrseil versehen ist. – Die **Antriebsmotoren** mit den **Antriebsaggregaten** wie Drehtisch und Spülkopf bei drehendem Bohren oder von Schlageinrichtungen bei schlagendem Bohren. – Die **Spülungseinrichtung,** bestehend aus Spülpumpen, -schläuchen, -kopf und -reinigungseinrichtungen, wie

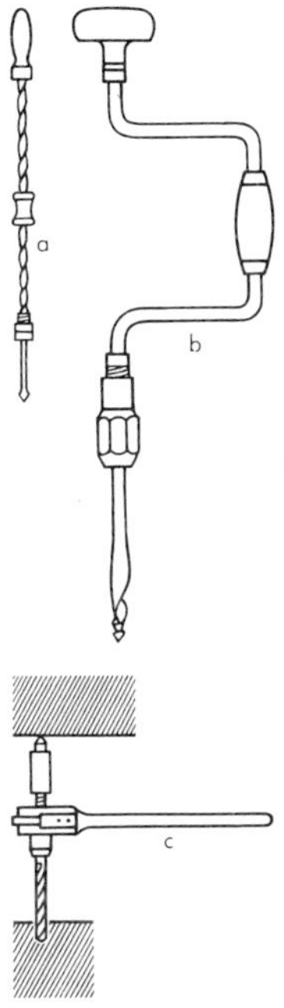

Bohren 2): a Drillbohrer, b Bohrwinde, c Bohrknarre

Spülungsrinnen, Schüttelsiebe u. ä. zur Abscheidung der Gesteinsteile aus der Bohrspülung (→ Bohrspülmittel). – Zum B. gehört die **Bohrlochabsperrungsvorrichtung** sowie die zur Registrierung, Dokumentation und Auswertung aller beim Bohren anfallenden Daten erforderl. Bohrprozeßmeßeinrichtung. (Weiteres BILD S. 161)

Bohrhammer, kleines, schlagend oder drehend schlagend arbeitendes Bohrgerät zur Herstellung z. B. von Sprengloch- oder Injektionsbohrungen bis etwa 30 m Länge. B. werden mit der Hand oder an Laffetten geführt, oft aber auch auf Bohrwagen montiert.

Bohrinsel, allgemein für Geräteträger zum Abteufen von Bohrungen nach Erdöl und Erdgas im Meer (→ Offshore-Technik).

Bohrium [n. dem dän. Physiker N. Bohr, * 1885, † 1962], chem. Symbol **Bo,** Bez. sowjet. Forscher für das Element 105 (→ chemische Elemente), synonym mit → Unnilpentium, Hahnium und Nielsbohrium.

Bohrkern, → Bohrwerkzeuge, → Kernrohr.

Bohrklein, → Bohrverfahren.

Bohrkrone, → Bohrwerkzeuge.

Bohrlochabsperrungsvorrichtung, aus **Preventern** bestehende Sicherheitsarmaturen an Bohrlochanlagen zum Absperren des Bohrlochs, um Erdgas- und/oder Erdölausbrüche zu verhindern. Diese könnten bei Funkenbildung zu Sondenbränden führen.

Bohrlochmessungen, Carottage [-t'a:ʒ, frz.], Verfahren der angewandten Geophysik zur Ermittlung von Gesteinsgrenzen und -eigenschaften in Bohrlöchern ohne Gewinnung von Bohrkernen. Gebräuchlichste Meßverfahren: Widerstands-, Leitfähigkeits- (Induktionslog) und Eigenpotentialmessung, Mikrolog, Gammamessung, Neutronenverfahren, Dichtemessung, Gammaspektroskopie, kernmagnet. Log, magnet. Log, Akustiklog, Strata- und Neigungsmessung, Kalibermessung, therm. Messung u. a.

Bohrmaschine, → Bohren.

Bohrmeißel, → Bohrwerkzeuge.

Bohr|öle, → Kühlschmierstoffe.

Bohrplattform, → Offshore-Technik.

Bohr-Radius [n. N. Bohr], Formelzeichen a_0, der Radius der innersten Bahn des Elektrons im Bohrschen Atommodell des Wasserstoffs: $a_0 \approx 5{,}29 \cdot 10^{-11}$m (genauer Wert ÜBERSICHT Naturkonstanten).

Bohrsche Frequenzbedingung, → Atom.

Bohrsches Atommodell, → Atom.

Bohrsches Magneton, → Magneton.

Bohrschiff, → Offshore-Technik.

Bohrschmand, → Bohrverfahren.

Bohr-Sommerfeldsches Atommodell [n. N. Bohr und dem dt. Physiker A. Sommerfeld, * 1868, † 1951], → Atom.

Bohrspülmittel. Bei Tiefbohrungen wird das Bohrklein **(Bohrschlamm)** durch B. zutage gefördert. Außerdem haben die B. die Aufgabe, das Bohrloch abzudichten, um B.-Verluste gering zu halten und Ausbrüche von Wasser und Hochdruckgas durch einen genügend hohen hydrostat. Druck zu vermeiden sowie das → Bohrwerkzeug zu kühlen und zu schmieren. Spülungsmedium ist Wasser mit Suspensionen thixotroper Tone. Die notwendige hohe Dichte wird durch Zusatz von Schweremittel, z. B. → Baryt, erreicht. – Auch Luft kann in besonderen Fällen als B. verwendet werden.

Diamantmeißel zum Vollbohren

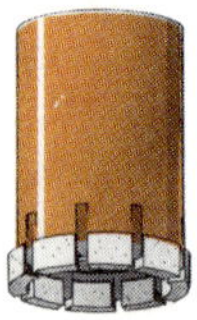
Diamanthohlkrone zum Kernbohren

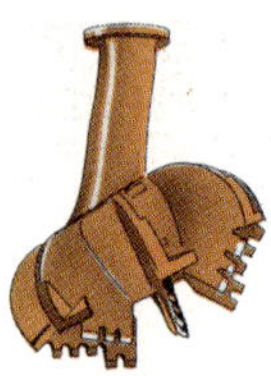
Exzentermeißel zum Saugbohren

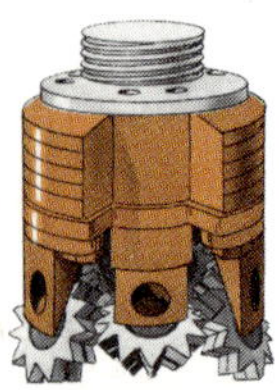
Rollenmeißel

Bohrwerkzeuge 2) 1: B. für Festgestein

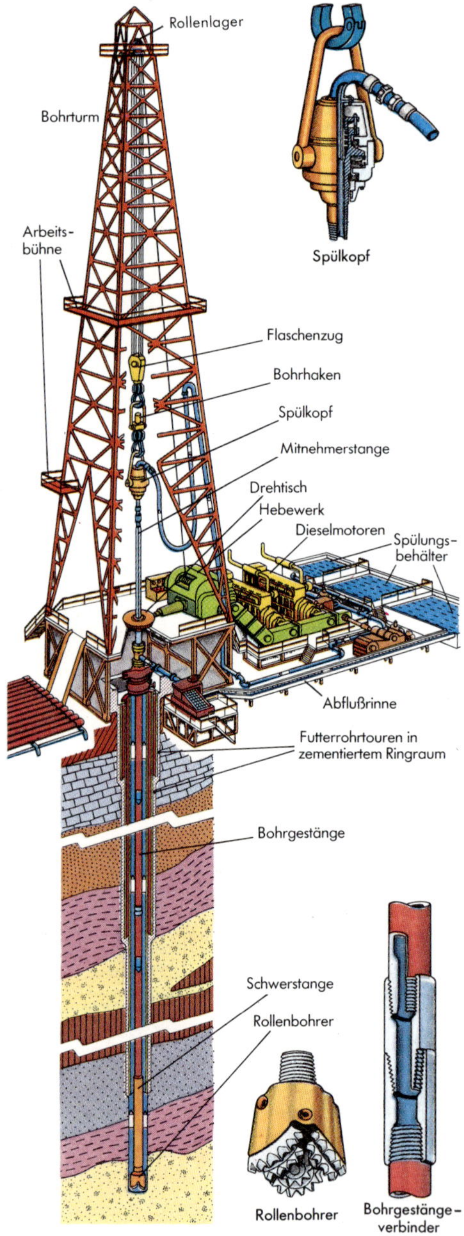

Bohrgerät 1: Drehbohranlage (Rotary-Verfahren)

Bohrstrang, Vorrichtung bei Bohrungen, mit deren Hilfe die Antriebsenergie von dem am Bohrgerät befindl. Antriebsmechanismus auf das → Bohrwerkzeug übertragen wird. Der B. setzt sich zusammen aus dem verschraubbaren **Bohrgestänge,** nahtlos gezogenen Stahlrohren von unterschiedl. Durchmesser, unterschiedl. Werkstoffgüte und Wanddicke, den **Schwerstangen,** verdickte Bohrstangen, die bei Tief- und Großlochbohrungen der Schwerpunktverlegung dienen, und dem → Bohrwerkzeug. Wird der B. durch einen Drehtisch angetrieben, so ist die oberste Bohrstange mit quadrat. Querschnitt als **Mitnehmerstange** (engl. **Kelly)** ausgebildet.

Bohrturm, meist aus einer Stahlkonstruktion bestehendes Bohrgerüst zur Aufnahme der Last des Bohrstranges, zum Einbau von Futterrohren und zum Ein- und Ausbau von geophysikal. Bohrlochmeßeinrichtungen bei Bohrungen. I. d. R. hat ein B. die Form einer schlanken Pyramide, mit Seilrollen im Kopf für das Hubwerk. Die B.-Höhe wird durch die Gestängelänge bestimmt. Beim Rotary-Bohren steht der B. auf einer Arbeitsbühne, in die der Drehtisch eingebaut ist. Während der B. auf vier Eckstielen ruht, haben **Bohrmasten** nur zwei.

Bohrung, 1) Bergbau: Herstellen eines Gesteins-Hohlraumes mit rundem Querschnitt **(Bohrloch)** mittels eines → Bohrgerätes und → Bohrwerkzeugen nach entsprechendem → Bohrverfahren. Durchmesser, Teufe und Neigung können dabei sehr unterschiedlich sein. Wichtige Arbeitsvorgänge beim **Bohrprozeß** sind die Zerstörung des Gesteins auf der Bohrlochsohle, der Austrag des Bohrkleins und der Schutz der Bohrlochwand gegen Nachfall oder Zusammenbruch. Sofern das Gestein nicht ausreichend standfest ist, erfolgt letzteres während des Bohrens durch die stützende Wirkung der → Bohrspülmittel, danach durch den Einbau einer **Verrohrung.** Die obersten Bohrmeter werden meist durch ein **Standrohr** ausgekleidet.

Nach ihrem Zweck werden u. a. unterschieden: **Untersuchungs-** oder **Schürf-B.** zum Aufsuchen nutzbarer Lagerstätten, **Aufschluß-B.** zur Erkundung des geolog. Untergrundes, **Produktions-B.** zur Gewinnung von Lagerstätten. **Richt-B.** werden durch entsprechende Werkzeuge und Vorrichtungen aus ihrer ursprüngl. Richtung abgelenkt. Als **Flach-B.** werden B. bis etwa 500 m Tiefe, als **Tief-B.** solche bis etwa 5000 m Tiefe und als **übertiefe B.** solche mit mehr als 5000 m Tiefe bezeichnet. Eine B. auf der Kola-Halbinsel hat erstmals eine Tiefe von 10000 m überschritten. Sie soll bis auf 15000 m vertieft werden.

2) Fertigungstechnik: durch → Bohren mit einem Bohrwerkzeug hergestelltes Bohrloch in einem Werkstoff. B. nehmen z. B. Schrauben, Niete, Zapfen auf, oder sie dienen für den Durchgang von Flüssigkeiten oder Gasen. Man unterscheidet die nicht durchgehende **Grund-B.** von der **Durchgangs-B.**

Bohrverfahren, Verfahren zum Herstellen einer → Bohrung. **1)** Fertigungstechnik: → Bohren 2).

2) Gesteinsbohren: B. werden unterschieden nach dem bei der Gesteinszerstörung angewandten Wirkungsprinzip, nach der Art des Auftrags des erbohrten Gesteins (Bohrgut, Bohrklein) aus dem Bohrloch und nach der Art und Anordnung der Antriebsaggregate für das → Bohrwerkzeug.

Mechan. B.: Bei den **schlagend-stoßenden Verfahren,** die in der Tiefbohrtechnik kaum Bedeutung haben, wird das Gestein durch einen auf die Bohrlochsohle fallenden, meist einfachen Blattmeißel zerstört. Zu diesem Verfahren gehören das **Freifall-** und das **Schnellschlagbohren** sowie das **Pennsylvan. Seilbohren.** Beim **drehend-drückenden Verfahren (Rotary-Verfahren)** erfolgt die Kraftübertragung, bei Anordnung der Antriebsaggregate übertage, durch einen Drehtisch und einen Kraftspülkopf oder im Bohrloch durch hydraul. oder Elektro-Motoren. Nach der Art des Austrags der Arbeit des Bohrwerkzeuges auf der Bohrlochsohle werden Voll- und Kernbohrungen unterschieden. Beim **Vollbohren** wird das Gestein im gesamten Bohrlochquerschnitt zerstört. Aufschlüsse über das durchörterte Gestein lassen sich aus dem **Bohrklein (Bohrschmand)** gewinnen. Beim **Kernbohren** wird mit Hilfe einer Bohrkrone und eines → Kernrohres ein zylindr. Gesteinskern bis maximal rd. 30 m Länge gewonnen, aus dem Art, Mächtigkeit und Eigenschaften der durchbohrten Schicht studiert werden können.

Nach dem Bohrgutaustrag wird zw. Trocken- und Spülungsbohren unterschieden. Das **Trockenbohren** wird v. a. zur Untersuchung oberflächennaher Schichten in Lockergestein eingesetzt. Eine Variante davon ist das **Schneckenbohren,** das bes. in bindigem Lockergestein angewendet wird und einen kontinuierl. Bohraustrag ermöglicht. Beim **Spülungsbohren,** das mit Hilfe von → Bohrspülmitteln vorgenommen wird, erfolgt Gesteinszerstörung und Austrag des Bohrgutes gleichzeitig. Das Bohrspülmittel kann entweder in Gestänge abwärts und zw. diesem und der Bohrlochwand aufwärts fließen (Normalspülung) oder umgekehrt (Umkehrspülung). Letzteres wird v. a. zum Abteufen großkalibriger Bohrbrunnen eingesetzt, wobei meist Klarwasser verwendet wird (→ Saugbohrverfahren).

G. PRIKEL: Tiefbohrgeräte (1957); ders.: Tiefbohrtechnik (1959); H. CAMBEFORT: Bohrtechnik (1964); G. KÜHN und V. SCHULER: Stichwort. Erdbohren (1977).

Bohrwagen, Bergbau: verfahrbare Vorrichtung auf Rädern oder Gleisketten für den mobilen Einsatz von Gesteinsbohrmaschinen.

Bohrwerkzeuge, 1) Fertigungstechnik: → Bohren 2).

2) Gesteinsbohren: bei der Herstellung eines Bohrlochs zur Gesteinszerstörung benutzte Werkzeuge. Durch einen **Bohrmeißel** wird das Gestein auf der ganzen Bohrlochsohle zerstört (Vollbohrung). Mit der **Bohrkrone** wird ein zylindr. Gesteinskern **(Bohrkern)** aus der Bohrlochsohle herausgeschnitten, der in das mit ihr verschraubte **Kernrohr** wandert, um dort von der **Kernhülse** aufgenommen zu werden. Der **Kernfänger** verhindert das Herausrutschen des Bohrkerns aus dem Kernrohr nach dem Abreißen von anstehendem Gestein und beim Ausbau **(Kernbohren)** aus der Bohrung. In der Tiefbohrtechnik werden v. a. **Rollenmeißel** verwendet.

Zu Trockenbohrungen in weichen kohäsionslosen (z. B. Sand), wassergesättigten Schichten dient die an ei-

Bohrgerät 2: mobiles, vollhydraulisches Drehbohrgerät für Trockendrehbohrungen und Rotary-Spülbohrungen
1 Mast,
2 hydraulischer Kraftspülkopf zum Antrieb des Bohrgestänges,
3 Bohrgestänge,
4 hydraulischer Verrohrungs-Drehtisch,
5 Seilwinde,
6 Bedienungsstand
7 Kolbenpumpe
8 Kompressor

nem Seil hängende **Schlammbüchse,** zum Probengewinn in weichen, bindigen Schichten (z. B. Lehm oder Ton) die **Stoßbüchse,** die →Schappe oder der **Spiralbohrer.** Der für harte Schichten oder Geröllagen verwendete **Blattmeißel** kann am Seil hängend oder mit einem festen Gestänge verbunden eingesetzt werden. (Weiteres BILD S. 160)

Boiler *der,* der →Heißwasserbereiter.

Boje, →Tonne.

Bolid, svw. →Feuerkugel.

Bolometer *das,* ein von S. P. LANGLEY 1878 entwickeltes Gerät zum Messen der Energie von Licht- oder Ultrarot-Strahlung. Es beruht darauf, daß der elektr. Widerstand der reinen Metalle mit der Temperatur steigt. Das **Metall-B.** enthält einen schmalen Streifen aus Platinfolie (Bruchteile von 1 µm dick) oder eine feine Drahtwendel. Wird die geschwärzte Oberfläche von der Strahlung getroffen, so setzt sich die Strahlungsenergie sofort in Wärme um. Die durch die Temperaturerhöhung bewirkte Widerstandsänderung kann in einer Brückenschaltung (→Meßbrücke) gemessen werden. B. werden zum Messen der Energieverteilung in den versch. Spektralbereichen und zur berührungslosen Temperaturmessung benutzt. **Halbleiter-B.** verwenden an Stelle der Platinfolie Halbleitermaterialien (→Thermistoren), die eine stärkere Temperaturabhängigkeit des Widerstandes aufweisen als Metalle.

Boltzmann-Konstante [n. dem österr. Physiker L. Boltzmann, * 1844, † 1906], Formelzeichen k, eine →Naturkonstante, $k = (1{,}380662 \pm 0{,}000044) \cdot 10^{-23}$ J/K. Im Unterschied zur allg. Gaskonstanten R gilt k nicht für ein Mol, sondern für ein einzelnes Molekül, ihr Produkt mit der Avogadro-Konstanten N_A ist daher die allg. Gaskonstante: $kN_A = R$. Die B.-K. legt den Zusammenhang zw. der Entropie S und der thermodynam. Wahrscheinlichkeit W fest, $S = k \cdot \ln W$ **(Boltzmann-Prinzip).**

Boltzmannsche Stoßgleichung, Boltzmann-Gleichung, →Transporttheorie.

Boltzmann-Statistik, klassische Statistik, die statist. Ermittlung der physikal. Eigenschaften von materiellen Systemen, die aus sehr vielen Teilchen (Molekülen) bestehen, v. a. der Gasgesetze aus der Mechanik der Moleküle des Gases (→kinetische Gastheorie), ohne Berücksichtigung der Quantentheorie. Die B.-S. teilt den ›Phasenraum‹ z. B. eines Gasmoleküls, dessen sechs Koordinaten die drei Ortskoordinaten und die drei Impulskomponenten sind, in kleine ›Zellen‹ gleicher Größe und berechnet die Wahrscheinlichkeiten versch. Verteilungen der Moleküle über diese Zellen ebenso, wie die Wahrscheinlichkeit für ein best. Ergebnis beim Würfeln berechnet wird. Zwei Zustände des Gases sind praktisch gleich, wenn in allen größeren Gebieten des Phasenraumes bei beiden Zuständen praktisch gleiche Anzahlen von Molekülen vorhanden sind; unter den so definierten Zuständen ist der **thermodynam. Gleichgewichtszustand** derjenige, der bei gegebener Gesamtenergie die größte Wahrscheinlichkeit (damit auch die größte Entropie) besitzt. Diese Wahrscheinlichkeit wird durch Abzählen (Berechnen) der Anzahl der Realisierungsmöglichkeiten des Zustandes festgestellt.

Die B.-S. liefert das Maxwellsche Geschwindigkeitsverteilungsgesetz, den Gleichverteilungssatz der Energie, das Rayleigh-Jeanssche Strahlungsgesetz und die Dulong-Petitsche Regel; dagegen erklärt sie nicht manche Erscheinungen bei sehr tiefen Temperaturen sowie das abweichende statist. Verhalten der Elektronen (Elektronengastheorie). Diese Mängel überwindet erst die →Quantenstatistik.

Bolus, Bol, montmorillonitreicher, rötlich gefärbter Ton, Zersetzungsprodukt basalt. Gesteine; dient u. a. als Farbpigment.

Bolzano-Weierstraß [n. dem tschech. Philosoph und Mathematiker B. Bolzano, * 1781, † 1848, und dem dt. Mathematiker K. Weierstraß, * 1815, † 1897], **Satz von Bolzano-Weierstraß,** →Weierstraßsche Sätze.

Bolzen, runder Metallstift zur Verbindung von Metall- und Maschinenteilen: **Niet-B.** für unlösbare, **Schrauben-B.** für lösbare, **Gelenk-B.** für gelenkige Verbindungen. **Steh-B.** halten zwei Teile in best. Abstand voneinander. **Kupplungs-B.** verbinden die beiden Hälften einer Wellenkupplung, z. B. Scheibenkupplung.

Bombe, 1) Chemie: Bez. für eine drucksichere, nahtlose Stahlflasche als Behälter für stark verdichtete und flüssige Gase. B. sollen zur Kennzeichnung einen Farbanstrich tragen (z. B. Sauerstoff blau) und für brennbare Gase ein Ansatzgewinde mit Links-, für nicht brennbare Gase ein solches mit Rechtsgewinde haben (DIN).

2) Geologie: **vulkan. B.,** bei einem Vulkanausbruch ausgeworfener, meist länglich-spindelförmiger erstarrter Lavafetzen.

3) Militärtechnik: **Flieger-B.,** Kampfmittel der Luftkriegführung, das als →Wurfkörper von Angriffsflugzeugen **(Bombern)** eingesetzt wird. B. sind i. d. R. zylindr. oder tropfenförmige Metallhohlkörper mit Stabilisierungsflächen (bei Anbau von Tragflächen →Gleitbombe) und mit Sprengstoff, einem Brandsatz oder Kampfstoff gefüllt. Nach der Waffenwirkung unterscheidet man **Spreng-B., Splitter-B.,** beide heute zur **Mehrzweck-B.** zusammengefaßt, **Brand-B.** und **Sonder-B. (Leucht-, Nebel-** und **Versorgungs-B.). Atom-B.,** →Kernwaffen. **Zielsuchende B.,** →Lenkbombe.

Bombenrohr, das →Einschmelzrohr.

Bomber, militär. Angriffsflugzeug zur Bekämpfung gegner. Ziele mit →Bomben 3) oder zunehmend mit Lenkwaffen. Gefordert werden ausreichende Nutzlastkapazität, Fähigkeit zur Durchdringung der gegner. Abwehr (hohe Geschwindigkeit, Tiefflugeignung, Hilfsmittel zur Bekämpfung oder Täuschung gegner. Abwehrsysteme) sowie für strateg. Einsätze globale Reichweite. (BILD S. 163)

Bombykol, Sexuallockstoff (→Pheromone) der weibl. Falter des Seidenspinners.

Bonden, Verfahren zum Anbringen der elektr. Anschlußkontakte (›Kontaktieren‹) auf Halbleiterbauelementen, wie Dioden, Transistoren, integrierten Schaltungen, oder zur elektr. Verbindung einzelner Schaltkreise in Hybridschaltungen. Die Anschlußdrähte (Durchmesser 20–200 µm) können nach versch. Verf. angeschweißt oder angelötet werden. Beim **Thermokompressions-Schweißen** wird ein Gold-Kontaktierungsdraht mit einem speziellen Schweißwerkzeug auf die Anschlußstelle an dem auf etwa 300 °C aufgeheizten Halbleitersubstrat gedrückt, so daß durch plast. Verformung an der Schweißstelle eine atomare Bindung entsteht. Beim **Ultraschall-Schweißen** wird ein etwa 20 µm dicker Aluminiumdraht unter Ultraschalleinwirkung (Vibration) auf die Kontaktstelle gepreßt. Durch die Reibung werden auf den Oberflächen vorhandene Oxidschichten abgetragen und das Substrat lokal erwärmt. Durch den Verzicht auf äußere Wärmezufuhr wird eine Zerstörung der temperaturempfindl. Halbleiterbauelemente vermieden. Wegen der klei-

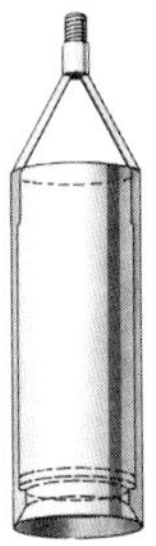
Schlammbüchse

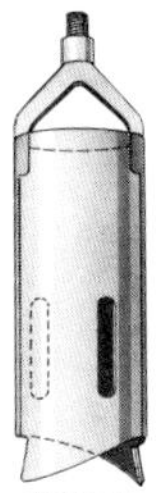
Schappe

Spiralbohrer

Bohrwerkzeuge) 2: B. für Lockergestein

nen Dimensionen sind die in der Mikroelektronik eingesetzten Schweißgeräte mit Beobachtungsmikroskopen und Mikromanipulatoren zur exakten Werkstückpositionierung ausgestattet.

Bonebed [b'əunbed, engl.], **Knochenbreccie** [br'ɛtʃə], aus Knochentrümmern, Zähnen u. a. bestehende, meist geringmächtige geolog. Ablagerung.

Bonner Durchmusterung, Abk. **BD**, ein → Sternkatalog.

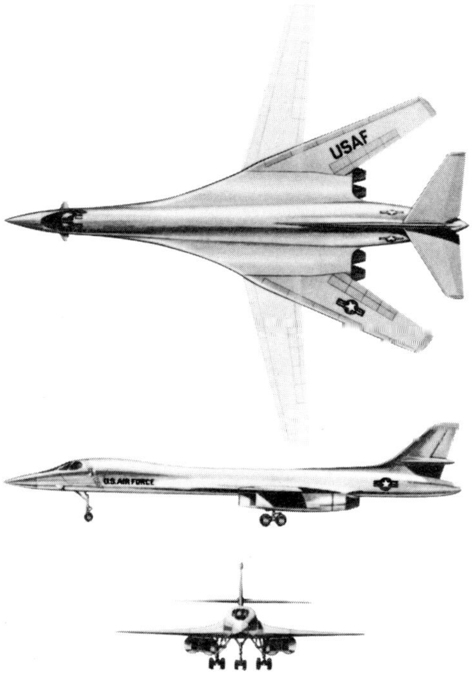

Bomber:
Dreiseitenansicht des amerikanischen strategischen Schwenkflügelbombers Rockwell ›B-1‹; Spannweite 23,83 m bis 41,66 m, Länge 45,80 m; max. Startgewicht 176 820 kg, davon zulässige Waffenlast bis zu 52 160 kg an konventionellen oder nuklearen Bomben und/oder Lenkwaffen im Rumpf und unter den Tragflügeln

Boolesche Algebra [b'u:l-, n. dem brit. Mathematiker G. Boole, * 1815, † 1864], in der Mathematik und der Logik verschiedenartig gebrauchter Begriff; **1)** Logik: für ein System der Algebra der Logik, dabei wird jeder Aussage und Aussagenverknüpfung ein Wert 0 oder 1 zugeordnet, die auf die Werte 0 und 1 reduzierte Arithmetik läßt sich als Klassenlogik deuten. Die Werte 0 und 1 können in die elektr. Signale *L* (0 für ›Low‹) und *H* (1 für ›High‹) umgesetzt werden, auf diese Weise wird die B. A. in der Informationsverarbeitung und in der → Schaltalgebra angewandt.

2) Mathematik: a) allgemeiner gebraucht für einen → Booleschen Verband und b) für die Theorie der Booleschen Verbände.

Boolescher Verband [b'u:l-], auch als → Boolesche Algebra bezeichneter spezieller distributiver → Verband, Beispiel eines B. V. ist die Gesamtheit aller Teilmengen einer gegebenen Menge *M* (→ Mengenlehre).

Booster [b'u:stə, engl.] *der,* Hilfs- oder Zusatztriebwerk; Startrakete, Startstufe von Raketen; Kraftverstärker in Anlassern und Flugzeugsteuerungen; Meßwertverstärker. – In der Elektroakustik Bez. für einen Zusatzverstärker zum Einbau in elektroakust. Anlagen, Hifi-Anlagen oder auch zum Anschluß an ein Autoradio. Dies kann notwendig sein, wenn der Geräuschpegel der Umgebung (z. B. im Kraftfahrzeug) zu hoch ist oder bei Verwendung eines → Equalizers die Ausgangsleistung der Anlage nicht mehr ausreicht. – In der Kernphysik Nachbeschleunigungsstrecke bei Teilchenbeschleunigern.

Boosterpumpe [b'u:stə-, engl.], eine vorgeschaltete → Zubringerpumpe.

Boosterschaltung [b'u:stə-, engl.], beim Fernsehen eine in der Zeilenablenkschaltung zur Spannungsrückgewinnung dienende Reihenschaltung einer **Boosterdiode** und eines **Boosterkondensators.** Eine während des Rücklaufs über die Diode am Kondensator gewonnene Spannung **(Boosterspannung)** wirkt während des Hinlaufs als erhöhte Anodenspannung für die Endröhre der Horizontalablenkschaltung; bei modernen Transistorschaltungen durch Stromrückgewinnungsschaltung ersetzt.

Boot, kleineres Wasserfahrzeug mit starrem, faltbarem oder aufblasbarem, oben offenem Hohlkörper. Material: Stahl, Leichtmetall, Holz, GFK, flexibler Kunststoff, gummiertes Segeltuch; oft in → Kompositbauweise. Antrieb: Paddel, Ruder, Segel, Motor, Gasturbine. Verwendung: Sport (Motorsport-B., Ruder-B., Kanu, Segel-B.), Verkehr, als Beiboot u. a. Auch kleinere Kriegsschiffe werden B. genannt: Schnell-B., U-B.

Boọtes, auch **Bärenhüter,** ein → Sternbild am Nordhimmel.

Bootsgasse, verschließbare Schußrinne, durch die kleine Boote eine Staustufe in abwärtiger Richtung passieren können; **Bootsschleuse,** kleine Schiffsschleuse für den Sportbootverkehr.

Bootstrap-Hypothese [b'u:tstræp-, engl.], Elementarteilchenphysik: die Annahme, daß zum Aufbau jedes stark wechselwirkenden Elementarteilchens (Hadrons) alle Hadronen in best. Weise beitragen. Die Hadronen sind in diesem Sinne ›aus sich selbst zusammengesetzt‹. So kann das Proton p als zusammengesetzt aus versch. Kombinationen verwandter Teilchen aufgefaßt werden: $p = n + \pi^+$, $p = p + \pi^0$ (n = Neutron, π = Pion) und jedes der Teilchen der rechten Seiten wiederum als zusammengesetzt aus versch. Kombinationen anderer Teilchen, unter denen auch das Proton selbst wieder enthalten sein kann: $\pi^+ = n + p$. – Heute geht man davon aus, daß die Hadronen aus → Quarks aufgebaut sind.

Bootstrap-Schaltung [b'u:tstræp-, engl.], elektron. Schaltung zur Erzeugung einer linear mit der Zeit ansteigenden Spannung (Sägezahngenerator mit mitlaufender Ladespannung). Allgemein bezeichnet man als Bootstrap die Realisierung einer dynam. Vergrößerung eines Widerstandes mit dem Verstärkungsfaktor der Schleifenverstärkung. In der Niederfrequenz-B.-S. eines → Elektrometerverstärkers wird z. B. der äußere Eingangswiderstand R_1 wechselspannungsmäßig um die Schleifenverstärkung des Operationsverstärkers hochtransformiert. Die Ausgangsspannung beträgt hierbei

$$u_a = \left(1 + \frac{R_N}{R_2}\right) u_e \text{ (BILD S. 164).}$$

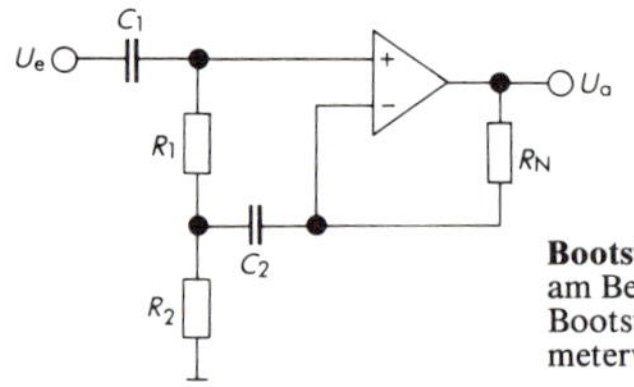

Bootstrap-Schaltung am Beispiel eines Bootstrap-Elektrometerverstärkers

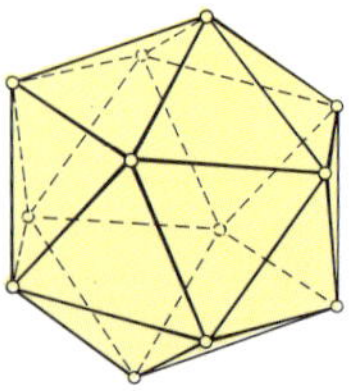

Bor: B_{12}-Ikosaeder

Boracit: würfelförmige Kristalle in Anhydrit (Wathlingen bei Celle)

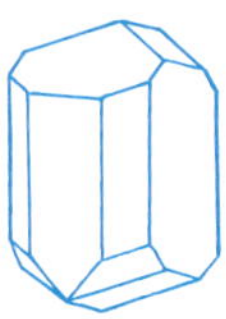

Borax

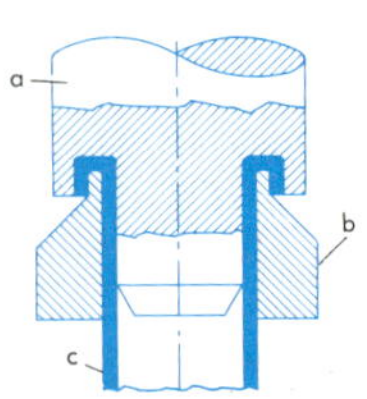

bördeln: a Stempel, b Spann- und Formbacken, c gebördeltes Rohr

Bor, chem. Symbol **B,** ein → chemisches Element der 3. Gruppe des Periodensystems, Ordnungszahl 5, stabile Isotope ^{10}B (19,8%), ^{11}B (80,2%). B. kommt als schwarze amorphe Modifikation und in zwei kristallinen Formen vor: rotes α-B (D. 2,46), das beim Erhitzen über 1 200 °C in das stabile, dunkel glänzende β-B (D. 2,35) übergeht. Die elektr. Leitfähigkeit ist bei 20 °C gering, steigt beim Erwärmen aber rasch an. Elementares B. ist chemisch sehr reaktionsträge und reagiert erst bei höheren Temperaturen mit Halogenen und Sauerstoff. Von heißer Salpetersäure wird es zu **Borsäure** oxidiert, Salzsäure greift nicht an. Mit Kohlenstoff, Stickstoff, Sauerstoff und Schwefel bildet B. heterozykl. Verbindungen, z. B. Carborane, Borazine, Boroxin und Borthiin. B. neigt zur Bildung von Anlagerungsverbindungen. – Einige Verbindungen des B. sind toxisch. B. ist ein wichtiges pflanzl. → Spurenelement. – B. tritt nur in sauerstoffgebundener Form auf. Wichtigstes Ausgangsmaterial ist neben → Borax (Tinkal) und Borsäure (→ Sassolin) v. a. → Kernit, $Na_2B_4O_7 \cdot 4\,H_2O$. – Die techn. Darstellung erfolgt durch Schmelzflußelektrolyse von Kaliumchlorid, Kaliumfluoroborat und Bortrioxid. – B. wird verwendet zur Herstellung von Halbleitern, von B.-Legierungen, als Neutronenabsorber in Kernreaktoren, von B.-Fasern und → Whiskers. – Elementares unreines B. wurde erstmalig von J. L. GAY-LUSSAC und L. J. DE THENARD 1808 durch Reduktion von Bortrioxid mit Kalium hergestellt, gleichzeitig und unabhängig davon von H. DAVY durch Elektrolyse von Borsäure.

Boracit *der,* wichtiges, meist farbloses Bormineral $Mg_3[Cl|B_7O_{13}]$, H. 7, D. 3; in Salz- und Gipslagerstätten.

Boranate, → Borverbindungen.

Borane, → Borverbindungen.

Borate, Salze der Borsäure (→ Borverbindungen).

Borax *der,* **Tinkal,** weißes oder gelbl. Mineral $Na_2B_4O_7 \cdot 10\,H_2O$; wird u. a. zum Glasieren, Emaillieren und zum Löten und Schmelzen von Metallen verwendet; kommt vor in **Boraxseen** (→ Salzseen). → Borverbindungen

Borazin, dt. auch **Borazol,** → Borverbindungen.

Borazon, → Borverbindungen.

Bord, urspr. oberster Rand des Schiffes, heute meist das Schiff selbst **(an Bord gehen, binnenbords, außenbords)** oder auf das Schiff bezogen **(Bordwand, Bordwaffen);** auch bei Luftfahrzeugen üblich.

Bordcomputer [-kɔmpjˈu:tər, engl.], elektron. Datenverarbeitungsanlage an Bord von Flugzeugen, Raumschiffen usw. B. dienen z. B. bei Luftfahrzeugen u. a. zur Flugführung und Flugnavigation (→ Luftdatenrechner). Auch im → Kraftwagen gewinnt der Einsatz von B. an Bedeutung.

bördeln, den Rand von Blechteilen oder Rohren umbiegen unter gleichzeitigem Strecken oder Stauchen, um den Rand zu verstärken, das Werkstück zu versteifen oder es mit glatten Begrenzungsflächen zu versehen, z. B. zum Fügen durch Löten, Verschrauben oder auch Falzen. Gebördelt wird von Hand mit **Bördeleisen** und Hammer, mit Stempeln unter Pressen oder mit bewegl. Walzen auf **Bördelmaschinen.**

Bordflugzeug, auf Seefahrzeugen mitgeführtes und von Bord aus eingesetztes Wasserflugzeug, das meist mit Katapult gestartet wurde, auf See wasserte und durch Kran wieder an Bord genommen wurde. Wegen besserer Start- und Landeeigenschaften heute weitgehend durch **Bordhubschrauber** ersetzt.

Bord|instrumente, in Flugzeugen eingebaute Meßinstrumente und -geräte, die zur Überwachung des Fluges sowie des Flug- und Triebwerks, zur Erleichterung der Flugzeugführung und zur Navigation und Nachrichtenübermittlung dienen. Mit den **Flugüberwachungsgeräten** werden Flugzustand und Fluglage durch → Geschwindigkeitsmesser, → Höhenmesser 1), → Variometer, Kreiselgeräte (→ künstlicher Horizont, → Wendezeiger), Beschleunigungs- und Anstellwinkelmesser überwacht. **Flugzeugüberwachungsgeräte** geben Auskunft über den Zustand des Flugwerks (Stellungsanzeiger für bewegl. Teile wie Einziehfahrwerk, Landeklappen, Bremsklappen, Ruder und Trimmklappen) sowie über die Funktion wichtiger Hilfs- und Sicherheitsanlagen (elektr. und hydraul. Bordsysteme, Druckbelüftung und Sauerstoffversorgung, Enteisung und Brandbekämpfung). Betriebszustand und Betriebssicherheit der Triebwerksanlagen werden durch **Triebwerküberwachungsgeräte** überwacht (Drehzahl- und Drehmomentmesser, Druck- und Temperaturmeßgeräte für Kraftstoff, Schmierstoff und Kühlstoff, Kraftstoffverbrauchs- und -vorratsmesser, Vibrationsmesser, Stellungsanzeiger für bewegl. Triebwerksteile). Hilfsmittel zur Flugzeugführung sind Flugbefehlsanzeiger, → Blickfelddarstellungsgeräte und die Anzeigegeräte der → Landeführungssysteme, während Kompaß sowie Anzeigeinstrumente von Trägheits- und Funknavigationsanlagen die der → Flugnavigation dienenden B. sind.

Bordstein, Schwelle aus Natur-, Kunststein oder Beton zur seitl. Begrenzung des Fahrraumes sowie zur Abgrenzung und Sicherung des Bürgersteiges und anderer erhöhter Flächen von der Fahrbahn.

Bordwaffe, Schußwaffe an Bord eines Flugzeugs (→ Flugzeugbordwaffen) oder anderen Fahrzeugs (Panzer, Schiff).

Bordzeit, die der geograph. Länge des Standorts von Fahrzeugen (Schiffen, Flugzeugen) entsprechende Tageszeit, gegenüber der Zeit von Greenwich je Längengrad um vier Minuten verschieden, westl. früher, östl. später.

Bore *die,* eine Gezeitenwelle mit fast senkrechtem vorderem Fluthang, die bes. bei Springflut in trichterförmig verengte Flußmündungen stromauf dringt.

Boreal, Bereich oder Zeit kalten Klimas.

Boride, Verbindungen von Bor mit Metallen, die meist direkt aus den Elementen hergestellt werden.

Bornit, Buntkupferkies, wichtiges Kupfererz, etwa Cu_5FeS_4 (Cu-Gehalte schwankend zw. 55 und 69%); braun, schnell bunt anlaufend; H. 3, D. 4,9 bis 5,5, meist zus. mit Kupferkies und Kupferglanz. (BILD S. 165)

Borosilikatgläser enthalten Bortrioxid und Siliciumdioxid als Glasbildner, wegen ihrer hohen Temperaturwechselbeständigkeit und chem. Widerstandsfähigkeit als Laborgläser und Kochgeräte verwendet. Einige B. dienen als → optische Gläser. B. sind auch zur Einbettung hochradioaktiver Abfälle geeignet (→ Verglasung).

Borverbindungen. Bor ist in seinen Verbindungen ausschließlich dreiwertig. Mit Wasserstoff bildet es zahlreiche, meist hochsymmetr., käfigartige Verbindungen der allgemeinen Form B_nH_{n+4} und B_nH_{n+6}, die **Borhydride** oder **Borane.** Der einfachste Borwasserstoff **Diboran,** B_2H_6, entsteht durch Umsetzung von Metallhydriden mit Borhalogeniden in äther. Lösung als farbloses, an der Luft selbstentzündl. Gas von widerl. Geruch. Borane dienen als Raketentreibstoff und Katalysator. Erhitzen von Diboran auf 100–250 °C führt zu den höheren Boranen, reaktionsfähige Gase oder Flüssigkeiten. – Die **Boranate (Metallborhydride)** leiten sich formal durch Anlagerung eines Hydridions, H^-, an BH_3 ab, z. B. **Natriumboranat,** $NaBH_4$. Boranate werden als Reduktions- und Hydrierungsmittel verwendet. – **Bortrifluorid,** BF_3, entsteht aus Bortrioxid mit Flußsäure als farbloses Gas. Es wird als Fluß- und Räuchermittel und in der Keramik verwendet. Alle Borhalogenide hydrolysieren mit Wasser unter Bildung von Borsäure und den entsprechenden Halogenwasserstoffen. – **Bortrioxid,** B_2O_3, entsteht beim Verbrennen von Bor mit Sauerstoff oder beim Erhitzen der Borsäure. Es dient als Flußmittel und zur Herstellung anderer B. und löst sich in Wasser unter Bildung von **Borsäure,** einer sehr schwachen einbasigen Säure. 3–4%ige Lösungen der Borsäure **(Borwasser)** werden als mildes Antiseptikum angewendet. In fester Form kristallisiert Borsäure in schuppigen, sechsseitigen Blättchen, in denen $B(OH)_3$-Einheiten über →Wasserstoffbrückenbindungen ein Schichtgitter bilden.

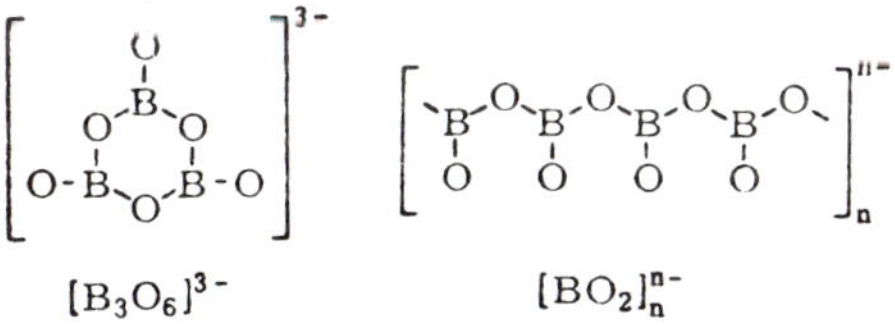

Ringpolymer $[B_3O_6]^{3-}$ Kettenpolymer $[BO_2]_n^{n-}$

Borverbindungen: Borsäure

In der Natur kommt Borsäure als →Sassolin vor. Mit Methylalkohol bildet Borsäure **Borsäuretrimethylester,** $B(OCH_3)_3$, Siede-P. 68,3 °C, der zur Abtrennung des Bors von anderen Stoffen benutzt werden kann. Wie andere schwache Säuren neigt Borsäure zur Bildung von **Polysäuren** der allgemeinen Form $[BO_2]_n^{n-}$, die in Form von Ringen oder als Kettenpolymer existieren können.

Wegen der Hydrolyseempfindlichkeit der B-C-B-Bildung sind die freien Polysäuren in wäßriger Lösung nicht bekannt, wohl aber ihre Salze. **Borax** ist das hydratisierte Natriumsalz der Borsäure. Es findet Anwendung als Waschhilfsmittel, in der Kosmetik und Photographie, zur Herstellung von Glasuren und Emaillen, in entwässerter Form als Flußmittel beim Löten und Schmelzen von Metallen. In der chem. und metallurg. Analyse können Metalle auf Grund der typ. Färbung einer Boraxschmelze **(Boraxperle)** nachgewiesen werden. – **Perborate** werden aus Boraten und Wasserstoffperoxid, H_2O_2, erhalten, das in ihnen komplex gebunden ist und in wäßriger Lösung wieder in Freiheit gesetzt wird. Verwendung als Waschmittel. – **Bornitrit,** BN, entsteht als weiche, weiße Verbindung beim Erhitzen von Bortrichlorid mit Ammoniak bei Rotglut und hat eine ähnliche Struktur wie Graphit. Es ist chemisch sehr unempfindlich und wird als Hochtemperatur-Gleitmittel, als Isolator, zur Auskleidung von Ver-

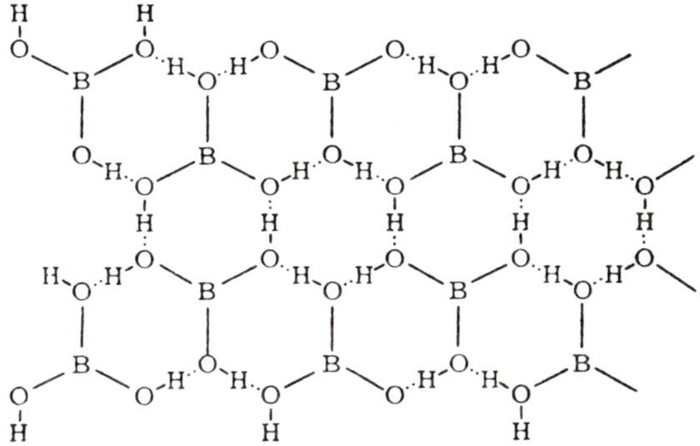

Borverbindungen: Borsäure

brennungskammern und Düsen und als Schleifmittel verwendet. Eine dem Diamant ähnliche Modifikation ist das **Borazon** (ein Bornitrid). **Borazin (Borazol),** $B_3H_6N_3$, ist eine zykl. Bor-Stickstoff-Verbindung. **Borcarbide** sind Verbindungen von Bor und Kohlenstoff, von denen das schwarze, glänzende B_4C kristallin, äußerst hart und hitzebeständig ist und sogar Diamanten ritzt. Die Metallboride gleichen den →Carbiden. Sie sind meist hart und chemisch resistent.

Böschung, die Neigung des Geländes zw. zwei verschieden hoch gelegenen Ebenen, z. B. die geneigten Begrenzungsflächen eines →Dammes. Zum Schutz gegen Erosion werden B. bepflanzt oder anders befestigt. Hohe B. unterbricht man durch Stufen (→Berme), um die Gewalt herabströmenden Wassers zu mindern und um ihre Unterhaltung zu ermöglichen. Angeströmte B. werden meist biologisch oder künstlich gesichert (→Ufersicherung).

Bose-Einstein-Kondensation, Einstein-Kondensation [n. dem ind. Physiker S. N. Bose, * 1894, † 1974, und dem dt. Physiker A. Einstein, * 1879, † 1955], der Übergang eines aus Bosonen bestehenden Systems (für das die →Bose-Einstein-Statistik gilt) in einen Zustand, in dem alle Teilchen im Grundzustand vorliegen, d. h. alle die gleiche, niedrigstmögl. Energie besitzen. B.-E.-K. ist nur für Bosonen möglich, da diese i. Ggs. zu Fermionen einen Zustand gleicher Energie beliebig oft besetzen können. Die von F. LONDON 1938 aufgestellte Annahme, supraflüssiges Helium 4 sei ein **Bose-Einstein-Kondensat,** ist noch nicht zweifelsfrei bewiesen, da es nicht gelang, den Anteil der Atome im Grundzustand genau zu bestimmen. Bei einer Flüssigkeit sind (wegen der nicht zu vernachlässigenden Kräfte zw. den Atomen) die Verhältnisse wesentlich komplizierter als bei idealen Gasen (bei denen keine Wechselwirkung zw. den Gasteilchen auftritt und für die A. EINSTEIN 1923 die B.-E.-K. vorhersagte). Um die im Zusammenhang mit dem flüssigen Zustand auftretenden Probleme zu umgehen, versucht man z. Z., B.-E.-K. bei atomarem Wasserstoffgas nachzuweisen. Die Quantentheorie sagt voraus, daß atomarer Wasserstoff bis hin zum absoluten Nullpunkt der Temperatur gasförmig bleibt. Man spricht von einem **Quantengas.** Bei tiefen Temperaturen und mit einem Magnetfeld kann man Wasserstoffatome an der explosionsartigen Vereini-

Bornit, derb (Bisbee, Arizona)

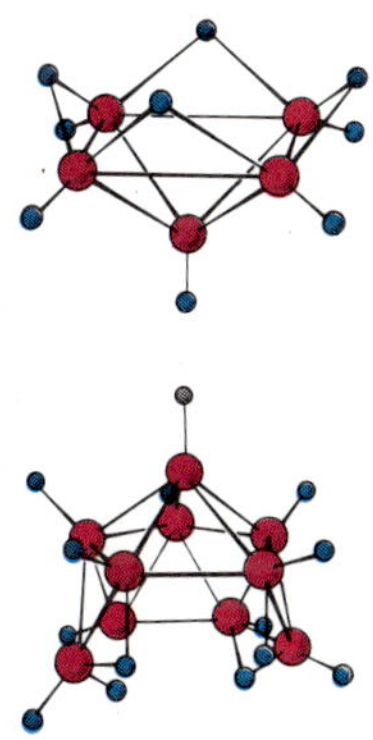

Borverbindungen

Borverbindungen: Molekularstrukturen des Pentaboran-9, B_5H_9 (OBEN), und des Dekaboran-14, $B_{10}H_{14}$ (UNTEN); Wasserstoffatome blau, Boratome rot

gung zu Wasserstoffmolekülen hindern, wenn man die Elektronenspins aller Wasserstoffatome so einstellt (polarisiert), daß sie alle in dieselbe Richtung zeigen. Auf Grund des Pauli-Prinzips können sich Wasserstoffatome mit parallelen Elektronenspins nicht zu Molekülen vereinigen. Das Magnetfeld fixiert den Spinzustand eines Teilchens, ähnlich wie das Erdmagnetfeld eine Kompaßnadel in Nordrichtung festhält. Bei Temperaturen von etwa 0,1 K konnte atomares Wasserstoffgas bis zu einer Dichte von 10^{22}–10^{23} Atomen pro Kubikmeter für mehrere Stunden stabil gehalten werden. Um B.-E.-K. zu erzielen, müssen noch höhere Dichten bei tieferen Temperaturen erreicht werden.

Bose-Einstein-Statistik, Bose-Statistik, eine von der →Boltzmann-Statistik abweichende Form der Quantenstatistik für Teilchen mit ganzzahligem Spin **(Bosonen)**, z. B. Lichtquanten, Mesonen, ferner gewöhnl. Heliumatome (He 4). Bei letzteren beruhen die Erscheinungen der Supraflüssigkeit auf der B.-E.-S.

Boson *das, Mz.* **Bosonen,** →Elementarteilchen mit ganzzahligem Spin, die der →Bose-Einstein-Statistik gehorchen.

Bossenwerk, Rustika, ein Quadermauerwerk, bei dem die Vorderseite der Quader unter Belassen einer unre-

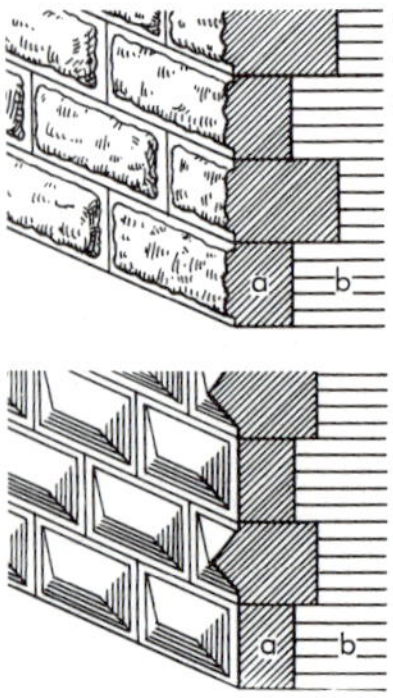

Bossenwerk: OBEN mit roh behauenen Steinen, UNTEN mit Diamantsteinen (a Werkstein, b Ziegelhintermauerung)

gelmäßigen Oberfläche **(Bossen)** nur roh bearbeitet **(bossiert)** wird. Eine Sonderform sind die **Diamantsteine,** bei denen die Oberfläche facettiert ist.

Bottom-Quark, svw. Beauty-Quark (→Beauty).

Bouguer-Lambertsches Gesetz [bug'ɛ:r-, n. dem frz. Physiker und Astronom P. Bouguer, * 1698, † 1758, und dem elsässischen Physiker und Philosoph J. H. Lambert, * 1728, † 1777], i. w. S. das Gesetz der exponentiellen Abnahme einer Größe *G* in Abhängigkeit von einer unabhängigen Größe *t;* es ist erfüllt, wenn für gleiche *t*-Beträge *G* um den gleichen Bruchteil abnimmt:

$$G = G_0 \cdot e^{-kt}$$

(G_0 ist Anfangswert für $t = 0$, k = Abnahmekonstante). Beispiel: Radioaktives Zerfallsgesetz. – Das B.-L. G. i. e. S. beschreibt die →Absorption 1) einer monochromat. Lichtstrahlung, die ebenfalls exponentiell von der Dicke der durchstrahlten Schicht abhängt.

Bouguersche Anomalie [bug'ɛ:r-], die erstmals von P. BOUGUER beobachtete Ablenkung eines Lots durch einen benachbarten Gebirgsstock.

Bourbaki [burbak'i], Deckname, unter dem seit 1938 eine Gruppe frz. Mathematiker ihr Werk ›Éléments de Mathématique‹ veröffentlicht. Hier wird der Versuch unternommen, mit Hilfe der axiomat. Methode zu einem Neuaufbau der mathemat. Wissenschaft zu kommen.

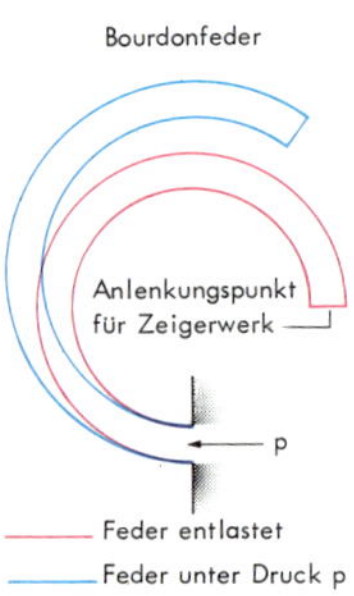

Bourdon-Feder

Bourdon-Feder, Bourdonsche Röhre [burd'ɔ̃-, n. dem frz. Ingenieur E. Bourdon, * 1808, † 1884], Biegefeder in Form eines kreisförmig gebogenen Metallröhrchens von zweiseitig abgeflachtem Querschnitt; wesentl. Bestandteil von Druckmeßgeräten.

Bournonit [bu:r-, n. dem frz. Mineralogen Graf J. L. Bournon, * 1751, † 1825], Mineral $PbCuSbS_3$, wichtiges Blei- (Pb-Gehalt 42,5%) und Kupfererz hydrothermaler Lagerstätten, H. 3, D. 5,7–5,9; →Spießglanze.

Bowdenzug [b'audən-, engl.], Drahtzug, bei dem Bewegungen und Kräfte durch einen in einem metall. Schlauch verschiebbaren Draht übertragen werden. Beim **Flexballzug** wird statt des Drahtes eine dünne, durch Kugeln geführte Stahlschiene verwendet, so daß die (geringere) rollende Reibung die gleitende beim B. ersetzt und Druckkräfte übertragen werden können. (BILD S. 167)

Box, 1) Elektroakustik: umgangssprachl. für Lautsprecherbox.

2) Photographie: einfache Kamera.

Boxermotor, ein →Verbrennungsmotor, bei dem sich die Zylinder in einer Ebene gegenüberliegen und die entsprechenden Pleuel auf zwei um 180° versetzte Kurbelkröpfungen arbeiten.

Boxloader [b'ɔksləudə, engl.], Einrichtung für den automat. Spulenaustausch im Schützen der Webmaschine.

Boyle-Mariottes Gesetz [bɔɪl marj'ɔts-, n. dem brit. Physiker und Chemiker R. Boyle, * 1627, † 1691, und dem frz. Physiker E. Mariotte, * um 1620, † 1684], gibt die Beziehung zw. Druck p und Volumen V eines idealen Gases bei festgehaltener Temperatur an. Preßt man ein Gas bei konstanter Temperatur auf die Hälfte seines Volumens zusammen, so steigt sein Druck auf das Doppelte, d. h. das Produkt aus Druck und Volumen bleibt dasselbe: $p \cdot V = const.$ Viele reale Gase, z. B. Luft, Wasserstoff und Helium, gehorchen diesem Gesetz unter normalen Bedingungen mit großer Annäherung. Abweichungen von dem B.-M. G. treten bei Kohlendioxid und Dämpfen auf, v. a. bei hohen Drücken. Diese Abweichungen sind jedoch temperaturabhängig. Es gibt für jedes Gas eine best. Temperatur, die **Boyle-Temperatur,** bei der das Gas auch bei verhältnismäßig hohen Drücken noch dem B.-M. G. genügt, z. B. für Wasserstoff –164 °C, für Luft 54 °C und für Kohlendioxid 500 °C.

Bq, Einheitenzeichen für →Becquerel.

Br, chem. Symbol für das Element →Brom.

BR, Abk. für engl. **Butadiene Rubber** [bju:tə-d'aii:n r'ʌbə], →Kautschuk.

Brachiopoden, Armfüßer, muschelähnl. Meerestiere mit größerer und stärker gewölbter Stielklappe als der kleineren und flachen Armklappe. Schnabelartig springt ein mehr oder weniger eingekrümmter Wirbel über die Armklappe vor. An einem muskulösen Stiel ist die Schale am Hinterende dauernd oder nur in der Jugend an einer Unterlage befestigt. B. waren im Erdaltertum artenreich, heute gibt es nur noch wenige Vertreter. (BILD S. 167)

Brachistochrone, Bez. für diejenige Verbindungskurve zweier Punkte, die in der kürzesten Zeit durchlaufen wird; mit B. beschäftigt sich die →Variationsrechnung. (→Zykloide)

Brachyt, Schiefspiegler, Spiegelteleskop mit Z-förmigem Strahlengang, großer Brennweite, kurzer Baulänge und großem, fehlerfreiem Bild.

Brackett-Serie [br'ækɪt-, n. dem amerikan. Astronomen F. S. Brackett, * 1865, † 1953], eine Spektralserie des Wasserstoffs (→Atom, BILD).

Brackwasser, schwach salziges, ungenießbares Wasser in der Nähe der Flußmündungen im Meer, anfänglich auch in abflußlosen Binnen-, in Strand- und meeresnahen Grundwasserseen. Bei stärkerer Süßwasserzufuhr und Abschluß vom Meer kann B. aussüßen, in trockenheißen Klimaten durch Verdunstung auch zu Salzwasser werden. **Brackwasserzone,** Übergangsbereich zwischen Salz- und Süßwasser.

Bradykinin, hochwirksames gefäßerweiterndes Peptidhormon, das daher blutdrucksenkend wirkt. Führt auch zur Kontraktion der glatten Muskulatur (Bronchien, Magen-Darm-Trakt).

Bragg-Gleichung [bræg-, n. den brit. Physikern W. H. Bragg, * 1862, † 1942, und W. L. Bragg, * 1890, † 1971], → Röntgenstrukturanalyse.

Bragg-Kurve [bræg-], stellt die Abhängigkeit der Ionisierungsdichte geladener Teilchen (v. a. von α-Teilchen) vom Abstand zur Strahlungsquelle dar.

Bragg-Methode [bræg-], → Röntgenstrukturanalyse.

Bramme, Walztechnik: das erste Walzformat aus dem Rohblock bei der Herstellung von → Blechen. **Rohbrammen** sind gegossene Metallblöcke, deren Breite mindestens doppelt so groß ist wie die Dicke. (→ Strangguß)

Brand, Feuer, das ohne bestimmungs- oder ordnungsgemäßen Herd entstanden ist oder einen solchen verläßt und ohne Einwirkung neuen Zündstoffes sich selbständig fortentwickelt, dabei Sachen erfaßt **(Schadenfeuer).** Voraussetzung zum Brandausbruch sind: Zündtemperatur, Luftsauerstoff, brennbares Material. Verteilungsgrad und Sauerstoffanteil bestimmen die Form des B.: **Glimmbrand, Schwelbrand** oder **offene Flamme.** Gase und Dämpfe verbrennen nur mit Flammen, flüssige Stoffe nach Übergang in Dampfform mit Flamme, feste Stoffe mit Glut oder Flammen oder Glut und Flammen. Als **Brandursache** kommen in Frage: fahrlässige, grobfahrlässige oder vorsätzliche Brandstiftung, bauliche und betriebliche Mängel, Selbstentzündung oder menschliches Fehlverhalten. – **Brandmeldeanlagen** → Feuermeldeanlage.

Brandbombe, mit einem Brandsatz gefüllte → Bombe 3), die gegner. Ziele durch schwer löschbare Brände zerstören soll. Meist werden selbstentzündl. Brandsätze (Phosphor) sowie Brandsätze, die bes. hohe Temperaturen erzeugen und auf getroffenen Flächen gut haften **(Brandgele,** z. B. Napalm), eingesetzt.

Brandklasse unterteilt Brände nach Art der brennenden Stoffe; nach Europa-Norm (EN 2) Klasse A: Brände von festen Stoffen, die normalerweise unter Glutbildung verbrennen; Klasse B: Brände von flüssigen oder flüssig werdenden Stoffen; Klasse C: Brände von Gasen; Klasse D: Brände von (Leicht-)Metallen.

Brandmauer, → Brandwand.

Brandschiefer, bituminöser, brennbarer Schieferton aus Gyttjatonen; geringeren Tongehalt hat → Ölschiefer.

Brandschneise, Freiraum zw. bebauten Objekten, Unterteilung von Waldstücken, soll Feuerüberschlag durch Wärmestrahlung und Funkenflug auf Nachbarobjekte verhindern, bildet den Rückzugsweg für gefährdete Personen, Angriffsweg für die Feuerwehr, Freifläche zur Einleitung des Löschangriffs, soll frei bleiben von brennbaren Stoffen.

Brandschutz, alle Maßnahmen zur Verhütung und Bekämpfung von Bränden, bes. bau- und gewerbepolizeil. Vorkehrungen. Dem B. dienen Regelungen über Bauabstände, Brand- und Trennwände, Herstellung von best. Decken und Dachteilen aus feuerfesten Baustoffen, über Feuerungsanlagen, ausreichende Wasserversorgung u. a. Besondere Anforderungen werden dabei an Hochhäuser gestellt. Die Errichtung und der Betrieb von Anlagen zur Lagerung, Abfüllung und Beförderung brennbarer Flüssigkeiten ist gesetzlich geregelt. Weitere Bestimmungen betreffen den Umgang mit Feuer und Licht, besonders in Feld und Forst (Rauchverbot), brandgefährl. Geräte und Arbeiten sowie Lagerung von leicht entzündbaren Stoffen.

Brandung, das Überstürzen der Meereswellen beim Auflaufen auf Untiefen oder auf die Küste. Schräg auf die Küste auflaufende B. führt zur **B.-Längsströmung** parallel zur Küste. Sie erreicht hohe Geschwindigkeiten und hat Sandwanderungen zur Folge. B. an Steilküsten erzeugt Gerölle, mit dem die B. die meerwärts schwach geneigte **B.-Platte** ausschleift. Am Fuß der Steilküste bilden sich **B.-Kehlen** und **B.-Höhlen.**

Brandwand, Brandmauer, Feuermauer, soll Ausbreitung von Feuer und Rauch verhindern, unterteilt Gebäude in Brandabschnitte. Die Abstände der B. betragen je nach Bauordnung und Bauobjekt etwa 40 m, die Mindestdicke ein Mauerziegel (24,5 cm) oder 15 cm Stahlbeton. Durchbrüche müssen feuerbeständig und rauchdicht geschlossen, Öffnungen mit Feuerschutzabschlüssen versehen werden. Die B. muß bis unter die nicht brennbare Dachhaut, bei Bauten mit besonderer Brandgefahr mindestens 50 cm über das Dach geführt werden; sie darf im Brandfall ihre Standsicherheit nicht verlieren.

Bratspill, Gangspill, Ankerwinde mit waagerechter Welle.

Brauchwasser, Betriebswasser für techn. Prozesse; ist i.d.R. aufbereitet, hat jedoch keine Trinkwasserqualität.

Braunblei|erz, ein Mineral, → Pyromorphit.

Braun|eisen, Brauneisenerz, Brauneisenstein, svw. → Limonit.

Braun|erde, weitverbreiteter, variationsreicher Bodentyp (BILD Boden) auf kalkigen bis kalkfreien Gesteinen. Kennzeichnend sind das feinverteilte, gleichmäßig geflockte Eisenoxidhydrat (Farbe) und die fehlende Tondurchschlämmung.

Braunit, Hartmangan|erz, Mineral, schwarzes, örtlich wichtiges Manganerz $3\ Mn_2O_3 \cdot MnSiO_3$, H. 6, D. 4,8; auf metamorphen Kalken und Dolomiten, meist derb.

Braunkohle, gelbbraune bis braunschwarze Sedimente, überwiegend aus dem Tertiär **(Braunkohlenformation),** mit niedrigem Inkohlungsgrad. B. ist durch einen niedrigen Kohlenstoffgehalt (62–78% im wasser- und aschefreien Zustand) gekennzeichnet. I. Ggs. zur Steinkohle gibt B. beim Kochen mit Kalilauge eine dunkelbraune Färbung. **Weich-B.,** die aus einer Grundmasse von Humussäuren mit Resten von Holz (Xylit) besteht, hat einen Wassergehalt von 40 bis 65%. Als Mazerale, d. h. mikroskopisch erfaßbare Einzelbestandteile, enthält sie Humit, Liptinit und Inertit. **Hart-B.** ist ohne sichtbare holzige Einschlüsse und hat einen Wassergehalt von 15 bis 40%. Der Heizwert von B. schwankt je nach Wasser- und Aschegehalt zw. 5 und 25 MJ/kg. – B. wird überwiegend mit Schaufelradbaggern im Tagebau gewonnen. Da lange Transportwege wegen des hohen Wassergehaltes unwirtschaftlich sind, wird B. v. a. in grubennahen Kraftwerken verfeuert. Die Herstellung von Briketts nimmt an Bedeutung ständig ab. In Zukunft könnte die Gas- und Ölerzeugung aus B. von Interesse sein. Die Welt-Gesamtvorräte (gewinnbaren Vorräte) liegen bei 4700 Mrd. t (340 Mrd. t), wobei große Anteile auf die USA, die UdSSR, die Bundesrep. Dtl. und die Dt. Dem. Rep. entfallen. Besondere B.-Arten sind: Dysodil, Pech-, Schwel- und Stengelkohle sowie Xylit. (BILD S. 168)

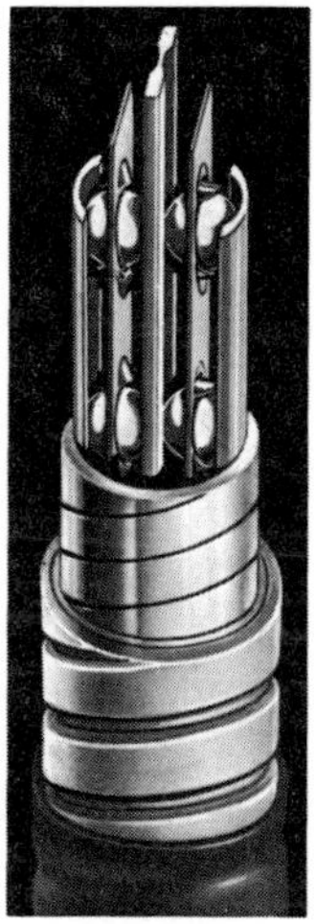

Bowdenzug: Aufbau eines Flexballzugs

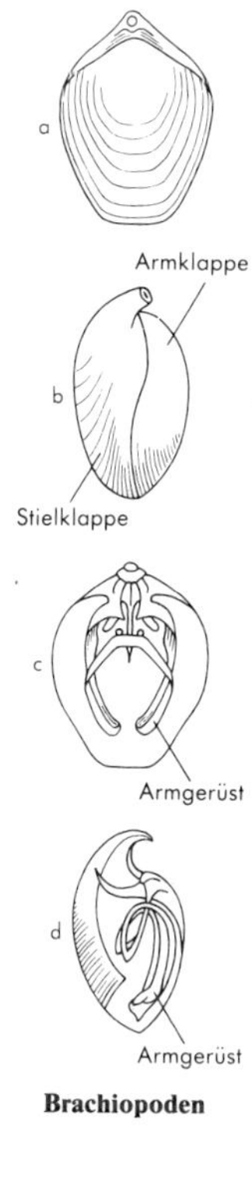

Brachiopoden

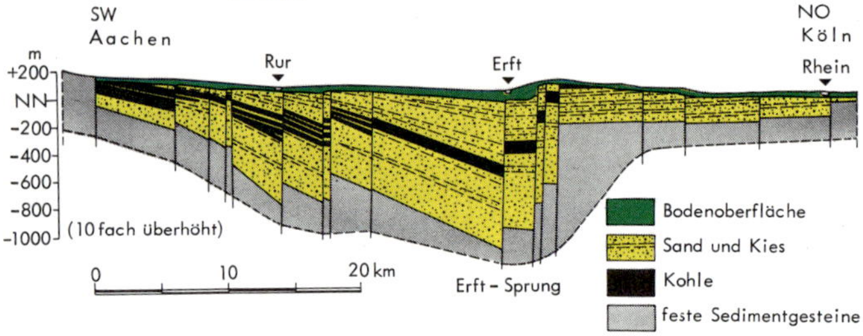

Braunkohle: Geologisches Profil im rheinischen Revier

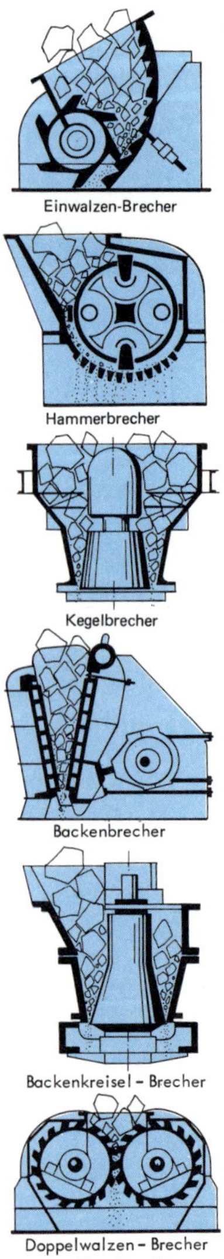

Brecher 1)

Braunsche Röhre [n. dem dt. Physiker K. F. Braun, * 1850, † 1918], Bez. für die von ihm 1897 erfundene →Elektronenstrahlröhre.

Braunspat, der →Ankerit.

Braunstein, dunkelfarbige Manganminerale der Verwitterungszone mit dem Hauptbestandteil Mangandioxid, MnO_2, darunter Pyrolusit, Psilomelan. Meist glasige oder poröse Massen. (→Wad)

Bravais-Gitter [brav'ɛ-, n. dem frz. Naturforscher A. Bravais, * 1811, † 1863], auch **Bravaissche Translationsgitter, Elementargitter, Primitivgitter** heißen in der Kristallographie die unendlich ausgedehnt gedachten, räuml. Anordnungen von ausschließlich ›ident. Punkten einer Sorte‹ mit richtungsweise gleichen Abständen **(Identitätsperioden, Translationsbeträge).** Diese Punkte sind in einem B.-G. nicht voneinander unterscheidbar, und zwar weder nach Art und Umgebung noch nach ihrer Eigensymmetrie oder ihren Orientierungen. Die insgesamt 14 grundsätzlich möglichen räuml. Anordnungen ident. Punkte wurden 1835 von dem dt. Physiker M. L. FRANKENHEIM, danach unabhängig von ihm 1848 von A. BRAVAIS nachgewiesen. Die diesen 14 Gittertypen zugehörigen **Bravais-Zellen** sind die kleinsten parallelepiped. Räume mit kristallograph. Achsen als Kanten und je mindestens einem Vertreter aller Symmetrie-Elemente (BILDER 1–14, S. 169). Als **Primitivität** wird die Anzahl der in ihnen enthaltenen ident. Punkte bezeichnet; sie ergibt sich aus der Addition der jeweils zugehörigen Punkt-Anteile.

Jede Kristallstruktur läßt sich auf eines dieser 14 B.-G. zurückführen, wobei die Kristallgitter i. a. aus mehreren, jeweils mit Materieteilchen nur aus einer Art besetzten, ineinandergestellten, parallel-orientierten B.-G. mit gemeinsamen Gitterkonstanten bestehen, z. B. das Kochsalz-Gitter aus je einem kubisch flächenzentrierten Gitter des Na und des Cl.

Bravaissche Indizes [brav'ɛ-], die den →Millerschen Indizes (*hkl*) entsprechenden Symbole (*hkil*) zur Kennzeichnung von Kristallflächen im hexagonalen Kristallsystem mit vier Achsen.

Breccie [br'ɛtʃə], svw. →Brekzie.

Brecher, 1) Maschinen zur Zerkleinerung eines meist grobkörnigen Haufwerkes durch Druck oder Schlag. Bauarten: →Backenbrecher, →Kegelbrecher, →Hammerbrecher, →Prallbrecher, →Walzenbrecher.

2) Meereskunde: winderzeugte Wasserwelle, die beim Einlaufen in flacher werdendes Wasser, bes. beim Auflaufen auf den Strand, instabil wird und sich überschlägt.

Brechkraft, Optik: →Brechwert.

Brechstange, Stahlstange mit zugeschärftem Ende, als Hebel beim Abbrechen von Mauerwerk, beim Transportieren und Umkanten schwerer Gegenstände u. ä. benutzt.

Brechung, Refraktion, die Richtungsänderung von Wellen und Strahlen (z. B. Licht, Röntgenstrahlen, Schall-, Rundfunkwellen), die aus einem Medium in ein anderes übertreten, wenn die Ausbreitungsgeschwindigkeiten in den beiden Medien verschieden groß sind. Die B. äußert sich in einem Knick der Fortpflanzungsrichtung an der Grenzfläche zw. beiden Medien.

Brechungsgesetz: Zw. den Richtungen des einfallenden und des gebrochenen Strahles besteht ein gesetzmäßiger Zusammenhang: 1) beide liegen bei isotropen Medien in derselben auf der Grenzfläche senkrecht stehenden Ebene; komplizierter sind die Verhältnisse bei der Wellenausbreitung in anisotropen Materialien (→Doppelbrechung); 2) die Sinus des **Einfallswinkels** α_1 (Winkel zw. einfallendem Strahl und Einfallslot) und des **Brechungswinkels** α_2 (Winkel zw. gebrochenem Strahl und Einfallslot; BILD 1, S. 170) bilden ein von den Eigenschaften beider Medien abhängiges Verhältnis **(Snelliussches Brechungsgesetz,** W. SNELLIUS, 1618). Ist das Brechungsverhältnis

$$\sin\alpha_1/\sin\alpha_2 = n_2/n_1 = n_{21} > 1,$$

so heißt das brechende Medium 2 optisch dichter als Medium 1; entsprechend umgekehrt. Das B.-Verhältnis n_{21} (der **relative Brechungsindex** des zweiten Mediums in bezug auf das erste) ist der Quotient der Fortpflanzungsgeschwindigkeiten c_1 und c_2 in beiden Medien: $n_{21} = c_1/c_2$. Die Brechzahl *n* eines Mediums ist wellenlängen- und temperaturabhängig. Darüber hinaus kann sie durch elektr. (→Elektrooptik) und magnet. Felder (→Magnetooptik) sowie durch hohe Strahlungsintensitäten (→nichtlineare Optik) geringfügig verändert werden. Wegen der Wellenlängenabhängigkeit kann Licht durch B. in seine Strahlungskomponenten versch. Wellenlänge zerlegt werden (→Dispersion 1). Trifft Licht von der Seite des dichteren Mediums die Grenzfläche, tritt →Totalreflexion ein, wenn $\sin\alpha_1 \geq n_{21}$ wird.

Das Brechungsverhältnis eines Stoffes gegen das Vakuum ist seine **Brechzahl** *n* (früher auch **Brechungszahl, Brechungskoeffizient, Brechungsexponent, Brechungsindex);** die Brechzahl des Vakuums ist 1. Für Röntgenstrahlen weicht die Brechzahl nur wenig von 1 ab, $n = 1 - \Delta n$. Bei einer Wellenlänge von 0,154 nm (Cu–K_α-Strahlung) ist für Glas $\Delta n = 1 \cdot 10^{-6}$ bis $8 \cdot 10^{-6}$; da $n < 1$ ist, ist das Vakuum gegenüber Glas für Röntgenstrahlung das optisch dichtere Medium.

Brechung: Brechzahlen für gelbes Natriumlicht ($\lambda = 589$ nm)

Stoff	Brechzahl
Wasser	1,3332
Alkohol	1,3646
Schwefelkohlenstoff	1,6291
Kronglas, leicht	1,5153
Kronglas, schwer	1,6152
Flintglas, leicht	1,6085
Flintglas, schwer	1,7575
Kalkspat, ordentlicher Strahl	1,6585
Kalkspat, außerordentlicher Strahl	1,4864
Diamant	2,42
Wasserstoff bei 0 °C und 1,013 bar	1,000139
Luft bei 0 °C und 1,013 bar	1,000292

Durch Konstruktion des Strahlengangs bei der Brechung mit Hilfe des →Huygensschen Prinzips kann das Snelliussche Brechungsgesetz für beliebige Wellen abgeleitet werden. Die Maxwellsche elektromagnet. Theorie des Lichts liefert eine exakte Begründung des Snelliusschen Brechungsgesetzes und zeigt, daß das Licht in der kürzestmöglichen Zeit seinen Weg zurücklegt, wenn es dem Brechungsgesetz folgt (→ Fermatsches Prinzip). Die Größe und Frequenzabhängigkeit der Brechzahl wird auf atomist. Ebene durch die unterschiedl. Polarisierbarkeit der Atome und Moleküle erklärt.

Kontinuierliche B. Verändert sich der Brechungsindex eines Mediums stetig, so erscheinen die Normalen der hindurchgehenden Wellen durch fortgesetzte B. gekrümmt (BILD 2, S. 170). Beispiele sind Lichtstrahlen in einer Salzlösung, deren Konzentration mit der Höhe abnimmt; weiter führt die in der Stratosphäre durch Temperaturzunahme wachsende Schallgeschwindigkeit mit der Höhe zur Schallausbreitung längs gekrümmter Bahnen, mit der die → Zone des Schweigens erklärt wird. Bei der Beobachtung von Gestirnen muß die → atmosphärische Lichtbrechung beachtet werden. – Die wichtigste Anwendung der B. ist die planmäßige Lenkung, Bündelung und Streuung der Lichtstrahlen in opt. Instrumenten durch Linsen und Prismen zum Zweck der → Abbildung 2).

Brechungsfehler des Auges, Refraktions|anomalie, Fehler in der Einstellung des Auges auf den → Fernpunkt infolge eines Mißverhältnisses zw. der Länge des Augapfels und der Wirkung seines opt. Systems. – Das **normale (emmetrope) Auge** ist bei Ruhe der Akkommodation auf die Ferne eingestellt, d. h. parallel einfallende Strahlen vereinigen sich nach Durchlaufen der brechenden Medien des → Auges auf der Netzhaut an der Stelle des schärfsten Sehens (gelber Fleck). Beim **kurzsichtigen (myopen) Auge** liegt der Vereinigungspunkt paralleler Strahlen vor der Netzhaut, weil das Auge zu lang gebaut ist (BILD S. 170). Daher können bei Kurzsichtigkeit nur nahe Gegenstände deutlich gesehen werden. Um ferner gelegene Gegenstände scharf sehen zu können muß ein Zerstreuungsglas (Konkavglas) getragen werden. Beim **übersichtigen (hypermetropen) Auge** liegt der Vereinigungspunkt paralleler Strahlen hinter der Netzhaut, d. h. das Auge muß auch beim Sehen in die Ferne akkommodieren. Da beim Nahsehen eine stärkere Akkommodation als beim normalen Auge erforderlich ist, treten bei der Übersichtigkeit (früher **Weitsichtigkeit**) mit der Abnahme der Akkommodationsfähigkeit bei zunehmendem Alter die ersten Beschwerden beim Sehen in der Nähe auf. Die Korrektur wird mit Konvexgläsern durchgeführt (BILD). B. d. A. sind auch → Astigmatismus und Alterssichtigkeit.

Letztere beruht auf der abnehmenden Akkommodationsfähigkeit des Auges als Folge des Elastizitätsverlustes der Linse bei zunehmendem Alter. Menschen mit normal gebautem Auge werden mit etwa 45 Jahren alterssichtig, weil sich der → Nahpunkt vom Auge entfernt. Dadurch wird das Sehen in der Nähe zunehmend schwieriger. Die fehlende Akkommodation muß durch ein Konvexglas (Nahbrille) ausgeglichen werden. Etwa vom 55. Lebensjahr an wird auch die Sicht in die Ferne schlechter, weil der bei normalen Augen im Unendlichen liegende → Fernpunkt an das Auge heranrückt. Um dann noch auf weit entfernte Gegenstände akkommodieren zu können, wird ein Konkavglas (Fernbrille) benötigt. (→ Brille)

Brechweinstein, Kalium|antimonyltartrat, früher als Brech- und Abführmittel verwendet; Beizmittel in Textil- und Lederindustrie. (→ Weinsäure)

Brechwert, auch **Brechkraft,** Formelzeichen D, Maß für die strahlenbrechende Wirkung opt. Systeme. Der B. ist gleich dem Kehrwert der in Metern gemessenen Brennweite f in einem umgebenden Medium mit der Brechzahl $n = 1$, $D = 1/f$. Gesetzl. Einheit ist die → Dioptrie. Für Sammellinsen ist D positiv, für Zerstreuungslinsen negativ.

Brechzahl, → Brechung.

Breitbandkabel, symmetr. oder koaxiales → Kabel für → Breitbandkommunikation, z. B. in der → Trägerfre-

Bravais-Gitter: Konventionelle Elementarzellen

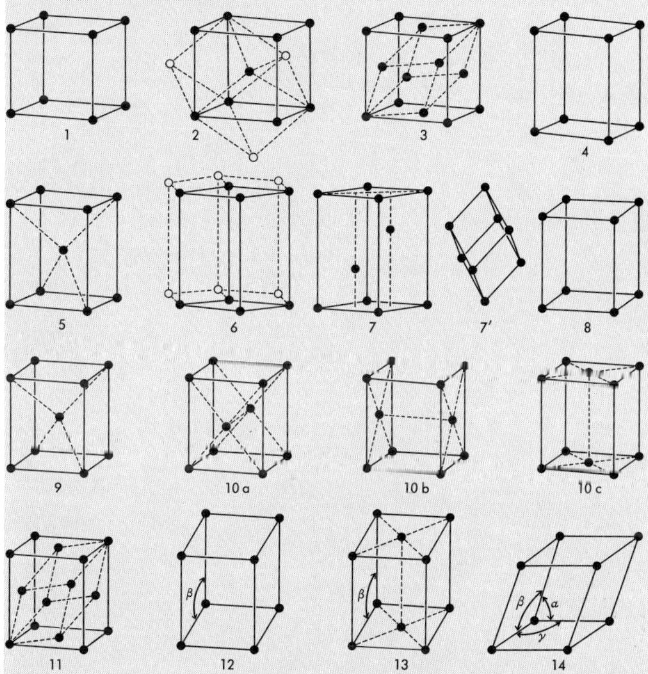

System	Primitivität und Symbol		Benennung
Kubisch	1. einfach-primitiv	P	eckenbesetzt
	2. zweifach-primitiv	I	innenzentriert (körperzentriert, raumzentriert)
	3. vierfach-primitiv	F	allseitig flächenzentriert
Tetragonal	4. einfach-primitiv	P	eckenbesetzt
	5. zweifach-primitiv	I	innenzentriert
Hexagonal	6. einfach-primitiv¹)	P	eckenbesetzt
	7. dreifach-primitiv¹)	C	innenzentriert 2fach
	7'. einfach-primitiv²)	R	rhomboedereckenbesetzt
Rhombisch	8. einfach-primitiv	P	eckenbesetzt
	9. zweifach-primitiv	I	innenzentriert
	10. a) zweifach-primitiv	A	vorderflächenzentriert
	b) zweifach-primitiv	B	seitenflächenzentriert
	c) zweifach-primitiv	C	basiszentriert
	11. vierfach-primitiv	F	allseitig flächenzentriert
Monoklin	12. einfach-primitiv	P	eckenbesetzt
	13. zweifach-primitiv	C	basiszentriert
Triklin	14. einfach-primitiv	P	eckenbesetzt

¹) bezogen auf die Rhomben-Säule aus a_1-, a_2- und c-Achse;
²) bei Bezug auf ein rhomboedrisches Achsenkreuz zu 7. identischer Fall.

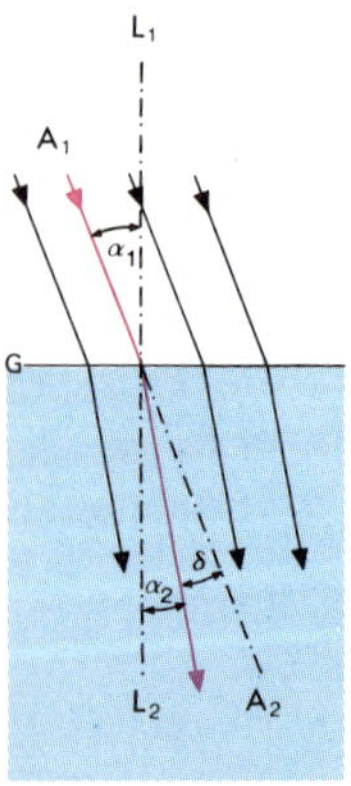

Brechung 1: B. an einer Wasseroberfläche; G Grenzfläche zwischen zwei Medien, L_1L_2 Einfallslot, A_1 einfallender, A_2 gebrochener Strahl, α_1 Einfallswinkel, α_2 Brechungswinkel, δ Abweichung von der gradlinigen Ausbreitung

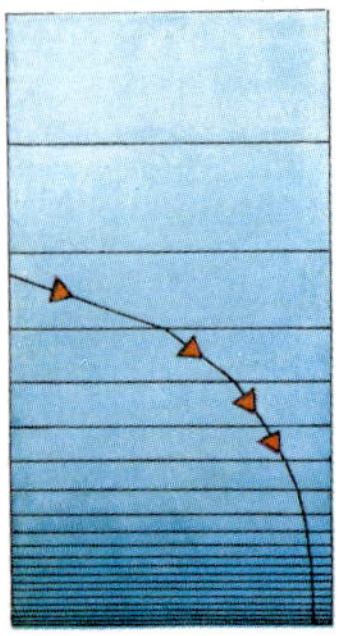

Brechung 2: B. in einem Medium mit von oben nach unten stetig zunehmender Dichte

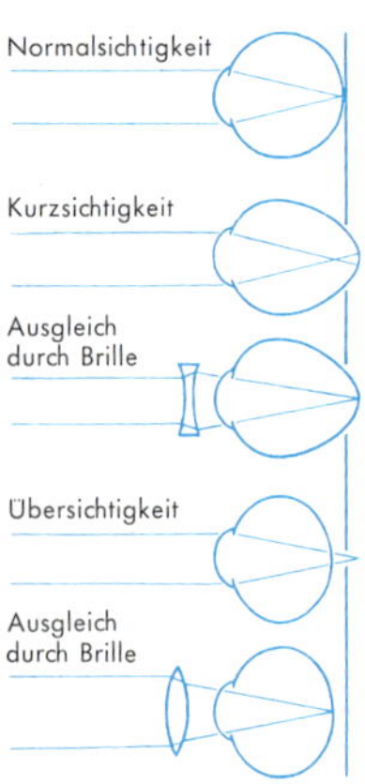

Brechungsfehler des Auges

quenztechnik, → Bewegtbildübertragung, → Datenübertragung. I. w. S. auch → Wellenleiter und → Lichtleiter.

Breitbandkommunikation, Abk. **BBK,** Sammelbegriff für Formen der → Telekommunikation, die i. Ggs. zu herkömml. Fernschreib-, Fernsprech- und Hörfunksignalen mit mehreren kHz Bandbreite Signale wesentlich größerer Bandbreite von mehreren MHz übertragen. Beispiele sind Bewegtbildübertragung und Breitbanddialog (z. B. Fernsehrundfunk, Kabelfernsehen, Bildfernsprechen, Bildfernsprech- und Videokonferenz), schnelle Datenübertragung, Fernbeobachtung (zur Verkehrslenkung oder Verbrechensbekämpfung). Voraussetzung für die Verwirklichung dieser gleichzeitig ablaufenden Dienste sind in erster Linie neue Übertragungsmedien (z. B. → Lichtleiter) und elektronisch gesteuerte Vermittlungen. (BILD S. 171)

Breitbandstraße, Breitbandwalzwerk, ein → Walzwerk zur Herstellung von Blech (Stahlband) mit 600–2300 mm Breite. Die **kontinuierliche B.,** auf der das Blech aus im Stoßofen auf 1200 °C aufgewärmten 80–260 mm dicken Brammen warm ausgewalzt wird, besteht aus 1–4 einzeln angetriebenen Vorgerüsten **(Duowalzwerke)** und 4–6 Fertiggerüsten **(Quartowalzwerke).** Die Auslaufgeschwindigkeit des Bandes beträgt bis zu 25 m/s, die Dicke 20–1,0 mm. Das Band läuft über einen Auslaufrollgang, auf dem es mit ›fliegenden Scheren‹ zu Blechtafeln aufgeteilt wird, oder auf einen Haspel, auf dem es zu Ringen oder Bunden bis zu 45 t Gewicht aufgewickelt wird. Beim **Warmbandumkehrwalzwerk (Steckelwalzwerk** u. a.) wird das Band zw. zwei gegenüberliegenden Haspelöfen in einem Walzgerüst auf minimal 2,0 mm Dicke wechselweise fertiggewalzt. – B. wurden zuerst 1926 in den USA erbaut. Ein Steckelwalzwerk kann monatlich bis 50000 t Breitband herstellen, kontinuierl. Straßen bis zu zehnfacher Menge.

Breite, 1) Astronomie: der Winkelabstand eines Gestirns von der Ekliptik **(ekliptikale B.);** entsprechend auch **galaktische B.** u. a. (→ astronomische Koordinaten).

2) Die **geographische** B. eines Ortes ist bei Annahme einer ellipsoidischen Erdfigur der Winkel φ, den die Ellipsoidnormale mit der Äquatorebene bildet. Sie wird vom Äquator polwärts als **nördliche B.** (n. Br.) und **südliche B.** (s. Br.) von 0° bis 90° gezählt. Orte gleicher B. liegen auf einem **Breiten-** oder **Parallelkreis.** Die astronomisch bestimmte geograph. B. kann wegen der → Lotabweichung von der ellipsoid. B. bis zu 1′ abweichen. In der Geodäsie werden ferner die **geozentrische B.** γ und die **reduzierte B.** β benutzt (BILD S. 171).

Breiten|effekt, das Anwachsen der Intensität der → kosmischen Strahlung mit der geomagnet. Breite; von dem niederländ. Physiker I. CLAY 1927 erstmals beobachtet. Erst oberhalb von etwa 50° geomagnet. Breite bleibt die Strahlung konstant. Der B. war der erste sichere Hinweis, daß die primäre kosm. Strahlung aus geladenen Teilchen (bes. Protonen) besteht. Je nach ihrer Energie werden die Primärteilchen im Erdmagnetfeld versch. stark nach den magnet. Polen hin abgedrängt oder gar reflektiert **(terrestrische Modulation** des Spektrums der kosm. Strahlung). Auch das Magnetfeld der Sonne beeinflußt die kosm. Strahlung und verhindert z. B. das Eindringen energiearmer Primärteilchen in das Sonnensystem **(solare Modulation).**

Breitenschwankung, Geophysik: → Polbewegung.

Breitflachstahl, auf allen vier Flächen oder in geschlossenen Kalibern warmgewalzter Stahl, der in ebenen Tafeln geliefert wird. Breite 150–1250 mm, Dicke mindestens 4,76 mm (Euro-Norm 79–69).

Breitflanschträger, genormtes I-förmiges Walzstahlprofil mit breiten Flanschen; vielfach ist die Flanschbreite gleich der Steghöhe.

Breitspurbahnen, → Eisenbahn.

Breitwandverfahren, Breitbildverfahren, die Wiedergabe von Filmbildern mit einem Seitenverhältnis von 1 : 1,37 bis zu 1 : 2,55. Die Verbreiterung des horizontalen Sehwinkels entspricht dem beidäugigen Sehen besser, der Betrachter fühlt sich in das Geschehen hineingezogen.

Das erste farbige lebende Rundbild (Panoramatheater) zeigte 1900 R. GRIMOIN (genannt SANSON) in Paris mit Hilfe von zehn im Kreis montierten Filmprojektoren **(Cineorama;** ähnlich: **Circarama** 1958, **Circlorama** 1963 und 1964). Versuche mit Kugeloptik und nur einem Bildband (W. AYRES 1928, A. BALTES 1958: **Cinetarium)** sind wegen des Lichtverlustes ohne Bedeutung. Breitwandvorführungen mit mehreren nebeneinanderliegenden gebogenen Bildwänden gab es ab 1927 **(Cinerama** seit 1951, **Cinemiracle, Arc 120, Thrillerama).** Wegen der Schwierigkeit, mehrere Bilder nahtlos aneinanderzufügen, schlug H. CHRÉTIEN 1927 vor, ein breites Bild optisch einseitig verzerrt (→ Anamorphot) auf einen normalen 35-mm-Film aufzunehmen und mit Rückentzerrung auf nur eine Wand zu projizieren (1 : 2,55, **Cinemascope** 1937, insbes. seit 1954). Ähnliche Verfahren: **Cinépanoramic, Megascope, MGM 35, Total Vision, Technirama, Techniscope, Panavision 35** u. a. Verbesserte Verfahren verwenden einen 50 oder 70 mm breiten Film: **Vista Vision II, Cinemascope 55, MGM 55** oder **70, Panvision 70** und **Todd-AO-Verfahren.** Letzteres verwendet einen 70-mm-Film und eine Spezialoptik zur Projektion ohne optische Verzerrung. B., die während der Vorführung das Bildformat wechseln, sind z. B. **Perirama** und **Vario 70.**

Brẹkzi|e, Breccie [brˈɛtʃə], durch Bindemittel verfestigter Schutt aus eckigen Gesteins- und Mineraltrümmern (Ggs.: → Konglomerat). **Primär-B.** entsteht aus Verwitterungsschutt (→ Fanglomerat), **Reibungs-B.** an Verwerfungen, **Eruptịv-B.** durch vulkan. Ereignisse. **Knochen-B.,** svw. → Bonebed.

Bremsdichte, Reaktorphysik: Anzahl der Neutronen, die je Volumen- und Zeiteinheit in einem Material so weit abgebremst werden, daß sie eine bestimmte Energie unterschreiten.

Bremse, Vorrichtung zur Verzögerung von Massen bis zur Ruhe, zur Sicherung dieses Zustandes sowie zur Kontrolle der Geschwindigkeit bewegter Massen. Die B. wirkt entweder durch äußere Reibung (mechan. B.), durch elektr. Strom (elektr. B.) oder innere Reibung eines Mediums (Flüssigkeits-B., → Luftbremse).

Mechanische B. Die gebräuchlichste **Reibungs-B.** ist die **Backen-B.:** Bremsbacken werden entweder von außen her **(Außenbacken-B.)** oder von innen **(Innenbacken-B.)** gegen eine Bremstrommel **(Trommel-B.),** gegen einen ringförmigen Bremskranz oder unmittelbar gegen das

Rad gedrückt. Die Backen der **Scheiben-B.** dagegen drükken von der Seite her, also mit parallel zur Drehachse gerichteter Kraft gegen eine Bremsscheibe. – **Konus-B.** haben einen mit der Welle sich drehenden Bremsteller mit kegelartig abgeschrägter Umfangsfläche, die sich durch axiale Verschiebung gegen eine entsprechend geformte Bremsfläche preßt. Bei der **Band-B.** wird ein um die Bremstrommel gelegtes Stahlband, manchmal mit Reibbelag (Leder oder Holzklötze), durch Hebel- oder Magnetkraft angezogen. Die **Lamellen-B.** besitzt mehrere umlaufende, mit der abzubremsenden Welle verbundene Scheiben (Lamellen), die gegen zwischengeschaltete, im Gehäuse feststehende Scheiben gedrückt werden. **Fliehkraft-B.** sind Innenbacken-B., bei denen die Backen durch die Fliehkraft, gegen die Haltekraft eingebauter Spiralfedern, an die Trommel gepreßt werden.

Druckluft-B. werden v. a. im Fahrzeugbetrieb (Eisenbahn, Straßenbahn, Kraftwagen) verwendet. Bei den Eisenbahnen sind sie i. a. Backen-B., die durch Federn angezogen, durch Druckluft aber offen gehalten werden. Ein Kupplungsbruch zw. den Wagen betätigt daher automatisch die B. Die Druckluft wird in einem Verdichter auf der Antriebsmaschine erzeugt und in einem Hauptluftbehälter gespeichert. Von da aus führt eine Hauptluftleitung zu den Fahrzeugen, die durch Schläuche miteinander verbunden sind. Jedes Fahrzeug hat einen oder mehrere Bremszylinder mit je einem Kolben, der über ein Gestänge mit den Bremsbacken verbunden ist. Druckluft- und Saugluft-B. werden auch zur Verstärkung der Fußkraft bei schweren Fahrzeugen angewendet. Ähnlich wirken **hydraul. B.,** bei denen an Stelle von Druckluft von einer Pumpe geliefertes Drucköl verwendet wird.

Elektrische B. Bei der **Wirbelstrom-B.** entstehen in einer Scheibe aus Kupfer oder Aluminium, die zw. den beiden Polen eines feststehenden Elektromagneten durchgedreht wird, Wirbelströme, die den Elektromagneten mitzunehmen suchen und dadurch bremsen.

Bei den **Elektromotor-** oder **Kurzschluß-B.** werden die Elektromotoren vom Netz ab- und auf einen Widerstand geschaltet. Ihre Bewegungsenergie läßt sie als Stromerzeuger (Generatoren) weiterlaufen, wird also in elektr. Energie umgewandelt, die in das Netz zurückgespeist **(Nutzbremsung)** oder durch den Widerstand aufgezehrt, d. h. in Wärme umgesetzt wird. – Bei den **Gegenstrom-B.** wird dem Motor Strom in umgekehrter Richtung zugeführt, so daß er schnell zum Stillstand kommt (von Straßenbahnen in Gefahr benutzt).

Flüssigkeits-B. wirken durch die innere Reibung einer etwa durch eine Turbine bewegten Flüssigkeit, die die Bewegungsenergie der umlaufenden Schaufeln verzehrt (z. B. **Wasserwirbel-B.** zur Ermittlung der → Bremsleistung). Flüssigkeitspuffer dienen zur Dämpfung von Stößen und Schwingungen, etwa so, daß ein Kolben mit engen Öffnungen durch einen Zylinder mit zäher Flüssigkeit, z. B. Öl, gepreßt wird (→ Schwingungsdämpfer).

Beim Kraftfahrzeug besteht die Bremsanlage aus B., Übertragungseinrichtung, Betätigungseinrichtung und Energiequelle: Als **mechanische Reibungs-B.** werden Trommel-B. (Innenbacken-B.) oder Scheiben-B. (Teilscheiben-B. in Festsattel- oder Schwimmsattel-Ausführung mit paarweisen oder einzelnen Zylindern) verwendet. Verrippung der Trommeln und teilweise Beaufschlagung sowie Innenbelüftung der Scheiben verbessern die Wärmeabfuhr. Bei der **Motor-B.** wird der Schleppwiderstand des Verbrennungsmotors durch Drosselung des Auspuffs (Auspuffklappe), seltener durch Veränderung der Steuerzeiten mit verschiebbarer Nockenwelle, erhöht.

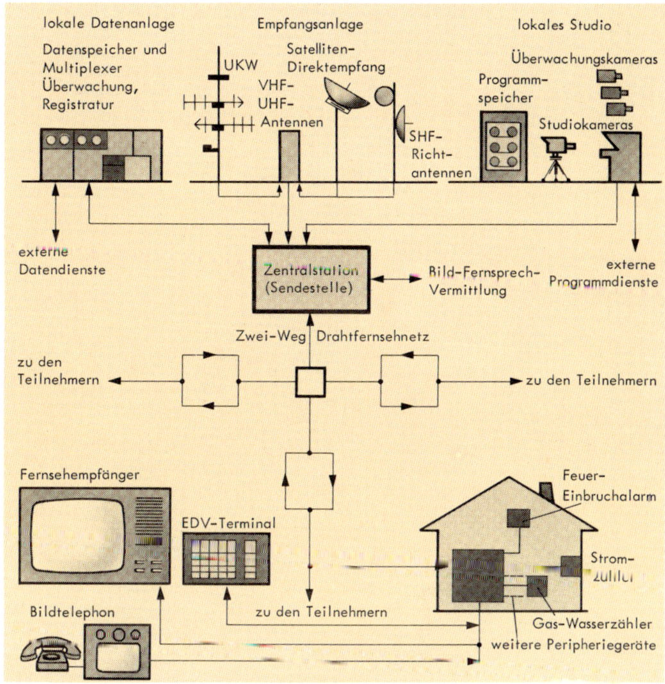

Breitbandkommunikation:
Schema der möglichen Kombination verschiedener Dienste

Dauer-B. (Verlangsamer, Retarder) ist eine verschleißlose Bremsanlage (elektr. Wirbelstrom-B., hydrodynam. Flüssigkeits-B.), die bei Fahrzeugen mit großem Gesamtgewicht zur Schonung der Betriebs-B. im Gefälle eingesetzt wird, um → Fading 1) zu vermeiden.

Die Betätigungsenergie wird bei der **Betriebs-B.** in Rohrleitungen durch Bremsflüssigkeit hydrostatisch (Pkw und leichte Lkw) oder durch Druckluft pneumatisch (schwere Lkw), bei der **Feststell-B.** über Gestänge oder Seilzüge mechanisch übertragen. Betätigt wird die Betriebs-B. über das Bremspedal, die Feststell-B. meist über Handhebel **(Hand-B.).** Energiequelle ist je nach Fahrzeuggesamtgewicht Muskelkraft, teils mit pneumat. Hilfskraftunterstützung mittels Bremskraftverstärker, oder Druckluft und hydraul. Speicherdruck als Fremdkraft; für Anhänger- und Feststell-B. auch mechan. Federspeicher, die durch Druckluft vorgespannt werden. Für Einachs- und landwirtschaftl. Anhänger wird bei der **Auflauf-B.** die Massenkraft des Anhängers zur Erzeugung der Bremsbetätigungskraft herangezogen.

Kraftfahrzeuge müssen nach den gesetzl. Vorschriften (Bundesrep. Dtl.: Straßenverkehrs-Zulassungsordnung, EWG-Richtlinien) zwei voneinander unabhängig wirkende Bremsanlagen haben, welche die Aufgaben einer Betriebs-, Hilfs- und Feststell-B. erfüllen; letztere muß mit ausschließlich mechan. Mitteln wirken. Die Betriebs-B. muß bei Kraftwagen als **Zweikreis-B.** (Erhöhung der Sicherheit durch zwei getrennte Druckleitungssysteme) ausgebildet sein. Die Wirkung der B. wird ausgedrückt durch die **Abbremsung:** das in Prozent angegebene

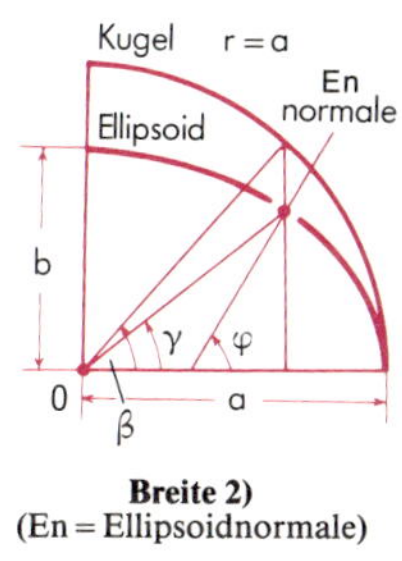

Breite 2)
(En = Ellipsoidnormale)

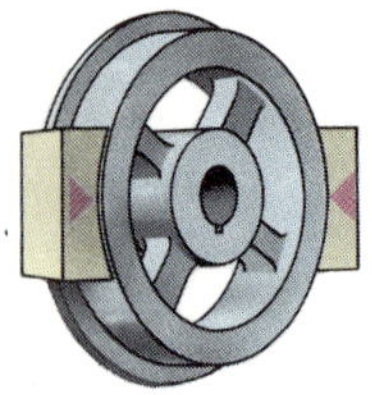

Backenbremse

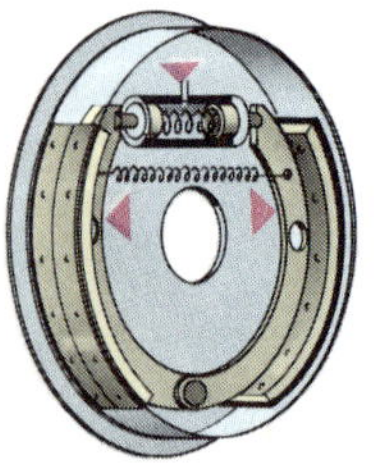

Trommelbremse

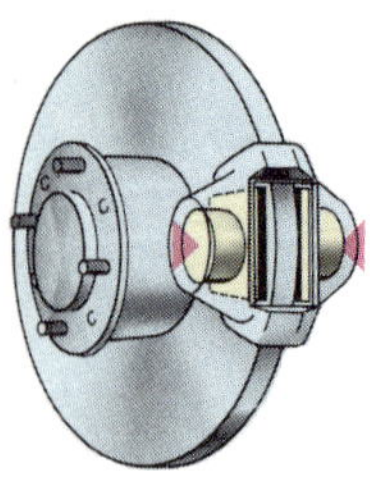

Scheibenbremse

Bremse

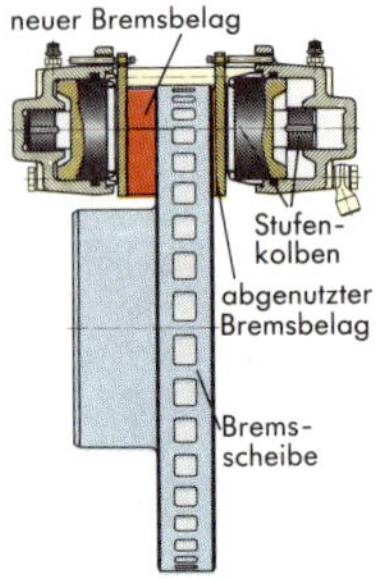

Bremse: Schnitt durch eine Scheibenbremse

Verhältnis der (maximalen) Bremskraft zum Fahrzeuggewicht, d. h. auch von (maximaler) Verzögerung zu Fallbeschleunigung. Für die Betriebs-B. werden je nach Fahrzeugklassen unterschiedl. Werte vorgeschrieben, für Pkw z. B. eine Mindestabbremsung von 60% (entsprechend 5,8 m/s^2 Verzögerung) bei einer Betätigungskraft von 500 N (500 kg · m/s^2).

B. am Flugzeugfahrwerk sind thermisch hochbelastet, da sie in sehr kurzer Zeit (Startabbruch) die gesamte kinet. Energie des Flugzeuges als Wärmeenergie aufnehmen müssen. Sie werden deshalb als Wärmesenke ausgebildet (Bremsscheibenwerkstoffe mit bes. großer spezif. Wärmekapazität, z. B. Kohlenstoff oder Beryllium). Spezielle Reifenquerschnitte (Flachreifen) bieten Platz für größere Bremsaggregate; Gleitschutzvorrichtungen sind bei Hochleistungs-B. die Regel.

B. für Eisenbahnen: → Eisenbahnbremsen.

Hydrodynam. Getriebe, Kupplungen, Bremsen, hg. v. VOITH GETRIEBE KG (1970); Bremsen-Hb. ([5]1977); Druckluft-Hb., hg. v. W. CHARCHUT ([2]1979); Techn. Vorschriften für Kraftfahrzeuge, hg. v. H. KLEINAU ([3]1981); H. GRÄTER: Service-Fibel für den Kfz-Bremsendienst ([3]1982).

Bremsflüssigkeiten, → Hydraulikflüssigkeiten.

Bremsgewicht, eigtl. **Bremsmasse,** außen an Eisenbahnfahrzeugen angegebener Wert zur Kennzeichnung der Bremse(n). Das B. ist diejenige Fahrzeugmasse (in t), die durch die eingebaute Bremse innerhalb des Vorsignalabstandes abgebremst werden kann. Hierbei ist vorausgesetzt, daß das Eisenbahnfahrzeug mit einer best. Geschwindigkeit fährt, die in Bremstafeln festgelegt ist und von der Höchstgeschwindigkeit, dem Zuggewicht, der Streckenneigung und dem Bremsweg abhängt.

Bremsgitter, Hilfsgitter in → Elektronenröhren.

Bremsklappen, Luftbremsen, an Tragflächen oder Rumpf eines Flugzeuges klappbar angebrachte Flächen, die durch Ausfahren quer zur Strömung Widerstand erzeugen und die Geschwindigkeit verzögern. (→ Störklappen)

Bremskräfte werden durch Fahrzeuge, Krane u. dgl. beim Bremsen auf die Unterlage ausgeübt; sie werden durch **Bremsverbände** bei Brücken, Kranbahnen u. a. Bauwerken aufgenommen und abgeleitet.

Bremskraftverstärker, Kfz: Zusatzeinrichtung der Bremse (→ Servobremse).

Bremskraftverteiler, Kfz: Zusatzeinrichtung der Bremse, mit der die Bremskraft an den Rädern der jeweiligen Radlast angeglichen wird (bremsdruckabhängige oder automatisch lastabhängige Regeleinrichtungen).

Bremsleistung, von einer Kraftmaschine abgegebene nutzbare Leistung, die auf einem Prüfstand **(Bremse** genannt) durch **Abbremsen** ermittelt wird. Auf der hydraul. oder elektr. Bremse wird das Drehmoment direkt gemessen, die Drehgeschwindigkeit mit zusätzl. Meßgerät. Die B. ergibt sich aus Produkt von Drehmoment und Drehgeschwindigkeit.

Bremsleuchten, Kfz: paarweise am Heck angeordnete Leuchten, zeigen durch rotes oder gelbes, auch bei Tag deutlich aufleuchtendes Licht nach rückwärts die Betätigung der Betriebsbremse an. Zusätzlich kann an der Heckscheibe von Personenkraftwagen ein weiteres Paar B. angebracht werden.

Bremsregler, 1) Kfz: Blockierregler, → Antiblockiersystem.

2) B. von Wasserturbinen halten die Drehzahl des Maschinensatzes durch künstlich erzeugte zusätzl. Belastung konstant; die Wasserturbine verarbeitet den vollen Wasserstrom. B. werden nur in Anlagen ohne Speicher verwendet. Bei elektr. Stromerzeugern werden B. als **Widerstandsregler** ausgeführt.

Bremsschirm, Landehilfe für Flugzeuge zur Verkürzung der Landerollstrecke; meist im Heck untergebrachter auswerfbarer → Bänderschirm zur Erzeugung eines großen Luftwiderstandes. B. dienen auch zur Beeinflussung der Flugeigenschaften (Vergrößerung des Gleitwinkels bei der Landung, Beenden des Trudelns). Man verwendet B. auch zum Abbremsen von motorsportl. Rekordfahrzeugen.

Bremsstrahlung, elektromagnet. Strahlung, die bei der Ablenkung schneller Elektronen im Coulomb-Feld eines Atomkerns abgestrahlt wird, z. B. entsteht in einer Röntgenröhre bei der Abbremsung der Kathodenstrahlelektronen an den Atomkernen der Antikathode B. im Wellenlängenbereich der Röntgenstrahlen. Es handelt sich um ein kontinuierl. Spektrum **(Bremsspektrum),** das an seinem kurzwelligen Ende bei der **Grenzwellenlänge** λ_g und bei der **Grenzfrequenz** ν_g scharf abbricht. Dies ist dadurch bedingt, daß nicht mehr als die gesamte kinet. Energie $E_k = eU$ eines abgebremsten Elektrons in Strahlungsenergie $h\nu$ umgesetzt werden kann:

$$\lambda_g = \frac{c}{\nu_g} = \frac{hc}{eU}$$

(Duane-Hunt-Gesetz [du:ˈeɪn hʌnt-]; e = Ladung des Elektrons, U = vom Elektron durchlaufene Beschleunigungsspannung, h = Planck-Konstante, c = Vakuumlichtgeschwindigkeit).

Bei der Richtungsänderung von Elektronen in einem Magnetfeld wird die **magnetische B. (Magneto-B.)** ausgesandt, z. B. bei der Bewegung von Elektronen der kosm. Strahlung in interstellaren Magnetfeldern, wobei der Frequenzbereich von den Radiowellen bis zur Röntgenstrahlung reicht. Auch bei der → Synchrotronstrahlung handelt es sich um magnet. B.

Bremsvermögen, Maß für die Eigenschaft eines Stoffes, Teilchenstrahlung zu verlangsamen. Das **lineare B.** S ist definiert als Energieverlust $-\mathrm{d}E$ pro Wegelement $\mathrm{d}x$, $S = -\mathrm{d}E/\mathrm{d}x$. Daraus erhält man das **atomare B.** S_a gemäß $S_a = S/n$ (n = Teilchenzahldichte der durchstrahlten Substanz) und das **Massenbremsvermögen** S_m zu $S_m = S/\varrho$ (ϱ = Dichte der durchstrahlten Substanz). In der Reaktortechnik kennzeichnet das B. die Wirksamkeit eines Moderators.

Bremsweg, 1) Eisenbahn: die Streckenlänge, auf der ein Zug durch Bremsen zum Halten gebracht werden kann. Der zulässige B. ist durch die Eisenbahn-Bau- und Betriebsordnung festgelegt. Als größter zulässiger B. gilt i. d. R. bei Hauptbahnen 1 000 m, bei Nebenbahnen 700 m. Er liegt innerhalb des Abstandes zw. Vor- und Hauptsignal (→ Durchrutschweg, → Eisenbahnsignale). Der B. ist abhängig von der Geschwindigkeit, der Streckenneigung, dem Reibwert, der Bremsentwicklungszeit und dem Zuggewicht. (→ Bremsgewicht)

2) Kfz: Weg des Fahrzeugs während der Verzögerung von der Betätigung des Bremspedals bis zum Stillstand. Der **Anhalteweg** ist um den **Reaktionsweg** während der Reaktionszeit (0,3–1,7 s) vom Erkennen eines Hindernisses bis zum Betätigen des Bremspedals länger. Die erreichbare **Bremsverzögerung** (Produkt aus Kraftschlußbeiwert und Fallbeschleunigung) hängt von der Bremskraft ab, die abhängig vom Straßenzustand noch zw. Reifen und Fahrbahn übertragen werden kann; sie beträgt bei trockenen Straßen etwa 6–10 m/s², bei nassen Straßen 4–6 m/s², bei Eis etwa 1 m/s².

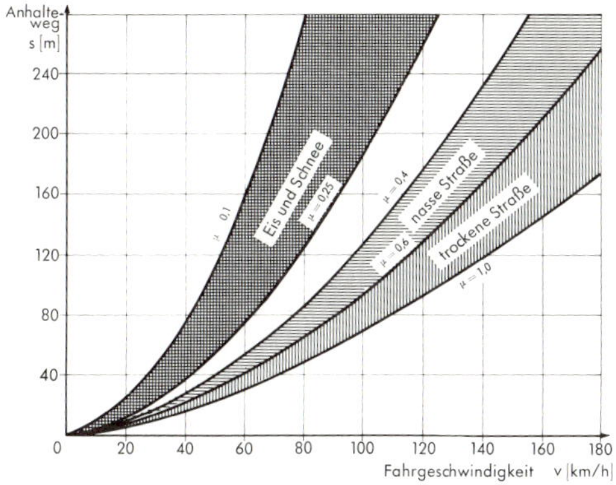

Bremsweg 2): B. + Reaktionsweg = Anhalteweg, hier bei verschiedenen Kraftschlußbeiwerten μ (Reaktionszeit + Ansprechzeit der Bremsen = 1 s)

brennbare Flüssigkeiten, nach VO der Bundesrep. Dtl. Stoffe, die einen Flammpunkt haben, bei 35 °C weder fest noch salbenförmig sind und bei 50 °C einen Dampfdruck unter 3 bar haben. Die **Gruppe A,** die mit Wasser nicht mischbare b. F. umfaßt, wird in die **Gefahrenklassen I** (Flammpunkt unter 21 °C, z. B. Benzin), **II** (Flammpunkt 21–55 °C, z. B. Flugturbinenkraftstoff) und **III** (Flammpunkt 55–100 °C, z. B. Heizöl) unterteilt. Die **Gruppe B** umfaßt mit Wasser mischbare b. F. mit einem Flammpunkt unter 21 °C (z. B. Äthanol).

Brenn|ebene, Optik: → Brennpunkt 3).

Brenn|element, Kerntechnik: die aus mehreren gasdicht abgeschlossenen **Brennstäben** (Brennstoffstäben) zusammengesetzten kleinsten Brennstoff-Einheiten bei Leichtwasserreaktoren. Die Brennstäbe bestehen aus Metallhülsen **(Brennstoffhülsen)** aus Zirkon-Legierungen, die den Kernbrennstoff in Form von nebeneinanderliegenden **Pellets,** d. h. Brennstofftabletten von 1 bis 1,5 cm Durchmesser, enthalten.

Beim Kugelhaufenreaktor (Hochtemperaturreaktor) werden **B.-Kugeln** (∅ 6 cm) verwendet, bei denen der Brennstoff in eine Graphitmasse eingeschlossen ist. Sie enthalten viele kleine ›coated particles‹ (∅ 1 mm), d. h. Brennstoffkügelchen, die durch pyrolitisch abgeschiedenen Kohlenstoff gasdicht abgeschlossen sind, welche in eine Graphitmatrix eingebettet und von einer Graphitschale umgeben sind. Ein Hochtemperaturreaktor enthält mehrere hunderttausend B.-Kugeln. Brennstoffhülsen und **Brennstoffhüllen,** d. h. fest auf den Kernbrennstoff aufgebrachte Umhüllungen, schützen diesen gegen chem. Einwirkung (z. B. durch Kühlmittel) und verhindern das Entweichen von Spaltprodukten.

Brennen, 1) unter Flammenerscheinung erfolgende → Verbrennung von Stoffen. – 2) therm. Behandlung mineral. Roh- und Werkstoffe (→ Calcinieren). – 3) Form der Oberflächenbehandlung von Metallen (→ beizen). – 4) Destillation von Wein u. ä. (→ Äthanol).

Brenner, Feuerungstechnik: Gerät zum Verbrennen von Gas, Öl, Kohlenstaub. Bei **Gas-B.** unterscheidet man zw. B. ohne (Parallelstrom-B., Kreuzstrom-B., Drall-B.) und mit Vormischung von Gas und Luft. Bei letzteren werden Gas und Luft in einer besonderen Kammer vermischt und dann dem Brennermund zugeführt. Bei Umstellung von Industrie- oder Stadtgas auf Erdgas müssen im allg. wegen des höheren Energieinhaltes von Erdgas die B. ausgetauscht werden. Es gibt auch Umstell-B., die mit oder ohne Vormischung arbeiten, und Wechsel-B. für wahlweise Verbrennung von Stark- oder Schwachgas.

Bei **Öl-B.** muß das Öl vor der Verbrennung verdampft werden, entweder durch direkte Erwärmung oder durch Zerstäubung und anschließendes Erwärmen.

Bei **Kohlenstaub-B.** wird der feingemahlene Kohlenstaub mit Luft gemischt in den Feuerraum geblasen.

Brennfläche, Optik: → Kaustik.

Brenngase, Gase oder Gasgemische, die mit Luft oder Sauerstoff brennbar sind und in Haushalt, Gewerbe oder Ind. vorwiegend zur Wärmeerzeugung eingesetzt werden. Einteilung nach Herkunft (z. B. Erdgas, Klärgas, Kokereigas) oder nach dem → Brennwert.

Gruppe	Brennwert MJ/m³	Beispiele
1	bis 10	Hochofengas
2	10 bis 30	Wasserstoff, Stadtgas
3	30 bis 60	Erdgas, Raffineriegas, Acetylen
4	über 60	Flüssiggas

Auch die Einteilung in Arm- (Schwachgase), Mittel-, Stark- und Reichgase erfolgt nach dem Brennwert. Zur Anpassung von B. der öffentl. Gasversorgung an Brenner und andere Einrichtungen dient die Einteilung in **Gasfamilien,** die u. a. auf dem → Wobbe-Index beruht: 1. Gasfamilie (S) mit den Gruppen A (Stadtgas) und B (Kokereigas); 2. Gasfamilie (N) mit den Gruppen L (Erdgas) und H (Erdölgas); 3. Gasfamilie (F), zu der Flüssiggase gehören.

Brenngeschwindigkeit, Geschwindigkeit, mit der sich die Flamme im → Brennraum eines Verbrennungsmotors ausbreitet. Ist die B. zu niedrig, kann die Verbrennung verschleppt werden, was zu schlechter Kraftstoffausnutzung führt. Beim → Klopfen eines Ottomotors tritt eine sehr hohe B. auf. Turbulenz im Brennraum erhöht die B.

Brenngesetz, bei Verbrennungsmotoren der zeitliche Verlauf der durch die Verbrennung des Kraftstoffs hervorgerufenen Freisetzung der Wärmemenge mit Berücksichtigung der Wärmeabgabe von und zur Wand. Das B. hat großen Einfluß auf Laufruhe, Lebensdauer, Kraftstoffausnutzung und Abgasemission.

Brennglas, svw. → Lupe.

Brennkammer, Druckbehälter, in dem Treibstoffe zu Arbeitsgas verbrannt werden. Bei → Strahltriebwerken Einteilung nach geometr. Form, Strömungsrichtung der Luft oder Einspritzrichtung. Bei chem. Raketenantrieben hat die B. meist zylindr. Form. Bei Feststoffraketen ist sie zugleich Treibstoffbehälter.

Brennkraftlokomotive, eine → Lokomotive mit Verbrennungsmotor (meist Dieselmotor) und/oder Gasturbine als Antriebsaggregat.

Brennkraftmaschine, Kurzform für → Verbrennungskraftmaschine.

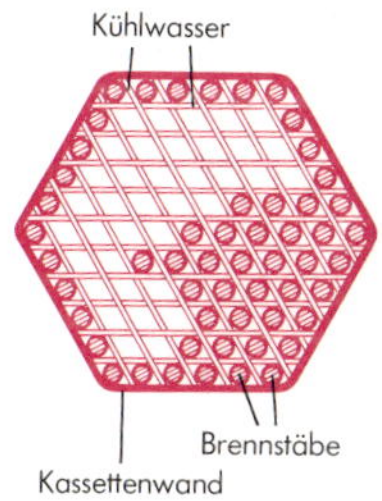

Brennelement

Brennelement: Querschnitt durch die Brennstoffkassette eines Druckwasserreaktors

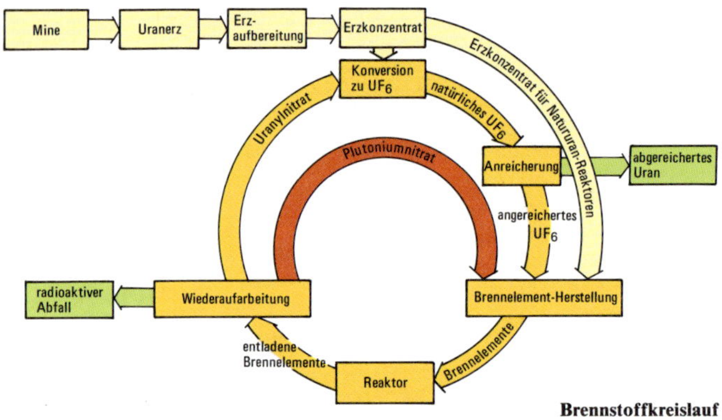

Brennstoffkreislauf

Brenn|ofen, ein → Industrieofen zum Brennen von keramischen Erzeugnissen, → keramische Öfen.

Brennpunkt, 1) Chemie: → Entzündung.

2) Mathematik: ausgezeichneter Punkt in bezug auf einen Kegelschnitt (→ Ellipse, → Hyperbel, → Parabel).

3) Optik: **Fokus,** der Punkt auf der Achse eines opt. Systems, z. B. einer Linse oder eines Hohlspiegels, in dem achsenparallele Lichtstrahlen bei idealer → Abbildung 2) vereinigt werden. Linsen u. Linsensysteme besitzen zwei Brennpunkte, einen objektseitigen (*F*) und einen bildseitigen (*F'*). Auf Grund der Abbildungsfehler werden in der Praxis nur paraxiale Strahlen in den B. fokussiert. Die Entfernung des B. vom Hauptpunkt (→ Kardinalelemente) heißt **Brennweite** *f,* die durch den B. senkrecht zur opt. Achse gelegte Ebene **Brennebene.** Die durch den B. gehenden Strahlen werden als **Brennstrahlen** bezeichnet.

Brennraum, beim Verbrennungsmotor der Raum zw. Zylinderkopf und Kolbenoberfläche im oberen → Totpunkt. Die Form des B. hat großen Einfluß auf das → Brenngesetz eines Motors. Geringste Wärmeverluste und kurze Flammwege durch kleine Oberfläche hat z. B. der Kugel-B. Unterteilte B. gibt es bei → Dieselmotoren, neuerdings auch bei → Ottomotoren (→ Schichtladung). Der → Kreiskolbenmotor hat auf Grund seiner Geometrie einen sichelförmigen B.

Brennschluß, bei Raketenantrieben der Zeitpunkt, an dem die Treibstoffe völlig verbrannt sind oder die Antriebsphase unterbrochen oder beendet wird. Bei mehrstufigen Raketen folgt auf den B. der unteren Stufe die Zündung des Triebwerkes der oberen. Die **B.-Geschwindigkeit** entspricht bei chem. Raketen der maximalen Fluggeschwindigkeit oder Endgeschwindigkeit.

Brennschneiden, das Trennen von Werkstücken durch Verbrennen. Der Werkstoff wird durch eine Brenngas-Sauerstoff-Flamme in der Schnittfuge auf Zündtemperatur erhitzt und im Sauerstoffstrahl verbrannt. Das B. ist anwendbar bei den meisten Stahlsorten, bei hochlegierten Stählen unter Zusatz von Eisenpulver und Flußmitteln. Es geschieht mit handgeführten **Schneidbrennern** oder auf **Brennschneidmaschinen,** die durch Schablonen geführt werden oder nach optisch abgetasteten Zeichnungen arbeiten.

Brennspiegel, Sammel- oder Hohlspiegel, z. B. zum Konzentrieren der Sonnenstrahlung im → Brennpunkt.

Brennstab, → Brennelement.

Brennstoffaufbereitung, Kerntechnik: Verfahrensschritte von der Gewinnung der Uran und Thorium enthaltenden Erze über die Extraktion bis zur Gewinnung des Oxids; dagegen wird die Rückgewinnung spaltbaren Materials aus abgebrannten Kernbrennstoffen als → Wiederaufarbeitung bezeichnet.

Brennstoffe, natürl. oder durch Veredelungsprozesse erhaltene Stoffe, die zur Erzeugung von Wärmeenergie durch Verbrennung, i. w. S. auch durch Kernspaltung oder Kernfusion, dienen.

1) Zur Verbrennung dienen feste, flüssige oder gasförmige Stoffe, die überwiegend aus Kohlenstoff und Wasserstoff aufgebaut sind und bei deren Verbrennung mit Luftsauerstoff eine dem → Heizwert entsprechende Wärme wirtschaftlich gewonnen werden kann. B. sind → Brenngase (→ Erdgas), → Heizöle, → Holz, → Kohle (→ Braunkohle). B., deren chemisch gebundene Energie unmittelbar in mechan. Arbeit umgesetzt werden soll, bezeichnet man als → Kraftstoffe.

2) Zur Kernspaltung können die Kernbrennstoffe Uran 235 (kommt in der Natur vor), Plutonium (wird aus Uran 238 erzeugt) und Uran 233 (wird aus Thorium 232 erzeugt) herangezogen werden. Bei **Siedewasser-** und **Druckwasserreaktoren** besteht der B. aus Uran 235 oder den spaltbaren Isotopen des Plutoniums (^{239}Pu, ^{241}Pu), meist in Form der Oxide (UO_2 und PuO_2). Das spaltbare Isotop ^{235}U ist im natürl. Uran nur mit 0,7% enthalten und muß deshalb auf 2 bis 4 Gewichts-% angereichert werden. Für die schnellen **Brutreaktoren** dient Plutonium als B., das durch → Brüten aus Uran 238 ständig neu erzeugt wird. Die **Hochtemperaturreaktoren** werden in der Anfangsphase mit angereichertem Uran oder Plutonium betrieben, wobei aus Thorium durch Brüten Uran 233 gewonnen und nach Aufarbeitung als B. verwendet wird.

3) Der zur Kernfusion benötigte Kernbrennstoff Deuterium kommt in der Natur in ausreichendem Maße vor. Tritium kann durch Neutronenbeschuß aus Lithium gewonnen werden.

Brennstoffhülle, → Brennelement.

Brennstoffhülse, → Brennelement.

Brennstoffkreislauf, kurz für **Kernbrennstoffkreislauf,** auch **Brennstoffzyklus,** Kerntechnik: der Verfahrensablauf von der Gewinnung der Uranerze über deren Aufbereitung, Anreicherung des Uran 235-Gehalts, Herstellung der Brennelemente, deren Einsatz im Reaktor, Wiederaufarbeitung der abgebrannten Brennelemente zur Rückgewinnung des unverbrauchten Urans und des durch Kernumwandlung von Uran 238 entstandenen spaltbaren Plutoniums bis zur Endlagerung (BILD). Je nach Reaktortyp unterscheiden sich die B., so kann z. B. auch das in der Natur vorkommende Thorium 232 als Brutstoff (→ Brüten) zur Erzeugung des spaltbaren Urans 233 eingesetzt werden. Derzeit werden die meisten Kernkraftwerke ohne unmittelbare → Wiederaufarbeitung der Brennelemente betrieben **(offener B.),** jedoch wird es als notwendig angesehen, beim Einsatz nuklearer Brennstoffe zur Energieerzeugung langfristig aus wirtschaftl., techn. und ökolog. Gründen zu **geschlossenen B.** überzugehen, bei denen alles spaltbare Material zurückgewonnen wird.

Bei völligem Verzicht auf Wiederaufarbeitung würden die bekannten abbauwürdigen Uranvorkommen von ungefähr 10 Mio. t zum Betrieb von nur etwa 3000 Kernkraftwerken, die eine elektr. Leistung von je 1 GW liefern können, über einen Zeitraum von etwa 30 Jahren ausreichen, d. h., die Kernenergie könnte nur für eine sehr begrenzte Übergangsperiode einen Beitrag zur Energieversorgung liefern. Leichtwasserreaktoren benötigen bei 75% Lastfaktor 155–160 t Natururan je GW und Jahr. Durch Rückführung des unverbrauchten Urans und des Plutoniums könnte dieser Bedarf nur etwa halbiert werden, d. h., um die Uranreserven optimal nutzen zu können, wäre außer der Wiederaufarbeitung der Ersatz der Leichtwasserreaktoren durch uransparende Reaktoren erforderlich. Mit Schwerwasser- und Hochtemperaturreaktoren wird bei Brennstoffrückgewinnung ein fünf- bis zehnmal besserer Wirkungsgrad erreicht. Durch den Einsatz schneller Brutreaktoren (→ Brüten) könnte langfristig aus den begrenzten Uranvorräten sogar 60mal mehr Energie gewonnen werden als mit Leichtwasserreaktoren; hinzu kommt, daß der Aufwand zur Isotopentrennung entfällt. Bei Einsatz in uransparenden Reaktoren mit geschlossenem B. übersteigt die aus den Uranreserven gewinnbare Energie die Reserven fossiler Energieträger um etwa das Zehnfache.

Neben dem Uranbedarf erfordern ökolog. und sicherheitspolit. Gesichtspunkte eine Optimierung der B. Ohne Wiederaufbereitung müßten wesentlich größere Mengen langlebiger radioaktiver Stoffe gelagert und vor unkontrolliertem Zugriff geschützt werden (→ Entsorgung).

Brennstoffmesser dienen zur Messung einer flüssigen oder gasförmigen Brennstoffmenge. Man unterscheidet **Vorratsmesser,** die auf einer Volumen- oder Gewichtsmessung beruhen, und **Verbrauchsmesser,** die nach den Methoden der Durchflußmessung arbeiten.

Brennstoffstab, Kerntechnik: → Brennelement.

Brennstoffzelle, Brennstoffelement, Stromquelle, bei der durch Direktumwandlung elektr. Energie aus chem. Energie (›kalte Verbrennung‹) gewonnen wird (BILD). Der Wirkungsgrad beträgt bis 80%. Die Leistung

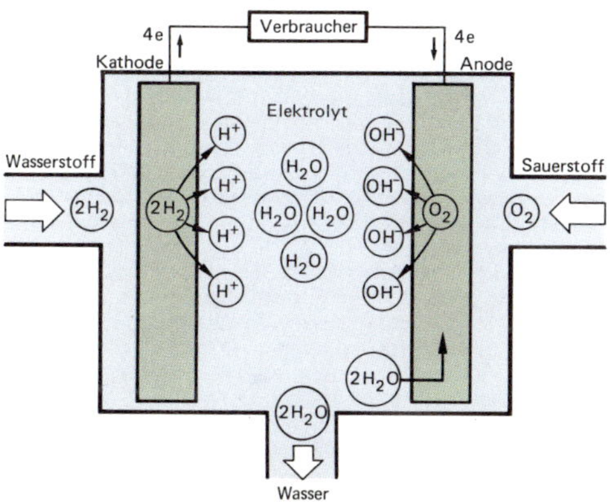

Brennstoffzelle (Wasserstoff-Sauerstoff-B.): An der Wasserstoff-Elektrode (Kathode) entsteht atomarer Wasserstoff, der Elektronen abgibt und in Form von Ionen (H^+) in Lösung geht; an der Sauerstoff-Elektrode (Anode) bilden sich Hydroxidionen (OH^-). Der Elektronenaustausch erfolgt über einen äußeren Stromkreis (Verbraucher).

einer Einzelzelle liegt im Volt-Bereich, Batterien werden bis einige 100 kV gebaut. B. unterscheiden sich durch die Reaktionsstoffe, Elektrolyte, Betriebsbedingungen und das Elektrodenmaterial. Bei den **Nieder-** und **Mitteltemperatur-B.** (0–150 °C und 150–250 °C) werden als Reaktionsstoffe Sauerstoff und Wasserstoff oder Methanol (auch Wasserstoff, in ›Reformern‹ aus Ammoniak, Benzin u. dgl. gewonnen) verwendet. Die Elektroden müssen für die Reaktionsprodukte durchlässig sein, sollen eine große Reaktionsfläche haben und die Elektronen sehr gut leiten (z. T. auch noch katalytisch wirken). Sie bestehen aus Metallen, Metallverbindungen oder besonders imprägnierter Kohle. Als Elektrolyt dienen Lauge, Säure oder Kationenaustauscher. In den **Hochtemperaturzellen** verwendet man bei 500–1 100 °C reaktionsfähige Kohlenwasserstoffe oder Stickstoff-Wasserstoff-Verbindungen (Ammoniak, Hydrazin) als Brennstoffe. Die Elektroden bestehen aus Nickel, Kupfer, Edelmetallegierungen oder Kohle, als Elektrolyt dienen Salzschmelzen oder keramische ionenleitende Feststoffe (Zirkon- oder Yttriumoxid). Während die Brennstoffzellen im Nieder- und Mitteltemperaturbereich bereits einen hohen techn. Stand haben, treten bei Hochtemperaturzellen bes. Werkstoffprobleme auf. – Wegen des günstigen Leistungsgewichts dienen B.-Batterien insbes. in der Raumfahrt, als Antrieb von Fahrzeugen oder als stationäre Stromquellen.

Brennstoffzyklus, svw. → Brennstoffkreislauf.

Brennstrahlen, → Brennpunkt 3).

Brennweite, Optik: → Brennpunkt 3).

Brennwert, früher **oberer Heizwert,** Reaktionswärme, die bei der vollständigen Verbrennung einer best. Brennstoffmenge freigesetzt wird. Dabei ist im Unterschied zum → Heizwert Voraussetzung, daß das bei der Verbrennung gebildete Wasser im flüssigen Zustand anfällt. Bei festen und flüssigen Brennstoffen wird der B. auf 1 kg Brennstoff (spezifischer B.), bei gasförmigen Brennstoffen auf 1 m^3 Gas unter Normalbedingungen (0 °C, 1,013 bar) bezogen. Beispiele → Brenngase.

Brenzcatechin, 1,2-Dihydroxybenzol, kristalline Verbindung, die überwiegend aus Phenol und Wasserstoffperoxid hergestellt wird. B. findet als photograph. Entwickler und beim Lederfärben sowie zur Herstellung von Riechstoffen, Pflanzenschutzmitteln und Pharmazeutika Verwendung.

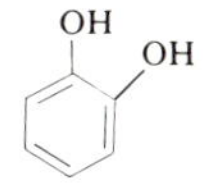

Brenzcatechin

Brenztraubensäure, 2-Oxopropionsäure, farblose Flüssigkeit, die durch Erhitzen von Traubensäure (›Brenzreaktion‹) hergestellt werden kann und die beim Abbau von Kohlenhydraten im Körper auftritt. Ihre Salze und Ester heißen **Pyruvate.**

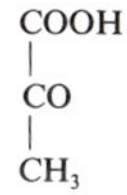

Brenztraubensäure

Brett, langes, flächiges Schnittholz, 5–38 mm dick, mindestens 80 mm breit, hergestellt im Holzeinschnitt durch Sägemaschinen als unbesäumte oder besäumte Ware (→ besäumen), selten durch Messermaschinen.

Brettbinder, Konstruktion des Holz-Nagelbaues, die als Fachwerke aus Brettgurten und -stäben oder als Vollwandträger aus Brettstegen und Bohlengurten besteht; für Dachbinder, Unterzüge, Werkhallen u. dgl.

Brewstersches Gesetz [brˈuːstə-, n. dem brit. Physiker D. Brewster, * 1781, † 1868]. Bei Lichteinfall unter dem **Brewster-Winkel** (Polarisationswinkel) α_p auf die Grenzfläche zw. zwei nichtabsorbierenden Medien stehen

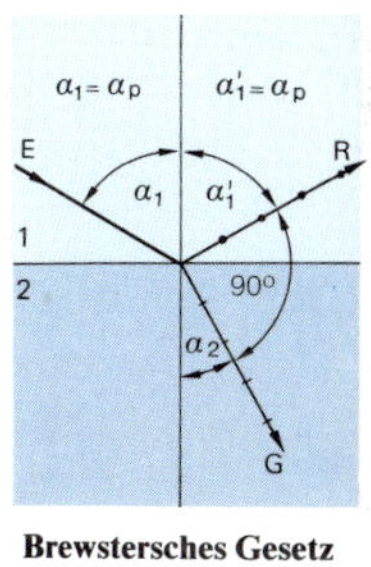

Brewstersches Gesetz

Brewstersches Gesetz: 1 optisch dünneres Medium mit der Brechzahl n_1, 2 optisch dichteres Medium mit der Brechzahl n_2; E einfallender, R reflektierter und G gebrochener Strahl. α_1 = Einfallswinkel, α_1' (= α_1) = Reflexionswinkel, α_2 = Brechungswinkel = 90°–α_p für $\alpha_1 = \alpha_p$. Ist α_1 gleich dem Brewster-Winkel α_p, so ist R vollständig linear polarisiert, wobei die Schwingungsebene des linear polarisierten Lichts senkrecht zur Einfallsebene liegt; G ist teilweise polarisiert, die Schwingungsrichtung des polarisierten Anteils ist dabei senkrecht zu der des reflektierten Lichts

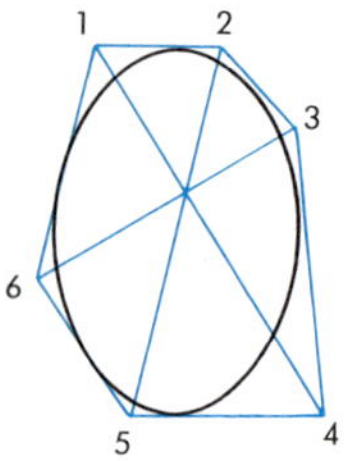

Brianchonscher Satz

reflektierter und gebrochener Strahl senkrecht aufeinander. Der Brewster-Winkel α_p ist der Einfallswinkel eines Lichtstrahls auf ein Medium mit der Brechzahl n, für den gilt: $\tan \alpha_p = n$, bei Grenzflächen zw. zwei Medien mit den Brechzahlen n_1 und n_2 ($n_2 > n_1$) gilt $\tan \alpha_p = n_2/n_1$. (→ Polarisation)

Brianchonscher Satz [briãʃ'ɔ̃-, n. dem frz. Mathematiker C. J. Brianchon, * 1783, † 1864]. Wird einem Kegelschnitt ein Sechseck umbeschrieben, so schneiden sich die Verbindungsgeraden der Gegenecken in einem Punkt. Der B. S. ist der duale Satz (→ Dualität) zum → Pascalschen Satz.

Bridgman-Verfahren [br'ɪdʒmæn-, n. dem amerikan. Physiker P. Bridgman, * 1882, † 1961], → Kristallzüchtung.

Brief|aufstellmaschine, Maschine, in der die von der Formattrennmaschine kommenden Sendungen zum Stempeln aufgestellt werden. Beim Abtasten mit einem ultravioletten Lichtstrahl leuchten die auf phosphoreszierendes oder fluoreszierendes Papier gedruckten Marken auf. Durch ein Steuersignal betätigte Weichen leiten die Briefe, je nach Lage der Marke, über Transportbänder und Rollen in die gewünschte Position. Unfrankierte Sendungen werden ausgeschieden. Die gleichmäßig ausgerichteten Sendungen gelangen über die Stempelmaschine und einen Zwischenstapler zum → Codierplatz.

Briefmarkendruck. Postwertzeichen werden meist im Tiefdruck in größeren Formaten zu vielen → Nutzen gedruckt. Die Druckbilder werden einzeln mit Stahlstempeln in den Kupferzylinder eingedrückt (molletiert).

Briefpapier, geleimtes, holzfreies, satiniertes Schreibpapier für Briefbogen (60 bis 100 g/m²), z. T. mit Wasserzeichen versehen und/oder geprägt.

Briefverteilmaschine verteilt die ihr von → Codierplätzen zugeleiteten Brief- und Postkartensendungen. Der am Codierplatz aufgebrachte Code (z. B. für die Postleitzahl) wird optisch oder magnetisch abgetastet; die dabei gewonnenen Signale steuern die Sendungen bei Bandmaschinen über elektromagnetisch betätigte Weichen, bei Karussellmaschinen über umlaufende Verteiltaschen mit elektromagnet. Verschluß zu den Verteilfächern.

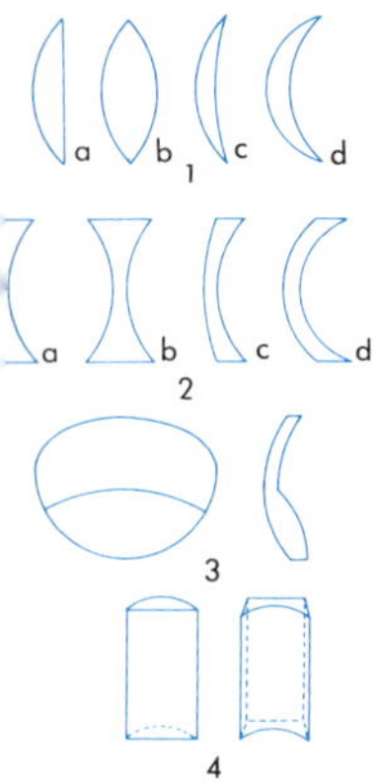

Brille (Linsenformen): **1** und **2** sphärische Linsen. **1** Konvex-(Sammel-)Linsen; a plankonvex, b bikonvex, c periskopisch, d Halbmuschelglas (Meniskus). **2** Konkav-(Zerstreuungs-)Linsen; a plankonkav, b bikonkav, c periskopisch, d Halbmuschelglas (Meniskus). **3** Bifokalglas. **4** konvexe und konkave Zylindergläser, aus denen Brillengläser zur Korrektur des Hornhautastigmatismus gefertigt werden

Briefwaage, meist eine Neigungswaage (→ Waage) mit einem oder zwei Pendeln und Meßbereichen zw. 0 und 50 g und 0 und 500 g. B. sind nicht eichfähig.

Briggssche Logarithmen, dekadische Logarithmen [n. dem engl. Mathematiker H. Briggs, * 1561, † 1630], die → Logarithmen zur Basis 10.

Brightstock [br'aɪtstɔk, engl.], durch → Entasphaltierung von Erdölrückständen gewonnenes hochviskoses Schmieröl.

Brikett, quader-, würfel- oder eiförmig gepreßte feinkörnige Stoffe, wie Steinkohle, Braunkohle, Erze, Futtermittel. Zur **Brikettierung** von getrockneter Braunkohle genügt die durch den hohen Druck der **Brikettierpresse** (1200 at ≈ $1180 \cdot 10^5$ Pa) bewirkte Adhäsion der Teilchen und die Verklebung durch den Bitumengehalt; bei Steinkohle ist ein Zusatz von 7 bis 9% Steinkohlenteerpech erforderlich. Landwirtschaftl. Brikettierpressen für langes oder gehäckseltes Halmgut (rd. $500 \cdot 10^5$ Pa) werden als stationäre Pressen im Anschluß an Heißluft-Trockenanlagen oder als Aufsammelmaschinen für den Feldeinsatz gebaut.

Brille, Augenglas, opt. Vorrichtungen zur Verbesserung des Sehvermögens, v. a. zum Ausgleich eines → Brechungsfehlers des Auges **(Korrektions-B.)** und zum Schutz der Augen **(Schutz-B.).** Es werden unterschieden: a) **Sammel-** oder **Plusgläser** (konvexe Linsen); sie sammeln parallel auffallende Strahlen zu einem Vereinigungspunkt und werden bei Übersichtigkeit und Alterssichtigkeit verwendet. b) **Zerstreuungs-** oder **Minusgläser** (konkave Linsen) zerstreuen ein parallel auffallendes Strahlenbündel und werden nur bei Kurzsichtigkeit verwendet; c) **Zylindergläser** sind in der zur opt. Achse senkrecht stehenden Ebene nur in einer Richtung sphärisch konvex oder konkav gekrümmt und wirken daher nur in der von der opt. Achse und dieser Richtung aufgespannten Ebene sammelnd oder zerstreuend. Sie werden zur Korrektion des → Astigmatismus verwendet. – Der → Brechwert einer Linse wird in Dioptrien (dpt) gemessen. – Bei entspiegelten Brillengläsern werden störende Reflexe durch eine aufgedampfte, hauchdünne, unsichtbare Schicht herabgesetzt (→ Entspiegeln). Augen, die ihren Brechwert dem Sehen in der Nähe nicht mehr anpassen können wie bei Alterssichtigkeit, brauchen ein Nahbrillenglas (Plusglas). Für Personen, deren Tätigkeit einen häufigen Wechsel zw. Fern- und Nahsehen mit sich bringt, eignen sich Zweistärkengläser **(Bifokalgläser),** die in einem Glas Fern- und Nahteil vereinen. Mehrstärkengläser sind **Trifokalgläser** oder **Panfokalgläser,** letztere mit kontinuierl. Übergang von Nah- zum Fernteil. Die in unbelichtetem Zustand farblosen **phototropen Gläser** dunkeln infolge ihres Gehalts an Silberhalogeniden bei starkem (Sonnen-)Lichteinfall wegen der Wirkung der kurzwelligen (UV-)Strahlung nach und hellen sich im Dunkeln wieder auf. **Prismatische Gläser** werden durch zwei Ebenen begrenzt, die sich spitzwinkelig schneiden. Sie werden bei kleineren Störungen des Augenmuskelgleichgewichts (Schielen) verwendet. Für hochgradig Sehschwache können Lupensysteme berechnet und in Brillenform angewendet werden **(Fernrohr-B.).** – **Haftschalen** (→ Kontaktlinsen) sind Augengläser, die der Hornhaut unmittelbar aufliegen.

Brillouin-Streuung [briju'ɛ̃-, n. dem frz. Physiker L. Brillouin, * 1889, † 1969], von Brillouin u. a. vorausgesagte und 1930 nachgewiesene Erscheinung, daß wegen der Streuung von Licht an akust. → Phononen in Festkörpern und Flüssigkeiten, d. h. als Folge der Wechselwirkung der elektromagnet. mit akust. Wellen (Frequenz Ω, → Akustooptik), im Streulicht neben der Linie bei der Frequenz ω des Anregungslichts **(Rayleigh-Streuung** [r'eɪlɪ-]) noch zwei (in Festkörpern auch mehrere, da neben longitudinalen auch transversale akust. Schwingungsmoden angeregt werden können) schwache Brillouin-Linien mit den Frequenzen $\omega \pm \Omega$ auftreten. Die B.-S. steht in enger Verwandtschaft zum → Raman-Effekt, bei dem opt. Phononen angeregt werden. Sie wird zur Bestimmung von Schallgeschwindigkeiten und in der Festkörperphysik zur Untersuchung von akust. Phononen und Exzitonen benutzt. Da die Frequenzverschiebung bei der B.-S. (typisch etwa $3 \cdot 10^{10}$ Hz) sehr klein im Vergleich zur Frequenz des Lichts (10^{14}–10^{15} Hz) ist und die Streuwahrscheinlichkeit äußerst gering, wird als Lichtquelle ein Laser und für die Analyse des Streulichts ein

Spektrometer mit hoher Auflösung und starkem Kontrast (z. B. ein Fabry-Interferometer) benötigt, um die schwachen Brillouin-Linien nachzuweisen.

Brinell-Härte [n. dem schwed. Ingenieur J. A. Brinell, * 1849, † 1925], Werkstoffeigenschaft, die nach einem Verfahren der → Härteprüfung bestimmt wird.

Brisanz, zertrümmernder und/oder verformender Effekt einer Sprengladung auf die unmittelbare Umgebung. Die B. steigt mit der entwickelten Gasmenge, der Explosionswärme, der Detonationsgeschwindigkeit und der Ladedichte des Sprengstoffes. Zur Prüfung wird die Stauchung eines Kupfer- oder Bleizylinders unter dem Einfluß der Detonation gemessen. – **B.-Wert,** nach H. KAST das Produkt aus Dichte, spezif. Druck und Detonationsgeschwindigkeit.

Brise, leichterer bis mittlerer Wind, zw. Windstärke 2 und 5; guter Segelwind.

British thermal unit [brˈıtıʃ θˈəːməl jˈuːnıt], Einheitenzeichen **Btu,** noch gebräuchl. Wärmeeinheit in Großbritannien: 1 Btu = 1055,06 J. (ÜBERSICHT Einheiten, angloamerikanische)

Brockengespenst, eine atmosphärisch-opt. Erscheinung (→ Glorie).

Brodelboden, Taschenboden, Würgeboden, Verformung und Verknetung des Auftaubodens, bes. im Bereich von Dauerfrostboden; fossile B. in den Randgebieten eiszeitl. Vergletscherungen. (→ Frostboden)

Brodem, → Brüden.

Brom, chem. Symbol **Br,** chem. Element aus der Gruppe der → Halogene, Ordnungszahl 35, natürl. stabile Isotope ^{79}Br (Anteil 50,54%), ^{81}Br (49,46%), eine dunkel rotbraune, ätzende Flüssigkeit (→ chemische Elemente). Freies B. ist sehr reaktionsfähig. Seine intensiv riechenden Dämpfe führen zu starker Reizung der Schleimhäute. In Wasser ist B. etwas löslich, die gesättigte Lösung mit 3,5% B. heißt **B.-Wasser.** In manchen organ. Lösungsmitteln ist B. gut löslich. – In der Natur kommt B. in Bromiden vor, meist zus. mit Chloriden, z. B. in → Abraumsalzen; in geringen Konzentrationen ist es weit verbreitet, z. B. 0,006% im Meerwasser. Darstellung aus den Carnallit-Endlaugen durch Einleiten von Chlor oder aus Ablaugen der Meerwasserentsalzungs- und Kalisalzgewinnungsanlagen. – Verwendung für organ. Synthesen, in der photograph. und Textil-Ind., für Antiklopfmittel; B.-Wasser u. a. als Reagenz, Oxidations- und Bleichmittel. – B. wurde 1826 von dem frz. Chemiker A. J. BALARD (* 1802, † 1876) aus Meerwasser hergestellt und als eigenes Element erkannt.

Bromierung, Einführung von Brom in organ. Verbindungen, die Mehrfachbindungen enthalten. Die Menge des reagierenden Broms **(Bromzahl)** ist ein Maß für die Zahl der Doppel- und Dreifachbindungen im Molekül.

Brommethan, das → Methylbromid.

Bromoform, Tribrom|methan, chloroformähnlich riechende Flüssigkeit, die wegen ihrer hohen Dichte (2,9 g/cm³) zur Dichtebestimmung von Mineralen verwendet wird. (→ Haloforme)

Bromometrie, ein Verfahren der → Oxidimetrie.

Bromsilberdruck, maschinelles Kopierverfahren zur Herstellung von photograph. Abzügen (z. B. Ansichtskarten) in großen Auflagen. Maschinen des B. belichten, entwickeln, fixieren, wässern und beschneiden in einem Arbeitsgang von der Rolle.

Bromverbindungen sind i. a. den entsprechenden Chlorverbindungen sehr ähnlich. Die Oxidationszahl – 1 besitzt Brom im **Bromwasserstoff,** HBr, einem stechend riechenden Gas, dessen wäßrige Lösung, **Bromwasserstoffsäure,** stark sauer reagiert. Die Salze des Bromwasserstoffs, **Bromide,** sind meist wasserlöslich, das schwerlösl. **Silberbromid,** AgBr, dient im großen Umfang für photograph. Schichten, **Kaliumbromid,** KBr **(Bromkali),** wird auch in der Photographie, daneben in der Medizin als Beruhigungsmittel gebraucht. – Mit Sauerstoff bildet Brom Verbindungen der Oxidationszahl + 1 und + 3 bis + 7, z. B. **Hypobromsäure,** HBrO, und **Bromsäure,** $HBrO_3$, die beide nur in Form ihrer Salze **(Hypobromite, Bromate)** beständig sind. Die **Bromoxide,** Br_2O, BrO_2 und BrO_3, sind nur bei tiefen Temperaturen stabil. – Organ. B. finden vielfältige Anwendungen und sind häufig Zwischenprodukte organ. Synthesen. – **Bromaceton,** ein Tränenreizstoff.

Bromzahl, → Bromierung.

Brontidi, Schallerscheinungen bei → Erdbeben.

Bronze, Sammelbez. für die nicht zu den → Messingen gehörenden → Kupferlegierungen. Sie haben hohe Dehnungswerte, hohe Verschleißfestigkeit, Korrosionsbeständigkeit, elektr. Leitfähigkeit und gute Bearbeitbarkeit. B. ist nach DIN genormt und wird für Armaturen, im chem. Apparatebau, Schiffbau, in der Elektrotechnik und als → Lagermetall verwendet. Wichtige B.-Sorten: **Zinn-B.** mit 1–9% Zinn als Knetlegierung, mit 1–21% Zinn als Gußlegierung, Rest Kupfer; **Phosphor-B.,** eine Zinn-B. mit 0,4% Phosphor; **Glocken-B.** mit 20–30% Zinn; **Geschütz-B.** mit 8–18% Zinn; **Münz-B.** mit 4–10% Zinn; **Aluminium-B.** mit 4–6% Aluminium, Rest Kupfer; **Blei-B.** mit 8–18% Blei, Rest Kupfer; **Beryllium-B.** enthält 2–3% Beryllium, 0,35–2,35% Kobalt, Rest Kupfer, **Mehrstoffzinn-B.** 3–7% Zinn, 3–7% Zink, 3–5% Blei, Rest Kupfer. **Sinter-B.** ist eine als Lagermetall verwendete, gesinterte Zinn-B. ohne oder mit Graphitzusatz.

Bronze|pigmente, Pudermetalle, blättchenförmige Metallpigmente als Abfälle in Metallschlägereien oder aus sehr dünn gewalzten Bändern hergestellt. **Aluminium-B.** bestehen aus reinem Aluminiumpulver, **Gold-B.** aus Kupfer- oder Kupfer-Zink-Legierung, **Silber-B.** aus Kupfer-Zink-Nickel-Legierung. Durch Erhitzen bilden sie verschiedene lichtbeständige Anlauffarben, durch Färben mit Teerfarbstoffen **Patentbronzen.**

Bronzieren, 1) Auftragen von Bronzefarben mit Pinsel oder Spritzapparaten. 2) die elektrolyt. (galvan.) Abscheidung von Überzügen aus Bronze oder bronzefarbenem Messing auf Metallgegenständen (bes. Stahl).

Bronzit, ein Mineral, → Pyroxen.

Brookit [brukˈit, n. dem engl. Mineralogen H. J. Brooke, * 1771, † 1857] *der,* Mineral, hellbraune bis schwarze Varietät des Titanoxids, TiO_2 (→ Rutil).

broschieren, ein Heft oder Buch mit Papier- oder Kartonumschlag, also ohne Einbanddecke, heften oder am Rücken verleimen. **Broschüre, Broschur,** das so hergestellte Heft oder Buch (→ Paperback).

Brotschriften, veraltete Bez. für Druckschriften, mit denen der Schriftsetzer ›sein Brot verdient‹; die kleinen Grade der gewöhnl. Schriften für Werk- und Zeitungsdruck; Ggs.: **Akzidenzschriften** (→ Akzidenzen).

Brownsche Bewegung [braun-, n. dem brit. Botaniker R. Brown, * 1773, † 1858], von R. BROWN 1827 entdeckte zitternde Bewegung kleiner, in Flüssigkeit suspen-

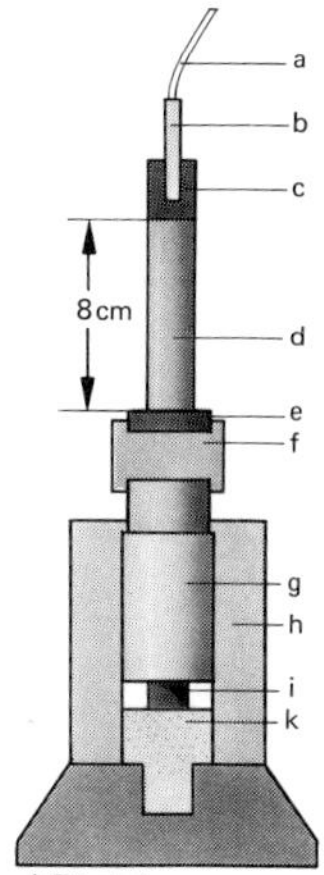

a) Zündschnur
b) Sprengkapsel
c) Verstärkerladung
d) Sprengstoff
e) Bleiplatten
f) Nickelstahlplatten
g) Stahlstempel
h) Stahlzylinder
i) Kupferzylinder
k) Widerlager

Brisanz: Brisanzmesser nach H. KAST

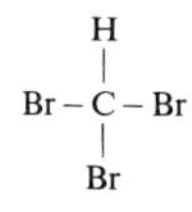

Bromoform

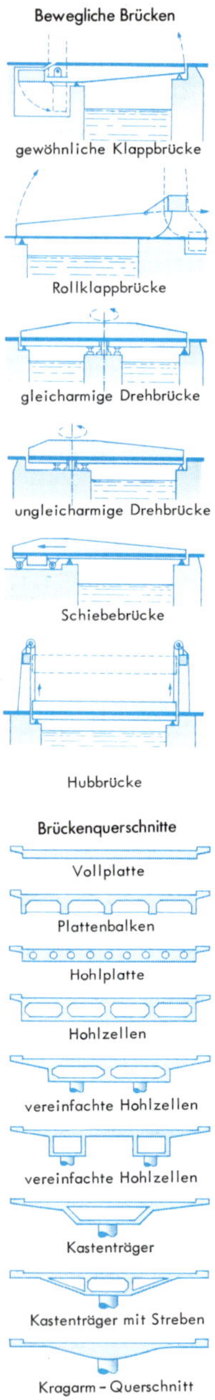

Brücke 1) 1: OBEN Bewegliche Brücken, UNTEN Brückenquerschnitte

dierter Teilchen. Auch Rauch und Nebel zeigen die B. B. Ursache der B. B. sind die Stöße der Flüssigkeitsmoleküle, die sich nach der mechan. Wärmetheorie dauernd, heftig und unregelmäßig bewegen, gegen die suspendierten Teilchen. Die B. B. verläuft um so langsamer, je größer die Teilchen und je niedriger die Temperaturen sind; sie ist die ›sichtbare Wärmebewegung‹. A. EINSTEIN hat 1906 durch Anwendung von Wahrscheinlichkeitsüberlegungen auf die Bahnen der Teilchen eine Gleichung zw. dem allmähl. Fortschreiten und der Avogadro-Konstanten aufgestellt, mit der J. PERRIN die Messung dieser Konstanten in Übereinstimmung mit anderen Verfahren gelang.

BRT, Abk. für **Bruttoregistertonne,** →Registertonne, →Bruttoraumzahl.

Bruch, 1) Geowissenschaften: a) svw. →Verwerfung. – b) svw. →Moor.

2) Mathematik: eine rationale Zahl, dargestellt als Quotient zweier ganzer Zahlen 0, ±1, ±2, ±3, . . . , z. B. $\frac{5}{7}$, in anderer Schreibweise $^5/_7$ oder 5 : 7. Im Beispiel ist 5 der **Zähler,** 7 der **Nenner** des B. Null kann zwar Zähler, aber niemals Nenner sein. Im **echten B.** ist der absolute Betrag des Zählers kleiner als der des Nenners (z. B. $\frac{5}{7}$), im **unechten B.** größer und beim **Scheinbruch** gleich dem des Nenners (z. B. $\frac{4}{4}$). Ein **Stammbruch** liegt vor, wenn der Zähler = 1 ist. Rechenregeln für Brüche sind u. a.:

$$\frac{a}{b}\cdot\frac{c}{d}=\frac{ac}{bd};\ \frac{a}{b}:\frac{c}{d}=\frac{ad}{bc};\ \frac{a}{b}+\frac{c}{b}=\frac{a+c}{b}$$

Um den Term $\frac{a}{b}+\frac{c}{d}$ in einen B. umzuformen, bringt man beide B. auf einen gemeinsamen **Hauptnenner:**

$$\frac{a}{b}+\frac{c}{d}=\frac{ad}{bd}+\frac{bc}{bd}=\frac{ad+bc}{bd}$$

Man kann B. **kürzen,** so daß Zähler und Nenner keinen gemeinsamen Teiler mehr besitzen, z. B.

$$\frac{8}{6}=\frac{4\cdot 2}{3\cdot 2}=\frac{4}{3},$$

und **erweitern** durch Multiplikation von Zähler und Nenner mit der gleichen von Null verschiedenen Zahl. (→Dezimalbruch)

3) Werkstoffkunde: Zerstörung durch Trennung von Kristallteilen bei über die Festigkeit hinausgehender Belastung. Nach Werkstoffart versch. Aussehen des B. ermöglicht z. T. die Analyse seiner Ursachen. Bei Stahl z. B. bewirkt einmalige oder nur wenige Male auftretende starke Überschreitung der Dauerfestigkeit einen **Gewaltbruch,** der eine rauhe Bruchfläche zeigt. Bei geringer Überschreitung der Dauerfestigkeit tritt nach größerer Zahl von Belastungen (10^4 bis 10^6) ein **Dauerbruch** auf. Dieser zeigt eine glatte Fläche, beim schrittweisen Ausbreiten des B. Rastlinien, die den Ausgangspunkt des B. umschließen. Oft bricht hier der Querschnitt nach nur einer weiteren Belastung. Dieser **Restbruch** ist grob und meist ohne plast. Verformung der Umgebung. Bei spröden Werkstoffen ist die Bruchfläche meist glatt.

Bruchbau, Bergbau: ein →Abbauverfahren ohne →Versatz.

Bruchfaltengebirge, →Gebirge, →germanotyp.

Bruchlandung, Landung eines Luftfahrzeuges, bei der dieses durch Bruch von Bauteilen wesentlich beschädigt oder zerstört wird.

Bruchlochwicklung, →Wicklungen elektr. Maschinen.

Bruchmechanik, Zweig der Festigkeitslehre, befaßt sich mit den Ursachen des Entstehens und Ausbreitens von Rissen in Bauteilen in Abhängigkeit von ihrer Form, Belastung und dem Werkstoff einschließlich dessen Vorgeschichte unter Verwendung der Erkenntnisse der Kristallphysik, Metallurgie und →Kontinuumsmechanik. Die B. liefert prakt. Hinweise für die Konstruktionstechnik (wie sich Risse in Bauteilen verhindern lassen), die Betriebstechnik (wie sich entstandene Risse beeinflussen lassen) und die Zerkleinerungstechnik (wie sich Risse mit geringstem Aufwand herbeiführen lassen). Maßgebend ist dabei der Spannungsintensitätsfaktor K, der von der Form des Bauteils abhängt. Für jeden Werkstoff gibt es einen krit. Betrag von K, den K_c-Wert. Bei $K > K_c$ breitet sich ein Riß weiter aus.

Bruchsteine, vom Felsen abgesprengte Natursteine, die ohne besondere Bearbeitung für Trocken-, Zyklopen- und Bruchsteinmauerwerk verwendet werden.

Bruchstufe, noch nicht eingeebnete, morphologisch erkennbare junge Verwerfung.

Bruchzelle, meist nur aus Rumpf und Tragflächen bestehende Flugzeugzelle, mit der zum Nachweis der geforderten Festigkeit und Lebensdauer der tragenden Struktur statische Bruch-, Ermüdungs- und Schwingungsversuche durchgeführt werden, bei denen die B. bis zum Bruch belastet wird.

Bruchzone, Gebiet großräumiger →Tiefenbrüche, ein labiler Bereich der Erdkruste; oft durch Auftreten von Erdbeben und Vulkantätigkeit gekennzeichnet.

Brücke, 1) Bautechnik: Ingenieurbauwerk zur Überführung eines Verkehrsweges, einer Wasserleitung u. dgl. über ein Hindernis. Der **Unterbau** (Fundamente, Pfeiler, Widerlager) überträgt alle Lasten einschließlich Eigengewicht auf den Baugrund. Auf gutem Baugrund kann die B. unmittelbar gegründet werden. Bei tragfähigem Baugrund erst in tiefen Lagen, bei Wasserandrang oder ähnlichen Schwierigkeiten wählt man Pfahlgründungen, Brunnen- oder Senkkästen-(Caisson-)Gründungen (→Gründung). B.-Pfeiler werden in der Regel aus Mauerwerk, Stahlbeton oder Spannbeton, auch aus Stahl hergestellt und oft mit Stein verkleidet. Der **Überbau** oder das **Tragwerk** überträgt alle Lasten (Eigengewicht, Verkehrslasten, Wind, Schnee) über die Auflager auf Pfeiler und Widerlager. Bei Stahlbeton- und Spannbeton-B. bilden Überbau und Unterbau oft ein untrennbares Ganzes.

B. lassen sich einteilen in feste und bewegl. B., nach der statischen Wirkungsweise des Tragwerks, der Ausführungsform der Hauptträger (Vollwand, Fachwerk-, Rohr-, Kastenträger), der Anordnung der Fahrbahn (oben oder unten in bezug auf den Haupt- oder Versteifungsträger), nach dem Verwendungszweck oder nach dem Baustoff.

Arten. Bei **Balken-B.** sind die Hauptträger in statischem Sinn als einfache oder durchlaufende →Balken ausgebildet. Sie üben bei lotrechten Lasten nur lotrechte Auflagerdrücke aus. Das Haupttragwerk der **Bogen-B.** sind →Bögen 1), in denen vorwiegend Druckspannungen entstehen. Bei lotrechter Belastung werden vertikale und horizontale Kräfte an die Auflager abgegeben. Je nachdem ob kein Gelenk, zwei oder drei Gelenke vorhanden sind, nennt man sie eingespannte, Zweigelenk- oder Dreigelenk-Bogen-B. **Stabbogen-B.** sind Balken-B. mit darübergespannten Bögen. Bei der **Schrägseil-B.** wird der Balken durch schräg geführte Seile gegen Pylone abgespannt. Bei der **Zügelgurt-B.** ist ein dritter Hängegurt auf einem großen Bereich der B. vorhanden. Bei den **Hän-**

ge-B. besteht der tragende Teil aus einem Hängegurt (Kabel, früher auch Kette) zw. hohen Pylonen, der die gesamte Last aufnimmt und nur auf Zug beansprucht wird.

Feste Brücken. **Holz-B.** dienen fast nur noch als Behelfs-, Not- und Kriegs-B. Einfache Balken-B. für wenige Meter Stützweite bestehen aus im Abstand von etwa 1 m nebeneinanderliegenden Balken; Spannweiten bis 20 m erreicht man durch Balken-B. mit zusammengesetzten Tragbalken. Holz-B. mit seitlicher Verschalung und Dach heißen Archen-B.

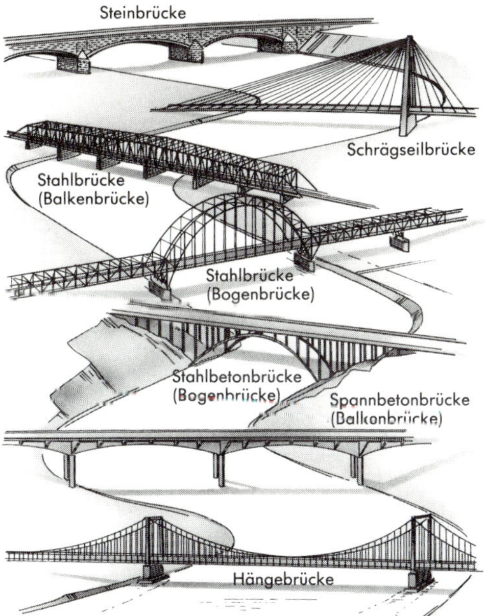

Brücke 1) 2

Stein-B. aus Naturstein- oder Ziegelmauerwerk werden fast immer als → Gewölbe ausgeführt. Die Aufmauerung wird auf Lehrgerüsten vorgenommen. Meist werden von der äußeren Begrenzung der Gewölbe Stirnmauern hochgeführt, zw. die Sand oder Magerbeton geschüttet wird. Darauf wird die Fahrbahn aus Beton ausgeführt. Stein-B. haben den Vorzug großer Dauerhaftigkeit bei geringen Unterhaltungskosten.

Stahl-B. sind in der Regel Balken- oder Bogenbrücken (Stützweiten bis zu 500 m) sowie Zügelgurt-, Schrägseil- oder Hängebrücken (Stützweiten bis 1 000 m und mehr). Die Hauptglieder der Stahl-B. sind die Hauptträger, Fahrbahngerippe, Quer- und Längsverbände und Auflager. Vollwandbalkenträger bestehen aus genieteten oder verschweißten Stegblechen von 10–20 mm Dicke und bis 10 m Höhe. Die Stege müssen durch besondere Aussteifungen gegen Ausbeulen gesichert werden. Haben die Hauptträger Gelenke, spricht man von Krag- oder Ausleger-B. Bei Fachwerkhauptträgern werden die Querträger in den Knotenpunkten gelagert. Auf den Längsträgern liegen bei Eisenbahn-B. mit offener Fahrbahn die Querschwellen mit den Schienen. Bei geschlossenen Fahrbahnen verwendet man entweder einfach oder doppelt gekrümmte Hängebleche (Tonnenbleche, Buckelbleche) oder ebene ausgesteifte Bleche (orthotrope Platte). Über der tragenden Fahrbahnplatte liegt der Fahrbahnbelag (Schotter, Pflaster, Asphalt, Beton u. a.). Die Längsverbände (Windverbände) und die Querverbände verbinden die Hauptträger in Längs- und Querrichtung zu einem steifen räuml. Tragsystem. Bremsverbände dienen zur Überleitung von Brems- und Anfahrkräften in die Hauptträger und Lager. Die Montage des Überbaues erfolgt immer mehr im Freivorbau.

Bei **Verbund-B.** besteht die Fahrbahntafel aus Stahlbeton, die Hauptträger der B. aus Stahl. Beide sind durch Dübel so verbunden, daß sie als einheitl. Tragwerk wirken. Die Hauptträger können vollwandig und in Fachwerk ausgeführt werden.

Stahlbeton- und **Spannbeton-B.** mit Stützweiten bis zu 300 m haben in den letzten Jahrzehnten immer mehr an Bedeutung gewonnen. Balken- und Rahmen-B. aus Stahlbeton haben meist nur mittlere Spannweiten, Bogen-B. größere. Die verschiedensten Brückensysteme können mit Spannbeton bis zu größten Spannweiten ausgeführt werden, als Vollwand- wie auch als Fachwerk-B. Der Freivorbau setzt sich immer mehr durch. Es werden vorgespannte Fertigteile verwendet, vielfach auch eine Kombination von Fertigteilen und Ortbeton.

Bewegliche Brücken haben einen Überbau, der die Durchfahrt unter der B. durch Bewegung des Tragwerks vergrößern oder ganz freigeben kann. Die Tragkonstruktion ist aus Stahl, der Fahrbahnbelag aus Stahl oder Holz. Älteste Form ist die **Zug-B.** Bewegl. B. werden bes. im Flachland und bei Hafeneinfahrten gebaut.

Dreh-B. besitzen einen senkrechten Zapfen, den Königsstuhl, um den sich der Überbau dreht. Die Drehung bewirkt ein Elektromotor. Nach dem Einschwenken werden die Brückenenden zur Entlastung des Königsstuhls angehoben und verriegelt.

Bei **Klapp-B.** wird der ein- oder zweiteilige Überbau um eine waagerechte Achse nahe dem Schwerpunkt des bewegl. Teils hochgeklappt, und zwar durch Herunterziehen des hinteren Armes mit Hilfe eines Elektromotors und Zahnradgetriebes. Bei einer anderen Konstruktion rollt die segmentartig ausgebildete Hinterklappe auf einer waagerechten Bahn ab, so daß mit der Drehung eine waagerechte Verschiebung verbunden ist.

Bei **Hub-B.** wird der Überbau an Seilen oder Ketten durch Gegengewichte hochgezogen oder durch hydraul. Antrieb und Schwimmer unmittelbar emporgehoben. – Die Durchfahrt von **Roll-** oder **Schiebe-B.** wird durch waagerechte Verschiebung des Überbaues in Richtung der B.-Achse geöffnet.

Geschichtliches. Pontonbrücken lassen sich in Babylon bis ins 9. Jh. v. Chr., feste B. bis ins 7. Jh. v. Chr. zurückverfolgen. Die ersten steinernen B. waren Kragsteinbrücken; doch wurde durch Ausgrabungen nachgewiesen, daß schon die Sumerer gewölbte B. hatten. Die Grundform der röm. B. ist der gewölbte Halbkreis. Nach dem Verfall des weström. Reiches entstanden erst im 12. Jh. wieder bemerkenswerte Brücken. Seit der zweiten Hälfte des 16. Jh. wurde das korbförmige und ellipt. Gewölbe angewendet. Im 18. Jh. erfuhr die B.-Baukunst durch J. R. PERRONET eine neue Entwicklung durch Versuche, Berechnungen und Festigkeitsprüfungen.

Im Bau hölzerner B. waren die Römer Meister. An der Fortentwicklung waren dt. und schweizer. Baumeister beteiligt. Bemerkenswerte Holz-B. wurden von den Nordamerikanern errichtet. Die Entwicklung stählerner B. hängt mit dem Fortschritt der Eisen- und Stahlerzeugung

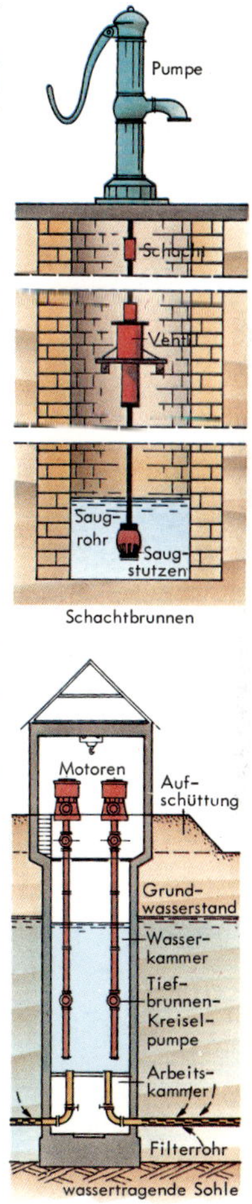

Schachtbrunnen

Horizontalfilterbrunnen

Brunnen 1

zusammen. Die erste gußeiserne B. wurde in England 1775–79 über den Severn, auf dem europ. Festland 1794–96 bei Laasan in Schlesien erbaut. Die erste Balken-B. aus Schweißstahl war die Britanniabrücke über den Menaikanal in England, von R. STEPHENSON 1845–50 gebaut. 1883–90 wurde die 2,5 km lange Eisenbahn-B. über den Firth of Forth von Sir JOHN FOWLER und B. BAKER erbaut. Die erste Hänge-B. war eine chines. Ketten-B. des 1. Jh. n. Chr. Die eigtl. Entwicklung setzte 1801 (B. über den Jacobs-Creek von J. FINLEY) mit den amerikan. Hänge-B. ein. Sie ist eng verbunden mit den Namen J. A. RÖBLING, G. LINDENTHAL und O. H. AMMANN (Niagara-B., East-River-B., Hudson-B., 1927–31). Die Verwendung des Stahlbetons im B.-Bau begann etwa um 1875.

W. KOCH: B.-Bau, 1 (^{4}1969), 2 (^{2}1965), 3 (^{2}1971), 4 (^{2}1975); H. WITTFOTH: Triumph der Spannweiten (1972); Holzbau-Tb., hg. v. R. v. HALASZ (^{7}1974); R. ALBRECHT: Richtlinien zum B.-Bau (1975 ff.); CHARLOTTE JURECKA: B., histor. Entwicklung (1979); Die Entwicklung des Großbrückenbaus, hg. v. T. F. PETERS (^{2}1980).

2) beim Schiff a) der mittlere Aufbau eines → Dreiinselschiffs, b) die Kommandobrücke.

Brückengleichrichter, Zweiweg-Gleichrichterschaltung (→ Gleichrichter, → Stromrichter) in Form eines Zweipulsstromrichters, bestehend aus vier in Brükkenschaltung angeordneten Halbleiterventilen (Dioden, Thyristoren). Die vier Bauelemente sind so untereinander verbunden, daß sowohl bei positiver als auch bei negativer eingangsseitig anliegender Spannungshalbwelle jeweils zwei Dioden in Durchlaßrichtung gepolt sind, so daß jede Halbwelle einen Strom durch einen angeschlossenen Verbraucher hervorruft. Der B. ist die am häufigsten verwendete Gleichrichterschaltung in → Netzgeräten.

Brückenkontinent, als versunkene ehemalige Verbindung von Kontinenten angenommene Landmasse, z. B. Nord- und Südatlantis, → Gondwana.

Brückenschaltung, Elektronik: best. Zusammenschaltung von Bauelementen, z. B. zu → Meßbrücken oder zum → Brückengleichrichter.

Brückenwaage, Waage mit Plattform, auf die das Wägegut gestellt werden kann. Eine gleicharmige B. ist die Tafelwaage. Die bekannteste ungleicharmige B. ist die → Dezimalwaage.

Brüden, Brodem, Wrasen, die mit Wasserdampf gesättigte, oft verunreinigte Luft, die bei techn. Prozessen und beim Eindampfen einer Lösung entweicht. Die Kondensationstemperatur der B. liegt niedriger als die Siedetemperatur der Lösung. Unter **B.-Kompression** versteht man eine Maßnahme zur Verbesserung des Wärmehaushalts einer Verdampferanlage. Dabei werden die B. mit einem Kompressor verdichtet. Durch den höheren Druck wird die Kondensationstemperatur des Dampfes erhöht. Die Kondensation kann dadurch bei der Siedetemperatur der Lösung durchgeführt und die Kondensationswärme zum Verdampfen der Lösung ausgenützt werden.

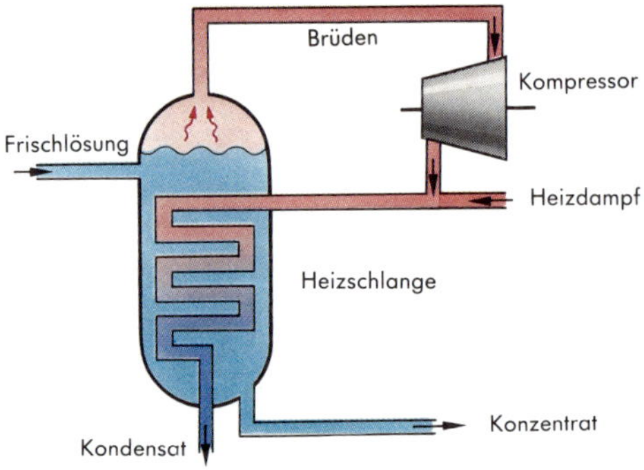

Brüden: Brüdenkompression

brühen, Textilveredlung: 1) Baumwolle alkalisch abkochen, um Begleitstoffe zu entfernen; 2) Wolle mittels einer Heißwasserbehandlung im Faserverband fixieren **(Einbrennen, Krabben).**

Brumm|abstand, Kenngröße eines Wechselspannungsverstärkers (z. B. Hifi-Verstärker). Der B. ist das Verhältnis von Nutzspannung zu Brummspannung und wird in dB angegeben. Die **Brummspannung** stellt die restl. Wechselspannung dar, die trotz Gleichrichtung und Siebung der Netzspannung über die Stromversorgung in den Verstärker gelangt und an dessen Ausgang gemessen werden kann.

Brummen, tiefer Störton in elektroakust. Anlagen, meist durch die Netzfrequenz (›Netzbrumm‹) hervorgerufen, → Brummabstand.

brünieren, → Metallfärbung.

Brunnen, künstl. Anlage zur Entnahme, Beobachtung und Absenkung von → Grundwasser sowie zur Einleitung von Oberflächenwasser zur Grundwasseranreicherung.

Arten. Der **Schacht-** oder **Kessel-B.** (BILD S. 179) besteht aus einem meist runden, gemauerten, betonierten oder mit Betonringen versehenen Schacht, der bis in die wasserführenden Schichten reicht. Das Wasser tritt durch die offene Sohle und/oder durch die Wandung ein. Es wird durch Schöpfeimer mit Haspelrad, bei älteren Anlagen auch durch einen langarmigen Hebel mit Schöpfgefäß **(Zieh-B.)** oder durch Pumpen gefördert. Die verbreitetste Form der B. sind heute **Bohr-B. (Rohr-B.).** Man unterscheidet vertikale Bohr-B. und Horizontal-B. Der **verti-**

Buchbinderei

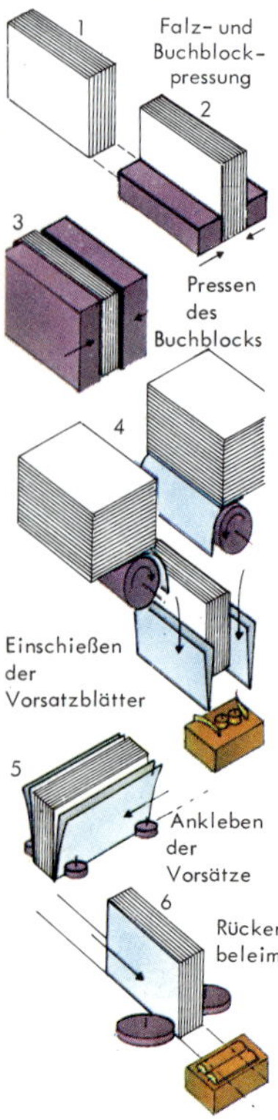

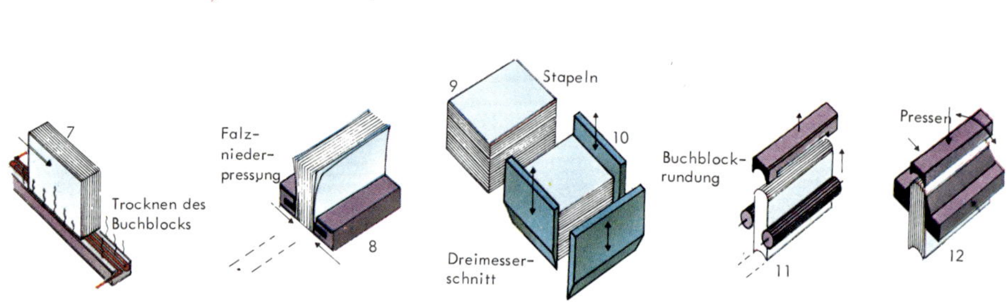

kale Bohr-B. (BILD S. 181) besteht aus einem Rohrstrang, der nach Abteufen der Bohrung in das Bohrloch eingesetzt wird. Die Rohrwandungen besitzen in Höhe der wasserführenden Schichten Eintrittsöffnungen (Filterrohre). Der ringförmige Raum zw. Bohrlochwand und Filterrohr wird mit gesiebtem und gewaschenem Filterkies ausgefüllt, um den feinen Sand des anstehenden Bodens fernzuhalten. Für geringmächtige grundwasserführende Schichten eignet sich der **Horizontal-B.** (BILD S. 179). Er besteht aus einem wasserdichten Schacht mit Sohle, von dem aus horizontale Filterrohre radial in die grundwasserführenden Schichten vorgetrieben werden. **Ramm-B. (Abessinier-B.)** sind Rohr-B., bei denen ein kräftiges geschlitztes Stahlfilterrohr, das unten eine Stahlspitze trägt, mit einer Ramme in den Erdboden getrieben wird. Solche B. wurden im englisch-abessin. Krieg 1868 viel verwendet. Bei **artesischen B.** tritt das Wasser infolge eigenen Überdrucks aus einem gespannten Grundwasserhorizont zutage. Der Name rührt von der frz. Gfsch. Artois her, wo sie zuerst aufkamen. – Ein **Spring-B.** ist ein Zier-B., bei dem das Wasser von unten her durch natürl. Druck oder eine Pumpe emporgetrieben wird und unter Strahlbildung aus einer Düse austritt.

Beobachtungs-B. dienen nicht der Wasserentnahme, sondern der laufenden Beobachtung der Grundwasserspiegelhöhen und ggf. der Grundwasserqualität. Der **Versickerungs-B.** (ein negativer oder **Schluck-B.**) dient zur Einleitung von Wasser in den Untergrund (schadlose Ableitung oder künstl. → Grundwasseranreicherung).

Hygienisches. Der Standort des B. muß so gewählt werden, daß ihm weder Oberflächenwasser noch Abwasser zufließen können (indirekte B.-Vergiftung). In hygienischer Beziehung sind Bohr-B. allen anderen Wassergewinnungsanlagen überlegen. Bei sorgfältiger Bauausführung und entsprechendem planer. Grundwasserschutz (Wasserschutzgebiete) gestatten sie die Entnahme einwandfreien Grundwassers.

Förderung des durch B. gefaßten Wassers erfolgt bei modernen B. durch Kreisel- oder Kolbenpumpen. Kreiselpumpen mit horizontaler Welle werden bis etwa 6 m Saughöhe und geringer Schüttung eingesetzt, bis maximal 20 m Saughöhe Tiefbrunnenkreiselpumpen, bei denen der Motor im B.-Schacht die Pumpe im B. über eine lange Welle antreibt. Bei größeren Saughöhen (bis > 100 m) fördern Unterwasser-Motorpumpen direkt aus dem B.

E. BIESKE: Leitfaden für den Brunnen-, Wasserwerks- und Rohrleitungsbau, 1 (1970), 2 (1973), 3 (1981); ders.: Bohr-B. (⁶1973).

Brüstung, 1) meist massive Schutzeinfassung eines Balkons, einer Terrasse oder Empore. 2) **Fenster-B.,** Teil der Wand zw. Fensterunter- und Fußbodenoberkante.

Brüten, Reaktortechnik: die Umwandlung **(Konversion)** eines zunächst nicht spaltbaren Materials **(Brutstoff)** durch Kernreaktionen im → Kernreaktor in einen spaltbaren Stoff **(Kernbrennstoff).** Das für Kernspaltungen benutzte natürl. Uran besteht zu 99,3% aus ^{238}U und zu 0,7% aus ^{235}U. Nur letzteres ist normalerweise spaltbar. Fängt jedoch ein ^{238}U-Kern ein Neutron ein, so wird er unter Aussendung von Gammastrahlung in ^{239}U umgewandelt; dieses wandelt sich durch zweimaligen Beta-Zerfall in ^{239}Np (Neptunium) und ^{239}Pu (Plutonium) um, von denen das letztere wiederum spaltbar ist. Neben dem ^{238}U läßt sich ^{232}Th (Thorium) zum B. verwenden. Der ^{232}Th-Kern geht durch Neutroneneinfang und anschließende Aussendung eines Gammaquants in ^{233}Th über. Dieses Isotop zerfällt mit einer Halbwertszeit von 23,5 Minuten in ^{233}Pa (Protactinium) und ein Elektron (β-Zerfall). Das Protactinium-Isotop ^{233}Pa geht durch einen weiteren β-Zerfall mit einer Halbwertszeit von 27,4 Tagen in das spaltbare Uran-Isotop ^{233}U über. Da ^{233}Pa einen hohen Einfangquerschnitt für Neutronen hat, geht es bei hohem Neutronenfluß, d. h. großer Leistungsdichte des Kernreaktors, wegen seiner langen Lebensdauer häufig schon vorher durch Neutroneneinfang in ^{234}Pa und durch anschließenden β-Zerfall in das nicht spaltbare Uran-Isotop ^{234}U über und ist dann für den Brutprozeß verloren.

Die Bez. **Brüter** oder **Brutreaktoren** verwendet man für Reaktoren, die mehr spaltbares Material erzeugen als sie verbrauchen. Falls solche Reaktoren eine andere Substanz erzeugen als sie verbrauchen, nennt man sie auch **Konverter.** Dieser Ausdruck wird i. a. aber nur dann verwendet, wenn weniger spaltbare Substanz entsteht als verbraucht wird. Der **Konversionsfaktor** (Konversionsrate) ist das Verhältnis von gewonnener spaltbarer Substanz zu verbrauchter. Ist der Konversionsfaktor > 1, spricht man vom **Brutfaktor** (Brutrate). Für ein in spaltbarem ^{235}U absorbiertes therm. Neutron entstehen im Mittel maximal 2,08 schnelle Neutronen. Da ein Neutron zur Aufrechterhaltung der Kettenreaktion gebraucht wird, stehen nur 1,08 Neutronen zum B. zur Verfügung, d. h. der Konversionsfaktor ist für einen therm. Reaktor mit ^{235}U als Brennstoff maximal 1,08. Wegen der Neutronenverluste durch Absorption und Diffusion aus der Reaktoroberfläche ist er in der Praxis geringer. Die Zahl der entstehenden schnellen Neutronen für ein im ^{239}Pu absorbiertes schnelles Neutron beträgt im Mittel 2,7, so daß bei einem ›schnellen‹ Brutreaktor (Spaltung v. a. durch schnelle Neutronen) mit Plutoniumzyklus theoretisch der maximale Konversionsfaktor 1,7 wird. Als **Brutgewinn** bezeichnet man den Überschuß von gewonnenem über den verbrauchten Spaltstoff. Er ist gleich dem Konversionsfaktor minus Eins. Die **Brutzone** ist der Bereich des Reaktors, in dem sich Brutmaterial befindet. Sie liegt innerhalb der Spaltzone oder außerhalb in einem **Brutmantel (Blanket** [bl'æŋkɪt]), der rings um die Spaltzone angeordnet ist.

Brut|schrank, elektrisch beheizter, mit Thermostat versehener Schrank zum Ausbrüten von Eiern oder zur Bakterienzucht.

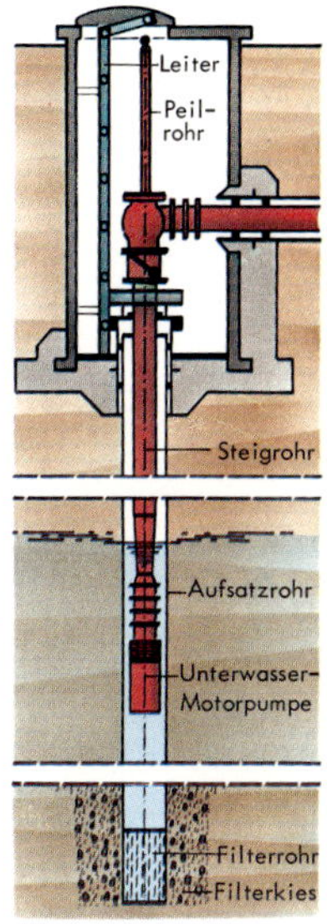

Vertikalfilterrohrbrunnen

Brunnen 2

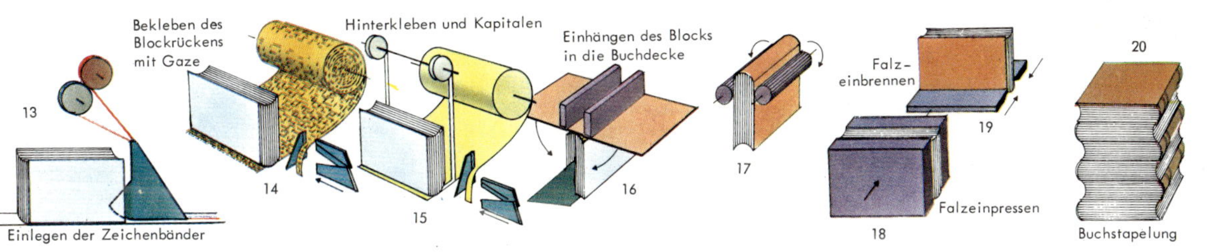

Bruttoraumzahl, Abk. **BRZ,** engl. **gross tonnage** [grəus t'ʌnɪdʒ], Abk. **GT,** das in der → Schiffsvermessung die bisherige Bruttoregistertonne ersetzende Maß für die Gesamtgröße von Schiffen (außer Kriegsschiffen und Schiffen unter 24 m Länge). Entsprechend ersetzt die **Nettoraumzahl,** Abk. **NRZ,** engl. **net tonnage,** Abk. **NT,** die bisherige Nettoregistertonne. BRZ und NRZ sind dimensionslose Vergleichszahlen.

Die BRZ ergibt sich aus dem gesamten umbauten Raum von Mallkante (Außenkante Spant) zu Mallkante und vom Schiffsboden bis zu allen Aufbauten (einschließlich Lukendeckel, Schornstein, Masten) multipliziert je nach Schiffsgröße mit einem zwischen 0,22 und 0,32 liegenden Faktor, wobei gilt: $BRZ = K_1 \cdot V$; V = Zahlenwert des in m^3 gemessenen Inhalts aller geschlossenen Räume, $K_1 = 0{,}2 + 0{,}02 \lg V$ (entsprechend einem Tabellenwert). Der Faktor K_1 soll die BRZ best. Schiffstypen in die Nähe der nach den bisherigen Vermessungsverfahren ermittelten BRT rücken.

Die NRZ ergibt sich aus dem Gesamtinhalt (m^3) aller Laderäume, bei Fahrgastschiffen auch aus der Anzahl der Fahrgäste; sie soll die Nutzbarkeit eines Schiffes ausdrükken. NRZ darf niemals kleiner als 0,30 · BRZ sein.

Brutto|registertonne, → Registertonne.

Bryozoen, Moos|tierchen, kleine, in Kolonien lebende Tiere mit sackförmigem Körper und Tentakeln. Aus Calciumcarbonat besteht das Skelett, die Zooecie; viele Zooecien bilden einen Stock. B. sind vorzugsweise Meeresbewohner. Sie kommen seit dem Kambrium vor; einige Formen waren riffbildend im german. → Zechstein.

BSB, Abk. für → **b**iochemischer **S**auerstoff**b**edarf.

Btu, Einheitenzeichen für → **B**ritish **t**hermal **u**nit.

Btx, BTX, Abk. für → **B**ildschirm**tex**t.

BTX-Aromaten, Abk. für die technisch bes. wichtigen, auf petrochem. Wege hergestellten aromat. Verbindungen **B**enzol, **T**oluol und **X**ylol.

Bubblespeicher [b'ʌbl-, engl.], svw. → Magnetblasenspeicher.

Buch, graph. Materialisierung geistig-immaterieller Inhalte zum Zweck ihrer Erhaltung, Überlieferung und Verbreitung in der Gesellschaft. Materiell ist es ein größeres Schrift- oder Druckwerk (→ Druckverfahren,

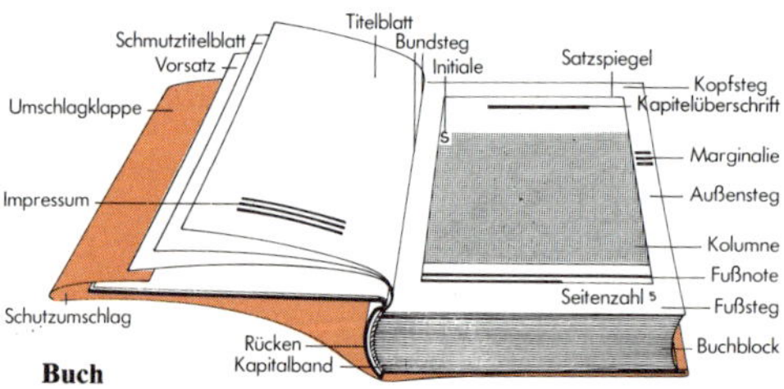

Buch

→ Schrift) aus miteinander verbundenen (geheftet, geklebt), in eine Einbanddecke oder einen Umschlag (→ Buchbinderei, → Buchherstellung) eingefügten Blättern oder → Bogen 3), in neuerer Zeit meist aus → Papier.

Bucharten sind das in Leder oder Halbleder, Leinen (Ganz- oder Halbleinen), Pappe oder Kunststoff gebundene B. (→ broschieren, → Paperback, → Taschenbuch; → Buchformate) sowie die Loseblattausgabe.

Buchbinderei, die Herstellung von → Bucheinbänden und ähnl. Arbeiten, auch der Fertigungsbetrieb dafür. Das Binden umfaßt die Arbeitsgänge: Schneiden und Falzen der Planobogen, Ankleben der Vor- und Hintersatzblätter an Titel- und Endbogen, Zusammentragen der einzelnen Bogen zum Rohblock, Kollationieren (Nachprüfen der richtigen Reihenfolge der Bogen), Heften mit Faden, Draht oder synthet. Klebstoffen zum Buchblock, Falz niederpressen, dreiseitigen Beschnitt des Buchblocks, Buchblockrücken runden und evtl. abpressen, Anbringen der Farb- oder Goldschnitte am Kopf oder den drei Schnittseiten des Buchblocks, Kap(i)talen (Anbringen des Kap[i]talbandes am Kopf und Fuß des Buchblockrückens), Hinterkleben oder Aufkleben einer Hülse aus kräftigem Papier auf den Buchblockrücken, Begazen zur Heft- und Falzverstärkung. Nach Fertigstellung der Einbanddecke werden der Buchblock eingehängt und die äußeren Seiten der Vor- und Hintersatzblätter mittels Klebstoff mit den Innenseiten der Einbanddecke fest verbunden. Unter starkem Druck verbleibt das fertige Buch bis zum völligen Austrocknen in der Presse.

Im handwerkl. Kleinbetrieb sind die wichtigsten Geräte Heftlade, Papierschneidemaschine und Presse. Bei industrieller B. (Groß-B.) werden Großauflagen auf halb- und vollautomat. Maschinen, teils auf kompletten **Buch-** oder **Broschürenfertigungsstraßen** gebunden. Hierzu gehören u. a. Maschinen zum Schneiden, Falzen, Pressen, Kleben, Zusammentragen, Heften, Rückenrunden, Abpressen, Lederschärfen, Buchdeckenfertigen, Prägen, Einhängen, Schnittfärben. Sehr stark mechanisierte B.-Betriebe nennt man Industrie-B. (BILD S. 180/181)

Buchdruck, ein → Druckverfahren **(Hochdruck);** gedruckt wird von zusammengesetzten → Druckformen. Diese können bestehen aus: dem in der → Setzerei hergestellten Satz, aus Originaldruckplatten (Ätzungen, elektron. Gravuren, Auswaschrelief-Druckplatten, manuell hergestellten Druckplatten, Holz-, Linoleumschnitte u. a.) und aus Nachformungen (Stereos, Galvanos). Je nach Prinzip ist die Druckform eben (für Tiegeldruckmaschinen, Flachform-Zylinderdruckmaschinen; BILD S. 183) oder rund (für Rotationsdruckmaschinen). Die fertige Druckform wird in die Druckmaschine eingehoben.

Beim mechan. Druckvorgang wird die Druckfarbe von den eingefärbten erhabenen Stellen der Form durch den Anpreßdruck des Tiegels oder Zylinders auf den Druckträger (Papier, Metall- oder Kunststoffolie u. a.) übertragen. Die Wahl der → Druckmaschine hängt von der Größe, der Art und Auflagenhöhe des jeweiligen Druckauftrages ab. Flachform-Zylinderdruckmaschinen erfüllen die Ansprüche des Werk- und Bilderdruckes. Für Großauflagen, bes. auch für Zeitungen und Zeitschriften, wird der Rotations-B. (→ Rotationsdruckmaschine) angewandt.

Der bis um 1970 sowohl der Produktionsmenge wie der Verbreitung nach dominierende B. ist jetzt gegenüber den anderen großen Druckverfahren wie Offset- und Tiefdruck stark zurückgegangen. Hauptsächl. Grund dafür ist der → Photosatz, dessen Produkte nicht gegossene Lettern sind, sondern photograph. Filme oder Papier, von denen die für den B. nötigen Platten mit erhöhtem Druckrelief nur umständlich hergestellt werden können. Stark verbreitet ist der B. noch im Zeitungsdruck, weil die Umstellung auf Offset- oder Tiefdruck den kostspieligen Austausch von Rotationsmaschinen und der Einrichtung für Stereotypie erfordert.

Bucheinband, Umhüllung (Buchdecke) einer zu einem Block gehefteten oder gebundenen Handschrift oder eines Druckwerkes, in einer handwerkl. oder industriellen

→ Buchbinderei hergestellt. Die Einbanddecke besteht aus zwei Pappendeckeln und Rückeneinlage, die mit Papier, Gewebe, Kunststoff oder Leder miteinander verbunden und überzogen sind. Der B. wird meist von einem Schutzumschlag umgeben, der bibliophile B. durch einen Schuber oder eine Kassette geschützt.

Buchfertigungsstraße, → Buchbinderei.

Buchformate. Nach der Bogenfaltung unterscheidet man die bibliograph. Formate: Folio (2°, 2 Blatt), Quart (4°, 4 Blatt), Oktav (8°, 8 Blatt), Duodez (12°, 12 Blatt), Sedez (16°, 16 Blatt). Das **Meßformat** nach der Höhe des Buchdeckels ergibt 8° (bis 25 cm Höhe), 4° (bis 35 cm), 2° (bis 45 cm), groß 2° (über 45 cm). Im modernen Buchwesen werden die B. in cm angegeben. (→ Bogen 3)

Buchherstellung beginnt technisch mit dem → Satz (→ Setzerei). Zur Feststellung von ›Druckfehlern‹ (eigtl. Satzfehler) wird von der Satzspalte ein Abzug (Druckfahne, Korrekturfahne) gefertigt und vom Korrektor gelesen. Die angestrichenen Fehler werden vom Setzer korrigiert (Hauskorrektur). Die Druckfahnen werden ggf. auch dem Autor zur Prüfung zugeleitet (Autorenkorrektur). Nächster Arbeitsgang ist der → Umbruch, wobei der Satz auf Druckseiten aufgeteilt und ggf. → Klischees und Bildunterschriften eingefügt werden. Vom Seitenumbruch werden nochmals Abzüge (Korrekturbogen) angefertigt und auf richtige Korrektur und neue Fehler geprüft. Nach der Korrektur sind die Seiten nunmehr druckreif (›gut zum Druck‹, ›Imprimatur‹) und gelangen zum Druck (→ Druckverfahren). Für → Buchdruck werden die einzelnen Satz-Seiten (Kolumnen) zur Druckform in einen Rahmen geschlossen, für → Offsetdruck und → Tiefdruck müssen zuerst photograph. Vorlagen zur Kopie auf Platte oder Zylinder angefertigt werden. – An den Druck schließt sich die → Buchbinderei an.

K. Kirchner: Satz, Druck, Einband und verwandte Dinge (⁹1970); Lexikon der graph. Technik, hg. v. Institut für graph. Technik (⁴1977); E. D. Stiebner: Bruckmanns Hb. der Drucktechnik (²1978); K. Nilitschka: Papier, Satz, Reproduktion, Druck, Ausrüsten (1980).

Buchse, 1) Elektrotechnik: **Steckbuchse,** Teil eines leicht lösbaren elektr. Kontaktes (durch Einführen eines Steckerstiftes hergestellt). **Buchsenklemme,** B. mit Schrauben zum Festklemmen von Leitungsenden.

2) Maschinenbau: Hohlzylinder aus Stahl, Gußeisen, Rotguß, Messing, Leichtmetall, Kunststoff, der in die Bohrungen eines Lagers **(Lager-B.)** oder Zylinders **(Lauf-B.)** zur Verbesserung des Laufs und Verminderung des Verschleißes der aufzunehmenden Teile eingesetzt wird.

Büchse, 1) Maschinenbau: meist zylindrischer, geschlossener Hohlkörper, z. B. **Schmier-B., Stopf-B.**

2) Waffenkunde: → Gewehr.

Buchstabenrechnung, im 16. Jh. eingeführte Methode, an Stelle der Zahlen Buchstaben zu benutzen, um allg. Umformungen vorzunehmen und Rechenvorschriften allgemeiner zu formulieren. Man bezeichnet die Buchstaben bei der Formulierung mathemat. Gesetze als **Platzhalter** oder **Variable.** Die ersten Buchstaben des Alphabets (*a, b, c, . . .*) werden i. a. für die Bezeichnung bekannter (gegebener) Größen verwendet, die mittleren (*i, j, k, . . .*) vielfach für Indizes, die letzten (*x, y, z*) für unbekannte (gesuchte) Größen.

Buchungsmaschine, datenverarbeitende Büromaschine, die zum Verbuchen von Belegen über Geschäftsvorfälle dient. Die Eingabe der Daten und Buchungstexte

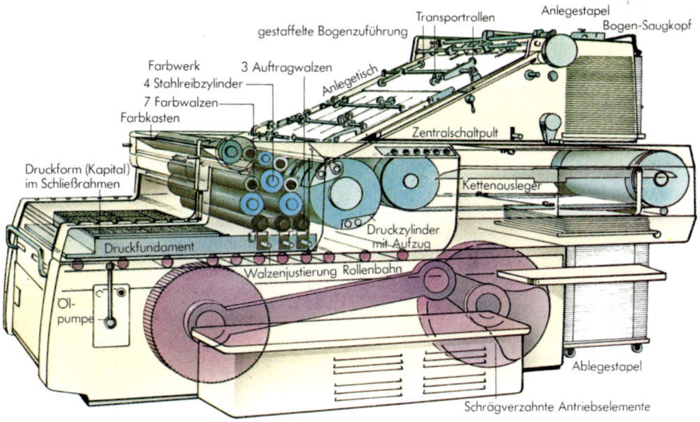

Buchdruck: Flachform-Zylinderdruckmaschine (Hochdruck)

geschieht über eine Tastatur (Terminal). Die Ergebnisse des Buchungsvorgangs werden (meist auf Kontenkarten) ausgedruckt. Die in der Praxis eingesetzten B. sind **Buchungs-Schreibmaschinen** ohne Rechenwerke, solche mit Rechen-, Saldier- und Speicherwerken **Buchungs-Registrierkassen.** Höhere Rechen- und Speicherleistungen haben die Entwicklung von Mehrzweckmaschinen in Form von Abrechungsautomaten mit erweiterten Möglichkeiten (z. B. Fakturieren) gefördert.

Buffer [b'ʌfə, engl.], Datenverarbeitung: → Puffer

Bug, vorderer Teil von Schiffen, Booten, Flugzeugen u. a., wird bei Schiffen (auch → Steven genannt) zur Erhöhung der Seefähigkeit nach vorn oben ausfallend gebaut. Ein **Bugwulst (Wulstbug,** → Taylor-Wulst) verringert den Strömungswiderstand.

Bügelfrei, Bez. für → pflegeleichte Textilien mit einer Permanentappretur (→ Appretur 1) der Fasern mit Hilfe vernetzender Kunstharze. Die so erzielte dauerhafte und einlauffeste Dimensionsstabilität macht ein Bügeln der gewaschenen Stoffe überflüssig. Textilien mit hohem Naturfaseranteil lassen sich gewöhnlich nur **bügelarm** ausrüsten.

Bügelmeßschraube, Schraublehre, bügelförmiges Längenmeßgerät mit festem Anschlag auf der einen Seite und einer feinen Gewindespindel mit Ableseskala auf der anderen Seite (→ Meßschraube).

bügeln, Wäsche und Kleidungsstücke glätten **(plätten)** und ihnen Form geben **(dressieren)** unter Einwirkung von Feuchtigkeit, Wärme und Druck, entweder bei der Herstellung **(konstruktives B.)** oder bei der Pflege **(restauratives B.). Elektro-Bügeleisen** sind temperaturregelbar (Thermostat). Die Bekleidungsindustrie, gewerbl. Wäschereien und Chemisch-Reinigungsbetriebe verwenden neben **Dampfbügeleisen** auch **Bügelmaschinen** (Flach- und Form-Dampfbügelpressen), ferner **Dämpfpuppen (Kleiderformer).** Bei **Haushalt-Bügelmaschinen** bewegt eine rotierende Bügelwalze das Bügelgut unter Druck durch eine beheizte, glatte Mulde.

Bugpropeller, → Eisbrecher.

Bugstrahlruder, Vorrichtung zum Manövrieren von Schiffen mittels querschiffs wirkender Kraft. Dazu wird

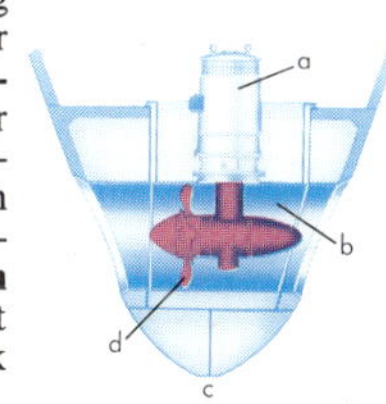

Bugstrahlruder: a Antriebsmotor, b Querschiffskanal, c Bug, d Propeller

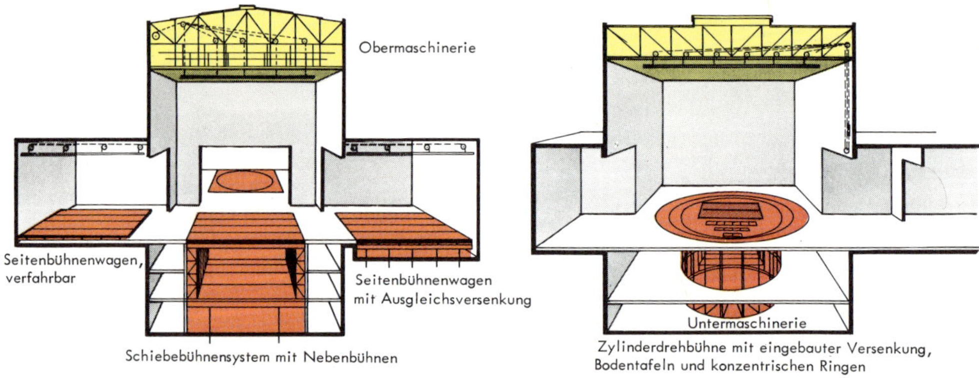

Bühne 1) 2: LINKS Schiebebühnensystem, RECHTS Zylinderdrehbühne

in einem weit vorn unter Wasser angeordneten Querschiffskanal Wasser durch Propeller oder Pumpe nach Backbord oder Steuerbord beschleunigt.

Bugwulst, Wulstbug, → Taylor-Wulst.

Buhne, quer zum Flußufer oder zur Küste liegendes dammartiges Bauwerk zur Begrenzung des Abflußquerschnittes und/oder zum Schutz des Ufers oder der Küste. Ihr wasserseitiges Ende ist der **Buhnenkopf,** ihr landseitiges, in das Ufer oder die Küste eingebundenes Ende ist die **Buhnenwurzel,** die Fläche zwischen zwei B. ist ein **Buhnenfeld.**

Bühne, 1) Theater: i. w. S. jede Szenenfläche, angelegt als **Arena-B.** (von Zuschauern umgeben), **Raum-B.** (B. und Zuschauerraum gehen architektonisch ineinander über, ohne störende Trennwände) **Rahmen-B.** oder **Guckkasten-B.** (Bühnenraum und Zuschauerraum sind durch die Proszeniumswand voneinander getrennt; durch den Bühnenausschnitt in der Proszeniumswand öffnet sich die B. hin zum Zuschauerraum). Bei den im modernen Theaterbau meist verwendeten Raum-B. ist die Portal- und Proszeniumszone variabel, es gibt keine architekton. Trennung der **Vor-B.** (Bereich vor dem Hauptvorhang) von der **Haupt-B.**

I. e. S. versteht man unter B. den von den Umfassungswänden des Bühnenturms eingegrenzten Raum, der den Hauptraum des Bühnenhauses bildet. Den sicherheitstechn. Abschluß des Bühnenhauses zum Zuschauerraum bildet der ›Eiserne Vorhang‹. An die B. im Bereich des Bühnenturms, auch Haupt-B. genannt, schließen die **Neben-B.** (Hinterbühne, rechte Seitenbühne, linke Seitenbühne) an. Zw. Vorbühne und Zuschauerraum liegt der **Orchestergraben,** bei modernen Theaterbauten mit Orchesterpodien ausgestattet, die bis auf Bühnenniveau gefahren werden können, um beim Schauspiel die Vorbühne bis an die erste Zuschauerreihe zu vergrößern.

Die Elemente der Bühnentechnik nimmt der **Bühnenturm** auf: a) Die **Bühnenmaschinerie** (Obermaschinerie und Untermaschinerie, getrennt durch den Bühnenboden) dient dem raschen Szenenwechsel und der Erzielung besonderer szen. Effekte. Zur Obermaschinerie gehören der Hauptvorhang, der entweder horizontal geöffnet (grch. Vorhang), vertikal geöffnet (dt. Vorhang) oder gerafft (ital. Vorhang) werden kann (in modernen Theatern meist Kombinationen). Hinter dem Hauptvorhang liegt das techn. Bühnenportal, bestehend aus Portalbrücke und Portaltürmen, die beweglich sind, um Größe und Lage des Bühnenausschnittes verändern zu können und gleichzeitig Beleuchtungs- und Projektionsgeräte aufzunehmen. Der Schnür- und Rollenboden dient zur Aufnahme der Laststangen-, Punkt-, Beleuchtungszüge, Flugwerke und Rundhorizontanlagen (heute oft mechanisiert).

Bei der Untermaschinerie unterscheidet man grundsätzlich zw. Drehbühnensystem und Verschiebebühnensystem. In die zylindr. **Dreh-B.,** die manchmal noch durch konzentr. Ringe vergrößert wird, sind einfache oder doppelstöckige Podien eingebaut. Auftritte von unten ermöglicht ein zweiter Boden im Drehzylinder. – Bei **Verschiebe-B.** können Bühnenwagen (Hinterbühnenwagen, Seitenbühnenwagen) komplette Bühnenbilder für den Szenenwechsel aufnehmen; diese sind auch mit eingebauten Drehscheiben ausgerüstet. Die Podien der Hauptbühne – Podienbühnen – sind einfach oder doppelstöckig. Für Auftritt aus der Unterbühne sind in den Podien Versenkungsschieberanlagen eingebaut, denen Tischversenkungen und/oder Personenversenkungen zugeordnet sind.

b) **Sicherheitstechnische Einrichtungen** der B. sind der Feuerschutzvorhang (bei Voll-B. ›Eiserner Vorhang‹), die Rauchabzugsanlage und die Regenanlage.

c) Die **Bühnenbeleuchtung** dient außer zur Beleuchtung des Bühnenraumes und der Darsteller zu Lichtwirkungen für künstler. und szenische Effekte. Beleuchtungsgeräte mit Reflektor oder mit Linsen (Verfolgungsscheinwerfer) sind im techn. Portal, auf den Galerien des Bühnenturms, auf Beleuchterständen im Zuschauerraum oder auch in besonderen Räumen an der Zuschauerrückwand angeordnet. Die Ansteuerung (Helligkeitsregelung) erfolgt von einer Zentrale aus (Beleuchtungsstand, i. d. R. an der Rückwand des Zuschauerraumes). Für die im Theater sich immer mehr durchsetzende Projektionstechnik sind sowohl spezielle Projektionsapparate als auch spezielle Projektionsflächen (Kunststoffhorizonte usw.) entwikkelt worden. Bei Kunststoffhorizonten sind die Projektionsapparate oft auf der Hinterbühne aufgestellt (rückwärtige Projektion).

d) Mit **elektroakust. Anlagen** (Ela-Anlagen) werden

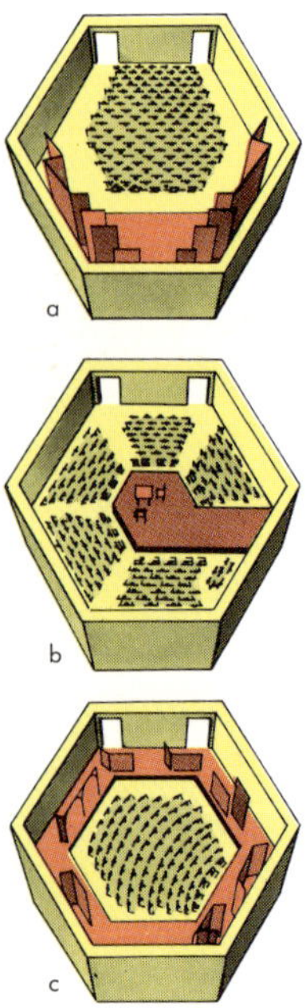

Bühne 1) 1: Bühnenformen am Beispiel des Ulmer Podiums, das von F. Schäfer, Th. Münter und R. Biste gebaut wurde und durch 2 feststehende und 16 bewegliche Bodenabschnitte verschiedene Besucher-Darsteller-Zuordnungen möglich macht wie **a** Raumbühne, **b** Arenabühne, **e** Rundumbühne

alle szenisch bedingten Geräusche (Donner, Fahrlärm, Maschinengeräusche usw.) erzeugt, aber auch ganze Aufführungen konserviert.

2) Gerüst oder bewegl. Plattform **(Hebe-B.)** oder Schachtabsatz als Arbeitsplatz **(Arbeits-B.).**

Bull|auge, seemännisch **Bulleye** [b'ʊlaɪ, engl.], rundes Seitenfenster eines Schiffes.

Bullvalen, zykl. Kohlenwasserstoff mit fluktuierender Struktur. Durch Veränderung von Bindungen sind über 1 Mio. Strukturen möglich, die sich ständig ineinander umlagern **(Valenztautomerie).**

Buna, Handelsname für Synthesekautschuk, der sich von **Bu**tadien und **Na**trium, einem 1910 für die Butadienpolymerisation eingeführten Katalysator, ableitet.

Bund, Begrenzungs- oder Verstärkungsring an Wellen und Achsen; Verbindungsstelle zweier Balken oder dgl.

Bündel, in der Mathematik im einfachsten Fall ein **Geraden-B.,** die Menge von unendlich vielen Geraden, die sich in einem Punkt des Raumes (Mittelpunkt des B.) schneiden, im weiteren ein **Ebenen-B.,** für höhere Dimensionen allgemein definiert als eine zweiparametrige → Schar.

Bündelleiter. Bei → Freileitungen 1) zur elektr. Energieübertragung werden für Spannungen von mehr als 100 kV an Stelle eines Leiters je Strang mit großem Durchmesser mehrere Leiter (2 bis 4) in geringem Abstand (etwa 400 mm) parallel geführt. Dadurch wird die elektr. Feldstärke gegenüber der bei einem Einzelleiter mit normalem Durchmesser herabgesetzt und die → Koronaverluste verringert. Auch die Induktivität der Leitung wird dadurch kleiner und die übertragbare Leistung größer.

Bundesfernstraßen, in der Bundesrep. Dtl. die öffentl. Straßen, die im Unterschied zu den → Landstraßen ein zusammenhängendes, dem Fernverkehr dienendes Verkehrsnetz aus → Autobahnen und → Bundesstraßen bilden.

Bundes-Immissionsschutzgesetz, in der Bundesrep. Dtl. seit 1. 4. 1974 in Kraft, zuletzt geändert durch Ges. v. 14. 12. 1976, schafft eine bundeseinheitl. Grundlage für die notwendigen Maßnahmen zur Luftreinhaltung und Lärmbekämpfung. Es fordert, daß alle nach dem Stand der Technik möglichen Vorkehrungen getroffen werden, weil der Umweltschutz vor anderen, auch wirtschaftl. Belangen, Vorrang hat. Das Ges. gilt allgemein, also nicht nur für die Wirtschaft, sondern auch für den Verkehrsbereich, alle öffentlich-rechtl. Einrichtungen, für Bund, Länder, Gemeinden und für jeden einzelnen Bürger. Die Kosten, die durch das Ges. entstehen, hat derjenige zu tragen, der es verletzt (Verursacherprinzip). Als Verwaltungsvorschrift zum B.-I. gelten die Techn. Anleitung zur Reinhaltung der Luft **(TA Luft)** vom 28. 8. 1974 und die Techn. Anleitung zum Schutz gegen Lärm **(TA Lärm)** vom 16. 7. 1968. (→ Lärmschutz, → Luftverschmutzung)

Bundesstraßen, früher **Reichsstraßen,** Fernstraßen, die zusammen mit den Bundesautobahnen das Netz der → Bundesfernstraßen der Bundesrep. Dtl. bilden. I. Ggs. zu den Bundesautobahnen stehen sie i. d. R. allen Verkehrsarten zur Verfügung, Straßenkreuzungen sind überwiegend niveaugleich.

Bundsteg, der zw. zwei Buchseiten längs der Falzlinie unbedruckt bleibende Raum für die Heftung.

Bungalow [engl. b'ʌŋgələʊ] *der* oder *das,* urspr. das leichtgebaute Europäerhaus in Indien; jetzt allgemein ein Bautyp für einstöckige Wohnhäuser mit geringer Dachneigung.

Bunker, 1) Schutzraum, Unterstand, Befestigung.

2) ortsfestes → Lager für Schüttgut.

3) Schiffahrt: großer Behälter für Kraftstoffe und flüssige Ladung auf Schiffen, heute meist → Tank genannt.

Bunker|öle, Sammelbegriff für in der Schiffahrt eingesetzte Heizöle und Dieselkraftstoffe.

Bunkerzug, selbstfahrendes, schienengebundenes Grubentransportfahrzeug als Zwischenfördermittel, z. B. von Ladestellen zu Sammelstellen wie Rollöchern, Bunkern. Auf dem Boden ist über die ganze Länge ein Kettenkratzerförderer zur Be- und Entladung eingebaut.

Bunsen-Brenner [n. dem dt. Chemiker R. W. Bunsen, * 1811, † 1899], Laboratoriums-Gasbrenner zum Erzeugen hoher Temperaturen. Bei ausreichender Luftzufuhr (verstellbar) hat die Flamme einen bläul. Innenkegel **(Reduktionszone)** von etwa 300 °C. Der äußere Flammenkegel (in der **Oxidationszone)** leuchtet nicht und kann bis zu 1500 °C heiß werden. Der Brenner ›schlägt durch‹, wenn Luftzufuhr oder Strömungsgeschwindigkeit des Gases zu groß sind. (BILD S. 186)

bunt, Farbenlehre: eine → Farbe 1), die einen Farbton besitzt, i. Ggs. zu den **unbunten** Farben Weiß, Grau, Schwarz.

Buntdruck, → Farbendruck.

Buntkupferkies, Mineral, svw. → Bornit.

Buntmetalle, Sammelbez. für alle in sich oder in ihren Legierungen farbigen Schwermetalle (außer Eisen) und deren Legierungen.

Buntsandstein, untere Abteilung der german. → Trias, bestehend aus mächtigen, vorwiegend roten Sandsteinen im Wechsel mit sandigen und tonigen Lagen. Der B. ergibt mäßige Böden, enthält gutes Baumaterial und ist ein ergiebiger Grundwasserträger. Weit verbreitet von den Vogesen bis zur Nordsee.

Bürette, geeichte und gradinierte Glasröhre mit eingeschliffenem Hahn zur quant. Bestimmung kleiner Flüssigkeitsvolumina v. a. in der → Maßanalyse. Zur quant. Gasanalyse werden Gas-B. verwendet. (BILD S. 186)

Bürgersteig, → Gehweg.

Burgers-Vektor [n. J. M. Burgers], Formelzeichen ***b***, dient in der Kristallphysik zur quantitativen Beschreibung von Versetzungen.

Burn in [bə:n ɪn, engl.] *der,* Maßnahme zur Steigerung der → Zuverlässigkeit von techn. Erzeugnissen, bei der durch **künstliche Alterung** die Anzahl der Frühausfälle (→ Ausfallrate) im Betrieb verringert wird. Dazu werden die betreffenden Bauelemente oder Geräte mit Nennbelastung über einen gewissen Zeitraum betrieben (Transistoren für Raumfahrtzwecke z. B. 168 h), anschließend getestet und dann erst der eigtl. Anwendung zugeführt.

Burn out [bə:n aʊt, engl.] *der,* Durchbrennen von Reaktorbrennstäben oder Komponenten infolge zu geringer Kühlung (Kühlmittelausfall) oder zu hoher Wärmeerzeugung (unkontrollierte Kernspaltung).

Burn up [bə:n ʌp, engl.] *der,* der → Abbrand 1) im Kernreaktor.

Bürofernschreiben, Form der Telekommunikation, heutige Bez.: → Teletex.

Bürotechnik umfaßt alle mechan., elektr. und elektron. Geräte und Einrichtungen, die zur Ausführung von

Bullvalen

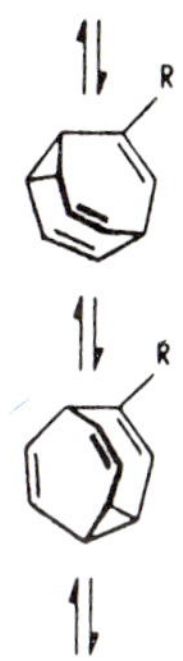

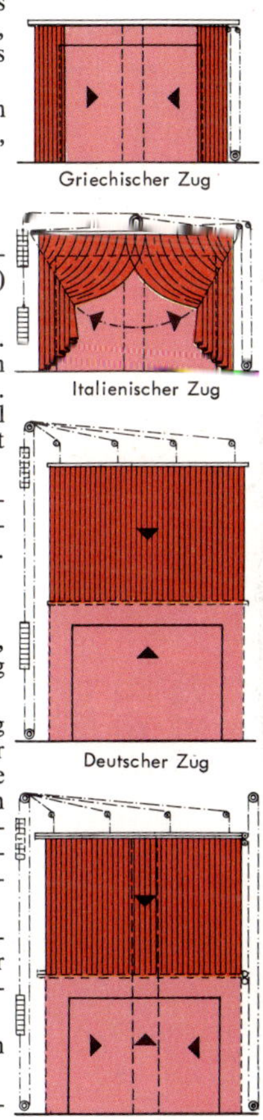

Bühne 1) 3: Vorhangzug-Anlagen

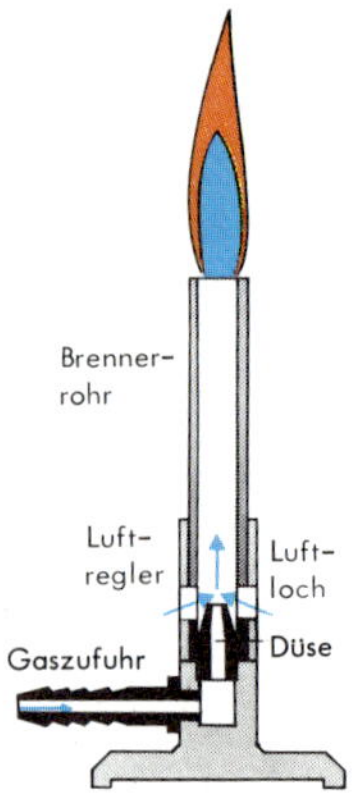

Bunsen-Brenner

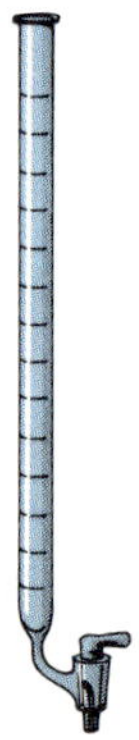

Bürette

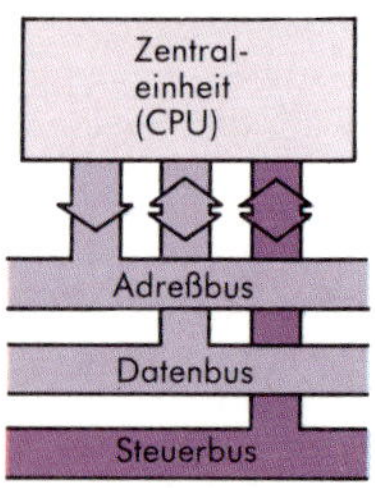

Bus

Butane

$CH_3-CH_2-CH_2-CH_3$

n-Butan

$\overset{1}{CH_3}-\overset{2}{CH}(CH_3)-\overset{3}{CH_3}$

i-Butan (2-Methylpropan)

techn. und organisator. Aufgaben im Büro eingesetzt werden. Dazu gehören Schreib- und Rechenmaschinen, Fakturier- und Buchungsmaschinen, Kopier-, Diktiergeräte, Adressier-, Frankier-, Kuvertiermaschinen und Poststraßen in großen Unternehmen. Ferner werden elektronische Einrichtungen zur Sprach-, Text-, Bild- und Datenkommunikation genutzt, z. B. die von der Dt. Bundespost eingerichteten Kommunikationsdienste wie → Fernsprech-Konferenz, → Teletex, → Telefax, Datenpaketvermittlung u. a.

W. STAMPA: Taschenlexikon moderner B. (1978).

Bürste, elektr. Maschinen: urspr. ein Büschel aus Kupfer- oder Messingdrähten, nun ein Preßkörper aus Natur-, Elektro- oder Metallgraphit, der als federnd geführter Schleifkontakt den Stromübergang zu einem bewegten Maschinenteil (→ Kommutator 1 oder → Schleifringe) vermittelt.

Bürstenabzug, Korrekturabzug, Druckfahne, der erste, ohne besondere Zurichtung auf einer Andruckpresse (früher mit einer Bürste) hergestellte Abzug von einem Schriftsatz, dient zur Korrektur.

Bursts [bə:sts, engl.], **Outbursts** ['autbə:sts] *Mz.,* kurzdauernde Ausbrüche verstärkter solarer Radiostrahlung im Zusammenhang mit chromosphär. Eruptionen der Sonne, auch intensive Strahlungsausbrüche bei kosm. Röntgenquellen (Dauer wenige Sekunden) und Gammaquellen (**γ-B.,** Dauer etwa 0,1–1 s).

Bus *der,* **1)** Datenverarbeitung: die Zusammenfassung paralleler Leitungen mit gleichartigem Informationsgehalt, an die in einer Datenverarbeitungsanlage sämtl. Systemkomponenten angeschlossen sind. Es gibt drei versch. B.: den **Datenbus** für den Transport von Operanden und Befehlen, den **Adreßbus** zum Transport der (Speicher-)Adressen und den **Steuerbus** zur Weiterleitung von Signalen für die Verwaltung und Koordination. Alle Bestandteile des Systems wickeln hierüber den Informationsaustausch ab, z. B. den Datenverkehr zw. Speicher und Zentraleinheit eines Computers. Durch die Busstruktur vereinfacht sich die Systemkonzeption, und es erhöht sich, etwa bei Erweiterungen, die Flexibilität.

2) Kfz: kurz für **Autobus, Omnibus,** → Kraftomnibus.

Büschel, in der Mathematik ein Spezialfall des → Bündels, z. B. ist ein **Geradenbüschel** ein Geradenbündel, dessen Geraden in einer Ebene liegen, allgemein definiert als eine einparametrige → Schar.

Büschel|entladung, eine Teilentladung in einem Gas, die v. a. an Spitzen und Kanten auftritt. Infolge der Abstoßung gleichnamiger elektr. Ladungen konzentrieren sich die Elementarladungen (z. B. Elektronen) an Spitzen von geladenen Körpern aus leitendem Material. Die B. entsteht aus der Koronaentladung bei Erhöhung der Spannung. Dabei treten büschelförmige Entladungskanäle auf (BILD S. 187), wobei von positiv geladenen Teilen längere Büschel mit ausgeprägtem Stiel austreten, während das negative **Büschellicht** nur aus kleinen Lichtpunkten mit kurzen Strahlen besteht.

Buschtransporter, einfaches und robustes Transportflugzeug für Personen- und Frachtbeförderung, zu dessen Betrieb keine Flugplätze und nur geringe Wartungsdienste erforderlich sind.

bushel [buʃl], noch gebräuchl. Hohlmaß für Trockensubstanzen, in Großbritannien: 1 b. (UK) = 8 gal (UK) = 36,3687 l; in den USA: 1 b. (US) = 2150,42 in^3 = 35,2393 l. (ÜBERSICHT Einheiten, angloamerikanische)

Business-Computer [b'ɪzɪnes kɔmpj'utə, engl.], → Personal-Computer.

Bussole, 1) Bez. für einen Magnetkompaß, 2) → Tangentenbussole.

1,3-Butadi|en, ungesättigter gasförmiger Kohlenwasserstoff aus der Gruppe der → Diene, chem. Formel $CH_2=CH-CH=CH_2$, der sich durch große Polymerisationsfreudigkeit auszeichnet. B. befindet sich zu 45 bis 50% in der C_4-Fraktion der Spaltgase, die beim → Steamcracken anfallen. Aus dieser Fraktion wird in W-Europa B. durch → Extraktivdestillation isoliert. In den USA erfolgt die Herstellung vorzugsweise durch Dehydrierung von Butan oder Butenen bei 600 bis 700 °C an chromoxidhaltigen Katalysatoren:

$$CH_3-CH_2-CH_2-CH_3 \longrightarrow CH_2=CH-CH=CH_2+2\,H_2$$

Über 90% des erzeugten B. werden zu Synthesekautschuk (→ Kautschuk, Styrol-Butadien-Kautschuk, Polybutadien) weiterverarbeitet.

Butandiamin, 1,4-B., svw. → Putrescin.

Butandicarbonsäure, Butan-1,4-dicarbonsäure, svw. → Adipinsäure.

2,3-Butandion, svw. → Biacetyl.

Butane, → Alkane mit der Summenformel C_4H_{10}; → Flüssiggase, die bei der Erdöldestillation anfallen. Sie dienen als Zusatz zu Ottokraftstoffen, als Brenngas und Rohstoff für die Herstellung von Butadien u. a.

Butanole, Alkohole mit vier C-Atomen. **1-B.** und Iso-B. werden über die → Oxosynthese aus Propylen gewonnen. **Iso-B.** ist Bestandteil der Fuselöle, **tert.-Butylalkohol** tritt als Zwischenprodukt bei der Gewinnung von Isobuten aus Crackgasen auf (→ Butene). 1-B. und seine Ester sind wichtige Lösemittel, 2-B. wird zu Butanon weiterverarbeitet. (FORMEL S. 187)

2-Butanon, Methyläthylketon, acetonähnlich riechende Flüssigkeit, die als Lösemittel für Lacke und Vergällungsmittel für Äthanol verwendet wird. (FORMEL S. 187)

Butansäure, svw. → Buttersäure.

Butenal, 2-Butenal, svw. → Crotonaldehyd.

Butene, gasförmige ungesättigte Kohlenwasserstoffe aus der Gruppe der → Alkene mit der Summenformel C_4H_8. B. sind in der C_4-Fraktion der Spaltgase enthalten, die beim → Steamcracken anfallen. Das technisch bes. wichtige **i-B.** kann aus dieser Fraktion durch Absorption mit wäßriger Schwefelsäure und anschließende Rückspaltung des entstehenden tert-Butanols isoliert werden:

$$\underset{\text{i-Buten}}{CH_3-C(CH_3)=CH_2} + H_2O \underset{\text{Spaltung}}{\overset{\text{Absorption}}{\rightleftharpoons}} \underset{\text{tert-Butanol}}{CH_3-C(CH_3)(OH)-CH_3}$$

Weitere Möglichkeiten zur Isolierung und Weiterverarbeitung sind die Reaktion mit Methanol zu dem klopffesten Kraftstoffzusatz → Methyl-tert-Butyläther und die → Oligomerisierung zu klopffestem Polymerbenzin an Phosphorsäure-Katalysatoren. B. werden außerdem zu Polymeren (**Polyisobuten** für Isolier- und Dichtzwecke, Butylkautschuk) und → Butanolen verarbeitet.

Butine, Bez. für → Alkine mit vier Kohlenstoffatomen. (FORMEL S. 187)

Büttenpapier, handgeschöpftes oder fast naturgetreu auf Maschinen hergestelltes Papier aus Hadern oder

Zellstoff; hat ungleichmäßigen Rand, meist gerippt. Das urspr. aus der Stoffbütte mit einem siebüberzogenen Rahmen handgeschöpfte B. wird heute überwiegend auf Rundsieb- **(Rundsieb-B.)** oder Langsiebmaschinen **(imitiertes B.)** erzeugt.

Buttersäure, Butansäure, unangenehm ranzig riechende Flüssigkeit, die im Schweiß und als Glycerinester in der Butter vorkommt. B. wird durch Oxidation des durch Oxosynthese erhältlichen n-Butyraldehyds hergestellt und zur Herstellung von Celluloseestern verwendet. B.-Ester **(Butyrate)** dienen als Aromastoffe und Weichmacher (→ Carbonsäuren).

Butyl . . ., Bez. für die vom Butan abgeleitete einbindige Kohlenwasserstoffgruppe C_4H_9-.

Butyl|alkohole, svw. → Butanole.

Butyrate, Salze und Ester der Buttersäure.

bW, Einheitenzeichen für → Blindwatt.

BWR, Abk. für engl. **Boiling Water Reactor** [b'ɔılıŋ w'ɔ:tə rı'æktə], der Siedewasserreaktor (→ Kernreaktor).

By-pass [b'aıpɑ:s, engl.] *der,* Umgehungsleitung, z. B. an Maschinen, verfahrenstechn. Anlagen, in der Fluide abgezweigt, vorbei- oder zurückgeführt werden, um den Volumenstrom oder die Leistung unterschiedl. Bedingungen anzupassen. So werden mit dem B. z. B. bei Dampfturbinen eine oder mehrere Stufen umgangen oder beim **B.-Triebwerk** (→ Strahltriebwerk) ein zweiter Luftstrom abgezweigt und in einer äußeren Ummantelung **(B.-Kanal)** um den Primärluftstrom herumgeführt. – In elektronischen Schaltungen ein Kondensator zur wechselstrommäßigen Überbrückung eines Widerstands. Der **B.-Kondensator** stellt einen Siebkondensator dar, der den einem Gleichstrom überlagerten hochfrequenten Wechselstrom ableitet, z. B. zur Masse eines Gehäuses.

Byte [baıt, engl.], zusammengehörige Folge von 8 Bits eines Codewortes als kleinste adressierbare Einheit. I. a. ist ein neuntes Bit als Prüfbit für die Paritätsprüfung angehängt. Für je ein Zeichen, sei es Buchstabe, Ziffer oder Sonderzeichen, wird ein B. verwendet. Der Zeichenvorrat umfaßt 256 verschiedene Zeichen. Bei rein numerischer Datenverarbeitung kann ein B. zur Darstellung von zwei Dezimalziffern in zwei Tetraden aufgeteilt werden. Man nennt diese platzsparende Darstellungsform auch ›gepackte Dezimalziffern‹ (engl. packed numerics). Ein B. als 8 Bit umfassendes Codewort bildet die Basis für den vielfach maschinenintern verwendeten ›Extended BCD Interchange Code‹, Abk. EBCDIC. Als Maß für die Speichergröße dient das KB ("Kilo-B.") = 1024 Bytes.

Bytownit [baıtaʊn'ıt, engl.] *der,* Mineral, → Feldspate; ein Plagioklas.

Büschelentladung

Butanole

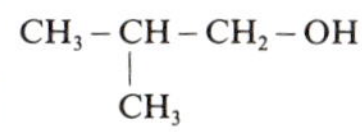

2-Methyl-1-propanol (Isobutanol)

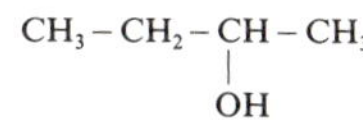

2-Butanol (sek.-Butylalkohol)

$CH_3-CH_2-CH_2-CH_2-OH$

1-Butanol (n-Butanol)

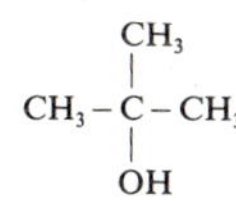

2-Methyl-2-propanol (tert.-Butylalkohol)

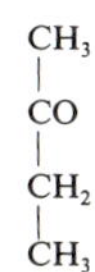

2-Butanon

$HC\equiv C-CH_2-CH_3$

1-Butin

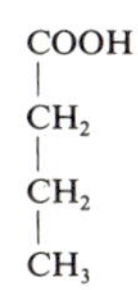

Buttersäure

C

c, 1) Einheitenzeichen für → Curie (veraltet).

2) *c,* Formelzeichen für → Lichtgeschwindigkeit.

3) physikal. Symbol für Charm-Quark.

4) Vorsatzzeichen für → Zenti.

ᶜ, Einheitenzeichen für → Neuminute.

C, 1) chem. Symbol für → Kohlenstoff.

2) Einheitenzeichen für → Coulomb und → Curie (veraltet).

3) *C,* Formelzeichen für elektr. Kapazität, Wärmekapazität und Ladungskonjugation.

4) ℂ, in der Mathematik Abk. für die Menge der → komplexen Zahlen.

5) Zeichen für die → römische Ziffer 100.

°C, Einheitenzeichen für → Grad Celsius.

C 14, ^{14}C, radioaktives Kohlenstoffatom, zerfällt unter β-Strahlung in ^{14}N (Stickstoff) mit einer Halbwertszeit von 5730 ± 40 Jahren (→ Radiokarbonmethode).

Ca, chem. Symbol für → Calcium.

CA, Abk. für **Celluloseacetat,** → Celluloseester.

CAD, Abk. für engl. **Computer Aided Design** [kəmpj'u:tə 'eıdıd dız'aın], rechnergestützter Entwurf, hat z. B. für die Entwicklung hochintegrierter Schaltkreise und bei der Entflechtung der Leiterbahnen für gedruckte Schaltungen große Bedeutung erlangt.

Cadaverin, 1,5-Pentandiamin, unangenehm riechende, giftige Flüssigkeit, die bei der Fäulnis von Eiweiß entsteht. (FORMEL S. 188)

Cadmium, chem. Symbol **Cd,** ein → chemisches Element der Ordnungszahl 48, silberweißes, glänzendes, weiches Metall, acht natürl. Isotope. Ähnelt chemisch dem Zink. C. und seine Verbindungen sind sehr giftig, es sammelt sich in Leber und Nieren an und kann zu Skelettveränderungen führen. Die Aufnahme von C. erfolgt über Nahrung und Atemluft; die starke Belastung der menschl. Nahrung ist durch die hohe Aufnehmbarkeit und Mobilität in Pflanzen begründet. MAK-Wert: 0,05 mg/m^3; möglicherweise carcinogen. – C. ist in Zinkblende und Galmei enthalten, wichtigstes Mineral ist **Greenockit** [gri:nɔk'ıt], CdS, daneben **Otavit,** $CdCO_3$. – C. wird v. a. als Nebenprodukt der Zink-, z. T. auch der Blei- und Kupfergewinnung hergestellt. – Es wird verwendet als Korrosionsschutz z. B. für Eisen, zur Herstellung von Lagermetallen, Legierungen, Loten, Batterien, Halbleitern und von Brems- und Regelstäben in Kernreaktoren. – C. wurde 1817 von F. STROMEYER in Zinkoxid entdeckt.

Cadmiumverbindungen. Cadmium ist streng zweiwertig. C. ähneln den entsprechenden Zinkverbindungen. Die lösl. C. sind meist farblos, schmecken widrig metallisch und wirken giftig. – Das braune **Cadmiumoxid,** CdO, das flüchtig ist und wieder leicht zum Metall reduziert werden kann, dient u. a. zur Herstellung von Leuchtstoffen, Halbleitern, Batterien und als Katalysator. – **Cadmiumchlorid,** $CdCl_2$, wird u. a. im Druckwesen, in der Galvanotechnik und zur Herstellung von Cadmiumpigmenten verwendet. **Cadmiumjodid,** CdJ_2, findet Verwendung u. a. zur Herstellung von Leuchtstoffen und Schmiermitteln, **Cadmiumsulfat,** $CdSO_4$, als Reagenz und Elektrolyt in galvan. Elementen. **Cadmiumsulfid,**

Cadaverin

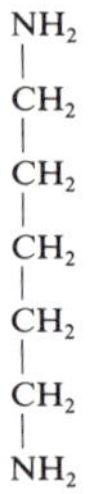

1

2

3

4

Calcit

1 Kristall, Grundrhomboeder (Brilon, Westfalen); **2** Kristalle (Sankt Andreasberg, Harz); **3** stengelige Kristalle (Sankt Andreasberg, Harz); **4** gestreckte Kristalle (Lancashire)

CdS, fällt mit Schwefelwasserstoff aus Cadmiumsalzlösungen als gelber Niederschlag aus und dient als Malerfarbe **(Cadmiumgelb),** als Photohalbleiter (→CdS-Photowiderstand) und Leuchtstoff in Fernsehröhren. Im Gemisch mit **Cadmiumselenid,** $CdSe$, bildet es die Malerfarbe **Cadmiumrot.**

CAE, Abk. für engl. **Computer Aided Engineering** [kəmpj'u:tə 'eɪdɪd endʒɪn'ɪərɪŋ], rechnergestützte Entwicklung und Konstruktion.

Caelum, Grabstichel, ein →Sternbild des südl. Himmels.

Caisson [kɛs'ɔ̃, frz.], **Senkkasten,** unten offener Kasten aus Stahl, Stahlbeton für Druckluftgründungen (→Gründung), für Aufgaben der Meerestechnik, zum Dichten von Unterwasserlecks, wobei der Kasten der Schiffsform wasserdicht angepaßt wird.

cal, Einheitenzeichen für →Kalorie.

Calamiten, bis 12 m hohe, baumartige Schachtelhalmgewächse; Bestandteil der Steinkohlenwälder im Oberkarbon und Perm.

Calaverit *der,* Mineral $AuTe_2$, häufigstes Goldtellurid, hellweißgelb, Silbergehalt bis 4%.

Calciferol, Vitamin D (→Vitamine).

Calcinieren, chemisch-techn. Prozeß, bei dem aus festen Stoffen durch Erhitzen (Brennen) Kristallwasser, Kohlendioxid oder andere flüchtige Bestandteile ausgetrieben werden. – Urspr. die Bildung von Metalloxiden durch Glühen von Metallen an Luft.

Calcit *der,* **Kalkspat,** Mineral $CaCO_3$, neben **Aragonit** häufigere und stabilere Modifikation des Calciumcarbonats. Wasserklar bis durchscheinend, weiß oder hell; H. 3, D. 2,6–2,8; formenreichstes Mineral mit mehreren hundert Formvarianten des Rhomboeders und Skalenoeders; häufig Zwillingsbildung. Die hohe →Doppelbrechung des C. ist makroskopisch am **Doppelspat** zu erkennen. Feinkristalline Varietäten sind oft faserig **(Faserkalk)** oder von seidigem Glanz **(Atlasspat, Satinspat).** C. ist in Gesteinen der Erdkruste und in Organismen (Gehäuse, Knochen, Zellen niederer Pflanzen) weit verbreitet: Gangmineral, Blasenfüllung von →Mandelsteinen, **Tropfstein** oder **Kalksinter,** Hauptbestandteil sedimentärer Kalksteine und deren metamorpher Abkömmlinge (Marmor).

Calcium, chem. Symbol **Ca,** chem. Element aus der Gruppe der →Erdalkalimetalle, Ordnungszahl 20 (→chemische Elemente). Das sehr reaktionsfähige Metall überzieht sich bei Feuchtigkeit mit einer grauweißen Calciumhydroxid-Schicht und reagiert bei höherer Temperatur mit Sauerstoff und Stickstoff. C. kommt in der Natur in gebundener Form vor und ist als dritthäufigstes Element mit 2,78 Vol.-% (3,63 Gew.-%) am Aufbau der Erdkruste beteiligt. Natürl. Isotope: 40 (96,95%), 42 bis 44, 46, 48, daneben radioaktive Isotope. – Wichtige C.-Minerale sind: Calcit, Dolomit, Gips, Anhydrit, Fluorit. Im menschl. und tier. Organismus ist C. als Skelettelement und am Aufbau der Zähne beteiligt. Für Pflanzen ist es unentbehrl. Nährstoff. – Metall. C. erhält man durch Schmelzflußelektrolyse von C.-Chlorid. – Verwendung u. a. als Desoxidationsmittel in der Metallurgie; zur Herstellung von Legierungen. – C. wurde erstmals 1808 durch H. DAVY hergestellt.

Calciumcarbonatsättigung, Kenngröße zur Beurteilung der Kalkaggressivität eines Wassers. Die C. sagt etwas darüber aus, ob ein Wasser Calciumcarbonat auflösen kann, z. B. nach folgender Gleichung **(positive C.)**

$$\underset{\text{ungelöster Kalk}}{CaCO_3 + CO_2 + H_2O} \underset{\text{negativ}}{\overset{\text{positiv}}{\rightleftharpoons}} \underset{\text{gelöste Ionen}}{Ca^{2+} + 2\,HCO_3^-}$$

oder ob, in Umkehrung der Gleichung, Calciumcarbonat aus dem Wasser abgeschieden wird **(negative C.).** Die Kalkaggressivität ist meist auf einen Überschuß an gelöstem Kohlendioxid zurückzuführen. Die C. wird in mmol/l angegeben. Wasser mit positiver C. greift Beton an, Wasser mit negativer C. neigt zur Bildung von Wasserstein.

Calciumverbindungen. Das zweiwertige Calcium bildet v. a. Verbindungen mit Nichtmetallen. – **Calciumhydrid,** CaH_2, eine weiße kristalline Masse, zersetzt sich mit Wasser unter Bildung von Wasserstoff. Techn. Darstellung durch Überleiten von Wasserstoff über Calcium bei 400 °C. Verwendung als Wasserstofferzeuger und Reduktionsmittel **(Hydrolyth). Calciumoxid,** CaO (gebrannter Kalk), **Calciumhydroxid,** $Ca(OH)_2$ (gelöschter Kalk), und **Calciumcarbonat,** $CaCO_3$, →Kalk. – **Calciumfluorid,** CaF_2, als Mineral →Fluorit, Schmelz-P. 1360 °C, in Wasser unlöslich, wird als Flußmittel bei metallurg. Prozessen, zur Herstellung der →Flußsäure und als Trübungsmittel verwendet. **Calciumchlorid,** $CaCl_2$ **(Chlorcalcium),** entsteht als Nebenprodukt der Sodaherstellung; es kristallisiert aus wäßriger Lösung als Hexahydrat, $CaCl_2 \cdot 6\,H_2O$, das mit Eis gemischt für →Kältemischungen verwendet wird. Wasserfreies Calciumchlorid dient als Trocknungsmittel. **Chlorkalk,** →Chlorverbindungen. – **Calciumsulfid,** CaS, entsteht beim Glühen von Calciumsulfat mit Kohle; wird als Leuchtstoff (→Phosphoreszenz) verwendet. **Schwefelkalkbrühe,** eine wäßrige Lösung von Calciumpolysulfiden, dient zur Schädlingsbekämpfung. **Calciumsulfat,** $CaSO_4$, kommt in der Natur als →Anhydrit und →Gips, $CaSO_4 \cdot 2\,H_2O$, vor (→Wasserhärte). **Calciumbisulfid,** $Ca(HSO_3)_2$, eine Lösung von Calciumsulfid mit Schwefeldioxidlösung, ist für die Herstellung von →Zellstoff wichtig. – **Calciumnitrat,** $Ca(NO_3)_2$, der **Mauersalpeter** in Viehställen, bildet sich aus Kalk und Salpetersäure, Verwendung für Düngemittel. Mit Phosphorsäure entstehen verschiedene **Calciumphosphate,** die z. T. in der Natur vorkommen, z. B. der →Apatit und der →Phosphorit. Primäres **Calciumphosphat,** $Ca(H_2PO_4)_2$, wird im Gemisch mit anderen Calciumphosphaten und Gips als **Superphosphat** verwendet. Calciumphosphate anderer Zusammensetzung kommen in der Thomasschlacke vor. **Calciumcarbid,** CaC_2, **Karbid,** wird technisch aus Kalkstein und Koks bei etwa 2200 °C hergestellt. Mit Wasser entsteht →Acetylen. Durch Umsetzung von Calcium mit Stickstoff bei höherer Temperatur entsteht **Kalkstickstoff,** $CaCN_2$, ein Düngemittel. **Calciumsilicide,** Ca_xSi_y, sind halbmetall. Verbindungen, die in der Metallurgie als Reduktionsmittel Bedeutung haben. **Calciumsilikate** sind als Bestandteile von natürl. Mineralen (z. B. →Feldspate), von künstl. Gläsern (→Glas), →Zementen und Hochofenschlacken wichtig.

Caldera, durch Einsturz und Erosion kesselförmig erweiterter vulkan. Krater.

Caliche [kal'itʃe, span.], in Wüstengebieten auftretende Salzbildung, enthält 15–50% Natriumnitrat (→Chilesalpeter), bis 42% Kochsalz, daneben Glaubersalz, Gips, Bittersalz u. a.

Californium, chem. Symbol **Cf,** radioaktives →chemisches Element, Ordnungszahl 98, mit mehr als 15 Isotopen, ein →Transuran, erstmals 1950 von G. SEABORG und Mitarbeitern durch Beschuß von Curium 242 mit energiereichen (35 MeV-)Alphateilchen hergestellt. – Als Element der Gruppe der →Actinoide bildet C. dreiwertige stabile Verbindungen. – ^{252}Cf dient als starke Neutronenquelle, außerdem Verwendung in der Nuklearmedizin.

Calorisieren, →Alitieren.

Calutron, →Massenspektrograph.

CAM, Abk. für engl. **Computer Aided Manufacturing** [kəmpj'u:tə 'eɪdɪd mænjʊf'æktʃərɪŋ], rechnergestützte Fertigung, z. B. mittels numerisch gesteuerter CNC-Werkzeugmaschinen.

Camelopardalis, lat. Name des Sternbilds →Giraffe.

Camera obscura, Lochkamera, die einfachste Kamera; ein lichtdichter Kasten mit einem winzigen Loch

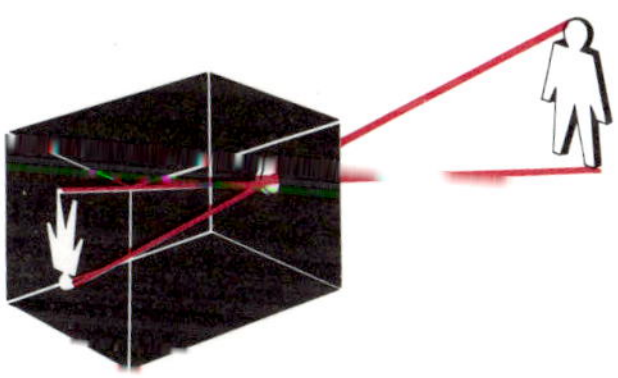

Camera obscura

(Blende) in der einen Wand und einer Mattscheibe oder einem lichtempfindl. Aufnahmematerial in (oder innen auf) der gegenüberliegenden Wand. Dort entsteht ein umgekehrtes, seitenvertauschtes, scharfes Bild.

Campher, bizykl. Keton aus der Gruppe der Terpene. Die farblosen, charakteristisch riechenden Kristalle werden durch Wasserdampfdestillation aus dem Holz des C.-Baumes (Japan, China) oder über mehrere Stufen aus Pinen gewonnen. C. wird v. a. als Weichmacher für Celluloid sowie in der Medizin verwendet.

Campingbus [k'æmpɪŋ-], →Wohnmobil.

Campingwagen [k'æmpɪŋ-], →Wohnwagen.

Camptonit, dunkles lamprophyr. →Ganggestein.

Canada|balsam, Harz der nordamerikan. Balsamkiefer (Abies balsama), das als Einbettmasse für mikroskopische Präparate verwendet wird.

Cancer, lat. Name des Sternbilds →Krebs.

Cancerogene, svw. →Carcinogene.

Candela [lat. ›Kerze‹] *die,* Einheitenzeichen **cd,** SI-Basiseinheit der →Lichtstärke. Sie wurde definiert als jene Lichtstärke, mit der ein Sechshunderttausendstel m^2 (= $1\frac{2}{3}$ mm^2) der Oberfläche eines schwarzen Strahlers bei der Temperatur des bei einem Druck von 101 325 Pa (= 1 atm) erstarrenden Platins senkrecht zu seiner Oberfläche leuchtet.

Durch die 16. Generalkonferenz für Maß und Gewicht wurde im Okt. 1979 folgende Neudefinition beschlossen: ›Die C. ist die Lichtstärke einer Strahlungsquelle, welche monochromat. Strahlung der Frequenz $540 \cdot 10^{12}$ Hertz in eine best. Richtung aussendet, in der die Strahlstärke 1/683 Watt durch Steradiant beträgt‹. Die ausgewählte Frequenz entspricht einer Wellenlänge von 555 nm, bei der die Hellempfindlichkeit des menschl. Auges am größten ist.

Canes venatici, Jagdhunde, ein →Sternbild des nördl. Himmels.

Canis maior und **Canis minor,** die Sternbilder Großer und Kleiner →Hund.

Cannizzaro-Reaktion [n. d. ital. Chemiker St. Cannizzaro, * 1826, † 1910], →Disproportionierung.

Cañon [kaɲ'ɔn, span.], engl. **Canyon** [k'ænjən] *der,* schluchtartiges Engtal in Gebirgen mit waagerechter Gesteinslagerung, bes. in Trockengebieten, z. B. des westl. Nordamerika.

Canopus, Hauptstern (der –1. Größenklasse) im Sternbild Schiffskiel (Alpha Carinae); zweithellster Fixstern ($-0{,}^{m}7$) am Himmel nahe dem Südpol der Ekliptik; wird für interplanetare Raumsonden als Bezugspunkt für eine feste Raumlage benutzt.

Cantorsches Diagonalverfahren [n. dem dt. Mathematiker G. Cantor, * 1845, † 1918], →Diagonalverfahren.

CAP, Abk. für engl. **Computer Aided Planning** [kəmpj'u:tə 'eɪdɪd pl'ænɪŋ], rechnergestützte Planung.

Capella, Hauptstern (der 1. Größenklasse) im Sternbild Fuhrmann (Alpha Aurigae); gehört zum →Wintersechseck.

Capricornus, lat. Name des Sternbilds →Steinbock.

Caprinsäure, Carbonsäure, die als Glycerinester in Milchfett, Kokosnußöl und Fischtran vorkommt.

Caprolactam, zykl. Amid der 6-Aminocapronsäure, das hauptsächlich zur Herstellung von Nylon 6 verwendet wird. Techn. Herstellungsverfahren gehen vom Cyclohexan oder Phenol aus und führen u. a. über →Cyclohexanon zum Cyclohexanonoxim:

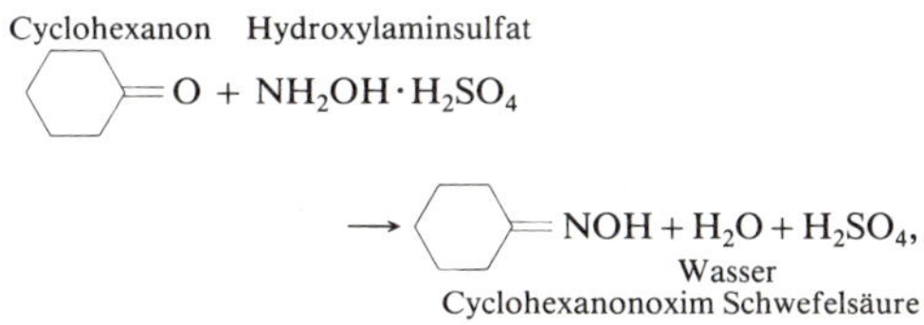

das in Gegenwart von Schwefelsäure zu C. umgelagert wird.

Capronsäure, ölige, unangenehm riechende →Carbonsäure. C. kommt in Form von Estern in Fetten und Fuselölen vor und fällt z. B. bei der Fettspaltung von Kokosnußöl als Nebenprodukt an.

Caprylsäure, Carbonsäure, die in Form ihrer Ester in Fetten und Fuselölen vorkommt.

Capsanthin, zu den Xanthophyllen zählender roter Farbstoff, z. B. des Paprikas.

Capstan [k'æpstən, engl.], die Tonachse von →Tonbandgeräten, bewirkt direkten Antrieb am Tonband.

Caravan [engl. k'ærəvæn] *der,* ein →Wohnwagen; kombinierter Personen- und Lieferwagen.

Carbamid, svw. →Harnstoff.

Carbamidsäure, Carbaminsäure, in freier Form nicht beständige Säure. Ammoniumcarbamat tritt bei der Harnstoffsynthese als Zwischenprodukt auf. Die Ester der C. **(Carbamate,** früher: **Urethane)** haben Bedeutung als Insektizide und Herbizide.

Carbamoylharnstoff, svw. →Biuret.

Campher

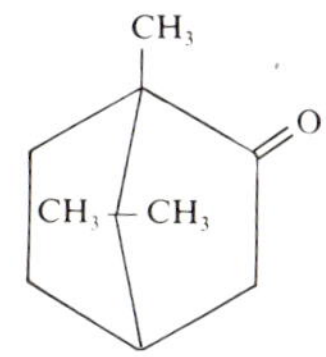

Caprinsäure

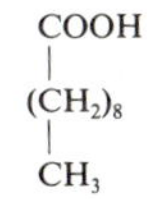

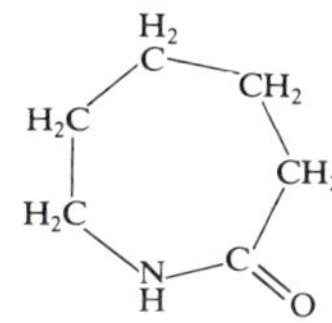

Caprolactam

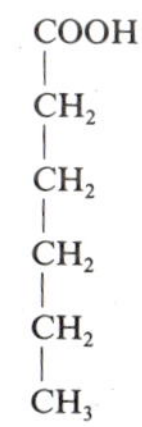

Capronsäure

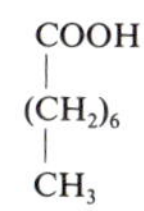

Caprylsäure

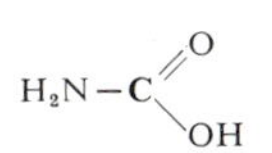

Carbamidsäure

Carbanionen

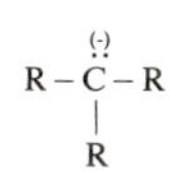

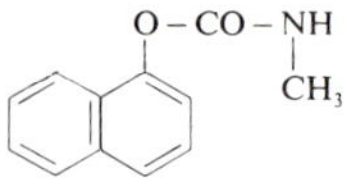

Carbaryl

Carbazol

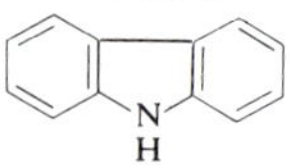

Carb|anionen, Carbeniat|ionen, dreibindige organ. Anionen mit einsamem Elektronenpaar am C-Atom. C. treten als hochreaktive Zwischenstufen bei chem. Reaktionen auf. (FORMEL S. 189)

Carbaryl, Bez. (Common name) für das → Insektizid N-Methyl-1-naphthylcarbamat.

Carbazol, kristalline heterozykl. Verbindung, die aus Steinkohlenteer isoliert wird. C. dient zur Herstellung von Farbstoffen und Spezialkunststoffen.

Carbene, Verbindungen mit zweibindigem Kohlenstoff der allg. Formel $R-\underset{\cdot\cdot}{C}-R$. Die infolge Elektronenmangels instabilen C. treten nur als Zwischenstufen bei chem. Reaktionen auf.

Carbeniat|ionen, svw. → Carbanionen.

Carbenium|ionen, dreibindige organ. Kationen mit positiv geladenem C-Atom. Infolge Elektronenmangels sind C. stark elektronenanziehend (elektrophil). Sie treten bei vielen chem. Reaktionen (z. B. Hydratation, Friedel-Crafts-Reaktion) als Zwischenstufen auf. Ihre Stabilität steigt in der Reihenfolge $CH_3^+ < R-CH_2^+$ (primäres C.) $< R-\underset{R}{\underset{|}{CH^+}}$ (sekundäres C.) $< R-\underset{R}{\underset{|}{C^+}}-R$ (tertiäres C.)

Carbide, chem. Verbindungen von Elementen mit Kohlenstoff. Wirken Wasser oder verdünnte Säuren auf **salzartige C.,** so entstehen u. a. Kohlenwasserstoffe, bei den C. von Calcium, Silber und Kupfer (allg. Formel $M_2^{I}C_2$ oder $M_2^{II}C_2$; → Acetylide) Acetylen, bei C. von Aluminium, Al_4C_3, Methan. Als **kovalente C.** werden i. d. R. nur Bor- und Silicium-C. angesehen, die hart, schwer schmelzbar und chemisch inert sind. Die meisten **metall. C.** sind nichtstöchiometr. (→ Stöchiometrie) Verbindungen von Legierungscharakter; sie sind gegen Säuren beständig, i. d. R. härter als die reinen Metallkomponenten (deshalb Verwendung als Werkstoffe, Hartstoffe und Legierungszusätze) und leiten den elektr. Strom. Technisch wichtig sind C. von Chrom, Wolfram, Hafnium, Molybdän, Vanadium, Niob, Tantal und Titan. Die C. von Uran und Plutonium bilden wichtige Kernbrennstoffe.

Carbine, C_3, dreiatomige Modifikationen des Kohlenstoffs, die in Kometen und planetar. Nebeln nachgewiesen, im Laboratorium dargestellt und schließlich in Bohrproben des Nördlinger Ries und in Allende-Meteoriten entdeckt wurden. Die meteorit. C. werden als individuelle Minerale aus kosm. Staubwellen gedeutet, die vor der Entstehung des Sonnensystems im Weltraum vorhanden waren. Neuerdings werden Zweifel an der Existenz der C. geäußert.

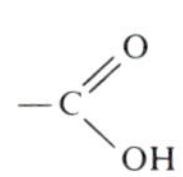

Carboxyl . . .

Carbol *das,* **Carbolsäure,** → Phenol.

Carbolineum, niedrigviskose Teeröldestillate, die für den Holzschutz verwendet werden.

Carbonado *der,* durch Kohlenstoff oder Graphit schwarz gefärbter → Diamant; industriell verwendet.

Carbonate, Salze oder Ester der Kohlensäure, H_2CO_3. Bei den meist leichtlösl. **Hydrogencarbonaten** ist ein Wasserstoff durch Metall ersetzt, z. B. $NaHCO_3$.

Carbonatgalmei, svw. → Smithsonit.

Carbonathärte, veraltete, aber noch häufig benutzte Bez. für → Wasserhärte. Der Wert sollte als → Säurekapazität bis pH 4,3 angegeben werden.

Carbonsäuren, organ. Säuren, die die **Carboxylgruppe** ($-COOH$) enthalten. Je nach Anzahl der Carboxylgruppen im Molekül unterscheidet man Mono-, Di- oder Poly-C. **Aliphat. C.** (Alkan- und Alkensäuren) werden auch als **Fettsäuren** bezeichnet, da ihre höhermolekularen Vertreter (z. B. Palmitinsäure, Stearinsäure) als Glycerinester in Fetten vorkommen. Für die meisten C. sind Trivialnamen in Gebrauch. Die systemat. Namen werden aus denen der Stammkohlenwasserstoffe und der Endung -carbonsäure gebildet. Man kann auch das Kohlenstoffatom der Carboxylgruppe dem Stammsystem zurechnen und nur die Endung -säure verwenden, z. B. CH_3-CH_2-COOH, Propionsäure (Trivialname), Äthancarbonsäure, Propansäure.

Die aliphat. Mono-C. mit bis zu 3 C-Atomen sind stechend riechende, wasserlösl. Flüssigkeiten. Mit steigender C-Zahl sinkt die Wasserlöslichkeit. C. mit 4–9 C-Atomen haben einen ranzigen Geruch. C. mit über 10 C-Atomen sind geruchlose, wachsartige Feststoffe. Aliphat. Di-C. und aromat. C. sind ebenfalls fest.

Name	Formel	Siede-P. °C
Ameisensäure	$HCOOH$	100,6
Essigsäure	CH_3COOH	117,9
Propionsäure	CH_3CH_2COOH	140,8
n-Buttersäure	$CH_3CH_2CH_2COOH$	163,3
n-Valeriansäure	$CH_3CH_2CH_2CH_2COOH$	185,5
n-Capronsäure	$CH_3CH_2CH_2CH_2CH_2COOH$	205,7

C. können u. a. durch Oxidation von primären Alkoholen oder Aldehyden, Hydrolyse von Nitrilen, Carbonylierung von Alkenen oder Alkoholen, Oxidation von Kohlenwasserstoffen und Hydrolyse von Estern (z. B. Fetten) hergestellt werden. Mit Alkoholen bilden C. → Ester. C. und ihre Derivate (C.-Chloride wie → Acetylchlorid, → Anhydride, → Amide) sind wichtige Zwischenprodukte zur Herstellung von Kunststoffen und Lösemitteln. (→ Di-Carbonsäuren)

Carbonyl . . ., Bez. für die zweibindige funktionelle Gruppe $>C=O$, die u. a. in Aldehyden, Ketonen, Carbonsäuren und Chinonen enthalten ist.

Carbonyl|eisen, sehr reines Eisenpulver mit geringer magnet. → Hysterese, das durch therm. Zersetzung von Eisenpentacarbonyl bei 150 bis 250 °C nach

$$Fe(CO)_5 \longrightarrow Fe + 5\,CO$$

erhalten wird.

Carbonylierung, Bez. für Reaktionen von Kohlenoxid mit organ. Verbindungen in Gegenwart von Metallcarbonylen (z. B. Nickelcarbonyl) als Katalysator. Technisch wichtige Beispiele sind die C. von Acetylen zu → Acrylsäure, von Äthylen zu Propionsäure:

$$CH_2=CH_2 + CO + H_2O \longrightarrow CH_3CH_2COOH$$

und von Methanol zu Essigsäure:

$$CH_3OH + CO \longrightarrow CH_3COOH.$$

Carboxyl . . ., Bez. für die einbindige funktionelle Gruppe $-COOH$. (→ Carbonsäuren)

Carboxylase, Enzym, das die Übertragung von Kohlendioxid in Biomolekülen katalysiert. Wichtig ist die Carboxylierung von Pyruvat zu Dicarbonsäuren.

Carboxymethylcellulose, → Celluloseäther.

Carcinogene, Cancerogene, Sammelbez. für eine sehr heterogen zusammengesetzte Gruppe von Stoffen, die im Tierversuch und/oder beim Menschen Krebs oder Leukämie hervorrufen können. In der Liste der → MAK-Werte sind mehr als 80 Stoffe aufgeführt, bei denen ein carcinogenes Potential beim Menschen nachgewiesen oder zu vermuten ist.

Carcinotron, → Rückwärtswellenröhre.

Cardanische Formeln, Cardanosche Formeln [n. dem ital. Mathematiker G. Cardano, * 1501, † 1576], dienen zur Lösung der kub. Gleichung. Die Normalform $x^3+rx^2+sx+t=0$ wird zunächst mit Hilfe der Substitution $x=y-\frac{r}{3}$ auf die reduzierte Form $y^3+py+q=0$ gebracht $\left(p=s-\frac{r^2}{3},\ q=2\cdot\frac{r^3}{27}-\frac{sr}{3}+t\right)$, in der kein quadrat. Glied auftritt. Wenn $\left(\frac{q}{2}\right)^2+\left(\frac{p}{3}\right)^3 \geq 0$, dann hat die Gleichung eine reelle und zwei komplexe Lösungen, für die gilt:

$$y_1=u+v,\ y_2=\frac{u+v}{2}+\frac{u-v}{2}\cdot \mathrm{i}\sqrt{3},$$

$$y_3=\frac{u+v}{2}-\frac{u-v}{2}\cdot \mathrm{i}\sqrt{3},$$

wobei gilt:

$$u=\sqrt[3]{-\frac{q}{2}+\sqrt{\left(\frac{q}{2}\right)^2+\left(\frac{p}{3}\right)^3}}\ \text{und}$$

$$v=\sqrt[3]{-\frac{q}{2}-\sqrt{\left(\frac{q}{2}\right)^2+\left(\frac{p}{3}\right)^3}}.$$

Ist $\left(\frac{q}{2}\right)^2+\left(\frac{p}{3}\right)^3<0$, muß die dritte Wurzel aus einer komplexen Zahl gezogen werden. Da die Mathematiker des 15. und 16. Jh. dafür keine Lösung fanden, wurde dieser Fall als **casus irreducibilis** bezeichnet. Um 1600 bewies F. VIETA, daß in diesem Fall die Gleichung drei reelle Lösungen hat, für die gilt:

$$y_1=2\sqrt[3]{r}\cdot\cos\frac{\varphi}{3},\ y_2=2\sqrt[3]{r}\cdot\cos\left(\frac{\varphi}{3}+120°\right),$$

$$y_3=2\sqrt[3]{r}\cdot\cos\left(\frac{\varphi}{3}+240°\right),$$

wobei gilt: $r=\sqrt{\frac{-p^3}{27}}$ und $\cos\varphi=\frac{-q}{2}\Big/\sqrt{\frac{-p^3}{27}}$.

Carina, das Sternbild → Kiel des Schiffes.

Carme, ein Mond des Planeten → Jupiter.

Carminsäure, roter Farbstoff, der aus → Cochenille (weibliche Schildlausart) durch Extraktion mit heißem Wasser gewonnen wird. Schwerlösl. Komplexverbindungen mit Metallionen heißen **Carminlacke** (Aluminiumlack = **Carmin**) und werden für Schminken, Lippenstifte und Künstlerpigmente verwendet.

Carnallit [n. dem dt. Berghauptmann R. von Carnall, * 1804, † 1874], wichtiges → Kalisalz, $KCl\cdot MgCl_2\cdot 6\,H_2O$, farblos, weiß oder durch Hämatit rot gefärbt, meist derb; Vorkommen z. B. in Niedersachsen.

Carneol, Mineral SiO_2, gelbl. bis blutrote Varietät des Chalcedon (→ Quarz).

Carnotit [n. dem frz. Chemiker A. Carnot, * 1839, † 1920], Mineral, ein → Uranglimmer.

Carnotscher Kreisprozeß [karn'o-, n. dem frz. Physiker N. L. S. Carnot, * 1796, † 1832], 1824 entwickelter wichtigster reversibler → Kreisprozeß, der das theoret. Optimum für den Wirkungsgrad aller periodisch arbeitenden Wärmekraftmaschinen liefert. Der C. K. ist ein Gedankenexperiment, bei dem an einem idealen Gas (reversible) Zustandsänderungen vorgenommen werden, bei denen Wärmemengen und mechan. Arbeit zu- und abgeführt werden. Das Gas befindet sich in einem Zylinder mit bewegl. Kolben. Es kann mit einem Wärmereservoir R_1 der Temperatur T_1 oder mit einem Wärmereservoir R_2 der Temperatur T_2 verbunden werden ($T_1>T_2$) oder von diesen abgetrennt werden. Der C. K. besteht aus vier Schritten: 1) Isotherme Ausdehnung des idealen Gases bei der Temperatur T_1, bei der die Wärmemenge Q_1 aus R_1 aufgenommen wird und in die äquivalente nach außen verrichtete Arbeit W_1 umgewandelt wird. 2) Adiabat. Ausdehnung, bei der kein Wärmeaustausch mit der Umgebung stattfindet und die nach außen verrichtete Arbeit W_2 der inneren Energie des Gases entnommen wird, wobei sich dieses von T_1 auf T_2 abkühlt. 3) Isotherme Kompression bei der Temperatur T_2, wobei die von außen zugeführte Arbeit W_3 in die äquivalente Wärmemenge Q_2 umgewandelt wird, die an R_2 abgegeben wird. 4) Adiabat. Kompression, bei der kein Wärmeaustausch mit der Umgebung stattfindet und die von außen zugeführte Arbeit W_4 zur Erhöhung der inneren Energie des Gases auf den Ausgangspunkt dient, was eine Temperaturerhöhung von T_2 auf T_1 zur Folge hat. Nun ist das System in seinen Ausgangszustand zurückgekehrt. Da die (adiabat.) Arbeiten W_2 und W_4 gleich groß sind, verschwinden sie aus der Gesamtbilanz. Somit ergibt sich nach dem 1. Hauptsatz die beim C. K. insgesamt gewinnbare Arbeit W zu $W=Q_1-Q_2$, d. h., auch bei einer idealen Maschine, bei der weder Reibungs- noch Wärmeverluste auftreten, kann nicht die gesamte zugeführte Wärmemenge Q_1 in Arbeit umgewandelt werden. Es bleibt immer ein nicht umwandlungsfähiger Rest Q_2, der von R_1 in R_2 übergeht. Es läßt sich rechnerisch zeigen, daß beim C. K. gilt: $Q_1/Q_2=T_1/T_2$. Damit ergibt sich für den thermodynam. Wirkungsgrad η (Quotient aus der gewonnenen mechan. Arbeit W und der zugeführten Wärmemenge Q_1) beim C. K.:

$$\eta=W/Q_1=(Q_1-Q_2)/Q_1=1-Q_2/Q_1=1-T_2/T_1$$

(Carnotscher Wirkungsgrad). η ist also um so größer, je höher die Temperatur T_1 und je niedriger die Temperatur T_2 ist. – Wird der C. K. in umgekehrter Richtung durchlaufen, erhält man den Kreisprozeß der idealen Wärmepumpe oder idealen Kältemaschine.

Carotin, $C_{40}H_{56}$, Pflanzenfarbstoff, der aus einem Gemisch isomerer Polyene besteht. Dunkelrotes **Roh-C.** wird durch Extraktion aus Karotten, rotem Palmöl u. a. Pflanzen hergestellt. **β-C.** läßt sich durch Chromatographie aus Roh-C. isolieren. C. dient zum Färben und Vitaminisieren von Fetten und Ölen sowie als Futterzusatz. Im Säugetierorganismus wird C. durch Enzyme zu Vitamin A (C. = Provitamin A) gespalten. Strukturverwandt mit dem C. sind die **Carotinoide,** zahlreiche Farbstoffe in Blüten, Früchten und Blättern, die auch im Tierreich vorkommen.

Carottage [-t'a:ʒ, frz.], svw. → Bohrlochmessungen.

Carrier [k'æriə, engl.], **Träger, 1)** Chemie: chemisch inerte Stoffe als Unterlage und/oder Gerüst für Wirkstoffe oder als Überträger z. B. bei der Katalyse, bei Pharmaka, Textilhilfs- oder Pflanzenschutzmitteln. **C.-Substanzen** sind z. B. Aktivkohle, Tonerde, Kieselgel. **C.-Gase** werden in der Gaschromatographie verwendet.

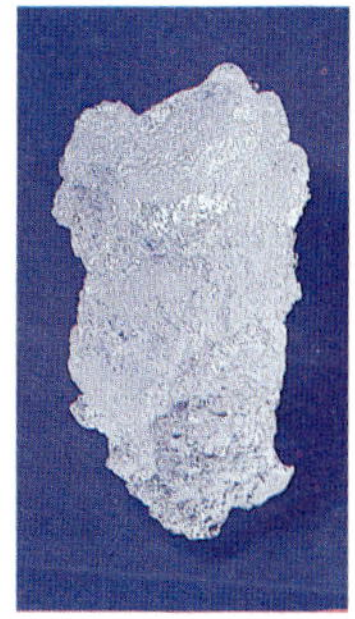

Carnallit: Bruchstück (Staßfurt, Dt. Dem. Rep.)

Carotin

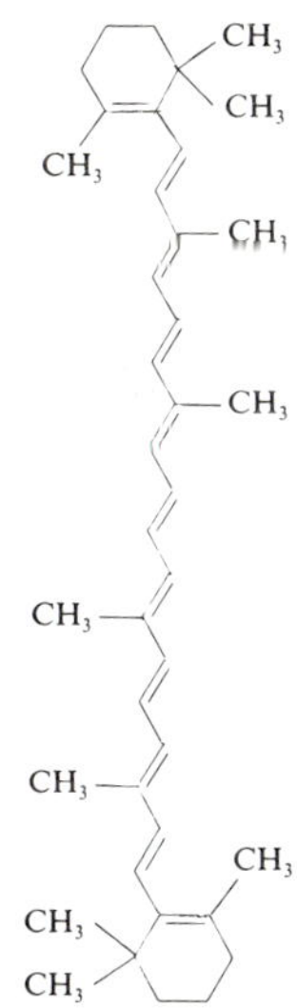

β-Carotin

Carneol, dicht (Idar-Oberstein)

2) Festkörperphysik, Elektronik: Bez. für Ladungsträger, z. B. Elektronen und Löcher in einem Halbleiter.

Case|ine, Gruppe von Milchproteinen. Aus **Caseinogen** (als Calciumsalz gelöst) entsteht beim ›Sauerwerden‹ der Milch unlösl. **Para-Casein.** Die gleiche Reaktion wird im Labmagen der Kälber durch das → Labferment Rennin bewirkt. Wichtiges Nahrungseiweiß (z. B. Quarkkäse). Techn. Verwendung zur Herstellung von Kunststoffen, Leimen, Farben und Textilhilfsmitteln sowie in der Papier- und Lebensmittelindustrie.

Case|inleime, aus Casein, bas. Stoffen (z. B. Calciumhydroxid), Konservierungsstoffen und anderen Zusätzen bestehende Klebstoffe für Holz und Papierherstellung.

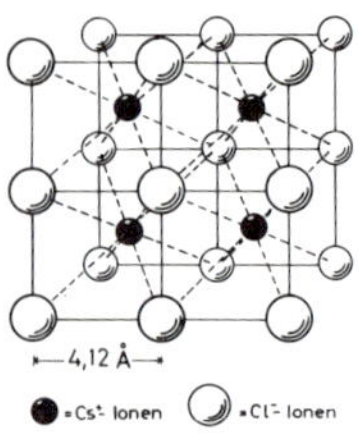

Cäsiumverbindungen: Cäsiumchloridstruktur

Cäsium, chem. Symbol **Cs,** ein → chemisches Element aus der Gruppe der → Alkalimetalle, Ordnungszahl 55. Einziges stabiles Isotop mit der Masse 133, dagegen sind zahlreiche künstlich hergestellte instabile Isotope bekannt. – C. ist ein goldgelbes, sehr weiches, gegen Luft und Wasser unbeständiges Metall; wird durch Erhitzen seiner Verbindungen mit unedlen, schwer flüchtigen Metallen (z. B. CsCl + Zr) oder elektrolytisch dargestellt und durch Destillation gereinigt. – Einziges C.-Mineral ist der **Pollucit,** $Cs[AlSi_2O_6] \cdot {}^1/_2\, H_2O$. Geringe C.-Gehalte auch in Feldspat, Glimmer und v. a. in Carnallit. – Verwendung für Photozellen (Alkalizellen), Spezialröhren und Lampen sowie als Treibstoff für Raketen mit → Ionenantrieb. – C. wurde 1860 von R. BUNSEN und R. KIRCHHOFF entdeckt.

Cäsiumverbindungen ähneln den → Kaliumverbindungen; sie sind meist wasserlöslich und farblos. Mit Sauerstoff bildet sich weißes (Cs_2O) und gelbes (CsO_2) **Cäsiumoxid.** Das leicht in Wasser lösliche **Cäsiumhydroxid,** CsOH, bildet die stärkste bekannte Base. **Cäsiumchlorid,** CsCl, und **Cäsiumsulfat,** Cs_2SO_4, entsprechen den Kaliumsalzen. Mit Aluminiumsulfat bildet sich ein verhältnismäßig schwerlösl. **Alaun,** $CsAl(SO_4)_2 \cdot 12\, H_2O$, der zur Abtrennung des Cäsiums dient.

Casorati-Weierstraß, Satz von Casorati-Weierstraß [n. dem ital. Mathematiker F. Casorati, * 1835, † 1890, und dem dt. Mathematiker K. T. W. Weierstraß, * 1815, † 1897], Satz der → Funktionentheorie. Hat eine Funktion $f(z)$ an der Stelle $z = z_0$ eine wesentlich singuläre Stelle (→ Singularität), so kommt $f(z)$ in jeder noch so kleinen Umgebung von z_0 jedem Wert beliebig nahe.

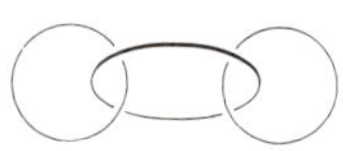

Catenane

Cassegrain-Antenne [kasgr'ɛ̃-, n. dem frz. Physiker N. Cassegrain, 17. Jh.], rauscharme Mikrowellenantenne in Form einer Spiegelantenne (→ Antenne).

Cassegrain-Reflektor [kasgr'ɛ̃-, n. dem frz. Physiker N. Cassegrain, 17. Jh.], → Spiegelteleskop mit konvexem Hilfsspiegel in Brennpunktnähe des Hauptspiegels. (BILD Spiegelteleskop)

Casseiver [kæs'i:və, engl.] *der,* Kompaktgerät, bestehend aus Kassettendeck und Rundfunkempfänger einschließlich Verstärker.

Cassette, Kassette, → Tonband. **Cassetten-Recorder,** → Tonbandgerät, → Recorder. **Cassettenfernsehen,** → Audiovision, → Videoband, → Videorecorder. **Filmkassette,** → Kassette 2).

Cassinische Kurven [n. dem frz. Astronomen G. D. Cassini, * 1625, † 1712], geometr. Ort aller Punkte (F), für die das Produkt der Abstände FP_1 und FP_2 von zwei festen Punkten (P_1 und P_2) einen konstanten Wert a^2 hat. Liegen P_1 und P_2 auf der x-Achse eines kartes. Koordina-

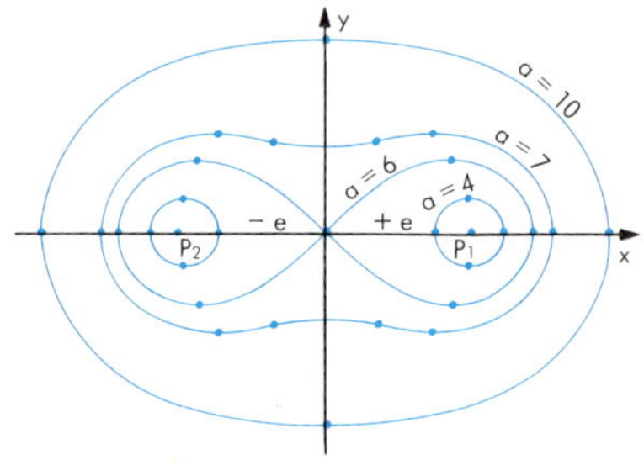

Cassinische Kurven

tensystems im Abstand $\pm e$ vom Ursprung, gilt für die C. K. die Gleichung

$$(x^2 + y^2)^2 - 2e^2(x^2 - y^2) = a^4 - e^4.$$

Cassini-Teilung, → Saturn.

Cassiopeium, chem. Symbol **Cp,** frühere Bez. für das Element → Lutetium.

Cassiusscher Purpur, svw. Goldpurpur, → Goldverbindungen.

Castiglianos Prinzip [-ʎ'anos-, n. dem ital. Techniker C. A. Castigliano, * 1847, † 1884], Grundregel der Statik: Ein mechan. System nimmt von allen möglichen Gleichgewichtszuständen den mit der geringsten Verformungsarbeit erreichbaren an.

Castor, Hauptstern (der 2. Größenklasse) im Sternbild Zwillinge (Alpha Geminorum), bildet ein System aus drei Doppelsternpaaren und gehört zum → Wintersechseck.

casus irreducibilis, → Cardanische Formeln.

CAT, Abk. für engl. **Clear Air Turbulence** [kl'ɪə'eə t'ə:bjuləns], → Klarluftturbulenz.

Catechol|amine, biogene Amine (Adrenalin, Noradrenalin, Dopamin), die im Nebennierenmark und best. Anteilen des Nervensystems aus der Aminosäure Tyrosin gebildet werden. Chemisch sind C. Abkömmlinge des Brenzcatechins.

Catenane, Verbindungen, deren Teile nicht durch chem. Bindungen, sondern durch Ineinandergreifen von Ringmolekülen zusammengehalten werden.

Cauchy-Folge [koʃ'i-, n. dem frz. Mathematiker A. L. Cauchy, * 1789, † 1857], **Fundamentalfolge,** in einem → metrischen Raum eine → Folge, für die gilt: Zu jedem $\varepsilon > 0$ gibt es eine natürliche Zahl n, so daß für alle $n > n_1$ und für alle $m \geqq n_1$ gilt $|a_n - a_m| < \varepsilon$ **(Cauchysches Konvergenzkriterium).** Jede konvergente Folge (→ Konvergenz 3) ist eine C.-F. Mit Hilfe der C.-F. können die → reellen Zahlen konstruiert werden.

Cauchy-Riemannsche Differentialgleichungen [koʃ'i-, n. A. L. Cauchy und dem dt. Mathematiker B. Riemann, * 1826, † 1866], Paar von Differentialgleichungen erster Ordnung in der Funktionentheorie einer komplexen Veränderlichen z. Schreibt man für $z = x + iy$ und spaltet man die Funktion $f(z)$ in Real- und Imaginärteil $f(x + iy) = u(x,y) + iv(x,y)$, so sind u und v zwei Funktionen der beiden reellen Veränderlichen x und y. Für holomorphe Funktionen gelten dann die C.-R. D.

$$\frac{\partial u}{\partial x} = \frac{\partial v}{\partial y} \quad \text{und} \quad \frac{\partial u}{\partial y} = -\frac{\partial v}{\partial x},$$

umgekehrt kann man die holomorphen Funktionen definieren als solche Funktionen, für die die C.-R. D. gelten.

Cauchysche Integralformel [koʃ'i-], Formel der → Funktionentheorie. Ist eine Funktion $f(z)$ in einem Gebiet G, dessen Rand C aus glatten Kurven besteht, holomorph, dann gilt für jedes w aus dem Inneren von G

$$f(w) = \frac{1}{2\pi i} \int_C \frac{f(z)}{z-w}\, dz.$$

Das bedeutet, daß die auf dem Rand des Gebiets liegenden Werte z sämtliche Funktionswerte w im Inneren bestimmen. Im Bereich der reellen Analysis gibt es zur C. I. kein Analogon, die Randwerte eines Intervalls bestimmen hier nicht die Funktionswerte im Inneren dieses Intervalls.

Cauchyscher Integralsatz [koʃ'i-], Satz der → Funktionentheorie. Ist eine Funktion $f(z)$ in einem abgeschlossenen Gebiet G stetig und im Inneren von G holomorph, so gilt für jede ganz in G liegende glatte, geschlossene und doppelpunktfreie Kurve C

$$\oint_C f(z)\, dz = 0,$$

d. h., in diesem Fall ist der Wert des Integrals vom Integrationsweg C (unter den obigen Bedingungen) unabhängig.

Cauchy-Schwarzsche Ungleichung [koʃ'i-, n. A. L. Cauchy und dem dt. Mathematiker H. A. Schwarz, * 1843, † 1921], → Schwarzsche Ungleichung.

Cavalierisches Prinzip, Cavalieri-Prinzip [n. dem ital. Mathematiker B. Cavalieri, * 1598 oder 1591, † 1647], dient zur Begründung der Inhaltslehre im dreidimensionalen Raum: Liegen zwei Körper zw. zwei sie begrenzenden parallelen Ebenen, und werden sie von jeder Parallelebene in inhaltsgleiche Flächen geschnitten, so haben beide Körper den gleichen Rauminhalt.

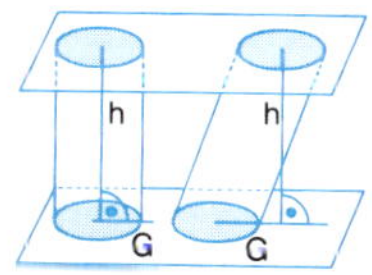

Cavalierisches Prinzip

Cb, 1) chem. Symbol für **C**olum**b**ium, → Niob.

2) Einheitenzeichen für → Coulomb (veraltet).

CB-Funk, Abk. für engl. **Citizen Band** [s'ɪtɪzn bænd], **Jedermann-Funk,** drahtlose Übertragung von gesprochenen Nachrichten (Sprechfunk) mit kleiner vorgeschriebener Leistung und entsprechend geringer Reichweite für jeden Bürger (privat, Gewerbe, Notruf) ohne Ablegung einer Prüfung (i. Ggs. zum Funkamateur). Sprechfunkgeräte für den CB-F. sind in der Bundesrep. Dtl. von der Bundespost seit dem 1. 7. 1975 für 12 Kanäle im 11-m-Band zugelassen, seit dem 1. 1. 1981 ist die Zulassung auf 22 Kanäle erweitert worden.

Es gibt bewegl. Sprechfunkgeräte mit Batterie oder Auto-Akku **(Hand-** und **Auto-Sprechfunkgeräte)** und ortsfeste Sprechfunkgeräte mit Netzanschluß **(Heimstationen).** Die Reichweite, abhängig von Geräteart, Geländeform und Bebauung, beträgt bei Handgeräten 300 m bis 1,5 km im Stadtkern und bis zu 15 km auf dem flachen Land, bei Auto- und Heimgeräten 5–10 km im Stadtkern und bis zu 30 km auf dem flachen Land. Auf dem Wasser ist die Reichweite größer. – Es gibt auch CB-F.-Geräte für Kfz, die mit dem Auto-Rundfunkempfänger kombiniert (›Autofunkradio‹) und auch für den → Verkehrsfunk (Verkehrswarnfunk) eingerichtet sind. Zu unterscheiden vom CB-F. im Auto ist das Autotelephon (→ Funkdienst), dessen Betrieb über das Fernmeldeamt läuft.

CB-F. kann in Ballungsgebieten durch mehrfache Belegung desselben Kanals gestört oder sogar unmöglich sein. Störungen können auch durch räumlich benachbarte Hochfrequenzgeräte auf dem 11-m-Band oder durch Überreichweiten aus dem Ausland vorkommen.

S. KARAMANOLIS: CB-F. (⁷1978); R. KERLER: Jedermann-Funk (1978); C. LORENZ: CB-Hb. für Hobbyfunk (1978); H. KRIEBEL u. C. ROCKROHR: Jedermann-Funk (³1979); P. MODLICH: CB-F. leichtgemacht (1980). – CB-Europa-Journal (seit 1979).

CB-Funk: Betriebsfrequenzen des erweiterten CB-Funkbereiches

Kanal-Nummer	Frequenz	Kanal-Nummer	Frequenz
1	26 965 kHz	12	27 105 kHz
2	26 975 kHz	13	27 115 kHz
3	26 985 kHz	14	27 125 kHz
4	27 005 kHz	15	27 135 kHz
5	27 015 kHz	16	27 155 kHz
6	27 025 kHz	17	27 165 kHz
7	27 035 kHz	18	27 175 kHz
8	27 055 kHz	19	27 185 kHz
9	27 065 kHz	20	27 205 kHz
10	27 075 kHz	21	27 215 kHz
11	27 085 kHz	22	27 225 kHz

cbm, nicht mehr zulässiges Einheitenzeichen für Kubikmeter; gültig: m^3.

^{cc}, nicht mehr zulässiges Einheitenzeichen für → Neusekunde, zu ersetzen durch → Gon mit Vorsätzen.

CCD, Abk. für engl. **Charge Coupled Device** [tʃɑːdʒ kʌpld dɪv'aɪs], ladungsgekoppeltes Halbleiterbauelement; ein integrierter Schaltkreis zur Verarbeitung elektr. und opt. Signale, bei dem die Information in Form von elektr. Ladungen gespeichert und weitergeleitet wird.

CCD bestehen aus einer großen Anzahl eng benachbarter, elektrisch voneinander isolierter Gate-Elektroden und je einem Transistor am Signaleingang und -ausgang

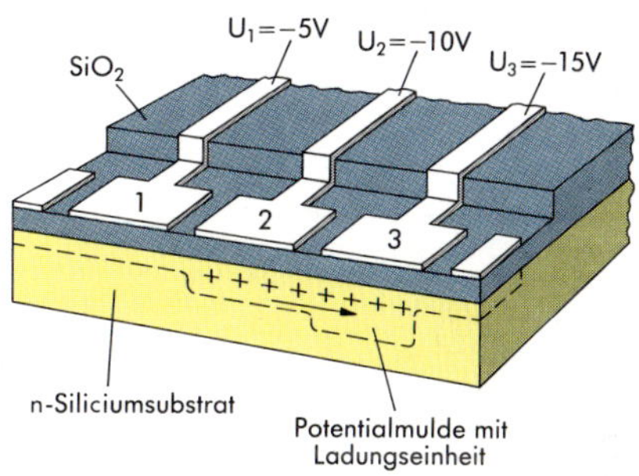

CCD: Prinzipskizze für Dreiphasen-Takt; 1, 2, 3 Gate-Elektroden, U_1, U_2, U_3 Takt-Spannungen

der Kette. Durch ein Signal am Eingangstransistor wird unter der benachbarten Gate-Elektrode eine Ladung injiziert. Die in den Inversionsbereichen unter den Elektroden gespeicherten Ladungsträgerpakete, die eine digitale Information oder ein Signal darstellen, können durch zykl. Änderung der an die Elektroden angelegten Spannung von einer Elektrode zur nächsten verschoben werden, bis sie am Ende der Kette als Ausgangssignal zur Verfügung stehen.

Auf Grund ihrer einfachen Schieberegisterorganisation sind CCD-Schaltungen als Verzögerungsglieder sowie zum Aufbau sehr kompakter Halbleiterspeicher geeignet. Spezielle CCDs, bei denen eine Hälfte der Elemente ein auf die Oberfläche fokussiertes Bild punktweise in intensitätsabhängige Ladungsmengen umsetzt, während die andere Hälfte zum Speichern und Auslesen der Information dient, werden als Bildsensoren eingesetzt. Verbreitete Anwendung haben CCDs bereits in elektron. Videokameras gefunden, mit deren Hilfe Farbbilder auf magnet. Träger aufgezeichnet und/oder auf Bildschirmen dargestellt werden können.

CCITT, Abk. für frz. **Comité Consultatif International Télégraphique et Téléphonique** [kɔmit'e kɔ̃syltat'if ɛ̃tɛrnasjɔn'al telegraf'ik e telefon'ik], ständiges Organ der Internationalen Fernmelde-Union, bearbeitet die internat. Fragen u. a. der Telegraphen- und Fernsprechtechnik **(CCITT-Normen).**

ccm, nicht mehr zulässiges Einheitenzeichen für Kubikzentimeter; gültig: cm^3.

cd, Einheitenzeichen für → Candela.

Cd, chem. Symbol für → Cadmium.

CD, Abk. für **Cirkulardichroismus,** → Zirkulardichroismus.

cdm, nicht mehr zulässiges Einheitenzeichen für Kubikdezimeter; gültig: dm^3.

CdS-Photowiderstand, Halbleiterbauelement aus Cadmiumsulfid, das bei Lichteinfall seinen elektr. Widerstand stark verringert; früher als → Belichtungsmesser verwendet.

Ce, chem. Symbol für → Cer.

CED, Abk. für engl. **Capacitance Electronic Disc** [kəp'æsıtəns ılektr'ɔnık dısk], kapazitives Bildplattensystem (→ Bildplatte).

Ceefax [s'i:fæks], abgeleitet von engl. ›see facts‹, Name des Teletext-Dienstes der BBC.

CEI, Abk. für frz. **Commission Électrotechnique Internationale** [kɔmisj'ɔ̃ elɛktrɔtɛkn'ik ɛ̃tɛrnasjɔn'al], → IEC.

Cellobiose, geschmackloser Zucker. C. ist ein Disaccharid, das sich aus zwei Glucosemolekülen aufbaut und Baustein der Cellulose ist.

Cellophan, → Zellglas.

Cellulasen, pflanzl., mikrobielle, in Pilzen vorkommende → Hydrolasen. C. dienen zur Herstellung von Verdauungstabletten, zur Entfernung von Cellulose in Lebensmitteln und zur Verzuckerung von Cellulose.

Celluloid, Zellhorn, thermoplastischer Kunststoff von hornartig zäher Beschaffenheit. Zur Herstellung wird Nitrocellulose mit Weichmachern (bes. Campher) und Lösemitteln vermischt. Die Masse wird zu Fellen ausgewalzt und unter Druck auf etwa 90 °C erhitzt. C. wurde um 1869 als Ersatz für Elfenbein entwickelt. Es war trotz seiner leichten Brennbarkeit über Jahrzehnte ein wichtiger Kunststoff. Heute findet C. nur noch für Spezialzwecke Verwendung, z. B. für Toilettenartikel (Kämme), Büromaterial (Zeichengeräte) und Tischtennisbälle.

Cellulose, Polysaccharid, das als Gerüstsubstanz von Pflanzenzellen in der Natur weit verbreitet ist. Baumwolle besteht zu 95% aus C., Holz zu 40 bis 50% und Stroh zu etwa 30%. C. hat die Bruttoformel $(C_6H_{10}O_5)_n$, wobei der Polymerisationsgrad n bei roher Baumwolle 7000, bei Tannenholz 2500 beträgt. Die kettenförmigen C.-Moleküle sind aus Glucoseeinheiten aufgebaut. Im Unterschied zur → Stärke sind jeweils zwei benachbarte Glucosemoleküle unterschiedlich angeordnet, so daß die eigentliche Struktureinheit der C. die **Cellobiose** ist. C. quillt in Wasser, ohne sich zu lösen. Als Lösungsmittel eignen sich ammoniakalische Kupfersalzlösungen. Durch Säuren werden C.-Moleküle zu kürzeren Ketten und schließlich zu Glucose abgebaut. C. wird v. a. zur Herstellung von Textilien und Papier verwendet.

Cellulose

Cellobioseeinheit

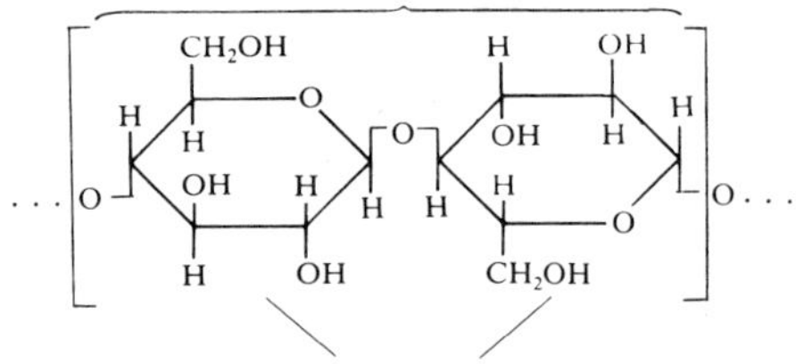

Glucoseeinheiten

Cellulose|äther, Verbindungen, bei denen die Wasserstoffatome der im Cellulosemolekül vorliegenden Hydroxylgruppen durch Methyl- **(Methylcellulose, MC),** Äthyl- **(Äthylcellulose, EC),** Hydroxyäthyl- **(Hydroxyäthylcellulose, HEC),** Carboxymethyl- **(Carboxymethylcellulose, CMC)** oder ähnliche Gruppen ersetzt sind. C. sind weiße, geruch- und geschmacklose Pulver, die in Wasser quellen oder kolloidal in Lösung gehen und damit eine aufdickende Wirkung haben. Zur Herstellung wird Cellulose mit Natronlauge zunächst in Natroncellulose überführt, die dann mit Alkylhalogeniden oder Natriummonochloracetat umgesetzt wird:

$$\underset{\text{Natroncellulose}}{\text{Cell}-\text{ONa}} + \underset{\text{Äthylclorid}}{\text{Cl}-\text{C}_2\text{H}_5} \longrightarrow \underset{\text{Kochsalz}}{\text{NaCl}} + \underset{\text{Äthylcellulose}}{\text{Cell}-\text{O}-\text{C}_2\text{H}_5}$$

$$\underset{\text{Natroncellulose}}{\text{Cell}-\text{ONa}} + \underset{\text{Natriummonochloracetat}}{\text{ClCH}_2-\text{COONa}} \longrightarrow \underset{\text{Kochsalz}}{\text{NaCl}} + \underset{\text{Natriumcarboxymethylcellulose}}{\text{Cell}-\text{O}-\text{CH}_2-\text{COONa}}$$

C. finden zum Verdicken, Suspendieren und Binden von Wasser breite Anwendung in Anstrichstoffen, Klebstoffen (Tapetenkleister), Baustoffen (Putze), Waschmitteln, Nahrungsmitteln sowie in der Papier-, Textil- und Keramikindustrie.

Cellulose|ester, Verbindungen, bei denen die Hydroxylgruppen der Cellulose mit Säuren verestert sind. Bes. wichtig ist der C. der Essigsäure **(Acetylcellulose, Celluloseacetat, CA),** der durch Reaktion von Baumwolle oder Zellstoff mit Acetanhydrid hergestellt wird. Je nach Veresterungsgrad unterscheidet man Sekundäracetate (acetonlöslich) und Triacetate (chloroformlöslich). Von Bedeutung sind auch Misch-C., wie Celluloseacetopropionat und Celluloseacetobutyrat. C. sind weiße, geruch- und geschmacklose Produkte. Sie werden zur Herstellung von Folien, photographischen Filmen, Chemiefasern, Lacken und Formmassen verwendet (→ Nitrocellulose).

Cellulosefasern, Oberbegriff für die aus natürl. Cellulose bestehenden pflanzl. Fasern (Baumwolle, Flachs u. a.) und für die aus regenerierter (→ Viskose und → Cupro) oder veresterter Cellulose (→ Acetat) hergestellten → Chemiefasern. Die C. lassen sich zur Erzielung bestimmter Eigenschaften chemisch und physikalisch verändern **(modifizierte C.).**

Cellulosehydrat, svw. → Hydratcellulose.

Cellulose|nitrate, svw. → Nitrocellulose.

Celsian, → Feldspate.

Celsius-Skale, Celsius-Temperatur [n. dem schwed. Physiker A. Celsius, * 1701, † 1744], → Grad Celsius.

cental [sentl, engl.], Einheitenzeichen **ctl**, noch gebräuchl. Gewichts- und Masseneinheit in Großbritannien: 1 ctl = 100 lb = 45,359237 kg. (ÜBERSICHT Einheiten, angloamerikanische)

Centaur [s'entɔ:, engl.], erste amerikan. Raketenoberstufe mit einer hochenerget. Treibstoffkombination (Flüssigsauerstoff und Flüssigwasserstoff); Gesamtmasse 15 800 kg, davon 13 900 kg Treibstoffe, Schub 133,4 kN (13 600 kp), 1963 erstmals erfolgreich mit einer Atlas-D-Grundstufe erprobt, 1974 Erprobungsabschluß der Trägerrakete Titan/Centaur für solare und planetare Missionen (z. B. Helios, Viking, Voyager).

Centaurus, das Sternbild → Kentauer.

Centurium, chem. Symbol **Ct**, frühere Bez. für das Element → Fermium.

centweight [s'entweɪt, engl.], Einheitenzeichen **cwt**, → hundredweight.

Cephalopoden, Kopffüßer, meeresbewohnende, höchstentwickelte Weichtiere, deren Körper bei den meisten Formen eine durch Scheidewände regelmäßig gekammerte Schale ausscheidet. Die Anwachslinie der Scheidewände an die Schaleninnenwand ist die **Lobenlinie** (Sutur). C. treten seit dem Karbon auf. Fossil wichtige Unterordnungen: → Ammoniten und → Belemniten.

Cephe|iden, nach dem Stern Delta Cephei im Sternbild → Kepheus benannte Klasse von pulsierenden → Veränderlichen bes. hoher Leuchtkraft (Überriesen), deren Helligkeit, Temperatur, Spektrum, Radius und Dichte einem period., aber im einzelnen von Stern zu Stern verschieden verlaufenden Wechsel unterliegen.

Die Periode, die sich zw. etwa 1 und 50 Tagen bewegt, ist eine fundamentale Größe für die C., weil die anderen Eigenschaften von ihr abhängen. Längere Perioden sind begleitet von niedrigeren Temperaturen, entsprechend fortgeschrittenerem Spektraltypus im Minimum, von geringeren mittleren Dichten, aber größeren Radien und höherer Leuchtkraft. Da zw. der Periode und der absoluten Helligkeit eine feste Beziehung besteht **(Perioden-Leuchtkraft-Beziehung)**, kann aus der beobachteten Periode und scheinbaren Helligkeit die Entfernung eines C. bestimmt werden; fast alle ermittelten Entfernungen von Sternsystemen beruhen auf C.-Messungen.

Man unterscheidet die ›klassischen‹ C., deren Prototyp δ Cephei ist **(Delta Cephei-Sterne)**, sie gehören zur → Population I (daher auch **junge C.**), d. h. sie sind v. a. in der galakt. Ebene zu finden; von den **alten C.** (nach ihrem Prototyp auch **W Virginis-Sterne)**, die zur Population II gehören und im Milchstraßensystem bis in hohe Breiten gleichmäßig verteilt vorkommen.

Die ebenfalls zu den Pulsationsveränderlichen gehörenden → RR Lyrae-Sterne werden manchmal als **kurzperiod. C.** bezeichnet.

Cepheus, lat. Bez. des Sternbilds → Kepheus.

Cer, Cerium, chem. Symbol **Ce**, metall. → chemisches Element, ein → Seltenerdmetall, häufigstes Lanthanoid, Ordnungszahl 58, vier natürl. (^{140}Ce: 88,4%), zahlreiche künstl. Isotope. C. ist ein eisengraues, weiches, gegen Luft und Wasser sowie gegen die meisten Säuren und Basen unbeständiges Metall. Es kommt v. a. in den Mineralen Monazit und Bastnäsit vor, aus denen es durch Reduktion seiner Verbindung mit unedleren Metallen oder durch Elektrolyse von geschmolzenen C.-Halogeniden gewonnen wird. C. ist wichtiger Legierungsbestandteil, Stabilisator von Glasierungen radioaktiver und Röntgenstrahlung. Cer(IV)-Verbindungen sind starke Oxidationsmittel. – C. wurde 1803 gleichzeitig von M. H. KLAPROTH und, unabhängig von ihm, von J. J. BERZELIUS und HISINGER entdeckt.

Cerebroside, phosphorfreie Lipide, die mit den Gangliosiden die Gruppe der Glykolipide bilden. Sie kommen mit den strukturverwandten → Phosphatiden vor und sind v. a. in Hirnsubstanz und Nervenzellen.

Ceres, erster, 1801 gefundener → Planetoid, der die Sonne auf einer ellipt. Bahn zw. Mars und Jupiter umrundet. Mit einem Durchmesser von 1 003 km ist C. der größte Planetoid.

Cerit|erden, Gruppenbez. für die Oxide der sechs ersten → Seltenerdmetalle.

Cer|legierungen mit 70% Cer, 17–28% Eisen und Zusätzen an Magnesium, Silicium, Zink und Kupfer **(Auermetall)** dienen zur Herstellung von Zündsteinen für Feuerzeuge. Geringe Mengen an Cer enthalten manche Aluminium- und Magnesiumlegierungen.

Cermet [s'ə:mət, engl.] *das*, Abk. für engl. **ceramics** [sɪ'ræmɪks] und **metal** [metl], Sammelname für Werkstoffe aus keram. (z. B. Oxide des Aluminiums, Chroms, Magnesiums, Siliciums, Titancarbid, Molybdänsilicid) und metall. Bestandteilen (Eisen, Kobalt, Nickel, Chrom, Molybdän, Wolfram). Sie sind hochtemperaturbeständig. Verwendung als → Hartmetalle, → Schneidmetalle und als Material für die Widerstandsschicht bei → Potentiometern. Herstellung durch Gießen oder Sintern oder durch Flammspritzen der pulverförmigen Bestandteile auf metallische Unterlagen.

CERN, Abk. für **Conseil Européen pour la Recherche Nucléaire** [kɔ̃s'ɛj ørɔpe'ɛ̃ pur la rəʃɛrʃ nykle'ɛ:r, frz.], jetzt **Organisation Européenne pour la Recherche Nucléaire** [ɔrganɪzasj'ɔ̃ ørɔpe'ɛn-], europ. Organisation für Kernforschung mit dem Ziel der gemeinsamen kernphysikal. Grundlagenforschung der zwölf europ. Mitgliedstaaten, gegr. 1952, Sitz in Genf, Forschungszentrum in Meyrin, ausgestattet u. a. mit einem 28-GeV-Protonen-Synchrotron (PS, seit 1959), zwei Speicherringen (ISR, seit 1971) und einem Super-Protonen-Synchrotron (SPS) für Energien bis 400 GeV (seit 1976).

Mit dem SPS konnten u. a. die → neutralen Ströme der schwachen Wechselwirkung sowie eine körnige Struktur der Ladungsverteilung im Proton (→ Quarks) bei Neutrinostreuexperimenten nachgewiesen werden. Durch gleichzeitige Beschleunigung eines Protonen- und eines Antiprotonenstrahls im SPS, die in entgegengesetzter Richtung umlaufen und auf jeweils 270 GeV beschleunigt werden, wird versucht, mit der im Schwerpunktsystem zur Verfügung stehenden Energie von 540 GeV intermediäre Bosonen (→ Vektorboson) zu erzeugen. Der Bau eines großen Elektron-Positron-Speicherringsystems LEP (Abk. für Large Electron Positron Storage Ring), mit dem Elektronen und Positronen auf jeweils 50 GeV beschleunigt werden sollen, wurde 1981 beschlossen. Mit dieser Anlage sollen die Theorien über die Vereinigung der unterschiedl. → Wechselwirkungen getestet werden. Die vorhandenen Protonen-Synchrotrons PS und SPS sollen zur Vorbeschleunigung der Elektronen und Positronen auf etwa 22 GeV vor Einschuß in den LEP-Ring, der einen Umfang von 30 km haben wird, verwendet werden (BILD S. 196). Ein späterer Ausbau auf je 130 GeV ist möglich.

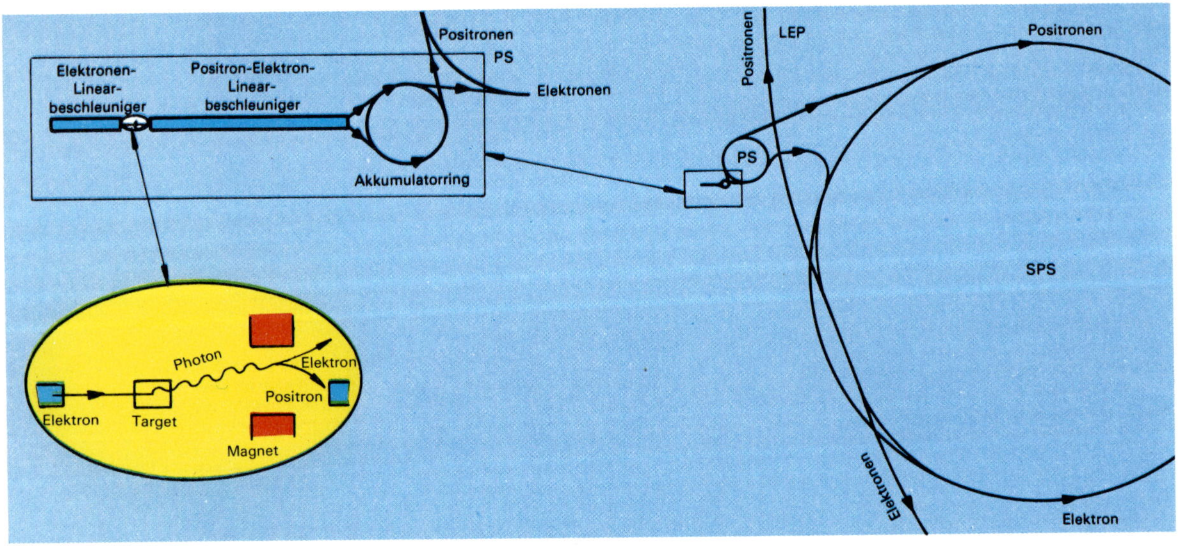

CERN: Das Injektorsystem für LEP. Die Positronen erhält man durch Beschuß eines Targets mit 200-MeV-Elektronen; die dabei auftretenden Photonen erzeugen Positronen, die abgetrennt werden. In einem Akkumulatorring werden die Positronen gesammelt. Mit dem Protonen-Synchrotron PS und dem Super-Protonen-Synchrotron SPS werden die Elektronen und Positronen auf 22 GeV vorbeschleunigt und dann in den LEP-Ring eingeschleust

Neben den Teilchenbeschleunigern sind bei C. Detektoren (z. B. Massenseparatoren, Blasenkammern, Spektrometer) zum Nachweis und zur Analyse der bei den Reaktionen gebildeten Teilchen entwickelt worden, die es erlauben, den Ort auf einige µm ($1 \mu m = 10^{-6}$ m) und den Zeitpunkt auf wenige ns ($1 ns = 10^{-9}$ s) genau festzulegen.

Cerussit, Weißbleierz, Mineral $PbCO_3$, wichtiges Bleierz der Oxidationszone von Galenitlagerstätten.

Cerverbindungen. Cer ist drei- und vierwertig; die Cer(III)salze sind farblos, die Cer(IV)salze durchweg gefärbt. Saure Lösungen der Cer(IV)salze wirken stark oxidierend, so wird z. B. **Cer(IV)ammoniumnitrat,** $(NH_4)_2Ce(NO_3)_6$, als Oxidationsmittel und in der Maßanalyse (Cerimetrie) benutzt, ebenso **Cer(IV)sulfat,** $Ce(SO_4)_2$. **Cer(III)oxid,** Ce_2O_3, wird als opt. Poliermittel benutzt. – Kleine Gehalte von C. erhöhen die Leuchtkraft von glühendem Thoriumoxid, deshalb Verwendung in Glasglühstrümpfen.

Cetan, der Kohlenwasserstoff **Hexadecan,** $C_{16}H_{34}$.

Cetanzahl, Abk. **CaZ,** Maß für die → Zündwilligkeit von Dieselkraftstoffen, gemessen in Einzylinder-Prüfmotoren. Als Vergleichskraftstoffe dienen Gemische aus dem sehr zündwilligen Cetan und dem zündträgen α-Methylnaphthalin $C_{11}H_{10}$. Der Cetananteil eines Vergleichskraftstoffes in Vol.-% mit gleicher Zündwilligkeit ergibt die C. Je höher die C., desto größer die Zündwilligkeit. Langsamlaufende Schiffsdieselmotoren benötigen C. über 20, Fahrzeugdieselmotoren über 40.

CETI, Abk. für engl. **Communication with Extraterrestrial Intelligence** [kəmju:nɪk'eɪʃn wɪθ ekstrətɪr'estrɪəl int'elɪdʒəns], Begriff für alle Bestrebungen, mit techn. Mitteln Kontakt mit außerird. Zivilisationen aufzunehmen. Solche Möglichkeiten sind: Versuche, Signale von möglichen Planeten anderer Sterne aufzufangen (erstmals 1960 von dem Amerikaner F. DRAKE praktiziert) oder eigene Signale zu entsenden, Übermittlung verschlüsselter Text- und Bildbotschaften mit Raumsonden, die das Sonnensystem verlassen (Pioneer 10 und 11, Voyager 1 und 2), sowie Suche nach Raumflugkörpern außerird. Ursprungs, die sich in unserem Sonnensystem bewegen. Alle Bemühungen blieben bisher ohne Erfolg.

Cetus, das Sternbild → Walfisch.

Cetyl|alkohol, Hexadecanol, $C_{16}H_{33}OH$, höherer Alkohol, der als Palmitinester im Walrat vorkommt.

Cevascher Satz [tʃ-, n. dem ital. Mathematiker G. Ceva, * 1647 oder 1648, † 1734], Satz der Geometrie über die Eckenlinien eines Dreiecks: Gehen drei Eckstrahlen eines Dreiecks durch einen Punkt *(P),* so sind die Beträge der Produkte aus je drei nicht aneinanderstoßenden Abschnitten der Dreiecksseiten gleich (BILD S. 197):

$$|\overline{AF}| \cdot |\overline{BD}| \cdot |\overline{CE}| = |\overline{FB}| \cdot |\overline{DC}| \cdot |\overline{EA}|.$$

Cf, chem. Symbol für das Element → Californium.

CFK, Abk. für **Carbonfaser-Kunststoff,** mit → Kohlenstoff-Faser verstärkter Kunststoff, Kohlenstoff-Faser-Werkstoff.

CFR-Motor, Abk. für **Cooperative Fuel Research** [kəʊ'ɔpərətɪv fjʊəl rɪs'ə:tʃ, engl.], Einzylindermotor zum Messen der → Oktanzahl von Ottokraftstoffen und der → Cetanzahl von Dieselkraftstoffen. Beim CFR-M. kann während des Motorlaufs das Verdichtungsverhältnis erhöht werden, bis der Motor zum Klopfen kommt. Ein schnelles Umschalten von einem Kraftstoff auf einen anderen ist möglich.

Cerussit: OBEN weiße stengelige Kristalle auf Limonit (Siegerland); UNTEN bräunliche klare Kristalle (Tsumeb, Südwestafrika)

CGS-System, Abk. für **Zentimeter(cm)-Gramm-Sekunde-System,** ein → Maßsystem.

CH, auch C_xH_x oder **HC,** Abk. für Kohlenwasserstoffe.

Chabasit *der,* Mineral, → Zeolithe.

chain [tʃeɪn, engl.], noch gebräuchl. Längeneinheit in Großbritannien und den USA: 1 chain = 22 yd = 20,11**68** m. (ÜBERSICHT Einheiten, angloamerikanische)

Chalcedon *der,* Mineral SiO_2, kryptokristalline Abart von Quarz oder β-Cristobalit; vielfarbig oder farblos, meist durchscheinend. – Neben **Achat** sind Schmucksteine: roter **Carneol,** grüner **Chrysopras,** wolkig-brauner **Mokkastein,** brauner, rot durchscheinender **Sarder** und **Moosachat** mit grünen, stengeligen Einschlüssen. Undurchsichtig und oft intensiv gefärbt ist der **Jaspis.**

Chaldäische Periode, svw. → Sarosperiode.

Chalkogene *Mz.,* die Elemente der 6. Hauptgruppe des Periodensystems ohne Polonium. C. sind Nichtmetalle und Bestandteile vieler erzbildender Mineralien.

Chalkopyrit, Kupferkies, Mineral $CuFeS_2$, messing- bis goldgelb, bunt und schwarz anlaufend; H. 3,5–4, D. um 4,2; meist derb, dicht; häufigstes und wichtigstes Kupfererz, oft gemeinsam mit Pyrit. C. kommt bes. in hydrothermalen Erzgängen vor.

Chalkosin *der,* Mineral Cu_2S, → Kupferglanz.

Chalkosphäre *die,* die hypothet. Sulfid-Oxid-Schale der → Erde.

Chalkotrichit, karminrotes Mineral Cu_2O, → Cuprit.

Chalone, Gruppe von körpereigenen Glykoproteinen, die bisher nur in Säugetieren gefunden wurden. Zusammensetzung noch unbekannt. In einer Tonne Gewebematerial werden nur etwa 0,1 mg nachgewiesen. C. bewirken eine Hemmung des Zellwachstums (Eingriff in Mitose), wodurch eine Wucherung von Gewebe verhindert werden kann. Aus diesem Grund könnten sie Bedeutung in der Krebsbehandlung bekommen (Mitosegifte). C. verlangsamen den Alterungsprozeß der Zellen.

Chamäleon [k-], lat. **Chamaeleon,** ein → Sternbild nahe dem südlichen Himmelspol.

Chamosit *der,* Mineral $(Fe^{II}, Fe^{III}, Mg)_6\,(OH)_8\,[AlSi_3O_{10}]$, ein Chlorit, grüngrau bis schwarz, dicht, 36–42% FeO; bildet mit Thuringit dichte oder oolith. Eisenerze.

Chandlersche Periode [tʃ'ændlə-, n. dem amerikan. Liebhaberastronomen S. C. Chandler, * 1846, † 1913], → Polbewegung.

Channel [tʃænl, engl.], Strompfad zw. den Elektroden Source und Drain beim → Feldeffekttransistor. Seine elektr. Leitfähigkeit wird vom Gate gesteuert.

Channelmontage [tʃ'ænlmɔnta:ʒə], Verfahren zur Montage eines Halbleiterchips auf ein metallisiertes Keramikplättchen, wobei der → Chip durch Bildung einer eutekt. Metall-Silicium-Legierung auf der Unterlage befestigt und an die vorgesehenen Bondstellen (→ Bonden) angeschlossen wird. Der Vorteil dieser Vormontage liegt darin, daß am bereits montierten Chip die elektr. Parameter besser als am unbefestigten gemessen werden können. Außerdem wird die Fehlerrate bei fertigen Hybridschaltungen reduziert, da der Chip in dieser Form in die Hybridschaltung eingesetzt werden kann.

Charakter, Mathematik: die Summe der Diagonalelemente (**Spur**) einer quadrat. → Matrix 2). (→ charakteristisches Polynom)

Charakteristik, 1) in der Mathematik verschiedenartig gebrauchter Begriff:

a) **C. des Logarithmus,** der ganzzahlige Anteil des Logarithmus, der die Stellenzahl kennzeichnet; z. B. ist im Bereich der dekad. Logarithmen die Zahl 3 die C. der Logarithmen aller Zahlen von 1000–9999.

b) **C. eines Körpers,** die Primzahl p, für die gilt $p \cdot p = 0$, wobei e das Einselement des betreffenden → Körpers 1) ist. Gibt es keine solche Primzahl, d. h. gilt $p \cdot e = 0$ nur, wenn $p = 0$, so hat der Körper die C. Null, z. B. hat der Körper $\mathbb{Q}$ der rationalen Zahlen die C. Null.

c) In der Theorie der → Differentialgleichungen bezeichnet man als C. eine Raumkurve, die als Lösung von Differentialgleichungen auftritt.

2) Physik, Technik: svw. → Kennlinie.

charakteristische Gruppe, in der Chemie svw. → funktionelle Gruppe.

charakteristisches Polynom. Ist A eine symmetrische → Matrix 2) mit n Zeilen und Spalten, dann ist durch die Determinante $|A-\lambda E| =$

$$\begin{vmatrix} (a_{11}-\lambda) & a_{12} & \cdots & a_{1n} \\ a_{21} & (a_{22}-\lambda) & \cdots & a_{2n} \\ \vdots & \vdots & & \vdots \\ a_{n1} & a_{n2} & \cdots & (a_{nn}-\lambda) \end{vmatrix}$$

ein Polynom n-ten Grades gegeben. Die sämtlich reellen Lösungen dieses Polynoms heißen Eigenwerte der Matrix A (→ Eigenwertproblem).

charakteristische Strahlung, → Röntgen-Strahlung.

Charge [ʃarʒə, frz.], Beschickung eines metallurgischen Ofens.

Chargenbetrieb, svw. → diskontinuierlicher Betrieb.

Charm [tʃɑ:m, engl.], Elementarteilchenphysik: charakterist. → Quantenzahl (c) des vierten → Quarks, des **C.-Quark** (c); → Charmonium.

Charmonium [tʃ-], gebundenes System $c\bar{c}$ des Teilchens Charm-Quark c mit seinem Antiteilchen $\bar{c}$. Das C. ist im Aufbau vergleichbar mit dem → Positronium, einem System aus Elektron und Positron. Das → Psi-Teilchen, auch J-Teilchen genannt, wird als Grundzustand des C. aufgefaßt. Bis 1979 wurden acht weitere angeregte Zustände des C. zwischen 3 und 4,4 GeV entdeckt und spektroskopisch interpretiert.

Charon, Mond des → Pluto.

Chassis [ʃas'i, frz.] *das,* **1)** Fahrgestell, Montagegestell.

2) Textiltechnik: Behälter für Farbstofflösungen, Druckfarben, Schlichte- und Appreturflotten bei Veredlungsmaschinen.

Checkout [tʃek'aʊt, engl.] *der,* amerikan., auch in die dt. Raumfahrt-Terminologie übernommener Ausdruck für die stufenweise Kontrolle und Funktionsprüfung von Einzelkomponenten, Baugruppen und vollständig montierten Satelliten, Raumflugkörpern und Raketen.

Chelate, Komplexverbindungen, bei denen ein zentrales Metallion unter Ausbildung mehrerer Bindungen

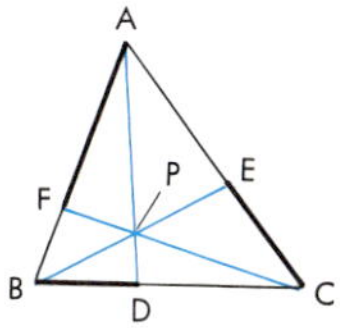

Cevascher Satz

Chalcedon, traubig (Island)

Chalcedon (geschliffen)

Chalkopyrit

Chalkopyrit: OBEN derb (Markirch, Elsaß); UNTEN kleine braune Kristalle (Dillenburg)

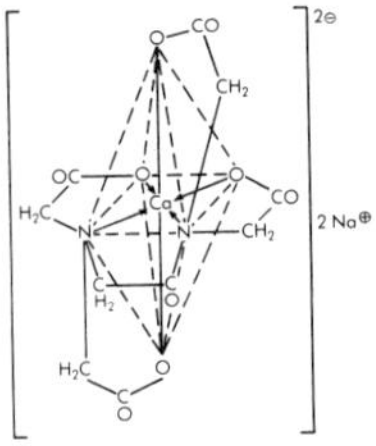

Chelate
Calcium-EDTA-Chelat

von einem oder mehreren Molekülen oder Ionen ringartig umgeben ist. C. bilden u. a. Polyphosphate, Äthylendiamintetraessigsäure (EDTA) und Nitrilotriessigsäure. Durch C.-Bildung können z. B. Calciumionen in hartem Wasser so gebunden (maskiert) werden, daß es bei Wasch- und Reinigungsverfahren nicht zur Kalkausfällung kommt. In der chem. Analytik werden Metallionen unter C.-Bildung mit EDTA titriert (Komplexometrie). Spuren von Schwermetallen (z. B. Kupfer), die in Kraftstoffen einen negativen Einfluß auf die Oxidationsbeständigkeit haben, können durch C.-Bildung unschädlich gemacht werden. C. sind zahlreiche Farbstoffe (Metallkomplexfarbstoffe), wobei bes. Chrom- und Kobalt-C. mit Azoverbindungen bei der Textilfärbung von Bedeutung sind.

Chemical Mace [k'ɛmɪkl meɪs, engl.], → chemische Kampfstoffe.

Chemie, Gebiet der Naturwissenschaften, das die Eigenschaften chem. Elemente im freien und gebundenen Zustand, die Reaktionen der chem. Elemente und ihrer Verbindungen, die Steuerung, Deutung und Anwendung dieser Reaktionen und die Grunderscheinungen und Kräfte der Natur hinsichtlich ihrer Anwendung auf Reaktionen, Analysen u. a. studiert. Kernchemisch ist die C. mit den Ursachen und Wirkungen von Elektronenverteilung, -abgabe und -aufnahme zw. Atomen und Molekülen und mit den Beziehungen zw. den Energieniveaus dieser Elektronen innerhalb der Atome und Moleküle befaßt.

Gliederung: In der **reinen C.** wird zw. anorgan. und organ. C. unterschieden. Zur **anorganischen C.** gehören sämtliche chem. Verbindungen, die keinen Kohlenstoff enthalten (Ausnahme: Oxide und Metallverbindungen des Kohlenstoffs und die Salze der Kohlensäure). Dabei handelt es sich vorwiegend um Stoffe aus der unbelebten Natur. Die **organische C.** faßt alle anderen Kohlenstoffverbindungen zusammen und wird daher richtiger **C. der Kohlenstoffverbindungen** genannt (→ Kohlenstoffverbindungen). Zur reinen C. gehören ferner die → analytische Chemie, die → instrumentelle Analytik, die synthet. C. und die präparative C. Aufgabe der **synthetischen C.** ist die künstl. Darstellung chem. Verbindungen aus den Elementen, aus einfacheren Verbindungen, durch Umsetzung zw. den Verbindungen oder durch Abbau größerer Verbindungen, Aufgabe der **präparativen C.** die Herstellung definierter chem. Stoffe.

Unter **theoret. C.** wurde urspr. der Lehrstoff der C. i. Ggs. zur experimentellen C., später der der physikal. C. verstanden. Heute werden in der theoret. C. Verfahren und Denkweisen der Physik angewendet; sie kann daher als Quantentheorie der Atome und Moleküle verstanden werden. Daneben beschäftigt sich die theoret. C. mit der Beschreibung und rechner. Erfassung besonderer Erscheinungen wie Mesomerie, elektr. Wechselwirkung, Assoziation sowie mit der Deutung von Elementarreaktionen, Stoßprozessen, Anregungs- und Übergangszuständen u. a. (→ Laserchemie, → Photochemie)

In der **angewandten C.** wird die Forschung zusammengefaßt, die allein oder überwiegend auf praktische Anwendbarkeit ihrer Ergebnisse abzielt. Sie kann als Synonym für chemische Industrie, → Chemische Technologie und chem. Technik verstanden werden. Andere Teilgebiete sind u. a. → Agrikulturchemie, → Biochemie, → Biogeochemie, Cytochemie, → Geochemie, Kristallchemie, Pharmakologie, → klinische Chemie, → physikalische Chemie, → physiologische Chemie, Phytochemie, → Strahlenchemie.

Im Bereich der anorgan. Chemie haben Untersuchungen über → Koordinationsverbindungen, die Struktur des Schwefels und seiner Verbindungen, über die des Siliciums sowie über Struktur und Bindungsart von → metallorganischen Verbindungen an Bedeutung gewonnen. Forschungen über die Eigenschaften neuer opt. und elektron. Materialien sowie von techn. Kunst- und Verbundwerkstoffen und → flüssigen Kristallen sowie über die Reaktionsabläufe in Festkörpern haben der → Festkörperchemie neue Impulse gegeben. Auch auf den Gebieten bio-organ. C., C. der Metalle, Korrosionsvorgänge und -schutz, Koordinations- und Edelgasverbindungen, Entwicklung hochtemperatur- und hochdruckbeständiger Werkstoffe, → Membranverfahren, Halbleiter, anorgan. Werkstoffe in der Medizin u. a. wurde bed. Arbeit geleistet.

Schwerpunkte der Forschung auf dem Gebiet der organ. C. liegen bei der Synthese neuer Verbindungen und der Verbesserung bestehender Synthesen durch neue Reagentien und Syntheseplanungen (z. T. mit Hilfe von Computern). Bei der Isolierung und Synthese von Naturstoffen und Arzneimitteln werden neue Wege beschritten. Für den gezielten Ablauf von Synthesen sind Wahl des Lösungsmittels und Schutz funktioneller Gruppen von zentraler Bedeutung geworden. Schwermetalle wie Platin und Palladium spielen eine bed. Rolle bei der Synthese von Ringverbindungen. Daneben ist die organ. C. ständig auf der Suche nach **exot. Verbindungen,** Substanzen, die durch schwierige Verknüpfungen gekennzeichnet sind. Ihre Synthese ist jedoch oft eine Randerscheinung der organ. C.

Geschichte: Die Anfänge der C. entstanden aus der → Alchemie etwa seit dem 17. Jh. Doch schon Ägypter und Babylonier besaßen chemisch-techn. Wissen, das in Ägypten im 2.–3. Jh. n. Chr. seine naturphilosoph. Deutung und Ausgestaltung erfuhr. Daneben wurden Fragen der Mischung von Elementen in den natürl. Stoffen und das Problem der ›minima naturalia‹ (ARISTOTELES) behandelt, die jedoch keine chem. Erkenntnisse im heutigen Sinne erbrachten. – Die lebhafte Pflege der Alchemie durch die arab. Wissenschaft und im mittelalterl. Abendland führte zur Entdeckung neuer Stoffe und zu neuen chem. Geräten und Arbeitsmethoden. Eine Erweiterung des Wissens brachte die Praxis der Feuerwerkerei und des Bergbaus.

Der Aufschwung, den die C. durch das Wirken des PARACELSUS im 16. Jh. nahm, führte im 17. Jh. zur Errichtung der ersten Professur für C. (Marburg 1609) und zur Planung eines ersten chem. Laboratoriums (A. LIBAVIUS). Erst mit dem ›Skeptischen Chemiker‹ von R. BOYLE (1661) brach das empirische und rationale Denken in der C. durch. – Der im 18. Jh. folgende Entwicklungsabschnitt, beherrscht durch die → Phlogistontheorie, brachte mit ersten bed. Versuchen einer einheitl. Deutung chem. Vorgänge der Forschung neuen Auftrieb. Unter den zahlreichen folgenden Entdeckungen (H. CAVENDISH, A. MARGGRAF, J. BLACK) war die wichtigste die des Sauerstoffs durch K. SCHEELE (1771) und J. PRIESTLEY (1774). – Mit A. L. LAVOISIER beginnt die eigtl. moderne quantitative C. Neue Methoden der Elementaranalyse wurden entwickelt, neue Elemente entdeckt und theoret. Vorstellungen vertieft (J. DALTON, A. AVOGADRO, J. L. PROUST, J. RICHTER). In die gleiche Zeit fallen erste Versuche einer fabrikmäßigen Herstellung chem. Produkte (Schwefelsäure, Soda, Rübenzucker).

Bes. markante Punkte der Entwicklung werden im 19. Jh. gesetzt, u. a. durch die Nutzung der galvan. Kräfte (H.

DAVY, M. FARADAY), die Harnstoffsynthese (F. WÖHLER, 1828), die Herstellung der ersten Anilinfarben (C.-L. v. REICHENBACH, F. F. RUNGE, O. UNVERDORBEN, W. H. PERKIN) und die Begründung der Agrikulturchemie (J. VON LIEBIG, 1840). Über die Triadentheorie (J. W. DÖBEREINER, 1829) gelang es, im Periodensystem der Elemente (L. MEYER, D. MENDELEJEW, 1868–71) die chem. Grundstoffe zu ordnen. Fortschritte zur Klärung der chem. Bindung brachten die dualistische elektr. Theorie (J. VON BERZELIUS), die Radikaltheorie (J. VON LIEBIG) und die Typentheorie (C. GERHARDT). Innere Ordnung erfuhr die organ. C. mit der Valenzlehre (1857), der Strukturformel offenkettiger Kohlenwasserstoffe (1858) sowie der des Benzols (1865) durch A. KEKULÉ. Die theoret. Deutung chem. Vorgänge durch die physikal. C. machte bed. Fortschritte durch das Massenwirkungsgesetz (C. GULDBERG und P. WAAGE, 1867), die Spektralanalyse (R. KIRCHHOFF und R. BUNSEN, 1859) und die Osmose (W. PFEFFER, 1877). Neue Arbeitsgebiete erschlossen die Elektrochemie (S. ARRHENIUS, 1887) und die Kolloidchemie (T. GRAHAM, 1861, W. OSTWALD). – Bemerkenswert ist auch der Aufschwung, den in der zweiten Hälfte des 19. Jh. die großtechn. Herstellung synthet. Produkte nahm (Ammoniaksynthese, Kohlehydrierung, Kunststoffindustrie).

Die neuen Erkenntnisse über den Atombau um die Wende zum 20. Jh. wurden in enger Wechselwirkung zw. Physik und C. entwickelt und führten, rückwirkend auf die C., zur fortschreitenden Klärung der Zusammenhänge zw. Struktur, Eigenschaften und Reaktionsweise der Stoffe. Die Beiträge der C. zur Klärung der Konstitution und der Eigenschaften physiologisch und biologisch wichtiger Stoffe läßt die Grenze zw. C. und Physik und Biologie zugunsten eines gemeinsamen Grenzgebietes zurücktreten.

Sammelwerke: Beilsteins Hb. der organ. C., bearb. v. B. PRAGER u. a. ([4]1918 ff., bis 1975, die Lit. bis 1959 umfassend); Gmelins Hb. der anorgan. C., bearb. v. R. J. MEYER, E. PIETSCH u. a. ([8]1924 ff.); Hb. der analyt. C., hg. v. W. FRESENIUS u. G. JANDER ([2]1956 ff.); Hb. der Lebensmittelchemie, 9 Bde., hg. v. L. ACKER u. a. (1965–70); K. WINNACKER u. L. KÜCHLER: Chem. Technologie, 5 Bde. ([3]1969–74); O.-A. NEUMÜLLER: Römpps Chemie-Lexikon, 6 Bde. (1972–77; [8]1979 ff.).

Chemiefasern, Sammelbegriff für alle auf chemischem Weg erzeugten Faserstoffe: in Form von Filamentgarnen, von auf eine bestimmte Stapellänge geschnittenen Spinnfasern oder von Spinnbändern. **Filamentgarne** (auch **Chemieseiden** und früher **Kunstseide** genannt) bestehen entweder aus mehreren feinen Elementarfäden (Multi- oder Polyfile) oder aus einem einzigen gröberen Faden (Monofil). Bei den **Chemiespinnfasern** unterscheidet man nach Feinheit, Schnittlänge, Festigkeit, Dehnung und Kräuselung baumwollähnliche B-Typen, wollartige W-Typen sowie Spezialtypen, z. B. T-Typen für den Flor von Teppichen. **Chemieflock** sind Kurzfasern mit einer Schnittlänge unter 15 mm zum Beflocken. Gröbere C. sind **Monofile** über 0,1 mm ∅ (auch **Chemiedraht** genannt), **Chemiebändchen** (Düsen- und Schnittbändchen) sowie **Spalt-(Spleiß-)Fasern** aus fibrillierten Folien.

Arten. Zu unterscheiden sind als Hauptgruppen C. auf Cellulosebasis und die heute vorherrschenden synthet. C. Aus **regenerierter Cellulose** (Holzzellstoff oder Baumwoll-Linters) bestehen die **Viskosefasern** (→ Viskose) und die **Cuprofasern** (→ Cupro), aus veresterter Cellulose die **Acetatfasern** (→ Acetat). Nur sehr geringe Bedeutung hat die auf Eiweißbasis hergestellte Caseinfaser und das aus der in den Meeralgen enthaltenen Alginsäure erzeugte Alginatfilamentgarn. Aus Naturkautschuk (Latex) bestehen die nach dem Schneid-, Spritz- oder Preßverfahren hergestellten Gummifäden (Elastodien).

Die drei wichtigsten Arten der **synthet. C.,** deren Vorprodukte aus Erdöl durch Polymerisation, Polykondensation oder Polyaddition gewonnen werden, sind: die **Polyamide** (Nylon, Perlon, Enkalon, Dederon, Grilon, Lilion, Rilsan u. a.), die **Polyester** (Diolen, Trevira, Terylene, Dacron, Terlenka, Vestan, Kodel, Vycron, Grilene u. a.), die **Polyacrylnitrile** (Dralon, Dolan, Redon, Orlon, Acribel, Acrilan, Exlan u. a.). – Weitere Synthese-C. sind: die **Polyvinylchloride** (Rhovyl, Clevyl, Leavin, Pivi-acid u. a.), die **Polyvinylidenchloride** (Saran), die **Polyolefine** (Meraklon), die aus segmentiertem **Polyurethan** bestehenden Elasthane (Lycra, Vyrene) und die japan. **Polyvinylacetalfasern** (Vinylal, Kuralon, Mewlon). Außerdem gibt es C. aus **Polyharnstoff** (Urylon), aus **Multipolymerisaten** (Dynel, Verel) und aus **Polytetrafluoräthylen** (Teflon).

Anorganische C. sind die **Silikatfasern** (Glasseide und Glaswolle), die nur als Isoliermaterial dienende **Schlackenwolle, Gesteinsfasern** (Sillan) und **Keramikfasern** (Fiberfrax), die **Metallfäden** und **Stahlfasern** sowie die in der Entwicklung begriffenen **Kohlenstoff-Fasern.**

Herstellung. C. werden mit Ausnahme der Spaltfasern unter Verwendung von Spinndüsen erzeugt, durch die die zähflüssige Spinnlösung oder die heiße Spinnschmelze von einer Zahnradpumpe hindurchgedrückt wird. Beim **Naßspinnen** (Viskose-, Kupfer- und z. T. Acrylverfahren) wird die Spinnlösung in einem Fällbad fadenförmig ausgeschieden, d. h. ›ausgefällt‹, und nach erfolgter Koagulation von den Fällbadrückständen befreit. Beim **Trockenspinnverfahren** (für Acetat und z. T. Polyacrylnitril) wird das flüchtige Lösungsmittel nach erfolgter Fadenbildung verdampft. Das **Schmelzspinnverfahren** ist nur bei den schmelzbaren Grundstoffen der Polyamide, Polyester und Polyolefine anwendbar. Die Fäden werden hierbei in Spinnschächten durch Anblasen mit Kaltluft verfestigt.

Dem Erspinnen der Fäden folgt meist ein Nachverstrecken. Hierbei wird durch Längsorientierung der Moleküle eine Steigerung der Festigkeit und eine Verminderung der Dehnung erzielt. Zum Stabilisieren des erhaltenen Molekulargefüges dient bei den synthet. C. das Thermofixieren. – Nicht durch einen Spinnprozeß, sondern durch **Längsschneiden** hochverstreckter Polyäthylen- oder Polypropylen-Folien entstehen **Flachfäden,** durch **Spleißen** (Splitten) **Spaltfasergarne** oder verspinnbare **Splitterfasern.**

Eigenschaften, Verwendung. Die Eigenschaften der C. lassen sich weitgehend beeinflussen (›Fasern nach Maß‹). Durch Zusatz von feinverteiltem Titandioxid zur Spinnlösung oder Spinnschmelze erhält man halbmatte oder tiefmatte und durch Zusatz von Pigmentfarbstoffen spinn-(düsen-)gefärbte Erzeugnisse. Aus profilierten Düsenöffnungen ersponnene **Profilfasern** auf Polyamid- und Polyesterbasis ergeben neben erhöhter Haftfähigkeit einen Glanz- oder Glitzereffekt. Durch physikal. und chem. Modifikationen entstehen Spezialtypen, z. B. auf Viskosebasis das **Cordreyon** für die textile Einlage von Autoreifen und die **Polynosic-Fasern** mit hohem Naßmodul für ›wash-and-wear‹-Artikel, ferner hochfeste, hitzebeständige und schrumpfarme Synthesefasertypen für techn. Zwecke. Durch Blockierung der Aminoendgruppen werden **Bicolor**-Filamentgarne auf Polyamidbasis für Zweifarbeneffekte, durch Modifizieren der Molekularstruktur oder Einbau von Additiven Polyamidfasern mit permanenten antistat. Eigenschaften, schließlich aus

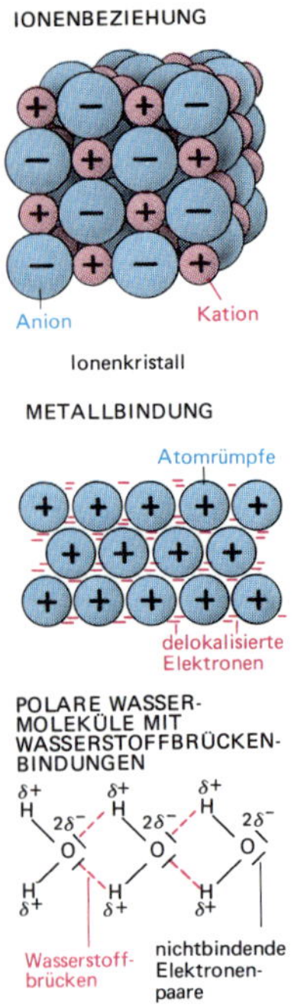

chemische Bindung

zwei versch. Polymeren → Bikomponentenfasern mit stabiler Kräuselung ersponnen.

Von besonderer Bedeutung wurde in den letzten Jahren das → Texturieren der synthet. Filamentgarne (Helanca u. a.) zur Herstellung voluminöser und gleichzeitig elastischer Kräuselgarne sowie von wollähnlichen Hochbauschgarnen. Die hieraus erzeugten Textilien der Unter- und Oberbekleidung besitzen eine gute Formbeständigkeit, erhöhte Wärmehaltung und verbesserten Schweißtransport. Im techn. Bereich werden die versch. Typen der C. für Autoreifen, Treibriemen, Transportbänder, Gurte, Seile, Schläuche, Planen, Schutzanzüge, elektr. Isolierungen, Kunststoffarmierungen u. a. eingesetzt. Deichsäcke, Faschinen und Fischereiartikel aus synthet. C. sind meerwasser- und verrottungsbeständig.

W. LOY: Chemiefaserstoffe (1978); R. BAUER u. H. J. KOSLOWSKI: C.-Lexikon ([8]1979); Synthesefasern, hg. v. B. v. FALKAI (1981); E. WAGNER: Die textilen Rohstoffe ([6]1981).

Chemigraphie, Verfahren und Werkstätte zur Herstellung von Original-Hochdruckplatten für den Buchdruck. Die (später) druckenden Teile der Metallplatte werden mit einer säurefesten Schicht abgedeckt und die ungeschützten Teile mit Säure so tief weggeätzt, daß sie beim Druck von der Farbwalze nicht mit eingefärbt werden. In den meisten Fällen wird die Vorlage auf photograph. Weg übertragen. Sollen auch Halbtöne gedruckt werden, so wird die Druckplatte (Klischee) als → Autotypie hergestellt. In neuerer Zeit werden die Druckplatten auch auf Graviermaschinen, im Einstufen-Ätzverfahren oder Offsetverfahren gefertigt.

Chemikali|en, chemische Präparate, alle durch chem. Verfahren industriell oder laboratoriumsmäßig dargestellten Stoffe anorgan. und organ. Natur. C. hohen Reinheitsgrades werden oft **Feinchemikalien,** solche von techn. Reinheitsgrad **Schwerchemikalien** genannt.

Chemi|lumineszenz|analyse, analyt. Verfahren unter Ausnutzung der Chemilumineszenz (→ Lumineszenz). Da die meisten organ. Verbindungen mit Luftsauerstoff reagieren und dabei eine schwache Chemilumineszenz aufweisen, ist das Verfahren mit sehr empfindl. Meßgeräten in großem Umfang anwendbar.

chemische Analyse, Ermittlung der qualitativen und quantitativen Zusammensetzung eines Stoffes aus einzelnen Bestandteilen mittels chem. oder physikalisch-chem. Verfahren.

Anorgan. Stoffe. Bei der **qualitativen c. A.** wird die Substanz zunächst einer Vorprüfung unterzogen. Danach wird sie in Lösung gebracht (→ aufschließen 2), um einzelne Gruppen freizusetzen, die nach geeigneten Abtrennungsverfahren durch möglichst charakterist. Reaktionen nachgewiesen oder unmittelbar durch spezif. Reagentien ermittelt werden. – Bei der **quantitativen c. A.** wird durch besondere Methoden oder durch physikalisch-chem. Verfahren (→ instrumentelle Analytik) die mengenmäßige Zusammensetzung eines Stoffes oder Stoffgemisches bestimmt.

Organ. Stoffe. Die **Bruttoformel** einer organ. Substanz wird durch die → Elementaranalyse ermittelt. Für die schwierige Bestimmung der **Strukturformel** einer organ. Verbindung sind z. B. opt. Verfahren entwickelt worden (→ Infrarotspektroskopie, → Kernresonanzspektroskopie) und die → Massenspektrometrie. – Zur Trennung von Stoffgemischen werden u. a. die → Chromatographie und die → Elektrophorese eingesetzt. Mit geringen Mengen arbeitet die Mikroanalyse (→ Spurenanalyse).

chemische Bindung, Zusammenhalt von Atomen in größeren Einheiten, z. B. in Molekülen oder → Kristallen. Die chem. Bindungskräfte entstehen durch die Verformungen der Elektronenhüllen bei gegenseitiger Annäherung der Atome. Ursache aller c. B. sind elektr. Wechselwirkungen. Man unterscheidet fünf Haupttypen c. B., zw. denen es Übergänge gibt, oder die gemeinsam vorkommen. Die Gruppe der **innermolekularen Bindungen (Hauptvalenzbindungen)** enthält die Ionenbindung, die kovalente Bindung und die metall. Bindung. Diese können als nicht grundsätzlich versch. Grenzfälle einer geänderten Verteilung der Valenzelektronen der gebundenen Atome (gegenüber den freien Atomen) angesehen werden, wobei die Verteilung gemäß den Gesetzen der Quantenmechanik erfolgt.

1) Die **Ionenbindung, Ionenbeziehung,** auch **polare, heteropolare, elektrovalente, elektrostat., ion. Bindung,** liefert den weit überwiegenden Beitrag zum Zusammenhalt der Salze, z. B. beim Kochsalz (NaCl). Hier tritt das Valenzelektron des Natriumatoms zum Chloratom über und bewirkt, daß beide Ionen die bes. stabile Elektronenkonfiguration eines Edelgases (Achterschale) bekommen, das Na^+ die des Neons und das Cl^- die des Argons. Zw. den beiden Ionen besteht fast rein elektrostat. Anziehung.

2) Die **kovalente Bindung,** auch **unpolare, homöopolare, Elektronenpaar-, Atombindung,** kommt bei Verbindungen zw. Nichtmetallen vor; am reinsten ausgeprägt bei zweiatomigen Molekülen gasförmiger Elemente, z. B. beim molekularen Wasserstoff (H_2). Hier gehören beide Elektronen gleichanteilig zu beiden Wasserstoffkernen. Nach der klass. Oktett-Theorie entsteht die Anziehung dadurch, daß jedes der beiden im Molekül vereinigten H-Atome die stabile Elektronenkonfiguration des Heliums (Zweierschale) besitzt. Als Symbol der Atombindung werden der Valenzstrich (für ein Elektronenpaar), z. B. H–H, Cl–Cl, oder die Punktschreibweise (ein Punkt steht für ein Valenzelektron), z. B. H:H, :Cl:Cl:, verwendet. Die quantenmechan. Rechnung ergibt für das H_2-Molekül einen um die → Austauschenergie geringeren Energieinhalt als für die getrennten H-Atome, d. h. aber eine Bindung.

Die Bindung zw. zwei Atomen kommt i. a. durch ein Elektronenpaar mit entgegengesetztem Spin der beiden Elektronen zustande **(Einfachbindung).** Bei **Mehrfachbindungen** treten mehrere gemeinsame Elektronenpaare auf, z. B. $H_2C=CH_2$ **(Doppelbindung),** $HC\equiv CH$ **(Dreifachbindung).** Die unpolaren Bindungen sind gerichtet; so weisen die vier Einfachbindungen des Kohlenstoffs, z. B. im Methan (CH_4), in die Ecken eines Tetraeders.

3) Die **metall.** Bindung, die bei Metallen und Legierungen auftritt, kommt dadurch zustande, daß sich der Aufenthaltsraum der bindenden Elektronen über alle vorhandenen Metallatome erstreckt. Diese Elektronen sind leicht beweglich **(Elektronengas)** und erklären so die hohe metall. Leitfähigkeit (→ Bändermodell).

Die **Nebenvalenzbindungen** bewirken den Zusammenhalt von hauptvalenzmäßig abgesättigten Molekülen (oder Edelgasatomen).

4) Die **Van-der-Waals-Bindung** oder **Molekülbindung,** die z. B. für die c. B. in Edelglaskristallen verantwortlich ist, beruht auf der Wechselwirkung zw. permanenten oder induzierten elektr. Dipolen.

5) Die **Wasserstoffbrückenbindung** tritt zw. Molekülen auf, in denen ein H-Atom an ein stark elektronegatives Atom (wie F, O, N, Cl) gebunden ist, welches dem H-

Atom sein einziges Elektron fast vollständig entzieht, wodurch eine relativ starke ionische Bindung zw. der positiven Teilladung des H-Atoms und einem stark elektronegativen Atom eines sich nähernden zweiten Moleküls entsteht. Diese Bindungsart ist z. B. an den Anomalien von Wasser und Eis beteiligt und stabilisiert die Raumstruktur von Nukleinsäuren und Proteinen.

chemische Elemente, chemische Grundstoffe (ÜBERSICHT S. 202/203), durch chem. Verfahren nicht weiter zerlegbare Stoffe, bestehend aus →Atomen mit einer best. Kernladungs-(Ordnungs-)Zahl (→Kernladungszahl). Sie können zu Verbindungen zusammentreten und daraus chemisch wieder isoliert werden. Die chem. Eigenschaften eines c. E. sind bestimmt durch den Aufbau der Elektronenhülle seiner Atome. Die aus der Quantentheorie folgende Systematik der Elektronenhüllen liegt der Anordnung der c. E. im →Periodensystem zugrunde. Die Atome eines **Reinelementes** haben Kerne einer best. →Massenzahl, diejenigen eines **Mischelementes** solche verschiedener Massenzahlen (→Isotope). Die meisten c. E. treten in der Natur als Mischelemente auf; sie werden i. a. mit physikal. Methoden in Reinelemente zerlegt.

Derzeit (1983) sind 108 c. E. bekannt mit einem Gewichts-%-Anteil in der äußeren Erdschicht einschließlich der Wasser- und Lufthülle von 49,50% Sauerstoff, 25,8% Silicium, 7,57% Aluminium, 4,70% Eisen, 3,38% Calcium, je rd. 2% Natrium, Kalium, Magnesium, 1% Wasserstoff; alle übrigen c. E. machen den Rest aus. 90 c. E. kommen in der Natur vor, die restlichen 18 sind nur künstlich herzustellen. Unter Normalbedingungen sind 11 c. E. gasförmig (H, He, Ne, Ar, Kr, Xe, Rn, F, Cl, O, N), zwei flüssig (Br, Hg) und die übrigen fest. Alle Elemente lassen sich durch Abkühlung oder Erwärmung in den festen, flüssigen oder gasförmigen Zustand überführen. Die c. E. in Metalle und Nichtmetalle zu unterscheiden ist nur bedingt möglich, da es Übergänge gibt und manche c. E. in metall. und nichtmetall. Modifikationen vorkommen. C. E. mit gerader Ordnungszahl sind häufiger als solche mit ungerader **(Harkinssche Regel).**

Die c. E. mit den höchsten Ordnungszahlen verwandeln sich stetig durch natürlichen radioaktiven Zerfall (→Radioaktivität) in leichtere c. E. Alle durch kernphysikal. Reaktionen erzeugten c. E. sind radioaktiv.

Die c. E. entstehen nach den jetzigen Vorstellungen der Astrophysik hauptsächlich im Inneren der Sterne. Nach der Theorie des expandierenden Universums (→Kosmologie) wurden kurz nach der kosm. Urexplosion Helium und Deuterium gebildet (→Urknall).

chemische Evolution, prä|biotische Evolution, die Entwicklung der chem. Elemente und Verbindungen aus der →Uratmosphäre. Diese bestand vor etwa 4 Mrd. Jahren wahrscheinlich v. a. aus Wasserstoff, Wasserdampf, Methan, Schwefelwasserstoff und Ammoniak. Aus diesen einfachen Molekülen bildeten sich zunächst einfache Aminosäuren und Zucker, aus diesen dann die natürl. Polymere, Entwicklungsschritte, die im Labor nachvollzogen werden konnten. Erst auf die c. E. folgte die **biolog. Evolution.**

chemische Formeln, →chemische Zeichensprache.

chemische Gleichung, →chemische Zeichensprache.

chemische Kampfstoffe, chem. Substanzen, deren erstickende, toxische, reizerregende, lähmende, wachstumsregelnde und andere Eigenschaften für militär. Zwecke benutzt werden können. Die durch c. K. bei Menschen, Tieren und Pflanzen verursachten Reizungen und Schädigungen können reversibel und irreversibel sein. C. K. können gasförmig, flüssig und fest in Form von Aerosolen angewendet und mit Hilfe von Bomben, Granaten, Raketen, Abblaseinrichtungen und Aerosolgeneratoren eingesetzt werden.

Reizkampfstoffe wirken nur kurzfristig und hinterlassen keine bleibenden Schädigungen. Zu ihnen gehören die Augenreizstoffe (›Tränengase‹) →CN und →CS. Reizkampfstoffe wurden in Kriegen (z. B. im ersten Weltkrieg unter der Bez. Weißkreuz und in Vietnam) und bei Polizeieinsätzen (z. B. als Gassprühgerät **Chemical Mace** [kˈemɪkl meɪs, engl.], engl. für ›chem. Keule‹) vielfach eingesetzt. – Als **psychotox. c. K.** eignen sich LSD oder Benzilsäuresalze des Piperidins und Chinuclidins. Sie wirken ebenfalls nicht tödlich, sondern erzeugen beim Gegner Psychosen, die sich in Halluzinationen und Angstzuständen äußern können. – **Lungenschädigende c. K.** sind z. B. Chlorgas und Phosgen (Grünkreuz), die beide im ersten Weltkrieg eingesetzt wurden. – **Hautschädigende c. K.** wie →Lost (Schwefel-Yperit, Senfgas, Gelbkreuz) und →Lewisit erzeugen auf der Haut schwer heilende Wunden. Auch sie wurden im ersten Weltkrieg verwendet. – **Nervenschädigende c. K.** wurden in den 30er Jahren entwickelt. Es handelt sich meist um Phosphorsäureester, die, inhaliert oder durch die Haut aufgenommen, das für die Nervenleitung wichtige Enzym Acetylcholinesterase hemmen. Die Vergiftung äußert sich in Lähmungen und Muskelkrämpfen und kann durch Versagen der Atmung nach Minuten, aber auch erst nach Stunden zum Tode führen. Als Gegenmittel wirkt die Injektion von Atropin und Pralidoximjodid. Typische Vertreter dieser Gruppe von c. K. sind →Sarin, →Soman, →Tabun und →VX.

Zur Bewertung der Giftigkeit von c. K. dient das Produkt aus Konzentration (in mg/m³) und Einwirkungsdauer (in Minuten) auf ein Versuchstier bei tödl. Ausgang **(Tödlichkeitsprodukt).** Die Werte liegen für Phosgen bei 5000, für Sarin bei 250 und für VX bei 1. Die Verdampfungsgeschwindigkeit eines c. K. im Vergleich zu Wasser gibt dessen Seßhaftigkeit. Stoffe mit einem Siede-P. über etwa 200 °C haben hohe Seßhaftigkeit, d. h. ihre Wirkung bleibt mehrere Tage erhalten.

Um das Sicherheitsrisiko bei Herstellung und Lagerung von c. K. zu verringern, wird neuerdings das Konzept der **binären c. K.** verfolgt. Dabei werden zwei relativ harmlose Ausgangsstoffe in einer Granate getrennt untergebracht. Erst während des Fluges oder beim Aufplatzen der Granate reagieren diese zu dem c. K. – **Phytotox. c. K.** sind →Herbizide wie 2,4,5-T, die zur Entlaubung von Wäldern eingesetzt wurden. –

Nach dem Genfer Protokoll von 1925, das von über 40 Staaten unterzeichnet wurde, ist die Verwendung von c. K. im Krieg verboten.

Chemische Keule, engl. **Chemical Mace** [kˈemɪkl meɪs], →chemische Kampfstoffe.

chemische Kinetik, die →Reaktionskinetik.

chemische Meßgeräte, Gefäße, meist aus Glas, die zum Abmessen von Substanzen oder Herstellen von Lösungen definierter Konzentration im chem. Labor dienen und deshalb graduiert (Meßzylinder und -pipette, Bürette, Mensur, Gasmeßglocke, Gasmeßrohr) oder mit einer Marke und Inhaltsangabe versehen sind (Meßkolben). Wegen der Druck- und Temperaturabhängigkeit des Volumens gelten die Marken nur für die angegebenen Bedingungen (meist 20 °C und 760 Torr).

chemische Nomenklatur, die Namengebung für chem. Verbindungen, die im wissenschaftl. Bereich von

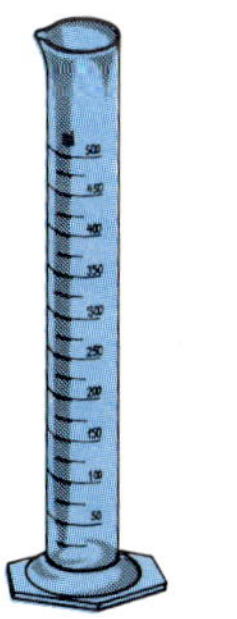

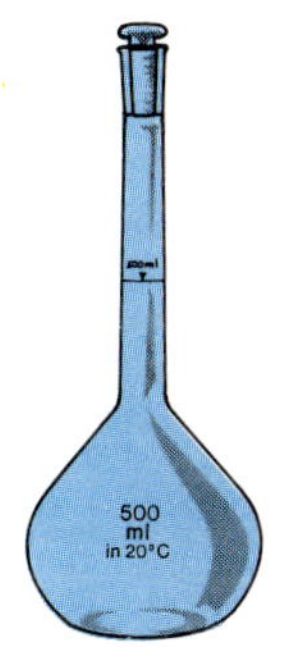

chemische Meßgeräte:
OBEN Meßzylinder
UNTEN Meßkolben

chemische Elemente

Name	Symbol	Ordnungszahl	Relative Atommasse	Dichte g/cm³	Schmelzpunkt in °C	Siedepunkt in °C	Entdeckungsjahr	Entdecker
Actinium[1])	Ac	89	227,278	10,07	1 050	3 200 ± 300[6])	1899 1902	Debierne Giesel
Aluminium[2])	Al	13	26,98154	2,6989 (20 °C)	660,37	2 467	1825/27	Ørsted, Wöhler
Americium[3])	Am	95	(243)	13,67 (20 °C)	994 ± 4	2 607	1944	Seaborg, Ghiorso James, Morgan
Antimon	Sb	51	121,75	6,691 (20 °C)	630,74	1 950	vor 5000	Jahren in China und Babylon bekannt
Argon	Ar	18	39,948	1,7837 g/l[5])	− 189,2	− 185,7	1894	Ramsay und Rayleigh
Arsen[2])	As	33	74,9216	5,73	817 (28 bar)	613	1250	Albertus Magnus
Astat	At	85	(210)		302[6])	337[6])	1940	Corson, Mackenzie, Segrè
Barium	Ba	56	137,33	3,5 (20 °C)	725	1 640	1808	Davy
Berkelium[3])	Bk	97	(247)	14[6])			1949	Seaborg, Thomson, Ghiorso
Beryllium[2])	Be	4	9,01218	1,848 (20 °C)	127 ± 5	2 970	1828	Wöhler, Bussy
Blei	Pb	82	207,2	11,35 (20 °C)	327,502	1 740	~550 v.	Chr. Griechen
Bohrium[3])[4])	Bo	105						
Bor	B	5	10,81	2,34–2,37	2 079	2 550	1808	Gay-Lussac, Thénard, Davy
Brom	Br	35	79,904	3,12 (20 °C)	− 7,2	58,78	1826	Balard
Cadmium	Cd	48	112,41	8,65 (20 °C)	320,9	765	1817	Stromeyer
Calcium	Ca	20	40,08	1,55 (20 °C)	839 ± 2	1 484	1808	Davy, Berzelius, Ponti
Californium[3])	Cf	98	(251)		~900		1950	Seaborg u. a.
Cäsium	Cs	55	132,9054	1,873 (20 °C)	28,40 ± 0,01	669,3	1860	Bunsen, Kirchhoff
Cer	Ce	58	140,12	6,657 (25 °C)	799	3 426	1803	Klaproth, Berzelius, Hisinger
Chlor	Cl	17	35,453	3,214 g/l	− 100,98	− 34,6	1774	Scheele
Chrom	Cr	24	51,996	7,18–7,2	1 857 ± 20	2 672	1797	Vauquelin
Curium[3])	Cm	96	(247)	13,51	1 340 ± 40	3 110	1944	Seaborg, James, Ghiorso
Dysprosium	Dy	66	162,50	8,550 (25 °C)	1 412	2 562	1886	Lecoq de Boisbaudran
Einsteinium[3])	Es	99	(252)		860		1952	Thomson, Ghiorso u. a.
Eisen	Fe	26	55,847	7,874 (20 °C)	1 535	2 750	Vorgeschichte	
Element 104[3]) (Unnilquadium; Unq)			(261)				1964 1969	Dubna, UdSSR Ghiorso u. a.
Element 105[3]) (Unnilpentium; Unp)			(262)				1967? 1970	Dubna Chiorso u. a.
Element 106[3]) (Unnilhexium; Unh)			(263)				1974 1974 1976	Dubna USA Dubna,
Element 107[3])							1981	GSI, Darmstadt
Element 109[3])			(266)				1982	GSI, Darmstadt
Erbium	Er	68	167,26	9,066 (25 °C)	159	2 863	1842	Mosander
Europium	Eu	63	151,96	5,243 (25 °C	822	1 597	1901	Demarçay
Fermium[3])	Fm	100	(257)				1952	Ghiorso u. a.
Fluor[2])	F	9	18,998403	1,696[5])	− 219,62 (1 bar)	− 188,14 (1,01 bar)	1886	Moissan
Francium	Fr	87	(223)		27[6])	677[6])	1939	Perey
Gadolinium	Gd	64	157,25	7,9004 (25 °C)	1 313 ± 1	3 266	1880	Marignac
Gallium	Ga	31	69,72	5,904 (29,6 °C)	29,78	2 403	1875	Lecoq de Boisbaudran
Germanium	Ge	32	72,59	5,323 (25 °C)	937,4	2 830	1886	Winkler
Gold[2])	Au	79	196,9665	18,88 (20 °C)	1 064,43	3 080	seit dem	Altertum bekannt
Hafnium	Hf	72	178,49	13,31 (20 °C)	2 227 ± 20	4 602	1923	Coster, de Hevesy
Hahnium[3])[4])	Ha	105						
Helium	He	2	4,00260	0,17846 g/l[5])	− 272,2 (26 bar)	− 268,934	1868	Jansen
Holmium[2])	Ho	67	164,9304	8,795 (25 °C)	1 474	2 695	1879	Cleve
Indium	In	49	114,82	7,31 (20 °C)	156,61	2 080	1863	Reich, Richter
Iridium	Ir	77	192,22	22,42 (17 °C)	2 410	4 130	1803	Tennant
Jod	J	53	126,9045	4,93 (20 °C)	113,5	184,35	1811	Courtois
Kalium	K	19	39,0983	0,862 (20 °C)	63,25	760	1807	Davy
Kobalt[2])	Co	27	58,9332	8,9 (20 °C)	1 495	2 870	1735	Brandt
Kohlenstoff	C	6	12,011	3,51	~3 550	4 827	seit dem	Altertum bekannt
Krypton	Kr	36	83,80	3,733 g/l (0 °C)	− 156,6	− 152,30 ± 10	1898	Ramsay und Travers
Kupfer	Cu	29	63,546	8,96 (20 °C)	1 083,4 ± 0,2	2 567	seit dem	Altertum bekannt
Kurtschatowium[3])[4])	Ku	104	(260)					
Lanthan	La	57	138,9055	6,145 (25 °C)	921	3 457	1839	Mosander
Lawrencium[3])	Lr	103					1961	Ghiorso u. a.
Lithium	Li	3	6,941	0,534 (20 °C)	180,54	1 342	1817	Arfvedson
Lutetium	Lu	71	174,967	9,840 (25 °C)	1 663	3 395	1907	Urbain, Auer v. Welsbach
Magnesium	Mg	12	24,305	1,738 (20 °C)	648,8 ± 0,5	1 090	1755	Black
Mangan[2])	Mn	25	54,9380	7,21–7,44	1 244 ± 3	1 962	1774	Gahn
Mendelevium[3])	Md	101	(258)				1955	Ghiorso, Harvey, Seaborg u. a.
Molybdän	Mo	42	95,94	10,22 (20 °C)	2 617	4 612	1781	Hjelm

Name	Symbol	Ordnungszahl	Relative Atommasse	Dichte g/cm³	Schmelzpunkt in °C	Siedepunkt in °C	Entdeckungsjahr	Entdecker
Natrium[2])	Na	11	22,98977	0,971 (20 °C)	97,81 ± 0,03	882,9	1807	Davy
Neodym	Nd	60	144,24	6,80 und 7,007	1 021	3 068	1885	Auer v. Welsbach
Neon	Ne	10	20,179	0,89990 g/l[5])	− 248,67	− 246,048 (1 bar)	1898	Ramsay und Travers
Neptunium[3])[1])	Np	93	237,0482	20,25 (20 °C)	640 ± 1	3 902[6])	1940	McMillan, Abelson
Nickel	Ni	28	58,71	8,902 (25 °C)	1 453	2 732	1751	Cronstedt
Nielsbohrium[3])[4])		105						
Niob[2])	Nb	41	92,9064	8,57 (20 °C)	2 468 ± 10	4 742	1801	Hatchett
Nobelium[3])	No	102	(259)				1958	Seaborg, Ghiorso
Osmium	Os	76	190,2	22,57	3 045 ± 30	5 027 ± 100	1803	Tennant
Palladium	Pd	46	106,42	12,02 (20 °C)	1 554	2 970	1803	Wollaston
Phosphor[2])	P	15	30,97376	1,82 (weiß)	44,1 (weiß)	280 (weiß)	1669	Brandt
				2,20 (rot)				
Platin	Pt	78	195,08	21,45 (20 °C)	1 772	3 827 ± 100	1735	Ulloa
							1741	Wood
Plutonium[3])	Pu	94	(244)	19,84 (25 °C)	641	3 232	1940	Seaborg, McMillan u. a.
Polonium	Po	84	(209)	9,32 (α)	254	962	1898	M. Curie
Praesodym[2])	Pr	59	140,9077	6,773 (α)	931	3 512	1885	Auer v. Welsbach
Promethium[3])	Pm	61	(145)	7,22±0,02 (25 °C)	1 168 ± 6	2 460	1945	Marinsky, Glendenin, Coryell
Protactinium[1])	Pa	91	231,0359	15,37	< 1 600		1918	Hahn, Meitner
Quecksilber	Hg	80	200,59	13,546 (20 °C)	− 38,842	356,58	seit dem	Altertum bekannt
Radium[1])	Ra	88	226,0254	5?	700	1 140	1898	Curie, M. + P.
Radon	Rn	86	(222)	9,73 g/l	− 71	− 61,8	1900	Dorn
				4,4 (− 62 °C)				
Rhenium	Re	75	186,207	21,02 (20 °C)	3 180	5 627[6])	1925	Noddack, Tacke
Rhodium[2])	Rh	45	102,9055	12,41 (20 °C)	1 966 ± 3	3 727 ± 100	1803	Wollaston
Rubidium	Rb	37	85,4678	1,532 (20 °C)	38,89	686	1861	Bunsen, Kirchhoff
Ruthenium	Ru	44	101,07	12,41 (20 °C)	2 310	3 900	1844	Klaus
Rutherfordium[3])[4])	Rf	104						
Samarium	Sm	62	150,36	7,520 (α)	1 077 ± 5	1 791	1879	Lecoq de Boisbaudran
Sauerstoff	O	8	15,9994	1,429 g/l (0 °C)	− 218,4	− 182,962	1771/72	Scheele
Scandium[2])	Sc	21	44,9559	2,989 (25 °C)	1 541	2 831	1876	Nilson
Schwefel	S	16	32,06	1,957 (monokl.)	112,8 (rhomb.)	444,674	seit dem	Altertum bekannt
				2,07 (rhomb)	119,0 (monokl.)			
Selen	Se	34	78,96	4,79 (grau)	217 (grau)	684,9 ± 1	1817	Berzelius
Silber	Ag	47	107,868	10,50 (20 °C)	961,93	2 212	seit dem	Altertum bekannt
Silicium	Si	14	28,0855	2,33 (25 °C)	1410	2 355	1824	Berzelius
Stickstoff	N	7	14,0067	1,2506 g/l	− 209,86	− 195,8	1772	Rutherford
				0,808 (− 195,8 °C)				
Strontium	Sr	38	87,62	2,54	769	1 384	1790	Crawford
Tantal	Ta	73	180,9479	16,654	2 996	5 425 ± 100	1802	Eckeberg
Technetium[3])	Tc	43	(98)	11,50	2 172	4 877	1937	Perrier, Segrè
Tellur	Te	52	127,60	6,24 (20 °C)	449,5 ± 0,3	989,8 ± 3,8	1782	Müller v. Reichenstein
Terbium[2])	Tb	65	158,9254	8,229	1 356	3 123	1843	Mosander
Thallium	Tl	81	204,383	11,85 (20 °C)	303,5	1 457 ± 10	1861	Crookes
Thorium[1])	Th	90	232,0381	11,72	1 750	~4 790	1828	Berzelius
Thulium[2])	Tm	69	168,9342	9,321 (25 °C)	1 545 ± 15	1 947	1879	Cleve
Titan	Ti	22	47,88	4,54	1 660 ± 10	3 287	1791	Gregor
(Unnilheptium)	( )	107						
(Unnilhexium[4])	(Unh)	106	(263)					
(Unnilpentium[4])	(Unp)	105	(262)					
(Unnilquadium[4])	(Unq)	104	(261)					
Uran	U	92	238,0289	~ 18,95	1 132,3 ± 0,8	3 818	1789	Klaproth
Vanadium	V	23	50,9415	6,11 (18,7 °C)	1 890 ± 10	3 380	1830	Sefström
Wasserstoff	H	1	1,0079	0,08988 g/l	− 259,14	− 252,87	1766	Cavendish
				0,0708 (− 253 °C)				
Wismut[2])	Bi	83	208,9804	9,747 (20 °C)	271,3	1 560 ± 5	1753	Geoffroy jr.
Wolfram	W	74	183,85	19,3 (20 °C)	3 410 ± 20	5 660	1783	d'Elhuyar
Xenon	Xe	54	131,29	5,887 ± 0,009 g/l	− 111,9	− 107,1 ± 3	1898	Ramsay und Travers
				3,52 (− 109 °C)				
Ytterbium	Yb	70	173,04	6,965 (α)	819	1 194	1878	de Marignac
Yttrium[2])	Y	39	88,9059	4,469 (25 °C)	1 522 ± 8	3 338	1794	Gadolin
Zink	Zn	30	65,38	7,133 (25 °C)	419,58	907	6 Jh.	Persien
Zinn	Sn	50	118,69	5,75 (grau)	231,9681	2 270	seit dem	Altertum bekannt
Zirkonium	Zr	40	91,22	6,506 (20 °C)	1 852 ± 2	4 377	1824	Berzelius

Erläuterungen: [1]) Element, dessen Atommassenwert der des Radioisotops mit der längsten Halbwertszeit ist; [2]) Reinelement; [3]) nur künstlich darstellbar; [4]) siehe Element 104 bis 106; die Namensvorschläge Kurtschatowium/Rutherfordium und Hahnium, Bohrium sowie Nielsbohrium für die Elemente 104 und 105 sind von der IUPAC nicht angenommen; [5]) Bestimmung bei 0 °C und 1 bar; [6]) geschätzter Wert. Die in Klammern angegebenen relativen Atommassen sind die Massenzahlen der stabilsten Isotope.
Die relativen Atommassen nach der IUPAC-Liste von 1980.
Alle anderen Angaben nach ›Handbook of Chemistry and Physics‹ ([62]1981–82); Elektronenfiguration → Periodensystem.

internat. Fachgremien (IUPAC) festgelegt wird. Vielfach sind auch noch ältere Trivialnamen im Gebrauch, z. B. Blausäure für Cyanwasserstoff. Bei den chem. Verbindungen der anorgan. Chemie wird das elektropositive Element an erster Stelle genannt, dann folgt der elektronegative Bestandteil mit der Endung -id bei einatomigen, -at bei zweiatomigen Anionen. Eine röm. Ziffer in Klammern gesetzt gibt die Oxidationsstufe an, z. B. Kupfer(I) chlorid, CuCl. Bei komplexen Ionen werden die Liganden mit der Endung -o vor dem Zentralatom genannt, z. B. Kaliumhexacyanoferrat(II), $K_4\,[Fe(CN)_6]$. Bez. für andere Substanzgruppen sind durch Regeln festgelegt.

In der organ. Chemie gibt es seit 1892 ein umfangreiches Regelwerk rationeller Namen **(Genfer Nomenklatur).** Die aliphat. Verbindungen werden durch Vor- und Nachsilben an grch. Zahlwortstämmen (Anzahl der Kohlenstoffatome) oder Trivialnamen benannt; man verwendet -an (gesättigte Verbindungen), -en (Verbindungen mit Doppelbindung), -in (solche mit Dreifachbindung), -yl (einwertige Radikale), -ol (OH-Gruppe), -al (Aldehyde), -on (Ketone), iso- (verzweigte Kette), -ase (Enzyme), -ose (Kohlenhydrate). Zur Bez. räuml. Anordnungen benutzt man die Vorsilben cis- oder syn- (gleichständig), trans- oder anti- (gegenständig), meso- (mittelständig), epi- (vertauscht), cyclo- (ringförmig geschlossen). – Als neue fachsprachl. Schreibung (entsprechend der internat. Bez.) gilt auch: Bismut für Wismut, Cobalt für Kobalt, Iod (Zeichen I) für Jod; auch Iodverbindungen. – Für organ. Verbindungen wird auch die von der → IUPAC festgelegte Schreibweise benutzt mit Eth ... für Äth ..., z. B. Ethyl ..., Ethan, Ether u. a. Nach IUPAC werden die chem. Elemente 104–106 als Unnilquadium (Unq; Eins-Null-Vier), Unnilpentium (Unp; Eins-Null-Fünf) und Unnilhexium (Unh; Eins-Null-Sechs) bezeichnet.

chemische Präparate, → Chemikalien.

chemische Radikale, meist kurzlebige, bindungsmäßig ungesättigte anorgan. und organ. Atomgruppen, die für sich allein unbeständig sind. Sie treten meist als Zwischenprodukte bei chem. Reaktionen auf und sind für den eigtl. Reaktionsablauf oft von großer Bedeutung.

chemische Raketenantriebe, → Rakete.

chemische Reaktionen, → Reaktion.

chemische Reinigung, → Chemischreinigung.

Chemischer Ofen, lat. **Fornax,** ein → Sternbild am Südhimmel.

chemischer Sauerstoffbedarf, Abk. **CSB,** Kenngröße für den Gehalt an oxidierbaren Wasserinhaltsstoffen (Verschmutzungsgrad von Wässern). Erfaßt werden v. a. organ. Verbindungen (auch biologisch nicht abbaubare). Zur Bestimmung wird eine Wasserprobe unter Zusatz von Schwefelsäure und Silbersulfat als Katalysator mit Kaliumbichromat oxidiert. Aus der verbrauchten Bichromatmenge errechnet sich der äquivalente Sauerstoffverbrauch in mg/l.

chemisches Gleichgewicht, Reaktionsstillstand chem. Umsetzungen: Hin- und Rückreaktion haben gleiche Reaktionsgeschwindigkeit. Dabei stehen die Konzentrationen oder Drücke der Ausgangs- und Endprodukte in einem best. Verhältnis zueinander, das durch die **Gleichgewichtskonstante (Massenwirkungskonstante)** angegeben wird. Das c. G. wird in der chem. Zeichensprache durch einen Doppelpfeil angedeutet. Es kann von beiden Seiten her erreicht werden (FORMEL). Streng genommen führen alle chem. Reaktionen in einem abgeschlossenen System zu einem c. G. Seine Lage ist i. a. eine Funktion von Temperatur und Druck. (→ Massenwirkungsgesetz 2)

$PCl_3 + Cl_2 \rightleftharpoons PCl_5$

Phosphortrichlorid + Chlor ⇌ Phosphorpentachlorid

chemisches Gleichgewicht

Chemische Technologie, anwendungsorientierte Wissenschaft, die sich mit den Maßnahmen, Einrichtungen und Verfahren zur Herstellung chem. Produkte beschäftigt. Als Teil der C. T. befaßt sich die **Reaktionstechnik** mit der optimalen Durchführung chem. Reaktionen, wobei Temperatur, Druck, Reaktionsdauer, Katalysator, Art und Größe des Reaktors u. a. von Bedeutung sind. Unter dem Begriff Verfahrenstechn. Grundoperationen (→ Verfahrenstechnik) faßt man physikal. und physikalisch-chem. Vorgänge zusammen, die der Vor- und Aufbereitung der reagierenden Stoffe dienen, z. B. Zerkleinern, Mischen, Filtration, Destillation. Im Rahmen der C. T. sind ferner die chem. Analytik, die Meß- und Regeltechnik, die Werkstoffwissenschaft sowie Methoden der Planung und Wirtschaftlichkeitsrechnung von Bedeutung.

chemische Verbindungen, aus Elementen zusammengesetzte homogene Stoffe, die sich in ihren Eigenschaften immer von denen der Ausgangselemente unterscheiden. Im Unterschied zu Gemischen, Lösungen und Legierungen enthalten sie die elementaren Bestandteile stets in ganz best. gleichbleibenden Atom- und daher auch Gewichtsverhältnissen. Bei den **Verbindungen erster Ordnung** wird erstmals die Edelgasschale (→ chemische Bindung) der an der Verbindungsbildung beteiligten Atome aufgefüllt. Dies geschieht entweder durch Bildung von Ionen, die durch Ionenbindung zusammengehalten werden (Salze) und in Form von Ionengittern ohne definierte einzelne Moleküle auftreten, z. B. NaCl, oder bei der Atombindung (homöopolare Bindung) durch Ausbildung gemeinsamer Elektronenschalen der an der Verbindungsbildung beteiligten Atome, z. B. Wasser, H_2O, Ammoniak, NH_3. Die **Verbindungen höherer Ordnung** entstehen aus solchen erster Ordnung durch Anlagerung von Atomen oder Atomgruppen, z. B. Ammoniak + Salzsäure = Salmiak ($NH_3 + HCl = NH_4Cl$). Hierzu gehören auch die → Koordinationsverbindungen. Von besonderer Art sind die → Edelgasverbindungen. Die Bildung c. V. ist in der Regel mit der Aufnahme oder Abgabe von Energie verbunden (→ Bildungswärme). Der Beschreibung des Aufbaus von c. V. dient die → chemische Nomenklatur und die → chemische Zeichensprache. Von den rd. 6 Mio. c. V. haben nur etwa 1% Bedeutung erlangt. – C. V. kommen nicht auf der Sonne, aber auf den Planeten und im intergalakt. Raum in der gleichen Zusammensetzung wie auf der Erde vor.

chemische Verwandtschaft, die → Affinität 1).

chemische Zeichensprache, internat. anerkanntes System von Kurzzeichen und aus solchen zusammengesetzten Formeln, Symbolen und Gleichungen für chem. Stoffe und Vorgänge. Die Grundlage der c. Z. bilden die Zeichen für die Elemente, die aus den Anfangsbuchstaben ihrer wissenschaftlichen, meist lat. Namen abgeleitet werden. Die Zeichen für eine chem. Verbindung erhält man durch Aneinanderreihen der Zeichen der **Atome,** die an der Verbindungsbildung beteiligt sind. Ein Index gibt die Zahl der beteiligten Atome an **(Summenformel, Bruttoformel),** z. B. Na_2SO_4, Natriumsulfat; $C_2H_4O_2$, Essigsäure. Aus der Summenformel einer Verbindung läßt sich unter Berücksichtigung der bekannten Atomgewichte der einzelnen Partner ihr Molekulargewicht und ihre gewichtsmäßige Zusammensetzung entnehmen. Bindestriche zw. Atomen oder Atomgruppen, häufig in best. Stellung, sind Hinweise für räuml. Anordnungen der Atome in Molekülen, wobei jeweils ein Bindestrich für ein Elektronenpaar steht **(Strukturformel). Ionen** werden durch ein Ladungsvorzeichen symbolisiert, eine vorgesetzte

Zahl gibt die Zahl der Ladungen an, z. B. Na^+, Al^{3+}, SO_4^{2-}, **Radikale** durch Punkt oder Stern, z. B. H˙, atomarer Wasserstoff.

Chem. Reaktionen werden durch **chemische Gleichungen** dargestellt. Sie enthalten die chem. Zeichen der an der Reaktion beteiligten chem. Stoffe, verknüpft durch ein Gleichheitszeichen oder bei umkehrbaren Reaktionen durch einen Doppelpfeil; Beispiel: $N_2 + 3H_2 \rightleftharpoons 2\,NH_3$. Die in der Kernchemie benutzten Symbole für Atome und ihre **Isotope** enthalten außerdem die Ordnungszahl und die Massenzahlen als vor das eigtl. chem. Zeichen gesetzte Zahlen; Beispiel: ${}^{14}_{6}C$, das Kohlenstoffisotop der Masse 14, Ordnungszahl 6.

Geschichtliches. Die Alchemie benutzte zur Bez. der Metalle und mancher Begriffe ihrer Arbeitsmethoden Sinnbilder, die z. T. aus der Astrologie entlehnt waren (→ astronomische Zeichen). Mit fortschreitender Erweiterung der chem. Kenntnisse wurden diese Symbole kombiniert, um beispielsweise Salze beschreiben zu können. Eine Vereinfachung brachte das System von J. H. HASSENFRATZ und P. A. ADET (1787), die Alkalien durch ein Dreieck, Metalle durch einen Kreis und Verbindungen durch ein Viereck beschrieben, in das der Anfangsbuchstabe des lat. Namens gesetzt wurde, z. B. Magnesium ▽, Mangan Ⓜ. Dieses Verfahren litt jedoch ebenso wie das von J. DALTON (1810) vorgeschlagene System, für die Elemente Kreise mit verschiedener Kennzeichnung im Inneren zu verwenden, an typograph. Schwierigkeiten. Die Grundlagen der heutigen c. Z. hat der schwed. Chemiker J. J. BERZELIUS 1814 geschaffen.

chemisch rein, Handelsbez. für den höchsten Reinheitsgrad chem. Präparate. Für analyt. Zwecke existiert die Bez. ›puriss. pro analysi‹ (p. a.) Diese Chemikalien erhalten von den Herstellern einen Garantieschein, auf dem die Höchstgrenzen der Fremdstoffe angegeben sind.

Chemischreinigung, chemische Reinigung, Trockenreinigung, engl. **dry cleaning** [draɪ kl'i:nɪŋ], frz. **nettoyage à sec** [nətwaj'a:ʒ as'ɛk], Behandlung insbes. von nicht waschbarer Oberbekleidung in organ. Lösungsmitteln, z. B. Schwerbenzin, Perchloräthylen (›Per‹), zur Entfernung fettiger Anschmutzungen. Durch Reinigungsverstärker (waschaktive Substanzen) und geringen Wassergehalt der Reinigungsflotte werden zusätzlich wasserlösl. Verfleckungen entfernt, so daß sich ein → Detachieren weitgehend erübrigt. Man unterscheidet **Vollreinigung** (umfassende Pflegebehandlung) und **Kleiderbad** (verminderte Pflegebehandlung ohne nachträgl. Entflecken, Appretieren, Imprägnieren). Spezialbehandlungen (z. B. mit Mottenschutz oder Bakteriziden) können in Verbindung mit der C. durchgeführt werden. (→ Pflegekennzeichen)

K. HASENCLEVER u. J. NAUMANN: Die C. (1976).

Chemismus, Gesamtheit des Ablaufs chem. Vorgänge bes. im pflanzl. und tier. Stoffwechsel.

Chemisorption, Chemosorption, Sonderfall der → Adsorption, bei dem die adsorbierten Moleküle an der Oberfläche eines Festkörpers durch relativ starke chem. Bindungen festgehalten werden. Die C. wird in der Verfahrenstechnik bei der großtechn. Darstellung von Chemikalien angewendet.

Chemo|litho|trophie, svw. → Chemosynthese 2).

Chemosphäre, Teil der → Atmosphäre 2).

Chemosynthese, 1) allgemeine Chemie: Aufbau chem. Verbindungen mit synthet. Methoden.

2) Biochemie: auch **Chemolithotrophie,** Gegensatz der → Photosynthese. C. bedeutet die Verwendung anorgan. Verbindungen und Ionen sowie den Einsatz von Wasserstoff und Schwefel zur Energiegewinnung in der Zelle. Für diese Vorgänge wird i. Ggs. zur Photosynthese kein Licht benötigt.

Chemotherapeutika, synthet. organ. Verbindungen, die im menschl. oder tier. Organismus zur Bekämpfung krankheitserregender Bakterien, Viren, Protozoen, Pilze oder Würmer oder von Krebskrankheiten eingesetzt werden. C. sollen den pathogenen, nicht aber den Wirts-Organismus schädigen.

Chemtempern, Festigkeit von Glasgegenständen erhöhen durch selektiven Ionenaustausch bei erhöhter Temperatur. Die Glasoberfläche wird dabei unter Druckvorspannung gebracht. Bes. erfolgreich angewendet zur Brillenglashärtung.

chersogen, svw. → terrigen.

Chessylith [ʃ-] *der,* → Azurit.

Chi (χ, Χ), ein → griechischer Buchstabe (ÜBERSICHT); Formelzeichen für elektrische (χ_e) und magnetische Suszeptibilität (χ_m).

Chiastolith *der,* Mineral, → Andalusit.

Chile|salpeter, aus der → Caliche der Atacama-Wüste in N-Chile gewonnenes Natriumnitrat, $NaNO_3$, ein Düngemittel.

Chinidin, optisch aktives Chinarindenalkaloid, stereoisomer zum → Chinin; wirkt gegen Fieber und Herzstörungen.

Chinin, optisch aktives, wichtiges Chinarindenalkaloid, schon früh als Malariamittel eingesetzt. C. zeigt beruhigenden Einfluß auf das Zentralnervensystem durch Herabsetzung der Gewebsatmung, hemmt auch die Herzmuskelerregbarkeit, wird darin jedoch vom Chinidin übertroffen. Heute meist durch andere Mittel ersetzt, starkes Protoplasmagift (um 10 g für den Menschen tödlich).

Chinin: Mikroaufnahme, ca. 100fach vergr.

Chinolin, basische Flüssigkeit, die wie Iso-C. aus Steinkohlenteer isoliert wird. C. dient v. a. zur Herstellung von 8-Hydroxy-C. (Oxin), als Korrosionsinhibitor und als Lösemittel.

Chinolin

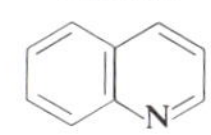

Chinolin

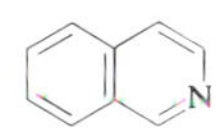

Isochinolin

Chinone, von Aromaten abgeleitete, zykl. Diketone mit der typischen chinoiden Doppelbindung. Von Benzol leitet sich Benzo-C., von Naphthalin → Naphthochinone und von Anthracen → Anthrachinon ab. Chinoide Systeme kommen in vielen Farbstoffen und physiologisch wichtigen Naturstoffen (z. B. Ubichinone = Vitamin Q) vor. **1,4-Benzo-C.,** meist para-Chinon oder kurz ›Chinon‹ genannt, wurde bei der Oxidation von Chinasäure, einem Bestandteil der Chinarinde, entdeckt. Es bildet goldgelbe, stechend riechende Kristalle, die durch Oxidation von Anilin hergestellt und v. a. zu Hydrochinon weiterverarbeitet werden. Bei der reversiblen Umwandlung von 1,4-Benzo-C. in Hydrochinon (Redoxreaktion) tritt dunkelgrünes Chinhydron als Zwischenstufe auf.

Chinone

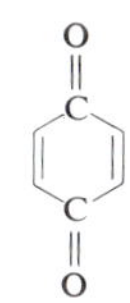

1,4-Benzochinon (p-Chinon)

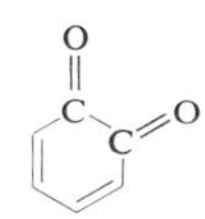

1,2-Benzochinon (o-Chinon)

Chinuclidin, stickstoffhaltige heterozykl. Verbindung und Baustein des Chinins, → chemische Kampfstoffe.

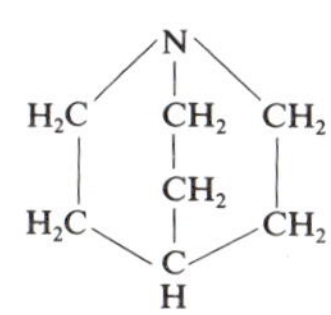

Chinuclidin

Chip [tʃɪp, engl. ›Splitter‹] *der,* funktioneller Bestandteil einer → integrierten Schaltung, der sämtl. Komponenten (z. B. Transistoren, Widerstände) auf einem Halbleiterplättchen von wenigen Millimetern Kantenlänge zusammenfaßt. Eine Vielzahl gleicher C. wird auf einer Träger-Halbleiterscheibe, dem **Wafer** [w'eɪfə], bei Silicium

Chloral

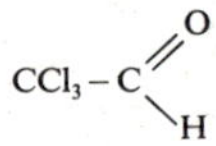

Chloral

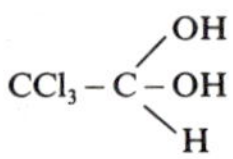

Chloralhydrat

bis etwa 125 mm Durchmesser, parallel gefertigt. Erst nach der Funktionsprüfung auf dem Wafer werden die einzelnen C. voneinander getrennt, mit Anschlußdrähten versehen (→ Bonden) und in ein Gehäuse eingebaut.

Monochip-Technik. Verfahren zur Großintegration von Schaltkreisen auf einem einzelnen C. Die Aufgabe kann darin bestehen, eine einzelne sehr komplexe integrierte Schaltung, die sich von normalen integrierten Schaltungen durch die größere Zahl der Bauelemente und die benötigte Chipfläche unterscheidet, auf einem C. unterzubringen, **Full-Slice-Technik** [fʊl slaɪs-], oder eine best. Anzahl von ident. oder versch. Bauelementegruppen auf demselben C. anzuordnen, **Master-Slice-Technik** [mˈɑ:stə-]. Die Verbindung der Einzelsysteme entsprechend der gewünschten Funktion der Gesamtschaltung kann direkt bei der Herstellung oder auch erst später nach einer Funktionsprüfung der Bauelementegruppen vorgenommen werden, wodurch die Ausschußquote erheblich herabgesetzt werden kann. Gegenüber der Multichip-Technik hat die Master-Slice-Technik den Nachteil, daß für jede Gesamtschaltung eine eigene Maske (→ Lithographie 2) hergestellt werden muß.

Multichip-Technik. Aufbau von Funktionsgruppen (Hybridschaltkreisen) aus integrierten Schaltkreisen und integrierten Bauelementegruppen, die auf verschiedenen C. angeordnet sind und durch in Schichttechnik hergestellte Leitungssysteme untereinander zu Schaltungen mit höherem Integrationsgrad verbunden werden. Die einzelnen C. können mit dem Verbindungsnetzwerk durch dünne Gold- oder Aluminiumdrähte **(Standardchip-Technik)** oder durch selbsttragende Streifenleiter, **Beamlead-Technik** [bˈi:mli:d-], kontaktiert werden. Durch die Multichip-Technik können Hybridschaltkreise auch bei geringen Stückzahlen wirtschaftlich hergestellt werden.

Chiralität, 1) Chemie: Erscheinung, daß Moleküle in zwei spiegelbildl. Formen **(Enantiomere)** existieren, die nicht miteinander zur Deckung gebracht werden können. C. bewirkt die Erscheinung der opt. Aktivität (→ Stereochemie).

2) Elementarteilchenphysik: die Eigenschaft aller Elementarteilchen mit halbzahligem Spin (Fermionen), zwei gleichsam spiegelbildliche Zustände in einem best. abstrakten Raum annehmen zu können.

Chiron, 1977 entdeckter → Planetoid, dessen Bahn zw. Jupiter- und Uranusbahn verläuft. C. konnte nachträglich auf Himmelsaufnahmen bis in das Jahr 1895 zurückverfolgt werden, als er sich gerade im sonnennahen Teil seiner Bahn befand. Die Umlaufzeit beträgt gegenwärtig 50,7 Jahre, doch sind die Störeinflüsse der großen Planeten so stark, daß die Bahn nicht sehr stabil ist. Sein Durchmesser wird je nach dem Reflexionsvermögen seiner Oberfläche auf 200–800 km geschätzt.

Chitin, geradkettiges, stickstoffhaltiges Polysaccharid, das aus Stickstoff (N)-acetylierten Glucosaminbausteinen aufgebaut ist. C. dient den meisten niederen Tieren (z. B. Insekten) als Gerüstsubstanz, best. Pflanzen als Zellwandsubstanz (Algen, Flechten u. a.).

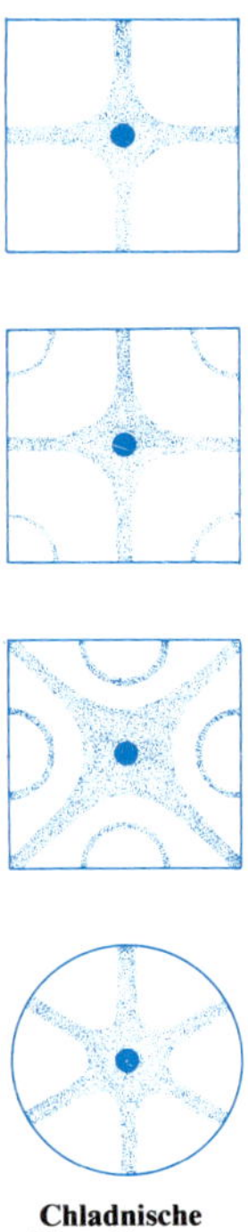

Chladnische Klangfiguren

Chladnische Klangfiguren, Chladnische Staubfiguren [n. dem dt. Physiker E. Chladni, * 1756, † 1827], durch feines Pulver (Lykopodium) sichtbar gemachte Knotenlinien stehender Wellen auf schwingenden Platten, wenn diese z. B. durch Anstreichen mit einem Geigenbogen zu Eigenschwingungen angeregt werden. Das Pulver wird durch die Schwingungen hochgeschleudert und sammelt sich an den Stellen (Knotenlinien), wo sich die Platte in Ruhe befindet. (BILD)

Chloanthit, Nickelskutterudit *der,* Mineral (Ni, Co)As_3, → Skutterudit, wichtiges Kobalt-Nickel-Erz.

Chlor *das,* chem. Symbol **Cl**, ein → chemisches Element aus der Gruppe der → Halogene, Ordnungszahl 17, stabile Isotope ^{35}Cl (75,77%) und ^{37}Cl (24,23%) sowie mehrere künstliche. Das grünlichgelbe, stechend riechende und die Atmungsorgane reizende Gas wirkt in größeren Mengen tödlich. Da seine krit. Temperatur relativ hoch liegt, läßt sich C. leicht verflüssigen. Siede-P. von flüssigem C.: – 34,06 °C. – C. ist als Bestandteil vieler Minerale zu 0,19 Gew.-% am Aufbau der oberen Erdkruste beteiligt (im Meerwasser 1,9 Gew.-% C.-Ionen). Wichtige Vorkommen: **Steinsalz,** NaCl, **Sylvin,** KCl, und **Carnallit,** $KMgCl_3 \cdot 6\ H_2O$, gasförmiger **Chlorkohlenwasserstoff,** HCl, in vulkan. Exhalationen, 0,3 bis 0,4% **Salzsäure,** HCl, im Magensaft. – Zur Darstellung von C. geht man entweder unmittelbar von den Chloriden aus (→ Chloralkali-Elektrolyse) oder man oxidiert Chlorwasserstoff an geeigneten Katalysatoren mit Luft, **Deacon-Verfahren** [dˈi:kən-], oder mit Braunstein, MnO_2, **Weldon-Verfahren** [wˈeldən-], heute unbed., zu C. – Das sehr reaktionsfähige Element verbindet sich häufig bereits bei gewöhnl., schneller bei höherer Temperatur mit Metallen und Nichtmetallen zu **Chloriden.** Ein Gemisch mit Wasserstoff reagiert nach Zündung explosionsartig **(Chlorknallgas).** Organ. Farbstoffe werden häufig zerstört (gebleicht), Kleinlebewesen getötet. – Anwendung zur Desinfektion (Chlorung des Wassers) und zur Darstellung zahlreicher organ. und anorgan. → Chlorverbindungen. – Aus grünl. **Chlorwasser,** eine gesättigte Lösung von C. in Wasser, scheidet sich beim Abkühlen kristallisiertes **Chlorhydrat,** $Cl_2 \cdot 8H_2O$, aus. – C. wurde 1774 von C. W. SCHEELE erstmals dargestellt und 1810 von H. DAVY als Grundstoff erkannt und benannt.

Chlor|acetophenon, → CN.

Chloral, Trichlor|acet|aldehyd, erstickend riechende Flüssigkeit. C. bildet mit Wasser **C.-Hydrat,** ein Zwischenprodukt bei der Herstellung von DDT.

Chlor|alkali-Elektrolyse, techn. Prozeß, der auf der elektrolyt. Zersetzung wäßriger Natriumchloridlösungen beruht. Dabei entsteht an der Kathode Wasserstoff, an der Anode Chlor. – Die C.-E. dient zur Gewinnung von Natronlauge, Chlor und Wasserstoff und ist einer der wichtigsten Grundprozesse der chem. Industrie. Da an der Kathode neben Wasserstoff auch OH^--Ionen entstehen, muß durch die Trennung von Kathoden- und Anodenraum die Rückbildung von Chlorid nach $2\ OH^- + Cl_2 \longrightarrow OCl^- + Cl^- + H_2O$ verhindert werden. Dies geschieht beim **Diaphragmaverfahren** durch eine stromdurchlässige Scheidewand, beim wichtigeren **Amalgam-** oder **Quecksilberverfahren** durch völlige Trennung des Kathoden- und Anodenraums durch am Boden der Elektrolysezelle befindliches, als Kathode wirkendes Quecksilber. Als Anode dient bei beiden Verfahren Graphit. – Bei unmittelbarer Solung der Natriumchloridlösung im Salzstock und niedrigen Dampfkosten ist das Diaphragmaverfahren günstig, bei hohen Reinheitsanforderungen an die Produktion das Quecksilberverfahren. (BILDER S. 207)

Chlor|amin T, organ. Verbindung; vielseitig verwendetes Desinfektions- und Bleichmittel.

Chlor|amphenicol, Antibiotikum aus dem Strahlenpilz Streptomyces venezuela; hemmt die Proteinbiosynthese und wird als Breitbandantibiotikum verwendet.

Chlor|argyrit, Hornsilber, Chlorsilber, Kerargyrit, Mineral AgCl, frisch farblos, wird bald grau, gelb, braun, schwarz; wichtiges Silbererz (bis 75% Ag).

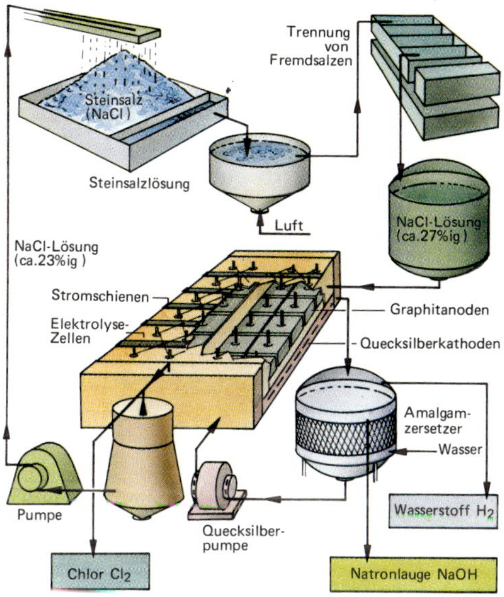

Chloralkali-Elektrolyse 1:
Amalgam- oder Quecksilberverfahren (schematisch)

Chlorate, → Chlorverbindungen.

Chlor|äthane, → Chlorkohlenwasserstoffe.

Chlor|äthylene, Tri- und Perchloräthylen; → Chlorkohlenwasserstoffe.

Chlorbenzole, organ. Verbindungen, in denen ein oder mehrere H-Atome des Benzols durch Chlor substituiert sind. C. werden aus Benzol durch Chlorierung an Eisenchlorid-Katalysatoren oder Oxychlorierung an Kupferchlorid-Katalysatoren hergestellt. Sie dienen als Lösemittel und zur Herstellung von Pflanzenschutzmitteln und Farbstoffen. **Mono-C.** ist darüber hinaus Zwischenprodukt für die Herstellung von Phenol und Anilin (→ Hexachlorbenzol).

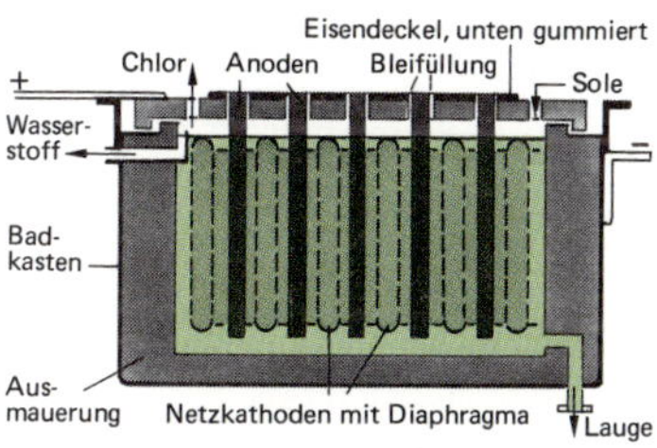

Chloralkali-Elektrolyse 2: Diaphragmaverfahren (schemat. Darstellung einer Diaphragmazelle)

Chlordan, Chlorkohlenwasserstoff, als → Insektizid gegen Boden- und Baumwollschädlinge verwendet.

Chlor|essigsäuren, relativ starke organische Säuren, die durch Chlorierung von Essigsäure hergestellt werden. **Mono-C.** ist wichtiges Zwischenprodukt für die Herstellung von Celluloseäthern und Herbiziden. **Tri-C.** dient wegen ihrer ätzenden Wirkung zum Entfernen von Warzen und Hornhaut. Ihr Natriumsalz wird als Herbizid verwendet.

Chlorfluorkohlenstoffe, Fluorchlorkohlenwasserstoffe, organ. Verbindungen, in denen die H-Atome niederer Kohlenwasserstoffe durch Chlor und Fluor substituiert sind. C. sind unter Druck verflüssigbare Gase oder niedrig siedende Flüssigkeiten. Sie sind unbrennbar, wenig giftig und zeichnen sich durch hohe chem. und therm. Beständigkeit aus. C. werden durch Fluorierung aus Chlorkohlenwasserstoffen hergestellt. Sie dienen als Treibmittel für Spraydosen, Kältemittel für Klima- und Kälteanlagen und zum Schäumen von Kunststoffen. – Zur Bez. werden Kennzahlen verwendet, wobei die erste Ziffer die Anzahl der C-Atome minus eins (entfällt bei Methanabkömmlingen), die zweite Ziffer die Anzahl der H-Atome plus eins und die dritte Ziffer die Anzahl der Fluoratome bedeuten. Da befürchtet wird, daß in die Stratosphäre gelangende C. den Ozongürtel der Erde zerstören, gibt es Bestrebungen zur Einschränkung ihres Gebrauchs.

Chloride, → Chlorverbindungen.

Chlorierung, 1) Chemie: Einführung von Chlor in eine chem. Verbindung durch Substitution (z. B. **thermische C.** von Methan mit Chlor, → Chlorkohlenwasserstoffe) oder Addition (z. B. durch Eisen- oder Kupferchlorid **katalysierte C.** von Äthylen mit Chlor). Außer Chlor werden Chlorwasserstoff, unterchlorige Säure, Sulfurylchlorid, Thionylchlorid u. a. als C.-Mittel verwendet.

2) Textilveredlung: auch **Chloren,** a) Behandlung von Wolle in Bädern spezieller Chlorverbindungen **(Naßchlorierung)** oder mit Chlorgas **(Trockenchlorierung),** um die Filz- und Einlaufneigung herabzusetzen, die Farbstoffaufnahme sowie den Glanz (Glanzwolle) zu erhöhen;

Chlorfluorkohlenstoffe

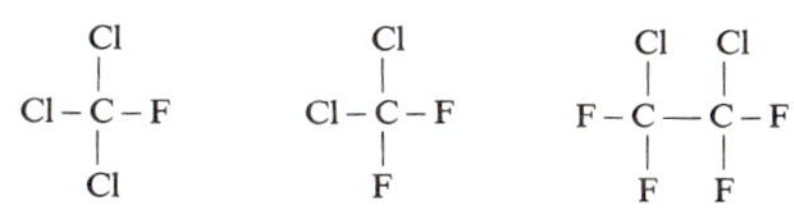

Trichlorfluormethan (R 11) — Dichlordifluormethan (R 12) — 1,2-Dichlortetrafluoräthan (R 114)

b) → Bleichen 1) von Cellulosefasern mit Bleichmitteln auf Chlorbasis (z. B. Natriumhypochlorit und -chlorit) zur Verbesserung des Weißgrades.

Chlorit, 1) Chemie: Salz der **Chlorigen Säure,** $HClO_2$. Die C. sind in wäßriger Lösung starke Oxidationsmittel; Verwendung zum Bleichen.

2) Mineralogie: Gruppe monokliner Silikatminerale wechselnder chem. Zusammensetzung und → Schichtgitter. Allg. Formel:

$$(Mg, Al, Fe)_{12}\,(Si, Al)_8O_{20}(OH)_{16},$$

Mischkristallbildung; fast stets hell- bis dunkelgrün, H. 2–3, D. 2,6–3,3, gut spaltbar (glimmerähnlich); zu den ›Ortho-C.‹ gehören u. a. **Pennin, Klinochlor** und **Prochlorit,** zu den eisenreicheren Lepto-C. der **Thuringit.** Vorkommen: meist in metamorphen Gesteinen **(C.-Schiefer)** und als Umwandlungsprodukt in tonigen Sedimenten.

Chlorbenzole

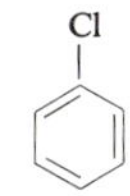

Monochlorbenzol

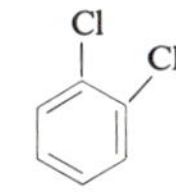

1,2-Dichlorbenzol

Chloressigsäuren

$ClCH_2-COOH$

Monochloressigsäure

$Cl_2CH-COOH$

Dichloressigsäure

$Cl_3C-COOH$

Trichloressigsäure

Chloressigsäuren

Chlorit 2): blättrige Kristalle (Salzburg, Österreich)

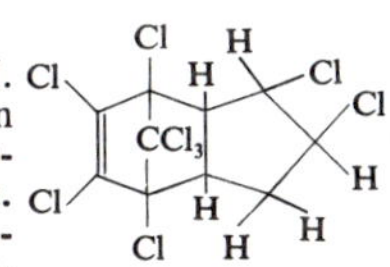

Chlordan

Chlorkohlenwasserstoffe

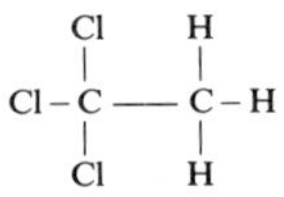

1,1,1-Trichloräthan

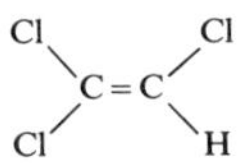

Trichloräthylen

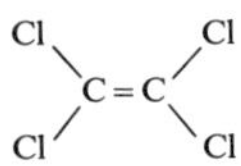

Tetrachloräthylen

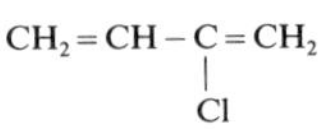

Chloropren

Chlorphenoxyessigsäuren

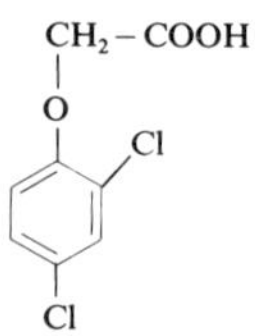

2,4-D

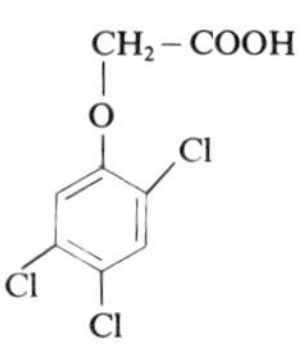

2,4,5-T

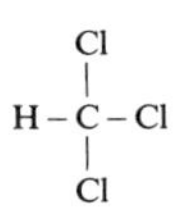

Chloroform

Chloritoid, Ottrelith, ein Sprödglimmer, Mineral $Fe_2Al_4[(OH)_4|Si_4Al_4O_{20}] \cdot 2\ Fe(OH)_2$, dunkelgrün bis schwarz; meist derb; in metamorphen Schiefern.

Chlorkalk, → Chlorverbindungen.

Chlorkautschuklacke, Anstrichstoffe, die Chlorkautschuk (→ Kautschuk) und Weichmacher (z. B. Chloralkane) als Bindemittel enthalten. C. sind sehr beständig gegen Wasser, Salzlösungen, Säuren und Basen und schwer entflammbar. Sie werden für Unterwasseranstriche auf Stahl und Beton und Schutzanstriche gegen anorganische Chemikalien verwendet.

Chlorknallgas, → Chlorverbindungen.

Chlorkohlenwasserstoffe, organ. Verbindungen, in denen ein oder mehrere H-Atome durch Chlor substituiert sind. Die vom Methan abgeleiteten C. **(Chlormethane)** werden durch Chlorierung von Methan bei 400 bis 450 °C hergestellt:

CH_4
$+Cl_2$ ↓ $-HCl$
CH_3Cl Monochlormethan (Methylchlorid)
$+Cl_2$ ↓ $-HCl$
CH_2Cl_2 Dichlormethan (Methylenchlorid)
$+Cl_2$ ↓ $-HCl$
$CHCl_3$ Trichlormethan (→ Chloroform)
$+Cl_2$ ↓ $-HCl$
CCl_4 Tetrachlormethan (Tetrachlorkohlenstoff)

Methylchlorid wird auch aus Methanol und Chlorwasserstoff hergestellt. Wichtige **Chloräthane** sind 1,1,1-Trichloräthan und 1,2-Dichloräthan. Dieses wird durch Chlorierung oder Oxychlorierung von Äthylen gewonnen:

$$H_2C=CH_2+Cl_2 \longrightarrow Cl-CH_2-CH_2-Cl$$
$$H_2C=CH_2+2\,HCl+{}^1/_2\,O_2 \longrightarrow Cl-CH_2-CH_2-Cl+H_2O$$

Zu den **Chloräthylenen** zählen → Vinylchlorid, Trichloräthylen und Tetrachloräthylen **(Perchloräthylen),** das durch chlorierende Spaltung **(Chlorolyse)** von Kohlenwasserstoffen oder anderen C. hergestellt wird:

$$CH_3-CH=CH_2+7\ Cl_2 \longrightarrow CCl_4+Cl_2C=CCl_2+6\ HCl$$

Die von den gasförmigen Kohlenwasserstoffen abgeleiteten C. sind leicht verflüssigbare Gase oder farblose Flüssigkeiten mit süßl. Geruch. Sie haben besondere Bedeutung als Lösemittel. Vorteil gegenüber den Kohlenwasserstoffen ist ihre geringe Brennbarkeit, Nachteil die höhere Toxizität. Relativ wenig giftig sind **Methylenchlorid** (MAK-Wert: 720 mg/m^3), das als Abbeizmittel für Lacke, Entfettungsmittel und Extraktionsmittel für Coffein verwendet wird, **Tetrachloräthylen** (MAK-Wert: 670 mg/m^3), das unter der Bez. **Per** in der chem. Reinigung Verwendung findet, sowie **1,1,1-Trichloräthan** (MAK-Wert: 1080 mg/m^3) und **Trichloräthylen** (MAK-Wert: 260 mg/m^3), die wichtige techn. Reinigungsmittel für Maschinen und elektron. Apparate sind. **Methylchlorid** dient als Methylierungsmittel, z. B. bei der Herstellung von Siliconen. **Tetrachlorkohlenstoff (Tetra)** wird v. a. zu → Chlorfluorkohlenstoffen weiterverarbeitet. **1,2-Dichloräthan** ist wichtiges Zwischenprodukt bei der Herstellung von Vinylchlorid. Höhermolekulare geradkettige **Monochloralkane** sind Vorstufen für biologisch abbaubare Waschrohstoffe. **Aromat. C.** finden u. a. als Lösemittel, Kühl- und Hydraulikflüssigkeiten sowie zur Herstellung von Pflanzenschutzmitteln, Farbstoffen und Pharmazeutika Verwendung (→ Chlorbenzole, → Polychlorbiphenyle).

C. sind sehr schwer biologisch abbaubar. Die Verbrennung von C.-Abfällen wird wegen des dabei auftretenden Chlorwasserstoffs meist auf See durchgeführt.

Chloroform, Trichlormethan, süßlich riechende, unbrennbare Flüssigkeit, die an Licht und Luft langsam in Phosgen und Chlorwasserstoff übergeht. Die Herstellung erfolgt durch Chlorierung von Methan (→ Chlorkohlenwasserstoffe). C. wirkt narkotisierend und führt bei längerer Einwirkung zu Leberschäden (MAK-Wert: 50 mg/m^3). Eine krebserzeugende Wirkung wird diskutiert. C. dient v. a. zur Herstellung von → Chlorfluorkohlenstoffen. Als Narkosemittel ist es nicht mehr in Gebrauch.

Chlorolyse, → Chlorkohlenwasserstoffe.

Chlorophyll, Blattgrün, grünes Blattpigment der assimilierenden Pflanzen, das sich in den Chloroplasten befindet und die Photosynthese der Pflanzen ermöglicht.

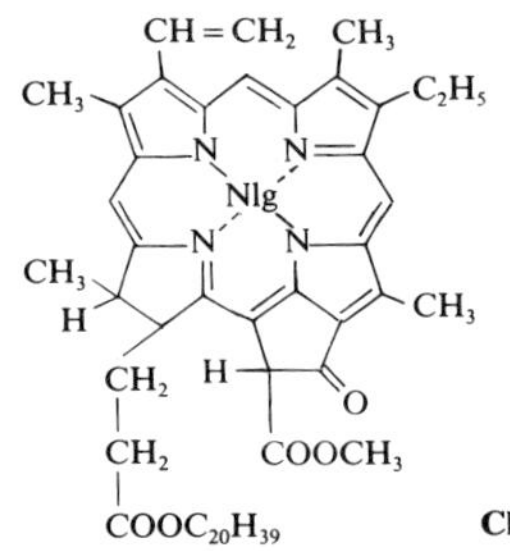

Chlorophyll a

C. besteht aus blaugrünem C. a und gelbgrünem C. b, die durch → Chromatographie voneinander getrennt werden können. Beide Verbindungen haben ein Porphyringerüst mit zentralem Magnesiumatom. Bei der herbstlichen Laubfärbung wird C. abgebaut, und andere Blattfarbstoffe (z. B. rote Carotinoide) treten hervor. C. wird in der Lebensmittel-, Kosmetik- und Kerzenind. als Pigment verwendet.

Chloroplast, grüner, photosynthetisch aktiver Chromatophor vieler Pflanzen; enthält bes. Chlorophylle, Carotin und Xanthophyll. Im Licht wird in den C. → Stärke gebildet.

Chloropren, 2-Chlor-1,3-butadien, stechend riechende Flüssigkeit, die aus Acetylen und Chlorwasserstoff oder aus Butadien und Chlor hergestellt wird. C. dient fast ausschließlich zur Herstellung von C.-Kautschuk.

Chlorphenoxyessigsäuren, organ. Verbindungen, die als selektive → Herbizide große Bedeutung haben. C. vernichten breitblättrige Pflanzen durch krankhaftes Längenwachstum, während Gräser (z. B. Getreide) kaum beeinflußt werden. Von besonderer Bedeutung sind die seit 1942 bevorzugt bei Getreide eingesetzte 2,4-Dichlorphenoxyessigsäure (2,4-D) und die auch gegen Holzgewächse angewendete 2,4,5-Trichlorphenoxyessigsäure (2,4,5-T). 2,4,5-T wurde auch als → chemischer Kampfstoff zum Entlauben von Wäldern verwendet.

Chlorpromazin, Pharmakon, das bes. zur Behandlung von Rauschgiftschädigungen verwendet wird.

Chlorsilber, Mineral AgCl, svw. → Chlorargyrit.

Chlorung, die Behandlung von Trink-, Bade-, Betriebs- und Abwasser zur Entkeimung und zur Oxidation unerwünschter Inhaltsstoffe. Am häufigsten wird gasförmiges Chlor oder auch Hypochloritlösung verwendet. Die Zusatzmenge wird so bemessen, daß ein Überschuß von 0,1 bis 0,2 mg/l Chlor verbleibt.

Chlorverbindungen. Chlor kommt in den Wertigkeiten – 1 und + 1 bis + 7 vor, es reagiert schon bei Raumtemperatur mit den meisten Elementen. Gegenüber Metallen ist es streng elektronegativ.

Anorgan. C. **Chlorwasserstoff** (Salzsäuregas), HCl, ist ein farbloses, stechend riechendes, an der Luft rauchendes Gas (Bildung von Salzsäurenebel), das aus Kochsalz mit Schwefelsäure oder aus den Elementen dargestellt wird. Da ein Gemisch beider Elemente nach Zündung explosionsartig reagiert **(Chlorknallgas)**, erfolgt die Reaktion z. B. im → Daniellschen Hahn. Die Hauptmenge wird heute als Nebenprodukt bei der → Chlorierung 1) organ. Verbindungen erhalten. Chlorwasserstoff löst sich leicht in Wasser, die wäßrige Lösung heißt → Salzsäure. Deren Salze sind die **Chloride.** – Von den Sauerstoff-C. **Dichloroxid (Chlormonoxid)**, Cl_2O, **Dichlortrioxid**, Cl_2O_3, **Dichlorhexoid (Chlortrioxid)**, Cl_2O_6, **Dichlorheptoxid**, Cl_2O_7, und **Chlordioxid**, ClO_2, ist nur letzteres wichtig. Das gelb- bis braungefärbte Gas neigt beim Erwärmen zum explosionsartigen Zerfall. Wäßrige Lösungen von Chlordioxid werden u. a. zum Bleichen, zur Wasserentkeimung, Desinfektion und Desodorierung benutzt. – Von den mögl. Sauerstoffsäuren sind wäßrige Lösungen der **unterchlorigen (hypochlorigen) Säure**, HClO, und der **Chlorsäure**, $HClO_3$, als stark oxidierend wirkende Lösungen bekannt. Die **Alkalihypochlorite** werden als Bleichmittel verwendet. – **Chlorkalk** [3 CaCl(OCl) · $Ca(OH)_2$ · 5 H_2O] entsteht aus Chlor und gelöschtem Kalk; Verwendung als Bleich- und Desinfektionsmittel. Die Salze der Chlorsäure sind die **Chlorate.** Sie finden Verwendung in der Feuerwerkerei und Natriumchlorat, $NaClO_3$, zur Sauerstoff-Versorgung in U-Booten und Atemmasken. **Perchlorsäure**, $HClO_4$, eine farblose, rauchende Flüssigkeit, zersetzt sich beim Erwärmen. Verdünnte Lösungen sind beständig, eine 72%ige wäßrige Lösung siedet als azeotropes Gemisch bei 203 °C. Ihre Salze sind die **Perchlorate.** – **Chlortrifluorid**, ClF_3, dient zur Fluorierung und, ebenso wie **Chlorpentafluorid**, ClF_5, als Raketentreibstoff.

Organ. C. Es gibt eine sehr große Anzahl bekannter organ. C., darunter z. B. die → Chlorfluorkohlenstoffe, die → Chlorkohlenwasserstoffe, → Chloroform, → Tetrachlorkohlenstoff oder → Vinylchlorid. Andere sind Zwischenprodukte bei der Synthese organ. Verbindungen, z. B. die → Chlorbenzole. Zu den organ. C. gehören auch viele Insektizide, z. B. → DDT, → Hexachlorcyclohexan, → Dieldrin und einige chem. Kampfstoffe.

Chlorwasserstoffemission tritt auf bei zahlreichen industriellen Prozessen (Produktion von Düngemitteln, Pestiziden, Porzellan u. a.) und bei der Verbrennung von → Müll und Steinkohle. Durch C. werden die Atemwege gereizt; Pflanzen werden zum Teil schon durch geringe HCl-Konzentrationen geschädigt (Symptom: Blattrandnekrosen). Höchstwerte nach → TA Luft: 0,1 mg/m^3 langfristig; 0,2 mg/m^3 kurzfristig.

Chlorwasserstoffsäure, die → Salzsäure.

Choke [tʃəuk, engl.], bei Ottomotoren ein Bedienungsknopf, durch den die → Starterklappe im Vergaser betätigt wird.

Cholesterin, im Tierreich verbreitetes → Steroid, das selten auch in Pflanzen vorkommen kann. C. ist Bestandteil aller Körperzellen, bes. der Membranen und der Gehirn- und Nervensubstanz. Aufnahme mit der Nahrung, aber auch Synthese im Organismus (Leber). C.-reiche Nahrungsmittel: Eigelb, Butter, Sahne, fettes Fleisch. – C. ist u. a. die biogenet. Vorstufe von Gallensäure, Vitamin D_3, Androsteron, Testosteron u. a. Steroiden.

cholesterinische Phasen, Zustand → flüssiger Kristalle.

Cholin, Trimethylammoniumhydroxid-Derivat, natürl. Spaltprodukt des → Lecithins. In der Natur weit verbreitet, u. a. auch in der Gehirnsubstanz, im Eigelb, in Hopfen und Pilzen. C. vermindert die Ablage von Fett im Körper und wirkt u. a. blutdrucksenkend.

Cholin|esterase, Acetylcholinesterase, Enzym, das u. a. in roten Blutkörperchen, im Hirn und den motorischen Endplatten der Skelettmuskeln vorkommt. Es baut das bei der Reizung motor. und parasympath. Nerven von diesen ausgeschüttete → Acetylcholin ab.

Cholsäure, Steroidcarbonsäure, → Steroide.

Chondrodit, Mineral, → Norbergit.

Chopper [tʃɔpə, engl.], **1)** Elektronik: elektron. Schaltung, die nach dem Zerhackerprinzip mit Hilfe eines schnellen period. Umschaltvorganges am Ausgang einen definierten elektr. Zustand erzeugt. Das C.-Prinzip wird insbes. bei Gleichspannungsverstärkern zur Verringerung der Nullpunktdrift gegenüber direkt gekoppelten Verstärkern angewandt. In der Elektronenstrahl-Meßtechnik versteht man unter **C.-Betrieb** eine Betriebsart zur gleichzeitigen Abbildung mehrerer langsamer Vorgänge auf dem Bildschirm eines → Oszilloskops. Der Elektronenstrahl springt mit der **C.-Frequenz** sehr schnell zw. den abzubildenden Vorgängen hin und her, so daß für den Betrachter ein ungestörtes flimmerfreies Gesamtbild entsteht.

2) Physik: mechan. Vorrichtung zum Zerhacken eines kontinuierl. Strahls in einzelne Impulse, z. B. eine rotierende, mit Schlitzen versehene Scheibe im Strahlengang.

Chordale, die → Potenzlinie von Kreisen.

Chrom, chem. Symbol **Cr**, ein → chemisches Element, Ordnungszahl 24, vier natürl., mehrere künstliche Isotope (^{52}Cr: 83,79%), silberglänzendes, in reinem Zustand dehnbares, in unreinem sprödes, sehr hartes Schwermetall (Mohs-H. 9), an der Luft und gegen Wasser beständig. Von Salpetersäure und oxidierenden Säuregemischen wird C. durch Passivierung nicht angegriffen; so vorbehandeltes C. löst sich für einige Zeit auch nicht mehr in verdünnter Salz- und Schwefelsäure. Bei erhöhter Temperatur reagiert es mit den meisten Nichtmetallen, mit Kohlenstoff bildet es **Chromcarbid.** – C. ist etwa mit 0,03 Gew.-% am Aufbau der oberen Erdkruste, ausschließlich in Form seiner Verbindungen beteiligt. Wichtigstes C.-Mineral und zugleich einziges bed. C.-Erz ist → Chromit, $FeCr_2O_4$, daneben kommt es als **Rotbleierz**, $PbCrO_4$, vor. – Das vielen Zwecken genügende Ferrochrom wird aus Chromat durch Reduktion mit Kohle in elektr. oder Siemens-Martin-Öfen hergestellt, fast reines C.-Metall aus Chromit, das zunächst zu Natriumchromat oxidiert wird. Dieses wird aluminothermisch zum Metall reduziert. – C. wird verwendet als Katalysator der Ammoniak-Synthese, zur Herstellung von C.- und nichtrostenden Stählen, von C.-Legierungen, von anorgan. C.-Pigmenten, zur Inchromierung und zum Verchromen. – C. wurde 1797 von L. N. Vauquelin entdeckt.

Chromate, → Chromverbindungen.

Chromatieren, Behandlung der Oberfläche von Metallen oder metall. Überzügen (bes. Aluminium, Magnesium, Zink, Cadmium, Kupfer und -legierungen, Zinn) zur Erzeugung von Schutzschichten in sauren oder alkalischen Lösungen, die Chromsäure oder Chromate sowie andere Bestandteile enthalten. Die Schutzschichten bestehen meist aus Verbindungen des drei- und sechswertigen Chroms, manche auch nur aus Oxiden des Grundmetalls. Das C. verbessert die Korrosionsbeständigkeit der Metalle beträchtlich und ergibt meist einen guten Haftgrund für Lacküberzüge. Nach gewissen Verfahren werden auch chromhaltige Phosphatüberzüge hergestellt (→ Phosphatieren).

Chromatogramm, bei einer chromatograph. Trennung (→ Chromatographie) erhaltenes Konzentrationsprofil der zu trennenden Stoffe in der Trennstrecke (stationäre Phase; z. B. in der Dünnschichtchromatographie) oder die Darstellung der zeitl. Veränderung der am Ende einer chromatograph. Säule gemessenen Konzentration (z. B. in der Gaschromatographie). Aus dem C. erhält man Angaben zur qualitativen und quantitativen Zusammensetzung eines Stoffgemisches.

Chromatographie, chem. Verfahren zur Trennung von Stoffgemischen. Dabei wird ein in einer bewegl. (mobilen) Phase (Gas oder Flüssigkeit) enthaltener Stoff zw. dieser und einer zweiten, stationären Phase durch Adsorptions- und Lösungsvorgänge verteilt. Zeigen die Einzelkomponenten eines Stoffgemisches dabei ein unterschiedl. Verhalten, so werden sie von der mobilen Phase mit unterschiedl. Geschwindigkeit transportiert, und es kommt zu ihrer Trennung. Je nach Anordnung der stationären Phase unterscheidet man die → Säulenchromatographie, die → Dünnschichtchromatographie und die → Papierchromatographie. Die → Gaschromatographie ist zur Trennung flüchtiger Stoffe geeignet. – Die C. findet Anwendung zur Trennung und Bestimmung kleiner Mengen organ. Substanzen, z. B. in der klinischen Chemie, in der Biochemie und in der Umweltanalyse. (→ Ionenaustauschchromatographie, → Gelchromatographie; → Chromatogramm). Gas-, Hochdruckflüssigkeits-, Ionenaustausch-, Papier- und Säulen-C.

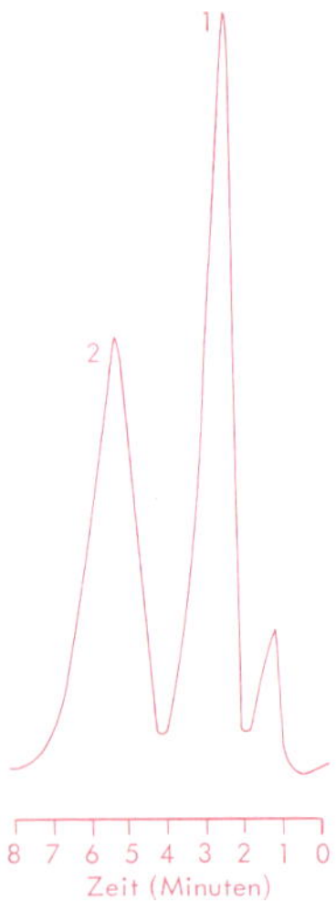

Chromatogramm: Flüssigkeits-C. in der pharmazeutischen Industrie, **1** Corticosteron, **2** Cortisol, Lösungsmittel: 4% Methanol, 96% Chloroform

Chromatron, Elektronenstrahlröhre für die Wiedergabe von farbigen Fernsehbildern mit im Strahlweg vor dem Bildschirm angeordneten Gitterdrähten und parallelen Leuchtstoffstreifen auf dem Bildschirm. Beim **Einstrahl-C.** wird der Elektronenstrahl durch Änderung der Potentialdifferenz der Gitterdrähte auf die grünen, roten oder blauen Leuchtstoffe gelenkt. Beim **Dreistrahl-C.** sind die Gitterdrähte Teil eines Nachbeschleunigungssystems; die drei Elektronenstrahlen gelangen infolge des ›Schattenwurfs‹ jedes Gitterdrahtes auf jeweils nur eine Farbe.

Chromfarbstoffe, → Chrompigmente.

Chromieren, 1) Metallkunde: auch **Chromisieren,** → Inchromieren.

2) Textilfärberei: Bildung eines Farblackes, d. h. einer Verbindung zw. Farbstoff, Chrom und Textilmaterial zur Verbesserung der Farbechtheit (→ beizen) und Naßechtheit. C. verursacht Abwasserbelastung.

Chromit, derb (Grochau, Schlesien)

Chromit *der,* **Chrom|eisenerz, Chrom|eisenstein,** Mineral (Fe, Mg) Cr_2O_4, tief- oder bräunl.-schwarz, H. 5,5, D. 4,5–4,8; derbe, körnige Massen in olivinreichen Gesteinen der liquidmagmat. Abfolge (→ Erzlagerstätten) und in deren Umwandlungsprodukten (Serpentinen); einziges bed. Chromerz.

Chromlegierungen. Chrom ist ein sehr wichtiger Bestandteil in Stählen, Nickel- und Kobaltlegierungen zur Verbesserung der Festigkeit, Zunder- und Korrosionsbeständigkeit sowie mancher elektr. Eigenschaften.

Chromophore, Atomgruppen, die Verbindungen durch selektive Lichtabsorption Farbigkeit verleihen, so z. B. die Azo- und Nitrogruppe. Radikale, die durch ein C. farbig werden, heißen **Chromogene.** Zum guten Haften der Chromogene auf Textilien ist die Einführung einer → auxochromen Gruppe, wie Amino-, Hydroxyl- oder Carboxylgruppe, notwendig, die mit dem Chromogen eine salzartige Verbindung bildet.

Chromoproteine, Eiweiße, die als prosthet. Gruppe eine Farbstoffkomponente enthalten. Zu den C. gehören u. a. Hämo-, Eisenporphyrin-, Flavinproteine.

Chromosomen, stäbchen- oder fadenförmige, hauptsächlich aus → DNS und Proteinen bestehende Strukturen im Zellkern. In eine Grundsubstanz, die Matrix, sind zwei- oder vierfädige **Chromonemata** eingelagert, auf denen in den **Chromomeren** die Erbanlagen aufgereiht sind. Die C. sind die Träger der im Zellkern gespeicherten Erbinformationen. Ihre Feinstruktur, Anzahl und Form ist kennzeichnend für jede Tier- und Pflanzenart. Geschlechtszellen sind haploid, d. h. sie haben die halbe C.-Zahl der übrigen Zellen. Bei der Vereinigung zweier Geschlechtszellen entsteht wieder der doppelte (diploide) C.-Satz. Der diploide C.-Satz des Menschen beträgt 46. Veränderungen in der Zahl und im Aufbau der C. werden Mutationen genannt.

Chromosphäre, diejenige atmosphär. Schicht der → Sonne, die bei totalen Sonnenfinsternissen kurz vor oder nach der Bedeckung im Licht von Emissionslinien, bes. des Wasserstoffs, rötlich aufleuchtet. Die C. sorgt für den Energietransport aus der Photosphäre in die heiße Korona der Sonne und ist mitbeteiligt an der Entstehung der Absorptionslinien **(Fraunhofersche Linien)** im Sonnenspektrum.

Chrompigmente, farbgebende Chromverbindungen für Malerei, Anstrich, Druck, keram. u. a. Zwecke. Man unterscheidet **Chromoxidpigmente** (z. B. Chromoxidgrün, Cr_2O_3) und die sie mengenmäßig weit übertreffenden **Chromatpigmente** (z. B. Chromorange, -rot und -gelb oder Strontium-, Baryt- oder Zinkgelb).

Chromverbindungen. Chrom gehört zur sechsten Nebengruppe des Periodensystems. Stabile Verbindungen mit den Wertigkeiten +2, +3 und +6 sind bekannt. Sechswertiges Chrom bildet **Chrom(VI)oxid,** CrO_3 (ein starkes Oxidationsmittel), giftige rote Kristalle; in seiner wäßrigen Lösung liegen **Chromsäure,** H_2CrO_4, und orangerote **Polychromsäure,** $H_2Cr_nO_{3n+1}$, vor. Die von ihnen abgeleiteten Salze sind die **Chromate** und **Dichromate.** Wichtig sind **Natriumchromat,** Na_2CrO_4, **Kaliumchromat,** K_2CrO_4, und **Kaliumdichromat,** $K_2Cr_2O_7$, leichtlösl. Salze, die als Oxidationsmittel Anwendung finden. Zahlreiche Chromate sind schwerlösl., z. B. **Bleichromat,** $PbCrO_4$, das auch als Mineral **(Rotbleierz)** vorkommt und als Malerfarbe **(Chromgelb)** benutzt wird. – Die Verbindungen des dreiwertigen Chroms sind in Lösung sehr beständig. **Chrom(III)oxid,** Cr_2O_3, ist ein graugrünes, wasserunlösl. Pulver, das u. a. als Schleifmittel und in Chrompigmenten verwendet wird. In Schwefelsäure löst es sich unter Bildung von **Chrom(III)-**

sulfat; Verwendung u. a. zur Herstellung grüner Glasuren, von Pigmenten und in der Galvanotechnik. Beim Schmelzen mit Alkalihydroxid unter Luftabschluß bilden sich Chromate(III). **Chrom(III)sulfat,** $Cr_2(SO_4)_3$, und **Chromalaun,** $KCr(SO_4)_2 \cdot 12\ H_2O$, werden zur Gerbung von Leder benutzt **(Chromgerbung). Chrom(III)chlorid,** $CrCl_3$, bildet sublimierbare violettrote Kristallblättchen und ist in Wasser unlöslich, wird u. a. verwendet als Wasserdichtimprägnierung, als Farbbeize und zur Verchromung. – Chrom(II)-Verbindungen entstehen durch Einwirkung starker Reduktionsmittel auf Chrom(III)-Salzlösungen. **Chromcarbide,** z. B. $Cr_{23}C_6$, werden wegen ihrer Härte und Korrosionsbeständigkeit als Werkstoff benutzt. – Alle lösl. C., bes. die Chromate, sind starke Gifte.

Chronograph *der,* allg. ein Gerät zur Registrierung von Zeitmarken. Beim **Band-C.** werden die Zeitmarken einer Prüfuhr und einer Normaluhr auf einem abrollenden Streifen registriert und daraus der → Gang 3) der Prüfuhr ermittelt. Beim **Walzen-C.** synchronisiert eine Normaluhr die Drehzahl einer Walze, auf welcher die Zeitmarken der Prüfuhr aufgezeichnet werden (→ Zeitwaage).

Chronologie, die Wissenschaft von der Zeitrechnung (auch die Zeitrechnung selber), die sich um einen eindeutigen absoluten oder relativen Zeitmaßstab für die vergangenen Ereignisse mit ihren Beziehungen zur Gegenwart bemüht. Hilfsmittel sind die versch. Methoden der Datierung solcher Ereignisse (→ Altersbestimmung), beginnend bei der Entstehung der chem. Elemente, der Entstehung und dem Werdegang von Sternen und Sternsystemen **(kosmolog. C.),** der Entstehung und Umwandlung best. Minerale und Gesteine sowie ganzer geolog. Schichten **(geolog. C.),** über die Datierung von Zeugnissen und Resten ausgestorbener Lebewesen **(paläontolog. C.)** oder anderer biolog. Befunde **(biolog. C.)** bis zur zeitl. Festlegung von Funden aus vorgeschichtl. Kulturepochen **(anthropolog. C., Vorgeschichtsforschung).** Die **histor. C.** schließlich behandelt die Techniken und Methoden der histor. Zeitrechnung, insbes. das Kalenderwesen.

Chronometer, Präzisionsuhr, die amtl. Prüfbedingungen erfüllt. Urspr. waren **Schiffs-C.** bes. genaue mechan. Uhren mit kardanisch aufgehängtem Werk. Jedoch dürfen heute alle Beobachtungsuhren sowie Taschen- und Armbanduhren, welche die entsprechenden amtl. Gangleistungen erfüllen, die Bez. C. tragen (meist → Quarzuhren).

Chronometrie, Zeitmeßkunde, alle die → Zeitmessung betreffenden Fachgebiete (auch Uhrentechnik).

Chronon *das,* (hypothetisches) Zeitquant.

Chrysoberyll *der,* grünlichgelbes bis grünes Mineral $BeAl_2O_4$ mit 7,1% Beryllium; H. 8,5, D. 3,7; kurzsäulige Kristalle in Granitpegmatiten und Glimmerschiefern sowie in Edelsteinseifen. Varietäten: bläul. **Cymophan,** grüner → Alexandrit.

1

2

3

Chrysoberyll:
1 C.-Katzenauge,
2 C. gelb, **3** C. grün

Chrysokoll *der,* **Kieselkupfer,** Mineral

$$CuSiO_3 \cdot nH_2O,$$

grün bis blaugrün, durchscheinend, dicht, nierig, traubig; Oxidationsprodukt von Kupfererzen.

Chrysolith *der,* Edelsteinvarietät des → Olivin.

Chrysopras *der,* Mineral SiO_2, → Chalcedon.

Chrysotil *der,* **Faserserpentin,** Mineral, faserige Ausbildung von → Serpentin, z. T. als → Asbest verwendet.

Chymosin, das → Labferment.

Chymotrypsin, Serinproteasen (→ Proteasen) des Pankreas, bestehend jeweils aus mehr als 240 Aminosäuren. C. baut Eiweiße, die bereits von Trypsin und Pepsin zerlegt wurden, weiter ab.

Ci, Einheitenzeichen für → Curie.

Cinch-Steckverbinder [sɪntʃ-, engl.], zweipolige elektromechan. Steckverbindung, bestehend aus Stecker und Buchse nach japan. Norm, wird von einigen Herstellerfirmen für die Aufnahme- und Wiedergabeanschlüsse an elektroakust. Anlagen und Geräten verwendet. Der C.-S. ähnelt im Aufbau den koaxialen Steckverbindern für Hochfrequenzanwendungen.

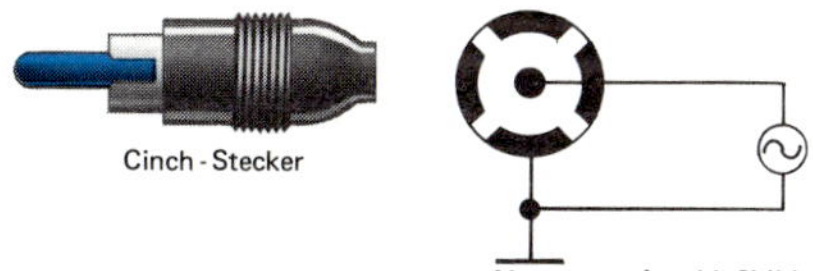

Cinch-Steckverbinder

Cinemascope, Cinemiracle, Cineorama, Cinepanoramic, Cinerama, Cinetarium, → Breitwandverfahren.

Cinnabarit, Zinnober, Mineral HgS, rot bis schwarz, auch bläulich-metall. **(Stahlerz);** meist derbe Aggregate; bildet sich u. a. bei etwa 80 °C aus vulkan. Quellen, wichtiges Quecksilber-Erz (bis 86%).

Cinnabarit,
derb
(Landberg bei
Obermoschel, Pfalz)

Cinnamate, Salze und Ester der → Zimtsäure. **Cinnamaldehyd,** das → Zimtaldehyd.

C-Invarianz, C-Symmetrie, Quantenfeldtheorie: die Invarianz einer Wechselwirkung gegenüber → Ladungskonjugation. Die C-I. gilt nicht für die schwache Wechselwirkung, sie ist z. B. beim Betazerfall verletzt. (→ CP-Invarianz)

Circinus, Zirkel, ein → Sternbild des südl. Himmels.

circular inch [sˈɜːkjulə ɪntʃ, engl.], Einheitenzeichen **circ in,** noch gebräuchl. angloamerikan. Flächeneinheit, gleich der Fläche eines Kreises mit dem Durchmesser 1 inch: 1 circ in $= (\pi/4)\ in^2 = 5{,}06707\ cm^2$. (ÜBERSICHT Einheiten, angloamerikanische)

Cirro . . ., Cirrus . . ., Wolkengattung, → Wolken.

cis-, Abk. **c-,** bedeutet in der → Stereochemie, daß zwei Substanzen oder Liganden räumlich auf der gleichen Seite des Grundkörpers fixiert sind. – Ggs. trans-.

cis-

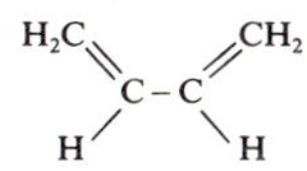

s-cis-1,3-Butadien

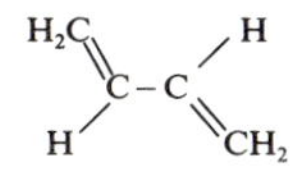

s-trans-1,3-Butadien

Citizen Band [sˈɪtɪzn bænd, engl.], → CB-Funk.

Citral, ungesättigter Terpenaldehyd. Das zitronenartig riechende Öl wird aus Lemongrasöl isoliert und als Riechstoff verwendet. (FORMEL S. 212)

Citrate, Bez. für Salze und Ester der → Zitronensäure.

Citratzyklus, svw. → Zitronensäurezyklus.

Citrin *der,* Mineral, natürl. gelber → Quarz; künstl. C. → Goldtopas.

Citronellal, melissen- bis zitronenartig riechender ungesättigter Terpenaldehyd. C. wird aus Citronellöl isoliert und als Riechstoff sowie zur Herstellung von Menthol verwendet. (FORMEL S. 212)

cl, Einheitenzeichen für **Zentiliter** (→ Liter).

Cl, 1) chem. Symbol für das Element → Chlor.

2) Einheitenzeichen für → Clausius.

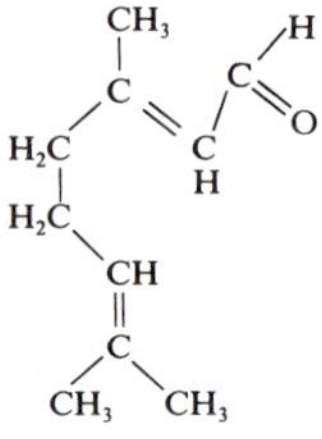
Citral

Clairautsches Theorem [klɛr'o-, n. dem frz. Astronom und Mathematiker A. C. Clairaut, * 1713, † 1765], Satz zur Berechnung der Erdabplattung aus der Zentrifugalbeschleunigung der Erdrotation am Äquator, der Schwerebeschleunigung am Äquator und der Schwerebeschleunigung an den Polen. Das C. T. muß, um heutige Genauigkeitsansprüche zu befriedigen, mit Gliedern höherer Ordnung ergänzt werden.

Claisen-Kondensation [n. dem dt. Chemiker L. Claisen, * 1851, † 1930], durch starke Basen katalysierte → Kondensation 1) von zwei Estermolekülen mit aktiver CH-Gruppe, z. B.:

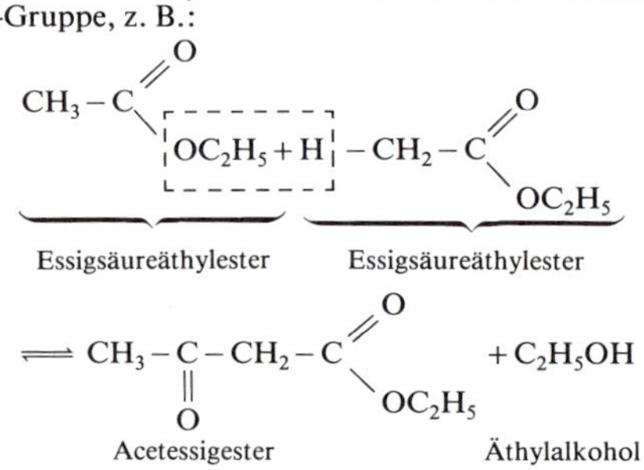

Clarit, eine → Streifenart der Steinkohle.

Clarke-Zahl [klɑ:k-, n. dem amerikan. Chemiker F. W. Clarke, * 1847, † 1931], Durchschnittsgehalt eines chem. Elements in der rd. 17 km mächtigen Erdkruste; 1 **Clarke** = 1 g/t.

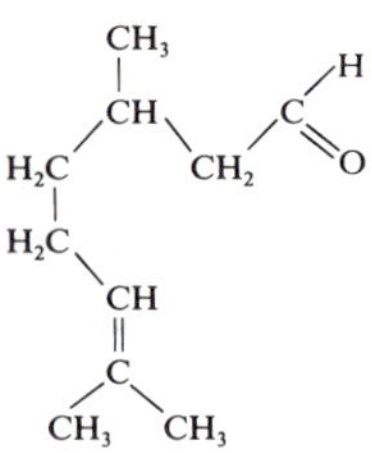
Citronellal

Clathrate, → Einschlußverbindungen, gebildet durch Einschluß kleiner Moleküle in den Hohlräumen eines Wirtsgitters, das aus anderen Molekülen aufgebaut ist. So bildet z. B. Xenon mit Wasser ein bei tiefer Temperatur beständiges C.: $Xe(H_2O)_{13}$.

Clausius [n. dem dt. Physiker R. J. E. Clausius, * 1822, † 1888] *das,* Einheitenzeichen **Cl,** nicht gesetzl. Einheit der → Entropie. 1 Cl = 1 cal/K = 4,1868 J/K.

Clausius-Clapeyronsche Gleichung [-klapɛr'ɔ̃-; n. R. J. E. Clausius und dem frz. Ingenieur B. P. E. Clapeyron, * 1799, † 1864], thermodynam. Gleichung: In ihrer allg. Form setzt sie die bei einer Phasenumwandlung 1. Art (z. B. Verdampfen, Schmelzen) auftretende Umwandlungsenthalpie (latente Umwandlungswärme) in Beziehung zur Temperaturabhängigkeit des Gleichgewichtsdruckes. Am häufigsten angewandt wird die Gleichung auf die Verdampfung. Hierbei wird noch die (meist erfüllte) Voraussetzung eingeführt, daß das Volumen einer best. Stoffmenge im Gaszustand viel größer ist als im kondensierten Zustand, d. h. daß der Dampf als ideales Gas behandelt werden kann. Dann lautet sie:

$$\frac{d \ln p}{d T} = \frac{H}{RT^2}$$

(p = Dampfdruck, T = absolute Temperatur, H = Verdampfungsenthalpie für ein Mol und R = universelle Gaskonstante). Die C.-C. G. bildet in dieser Form die Grundlage für die Lehre von den chem. Gleichgewichten (→ Massenwirkungsgesetz 2).

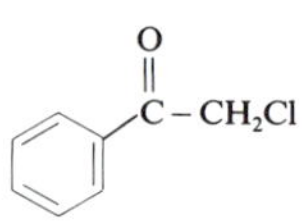
CN

Claus-Verfahren [n. dem engl. Chemiker C. F. Claus], chem. Verfahren zur Erzeugung von Schwefel aus Schwefelwasserstoff, der in großen Mengen bei der Entschwefelung von Erdgas und Erdöl anfällt. Ein Teil des Schwefelwasserstoffs wird mit Luft verbrannt:

$$H_2S + 3/2\,O_2 \longrightarrow SO_2 + H_2O,$$

der Rest mit dem gebildeten Schwefeldioxid bei 300 bis 350 °C an Aluminiumoxidkatalysatoren zu Schwefel umgesetzt:

$$2\,H_2S + SO_2 \longrightarrow 2\,H_2O + 3\,S.$$

Clock [klɔk], engl. Bez. für einen **Taktgeber.** Bei elektron. Steuerungen und Rechenanlagen bildet das vom Taktgenerator erzeugte Taktsignal (Clocksignal) die Zeitbasis für alle Verknüpfungs- und Speichervorgänge sowie zur synchronen Ablaufsteuerung von Prozessoren.

Clostridium, Gattung grampositiver, sporenbildender → anaerober Bakterien. Als Fäkalindikator bei Wasseranalysen werden sulfitreduzierende Arten benutzt, die im Darm von Mensch und Tier leben.

Clustermodell [kl'ʌstə-, engl.], ein → Kernmodell.

cm, Einheitenzeichen für **Zentimeter** (→ Meter); **cm²**, Quadratzentimeter; **cm³**, Kubikzentimeter.

Cm, chem. Symbol für das Element → Curium.

CMOS-Technologie, Abk. für engl. **Complementary Metaloxide Semiconductor** [kɔmplım'entərı metəl'ɔksaıd semıkənd'ʌktə], Halbleitertechnik: spezielles Herstellungsverfahren für integrierte Schaltungen, aufgebaut aus komplementären MOS-Feldeffekttransistoren (→ MOSFET, → MOS-Technologie). Die Ein- und Ausgänge jeweils eines p-Kanal- und eines n-Kanal-MOSFETs sind miteinander verbunden (BILD) und bilden ein komplementäres Transistorpaar. Da bei einem Eingangssignal immer nur einer der beiden Transistoren durch-

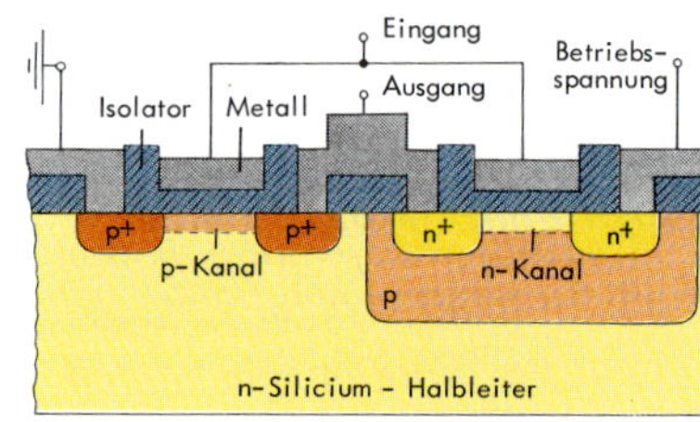

CMOS-Technologie:
Aufbau eines Transistorpaares in CMOS-T.; links p-Kanal-MOSFET, rechts n-Kanal-MOSFET

schaltet (d. h. leitend wird), fließt nur beim Umschalten ein nennenswerter Strom. Die CMOS-T. ermöglicht daher die Fertigung von Bauelementen mit extrem niedrigem Leistungsbedarf und sehr hoher Störsicherheit, die zudem in einem weiten Temperaturbereich eingesetzt werden können.

CN, Code-Name für den Reizkampfstoff **Chloracetophenon,** der 1871 erstmalig von C. GRAEBE hergestellt wurde. C. ist ein Feststoff, der als Aerosol stark tränenerzeugend wirkt. Das Gassprühgerät **Chemical Mace** [k'emıkl meıs] enthält 1,2% CN neben Treib- und Lösemitteln (→ chemische Kampfstoffe).

CNC, Abk. für **Computerized Numerical Control** [kəmpj'u:təraızd nju:m'erıkl kəntr'əʊl, engl.], computergestützte numerische Steuerung für Werkzeugmaschinen. Während bei den herkömml. Maschinen die Bearbeitungsfolge auf einem Datenträger (z. B. Lochstreifen) abgelegt ist, enthalten CNC-Werkzeugmaschinen einen programmierbaren Computer, der durch Einbeziehung und Verarbeitung externer Einflußgrößen die Leistungsfähigkeit derartiger Maschinen erhöht.

C/N-Verhältnis, das Gewichtsverhältnis von Kohlenstoff zu Stickstoff im → Müll, es beeinflußt die Zersetzungsintensität bei der → Kompostierung. Das C/N-V. in guten Humus liegt zwischen 8:1 und 16:1. Je kleiner das C/N-V. ist, desto schneller und intensiver verläuft der Verrottungsprozeß.

Co, chem. Symbol für das Element → Kobalt.

coated particles [k'əʊtɪd p'ɑ:tɪklz, engl.], → Brennelement.

Cobalt, internat. Schreibung für → Kobalt.

Cobaltin *der,* **Kobaltglanz,** Mineral CoAsS, silberweiß bis grau, Metallglanz, kristallisiert oder derb; kontaktmetamorphes, wichtiges Kobalterz (bis 35% Co).

COBOL, Abk. für **Common Business Oriented Language** [k'ɔmən b'ɪznɪs 'ɔ:rɪəntɪd l'æŋgwɪdʒ, engl.], Kurzwort für eine → Programmiersprache für kommerzielle Anwendungen. C. wurde in den USA ab 1959 entwickelt und 1964 als standardisierte Fassung unter dem Titel ›USA Standard COBOL‹ veröffentlicht. C. arbeitet mit relativ vielen Wortsymbolen und ist recht speicheraufwendig. Ein Programm besteht grundsätzlich aus folgenden vier Teilen: 1. Identification Division (Erkennungsteil), 2. Environment Division (Maschinenteil), 3. Data Division (Datenteil), 4. Procedure Division (Befehlsteil).

Cocain, Hauptalkoloid der Cocablätter, kann auch synthetisch hergestellt werden. C. bildet farblose, monokline Kristalle, die bitter schmecken und vorübergehend die Zungennerven betäuben. C. dient zur örtl. Betäubung; eingenommen oder geschnupft führt es bei fortgesetzter mißbräuchl. Anwendung zu schwerer körperl. und geistiger Zerrüttung **(Cocainismus).**

Coccolithen, Kalkkörperchen (0,002–0,01 mm ∅) meerbewohnender plankton. Flagellaten **(Coccolithophorida).** Die C. sind wichtige Kalkbildner z. B. der Schreibkreide; seit dem Jura bekannt.

Cochenille [kɔʃn'ij, frz.], Bez. für die getrockneten Weibchen der Nopal-Schildlaus (→ Carminsäure). – C. ist ein zur Lebensmittel- und Kosmetikfärbung zugelassener Azofarbstoff.

Cockcroft-Walton-Generator [k'əʊkrɔft w'ɔ:ltən-, n. dem brit. Atomphysiker J. Cockcroft, * 1897, † 1967, und dem ir. Physiker E. T. S. Walton, * 1903], ein → Kaskadengenerator.

Cockpit *das,* **1)** im Flugzeug die Pilotenkabine, im Kraftwagen (bes. Sport- und Rennwagen) Platz des Fahrers.

2) Schiff: → Plicht.

COD, Abk. für engl. **Chemical Oxigen Demand** [k'emɪkl 'ɔksɪdʒən dɪm'ɑ:nd], → chemischer Sauerstoffbedarf (CSB).

Code [ko:d], Vorschrift für die eindeutige Zuordnung der Zeichen eines Zeichenvorrates (Alphabet) zu denjenigen Zeichen eines anderen Zeichenvorrates. Wegen der vorteilhaften physikal. Realisierbarkeit hat sich die binäre → Codierung in der Computertechnik durchgesetzt.

Beispiel einiger Codewörter im ISO-7-Bit-Code:

Zeichen	Codewort	Zeichen	Codewort
0	0110000	A	1000001
1	0110001	B	1000010
2	0110010	C	1000011
=	0111101	?	0111111

Mit Hilfe eines → Binärcodes kann mit n Binärzeichen ein Zeichenvorrat von 2^n Zeichen umkehrbar eindeutig zugeordnet werden. Zur Darstellung der zehn Dezimalziffern ist daher eine Tetrade Binärzeichen erforderlich, so daß sich $2^4 = 16$ Binärkombinationen bilden lassen. Wenn neben den Ziffern auch noch Buchstaben und Sonderzeichen codiert werden sollen, reichen 4 Bits nicht mehr aus. Daher wurde ein 7-Bit-C. entwickelt, der zum Austausch digitaler Daten zw. elektron. Datenverarbeitungsanlagen sowie zur Ein- und Ausgabe bei solchen Anlagen dient. Er umfaßt 128 Zeichen in geordneter Struktur: Steuerzeichen, Sonderzeichen, Dezimalziffern, große und kleine Buchstaben. Für die Bedürfnisse moderner Datenverarbeitungsanlagen wurde dieser C. inzwischen auf 8 Bit unter der Bez. ›Extended BCD Interchange Code (EBCDIC)‹ erweitert, so daß sich 256 Zeichen unterbringen lassen. Damit besteht die Möglichkeit, zwei natürliche Alphabete zu vereinen. Die acht Informationsbits eines Codewertes bilden zus. mit einem Prüfbit ein → Byte.

CODEC, Abk. für **Codierer/Decodierer,** Einrichtung zur Umsetzung von analogen Signalen (z. B. Sprache im Telephonverkehr) in eine digitale Impulsfolge nach standardisierten Verfahren (Codieren) zur anschließenden Übertragung in digitalen Nachrichtennetzen, umgekehrt werden empfangene digitale Signale wieder in die urspr. Analogsignale umgesetzt (Decodieren).

Codierplatz, der → Briefaufstellmaschine nachgeschalteter Bearbeitungsplatz für Briefsendungen. Hier wird den abgehenden Sendungen die Postleitzahl des Bestimmungsortes, den ankommenden die Kennziffer des Zustellbezirks in einem für die → Briefverteilmaschine lesbaren Code aufgedruckt.

Codierung, Darstellung einer → Nachricht in anderer Form, d. h. die Umsetzung eines Zeichenvorrats (der Menge der zur Verständigung verabredeten Zeichen) in einen anderen. Jede Nachricht läßt sich im Prinzip durch beliebige gleichwertige Zeichenmengen ausdrücken (z. B. Sprache durch Schrift, Schrift durch Telegraphiezeichen u. a.). Die Umsetzungsvorschrift heißt → Code und ist meist eindeutig umkehrbar, ermöglicht also auch die → Decodierung.

Techn. Ziel der C. ist die Reduktion der Nachricht auf essentielle Teile **(Quellencodierung)** und optimal fehlerarme Übertragung durch gestörte Kanäle **(Kanalcodierung):** Nur zur Verständigung unentbehrliche Anteile sollen übertragen werden, unvermeidl. Fehler sollen minimiert, ggf. erkannt **(fehlererkennende C.)** und korrigiert **(fehlerkorrigierende C.)** werden.

Nachrichtentechn. C. ist meist Umsetzung eines Zeichens aus umfangreichem in mehrere Zeichen aus geringerem Zeichenvorrat, da diese durch Signale mit wenigen Stufen (Zuständen) übertragbar sind. Grenzfall ist der → Binärcode mit dem Zeichenvorrat 2, der bes. für die → Digitaltechnik und die → elektronische Datenverarbeitung von großer Bedeutung ist.

Die C. hat sich von empirischen Anfängen intuitiver Zuordnungen (z. B. → Morsealphabet) und zeitsparender Abkürzungen (z. B. Q-Gruppen im Funkverkehr) zur Wissenschaft der **Codierungstheorie** entwickelt. Ein wichtiges Gebiet der → Informationstheorie ist die C. nicht gleichwahrscheinlicher Zeichen durch Anwendung eines **Optimalcodes.**

Codon, → Eiweiße.

Co|enzym A, Abk. **CoA** oder **CoA-SH,** wichtigstes Coenzym bei Auf- und Abbaureaktionen in der Zelle, das Carbonsäuregruppen insbes. im Zuge des Stoffwechsels

Cobaltin, Kristalle (Modum, Norwegen)

Cocain, Mikroaufnahme ca. 100fach vergr.

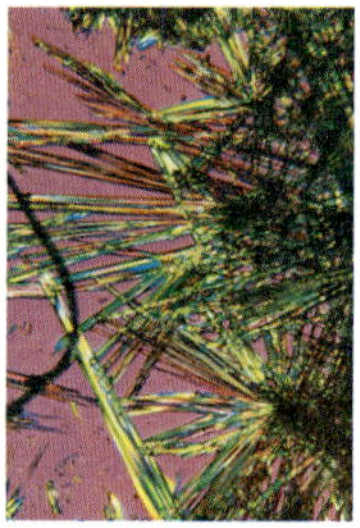

Coffein, Mikroaufnahme ca. 100fach vergr.

übernimmt und auf andere Substrate überträgt, z. B. beim → Zitronensäurezyklus, beim oxidativen Fettsäureabbau (β-Oxidation), bei der Synthese von Fettsäuren und Fetten, von Phospholipiden und des Cholesterins. Acetyl-C. A ist die ›**aktive Essigsäure**‹.

Co|enzyme, alle katalytisch aktiven niedermolekularen Enzyme, auch als **Cosubstrate** oder **Transport-Metabolite** bezeichnet.

Co|enzym Q, das → Ubichinon.

Co|enzym R, das Vitamin H, → Vitamine.

Coesit [tsøs'it], Mineral, Hochdruckmodifikation von Siliciumdioxid, SiO_2 (→ Quarz); klare, farblose Kristalle, D. 3,01; 1953 von L. Coes synthetisch hergestellt, 1960 in Meteorkratern nachgewiesen. C. gilt als Indexmineral für die → Stoßwellenmetamorphose.

Coffein, 1,3,7-Trimethylxanthin, pharmakologisch wichtiges Purinderivat. Es kommt v. a. in Kaffeebohnen, -blättern, Teeblättern und Kolanüssen vor. C. hat eine anregende Wirkung auf das zentrale Nervensystem. Es wird deshalb vielen Nahrungs- und Genußmitteln sowie Schmerzpräparaten beigegeben. Die Wirkung des C. beruht v. a. auf der Hemmung des Enzyms Phosphodiesterase. Damit bleibt die von cAMP (→ Adenosin) ausgelöste Adrenalinwirkung länger aufrechterhalten. Großtechnisch wird C. u. a. aus Teeblättern gewonnen; Nebenprodukt bei der Herstellung coffeinfreien Kaffees.

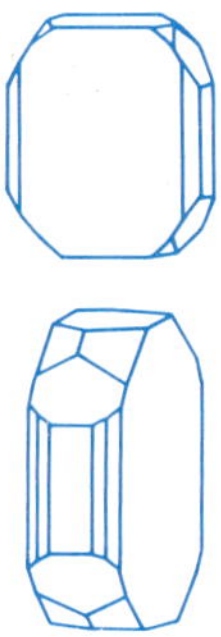

Columbit

COIN-Flugzeug, Abk. für engl. **Counter-Insurgency-Flugzeug** [k'aʊntə ɪns'ə:dʒənsɪ-], leichtes und bes. einfaches militär. Mehrzweckflugzeug zum Einsatz in begrenzten Konflikten und gegen Guerilla-Operationen.

Coking-Verfahren [k'əʊkɪŋ-, engl.], → Cracken.

CO-Konvertierung, Verfahren, bei dem Kohlenoxid mit Wasserdampf zu Kohlendioxid und Wasserstoff umgesetzt wird:

$$CO + H_2O \longrightarrow CO_2 + H_2.$$

Die CO-K. kann bei 360 bis 520 °C an Eisen-Chromoxid-Katalysatoren **(Hochtemperatur-C.)** oder bei 210 bis 270 °C an Kupfer-Zinkoxid-Katalysatoren **(Tieftemperatur-C.)** durchgeführt werden (→ Synthesegas).

Cold Cranking Simulator [kəʊld kr'æŋkɪŋ s'ɪmjʊleɪtə, engl.], Rotationsviskosimeter zur Bestimmung der dynamischen Viskosität von Motorenölen bei −17,8 °C (→ SAE-Viskositätsklassen) unter Scherbeanspruchungen, wie sie im Motor beim Kaltstart auftreten.

Colemanit, Mineral $Ca_2B_6O_{11}$; wichtiges Bormineral.

Coleopter, → Ringflügelflugzeug.

Cölestin: Kristallstufe (Agrigent, Sizilien)

Cölestin *der,* Mineral $SrSO_4$, vielfarbig, kristallinkörnig oder knollig; Kluftmineral in Kalken, auch hydrothermal; wichtigstes Strontium-Mineral.

Coli|bakteri|en, Bakteriengattung, die normalerweise im Darm von Mensch und Tier lebt; einige Arten wirken auf Tiere pathogen (Schweineruhr, Kälberruhr). Die Art ›Escherichia coli‹ wird als Indikator für Fäkalien bei der → Wasseranalyse benutzt.

Coli|keimzahl, Anzahl der aus einer bestimmten Wassermenge auf Milchzucker-Indikatornährböden innerhalb von 24–48 Std. bei einer Bebrütungstemperatur von 37 °C oder 42 °C gewachsenen → Colibakterien.

Colititer, die kleinste Wassermenge, die noch Colibakterien (Escherichia coli) enthält (→ Colikeimzahl). Trinkwasser muß einen C. von über 100 ml haben, Oberflächenwasser hat je nach Abwasserbelastung $1-10^{-3}$ ml, Siedlungsabwasser vor der Reinigung über 10^{-7} ml.

Collodiumwolle, → Nitrocellulose.

Colpitts-Oszillator, elektron. Schaltung (Oszillator) zur Schwingungserzeugung, bei der die phasengleich rückgekoppelte Spannung (Mitkopplung) über einen kapazitiven Spannungsteiler gewonnen wird **(kapazitive Dreipunktschaltung).**

Columba, Taube, ein → Sternbild des südl. Himmels.

Columbit, Sammelname der Minerale der Mischkristallreihe **Niobit,** (Fe, Mn) Nb_2O_6. – **Tantalit,** (Fe, Mn) Ta_2O_6; schwarz, H. 6, D. 5,3–8,1; kristallin oder derb in Granitpegmatiten; wichtige Niob- und Tantal-Erze.

Columbium, bis 1949 angloamerikan. Bez. für das chem. Element → Niob.

COM, Abk. für **Computer Output on Microfilm** [kəmpj'u:tə 'aʊtpʊt ɔn m'aɪkrəʊfɪlm, engl.], Ausgabe von computerverarbeiteten Daten auf Mikrofilm. Bei ›on line‹ oder ›off line‹ arbeitenden COM-Automaten werden Informationen nicht auf Papier ausgedruckt, sondern mit einer gegenüber einem EDV-Drucker vielfach höheren Geschwindigkeit auf Mikrofilm ausgegeben. Die Daten stehen auf → Mikrofiches zur Verfügung.

Coma Berenices, das Sternbild → Haar der Berenike.

Common Names [k'ɔmən neɪmz, engl.], **Generic Names** [dʒɪn'erɪk-], Kunstwörter, die, ähnlich wie die → Freinamen konstruiert, für die spezif. Wirkstoffe von Schädlingsbekämpfungsmitteln vergeben werden.

Compact Disc [kəmp'ækt-, engl.], metallisierte Kunststoffscheibe, die als Tonträger die herkömml. → Schallplatte langfristig ersetzen könnte. – Die urspr. analoge Form der Toninformationen wird für die C. D. in digitale Signale umgewandelt und mit Hilfe der → Puls-Code-Modulation in eine für den Computer im Abspielgerät verarbeitbare Sprache überführt. Die digitalen Informationen (eine Folge von → Bits) werden als winzige

Compact Disc: (links) im Vergleich mit einer herkömmlichen Langspielplatte (rechts); im Vordergrund Digitalplattenspieler

Erhebungen und Vertiefungen (›pits‹ mit einem Höhenunterschied von 0,1 µm) auf der mit einer durchsichtigen Schutzschicht überzogenen Platte untergebracht und können dort mit einem feinen Laserstrahl gelesen werden. Die Spielzeit der Platte wird mit 60 Minuten angegeben, was einer Speichermöglichkeit von 15,48 Mrd. bit entspricht. Die Vorteile sind Verschleißfreiheit, geringerer Platzbedarf, längere Spieldauer und bessere Tonqualität.

Compiler [kəmpˈaɪlə, engl.], Datenverarbeitung: Übersetzungsprogramm, das die in einer problemorientierten Programmiersprache abgefaßten Quellanweisungen in Zielanweisungen einer maschinenorientierten Programmiersprache umwandelt (kompiliert). Ein C. ist wesentlich umfangreicher als ein → Assembler. Die Übersetzung in die Maschinensprache erfolgt meist in mehreren Schritten. Als Ergebnis einer ersten Stufe wird eine ›Metasprache‹ erzeugt, die dann in weiteren Stufen in ein Maschinenprogramm umgesetzt wird. Erst nachdem alle Anweisungen übersetzt sind, wird das Programm als Ganzes abgearbeitet. Diese Funktionsweise unterscheidet den C. vom → Interpreter, der jede Anweisung einzeln übersetzt und gleich ausführen läßt. Der C. benötigt zwar mehr Speicherplatz als der Interpreter, erreicht dafür aber eine höhere Arbeitsgeschwindigkeit.

Compliance [kəmplˈaɪəns, engl.] *die,* bei Plattenspielern die Nachgiebigkeit des bewegten Tonabnehmerteils gegenüber den durch die Schallplatte erzwungenen Auslenkungen. Hohe C. ist für die Abtastung der tiefen Frequenzen wichtig.

Composer-Satz [kəmpˈəʊzə-, engl.], auf dem schreibmaschinenähnl. **Composer** angefertigte Druckvorlage (→ Schreibsatz) mit elektronisch bewirktem Randausgleich.

Composite-Treibstoff [kˈɔmpəzɪt-, engl.], heterogener Raketentreibstoff für Feststoffraketen.

Compound|erregung [kəmpˈaʊnd-, engl.], **Verbund|erregung,** die → Doppelschlußerregung.

Compoundierverfahren [kəmpaʊndˈiːr-], Verf., bei denen Kunststoffe mit Zusätzen (z. B. Weichmacher, Füllstoffe, Pigmente) versehen und gleichzeitig in eine verarbeitungsfähige Form (z. B. Pulver, Granulat) überführt werden.

Compoundkern [kəmpˈaʊnd-, engl.], **Verbundkern,** svw. → Zwischenkern.

Compoundmaschine [kəmpˈaʊnd-, engl.], **Verbundmaschine, 1)** die → Doppelschlußmaschine.

2) eine → Dampfmaschine.

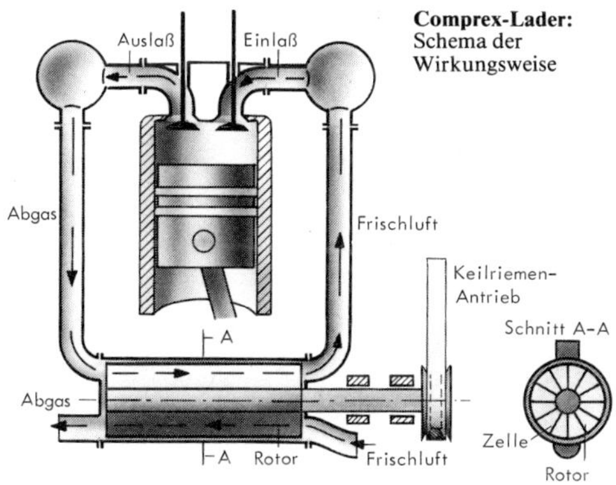

Comprex-Lader: Schema der Wirkungsweise

Comprex-Lader, Dieselmotor: ein Zellenrad-Druckaustauscher, in dem durch kurzzeitiges Verbinden von Abgas- und Ansaugleitungen die Ansaugluft durch die Abgasdruckwelle verdichtet wird (→ Aufladung 2).

Compton-Effekt [kˈɔmptən-, n. dem amerikan. Physiker A. H. Compton, * 1892, † 1962], die 1922 entdeckte Vergrößerung der Wellenlängen bei der Streuung elektromagnet. Strahlung (Licht-, Röntgen-, γ-Quanten) an freien oder schwach gebundenen Elektronen **(Compton-Streuung).** Der C.-E. kann als ›Stoß‹ eines Photons mit einem Elektron gedeutet werden; das Photon überträgt einen Teil seiner Energie und seines Impulses an das Elektron und fliegt in anderer Richtung mit kleinerer Energie, d. h. größerer Wellenlänge weiter. Die Wellenlängenzunahme beträgt $\Delta\lambda = \lambda_{C,e}(1-\cos\vartheta)$, wobei $\lambda_{C,e} = h/m_e c$ als die **Compton-Wellenlänge des Elektrons** bezeichnet wird (ϑ = Richtungsänderung des Photons, h = Plancksche Konstante, m_e = Ruhmasse des Elektron, c = Vakuumlichtgeschwindigkeit). – Die Compton-Wellenlänge anderer Elementarteilchen erhält man, wenn man die entsprechende Ruhmasse an Stelle der Elektronenmasse einsetzt. Über den C.-E. wurden der Impuls der Photonen und die Gültigkeit von Energie- und Impulssatz im atomaren Bereich nachgewiesen.

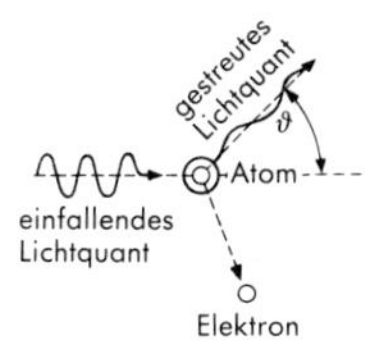

Compton-Effekt

Beim **inversen C.-E.** überträgt ein bewegtes Elektron einen Teil seiner Energie auf ein Photon, z. B. kann beim Stoß hochenerget. Elektronen der kosm. Strahlung mit Photonen der 2,7 K-Hintergrundstrahlung deren Energie dadurch bis in den Gammabereich gesteigert werden.

Comptonit, Mineral, ein → Zeolith.

Computer [engl. kəmpjˈuːtə], techn. Einrichtung zur Verarbeitung von Daten in Form einer → elektronischen Datenverarbeitung (EDV) auf digitalen Datenverarbeitungsanlagen (DVA). Die ersten Anwendungen der elektron. Datenverarbeitung dienten zur Erleichterung wissenschaftl. und später kommerzieller Berechnungen. Sie gehen auf den von K. ZUSE 1941 fertiggestellten, ersten programmgesteuerten Relaisrechner der Erde mit der Typenbezeichnung ›Z3‹ zurück.

Die Struktur einer Datenverarbeitungsanlage ist durch fünf Grundeinheiten gekennzeichnet: → Steuerwerk (Leitwerk), Rechenwerk (→ ALU), → Speicher, Ein- und Ausgabeeinheit. Programme und Daten gelangen über die Eingabeeinheit direkt oder über das Leitwerk in den Speicher, der entsprechend seinen Aufgaben in mehrere Speichereinheiten (z. B. Arbeitsspeicher) verschiedener Eigenschaft aufgeteilt ist. Die im Programm vorgegebenen Befehle lösen im Leitwerk, das sich weiter in das Befehlswerk und die Operationssteuerung aufschlüsseln läßt, Steuerfunktionen aus, so daß Daten aus dem Speicher zur Verarbeitung in das Rechenwerk (ALU) gelangen. Die Ergebnisse der arithmet. oder log. Verknüpfungen werden – vom Leitwerk gesteuert – über die Ausgabeeinheit an den Benutzer weitergeleitet. Bei Großrechenanlagen ist das Rechenwerk mit Wortlängen (→ Wort) bis 64 Bit in voneinander unabhängige Einheiten aufgeteilt, in denen die verschiedenen Operationen parallel ablaufen. Die Ein- und Ausgabebearbeitung wird von Peripherierechnern erledigt, ohne das Leit- und Rechenwerk als Zentraleinheit (engl. central processing unit, → CPU) zu belasten.

Prozeßrechensysteme haben meist kleinere Wortlängen, z. B. 16 Bit. Bei diesen besteht eine Kopplung des Rechners mit dem Prozeß über die Prozeßperipherie, die Einflußnahme auf den Rechner von außen (z. B. zwecks Programmänderung) erfolgt über die Datenperipherie. Prozeßperiphere Einheiten dienen zur Ein- und Ausgabe von Prozeßdaten, die über Meßeinrichtungen gewonnen und über Stelleinrichtungen ausgegeben werden. Datenperiphere Einheiten dienen der Prozeßleitung und ent-

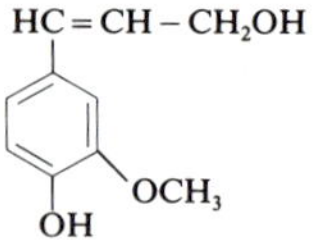

Coniferylalkohol

sprechen weitgehend den Einheiten für die Ein- und Ausgabe von Daten, wie sie auch bei wissenschaftlich-techn. und kommerziellen Datenverarbeitungsanlagen benutzt werden können. Neben der techn. Ausstattung der Rechenanlage ist das → Betriebssystem von entscheidender Bedeutung für die Verarbeitungsart und den wirtschaftl. Betrieb der Anlage. Die einfachste Verarbeitungsart ist die **Stapelverarbeitung,** bei der z. B. ein Stapel Lochkarten, jeweils durch Steuerkarten voneinander separiert, nacheinander verarbeitet wird. Im **Time-Sharing-Betrieb** [taım ʃ'eərıŋ-, engl.] wird die CPU-Zeit nur in ›Zeitscheiben‹ den einzelnen Benutzern periodisch zugeteilt, so daß subjektiv der Eindruck entsteht, als arbeite der C. für alle dezentralen Benutzer gleichzeitig. Diese Betriebsart setzt eine hohe interne Arbeitsgeschwindigkeit voraus. Zur Überbrückung der unterschiedl. Verarbeitungsgeschwindigkeiten zw. der CPU und den peripheren Geräten wurde die **Multiprogramming-Betriebsart** [-pr'əugræmıŋ-, engl.] eingeführt. Hierbei übernimmt die CPU prioritätsgesteuert die Verarbeitung versch. Programme, während gleichzeitig bereits fertige Ergebnisse ausgegeben oder neue Daten eingelesen werden. Bei Prozeßrechnern spricht man von Echtzeitbetrieb, **realtime processing** [r'ıəltaım pr'əusesıŋ, engl.], wenn der Rechner über die Prozeßperipherie unmittelbar mit dem Prozeß gekoppelt ist. Eine weitere Steigerung der Rechnerleistung bietet die Betriebsart **Multiprocessing.** Hierbei handelt es sich um einen Mehrprozessorbetrieb, bei dem zwei oder mehrere Prozessoren in einem Rechnersystem einen gemeinsamen Hauptspeicher beschreiben und lesen können. Alle Prozessoren unterliegen der Kontrolle und den Steuerbefehlen desselben Betriebssystems. Um den personellen Dialog mehrerer Benutzer über Datennah- und Datenfernübertragungssysteme zu ermöglichen, wurden die Betriebsarten **Teilnehmerbetrieb** und **Teilhaberbetrieb** eingeführt. Teilnehmersysteme ermöglichen von externen Datenstationen aus einen Dialogverkehr mit dem Rechner zur Bearbeitung eigener Programme. Im Teilhaberbetrieb arbeiten die Benutzer mit dem gleichen Programm über eine gemeinsame Datenbank, z. B. bei Platzbuchungssystemen oder allg. Auskunftssystemen.

In jüngster Zeit ist eine zunehmende Tendenz zur stärkeren Dezentralisierung der Datenverarbeitungsprozesse spürbar. Dieser Trend wird v. a. durch die Entwicklungsfortschritte bei den → Mikroprozessoren beflügelt, die mit entsprechender Peripherie als Mikrocomputer anzusehen sind.

Geschichte. Vorläufer des C. waren Rechengeräte wie der Rechenschieber (E. GUNTER, 1624; PARTRIDGE, 1650), Rechenuhren (W. SCHICKARD, P. PASCAL) und Rechenmaschinen (G. W. LEIBNIZ), aber auch techn. Geräte wie gesteuerte Webstühle (J.-M. JACQUARD, 1805) und Zählmaschinen (H. HOLLERITH, 1890) gehören dazu. Die ersten Rechenanlagen benutzten Relais (K. ZUSE, 1941, H. H. AIKEN, 1944). 1946 bauten I. P. ECKERT und J. W. MAUCHLY den ersten Röhrenrechner (›ENIAC‹). 1944 formulierte J. v. NEUMANN seine Grundidee über die Programmspeicherung. Später wurden C. mit Transistoren (1958), mit Großschaltkreisen (1966) und in monolith. Bauweise (1970) gebaut. Die heutige Entwicklung ist durch die Mikrobauweise integrierter Großschaltungen (LSI = Large Scale Integration) mit Operationszeiten im Nanosekundenbereich gekennzeichnet.

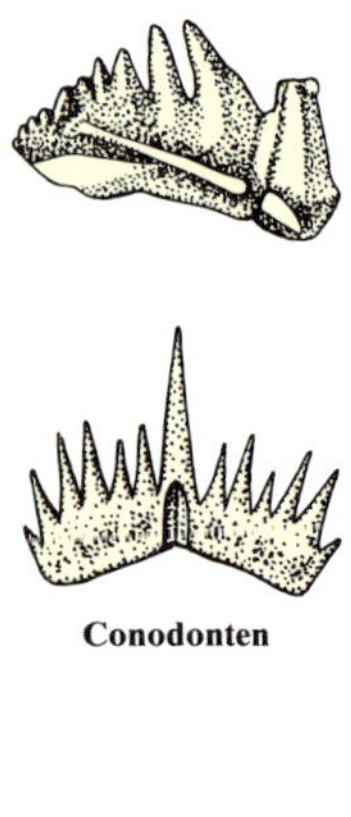

Conodonten

Elektron. Datenverarbeitung bei der Produktionsplanung und -steuerung, hg. v. VDI-Ges., 10 Bde. (1974–80); W. ZIMMERMANN: Datenverarbeitung, Lb., 5 Bde. (1976–80); H. J. TAFEL: Datentechnik ([2]1978); G. BRANDL u. a.: C. und Arbeitsprozeß (1978); K. W. BLUTKE: C. + Programmieren = Elektron. Datenverarbeitung (1979); K.-H. CZAUDERNA: Konrad Zuse – der Weg zu einem C. Z 3 (1979); A. OSBORNE: Einführung in die Mikrocomputertechnik ([3]1980); JOACHIM MÜLLER: Computergesteuerte Maschinen (1981); C. science and statistics; proceedings . . ., hg. v. W. F. EDDY (Heidelberg 1981); P. A. STEINBUCH: Betriebl. Datenverarbeitung (1981); K. BOLLE: C.-Fibel ([2]1981); K. TERPLAN: Leistungsoptimierung von Computersystemen und Rechnernetzen (1982).

Computer-Satz, Endlos-Satz, Drucktechnik: Vorbereitungsstufe für automatischen Blei- oder → Photosatz (→ Setzmaschine). Auf dem → Perforator wird ein Lochstreifen ohne Berücksichtigung der Zeileneinteilung ›endlos‹ getastet und anschließend in der Rechenanlage **(Satzrechner)** in einen neuen Lochstreifen mit Zeilenaufteilung gewünschter Länge ›zerhackt‹. Dazu wird der Satzrechner mit dem → Silbentrennungsprogramm für die betreffende Sprache programmiert. Photosetzmaschinen bes. hoher Leistung verwenden an Stelle des Lochstreifens Magnetbänder. Der Satzrechner kann in die Photosetzmaschine integriert sein, so daß die Anfertigung eines zweiten Lochstreifens entfällt.

Computertomographie, Röntgenuntersuchungs-Verfahren, bei dem ein dünnes Röntgenstrahlenbündel die zu untersuchenden Körperregionen in Einzelschritten und Einzelschichten abtastet. Die Abschwächung der Röntgenstrahlen im Körper wird über ein Detektorsystem gemessen und in einem angeschlossenen Computer weiter

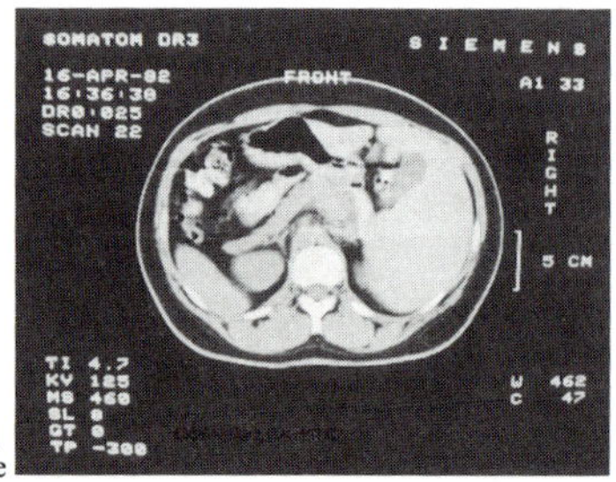

Computertomographie: Schichtbild; Körperschnittbild in Oberbauchhöhe

verarbeitet. Der Rechner baut aus einigen Mio. Daten ein Fernsehbild auf, das die Absorptionsverteilung im Körperquerschnitt zeigt. Das Bild kann für spätere Auswertung und Dokumentation photographiert oder elektromagnetisch gespeichert werden. Bildumsetzungen und Ausschnittsvergrößerungen sind möglich.

Bei der **NMR-C. (Kernspintomographie)** gewinnt man die Bilder nicht mit Hilfe von Röntgenstrahlung, sondern durch die Anwendung der → NMR-Spektroskopie.

Computerverbundnetz, System verstreut aufgestellter, aneinander angepaßter → Computer, die miteinander durch Übertragungsleitungen verbunden sind und zusammenarbeiten können; dabei ist eine gegenseitige Verständigung und eine Aufgabenteilung in best. Funktionen ohne Umsetzung oder Übersetzung möglich. Der **Datenverbund** oder **Programmverbund** erlaubt den Austausch von Daten oder gemeinsam entwickelten Programmen, die so aufgebaut sein müssen, daß sie ohne Modifikation auf versch. Anlagen eingesetzt werden können. Beim Lastverbund können dem Benutzer, der über ein Datenterminal (z. B. Datensichtgerät) an das C. angeschlossen ist, Maschinenkapazität und Rechenzeit auf jeder Anlage des gesamten Verbundes zur Verfügung gestellt werden, wobei oft Programme versch. Anlagen zusammenarbeiten. Je nach Aufgabenstellung sind unterschiedl. Strukturen und Organisationen des C. wie **Maschennetz, Ringnetz, Sternnetz** oder Mischformen davon vorteilhaft. C. sind insbes. die geeignete Organisationsform zum Aufbau rationeller, leistungsfähiger Datenbanksysteme für die öffentl. Verwaltung.

Folgende Verbundformen werden bereits erprobt: a) Duplex-Rechnersysteme, d. h. zwei Rechner arbeiten unabhängig, aber gekoppelt; b) Verbundnetze mit Hauptrechner und mehreren dezentralen Vorfeldprozessoren, die Format- und Plausibilitätsprüfungen vor der Datenweitergabe in die Zentrale vornehmen; c) hierarchische Verbundnetze mit Leitrechner und dezentralen Satellitenrechnern; d) vermaschte Verbundnetze mit gleichberechtigten Rechnern und unterstützenden Vermittlungsrechnern; e) Informationsverbundnetze: Sende- und Empfängerteilnehmer sind während der Informationsübertragung nicht mehr mit einer Leitung direkt verbunden. Der Sendeteilnehmer schickt vielmehr ein ›Informationspaket‹ mit genauer Adressierung in ein Datenübertragungsnetz. Vermittlungsrechner dirigieren die adressierten Pakete zum jeweiligen Empfänger.

COMSAT [kˈɔmsæt], Abk. für **Communication Satellite Corporation** [kəmju:nɪkˈeɪʃn sˈætəlaɪt kɔ:pərˈeɪʃn, engl.], 1962 in den USA gegr. Organisation für Errichtung und Betrieb von Nachrichtensatellitensystemen (vergleichbar den nationalen Post- und Fernmeldeverwaltungen in Europa). COMSAT erlangte 1964 als Exekutivorgan des → INTELSAT in der Nutzung von Nachrichtensatelliten eine beherrschende Rolle, die 1973 (Vertrag von 1971) durch Beschränkung der Kompetenzen auf Technik und Betrieb gemildert wurde.

Comstar, regionales Kommunikationssatellitenprogramm von → COMSAT. Drei Satelliten der ›ersten Generation‹ wurden 1976 und 1978, der erste einer neuen Serie 1981 in Umlauf gebracht.

Confinement [kənfˈaɪnmənt, engl.], in der Elementarteilchenphysik die Tatsache, daß es bisher noch nicht gelungen ist, die vermutl. Grundbausteine der Materie, die → Quarks, als isolierte freie Teilchen aufzufinden, sondern nur ›eingeschlossen‹ in Hadronen als deren Bausteine. Es ist noch ungeklärt, ob es einzelne freie Quarks prinzipiell nicht gibt, oder ob die in den → Beschleunigern bisher erreichten Energien noch nicht ausreichen, um freie Quarks zu erzeugen.

Coniferyl|alkohol, ungesättigter aromat. Alkohol, der in Form von Glykosiden als Vorstufe des Lignins v. a. während der Wachstumsperiode in Pflanzen (z. B. Coniferen) auftritt. (FORMEL S. 216)

Coniï, giftiges Alkaloid aus den Früchten des gefleckten Schierling (tödl. Rate beim Menschen 0,5–1 g).

Conodonten, Fossilien, mehrspitzige, zahnähnl., bis zu 3 mm große Gebilde in marinen Sedimenten z. B. des Paläozoikums und der Trias; unsichere systemat. Stellung. (BILD S. 216)

Conrad-Diskontinuität [n. dem dt. Geophysiker V. Conrad, * 1876, † 1962], → Erde.

Consol, frühere Bez. **Sonne,** Drehfunkfeuer, das mit Reichweiten von über 1000 Seemeilen über See bei etwa 1/3 Grad Genauigkeit mit einfachen Nachrichtenempfängern im Langwellenbereich (um 300 kHz) arbeitet. Durch das Zusammenwirken von drei Antennen in einer Ebene bildet sich ein Leitstrahlfächer mit dazwischenliegenden Punkt- und Strichsektoren aus, der in einem Tastzyklus von 30 s von einer Ausgangslage um die Breite eines Sektors geschwenkt wird. Da die elektronisch gesteuerte Drehung mit der Zeichentastung gekoppelt ist, ergibt die Anzahl der gezählten Zeichen vom Start bis zum Durchgang eines Leitstrahles (Gleichsignal mit Zeichenwechsel) beim Beobachter an Hand entsprechend bedruckter Navigationskarten seine Richtung (Radialstandlinie vom Funkfeuer aus gesehen) zu der C.-Anlage.

Consol:
Prinzip und Zeichenfolge für einen Beobachter

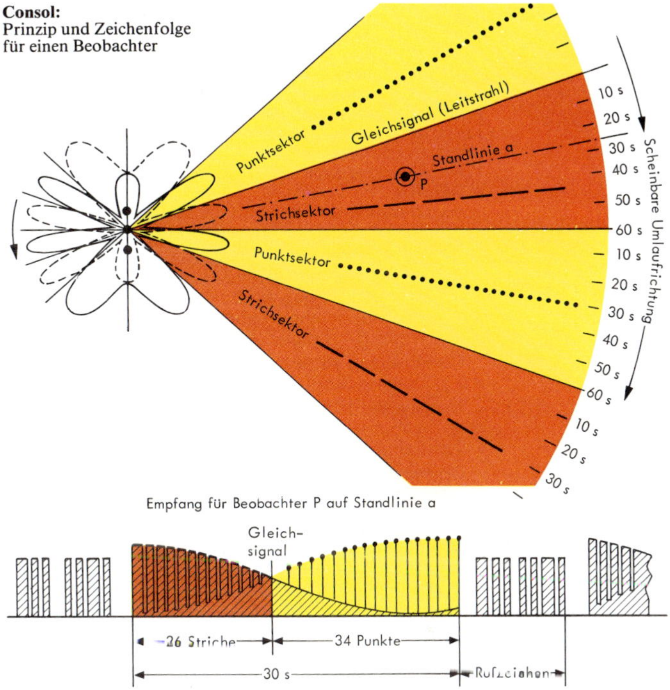

Container [kəntˈeɪnə, engl.], Großbehälter für die Verwendung in Transportketten, bes. im → kombinierten Verkehr. C. vereinfachen den Transport dadurch, daß die

Container:
LINKS C. für Flüssiggut,
RECHTS C. für Schüttgut

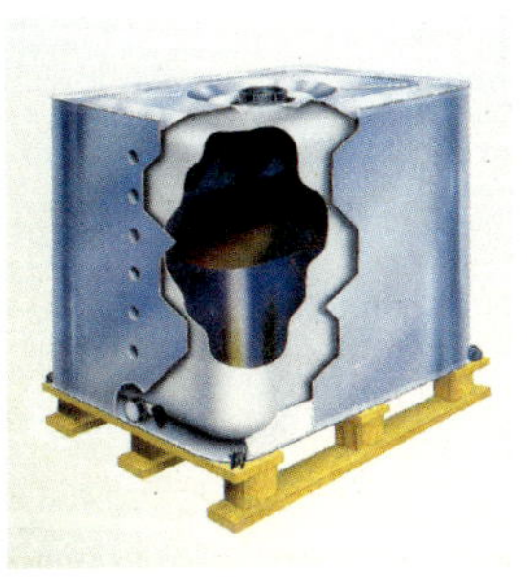

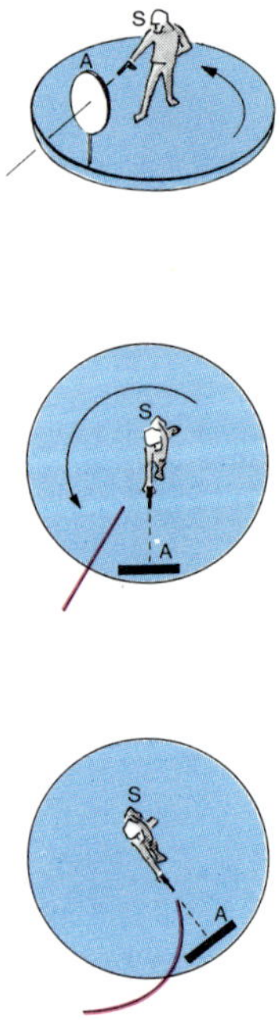

Coriolis-Kraft: OBEN Ein Schütze S auf einer sich drehenden Scheibe schießt auf ein Ziel A. MITTE Die Flugbahn der Kugel von außen gesehen. UNTEN Der Weg der Kugel aus der Sicht des Schützen

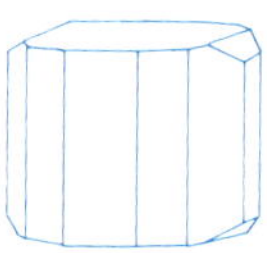

Cordierit

Cordierit, derb (Bamle, Norwegen)

Versandeinheit gleich der Lade-, Transport- und Lagereinheit ist. Sie schützen die Güter gegen Beschädigung und Umwelteinflüsse und machen den Beladevorgang vom Transportmittel unabhängig. Die Lademaße der C. passen sich den wichtigsten Verkehrsmitteln an. Einteilung in **Klein-C.** (bis 3 m^3 Inhalt), **Mittel-C.** für Lkw, Schienenfahrzeuge und Luftfracht, **Groß-C. (Trans-C.)** für Übersee (→Containerschiff) oder grenzüberschreitenden Verkehr. C. erfordern spezielle Umschlagvorrichtungen **(C.-Hafen, C.-Terminal).** Eine Sonderform sind die Schwimmbehälter (→Lash).

Containerschiff, Spezialschiff zum Transport von →Containern zw. für das Be- und Entladen eingerichteten Terminals. Die Container werden in den Laderäumen vertikal geführt und gelagert, darüber hinaus als Deckslasdung transportiert. Diese bedingt oft hohe Aufbauten, die die Sicht zum Bug ermöglichen. (BILD Schiff)

Continuous Miner [kənt'ɪnjʊəs m'aɪnə, engl.], in den USA entwickelte Form der →Schrämmaschine.

Controller [kəntr'əʊlə, engl.], Baugruppe in elektron. Datenverarbeitungsanlagen, die einfache, meist nur sequentiell ablaufende Steueraufgaben übernimmt.

Convertiplane [kənv'ə:tɪpleɪn, engl.], **Wandelflugzeug,** Flugzeug, bei dem zur Erzielung von Senkrechtstarteigenschaften die Stellung des Tragflügels **(Kippflügelflugzeug),** der Triebwerke **(Kipptriebwerksflugzeug)** oder der Luftschrauben **(Kipprotorflugzeug,** →Verwandlungshubschrauber) während des Fluges so verändert werden kann, daß die im Horizontalflug die Vortriebskraft erzeugenden Antriebsanlagen eine vertikal aufwärts gerichtete Hubkraft liefern.

Cooper-Paare [k'u:pə-, n. dem amerikan. Physiker L. N. Cooper, * 1930], gebundene Paare von je zwei Leitungselektronen mit gleich großem, aber entgegengesetzt gerichtetem Impuls und Spin in →Supraleitern, deren Existenz nach der →BCS-Theorie für alle bei der →Supraleitung beobachteten außergewöhnl. physikal. Effekte verantwortlich ist. (→Kohärenzlänge 1)

Cop, →Kops.

Copolymẹre, Polymere, bei denen am Aufbau der Polymerkette zwei (binäre C., **Bipolymere)** oder drei (ternäre C., **Terpolymere)** Struktureinheiten beteiligt sind. Bei alternierenden C. wechseln diese Struktureinheiten regelmäßig ab: –A–B–A–B–A–B–A–. In den bes. wichtigen **statist. C.** sind sie unregelmäßig verteilt, z. B. –A–A–B–A–B–B–B–. Beispiele sind Styrol-Acrylnitril-C. und Styrol-Butadien-Kautschuk. **Block-C.** enthalten jeweils lange Sentenzen der Struktureinheiten A und B. Bei **Pfropf-C.** sind B-Segmente als Seitenketten an einer A-Kette angehängt. – C. haben andere Eigenschaften als →Homopolymere. Sie zeigen i. a. geringere Steifigkeit, aber auch geringere Anfälligkeit gegenüber Schlagbeanspruchung, Chemikalien und Spannungsrißkorrosion. Außerdem können durch den Einbau reaktionsfähiger Struktureinheiten →Vernetzungsreaktionen ermöglicht werden. (→GL-Harze)

CO_2-Problem, das →Kohlendioxidproblem.

Cordi|ẹrit [n. dem frz. Geologen P. Cordier, * 1777, † 1861] *der,* Mineral $Mg_2Al_3[AlSi_5O_{18}]$, meist körnig; starker Pleochroismus grau bis tiefblau, v. a. in metamorphen Gesteinen **(C.-Gneise);** Edelsteinvarietät von Ceylon und Madagaskar.

Cọrdoba-Durchmusterung, ein →Sternkatalog.

Core [kɔ:, engl.] *der,* Bez. für den Reaktorkern, den innersten Teil eines →Kernreaktors, der das spaltbare Material enthält.

Coriọlis-Kraft [n. dem frz. Physiker C. G. de Coriolis, * 1792, † 1843], besondere Trägheitskraft in rotierenden Bezugssystemen. Zur Veranschaulichung stelle man sich einen Pistolenschützen auf einer rotierenden Scheibe vor (BILD). In einem nicht mitrotierenden Bezugssystem bewegt sich die abgeschossene Pistolenkugel auf einer Geraden. Für den Schützen jedoch bewegt sich die Kugel auf einer gekrümmten Bahn, weil sich die Scheibe unter der Kugel wegdreht und der Schütze die Flugbahn relativ zur Scheibe beurteilt. Um das Konzept der Newtonschen Mechanik, daß eine gekrümmte Bahn eines Körpers die Folge einer auf ihn wirkenden Kraft ist, auch in einem rotierenden Bezugssystem beibehalten zu können, führt man die C.-K. ein, welche die im sich drehenden Bezugssystem beobachtete Bahnkrümmung bewirkt. Bewegt sich ein Körper mit der Masse m in einem mit der Winkelgeschwindigkeit ω rotierenden Bezugssystem mit einer Geschwindigkeit v relativ zum rotierenden Bezugssystem, so ergibt sich die C.-K. zu

$$F_c = 2m\, v \times \omega,$$

d. h., die C.-K. wirkt stets senkrecht zu der durch die Rotationsachse und die Richtung der Bewegung des Körpers aufgespannten Ebene. An dem Auftreten von C.-K. auf der Erdoberfläche läßt sich die Erddrehung nachweisen, z. B. beim Foucaultschen Pendelversuch. Bei bewegten Körpern (wie Geschossen, Wassermassen, Luftmassen) bewirkt die C.-K. auf der nördl. Erdhalbkugel eine Rechtsablenkung, auf der südl. Halbkugel eine Linksablenkung, z. B. erodieren Flüsse auf der Nordhalbkugel ihre rechten Ufer stärker als ihre linken. Auch die Ablenkung eines frei fallenden Körpers nach Osten und die Gewichtskraftabnahme (-zunahme) eines Körpers, wenn er sich nach Osten (Westen) bewegt (Eötvös-Effekt), beruhen auf der C.-K. Für die **Coriolis-Beschleunigung a_c** gilt: $a_c = 2\, v \times \omega$.

Cornu-Spirale [kɔrny-, n. dem frz. Physiker M.-A. Cornu, * 1841, † 1902], svw. die →Klothoide.

Corọna austrạlis, das Sternbild Südl. →Krone 1).

Corọna bore|ạlis, das Sternbild Nördl. →Krone 1).

Corticotropịn, internat. Freiname für →ACTH.

Cortisọl, ein →Nebennierenhormon.

Cortisọn, ein →Nebennierenhormon.

Corvus, Rabe, ein →Sternbild des südl. Himmels.

cos, Abk. für **Cọsinus (Kọsinus),** eine →Winkelfunktion.

cosec, Abk. für **Cọsecans (Kọsekans),** eine →Winkelfunktion.

Cọsecans, Kọsekans, Abk. **cosec, csec,** eine →Winkelfunktion, in der elementaren Geometrie das Verhältnis von Hypotenuse zu Gegenkathete.

cosh, Abk. für **Cọsinus hyperbọlicus,** eine →Hyperbelfunktion.

Cọsinus, Kọsinus, Abk. **cos,** eine →Winkelfunktion, in der elementaren Geometrie das Verhältnis von Ankathete zu Hypotenuse.

Cọsinus hyperbọlicus, Abk. **cosh,** eine →Hyperbelfunktion.

Cọsinussatz, Kosinussatz, →Winkelfunktionen.

Coss *die,* Frühform der →Algebra im 15. und 16. Jh., zuerst in Oberitalien entwickelt. Die **Cossisten** verwendeten Symbole für die Unbekannte und ihre Potenzen, gelegentlich Abbreviaturen und eigtl. Zeichen (+ und −). Sie behandelten die einfache Gleichungslehre.

Co|substrạte, svw. →Coenzyme.

cot, Abk. für **Cọtangens (Kọtangens),** eine →Winkelfunktion.

Cọtangens, Kọtangens, Abk. **cot,** eine →Winkelfunktion, in der elementaren Geometrie das Verhältnis von Ankathete zu Gegenkathete.

Cọtangens hyperbọlicus, Abk. **cth, coth,** eine →Hyperbelfunktion.

coth, Abk. für **Cọtangens hyperbọlicus,** eine →Hyperbelfunktion.

Cotton-Maschine [k'ɔtn-, engl., n. ihrem Erfinder W. Cotton], 1868 erfundene Flachwirkmaschine zur Herstellung von Regulärgewirken, z. B. Cotton-Strümpfen (mit Naht).

Cotton-Mouton-Effekt [kɔtɔ̃mut'ɔ̃-, n. den frz. Physikern A. Cotton, * 1869, † 1951, und H. Mouton], die Erscheinung, daß unter gewöhnl. Bedingungen opt. isotrope Stoffe mit magnet. polaren Molekülen im Magnetfeld doppelbrechend werden.

Cọttrell-Verfahren, →Entstaubungsverfahren.

Coudé-System [kud'e-], ein →Spiegelteleskop vom Cassegrain-Typ wird zum C.-S., wenn der Hauptspiegel zur Herausführung der Lichtstrahlen nicht durchbohrt wird, sondern wenn die Strahlen mittels Hilfsspiegeln durch die Stundenachse des Spiegelteleskops gelenkt werden.

Couette-Strömung [ku'ɛt-, frz.], laminare Scherströmung zw. zwei parallelen, in Gegenrichtung bewegten Flächen.

Coulomb [kul'ɔ̃, n. dem frz. Physiker Ch. A. Coulomb, * 1736, † 1806] *das,* Einheitenzeichen **C** (früher **Cb),** SI-Einheit der elektrischen Ladung (Elektrizitätsmenge): 1 C = 1 A·s.

Coulomb-Barriere [kul'ɔ̃-], svw. →Coulomb-Wall.

Coulomb-Kraft [kul'ɔ̃-], →Coulombsches Gesetz.

Coulombmeter [kulɔ̃-], **1) Coulometer, Voltameter,** Gerät zum Messen elektr. Ladungsmengen, wobei das Volumen oder die Masse elektrolyt. Abscheidungsprodukte in einer elektrolyt. Zelle gemessen werden; die an jeder Elektrode umgesetzte Stoffmenge ist der durchgeflossenen Ladungsmenge proportional **(1. Faradaysches Gesetz).** – Das **Silbervoltameter** diente früher zur Definition der Einheit der Stromstärke (→Ampere).

2) Einheitenzeichen **Cm,** SI-Einheit des elektr. Dipolmoments: 1 Cm = 1 A·s·m.

Coulomb-Potential [kul'ɔ̃-], das kugelsymmetr. elektr. Potential einer punktförmigen elektr. Ladung.

Coulombsches Gesetz [kul'ɔ̃-]. Das von Ch. A. Coulomb 1785 aufgestellte Gesetz besagt, daß die zw. zwei punktförmigen Ladungen Q_1 und Q_2 wirkende Kraft F dem Produkt der Ladungen direkt und dem Quadrat ihres Abstandes r umgekehrt proportional ist:

$$F = f \cdot \frac{Q_1 \cdot Q_2}{r^2}.$$

Die **Coulomb-Kraft** wirkt in Richtung der Verbindungslinie der beiden Ladungen und ist anziehend bei ungleichnamigen Ladungen und abstoßend bei gleichem Vorzeichen der beiden Ladungen. Die Proportionalitätskonstante f hängt von der Art des umgebenden Mediums ab: $f = 1/4\pi\,\varepsilon_0\,\varepsilon_r$ (ε_0 = elektr. Feldkonstante, ε_r = Dielektrizitätszahl).

Für die Kraft zw. zwei (idealisierten) punktförmigen Magnetpolen der →Polstärken p_1 und p_2 stellte Coulomb 1786 ein Gesetz derselben Form auf:

$$F = \frac{p_1 p_2}{4\pi\mu_0\mu_r r^2}$$

(μ_0 magnet. Feldkonstante, μ_r Permeabilitätszahl).

Coulombsches Reibungsgesetz [kul'ɔ̃-], →Reibung.

Coulomb-Spaltung [kul'ɔ̃-], eine →Kernspaltung, die allein durch elektr. Coulomb-Kräfte eingeleitet wird (→Schwerionenforschung).

Coulomb-Wall [kul'ɔ̃-], **Coulomb-Barriere,** der Potentialverlauf um einen Atomkern, gegen den ein positives Teilchen anlaufen muß, um in den Kern eindringen oder ihn verlassen zu können, und der sich aus der Überlagerung der anziehenden Kernkräfte und der abstoßenden elektrostat. Kräfte ergibt. (→Tunneleffekt)

Coulomẹter [ku-], svw. →Coulombmeter 1).

Coulometrie̱ [ku-], elektrochem. Analysenverfahren, bei dem aus der für eine vollständige Umsetzung erforderl. Strommenge auf die vorhandene Substanzmenge geschlossen wird (→Coulombmeter 1). Bei der **coulometr. Titration** wird die für die Umsetzung notwendige Maßlösung (→Maßanalyse) elektrolytisch erzeugt.

Countdown [kaʊntd'aʊn, engl.] *der,* Rückwärtszählen bis 0, in der Raketenfachsprache Ausdruck für einen nach einem exakten Zeitplan aufgeschlüsselten Verlauf der Startvorbereitungen bis zum Moment des Abhebens einer Rakete oder des Zündens der Triebwerke.

Counter [k'aʊntə], →Zähler.

Cowper-Apparat [kaʊpə-, n. dem engl. Ingenieur E. Cowper, * 1819, † 1893], der →Winderhitzer für Hochöfen (→Eisen).

cP, Einheitenzeichen für **Zentipoise** (→Poise).

Cp, chem. Symbol für das Element **Cassiopeium;** frühere Bez. für →Lutetium.

CP-Invariạnz, CP-Symmetrie̱, nach Entdeckung der Nichterhaltung der →Parität postuliertes Symmetrieprinzip der Physik, nach dem bei allen →Wechselwirkungen die Gleichungen und Gesetze zur Beschreibung physikal. Vorgänge erhalten bleiben, wenn neben einer Raumspiegelung (*P*) alle Teilchen durch ihre Antiteilchen ersetzt werden (*C* = Ladungskonjugation). 1964 konnten J. Christenson, J. W. Cronin, V. L. Fitch und R. Turlay durch Untersuchung des Zerfalls von langlebigen, neutralen K_L^0-Mesonen in Pionen zeigen, daß die schwache Wechselwirkung keine CP-I. besitzt. Neben dem ›erlaubten‹ Zerfall des Mesons in drei Pionen ($K_L^0 \longrightarrow \pi^+ + \pi^- + \pi^0$) wurde auch in etwa 2‰ aller Fälle der bei CP-I. ›verbotene‹ Zerfall $K_L^0 \longrightarrow \pi^+ + \pi^-$ beobachtet. Eine Unterscheidung zw. den beiden Zerfallsarten war durch genaue Impulsanalyse der erzeugten Pionen möglich. Infolge des →CPT-Theorems ist die Verletzung der CP-I. äquivalent zu einer Verletzung der T-Invarianz, d. h., nicht jeder physikal. Prozeß ist dem zeitlich umgekehrten Prozeß gleichwertig. Nach diesen und daran anschließenden Experimenten ist sicher, daß die schwache Wechselwirkung keine der diskreten Symmetrien C, P, T

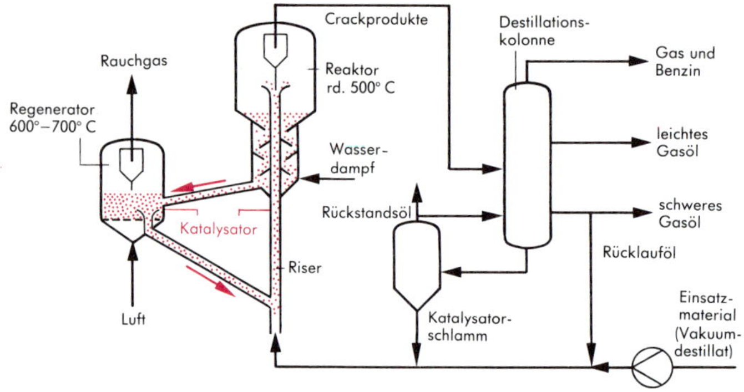

Cracken 1:
Schema einer katalyt. Crackanlage nach dem Fließbettverfahren

und CP besitzt. Moderne Theorien zur Beschreibung der elektroschwachen Wechselwirkung zw. Hadronen, die von der Existenz von sechs → Quarks ausgehen, lassen erwarten, daß die CP-I. bei der schwachen Wechselwirkung aller Quarks verletzt ist.

In den neuen Theorien zur Vereinigung der elektroschwachen mit der starken Wechselwirkung wird die Verletzung der CP-I. als Hinweis auf die Existenz einer weiteren als ›superschwach‹ bezeichneten Wechselwirkung gewertet und in Relation zur Verletzung der Baryonen- und Leptonenzahl-Erhaltung gestellt, woraus sich erhebl. Konsequenzen für die Stabilität des → Protons und die Verteilung von Materie und Antimaterie im Kosmos ergeben (→ Kosmologie).

CP/M, Abk. für **Control Program for Microcomputer** [kəntr'əUl pr'əUgræm fɔ: m'aıkrəUkɔmpj'u:tə, engl.], ein → Betriebssystem für mikroprozessorgesteuerte Computer.

cps, Einheitenzeichen für → **c**ycle **p**er **s**econd.

CPT-Theorem, CPT-Invarianz, fundamentales Theorem der Quantenfeldtheorie. Es besagt, daß die gleichzeitige Anwendung der drei Operationen C (= Charge Conjugation, → Ladungskonjugation), P (= Paritätsoperation, → Parität), T (= Time reversal = Zeitumkehr) die Gleichungen zur Beschreibung physikal. Gesetzmäßigkeiten unverändert läßt. Bis zur Entdeckung der Nichterhaltung der → Parität nahm man an, daß die Naturgesetze bei allen Wechselwirkungen gegenüber jeder einzelnen dieser drei Operationen invariant seien. 1964 stellte sich heraus, daß auch die postulierte → CP-Invarianz bei der schwachen Wechselwirkung verletzt wird.

Cracken 2:
Schema
einer Visbreaking-Anlage

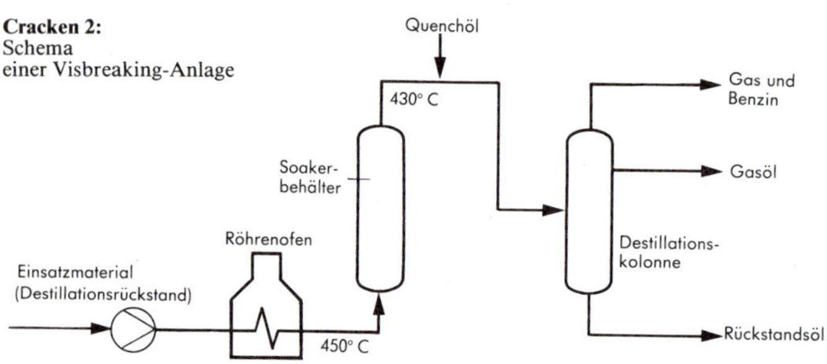

CPU, Abk. von engl. **Central Processing Unit** [s'entrəl pr'əUsesıŋ j'u:nıt], die **Zentraleinheit** eines → Computers (BILD S. 221). Sie besteht aus versch. **Registern** (Akkumulatoren, Datenregister, Instruktionsregister, Statusregister, Hilfsregister), der **Arithmetik- und Logik-Einheit,** dem **Steuerwerk** oder **Leitwerk** (engl. control unit, Abk. CU) und einem internen **Datenbus** (→ Bus). Die CPU übernimmt die zentrale Ablaufsteuerung und Koordination des gesamten Systems und führt außerdem, i. d. R. sequentiell, die einzelnen Befehle des abgespeicherten Programms aus. Die Manipulation (d. h. die arithmet. und log. Verknüpfung) der Daten vollzieht sich im Rechenwerk (→ ALU).

Cr, chem. Symbol für das Element → Chrom.

Crabnebel [kræb-, engl.], **Krebsnebel,** heller (›krebsförmiger‹) Nebelfleck im Sternbild Stier (Entfernung etwa 2000 pc, ∅ etwa 2 pc), der aus leuchtenden Gasmassen besteht, die sich mit etwa 1000–1500 km/s ausdehnen (BILD Nebel). Der C. ist die explodierende Hülle einer 1054 n. Chr. aufgetretenen → Supernova. Im Zentrum des C. befindet sich der 1968 zunächst im Radiofrequenzbereich entdeckte **Crabpulsar (Krebspulsar)** mit der kürzesten Periodendauer (T = 0,0331 s) aller bekannten → Pulsare, der dann auch optisch mit dem Zentralstern des C. identifiziert werden konnte. Dabei handelt es sich um einen weiteren Überrest der Supernova-Explosion, nämlich um einen schnell (mit der Periode T) rotierenden → Neutronenstern, der vom Radiofrequenz- bis zum Gammastrahlungsbereich elektromagnet. Strahlung (mit der Periode T) aussendet.

Cracken [kr'ækən, aus engl.], Aufspaltung von Kohlenwasserstoffmolekülen in kleinere Bruchstücke. Das C. kann allein durch hohe Temperatur **(therm. C.)** oder durch zusätzliche Anwendung von Katalysatoren **(katalyt. C.)** erreicht werden. Die Spaltung erfolgt an irgendeiner Stelle der Kohlenwasserstoffkette, z. B.

$$CH_3-CH_2-CH_2-CH_2-CH_2-CH_2-CH_3$$
$$\longrightarrow CH_3-CH_2-CH_2-CH_3+CH_2=CH-CH_3$$

I. Ggs. zum → Hydrocracken entstehen beim C. stets auch ungesättigte Verbindungen. Das C. ist ein wichtiges Verfahren der Erdölverarbeitung, bei dem höher siedende Destillate und Destillationsrückstände in Benzin und Mitteldestillate umgewandelt werden. Das → Steamcracken dient demgegenüber der Herstellung von chem. Grundstoffen wie Äthylen und Propylen (→ Petrochemie).

Das therm. C. läuft über → Radikale ab. Eine Variante, bei der unter relativ milden Bedingungen (ca. 450 °C) gespalten wird, ist das **Visbreaking** [v'ısbreıkıŋ]. Das technisch einfache Verfahren, das urspr. dazu diente, die Viskosität von Heizöl zu erniedrigen, engl. **Viscosity breaking** [vısk'ɔsətı br'eıkıŋ], dient heute dazu, Destillationsrückstände z. T. in Benzin und Mitteldestillate umzuwandeln. **Coking-Verfahren** [k'əUkıŋ-] laufen unter härteren Bedingungen ab, so daß eine vollständige Umwandlung von Destillationsrückständen in Petrolkoks und flüchtige C.-Produkte erreicht wird. Beim **Delayed-Coking-Verfahren** [dıl'eıd-] ist die Reaktionstemperatur etwa 490 °C. Um die zur vollständigen Umsetzung notwendige Reaktionszeit zu erreichen, wird das erhitzte Öl durch große Behälter geleitet. In diesen Kokskammern scheidet sich der gebildete Koks ab, der von Zeit zu Zeit hydraulisch entfernt wird.

Beim katalyt. C. werden heute fast ausschließlich Zeolithe als Katalysatoren verwendet, an deren sauren Oberflächen die Reaktion über → Carbeniumionen abläuft. Vorteile gegenüber dem therm. C. sind der geringere Gasanfall und die höhere Klopffestigkeit des C.-Benzins. Der Katalysator überzieht sich während der Reaktion sehr schnell mit einer Koksschicht und muß deshalb

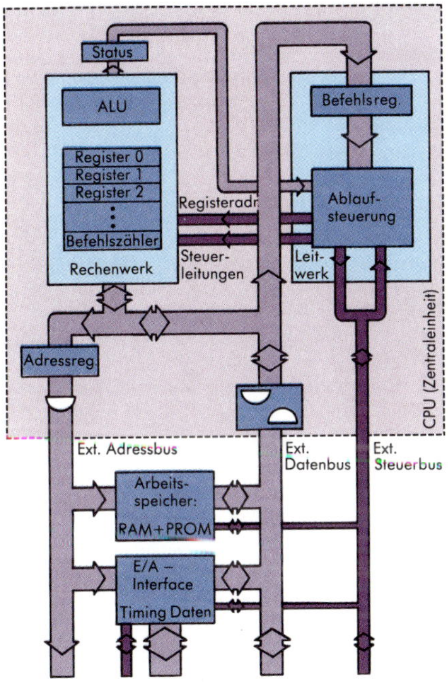

CPU: Allgemeine Struktur einer Zentraleinheit

kontinuierlich regeneriert werden. Bei dem überwiegend angewandten **Fließbettverf.** wird feinkörniger Katalysator verwendet, der sich im aufgewirbelten Zustand zw. Reaktor und Regenerator hin- und hertransportieren läßt. Als Einsatzmaterial dienen Vakuumdestillate, die in das Katalysatorsteigrohr (Riser) eingespeist werden, wo in Gegenwart des 600 bis 700 °C heißen Katalysators das C. beginnt. Da die Reaktion endotherm ist, kühlt sich die Mischung auf dem Weg zum Reaktor auf etwa 500 °C ab. Nach Abtrennung der C.-Produkte wird der Katalysator in den Regenerator überführt. Hier wird der abgeschiedene Koks mit Luft abgebrannt und gleichzeitig der Katalysator erneut aufgeheizt. Destillationsrückstände sind als Einsatzmaterial nicht geeignet, da sie Verunreinigungen enthalten, die zu einer bleibenden Katalysatordesaktivierung führen.

Cramersche Regel [n. dem schweizer. Mathematiker G. Cramer, * 1704, † 1752], dient zur Lösung eines → linearen Gleichungssystems mit Hilfe von → Determinaten. – Das lineare Gleichungssystem

$$\begin{array}{l} a_{11}x_1 + a_{12}x_2 + \ldots a_{1n}x_n = b_1 \\ a_{21}x_1 + a_{22}x_2 + \ldots a_{2n}x_n = b_2 \\ \vdots \\ a_{n1}x_1 + a_{n2}x_2 + \ldots a_{nn}x_n = b_n \end{array}$$

hat genau eine Lösung, wenn die Determinante A der aus den Koeffizienten a_{ij} $(i,j = 1,2, \ldots n)$ gebildeten Matrix A ungleich Null ist. Die Lösung ist $x_m = \frac{|A_m|}{|A|}$, wobei $|A_m|$ die Determinante derjenigen Matrix darstellt, die man erhält, wenn die m-te Spalte der Matrix A durch die Spalte der b_i $(i = 1,2, \ldots n)$ ersetzt wird. Beispiel: Das Gleichungssystem

$$\begin{array}{l} 2x_1 + 5x_2 = 12 \\ 3x_1 + x_2 = 5 \end{array}$$

hat die Matrix $A = \begin{pmatrix} 2 & 5 \\ 3 & 1 \end{pmatrix}$, deren Determinante $|A| = 2 \cdot 1 - 3 \cdot 5 = -13$ ergibt. Dann gilt für

$$x_1 = \frac{\begin{vmatrix} 12 & 5 \\ 5 & 1 \end{vmatrix}}{-13} = \frac{12 \cdot 1 - 5 \cdot 5}{-13} = 1 \text{ und für}$$

$$x_2 = \frac{\begin{vmatrix} 2 & 12 \\ 3 & 5 \end{vmatrix}}{-13} = \frac{2 \cdot 5 - 3 \cdot 12}{-13} = 2.$$

Craquelée [krakl'e, frz.] *die,* Haarrisse in → Glasuren, entstanden durch deren im Vergleich zum → Scherben zu hohen Wärmeausdehnungskoeffizienten; bei Ziergegenständen manchmal absichtlich.

Crash-Test [kræʃ-, engl.], Versuch zur Ermittlung des Unfallverhaltens von Kraftfahrzeugen. Beim C.-T. prallt das durch Fremdantrieb (Seilzug, Linearmotor) auf die vorgesehene Geschwindigkeit beschleunigte, oft mit Testpuppen (Dummies) besetzte Fahrzeug gegen unterschiedliche, starre oder bewegte Hindernisse internat. vereinbarter Form oder gegen andere Fahrzeuge. Auftretende Karosserieverformungen und auf die Testpuppen einwirkende Verzögerungen und Kräfte dienen als Kriterium für den Grad der zu erwartenden Verletzungen.

Crater, lat. für **Becher,** ein → Sternbild des Südhimmels.

Crimpen, lötfreie Anschlußtechnik zur Herstellung von elektrisch gut leitenden Verbindungen zw. Drähten und Kontakten. Eine **Crimpung** entsteht durch Zusammenquetschen von Kontakthülse (z. B. eines Steckers) und Draht (meist Litze) mit Hilfe einer Spezialzange. Sie stellt also eine Metallverbindung dar, die durch den über die Fließgrenze der beteiligten Werkstoffe hinausgehenden Druck erzeugt wird, ohne daß es zu Brüchen oder Rissen kommen darf. Die Crimpverbindung muß gasdicht sein, damit der elektr. Übergangswiderstand unbeeinflußt von Korrosionserscheinungen seinen konstant niedrigen Wert behält. In jedem Fall ist es notwendig, Hülse, Draht und Crimpzange in ihrem Querschnitt genau aufeinander abzustimmen, da sonst keine einwandfreien Verbindungen hergestellt werden können. Zur Überprüfung stellt man Schliffbilder quer zur Längsachse von Draht und Hülse her, aus denen man erkennen kann, ob der durch das Quetschen erzeugte Druck genügend oder zu groß war.

Crinkle-Verfahren [krɪŋkl-, engl.], Verfahren zum → Texturieren synthet. Filamentgarne durch Verstricken auf einer Rundstrickmaschine, → Thermofixieren der Maschenbögen, danach Wiederaufziehen des Strickschlauchs und Aufspulen des gekräuselten Fadens.

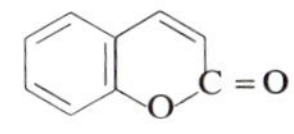

Cumarin

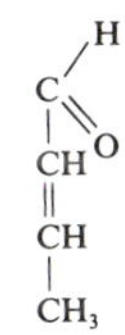

Crotonaldehyd

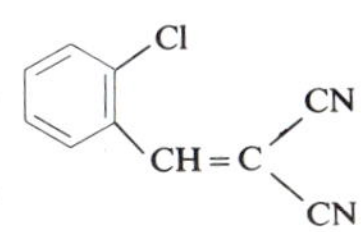

CS

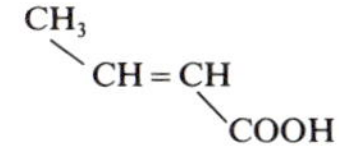

Crotonsäure

Cuban

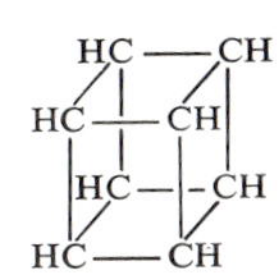

Cruise missile:
Schema der amerikan. AGM 109 mit konventionellem Gefechtskopf; Länge: 6,24 m; Gewicht: 1450 kg; maximale Reichweite der strategischen Variante mit nuklearem Gefechtskopf 2500 km

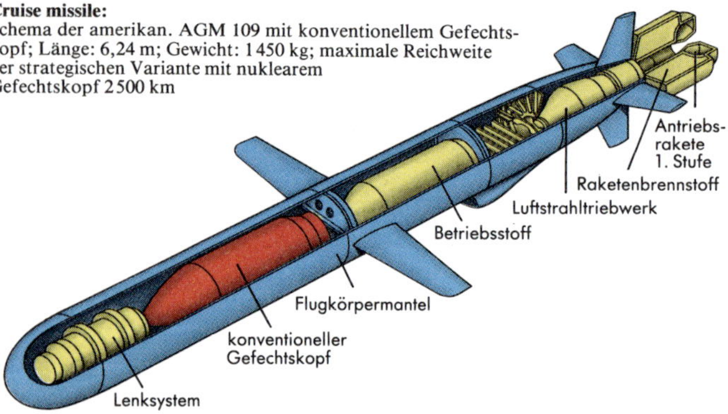

Cristobalit *der,* Mineral, Modifikation des Siliciumdioxids SiO_2; β-**C.**, tetragonal, geht bei 180–270 °C in den kubischen α-**C. (Hoch-C.)** über.

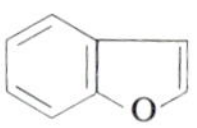

Cumaron

Crocetin, ziegelrote Dicarbonsäure; Abbauprodukt der Carotinoide; Lebensmittelfarb- und -würzmittel.

Crocin, zu den Carotinoiden (→ Carotin) gehörender Hauptfarbstoff des Safrans, der zum Gelbfärben von Lebensmitteln verwendet wird.

Crookessche Lichtmühle [krʊks-, n. dem engl. Chemiker und Physiker Sir W. Crookes, * 1832, † 1919], → Radiometer.

Crookessche Röhre, eine → Gasentladungsröhre.

Cumol

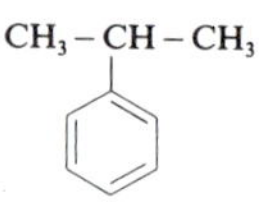

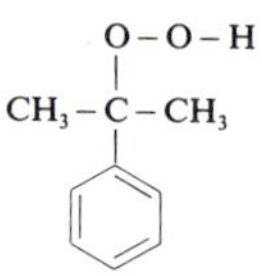

Cumolhydroperoxid

Croton|aldehyd, 2-Butenal, ungesättigter Aldehyd, der durch → Aldoladdition und anschließende Wasserabspaltung aus Acetaldehyd gewonnen wird. C. dient zur Herstellung von Sorbinsäure, Crotonsäure und Methoxybutanol, das als Lösemittel und Bestandteil von Hydraulikflüssigkeiten von Bedeutung ist. (FORMEL S. 221)

Crotonsäure, trans-2-Butensäure, ungesättigte Carbonsäure, die in Copolymeren verwendet wird. (FORMEL S. 221)

Cruise missile [kru:z mˈɪsɪl, engl.], **Marschflugkörper,** mit nuklearem oder konventionellem Gefechtskopf, für strategische oder taktische Einsätze ausgerüsteter militär. → Lenkflugkörper, der als aerodynam. Flugkörper (mit Tragflügeln und Steuerflächen versehen) große Strecken (bis zu einigen 1000 km) in sehr geringer Höhe zurücklegen kann. C. m. können von Flugzeugen, **ALCM, air launched cruise missile** [ˈeə lɔ:ntʃt-], von U-Booten, **SLCM, sea launched cruise missile** [si:-] oder von Bodenabschußvorrichtungen, **GLCM, ground launched cruise missile** [graʊnd-] gestartet werden. Als Antrieb dienen luftatmende Strahlantriebe (Zweikreis-Strahltriebwerke bei Unterschall-, Staustrahltriebwerke bei Überschallgeschwindigkeit); als Starthilfe (z. B. bei Unterwasserabschuß) werden auch Raketenantriebe verwendet. Gelenkt werden die C. m. durch Trägheitsführungssysteme, die entlang eines programmierten Anflugweges mehrfach berichtigt werden, wodurch auch bei großen Entfernungen eine außerordentlich hohe Treffgenauigkeit erreicht werden kann. Zur Berichtigung wird entweder das mit einem Funkhöhenmesser ermittelte Höhenprofil des überflogenen Geländes mit gespeicherten Geländedaten verglichen (→ TERCOM) oder es werden die Funksignale von Navigationssatelliten zur Berichtigung verwendet. Für die Führung in der Endphase des Zielanfluges kann ein Zielübereinstimmungsvergleich mit digitalisierten Zielfotos durch abbildende Infrarotgeräte durchgeführt und dadurch die Treffgenauigkeit so weit verbessert werden, daß Punktziele bereits mit konventionellen Gefechtsköpfen wirksam bekämpft werden können (Streukreisradien von wenigen Metern). Da die verwendeten Führungssysteme störsicher sind und die relativ kleinen C. m. ihre Ziele im → Konturenflug anfliegen können, sind sie nur sehr schwer entdeckbar und abwehrbar.

Cuprit:
Kristalle
(Redruth, Cornwall)

Crux, das Sternbild → Kreuz.

Cs, chem. Symbol für das Element → Cäsium.

CS, Code-Name für den Reizkampfstoff **2-Chlorbenzylidenmalonsäuredinitril,** der 1928 erstmalig von B. CORSON und R. J. STOUGHTON (Name CS) synthetisiert wurde. C. ist ein Feststoff, der als Aerosol auf Augen und obere Atmungsorgane stark reizend wirkt (→ chemische Kampfstoffe; FORMEL S. 221).

CSB, Abk. für → chemischer Sauerstoffbedarf.

csec, Abk. für **Cosecans (Kosekans),** eine → Winkelfunktion.

cSt, Einheitenzeichen für **Zentistokes** [-stəʊks], → Stokes.

C-Symmetrie, die → C-Invarianz.

ct, früher Einheitenzeichen für metrisches → Karat 2).

Ct, chem. Symbol für Centurium, die ursprüngl. Bez. für das Element → Fermium.

ctg, früher gebräuchliche Abk. für den **Cotangens (Kotangens),** eine → Winkelfunktion.

cth, Abk. für **Cotangens hyperbolicus,** eine → Hyperbelfunktion.

ctl, Einheitenzeichen für → cental.

Cu, chem. Symbol für das Element → Kupfer.

Cuban, C_8H_8, verbrückter polyzykl. → Kohlenwasserstoff, bei dem die C-Atome die Ecken, deren Bindungen die Kanten eines Würfels darstellen. C. gehört zu den platon. Kohlenwasserstoffen (→ regelmäßige Körper). FORMEL S. 221

Culemeyer-Fahrzeug [n. dem dt. Eisenbahntechniker J. Culemeyer, * 1883, † 1951], → Straßenroller.

Cumarin, im Pflanzenbereich weitverbreitete Verbindung mit waldmeisterartigem Geruch. C. wird aus o-Kresol über Salicylaldehyd synthetisch hergestellt und hat in der Parfüm- und Seifenindustrie große Bedeutung. (FORMEL S. 221)

Cumaron, Benzofuran, im Steinkohlenteer enthaltene Verbindung und Ausgangsstoff für Inden-Cumaron-Harze.

Cumol, 2-Phenylpropan, farblose Flüssigkeit, die im techn. Maßstab durch Alkylierung von Benzol mit Propylen hergestellt wird. C. wird über **C.-Hydroperoxid** zu Phenol und Aceton weiterverarbeitet.

Cumulus, ... cumulus, Cumulo ..., → Wolken.

Cuprit, Rotkupfererz, Mineral Cu_2O, rot, rotbraun, z. T. grau, durchscheinend bis durchsichtig, Metallglanz; kristallin, körnig, dicht; haarförmige, karmesinrote Aggregate: **Kupferblüte (Chalkotrichit);** Oxidationsprodukt reicher Kupfererze.

Cupro, Cuprospinnfaser, Chemiefaser aus Cellulose (gebleichte Baumwoll-Linters oder veredelter Holzzellstoff), die in einer Mischung von Kupferhydroxid und Ammoniakwasser gelöst wird. Die Spinnlösung **(Blaumasse)** wird durch Nickeldüsen ausgepreßt, der entstehende plastische Faden in einem Streckspinntrichter durch zunehmende Wasserströmung verstreckt, mittels verdünnter Schwefelsäure verfestigt und entkupfert, schließlich gewaschen, präpariert und getrocknet. Beim **Dureta-Verfahren** wird kontinuierlich gesponnen und nachbehandelt. **C.-Filamentgarne** (Bemberg, Cupresa), früher **Kupferkunstseide** genannt, werden in Dtl. seit 1973, die **C.-Spinnfasern** (Cuprama), ehedem als **Kupferzellwolle** bezeichnet, seit 1970 nicht mehr erzeugt. Neu sind die **C.-Dialysierhohlfaser** als Spezialtype zur Blutreinigung in künstl. Nieren und die Herstellung von Spinnvliesen aus C.-Filamenten.

Curare, frühere Bez. für das indian. Pfeilgift, das aus der Rinde versch. Strychnosearten gewonnen wird, heute im wissenschaftl. Sprachgebrauch für dessen tox. Bestandteile, die vorwiegend aus **C.-Alkaloiden** bestehen. Dabei handelt es sich um Indolalkoloide mit Strychnin-Gerüst in dimerer Form. Der Tod tritt durch Atemlähmung ein.

Curcumin, aus den Wurzeln der Curcuma extrahierter gelber bis roter Farbstoff, der zum Färben von Lebensmitteln (z. B. Senf, Curry), Wachsen, Seifen, Papier u. a. verwendet wird.

Curie [kyr'i, n. der frz. Chemikerin Marie Curie, * 1867, † 1934] *das,* Einheitenzeichen **Ci** (früher **c,** davor **C**), bis zum 31. 12. 1985 gesetzl. Einheit der → Aktivität 1) einer radioaktiven Substanz:

$$1\,\mathrm{Ci} = 3{,}7\cdot 10^{10}\,\mathrm{s}^{-1} = 3{,}7\cdot 10^{10}\,\mathrm{Bq}.$$

Curiesches Gesetz [kyr'i-, n. dem frz. Physiker P. Curie, * 1859, † 1906], Aussage über den Zusammenhang zw. der magnet. Suszeptibilität χ_m und der Temperatur T. In paramagnet. Körpern sind magnet. Dipole vorhanden, die durch ein äußeres magnet. Feld ausgerichtet werden, soweit dem die ungeordnete Temperaturbewegung nicht entgegenwirkt. Mit wachsender Temperatur nimmt also die Ausrichtbarkeit, die Suszeptibilität ab. Es gilt angenähert das C. G.: $\chi_m T = const.$ (P. CURIE, 1892), oder das **Curie-Weißsche-Gesetz:** $\chi_m (T - T_C) = const.$ für ferromagnet. Körper oberhalb der → Curie-Temperatur T_C.

Curie-Temperatur [kyr'i-], **Curie-Punkt,** Formelzeichen T_C, die Temperatur, bei deren Überschreitung ferromagnet. oder ferroelektr. Material diese Eigenschaft verliert und sich paramagnetisch bzw. wie ein normales Dielektrium verhält (→ Ferromagnetismus, → Ferroelektrizität). Im Unterschied zu den Ferromagnetika besitzen die Ferroelektrika auch eine untere C.-T., unter der sie sich dielektrisch normal verhalten. (→ Curiesches Gesetz)

Curium [n. M. und P. Curie], chem. Symbol **Cm,** radioaktives → chemisches Element aus der Gruppe der → Transurane, ein → Actinoid, Ordnungszahl 96, das stabilste Isotop ^{247}Cm hat eine Halbwertzeit von rd. 15 Mio. Jahren. Das silberweiße, duktile, an der Luft sehr unbeständige Metall kann wegen seiner äußerst starken Radioaktivität (mehrere 1000mal stärker radioaktiv als Radium) nur äußerst schwer gehandhabt werden. – C. ist i. a. dreiwertig, in festem Zustand auch vierwertig. 1944 von G. SEABORG, R. A. JAMES und A. GHIORSO durch Beschießen von Plutonium-239 mit α-Strahlen erstmals hergestellt. Heute fällt C. in kg-Mengen in Reaktoren und Kernkraftwerken an. – C.-Isotope werden in Atombatterien zur Stromversorgung und in Strahlenquellen verwendet.

curl [kə:l], engl. Bez. für den Differentialoperator der → Rotation **(rot)** in der Vektoranalysis.

Cursor [k'ə:sə, engl.] *der,* eine auf dem Bildschirm eines → Datensichtgerätes verschiebbare Marke, durch die festgelegt ist, auf welcher Stelle die nächste Eingabe des Bedieners erscheint. Der C. ist meist als Strich mit normaler Zeichenbreite ausgebildet, der zur besseren Erkennung im Sekundenrhythmus blinkt.

Curtainwall [k'ə:tnwɔ:l, engl.], die → Vorhangwand.

Curtis-Turbine [k'ə:tɪs-, n. dem amerikan. Dampfturbinenbauer C. G. Curtis, * 1860, † 1953], mehrstufige, nach dem Gleichdruckverfahren mit aufgeteiltem Druckgefälle arbeitende → Dampfturbine.

CVD-Verfahren, Abk. für **Chemical Vapor Deposition** [k'emɪkl v'eɪpə depəz'ɪʃn, engl.], Abscheidung verschleiß- und korrosionsschützender Schichten durch chem. Abscheidung aus der Gasphase bei Temperaturen zw. 500 und 1 100 °C, vorzugsweise zw. 800 und 1 000 °C. Abgeschieden werden v. a. Titancarbid, Titannitrid, Chromcarbid, Eisenboride. CVD-Schichten aus Titancarbid verlängern die Standzeit von Schneidwerkzeugen erheblich.

CVFR, Abk. für **Controlled-VFR** [kəntr'əuld-, engl.], ein durch den Flugverkehrskontrolldienst überwachter Flug nach Sichtflugregeln (→ Sichtflug).

cwt, Einheitenzeichen für **centweight** [s'entweɪt, engl.], → hundredweight.

C_W-Wert, Widerstandsbeiwert, Formelzeichen C_W, dimensionslose Kennzahl, die die aerodynam. Güte z. B. einer Fahrzeugform hinsichtlich ihres → Luftwiderstandes kennzeichnet. Als Bezugsfläche wird die Grundriß- oder Querschnittsfläche des Körpers (senkrecht zur Anströmrichtung) gewählt.

Cyan, svw. → Dicyan.

Cyanate, Salze und Ester der Cyansäure, → Cyanverbindungen.

Cyanidin, tiefroter Pflanzenfarbstoff, der zu den → Anthocyanen gehört, z. B. in Kirschen und Mohn.

Cyanidlaugerei, Gold- und Silbergewinnungsverf. mit Hilfe von Natrium-Cyanid.

Cyaninfarbstoffe sind gekennzeichnet durch eine ungeradzahlige Kette konjugierter Kohlenstoffatome zw. zwei Auxochromen. C. werden v. a. als spektrale Sensibilisatoren in der Photographie verwendet.

Cyanit, das Mineral → Disthen.

Cyankali, Kaliumcyanid, → Cyanverbindungen.

Cyansäure kommt in der Normalform H-O-C≡N sowie in der tautomeren Isoform O = C = N – H vor. Ihre Salze heißen **Cyanate.** Das **Kaliumcyanat,** KOCN, erhält man durch Oxidation von Kaliumcyanid, **Ammoniumcyanat,** NH_4OCN, geht beim Erwärmen in Harnstoff, $NH_2-CO-NH_2$ über (F. WÖHLER 1828). – Eine weitere isomere Form der C. ist die → Knallsäure, ihre Salze **(Fulminate)** sind meist sehr explosiv. – **Cyanursäure** ist eine trimere Form der C., **Cyamelid** eine weitere polymere Form. **Cyanamid,** $H_2N-C\equiv N$, entsteht aus Calciumcyanamid, **Dicyan,** $(CN)_2$, bei der therm. Zersetzung von $Hg(CN)_2$. – Die organ. Cyanide heißen **Nitrile,** z. B. das **Acetonitril,** CH_3CN, eine farblose Flüssigkeit, Siede-P. 82 °C. Durch Anlagerung von Blausäure an Aldehyde entstehen die **Cyanhydrine.**

Cyanursäure, trimere Form der Cyansäure, die mit **Iso-C.** als Isomerengemisch vorliegt. C. wird durch Pyro-

Cycloalkane

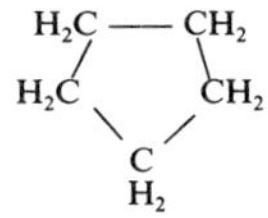

Cyclopentan

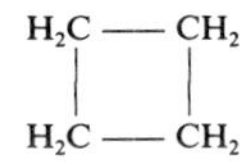

Cyclobutan

Cyclohexanol

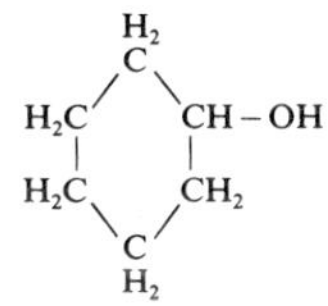

Cyanursäure

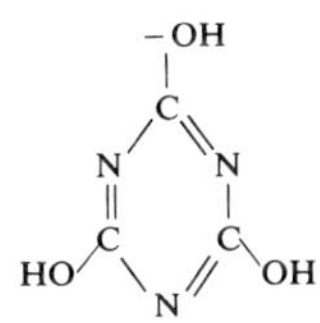

Cyanursäure

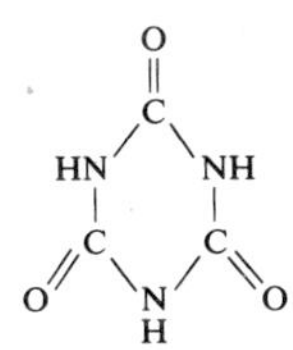

Isocyanursäure

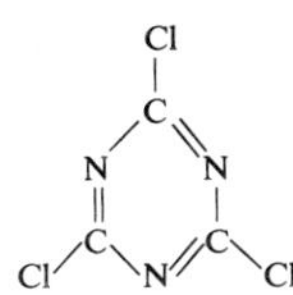

Cyanurchlorid

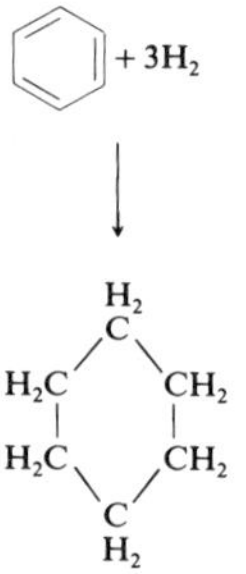

Cyclohexan

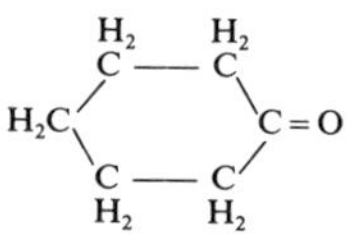

Cyclohexanon

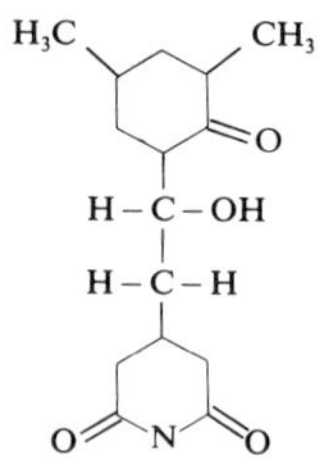

Cycloheximid

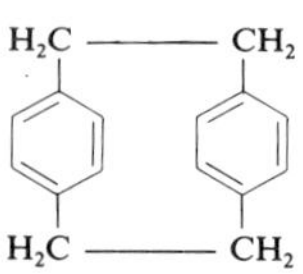

Cyclophane

Cymole

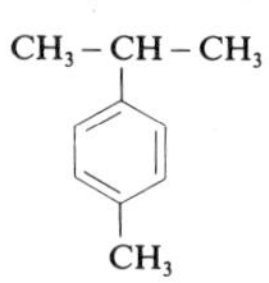

p-Cymol

lyse von Harnstoff hergestellt. Chlor-Derivate der C. werden in Scheuer- und Geschirrspülmitteln sowie als Desinfektionsmittel verwendet. **Cyanurchlorid** ist eine der bedeutendsten heterozykl. Verbindungen. Es wird u. a. zu Herbiziden und Reaktivfarbstoffen weiterverarbeitet. **C.-Triamid,** svw. → Melamin.

Cyanverbindungen, chem. Verbindungen mit der Atomgruppe CN –, die in ihren chem. Eigenschaften dem Halogenidion ähnlich ist **(Pseudohalogenid).** – Die einfachste C. ist der **Cyanwasserstoff,** die → Blausäure. Ihre Salze sind die **Cyanide,** z. B. das weiße, leichtlösliche, giftige **Kaliumcyanid,** KCN **(Cyankali),** und das ähnliche **Natriumcyanid,** NaCN, deren wäßrige Lösungen infolge Hydrolyse alkalisch reagieren. Mit Schwermetallsalzlösungen entstehen zunächst schwerlösl. Cyanidniederschläge, die sich im Überschuß von Alkalicyanid unter Bildung der stabilen komplexen Cyanometallate wieder lösen, z. B. das Hexacyanoferrat(II)-Ion, $[Fe(CN)_6]^{4-}$, dessen Kaliumsalz als gelbes **Blutlaugensalz** bekannt ist. Einige dieser komplexen Cyanide besitzen erhebliche wissenschaftl. und techn. Bedeutung. – Die Alkalicyanide werden in der **Cyanidlaugerei** zur Gewinnung von Gold und in der Galvanotechnik verwendet, **Calciumcyanid** $Ca(CN)_2$, zur Schädlingsbekämpfung. Durch Aufnahme von Schwefel gehen die Cyanide in die **Rhodanide** über, die Salze der **Rhodanwasserstoffsäure,** HSCN.

Cyclamate, Salze der Cyclohexansulfaminsäure, künstl. kalorienfreie, kochbeständige Süßstoffe **(Sucaryl),** die rasch durch Nieren und Darm ausgeschieden werden (→ Zuckeraustauschstoffe).

cycle per second [saɪkl pəː s'ekənd, engl.], Einheitenzeichen **cps,** Frequenzeinheit im Yard-Pound-System, durch Hertz ersetzbar. 1 cps = 1 Hz.

Cyclisation, Cyclisierung, Überführung einer kettenförmigen in eine ringförmige Verbindung. Technisch wichtig ist die C. von Alkanen, Alkenen und Äthin zu aromat. Kohlenwasserstoffen **(Aromatisierung)** wobei u. a. Benzin, Benzol, Toluol und Xylol gewonnen werden.

cycl(o) . . ., Vorsilbe bei Namen von Verbindungen, die ringförmig verknüpfte Atomgruppen enthalten, → zyklische Verbindungen.

Cyclo|alkane, Cycloparaffine, gesättigte zykl. Kohlenwasserstoffe, deren Name aus dem des entsprechenden Alkans und der Vorsilbe Cyclo . . . gebildet wird. Die im Erdöl vorkommenden C. Cyclopentan und Cyclohexan werden auch als **Naphthene** bezeichnet. Substituierte C. kommen in einigen äther. Ölen vor (Terpene). FORMEL S. 223

Cycloheptatrienylium-Kation, Tropylium-Kation, → Tropyliumsalze.

Cyclohexan, flüssiger Kohlenwasserstoff aus der Gruppe der → Cycloalkane, der im Erdöl vorkommt und im techn. Maßstab durch Hydrierung von Benzol an Nikkel- oder Platin-Katalysatoren hergestellt wird. Über 90% des erzeugten C. sind Ausgangsstoff für die Herstellung von Adipinsäure und Caprolactam, die beide zu Polyamiden (Nylon) weiterverarbeitet werden. C. findet auch als Lösemittel Verwendung.

Cyclohexanol, Kurzbezeichnung **Anol,** farblose, campherartig riechende Flüssigkeit, die durch Hydrierung von Phenol an Palladium-Katalysatoren hergestellt und als Lösemittel verwendet wird. Durch Oxidation von Cyclohexan mit Luft in Gegenwart von Mangan- oder Kobaltnaphthenat-Katalysatoren erhält man ein Gemisch von C. und → Cyclohexanon (Anol-Anon), das über Adipinsäure zu Polyamiden weiterverarbeitet wird. (FORMEL S. 223)

Cyclohexanon, Kurzbez. **Anon,** farblose, pfefferminzartig riechende Flüssigkeit, die zus. mit → Cyclohexanol (Anon-Anol) oder KA-Öl (= **K**eton-**A**lkohol) durch Oxidation von Cyclohexan erhalten wird. C. ist Zwischenprodukt für die Herstellung von Caprolactam und als Bestandteil des KA-Öls für die Herstellung von Adipinsäure.

Cycloheximid, Handelsname **Actidion,** aus dem Strahlenpilz Streptomyces griseus isoliertes Antibiotikum; ein Glutarimidderivat; als Fungizid verwendet.

Cycloparaffine, svw. → Cycloalkane.

Cyclophane, Verbindungen, die aus aromat. Ringsystemen bestehen, die durch Molekülbrücken verbunden sind.

Cygnus, das Sternbild → Schwan.

Cygnus X-1, ein → Röntgenstern (→ Schwarzes Loch).

Cymole, Isopropyl-methyl-benzole. Wichtig ist **p-C.,** eine farblose, angenehm riechende, leicht entflammbare Flüssigkeit, Grundkörper vieler Terpentine, die in äther. Ölen (z. B. Eucalyptus- und Kümmelöl) enthalten ist; dient u. a. als Duftstoff in Kosmetika und Verdünnungsmittel von Farben und Lacken.

Cymophan, Edelsteinvarietät des → Chrysoberyll.

Cystein, Abk. **Cys,** schwefelhaltige Aminosäure, die leicht zu → Cystin oxidiert wird. C. kann bei Proteinen die Thiolgruppe (-SH) einführen, biosynthetisch entsteht es im Zuge der Sulfatassimilation. Es kann aus Methionin aufgebaut werden, sein Abbau verläuft oxidativ oder reduktiv, wobei Schwefelverbindungen (z. B. Taurin) entstehen.

Cystin, Dicystein, zwei über eine Disulfidbrücke durch Oxidation verknüpfte Cysteinmoleküle in Hornsubstanzen und anderen Eiweißen, wo die Disulfidbrücke für die räuml. Anordnung der Kette wichtig für ihre biolog. Aktivität ist. Auftreten von C. im Harnsediment **(Cystinurie)** ist eine erbl. Stoffwechselstörung, die zur Bildung von Harnsteinen führen kann.

Cytochemie, Teilgebiet der Biochemie, das sich mit der chem. Zusammensetzung und Wirkungsweise der Zellen und deren Inhaltsstoffe befaßt.

Cytochrome, Hämoproteide, die u. a. an der Zellatmung als Redoxkatalysatoren, an der Photosynthese oder der Energiespeicherung beteiligt sind. C. sind Porphyrinkomplexe mit einem Eisen-Ion als Zentralatom.

Cytoplasma, Zellplasma, Teil der → Zelle.

Cytosin, Abk. **Cyt,** Pyrimidinbase, Baustein der Nucleinsäuren und Bestandteil von Nucleosid-Antibiotika; biochemisch aus Uracil synthetisiert.

Czochralski-Verfahren [tʃɔ-], → Kristallzüchtung.

D

d, 1) Einheitenzeichen für → degree (beim ebenen Winkel) und Tag. Für Tag als Zeitpunkt und in der Astronomie auch hochgestellt.

2) *d*, Formelzeichen für Dicke und Durchmesser.

3) Mathemat. Symbol für vollständiges (totales) → Differential, z. B. d*x*.

4) Physikal. Symbol für das → Deuteron und das Down-Quark.

5) Vorsatzzeichen für → Dezi.

D, 1) Chem. Symbol für → Deuterium.

2) *D*, Formelzeichen für Brechwert, elektr. Flußdichte und Energiedosis.

3) Zeichen für die → römische Ziffer 500.

D-, Vorsatz in Namen von optisch aktiven organ. Verbindungen, → Stereochemie.

°d, Kurzzeichen für die Härte des Wassers (→ Wasserhärte) in deutschen Härtegraden (veraltet).

2,4-D., auch **D,** → Chlorphenoxyessigsäuren.

da, Vorsatzzeichen für → Deka.

DAC, Abk. für **Digital-Analog-Converter,** → Digital-Analog-Umsetzer.

Dach, der obere Abschluß eines Gebäudes, besteht aus Dachtragwerk (Dachkonstruktion) und → Dachdeckung. **Dachkonstruktion,** bei kleineren Gebäuden **Dachstuhl,** ist die Gesamtheit der tragenden Bauteile eines D.; in Holz, Stahl, Stahlbeton oder Spannbeton ausgeführt.

Holz-D. Beim **einfachen Sparren-D.** bis 5 m Spannweite bilden je zwei Sparren mit einem Dachbalken ein unverschiebliches Dreieck (Gespärre); sie werden im Abstand von etwa 0,80 m angeordnet. Auf die Sparren werden Latten genagelt, die die Dachdeckung tragen; die Sparrenunterseite wird oft mit Brettern verschalt. Werden die Sparren länger als 4,50 m, müssen sie durch einen Spannriegel, den Kehlbalken, gegeneinander abgesteift werden **(Kehlbalkensparren-D.).** Bei Spannweiten $>7{,}00$ m werden die Kehlbalken durch einen zwei- oder dreifach stehenden Stuhl unterstützt; senkrechte Stiele tragen die waagerechten Rähme, auf denen die Kehlbalken liegen. Bei großer Tiefe des D. müssen die Sparren über der Kehlbalkenlage durch den Hahnenbalken ausgesteift werden. Der Winkel zw. Sparrenfuß und überstehendem Dachbalkenende wird durch den Aufschiebling, eine Eigentümlichkeit der Sparren-D., ausgeglichen.

Pfetten-D. bestehen aus dem tragenden Stuhl und den daraufgelegten Sparren. Bei kleinen Haustiefen (Sparrenlänge bis 4,50 m) genügt eine Firstpfette. Auf sie und die beiden auf den Balkenenden aufliegenden Fußpfetten werden die Sparren verlegt. Bei längeren Sparren müssen zwei Mittelpfetten angeordnet werden. Die tragenden Binder werden in 3,50–4,00 m Entfernung angeordnet, dazwischen liegen frei auf den Pfetten die Leergespärre oder Leergebinde. Die in den Binderbalken eingezapften Stiele bilden durch Streben nach dem Balkenauflager hin mit dem Balken den Dreiecksverband; die Bindersparren liegen auf den Pfetten und werden durch ein Zangenpaar beidseits der oberen Stielenden festgehalten. Beim Pfettendach mit Kniestock oder Drempel werden die Fußpfetten um etwa 1,00 m gehoben und durch kurze Stiele mit Kopfbändern unterstützt.

Bei **freitragenden Dachkonstruktionen** werden die Binder als → Hängewerke ausgebildet, bei Hallen, Werkstätten u. dgl., bei denen die Dachkonstruktion sichtbar bleiben kann, meist als → Sprengwerke. Zur Überdachung sehr großer Räume dienen **Fachwerkkonstruktionen** (→ Fachwerk) aus Ober- und Untergurt und einem dazwischenliegenden Gitterwerk. Vielfach werden auch Vollwandbinder, die aus mehreren Lagen Bretter und Bohlen zusammengesetzt werden, verwendet (→ Holz-Leimbau, → Holz-Nagelbau).

Stahl-D. Besteht die Dachhaut aus Holz, so werden die Sparren meist aus Holz, die Pfetten aber aus Stahl ausgeführt (als durchlaufende oder als Gelenkpfetten). Nach der statischen Wirkungsweise der D.-Binder unterscheidet man: **Balken-, Krag-, Bogen-, Kuppel-D.,** nach ihrer Ausführung: **Vollwand-** und **Fachwerkbinder, genietete und geschweißte D.-Konstruktionen.** Die gebräuchlichsten Fachwerkbinder sind die Binder mit einem Systemnetz aus lauter Dreiecken und die nach ihrem Erfinder benannten Polonçeau-Binder aus Dreiecksfachwerk mit Scheitelgelenk und Zugband.

Stahlbeton-D. Bei den üblichen Konstruktionen wird die Dachplatte als Rippenplatte ausgeführt. Neben Balken-, Krag-, Bogen- und Kuppel-D. tritt hier das **Schalen-D.** als modernste und wirtschaftl. Ausführungsart. Bei den einfach gekrümmten Schalen bildet die Betonplatte mit den Randträgern und den Endscheiben einen über große Spannweiten (30 m und mehr) freitragenden Körper. Nach ihrer Form unterscheidet man Tonnen- und Shedschalen. Mit doppelt gekrümmten Schalen können größte Kuppelbauten ausgeführt werden. Die Plattendicke beträgt bei großen Stützweiten nur etwa 8–12 cm.

Spannbeton-D. Für bes. große Spannweiten oder für weit auskragende Überdachungen, z. B. von Tribünen, werden Konstruktionen aus Spannbeton verwendet, die für den einzelnen Fall entwickelt werden, vorzugsweise als **Hänge-Dächer.**

Dachformen. Beim **Sattel-D.** schneiden sich die beiden schrägen Ebenen in der Firstlinie (First, Forst, Forsten). Die Fußlinien der Schrägen heißen Traufen, die an den Schmalseiten des Hauses entstehenden Dreiecke Giebel. Das **Walm-D.** ist entstanden durch Abschrägung (Abwalmung) der vier Seiten. Legt man die Traufe der Giebelwalme höher als die der Langseitenwalme, so entsteht das **Krüppelwalm-D.** Beim **Zelt-D.** und seiner Abart, dem **Turm-D.,** ist die Höhe größer als die Breite. Die Durchdringungslinien zweier Dachflächen heißen Kehlen, die Verbindung zweier verschieden hoch liegender Firste Verfallungsgrat oder Verfall. Weitere, durch ihre Namen genügend gekennzeichnete D.-Formen sind das **Pult-D.,** das **Säge-** oder **Shed-D.,** das **Kegel-D.,** das **Kuppel-D.,** die **Dachhaube** oder **Zwiebelhaube.** Zieht man einen Teil eines D. über die Traufe hinunter, so entsteht das **Schlepp-D.** Das **Mansarden-D.** hat eine gebrochene, oben flach, unten steiler geneigte Fläche, so daß im unteren Teil Räume mit geraden Wänden eingebaut werden können.

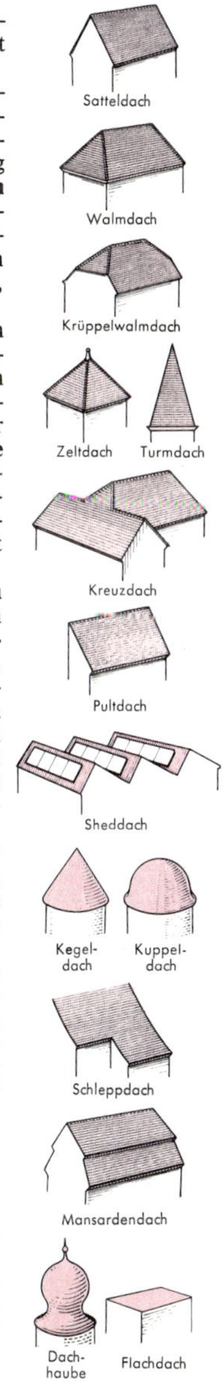

Dach: Dachformen

Dach

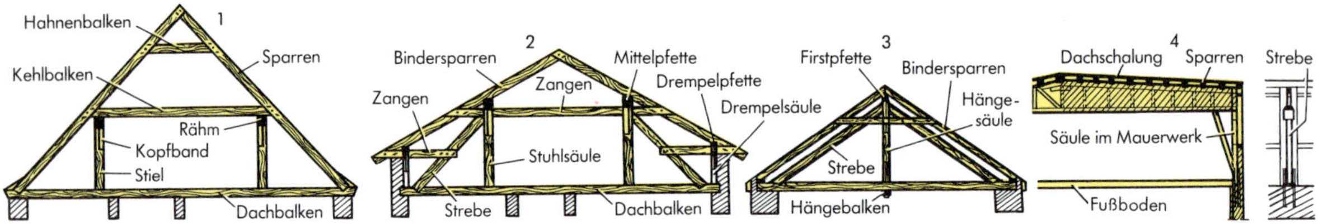

Dach: Dachkonstruktionen **1—4** aus Holz: **1** Kehlbalkensparrendach, **2** Pfettendach mit doppelt stehendem Stuhl und Drempel (Kniestock), **3** Pfettendach mit einfachem Hängewerk, **4** freitragende Dachkonstruktion für große Weiten mit Holzvollwandnagelbindern

Dachziegel

1 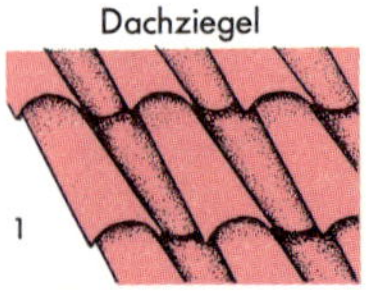

2 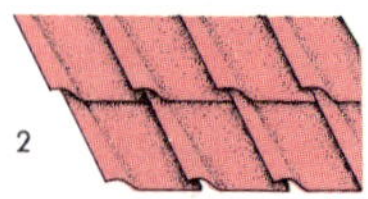

3 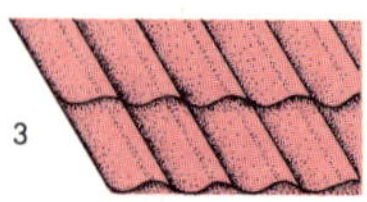

4 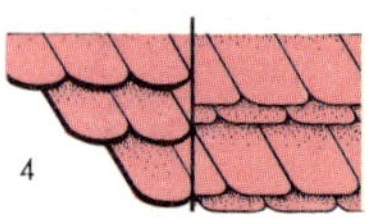

Dachdeckung

5 

6 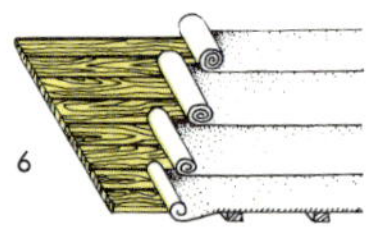

7 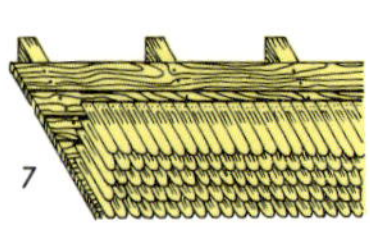

8 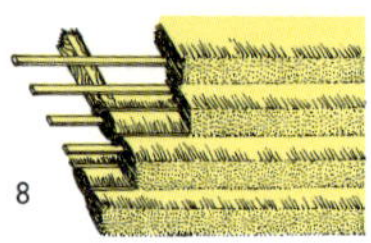

Randleiste **1—4 Dachziegel: 1** Mönch und Nonne, **2** Krempziegel, **3** Hohlpfanne, **4** links Biberschwänze, rechts Schwalbenschwänze. **5—8 Dachdeckung: 5** Schieferdeckung, **6** Dachpappendeckung, **7** Schindeldeckung, **8** Strohdeckung

Das **Flach-D.** schließt im Gebäude nahezu horizontal ab; die Dachhaut erhält nur so viel Gefälle, daß das Wasser ablaufen kann (→ Dachneigung). Weitere Bilder S. 227.

H. Rühle: Räuml. Dachtragwerke, 2 Bde. (1970); K. Moritz: Flachdach-Hb. ([4]1975); Vom Flachdach zum Dachgarten, hg. v. W. Zink (1976); W. Meyer-Bohe: Dächer ([3]1979); B. Grützmacher: Reet- und Strohdächer (1981).

Dachdeckung, die äußere Haut eines Daches, soll Regenwasser ableiten, Schnee tragen oder abgleiten lassen, gegen Staubschnee dicht sein, eine Durchlüftung des Dachraumes ermöglichen, eine bestimmte Wärmedämmung haben. Art und Ausbildung des Deckungsstoffes bestimmen immer eine nicht zu unterschreitende → Dachneigung.

Deckstoffe. Nach der Widerstandsfähigkeit der Deckstoffe gegen Flugfeuer und strahlende Wärme unterscheidet man: **weiche D.** aus Holz, Stroh, Rohr, unbesandeter Pappe; **harte D.** aus Ziegeln, Schiefer, Asbestzement-Dachplatten, Asbestzement-Welltafeln, Beton, besandeter Pappe, Metallblechen und -folien.

Bretter werden direkt auf die Sparren, **Schindeln** auf eine Brettschalung genagelt. **Stroh** und **Rohr (Reet)** werden in Gebinden an die Dachlatten gebunden. **Dachziegel** hängt man mit ihren Nasen an den Dachlatten auf, wobei sie sich z. T. überdecken; ähnlich **Betondachsteine.**

Bei der ›dt. Deckung‹ des **Dachschiefers** werden Platten in Fischschuppenform verlegt, die in schräg ansteigenden Reihen auf eine Brettschalung genagelt werden. Die ›engl. Deckung‹ benutzt rechteckige Schieferplatten, die in horizontalen Reihen auf Latten genagelt werden.

Asbestzement-Dachplatten werden in gleicher Technik wie Schiefer verarbeitet. **Asbestzement-Welltafeln** werden auf Holz- oder Stahlpfetten geschraubt. Großformatige vorfabrizierte **Dachplatten,** z. B. aus Bimsbeton, Gasbeton, Spannbeton sowie aus mehreren Lagen bestehende Platten mit bes. guter Wärmedämmung oder Bläh-ton-Hohldielen, können sowohl auf Stahl- als auch auf Holzdachkonstruktionen schnell verlegt werden. **Metallbedachungen** (Zink, verzinktes Eisenblech, Kupfer) werden auf Holzschalung verlegt. Metallfolien werden wie Dachpappe verlegt. **Dachpappe** nagelt man auf Holzschalung; bei Massivdächern wird sie aufgeklebt, oft erhält sie als obere Schutzdecke einen Belag von Sand und Kies. Bei Dächern aus **Spannbeton** dient vielfach die tragende Konstruktion gleichzeitig als Dachhaut, so daß sich eine besondere D. erübrigt.

H. Diersen: Kunststoff-Dachbeläge (1976); H. Wilcke: D.-Arbeiten ([5]1979); P. Scheidinger: Materialkunde für das Dachdeckerhandwerk (1981); Dt. Dachdecker-Kalender (jährl.).

Dachgaupe, Dachgaube, auch **Dachgauke,** Dachaufbau für ein stehendes Dachfenster; als **Fledermausgaupe** möglich bei anschmiegsamer Dachdeckung (Stroh, Metall oder auch Schiefer), bei anderer Dachdeckung und für größere Fenster als **Schlepp-, Giebel-** oder **Walmgaupe** ausgeführt. (Bild S. 227)

Dachgeschoß, der über der obersten Vollgeschoßdecke liegende Teil eines Hauses. Der Ausbau von D. (unter Steildächern) zu selbständigen **Dach-, Mansardenwohnungen** ist baurechtlich nur beschränkt möglich. Es muß genügend Bodenraum (Trockenböden, Bodenkammern) übrigbleiben, und der Zugang darf nicht über offene Böden führen.

Dachkantprisma, Dachprisma, Reflexionsprisma mit zwei Dachflächen, die sich unter einem Winkel von 90° in der Firstkante schneiden (→ Prisma).

Dachlatte, Bauholz (Schnittholz) mit rechteckigem Querschnitt von höchstens 32 cm^2, mit dem Seitenverhältnis von höchstens 1 : 2.

Dachneigung, Neigung oder Gefälle der Dachfläche; wird als Verhältnis der Dachhöhe zur Breite des von der betreffenden Dachseite überdachten Gebäudeteils in Prozent oder in Winkelgraden angegeben, z. B. (Bild S. 227) DB : AB = 1 : 1, D = 100% oder 45°; D′B : AB = 1 : 2, D = 50% oder rd. 27°. Je nach → Dachdeckung darf eine bestimmte D. nicht unter- oder überschritten werden.

Dachpappe, mit Teer oder Bitumen imprägnierte Rohdachpappe zum Verlegen bes. auf Dächern, häufig mit mineral. Stoffen bestreut. Faserrohstoffe sind Altpapier und Lumpen.

Dachrinne, an der Unterkante (Traufe) des Daches angebrachtes Gerinne, fängt das Regenwasser von den Dachflächen auf und leitet es in das **Fallrohr** ab. D. und Fallrohr werden u. a. aus Zinkblech, verzinktem Stahlblech, Asbestzement oder Kunststoff hergestellt. Am häufigsten wird die vor das Traufgesims gehängte **Hängerinne** mit halbkreisförmigem Querschnitt angewendet; sie wird durch verzinkte Stahl-Rinneisen gehalten. D. mit rechteckigem Querschnitt heißen **Kastenrinnen.** Eine Kastenrinne, die auf weit vorspringendem massivem Gesims eines hohen Gebäudes aufgesetzt wird, heißt **Standrinne.**

Dachschiefer, zum Dachdecken geeignete Schiefer oder Tonschiefer mit ebenflächiger Spaltbarkeit.

Dachsteine, → Betondachsteine.

Dachziegel, aus Ton oder tonigen Massen gebrannte Formteile für die → Dachdeckung, werden in natürlicher Farbe (rot), durchgehend gefärbt, engobiert (→ Engobe) oder glasiert hergestellt. Nach der Art der Herstellung werden die in Stempelpressen hergestellten **Preß-D. (Falzziegel, Reformpfannen, Falzpfannen, Flachdachpfannen, Krempziegel)** und die in Strangpressen hergestellten

Strang-D. (Hohlpfannen, Biberschwänze, Strangfalzziegel) unterschieden. Neben diesen Regelformen gibt es Sonderziegel, so **Mönch-** und **Nonnenziegel** (muldenförmige Unterziegel und gratziegelartige Deckziegel), **Klosterpfannen** (Form eines einteiligen Mönch-Nonnen-Ziegels) oder **Glasdachziegel** zur Belichtung der Dachflächen sowie als Zubehör u. a. **First-, Grat-, Gaupen-, Ortgang-** und **Traufziegel.**

Dacron, Handelsname für eine Polyesterfaser.

dag, Einheitenzeichen für **Dekagramm** (→ Gramm).

Dahlbusch-Bombe, Dahlbusch-Sonde, nach der stillgelegten Zeche Dahlbusch benanntes Rettungsgerät für eingeschlossene Bergleute: ein zylindrischer Hohlkörper aus Blech, in dem ein Mann Platz hat. Die D.-B. wird mit Winde und Seil in ein dafür hergestelltes Bohrloch zu den Eingeschlossenen hinabgelassen.

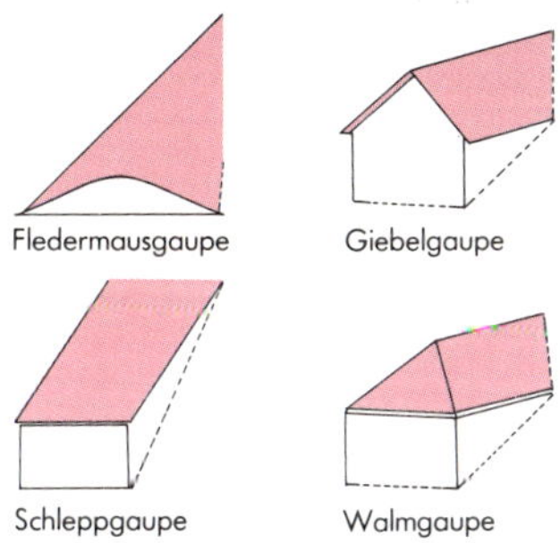

Dachgaupe

Dalben *der,* Einzelpfahl, Pfahlbündel oder Pfahlbock, in eine Gewässersohle eingespannt, zum Anlegen, Festmachen und/oder Leiten (→ Schiffahrtszeichen) von Schiffen oder zum vertikalen Führen von schwimmenden Anlagen wie Pontons und Schwimmstege.

D'Alembertsches Prinzip [dalãb'ɛ:r-, n. dem frz. Philosophen und Mathematiker J.-B. D'Alembert, * 1717, † 1783], svw. →Alembertsches Prinzip.

Dalton [d'ɔ:ltən, n. dem engl. Chemiker und Physiker J. Dalton, * 1766, † 1844], veraltete Masseneinheit der chem. Atomgewichtsskala, definiert als $^1/_{16}$ der durchschnittl. Masse eines Sauerstoffatoms in der natürl. Isotopenzusammensetzung. 1 Dalton = $1{,}66018 \cdot 10^{-27}$ kg. Das D. wurde durch die vereinheitlichte → atomare Masseneinheit ersetzt.

Daltonsches Gesetz [d'ɔ:ltən-]. In einem Gasgemisch übt ein jedes der Gase den Druck aus, den es haben würde, wenn es für sich allein den ganzen Raum erfüllte; dieser Druck heißt **Partialdruck.** Der Gesamtdruck des ganzen Gasgemisches ist gleich der Summe der einzelnen Partialdrücke.

Damaszieren, Verfahren, bes. in der Stahlverarbeitung, zur Erzielung einer Zeichnung und zur Steigerung der Festigkeit und Zähigkeit des Werkstückes **(Damaszener Klingen).** Dünne Vierkantstäbe verschiedener Dicke und Drähte aus weichem (früher Weicheisen) und hartem Stahl werden mehrfach übereinandergelegt, verschweißt und durch Hämmern zu neuen Stäben gestreckt. Die Berührungslinien der Stahlschichten ergeben das Muster.

Damm, längl. Baukörper aus Erde, Kies, Schotter oder Schüttsteinen, dient als Deich, Fangedamm, Staudamm, Umwandung von künstl. Speicherbecken sowie als Unterbau von Verkehrswegen und Kanälen.

Dammarharz, Harz des südostasiatischen Dammarbaumes, das aus Dammarolsäure und sehr beständigen Resenen besteht. D.-Lacke werden v. a. zur Papierbeschichtung verwendet.

Dämmerung, Übergangszeit zw. Tag und Nacht, entsteht durch Reflexion und Streuung der Sonnenstrahlung in höheren Schichten der Atmosphäre, sobald die Sonne für den Bodenbeobachter unter dem Horizont steht. Die **bürgerliche D.** (›Büchsenlicht‹) reicht bis zu einer Sonnentiefe von 6 bis 6,5° und dauert in Mitteleuropa (50° n. Br.) 37–51 Minuten. Die **astronomische D.** reicht bis 16–18°, die **nautische D.** bis etwa 12° Sonnentiefe (BILD Aufgang). In den Tropen ist die D. nur kurz, in der Polarzone lang anhaltend und farbenreich. In polnahen Breiten hat man im Sommer die **Mitternachts-D.** Farbige D.-Erscheinungen sind bei wolkenlosem Himmel das **Hauptpurpurlicht** bei 3–4° Sonnentiefe und der am Gegenhorizont hochsteigende Erdschatten mit der orangegelben, oft grün gesäumten **Gegen-D.** Bei 8–10° Sonnentiefe kann sich ein mattes **Nachpurpurlicht** entwickeln. Beide Purpurlichter erzeugen farbenprächtige Effekte **(Alpenglühen).** – Der **Dämmerungsbogen** bildet die verschwommene Grenze zw. erhelltem und dunklem Teil des Himmels.

Dämmerungseffekt, Nachteffekt, Navigation: in der Dämmerung und Nacht auftretendes Pendeln der Peilung durch Zusammenwirken der → Bodenwelle und der störenden → Raumwelle. Bei der Reflexion an der Ionosphäre werden die Raumwellen in ihrer Polarisation verändert, so daß die Horizontalkomponenten des von schräg oben einfallenden Feldes den Peilrahmen zusätzlich zu den vertikal polarisierten Bodenwellen erregen und falsche Nullstellen hervorrufen. Zur Vermeidung dieser Peilfehler, die in Entfernungen auftreten, bei denen die Raumwelle gegenüber der Bodenwelle nicht mehr vernachlässigbar klein ist, verwendet man insbes. bei Kurz- und Grenzwellenpeilern das System →Adcock, bei dem die horizontalen Leiter sorgfältig abgeschirmt sind.

Dämmerungsleistung, → Nachtglas.

Dämmstoffe, Stoffe, die als →Wärmedämmstoffe und/oder → Schalldämmstoffe zur →Wärmedämmung und/oder → Schalldämmung dienen.

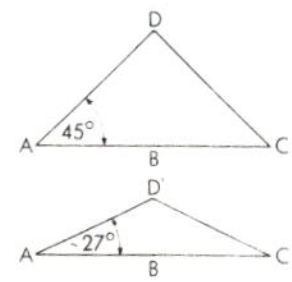

Dachneigung

Dahlbusch-Bombe

Dach: Dachkonstruktionen **5–9** aus Stahl: **5** flaches Satteldach (engl. Binder), **6** mehrfaches Sägedach, **7** Sichel- oder Tonnendach (Sichelbinder), aus Stahlbeton: **8** Tonnendach (zylindrische Schale, einfach gekrümmt), **9** Schalen-Sheddach

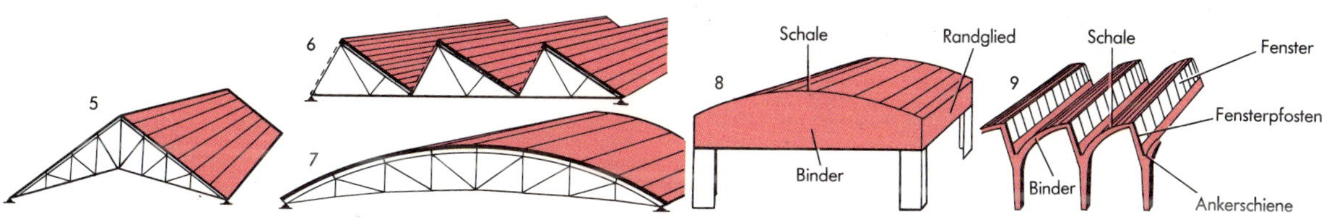

Dämmung, Abschirmung gegen störende Einwirkung, angebracht zw. Störquelle und dem davon betroffenen Gegenstand, im Hochbau meist durch →Wärmedämmung und/oder →Schalldämmung sowie durch Einbau von →Dampfsperren.

Dampf, im gasförmigen Aggregatzustand befindl. Stoff, wenn die Gasphase sich im thermodynam. Gleichgewicht mit der festen oder flüssigen Phase befindet. Was man entgegen obiger Definition gemeinhin als D. bezeichnet, ist kein D., sondern feinstverteiltes, tropfbar-flüssiges Wasser (Nebel). Gasförmiger →Wasserdampf ist unsichtbar. – Steht eine Flüssigkeit mit einem aus ihr durch Verdampfen entstandenen Gas in Berührung, so werden die Moleküle zw. Gas und Bodenkörper dauernd ausgetauscht. Ändert sich dadurch bei konstantgehaltener Temperatur im geschlossenen Raum das Mengenverhältnis von Gas und Bodenkörper nicht mehr, so ist das **dynam. Gleichgewicht** erreicht, d. h. der Raum über der Flüssigkeit **(Dampfraum)** hat die größte mögl. Menge Gas aufgenommen: Über der Flüssigkeit steht **gesättigter D. (Sattdampf).** Den so für eine gegebene Temperatur unter Gleichgewichtsbedingungen erreichbaren maximalen **Dampfdruck** (Druck der Dampfmoleküle auf die Wände des Dampfraumes) nennt man **Sättigungsdampfdruck.** Der D. gehorcht nicht den idealen Gasgesetzen. Verändert man das Volumen des Dampfraumes, so wird durch Kondensation oder Verdampfung der für die vorliegende Temperatur charakterist. **Gleichgewichtsdampfdruck** wieder eingestellt, solange beide Phasen vorhanden sind. **D.-Dichte** in g/cm^3 oder kg/m^3 und **D.-Druck** hängen allein und stark von der Temperatur ab. Die Temperaturabhängigkeit des D.-Drucks beschreibt die **Dampfdruckkurve;** sie beginnt am Tripelpunkt, an dem alle drei Aggregatzustände im Gleichgewicht vorliegen, und endet am krit. Punkt, bei dem die gasförmige und die flüssige Phase identisch werden. – **Ungesättigter D. (überhitzter D., Heiß-D.)** entsteht aus gesättigtem D. durch Temperaturerhöhung, wenn die Nachlieferung von D. aus der Flüssigkeit verhindert wird. Die Dichte des Heiß-D. ist kleiner als die Dichte eines Sattdampfes der gleichen Temperatur. Ungesättigte D. gehorchen mit steigender Temperatur immer genauer den Gasgesetzen. Wird Sattdampf abgekühlt, z. B. durch adiabatische Expansion, so kann er für kurze Zeit einen **übersättigten Zustand** annehmen, den er durch Kondensation an Kondensationskernen wieder verläßt (→Nebelkammer). Will man einen Stoff (bei konstanter Temperatur) in den D.-Zustand überführen, so muß man ihm die **Verdampfungswärme** oder **Sublimationswärme (Verdampfungsenthalpie** für Verdampfen bei konstantem Druck) zuführen, d. h. die für die Verdampfung notwendige Wärmemenge je Masse- oder Stoffmengeneinheit.

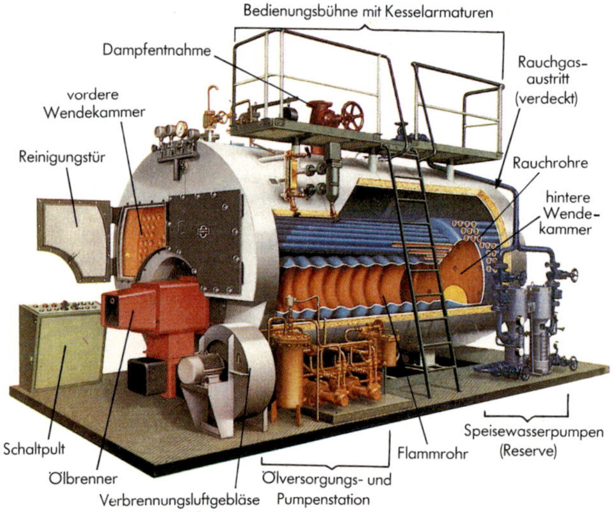

Dampferzeuger:
Flammrohr-Rauchrohrkessel in Dreizugbauart mit 1 Flammrohr und 2 nachgeschalteten Rauchgaszügen, zur Erzeugung von Hochdruck-Sattdampf, Dampfmenge bis $14 \cdot 10^3$ kg/h

Dampfdruckerniedrigung tritt ein, wenn man in einer reinen Flüssigkeit einen (festen, flüssigen oder gasförmigen) Stoff löst. Die D. kann aus dem osmot. Druck thermodynamisch abgeleitet werden. Sie führt zu einer Erhöhung des Siedepunktes und Erniedrigung des Schmelzpunktes. Bei hochsiedenden Zusatzstoffen ist für geringe Konzentrationen die D. allein von der Anzahl der gelösten Moleküle abhängig. Bezeichnet man den Dampfdruck des reinen Lösungsmittels mit p und den erniedrigten Dampfdruck der Lösung mit p', so gilt für die relative D.: $(p-p')/p = N'/(N+N')$, wobei N' die Anzahl der Moleküle des gelösten Stoffes und N die des Lösungsmittels bedeuten (F. M. RAOULT, 1886).

Dampfdruckpumpe, →Pulsometer.

dämpfen, mit Wasserdampf behandeln; auch abschwächen (→Dämpfung).

Holz wird gedämpft oder in heißem Wasser erhitzt (›gekocht‹), um es leichter zu Braunschliff (Holzschliff) und besser zu Furnieren verarbeiten und bleibend →biegen zu können, auch um Holzschädlinge abzutöten, Trocknungsfehler bei der künstl. Holztrocknung zu vermeiden oder eine Farbänderung zu verursachen.

Textilien aller Art werden zur Erhöhung des Feuchtigkeitsgehaltes gedämpft, zur Vermeidung der Kringelbildung bei Garnen, zur Entspannung und Fixierung von Fasern, zur Beeinflussung von Glanz und Griff bei Fertigwaren, zur Entwicklung und Fixierung der Druckfarben.

Dampf|erzeuger, Dampfkessel, Anlage zur Erzeugung von Dampf (meist Wasserdampf) von best. Temperatur und Druck zur Gewinnung von Sekundärenergie (in Dampfturbinen oder Dampfmaschinen) oder zur Heizung von Gebäuden oder verfahrenstechn. Anlagen.

Aufbau und Größe von D. sind unterschiedlich für Kraftwerke, Schiffe u. a. spezielle Anwendungen. Den Hauptteil der Dampferzeugungsanlage bilden neben der →Feuerung ein mehr oder weniger großer Wasserraum und Rohre sowie ein →Überhitzer. In diesen Hauptteilen herrscht gleicher Druck. Bes. in kleineren Kesseln wird der – große – Wasserraum über in diesem angeordnete Rohre beheizt, die von Rauchgasen durchströmt werden **(Rauchrohrkessel).** Z. T. findet die Verbrennung in diesen Rohren statt **(Flammrohrkessel).** Bei größeren D. werden Wasserraum (Trommel) und Rohre meist von außen beheizt. In den Rohren verdampft das Wasser ganz oder teilweise **(Wasserrohrkessel),** während es sie in ›natürlichem Umlauf‹ durchströmt oder in ›Zwangsumlauf‹ oder ›Zwangsdurchlauf‹ gepumpt wird. Anschließend wird dieser Sattdampf in den Überhitzer geleitet, wo seine Temperatur ohne Drucksteigerung weiter erhöht wird.

Weitere Einrichtungen, in denen der Druck von denen im Hauptteil verschieden ist, sind der Zwischenüberhitzer und der Speisewasservorwärmer (Ekonomiser). Im **Zwischenüberhitzer** wird Naßdampf, nachdem er in dem ersten Teil der Turbine teilweise entspannt ist, wieder erwärmt und damit überhitzt. Im **Speisewasservorwärmer** wird aus dem → Kondensator 2) kommendes Kondensat oder Frischwasser erwärmt, bevor es durch die Kesselspeisepumpe in den Hauptteil befördert wird. Teilweise wird in dem Rauchgasstrom ein → Wärmetauscher vorgesehen, der Frischluft erwärmt, bevor sie der Feuerung zugeführt wird. Bei stark schwankender Dampfentnahme wird auch ein → Wärmespeicher, insbes. → Ruths-Speicher, außerhalb des eigentlichen Kessels angebracht. Die Anordnung dieser Teile im und um den Feuerraum oder im Rauchgasstrom wird so gewählt, daß der geeignete Wärmeübergang durch Strahlung (bes. in **Strahlungskesseln)** und Konvektion erreicht wird, ohne daß die Rohrwandungen zu heiß oder ungleichmäßig erwärmt werden.

Für normale D. sollte bei stark schwankender Dampfentnahme der Wasserraum groß sein (z. B. **Zweirohrkessel),** während ein kleiner Kesselraum gewählt wird, um eine kurze Anfahrzeit zu erreichen (ohne daß es zw. den beiden Möglichkeiten eine scharfe Grenze gibt). Nach der Lage der Rohre unterscheidet man u. a. **Schrägrohrkessel** und **Steilrohrkessel.**

Spezielle Kesselbauarten haben den Zweck, die Abmessungen zu verkleinern oder die Störanfälligkeit zu verringern: im **Zwangsumlaufkessel (La Mont-Kessel)** wird das Wasser durch eine Pumpe in schnellere und gleichmäßigere Bewegung versetzt, als durch den natürl. Umlauf möglich wäre. Im **Zwangsdurchlaufkessel (Benson-Kessel** und **Sulzer-Einrohr-Kessel)** wird durch eine Pumpe Wasser eingespritzt, das das Heizrohrsystem nur einmal durchläuft, dabei verdampft und überhitzt wird.

Eine noch weitergehende Verringerung der Baugröße (z. B. für Schiffe) wird bei dem mit Zwangsumlauf arbeitenden **Velox-Kessel** dadurch herbeigeführt, daß Temperatur, Druck und Geschwindigkeit der Rauchgase höher als in normalen Kesseln sind. Die Luft wird durch einen Verdichter in den Brennraum gepumpt, wobei sie bei 2,5 bis 3 bar Überdruck und bis 300 m/s den Brennraum, die Verdampferelemente und den Überhitzer durchströmt. In einer Abgasturbine, die die Energie für den Verdichter liefert, werden die Gase entspannt, wonach sie das Speisewasser vorwärmen.

Weitere Sonderbauarten sind D. mit mittelbarer Dampferzeugung. Hier wird der Dampf entweder aus kondensierendem Heißdampf von hohem Druck bei Zwangsumlauf **(Löffler-Kessel)** oder durch kondensierenden Sattdampf mit natürl. Umlauf (Wärmetauscher) in einem getrennten Röhrensystem unter höherem Druck **(Schmidt-Hartmann-Kessel)** erzeugt. Dadurch ergibt sich eine geringere Empfindlichkeit gegen Kesselsteinbildung.

Die wichtigste Kenngröße eines D., die seine Abmessungen bestimmt, ist die **Dampfmenge,** angegeben in 10^3 kg/h (früher t/h). Der Wirkungsgrad eines D. wird ausgedrückt durch kg Dampf/1 kg Brennstoff.

Bau und Betrieb von D. wird vom Gesetzgeber kontrolliert (Techn. Überwachungsvereine). Als wichtigste Ausrüstungsstücke sind vorgeschrieben: Wasserstandsanzeiger, Manometer und zwei voneinander unabhängige Sicherheitsventile.

H.-J. SCHUMANN u. a.: Hb. für Kesselwärter, 1 ([13]1979), 2 ([10]1979); Hb. der Kesselbetriebstechnik, hg. v. F. MAYR (1980); Jb. der Dampferzeugungstechnik (seit 1970, jährl.).

Dampfhammer, ein → Maschinenhammer.

Dampfheizung, Heizsystem mit Wasserdampf als Wärmeträger (→ Heizung).

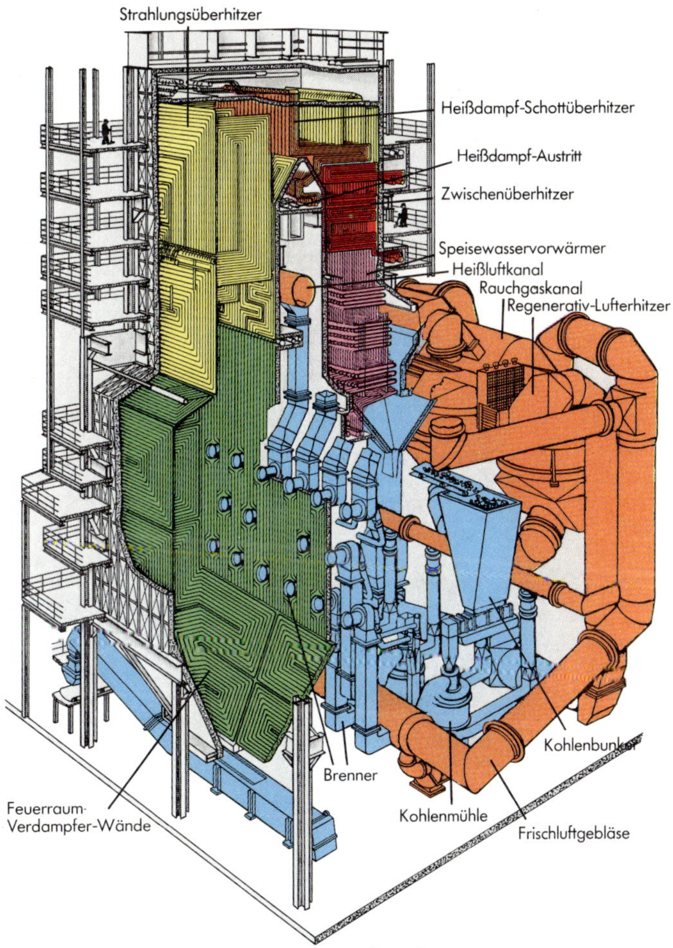

Dampferzeuger: Perspektivschnitt eines Benson-Kessels mit Steinkohlenstaubfeuerung für einen Kraftwerksblock von 370 MW. Dampfmenge $1080 \cdot 10^3$ kg/h, 212 bar, 535 °C. Abmessungen: 61,50 m hoch, 25,75 m breit, 44,30 m tief. Hochdruckteil: violett, grün, gelb, braun; Zwischenüberhitzer: rot; Brennstoff-, Luft-, Rauchgas-Aggregate: orange, blau

Dampfkessel, neuer Name → Dampferzeuger.

Dampfkochtopf, Schnellkochtopf, geschlossenes Metallgefäß, in dem unter Überdruck von etwa 1 bar Speisen in kürzerer Zeit garen als im offenen Kochtopf.

Dampfkraftmaschine, eine → Wärmekraftmaschine, die aus Dampf mechan. Arbeit gewinnt: → Dampfmaschine, → Dampfturbine.

Dampfkraftwerk, mit Wasserdampf betriebenes Wärmekraftwerk zur Produktion elektr. Energie und/oder Abgabe von Heizungswärme. Die zur Dampferzeugung notwendige therm. Energie wird entweder aus der Verbrennung fossiler Brennstoffe – z. B. Kohle, Öl, Gas,

Holz, in Einzelfällen auch Müll – oder durch Ausnutzung anderer Quellen (z. B. Sonnenenergie, Kernkraft) gewonnen, wobei man davon ausgeht, daß diese Sonderformen in Zukunft größere Bedeutung erlangen werden (→Kernkraftwerk, →Sonnenkraftwerk, →geothermisches Kraftwerk). In einem →Dampferzeuger wird durch die Zuführung von Wärme Wasser verdampft. Der Dampf liefert bei Entspannung in einer →Dampfturbine die Energie zum Antrieb eines →Turbogenerators. Der aus der Turbine austretende Dampf wird im Kondensator bei einem Druck, der erheblich unter dem Atmosphärendruck liegt, niedergeschlagen und von Speisewasserpumpen dem Dampferzeuger wieder zugeführt.

In **Gegendruckkraftwerken** (meist Industrie- oder Heizkraftwerken) wird der Abdampf noch weiteren Aufgaben zugeführt, z. B. als **Prozeßdampf** in verschiedenen Arbeitsabläufen oder als **Heizdampf** für eine →Fernheizung.

Eine merkl. Verbesserung des Wirkungsgrades (um etwa 3 bis 6%) ermöglichen die mit Gasturbinen kombinierten D. Dabei werden die noch sauerstoffhaltigen Abgase einer →Gasturbine mit offenem Kreislauf mit der Verbrennungsluft dem Dampferzeuger zugeführt. Gas- und Dampfturbine treiben je einen Generator an. Der Gasturbosatz trägt dabei etwa 14% zur Gesamtleistung bei.

Dampfkühler, →Heißdampfkühler.

Dampfleitzahl, Rechengröße, ergibt sich aus der Wasserdampfmenge, die stündlich auf 1 m^2 Fläche bei einer Dampfdruckdifferenz von 9,80665 Pa ($=1 kp/m^2$) durch eine 1 m dicke Materialschicht diffundiert; dient z. B. zum Nachweis der Notwendigkeit einer →Dampfsperre.

Dampfmaschine, durch Dampf angetriebene →Wärmekraftmaschine, i. e. S. nur die **Kolbendampfmaschine** (→Kolbenmaschine). Bei ihr wird der im Dampfzylinder hin- und hergehende Kolben durch den Arbeitsdampf bewegt. Man unterscheidet D., die über einen Kurbeltrieb eine Drehbewegung erzeugen, und **Freikolbenmaschinen,** bei denen die hin- und hergehende Bewegung des Kolbens auf eine Arbeitsmaschine wirkt. Freikolbenmaschinen sind meist doppeltwirkende D., Maschinen mit Kurbeltrieb können **einfach-** oder **doppeltwirkend** sein, d. h. der Dampfdruck wirkt auf eine oder abwechselnd beide Seiten des Kolbens. Nach der Expansion des Dampfs in einer oder mehreren Stufen unterscheidet man D. mit **Hochdruck-, Mitteldruck-, Niederdruckzylinder;** z. T. wird eine Abdampfturbine zur Verbesserung des Wirkungsgrades nachgeschaltet. Zweistufige Expansion an der **Verbund-** oder **Compoundmaschine** (Hochdruck-, Niederdruckzylinder in Tandem-Anordnung) mit nur einer Kurbel oder nebeneinanderliegenden Zylindern mit zwei versetzten Kurbeln (Kreuzverbund) ist bei Lokomobilen üblich.

Dampfmaschine:
Schema einer liegenden Einzylinder-D. mit Ventilsteuerung

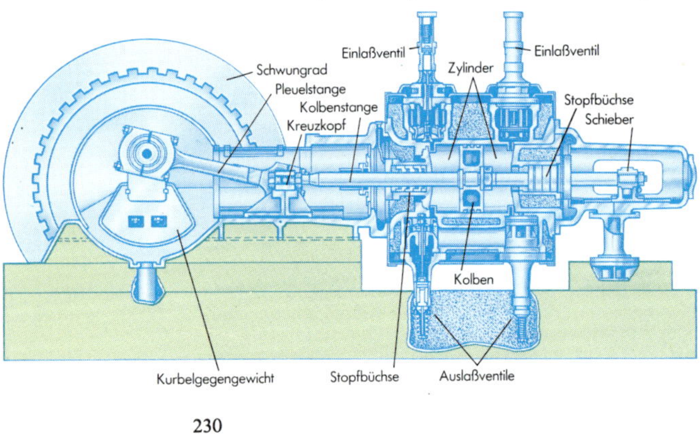

Dampf kann während des ganzen Arbeitshubes bei gleichbleibendem Druck einströmen **(Volldruckmaschine),** oder das Einlaßventil (Schieber) wird nach einem Teil des Hubs geschlossen, so daß der Dampf dann mehr oder weniger stark entspannt wird **(Expansionsmaschine).** Erstere erzeugen höhere Leistung, letztere haben besseren Wirkungsgrad. Die Regelung des Einlaßendes (z. B. Dampflokomotive) erlaubt stetigen Übergang beim Anfahren unter hoher Last.

Nach Temperatur und Druck des eintretenden Dampfs unterscheidet man **Sattdampf-** und **Heißdampfmaschine,** nach dem Druck auf der Auspuffseite **Gegendruck-, Auspuff-** und **Kondensationsmaschinen.**

Der Überwachung einer D. dient ein →Indikator. Aus dem von diesem aufgezeichneten **Indikatordiagramm** erkennt man den Druck während der einzelnen Abschnitte der Hübe: Füllung mit Arbeitsdampf, Expansion, Ausschub des entspannten Dampfs und Kompression des Restdampfs im Zylinder.

Geschichtliches. D. PAPIN baute 1690 eine Versuchs-D., bei der in einem Zylinder Wasser abwechselnd verdampft und kondensiert wurde **(atmosphär. D.).** Von T. NEWCOMEN stammt eine atmosphär. D. mit Balancier, die trotz hohen Kohleverbrauchs vielerorts angewendet wurde. Die erste rationelle D. mit vom Zylinder getrenntem Kondensator (1765 direktwirkende Niederdruckmaschine, 1782 bis 1784 doppeltwirkende Niederdruckmaschine mit Drehbewegung) schuf J. WATT. Die D. mit Drehbewegung wurde seit 1787 als Antriebskraft in Textilbetrieben verwendet; damit wurde die industrielle Revolution eingeleitet. In Dtl. wurde die erste Wattsche D. 1785 bei Hettstedt im Mansfelder Bergrevier in Betrieb genommen. Die ersten Hochdruck-D. bauten R. TREVITHICK (1798) und O. EVANS (1801), die erste Heiß-D. WILHELM SCHMIDT (1892), die Gleichstrom-D. J. STUMPF (1908). Heute ist die D. wegen ihres niedrigen Wirkungsgrades und hohen Gewichts nur noch in Sonderfällen im Einsatz.

C. MATSCHOSS: Die Entwicklung der D., 2 Bde. (1908); O. BAUCKE u. a.: Kraftmaschinen, Pumpen und Verdichter (1977); K.-H. KÜTTNER: Kolbenmaschinen ([4]1978).

Dampfmesser, Gerät zur Messung der Dampfmenge, die in der Zeiteinheit durch eine Rohrleitung strömt; dient zur Überwachung von Dampferzeugern oder Dampfverbrauchern (Dampfkraftmaschinen, Heizung). In größeren Anlagen verwendet man fast ausschließlich D. nach dem Prinzip des →Venturirohrs.

Dampfpumpe, kurbellose, mit Vollfüllung arbeitende Kolbenpumpe für Dampf- oder Druckluftantrieb. Pumpenkolben und Dampfkolben sitzen auf einer gemeinsamen Kolbenstange. Die Dampfventile werden in den Endlagen umgesteuert, bei einzylindrigen Simplexpumpen durch die Kolbenstange oder durch Dampf, bei zweizylindrigen Duplexpumpen durch die Kolbenstange des anderen Zylinders. Verwendung bes. für Dampflokomotiven.

Dampfpunkt, Gleichgewichtstemperatur zw. flüssigem Wasser und seinem →Dampf bei dem Luftdruck von

101 325 N/m² (= 760 Torr). Einer der beiden → Fundamentalpunkte, dem der Wert 100 °C zugeordnet wurde.

Dampfschiff, Dampfer, durch Dampfkraft angetriebenes Wasserfahrzeug mit Dampferzeugungs-, Antriebs- und Hilfsmaschinenanlage. Der → Dampferzeuger ist heute meist ein Wasserrohrkessel mit Ölfeuerung, mittleren bis hohen Dampfdrücken (etwa 30–70 at ≈ 29–68

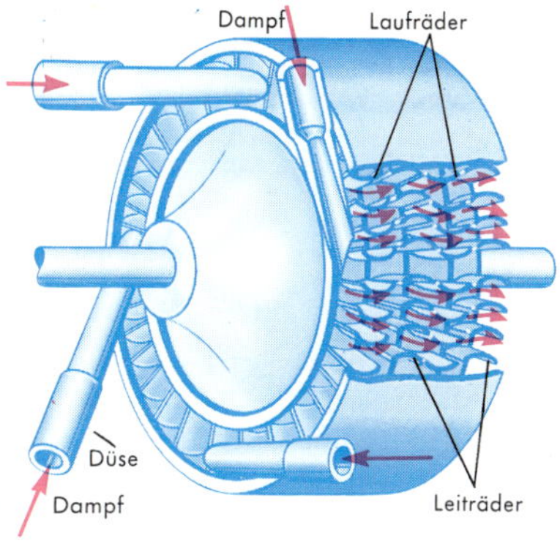

Dampfturbine:
Prinzip der Dampfturbine, dargestellt an der Laval-Turbine: Der Dampf strömt aus den Düsen in Richtung der Achse durch die Laufräder und drückt dabei die Laufräder vorwärts

bar) und Temperaturen (durch Überhitzung 400 °C und mehr). Als Antrieb herrschen → Dampfturbinen vor, deren hohe Drehzahl durch Zahnrad- oder Flüssigkeitsgetriebe auf die optimale Drehzahl der Vortriebspropeller **(Schraubendampfer)** herabgesetzt wird. Der Antrieb durch Seiten- oder Heckräder **(Raddampfer)** ist veraltet. Kolbendampfmaschinen mit Hoch-, Mittel- und Niederdruckzylinder sind selten geworden, da Turbinen leistungsstärker, kleiner und leichter sind. Besondere Marsch- und Rückwärtsturbinen sind erforderlich, da Turbinen nur beschränkt regelfähig sind und die Drehrichtung nicht umgekehrt werden kann. Der entspannte Dampf wird in Kondensatoren niedergeschlagen und das Kondensat wieder zur Kesselspeisung genutzt. Beim → Elektroschiff 3) arbeitet die Dampfturbine nicht auf die Propellerwelle, sondern auf einen Kraftstrom erzeugenden Generator. Hilfsmaschinen für Schiffsbetrieb und Antrieb sind heute meist elektrisch betrieben. Weiteres → Schiff.

Dampfspaltung, svw. → Steamreforming.

Dampfspeicher, → Wärmespeicher.

Dampfsperre, Hochbau: eine vollständig oder nahezu dampfundurchlässige (dann oft **Dampfbremse** genannte) Zwischenschicht in einer Wand, Decke oder einem Dach. D. sind z. B. Bitumen-Dachpappen, Metall- oder Kunststoffolien. Bei Kühlräumen liegt die D. zw. Kühlraumwand und Kälteschutzisolierung, um das Eindringen von Wasserdampf in die Kälteschutzisolierung zu verhindern. (→ Wasserdampfdiffusion)

Dampfstrahlpumpe, Dampfstrahlsauger, Treibmittelpumpe zur Vakuumerzeugung (Treibmittel: Öl-, Quecksilberdampf) und zum Absaugen von Gasen und Flüssigkeiten (Treibmittel: Wasserdampf). Die Förderung entsteht durch Mitreißen des Fördermediums im beschleunigten Dampfstrahl. Die D. hat keine bewegl. Teile, ist daher wartungsarm. Ihr Wirkungsgrad ist mäßig.

Dampfturbine, durch Dampf angetriebene → Wärmekraftmaschine mit höchster Leistungsgrenze. In D. wird i. Ggs. zur (Kolben-)Dampfmaschine der Druck des Dampfes nicht direkt zur Energieerzeugung benutzt, sondern zunächst in Geschwindigkeit umgesetzt und aus dieser mechan. Arbeit gewonnen. Dazu dienen feststehende Leit- und rotierende Laufräder jeweils mit Schaufeln, die den Dampfstrom umlenken und ggf. teilweise die Entspannung des Dampfes herbeiführen.

Man unterscheidet D.-Arten nach verschiedenen Gesichtspunkten:

1) Druck-Energie-Umsetzung. Bei der **Gleichdruckturbine** ist der Druck vor und hinter jedem Laufrad jeweils gleich. Dem Dampf im Laufrad wird also nur kinet. Energie entzogen, die durch Entspannung im Laufrad entsteht **(Aktionsturbine,** Reaktionsgrad 0). Bei der **Überdruckturbine** wird (maximal) die Hälfte der Energie durch den Rückstoß des Dampfes beim Austritt aus dem Laufrad erzeugt **(Reaktionsturbine,** Reaktionsgrad 0,5). Günstigste Austrittsgeschwindigkeit des Dampfes aus jedem Laufrad ist bei der Überdruckturbine die volle Umfangsgeschwindigkeit des Rades, bei der Gleichdruckturbine die halbe.

Die erste moderne D., die **Laval-Turbine,** eine reine Aktionsturbine, hatte nur ein Laufrad und daher (zu) hohe Umfangsgeschwindigkeit. Eine Verbesserung bringt die Unterteilung in mehrere Druckstufen, d. h. mehrere Laufräder mit jeweils vorgeschalteten Leiträdern **(Zoelly-Rateau** [-rat'o]), oder die Geschwindigkeitsverminderung des Dampfes in Stufen, d. h. mehreren Laufrädern unter gleichem Druck und entsprechende Umlenkung in Leiträdern **(Curtis-Turbine** [k'ɔ:tɪs-]), oder in mehreren Schaufelsystemen an nur einem Laufrad, die nacheinander nach Umlenkung in feststehenden Leitschaufelsystemen durchströmt werden **(Elektra-Turbine).** – Die Reaktionsturbinen **(Parsons-Turbine** [p'ɑ:snz-]) haben mehrere Stufen.

2) Dampfstrom-Richtung. In **Axialturbinen** strömt der Dampf in axialer Richtung, wobei das zunehmende Dampfvolumen bei der Entspannung entsprechende Schaufellängen erfordert. Die große Schaufellänge am Ende und die damit verbundene hohe Umfangsgeschwindigkeit begrenzen die Möglichkeiten dieser Turbinenart **(Grenzturbine).** Eine Entlastung der Endlager vom Axialschub läßt sich durch entgegengesetzte Dampfstromrichtung, z. B. im Hochdruckteil und Mitteldruckteil, erreichen.

Bei **Radialturbinen,** in denen der Dampf von innen nach außen strömt, nimmt der Querschnitt in Richtung des Dampfstroms zu, so daß die Schaufellängen nicht so unterschiedlich sind wie bei Axialturbinen. Radialturbinen haben entweder nur einen Läufer mit in axialer Richtung angeordneten Kränzen von Schaufeln, zw. denen jeweils ein Kranz von Leitschaufeln steht, oder zwei in Gegenrichtung drehende Läufer mit Schaufelkränzen, die den Dampfstrom so lenken, daß keine Leitschaufeln benötigt werden **(Ljungström-Turbine).** Die Energie muß hier von beiden Läufern (z. B. zwei Generatoren) abgenommen werden. Die Querschnitte sind bei den Radialturbinen beschränkt, so daß für größere Leistungen ein Axialteil angeschlossen wird.

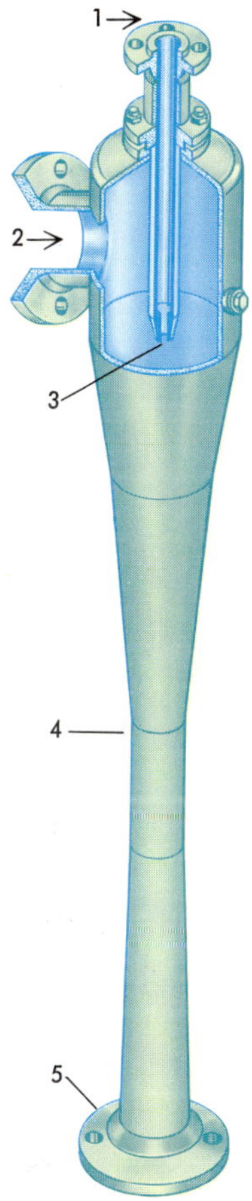

Dampfstrahlpumpe

Dampfstrahlpumpe: 1 Treibdampf, **2** Förderflüssigkeit, **3** Treibdüse, **4** Fangdüse, **5** Druckstutzen

3) Beaufschlagung. Bei **teilbeaufschlagten D.** wird Dampf durch das Leitrad nur in einem Teil des Umfangs zugeführt, bei **vollbeaufschlagten D.** durch den ganzen Umfang. Überdruck-D. sind stets voll beaufschlagt.

4) Gehäusezahl. Es gibt Mehrgehäuse-D. für große Leistungen, d. h. mehrere D. auf einer Welle.

5) Dampfzu- und -abführung. Die **Kondensations-D.** setzt den gesamten Druck in mechan. Arbeit um, die **Gegendruck-D.** nur im Hochdruckteil, die Abdampf-D. nur im Niederdruckteil. In **Entnahme-D.** (auch **Anzapf-D.** genannt) wird nach Teilentspannung der Dampf für andere Zwecke abgezweigt; bei **Zweidruck-D.** wird zusätzlicher Dampf im Niederdruckteil zugeführt.

6) Energieübertragung auf Kraftmaschine: D. mit direktem Antrieb, meist für elektr. Generatoren (→Dampfkraftwerk, →Dampfturbosatz), Getriebe-D., z. B. Untersetzung für Schiffsschrauben (→Dampfschiff).

Sonderbauarten (bisher nur in Versuchsanlagen) bezwecken die Verbesserung des therm. Wirkungsgrades mit zwei oder drei hintereinandergeschalteten Dampfkreisläufen unterschiedlicher Temperatur, z. B. 1. Stufe mit Quecksilberdampf, 2. Stufe mit dem bei Kondensation des Quecksilbers gewonnenen Wasserdampf; oder 1. Stufe Kalium (mit Verdampfungstemperatur 890 °C bei etwa 3 bar), 2. Stufe Diphenyl, 3. Stufe Wasserdampf.

Regel- und Sicherheitseinrichtungen regeln die Dampfzufuhr so, daß die Drehzahl auch unter wechselnder Last konstant bleibt und bei Störungen sofort die Dampfzufuhr abgestellt wird (Schnellschluß). Die Regelung durch Verminderung der Dampfmenge mittels Abschalten von Düsen im ersten Leitrad (Teilbeaufschlagung) oder durch Druckminderung mittels Drosselung bedeutet Verminderung des therm. Wirkungsgrades.

Geschichtliches. Schon im Altertum war das Prinzip der D. bekannt (Äolusball des HERON VON ALEXANDRIA, um 62 n. Chr.), ebenso im 17. Jh. (Dampfrad des G. BRANCA, 1629). 1883 schuf der schwed. Ingenieur C. G. P. DE LAVAL als erste techn. D. eine einstufige Gleichdruckturbine und 1884 der Engländer CH. A. PARSONS eine mehrstufige Überdruckturbine. Aber erst seit 1900, nachdem der Amerikaner CH. G. CURTIS die Geschwindigkeitsstufung erfunden hatte und die unmittelbare Kupplung von D. mit elektr. Stromerzeuger möglich war, begann der Siegeszug der D.

C. PFLEIDERER u. H. PETERMANN: Strömungsmaschinen ([4]1972, mit Lit.); H.-W. ROEMER: D. (1972); F. DIETZEL: D. ([3]1980).

Dampfturbosatz, eine →Dampfturbine direkt gekuppelt mit einem →Turbogenerator einschließlich →Erregermaschinen. Die größten Leistungen von D. mit 3000 U/min liegen für einwellige Sätze bei 1300 MW.

Dämpfung, **1)** Fahrzeugtechnik: →Federung und Dämpfung.

2) Nachrichtentechnik: logarithmisches Maß für das Verhältnis zweier elektr. Leistungen (→Pegel), meist zur Angabe übertragungsbedingter Schwächung der Leistung P eines Signals (z. B. am Ausgang eines Systems) gegenüber einer Bezugsleistung P_0. Je nach Verwendung des dekadischen (lg) oder natürlichen Logarithmus (ln) wird die D. in →Dezibel (dB) oder in →Neper (Np) angegeben. Die D. ist für sinusförmige Signale definiert und meist frequenzabhängig, P und P_0 sind Scheinleistungen. In der Fernmeldetechnik unterscheidet man je nach Meßverfahren und Betriebsbedingungen zw. verschiedenen Dämpfungsarten, z. B. **Wellen-D.**, **Betriebs-D.**, **Einfügungs-D.**, **Vierpol-D.**

Das frequenzabhängige Verhalten eines Systems kann durch das **Übertragungsmaß (Ausbreitungsmaß)** $g = a + jb$ (komplexe Schreibweise mit j als imaginärer Einheit) beschrieben werden, dessen Realteil a das **Dämpfungsmaß** und dessen Imaginärteil b das **Phasenmaß (Phasenwinkel)** darstellen. Bei Leitungen bezieht man das Übertragungsmaß g auf die Länge l der Leitung und erhält damit die **Übertragungskonstante** $\gamma = g/l = \alpha + j\beta$. Nach dieser Definition wird der Realteil $\alpha = a/l$ als **Dämpfungskonstante** (d. h. D. je Längeneinheit, auch ›kilometrische D.‹ genannt) und der Imaginärteil $\beta = b/l$ als **Phasenkonstante** bezeichnet.

3) Physik: Die D. einer Schwingung oder Welle ist die Abnahme der Amplitude A in Abhängigkeit von der Zeit t oder der zurückgelegten Entfernung x. Ursache ist der Verlust an Schwingungsenergie durch beabsichtigte oder unerwünschte Umwandlung in andere Energieformen wie Reibungswärme, Joulesche Wärme durch ohmsche Verluste, elektr. und magnet. Feldenergie oder durch **Abstrahlung**, z. B. von einer schwingenden Saite, Stimmgabel oder Antenne. Eine sehr starke D. hat statt einer **gedämpften Schwingung** (BILD 2) nur eine **aperiodische Bewegung** zur Folge (BILD 3).

Zeitliche D. von Wellen. Da bei Signal- oder Energieabstrahlung von schwingenden ›Sendern‹ die Schwingung von sich aus stets gedämpft ist, muß zum Zweck der hierbei erwünschten Konstanz der Energieaussendung die abgestrahlte Energie kontinuierlich ersetzt werden, was meist durch Rückkoppelung (Selbststeuerung) geschieht und eine **ungedämpfte Schwingung** bewirkt (BILD 1).

Eine zeitlich gedämpfte Schwingung wird mathematisch durch die Funktion $F(t) = A e^{-\alpha t} \cdot \sin(\omega t + \varphi)$ dargestellt (A = Maximal-Amplitude, $\omega = 2\pi f$ = Kreisfrequenz, φ = Phasenwinkel). Die Konstante α heißt **Abklingkonstante.** Der natürl. Logarithmus des Verhältnisses zweier nach der Schwingungsdauer $T = 2\pi/\omega$ (Periode) aufeinanderfolgenden Amplituden ist das **logarithmische (D.-)Dekrement** $\Lambda = \ln(A_n/A_{n+1}) = \alpha T$.

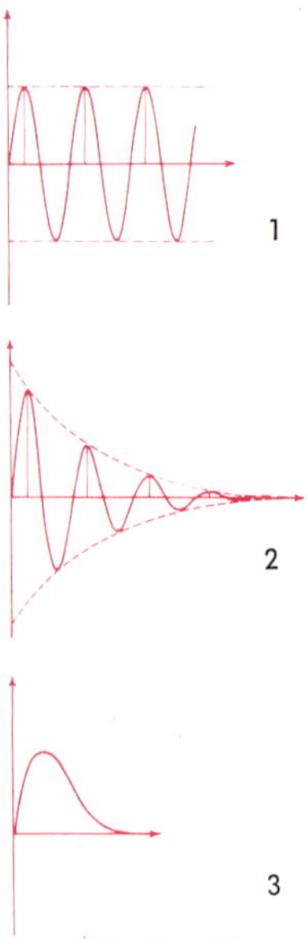

Dämpfung 3)

Dämpfungsflächen, Flugzeug: →Leitwerk.

Dampfwagen, Straßenfahrzeuge, angetrieben durch →Dampfkraftmaschinen über Riemenscheiben; in der histor. Entwicklung der Kraftfahrzeuge Vorläufer des Antriebs durch Verbrennungskraftmaschinen. Erste Versuche im 18. Jh.; zuletzt in Form von **Dampflokomobilen** als Straßenwalze **(Dampfwalze)** und zum Antrieb von Hofmaschinen (z. B. Dreschmaschinen).

Dandelinsche Kugeln [dãdl'ɛ̃-, n. dem frz. Mathematiker P. Dandelin, * 1794, † 1847], Kugeln, die einen Kegel und eine durch ihn gelegte Schnittebene berühren.

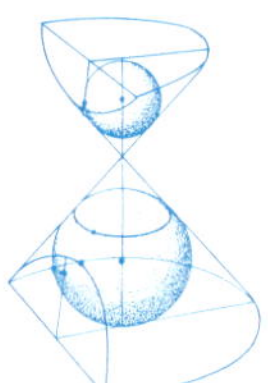
Dandelinsche Kugeln

Daniell-Element [d'ænjəl-, n. dem brit. Chemiker und Physiker J. F. Daniell, * 1790, † 1845], ein →galvanisches Element.

Daniellscher Hahn [d'ænjəl-], Hahn aus zwei ineinandergesteckten Röhren mit gemeinsamer Brenndüse zur explosionslosen Verbrennung von Wasserstoff (Acetylen) mit Sauerstoff. Die erzeugten hohen Temperaturen (3000 °C) machen den D. H. geeignet zum →Schweißen und als Gebläse in chem. Labors.

Danner-Verfahren, kontinuierliches Verfahren zur maschinellen Herstellung von Glasröhren und -stäben.

Darlington-Transistor [d'ɑːlɪŋtən-], aus zwei (oder auch mehreren) bipolaren Transistoren kaskadenförmig aufgebautes Bauelement, das auf Grund seiner elektr. Ei-

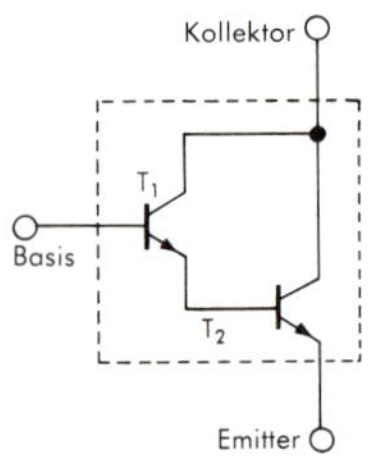

Darlington-Transistor

genschaften wie ein einzelner Transistor wirkt und auch so eingesetzt werden kann. Da sich die Gesamtverstärkung des D.-T. aus dem Produkt der Stromverstärkungen der einzelnen Stufen zusammensetzt (im BILD die Transistoren T_1 und T_2), erreicht man mit dieser Schaltungstechnik **(Darlington-Schaltung)** hohe Werte.

Darre, Vorrichtung zum Trocknen und Rösten von Halmgut oder anderen pflanzl. Produkten oder zum leichten Rösten von tier. Produkten, besteht im wesentl. aus einem horizontalen Rost mit Seitenwänden, der von unten mit Heißluft durchblasen wird.

darstellende Geometrie, Zweig der Mathematik, der sich mit der Abbildung dreidimensionaler Körper in die zweidimensionale Zeichenebene beschäftigt und somit die geometr. Grundlagen des techn. Zeichnens und seiner Konstruktionen liefert. (→ Perspektive, → Projektion)

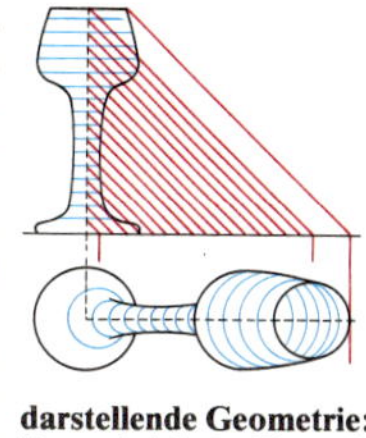

darstellende Geometrie: Perspektivische Darstellung eines Weinglases (Konstruktion aus dem Achsenschnitt)

Darstellung, ein → Homomorphismus *H* einer algebraischen Struktur (z. B. einer Gruppe) in einem Körper *K*, wobei *H* jedem Element dieser Struktur eine lineare Transformation eines *n*-dimensionalen Vektorraums über *K* und damit eine *n*-reihige quadrat. Matrix zuordnet. Eine D. heißt **treu,** wenn *H* ein → Isomorphismus ist. Die **Darstellungstheorie** bildet einen Teil der → Algebra 1), bes. in der → Quantentheorie wird die Darstellungstheorie der Gruppen angewandt.

Dasymeter, Gerät zum Nachweis des → Auftriebs fester Körper in Gasen, das aus einer bei Normalluftdruck im Gleichgewicht befindl., mit zwei Körpern versch. Volumens belasteten Hebelwaage besteht. Bei fallendem Druck sinkt der volumengrößere Körper (BILD).

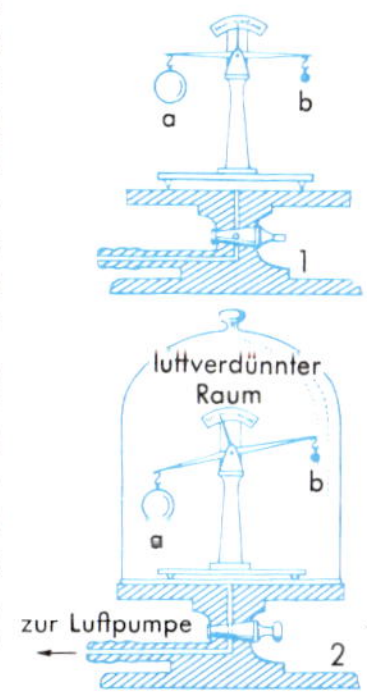

Dasymeter

Dasymeter: 1 In der Luft erscheinen 2 Körper a und b gleich schwer. **2** Da jedoch der größere Körper a in Luft einen größeren Auftrieb als b erfährt, ist er tatsächlich schwerer als b, was sich beim Evakuieren der Luft zeigt

Datei, geordnete Datenmenge, die aus gleichartigen Datensätzen aufgebaut ist und somit eine Dateneinheit bildet. Ihre Zusammensetzung wird durch die Benutzeranforderung und die techn. und datenorganisatorischen Bedingungen bestimmt. Bei logischer Verkettung der einzelnen Datensätze spricht man von einer → Datenbank.

Dateldienste, Abk. für engl. **data telecommunication** [dˈeɪtə tˈelɪkəmju:nɪkˈeɪʃn], Sammelbegriff für die Datenübertragungsdienste der Dt. Bundespost (→ Datenübertragung). Die Anforderungen bedingen eine Vielfalt von Übertragungsgeschwindigkeiten und Betriebsverfahren. Es werden sowohl vorhandene Fernmeldenetze (Telex- und Fernsprechnetz) als auch spezielle Datennetze (Datexnetz und Direktrufanschlüsse) benutzt. Weiter ausgebaut wird das integrierte Fernschreib- und Datennetz, das auf dem Elektronischen Datenvermittlungssystem (EDS) basiert und auch das Telex- und Datexnetz aufnehmen kann. Außer diesen öffentl. Wählnetzen gibt es noch überlassene (zw. Teilnehmern fest geschaltete) Stromwege. Neben der Übertragungsgeschwindigkeit ist die → Fehlerwahrscheinlichkeit eine wichtige Eigenschaft; sie liegt zwischen ca. 10^{-4} (öffentl. Fernsprechnetz bei 2400 Bit/s) und ca. 10^{-7} (überlassene Telegraphenstromwege).

Dateldienste der Dt. Bundespost

Fernmeldenetz	Übertragungsgeschwindigkeit Bit/s
Öffentliche Wählnetze:	
Telexnetz	50
Datexnetz	50 ... 200, 2400
Fernsprechnetz	200 ... 2400
EDS-Datennetz	50 ... 48000
Direktrufanschluß	50 ... 48000
Überlassene Stromwege:	
Telegraphenstromwege	50 ... 200
Fernsprechstromwege	200 ... 9600
Breitbandstromwege	über 9600

Daten, Zeichen oder kontinuierliche Funktionen, die zum Zweck der Verarbeitung Informationen auf Grund bekannter oder unterstellter Abmachungen darstellen. Digitale D. bestehen nur aus Zeichen, analoge D. nur aus kontinuierl. Funktionen. D. sind die Objekte für den Arbeitsprozeß einer Datenverarbeitungsanlage. Die Ableitung aus dem lat. ›datum‹ weist in der wörtl. Übersetzung i. S. dessen, was ›gegeben ist‹, auf die Deutung der D. als Objekte menschl. Erkenntnis hin.

Datenbank, zentral verwalteter Speicher, in dem wichtige Daten eines großen Arbeitsgebietes gesammelt und mit Hilfe einer Datenverarbeitungsanlage auf dem neuesten Stand gehalten werden. Ein D.-System besteht aus → Dateien (als Komponenten) und Programmen (für die Anwendung). D. bieten umfassende Möglichkeiten zur Durchführung von Steuerungs-, Kontroll- und Planungsaufgaben; sie dienen der Bereitstellung von physikal. und chem. Datensammlungen, der Literatursuche (z. B. neuer Veröffentlichungen zu bestimmten Themen der Medizin, Politik und Rechtswissenschaft) sowie der Einsichtnahme in Vorschriftensammlungen, Patente, Verwaltungsunterlagen, Verbrecherkarteien u. a. Mit der Verbesserung der Zugriffsstrukturen und Suchmethoden konnten auch internationale D.-Systeme aufgebaut werden, z. B. kann mittels des seit 1980 in der EG bestehenden Datennetzes ›Euronet‹ über Postleitungen auf ein weit verzweigtes Netz von D. zugegriffen werden (›DIANE‹, Abk. für Direct Information Access Network for Europe).

Datenbus, Datensammelschiene, bestehend aus mehreren Leitungen zur parallelen Übertragung von Daten (→ Bus).

Daten|erfassung, Vorgänge vom Erkennen und Aufnehmen der Daten (z. B. bei der opt. → Zeichenerkennung eines → Balkencodes) bis zur Übertragung auf → Datenträger. Die Eingabe in die Datenverarbeitungsanlage erfolgt über ein **Datenerfassungssystem** von dem als Zwischenspeicher dienenden Datenträger oder auch direkt über eine Tastatur.

Datenfernverarbeitung, Betriebsweise der Datenverarbeitung, bei der das Terminal eines Benutzers über ein → Modem an ein Datennetz (z. B. → Dateldienste der Dt. Bundespost) angeschlossen ist. Die D. kann mittels **Datenfernübertragung** (Abk. **DFÜ**) über größere Entfernungen zw. Datenerfassungsstellen und dem Zentralcomputer erfolgen oder auch dem Datenaustausch zw. dezentral aufgestellten Datenverarbeitungsanlagen dienen.

Datenflußplan, Diagramm zur Darstellung des organisator. Ablaufs von Programmen im Bereich der → elektronischen Datenverarbeitung. Der D. dient als Grundlage zur Programmerstellung, er enthält u. a. Angaben über Arbeitsabläufe (z. B. Mischen, Sortieren, Eingeben), Art der Datenträger und der verwendeten Hilfsprogramme. Die zur Darstellung verwendeten **Datenflußplansymbole** (BILD S. 234) werden oft mit ergänzenden Texten und Anmerkungen versehen.

Datenflußplan: Datenflußplansymbole

Datennetz, eigenständiges, zur Datenübertragung angelegtes Fernmeldenetz (im Ggs. z. B. zum Fernsprechnetz, das auch zur Datenübertragung ausgenutzt wird). Beispiel ist das integrierte Fernschreib- und D. der Dt. Bundespost (→ Dateldienste).

Datenschutz, i. e. S. alle Maßnahmen zum Schutz von Personen vor Beeinträchtigung ihrer schutzwürdigen Belange bei der Datenverarbeitung, i. w. S. alle Vorkehrungen zur Verhinderung unerwünschter Folgen von Datenverarbeitung.

Die Datenverarbeitung erlaubt es, in einem bislang unvorstellbaren Umfang Informationen verschiedenster Art und Herkunft zu speichern, zu kombinieren und in kürzester Zeit verfügbar zu haben. Das eröffnet die Möglichkeit einer nach vorgegebenen Kriterien jeweils optimalen Entscheidungsfindung, birgt jedoch zugleich erhebliche Gefahren des Mißbrauchs zum Schaden des Einzelnen wie auch der Gesamtheit. Das **Bundesdatenschutzgesetz** (Abk. **BDSG)** schützt personenbezogene Daten, die in Dateien gespeichert, verändert, gelöscht oder aus Dateien übermittelt werden.

Datensicherung, alle Maßnahmen zum Schutz von gespeicherten oder übertragenen Daten vor unbeabsichtigten Änderungen durch Hard- oder Softwarefehler und vor unberechtigter Benutzung.

Zur D. gegen techn. Störungen werden die Daten durch prüfbare Codes dargestellt, bei denen Veränderungen einzelner Bits (Binärzeichen) oder Bitgruppen Zeichen ergeben, die im Code nicht vorkommen und so als fehlerhaft erkannt werden können. Man verwendet dazu fehlererkennende und fehlerkorrigierende Codes, die beide auf dem Vorhandensein von Redundanz beruhen. Bei der Datenübertragung fügt man z. B. jedem Datenblock eine aus Einzelzeichen gebildete Zeichengruppe bei, die am Empfangsort neu gebildet und mit der empfangenen Gruppe verglichen wird.

Als D. gegen versehentliches Verändern gespeicherter Daten dient die Schreibsperre, z. B. beim Magnetbandspeicher oder bei geschützten Bereichen des Hauptspeichers durch mechan., schaltungstechn. oder programmtechn. Sperrmaßnahmen. Technische Kontrollen sind z. B. die Zuweisung eines Paßworts an jeden Benutzer, das den Zugang nur zu gewissen Datenbereichen freigibt; techn. Sperren sind Adressen- und Schlüsselsperren an der Benutzerstation (Terminal).

Datensichtgerät, Peripheriegerät für Datenverarbeitungsanlagen zur Kommunikation mit dem Rechner. Das D. besteht aus dem Bildschirm, der Tastatur und der zugehörigen Steuer- und Speicherelektronik. Man verwendet Bildschirmgeräte verschiedener Größe für alphanumerische oder graphische Datenausgabe. Die Dateneingabe erfolgt über die Tastatur oder mittels eines → Lichtstifts (›light pen‹). Der Bildschirm arbeitet meist noch nach dem Elektronenstrahlprinzip, ähnlich der Fernsehbildröhre. Neuere Entwicklungen zielen auf die Verwendung von Plasma- oder Flüssigkristall-Displays mit ebenen Bildschirmen.

Datenspeicher, Grundbausteine und Informationsbasis einer Datenverarbeitungsanlage. D. dienen dazu, Daten aufzunehmen, aufzubewahren und abzugeben. Ihre Kapazität begrenzt den Umfang der Aufgaben, die bearbeitet werden können, ihre Zugriffszeit bestimmt die Verarbeitungsgeschwindigkeit. Die → Speicher sind aus einzelnen Speicherelementen aufgebaut, die jeweils nur zwei diskrete Zustände annehmen können, denen die Binärzeichen 0 und 1 zugeordnet werden.

Datenträger, zur Aufbewahrung und Bereitstellung von Daten dienende Trägermaterialien, z. B. Magnetplatte, -trommel, -band, -karte, Diskette, Lochkarte, Lochstreifen, Markierungsbogen, maschinell lesbare Schriftstücke (Buchungsbelege) u. a.

Datenübertragung, Form der → Telekommunikation zur Übertragung von Daten zw. Datenendgeräten mittels elektron. Einrichtungen und Übertragungsleitungen. Es handelt sich dabei um einen immateriellen Datenträger in Form elektr. Signale. Die D. außerhalb des eigenen Grundstücksbereichs unterliegt der Verkehrshoheit des Staates, in der Bundesrep. Dtl. der Dt. Bundespost. Diese hat das Recht und die Pflicht, Übertragungswege mit den zugehörigen Übertragungseinrichtungen zur Verfügung zu stellen. Das älteste Übertragungsnetz für digitale Daten ist das Telexnetz der Bundespost. Es ist für Übertragungsgeschwindigkeiten bis zu 50 Bit/s ausgelegt. Ab 1967 wurde ein spezielles Netz für die D., das **Datexnetz,** eingerichtet. Es läßt Übertragungsgeschwindigkeiten von 200 Bit/s zu. Unter Verwendung von Modulations- und Demodulationseinrichtungen (Modems) ist auch eine Übertragung digitaler Daten über das Fernsprechnetz mit Übertragungsgeschwindigkeiten von 200, 600, 1200, 2400 und 9600 Bit/s möglich. Für noch höhere Übertragungsgeschwindigkeiten sind Breitbandkanal-Übertragungswege erforderlich.

Datenverarbeitung, die Speicherung, Übermittlung, Veränderung und Löschung von → Daten. Die D. gewann erst an Bedeutung, als der Übergang von rein mechanisch arbeitenden Rechenmaschinen zur → elektronischen Datenverarbeitung auf Grund moderner Entwicklungen auf dem Gebiet der Halbleitertechnologie möglich wurde.

Datexnetz, Abk. für **Data-Exchange-Netz** [dˈeɪtəɪkstʃˈeɪndʒ-, engl.], auf die besonderen Erfordernisse der → Datenübertragung abgestimmtes Datennetz der Dt. Bundespost (→ Dateldienste). Es ermöglicht eine höhere Übertragungsgeschwindigkeit als das Telexnetz. Durch besondere vermittlungstechn. Einrichtungen können Datenübertragungen aus dem Fernsprech-, dem Telex- oder D. mit Leitungsvermittlung in das **D. mit Paketvermittlung (Datex-P)** überführt werden. Bei Paketvermittlung werden die Daten nicht über eine feste Verbindung zw. sendendem und empfangendem Teilnehmer übertragen, sondern über Kanäle, die durch eine Adresse des Datenpaketes in Abhängigkeit von der Netzbelastung während der Übertragung ausgesucht werden.

Datumsgrenze, 1845 vereinbarte Grenzlinie, die ungefähr mit dem 180. Längengrad zusammenfällt. Bei ihrem Überschreiten von West nach Ost gilt das gleiche Datum zwei Tage lang, während bei umgekehrter Reiserichtung ein Tag übersprungen wird. (BILD S. 235)

DAU, Abk. für → Digital-Analog-Umsetzer.

Dauer, → Zeit.

Dauerfestigkeit, Dauerschwingfestigkeit, mechan. Spannung, mit der ein Werkstoff beliebig oft ohne Bruch belastet werden kann. Man unterscheidet **Dauerwechselfestigkeit** für Belastung wechselnd zw. gleich hoher Zug- und Druckbeanspruchung, **Schwellfestigkeit** für Belastungswechsel zw. Null und einer Zug- oder Druckspannung (wichtig bei Konstruktionselementen mit zeitunabhängiger Vorspannung) und **allgemeine D.** mit beliebigem Mittelwert. Die Höhe dieser Werte hängt u. a. davon ab, ob sie durch Biegung oder Zug-Druck-Wechsel ermittelt werden. D. wird durch den → Dauerschwingversuch ermittelt und in der Wöhler-Kurve dargestellt.

Dauerfrostboden, Permafrost, Boden mit ständig gefrorenem Porenwasser **(Bodeneis,** bis 300 m Tiefe) in nivalen Klimabereichen, der in dem kurzen Sommer oberflächlich wenige Meter auftaut **(Auftauboden).** Der D. stellt ein eiszeitl. Relikt dar; bes. in Sibirien und Alaska bekannt. (→ Solifluktion)

Dauermagnet, → Magnetwerkstoffe.

Dauerschwingversuch, Verfahren zur Ermittlung der → Dauerfestigkeit und → Zeitfestigkeit von Werkstoffen, insbes. Metallen, nach dem von A. WÖHLER seit 1859 angewendeten Verfahren. Ein oder mehrere gleiche Probestäbe (oder auch Bauteile) werden in einer Dauerprüfmaschine durch elektrisch oder hydraulisch erzeugte Kräfte einer häufig wiederholten jeweils gleichen Belastung ausgesetzt, bis ein Bruch eintritt (oder nicht mehr zu erwarten ist). Die Ergebnisse werden in einem Diagramm dargestellt **(Wöhler-Kurve),** in dem die Spannungen über der Lastspielzahl (d. h. der Anzahl der Lastwechsel) aufgetragen werden. Eine höhere Belastung verträgt der Werkstoff nur für eine begrenzte Zahl von Wiederholungen. Die Wöhler-Kurve hat einen Knick bei einer Lastspielzahl, die für die einzelnen Werkstoffe verschieden ist, bei Stahl z. B. bei $2 \cdot 10^6$ Lastspielen.

Dauerstandfestigkeit, die Spannung, die ein Werkstoff gerade noch ohne Bruch erträgt; sie wird bei statischer Belastung und konstanter Temperatur ermittelt. Wird bei Metallen die D. überschritten, tritt bes. bei hohen Temperaturen ein Ansteigen der bleibenden Formänderung (›Kriechen‹) auf.

Davit [dˈævɪt, engl.] *das,* kleines schwenk- oder kippbares Hebezeug auf Schiffen zum Ein- und Aussetzen von Booten, Ankern u. a. mittels Flaschenzug und/oder Winde; heute meist als **Patent-** oder **Schwerkraft-D.** ausgeführt, z. B. Schat-D.

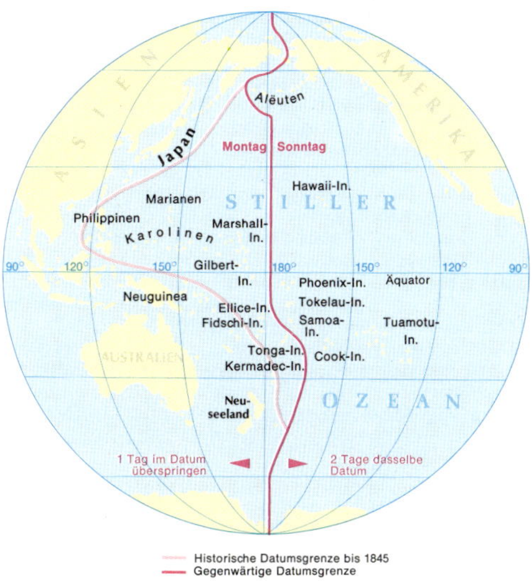

Datumsgrenze

D/A-Wandler, Abk. für **Digital/Analog-Wandler,** andere Bez. für einen → Digital-Analog-Umsetzer.

Dazit *der,* ein Ergußgestein, → magmatische Gesteine.

dB, Kurzzeichen für → Dezibel.

DC, Abk. für **Direct Current** [dˈaɪrekt kˈʌrənt, engl.], svw. Gleichstrom.

DDT, Abk. für **Dichlor-diphenyl-trichlor|äthan,** ein 1939 von P. MÜLLER als → Insektizid erkanntes wirksames Kontakt- und Fraßgift für verschiedenartige Insekten bei relativ geringer Giftigkeit für den Menschen (leichte Vergiftungssymptome bei 0,7 g, tödl. Dosis etwa 20 g). Sensationelle Erfolge konnten bei der Bekämpfung krankheitsübertragender Insekten erzielt werden. So konnte die Zahl der Malariafälle auf Ceylon von 2,8 Mio. (über 12000 Tote) im Jahre 1946 auf 17 (1963) reduziert werden. Als Pflanzenschutzmittel wird DDT v. a. im Baumwollanbau eingesetzt. Einige Insekten (z. B. Stubenfliegen) haben gegenüber DDT eine Resistenz entwikkelt. DDT wird in der Natur nur langsam abgebaut. Es kann sich über die Nahrungskette (Meerwasser ⟶ Fische ⟶ Seevögel) in tier. Fettgewebe anreichern und zu Schäden führen. In der Bundesrep. Dtl. und anderen Industriestaaten ist die Verwendung von DDT deshalb verboten.

Deacon-Verfahren [dˈiːkən-, n. dem engl. Chemiker H. Deacon, * 1822, † 1876], → Chlor.

Deadweight [dˈedweɪt, engl.], Abk. **dw,** das Gesamtzuladungsgewicht eines Handelsschiffes in t **(tdw)** oder ts **(tsdw),** umfaßt Ladung, Brennstoff, Proviant und sonstige Verbrauchsstoffe.

De-Broglie-Welle [dəbrˈɔj-, n. dem frz. Physiker L.-V. de Broglie, * 1892], svw. → Materiewellen.

Debugging [diːbˈʌgɪŋ, engl.], Fehlersuche und Austesten von Computerprogrammen (software) und elektron. Baugruppen (hardware) sowie die Beseitigung von Störungen. Hierzu dient oft ein besonderes Unterstützungsprogramm (debug-Programm).

Debye-Scherrer-Methode [dəbˈɛjə-, n. dem niederländ.-amerikan. Physiker P. J. W. Debye, * 1884, † 1966, und dem schweizer. Physiker P. Scherrer, * 1890, † 1969], ein Verfahren der → Röntgenstrukturanalyse.

Debyesche Theorie [dəbˈɛjə-], von P. J. W. DEBYE 1912 entwickelte Theorie zur Erklärung der Temperaturabhängigkeit der spezif. Wärme von Festkörpern durch die Beiträge der angeregten akust. Gitterschwingungen zur inneren Energie. Im **Debye-Modell** werden die → Gitterschwingungen durch ein linear mit der Wellenzahl q verlaufendes Frequenzspektrum beschrieben, das wegen der endl. Anzahl von Freiheitsgraden bei der **Debye-Frequenz** ν_D abbrechen muß. Durch ν_D wird die für jeden Stoff charakterist. **Debye-Temperatur** $\theta_D = \frac{h\nu_D}{k}$ (h = Planck-Konstante, k = Boltzmann-Konstante) festgelegt. Bei tiefen Temperaturen sind von allen möglichen Gitterschwingungen nur diejenigen angeregt, für die $h\nu < kT$ gilt. Nach diesen Vorstellungen hängen die spezif. Wärme(kapazität) cV und die molare Wärmekapazität (bei konstantem Volumen) C_{mV} eines Kristalls nur vom Verhältnis der Temperatur zu seiner Debye-Temperatur ab, wobei C_{mV} i. a. eine komplizierte Funktion von T/θ_D ist. Im Grenzfall tiefer Temperaturen ($T \ll \theta_D$) gilt das **Debyesche T^3-Gesetz,** $C_{mV} \sim (T/\theta_D)^3$, d. h., die spezif. Wärme fester Stoffe ist der 3. Potenz der absoluten Temperatur proportional. Im Grenzfall hoher Temperaturen ($T \gg \theta_D$) erhält man die → Dulong-Petitsche Regel.

Decalin, Decahydro|naphthalin, gesättigter zykl. Kohlenwasserstoff, der durch Hydrierung von Naphthalin hergestellt und als Lösemittel verwendet wird.

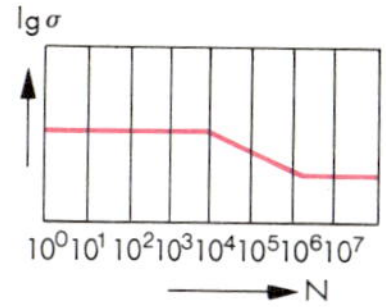

Dauerschwingversuch: Beispiel einer Wöhler-Kurve für Stahl

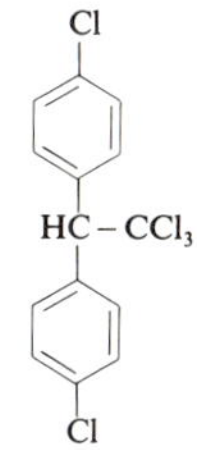

DDT

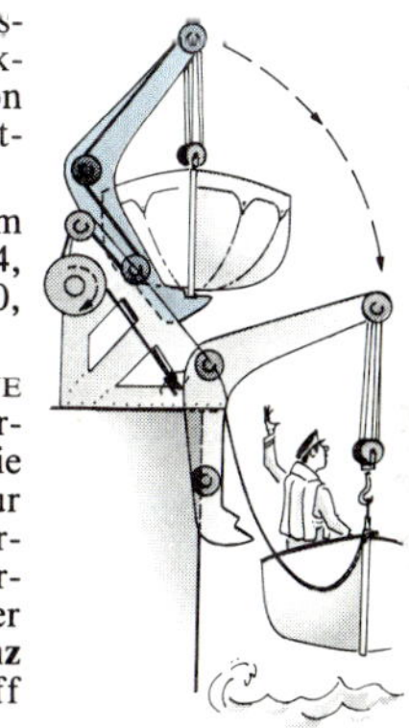

Davit

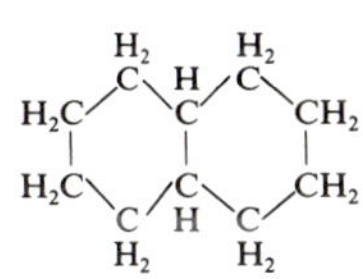

Decalin

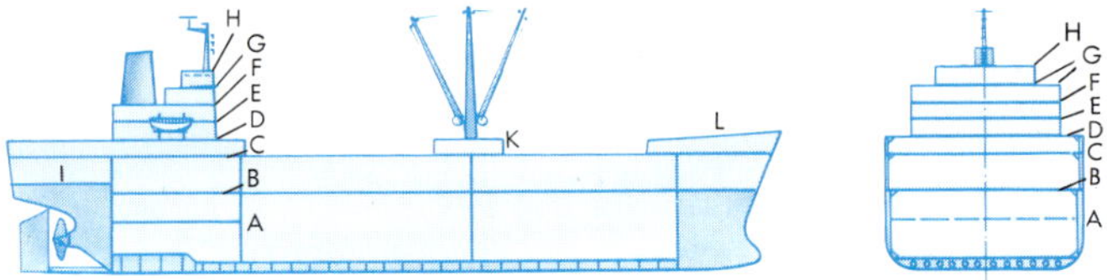

Deck: A Plattformdeck, B Zwischendeck, C Hauptdeck, D Poopdeck, E 1. Aufbaudeck (Bootsdeck), F 2. Aufbaudeck, G 3. Aufbaudeck (Brückendeck), H 4. Aufbaudeck (Peildeck), I Rudermaschinendeck, K Windenhausdeck, L Backdeck

Decarboxylierung, Abspaltung von Kohlendioxid aus Carbonsäuren und ihren Salzen. Die Reaktion läuft z. B. unter dem Einfluß von Enzymen beim biolog. Abbau von Aminosäuren zu biogenen Aminen ab.

Decca-Navigationsverfahren, ein Hyperbel-Navigationsverfahren (→ Funkortung) mittlerer Reichweite (max. 300 sm), das vorwiegend für die Schiffahrt in europ. und einigen überseeischen Küstengebieten Verwendung findet. Die Ortung erfolgt durch Messung der Entfernungsdifferenzen von je zwei Sendestationen mit 120–200 km Abstand durch Phasenvergleich der unmodulierten Trägerfrequenzen. Bei einer **Decca-Kette** werden, von einer Grundfrequenz (f = 14 kHz) ausgehend, von einer Hauptstation in der Mitte die Frequenz 6 f, von sternförmig angeordneten drei Nebenstationen die Frequenzen 5 f, 8 f und 9 f im Bereich 70 bis 130 kHz ausgestrahlt. Im Auswerteteil des Bordgerätes werden jeweils die Frequenzen der Hauptstation und die einer Nebenstation phasenstarr auf ein gemeinsames Vielfaches erhöht (z. B. 6 f × 3 = 9 f × 2 = 18 f), so daß im Empfängerausgang die gleichen Phaseninformationen gemessen werden, die ein Beobachter an diesem Ort in einem echten 18 f-Hyperbelfeld finden würde. Dadurch entstehen fiktiv drei sich sternförmig überlappende, virtuelle Hyperbelscharen, die als Standlinien gleicher Phase in den **Decca-Hyperbelnetzkarten** durch farbigen Aufdruck und Bezifferung unterschieden werden: grün für 18 f, rot für 24 f, violett für 30 f. Der Beobachter findet seinen Standort in dieser Karte im Schnitt zweier Hyperbeln, deren Koordinaten er jeweils an einem der durch die Farbe gekennzeichneten **Decometer** abliest (BILD). Die außerordentlich große Ortungsgenauigkeit der ›Streifen‹-Feinortung (360 Phasenwinkelgrade), die naturgemäß mit hoher Vieldeutigkeit verbunden ist, wird alle 15 s durch eine kurzzeitig ausgestrahlte ›Zonen‹-Grobortung (f = 14 kHz) aufgelöst.

Decca-Navigationsverfahren:
Standlinien der ›roten‹ und ›grünen‹ Hyperbelschar der englischen Kette und Anzeige der Standortkoordinaten des Schiffes auf den Decometern rechts unten. Die dritte Hyperbelschar erscheint hier aus Gründen der Übersichtlichkeit nicht

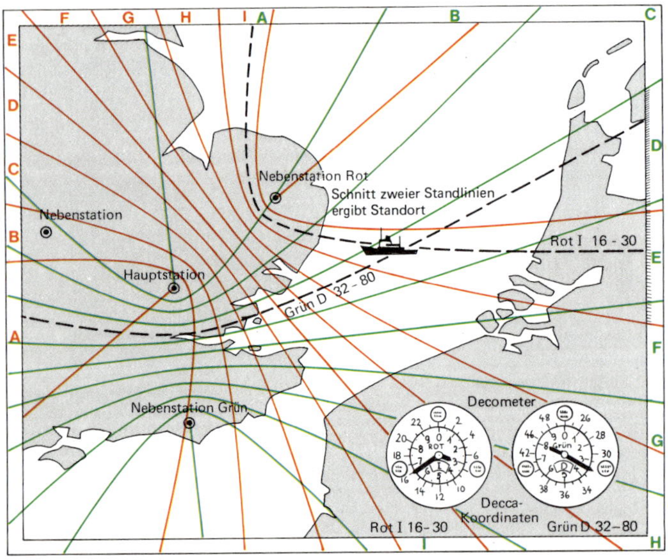

Deck *das,* waagerechte Unterteilung und oberer Abschluß des Schiffskörpers. Nach Anzahl der D. unterscheidet man Ein- und Mehrdeckschiffe. Oberstes durchlaufendes D. des eigentlichen Schiffskörpers ist das **Festigkeits-** oder **Verbands-D.,** auch **Haupt-D.** genannt. Ebenso haben die darüber und darunter befindlichen D. eigene Namen (BILD); bei Passagierschiffen sind auch Sonderbez. üblich. Nicht über die ganze Länge reichende Aufbaudecks sind **Back-D-. Poop-D.** u. a.

Decke, 1) Geologie: a) **Eruptiv- D.,** durch Eruption hervorgetretene, an der Erdoberfläche weitflächig ausgebreitete erstarrte Lavamasse; b) **Überschiebungs-D.** → Überschiebung. – **Deckentektonik, Deckentheorie,** Lehre vom Aufbau alpinotyper → Gebirge 1) (Alpen, Apennin, Himalaya u. a.) aus weiträumigen Überschiebungs-D.

2) Hochbau: tragender Bauteil als oberer Raumabschluß. Dem Baustoff nach unterscheidet man Holz-, Stahl- und Massiv-D., der Form nach ebene und gewölbte D.

Herkömml. **Holzbalken-D.** bestehen aus hochkantig verlegten, 80–100 cm voneinander entfernt liegenden Balken, der **Zwischen-D.** (Zwischenboden, Blindboden, Einschub, Fehlboden), bestehend aus Leisten, Schwarten und Füllung, dem Fußboden und der **Unter-D.** (Putzträger und Putz). Neuere holzsparende Holzdecken verwenden **geleimte Deckenbalken** oder **Koppelbalken;** bes. schalldämmend wirkt die **Doppel-D.** Ältere Ausführungen sind die D. mit **verkleideten Balken** und die **Kassetten-D.** mit **Scheinbalken.**

Die zahlreichen **Massiv-D.-Konstruktionen** lassen sich in fünf Gruppen einteilen: 1) D. zw. Stahlträgern mit **D.-Platten** aus Hohlsteinen, Hourdis-Steinen, Stegzementdielen u. a.; 2) stahlbewehrte **Stein-D.** aus gebrannten Hohlsteinen **(Stahlstein-D.);** 3) **Stahlbetonrippen-D.** mit Betondruckplatten; 4) schalungslose D. aus Fertigteilen; 5) einfache Stahlbetonplatten, **Plattenbalken-D., Pilz-D.** aus Schwerbeton auf Schalung. – Im Großtafelbau werden raumgroße Deckenplatten mit nutzungsfertigem Fußboden in Fabriken vorgefertigt und auf dem Bau nur noch montiert. (BILD S. 237)

Baurechtliches. In den Bauordnungen und Baunormen sind Vorschriften und Richtlinien über die Standsicherheit, den Feuer-, Wärme-, Schall-, Erschütterungsschutz und den Schutz gegen Feuchtigkeit und Durchtritt von Gasen niedergelegt. Für Stahl- und Massivdecken ist der statische Nachweis erforderlich, für Holzbalkendekken mitunter nicht. Für best. Gebäude können feuerhemmende oder feuerbeständige D. gefordert werden.

3) Straßenbau: Teil des Straßenoberbaus (→ Straßenbau).

Deckenheizung, eine →Flächenheizung, bei der etwa 80% der Wärmeabgabe einer geheizten Raumdecke abgestrahlt werden (→Strahlungsheizung).

Deckgebirge, Geowissenschaften: 1) dem →Grundgebirge diskordant auflagernde jüngere Gesteinskomplexe; 2) Schichtenfolge über nutzbaren Lagerstätten.

Deckglas, Glasplättchen zur Abdeckung von Präparaten beim Mikroskopieren.

Deck|operation, →Symmetrieoperation.

Decksbucht, Schiff: →Balkenbucht.

Deckschicht, vom Verkehr befahrene oberste Schicht der Straßendecke (→Straßenbau).

Deckshaus, nicht von Bord zu Bord gehender Aufbau (→Aufbauten) auf dem Hauptdeck (→Deck) von Schiffen.

Deckssprung, Hochziehen des oder der →Decks von Schiffen zu den →Steven hin zum Erhöhen der Seefähigkeit; bei Handelsschiffen nach den Internationalen Freibordvorschriften geregelt.

Decksstringer *der,* an der Außenhaut entlanglaufender →Plattengang des Stahldecks von Schiffen. Heute meist als Rundstringer viertelkreisförmig mit dem →Schergang verbunden.

Deck|steine, Feinwerktechnik: stirnseitige Lagerbegrenzungen von Wellen in Feingeräten, meist aus Saphir oder Rubin; zur Stoßsicherheit federnd befestigt.

deckungsgleich, svw. →kongruent 2).

Deckwalze, In fließenden Gewässern rotierende, oberflächennahe Strömung mit waagrechter, quer zur Hauptströmungsrichtung liegender Achse, zu beobachten v. a. beim →Wechselsprung.

Deckwerk, künstliche Sicherung von Gewässerufern.

Decoder, Nachrichtentechnik: elektron. Einrichtung zur Wiedergewinnung der urspr. Form eines zu Übertragungszwecken codierten elektr. Signals.

Decodierung, Umsetzung des zur Verarbeitung benutzten Zeichenvorrates in den urspr. Zeichenvorrat; Ggs: →Codierung.

Dectra-Navigationsverfahren, Abk. für engl. **Decca Track and Range** [d'ekə træk ænd reɪndʒ], Sonderart des →Decca-Navigationsverfahrens: Durch Verwendung größerer Wellenlängen wird eine Weitbereichs-Funknavigation ermöglicht, z. B. auf der Nordatlantik-Route.

Dedekindscher Ring [n. dem dt. Mathematiker R. Dedekind, * 1831, † 1916], nullteilerfreier, kommutativer →Ring, in dem jedes →Ideal ein Produkt von Primidealen ist.

Dedekindscher Schnitt, Einteilung einer geordneten Menge, z. B. aller rationalen Zahlen, in zwei Klassen derart, daß jede Zahl der ›Unterklasse‹ kleiner ist als jede Zahl der ›Oberklasse‹ und jede rationale Zahl in genau einer Klasse liegt. Im Bereich der rationalen oder reellen Zahlen definiert der D. S. eindeutig eine best. reelle Zahl, die diesen Schnitt hervorbringt, jede irrationale Zahl kann durch einen D. S. erfaßt werden. Damit kann der Körper $\mathbb{Q}$ der rationalen Zahlen zum Körper $\mathbb{R}$ der reellen Zahlen erweitert werden, wenn man die Verknüpfungen auf die Schnittzahlen entsprechend überträgt.

DeDion-Achse [dədj'ɔ̃-, n. dem frz. Kraftwagenhersteller A. de Dion, * 1856, † 1946], Hinterachsbauart von Kraftwagen, →Achsanordnung 2 (BILD).

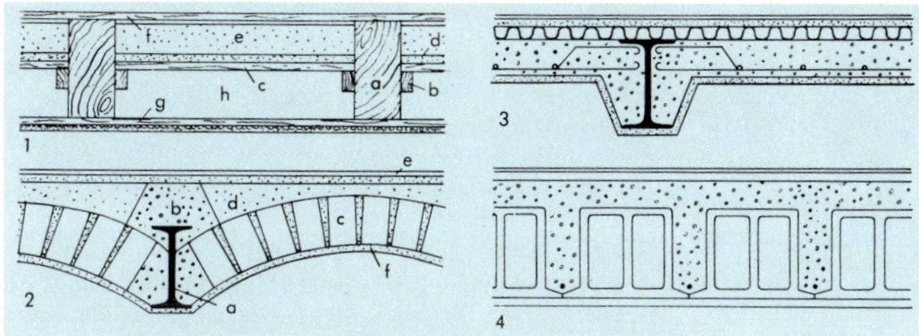

Decke 2): 1 Holzbalkendecke; a Balken, b Latten, c Schwarteneinschub, d Strohlehmverstrich, e Auffüllung (Lehm oder Schlacke), f Dielung, g Schalbretter und Rohrdeckenputz, h Hohlraum. **2** Trägerdecke mit gewölbten Kappen aus Vollziegeln; a Träger, b Beton, c Ziegel, d Schlacke, e Estrich, f Putz. **3** Ebene Massivdecke mit Stahlbetonplatten zwischen Stahlträgern. **4** Stahlbeton-Rippendecke mit Lochziegel-Füllkörpern

Defekt, Gitterdefekt, svw. →Fehlordnung in einem →Realkristall.

Defekt|elektron, Loch, unbesetzter Zustand (›Loch‹) im Valenzband eines Halbleiters (→Bändermodell), der sich durch den Kristall bewegen und dabei Ladung transportieren kann **(Defektelektronenleitung, Defektleitung, Löcherleitung, p-Leitung).** Das D. wird in der Theorie als →Quasiteilchen mit positiver Elementarladung und einer i. a. negativen →effektiven Masse behandelt, um das kollektive Verhalten aller im Valenzband befindl. Elektronen zu beschreiben.

Deferent, →Epizykeltheorie.

Defibrator, Maschine, die durch thermomechan. Zerfaserung von Holz oder Holzabfällen das Ausgangsmaterial für die Herstellung von →Holzfaserplatten u. a. liefert.

Definition, Abk. für einen mathemat. Sachverhalt.

Definitionsbereich, →Abbildung 1).

Deflagration, Zersetzungsreaktion eines Explosivstoffes, die sich durch freiwerdende Reaktionswärme fortpflanzt und im Unterschied zur →Detonation unterhalb der Schallgeschwindigkeit abläuft. Eine D. ist z. B. der Abbrand eines Raketentreibsatzes.

Deflation, Wind|erosion, ausblasende und abwehende Tätigkeit des Windes, die bes. in vegetationslosen Trockengebieten durch Verwitterung gelockertes Gestein verfrachtet, das z. B. als →Dünen oder →Löß abgelagert wird.

Deflektor, Aufsatz auf Lüftungsschächten zur Erhöhung der Fortluft-Geschwindigkeit.

Defolianten, Defoliatoren, svw. →Entlaubungsmittel.

Deformation, die Formänderung eines Körpers durch äußere oder innere Kräfte, z. B. Druck oder Zug. Gase sind beliebig deformierbar, ebenso Flüssigkeiten, soweit sie nicht zäh sind; zähe Flüssigkeiten und feste Körper lassen sich gegen innere Widerstände deformieren. Der nicht deformierbare, →starre Körper ist nur eine gedankl. Konstruktion. Mathematisch läßt sich die D. eines Körpers durch den **D.-Tensor** beschreiben, der sich aus einem Dehnungs- und einem Scherungsanteil zusammensetzt und durch eine Fläche 2. Grades **(D.-Fläche)** veranschaulicht werden kann. Je nach der Beanspruchung tritt die D. als **Dehnung (Dilatation)** oder **Stauchung, Kom-**

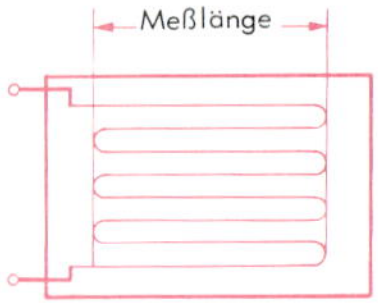

Dehnungsmeßstreifen

pression, Scherung, Durchbiegung oder **Verdrillung (Torsion)** auf. Sie kann reversibel **(elastische D.)** oder bleibend **(plastische D.)** sein, je nachdem sie nach Aufhören der Kraftwirkung verschwindet oder nicht.

Defroster, Entfroster, Kfz: Einrichtung, durch die eine einstellbare Menge Heizluft an Windschutz- und Seitenscheiben geblasen wird, um diese bei Eisbildung und Beschlagen abzutauen und freizuhalten.

deg, Einheitenzeichen für → degree.

Degradation, teilweise oder völlige Veränderung typ. Merkmale eines Bodens, verursacht durch Klimaänderungen, menschl. Eingriffe u. a. D. kann eine Ab- oder Aufwertung des Bodens sein.

degree [dɪgr'i:, engl.], in Großbritannien und den USA: beim Einheitenzeichen **d** Bez. für die Einheit des ebenen Winkels, → Grad 1) (früher auch Altgrad); beim Einheitenzeichen **deg** Bez. für die Einheit der Temperaturdifferenz.

Degummieren, Entbasten, Abziehen, → Abkochen.

De-Haas-van-Alphen-Effekt [n. dem niederländ. Physiker W. J. de Haas, * 1878, † 1960, und P. M. van Alphen], Erscheinung, daß die diamagnet. Magnetisierung von reinen Metallen bei sehr tiefen Temperaturen nicht mehr proportional mit der Magnetfeldstärke anwächst, sondern period. Schwankungen (→ Quantenoszillationen) beobachtet werden, wenn man das magnet. Moment als Funktion der reziproken magnet. Feldstärke aufträgt. Dieser Effekt wird quantentheoretisch durch die Verteilung der Energiezustände für das Metallelektronengas in einem Magnetfeld erklärt und stellt eine wichtige Methode zur Untersuchung der Fermi-Flächen von Metallen dar.

Dehngrenze, svw. → Fließgrenze.

Dehnung, relative Längenänderung, Formelzeichen ε, der Quotient aus der Längenänderung Δl und der Anfangslänge l eines Körpers (z. B. Stab, Draht): $\varepsilon = \Delta l / l$. Bei Zugbeanspruchung tritt Verlängerung auf, bei Druckbeanspruchung Verkürzung **(negative D., Stauchung).** Bei Belastung unterhalb der → Fließgrenze tritt elast. (→ Elastizität 1), d. h. reversible D. ein, oberhalb ist die D. nur z. T. reversibel. Bei der longitudinalen elast. Ausdehnung sind die D. und die Normalspannung σ proportional **(Hookesches Gesetz** [h'ʊk-]) : $\sigma = E\,\varepsilon$; E heißt **Elastizitätsmodul** oder **Dehnungsmodul.** Der reziproke Wert $\alpha = 1/E$ heißt **Dehnungsgröße, Dehnungskonstante** oder **Elastizitätskonstante.** Der Elastizitätsmodul kennzeichnet als Materialkonstante das Verhalten der Stoffe bei elast. Ausdehnung.

Zug erzeugt außer der D. in Zugrichtung eine Verkürzung in Querrichtung **(Querkontraktion).** Zw. der **Querdehnung** ε_q und der D. besteht die Beziehung $\varepsilon_q = -\nu\,\varepsilon$. ν (oder auch μ) heißt **Poisson-Zahl** [pwas'ɔ̃-] oder **Querdehnungszahl,** z. B. $\nu = 0{,}3$ bei Stahl (→ Zugversuch).

Dehnungsfuge, Fuge zum Ausgleich der durch Temperaturunterschiede, durch Quellen und Schwinden verursachten Formänderungen der Baustoffe, bes. von Beton wegen seines hohen Dehnungskoeffizienten. Betroffen sind v. a. Betonstraßendecken, Brückenkonstruktionen, Staumauern, Ufermauern, Schleusen und sonstige längere Bauwerke. D. sind von → Setzungsfugen zu unterscheiden.

Dehnungsmesser, Geräte zur Messung der relativen Verlängerung oder Verkürzung von Bauteilen und Werkstoffen, die diese unter dem Einfluß einer Last erfahren. Gemessen wird entweder an den fertigen Bauteilen (Maschinen, Gebäude, Brücken usw.) oder an Probestäben aus den zu untersuchenden Materialien. Die Meßmethoden sind sehr verschieden (mechanisch, elektrisch, optisch, piezoelektrisch u. a.). Häufig verwendete Meßwertaufnehmer sind die → Dehnungsmeßstreifen.

Dehnungsmeßstreifen, Abk. **DMS,** Streifen zum Messen von → Dehnungen; bestehen aus einem isolierenden Träger (Papier), auf dem ein elektr. Widerstand (mäanderförmig geklebter Metalldraht oder geätzte Folie) aufgebracht ist. Die D. werden auf den Prüfling aufgeklebt, dessen Längenänderung auf den D. übertragen wird. Die proportionale Widerstandsänderung wird in einer Meßbrücke gemessen. Um genaue Messungen machen zu können, verwendet man möglichst kurze Meßlängen der D. (5–20 mm, bei starkem Spannungsgefälle bis zu 0,5 mm). Zwei Hauptspannungen und deren Richtungen mißt man mit ›DMS-Rosetten‹, d. h. mit zwei oder drei getrennten D., die z. B. Winkel von 90° und 45° einschließen. Anwendung v. a. zur Spannungsmessung im Rahmen der Werkstoffprüfung.

De|hydratisierung, De|hydratation, Eliminierungsreaktion, bei der Wasser aus einer Verbindung abgespalten wird. Technisch wichtige Beispiele sind die D. von tert-Butylalkohol zu i-Buten an Aluminiumoxid-Katalysatoren (→ Butene) und die D. von Diacetonalkohol zu Mesityloxid in Gegenwart von Schwefel- oder Phosphorsäure:

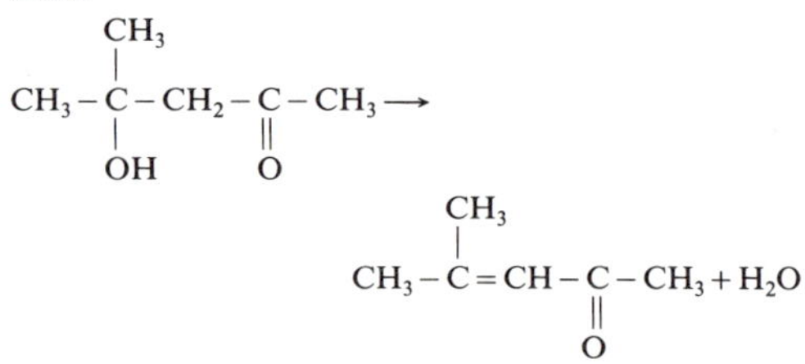

Eine enzymat. D. ist z. B. die Reaktion von Apfelsäure zu Fumarsäure im Zitronensäurezyklus.

De|hydrierung, Eliminierungsreaktion, bei der Wasserstoff aus organ. Verbindungen abgespalten wird. Die D. wird meist zw. 500 und 700 °C mit Edelmetallen (z. B. Platin) oder Oxiden von Übergangsmetallen (z. B. Eisen, Chrom) als Katalysator durchgeführt. Technisch wichtige Beispiele sind die D. von Äthylbenzol zu Styrol und die D. von Cyclohexanderivaten zu Aromaten beim katalyt. Reformieren:

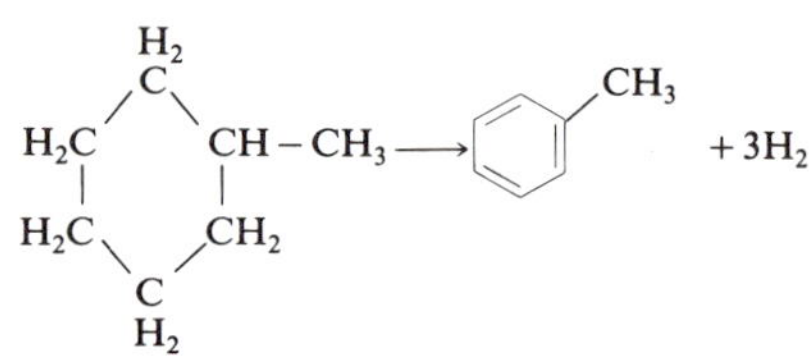

Bei der **oxidativen D.** wird Luft zugesetzt und der abgespaltene Wasserstoff in Form von Wasser gebunden (→ Formaldehyd). D. unter dem Einfluß des Enzyms Dehydrogenase spielen u. a. beim Fettstoffwechsel eine Rolle.

De|hydro|chlorierung, Eliminierungsreaktion, bei der aus einer organ. Verbindung Chlorwasserstoff abgespalten wird. Ein technisch wichtiges Beispiel ist die D. von Dichloräthan zu →Vinylchlorid.

De|hydro|cyclisierung, chem. Reaktion, bei der eine Dehydrierung unter Ringbildung abläuft. Die D. von Alkanen zu Aromaten spielt beim katalyt. Reformieren eine Rolle.

Deich, ein →Damm aus Erdbaustoffen entlang einem Flußufer oder einer Küste zum Schutz gegen dauernde oder vorübergehende Überflutung von Niederungen. Für den **D.-Bau** eignen sich v. a. sandige Lehme und stark lehmige Sande. Sonst werden aus dem Staudammbau bekannte gegliederte Bauweisen angewendet, bestehend aus durchlässigen Stützkörpern, die gegen Durchsickerung entweder mit einer Lehmkern- oder einer wasserseitigen Oberflächendichtung, z. B. aus Ton, Asphaltbeton oder Kunststoffolien, geschützt werden.

Fluß-D. sollen in möglichst gleichbleibendem Abstand gestreckt geführt werden, um Querströmungen und →Eisversetzungen zu vermeiden.

Zur Verminderung der Angriffe durch Strömung, Treibeis, Wellenschlag und Seegang sollen Fluß-D. mindestens 10 m, **See-D.** möglichst 200 m landeinwärts angeordnet werden **(Vorland-D.)**. Ist eine Lage unmittelbar am Ufer nicht zu vermeiden **(Schar-D.)**, so muß die wasserseitige Böschung v. a. am D.-Fuß mit einem Deckwerk, z. B. aus Pflaster oder Steinschüttung, bes. geschützt werden (BILD).

Länderarbeitsgemeinschaft Wasser (LAWA) und Dt. Verband für Wasserwirtschaft (DVWW): Empfehlungen für Flußdeiche (1971); K. H. BRÖSSKAMP u. a.: Seedeichbau (1976); Tb. der Wasserwirtschaft, hg. v. H. BRETSCHNEIDER u. a. ([6]1980).

Deichscharte, Öffnung im →Deich zum Durchführen eines Verkehrsweges, bei Hochwasser verschließbar, z. B. durch Stemmtore oder Dammbalken.

Deichsel, Holz- oder Stahlstange an Fahrzeugen, auch Maschinen, zum Befestigen an Zugmaschinen oder -tieren und zum Lenken.

Deimos, der äußere der beiden Monde des →Mars 1).

Deka, Vorsatzzeichen **da,** →Vorsatz vor Einheiten für den Faktor 10; z. B.: 1 Dekagramm = 1 dag = 10 g.

dekadischer Logarithmus, Briggsscher Logarithmus, der →Logarithmus zur Basis 10.

dekadisches System, Dekadik, →Dezimalsystem.

Deka|eder *das,* ein von zehn regelmäßigen Vielecken begrenzter Körper.

Dekametrie, Di|elektrometrie, physikochem. Analyseverfahren zur Messung der →Dielektrizitätskonstanten von festen, pastösen oder flüssigen Körpern.

Dekanter, Zentrifugen für die Trennung von Feststoff-Flüssigkeits-Gemischen im kontinuierl. Betrieb. Der Feststoff setzt sich in der D.-Trommel ab und wird durch eine Förderschnecke ausgetragen.

dekapieren, Oberflächenbehandlung: dünne Anlauf- und Oxidfilme von Metallen durch kurzes Tauchen in Lösungen von Säuren, Alkalien oder Alkalicyaniden entfernen (→beizen).

dekatieren, auf einem perforierten Zylinder aufgewickelte Gewebebahnen entweder von Dampf **(Dampfdekatur)** oder heißem Wasser **(Naßdekatur)** durchströmen lassen. Verfahren der Wollausrüstung, das auf der Eigenschaft der Wollhaare beruht, in feuchter Wärme quellbar, formbar und fixierbar zu sein. Das D. ermöglicht eine weitgehende Beeinflussung der Oberflächenbeschaffenheit und der Eigenschaften textiler Flächen, z. B. von Glanz, Griff, Flächen- und Formbeständigkeit.

Deich: Seedeich als Schardeich

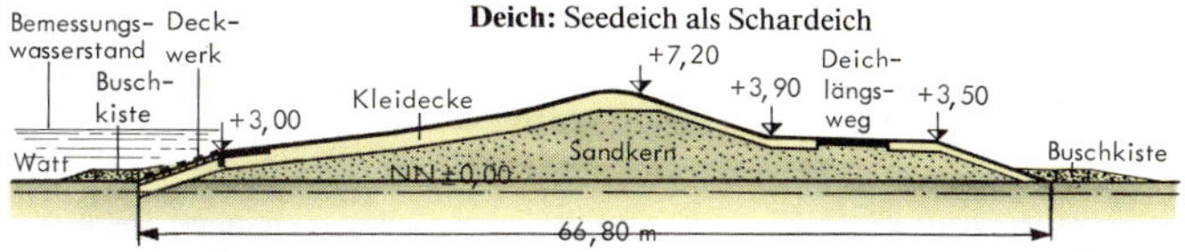

Deklination, 1) Astronomie: Winkelabstand eines Gestirns vom Himmelsäquator (→astronomische Koordinaten).

2) Vermessung, Kartographie: Formelzeichen D, der Winkel in einem Punkt der Erdoberfläche zw. dem geograph. Meridian und dem geomagnet. Meridian, in der Nautik auch **Mißweisung** (*Mw*) genannt.

De|kontamination, die Beseitigung von Verunreinigungen, insbes. radioaktiver Art; Gegenteil: →Kontamination.

Dekrement, kleine Abnahme einer veränderl. Größe; Ggs.: →Inkrement. **1)** Datenverarbeitung: ein in der Arithmetik- und Logik-Einheit (→ALU) eines Computers realisierter Befehl, ein Rechenergebnis oder einen Speicherinhalt um ›1‹ zu vermindern.

2) Physik: **Logarithmisches D.,** der natürl. Logarithmus des Verhältnisses der Amplituden von zwei aufeinanderfolgenden Ausschlägen einer gedämpften Schwingung, ihr Dämpfungsfaktor. (→Dämpfung 3)

Dekrepitieren, das beim Erhitzen von Kristallen mit eingeschlossener Mutterlauge mit knisterndem Geräusch erfolgende Zerplatzen der Kristallhülle durch Verdampfen eingeschlossener Flüssigkeit.

Delayed-Coking [dɪlˈeɪd kˈəʊkɪŋ, engl.], →Cracken.

d-Elektron, →d-Zustand.

Delisches Problem, das Problem der Würfelverdoppelung, also die Lösung der Gleichung $x^3 = 2a^3$, wobei a die Kantenlänge des zu verdoppelnden Würfels und x die Kantenlänge des gesuchten Würfels bedeutet. Das Problem ist durch →Konstruktion mit Zirkel und Lineal nicht lösbar. Der Nachweis gelang mit Hilfe der →Galois-Theorie. – Das D. P. gehört mit dem Problem der →Dreiteilung des Winkels und der →Quadratur des Kreises zu den berühmten unlösbaren Problemen der Antike.

Delon-Schaltung [dəlˈɔ̃-], Gleichrichterschaltung (doppelte Einwegschaltung) zur Spannungsverdopplung mit Hilfe von zwei Dioden und zwei Gleichspannungskondensatoren.

Delphin, lat. **Delphinus,** ein →Sternbild des nördlichen Himmels, im Sommer am Abendhimmel sichtbar.

Delta (δ, Δ), ein →griechischer Buchstabe (ÜBERSICHT), **1)** δ, Formelzeichen für Verlustwinkel (→Verlustfaktor). Δ, Formelzeichen für →Energielücke des Supraleiters.

2) Geographie: →Fluß 2).

3) Raketentechnik: auf der früheren Mittelstreckenrakete Thor (daher **Thor-Delta**) basierende, seit 1960 eingesetzte zivile amerikan. Trägerrakete. Die bisher ausgeführten Typen unterscheiden sich durch ihre Oberstufen,

Dehydrocyclisierung

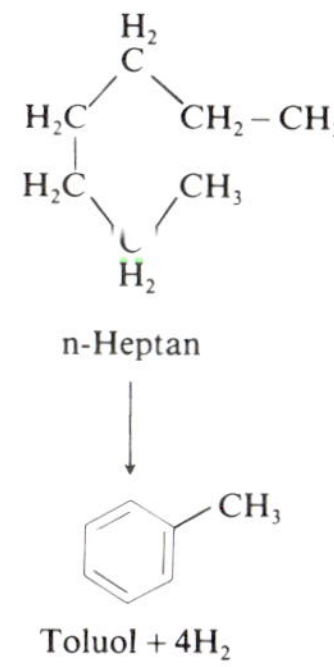

deren Zahl sowie durch Anzahl und Art der am Heck angeordneten Booster zur Starthilfe. Von den 155 bisher gestarteten D.-Raketen waren 143 erfolgreich. Die neueste Version (D. 3920) ist seit 1982 einsetzbar.

Delta-Cephe|i-Sterne, i. w. S. die →Cepheiden, i. e. S. eine Untergruppe der Cepheiden.

Delta|elektronen, svw. →Deltastrahlen.

Deltafliegen, →Drachenfliegen.

Deltaflügel, Flugzeugtragflügel mit dreieckförmigem Grundriß (in Form des grch. Buchstabens Δ), der geringen Widerstand im Überschallbereich und Stabilitätsvorteile bietet. Der **Doppel-D.** hat gebrochene, der **gotische D.** geschwungene Flügelvorderkanten.

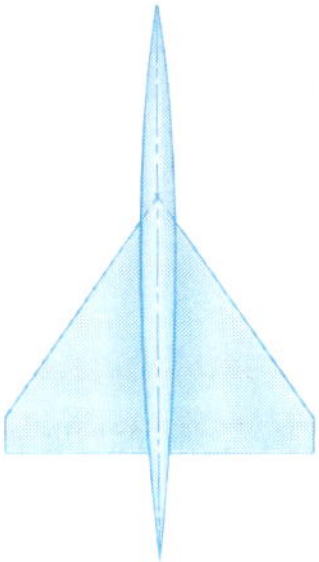

Deltaflügel

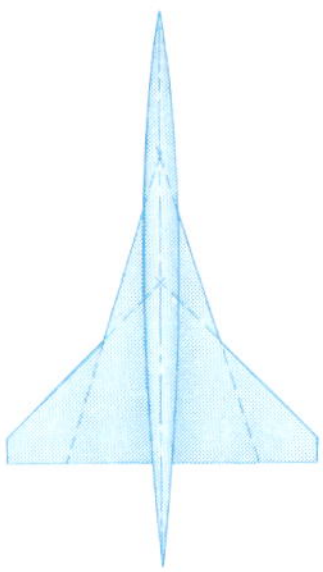

Doppel-Deltaflügel

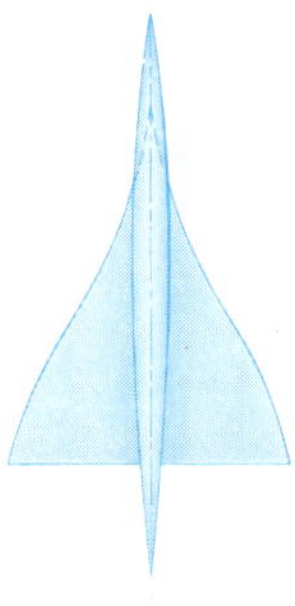

gotischer Deltaflügel

Deltaflügel

Deltafunktional *das,* ungenau **Deltafunktion**, auch **Diracsche Deltafunktion** [n. dem engl. Physiker P. Dirac, * 1902], eine →Distribution zur Behandlung besonderer physikal. Probleme, z. B. für sehr kurzzeitige (stoßartige) Vorgänge. Das D. $\delta(x-a)$ wird so definiert, daß es für alle Funktionswerte x den Wert 0 annimmt bis auf den betrachteten Punkt a, in dem das D. derart unendlich wird, daß sein Integral den Wert 1 annimmt. Es gilt also $\delta(x-a)=0$ und $\int_{-\infty}^{+\infty} \delta(x-a)\,\mathrm{d}x = 1$.

Deltamodulation, Modulationsverfahren für Analogsignale, bei dem das Originalsignal durch ein digitalisiertes Signal approximiert wird. Dies geschieht in der Weise, daß pro Taktintervall die Differenz zw. der Amplitude des Originalsignals und der letzten Amplitude des digitalen Signals durch Hinzufügen oder Abziehen einer fest vorgegebenen Einheitsspannung nachgebildet wird (BILD a). Die Folge der negativen und positiven Impulse (BILD b) wird in ein Binärsignal (BILD c) umgewandelt, das weniger Information als das Originalsignal enthält. Bei geeigneter Wahl der Taktfrequenz und der Einheitsspannung ist der Informationsverlust so gering, daß das Binärsignal zur Rückgewinnung eines verständl. Sprachsignals ausreicht.

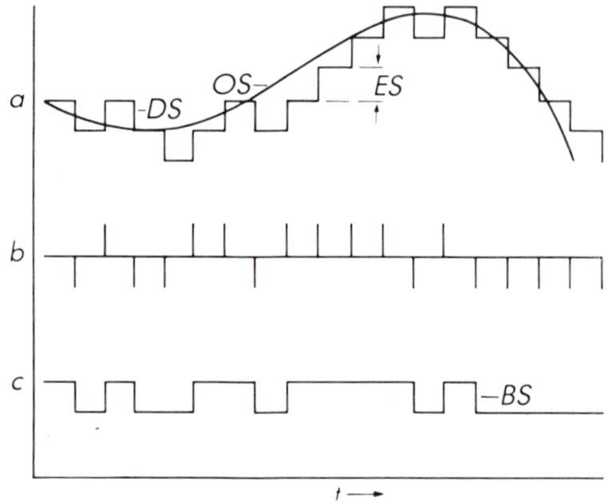

Deltamodulation: OS = Originalsignal; DS = digitalisiertes Signal; BS = Binärsignal; ES = Einheitsspannung

Deltastrahlen, δ-Elektronen, Elektronenstrahlung mit breitem Energiespektrum (von etwa 100 eV bis einige tausend eV und mehr), die beim Durchgang von Strahlung (α-, β-, γ-, Höhen-Strahlung) durch Materie entsteht.

Deltoid, Windvogelviereck, nicht konvexes Viereck mit zwei Paaren gleich langer Nachbarseiten (BILD); auch Bez. für das Drachenviereck.

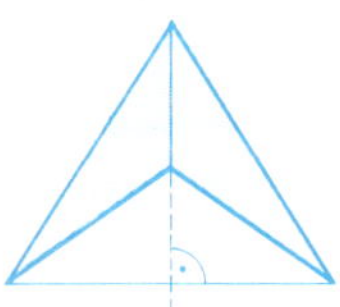

Deltoid

Deltoid|dodeka|eder, von zwölf Deltoiden begrenztes Polyeder, eine spezielle Kristallform des kub. Kristallsystems (→Kristall, TAFEL I, BILD F 5).

Deltoid|ikosi|tetra|eder, von 24 Deltoiden begrenztes Polyeder, eine spezielle Kristallform des kub. Kristallsystems (→Kristall, TAFEL I, BILD F 9).

Demantoid, seltene durchsichtig grüne Varietät des Andradits, →Granat.

Demodulation, die Rückverwandlung des auf eine hochfrequente Trägerschwingung aufmodulierten Signals (→Modulation) in die urspr. (niederfrequente) Nachricht auf der Empfangsseite elektr. Nachrichtenverbindungen durch einen **Demodulator.** Bei der **Amplitudenmodulation** besteht die D. im wesentl. in der Gleichrichtung des Empfangssignals mit dem pn-Übergang einer Diode oder eines Transistors. Bei Einseitenbandübertragungen muß zur Vermeidung von Verzerrungen vor der Gleichrichtung der verstärkte Träger zugesetzt werden. Bei **Frequenzmodulation** werden die Frequenzschwankungen entweder durch einen →Diskriminator in Amplitudenschwankungen umgewandelt und anschließend gleichgerichtet oder (seltener) unmittelbar in Niederfrequenz umgesetzt.

De-Morgansche Gesetze [də mˈɔːgən-, n. dem brit. Mathematiker A. De Morgan, * 1806, † 1871], Formeln der →Aussagenlogik, für die mit Junktoren verknüpften Aussagen A und B: $\neg(A \wedge B) \Rightarrow \neg A \vee \neg B$
$\neg(A \vee B) \Rightarrow \neg A \wedge \neg B$.
(→Wahrheitsfunktionen, →Schaltalgebra)

Demulgatoren, oberflächenaktive Stoffe wie Salze von Fettsäuren, Sulfonsäuren oder Naphtensäuren, die Emulsionen brechen, d. h. die einzelnen Emulsionströpfchen zum Zusammenfließen bringen. D. werden v. a. bei der Erdölverarbeitung verwendet.

den, Einheitenzeichen für →**Den**ier.

denär, zehnwertig, Informationsverarbeitung: die Darstellung von zehn Zeichen, wenn die darstellende Größe für jedes Zeichen einen diskreten Wert annimmt. Die Dezimalziffern 0 bis 9 lassen sich z. B. durch zehn versch. Spannungspegel darstellen.

Denaturierung, svw. →Vergällung.

Dendriten, baumförmige anorgan. Kristallskelette (z. B. **Bleibaum**), auch als Einschluß (z. B. **Moosachat**) oder auf Mineral- und Gesteinsfugen.

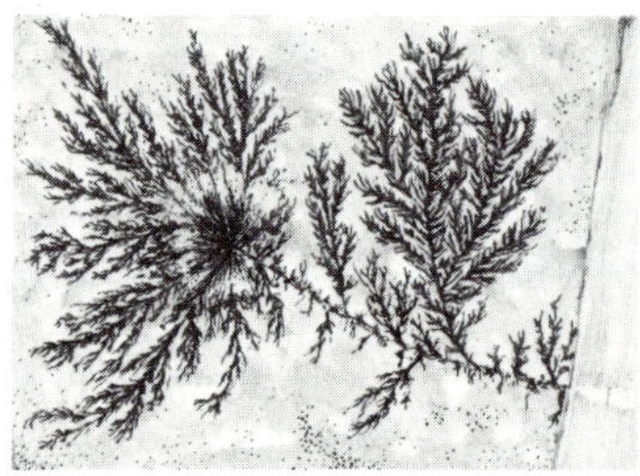

Dendriten

Dendrochronologie, Baumringchronologie, Verfahren zur Datierung vorgeschichtl. Kulturreste aus den Jahresringen der darin erhaltenen Hölzer.

Klimaschwankungen (nasse oder trockene Jahre) können sich im Wachstum des Baumbestandes eines einheitl. Klimagebiets gleichmäßig auswirken. Sie ergeben unregelmäßige Jahresringe, die in der am Querschnitt eines Stammes ablesbaren Ringfolge als Zeitmarken auffallen. In der graph. Darstellung (Baumringdiagramm) bilden sie chronolog. Fixpunkte, die das Aneinanderreihen und Verketten der Jahresringe von Bäumen, die sich zeitlich überschneiden, ermöglichen. Jahresringfolgen der nordamerikan. Borstenkiefer ergaben bei einzelnen Bäumen ein Alter von 5000 Jahren. Die Bedeutung der D. für die vorgeschichtl. Archäologie liegt darin, daß sich gut erhaltene Bauhölzer in den Baumringkalender einreihen und damit zeitlich bestimmen lassen.

Dendroklimatologie, Teilgebiet der Klimatologie zur Erforschung vergangener Klimate an Hand der wechselnden Dicke der Jahresringe von Bäumen.

Deneb, Hauptstern (der 1. Größenklasse) im Sternbild Schwan (Alpha Cygni); einer der absolut hellsten Fixsterne (absolute Helligkeit – 7,1 Größenklassen, Entfernung rd. 1500 Lichtjahre); gehört zum → Sommerdreieck.

Deneb Kaitos, Stern zweiter Größe, β im Walfisch.

Denebola, Stern zweiter Größe, β im Löwen.

Dengeln, Dängeln, Dünnschlagen der Schneiden von Sensen oder Sicheln von Hand oder in Dengelmaschinen.

Denier [dənj'e, frz.], Einheitenzeichen **den,** eine nicht gesetzl. Einheit der längenbezogenen Masse (→ Titer) von Fäden und Garnen, üblich in der Textilindustrie, aus Frankreich stammend, nicht mehr zulässig seit 5. 7. 1970; 1 den = $\frac{1}{9}$ g/km = $\frac{1}{9}$ tex.

Denitrifizierung, unter Luftmangel im Boden stattfindende bakterielle Umsetzung von Nitraten (→ Düngemittel) zu gasförmigem Stickstoff und Stickstoff(I)-oxid. Durch D. wird Stickstoff der Pflanzenernährung entzogen.

Densitometer, Gerät zur Messung der opt. Dichte, insbes. photograph. Schichten, durch Vergleich der Intensität des durchgehenden mit der des auffallenden Lichts; → Schwärzung.

Dental|legierungen, Legierungen für Zahnprothesen, -füllungen, -klammern und dgl. Die bekanntesten D. sind: **Dentalgold** (50–92% Gold, 4–25% Silber, 2–15% Kupfer, eventuell auch Gehalte an Platin, Palladium, Zink oder Nickel), **weiße Edelmetallegierung** (60–80% Silber, 20–30% Palladium, bis zu 10% Kupfer, bis zu 2% Zink), **Dentalgußlegierung** und die **Zahnamalgame** (50–80% Silber, 10–55% Zinn, bis zu 10% Cadmium und bis zu 3% Zink). In neuerer Zeit werden auch Kobalt-, Nickel-, Titan- und Zirkoniumlegierungen verwendet.

Denudation, die flächenhafte → Abtragung.

De|odoranti|en, svw. → Desodorantien.

Dephlegmator, → Destillation.

Deplacement [deplasm'ã, frz.] *das,* Wasserverdrängung eines Schiffes in t oder ts (zu 1016 kg), nach dem Archimed. Prinzip gleich dem Gewicht des Schiffes.

Depolarisation, 1) Optik: die teilweise oder vollständige Aufhebung des Polarisationszustandes elektromagnet. Wellen. D. von (polarisiertem) Licht kann durch Streuung an kleinen Teilchen oder durch diffuse Reflexion erfolgen.

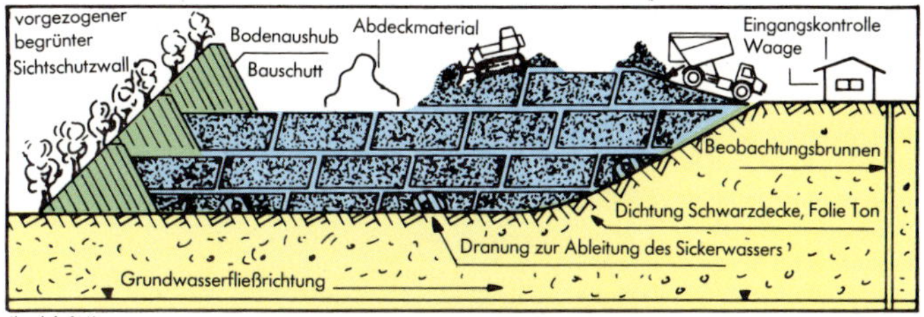

Deponie: Schema einer geordneten D.

2) physikal. Chemie: Aufhebung der elektrochem. Polarisation in → galvanischen Elementen durch Zusatz von Sauerstoff abgebenden Chemikalien, den **Depolarisatoren,** z. B. MnO_2, HgO, die das baldige Absinken der Klemmspannung verhindern, indem durch Oxidation des Wasserstoffs die Bildung einer Gashaut an der Kathode verhindert wird.

Depolymerisation, Abbaureaktion von Makromolekülen, bei der (z. B. unter dem Einfluß erhöhter Temperatur) ein → Monomeres nach dem anderen vom Kettenende her abgespalten wird.

Deponie *die,* Ablagerungsort von → Abfallstoffen und → Müll. Die Form der ungeordneten Ablagerung (›Kippen‹) führt zu erhebl. hygien. Mißständen (Staubverwehung, Müllbrand, Geruchsbelästigung, Ungezieferplage, Verschmutzung von Grund- und Oberflächenwasser). Für die Anlage geordneter und kontrollierter D. sind Voraussetzungen: Auswahl des Geländes nach geolog., hydrolog., hygien. und ökonom. Bedingungen, feste Zufahrtsstraßen, Verdichtung des in Lagen eingebrachten Mülls, Abdeckung des Lagerplatzes, Abdichtung gegen Abschwemmungen durch Niederschläge und zum Schutz des Grundwassers.

Depression, 1) Astronomie: **negative Höhe,** der unter dem Horizont fortgesetzte Bogen des Höhenkreises (Vertikalkreises). Ein Stern mit der D. von 1° hat daher eine Höhe von – 1° oder eine Zenitdistanz von 91°.

2) Geographie: abflußlose Landsenke, die bis unter das Niveau des Meeresspiegels reicht, bes. in den Trockengebieten der Erde (z. B. Totes Meer – 392 m).

3) Physik: a) → Kapillarität; b) die D. des Nullpunktes von Quecksilberthermometern, eine zu niedrige Einstellung beim Eispunkt nach Erwärmung, beruht auf elast. Nachwirkung des Glases.

Depside, esterartige Kondensationsprodukte von aromat. Hydroxycarbonsäuren. D. der Gallussäure kommen in Flechten und Gerbstoffen vor, z. B. Digallussäure.

Depside

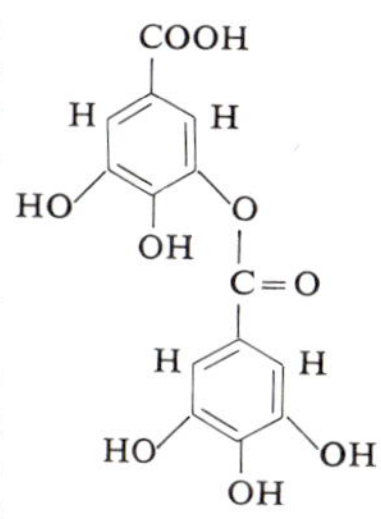

meta-Digallussäure ein Di-depsid

Derivate, Bez. für Abkömmlinge einer chem. Verbindung, die sich durch einen Reaktionsschritt oder auch nur formal aus dieser bilden lassen. Z. B. ist Methanol ein D. des Methans, Toluol ein D. des Benzols.

Derivator, → Differentiator.

Derivierte *die,* Bez. für die Ableitung einer Funktion, → Differentialrechnung.

Des|aktivierung, 1) in der → Photochemie Bez. für die Überführung von Molekülen aus dem angeregten in den Grundzustand. D.-Prozesse heißen auch **Relaxation.** 2) in der Katalyse der Verlust der spezif. Wirkung durch Alterung oder Vergiftung der Katalysatoren oder durch Ablagerung von Reaktionsprodukten.

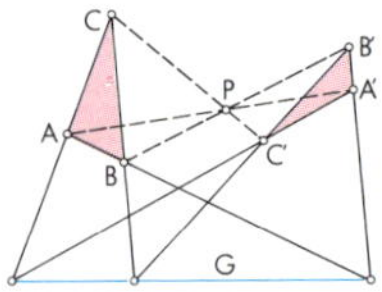

Desarguesscher Satz

Descloizit

Desmin: Kristallstufe (Eskifjördhur, Island)

Des|aminierung, Abspaltung von Aminogruppen ($-NH_2$) als Ammoniak aus chem. Verbindungen. Dabei wird die Aminogruppe durch ein Wasserstoffion entfernt oder eine C-C-Doppelbindung gebildet; eine der wichtigsten Reaktionen in der Biochemie.

Desarguesscher Satz [dez'arg-, n. dem frz. Mathematiker G. Desargues, * 1591, † 1661], Fundamentalsatz der projektiven Geometrie: Laufen die Verbindungsgeraden entsprechender Ecken zweier Dreiecke durch einen Punkt *(P)*, dann liegen die drei Schnittpunkte der entsprechenden Dreieckseiten oder deren Verlängerungen auf einer Geraden *(G)* (BILD). Der dazu duale Satz (→ Dualität) ist die Umkehrung des D. S.

Desclo|izit [n. dem frz. Mineralogen A. Descloizeaux, * 1817, † 1897] *der,* Mineral (Zn, Cu) Pb[VO_4|OH], braun oder grün bis schwarz; krustenförmige Aggregate auf Erzlagerstätten; örtlich wichtiges Vanadinerz.

Desensibilisierung, Photographie: Herabsetzen der Empfindlichkeit belichteter photograph. Schichten, um bei relativ hellem Licht entwickeln zu können. Man setzt Pinakryptolgrün oder -gelb **(Desensibilisatoren)** einem Vorbad oder dem Entwickler zu.

Des|infektionsmittel, äußerlich anwendbare Stoffe zur Vernichtung von Krankheitserregern. **Grob-D.,** z. B. Formaldehyd, dienen v. a. zur Desinfektion von Flächen, Räumen, Wäsche u. a.; **Fein-D.,** z. B. Alkohole, werden in Form von Lösungen, Salben und Seifen zur Hautdesinfektion u. a. angewendet. Mit Aryl- und Alkylgruppen sowie mit Chlor substituierte Phenole (z. B. 4-Chlor-3-methylphenol = Chlorocresol) sind Hauptbestandteile vieler Grob- und Fein-D. Sie werden meist zus. mit Emulgatoren (z. B. Seifen) verwendet, die das Abschwemmen der Keime begünstigen. Quartäre Ammoniumverbindungen (›Quats‹) haben als kationaktive Tenside gleichzeitig reinigende Wirkung. Sie werden u. a. zur Hand- und Instrumentendesinfektion verwendet. Zur Wasserbehandlung dienen v. a. Chlor und Ozon.

Des|integrator, Schlagstiftenmühle zum Feinzerkleinern von mittelharten Stoffen.

De-Sitter-Welt [n. dem niederl. Astronomen W. de Sitter, * 1872, † 1934], 1917 von W. de Sitter aus der allg. Relativitätstheorie abgeleitetes (erstes) Modell eines expandierenden Universums (→ Kosmologie).

Desmin, Stilbit *der,* Mineral, weißl. bis schwach gefärbter, oft garbenförmiger → Zeolith.

Des|odoranti|en, De|odoranti|en, Bez. für Mittel, die Gerüche überdecken, entfernen oder zerstören. In der Ind. werden zur Bindung oder Entfernung von lästigen Geruchsstoffen Adsorptionsmittel, zu ihrer Zerstörung i. d. R. Oxidationsmittel verwendet. – Körperpflegemittel wie Sprays, Stifte, Puder, Seifen u. ä. enthalten neben erfrischenden, geruchsmaskierenden Parfümölen und hautpflegenden Fettstoffen v. a. keimhemmend wirkende Stoffe, z. B. Bakteriostatika. Diese verhindern die übermäßige Vermehrung der Hautbakterien, dadurch die Zersetzung von Schweißinhaltstoffen, von Hautfett und Hautzellresten und so die Bildung von unangenehmen Geruchsstoffen (Körpergeruch) und von hautreizenden Abbaustoffen.

De|sorption, die Umkehrung der → Absorption und der → Adsorption. (→ Sorption)

Des|oxidation, Entfernung von chemisch gebundenem Sauerstoff durch ein Reduktionsmittel (D.-Mittel), bes. aus Metallen, Metallschmelzen und organ. Verbindungen.

Desoxy . . ., Präfix, das die Entfernung von Sauerstoff aus einer Stammverbindung anzeigt, z. B. **Desoxyribonucleasen** (→ Nucleasen) oder **Desoxyzucker** (→ Zuckerarten).

Des|oxy|ribonucleinsäure, Träger der genet. Information, → DNS.

Desquamation, svw. → Abschuppung.

Destillation, wichtigstes Verfahren zur Trennung von Flüssigkeitsgemischen. Im Unterschied dazu wird die Abtrennung einer Flüssigkeit von gelösten Feststoffen als

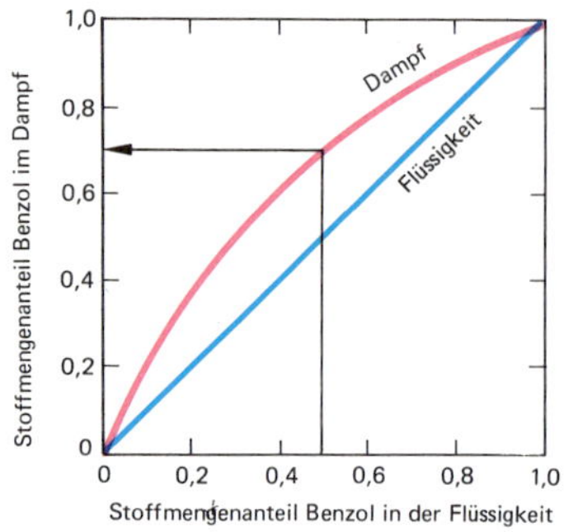

Destillation 1: Gleichgewichtsdiagramm der Mischung Benzol/Toluol

→ Verdampfung oder Eindampfung bezeichnet. Die D. kann angewendet werden, wenn die Siede-P. der zu trennenden Flüssigkeiten verschieden sind, wenn sich keine azeotropen Gemische bilden und wenn bei der erforderl. Temperatur keine Schädigung der Stoffe eintritt. Ist das nicht der Fall, kann die D. oft durch Zusatz eines Hilfs-

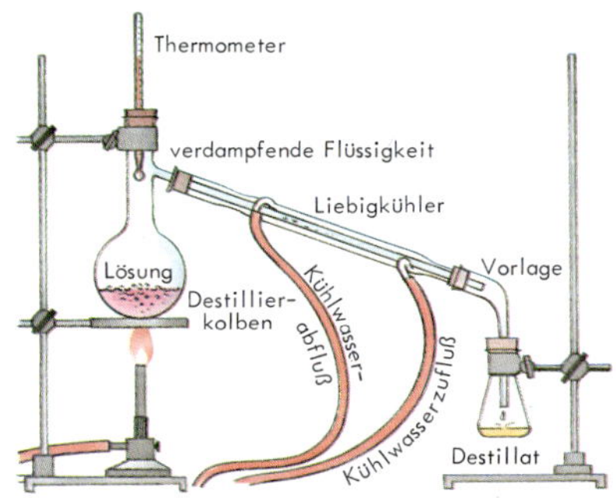

Destillation 2: einfache Destilliervorrichtung

stoffes ermöglicht werden (→ Azeotropdestillation, → Extraktivdestillation). Die Trennbarkeit eines Zweistoffgemisches kann aus dem Gleichgewichtsdiagramm abgeleitet werden, das den Zusammenhang zw. der Flüssigkeits- und Dampfzusammensetzung angibt (BILD 1). Für das Gemisch Benzol (Siede-P.: 80,1 °C = Leichtersiedendes) und Toluol (Siede-P.: 110,6 °C = Schwerersiedendes) ergibt sich, daß bei einem Ausgangsgemisch von 50% Benzol und 50% Toluol im Dampf eine Anreicherung des Benzols auf etwa 70% stattfindet. Aus diesem Grund kann bei der einfachen D. **(Gleichstrom-D.),** bei der die Trennung durch einmaliges Verdampfen und Kondensieren des Dampfes erfolgt, nur eine Teiltrennung erreicht werden. Die einfache **Labor-D.** wird meist diskontinuierlich durchgeführt (BILD 2). Dazu wird das Gemisch in einem Destillierkolben (Siedekolben) zum Sieden gebracht. Der Gemischdampf wird im Kühler kondensiert und als Kondensat (Destillat) aufgefangen. Im Destillat ist das Leichtersiedende, im D.-Rückstand das Schwerersiedende angereichert. Mit fortschreitender D. erhöht sich der Anteil des Schwerersiedenden im Destillat. Bei der einfachen, diskontinuierl. D. im techn. Maßstab wird das Gemisch in einem Behälter (D.-Blase, Sumpf) mit Heizdampf oder elektrisch beheizt. Der Gemischdampf passiert zunächst einen **Dephlegmator,** d. h. einen Kühler, dessen Kühlwassertemperatur nur wenig unter der Siedetemperatur des Schwerersiedenden liegt. Dadurch kann bevorzugt Schwerersiedendes kondensieren und in den Sumpf zurücktropfen. Der Gemischdampf wird anschließend vollständig kondensiert und als Destillat in den Vorlagen aufgefangen. Bei der **Gegenstrom-D. (Rektifikation)** wird der Gemischdampf in einer → Kolonne mit herabfließendem Kondensat (Rücklauf) in Kontakt gebracht. Auf den einzelnen Böden der Kolonne findet dabei ein intensiver Stoff- und Wärmeaustausch statt. So erzielt man den gleichen Effekt, als wenn man viele einfache D. hintereinander durchführen würde, d. h. man kann reine Komponenten isolieren. Die Trennwirkung einer Kolonne verbessert sich mit steigender Bodenzahl und Rückflußmenge. Im großtechn. Maßstab wird die D. meist kontinuierlich durchgeführt, d. h., das zu trennende Flüssigkeitsgemisch strömt stetig der Anlage zu. Bei der Rektifikation werden dabei kontinuierlich Leichtersiedendes am Kopf und Schwerersiedendes aus dem Sumpf der Kolonne abgezogen. Das hat den Vorteil, daß sich während des Betriebs die Zusammensetzung von Destillat und Rückstand nicht ändert.

Erdöl besteht aus einer Vielzahl von Komponenten, deren Siede-P. dicht beieinander liegen, so daß eine Trennung in einzelne Stoffe nicht möglich ist. Man begnügt sich deshalb mit der Auftrennung in Fraktionen mit best. Siedebereich (z. B. Benzin von 35 bis 210 °C) und spricht von **fraktionierender D.** Bei der **Erdöl-D.** werden neben einem Kopf- und einem Sumpfprodukt auch flüssige Seitenströme aus der Kolonne abgezogen (BILD 3). Um bei thermisch empfindl. Flüssigkeitsgemischen eine Schädigung der Stoffe zu vermeiden, wird durch Anwendung von Vakuum **(Vakuum-D.)** oder Zusatz von Trägerdampf (→ Trägerdampfdestillation) der Siede-P. der Komponenten erniedrigt. Eine schonende Art der D. ist auch die **Kurzweg-D.,** bei der Verdampfer- und Kondensatorflächen räumlich nahe beieinander angeordnet sind. Gasgemische (z. B. Luft, Crackgase) können nach Kondensation unter Druck bei tiefer Temperatur durch D. getrennt werden. Bei der **trockenen D.** (z. B. von Holz oder Kohle) handelt es sich um eine → Pyrolyse und nicht um eine D.

Destillier|ofen, Industrieofen zur Gewinnung von Metallen aus ihren Oxiden, z. B. zur Zinkgewinnung. Zinkoxid, z. B. Zinkblende, wird mit Kohle gemischt in Muffeln (Retorten) gepackt und in mehreren Etagen in den gasbeheizten D. eingesetzt. Bei Erhitzen auf 1300–1500 °C wird das Zinkoxid reduziert; das Metall verdampft und wird in kondensiertem Zustand in einer Vorlage gewonnen.

Destriau-Effekt [dɛstri'o-, n. dem frz. Physiker G. Destriau, * 1903, † 1961], → Elektrolumineszenz von Festkörpern bei Anlegen elektr. Wechselfelder an den Kristall.

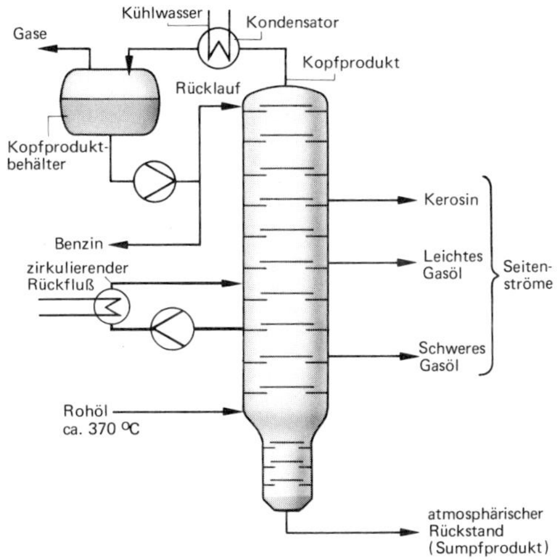

Destillation 3: Schema einer Erdöldestillation

Desublimation, die → Kristallisation aus der Dampfphase.

DESY, Abk. für → **D**eutsches **E**lektronen-**Sy**nchrotron.

deszendent, absteigend; Ggs.: → aszendent

Detacheur [detaʃ'œ:r, frz.], Maschine zum Feinzerkleinern von groben Mehlkörnern zu Grießen.

Detachieren, Detachierung [-ʃ-], die → Fleckentfernung aus Textilien im Anschluß an eine → Chemischreinigung, wobei die Ware, Färbung und Ausrüstung weitestmöglich geschont werden. Als Trockendetachiermittel dienen organ. Lösemittel und deren Mischungen, als Naßdetachiermittel wäßrige Lösungen von Tensiden. Der jeweilige Detachiervorgang richtet sich nach der Art des textilen Materials und des Fleckens.

Detektor, allg. Bez. für Nachweisgeräte, z. B. → Zähler zum Nachweis von elektromagnet. oder Korpuskularstrahlung. – In der Elektronik ältere Bez. für einen Demodulator, der in Rundfunkempfängern der → Demodulation des mit der Nachricht modulierten hochfrequenten Schwingungsverlaufs diente. Am Anfang der Rundfunkentwicklung wurde unter einem D. ein Bauelement verstanden, das aus einem natürl. Kristall (z. B. Bleiglanz) besteht, der von einer feinen Metallspitze berührt wird **(Kristall-D.).** Die Berührungsstelle läßt den elektr. Strom nur in einer Richtung hindurch, wirkt also als Gleichrichter. Erfunden wurde der Kristall-D. 1901 von F. BRAUN, theoretisch erklärt von W. SCHOTTKY. Heute werden ausschließlich Halbleiterdioden (überwiegend aus Silicium bestehend) verwendet. – Gelegentlich werden auch → Sensoren, Fühler, Meß- und Signalwertgeber als D. bezeichnet.

Detergenti|en, grenzflächenaktive Stoffe, für die im dt. Sprachgebrauch heute die Bez. → Tenside bevorzugt wird. Als D. oder meist engl. **Detergents** [dɪ'tə:dʒənts] bezeichnet man Additive für → Motorenöle, die bei hohen Temperaturen die Bildung von Rückständen im Motor verhindern.

Determinante, algebraischer Ausdruck, der v. a. für

Untersuchungen der Lösbarkeit → linearer Gleichungssysteme (→ Cramersche Regel) und in vielen Gebieten der Mathematik, Physik und Technik gebraucht wird. Zur Bestimmung der D. werden die Koeffizienten a_{ij} eines linearen Gleichungssystems in einer Matrix A zusammengefaßt und nach kombinator. Regeln addiert. Allg. gilt für eine n-reihige Matrix $A = (a_{ij})$: $D = D(A) = \det(A)$ $= \sum_{\text{Perm}} \operatorname{sign}(\nu_1, \nu_2, \ldots \nu_n)\, a_{1\nu_1} \cdot a_{2\nu_2} \cdot \ldots \cdot a_{n\nu_n}$, dabei ist $(\nu_1, \nu_2, \ldots \nu_n)$ eine → Permutation der Zahlen 1, 2, ... n, $\operatorname{sign}(\nu_1, \nu_2, \ldots \nu_n) = 1\,(-1)$, wenn die Permutation gerade (ungerade) ist; zu summieren ist über alle $n!$ Permutationen der Zahlen 1, 2, ... n.

Beispiel $n = 2$: $A = \begin{pmatrix} a_{11} a_{12} \\ a_{21} a_{22} \end{pmatrix}$, (1, 2) und (2, 1) sind die zwei mögl. Permutationen der Zahlen 1 und 2, sign (1, 2) $= +1$, sign (2, 1) $= -1$. Dann ist $D = (+1) \cdot a_{11} \cdot a_{22} + (-1) \cdot a_{12} \cdot a_{21}$, also ist $D = a_{11} \cdot a_{22} - a_{12} \cdot a_{21}$. Man erhält als **Unterdeterminante** oder **Minor** von A eine (n-1)-reihige D. A_{ik}, wenn man die i-te Zeile und die k-te Spalte streicht. Die D. von A läßt sich aus ihren Unterdeterminanten nach einer Spalte entwickeln, z. B. kann für $n = 3$ die D. nach der 1. Spalte entwickelt werden und es ergibt sich $D(A) = a_{11} \cdot A_{11} - a_{21} \cdot A_{21} + a_{31} \cdot A_{31}$.

Determinismus, die Lehre von der eindeutigen Bestimmtheit alles Geschehens durch Ursachen, i. Ggs. zum → Indeterminismus. Dem D. widersprechen die modernen Erkenntnisse über indeterminierte Vorgänge in der Physik (→ Kausalität).

Detonation, Zersetzungsreaktion eines Explosivstoffes, die im Unterschied zur → Deflagration mit einer Stoßwelle gekoppelt ist. Durch die im Wellenkopf auftretenden hohen Temperatur- und Drucksprünge wird die Reaktion schlagartig ausgelöst. Der **D.-Druck** in der Wellenfront steigt mit der Sprengstoffdichte, die durch Gieß- oder Preßverfahren erhöht werden kann, und dem Quadrat der D.-Geschwindigkeit. Die **D.-Geschwindigkeiten** liegen zw. 1500 und 9000 m/s und sind bei maximaler Dichte für jeden Sprengstoff eine charakterist. Größe (z. B. Trinitrotoluol: 6900 m/s, Hexogen: 8750 m/s).

Detonationswert, Maß für die Sprengwirkung eines nuklearen Sprengkörpers im Vergleich zur Sprengwirkung von Trinitrotoluol (TNT), angegeben in Kilo- oder Megatonnen (kt, Mt, fälschlich oft kT, MT).

Detritus *der,* feinstes Lockermaterial, aus dem Zerfall von Gesteinen und Organismen und ihren Hartteilen entstanden; in Gewässern oft vermengt mit Bakterien.

Deuterium, Schwerer Wasserstoff, chem. Symbol **D** oder **²H**, 1931 von H. C. UREY und Mitarbeitern entdecktes natürl. Isotop des Wasserstoffs; Massenzahl 2; in natürl. Wasserstoffverbindungen zu 0,015 Mol-% enthalten; auch im Weltraum nachgewiesen. Bei der Elektrolyse von normalem Wasser reichert sich → Schweres Wasser, D_2O, im Rückstand an, aus dem es auf Grund der unterschiedl. physikal. Eigenschaften (Siede-P. D_2O: 101,43 °C; H_2O: 100,0 °C) in reiner Form gewonnen werden kann. Gasförmiges D. kann aus D_2O durch Zersetzung mit Metallen erhalten werden. Chemisch ist D_2O weniger reaktionsfähig als ›leichtes‹ Wasser. Auf höhere Organismen wirkt es giftig, niedere können in D_2O-haltiger Umgebung leben. – D. wird analytisch mit dem Massenspektrometer oder durch Messung der Wärmeleitfähigkeit bestimmt, in seinen Verbindungen auch infrarotspektroskopisch oder durch Messung der Dichte- und Brechungsunterschiede. – D. hat Bedeutung als Leitisotop in → markierten Verbindungen **(deuterierte Verbindungen),** als Füllgas für UV-Quellen in der Spektroskopie **(D.-Lampen)** und als Ausgangsprodukt für die Gewinnung thermonuklearer Energie durch Kernfusion.

Deuteron, Symbol **d,** Atomkern des → Deuteriums. Aus dem Spin 1 des D. folgt, daß im D. die Spins von Proton und Neutron parallel stehen. Sein (kleines) elektr. Quadrupolmoment weist darauf hin, daß seine elektr. Ladung und Masse nicht genau kugelsymmetrisch, sondern in einem schwach ellipsoidisch gestreckten Raumbereich verteilt sind. Das D. ist ein sehr schwach gebundener Kern (Bindungsenergie 2,23 MeV). Es eignet sich (auf hohe Energien beschleunigt) bes. gut zur Auslösung von Kernreaktionen und (z. B. auf Deuterium oder Tritium geschossen) zur Erzeugung von energiereichen Neutronen. – **Antideuteronen,** die aus einem Antiproton und einem Antineutron zusammengesetzt sind, wurden 1965 erstmals erzeugt.

deutliche Sehweite, Formelzeichen s_0, der kürzeste Abstand, auf den das Auge ohne merkl. Anstrengung akkommodieren (→ Akkommodation) kann. Für das normale Auge ist $s_0 = 25$ cm. (→ Vergrößerung)

Deutsches Elektronen-Synchrotron, Abk. **DESY,** Forschungsstätte der Hochenergiephysik und Name des seit 1964 in Betrieb genommenen Elektronen-Synchrotrons. 1974 wurde das **Do**ppelspeicherri**r**ing**s**ystem DORIS, 1978 die **P**ositron-**E**lektron-**T**andem-**R**ingbeschleuniger-**A**nlage PETRA fertiggestellt (techn. Daten ÜBERSICHT S. 245). Mit dem Doppelspeicherring DORIS wurden 1976/77 die für das Verständnis der → Elementarteilchen und den Ausbau des Quarkmodells (→ Quarks) wichtigen D- und F-Mesonen sowie das τ-Lepton (→ Lep-

Deutsches Elektronen-Synchrotron: Die Elektronen und Positronen werden an vier Stellen des Speicherrings PETRA, den Wechselwirkungszonen, aufeinander geschossen. Die dabei entstehenden Kollisionsprodukte werden mit verschiedenartigen Detektoren registriert, z. B. mit dem Magnetdetektor (MARK-J) und dem supraleitenden Magnetdetektor (PLUTO)

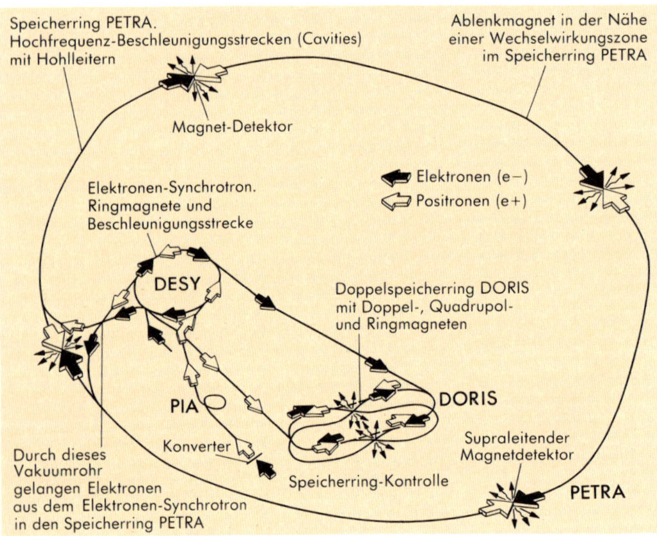

Deutsches Elektronen-Synchrotron (DESY)

tonen) nachgewiesen. Nach Einbau zusätzl. Beschleunigungsstrecken können im Ein-Ring-Betrieb je ein Paket von Elektronen und Positronen, die im selben Vakuumrohr in entgegengesetzter Richtung umlaufen und sich nur in zwei Wechselwirkungszonen durchsetzen, auf jeweils fast 5 GeV beschleunigt werden. Nach dieser Energieerhöhung war die Erzeugung des →Y-Teilchens durch Elektron-Positron-Vernichtung möglich. Mit dem Ringbeschleuniger PETRA können Teilchen bis zu einer Masse von 38 GeV/c^2 (c = Lichtgeschwindigkeit), d. h. etwa 40 Protonenmassen, erzeugt werden. Die Elektronen werden direkt aus dem Linearbeschleuniger über das Synchrotron in den PETRA-Ring injiziert. Die durch Elektronenbeschuß eines Wolframtargets im Linearbeschleuniger erzeugten Positronen werden zunächst im nachgeschalteten Zwischenspeicherring PIA (Abk. für **P**ositronen-**I**ntensitäts-**A**kkumulator) gesammelt, dann nach Beschleunigung im DESY auf 2 GeV im Ring DORIS auf 30 Pakete verteilt und auf die erforderl. Dichte angereichert, bevor sie ins Synchrotron zurückgeschickt, dort auf 7 GeV beschleunigt und schließlich in den PETRA-Ring eingeschossen werden (BILD). 1979 sind mit PETRA die von der →Quantenchromodynamik vorausgesagten drei →Jets bei hochenerget. e^+e^--Stößen beobachtet worden. Vorrangige Ziele sind die Suche nach weiteren Quarks sowie die experimentelle Überprüfung von Theorien zur Vereinigung der unterschiedl. →Wechselwirkungen. Zur Aufklärung aktueller Probleme benötigt man Schwerpunktsenergien von etwa 100 GeV. Daher wird der Bau einer Elektron-Proton-Speicherringanlage HERA (Abk. für **H**adron-**E**lektron-**R**ing-**A**nlage) mit 6,45 km Umfang diskutiert. Mit den zwei übereinanderliegenden und sich an vier Stellen durchkreuzenden Ringen mit supraleitenden Magneten sollen Protonen auf 820 GeV und Elektronen auf 30 GeV beschleunigt werden, so daß Schwerpunktsenergien von etwa 380 GeV zur Verfügung stehen. Durch Untersuchung der Elektron-Proton-Stöße im extrem relativist. Bereich könnte auch die räuml. Ausdehnung der Quarks (bisheriger oberer Grenzwert aus Messungen an PETRA 10^{-16} cm) mit höherer Auflösung analysiert werden.

Am Speicherring DORIS, der eine starke Quelle für →Synchrotronstrahlung im Röntgenbereich darstellt, wurde 1980 das neu errichtete HASYLAB (Abk. für **Ha**mburger **Sy**nchrotronstrahlungs-**Lab**oratorium) in Betrieb genommen, in dem spektroskop. und strukturanalyt. Untersuchungen im Vakuumultraviolett und im gesamten Röntgengebiet durchgeführt werden sollen.

Deutsches Museum von Meisterwerken der Naturwissenschaft und Technik, kurz **Deutsches Museum,** München, gegr. 1903 von OSKAR VON MILLER, zeigt die histor. Entwicklung der exakten Naturwissenschaften, der Technik und Industrie durch Original-Maschinen und -Apparate, Nachbildungen, Modelle, Demonstrationseinrichtungen, Bilder, Zeichnungen. Der Neubau (1925) auf der Museumsinsel umfaßt (1983) 48000 m² Ausstellungsfläche. Die naturwiss.-techn. Bibliothek enthält (1982) 680000 Bde.; sie wird ergänzt durch Sammlungen von Autographen, Porträts, Plänen und Denkmünzen. An den Sammlungs- und Bibliotheksbau schließt der 1935 eröffnete Saalbau an, mit Kongreßsaal für 2600 Personen und Vortragssälen.

Devardasche Legierung [n. dem ital. Chemiker A. Devarda, * 1859, † 1944], Kupfer-(50%), Aluminium-(45%), Zink-(5%)Legierung, die im Laboratorium häufig als Reduktionsmittel benutzt wird.

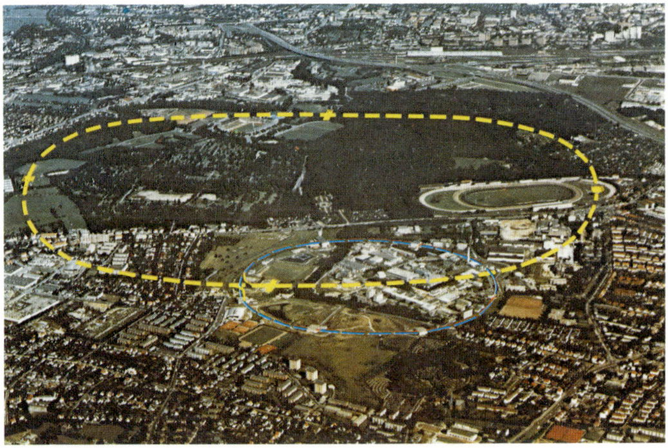

Deutsches Elektronen-Synchrotron (Luftbild): Der blaue Ring zeigt die Lage des jetzt bestehenden Hamburger Positron-Elektron-Speicherringes PETRA, während der gelbe Ring den geplanten Verlauf von HERA angibt

Deviation, Navigation: Winkel, um den die Anzeige eines Magnetkompasses infolge des Eigenmagnetfeldes eines See- oder Luftfahrzeuges von der magnet. Nordrichtung nach O (+) oder W (−) abweicht.

Devon, 4. System des Paläozoikums, das in die Abteilungen Unter-, Mittel- und Ober-D. gegliedert ist und rd. 55 Mio. Jahre dauerte. Nach der kaledon. Gebirgsbildung bestand ein ausgedehnter N-Kontinent, dessen S-Küste von S-Irland über Cornwall und Belgien nach Mittelpolen verlief. Bei aridem Klima wurde das kaledon. Gebirge abgetragen, unter Bildung der terrestr. **Old-Red-Sandsteine** [əuld r'ed-, engl.], im Mittel-D. vom Meer überflutet. In Mitteleuropa entwickelte sich die varisk. →Geosynklinale, die sich einerseits bis Nordamerika, andererseits über Zentralasien bis zum Pazif. Ozean ausdehnt. Die marinen Sedimente sind stark von untermeer. Magmatiten mit Erzen durchsetzt (Harz, Lahn-Dill-Schicht). Bed. Krusten- und Sedimentbewegungen spielten sich in der Geosynklinale ab. Die N-Kontinente hatten ein warm-arides, der Geosynklinalbereich ein tropisches bis subtrop. Klima. In den S-Kontinenten war es kalt (S-Pol im südl. Afrika). Leitfossilien waren im älteren D. Graptolithen, im Mittel- und Ober-D. Cephalopoden, im gesamten D. Conodonten. Im D. eroberten die Pflanzen sowie Amphi-

Deutsches Elektronen-Synchrotron

	DESY	DORIS	PETRA
Art der Anlage	Synchrotron	Speicherring	Speicherring
Maximal-Energie	7,5 GeV	2 × 3,5 GeV	2 × 19 GeV
Mittlerer Strom	80 mA	2 × 200 mA	2 × 80 mA
Teilchenzahl/Strahl	5×10^{11}	$1{,}5 \times 10^{12}$	4×10^{12}
Abmessung	100 m ∅	55 × 100 m	734 m ∅
Zahl der Ablenkmagnete	48	2 × 36	224
Vakuumkammer	5×10^{-10} bar	10^{-12} bar	10^{-11} bar
Injektions-System	Linear-beschleuniger	DESY	DESY-DORIS
Injektionsenergie	400 MeV	≤ 3,5 GeV	7 GeV
Baubeginn	1959	1969	1976
Inbetriebnahme	1964	1974	1978

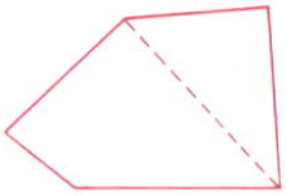

$$\begin{pmatrix} 3 & 2 & 0 & 5 \\ 8 & 5 & 3 & 1 \\ 1 & 0 & 6 & 4 \\ 2 & 4 & 9 & 11 \end{pmatrix}$$

Diagonale: OBEN D. in einem Fünfeck; UNTEN D. einer vierzeiligen quadratischen Matrix (fette Ziffern)

bien und Insekten (neben Fischen) das Festland. – Von wirtschaftl. Bedeutung sind devon. Dachschiefer, Kalksteine, Marmore, Diabase, Eisenerze und Schwefelkies, in der UdSSR und in den USA auch Erdöl.

Dewar-Gefäß [djˈuːə-, n. dem brit. Chemiker J. Dewar, * 1842, † 1923], Glasgefäß mit Doppelwand, deren Zwischenraum zur Verminderung des Wärmeüberganges evakuiert ist; die inneren Flächen sind zur Herabsetzung der Strahlungsverluste glänzend versilbert oder verkupfert, in spezieller Form als **Thermosflasche** bezeichnet.

Dextrane, schleimartige, hochmolekulare Polysaccharide, die von best. Mikroorganismen gebildet werden. Ausgangsmaterial zur Herstellung von Molekularsieben, Leimen und Appreturen; in der Medizin als Blutersatzmittel verwendet.

Dextrine, farblose bis gelbbraune, wasserlösl. Stärkeabbauprodukte mit einer molaren Masse zw. 2000 und 30000. Zur Herstellung von Trocken-D. wird Stärke mit einer geringen Menge Säure (z. B. Salpetersäure) besprüht und zunächst bei ansteigender Temperatur in Vakuumtrocknern, anschließend bei 150–200 °C in Röstpfannen erhitzt. D. werden v. a. als Klebstoffe (z. B. für Briefumschläge und Etiketten) und in Gießereien als Formsandzusatz verwendet.

Diamine

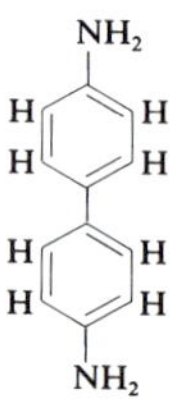

Benzidin

Dextrose, svw. → Glucose.

Dezi, Vorsatzzeichen **d,** → Vorsatz vor Einheiten für den Faktor $10^{-1} = 0{,}1$; z. B.: 1 Dezitonne = 1 dt = 10^{-1} t = 100 kg.

Dezibel *das,* Kurzzeichen (Hinweiszeichen) **dB,** der zehnte Teil des → Bel: 1 dB = 0,1 B. Die Pseudoeinheit D. wird im Zusammenhang mit → Pegeln und → Maßen 4) benutzt und ist ein Hinweis darauf, daß zur Bildung des logarithmierten Verhältnisses zweier physikal. Größen gleicher Dimension der Zehnerlogarithmus benutzt wurde. Bei Verwendung des natürl. Logarithmus lautet das entsprechende Hinweiswort → Neper. Beim elektr. Spannungsübertragungsmaß a_u gilt z. B.:

$$a_u = 20 \lg \frac{U_2}{U_1} \,\mathrm{dB},$$

wobei U_2 die Ausgangs- und U_1 die Eingangsspannung bedeuten. Das D. wird überall dort verwendet, wo ein Meßwert ins Verhältnis zu einem Bezugswert gesetzt werden kann, z. B. die Ausgangsleistung eines Endverstärkers gegenüber der ihm zugeführten Eingangsleistung oder die durch ein Filter hervorgerufene Dämpfung elektr. Signale je Frequenzdekade. Bei elektroakust. Messungen wird zusätzlich zum Wert des → Schalldruckpegels noch angegeben, nach welcher Bewertungskurve die Messung bewertet wurde, z. B. dB (A). Die Bewertungskurven berücksichtigen die von der Frequenz abhängige Empfindlichkeit des menschl. Ohres, am meisten verwendet wird die Kurve A (→ Lärm, → Schallpegelmesser).

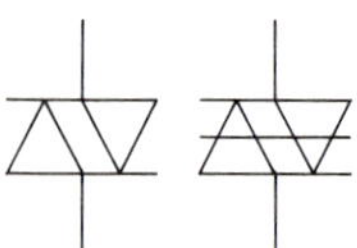

Diac: Schaltzeichen **a** für eine Zweirichtungsdiode, **b** für eine Zweirichtungsthyristordiode

Dezimalbruch, Bruch, dessen Nenner eine Zehnerpotenz ist und den man zweckmäßigerweise ohne Nenner schreibt, z. B. $4\frac{13}{100} = 4{,}13$; vor dem Komma steht die ganze Zahl, hinter dem Komma der echte Bruch; der Nenner ergibt sich aus der Stellenzahl hinter dem Komma. Als D. bezeichnet man aber auch eine Zahl, die hinter dem Komma unendlich viele Stellen aufweist; wenn sich diese

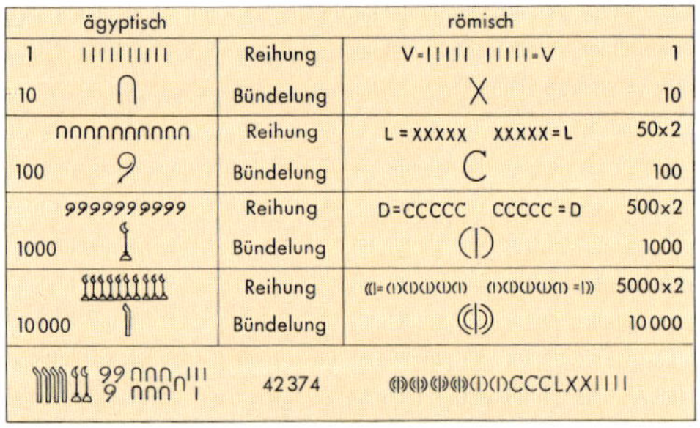

Dezimalsystem

Zahlen periodisch wiederholen, heißt der D. **periodisch** und man schreibt z. B. für 0,515151 . . . = $0{,}\overline{51}$.

Dezimalkorrektur, engl. **decimal adjust** [dˈesɪml əd͡ʒˈʌst], Datenverarbeitung: → Pseudotetrade.

Dezimalsystem, Stellenwertsystem mit der Grundzahl 10. Jede reelle Zahl läßt sich im D. mit zehn Zahlzeichen, den arab. Ziffern, darstellen. Der Wert einer Ziffer richtet sich nach der Stellung, sie muß entsprechend mit einer Zehnerpotenz multipliziert werden, z. B.:

$$642{,}31 = 6 \cdot 10^2 + 4 \cdot 10^1 + 2 \cdot 10^0 + 3 \cdot 10^{-1} + 1 \cdot 10^{-2}.$$

Ziffern vor dem Komma werden mit Zehnerpotenzen mit positiven Exponenten, Ziffern hinter dem Komma mit Zehnerpotenzen mit negativen Exponenten multipliziert.

Dezimalwaage, ungleicharmige → Brückenwaage, bei der die Hebellängen so dimensioniert sind, daß das aufzulegende Gewicht jeweils 1/10 der Last beträgt.

Dezimeterwellen, elektromagnet. Wellen (UHF-Bereich, → Frequenzbereich) mit Frequenzen zw. 300 MHz und 3 GHz (Wellenlänge zw. 10 cm und 1 m).

DFP, Abk. für → **D**iisopropyl**f**luor**p**hosphat.

dg, Einheitenzeichen für **Dezigramm** (→ Gramm).

°dH, Kurzzeichen für die Härte des Wassers (→ Wasserhärte) in dt. Härtegraden (veraltet).

Di. . ., Vorsilbe in Namen chem. Verbindungen, die das Auftreten von zwei ident. unsubstituierten Atomgruppen oder Atomen im Molekül kennzeichnet.

Dia *das,* Kurzbezeichnung für → **Dia**positiv.

Diabas *der,* erdgeschichtlich alter Basalt von meist → ophitischem und intersertalem (→ Intersertalgefüge), aber auch dichtem oder porphyr. Gefüge; oft in **Grünstein** umgewandelt. **Perl-Diabas,** svw. → Variolith.

Diac, Abk. von engl. **Diode Alternating Current Switch** [dˈaɪəʊd ˈɔːltəneɪtɪŋ kˈʌrənt swɪtʃ], **Diodenwechselstromschalter,** Halbleiterbauelement, das bei Überschreiten eines best. Wertes der zw. den beiden Anschlüssen angelegten Spannung (Durchbruchspannung) vom Blockier- in den Durchlaßzustand kippt. Das Umschalten vom hochohmigen in den niederohmigen Zustand geschieht gleichermaßen in beide Polungsrichtungen. Man unterscheidet **Zweirichtungsdioden** (aufgebaut aus drei Halbleiterschichten unterschiedl. Leitfähigkeitstyps) und **Zweirichtungsthyristordioden** (hergestellt aus fünf Halbleiterschichten mit abwechselndem Leitfähigkeitstyp). Diacs entsprechen kontaktlosen, bidirektionalen Schaltern, die zur Ansteuerung von → Triacs eingesetzt werden.

Di|acetyl, svw. → Biacetyl.

Diadochie, die Erscheinung, daß sich verschiedene Ionen in einem Kristallgitter gegenseitig vertreten können, ohne daß dadurch der Gitterbau wesentlich verändert wird **(isomorphe** oder **diadoche** Vertretbarkeit), →Mischkristalle.

Diagenese, Festwerden durch physikal. und chem. Veränderungen von Lockersedimenten zu Sedimentgesteinen, vom Absatz bis zum Übergang zur Metamorphose. Hauptfaktoren: Druck, Zeit, Temperatur, ferner Lösung, Neubildung, Verdrängung u. a. Man unterscheidet isochem. und allochem. D. sowie Fossil-D.

Diagonale, in der Geometrie die Verbindungsstrecke zweier nicht benachbarter Ecken eines Vielecks oder eines Körpers; bei einer quadrat. →Matrix $A=(a_{ik})$ die Elemente auf der von links oben nach rechts unten verlaufenden Linie (BILD), also die Elemente a_{ik} mit $i=k$. (BILD S. 246)

Diagonalverfahren, Cantorsches Diagonalverfahren [n. dem dt. Mathematiker G. Cantor, * 1845, † 1918], Verfahren in der Mengenlehre zum Beweis, daß die Menge der rationalen Zahlen →abzählbar ist **(erstes D.)**, wobei die rationalen Zahlen nach folgendem Schema abgezählt werden:

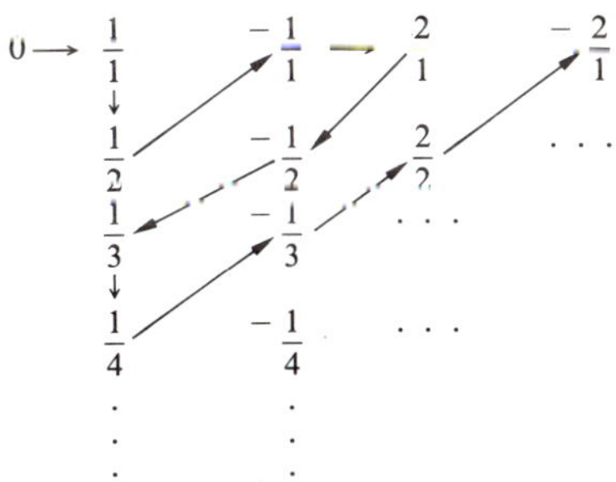

Durch das **zweite D.** wird die Überabzählbarkeit der reellen Zahlen und durch das **dritte D.** die größere Mächtigkeit (→Äquivalenz) der Potenzmenge gegenüber der Grundmenge bewiesen.

Diagramm, graphische Darstellung, graph. Mittel zur Veranschaulichung von statist. Größen und Größenbeziehungen. D. dienen als Ergänzung von Tabellen. Meist werden mathematisch regelmäßige Formen (Kreise, Quadrate, Rechtecke) zur Darstellung verwendet, bes. häufig: Stab-, Säulen-, Kreis-, Polar-, Strahlen-, Linien-D., auch Kurven- und Karto-D. Bei D. im Koordinatensystem werden die Achsen arithmetisch, halblogarithmisch oder logarithmisch eingeteilt. (Weitere BILDER S. 248)

Diaklase, svw. →Kluft.

Diallag *der,* Mineral, ein →Pyroxen; wichtiger Gemengteil dunkler Tiefengesteine wie Gabbros, Peridotite, Pyroxenite.

Dialogbetrieb, Betriebsweise einer Datenverarbeitungsanlage, bei der es einem oder mehreren Teilnehmern möglich ist, über Ein-/Ausgabegeräte (→Terminal) im Wechsel von Frage und Antwort (Dialog) direkt mit dem Computer Informationen und Daten auszutauschen. Auf eine Anfrage des Benutzers reagiert der Computer entsprechend seiner Programmierung und den ihm zur Verfügung stehenden Datenbeständen mit der Ausgabe der gewünschten Informationen (z. B. bei einem Platzbuchungssystem). Voraussetzung dafür ist, daß die Terminals ›On-line‹ (d. h. in direkter Verbindung) an die Zentraleinheit des Computers angeschlossen sind (Ggs.: →Off-line).

Dialyse, Verfahren zur Abtrennung von niedermolekularen Teilchen aus einer Lösung hochmolekularer Stoffe (Eiweiße, Stärke u. ä.). Mit Hilfe einer semipermeablen Membran werden die Makromoleküle in der Lösung zurückgehalten, während die kleinen Moleküle durchtreten und von einem an der Membranaußenwand vorbeigeführten Lösungsmittelstrom abtransportiert werden. Sind die niedermolekularen Stoffe in Ionen dissoziiert, so kann die Schnelligkeit und Vollständigkeit der D. durch Anlegen einer elektr. Spannung an die wasserführenden Außenzellen (BILD S. 248) sehr gefördert werden **(Elektro-D.).**

Diamagnetismus, ein im äußeren magnet. Feld induzierter Magnetismus, tritt bei allen Stoffen auf, kann aber i. d. R. nur dann beobachtet werden, wenn er nicht durch →Paramagnetismus oder →Ferromagnetismus verdeckt wird. Die Atome oder Moleküle rein diamagnet. Stoffe, z. B. Wismut oder Wasser, besitzen kein magnet. Moment, da die von dem Bahndrehimpuls der Elektronen hervorgerufenen Magnetfelder sich gerade aufheben. Beim Einschalten eines äußeren Magnetfeldes geraten jedoch die magnet. Achsen und auch die Drehimpulsachsen der Atome und Moleküle in Präzessionsbewegungen um die Achse des Magnetfeldes **(Larmor-Präzession).** Diese Bewegungen wirken wie zusätzl. elementare Ströme, deren Magnetfelder dem äußeren entgegenwirken (W. WEBER, 1852). Die Feldlinien des äußeren Feldes scheinen also aus dem diamagnet. Körper herausgedrängt zu werden (BILD); im inhomogenen Feld wirkt auf einen diamagnet. Körper eine Kraft in Richtung abnehmender Feldstärke. Die magnet. Suszeptibilität χ_m von Diamagnetika ist negativ und sehr klein (Größenordnung 10^{-5} bis 10^{-6}) und temperaturunabhängig, die Permeabilität μ daher kleiner als 1. – Supraleiter verhalten sich unterhalb der krit. magnet. Feldstärke wie **ideale Diamagneten** ($\chi_m = -1$; →Meißner-Ochsenfeld-Effekt).

Diamant *der,* Mineral, kubisch-hexakisoktaedr. Modifikation des Kohlenstoffs (C), mit sehr dichter, stark vernetzter Kristallstruktur. Kristalle teils eingewachsen, teils lose, oft mit Flächenkrümmung und Wachstumsstreifung; vorherrschende Kristallformen: Oktaeder, Dodekaeder, seltener Würfel, z. T. die Bearbeitung erschwerende Zwillingsbildung; auch als dichte Masse **(Ballas)** oder schwarzglänzend koksartige Stücke **(Carbonado).** – D. ist das härteste Mineral (H. 10, Schleifhärte unterschiedlich nach Flächenlage); gut spaltbar nach Oktaederfläche, sehr spröde, mit typisch hohem Glanz (›Diamantglanz‹), D. 3,52; durchsichtig bis undurchsichtig; meist kaum wahrnehmbar, selten kräftiger gefärbt: gelb, grün, braun, weniger blau oder rot, gemein auch grau und schwarz. Starke Lichtbrechung (Brechzahl 2,417) bewirkt den hohen Glanz, →Dispersion 1) das Farbenspiel. D. kann bei 1650–1800 °C unter Luftabschluß in Graphit umgewandelt, im Sauerstoffgebläse zu Kohlendioxid (CO_2) verbrannt und durch Chromschwefelsäure bei 200 °C zu CO_2 zersetzt werden (→Diamantsynthese).

Vorkommen und Gewinnung. Auf ›primärer‹ Lagerstätte bes. im →Kimberlit, dem Füllgestein großer, trichterförmiger, vulkan. Durchschlagsröhren (Pipes).

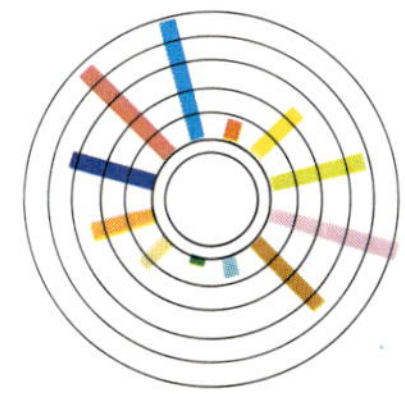
Polardiagramm

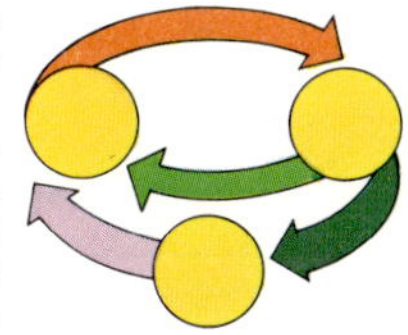
Kreislaufdiagramm

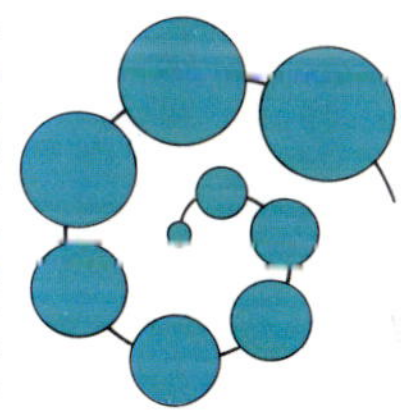
Spiraldiagramm

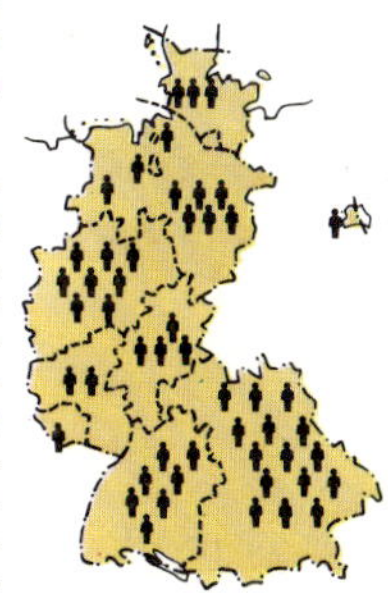
Kartodiagramm

Diagramm

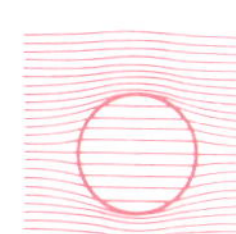

Diamagnetismus: Verhalten eines diamagnet. Körpers im magnet. Feld

Diamagnetismus

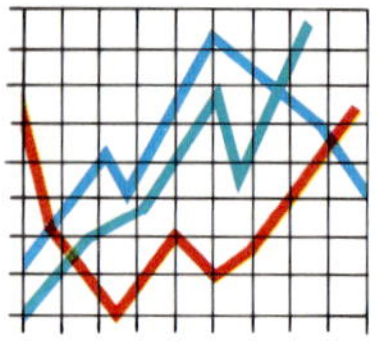
Kurvendiagramm

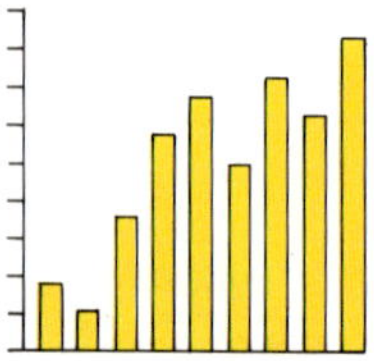
Stabdiagramm

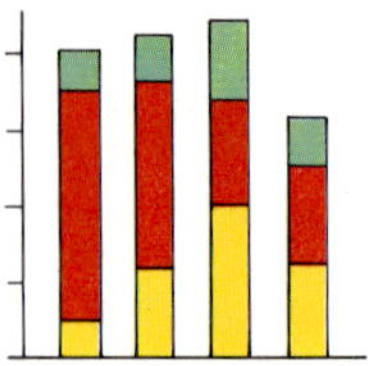
Säulendiagramm

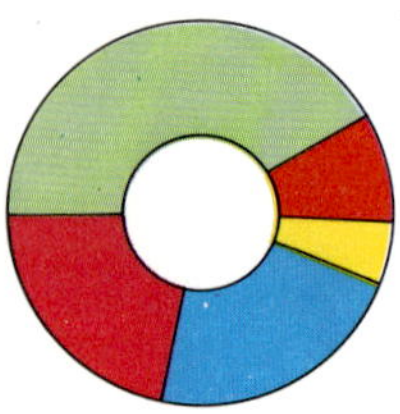
Kreisdiagramm

Diagramm

Abbau bis in 1000 m Tiefe (Südafrika, Tansania, UdSSR); auf ›sekundärer‹ Lagerstätte, aus der Verwitterung primärer Vorkommen, in meist fluviatilen Ablagerungen alluvialen oder höheren Alters **(Edelsteinseifen),** z. T. auch in küstennahen Meeresablagerungen. Gewinnung durch Auswaschen (südl. Afrika).

Verwendung. Über 75% der D. entfallen auf Industrie-D., nur knapp 25% eignen sich auf Grund ihrer Farbe und Reinheit als Schmuck-D., welche jedoch rd. 70% des Wertes der Weltförderung ergeben.

Farblos und frei von sichtbaren Einschlüssen ist der D. einer der wertvollsten Edelsteine. Seine Qualität wird nach Farbe und Reinheit beurteilt. Ein preisbildender Faktor ist auch das Gewicht in Karat. – Der größte je gefundene D. (1905), der **Cullinan-D.** [kˈʌlɪnən-, engl.], hatte ein Rohgewicht von 3106 Karat.

Diamạntsynthese, Herstellung von künstl. → Diamanten unter Anwendung sehr hoher Drucke und Temperaturen (Hochdruck-Hochtemperaturverfahren). Dabei wird Kohlenstoff (Graphit) in flüssigen Schwermetallen (Nickel, Eisen oder Tantal) bei 35–50 kbar und 1200–1600 °C gelöst. Die Metalle wirken dabei als Katalysatoren. Es genügt eine Reaktionszeit von etwa 1 min, um synthet. Diamantkristalle von 0,01 bis 1,2 mm herzustellen. Sie werden v. a. im techn. Bereich verwendet, z. B. polykristalline Diamantkörnchen zum Läppen und Polieren. Auch die Herstellung in Schmucksteinqualität ist möglich. – Als **Diamantersatz** eignet sich mit Yttriumoxid stabilisiertes, kubisch kristallisierendes Zirkoniumoxid (ZrO_2/Y_2O_3), das ähnliche physikal. Eigenschaften wie der Diamant aufweist: Brechzahl 2,15–2,18 (Diamant 2,42), Härte 7,5–8 (Diamant 10).

Diamạntwerkzeuge, mit Diamant ausgerüstete Werkzeuge für die spanende und umformende Bearbeitung von Werkstoffen. Man unterscheidet: 1) Rohdiamanten für Glasschneider, Schleifscheibenabrichter, Erdbohrkronen, Steinsägen. 2) geschliffene Diamanten für Dreh- und Bohrwerkzeuge zum Fein- und Glanzdrehen von Bunt-, Leicht- und Edelmetallen sowie Kunststoffen. 3) Diamantkörnungen in loser Form zum Läppen und Polieren von Diamanten, Edelsteinen, Hartmetallen, Hartstoffen. 4) Diamantkörnungen in gebundener Form für Schleif-, Trenn-, Bohrwerkzeuge.

Di|amịne, Verbindungen mit zwei Aminogruppen, z. B. Benzidin und Hexamethylendiamin. (FORMEL S. 246)

1,6-Di|aminohexạn, svw. → Hexamethylendiamin.

diaphạn, svw. → durchscheinend.

Diaphrạgma, 1) Chemie: ionendurchlässige Trennwand, die bei elektrochem. Verfahren Anoden- und Kathodenraum voneinander trennt, um eine Vermischung von Stoffen (z. B. Chlor und Wasserstoff) zu verhindern. Bei der → Chloralkali-Elektrolyse werden D. aus Asbest verwendet.

2) Optik: veraltet für → Blende 1).

Diaphthorẹse, retrogrạde, rückschreitende Metamorphọse, erneute Umwandlung eines metamorphen Gesteins bei geringeren Temperaturen und meist starkem Druck. – **Diaphthorịt,** durch D. entstandenes Gestein.

Diapịr, geolog. Körper, der auflagernde Schichten durchbricht. Ursachen können sein: vulkan. Kräfte, Unterschiede in der Plastizität und den hydrostat. Drücken von Gesteinsmassen (→ Vulkan, → Salzstock).

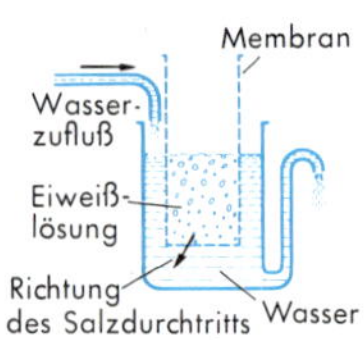

1

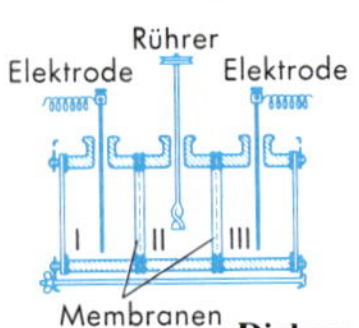

2

Dialyse: 1 Schema einer Dialyse. 2 Schema eines Elektrodialysators; II Mittelzelle mit der zu dialysierenden Lösung, I und III Außenzellen mit fließendem Spülwasser

Diapositịv, kurz **Dịa,** transparentes photograph. Positivbild auf durchsichtigem Träger (Film, gelegentlich auch Glas). Vom Kleinstbild-D. (Bildgröße mindestens 8 × 11 mm) bis zum Groß-D. gibt es eine Reihe von genormten Formaten, gebräuchlich ist das Kleinbildformat 24 × 36 mm. D. werden meist mittels Diaprojektoren (→ Projektor) auf eine Bildwand projiziert; zu diesem Zweck müssen die D. einzeln gerahmt sein (Papprahmen, Plastikrahmen mit oder ohne Glasscheiben).

Dịaprojektor, Diaskop, Gerät (→ Projektor) zur opt. Projektion von transparenten Bildern (Diapositiven) auf eine Leinwand.

Diaspọr *der,* farbloses oder farbiges Mineral α–AlOOH; meist blättrige Aggregate oder tafelige Kristalle in metamorphen Gesteinen, Bauxiten und im Smirgel.

Diastạse, Enzym, svw. → Amylase.

Diastẹm, kurzzeitige Sedimentationsunterbrechung; → Schichtlücke.

Dia|stereomerie, Dia|stereoisomerie, Form der Stereoisomerie (→ Stereochemie) von Molekülen, die dann vorliegt, wenn in Paaren von isomeren Verbindungen mit chiralen Gruppierungen (→ Chiralität 1) nur Teile der Moleküle sich zueinander wie Bild und Spiegelbild verhalten, die anderen Molekülteile aber räumlich gleiche Struktur haben.

diathermạn, svw. wärmedurchlässig (Ggs. zu → atherman).

Diäthyl|äther, wichtigster → Äther und deshalb meist kurz ›Äther‹ genannt. D. ist eine farblose, charakteristisch riechende Flüssigkeit mit einem Siede-P. von 34,5 °C. In Gegenwart von Luft bildet D. explosive Peroxide. Der Dampf des D. ist schwerer als Luft und bildet mit Luft explosive Gemische. D. wird durch Wasserabspaltung aus Äthanol in Gegenwart von Schwefelsäure (›Schwefeläther‹) oder Alaun hergestellt. Er fällt bei der Synthese von Äthanol als Nebenprodukt an. D. hat Bedeutung als Lösemittel und Narkosemittel. (FORMEL S. 246)

Diatomẹen, Kiesel|algen, mikroskopisch kleine, einzellige Algen mit meist zierlich skulpturierter Kieselhülle aus zwei ungleichen Teilen oder Schalen bestehend. In Süß-, Brack- und Salzwasser; Vorkommen seit dem Lias.

Diatomẹen|erde, svw. → Kieselgur.

Diatomẹen|schlamm, kalkarme, kieselsäurereiche Meeresablagerung aus Diatomeenskeletten; bedeckt rd. 7,5% des Meeresbodens, bes. den Tiefseeboden der antarkt. Gewässer und des nördl. N-Pazifiks.

Diatomịt, 1) Bautechnik: aus → Kieselgur hartgebrannter, feuerfester Formstein mit guter Wärmedämmung.

2) Geologie: verfestigter Diatomeenschlamm.

Di|azịne, Sammelname für sechsgliedrige, heterozykl. Verbindungen mit zwei Stickstoffatomen im Ring. Es werden drei Ringsysteme unterschieden. **1,3-Diazịn,** → Pyrimidin. (FORMELN S. 249)

Di|azo|methạn, → Diazoverbindungen.

Di|azọniumverbindungen, Di|azọniumsalze, salzartige Verbindungen mit dem Kation $[R-N\equiv N|]^+$, die sich nur herstellen lassen, wenn R eine Arylgruppe ist. D. sind nicht sehr beständig, in trockenem Zustand meist explosiv. Sie werden durch Reaktion von aromat. Aminen mit salpetriger Säure in saurer Lösung erhalten **(Diazotierung)**, z. B.

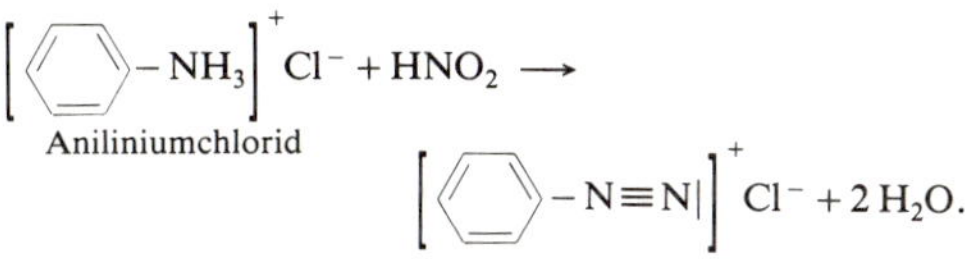

Aniliniumchlorid

Benzoldiazoniumchlorid

D. bilden mit starken Basen **Diazotatanionen,** $R-N=N-\overline{\underline{O}}|^{-}$. Von besonderer Bedeutung ist die Kupplung von D. zu →Azofarbstoffen.

Di|azo|reaktion, chem. Nachweis aromat. Stoffe im Harn, die mit diazotierter Sulfanilsäure und Natriumnitritlösung **(Ehrlichs Reagenz)** bei best. Erkrankungen (Typhus, Trichinenkrankheit, Sepsis, Lungentuberkulose u. a.) Rotfärbung ergeben.

Di|azotierung, → Diazoniumverbindungen.

Di|azotyple-Verfahren, Positiv Lichtpausverfahren, das auf der Zersetzung von Diazoniumverbindungen bei Belichtung beruht. Die unzersetzten Diazoniumverbindungen in den unbelichteten Bereichen werden mittels Azokupplung zu einem Farbstoffbild entwickelt.

Di|azoverbindungen, organ. Verbindungen mit der **Diazogruppe** $=N_2$. Die einfachste D. ist **Diazomethan,** ein gelbes, giftiges, explosives Gas, das zu den krebserzeugenden Arbeitsstoffen (A 2) zählt (→MAK-Wert). In Form von weniger gefährl. Lösungen wird Diazomethan für Methylierungen verwendet.

Dibbelsaat, → Sämaschinen.

Dibenzoyl|peroxid, organ. Verbindung, die beim Erhitzen in Radikale zerfällt und deshalb als Initiator für radikal. Polymerisationen verwendet wird.

1,2-Di|brom|äthan, chloroformähnlich riechende Flüssigkeit, die als Zusatz zu Bleialkylen in →Antiklopfmitteln eine Verschmutzung des Motors mit Bleirückständen verhindert.

Dicarbonsäuren, organ. Säuren mit zwei Carboxylgruppen, die v. a. als Zwischenprodukte für Ester (Weichmacher), Polyester und Polyamide verwendet werden. Wichtige **aliphatische D.** sind:

Name	Formel	Schmelz-P. °C
Oxalsäure	HOOC – COOH	157 (sublimiert)
Malonsäure	$HOOC-CH_2-COOH$	135
Bernsteinsäure	$HOOC-(CH_2)_2-COOH$	188
Glutarsäure	$HOOC-(CH_2)_3-COOH$	99
Adipinsäure	$HOOC-(CH_2)_4-COOH$	153

Von den **aromatischen D.** haben v. a. Phthalsäure und →Terephthalsäure Bedeutung.

Dichlor|äthan, → Chlorkohlenwasserstoffe.

Dichlordifluormethan, → Chlorfluorkohlenstoffe.

Dichlor-diphenyl-trichlor|äthan, svw. → DDT.

Dichroismus, Zweifarbigkeit, → Pleochroismus.

Dichroskop, Haidingersche Lupe [n. dem österr. Geologen und Mineralogen W. K. von Haidinger; * 1795, † 1871], opt. Gerät, mit dem die unterschiedl. Farbe der durch Doppelbrechung in optisch anisotropen Kristallen erzeugten beiden Lichtbündel beobachtet werden kann (→ Pleochroismus).

dicht, Mathematik: Eine Menge *M* liegt d. in einer Menge *M'*, wenn in jeder Umgebung eines jeden Elementes aus *M'* noch mindestens ein Element aus *M* liegt. Beispiel: Die Menge der rationalen Zahlen ist dicht auf der reellen Zahlengeraden.

Dichte, 1) Mechanik: Die D. ϱ eines Stoffes ist der Quotient aus der Masse *m* und dem Volumen *V*: $\varrho = m/V$. Bei Dichteangaben ist (wenn nötig) der Zustand des Stoffes (Temperatur, Druck, Feuchtigkeit usw.) anzugeben. SI-Einheit ist kg/m^3; daneben können weitere Einheiten verwendet werden: $1\ g/cm^3 = 1\ kg/dm^3 = 1\ Mg/m^3 = 1\ t/m^3 = 1\ g/ml = 1\ kg/l$. Die **relative D.** *d* ist das Verhältnis der D. eines Stoffes zur D. eines Bezugsstoffes unter Bedingungen, die für beide Stoffe bes. anzugeben sind. Für Flüssigkeiten und Feststoffe ist der Bezugsstoff häufig Wasser von 4 °C (das die D. $1\ g/cm^3$ hat); diese relative D. nannte man früher **Dichtezahl.** – Die **Normdichte** ϱ_n eines Gases ist seine D. im → Normzustand.

Die **Wichte** γ eines Stoffes ist der Quotient aus der Gewichtskraft *G* und dem Volumen *V*: $\gamma = G/V = g\ \varrho$. Die Wichte ist (wegen der Fallbeschleunigung *g*) i. Ggs. zur D. eine vom Ort abhängige Größe und soll daher nach DIN nicht mehr benutzt werden, insbes. nicht unter dem Namen **spezif. Gewicht.** Bei Verwendung der früher übl. Einheit p/cm^3 für die Wichte können die Zahlenwerte für D. (in g/cm^3) und Wichte an Orten nahe der Erdoberfläche in den meisten prakt. Fällen mit ausreichender Genauigkeit gleichgesetzt werden (die Gewichtskraft von 1 g Masse weicht auf der ganzen Erdoberfläche um höchstens 0,3% von 1 p ab). Einander genau gleich sind die Zahlenwerte in diesen Einheiten, wenn der Wichte die → Normfallbeschleunigung zugrunde liegt. Zur Umrechnung gilt: $1\ p/cm^3 = 1\ kp/dm^3 = 9{,}80665\ N/dm^3$.

Allgemeiner versteht man unter D. das Verhältnis einer physikal. Größe zu Raum, Fläche oder Länge, z. B. Raumladungsdichte = Ladung/Volumen, Flächenladungsdichte = Ladung/Fläche, Linienladungsdichte = Ladung/Länge. Zur Unterscheidung von anderen D. kann ϱ dann auch **Massendichte** genannt werden.

2) Optik: **optische D.,** → Brechung.

Dichtigkeit, Dichtheit, Widerstand eines Körpers gegen das Eindringen oder Durchdringen von Gasen, Flüssigkeiten, Strahlung, Wärme, Schall. Bei Baukonstruktionen ist oft die D. der Stöße und die Fugen-D. entscheidend. Die D. wird hier erreicht durch Anwendung von → Dichtungsstoffen, bei Maschinen, Apparaten, Armaturen durch → Dichtungen 2).

Dichtung, 1) Bautechnik: →Abdichtung, → Dichtungsstoffe.

2) Maschinenbau: Vorrichtung zur Verhinderung oder Verminderung des Austausches von Stoff und Druck zw. zwei Räumen, deren Wandungen sich gegeneinander bewegen können oder fest miteinander verbunden sind. **Ruhende D.** (flüssige oder plast. Masse, Papier, Gummi u. v. a.) befinden sich zw. unbeweglich miteinander verbundenen Teilen. Bei gegeneinander bewegten Teilen verwendet man Berührungs-D. oder berührungsfreie D., beide für drehende und hin- und hergehende Bewegungen. **Berührungs-D.** sind z. B. Stopfbüchsen, Packungen,

Dibenzoylperoxid

Diazoverbindungen

$H_2\overset{(-)}{\overline{C}}-\overset{(+)}{N}\equiv N|$

$H_2C=\overset{(+)}{N}=\overset{(-)}{\underline{\overline{N}}}$

mesomere Grenzformen von Diazomethan

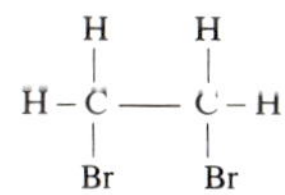

1,2-Dibromäthan

$C_2H_5-O-C_2H_5$

Diäthyläther

Diazine

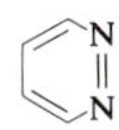

* Pyridazin (1,2-Diazin)

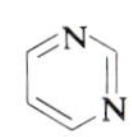

* Pyrimidin (1,3-Diazin)

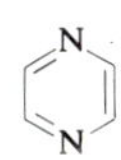

* Pyrazin (1,4-Diazin)

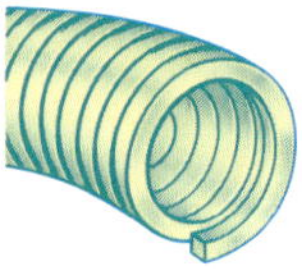

Stopfbüchsenpackung

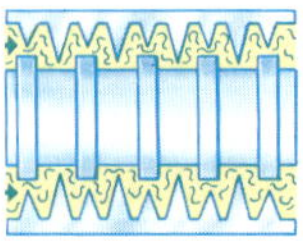

Labyrinth-D. (Gas oder Dampf)

Flach-D.

Ring-D.

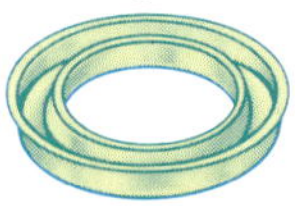

Manschetten-D.

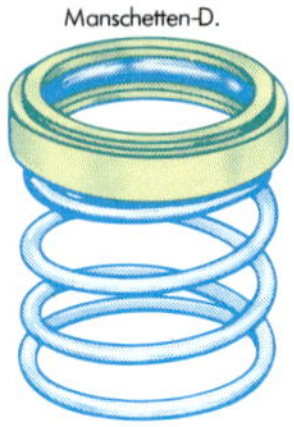

Gleitring-D.

Wellen-D.

Dichtung 2)

Kolbenringe. **Berührungsfreie D.** behindern den Durchtritt (v. a. bei Dampfturbinen) durch enge Spalte (Labyrinth-D.). D. für begrenzte Bewegungen sind Membranen, Manschetten und Bälge.

G. VEIT: Tb. der Dichtungstechnik (1971); K. TRUTNOVSKY: Berührungs-D. (^{2}1975); ders.: Berührungsfreie D. (^{4}1981); EDGAR SCHMID u. a.: Hb. der Dichtungstechnik (1980).

Dichtungsmassen, Dichtstoffe, plast. oder elast. Massen zum Abdichten von Fugen im Bausektor (→Dichtungsstoffe), in der Automobilindustrie (Windschutzscheiben), im Straßenbau (Autobahnen), im Schiffsbau (Holzplanken) u. a. Moderne D. haben im Vergleich zu den alten Fensterkitten (85% gemahlene Kreide, 15% trocknende Öle) eine wesentlich höhere Bewegungsfähigkeit. Besondere Bedeutung haben D. auf Basis von Polysulfiden, Siliconen, Polyacrylaten, Polyurethanen, Butylkautschuk und Polyisobutenen. D. enthalten außerdem Weichmacher, Füllstoffe (z. B. Tone, Ruß, Calciumcarbonat), Pigmente, Haftvermittler u. a. Stoffe. Sie können als Ein- oder Zweikomponentensysteme angewandt werden. Das Abbinden erfolgt durch Vernetzung von Molekülen (Polysulfide), chem. Reaktionen (Polyurethane) oder physikal. Trocknen (Polyacrylate). Kautschuk-D. bleiben i. a. im plast. Zustand.

Dichtungsschleier, Wasserbau: künstl. Verdichtung des Untergrundes eines Staubauwerks durch Einbringen von Dichtungsstoffen in Einpreßlöcher zur Verhinderung der Unterläufigkeit (Beispiel BILD Talsperre Große Dhünn).

Dichtungsstoffe, Bautechnik: Bez. für →Sperrstoffe zur Abdichtung gegen aufsteigendes und drückendes Wasser sowie gegen Regenwasser. Zu den D. gehören **Dichtungsbahnen** und **-folien** aus Dachpappen, Kunststoffen und NE-Metallen, **Dichtungsanstriche** und **Spachtelmassen** auf bituminöser oder Kunststoffbasis zur flächenhaften Abdichtung sowie **Dichtungsmassen** (Vergußmassen) und **Dichtungsprofile** zur Fugenabdichtung. **Dichtungsstreifen** aus Gummi, Schaumgummi, Schaumstoff, Filz oder federndem Metall zur Abdichtung gegen Zugluft, Lärm, Staub werden z. B. in Tür- und Fensterfalze eingelegt.

Dickenmesser, Sammelbezeichnung für alle Geräte zur Messung der Dicke von Platten, Blechen, Wellen, Drähten, Schichten u. a. (→Schieblehre, →Meßschraube, →Blechlehre, →Längenmessung).

Dickfilmtechnologie, Dickschichttechnik, Elektronik: Herstellungsverfahren für →Hybridschaltungen, bei dem aus einzelnen Bauelementen eine komplette Funktionseinheit erzeugt wird. Auf ein als Träger dienendes Keramikplättchen werden Leiterbahnen, Widerstände und Kondensatoren aus pastenförmigen Mischungen aus Metallegierungen mittels Siebdruckverfahren aufgebracht und durch einen Einbrennprozeß gefestigt. Diskrete Halbleiterbauelemente (z. B. Dioden, Transistoren) lassen sich als fertige, aber ungekapselte →Chips in die Schaltung einsetzen. In D. hergestellte Schaltkreise haben gegenüber monolithisch integrierten Schaltungen den Vorteil, daß sie auch bei kleinen Stückzahlen wirtschaftlich und nach kundenspezif. Wünschen produziert werden können.

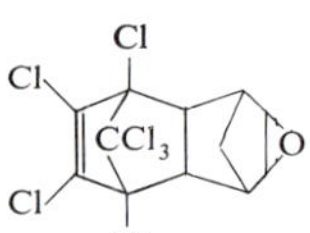

Dieldrin

Dickit, dem Kaolinit verwandtes Mineral, 1908 von dem engl. Mineralogen A. B. DICK beschrieben.

Dickten, dickere Sägefurniere (→Furnier) und 5 bis 18 mm dicke, unbesäumte Bretter aus Hartholz.

Dicyan, Cyan, C_2N_2, nach Bittermandel riechendes, sehr giftiges (MAK 22 mg/m^3) farbloses Gas, durch Dehydration von Ammoniumoxalat hergestellt. D. wurde auch im intergalakt. Raum nachgewiesen.

Di|eder *das,* **1)** Kristallographie: eine aus zwei kristallographisch gleichwertigen Flächen (Zweiflächner) bestehende Kristallform.

2) Mathematik: zweiflächiges regelmäßiges ebenes Vieleck, bei dem man Ober- und Unterseite unterscheidet. Die **Diedergruppe** ist ein Sonderfall der →Polyedergruppe.

Di|eldrin [n. dem dt. Chemiker O. Diels, *1876, †1954], aus →Aldrin hergestelltes →Insektizid gegen Bodenschädlinge und Heuschrecken.

Di|elektrikum, elektrisch isolierender Stoff, in dem ein äußeres elektr. Feld durch Influenz ein Gegenfeld aufbaut. Ein D. zw. den Platten eines Kondensators erhöht die Kapazität auf den ε_r-fachen Wert (gegenüber dem Vakuum). ε_r heißt relative →Dielektrizitätskonstante.

di|elektrische Verluste entstehen bei der Einwirkung elektr. Wechselfelder in einem Dielektrikum. Sie haben ihre Ursachen im Dipolmoment der Moleküle und in Inhomogenitäten der Isolierstoffe. Sie sind abhängig von der Feldstärke und der Frequenz des Wechselfeldes sowie von der Temperatur des Isolierstoffes. Die d. V. eines Kondensators z. B. werden meßtechnisch ermittelt und als →Verlustfaktor tan δ angegeben.

Di|elektrizitätskonstante, Abk. **DK.** Zw. der elektr. Flußdichte (elektr. Verschiebung) $\boldsymbol{D}$ und der elektr. Feldstärke $\boldsymbol{E}$ besteht die Beziehung $\boldsymbol{D} = \varepsilon \boldsymbol{E}$; ε heißt **Permittivität.** In einem isotropen →Dielektrikum ist die Permittivität in demselben Feldpunkt ein den Stoff kennzeichnender positiver Skalar. Im Vakuum ist ε gleich der elektr. Feldkonstanten ε_0 (→Elektrizität), früher auch **absolute D. des Vakuums.** Das Verhältnis $\varepsilon/\varepsilon_0 = \varepsilon_r$ heißt **Permittivitätszahl (relative Permittivität).** Stoffe, bei denen die Permittivität unabhängig vom Betrag der Feldstärke ist, d. h. bei denen $\boldsymbol{D}$ und $\boldsymbol{E}$ proportional sind, heißen **lineare Dielektrika** (Ggs. **nichtlineare Dielektrika).** Ihre Permittivität wird D. (früher **absolute D.**), ihre Permittivitätszahl wird **Dielektrizitätszahl** (früher **relative D.**) genannt. In anisotropen Stoffen ist die Permittivität (D.) ein Tensor 2. Stufe.

Dielektrizitätszahlen einiger Stoffe

Bernstein	2,9	Holz	2,5–6,8
Keramische Werkstoffe	100 und mehr	Papier (trocken)	1,6–2,6
		Paraffin	1,9–2,3
Eis	3,1	Quarz	4
Glas	2–16	Sauerstoff (flüssig)	1,464
Glimmer	4–8		
Hartgummi	2,5–3,5	Wasser	80,8

Di|elektrometrie, die →Dekametrie.

Diene, Di|olefine, ungesättigte aliphat. **(Alka-D.)** oder zykl. **(Cyclo-D.)** Kohlenwasserstoffe mit zwei Doppelbindungen. Die Namen werden aus den entsprechenden →Alkanen und der Endsilbe -dien gebildet. Benachbarte Doppelbindungen nennt man **kumuliert,** solche, die durch eine Einfachbindung voneinander getrennt sind, **konjugiert.** Von **isolierten** Doppelbindungen spricht man, wenn mindestens eine CH_2-Gruppe zw. ihnen liegt. Besondere Bedeutung haben →Butadien und →Isopren. D. mit konjugierter Doppelbindung reagieren mit Dienophilen (Alkene, deren Doppelbindung z. B. durch Carbo-

Diene: verschiedene Formen der Doppelbindung

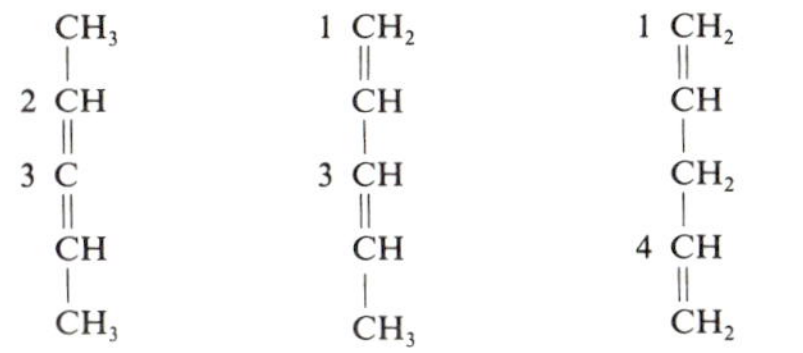

2,3- kumulierte | 1,3-Pentadien konjugierte | 1,4-Pentadien isolierte

nylgruppen aktiviert sind) in einer Additionsreaktion zu zykl. Verbindungen **(D.-Synthese, Diels-Alder-Reaktion):**

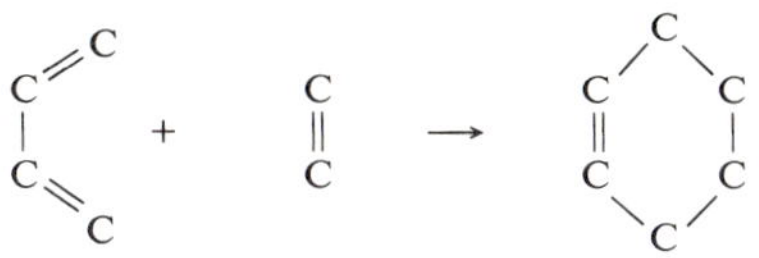

Dien | Dienophil | Addukt

Die D.-Synthese hat große Bedeutung für die Herstellung von zykl. Naturstoffen und heterozykl. Verbindungen. (→Alkene)

Dienstgipfelhöhe, Höhe, in der die Steiggeschwindigkeit eines Flugzeugs in der Normalatmosphäre noch einen zur Ausführung von Flugmanövern ausreichenden Mindestwert (meist 0,5 m/s) aufweist.

Di|ergol, Zweistoffsystem für Flüssigkeitsraketenantriebe (→Rakete).

diesel|elektrischer Antrieb [n. dem Maschineningenieur R. Diesel, * 1858, † 1913], Fahrzeugantrieb, bes. für Lokomotiven und Schiffe. Dieselmotoren treiben Gleichstromgeneratoren an, die die Antriebsmotoren speisen. Vorzüge: Der Dieselmotor läuft stets mit seiner günstigsten Drehzahl; kein Getriebe, stufenlose Regelung, ständige Betriebsbereitschaft, sauberer Betrieb. Bei Bahnen entfällt die ortsfeste elektr. Energieversorgung, bei Schiffen kann auf lange Schraubenwellen verzichtet werden. Nachteile: hohe Anlagekosten, großes Gewicht, ungünstiger Wirkungsgrad gegenüber reinem Dieselantrieb.

dieselhydraulischer Antrieb, Fahrzeugantrieb, bei dem die Leistung eines Dieselmotors über ein Flüssigkeitsgetriebe auf die Treibräder übertragen wird, v. a. für Schienenfahrzeuge. Im **hydrodynam. Getriebe** (Strömungsgetriebe) wird das Drehmoment durch hydraul. Wandler umgewandelt oder über hydraul. Kupplungen weitergeleitet. Im **hydromechan. Getriebe** ist dem hydraul. Wandler ein mechan. Stufengetriebe nachgeschaltet. In beiden Fällen wird das Drehmoment mittels der kinet. Energie (Strömungsenergie) einer Flüssigkeit übertragen. Dagegen wird im **hydrostat. Getriebe** die mechan. Energie des Motors in potentielle Energie (Druckenergie) umgesetzt, indem die Flüssigkeit durch Pumpen unter Druck gesetzt wird.

Dieselkraftstoff, Kraftstoff für Motoren mit Selbstzündung. Für schnellaufende Motoren (z. B. Kraftfahrzeuge) werden Gasöle aus der Erdölverarbeitung, d. h. Kohlenwasserstoffgemische mit einem Siedebereich zw. 170 und 360 °C verwendet. Ausreichende Zündfähigkeit wird durch hohen Gehalt an geradkettigen Alkanen erreicht. Ein Maß für die Zündwilligkeit ist die →Cetanzahl. Zur Verbesserung der Zündwilligkeit können Zündbeschleuniger zugesetzt werden. Der Flammpunkt muß

Dieselmotor 1: 4-Zylinder-Reihenmotor (Daimler-Benz), 2404 cm³, 53 kW (72 PS)

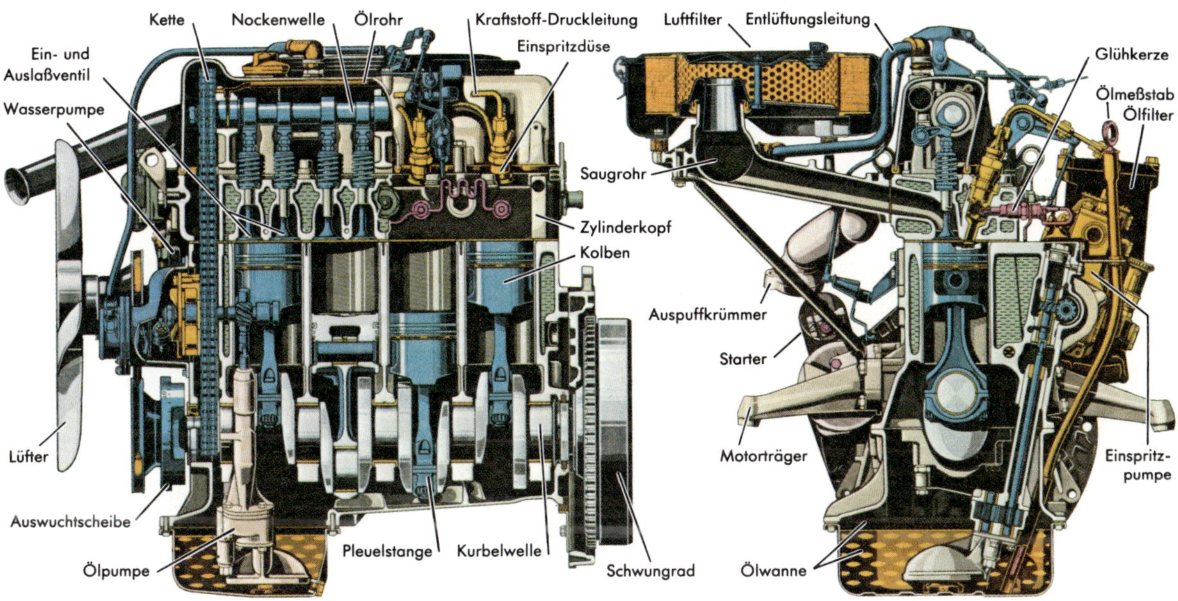

mindestens bei 55 °C liegen, der Schwefelgehalt darf höchstens 0,30 Gew.-% betragen. D. neigt bei tiefen Temperaturen zur Paraffinausscheidung, die zu Betriebsstörungen führen kann, er muß deshalb im Sommer bei 0 °C, im Winter bei – 12 °C noch filtrierbar sein. Bei tieferen Temperaturen ist die Zumischung von Petroleum oder Testbenzin empfehlenswert. Das Kälteverhalten kann durch Zusatz von →Fließverbesserern beeinflußt werden. Für langsamlaufende Motoren (z. B. Schiffsdiesel) werden hochsiedende Erdöldestillate oder Destillationsrückstände mit geringerer Zündwilligkeit und höherem Schwefelgehalt verwendet.

Dieselkraftwerk, Kraftwerk, in dem Dieselmotoren die elektr. Generatoren antreiben. (→Dieselsatz)

dieselmechanischer Antrieb, Fahrzeugantrieb, bei dem die Leistung eines Dieselmotors über ein Zahnradgetriebe (wie beim Kraftwagen) auf die Treibräder übertragen wird.

Dieselmotor, ein →Verbrennungsmotor. Im Zylinder wird nur Luft durch den Kolben so hoch verdichtet (30–55 bar) und damit erhitzt (700–900 °C), daß sich der von der →Einspritzpumpe geförderte und durch die →Einspritzdüse eingespritzte →Dieselkraftstoff entzündet (Selbstzündung). Dadurch steigen Druck und Temperatur im →Brennraum, der Kolben wird nach unten getrieben und leistet Arbeit. Der verwendete Kraftstoff muß eine ausreichende →Zündwilligkeit haben (→Cetanzahl). Zw. Einspritzbeginn und dem Entzünden des Kraftstoffs vergeht eine gewisse Zeit, der ›Zündverzug‹. Er soll möglichst klein sein, da sonst der Druckanstieg im Zylinder zu groß wird, und damit Geräuschentwicklung und Triebwerksbelastung ansteigen.

Man unterscheidet versch. Gemischbildungsverfahren: Beim **Direkteinspritzverfahren** (günstiger Kraftstoffverbrauch) wird der Kraftstoff direkt in den Brennraum gespritzt, bei den **Vor-** oder **Wirbelkammerverfahren** (unterteilter Brennraum, geringeres Verbrennungsgeräusch, aber höherer Verbrauch) in eine Kammer, in der sich der Kraftstoff entzündet, von da in den Hauptbrennraum geblasen wird und dort vollständig verbrennt. In der Wirbelkammer bildet sich durch tangentiales Einströmen ein Luftwirbel aus, die Vorkammer ist durch eine oder mehrere relativ kleine Öffnungen mit dem Hauptbrennraum verbunden. Beim **MAN-M-Verfahren** (M = Mittenkugel) wird ein Teil des Kraftstoffes auf die heiße kugelförmige Brennraumwand im Kolben gespritzt. Dieser Kraftstoff verdampft in die in der Kugel rotierende Luft und verbrennt. Damit läßt sich der Verbrennungsablauf steuern. Beim **FM-Verfahren** (F = Fremdzündung) ist zusätzlich noch eine Zündkerze eingebaut, so daß auch Benzin verbrannt werden kann (→Vielstoffmotor). Bei schlechter Verbrennung ergibt sich Ruß im Abgas. Die **Ruß-** oder **Rauchgrenze** bestimmt die Leistungsgrenze des D.

Wegen der hohen Verdichtung ist der D. die Wärmekraftmaschine mit dem höchsten therm. Wirkungsgrad. Infolge höherer Spitzendrücke muß er allerdings auch stärker gebaut werden als der →Ottomotor. Der D. arbeitet meist als Viertaktmotor, sehr kleine und sehr große D. als Zweitaktmotoren.

Große und mittlere D. dienen zur Krafterzeugung in Kraftwerken, Schiffen, Lokomotiven, Triebwagen; mittlere und kleine D. bei Kraftfahrzeugen (zwar höheres Leistungsgewicht als der Ottomotor, aber geringer Kraftstoffverbrauch, günstige Abgaswerte, längere Lebensdauer), Schleppern, Bau- und Landmaschinen sowie im Kleingewerbe als Kraftmaschinen. Bei Schiffs-D. kann die Drehrichtung zur Rückwärtsfahrt durch eine Umsteuervorrichtung geändert werden. (Weiteres BILD S. 251)

E. Baentsch: D.-Praxis ([2]1979); D.-Technik, hg. v. VDI (1981); S. Bock: Die Dieselmaschine in Land- und Schiffsbetrieb (1982).

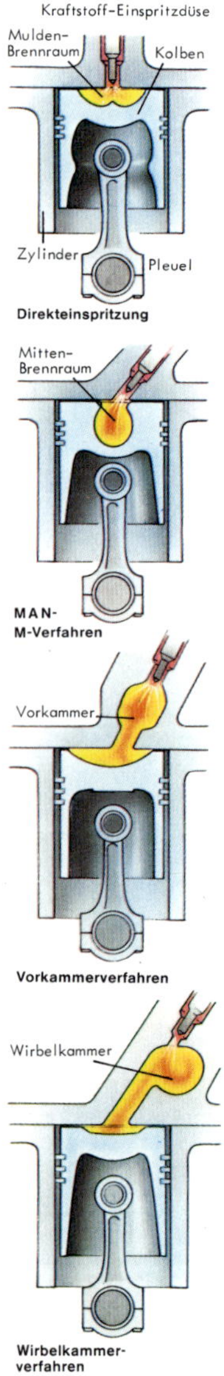

Dieselmotor 4: Gemischbildungsverfahren

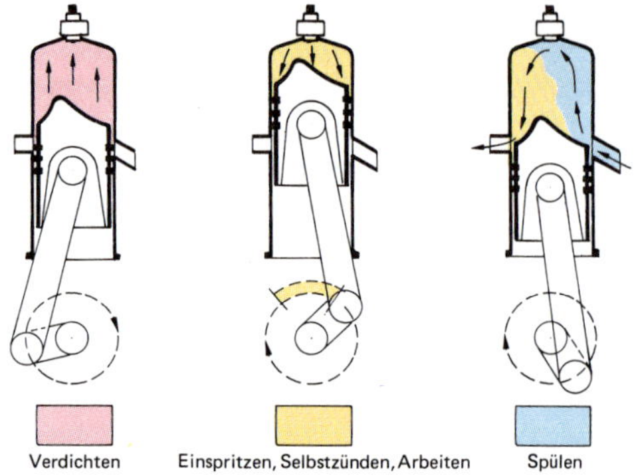

Dieselmotor 2: Kolben-, Pleuel- und Kurbelwellenstellung beim Zweitaktverfahren, bei dem die Ventile durch Überström- und Auslaßkanäle ersetzt sind: 1. Verdichten, 2. Einspritzen, Selbstzünden, Arbeiten und Spülen. Ein- und Auslaßvorgang werden vom Nasenkolben gesteuert. Neben der hier gezeigten Querspülung, bei der Überström- und Auslaßkanal einander gegenüberliegen, sind die Umkehrspülung und die Gleichstromspülung üblich. Beim Zweitaktverfahren umfaßt ein Arbeitsspiel eine Umdrehung der Kurbelwelle (entsprechend zwei Hüben des Kolbens)

Dieselsatz, ein →Dieselmotor direkt gekuppelt mit einem Synchrongenerator (→Generator 1), dessen Trägheitsmoment zur Glättung von Drehzahlschwankungen mittels eines Schwungrades vergrößert ist. Häufigste Verwendung zur →Notstromversorgung von Krankenhäusern, Theatern u. ä., in Dieselkraftwerken.

Differential, Mathematik: In der →Differentialrechnung bezeichnet man als D. einer differenzierbaren Funktion $y = f(x)$ an der Stelle x_0 den Ausdruck $dy = f'(x_0)\,dx$. (→totales Differential)

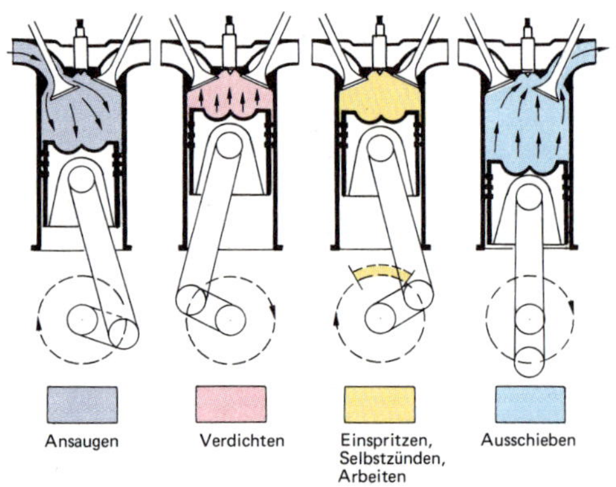

Dieselmotor 3: Ventil-, Kolben-, Pleuel- und Kurbelwellenstellung beim Viertaktverfahren: 1. Ansaugen, 2. Verdichten, 3. Einspritzen, Selbstzünden und Arbeiten, 4. Ausschieben. Für ein Arbeitsspiel sind zwei Kurbelwellenumdrehungen nötig

Differential-Dyeing [dɪfər'enʃl d'aɪɪŋ, engl.], Färbeverfahren für Synthesefaser-Mischungen aus normalem und chemisch modifiziertem Material, z. B. bei Polyamid, zur Erzielung von Mehrton- und Mehrfarbeneffekten, wobei das Anfärben in einem einzigen Färbebad möglich ist; angewendet bes. bei Teppichwaren sowie Web- und Wirkwaren.

Differentialform. Ist f eine differenzierbare Abbildung einer Teilmenge D der reellen Ebene $\mathbb{R}^2$ in die Menge $\mathbb{R}$ der reellen Zahlen (→ Differentialrechnung), so kann mit Hilfe der partiellen Ableitungen jedem Punkt $(\zeta, \eta) \in D$ eine lineare Abbildung: $\mathbb{R}^2 \longrightarrow \mathbb{R}$ folgendermaßen zugeordnet werden:

$$(h_1, h_2) \longmapsto \frac{\partial f}{\partial x}(\zeta, \eta)\, h_1 + \frac{\partial f}{\partial y}(\zeta, \eta)\, h_2.$$

Eine Abbildung ω von D in die Menge der linearen Abbildungen von $\mathbb{R}^2$ in $\mathbb{R}$ heißt eine **D. ersten Grades** oder eine **Pfaffsche Differentialform.** Es ist üblich, mit dx die D. zu bezeichnen, die jedem Punkt des $\mathbb{R}^2$ die Abbildung $dx\,(h_1, h_2) := h_1$ zuordnet, entsprechend mit dy, die für alle Punkte die Abbildung $dy\,(h_1, h_2) := h_2$ liefert. Mit diesen Bezeichnungen ist die obige D., die f zugeordnet ist, als

$$df = \frac{\partial f}{\partial x}dx + \frac{\partial f}{\partial y}dy$$

zu schreiben. Sie heißt auch Differential von f oder lineares Differential von f.

Differentialgeometrie, Teilgebiet der Mathematik, in dem man die → Differentialrechnung auf Fragen über das Verhalten von Kurven und Flächen (und geometr. Objekten höherer Dimension) ›im kleinen‹, d. h. in der Umgebung eines Punktes anwendet; man gelangt dabei jedoch mitunter auch zu Aussagen über deren Verlauf ›im großen‹.

Differentialgetriebe, kurz **Differential,** Kfz: → Ausgleichsgetriebe.

Differentialgleichung, Abk. **Dgl.,** Gleichung, in der neben einer Funktion auch ihre Differentialquotienten oder Ableitungen (→ Differentialrechnung) auftreten. Unter einer Lösung einer D. versteht man eine Funktion, die, zus. mit ihren Ableitungen, der D. für alle Werte der Variablen genügt. Die Lösungen einer D. bezeichnet man auch als ihre Integrale, weil man sie bei den bes. einfachen D. der Art $\frac{ds}{dt} = f(t)$ durch einfaches Integrieren der Funktion $f(t)$ gewinnt (→ Integralrechnung). Die Lösungen sind nicht eindeutig bestimmt, sondern hängen noch von Integrationskonstanten ab; bei der Anwendung der D. zur Beschreibung physikal. Vorgänge werden sie durch die **Anfangs-** oder **Randbedingungen** des physikalischen Problems zusätzlich festgelegt. Man unterscheidet **gewöhnliche D.** und **partielle D.,** je nachdem, ob nur Ableitungen einer Funktion einer Variablen oder partielle Ableitungen einer Funktion mehrerer Variabler auftreten. Beispiele:

1) Die D. $y = y'$ ist eine gewöhnliche **D. 1. Ordnung,** sie hat die Lösungen: $y = c \cdot e^x$ (c = Konstante).

2) Eine der wichtigsten **D. 2. Ordnung** ist die **Schwingungsgleichung** $ay'' + by' + cy = 0$. Mit Hilfe der Lösungen lassen sich in der Physik Schwingungsvorgänge beschreiben. – Die D. haben allg. für die Physik sehr große Bedeutung; verwickelte, insbes. partielle D., sind aber oft nur schwer lösbar. Für die numerische Lösung von D. benutzt man heute vielfach Computer (→ elektronische Datenverarbeitung).

Differentialoperator, Operator, der mit Hilfe von Differentialquotienten definiert wird, spezielle D. sind der → Laplace-Operator und der → Nabla-Operator.

Differentialprinzipien, → Extremalprinzipien.

Differentialrechnung, Teilgebiet der Mathematik, bes. der Theorie der reellen Funktionen einer oder mehrerer Variabler, auf der z. B. die → Funktionentheorie und große Teile der theoret. Physik beruhen.

Man gelangt geometrisch zur D. durch die Aufgabe, die Tangente an eine Kurve in einem gegebenen Kurvenpunkt als Grenzlage der Sekanten durch diesen Punkt zu definieren (BILD 1), physikalisch z. B. durch die Aufgabe, die Geschwindigkeit eines ungleichförmig bewegten Körpers in einem best. Zeitpunkt zu erklären. Beide Aufgaben haben das Ziel, die Schnelligkeit der Änderung einer in einem räumlichen (geometr. Beispiel) oder zeitlichen (physikal. Beispiel) Intervall variablen Größe an einer Stelle des Intervalls zu bestimmen. Das ist nur dann möglich, wenn die Größe durch eine → Funktion $y = f(x)$ beschreibbar ist, deren Argument x die einzelnen Stellen des Intervalles festlegt. In der **D. einer reellen Variablen** vergleicht man die Differenz $\Delta f = f(x) - f(x_0)$ der zu zwei Werten x und x_0 des Arguments gehörenden Funktionswerte $f(x)$ und $f(x_0)$ mit der Differenz $\Delta x = (x - x_0)$ dieser Argumentwerte, wobei man Δx dem Betrag nach beliebig klein, aber nicht Null werden läßt. Das Verhältnis beider Differenzen, der **Differenzenquotient,** braucht dabei selbst nicht Null zu werden. Eine Funktion heißt in einem Punkt x_0 **differenzierbar,** wenn der → Grenzwert

$$\lim_{\Delta x \to 0} \frac{\Delta f}{\Delta x} \text{ oder } \lim_{x \to x_0} \frac{f(x) - f(x_0)}{x - x_0}$$

existiert.

Man bezeichnet diesen Grenzwert als den **Differentialquotienten** oder die **Ableitung** der Funktion $f(x)$ für $x = x_0$ und schreibt ihn $\frac{dy}{dx}$ oder $\frac{dy}{dx}$ (gesprochen: dy nach dx) oder $\frac{df(x)}{dx}$ oder y' oder $f'(x_0)$; die Berechnung von $\frac{dy}{dx}$ bezeichnet man als **Differentiation.** Aus der Differenzierbarkeit von f in x_0 folgt die → Stetigkeit in x_0, aber nicht umgekehrt. Z. B. ist die Funktion $f(x) := |x|$ in $x_0 = 0$ stetig, aber nicht differenzierbar (BILD 2). Ist die Funktion f an jeder Stelle des betrachteten Intervalls differenzierbar, so ergibt sich in der Zuordnung $x \to f'(x)$ eine neue Funktion f' von x. Sie heißt die **Derivierte** oder die (erste) Ableitung der Funktion $f(x)$.

Zweite und höhere Ableitungen erhält man durch Differentiation der ersten Ableitung und man schreibt für die zweite Ableitung y'' oder $f''(x)$ oder $\frac{d^2y}{dx^2}$, für die n-te Ableitung $f^{(n)} = \frac{d^ny}{dx^n}$.

Die geometr. Darstellung einer differenzierbaren Funktion $y = f(x)$ ist eine ebene Kurve. Das Verhältnis der Funktionsdifferenz Δy zur zugehörigen Argumentdifferenz Δx ist der Tangens der zugehörigen, durch P und Q gehenden Sekante: $\tan \alpha = \Delta y / \Delta x$. Läßt man Δx immer kleiner werden, wobei man den Punkt P festhält, so geht die Sekante schließlich in die Kurventangente in P über, die eine ganz best. Neigung α_0 besitzt. Dieser Neigung entspricht der Grenzwert, gegen den die Differenzquotienten

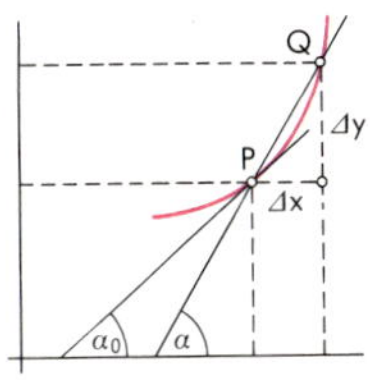

1

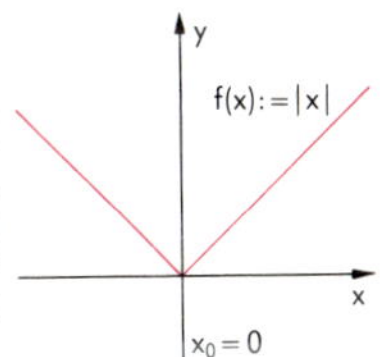

2

Differentialrechnung

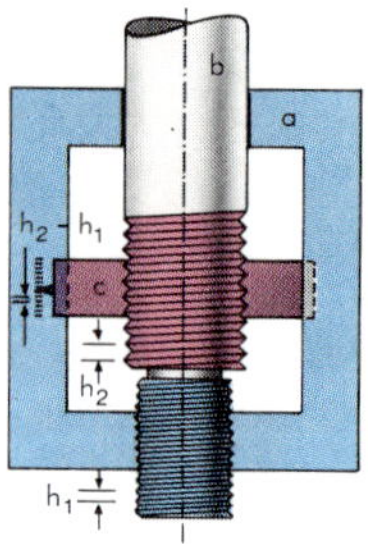

Differentialschraube: a Rahmen, b Gewindeschaft, c Mutter, h_1 kleinere, h_2 größere Ganghöhe, h_2—h_1 Weg der Mutter bei einer Umdrehung des Gewindeschafts

$\Delta y/\Delta x$ konvergieren, wenn der Nenner und, abhängig von ihm, der Zähler immer kleiner werden.

Zentrale Fragestellungen der D., nämlich aus dem Verhalten der Ableitung auf das Verhalten der Funktion selbst zu schließen, können auf der Grundlage von Sätzen, die sich um den Mittelwertsatz der D. gruppieren, beantwortet werden (→Mittelwertsatz, →Rollescher Satz). So läßt sich z. B. unter gewissen Voraussetzungen aus dem Vorzeichen der Ableitung auf das Monotonieverhalten schließen, oder es lassen sich mit Hilfe der Ableitung lokale Extremwerte (→Extremum) aufsuchen.

Man hat die D. mitunter das Rechnen mit ›unendlich kleinen Größen‹ genannt und bezeichnet sie demgemäß zus. mit der →Integralrechnung als **Infinitesimalrechnung.** Doch ist diese Bez. irreführend, da alle Größen, mit denen in der D. gerechnet wird, stets ungleich Null bleiben. Die Auffassung des Differentialquotienten $\frac{dx}{dy}$ als Quotienten der beiden **Differentiale** dy und dx erfordert eine sorgfältige begriffl. Präzision.

Für das Differenzieren zusammengesetzter Funktionen gelten die folgenden Regeln:

1) Summenregel: $(g(x)+h(x))' = g'(x)+h'(x)$

2) Produktregel: $(g(x)\cdot h(x))' = g'(x)\cdot h(x)+g(x)\cdot h'(x)$

3) Quotientenregel: $\left(\frac{g(x)}{h(x)}\right)' = \frac{h(x)\cdot g'(x)-h'(x)\cdot g(x)}{h^2(x)}$

4) Kettenregel für eine aus zwei Funktionen g und u zusammengesetzte Funktion $y=g(u(x))$: $(g(u(x)))' = g'(u(x))\cdot u'(x)$.

Für die Ableitungen einiger elementarer Funktionen gilt:

$c' = 0$ für $c=$ const.

$(ax^n)' = a\cdot n\,x^{n-1}$ (a, n beliebige reelle Zahlen)

$(\sin x)' = \cos x$; $(\cos x)' = -\sin x$

$(e^x)' = e^x$

$(a^x)' = a^x \ln a$ (a reelle Zahl > 0)

$(\ln x)' = \frac{1}{x}$

Beispiele:

zu 3)

$$(\mathrm{tg}\,x)' = \left(\frac{\sin x}{\cos x}\right)' = \frac{\cos x\cdot\cos x-(-\sin x)\cdot\sin x}{\cos^2 x} = \frac{1}{\cos^2 x}$$

zu 4) $y=\sin 2x$, hierbei ist $u(x)=2x$, $g(u(x))=\sin 2x$; $g'=\cos 2x$, $u'=2$, somit ist $y'=\cos 2x\cdot 2=2\cos 2x$.

In der D. **mehrerer Variabler**, z. B. $f(x_1, x_2)$, definiert man als **partielle Ableitung** $\frac{\partial f}{\partial x_1}$ den Differentialquotienten derjenigen Funktion einer Variablen x_1, die man erhält, wenn man die zweite Variable konstant hält, analog $\frac{\partial f}{\partial x_2}$. Für $\frac{\partial f}{\partial x_1}$ schreibt man mitunter auch fx_1. Der Beziehung $dy=f'\cdot dx$ entspricht bei zwei Variablen die Differentialform $dy=fx_1\cdot dx_1+fx_2\cdot dx_2$.

Geschichte. G. W. LEIBNIZ und I. NEWTON schufen unabhängig voneinander Ende des 17. Jh. die D. und Integralrechnung. L. EULER, die Brüder JAKOB und JOHANN BERNOULLI, J. LAGRANGE, A. CAUCHY u. a. bauten sie weiter aus und lösten eine große Zahl schwieriger Probleme aus den Gebieten der Geometrie, der größten und kleinsten Werte, der Reihen und der Mechanik. 1949 entwickelte L. SCHWARTZ die Theorie der →Distributionen.

Lit. →Analysis

Differentialschraube, Schraube, auf deren Schaft zwei Gewinde mit gleichem Windungssinn, aber versch. Ganghöhe (Steigung) geschnitten sind. Auf jedem Gewinde sitzt eine Mutter. Eine ist unbeweglich, die andere nur gegen Verdrehung, nicht aber gegen axiale Translation gesichert. Bei einer Drehung des Gewindes bewegt sie sich in axialer Richtung, aber nur um die Differenz h_2-h_1 beider Ganghöhen. Man kann deshalb die D. zu sehr genauen Messungen (bis 1/100 mm) kleiner Abstände benützen. Verwendung finden D. auch zu Verspannungszwekken. Nach dem gleichen Prinzip können bei Differentialpressen und -winden sehr große Kraftübersetzungen erzielt werden.

Differentialsperre, zusätzl. Vorrichtung im →Ausgleichsgetriebe, die einschaltbar oder selbsttätig **(Sperrdifferential)** die Ausgleichswirkung teilweise oder vollständig aufhebt.

Differentialtransformator, Anordnung zum Messen und Übertragen von Hubbewegungen: ein Transformator mit primärseitig einer Spule und sekundärseitig zwei hintereinandergeschalteten gegensinnig gewickelten Spulen. Im Symmetriefall der beiden Sekundärspannungen ist die Ausgangsspannung Null. Beim Verschieben des Eisenkerns entsteht in der einen Sekundärwicklung eine größere, in der anderen eine kleinere Spannung, wodurch die Ausgangsspannung linear mit der Auslenkung des Eisenkerns ansteigt.

Differentiation, 1) Mathematik: →Differentialrechnung.

2) Petrologie: die →Kristallisationsdifferentiation.

Differentiator, mathemat. Gerät zum Bestimmen von Tangentenrichtungen an Kurven (→Differentialrechnung): **Spiegellineal, Prismenderivator.**

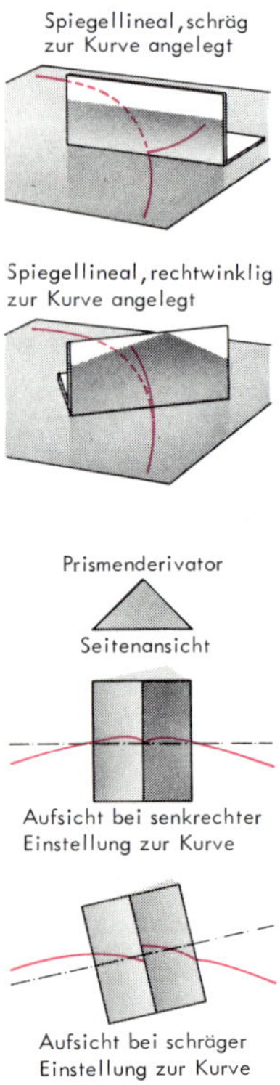

Differentiator

Differenz, Bez. für den Unterschied zweier Größen (Zahlen, Vektoren, Mengen), das Ergebnis einer →Subtraktion; die D. der Zahlen a und b ist $d=a-b$, auch der Ausdruck $a-b$ wird als D. bezeichnet.

Differenzengleichung, eine →Funktionalgleichung zw. einer Funktion $f(x)$ und der Differenz $f(x+a)-f(x)=\Delta f(x)$. Z. B. ist die →Gammafunktion eine Lösung der D. $\Gamma(x+1)=x\Gamma(x)$. – Das D.-Verfahren wird angewandt bei der →numerischen Spannungsberechnung.

Differenzenquoti|ent, →Differentialrechnung.

Differenzenrechnung, Teilgebiet der angewandten Mathematik, das sich bes. mit Näherungsmethoden bei der numerischen Differentiation und Integration und der Lösung von Differentialgleichungen beschäftigt (→Differenzenverfahren).

Differenzenverfahren, Verfahren zur numerischen näherungsweisen Lösung von Differentialgleichungen, bei denen die Differentialquotienten (→Differentialrechnung) durch Differenzenquotienten ersetzt werden. Beschränkt man sich auf die Benutzung nur endlich vieler Werte der unabhängigen Veränderlichen, so entsteht ein endliches System von Gleichungen für endlich viele unbekannte Funktionswerte, das numerisch gelöst werden kann.

differenzierbar, →Differentialrechnung.

differenzieren, →Differentialrechnung.

Differenzierglied, Übertragungsglied (Vierpol), dessen Übertragungsverhalten durch die Ableitung der Eingangsgröße nach der Zeit beschrieben wird. Schaltungstechnisch läßt sich ein D. durch einen aus Kondensator C und Widerstand R gebildeten Hochpaß realisieren. Damit kann der zeitl. Verlauf einer am Eingang angelegten Rechteckspannung differenziert werden, und zwar um so genauer, je kleiner die aus R und C gebildete Zeitkonstante τ gegenüber der Impulsdauer der Eingangsspannung ist. D. gehören zu den Impulsformerschaltungen (→ Impulstechnik); sie werden z. B. zur dynam. Ansteuerung einer bistabilen Kippschaltung (Flipflop) vor deren Eingänge gesetzt oder zur elektrischen Nachbildung einer mathematischen Rechenoperation (Differentiation) im Rückkopplungszweig eines Operationsverstärkers verwendet.

Differenzmenge, in der Mengenlehre die Menge aller Elemente einer Menge A, die nicht zur Menge B gehören, geschrieben $A \setminus B = \{x : x \in A \wedge x \notin B\}$.

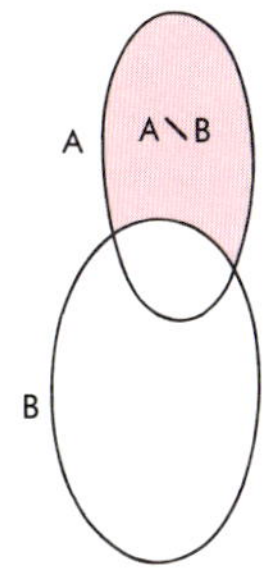

Differenzmenge

Differenzton, ein → Kombinationston, der bei gleichzeitigem Erklingen von Primärtönen der Frequenzen f_1 und f_2 eine Tonhöhe besitzt, die der Differenz der Primärfrequenzen oder ihrer Vielfachen entspricht ($f_1 - f_2$, $2f_1 - f_2$, $f_1 - 2f_2$, . . . usw.).

Differenzträgerverfahren, ein bei Fernsehempfängern verwendetes Verfahren zum Empfang des frequenzmodulierten Tonträgers. Bildträger und Tonträger werden gemeinsam im Hoch- und Zwischenfrequenzverstärker verstärkt. Im folgenden Videodemodulator entstehen dann neben der Videofrequenz als zweite Zwischenfrequenz für den Ton die Differenzfrequenz aus Bildträger und Tonträger (z. B. in der Bundesrep. Dtl. 5,5 MHz). Sie wird zur Rückgewinnung der Toninformation einem Demodulator zugeführt. Der Vorteil des D. besteht darin, daß an die Frequenzstabilität des Oszillators im Fernsehgerät geringere Anforderungen gestellt werden als beim → Paralleltonverfahren.

Differenzverstärker, Elektronik: symmetrischer Gleichspannungsverstärker mit zwei Eingängen und zwei Ausgängen. Zw. den Ausgängen wird die Differenzspannung U_A abgegriffen, die dann gleich Null ist, wenn beide Eingangsspannungen gleich sind. Kennzeichnend ist, daß

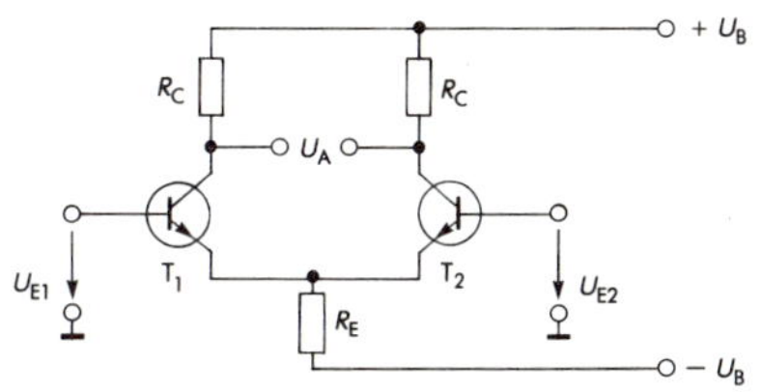

Differenzverstärker:
Grundschaltung; U_B Betriebsspannung, U_{E1}, U_{E2} Eingangsspannungen, U_A Differenzspannung am Ausgang, T_1, T_2 npn-Transistoren, R_C Kollektorwiderstände, R_E Emitterwiderstand

Eingangsspannungsdifferenzen mit einem erheblich größeren Verstärkungsfaktor V verstärkt werden als gleiche Eingangsspannungen. Typische Werte sind $V = 50$ für die Differenzverstärkung und $V = 1$ für die Gleichtaktverstärkung.

Differenzwägung, → Gewichtsanalyse.

Diffraktion, svw. → Beugung.

diffus, zerstreut, allseitig ohne scharfe Grenzen; **diffuses Licht, diffuse Strahlung,** Licht (Strahlung) ohne einheitl. Strahlenrichtung, daher ohne Schlagschatten; diffuse → Himmelsstrahlung ist für die Helligkeit und Farbe des Himmels verantwortlich; **diffuse Nebel** sind → galaktische Nebel mit unregelmäßiger Form.

Diffusion, die spontane, auch gegen die Schwere ablaufende Vermischung einander berührender Gase, mischbarer Flüssigkeiten, verschieden konzentrierter Lösungen desselben Stoffes infolge der Wärmebewegung ihrer Moleküle sowie die Bewegung von Ladungsträgern in → Halbleitern infolge örtl. Unterschiede der Ladungsträgerdichte. Wenn man z. B. Wasserstoff über Brom oder Wasser über Kupfersulfatlösung schichtet, so findet im Laufe der Zeit allein durch D. eine gleichmäßige Vermischung statt. Bei festen Stoffen ist selbst in der Nähe des Schmelz-P. nur ein geringes Eindringen zu beobachten. Durch Platzwechsel können auch die Atome eines einheitl. Stoffes wandern. Diese **Selbstdiffusion** kann mit radioaktiven Isotopen gemessen werden.

Der D.-Vorgang wird durch die beiden Fickschen Gesetze (1855) beschrieben. Das **1. Ficksche Gesetz** lautet im eindimensionalen Fall: Die in 1 s durch 1 cm² in x-Richtung nach Orten geringerer Konzentration hindurchdiffundierende Stoffmenge m ist gleich dem Gefälle $-\mathrm{d}c/\mathrm{d}x$ der Konzentration c, multipliziert mit dem D.-Koeffizienten (der **D.-Konstanten**) D; d. h. es gilt $m = -D \cdot \mathrm{d}c/\mathrm{d}x$. Die Konzentrationsverteilung ändert sich mit der Zeit t, bis die Konzentrationsunterschiede verschwinden. Diese zeitl. Änderung wird durch das **2. Ficksche Gesetz** beschrieben: $\partial c/\partial t = D \cdot (\partial^2 c/\partial x^2)$.

Der D.-Koeffizient ist bei Gasen von der Größenordnung $1\ \mathrm{cm^2\,s^{-1}}$, bei Flüssigkeiten $\approx 1\ \mathrm{cm^2}$ pro Tag, bei Festkörpern i. a. $< 10^{-5}\ \mathrm{cm^2}$ pro Tag.

D. heißt auch das langsame Durchtreten von Flüssigkeiten (Lösungen) und Gasen durch poröse Wände, z. B. aus gebranntem Ton, oder Membranen aus Kollodium, tier. Haut (→ Dialyse), bei Flüssigkeiten auch → Osmose genannt. Leichte Moleküle diffundieren wegen ihrer größeren Molekulargeschwindigkeit schneller als schwere. Besteht der diffundierende Stoff aus verschieden schweren Teilchen, so kann durch die D. eine teilweise Entmischung der Teilchen eintreten (→ Diffusionstrennverfahren).

Diffusionskopierverfahren. In einer photograph. Schicht wird in Gegenwart eines Silberhalogenidlösungsmittels (Fixierentwicklung) ein Negativbild entwickelt. Das unbelichtete Silberhalogenid wird dabei aufgelöst und diffundiert in eine im engen Kontakt mit der Negativschicht befindl. Bildempfangsschicht, die Keime für eine physikal. Entwicklung, z. B. kolloidales Silber, enthält. Dort entsteht ein positives Silberbild. Das 1941/42 entdeckte Verfahren fand Eingang als Copyrapid-Bürokopierverfahren und in der → Sofortbildphotographie.

Diffusionspotential, elektr. Potential, das in elektrolyt. Zellen dort auftritt, wo zwei verschieden konzentrierte Lösungen desselben Elektrolyten oder zwei versch. Lösungen aneinandergrenzen. Ursache des D. ist die unterschiedl. Beweglichkeit der Ionenarten und damit die unterschiedl. Geschwindigkeit der → Diffusion, wodurch z. B. die positiven Ionen voranlaufen und mit den zurückbleibenden negativen eine elektr. Doppelschicht und damit eine Potentialdifferenz aufbauen. D. entstehen auch an porösen Trennwänden und halbdurchlässigen Membranen. Die Größe des D. beträgt einige mV bis etwa 100 mV.

Diffusionspumpe, eine von dem dt. Physiker W. Gaede 1913 erfundene Pumpe zum Erzeugen niedriger Drücke (bis 10^{-10} mbar) in abgeschlossenen Gefäßen. In einem Siedegefäß werden Quecksilber, Öl, Phthalsäureester, Polyphenyläther, Perfluoralkylpolyäther u. a. verdampft. Die Dämpfe steigen hoch, werden von einer

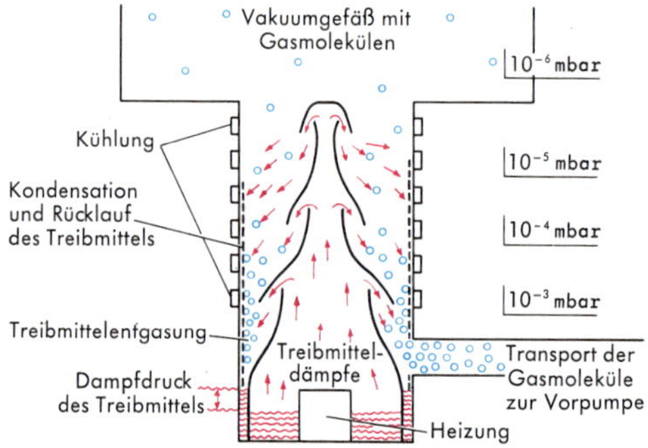

Diffusionspumpe

Haube umgelenkt und nehmen dabei durch Diffusion aus dem auszupumpenden Gefäß Gasmoleküle mit. Der Dampf wird am Kühlmantel kondensiert, das Gas von der Vor(vakuum)pumpe abgesaugt (BILD).

Diffusionstechnik, Verfahren zur → Dotierung von Halbleitermaterial.

Diffusionstrennverfahren, therm. Trennverfahren, bei denen homogene Stoffgemische (meist Gase) ohne Phasenänderung in ihre Komponenten zerlegt werden. Sie werden bei chemisch und physikalisch sehr ähnl. Stoffen angewandt, die auf anderem Weg nicht zu trennen sind (z. B. bei Isotopengemischen wie $^{235}UF_6$ und $^{238}UF_6$). Die **Trennwanddiffusion** beruht auf der unterschiedl. Durchlässigkeit von Kunststoffmembranen für versch. Gase. In Gaszentrifugen werden die Komponenten auf Grund unterschiedl. Dichten voneinander getrennt. Bei der **Thermodiffusion** wird die Erscheinung ausgenützt, daß sich Gase (oder Flüssigkeiten) in einem Temperaturgefälle geringfügig entmischen. Im Thermodiffusionsrohr, das durch ein Zentralrohr beheizt und durch ein Mantelrohr gekühlt wird, diffundiert die leichtere Komponente in die Mitte, die schwerere zum Mantel. Bei der **Fremdgasdiffusion** wird die unterschiedl. Diffusionsgeschwindigkeit der zu trennenden Komponenten in ein leicht kondensierbares Hilfsgas ausgenützt.

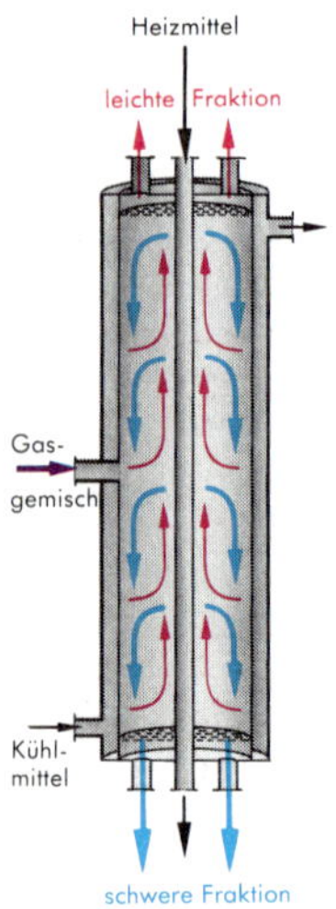

Thermodiffusionsrohr

Diffusionstrennverfahren

Diffusor, Strömungstechnik: in der Strömungsrichtung sich stetig erweiternder, geschlossener Kanal zur Umsetzung von Geschwindigkeitsenergie in Druckenergie (Umkehrung der → Düse). Die Geometrie des D. ist je nach Geschwindigkeit des strömenden Mediums verschieden (Unterschall-D. und Überschall-D. von Strahltriebwerken).

Digallussäure, → Depside.

Digerieren, inniges Vermischen einer festen Substanz mit einer Flüssigkeit, meist mit einer teilweisen Auflösung oder Extraktion verbunden.

Digestor, svw. → Abzug 1).

digital, allg. i. S. von stufenförmig, quantisiert, in diskrete Einzelschritte aufgelöst; Ggs.: **analog** (stufenlos, stetig, kontinuierlich). – In der Informationsverarbeitung die Darstellung veränderl. Größen durch Zeichengruppen (Daten), die durch einen → Code der darzustellenden Größe zugeordnet sind. Bes. wichtig sind die Darstellungen durch Zeichenpaare **(binär)**, durch Ziffern **(numerisch)** und durch Ziffern und Zeichen **(alphanumerisch)**. Veränderungen von digital dargestellten Werten erfolgen in Sprüngen (z. B. Digitaluhr), daher kann bei kontinuierlich veränderl. Größen die Codezuordnung erst nach einer Stufeneinteilung (›Quantisierung‹) erfolgen. Derartige Aufgaben übernehmen → Analog-Digital-Umsetzer, die in der elektron. Datenverarbeitung und Meßtechnik große Bedeutung besitzen.

Digital-Analog-Umsetzer, Abk. **DAU, Digital-Analog-Wandler,** elektron. Anordnung, die ein digitales Eingangssignal in ein analoges Ausgangssignal umsetzt (d. h. es wird die Signalstruktur verändert), um es der Weiterverarbeitung durch analog arbeitende Komponenten zuzuführen (Ggs.: → Analog-Digital-Umsetzer). Die einzelnen Bits des digitalen Wortes schalten entsprechend ihrer Wertigkeit Stromquellen derselben Gewichtung ein und aus. Dies läßt sich praktisch realisieren durch die Kollektor-Emitter-Strecken von Schalttransistoren, die über die Basisanschlüsse angesteuert werden. Eine Summierschaltung addiert die Einzelströme, deren Summe in analoger Form den eingangsseitig anliegenden Digitalwert beschreibt. Je feiner die Stufung der Stromquellen ist, desto höher ist die Auflösung des D.-A.-U. und desto geringer wird die Schrittweite von einer Stufe zur nächsten. D.-A.-U. gibt es als integrierte Schaltungen oder als Hybrid-Baugruppen, die z. T. bereits den intern gebildeten Summenstrom in eine Spannung umsetzen können.

digitale ICs, monolith. → integrierte Schaltungen, die in → Bipolartechnik oder in → MOS-Technologie hergestellt und für digitale Schaltungsanwendungen eingesetzt werden. Weit verbreitet sind die in Transistor-Transistor-Logik (→ TTL) ausgeführten ICs (Serie 74xx), die z. B. NAND-, UND-, ODER-Schaltungen, Schmitt-Trigger, Zähler, Teiler, bistabile Kippschaltungen (Flipflops), Multivibratoren enthalten können.

digitale Meßgeräte, Meßeinrichtungen, bei denen die Meßwertaussage in Ziffernform erfolgt, i. Ggs. zu analogen Meßgeräten, wo sie durch Zeigerausschlag, über Skalen wandernde Striche u. a. angegeben wird; → elektrische Meßgeräte.

digitale Meßtechnik, → Meßtechnik, → digitale Signalverarbeitung.

digitales Geländemodell, auf einem Datenträger gespeicherte räuml. Koordinaten einer Menge von Geländepunkten. Das d. G. wird bei Trassierungen (→ Trasse), Erdmassenberechnungen und bei der automat. Kartenherstellung verwendet.

digitale Signalverarbeitung, Verarbeitung elektr. Signale mittels digitaler Datenverarbeitungsanlagen; Anwendung der Signalanalyse (Signaltheorie) in vielen Bereichen, z. B. Nachrichtentechnik, Steuer- und Regelungstechnik, Radartechnik, Mechanik, Seismologie. Einige typische Operationen der d. S. sind: Analog-Digital-Wandlung, Digital-Analog-Wandlung; Berechnung des Spektrums, d. h. Übergang vom Zeitbereich in den Frequenzbereich (→ Fourier-Transformation); digitale Filterung, z. B. um von der Originalabtastreihe eine davon verschiedene Ausgangsabtastreihe zu erzeugen, dabei können hohe Frequenzen eliminiert und das Rauschen reduziert werden; Korrelation, darunter versteht man einen

Prozeß, Signale mit sich selbst oder mit anderen Signalen zu vergleichen.

Digitalrechner, digital arbeitende elektron. Datenverarbeitungsanlage (→Computer).

Digitaltechnik, Gebiet der Nachrichtentechnik, das zur Erfassung, Darstellung, Verarbeitung und Übertragung digitale (d. h. gestufte) Größen verwendet. In D. realisierte informationsverarbeitende Systeme, Anlagen, Geräte und Schaltungen sind funktionell gekennzeichnet durch abzählbar endl. Zustände ihrer Signalparameter. Die D. gliedert sich in die Bereiche **Schaltkreistechnik** (kombinator. und sequentielle Schaltkreistechnik) und **Informatik** (elektron. Datenverarbeitung, Prozeßrechner- und Mikroprozessoranwendungen). Mathemat. Grundlage der D. bildet die Theorie der Zahlensysteme und die Theorie diskreter Systeme. Die techn. Realisierung logischer Verknüpfungen (→Verknüpfungsglieder) von digitalen (oder digitalisierten) Informationen ist nicht an ein bestimmtes techn. Konzept gebunden. So können mechan. Einrichtungen (z. B. Zylinderschloß) oder auch pneumat. oder hydraul. Systeme unter Ausnutzung der →Fluidik digitale Größen miteinander verknüpfen. Von besonderer Bedeutung sind die in Halbleitertechnik (→Bipolartechnik, →MOS-Technologie) hergestellten elektron. Schaltkreise (→integrierte Schaltung, →Elektronik), die log. Verknüpfungen i. S. der →Schaltalgebra durchführen können, zur Impulsbildung, -formung, -verarbeitung dienen und Daten in Form elektr. Ladungen oder Schaltzuständen speichern können. Zu den **digitalen Schaltungen** zählen z. B. UND-, ODER-, NICHT-, NAND- und NOR-Schaltungen, bistabile (Flipflop), monostabile und astabile Kippschaltungen, Zähler, Multiplexer, Code-Umsetzer, Schieberegister, Rechenschaltungen (Halb-, Volladdierer, Subtrahierer, Multiplizierer, Dividierer), Analog-Digital- und Digital-Analog-Umsetzer, Speicher (Schreib-Lese-Speicher, Festwertspeicher).

Durch die Fortschritte bei der Herstellung elektron. Bauelemente, bes. bei hochintegrierten Schaltungen, ist die D. in weite Bereiche der Technik eingedrungen. I. Ggs. zur analogen Technik lassen sich hiermit annähernd beliebige Genauigkeiten bei vertretbarem Aufwand erreichen, die Standardisierung der Grundfunktionen und Anwendungskomponenten ermöglicht eine wirtschaftl. Massenfertigung. Bes. in der Nachrichtenverarbeitung und -übertragung werden überwiegend digitale Baugruppen und Verfahren verwendet. Die geringen Signalstörabstände, die zur Übertragung digitaler Nachrichten erforderlich sind, führen u. a. zu erhebl. Einsparungen an Senderleistungen, Verstärkern und Relaisstationen. Von Vorteil ist außerdem, daß die Übertragungsqualität nur von der Qualität der verwendeten Codierer abhängt. Mängel der Übertragungswege haben kaum Einfluß auf die Qualität. Nachteile sind die bei digitaler Codierung häufig benötigte größere Bandbreite und die Notwendigkeit der Synchronisation von Codierer und Decodierer.

K. BEUTH: Elektronik 4: D. (1982); W. GEIER: D. (1982); G. MEYER: Digitale Signalverarbeitung (1982); M. SEIFART: Digitale Schaltungen und Schaltkreise (1982).

Digital|uhr, Uhr mit Ziffernanzeige, wobei die Ziffern sprungweise schalten. Ggs.: **Analoguhr** mit kontinuierl. Anzeige durch Zeiger (→Uhren).

Digitizer [dˈɪdʒɪtaɪzə, engl.], **Digitalisierungsgerät,** Gerät zum Umsetzen graph. Daten (z. B. aus Diagrammen, Zeichnungen, Karten) in digitale Signale zur weiteren Datenverarbeitung. Dabei werden Kurvenverläufe in bestimmten Abständen optisch abgetastet und nur die so gewonnenen Stützpunkte gespeichert. Zwischenwerte ergeben sich durch Anwendung spezieller Rechenverfahren (Interpolation).

dihexagonal, doppelflächige hexagonale Kristallformen (→Kristall, TAFEL I, BILDER E 18, 20).

Dihydrobenzol, 1,3-D., das →Resorcin.

Dihydroxy|aceton, weißer, kristalliner Stoff, der durch bakterielle Dehydrierung von Glycerin hergestellt wird; dient als künstl. Hautbräunungsmittel.

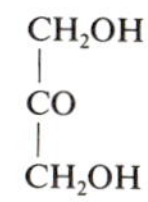

Dihydroxyaceton

Di|iso|cyanate, Ester der Isocyansäure mit der allg. Formel $O=C=N-R-N=C=O$. Große Bedeutung für die Herstellung von Polyurethanen haben 2,4- und 2,6-**Toluylen-D.,** Abk. **TDI,** die aus Toluol hergestellt werden:

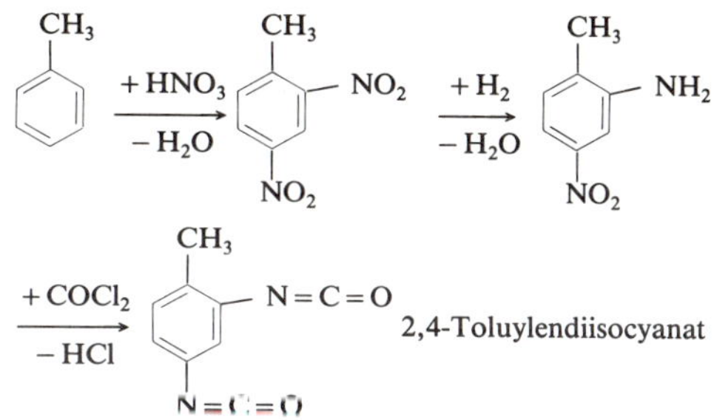

2,4-Toluylendiisocyanat

Di|iso|propyl|fluorphosphat, Abk. **DFP,** chem. Kampfstoff, ein Nervengift; durch die ähnl. Nervengifte Sarin, Soman oder Tabun ersetzt.

Dijodmethan, das →Methylenjodid.

Diketen, dimere Form von →Keten und Ausgangsstoff für die Herstellung von Acetessigsäure-Derivaten.

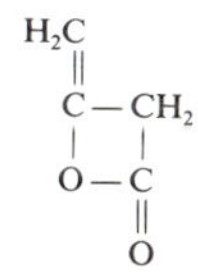

Diketen

Diktiergerät, elektroakust. Gerät zum magnet. Aufzeichnen, Speichern und Wiedergeben gesprochener Texte auf Tonträger (überwiegend Magnettonplatte, Folie, Band), mit Netzanschluß oder batteriebetrieben. Man unterscheidet kombinierte Geräte für Aufnahme und Wiedergabe und einfache Geräte nur für Wiedergabe. Der wiedergegebene Text wird durch Kopfhörer oder Lautsprecher abgehört. In größeren Unternehmen kann über das interne Fernsprechnetz oder ein besonderes Diktiernetz auf zentrale Tonträger diktiert werden **(Ferndiktat).**

Diktyogenese, weit gespannte langfristige Großwellung der Erdkruste, ähnlich der →Epirogenese.

Dilatation, 1) Ausdehnung eines Körpers durch äußere Kräfte, z. B. die →Dehnung oder die →Ausdehnung durch Erwärmung. 2) →Zeitdilatation.

Dilatometer, Gerät zur Messung der Längenänderung eines Körpers bei Erwärmung oder beim Einwirken mechan. Kräfte (→Dehnungsmesser).

Diluvium, veraltete Bez. für das quartäre Eiszeitalter, das Pleistozän. (→Eiszeit)

Dimension, 1) Mathematik: in der Geometrie die kleinste Anzahl der Koordinaten eines Raumes, z. B. des dreidimensionalen Raumes, in dem jeder Punkt durch die Angabe von drei Koordinaten bei einem zugrunde gelegten Koordinatensystem festgelegt werden kann. Dieser D.-Begriff läßt sich in der Topologie verallgemeinern. In der linearen Algebra versteht man unter der **D. eines line-**

Digitaluhr: OBEN Uhr mit analoger, UNTEN mit digitaler Anzeige

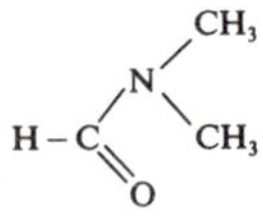

Dimethylformamid

aren Raumes oder **D. eines Vektorraumes** die Anzahl der Basisvektoren, d. h. die Maximalzahl linear unabhängiger Vektoren. Auch in der Verbandstheorie und in der Analysis wird der D.-Begriff verwendet.

2) Physik: Die D. einer physikal. → Größe 2) kennzeichnet nur deren qualitative, nicht aber deren quantitative Eigenschaft ohne Berücksichtigung numer. Faktoren, des Vorzeichens und des Vektor- und Tensorcharakters. So haben z. B. Länge, Breite, Höhe, Kurvenlänge, Brennweite und Radiusvektor alle die gleiche D., und zwar die einer Länge, dargestellt durch dim *Länge* = dim l = **L**. Ein **Dimensionssystem** besteht aus einer best. Anzahl **Basis-D.**, von denen die **abgeleiteten D.** als Potenzprodukte **(Dimensionsprodukte)** gebildet sind. Beispiel: D. der Arbeit ist D. der Kraft F mal D. des Weges l oder dim W = dim $F \cdot$ dim l = $\mathbf{ML^2T^{-2}}$, mit dim *Masse* = dim m = **M** und dim *Zeit* = dim t = **T**. Die Exponenten der Potenzen, zu denen die versch. Basis-D. erhoben werden, heißen **Dimensionsexponenten.** Physikal. Größen, in deren Dimensionsprodukte alle Dimensionsexponenten Null sind, nennt man **dimensionslose Größen** oder **Größen der D. eins.** Das ist bei einem Verhältnis zweier Größen gleicher D. der Fall. – Eine einfache Kontrollmöglichkeit zur Überprüfung der formalen Richtigkeit von Beziehungen zw. physikal. Größen ist die **Dimensionsanalyse.** Eine Gleichung ist nämlich nur dann richtig, wenn die auf beiden Seiten stehenden Ausdrücke in jedem Stadium der Rechnung und im Endergebnis die gleiche D. haben.

Dimerisierung, Dimerisation, Vereinigung von zwei ident. Molekülen zu einem größeren Molekül durch → Addition 2). Beispiele sind die Aldoladdition und die D. von Keten zu Diketen.

Di|methylbenzole, die → Xylole.

Di|methylformamid, Abk. **DMF,** farblose, mit Wasser und vielen organ. Lösemitteln mischbare Flüssigkeit, die als Lösemittel in Druckfarben und für Spinnlösungen von Polyacrylnitril verwendet wird.

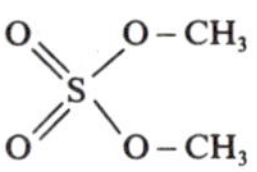

Dimethylsulfat

Di|methylketon, svw. → Aceton.

Di|methylsulfat, Schwefelsäure|dimethylester, Flüssigkeit, die aus Dimethyläther und Schwefeltrioxid hergestellt und für Methylierungen verwendet wird. Durch die Haut aufgenommen oder als Dampf inhaliert, wirkt D. als starkes Gift.

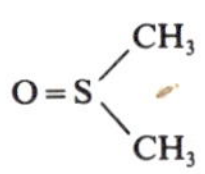

Dimethylsulfoxid

Di|methylsulfoxid, Abk. **DMSO,** farblose, mit Wasser und vielen organ. Lösemitteln mischbare Flüssigkeit. D. wird in Spinnlösungen von Polyacrylnitril, als Abbeizmittel, als Lösemittel bei der Aromatenextraktion und als Reaktionsmedium bei organ. Synthesen verwendet. Als Bestandteil von Arzneimitteln verbessert es die Resorption durch die Haut.

Dimmer, stufenloser Helligkeitsregler für elektr. Glühlampen, meist mit dem Schalter kombiniert. Er besteht i. a. aus einem Triac, der über einen Diac angesteuert wird, und mehr oder weniger große Anteile der Netzspannungshalbwellen durchläßt (→ Phasenanschnittsteuerung). Da durch die schnellen Einschaltvorgänge des Triac Störimpulse in das Versorgungsnetz gelangen würden, müssen D. einen Entstörfilter (Tiefpaß) enthalten.

DIN, seit 1975 Abk. für **Deutsches Institut für Normung e. V.** (urspr. **Deutsche Industrie-Norm),** das seit 1926 **Deutscher Normenausschuß (DNA)** hieß und aus dem 1917 gegr. **Normalienausschuß für den allg. Maschinenbau** hervorgegangen war; Sitz: Berlin (West). Die vom DIN aufgestellten Normen werden in numerierten Normblättern veröffentlicht. Der techn. Entwicklung folgend, entstehen neue Normen oder Überarbeitungen. Das Zeichen DIN ist ein eingetragenes Warenzeichen des Deutschen Instituts für Normung e. V., das von allen Gewerbetreibenden benutzt werden kann, deren Erzeugnisse den DIN-Normen und sonstigen berechtigterweise zu stellenden Gebrauchsanforderungen genügen (DIN 31). Einschränkende Bestimmungen sind auf den Normblättern vermerkt. (→ Normung)

Dinant [dinˈã], **Dinantien** [dinãsjˈɛ̃], **Dinantium,** Bez. für das untere → Karbon.

DIN-Formate, genormte Papierformate mit dem Urformat A0 = 1 m^2 Fläche. Das Verhältnis der langen zur kurzen Bogenkante beträgt bei jedem DIN-F. $\sqrt{2}:1$. Die Formate der A-Reihe gelten für unabhängige Papiergrößen wie Briefbogen, die Reihen B und C für abhängige Papiergrößen wie Briefhüllen.

Formatbezeichnung	Reihe A mm	Reihe B mm	Reihe C mm
0	841 × 1189	1000 × 1414	917 × 1297
1	594 × 841	707 × 1000	648 × 917
2	420 × 594	500 × 707	458 × 648
3	297 × 420	353 × 500	324 × 458
4	210 × 297	250 × 353	229 × 324
5	148 × 210	176 × 250	162 × 229
6	105 × 148	125 × 176	114 × 162

Dingi, kleinstes → Beiboot, trägt zwei bis drei Personen.

Dingpunkt, → Abbildung 2).

Dingweite, die Gegenstandsweite (BILD Abbildung 2).

DIN-Leistung, Leistungsangabe von Kraftfahrzeugmotoren in Kilowatt (kW), früher in PS (DIN-PS), wobei der Motor mit den serienmäßigen Ausrüstungsteilen versehen ist (Ansaug- und Auspuffanlage, Lüfter, Wasserpumpe oder Kühlluftgebläse, Kraftstoffpumpe, Einspritzpumpe, unbelastete Lichtmaschine), im Unterschied zu Leistungsangaben → SAE-PS in den USA.

Dinosauri|er, ausgestorbene, landbewohnende Kriechtiere des Mesozoikums (Trias bis Kreide). 1) **Saurischier** mit den fleisch- oder aasfressenden **Theropoden (Raub-D.),** die sich auf den Hinterbeinen fortbewegten, z. B. Tyrannosaurus, und den vierbeinig schreitenden, pflanzenfressenden **Sauropoden** (bis zu 30 m lang und 50 t schwer), z. B. Atlanto- und Apatosaurus, Diplodocus. 2) **Ornithis|chier,** Pflanzenfresser wie Iguanodon, Triceratops. Das plötzl. Aussterben der D. wird auf Klimaveränderungen zurückgeführt.

DIN-phon, früher gebräuchl. Maßeinheit für die Lautstärke; heute durch dB(A) ersetzt (→ Dezibel, → Schallpegelmesser); dB(A)-Werte bei tieffrequenten, lauten Geräuschen sind etwas höher als DIN-phon-Werte. Genaue Umrechnung ist nur bei Kenntnis des Geräuschspektrums möglich.

DIN-Verbrauch, Kraftstoffverbrauch in l/100 km von Kfz, bei Pkw ermittelt für drei Werte: Stadtverkehr (nur auf dem Rollenprüfstand, genau festgelegte Schaltpunkte, Leerlaufanteil 30%), konstante Geschwindigkeit von 90 und 120 km/h (beides wahlweise auf Prüfstand oder Straße, jeweils unter Berücksichtigung des Luftwiderstands, der Streckenbeschaffenheit, der Wetterbedingungen u. a.); vereinfachter Durchschnittswert ist der → Drittelmix. Bei anderen Kfz wird der D.-V. ermittelt auf 10 km langer ebener, trockener Fahrbahn bei 3/4 der

Höchstgeschwindigkeit (jedoch max. 110 km/h) plus einem Zuschlag von 10%.

DIN-Zahl, Angabe über die → Lichtempfindlichkeit von photograph. Material, z. B. beim Kleinbildfilm höherer Empfindlichkeit 27 DIN (entsprechend 400 ASA).

Diode, 1) Halbleiterbauelement der Elektronik, das durch seine asymmetr., stark stromrichtungsabhängige Strom-Spannungs-Kennlinie charakterisiert ist. Eine in Durchlaßrichtung (d. h. Anode positiv gegenüber der Kathode) betriebene D. zeigt bei zunehmender Durchlaßspannung einen stark ansteigenden Durchlaßstrom. Dieser Effekt tritt allerdings erst oberhalb der Schleusenspannung auf, unterhalb dieses Schwellwertes ist die D. relativ hochohmig. Bei einer in Sperrichtung (d. h. Anode negativ gegenüber der Kathode) betriebenen D. fließt zunächst nur ein sehr geringer Sperrstrom, der dann bei Überschreiten der vom Aufbau und der Dotierung abhängigen, maximal zulässigen Sperrspannung auf Grund des → Zener-Effekts steil ansteigt **(Zener-Durchbruch).** Wird der Strom dabei nicht durch schaltungstechn. Maßnahmen begrenzt, kommt es zum **Wärmedurchbruch** und somit zur Zerstörung des Bauelementes. – Verantwortlich für den Leitungsmechanismus ist der im Halbleitereinkristall durch Dotierung gebildete → pn-Übergang. Dazu sind verschiedene halbleitende Materialien geeignet, bes. Silicium (Si). Daneben finden je nach Anwendungszweck Germanium (Ge), Galliumarsenid (GaAs), Galliumphosphid (GaP) u. a. Verbindungshalbleiter zur Herstellung von D. Verwendung. Die gleiche ›Ventilwirkung‹ wie beim pn-Übergang im Kristall erzielt man auch durch einen Metall-Halbleiter-Kontakt (z. B. bei der → Schottky-Diode).

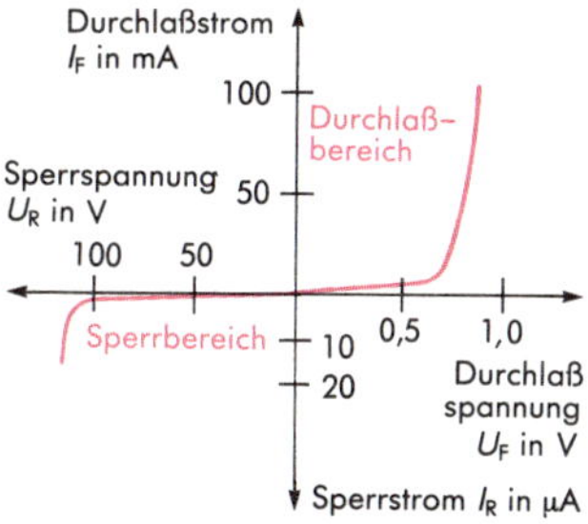

Diode 1) 5: Strom-Spannungs-Kennlinie für eine Silicium-D.

Anwendungen und Arten. D. werden zur Gleichrichtung von Wechselströmen eingesetzt, bei hohen Sperrspannungen (3000 V und mehr) verwendet man Si-Leistungsdioden. Wichtig für diese Aufgabe ist, daß die Schaltverzögerung (d. h. die Zeit, die zum Ausräumen des pn-Übergangs von Ladungsträgern nötig ist) beim Umschalten von Durchlaß- in Sperrichtung möglichst kurz gehalten wird. Zur Spannungsstabilisierung und Begrenzung von Signalen sind → Z-Dioden bes. geeignet, da ihr Sperrspannungswert, bei dem der Sperrstrom abrupt ansteigt, durch best. Herstellungsverfahren genau festgelegt werden kann. Im Mikrowellenbereich bieten → Tunneldioden auf Grund ihrer besonderen Strom-Spannungs-Kennlinie (Bereich mit negativ differentiellem Widerstand) die Möglichkeit, u. a. Oszillatorschaltungen und rauscharme Verstärker für sehr hohe Frequenzen aufzubauen. Die → Optoelektronik verwendet Halbleiter-D. zur Umwandlung von elektr. Strömen in elektromagnet. Wellen des opt. Bereichs (→ Lumineszenzdiode) und umgekehrt (→ Photodiode). Weitere D.-Typen für spezielle Anwendungen: → Backwarddiode, → IMPATT-Diode, → Kapazitätsdiode, → Magnetdiode, → pin-Diode, → Vierschichtdiode.

2) Elektronenröhre mit zwei Anschlüssen, deren geheizte Kathode im Vakuum Elektronen zur Anode sendet. Die Röhren-D. wurde zur Gleichrichtung von Wechselströmen genutzt.

Dioden-Transistor-Logik, → DTL.

Diole, zweiwertige → Alkohole.

Di|olefine, svw. → Diene.

Diolen, Handelsname für eine Polyesterfaser.

Dione, ein Mond des Planeten → Saturn.

Diophantische Gleichung [n. dem grch. Mathematiker Diophantos von Alexandria, um 250 n. Chr.], Gleichungen der Form $f(x_1, x_2, \ldots, x_n) = 0$, wobei alle ganzzahligen Lösungen $(x_1, x_2, \ldots, x_n)$ gesucht werden. Die Pythagoreischen Zahlentripel liefern die Lösungen der D. G. 2. Grades $a^2 + b^2 = c^2$ (Beispiel $a = 3$, $b = 4$, $c = 5$); für die D. G. n-ten Grades $a^n + b^n = c^n$ $(n > 2)$ → Fermatsche Vermutung.

Diopsid *der,* Mineral $CaMg[Si_2O_6]$, ein Pyroxen; meist grün, auch farblos, grau; H. 5–6, D. 3,3; in Tiefen- und Ganggesteinen, kristallinen Schiefern und kontaktmetamorphen Kalken und Dolomiten.

Diopsid: Kristallstufe (Nordmarka, Schweden)

Diopter, Vorrichtung an opt. Geräten, z. B. Fernrohren, die zu ihrer Einstellung auf ein Ziel dient; meist eine augenseitige Blende, davor eine Zielmarke.

Dioptrie *die,* Einheitenzeichen **dpt,** gesetzl. Einheit des → Brechwertes opt. Systeme: 1 D. ist gleich dem Brechwert eines opt. Systems mit der Brennweite 1 m in einem Medium der Brechzahl 1: 1 dpt = 1 m^{-1}.

dioptrisches Fernrohr, Fernrohr ohne Hohlspiegel, arbeitet nur mit Linsen und Blenden.

Diorit *der,* Tiefengestein aus Plagioklas (Andesin), Hornblende und/oder Biotit, Augit, selten Olivin; weit verbreitet, Verwendung als Grab- und Pflasterstein; **Quarz-D.** mit über 10% Quarz. – **D.-Porphyrit,** Ganggestein diorit. Zusammensetzung.

1,4-Di|oxan, durch Dehydratation von Äthylenglykol in Gegenwart von Säuren hergestellter zykl. Äther. D. ist eine mit Wasser und organ. Lösemitteln mischbare Flüssigkeit und ein wichtiges Lösemittel für Celluloseester und -äther sowie für Harze. (FORMEL S. 260)

Dioxin, → TCDD.

2,4-Di|oxo|imid|azolidin, svw. → Hydantoin.

Di|phenyl, svw. → Biphenyl.

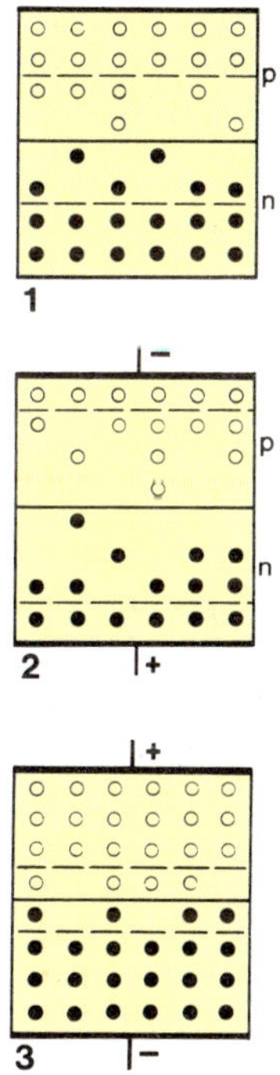

Diode 1) 1–3: Verteilung der Ladungsträger; **1** ohne angelegte Spannung, **2** Spannung in Sperrichtung, **3** Spannung in Flußrichtung

Diode 1) 1–3:

Di|phenylglykolsäure, svw. → Benzilsäure.

Di|phenylketon, svw. → Benzophenon.

Diplexer, eine Brückenschaltung zur Entkopplung zweier Sender (z. B. Bild- und Tonsender), die eine gemeinsame Antenne speisen.

diploid, → Chromosomen.

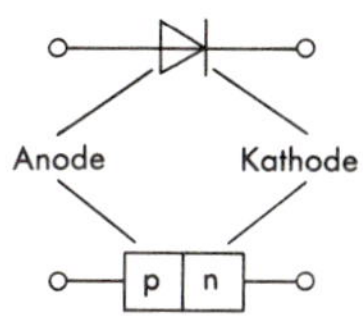

Diode 1) 4: Schaltzeichen und prinzipieller Aufbau des Halbleiterkristalls einer D.

Dipol, 1) Nachrichtentechnik: Grundform von Sende- und Empfangsantennen (→ Antenne). – Die gestreckte Bauart besitzt einen Antenneneingangswiderstand von $Z = 73\ \Omega$, zum Anschluß an ein Empfangsgerät wird ein Koaxialkabel mit einem Wellenwiderstand von $Z = 60$ bis $75\ \Omega$ verwendet. Der gefaltete D. **(Faltdipol)** hat einen An-

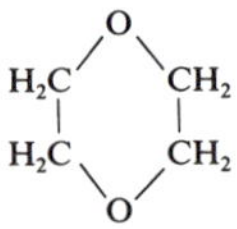

1,4-Dioxan

tenneneingangswiderstand von 300 Ω und wird mit einem Flachkabel (die beiden Leiter liegen parallel nebeneinander) angeschlossen, dessen Wellenwiderstand ebenfalls 300 Ω beträgt.

2) Physik: 1) Ein **elektr. D.** besteht aus zwei entgegengesetzt geladenen gleichgroßen elektr. Ladungen Q und $-Q$, deren Ladungsschwerpunkte den Abstand s haben; ihr **Dipolmoment** p ist dem Betrag nach: $p = Q \cdot s$; als Vektor hat es die Richtung vom negativen Ladungsträger zum positiven. – Beim **Hertzschen D.** ändert sich s periodisch mit der Frequenz f. Es werden elektromagnet. Wellen abgestrahlt, am günstigsten, wenn die Dipollänge $l = \lambda/2$ ist, mit $\lambda \cdot f = c$ (λ = Wellenlänge, c = Lichtgeschwindigkeit). – 2) Ein Magnet bildet einen **magnetischen D.**, dessen D.-Moment gleich dem Produkt aus Polstärke und Polabstand ist (→ magnetisches Moment).

Natürliche elektr. D. sind infolge der ungleichmäßigen Verteilung ihrer Elektronen die meisten Moleküle, natürliche magnet. D. die meisten Atomkerne. Der D. ist der einfachste → Multipol, vier Pole bilden einen Quadrupol, acht einen Oktupol usw.

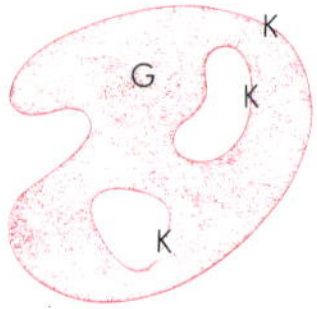

Dirichletsches Problem

Dirac-Gleichung [dɪrˈæk-, auch dˈirak-, n. dem engl. Physiker P. Dirac, * 1902], **Diracsche Wellengleichung,** 1928 von P. DIRAC aufgestellte, relativistische quantenmechan. Bewegungsgleichung für Elektronen, die auch für Geschwindigkeiten der Elektronen nahe der Lichtgeschwindigkeit gilt. Sie erfaßt auch den Spin des Elektrons und damit sein magnet. Moment ohne weitere Zusatzannahmen. I. Ggs. zur gewöhnl. (nicht relativist.) Schrödinger-Gleichung erklärt sie die Feinstruktur im Spektrum des Wasserstoffatoms. Von den vier Lösungen beschreiben die beiden Lösungen mit positiven Energiewerten das Elektron mit seinen zwei Spineinstellungen $+1/2$ und $-1/2$. Die beiden Lösungen mit negativen Energiewerten führten zur Voraussage des 1932 entdeckten Positrons: Dirac nahm an, daß alle Zustände mit negativer Energie von Elektronen besetzt sind **(Diracscher Elektronensee, Dirac-See),** die jedoch nicht nachweisbar sind. Wird jedoch einem Elektron des Dirac-Sees eine Energie $\geq 2E_0$ (E_0 = Ruheenergie des Elektrons) zugeführt, dann wird dieses zu einem beobachtbaren Elektron mit positiver Energie, während das im Dirac-See entstehende ›Loch‹ als Positron aufgefaßt wird **(Diracsche Löchertheorie).** Dieser Vorgang heißt **Paarbildung.** Die D.-G. läßt sich auf alle Teilchen mit Spin $1/2$ und von Null verschiedener Ruhemasse anwenden **(Dirac-Teilchen).**

Dirac-Hypothese, → Erdexpansion.

Diracsche Deltafunktion [dɪrˈæk-], → Deltafunktional.

direkte Adressierung, Datenverarbeitung: → Adressieren.

Direkt|einspritzmotor, → Dieselmotor, → Ottomotor.

direkter Speicherzugriff, engl. **Direct Memory Access** [daɪrˈekt mˈeməri ˈækses], Abk. **DMA,** der Datenaustausch zw. Speicher und Peripherie eines Computers unter Umgehung der Zentraleinheit; die schnellste Möglichkeit des Informationsaustausches, bei der die periphere Stelle die → CPU kurzzeitig abschaltet und für den Augenblick des Datentransports die Busverwaltung übernimmt.

direktes Produkt, allg. die Zusammensetzung zweier gleichartiger mathemat. Strukturen, meist für Gruppen gebraucht. Ist in einer Gruppe G jedes Element g darstellbar als Verknüpfung zweier Elemente g_1 und g_2, wobei g_1 ein Element eines → Normalteilers G_1, g_2 ein Element eines Normalteilers G_2 ist und der Durchschnitt der beiden Normalteiler nur aus dem neutralen Element besteht, so nennt man die Gruppe G das direkte Produkt der Normalteiler G_1 und G_2 und schreibt $G = G_1 \cdot G_2$.

Direktionskraft, svw. → Rückstellkraft.

Direktionsmoment, svw. → Rückstellmoment.

Direktkraftsteuerung, Steuerung eines Flugzeugs oder Flugkörpers durch Beeinflussung des Kräftegleichgewichts. Während bei der konventionellen Steuerung Flugbahnänderungen durch Änderung der Lage der Rumpflängsachse (durch Beeinflussung des Momentengleichgewichts hervorgerufene Drehbewegungen um den Schwerpunkt) eingeleitet werden und mit diesen verbunden sind, kann mit der D. die Flugbahn ohne Änderung des Lagewinkels oder der Lagewinkel ohne Änderung der Flugbahn verändert werden **(entkoppelte Flugbewegungen).** Dies erweitert den Bereich der mögl. Flugmanöver, erleichtert die Flugführung bei der Landung sowie beim Zielanflug und erlaubt hochwirksame Ausweichmanöver im Luftkampf.

Direktor, Nachrichtentechnik: vor einer Dipolantenne in einem best. Abstand angeordneter Draht best. Länge zur Vergrößerung ihrer Richtwirkung, angewendet bei der Yagi-Antenne (→ Antenne). Ggs.: → Reflektor.

Direktrix, eine Leitlinie, z. B. beim → Kegelschnitt.

Dirichletsches Problem [dirikl'e-, n. dem dt. Mathematiker P. Dirichlet, * 1805, † 1859], für die Analysis und deren Anwendungen in der Physik wichtige Aufgabe: Der Rand K eines ebenen → Gebietes G bestehe aus endlich vielen geschlossenen, sich nicht überschneidenden ebenen Kurven, die auch einander nicht schneiden (BILD). Auf dem Rand K sei eine reellwertige, auf K stetige Funktion $u(P)$ der Punkte P auf K gegeben. Gesucht wird eine Potentialfunktion $U(x, y)$ in G, also eine der Differentialgleichung

$$\Delta U \equiv \frac{\partial^2 U}{\partial x^2} + \frac{\partial^2 U}{\partial y^2} = 0$$

genügende Funktion U der beiden Variablen x und y, die auf der Vereinigungsmenge $G \cup K$ des Gebietes G mit seinem Rand K stetig ist und die auf dem Rand K mit der gegebenen Funktion $u(P)$ übereinstimmt. Es gibt höchstens eine solche Funktion. Die Existenz der Lösungsfunktion $U(x, y)$ im allgemeinen Fall läßt sich unter bestimmten weiteren Voraussetzungen durch das **Dirichletsche Prinzip** beweisen. Dieses besagt, daß unter allen in $G \cup K$ stetigen und in G stückweise stetig differenzierbaren Funktionen F, die auf dem Rand von G mit $u(P)$ übereinstimmen, diejenige, für die das **Dirichletsche Integral**

$$\iint\limits_G \left[\left(\frac{\partial F}{\partial x}\right)^2 + \left(\frac{\partial F}{\partial y}\right) \right] \mathrm{d}x\mathrm{d}y$$

seinen minimalen Wert annimmt, der Laplaceschen Differentialgleichung $\Delta F = 0$ genügt.

Di|saccharide, → Zuckerarten.

Dis|dodekaeder *das,* allg. Kristallform der **disdodekaedr. Kristallklasse** (→ Kristall, TAFEL I, BILD E 29).

disjunkt heißen zwei Mengen A und B, wenn sie keine Elemente gemeinsam haben, d. h. wenn ihr mengentheoret. Durchschnitt die leere Menge ist, $A \cap B = \emptyset$.

Disjunktion, Logik: Verknüpfung zweier (oder mehrerer) Aussagen (A, B) durch ›oder‹ zu einer Aussage A oder B, in Zeichen A ∨ B; sie ist dann wahr, wenn mindestens eine der beiden Aussagen A und B wahr ist (→Wahrheitsfunktionen); Grundfunktion der →Schaltalgebra.

Diskette, auch **Floppy-Disk** genannt, schallplattenähnl., flexible Scheibe, die mit einer magnetisierbaren Schicht überzogen ist; sie wird in elektron. Datenverarbeitungsanlagen als externer Massenspeicher eingesetzt. Die D. befindet sich in einer festen, mit einer speziellen filzartigen Schicht ausgekleideten Hülle, deren Aufgabe es ist, die empfindl. Magnetbeschichtung vor mechan. Einflüssen, elektrostat. Aufladungen und Verschmutzungen zu schützen. Durch einen ovalen Ausschnitt in der Hülle hat der zum **Diskettenlaufwerk** gehörige Schreib-/Lesekopf Zugang zur Magnetscheibe, dadurch können Informationen (Daten) in konzentrischen Spuren auf die rotierende D. aufgeschrieben und ebenso wieder ausgelesen werden. Die Normalausführung besteht aus einer 8-Zoll-Diskette, die sich i. a. mit 360 Umdrehungen/min um ihre Achse dreht. Verbreitet ist mittlerweile auch die kleinere **Minifloppy** (5¹/₄-Zoll-Diskette), eine weitere Verkleinerung stellt die **Mikrofloppy** mit einem Durchmesser von 3¹/₂ Zoll dar. Die Vorteile der D. gegenüber anderen Datenspeichern (→Speicher) sind die hohe Speicherdichte sowie der günstige Preis, dem stehen als Nachteile die relativ lange Zugriffszeit zu den Daten (einige Millisekunden) und die durch Verschleißerscheinungen begrenzte Lebensdauer gegenüber.

diskontinuierlich, 1) Mathematik: d. heißt eine Zahlenmenge, wenn sie nicht zusammenhängend ist, wenn also zw. zwei beliebigen Zahlen der Menge eine Zahl liegt, die nicht zur Menge gehört, z. B. ist die Menge der rationalen Zahlen d., ein Gegenbeispiel ist die Menge der reellen Zahlen.

2) Physik: d. heißen veränderl. Größen, die sich sprunghaft ändern, oder feste Größen, die nicht stetig ineinander übergehen, z. B. die Dichte beim Übergang vom Dampfraum in eine Flüssigkeit.

diskontinuierlicher Betrieb, Chargenbetrieb [ʃ'arʒən-], **Satzbetrieb,** Betriebsform der Verfahrenstechnik, bei der ein Apparat mit den zu verarbeitenden Stoffen gefüllt und nach einer best. Zeit, in der die gewünschte Stoffumwandlung stattfindet, wieder entleert wird. Der d. B. ist flexibler als der →kontinuierliche Betrieb (schnellere Umstellung auf andere Stoffe), erfordert aber einen höheren Bedienungsaufwand und ist weniger leicht regelbar.

Diskontinuitätsfläche, Unstetigkeitsfläche, 1) Geologie: Sprungschicht im Inneren der →Erde, an der sich physikal. Eigenschaften, z. B. Dichte, seism. Wellen, ändern, Bsp. Conrad-Diskontinuität.

2) Meteorologie: dünne Übergangszone in der Atmosphäre, in der ein Temperatur-, Feuchte- oder Dichte-Sprung auftritt. Die →Fronten und →Inversionen bilden D.

3) Physik: Trennfläche, in deren Normalenrichtung sich ein physikalischer Zustand sprunghaft ändert, z. B. der Übergangsbereich zw. zwei Strömungen versch. Geschwindigkeit und Richtung (der Entstehungsort von Wirbeln).

Diskontinu|um *das, Mz.* **Diskontinua,** Nichtkontinuierliches. Betrachtet man den atomaren Aufbau der Materie, so stellt diese ein D. (d. h. kein →Kontinuum 2) dar, weil die Materie nicht gleichmäßig im Raum verteilt ist. Kristalle, die i. Ggs. zu amorphen Stoffen eine period. Anordnung ihrer Gitterbausteine (Atome, Ionen, Moleküle) aufweisen, werden im Unterschied zu diesen **homogene D.** genannt.

Diskordanz, ungleichsinnige Überlagerung von Gesteinsschichten: 1) **Winkel-D., tekton. D.,** Überlagerung von gefalteten Gebirgsrümpfen mit horizontal transgredierenden jüngeren Schichten, 2) **Erosions-D.,** entsteht durch Einlagerung jüngerer Schichten in ein Relief, das durch Sedimentationsunterbrechung oder Erosion geschaffen wurde.

diskret heißt eine Menge aus isolierten Elementen, Ggs.: kontinuierlich; z. B. kann ein freies Elektron beliebige Energiewerte annehmen **(kontinuierl. Energiespektrum),** wohingegen ein in einem →Atom gebundenes Hüllenelektron nur bestimmte (diskrete) Energiewerte annehmen kann **(d. Energiespektrum).**

Diskriminante, algebraischer Ausdruck, der sich aus den Koeffizienten einer algebraischen Gleichung zusammensetzt und aus dem zu erkennen ist, ob die Lösungen reell oder komplex sind, ohne diese selbst zu kennen. – Beispiel: Die D. der →quadratischen Gleichung $ax^2 + bx + c = 0$ ist $b^2 - 4ac$, ist $b^2 - 4ac > 0$, so hat die quadrat. Gleichung zwei reelle Lösungen, für $b^2 - 4ac = 0$ hat sie zwei zusammenfallende und für $b^2 - 4ac < 0$ zwei komplexe Lösungen. Für Polynome

$$f(x) = a_n x^n + a_{n-1} x^{n-1} + \ . \ . \ . \ a_0$$

von Grad n läßt sich allgemein eine D. definieren, es gilt $D = a_n^{2n-2} \prod_{i<k} (x_i - x_k)^2$, D wird Null, wenn das Polynom mehrfache Nullstellen besitzt.

Diskriminator, Bez. für eine Schaltung zur Unterscheidung zw. zwei elektr. Werten (Phase, Spannung).

In der Funktechnik dient der D. als Demodulator für frequenzmodulierte Schwingungen oder als Regelspannungserzeuger für die selbsttätige Scharfabstimmung. In beiden Fällen entsprechen Höhe und Polarität der Ausgangsspannung der Größe und Richtung der Abweichung der Phase vom Ruhezustand **(Phasen-D.).** Ein solcher D. für den UKW-Empfang, der zugleich eine Amplitudenbegrenzung und damit eine Störbefreiung bewirkt, ist der **Verhältnis-Detektor (Ratio-Detektor).**

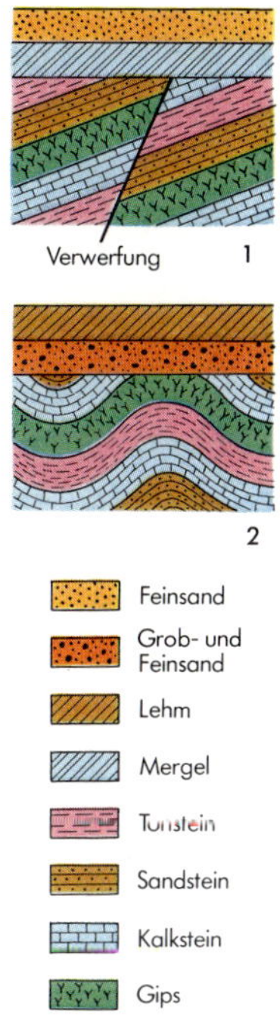

Diskordanz

Diskordanz: Winkel-D. **1** über verworfenen und tektonisch verstellten, **2** über gefalteten Schichten

Dislokation, tekton. Lagerungsstörung im Gestein, z. B. durch Bruch oder Faltung; auch die →Verwerfung.

Dislokationsmetamorphose, svw. die →Dynamometamorphose.

Dispenser, Hilfsfahrzeug zur Betankung von Luftfahrzeugen aus Unterflurtankanlagen.

Dispergiermittel, grenzflächenaktive Stoffe, die die Bildung von →Dispersionen erleichtern. Beispiele sind Ausschwimmverhütungsmittel oder Antiabsetzmittel in Lacken und die Additive in →Motorenölen, die eine Abscheidung von Ölschlamm verhindern.

Dispersion, 1) Chemie: Bez. für ein System aus mehreren Phasen (disperses System), von denen eine kontinuierlich **(Dispersionsmittel)** und mindestens eine weitere fein verteilt ist **(dispergierte** oder **disperse Phase).** Beispiele sind Emulsionen, Suspensionen und Aerosole (z. B. Dispersionsmittel: Luft, disperse Phase: Zigarettenrauch).

2) Physik: i. w. S. die Abhängigkeit einer physikal. Größe oder Erscheinung von der Wellenlänge, i. e. S. die Wellenlängenabhängigkeit der Brechzahl n und damit der Phasengeschwindigkeit c_{ph} einer Welle (Licht, Schall) in einem Medium. Die D. der Brechzahl bewirkt, daß Licht

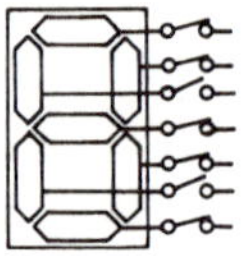

Display 4: 7-Segment-Anzeige; jedes Bildelement hat eine eigene Zuleitung

verschiedener Wellenlängen beim Übergang zw. zwei Materialien mit unterschiedl. Brechzahl verschieden stark gebrochen wird. Daher wird weißes Licht beim Durchgang durch ein Glas- oder Quarzprisma in seine farbigen Bestandteile (→ Spektrum) zerlegt und die Abbildung durch Linsen durch chromat. →Abbildungsfehler (→ Farbabweichungen) gestört. Bei **normaler D.** werden kurze Wellen stärker gebrochen als längere, z. B. violettes oder blaues Licht stärker als rotes (BILD). Es gibt jedoch für alle Stoffe Spektralbereiche in der Nähe von Absorptionslinien, in denen sich die Abhängigkeit umkehrt **(anomale D.)**. Die Quantentheorie erklärt die D. als Folge der Wechselwirkung der Lichtwellen mit den atomaren Bausteinen der Materie. In der techn. Optik definiert man als **mittlere D.** die Differenz der Brechzahlen für die Fraunhoferschen Linien F und C $(n_F - n_C)$, als **relative D.** das Verhältnis $(n_F - n_D) \;/\; (n_D - 1)$; n_D Brechzahl für die Fraunhofersche Linie D. Der Kehrwert der relativen D. ist die **Abbesche Zahl.** Bei Spektralapparaten gibt die **Winkel-D.** $d\varphi/d\lambda$ den Winkelabstand (Bogenminuten/mm), die **lineare D.** den geometr. Abstand (mm/10^{-8} cm) in der Ebene des Austrittsspalts an, um den zwei Spektrallinien, deren Wellenlängendifferenz 10^{-8} cm beträgt, voneinander getrennt werden. – Außer bei der Brechung spielt die D. eine Rolle bei der Doppelbrechung, bei der optischen Aktivität (→ Rotationsdispersion), bei Gitterschwingungen sowie bei der Ausbreitung von Materiewellen.

3) in der Statistik Bez. für die mittlere quadrat. Abweichung der zufälligen Veränderlichen vom Mittelwert.

Dispersionsfarben, Anstrichstoffe, die dispergierte Kunststoffteilchen (Teilchengröße zw. 0,1 und 5 µm) als Bindemittel enthalten. **Wäßrige D.** werden für Putz, Beton, Holz, Rauhfasertapete u. a. verwendet. Sie enthalten außer der Kunststoffdispersion (z. B. Copolymere von Vinylacetat mit Diisobutylmaleinat, Acrylsäureestern oder Äthylen) Pigmente, Füllstoffe, Netzmittel, Konservierungsmittel u. a. Stoffe und geben nach physikal. Trocknen einen strapazierfähigen, lichtbeständigen Anstrich. **Nichtwäßrige D. (NAD** = engl. **Non Aqueous Dispersions** [nɔn ˈeɪkwɪəs dɪspˈəːʃənz]) enthalten meist Polyacrylatteilchen als Bindemittel und Benzin als Dispersionsmittel. Sie werden v. a. für Autodecklackierungen verwendet.

Dispersionsklebstoffe, aus feinen, unlöslichen Kunststoffteilchen (z. B. Copolymerisate von Vinylestern, Acrylaten und Methacrylaten) in flüssigen Dispersionsmitteln (→ Dispersion 1) bestehende Klebstoffe, die zum Kleben von Holz, Papier, Leder, Textilien u. a. verwendet werden. Die Verfestigung tritt durch Verdunsten des Dispersionsmittels ein.

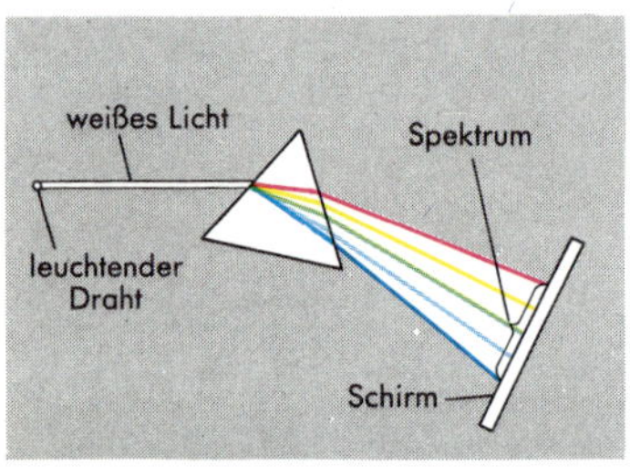

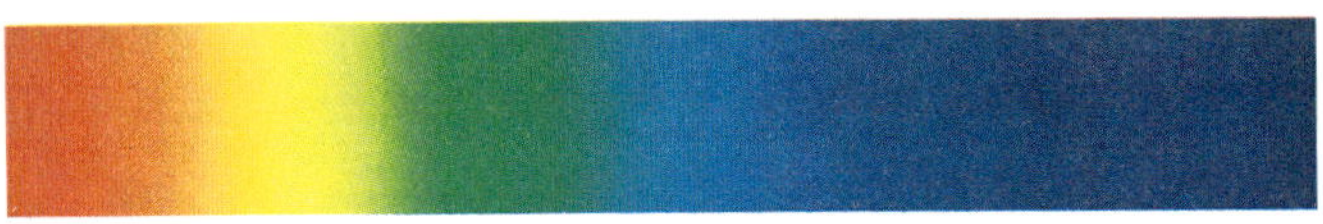

Dispersion 2): LINKS Aufspaltung von weißem Licht; UNTEN kontinuierliches Spektrum bei normaler D.

Dispersionskräfte, die → London-Kräfte.

Dispersionsmittel, → Dispersion 1).

Dispersionsrelation, → Gitterschwingungen.

Display [dɪsplˈeɪ, engl.] *das,* Anzeigesystem, das elektr. Signale von Maschinen, Meßgeräten, Uhren oder Rechenanlagen in optische, dem menschl. Auge verständl. numerische, alphanumerische, graph. oder symbol. Zeichen umwandelt. Jedes D. besteht aus einem elektron. Steuerteil, das die Anzeige auslöst, und elektrooptischen Wandlern. Nach der Anzahl der Bildelemente sind zu unterscheiden:

1) die einfache **Indikatorlampe** zur Anzeige von Schaltzuständen; 2) die **7-Segment-Anzeige,** die zur Darstellung der Ziffern 0 bis 9 und einiger Buchstaben durch sieben balkenförmige Bildelemente dient; 3) die **Matrixanzeige,** ein matrixförmiges Punktraster von 7×5 oder häufig auch 9×7 Bildelementen zur Darstellung von Buchstaben und Ziffern; 4) der **Bildschirm,** ein D. mit mehr als 10000 Bildelementen.

STRUKTUR	ANZAHL DER BILD-ELEMENTE	BEZEICH-NUNG	ANWENDUNG
○ ○	1	Indikator-lampe	Anzeige von Schaltzuständen
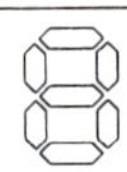	7	7-Segment	Numerisch (Ziffernanzeige): Taschenrechner, Kleinrechner, Uhren, Digitalmeßgeräte
	35 63	7×5-Matrix 9×7-Matrix	Alphanumerisch (Buchstaben- und Ziffernanzeige): Kleinrechner, Tischrechner
	etwa 10^3 Datenzeilen	Bildschirme	Überwachungsmonitoren, Datensichtgeräte
	$10^4 \ldots 10^5$	Bildschirme	Datensichtgeräte
	$>10^6$	Bildschirme	Farbfernsehgeräte
	$>10^6$	Projektionseinrichtungen für Bildwände: Farbfernsehprojektoren	

Display 1: Einteilung der Displays

Beim **aktiven D.** zeigen selbstleuchtende Elemente an, bei **passiven D.,** die den Vorteil des niedrigeren Leistungsbedarfs bieten, wird die elektronisch beeinflußbare Lichtstreuung oder Lichttransmission der Elemente zum Sichtbarmachen der Information ausgenutzt. D. in Taschen- und Tischrechnern, Registrierkassen, elektr. Uhren, digitalen elektron. Meßgeräten u. a. sind meist aus **Lumineszenzdioden (LED,** Abk. für engl. **Light Emitting Diode** [laɪt ɪmˈɪtɪŋ dˈaɪəʊd]) aufgebaut. Für Anzeigen von Digitalarmbanduhren sind LED wegen des Energieverbrauchs weniger geeignet und wurden daher durch **flüssige Kristalle (LCD,** Abk. für engl. **Liquid Crystal Display** [lˈɪkwɪd krɪstl dɪsplˈeɪ]) verdrängt, die auch für Taschenrechner geeignet sind. Zur Darstellung sehr großer Informationsmengen, z. B. bei Datensichtgeräten von Computern oder Fernsehbildern, werden die Bildschirme von Elektronenstrahlröhren eingesetzt. In der Datentechnik haben die Elektronenstrahlröhren bereits eine gewisse Konkurrenz durch **Plasma-D.** erhalten, bei denen viele

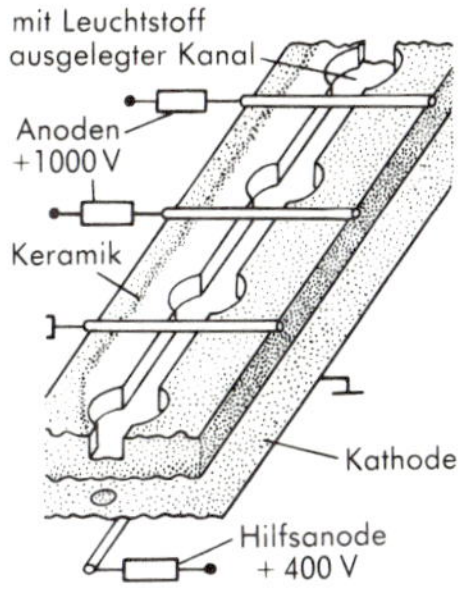

Display 2: Plasma-D.; intensive Lichtausstrahlung erfolgt durch die Anregung des Leuchtstoffes und kann zur Darstellung von Zeichen ausgenutzt werden

kleine Gasentladungsstrecken (Plasmazellen) zwischen zwei durchsichtigen Platten angeordnet sind. Über netzartig verlegte, durchsichtige Leiterbahnen können einzelne Gasentladungen gezündet werden, und das Kathodenglimmlicht kann zur Darstellung von Zeichen ausgenutzt werden. An der Integration von vielen Plasma- oder auch Flüssigkristallzellen zum Aufbau von flachen Fernsehröhren, die wie ein Projektionsschirm an die Wand gehängt werden können, wird gearbeitet. Geräte zur Großprojektion von Farbfernsehbildern mit Hilfe von elektrooptisch ablenkbaren Laserstrahlen sind als Labormodelle entwickelt worden. Die **Laser-D.-Technik** ist u. a. von großem Interesse für Verkehrsüberwachung und Leitungsüberwachung von Kraftwerken.

Disproportionierung, Reaktion, bei der ein Stoff gleichzeitig oxidiert und reduziert wird. Beispiele sind die D. von Benzaldehyd zu Benzoesäure und Benzylalkohol in Gegenwart starker Basen **(Cannizzaro-Reaktion)** und die D. von Chlor in wäßriger Lösung:

$$Cl_2 + OH^- \longrightarrow Cl^- + HOCl.$$

Disseminated copper ores [dɪsˈemɪneɪtɪd kˈɔpə ɔːz, engl.], **porphyry copper ores** [pˈɔːfɪrɪ-], Kupfererz-Imprägnationen in Silikatgesteinen; wichtige Kupferlagerstätten (rd. 30% der Weltproduktion) in den USA, Chile und in der UdSSR.

Dissimilation, Abbau der Körperstoffe über Zwischenprodukte zu Kohlendioxid, Wasser und Harnstoff unter Freisetzung von Energie.

Dissipation. Als **D. der Energie** bezeichnet man die Überführung irgendeiner Energieform in Wärme, die nicht restlos rückgängig gemacht werden kann. **Dissipative Kräfte,** die z. B. mechan. Energie in Wärme verwandeln (Reibungskräfte), stehen im Gegensatz zu **konservativen Kräften.**

Dissousgas [disˈu-, frz.], →Aceton.

Dissoziation, Spaltung chem. Bindungen unter Bildung kleinerer Einheiten; Ggs. Assoziation (→Aggregation). Bei der homöolyt. Trennung einer Bindung entstehen unter Verbrauch der **D.-Energie** (Größenordnung etwa 400 kJ/Mol) zwei Radikale. Bei der heterolyt. Trennung werden dagegen aus einem neutralen Molekül ein Kation und ein Anion gebildet. Im Falle der **thermischen D.** von Gasen steht die benötigte Energie in Form von Wärme zur Verfügung **(D.-Wärme).** Wenn die D. zu Atomen führt, spricht man statt von D.-Energie auch von **Atomisierungswärme.** Die therm. D. läuft in der Regel erst bei hohen Temperaturen merklich ab. Die D. von Elektrolyten in Lösungen läßt sich dagegen infolge der energetisch günstigen Wechselwirkung der gebildeten Ionen mit dem Lösungsmittel **(Solvatationsenergie)** bereits bei Zimmertemperatur beobachten. Es gibt schwache und starke Elektrolyten: Starke zerfallen in der betrachteten Lösung vollständig in Ionen, bei den schwachen (z. B. Essigsäure) stellt sich ein **D.-Gleichgewicht** ein, dessen Lage durch die **D.-Konstante** beschrieben wird.

Distanz, 1) Mathematik: svw. →Abstand.

2) Vermessungskunde: Entfernung zw. zwei Punkten im Raum. Entfernungen bis zu einigen 100 m werden bei der mechan. D.-Messung mit →Meßlatten oder →Meßbändern, bei der optischen D.-Messung durch Messung des parallakt. Winkels (→Parallaxe) oder der →Basis 3) in einem gleichschenkeligen spitzwinkligen Dreieck bestimmt. Bei der elektron. D.-Messung dienen Licht- oder Mikrowellen als Träger aufmodulierter Meßsignale. Nach Reflexion am Zielpunkt wird die Entfernung aus der Signallaufzeit und der Ausbreitungsgeschwindigkeit berechnet. Es können D. zw. 500 m (→Nahbereichsentfernungsmesser) und 80 km gemessen werden. Mit Laserimpulsen lassen sich auch D. zu künstl. Erdsatelliten und zu Reflektoren auf dem Mond bestimmen.

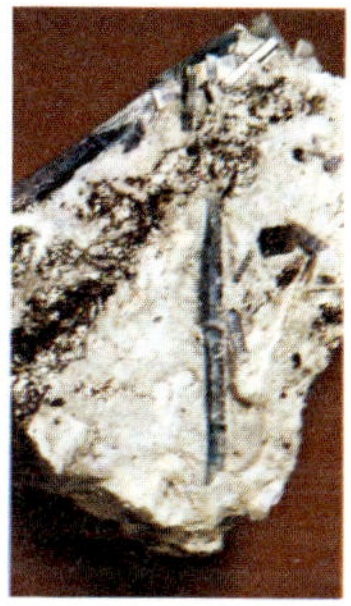

Disthen: lange blaue Kristalle (Tessin)

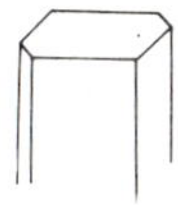

Disthen

Disthen *der,* **Cyanit,** Mineral, Modifikation von Al_2SiO_5 (→Andalusit, →Sillimanit); blau bis weiß, oft durchsichtig; H. 4–7 je nach Richtung; meist stengelige Kristalle in kristallinen Schiefern.

Distorsion, ein →Abbildungsfehler.

Distribution, Verallgemeinerung des Funktionsbegriffs, durch den ein Differentialquotient auch für nicht mehr differenzierbare Funktionen definiert werden kann (→Differentialrechnung).

Distributivgesetz. Sind in einer Menge (z. B. der Menge komplexer Zahlen) zwei Verknüpfungen, z. B. · und + (oder allgemein ∘ und △) definiert, und gilt $a \cdot (b+c) = a \cdot b + a \cdot c$ (allgemein $a \circ (b \triangle c) = a \circ b \triangle a \circ c$), so heißt die Verknüpfung · (∘) distributiv bezüglich der Verknüpfung + (△). →Verband.

Distrometer, →Niederschlag 2).

di|tetragonal, doppelflächige tetragonale Kristallformen (→Kristall, TAFEL I, BILDER E 23, 25).

di|trigonal, doppelflächige trigonale Kristallformen (→Kristall, TAFEL I, BILDER E 10, 13, 15).

div, Formelzeichen für →Divergenz.

divariant, →Gibbssche Phasenregel.

divergent, Bez. für Folgen (und Reihen), die nicht konvergieren, d. h. die keinen →Grenzwert haben.

Divergenz, 1) Mathematik: Abk. **div,** in der Vektoranalysis eine Funktion, die jedem Vektor $\boldsymbol{V}$ eines Vektorfeldes eine Zahl zuordnet

$$\operatorname{div} \boldsymbol{V} = \frac{\partial v_1}{\partial x} + \frac{\partial v_2}{\partial y} + \frac{\partial v_3}{\partial z},$$

wobei v_1, v_2, v_3 die Komponenten des Vektors $\boldsymbol{V}$ in einem (x, y, z)-Koordinatensystem bedeuten. Die D. gibt die Ergiebigkeit einer in einem Feld vorhandenen Quelle (z. B. einer Ladung in einem elektromagnet. Feld) an, in quellenlosen Feldern ist sie stets gleich Null. (→Maxwellsche Theorie)

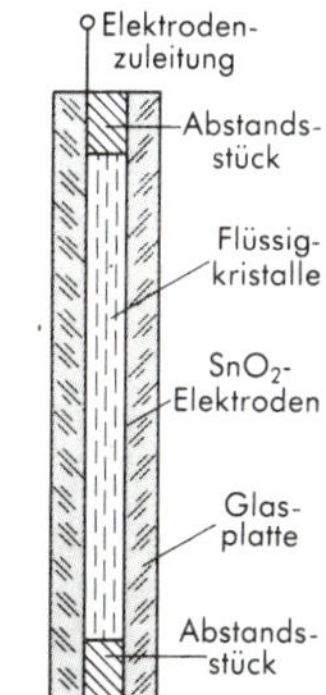

Display 3

Display 3: Flüssigkristallanzeige (LCD): Auf den Innenseiten der Platten sind durchsichtige Elektroden aufgebracht. Auf der einen Platte haben sie die geometrische Struktur der Bildelemente, in der Elektrode auf der anderen Platte sind die Strukturen aller Bildelemente vereinigt

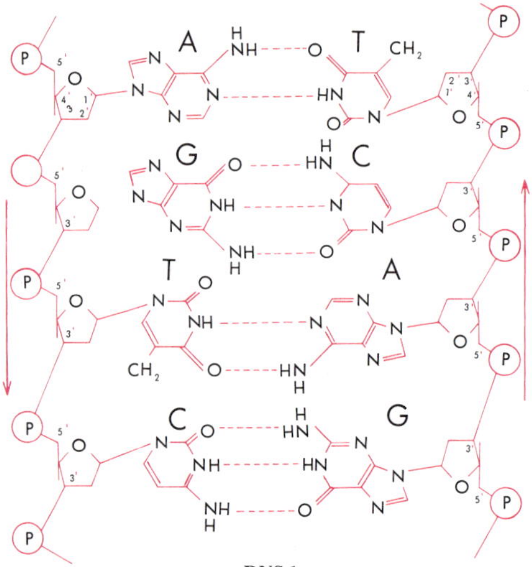

DNS 1

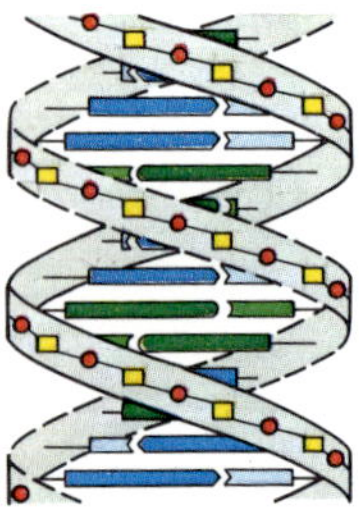

DNS 2

2) Meteorologie: Auseinanderströmen des horizontalen Windes. Zur Kompensation steigt abhängig vom vertikalen Druckgradienten Luft zum Divergenzniveau hin auf oder ab, bei bodennaher D. stets ab.

3) Optik: das Auseinanderlaufen von Strahlenbündeln, z. B. das Auseinanderlaufen paralleler Strahlen hinter einer Zerstreuungslinse (→ Linse 2).

Diversity|empfang [daɪv'ə:sɪtɪ-], der → Mehrfachempfang in der Hochfrequenz-, Sende- und Empfangstechnik.

Division, Dividieren, das Teilen einer Zahl durch eine andere; eine der vier Grundrechnungsarten. Sind $a \neq 0$ und b zwei reelle (auch komplexe) Zahlen, dann existiert genau eine reelle (oder komplexe) Zahl x, für die gilt: $a \cdot x = b$. Die Ermittlung (Operation) dieser Zahl x aus den gegebenen Zahlen a und b nennt man D.; sie kann als Umkehrung der Multiplikation aufgefaßt werden. Man nennt a **Divisor,** b **Dividend,** $b:a = \frac{b}{a} = b/a$ **Quotient** und x **Wert des Quotienten.** x ist eine rationale Zahl, wenn a und b rational sind; z. B. ist für $\frac{4}{5} \cdot x = \frac{3}{2}$ $x = \frac{15}{8}$.

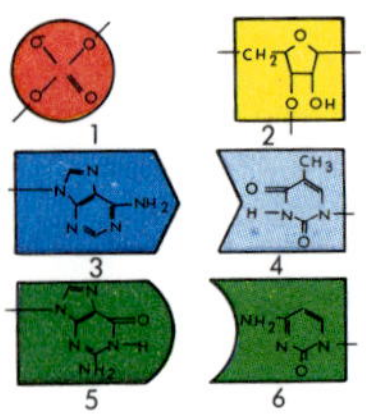

DNS 4:
basische Bausteine
1 Phosphorsäurerest
2 Desoxyriborest
3 Adeninrest A
4 Thyminrest T
5 Guaninrest G
6 Cytosinrest C

Divisionsring, der → Schiefkörper.

DK, Abk. für → **D**ielektrizitäts**k**onstante.

DL_{50} → Dosis 2).

dm, Einheitenzeichen für **Dezimeter** (→ Meter).

DMA, Abk. für engl. **Direct Memory Access** [daɪr'ekt m'emərɪ 'ækses], → direkter Speicherzugriff.

DME, Abk. für engl. **Distance Measuring Equipment** [dɪstəns m'eʒərɪŋ ɪkw'ɪpmənt], im Frequenzbereich 962 bis 1 213 MHz arbeitendes Entfernungsmeßgerät der Luftfahrt. An Bord des Flugzeuges werden von einem Abfragegerät Doppelimpulse ausgesendet, die am Boden von einem Antwortgerät empfangen und frequenzversetzt zurückgesendet werden (→ Abfragefunkfeuer). An Bord wird die Laufzeit des Signals gemessen und direkt als Schrägentfernung zur Bodenstation angezeigt. (→ Entfernungsmessung 2)

DMM, Abk. für **Digital-Multimeter,** ein digital anzeigendes Vielfachmeßinstrument (→ elektrische Meßgeräte).

DMS, Abk. für → **D**ehnungs**m**eß**s**treifen.

DNasen, Abk. für Desoxyribonucleasen, → Nucleasen.

DNL-Schaltung, Abk. für engl. **Dynamic Noise Limiter** [daɪn'æmɪk nɔɪz l'ɪmɪtə], zur Rauschunterdrückung bes. bei Kassettenrecordern eingesetzte elektron. Schaltung. Die DNL-S. wirkt wie ein Tiefpaß, dessen obere Grenzfrequenz variabel ist und von der Dynamik der Musikdarbietung abhängt. Sie schwächt bei der Wiedergabe in Abhängigkeit von der Signalamplitude (Tonstärke) die höherfrequenten Anteile (die das Rauschen enthalten) nur an den leisen Stellen und in den Pausen.

DNS, Abk. für **Des|oxyribonucle|insäure,** engl. **DNA,** Träger der Erbinformation, die durch ident. Replikation bei der Zellteilung weitergegeben wird. DNS besteht aus den vier Basen Adenin (A), Cytosin (C), Guanin (G) und Thymin (T), dem Zucker Desoxyribose und Phosphorsäure. Dabei wird je eine Base an einen Desoxyriboserest (→ Nucleoside) gebunden und daran ein Phosphorsäurerest (→ Nucleotide). Der DNS-Doppelstrang entsteht einmal durch die Bindung Desoxyribose – Phosphorsäure – Desoxyribose – usw. und Wasserstoffbrückenbindung jeweils komplementärer Basen (Adenin-Thymin, Cytosin-Guanin). Der so gebildete Doppelstrang dreht sich um eine imaginäre Achse. Eine Windung enthält zehn Basenpaare. Die Doppelhelix windet sich noch einmal um eine Achse und bildet ein platzsparendes Knäuel. In einigen Viren kommt die DNS nur als einsträngiges Molekül vor. DNS gibt die Erbinformation an die → RNS weiter.

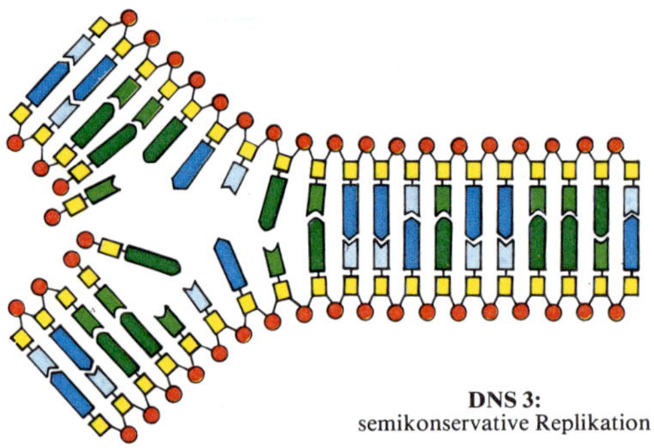

DNS 3:
semikonservative Replikation

Die Aufklärung der kompletten räuml. Struktur gelang 1953 J. D. Watson und F. H. Crick durch Röntgenstrukturanalyse.

Docht, der Teil einer Lampe oder Kerze, der der Flamme durch Kapillarwirkung den Brennstoff zuführt, besteht meist aus einem Baumwoll-Hohl- oder Rundgewebe **(D.-Gewebe),** das z. B. mit Salpeter, Kaliumchlorat, Asbest imprägniert wird.

Dock, Anlage zur Aufnahme von Schiffen oder schwimmfähigen Bauelementen zu deren Bau oder Instandsetzung im Trockenen. 1) **Schwimmdock,** trogarti-

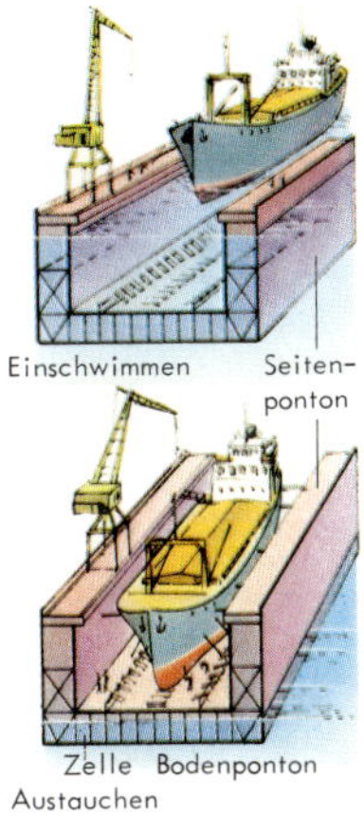

Dock: Schwimmdock

Dock: Trockendock

Dock: Dockschiff

ges, an den Stirnseiten offenes Schwimmgefäß, das durch Füllen oder Leeren seiner Ballastkammern gesenkt und gehoben werden kann; 2) **Trockendock,** kammerartiges, festes, gegen das Gewässer mit einem einschwimmbaren **Docktor** abriegelbares Bauwerk; 3) **Dockschiff,** mobile schiffsähnliche Anlage, deren vorderer Teil den Antrieb beherbergt, und deren hinterer Teil als Schwimmdock ausgebildet ist.

Dockhafen, durch ein **Dockhaupt** (Bauwerk mit Docktor) von den wechselnden Außenwasserständen abgetrennter Seehafen, in den nur bei ausgespiegelten Wasserständen ein- oder ausgefahren werden kann.

Dodeca|hedran, $C_{20}H_{20}$, verbrückter polyzykl. → Kohlenwasserstoff, bei dem die C-Atome die Ecken, deren Bindungen die Kanten eines Pentagondodekaeders darstellen. D. gehört zu den platon. Kohlenwasserstoffen (→ regelmäßige Körper).

Dodecansäure, die → Laurinsäure.

Dodeka|eder *das,* von zwölf ebenen Vielecken begrenzter Körper (Zwölfflächner), z. B. die → Pentagondodekaeder; wird i. e. S. für das regelmäßige Pentagondodekaeder (→ regelmäßige Körper) verwendet. (→ Rhombendodekaeder, → Deltoiddodekaeder)

Dogger *der,* mittlere Abteilung des → Jura.

Dokimasie, auch **dokimastische Analyse,** einfaches Schmelzverfahren zur Bestimmung von Edelmetallgehalten (→ Probierkunst).

Dokumentenfilm, bes. harter photograph. Film mit sehr niedriger Lichtempfindlichkeit (8 bis 12 DIN); wegen seiner Feinkörnigkeit hohes Auflösungsvermögen.

Dokumentenpapier, Papier hoher Alterungsbeständigkeit für langlebige Schriftstücke, wie Urkunden.

Dolan, Handelsname für eine Polyacrylnitrilfaser.

Dolby-System [n. R. M. Dolby], Verfahren zur Verminderung des → Rauschens bei Tonbandgeräten, beim Kopieren von Tonaufzeichnungen und beim UKW-Rundfunk. Das D.-S. geht davon aus, daß das Rauschen nur bei leisen Musikpassagen, Pausen oder dgl. störend merkbar ist. Die den leisen Schallschwingungen entsprechenden elektr. Schwingungen werden vom Gesamtsignal durch ein besonderes Netzwerk (›Stretcher‹) abgezweigt, dessen Ausgangssignale zu den ursprünglichen Schwingungen addiert werden (Kompression). Dadurch sind im Summensignal die Schwingungen kleiner Amplitude so stark angehoben, daß sie erheblich über dem Geräuschpegel liegen, der bei der weiteren Verarbeitung und Speicherung unvermeidlich hinzukommt. Bei der Wiedergabe werden die unterhalb eines entsprechenden Schwellenwertes liegenden Signale wiederum abgetrennt und vom Summensignal so subtrahiert, daß die hohen Amplituden unverändert, die kleinen Amplituden jedoch auf das ursprüngliche Maß herabgesetzt werden (Expansion). Die noch kleineren Geräuschspannungen fallen bei der Subtraktion unter die Hörbarkeitsgrenze ab, weil sie erst nach der Kompression zum Summensignal hinzutreten.

Beim **Dolby-A-System** enthält jedes Netzwerk vier Filter, die den zu verarbeitenden Frequenzbereich in vier Teilbereiche aufspalten. Dadurch kann man jede Geräuschart (Rumpeln, Brummen, Bandrauschen usw.) mit großer Wirksamkeit bekämpfen. Dieses System wird in der Studiotechnik angewendet. Beim **Dolby-B-System,** das für den Heimgebrauch bestimmt ist, setzt man nur einen aktiven Filterkanal zur Rauschverminderung ein. Das **Dolby-C-System** stellt eine weitere Verbesserung des Dolby-B-Systems dar, es wird bereits im Bereich von 100 Hz (gegenüber vorher 400 Hz) wirksam.

Dolerit, grobkörnige Varietät des → Basalts.

Doline *die,* schüssel- oder trichterförmige Hohlform im → Karst. Man unterscheidet **Lösungs-D.** und **Einsturz-D.**

Dollbord, oberster Plankengang eines offenen Bootes, in den die → Dollen eingesteckt werden oder die → Rundseln eingeschnitten sind.

Dolle, gabelförmige, drehbare Halterung auf dem → Dollbord eines Ruderboots zum Einlegen des Riemens beim Rudern.

Dolomit, 1) Dolomitspat, Mineral $CaMg(CO_3)_2$, farblos, weiß, gelb bis braunschwarz; H. 3,5–4, D. 2,9; meist dicht bis körnig. Bei 1500–1700 °C zu **Sinter-D.** gebrannt, findet er Verwendung zur Herstellung von **D.-Steinen** sowie als Flickmasse u. a. für Elektroöfen, Thomas- und Sauerstoffaufblas-Konverter. (BILD S. 266)

2) vorwiegend aus dem Mineral D. bestehendes Sedimentgestein, früh- oder spätdiagenetisch aus Kalkstein entstanden **(Dolomitisierung).** Aus geschichtetem Gestein entsteht **Platten-D.,** aus Korallenkalken **Riff-D.;** in den Kalkalpen gebirgsbildend (Dolomiten).

Doma *das,* **domatisches Di|eder,** dachförmige Kristallform (→ Kristall, Tafel I, BILD E 3), allgemeine Form der (monoklin-)**domatischen Kristallklasse.**

Domänen, kleine Bereiche einheitlicher Magnetisierung (→ Weißsche Bezirke) oder Polarisation, die in ferromagnet. (→ Ferromagnetismus) oder ferroelektr. (→ Ferroelektrizität) Material auftreten. Die einzelnen D. sind durch Wände voneinander getrennt. Die an die Oberfläche eines Körpers tretenden D. können bei magnet. Stoffen durch kolloidale magnet. Suspensionen sichtbar gemacht oder durch den magnetoopt. Kerr-Effekt und den Faraday-Effekt nachgewiesen werden. Entsprechende Verfahren bei der Ferroelektrizität sind Suspensionen mit permanenten elektr. Dipolmomenten und Beobachtungen im Polarisationsmikroskop. Die **D.-Struktur** bildet sich jedoch nur in anisotropen Kristallen aus. Bei isotro-

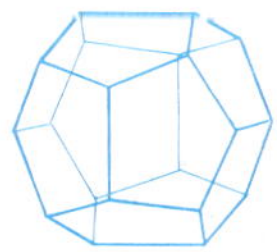
Pentagondodekaeder

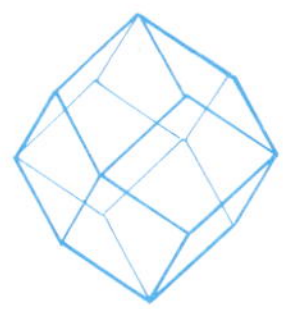
Rhombendodekaeder

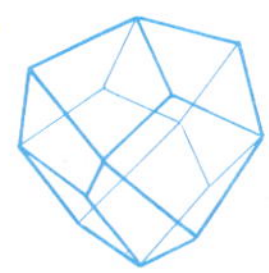
Deltoiddodekaeder

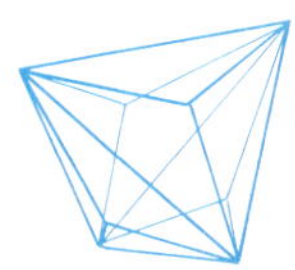
Trigondodekaeder

Dodekaeder

Dolomit 1): Kristalle (Clausthal-Zellerfeld)

pen Kristallen wird durch die Vorzugsrichtung eine einheitl. Ausrichtung erzwungen. Änderungen der D.-Struktur werden durch Keimbildung und Wandverschiebungen hervorgerufen.

Donator, 1) Chemie: **Donor,** Begriff der Theorie der chem. Bindung. D. beteiligen sich mit einem Elektron oder Elektronenpaar an der Bildung koordinativ-kovalenter Bindungen.

2) Physik: in das Kristallgitter eines Halbleiters eingebautes Fremdatom, das ein Valenzelektron mehr als die Atome des Grundgitters hat. Das überzählige Elektron ist nur schwach gebunden und kann mit geringer Aktivierungsenergie in das Leitungsband angehoben werden, so daß der Kristall n-leitend wird. Die wichtigsten D. für Si und Ge sind P, As, Sb. (Ggs.: →Akzeptor). – Die **D.-Dichte** n_d gibt die Anzahl der D. pro Volumeneinheit an.

Donner, die durch explosionsartige Ausdehnung der von einem → Blitz erhitzten Luft entstehende Druckwelle; wird vom Menschen als rollendes oder krachendes Geräusch empfunden. Ihre Hörweite beträgt rd. 20 km. Wegen ihrer Ausbreitung mit Schallgeschwindigkeit (≈330 m/s) ergibt die durch 3 geteilte Sekundenzahl zw. Blitz und D. etwa die Entfernung des Gewitters in km.

Dop|amin, biogenes Amin, Muttersubstanz der Hormone Adrenalin und Noradrenalin, wird aus Dopa, einer Vorstufe des D., durch Decarboxylierung gebildet. D. wirkt im Zentralnervensystem als → Neurotransmitter.

Doppel|achse, Kfz: zwei Achsen, deren Mittenabstand mindestens 1 m und weniger als 2 m beträgt.

Doppelbasisdiode, Halbleiterbauelement, → Unijunktionstransistor.

Doppelbindung, kovalente → chemische Bindung, die durch zwei Elektronenpaare gebildet wird. Ein Elektronenpaar bildet eine Bindung, die in einer Ebene mit den Partnern der D. und allen mit diesen direkt verbundenen

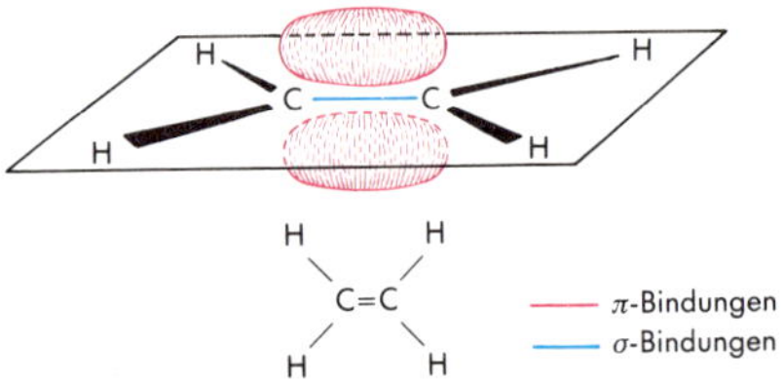

Doppelbindung: Äthylenmolekül

Atomen liegt (σ-Bindung). Ober- und unterhalb dieser Ebene befinden sich zwei Elektronenwolken der 2. Bindung (π-Bindung). Durch diese Anordnung wird die freie Drehbarkeit der Bindung aufgehoben. Verbindungen mit D. (z. B. Alkene) sind ungesättigt, d. h. sie addieren andere Stoffe unter Auflösung der π-Bindung. In chem. Formeln wird die D. durch zwei Valenzstriche dargestellt. (→ Kohlenstoffverbindungen)

Doppelboden, Schiffbau: → Innenboden.

Doppelbrechung, Eigenschaft aller nichtkubischen (optisch anisotropen) Kristalle, ein Lichtbündel in zwei senkrecht zueinander polarisierte Teilbündel aufzuspalten, die sich mit unterschiedl. Strahlgeschwindigkeit fortpflanzen, da in doppelbrechenden Kristallen i. a. die Brechzahl von der Ausbreitungsrichtung und Polarisation des Lichts abhängt. Die Variation der Brechzahl in Abhängigkeit von der Richtung bezüglich der Kristallachsen wird durch die Indikatrix (→ Kristalloptik) anschaulich dargestellt. In optisch einachsigen Kristallen (z. B. Kalkspat, Quarz) ist die Brechzahl n_ω für die Polarisation

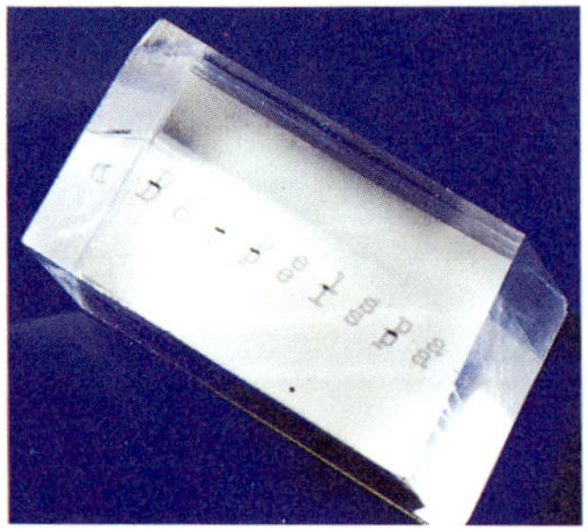

Doppelbrechung: Wegen der D. erscheint bei senkrechter Aufsicht auf den Kalkspatkristall die darunterliegende Schrift doppelt

senkrecht zur opt. Achse richtungsunabhängig. Dieser Strahl gehorcht dem normalen Snelliusschen Brechungsgesetz, bei ihm fallen Ausbreitungsrichtung und Wellennormale zusammen, und seine Strahlgeschwindigkeit ist gleich der Phasen- oder Normalengeschwindigkeit (Geschwindigkeit, mit der sich die Phase der Welle normal zur Wellenfront weiterbewegt). Er wird als **ordentl. (ordinärer) Strahl** bezeichnet. Für den senkrecht dazu polarisierten **außerordentl. (extraordinären) Strahl** (Brechungszahl n_ε) haben Strahlungsfluß und Wellennormale versch. Richtungen. Beim außerordentl. Strahl gilt nur für die Normalenrichtung und -geschwindigkeit formal das Snelliussche Brechungsgesetz, nicht aber für Strahlrichtung und -geschwindigkeit. Für Durchstrahlung parallel und senkrecht zur opt. Achse stimmen Normalen- und Strahlrichtung auch für den außerordentl. Strahl überein. Während bei Durchstrahlung in Richtung der opt. Achse keine D. beobachtbar ist, da $n_\omega = n_\varepsilon$ gilt, erreicht der Brechzahlunterschied in der dazu senkrechten Ebene seinen Maximalwert und führt zu einer Phasendifferenz zw. ordentl. und außerordentl. Strahl, die proportional mit der im Kristall zurückgelegten Wegstrecke anwächst. Gilt für die von der opt. Achse verschiedenen Richtungen $n_\omega < n_\varepsilon$, so wird der Kristall als **einachsig positiv,** im Fall $n_\omega > n_\varepsilon$ als **einachsig negativ** bezeichnet. Optisch einachsige Kristalle werden zur Erzeugung von polarisiertem Licht oder auch zur Drehung der Polarisationsebene von linear polarisiertem Licht verwendet (→ Polarisation).

Normalerweise isotrope Körper können durch mechan. Spannungen **(Spannungs-D.,** → Spannungsoptik), durch elektr. (→ Kerr-Effekt) oder magnet. Felder (→ Cotton-Mouton-Effekt), Flüssigkeiten mit hoher Zähigkeit bei Strömung durch innere Reibung doppelbrechend werden. In Flüssigkeiten mit darin gelösten langgestreckten Molekülen kann bei Strömung **Orientierungs-D.** infolge Ausrichtung der optisch anisotropen Moleküle auftreten. – Die D. wurde 1669 von E. BARTHOLINUS am isländ. Doppelspat (Kalkspat) entdeckt (BILD).

Doppelbruch, ein → Bruch 2), dessen Zähler und/oder Nenner wieder aus Brüchen bestehen, z. B.

$$\frac{\frac{5}{8}}{\frac{3}{7}} = \frac{35}{24}.$$

Doppeldecker, Flugzeug mit zwei übereinanderliegenden Tragflächen; ergibt hohe Festigkeit bei geringem Gewicht, aber auch erhöhten Luftwiderstand.

Doppelfokussierung, → Massenspektrograph.

Doppel|integral, Integral, bei dem über zwei Variable integriert wird, kann als Volumen unter einer Fläche gedeutet werden.

Doppelkäfigmotor, Asynchronmaschine (→Elektromotor) mit zwei konzentrischen Käfigwicklungen (→Käfigläufer) im Läufer, die äußere mit hohem, die innere mit niedrigem elektr. Widerstand. So wird bei hohem Anlaufmoment und gutem Wirkungsgrad ein relativ niedriger Anlaufstrom erreicht.

Doppelkolbenmotor, →Zweitaktmotor mit zwei parallel laufenden Kolben und einem gemeinsamen Brennraum. Beim U-Motor bewegen sich die Kolben nebeneinander in einem U-förmigen Zylinder, beim →Gegenkolbenmotor gegenläufig. (→Verbrennungsmotor)

Doppelprojektion, Auswerteverfahren in der →Photogrammetrie.

Doppelpunkt, 1) als mathemat. Zeichen verwendet für die Operation ›geteilt durch‹; $\frac{5}{7}$ = 5:7. 2) ein singulärer Punkt einer Kurve oder Fläche; Kurven ohne D. heißen ›einfach‹.

Doppel-Querlenkerachse, Kfz: →Achsanordnung 2) (BILD).

Doppelsalze, chem. Verbindungen aus formal zwei getrennten einfachen Salzen, die kristallisiert eine einheitliche Verbindung bilden, z. B. Alaun. In wäßriger Lösung zerfallen die D. in ihre Bestandteile.

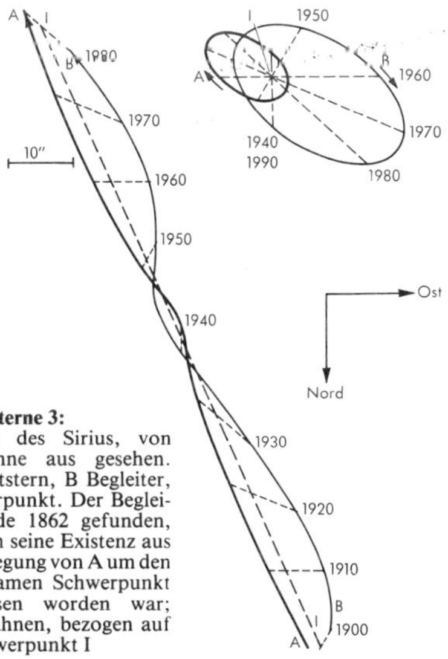

Doppelsterne 3: a Bahn des Sirius, von der Sonne aus gesehen. A Hauptstern, B Begleiter, I Schwerpunkt. Der Begleiter wurde 1862 gefunden, nachdem seine Existenz aus der Bewegung von A um den gemeinsamen Schwerpunkt erschlossen worden war; b die Bahnen, bezogen auf den Schwerpunkt I

Doppelschicht, zwei unmittelbar aneinandergrenzende Schichten von Materie, die sich in ihren Eigenschaften grundsätzlich unterscheiden. Im Fall der **elektr. D.,** wie sie z. B. an Elektrodenoberflächen auftritt, liegen an der Grenze zw. Metall und Lösung Schichten mit entgegengesetzter Nettoladung einander gegenüber.

Doppelschluß|erregung, Compound|erregung [kəmp'aʊnd-, engl.], **Verbund|erregung,** Erregung elektr. Maschinen teils über eine Nebenschluß-Erregerwicklung, deren Erregerstrom der Klemmenspannung proportional ist, teils über eine Reihenschluß-Erregerwicklung, die vom Belastungsstrom durchflossen ist. Diese kann so angeschlossen werden, daß sie den magnet. Fluß verstärkt (Hilfs-Reihenschlußwicklung) oder schwächt (Gegen-Reihenschlußwicklung). Beim Gleichstrom-Generator kann dadurch der Verlauf der Spannungs-Kennlinie und beim Gleichstrom-Motor die Drehzahl-Kennlinie beeinflußt werden.

Doppelschlußmaschine, Compoundmaschine [kəmp'aʊnd-, engl.], **Verbundmaschine,** eine Gleichstrommaschine (→elektrische Maschinen) mit →Doppelschlußerregung.

Doppelspat, isländischer D., Mineral →Calcit mit deutlicher Doppelbrechung.

Doppelsterne, Sterne, die scheinbar oder wirklich nahe benachbart sind. Die **optischen D.** bilden nur scheinbar ein **D.-System.** Die beiden Sterne befinden sich in ganz verschiedenen Entfernungen vom Beobachter und werden nur in gleicher Richtung gesehen. Bei den **physischen D.** dagegen laufen die beiden Komponenten um einen gemeinsamen Schwerpunkt und beschreiben dabei Keplersche Ellipsen. Bei den **visuellen D.** (BILD 1) können die beiden Komponenten mit opt. Hilfsmitteln getrennt wahrgenommen werden. Ob es sich dabei um einen phys. D. handelt, ist (z. T. erst nach Jahren) an der Bahnbewegung zu erkennen. Die **spektroskop. D.** sind so eng benachbart, daß sie optisch nicht mehr getrennt werden können und die Bahnbewegung nur spektroskopisch auf Grund des Doppler-Effekts gemessen werden kann (BILD 2). **Photometrische D.** sind →Bedeckungsveränderliche, deren Doppelsterncharakter an dem durch die gegenseitige Bedeckung hervorgerufenen Lichtwechsel (mit photometr. Methoden) erkennbar wird.

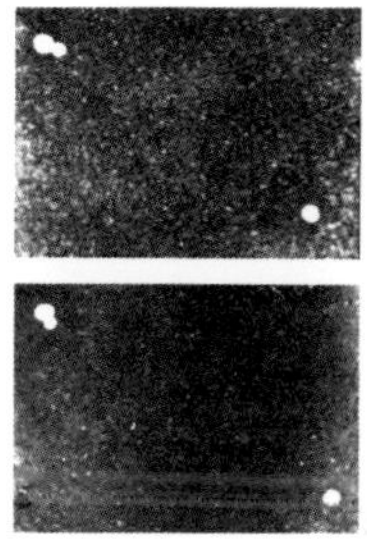

Doppelsterne 1: Bahnbewegung des visuellen Doppelsterns Krüger 60 von 1908 bis 1920

Die Umlaufzeiten der D. schwanken zw. wenigen Stunden bei manchen spektroskop. D. und mehr als 10000 Jahre bei den weitesten visuellen D. Bei den ersteren sind die großen Halbachsen der Bahnen sehr klein; es gibt Systeme, in denen die meist stark abgeplatteten Komponenten sich fast berühren. Auf der anderen Seite kommen Halbachsen von einigen 100 astronomischen Einheiten vor. Unter den Komponenten der D. gibt es Sterne der verschiedensten Typen. Die hellste Komponente heißt **Hauptkomponente,** der andere Stern **Begleiter.** In einigen Systemen wurden Begleiter entdeckt, die so lichtschwach und massearm (0,1–0,002 Sonnenmassen) sind, daß sie unsichtbar bleiben und nur durch die schwache Beeinflussung des Ortes der Hauptkomponente erkannt werden (BILD 3), wenn die Position relativ zu anderen Sternen bestimmt wird. Für die Astrophysik sind die D. bes. wichtig, weil sie die einzige Möglichkeit für die Berechnung von Sternmassen bieten. Seltener als D. sind die mehrfachen Systeme, die oft aus einem engen D. und einem weiter entfernten Begleiter bestehen. Gegenwärtig sind mehr als 60000 visuelle D. bekannt, man schätzt aber, daß nahezu jeder zweite Stern Partner eines D.- oder Mehrfachsystems ist.

doppeltperiodische Funktionen, →periodische Funktionen, →elliptische Funktionen.

doppeltwirkender Motor, Verbrennungsmotor, bei dem Ober- und Unterseite des Kolbens von den Verbrennungsgasen beaufschlagt werden, wobei die Kolben-

Doppelsterne 2

Doppelsterne 2: Verdopplung der Absorptionslinien eines spektroskopischen Doppelsterns infolge des Doppler-Effekts, der durch die Bahnbewegung der beiden Komponenten hervorgerufen wird

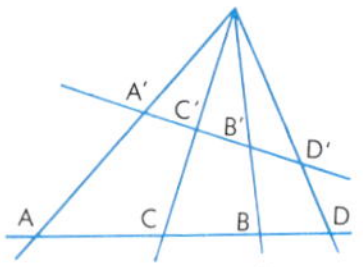

Doppelverhältnis:

$$D = \frac{\frac{AC}{BC}}{\frac{AD}{BD}} = \frac{\frac{A'C'}{B'C'}}{\frac{A'D'}{B'D'}}$$

stange durch den unteren → Brennraum geht und abgedichtet werden muß; heute kaum noch ausgeführt.

Doppelverhältnis. Das D. von vier Punkten A, B, C, D ist der Quotient aus zwei Quotienten:

$$D(A, B, C, D) = \frac{AC}{BC} : \frac{AD}{BD};$$

wobei AC, BC, AD, BD die Abstände der Punkte bedeuten und für die Orientierung der Abstände i. a. gilt: $AC = -CA$. Das D. ist invariant gegenüber projektiven Abbildungen (→ projektive Geometrie).

Doppelwendel, eine → Wendel aus bereits mit kleinerem Durchmesser gewickeltem Draht. Bei elektr. Glühlampen liefert sie gegenüber Langdraht und bei 40- bis 100-Watt-Lampen auch gegenüber Einfachwendeln eine erhöhte Lichtausbeute.

Doppelzentner, Einheitenzeichen **dz,** auch **metrischer Zentner, Meterzentner,** nicht gesetzliche Einheit des Gewichts und der Masse: 1 dz = 100 kg. (→ Zentner)

Döpper *der,* Nietwerkzeug, → Niet.

Doppler-Effekt, Doppler-Prinzip [n. dem österr. Physiker C. Doppler, * 1803, † 1853], bei allen Wellenvorgängen beobachtbarer Effekt, wenn Quelle (Schall-, Lichtquelle u. a.) und Beobachter sich relativ zueinander bewegen, 1842 von C. DOPPLER entdeckt. Bewegt sich die Quelle auf den Beobachter zu (von ihm weg), so treffen in der Zeiteinheit mehr (weniger) Wellenzüge bei ihm ein, die Frequenz wird höher (niedriger), als wenn die Quelle relativ zu ihm ruht **(longitudinaler D.-E.,** BILD); z. B. ist der Ton eines an einem Beobachter vorbeifahrenden Autos oder einer pfeifenden Lokomotive beim Herankommen höher als danach, wenn sich die Tonquelle entfernt. Die Änderung der Tonhöhe kann für zwei in entgegengesetzter Richtung aneinander vorbeifahrende Züge bis zum Intervall einer Terz betragen **(akustischer D.-E.).** Bewegt sich der Beobachter (Empfänger) mit konstanter Geschwindigkeit v auf den relativ zum Medium der Wellenausbreitung in Ruhe befindlichen Wellenerreger zu oder von ihm weg, so gilt $f = f_0\,(1 + v/c)$ bei Annäherung und $f = f_0\,(1 - v/c)$ beim Entfernen; f ist die vom Beobachter festgestellte Frequenz, f_0 die Frequenz, mit der die Wellen vom Wellenerreger abgestrahlt werden, c die Wellengeschwindigkeit. Bewegt sich dagegen der Wellenerreger mit konstanter Geschwindigkeit v auf den relativ zum Medium der Wellenausbreitung in Ruhe befindlichen Beobachter zu oder von ihm weg, so gilt: $f = f_0/(1 - v/c)$ bei Annäherung und $f = f_0/(1 + v/c)$ beim Entfernen. Man erhält also bei gleicher Relativgeschwindigkeit v verschiedene Frequenzverschiebungen, je nachdem, ob sich Beobachter oder Quelle in Bewegung befinden, weil für die Größe des D.-E. nicht nur die Relativgeschwindigkeit zw. Beobachter und Quelle, sondern auch die relative Ruhe oder Bewegung des Mediums eine Rolle spielt. Bei sich im Vakuum ausbreitenden elektromagnet. Wellen ist nur die Relativgeschwindigkeit zw. Quelle und Beobachter maßgebend. Nach der Relativitätstheorie ergibt sich für die im System S beobachtete Frequenz $f = f_0\sqrt{1 - v^2/c^2}/(1 - (v/c)\cos\alpha)$, wobei f_0 die im System S_0 gemessene Frequenz ist, die eine in S_0 ruhende Quelle aussendet, v ist die Geschwindigkeit der Quelle relativ zum System S, c die Vakuumlichtgeschwindigkeit und α der in S gemessene Winkel zw. der Bewegungsrichtung der Quelle und der Ausbreitungsrichtung der Welle. Für $\alpha = 90°$ ergibt sich $f = f_0\sqrt{1 - v^2/c^2}$, d. h. auch für eine Bewegung senkrecht zur Verbindungslinie Quelle–Beobachter ist eine Frequenzverschiebung beobachtbar **(transversaler D.-E.).**

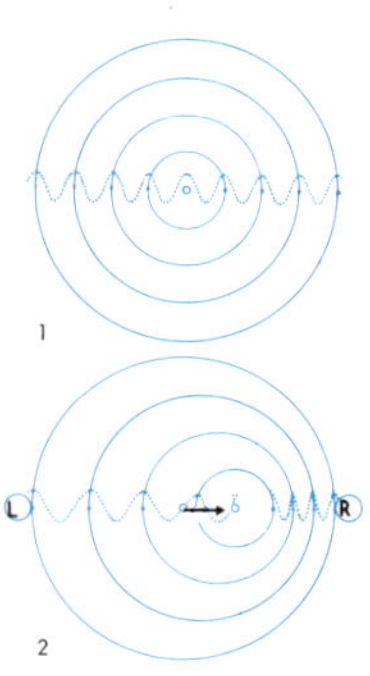

Doppler-Effekt: 1 Ruhende Quelle; die Wellen breiten sich mit derselben Frequenz nach allen Seiten aus. 2 Die Quelle bewegt sich relativ zu den zwei Beobachtern L und R; L empfängt die Wellen kleinerer, R solche größerer Frequenz

In der Astronomie wird der **optische D.-E.** benutzt, um die Bewegung der Sterne in Richtung der Gesichtslinie zu messen; sie äußert sich in einer Verschiebung der Spektrallinien in den Spektren der Sterne **(Doppler-Verschiebung).** Die → Rotverschiebung der Spektrallinien ferner Galaxien wird als D.-E. (→ Hubble-Effekt) gedeutet **(kosmolog. D.-E.).** In der Spektroskopie wird infolge der Wärmebewegung der strahlenden Atome eine Verbreiterung der Spektrallinien **(Doppler-Verbreiterung)** beobachtet.

Der D.-E. läßt sich mit Radarverfahren noch bis zu einem Milliardstel der Lichtgeschwindigkeit nachweisen. Er wird bei diesen Verfahren benutzt zur Geschwindigkeitsmessung bewegter Ziele (Flugzeuge, Meteore), zur Trennung verschieden schnell bewegter Objekte (Flugzeuge und Boden- oder Störzeichen) und zur Bestimmung der Eigenrotation von Planeten.

Doppler-Navigationsverfahren, von Bodenstationen unabhängiges Navigationsverfahren der Luftfahrt, mit dem direkt die Geschwindigkeit über Grund und der Abdriftwinkel an Bord gemessen und aus diesen Daten mit Hilfe eines Computers der zurückgelegte Weg und von der Startposition ausgehend auch der momentane Standort bestimmt werden können. Hierzu wird die durch den → Doppler-Effekt hervorgerufene Frequenzverschiebung ausgewertet, die zw. der vom Flugzeug in Flugrichtung schräg zum Erdboden gesendeten, scharf gebündelten Mikrowellenstrahlung gegenüber dem vom Boden reflektierten Anteil entsteht und die der Grundgeschwindigkeit direkt proportional ist. In der Praxis werden zwei Strahlenbündel schräg nach rechts und links voraus abgestrahlt, die infolge des Vorhaltewinkels verschieden lange Strecken zum Boden zurücklegen, so daß aus dem Unterschied der beiden Doppler-Frequenzen die Größe des Abdriftwinkels errechnet werden kann.

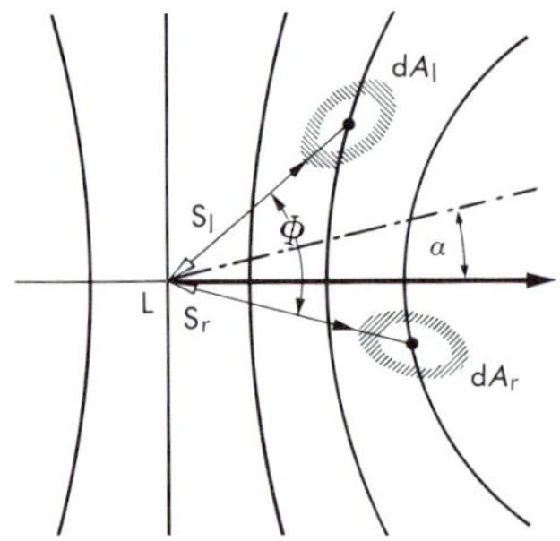

Doppler-Navigationsverfahren: L = Position des Luftfahrzeuges, S_l und S_r = linkes und rechtes Richtstrahlbündel, dA_l und dA_r = linkes und rechtes Erdboden-Flächenelement, Φ = Winkel zwischen linkem und rechtem Richtstrahlbündel, α Abdriftwinkel

Doppler-Positionierung, eine → Ortsbestimmung mit Hilfe des → Doppler-Effekts, der beim Empfang einer von einem Satelliten ausgesandten Frequenz auftritt. Die D.-P. wird für die Schiffsortung und die Festpunkt-Bestimmung benutzt.

Dorado, lat. Bez. des Sternbilds → Schwertfisch.

DORIS, Abk. für das **Doppelspeicherringsystem** des → Deutschen Elektronen-Synchrotrons.

Dorn, zylindrisches oder schwach kegeliges Werkzeug zum Aufweiten von Löchern und Bohrungen, zum Ziehen von Rohren und zur Aufnahme von Werkstücken bei der Drehbearbeitung.

Dorno-Strahlung [n. dem Physiker C. Dorno, * 1865, † 1942], die UV-B-Strahlung (→ Ultraviolett).

Dosimeter, Meßgerät zur Bestimmung der → Dosis 1) von ionisierender Strahlung (Röntgen-, α-, β-, γ-, Neutronen- sowie anderer durchdringender Teilchenstrahlung). D. beruhen auf meßbaren Wechselwirkungen der Strahlung mit Materie. Am Körper getragene **Personen-D.** messen die Strahlenbelastung von berufsmäßig mit ionisierender Strahlung umgehenden Personen. **Orts-D.** dienen zur Überwachung von best. Orten (z. B. in der Umgebung von Kernkraftwerken). Die gebräuchlichsten Personen-D. sind 1) das luftgefüllte **Füllhalter-D. (Stab-D.),** ein **Ionisations-D.** in der Größe eines Füllhalters, das vor Gebrauch aufgeladen wird und das für alle ionisierenden Strahlenarten (ohne Unterscheidungsmöglichkeit) geeignet ist (je nach der Menge der einfallenden Strahlung wird infolge der Ionisation der Luft die → Kondensatorkammer entladen) und 2) das **Film-D. (Filmplakette),** ein Film, vor dem sich versch. Absorber befinden, so daß der Film je nach Strahlungsmenge, -art und -energie in einer best. Zeit (meist ein Monat) unterschiedlich geschwärzt wird.

Dosimetrie, Messung der → Dosis 1) und der → Dosisleistung mit Hilfe von → Dosimetern.

D. und Strahlenschutz, hg. v. R. G. JAEGER u. W. HÜBNER (^{2}1974).

Dosis, Bez. für die auf eine Einheit bezogene Menge eines Wirkstoffes oder von Energie. **1)** Strahlenschutz: Maß für die einem System zugeführte Strahlungsmenge. Die **Energie-D.** D ist der Quotient aus der auf das Volumenelement dV eines Materials übertragenen Energie dW und der in ihm enthaltenen Masse $dm = \varrho dV$ (ϱ = Dichte des Materials): $D = dW/dm = \varrho^{-1} dW/dV$. SI-Einheit ist das → Gray (1 Gy = 1 J/kg); auch → Rad ist bis zum 31. 12. 1985 zugelassen. – Die **Ionen-D.** J ist der Quotient aus der von der ionisierenden Strahlung in Luft erzeugten Ionenladung (eines Vorzeichens) dQ und der bestrahlten Luftmasse $dm_L = \varrho_L dV$ (ϱ_L = Dichte der Luft): $J = dQ/dm_L = \varrho_L^{-1} dQ/dV$. SI-Einheit ist das Coulomb je Kilogramm (C/kg); auch das → Röntgen ist bis zum 31. 12. 1985 zugelassen. Mit der für Zwecke des Strahlenschutzes eingeführten **Äquivalent-D.** D_q wird die Einwirkung ionisierender Strahlung auf biolog. Systeme gekennzeichnet. Sie läßt sich aus der gemessenen Energie-D. D und einem von Art und Energie der Strahlung abhängigen **Bewertungsfaktor** q (früher RBW-Faktor für relative biolog. Wirksamkeit) gemäß $D_q = q \cdot D$ berechnen; q beträgt für Röntgen-, β-, γ-, Elektronen- und Positronenstrahlen 1, für Neutronen 2–10, für schwere Atomkerne bis 20. SI-Einheit ist das → Sievert (1 Sv = 1 J/kg); auch → Rem ist bis zum 31. 12. 1985 zugelassen.

2) Pharmakologie: Bei der therapeutisch angewendeten oder toxisch wirkenden Menge einer Arznei werden unterschieden: die **mittlere effektive D.,** abgek. $\mathbf{ED_{50}}$, d. h. die D. einer Substanz, die bei 50% der Probanden oder Versuchstiere den beabsichtigten therapeut. Effekt hervorruft, und die **letale D.,** abgek. $\mathbf{DL_{50}}$ oder $\mathbf{LD_{50}}$, bei der 50% der Individuen sterben. → MAK-Wert.

Dosisleistung, Dosisrate, die auf eine Zeiteinheit bezogene → Dosis 1). Die **Energie-D.** $\dot{D}$ ist der Differentialquotient der Energiedosis D nach der Zeit t: $\dot{D} = dD/dt$. Die **Ionen-D.** $\dot{J}$ ist der Differentialquotient der Ionendosis J nach der Zeit: $\dot{J} = dJ/dt$. Für zeitlich konstante Verhältnisse gilt: $\dot{D} = D/t$ und $\dot{J} = J/t$.

Dotierung, Dotieren, Zugabe von Fremdatomen zu reinem Halbleitermaterial, um Zonen verschiedener Leitfähigkeit zu erzeugen, die z. B. für das Funktionieren von Dioden und Transistoren wesentlich sind. Je nach Art der verwendeten Fremdatome wird zw. **p-D.** (D. mit → Akzeptoren) und **n-D.** (D. mit → Donatoren 2) unterschieden. Der gezielte Einbau der Fremdatome ist bereits während der Kristallzüchtung möglich, indem der Dotierstoff dem Ausgangsmaterial zugesetzt wird. Während beim Züchten der Kristalle aus der Schmelze nur relativ grobe Strukturen mit großen Fertigungstoleranzen hergestellt werden können, lassen sich mittels → Epitaxie extrem dünne Schichten erzeugen, bei denen das D.-Profil über den Bereich von wenigen Atomlagen kontrolliert verändert werden kann.

In der Praxis werden → pn-Übergänge heute meist nachträglich in dem fertigen hochreinen Einkristall erzeugt. Das gegenwärtige Standardverfahren ist die **Diffusionstechnik,** bei der der Kristall in einem elektrisch beheizten Quarzrohr bei Temperaturen von etwa 1200 °C für Silicium oder 800 °C für Germanium mit den Fremdatomen in Kontakt gebracht wird. Die durch die Kristalloberfläche, auf die das gewünschte Schaltungsmuster oder D.-Profil mit Hilfe der → Lithographie 2) aufgeprägt worden ist, diffundierenden Fremdatome bilden wenige Mikrometer unterhalb der Kristalloberfläche den pn-Übergang.

Moderne D.-Verfahren sind die **Ionenimplantation** und die **Neutronenbestrahlung,** mit denen große Fortschritte beim Bau von Hochleistungshalbleiterbauelementen erzielt wurden. Bei der Ionenimplantation werden mit dem Strahl eines Ionenbeschleunigers die gewünschten Atome in den Kristall hineingeschossen, wobei Tiefe, Art und Konzentration der D. sehr genau kontrolliert werden können, ohne daß der Kristall hoch erhitzt werden muß. Eine bisher nicht erreichte Homogenität und Genauigkeit bei der D. von Silicium mit Phosphor läßt sich beim Bestrahlen der Si-Einkristalle mit therm. Neutronen in einem Reaktor erzielen. Dabei gehen die stabilen Isotope ^{29}Si und ^{30}Si durch Kernumwandlung zunächst in das radioaktive Isotop ^{31}Si über, das unter Emission eines β-Teilchens in das stabile Phosphorisotop ^{31}P zerfällt.

Doublé, Doublee [dubl'e, frz.], mit Edelmetall plattiertes unedles Metall, insbes. mit Gold- und Silberlegierungen plattierte Kupferlegierungen.

Down-Quark [daʊn-, engl.], → Quarks.

dpt, auch **dptr** (veraltet), Einheitenzeichen für → Dioptrie.

Drache, lat. **Draco,** zirkumpolares → Sternbild am Nordhimmel; enthält den Nordpol der → Ekliptik.

Drachen, meist flächiges (als **Kasten-D.** auch räumliches) Gebilde aus einem Stabgerüst mit Papier-, Stoff- oder Folienbespannung, durch Schnur oder Seil in einer Lage gehalten, in der bei einer Relativbewegung gegenüber der umgebenden Luft (natürlicher Wind oder Schleppbewegung) eine aerodynam. Auftriebskraft entsteht, die den D. emporhebt. Verwendet als Spielzeug und Sportgerät sowie früher als Träger meteorolog. Instrumente, auch zu militär. Zwecken (Träger für Luftsperranlagen sowie als **manntragender D.** zur Luftbeobachtung).

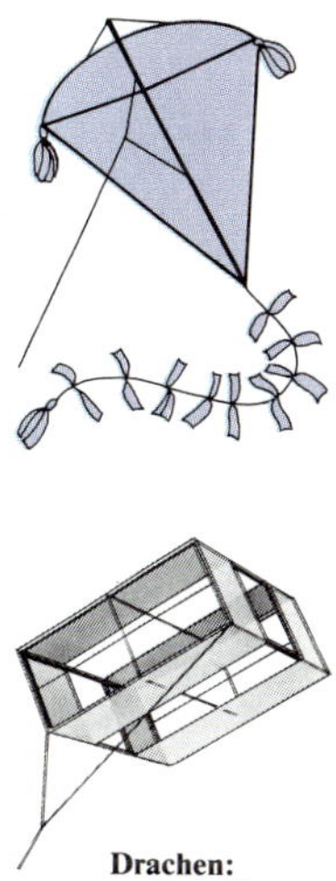

Drachen: OBEN Stab-D., UNTEN Kasten-D.

Drachenfliegen, Deltafliegen, Bez. für den Flugsport mit → Hängegleitern, wofür heute Geräte mit delta-

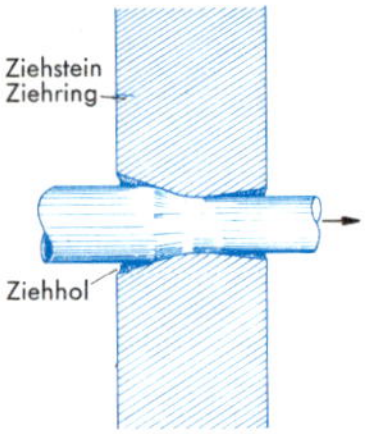

Draht: Schema des Ziehens

förmigen (dreieckigen) Tragflügeln (›Rogallo-Gleiter‹) bevorzugt werden, die allein durch Verlagerung des Körpergewichts gesteuert werden. Die Fluggeräte zählen zu den Ultra-Leicht-Flugzeugen.

Drachenpunkte, die Knoten der Mondbahn (→ Bahn 1): **Drachenkopf,** der aufsteigende, **Drachenschwanz,** der absteigende Knoten, **Drachenlinie,** die Verbindungslinie zw. beiden; **Drachenmonat,** die Zeit zw. zwei Durchgängen des Mondes durch den gleichen Knoten.

Drachenviereck, konvexes Viereck mit zwei Paaren gleich langer Nachbarseiten.

drachm [dræm], noch gebräuchl. Gewichts- und Masseneinheit in Großbritannien, in den USA **dram** [dræm] genannt: 1 drachm (UK) = 1 dram (US) = 60 grain = 3,8879346 g. (ÜBERSICHT Einheiten, angloamerikanische)

Draco, lat. Name des Sternbilds → Drache.

Draconiden, Giacobiniden, aus dem Sternbild Drache (lat. Draco) kommender → Meteorstrom um den 9. 10., der auf den Komet Giacobini-Zinner (1900 III) zurückgeführt wird.

Draggen, ein stockloser → Anker 2).

Draht, Erzeugnis der Metallindustrie von vorwiegend kreisförmigem Querschnitt, i. a. unter 12 mm ∅, jedoch auch von Vierkant-, Halbrund- und sonstigen Querschnitten. Je nach dem Werkstoff gibt es **Stahl-D.** (z. B. für Federn, Klaviersaiten, Drahtseile, Drahtgeflecht, Stacheldraht, als Baustahl), **Messing-D., Kupfer-D.** (insbes. für elektr. Leitungen), **Aluminium-D., Blei-D.** (z. B. für Dichtungen), **Silber-D., Gold-D.** (z. B. für Filigranarbeiten, Tressen), **Platin-D.** (z. B. für Thermoelemente) u. a., ferner D. mit einem Kern aus anderem Metall als die Außenschicht.

D. wird durch Guß und Strangpressen, meist aber durch Walzen und Ziehen hergestellt. D. wird als **Walz-D.** aus Blöcken oder vorgewalzten Knüppeln durch Warmwalzen in Kalibern bis zu einer geringsten Dicke von etwa 5 mm hergestellt. Dünnere D. oder D. hoher Oberflächengüte und Genauigkeit werden aus gewalztem oder vorgezogenem D. durch Ziehsteine oder Ziehringe aus Hartmetall oder Diamanten unter Verwendung von Schmiermitteln kaltgezogen. Bei diesem → Durchziehen **(Drahtziehen)** nimmt der Durchmesser von Stahl-D. um 5–10% ab; die Festigkeit wird gesteigert, die Zähigkeit verringert. Stahl-D. wird nach dem Durchziehen geglüht. Für NE-Metall lassen sich im Ziehverfahren kleinste D.-Durchmesser bis etwa 7 µm herstellen. Noch dünnere D. (etwa 1 µm) erhält man durch Schmelzen von in Glas eingeschlossenem Metall und Ausziehen des erweichenden Glases. Zum Korrosionsschutz wird D. meist verzinkt.

In der Chemiefaserspinnerei heißt D. svw. Monofile oder Filamentgarne von > 0,1 mm ∅.

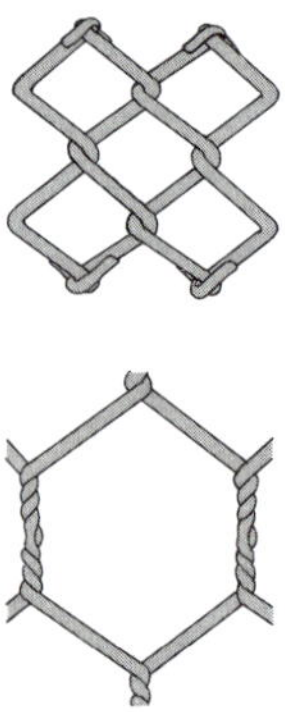

Drahtgeflechte: OBEN Viereckmuster, UNTEN Sechseckmuster

Drahtfunk, die hochfrequente Übertragung von Rundfunkdarbietungen meist über Fernsprechleitungen, selten über Lichtleitungen (Schweiz). Die Darbietungen können mit Rundfunkempfängern mit Langwellenbereich gehört werden. Der D. ist in Europa bes. in Ländern mit tiefen Tälern (schlechter drahtloser Empfang) verbreitet (Österreich, Schweiz), aber auch in Belgien und den Niederlanden; in der Bundesrep. Dtl. 1963 eingestellt.

Drahtgeflechte werden auf **Drahtflechtmaschinen** meist als Viereck-, seltener als Sechseckgeflecht in Breiten bis zu 4 m, selten bis zu 6 m gefertigt.

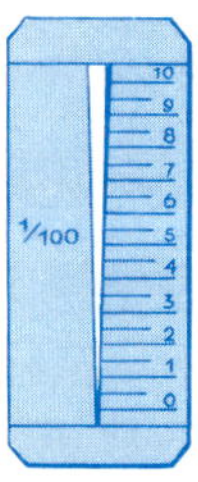

Drahtlehre

Drahtgewebe, Metalltuch, Siebtuch, auf Drahtwebmaschinen hergestellte techn. Gewebe für Förder-, Zug- und Tragbänder und Entwässerungssiebe, z. B. für die Papierfabrikation.

Drahtglas entsteht durch Einwalzen von Drahtgewebe oder -geflecht bei der maschinellen Gußglasherstellung. D. ist widerstandsfähig und bietet Sicherheit gegen Bruch und Splittergefahr. Darüber hinaus kann die Drahteinlage zum Schutz gegen Einbruch an eine elektron. Alarmanlage oder ein Notrufsystem angeschlossen werden.

Drahtlacke, → Isolierstoffe.

Drahtlehre, eine Stahlplatte mit Einschnitten, Löchern oder keilförmigem Ausschnitt (BILD) zum Messen von Drahtdurchmessern. Bei der letztgenannten Ausführung wird der Draht bis zur Berührung beider Kanten eingeführt, die Zahlenangabe an der Berührungsstelle gibt dann die Drahtstärke an oder ist nach einer Tabelle auszuwerten.

Drahtprüfung, Ermittlung der statischen und dynamischen Festigkeit, Fließgrenze und Verformungsfähigkeit von Draht für Drahtseile, Schraubenfedern u. a. mittels Biegewechsel-, Umlaufbiege- und Zugversuch sowie anwendungsbezogene Verfahren wie Knoten-, Verwinde-, Wickelversuch (→ Drahtseilprüfung).

Drahtputzwand, Rabitzwand, zw. tragenden Bauteilen gespannte leichte Trennwand aus einem Rundstahl-Drahtgerippe, auf dem Drahtgewebe als Putzträger befestigt ist, und beiderseitigem, fugenlosem Putz. Die ebenso aufgebaute **Drahtputzdecke** oder **Rabitzdecke** ist eine nichttragende, an tragenden Bauteilen aufgehängte Leichtdecke. Die D. muß mindestens 50 mm, die Drahtputzdecke mindestens 25 mm, max. 50 mm dick sein.

Drahtschneidewerkzeuge, Werkzeuge zum Abschneiden von Draht, deren Schneiden meist nicht übereinandergreifen. Beim **Vornschneider** (auch **Vorschneider)** sind die Schneiden parallel zur Drehachse des Werkzeuges (wie bei der Beißzange), beim **Seitenschneider** senkrecht oder annähernd senkrecht zu ihr (wie bei der Schere). D. für größere Drahtquerschnitte heißen auch **Bolzenabschneider.**

Drahtschotterkasten, Gabione, kastenförmiger Körper aus versteiftem Drahtgeflecht, mit Steinen oder Schotter gefüllt; wird als Bauelement für Buhnen, Leitwerke, Sohlschwellen, Sohlrampen sowie Ufer- und Dammsicherungen verwendet.

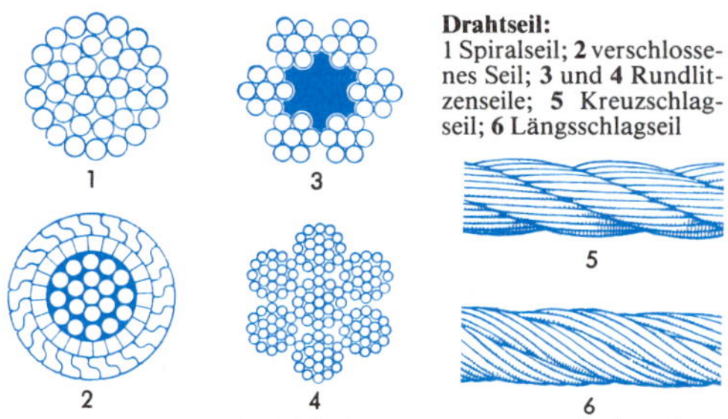

Drahtseil: 1 Spiralseil; **2** verschlossenes Seil; **3** und **4** Rundlitzenseile; **5** Kreuzschlagseil; **6** Längsschlagseil

Drahtseil, aus Stahldrähten zusammengedrehtes (›geschlagenes‹) Seil. Die einfachste Art ist das aus Rund- oder Profildrähten zusammengedrehte **Spiralseil.** Die bekanntesten D. sind die **Litzenseile,** die durch Zusammendrehen von Spiralseilen kleineren Durchmessers (Litzen) um eine

Hanf- oder Drahtseele hergestellt werden. In beiden Fällen werden **Verseilmaschinen** verwendet. – D. mit ständiger Wechselbeanspruchung im Betrieb **(Kranseile)** werden nach DIN auf Zug mit etwa fünf- bis zehnfacher Sicherheit berechnet. Sie werden in der Fördertechnik, im Brücken- und Ingenieurbau u. a. verwendet. (→ Drahtseilprüfung)

Drahtseilbahn, Seilschwebebahn, eine Seilbahn (→ Bergbahnen).

Drahtseilprüfung, 1) Werkstoffprüfung, z. B. als Eingangskontrolle; 2) Betriebssicherheitskontrolle, die z. B. für Seilbahnen, Aufzüge, Kabelkrane usw. in regelmäßigen Abständen vorgenommen wird (z. T. vorgeschrieben). Die Eingangsprüfung besteht aus einem statischen → Zerreißversuch und evtl. einem → Dauerschwingversuch und Dauerbiegeversuch, bei dem das Drahtseil über Rollen mit bestimmten Durchmessern läuft, bis ggf. der Bruch eintritt. Die Prüfung eines Drahtseils im Betrieb besteht in der Ermittlung von Brüchen der Einzeldrähte entweder nach Sicht oder mit elektronischen Geräten.

Drahtsenkwalze, walzenförmiger Körper aus Steinen, Schotter oder Grobkies, zusammengehalten durch ein Maschendrahtgeflecht; wird zur Sicherung von Flußufern verwendet.

Drahtstifte werden aus rundem oder vierkantigem Stahl-, Kupfer- oder Messingdraht auf **Drahtstiftmaschinen (Drahtstiftschnellpressen)** hergestellt. Die Köpfe werden gestaucht, die Spitzen flachgepreßt und beschnitten (→ Nagel).

Drahtwickeltechnik, → Wire-Wrap-Technik.

Drahtwiderstand, elektr. Bauelement (→ Widerstand), das aus einer auf einen Keramikkörper aufgebrachten Drahtwicklung besteht und mit einer Glasur gegen Umwelteinflüsse geschützt wird; Verwendung bes. für höhere Leistungen.

Drahtziegelgewebe, Ziegeldrahtgewebe, als Putzträger benutztes Drahtgeflecht mit an den Kreuzungsstellen aufgepreßten und dann gebrannten Tonkörpern.

Drain [dreɪn, engl.], die sammelnde Ausgangselektrode (Senke) für den Strom beim → Feldeffekttransistor.

Draisine [n. K. F. v. Drais, * 1785, † 1851], **1)** Laufmaschine, Vorläufer des Fahrrades.

2) vierrädriges, durch Menschenkraft oder Verbrennungsmotor angetriebenes Schienenfahrzeug **(Gleiskraftwagen)**; dient kleineren Unterhaltungsarbeiten an der Strecke.

drakonitisch, auf die → Drachenpunkte bezogen.

Drall, 1) Physik: svw. → Drehimpuls.

2) Waffen: Drehbewegung eines Geschosses um die eigene Achse, erteilt beim Abschuß durch die spiralförmigen → Züge im Gewehrlauf oder Geschützrohr.

Dralon, Handelsname für eine Polyacrylnitrilfaser.

dram [dræm], in den USA übl. Bez. für → drachm.

Dränung, Dränierung, Dränage [-n'a:ʒə], die → Entwässerung 6) von Bodenschichten durch ein System von Sickerleitungen oder Filtern. Bei **Flachdränung** liegen die Sickeranlagen in frostsicherer Tiefe, um den Boden im darüberliegenden frostgefährdeten Bereich zu entwässern. **Tiefdränung** dient der Entwässerung stärkerer wasserhaltiger und wasserhaltender Bodenschichten größerer Mächtigkeit.

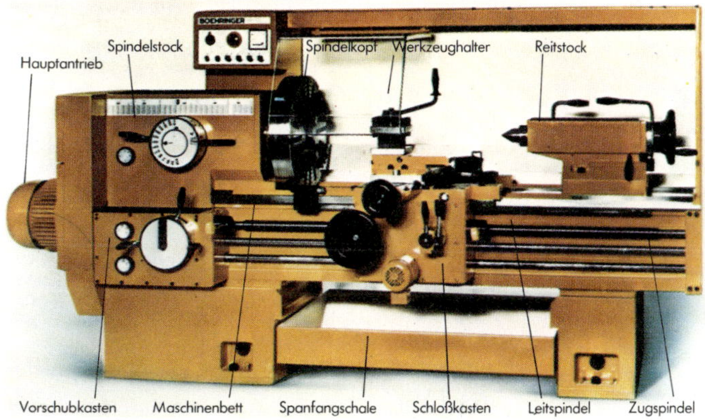

Drehen: Universal-Drehmaschine

Drechseln, Verfahren der spanenden Formgebung, unterscheidet sich vom → Drehen dadurch, daß das Werkzeug i. a. von Hand geführt wird. Bearbeitet werden in der Regel Holzwerkstoffe u. a. Nichtmetalle.

Dredge [dredʒ, engl.], **Dredsche** *die,* Schleppnetz zur Meeres- und Fischereiforschung, das von Schiffen an einer starken Trosse über den Meeresgrund gezogen wird.

Dreh|achse, zur Drehung gehörendes → Symmetrieelement.

Dreh|eiseninstrument, früher **Weicheiseninstrument,** elektr. Strom- und Spannungsmesser für Gleich- und Wechselstrom. Ein bewegl. Weicheisenkern wird von einer festen, vom Meßstrom durchflossenen Spule abgelenkt. Das durch die Abstoßung erzeugte Drehmoment wird gegen eine Spiralfeder ausgewogen, es ist quadratisch vom Spulenstrom abhängig. Durch besondere Maßnahmen ist eine Änderung des Skalenverlaufs möglich. D. sind einfach, hoch überlastbar und daher meistgebrauchte Betriebsinstrumente.

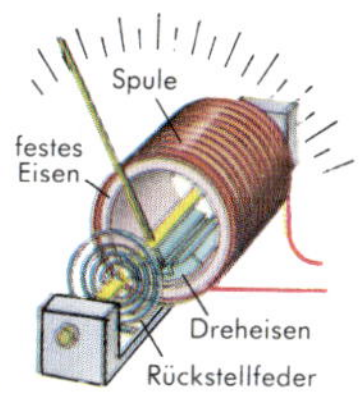

Dreheiseninstrument

Drehen, das für die spanende Formgebung von rotationssymmetrischen Werkstücken (Metall, Holz, Kunststoff) wichtigste Fertigungsverfahren, gekennzeichnet durch geschlossene, meist kreisförmige Schnittbewegung und beliebige, quer zur Schnittrichtung liegende Vorschubbewegung.

Verfahren. Beim **Außen-D.** wird die äußere, beim **Innen-D.** die innere Form eines Werkstückes erzeugt. **Lang-D.** dient der Herstellung zylindr. Flächen, **Plan-D.**

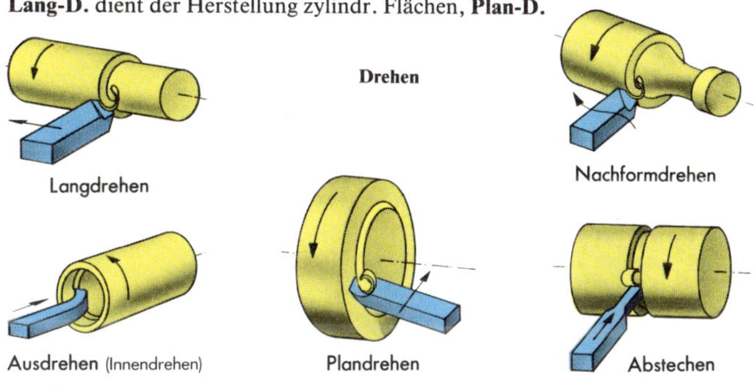

Drehen

ist die Bearbeitung von Stirnflächen, **Abstechen** heißt das Abtrennen von Werkstücken. Beim **Form-D.** wird die Werkstückform durch einen Formmeißel erzeugt. Beim **Kegel-D.** setzt sich die Vorschubbewegung aus einer Längs- und einer Plankomponente zusammen. Beim **Nachform-D. (Kopier-D.)** wird der Drehmeißel nach einem Modell (Schablone) gesteuert. Nichtkreisförmige Querschnitte (Vierkant, Mehrkant, Oval, Polygon) werden durch **Unrund-D.** erzeugt. Hierbei wird dem Vorschub des Drehmeißels eine vom Drehwinkel des Werkstückes abhängige Zusatzbewegung senkrecht zur Werkstückdrehachse überlagert.

Schrupp-D. ist das D. mit großen Vorschubgeschwindigkeiten und Spantiefen zur Erzielung großer Spanleistung unter Verzicht auf Genauigkeit; es dient der Vorbearbeitung. Beim **Schlichten** stehen die Genauigkeit und Oberflächengüte im Vordergrund. Hier werden daher kleine Vorschubgeschwindigkeiten und geringe Spantiefen gefahren. (→ Zerspanung)

Werkzeuge. Zum D. werden **Drehmeißel** eingesetzt, deren Gestaltung und Ausführung sich nach dem Drehverfahren, dem zu bearbeitenden Werkstoff, der herzustellenden Form sowie grundsätzl. Wirtschaftlichkeitsüberlegungen richtet. Die Schneide des Drehmeißels unterliegt während des D. stark verschleißenden Einflüssen, die sie nur über einen bestimmten Zeitraum (Standzeit) erträgt, wenn Schneidengeometrie, Schneidwerkstoff und Schnittgeschwindigkeit genau auf den Werkstoff des Werkstückes abgestimmt sind. Für Werkstoffe geringer Festigkeit und für niedrige Schnittgeschwindigkeiten wird der ganze Drehmeißel aus Werkzeugstahl oder Schnellarbeitsstahl hergestellt. Für hohe Schnittgeschwindigkeiten und hochfeste Werkstoffe ist der Drehmeißel aus einem Schaft und einer Schneidplatte aufgebaut. Der Schaft besteht aus Werkstoff einfacher Stahlqualität, die Schneidplatte aus Hartmetall oder Oxidkeramik. Die Schneidplatten werden aufgelötet oder aufgeklemmt und können im letzteren Fall nach ihrer Abnutzung einfach und schnell durch eine neue Schneidplatte ausgetauscht werden. Das aufwendige Nachschleifen entfällt hierbei.

Maschinen. Die **Drehmaschine** (früher **Drehbank**) ist die wichtigste → Werkzeugmaschine. Das **Maschinenbett** dient zur Aufnahme, Stützung und Führung von Spindelkasten, Bettschlitten, Reitstock und sonstigen Zusatzeinrichtungen. Der **Spindelkasten** enthält das Hauptgetriebe für die Arbeitsdrehzahlen mit den erforderl. Schaltmechanismen und dient gleichzeitig zur Lagerung der **Arbeitsspindel,** an deren Kopf sich eine **Spanneinrichtung** (Dreibackenfutter, Planscheibe, Spitze) zur Aufnahme des Werkstückes befindet. Der **Bettschlitten (Werkzeugschlitten, Support)** ist auf den Führungsbahnen des Maschinenbettes parallel zur Drehachse der Arbeitsspindel von Hand oder über **Leit-** oder **Zugspindel** selbsttätig durch die Maschine verschiebbar. Er muß folgende Funktionen erfüllen: Werkzeugaufnahme, Werkzeugeinstellung, Durchführung der Vorschubbewegungen. Der **Reitstock** ist eine auf dem Maschinenbett verschiebbare und klemmbare Zentrier- und Spannvorrichtung. Er dient als Gegenlager beim D. zw. Spitzen. Bei Bohrarbeiten nimmt er das Bohrfutter mit Bohrer auf und gewährleistet über eine ausfahrbare **Pinole** (Spindel) dessen Vorschubbewegung.

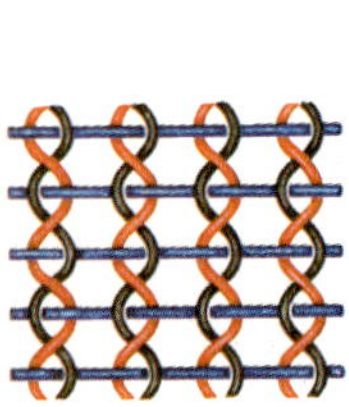

Dreherbindung

Die Arbeitsspindel hat elektromotor. Einzelantrieb. Die Vorschubbewegung wird bei kleinen bis mittleren Baugrößen über Getriebezüge vom Hauptantrieb abgenommen. Dabei übernimmt die Leitspindel den Vorschubantrieb für das Gewindeschneiden, die Zugspindel den normalen Vorschub, an den weniger hohe Genauigkeitsanforderungen gestellt werden. Bei Maschinen mit großen Bettlängen und/oder hohem Automatisierungsgrad werden auch für die Erzeugung der Vorschubbewegungen steuerbare Einzelantriebe eingesetzt. Der Drehzahlbereich des Hauptantriebs beträgt i. a. 1:50, in Sonderfällen bis 1:200 mit Rücksicht auf die Realisierung der erforderlichen Schnittgeschwindigkeiten. Die Drehzahl wird über Getriebestufen und Polumschaltung der Drehstrommotoren gestuft. Stufenlos kann sie in Sonderfällen über steuerbare Gleichstrom-Nebenschlußmotoren eingestellt werden.

Die **Universal-Drehmaschine** bietet, meist mit Zug- und Leitspindel ausgerüstet, sämtliche grundlegenden Möglichkeiten der Drehbearbeitung. Die **Spitzen-Drehmaschine** dient vornehmlich zum Bearbeiten von Werkstükken zw. Spitzen. Für kurze und gedrungene Werkstücke mit großen Durchmessern wird die **Plan-Drehmaschine (Kopf-Drehmaschine)** eingesetzt. Größte Werkstücke, bei denen die Aufspannung auf einer senkrechten Planscheibe nicht möglich ist, werden auf **Karussell-Drehmaschinen** bearbeitet, deren Planscheibe waagerecht liegt. Reduziert man die Universal-Drehmaschine in ihren Möglichkeiten zugunsten stärkerer Spezialisierung auf einige wenige Funktionen, so ergibt sich die **Produktions-Drehmaschine,** deren Einsatz in der Serienfertigung auf Grund des niedrigeren Anschaffungspreises wirtschaftlich ist. **Revolver-Drehmaschinen** besitzen ein Werkzeugmagazin in Form eines Revolverkopfes, der mit mehreren verschiedenen Werkzeugen bestückt ist, die für die jeweils anstehende Bearbeitungsoperation durch einfache Schaltmechanismen sehr schnell zum Einsatz gebracht werden können. **Drehautomaten** sind selbsttätig arbeitende Drehmaschinen, die ein einmal gespeichertes Arbeitsprogramm beliebig oft abfahren können (→ automatische Werkzeugmaschine). Einsatzgebiete sind Serien- und Massenfertigung von Drehteilen (Schrauben, Muttern, Unterlegscheiben u. a.). Mit Hilfe von **Nachform-Drehmaschinen (Kopier-Drehmaschinen)** werden Formen von Modellen oder Schablonen über Tastmechanismen auf Werkstücke übertragen.

A. Linek: Die Drehmaschine ([4]1967); E. Widmer: D. und Gewindeschneiden (1978); H. Tschätsch: Tb. Spanende Formgebung (1980); H. Danowsky: Tb. des Drehers ([4]1981).

Dreherbindung, Textiltechnik: Bindung, bei der außer den Kettfäden **Dreherfäden** eingezogen sind. Sie wechseln rechts und links vom straffgespannten Kettfaden und liegen über und unter den Schußfäden.

Drehfederkonstante, → Rückstellmoment.

Drehfeld, ein magnet. Feld, das sich um eine Achse dreht. Es kann durch die Drehung eines magnet. Polrades mit zwei oder mehr Polpaaren erzeugt werden. Aber auch durch ruhende, von Wechselströmen durchflossene Wicklungen, deren Wicklungsachsen sich in der Drehachse treffen, kann ein D. erzeugt werden, wenn die zeitl. Phasenverschiebung der Wechselfelder gegeneinander den räuml. Winkeln zw. den Wicklungsachsen entspricht. Von besonderer prakt. Bedeutung ist das durch dreiphasigen → Drehstrom erregte D. Bei einem derartigen Feld sind die drei Achsen der Wechselfelder um je 120° gegeneinander verdreht. Die zeitl. Verschiebung der drei Wechselfelder beträgt je $1/3$ Periode. Beim **symmetrischen** oder **kreisförmigen D.** bleiben Amplitude und Umlaufgeschwindigkeit konstant. Zwei gegenläufige D. ungleicher Amplitude überlagern sich zu einem **elliptischen D.;** haben beide Felder die gleiche Amplitude, dann entsteht ein **Wechselfeld.**

Drehfeldmaschine, elektr. Maschine, deren Funktion auf einem → Drehfeld beruht. Der Begriff D. umfaßt alle Synchron-, Asynchron- und Drehstrom-Kommutatormaschinen.

Drehflügler, Flugzeug, bei dem die zur dynam. Auftriebserzeugung erforderl. Bewegung der Flügel eine (meist von der Flugzeugbewegung unabhängige) Drehbewegung um eine etwa lotrechte Achse ist. (→ Hubschrauber, → Tragschrauber)

Drehfrequenz, die → Drehzahl.

Drehfunkfeuer, Navigation: → Funkfeuer, das mit einer umlaufenden Antennenrichtcharakteristik arbeitet. Durch Vergleich der gerichtet gesendeten Signale mit einer raumfest gesendeten Bezugsinformation wird die Radialstandlinie des Empfangsortes (Azimut) bezogen auf das D. bestimmt. Bei langsam umlaufendem D. wird die Zeitdifferenz zw. dem Passieren einer charakterist. Linie des Richtdiagramms (Leitstrahl oder Minimum) durch die Nordrichtung am D. und dem Beobachter gemessen, oder es wird jedem Radial eine bestimmte Kennung (Tastzeichen oder Frequenz) zugeordnet. Bei schnell umlaufendem D. (→ VOR, → TACAN) wird der Phasenwinkel zw. der durch Umlauf der Richtcharakteristik (z. B. Kardioide) erzeugten, richtungsabhängigen Modulationsphase gegenüber der richtungsunabhängigen Phase eines rundgestrahlten Bezugssignales direkt als Azimutinformation ausgewertet.

Drehgeber, Winkelcodierer, Meßeinrichtung für Steuerungssysteme, in denen Winkel- oder Linearverschiebungen gemessen werden sollen. Der D. wandelt die Drehbewegung in elektron. Signale um, die zur Anzeige und Steuerung verwendet werden.

Drehgestell, zwei- oder dreiachsiges, in einem Rahmen angeordnetes Laufwerk von Schienenfahrzeugen, das sich um einen im Fahrzeuguntergestell angebrachten Drehzapfen drehen kann (bessere Bogenläufigkeit mit gleichzeitig besten Laufeigenschaften für Wagen mit höheren Geschwindigkeiten). **Trieb-D.** mit eingebauten Motoren werden für Lokomotiven und Triebwagen, **Lauf-D.** für Lokomotiven und Wagen verwendet.

Drehherz, Vorrichtung beim → Drehen zur Übertragung der Drehbewegung der Spindel auf das zw. Spitzen eingespannte Werkstück.

Dreh|impuls, Drall, Formelzeichen L, bei einem sich um eine feste Achse drehenden starren Körper (z. B. einem Kreisel) das Produkt aus Winkelgeschwindigkeit ω und Trägheitsmoment J um die Drehachse, $L = J\omega$. Der D. spielt für die Drehbewegung die gleiche Rolle wie der Impuls für die Translationsbewegung. Der D. eines ausgedehnten starren Körpers ist die vektorielle Summe der D. aller Massenpunkte, aus denen man sich den Körper zusammengesetzt vorstellen kann. Der D. eines Massenpunktes der Masse m, der sich mit der Geschwindigkeit v bewegt, ist das Vektorprodukt aus dem Ortsvektor r und dem Impuls p des Massenpunktes – daher war für D. auch die Bez. **Impulsmoment** (→ Moment) üblich:

$$L = r \times p = r \times mv = m\, r \times \mathrm{d}r/\mathrm{d}t.$$

Die zeitl. Änderung des D. ist gleich dem von den äußeren Kräften ausgeübten → Drehmoment. Wenn das Drehmoment gleich Null ist, speziell also im kräftefreien Fall, bleibt der D. zeitlich konstant **(Erhaltung des D.).**

Den Elementarteilchen und Atomkernen werden diskrete Werte des D. zugeschrieben. So beträgt der **Bahn-D.** eines Elektrons in seiner ›Bahn‹ um den Kern ein ganzzahliges Vielfaches von $\hbar = h/2\pi$ (h = Plancksches Wirkungsquantum) und sein **Eigen-D.** (→ Spin) $1/2\,\hbar$.

Dreh|inversion, Inversionsdrehung, eine → Symmetrieoperation, die durch Zusammensetzung einer Drehung mit einer Inversion entsteht. (→ Kristall)

Dreh|inversions|achse, Inversionsdrehachse, zur Drehinversion gehörendes → Symmetrieelement.

Drehkolbenmaschine, Kolbenmaschine, bei der die Drehachsen der beiden Drehkolben, die den Arbeitsraum bilden, im Gehäuse feststehen. Dadurch werden die Lager im Betrieb nicht durch Fliehkräfte beansprucht (im Ggs. zum Kreiskolbenmotor), wenn die Drehkolben ausgewuchtet sind. D. sind **Drehkolbenpumpe (Rotationspumpe,** → Verdrängerpumpe), **Drehkolbenverdichter** (→ Verdichter). **Drehkolbenmotoren** als Verbrennungsmotoren gibt es heute nicht; der Vorläufer des → Kreiskolbenmotors war ein Drehkolbenmotor.

Drehkondensator, in seiner Kapazität stufenlos verstellbarer → Kondensator 1), der i. a. aus zwei ineinandergreifenden, jedoch gegeneinander isolierten Plattenpaketen besteht. Die in dieser Bauform realisierten Kapazitäten liegen i. d. R. nicht über 500 pF.

Drehkreuz, um einen Zapfen drehbares waagerechtes Holz- oder Metallkreuz zum Durchlaß je einer Person an Ein- oder Ausgängen.

Drehkristallmethode, Verfahren der → Röntgenstrukturanalyse von Kristallen.

Drehmagnet|instrument, elektr. Strom- und Spannungsmesser für Gleichstrom. Ein bewegl. Dauermagnet stellt sich auf ein resultierendes Magnetfeld ein, das von einem festen Richtmagneten und dem Feld einer vom Meßstrom durchflossenen Spule gebildet wird. Die Stärke des Spulenstroms beeinflußt die Richtung des resultierenden Feldes. D. sind einfach und robust.

Drehmasse, das → Trägheitsmoment.

Drehmeißel, früher **Drehstahl,** → Drehen.

Drehmoment, Formelzeichen M, bei einem sich um eine feste Achse drehenden starren Körper das (vektorielle) Produkt aus dem von der Drehachse zum Angriffspunkt P der Kraft F (die in einer zur Drehachse senkrechten Ebene liegt, BILD) weisenden Vektor r und der Kraft F, $M = r \times F$. Der Vektor M steht somit senkrecht auf der von r und F aufgespannten Ebene, sein Betrag, der maßgebend für die Drehwirkung der Kraft F ist, beträgt $M = rF\sin\alpha = r_0 F$, wobei α der Winkel zw. r und F ist. Die Größe r_0 wird als **Kraftarm der Kraft** F bezeichnet. M ist als axialer Vektor an keine Wirkungslinie gebunden, sondern parallel verschiebbar (freier Vektor).

Das D. spielt für die Drehbewegung dieselbe Rolle wie die Kraft im Fall der Translation. Wirken auf einen drehbaren Körper mehrere Kräfte, so gilt der **Momentensatz:**

Drehherz

Meßwerksymbol

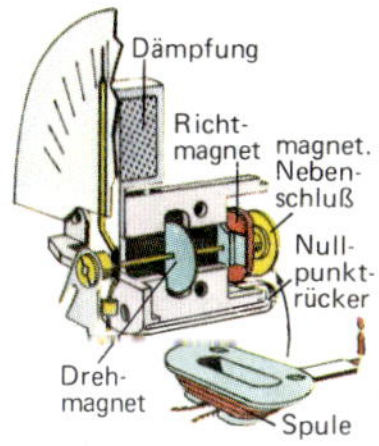

Drehmagnetinstrument

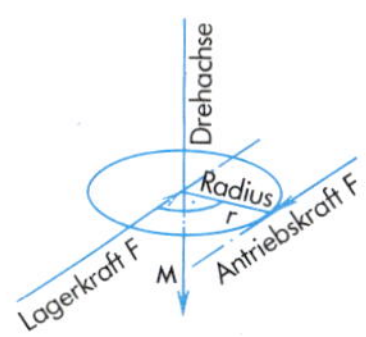

Drehmoment

Drehgestell: Trieb-D. des elektr. Triebzuges der Baureihe 403

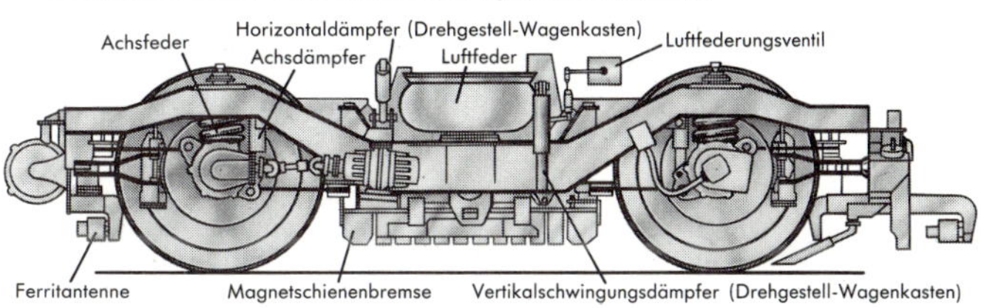

Das resultierende D. ist gleich der Summe der einzelnen D. Falls die D. in der gleichen Ebene wirken, erhält man ihre Summe aus einer algebraischen Addition, wobei linksdrehende D. i. a. positiv, rechtsdrehende negativ gewählt werden. Falls die D. in verschiedenen Ebenen wirken, d. h. die Drehachsen nicht parallel sind, ergibt sich die Summe aus einer geometr. Addition. Greift bei einer gelagerten Achse die Kraft nicht parallel zur Drehebene an, so wird nur die Kraftkomponente in der Drehebene wirksam. Der Betrag des D. eines **Kräftepaares,** d. h. zweier antiparalleler, betragsmäßig gleichgroßer Kräfte ($F_1 = -F_2$) ist $M = rF_1$ unabhängig von der speziellen Lage der zur Ebene des Kräftepaares senkrechten Drehachse. r ist der Abstand der Wirkungslinien beider Kräfte und heißt **Arm des Kräftepaares.**

Greift die Kraft $\boldsymbol{F}$ an einem Massenpunkt der Masse m an, dessen Lage bezüglich eines festen Punktes 0 durch den Ortsvektor $\boldsymbol{r}$ bestimmt ist, ergibt sich das D. in bezug auf eine Achse durch 0 senkrecht zu der von $\boldsymbol{r}$ und $\boldsymbol{F}$ aufgespannten Ebene zu $\boldsymbol{M} = \boldsymbol{r} \times \boldsymbol{F} = \mathrm{d}\boldsymbol{L}/\mathrm{d}t$, d. h., das D. ist die zeitl. Änderung des → Drehimpulses. Bei einem System von n Massenpunkten ist die zeitl. Änderung $\mathrm{d}\boldsymbol{L}/\mathrm{d}t$ des gesamten Drehimpulses gleich dem resultierenden D.

$$\sum_i \boldsymbol{r}_i \times \boldsymbol{F}_i^{(a)}$$

aller äußeren Kräfte $\boldsymbol{F}_i^{(a)}$, $i = 1, 2, \ldots, n$ **(allg. Drehimpulssatz).**

Im Maschinenbau wird das D. zur Berechnung und als Kenngröße von Antriebselementen (Motoren, Wellen, Kupplungen, Getrieben) verwendet. Praktisch wird es von einem Motor erzeugt und meist über Wellen, Kupplungen und Zahnradgetriebe auf eine Arbeitsmaschine oder auf die Räder eines Fahrzeuges übertragen. D. M in Nm, Antriebsleistung P in kW und Drehzahl n in 1/min stehen zueinander in einer festen Beziehung: $M = 9550\ P/n$. Das D. wächst also bei konstanter Drehzahl mit der Leistung und nimmt bei konstanter Leistung mit wachsender Drehzahl ab. Wird der Antriebsmaschine, z. B. zum Überwinden von Fahrwiderständen, ein wachsendes D. abgefordert, so muß die Drehzahl sinken, wenn der Motor nicht mehr Leistung abgeben kann. Umgekehrt wächst die Drehzahl, wenn bei unverminderter Leistungsabgabe das zum Überwinden der Widerstände notwendige D. abnimmt. (→ maximales Drehmoment)

Die **Drehmomentmessung** dient zur Bestimmung von D., die von Geräten oder Maschinen abgegeben werden. Man mißt entweder die an best. Radien wirkenden Kräfte oder die durch das D. hervorgerufenen Verdrehwinkel.

Meßwerk-symbol

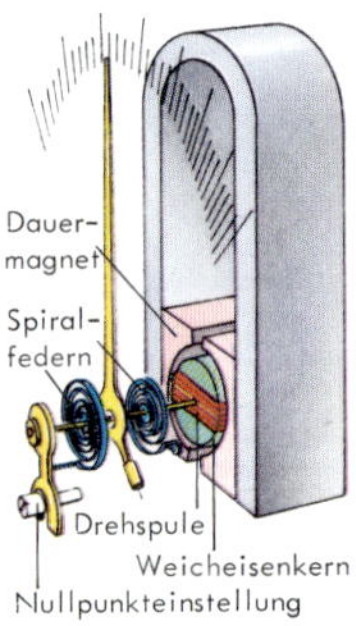

Drehspulinstrument

Drehmomentschlüssel, Werkzeug zum Anziehen von Schrauben mit einem definierten Drehmoment, das meist über einen Zeiger oder ein Zeigerinstrument angezeigt wird.

Drehmomentwandler, allg. ein Getriebe, bei dem sich Eingangs- und Ausgangsdrehmoment umgekehrt wie die Drehzahlen verhalten. Beim Kraftwagen meist **hydrodynamischer D.** (in Verbindung mit Automatik-Getriebe), aus Pumpe, Turbine und Leitrad mit Freilauf zu einer Einheit zusammengebaut. Der Flüssigkeitskreislauf überträgt die Motorleistung elastisch und erhöht das Drehmoment abhängig von dem Drehzahlunterschied.

Drehrahmenpeiler, Minimumpeiler, → Funkpeiler.

Drehrohr|ofen, Dreh|ofen, schrägliegender, sich drehender, rohrförmiger Reaktions- und Trockenapparat (∅ bis über 4 m, Länge bis 150 m) für rieselfähige Stoffe, die den D. infolge der Schrägstellung kontinuierlich und unter dauernder Umwendung durchwandern, z. B. für Braunkohleschwelung, Schwefelkiesröstung, Zementherstellung, Sintern.

Drehscheibe, Gleisvorrichtung für das horizontale Drehen von Schienenfahrzeugen zur Änderung der Fahrtrichtung.

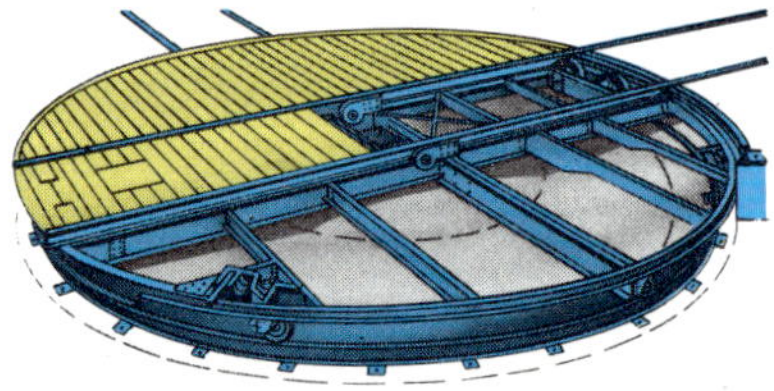

Drehscheibe

Drehscheinwerfer, ein eine best. Stelle der Erdoberfläche oder des Fahrwassers kennzeichnendes → Leuchtfeuer, gibt ein in regelmäßiger Folge wiederkehrendes Scheinwerfersignal ab.

Drehschemel, auf **Eisenbahn-Schemelwagen,** die überwiegend zur Beförderung langer Baumstämme dienen, angeordneter eiserner Querträger mit Zinken, der sich in einer in der Mitte des Wagenfußbodens eingelassenen Drehpfanne dreht und an den Seiten durch je zwei Laufrollen abgestützt wird.

Drehschieber, ein → Absperrorgan.

Drehschiebermotor, → Schiebermotor.

Drehschieberpumpe, eine → Verdrängerpumpe.

Drehschmelzofen, ein → Drehrohrofen zur Erzeugung von Stahl nach dem Rotorverfahren oder dem Kaldo-Verfahren (beide Sauerstoffaufblasverfahren) sowie nach dem Drehrohrverfahren, einem Direktreduktionsverfahren (→ Eisen).

Drehschwingung, eine → elastische Schwingung.

Drehsinn, die Richtung einer Drehung; in der Mathematik versteht man unter **positivem D.** eine Drehung gegen den Uhrzeigersinn, unter **negativem D.** eine Drehung im Uhrzeigersinn.

Drehspiegel, sich rasch drehender Mehrflächenspiegel prismat. Form, der schnell veränderliche opt. Vorgänge besser beobachtbar macht, indem er sie flächenhaft ausbreitet; z. B. zur Messung der → Lichtgeschwindigkeit nach J. B. FOUCAULT.

Drehspiegel|achse, zur Drehspiegelung gehörendes → Symmetrieelement.

Drehspiegelung, eine → Symmetrieoperation, die durch Zusammensetzung einer Drehung mit einer Spiegelung an einer zur Drehachse senkrechten Ebene entsteht. (→ Kristall, TAFEL I, BILD A)

Drehspul|instrument, wichtigster und meistverwendeter Strom- und Spannungsmesser für Gleichstrom. Eine bewegliche rahmenförmige Spule (mit 10 bis etwa 3000 Windungen) ist drehbar im Feld eines Dauermagneten aufgehängt. Der durch die Spule fließende Meßstrom bewirkt ein Drehmoment, das durch Spiralfedern oder Spannbänder (Torsion) ausgewogen wird. Diese übernehmen zugleich die Stromzuführung. Bei geeigneter Ausbildung des Magnetfeldes ist der Winkelausschlag der Spule direkt proportional zum Meßstrom (lineare Skalenteilung). Bei sorgfältiger Konstruktion ergeben schon Ströme von 1 µA verwendbare Drehmomente. Die Spule hat eine Überlastsicherung durch Nebenwiderstände, die zusammen mit umschaltbaren Vorwiderständen Vielbereichsinstrumente ermöglichen. D. haben sehr geringen Eigenverbrauch. Sie können mit Zusatzeinrichtungen (Gleichrichter, Thermoumformer) für Wechselstrom- und Widerstandsmessungen betrieben werden. Sonderbauarten sind Spulenschwinger- und Schleifenschwingermeßwerke für Spiegelgalvanometer und Lichtstrahloszillographen.

Drehstab, Torsionsstab, eine Form der Feder, z. B. beim Kraftwagen; eine gerade, auf Torsion beanspruchte Stabfeder zur Radfederung **(Drehstabfederung)** und als Stabilisator zur Verminderung der Kurvenneigung.

Drehstrom, Verkettung von drei um 120° phasenverschobenen, sinusförmigen Wechselströmen **(Dreiphasensystem);** das überwiegend angewendete System zur Übertragung und Verteilung elektr. Energie. Der Name rührt daher, daß ein magnet. →Drehfeld erzeugt wird, wenn drei gegeneinander versetzte Spulen mit **Dreiphasenstrom** gespeist werden. – Zur Erzeugung von D. werden Generatoren verwendet, deren Spulen (Erzeugerwicklungen) räumlich so angeordnet sind, daß das im Generator umlaufende magnet. Drehfeld drei um 120° phasenverschobene Wechselspannungen in den Spulen induziert. Die Spulen können dabei in →Dreieckschaltung oder in →Sternschaltung zusammengeschaltet sein. Der bei der Sternschaltung mögliche vierte Leiter, der vom Standpunkt ausgeht, führt bei symmetrischer (gleichmäßiger) Belastung der drei Leiter keinen Strom, nur bei unsymmetrischer Belastung oder Fehlern fließt dort ein Strom.

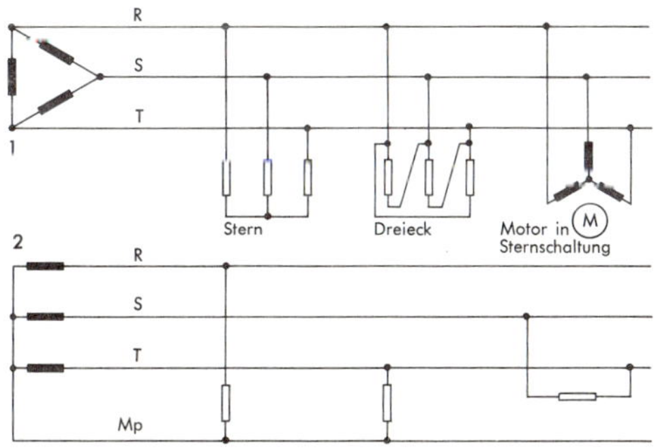

Drehstrom: 1 symmetrische Belastung eines in Dreieck geschalteten Drehstromgenerators durch in Stern und in Dreieck geschaltete Verbraucher **2** unsymmetrische Belastung eines in Stern geschalteten Drehstromgenerators durch einphasige Verbraucher; *R, S, T* Außenleiter, *Mp* Mittelpunktleiter

Größere Stromverbraucher, wie Motoren, Öfen usw., werden dreiphasig an das **Drehstromnetz** (Spannung U = 380 V) angeschlossen; benutzt man den geerdeten **Mittelpunktleiter** zur Rückleitung, schließt man kleinere Stromverbraucher (Licht, Haushaltsgeräte usw.) ›einphasig‹ zw. einen der drei **Außenleiter** R, S, T und den **Nulleiter** an. Die Spannung ist dann $380/\sqrt{3} = 220$ V. Solche Vierleitersysteme mit 380/220 V Spannung sind sehr verbreitet. Da keine höhere Spannung als 220 V gegen Erde auftreten kann, gelten sie als Niederspannungsnetze. Die drei Phasen werden mit R, S, T bezeichnet und durch die (an Sammelschienen und Leitungen angebrachten) Farben Gelb, Grün, Violett unterschieden.

Die bes. Vorteile von D. liegen in der beliebigen Umspannungsmöglichkeit sowie in der Möglichkeit, den wegen seiner einfachen Bauart und seiner günstigen Eigenschaften weitverbreiteten **D.-Motor (D.-Asynchronmotor** →Elektromotor) mit D. betreiben zu können.

Drehtor, →Schleuse.

Drehtransformator, früher **Drehregler,** ein Transformator, der wie ein Asynchronmotor mit Schleifringanker aufgebaut ist. Der Läufer kann über einen Schneckentrieb festgehalten und beliebig eingestellt werden. Die in der Läuferwicklung des D. induzierten Spannungen bleiben bei einer Verdrehung des Läufers dem Betrag nach konstant, nur ihre zeitl. Phasenlage verändert sich. Die Summe der Sekundärspannung U_2 und der Primärspannung U_1 kann durch Verdrehung des Läufers kontinuierlich zw. $U_r = U_1 - U_2$ und $U_r = U_1 + U_2$ verändert werden (BILD unten). Die Winkelabweichung zw. der Primärspannung U_1 und der resultierenden Spannung U_r wird beim **Doppel-D.** vermieden. Bei ihm sitzen zwei gleichgebaute Läufer auf einer Welle, die Läuferwicklungen sind in Reihe geschaltet und die beiden Ständerwicklungen so angeschlossen, daß die beiden Drehfelder entgegengesetzten Umlaufsinn haben. Die resultierende Spannung U_r kann Werte zw. $U_1 - 2 \cdot U_2$ und $U_1 + 2 \cdot U_2$ annehmen (BILD oben).

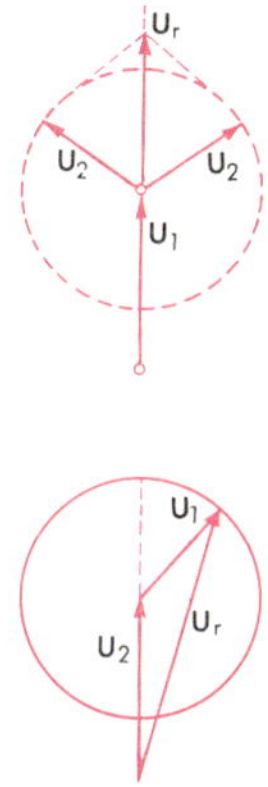

Drehtransformator: OBEN Zeigerdiagramm eines Doppel-D., UNTEN eines einfachen D.

Drehung, 1) Kristallographie: eine →Symmetrieoperation. (→Kristall)

2) Mathematik: eine der Bewegungsabbildungen des dreidimensionalen Raumes. Die Fixpunkte einer D. sind die Punkte einer Geraden, der **Drehachse.** Eine D. ist bestimmt durch Angabe der Drehachse und des **Drehwinkels.** Die Gesamtheit aller Drehungen, deren Drehachsen durch einen festen Punkt laufen, bilden eine Gruppe (die **Drehgruppe),** wenn man als Verknüpfung die ›Hintereinanderausführung‹ der D. versteht.

3) Physik: →Rotation.

4) Spinnerei: auch **Drall, Draht, Torsion,** die Verwindung, die ein Garn oder Zwirn bei der Herstellung erhält. Die Garndrehungen, bezogen auf die Länge, sind abhängig vom Rohstoff, von der Feinheit (→Tex) und vom Verwendungszweck; üblicher Bereich 300–1 000 D. je m.

Drehvermögen, optisches D., →Polarisation.

Drehwaage, Gerät zur Bestimmung sehr kleiner anziehender oder abstoßender Kräfte, die aus der Torsion eines elast. Aufhängefadens (Drahtes) bestimmt werden. Bei der **Cavendish-D.** [kˈævəndɪʃ-] wird ein horizontaler, im Schwerpunkt an einem Faden aufgehängter Stab, an dessen Enden zwei Massen befestigt sind, beim Annähern zweier weiterer Massen durch Massenanziehung aus der Ruhelage gedreht (BILD). H. CAVENDISH bestimmte damit 1798 zum ersten Mal die Gravitationskonstante. Mit der **Eötvös-D.** [ˈøtvøʃ-; um 1900] können die räuml. Änderungen der Schwerkraft gemessen werden; mit einer speziellen D. konnte auch die Äquivalenz von träger und schwerer Masse nachgewiesen werden (→Eötvös-Versuch). Mit der **Coulomb-D.** [kulˈɔ̃-; 1785], die der Cavendish-D. gleicht, wobei jedoch die Massen durch elektr. geladene Kugeln **(elektr. D.)** oder Magnetpole **(magnet. D.)** ersetzt sind, lassen sich elektrostat. oder magnetostat. Kräfte messen.

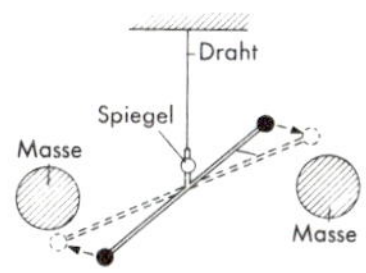

Drehwaage: Cavendish-D.

Drehwähler, Fernmeldetechnik: →Wähler.

Drehzahl, eigtl. **Drehfrequenz,** der Quotient aus einer Anzahl der Umdrehungen eines rotierenden Systems durch die dabei verstrichene Zeit; Einheit r/s, r/min oder

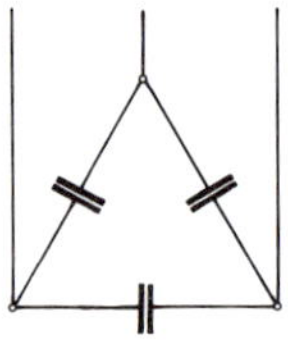
Dreieckschaltung

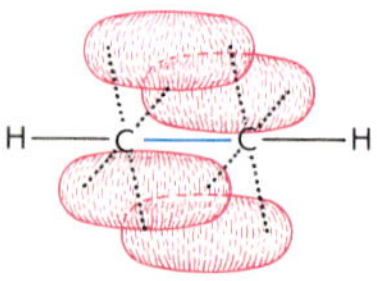

$H-C \equiv C-H$

π-Bindungen
σ-Bindungen

Dreifachbindung: Acetylenmolekül

s^{-1}, min^{-1} (International: r von lat. revolutio ›Umdrehung‹). Die D. kann sowohl als eine Winkelgeschwindigkeit (Umdrehungsgeschwindigkeit) als auch eine Frequenz (Umdrehungsfrequenz = Kehrwert der Umdrehungsdauer) aufgefaßt werden. Zw. Drehzahl n und Winkelgeschwindigkeit ω gilt die Beziehung $\omega = 2\pi n = 2\pi/T$ (T = Umdrehungsdauer).

Drehzahlbegrenzer, Vorrichtung bei Verbrennungsmotoren, die Motorschäden durch zu hohe Drehzahlen vermeiden soll. Bei Ottomotoren wird bei Erreichen der krit. Drehzahl meist im Verteilerfinger die Zündspannung an Masse gelegt.

Drehzahlmesser, Tourenzähler [t'u:rən-], dienen zur Messung der Drehzahl von Wellen oder Rädern. **Mechanische D.** beruhen meist auf dem Prinzip der Fliehkraftpendel. Bei **Wirbelstrom-D.** wird eine Wirbelstromglocke von einem rotierenden Magneten gegen das Drehmoment einer Spiralfeder ausgelenkt. Neuere D. zählen auf elektron. Weg Impulse, wobei die Zahl der Impulse in der Zeiteinheit der Drehzahl proportional ist.

Drehzahlregler, ein →Regler mit der Aufgabe, die Drehzahl einer Kraftmaschine unabhängig von deren Last auf einem gegebenen Wert zu halten; ein Beispiel ist der →Fliehkraftregler für Dampfmaschinen. Bei der Drehzahlregelung von Elektromotoren benutzt man zur Messung der →Regelgröße (Drehzahl) Tachogeneratoren, die →Stellgröße ist bei Gleichstrommotoren der Feldstrom oder auch die Ankerspannung, bei Wasserturbinen die Schaufelstellung.

Dreiadreß-System, Datenverarbeitung: →Adresse.

Drei-Alpha-Prozeß, Astrophysik: der →Salpeter-Prozeß.

Drei|axialgerät, Gerät zur Ermittlung bodenmechanischer Kennwerte, bes. der Scherfestigkeit des Bodens. Der Prüfkörper wird in drei senkrecht zueinander stehenden Ebenen mit jeweils variablen Lastgrößen beansprucht. Bei Verwendung zylindrischer Prüfkörper werden die Mantelfläche durch hydrostat. Druck und senkrecht dazu die Stirnflächen mittels Druckplatten bis zum Bruch beansprucht.

Dreibandenlampe, eine →Leuchtstofflampe mit bes. hoher Lichtausbeute. Bei Niederfrequenzbetrieb (f = 50 Hz) beträgt die Lichtausbeute bis zu 96 lm/W, bei Hochfrequenzbetrieb (f = 35 kHz) 104 lm/W.

dreidimensionaler Film, Abk. **3D,** →Stereofilm.

Dreieck, 1) Astronomie: a) **(Nördliches) D., Triangulum,** ein →Sternbild am Nordhimmel mit dem **D.-Nebel** (M33), einem der hellsten Spiralnebel. b) **Südliches D., Triangulum australe,** Sternbild am Südhimmel.

2) Mathematik: geometr. Figur, die bestimmt ist durch drei Punkte des euklid. Raumes, die nicht auf einer Geraden liegen. Die Verbindungslinien zw. den drei Punkten $A, B, C,$ den Ecken, sind die Seiten a, b, c des D., die wiederum die Schenkel der Innenwinkel α, β, γ sind. Liegen die Seiten in einer Ebene, dann nennt man das D. eben, von prakt. Interesse sind ferner die sphärischen D. (→sphärische Geometrie). Das **ebene D.** ist eine Grundfigur der euklid. Geometrie. Man unterscheidet spitzwinklige, stumpfwinklige und rechtwinklige D., je nachdem ob alle Winkel kleiner als 90° sind, einer größer als 90° oder einer gleich 90° ist. Von besonderem Interesse sind die →Ähnlichkeit von D. und die Kongruenz von D. (→kongruent 2). Die Winkelsumme der **Innenwinkel** beträgt immer 180°. Die Nebenwinkel der Innenwinkel heißen **Außenwinkel.** Sind zwei Seiten gleich lang, heißt das D. gleichschenklig; sind alle Seiten gleich lang, heißt es gleichseitig und jeder Winkel ist 60°. In einem gleichschenkligen D. nennt man die gleichlangen Seiten **Schenkel,** die dritte Seite **Basis** oder **Grundseite.** Die der Basis anliegenden Innenwinkel **(Basiswinkel)** sind gleich. Im rechtwinkligen D. heißt die dem rechten Winkel gegenüberliegende Seite **Hypotenuse,** die beiden kurzen Seiten **Katheten,** hier gilt der →Pythagoreische Lehrsatz, der Umkreis eines rechtwinkligen Kreises ist der →Thales-Kreis, am rechtwinkligen Dreieck können die →Winkelfunktionen veranschaulicht werden. Die Mittelsenkrechten der Seiten eines ebenen D. schneiden sich im Mittelpunkt des Umkreises, also des Kreises, auf dessen Peripherie die Eckpunkte liegen. Die Winkelhalbierenden der Innenwinkel schneiden sich im Mittelpunkt des Inkreises, des Kreises, der die drei Seiten berührt. Auch die Höhen (die Lote von den Eckpunkten auf die Gegenseiten) schneiden sich in einem Punkt; ebenso die Seitenhalbierenden (die Verbindungsstrecken der Eckpunkte mit den Mittelpunkten der Gegenseiten), dieser Schnittpunkt heißt Schwerpunkt. Der Schnittpunkt der Mittelsenkrechten, Höhenschnittpunkt und Schwerpunkt liegen auf der →Eulerschen Geraden.

Die Maßzahl des Flächeninhalts eines D. ist das halbe Produkt aus den Maßzahlen der Längen einer Seite und der dazu senkrechten Höhe (in Formel $A = \frac{1}{2}\, g \cdot h$). Seit der Antike (etwa 100 n. Chr.) ist die **Heronische Dreiecksformel** bekannt: $A = \sqrt{s(s-a)\,(s-b)\,(s-c)}$, wobei s den halben Umfang bedeutet.

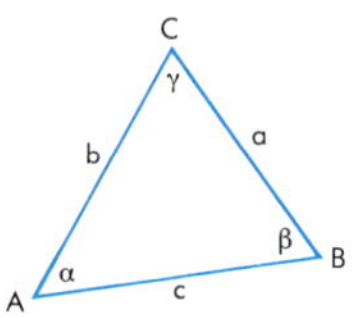

1

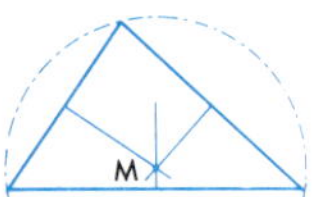

2

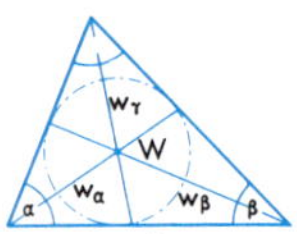

3

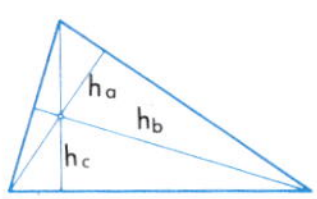

4

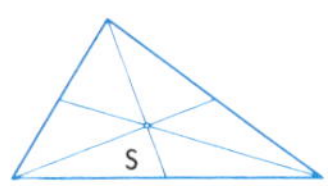

5

Dreieck 2): **1** Bezeichnung der Seiten und Winkel. **2** Mittellote, M Mittelpunkt des Umkreises. **3** Winkelhalbierende (w_α, w_β, w_γ), W Mittelpunkt des Inkreises. **4** Höhenlinien (h_a, h_b, h_c). **5** Seitenhalbierende, S Schwerpunkt des Dreiecks

Dreiecks|aufnahme, →Triangulation.

Dreieckschaltung, die neben der →Sternschaltung in Drehstromsystemen (→Drehstrom) verwendete Schaltung: Die drei Wicklungsstränge einer Drehstrommaschine oder eines Drehstrom-Transformators werden gleichsinnig in Reihe zu einem Dreieck zusammengeschaltet. Die Zuleitungen werden an den drei Eckpunkten angeschlossen. Ebenso können Verbraucher, z. B. Widerstände, Spulen oder Kondensatoren, in Dreieck geschaltet werden.

Dreiecks|ungleichung. In einem Dreieck ist die Summe zweier Seiten immer größer als die dritte, allg. gilt die D. in einem metrischen Raum $|a+b| \leq |a| + |b|$.

Dreieckszahlen, natürliche Zahlen der Form $\frac{1}{2} n \cdot (n+1)$, D. sind besondere →figurierte Zahlen.

Dreifachbindung, kovalente →chemische Bindung, die durch drei Elektronenpaare gebildet wird. Ein Elektronenpaar bildet eine Bindung, die mit den Partnern der D. und den mit diesen direkt verbundenen Atomen auf einer Geraden liegt (σ-Bindung). Ober- und unterhalb dieser Geraden befinden sich je zwei Elektronenwolken der beiden anderen Bindungen (π-Bindungen). Verbindungen mit D. (z. B. Alkine, Nitrile) sind ungesättigt, d. h. sie addieren andere Stoffe unter Auflösung der π-Bindungen.

Dreifingerregeln, → Handregeln.

Dreigelenkbinder, Stabwerk aus drei gelenkig miteinander verbundenen geraden (z. B. Sparrendachbinder), gekrümmten (Dreigelenkbogen) oder geknickten Stäben (Dreigelenkrahmen); vielfache Anwendung im Hallenbau in Stahl und Holz.

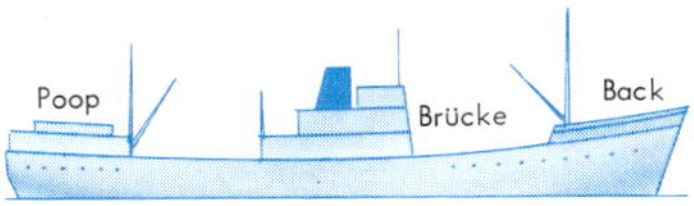

Dreiinselschiff

Drei|inselschiff, Schiff mit drei → Aufbauten: → Back, → Brücke und → Poop.

Dreikant, körperliche Ecke. Gehen von einem Punkt des euklid. Raumes drei nicht in einer Ebene liegende Strahlen aus, so bilden diese zusammen mit den dazwischenliegenden ebenen Flächen, den ›Seiten‹, einen Dreikant.

Drei-Kelvin-Strahlung, svw. → Hintergrundstrahlung.

Dreikomponentenmessung, Messung von Luftkräften in Windkanälen (→ Sechskomponentenmessung).

Dreikönigsstern, svw. → Stern der Weisen.

Dreikörperproblem, Mehrkörperproblem, die mathemat. Aufgabe, die zeitl. Bewegung von drei oder mehr Körpern bei gegebenen Anfangslagen und -geschwindigkeiten zu berechnen, wenn zw. je zweien der Körper Kräfte nach Art der Schwerkraft wirken. Das D. ist nur unter sehr speziellen Annahmen exakt gelöst (J. L. LAGRANGE, 1772; → Lagrangesche Punkte); in allen allg. Fällen (Astronomie: Sonnensystem; Atomphysik: Heliumatom, höhere Atome und einfache Moleküle) sucht man durch Störungsrechnung Näherungslösungen zu gewinnen, die der exakten Lösung, v. a. durch den Einsatz von Computern, bei genauer Kenntnis der Kräfte beliebig genau angenähert werden können.

Dreiphasenstrom, svw. → Drehstrom.

Dreipunktregelung, ein → Regelkreis mit einem Glied, dessen Ausgangsgröße nur drei verschiedene Werte annehmen kann, etwa ›Plus‹, ›Null‹, ›Minus‹. Dies gilt z. B. für polarisierte Relais mit Mittelstellung und häufig für Stellmotoren (→ Stellglied), für die nur die Betriebszustände ›Linkslauf‹, ›Stillstand‹ und ›Rechtslauf‹ in Frage kommen. D. weisen ähnl. Eigenschaften wie → Zweipunktregelungen auf mit dem Unterschied, daß Regelkreise mit Dreipunktregler in dessen Nullstellung (›tote Zone‹) eine Ruhelage besitzen können.

Dreisatz, Regeldetri, Schlußrechnung von drei gegebenen Zahlen auf eine vierte; geschlossen wird über die Einheit. Man muß zw. zwei verschiedenen Arten der D. unterscheiden, je nachdem ob die betrachtete Proportion direkt oder indirekt ist; außerdem spricht man vom **erweiterten D.** oder **doppelten D.,** wenn mehr als drei Zahlen vorgegeben sind. – Beispiele: 1) Ein Radfahrer fährt in 5 Stunden 75 Kilometer. Welche Zeit benötigt er für 30 km? Lösung der Proportion: $5:75 = x:30$ nach dem D.: Für 75 km braucht der Radfahrer 5 Stunden, für 1 km (die Einheit) $\frac{5}{75}$ Stunden, für 30 km $\frac{5}{75} \cdot 30$, also 2 Stunden. 2) erweiterter D.: 5 Maschinen produzieren in 10 Tagen 400 Teile einer Ware, wie viele Maschinen werden benötigt, um an 2 Tagen 500 Teile herzustellen? $5 \cdot 10 \cdot 400 = x \cdot 2 \cdot 500$ mit der Lösung $x = 20$ Maschinen.

Dreiteilung des Winkels, eine der berühmten Aufgaben der Antike, durch → Konstruktion mit Zirkel und Lineal einen beliebigen Winkel in drei gleiche Teile zu teilen. Wie beim → Delischen Problem konnte mit Hilfe der → Galois-Theorie nachgewiesen werden, daß das Problem nicht lösbar ist. (→ Quadratur des Kreises)

Dreiweghahn, ein T-förmiges → Absperrorgan.

Drempel, 1) Hausbau: **Kniestock** eines Kehlbalken- oder Pfettendaches (→ Dach).

2) Wasserbau: Schwelle in der Sohle einer Schleuse als Anschlag für das Schleusentor. Die **Drempeltiefe** ist die Wassertiefe über dem D. oder der höchsten Erhebung der Sohle des Schleusenhaupts. Sie begrenzt die nutzbare Wassertiefe.

Dreschen, Ausschlagen oder Ausreiben von Körnern aus ihren Ähren (Getreide), Schoten (Hülsenfrüchte) oder Kolben (Mais) mit Handgeräten oder → Dreschmaschinen. Bei Verwendung von **Dreschflegeln** oder **Dreschschlitten** wird das am Boden liegende Getreide durch Schlagen oder Darüberfahren ausgedroschen (althergebrachtes Verfahren). Heute werden zum Ausdreschen **Dreschtrommeln** und **Dreschkorb** benutzt; das Getreide wird dabei in den Spalt zw. der rotierenden Dreschtrommel und dem Dreschkorb geführt. Es gibt **Stiften-Dreschvorrichtungen,** bei denen Trommel und Korb mit Stiften versehen sind, zw. denen der Drusch erfolgt, und die heute meistverwendeten **Breit-** oder **Schlagleisten-Dreschvorrichtungen,** bei denen Trommel und Korb mit gerippten Schlagleisten versehen sind.

Dreschmaschinen, stationäre Maschinen zum → Dreschen, Vorreinigen und Vorsortieren von Körnerfrüchten. Die D. wurden früher auf dem Hof (Hofdrusch, Winterdrusch, Scheunendrusch) aufgestellt oder auf dem Feld von Hocke zu Hocke (Hockdrusch) gezogen. Heute weitgehend vom → Mähdrescher abgelöst.

Drift, 1) Geographie: auch **Trift,** oberflächennahe, vom Wind getriebene → Meeresströmung.

2) Meßtechnik: (unerwünschte) langsame Änderungen der Ausgangsgröße eines Meßgeräts bei konstanter Eingangsgröße. Ursachen sind z. B. Temperatureinflüsse, Alterung der Bauteile, der Materialien von Fühlern. Zur D.-Unterdrückung sind oft aufwendige Maßnahmen in Konstruktion und Fertigung notwendig.

3) Physik: → Halbleiter.

Drifteis, svw. → Treibeis.

Driftgeschwindigkeit, → Beweglichkeit.

Driftröhre, in → Linearbeschleunigern röhrenförmige Hochfrequenzelektroden, in denen die zu beschleunigenden Teilchen mit konstanter Geschwindigkeit bis zur nächsten Beschleunigungsstrecke wandern (›driften‹).

Drillbohrer, ein Bohrgerät (→ Bohren 2).

Drillmaschine, → Sämaschine.

Drillschwingung, eine → elastische Schwingung.

Drillung, svw. → Torsion.

Drittelmix, Euromix, Bez. für den Durchschnitts-Kraftstoffverbrauch von Kraftfahrzeugen, ermittelt aus

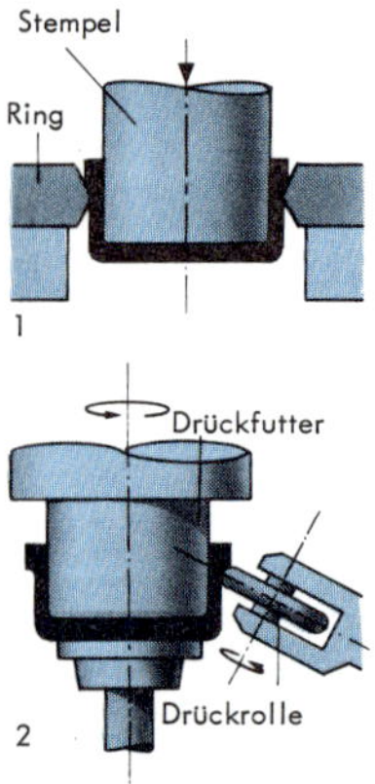

Drücken 1): 1 Abstreckdrücken, 2 Drücken

drei Werten: dem Verbrauch bei konstant 90 km/h, konstant 120 km/h und einer Stadtfahrt. (→ DIN-Verbrauch)

Drogen, i. e. S. getrocknete Stoffe v. a. pflanzl. Ursprungs oder deren Teile, die in Form von Extrakten, als Heilmittel oder zu techn. Zwecken verwendet werden. – Heute umgangssprachlich auf Stoffe angewendet, die Rauschzustände und oft D.-Abhängigkeit erzeugen. Als D. gelten auch synthet. Verbindungen (LSD, → Weckamine). ›Weiche‹ D. sind z. B. Marihuana und Haschisch, ›harte‹ D. Opium oder Heroin (→ Betäubungsmittel).

Drohnen, Militärtechnik: urspr. Bez. für meist programmgesteuerte (seltener ferngelenkte) Flugkörper mit Eigenantrieb zur Simulation von Luftzielen **(Ziel-D.).** Neuerdings auch Bez. für Flugkörper oder Fernlenkflugzeuge, die Aufklärungs- oder Kampfaufgaben übernehmen **(Aufklärungs-D., Kampf-D.).**

Drossel, eine → Spule mit hohem induktivem Widerstand (Blindwiderstand) bei kleinem Ohmschen Widerstand zur Schwächung (Drosselung) eines Wechselstromes. **Niederfrequenzdrosseln** erhalten meist einen Kern aus geschichteten Eisenblechen mit einem Luftspalt und werden z. B. als Vorschaltdrosseln, bei Leuchtstoff- und anderen Gasentladungslampen verwendet. In Energieübertragungsnetzen verwendet man Luftdrosseln (ohne Eisenkern) zur Kurzschlußstrombegrenzung in Netzabzweigungen, um hier die Schalter nicht für die volle Netz-Kurzschlußleistung bemessen zu müssen. **Hochfrequenzdrosseln** für die Nachrichtentechnik dürfen dagegen wegen der entstehenden Wirbelströme keinen Eisenkern, sondern höchstens einen Kern aus speziellen eisenhaltigen Materialien (z. B. ›Ferritkern‹) erhalten. Sie finden in der Zusammenschaltung mit Kondensatoren und Widerständen vielfache Anwendung in Filterkreisen.

Drosselklappe, bewegl. Klappe zum Verändern des Querschnittes von Rohrleitungen, z. B. in der Ansaugleitung von Ottomotoren zur Steuerung der Menge des → Luft-Kraftstoff-Gemisches und damit der Leistung des Motors.

drosseln, Druckenergie in Geschwindigkeitsenergie umsetzen durch Verengen des Durchflußquerschnittes an der Drosselstelle. Zum Drosseln werden → Absperrorgane oder Drosseleinrichtungen, wie Drosselscheiben, benutzt.

Druck, 1) Buchwesen: a) svw. → Drucken. b) Druck-Erzeugnis. c) Auflage eines Buches, Bildwerks u. a. **(Erstdruck, Neudruck, Nachdruck).**

2) Physik: die Kraft je Flächeneinheit. Wirkt senkrecht zu einer Fläche A die (gleichmäßig verteilte) Kraft F **(Druckkraft),** so ist der D. $p = F/A$. SI-Einheit des D. ist das Pascal (Pa), weiterhin gesetzlich das Bar (bar). $1\ \text{Pa} = 1\ \text{N/m}^2$; $1\ \text{bar} = 10^5\ \text{Pa}$. Beziehungen zu Einheiten, die seit 1. 1. 1978 nicht mehr zulässig sind: $1\ \text{kp/m}^2 = 0{,}980665 \cdot 10^1\ \text{Pa}$; $1\ \text{at} = 0{,}980665 \cdot 10^5\ \text{Pa}$; 1 mm WS (Wassersäule) $= 0{,}980665 \cdot 10^1$ Pa; $1\ \text{atm} = 1{,}01325 \cdot 10^5\ \text{Pa}$; $1\ \text{Torr} = 1\ \text{mm Hg} = 1{,}333224 \cdot 10^2\ \text{Pa}$.

Der **hydrostatische D.** ist der in einer ruhenden Flüssigkeit oder einem ruhenden Gas herrschende D., der sich nach allen Seiten gleichmäßig ausbreitet (→ Hydrostatik). Er wird mit → Manometern gemessen, der → Luftdruck auch mit → Barometern. Sehr kleine D.-Differenzen bestimmt man mit der **Drucklibelle,** die bei mikroskop. Ablesung eine Druckänderung von $1 \cdot 10^{-8}$ bar deutlich macht. – Bei D.-Messungen in Strömungen sind zu unterscheiden: der mit einem → Pitot-Rohr zu bestimmende **Gesamtdruck,** der mit einer Drucksonde meßbare **statische D.,** der mit dem Prandtlschen → Staurohr zu messende **Staudruck.** D. auf feste Körper bewirkt eine Stauchung; er wird mit besonderen Manometern und **Druckmeßdosen** bestimmt. – Der **Überdruck** ist die Differenz aus dem Innen- und dem herrschenden Außendruck. – Osmotischer D., → Osmose.

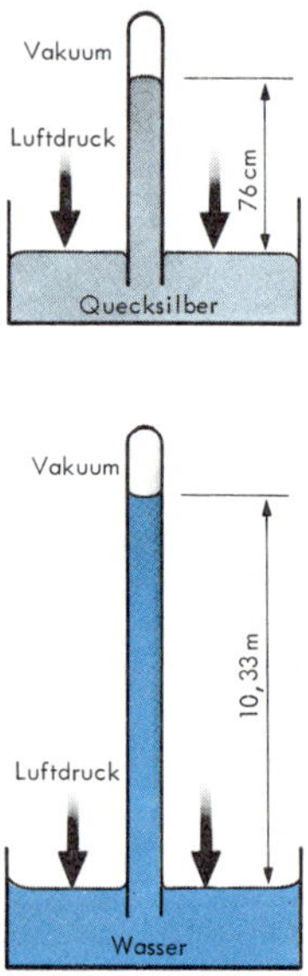

Druck 2): Der normale Luftdruck ›drückt‹ in einer leergepumpten Röhre Quecksilber 76 cm hoch (OBEN), Wasser 10,33 m hoch (UNTEN)

Druck|anzug, Schutzanzug für Flugzeugbesatzungen, durch den auf den Körper des Trägers ein Druck ausgeübt werden kann, der eine sichere Funktion von Atmung und Kreislauf auch bei vermindertem atmosphär. Druck (in großen Höhen) gewährleistet. (→ Raumanzug)

Druckbehälter, unter einem inneren Überdruck stehende Behälter, die z. B. in der chem. Ind. als Vorratsbehälter Verwendung finden. Für sie gibt es besondere Abnahmevorschriften, so die Druckbehälter-VO der Bundesrep. Dtl., die auch für Druckgasbehälter (→ Gasbehälter) sowie Füllanlagen gilt. Nach dieser werden D. in sieben Gruppen eingeteilt. Bei den Gruppen I bis IV wird der Druck durch Gase, bei den Gruppen V bis VII durch Flüssigkeiten ausgeübt. Wichtige Kenngröße für die Einteilung ist das Produkt aus zulässigem Betriebsüberdruck und Inhalt in Litern, das z. B. für die Gruppe II unter 200, für die Gruppe III zw. 200 und 1 000 und für die Gruppe IV über 1 000 liegt. D. der Gruppen III, IV, VI und VII (hohes Druckliterprodukt) müssen vor Inbetriebnahme, D. der Gruppen IV und VII zusätzlich zu best. Fristen durch einen behördlich anerkannten Sachverständigen geprüft werden. Druckgasbehälter, d. h. ortsbewegl. Gasbehälter, wie Flaschen (bis 150 l) oder Fahrzeugbehälter, dürfen nur befüllt werden, wenn sie mit dem noch gültigen Prüfzeichen eines Sachverständigen versehen sind.

Druckbogen, → Bogen 3).

Drucken, eigtl. **Bedrucken,** mechan. Vorgang zur Wiedergabe von Text und/oder Bildern in beliebiger Anzahl durch gleichmäßige Übertragung von → Druckfarbe von der → Druckform auf den Bedruckstoff (Papier, Karton, Pappe, Blech, Metall- oder Kunststoff-Folie, keramische Gegenstände u. ä.). Man unterscheidet im wesentlichen vier → Druckverfahren.

Drücken, 1) Blechbearbeitung: das Formen von Hohlkörpern aus ebenen Blechscheiben oder bereits vorgeformten Hohlkörpern auf **Drückmaschinen.** Das **Drückfutter** hat dabei die Form des herzustellenden Werkstückes. Der Blechzuschnitt wird am Drückfutter befestigt und mit diesem in Drehung versetzt. Das Gegenwerkzeug **(Drückrolle, Drückstab)** legt das Blech an das Drückfutter an. D. dient u. a. zur Herstellung von Geschirr und Leuchten. **Drückwalzen, Abstreckdrücken, Reckdrücken** ist ein dem D. ähnl. Verfahren zum Formen von Hohlkörpern, bei dem aber durch den Druck der Drückrolle eine größere Reduzierung der Wanddicken erzielt wird.

2) Fliegersprache: das Betätigen des Steuerorgans eines Flugzeugs vom Körper weg nach vorn, wodurch über einen Höhenruderausschlag der → Anstellwinkel verkleinert und ein Sinkflug eingeleitet wird.

Drucker, printer [prˈɪntə, engl.], Peripheriegeräte für elektron. Datenverarbeitungsanlagen, wegen der hohen Schreibgeschwindigkeit moderner D. oft auch **Schnelldrucker** genannt. Sie dienen der Ausgabe von Texten und Daten. I. Ggs. zum Bildschirm werden alle Informationen als → Hardcopy (z. B. auf Endlosformulare) ausgegeben. Gesteuert wird der D. durch den Computer, dem der hierfür benötigte Befehlsvorrat meist in Form von betriebsfertig programmierten Festwertspeichern zur Verfügung gestellt wird. Es gibt eine Reihe von Druckverfahren, die zu unterschiedlichen Bauformen und Funktionsprinzipien geführt haben; die wichtigsten sind: → Matrixdrucker, → Laserdrucker, → Nadeldrucker, elektrostatischer D., Tintenstrahl-D., Thermo-D., Ketten-D., Band-D., Typenrad-D., Kugelkopf-D. (→ Schreibmaschine).

Druck|erhöhung, in Druckleitungen die Erhöhung des Drucks durch **Druckerhöhungspumpen** (Kreisel- oder Kolbenpumpen) in nachgeschalteten Leitungsteilen; verwendet zur Wasserversorgung in hohen Gebäuden, in denen der Netzdruck nicht ausreicht, in Zwischenstationen bei langen Rohrleitungen zur Überwindung des Höhenunterschieds und der Reibungsverluste.

Druckfarben, dünnflüssige oder pastenförmige Produkte, die in der graph. Ind. zur Übertragung von Schrift und Bildern auf versch. Bedruckstoffe (z. B. Papier, Metall- und Kunststoffolien, Glas) verwendet werden. Zum Bedrucken von Tageszeitungen im **Hochdruckverfahren** werden dünnflüssige, billige D. benötigt. Sie bestehen aus Rußen, Schönungsfarbstoffen und Mineralölen. Zeitungs-D. trocknen durch Wegschlagen der Mineralöle in das saugfähige Zeitungspapier und sind deshalb wenig reibecht. Für **Tiefdruckverfahren** (z. B. Illustrierte und Versandkataloge) werden sehr dünnflüssige D. verwendet, die aus Pigmenten (schwarzer Ruß, blaues Kupferphthalocyanin, gelbe und rote Azopigmente), Harzen (z. B. Asphaltite, Calciumresinate, Chlorkautschuk) und Lösemitteln (z. B. Toluol) bestehen. Sie trocknen durch schnelles Verdunsten des Lösemittels. **Buch- und Offset-D.** sind pastenförmig. Sie enthalten Pigmente und Firnisse und trocknen durch Polymerisation der Firnisse an der Luft oder durch Wärmeeinwirkung.

Druckfestigkeit, → Druckversuch.

Druckform, der Druckträger, von dem die Druckfarbe direkt oder indirekt auf den Bedruckstoff übertragen wird. Im Buchdruck ist es die unter Verwendung eines Schließrahmens festgeschlossene flache Satz- oder Bilderform oder eine zusammengesetzte oder ganze Rundform (**Stereo-** oder **Wickelplatte),** im Offsetdruck die **Druckplatte** (zunehmend auch D. genannt), im Tiefdruck der **Formzylinder** und im Siebdruck die **Schablone.** Die D. werden von Hand, elektromechanisch oder photomechanisch hergestellt.

Druckgradi|ent, Druckgefälle längs einer gedachten Linie (→ Gradient), das auftritt, wenn räumlich veränderliche Kräfte an den einzelnen Volumenelementen einer Flüssigkeit oder eines Gases angreifen.

Druckguß, Verfahren zur Herstellung von Gußteilen durch Einspritzen des flüssigen Metalls unter hohem Druck in gekühlte Stahlformen. (→ Gießerei)

Druckkabine, druckdicht abgeschlossener und meist klimatisierbarer Fluggast- und/oder Besatzungsraum von Flugzeugen, in dem der Druck durch einen Verdichter gegenüber dem Außendruck erhöht und auf einem Wert gehalten werden kann, der auch in großen Höhen die ungestörte Atmungs- und Kreislauffunktion der Insassen gewährleistet.

Druckkammerlautsprecher, elektroakustischer Wandler, der wie ein elektrodynam. Lautsprecher über eine Membran Schallschwingungen erzeugt. Um den Strahlungswiderstand der Membran besser an den niedrigen akust. Widerstand der Luft anzupassen, setzt man vor die Lautsprechermembran einen → Exponentialtrichter mit Druckkammer. Durch die Querschnittsverminderung in der zw. der Membran und dem Trichter befindlichen Kammer wird eine Schnelletransformation des Schalls erreicht, was den Wirkungsgrad des Lautsprechers wesentlich erhöht. D. sind zur Wiedergabe von mittleren und höheren Frequenzen bes. geeignet, sie werden daher in elektroakustischen Anlagen als Hochtöner bei größeren Leistungen und als Lautsprecher zur Sprachübertragung (z. B. in Form eines Megaphons) eingesetzt; tiefe Frequenzen können mit D. nicht übertragen werden.

Druckknopf, Kleiderverschluß, bei dem ein Unterteil mit kugelförmigem Kopf von einem federnden Oberteil gehalten wird; 1885 von H. BAUER erfunden.

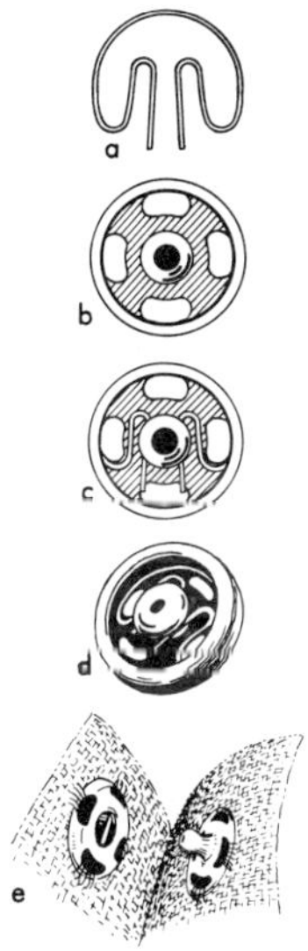

Druckknopf

Druckknopf: *a* Feder, *b* Federteil ohne Feder, *c* mit eingelegter Feder, *d* von der Seite her gesehen, *e* der fertige Druckknopf (links Federteil, rechts Kugelteil)

Druckleitung, Leitung zum Transport von unter Überdruck stehenden Flüssigkeiten, Gasen oder Dampf. D. werden je nach Druck und Art des Fördermediums aus Gußeisen, Stahlguß, Stahlblech, Stahlbeton oder Kunststoff hergestellt. In Wasserkraftanlagen werden D. auch als **Druckstollen,** die mehrere km lang sein können, oder als senkrechte **Druckschächte** ausgeführt; sie haben meist kreisförmigen Querschnitt.

Druckluft, früher **Preßluft,** verdichtete Luft als Energieträger mit vielfältigen Anwendungen, z. B. Antrieb von → Druckluftwerkzeugen, → Druckluftmotoren, pneumat. Steuerungen, für Sandstrahlgebläse, Spritzpistolen, pneumat. Förderung, Hochspannungsschalter, zum Anlassen von Dieselmotoren, als Atemluft, als Füllmedium in Reifen, Bälgen, Bällen, zur Sauerstoffanreicherung von Gewässern durch Druckluftblasen.

Die **D.-Erzeugung** geschieht in → Verdichtern, v. a. in Hubkolben-, Vielzellen-, Schrauben- und für große Mengen in Turboverdichtern. Gebläse sind für niedrige Drücke ausgelegt und besorgen u. a. den Transport von Gasen und Ölen in Pipelines. Die Verdichtung selbst erfolgt für Enddrücke >3 bar zweckmäßig in mehreren Druckstufen, um hohe Wirkungsgrade zu erreichen, wobei eine Rückkühlung der verdichteten Luft je Stufe auf Ansaugtemperatur vorgesehen ist. Verdichter mit Flüssigkeitseinspritzung können einstufig auch auf höhere Drücke verdichten, da die eingespritzte Flüssigkeit (meist Öl) die Wärme abführt.

Die **D.-Aufbereitung** dient der Entfernung von Verunreinigungen und damit dem sicheren und zuverlässigen Betrieb der Endverbraucher. Zu den Aufbereitungsgeräten gehören Trockner in Form von Adsorptions-, Absorptions- und Kältetrocknern zur Abscheidung vorhandenen Wassers, Filter zur Abscheidung fester Verunreinigungen, Koaleszentfilter (→ Koaleszenz) und Kohlefilter zur Ausscheidung von Öl.

Von der D.-Energie wird meist nur die Verdrängungsarbeit, seltener auch die Expansionsarbeit genutzt. D. ist nicht explosiv (Anwendungen in Chemie und Bergbau), gut speicherbar (D.-Flaschen), durch Kompressibilität federnd (Autoreifen), aber teuer durch hohe Erzeugungskosten und schlechte Wirkungsgrade bei der Nutzung. D.-Geräte sind kompakt, von einfachem Aufbau, schadlos überlastbar, durch Drosselung einfach stufenlos regelbar und brauchen keine D.-Rückleitung. Die Lärmbelästigung ist heute durch geeignete Schalldämpfer vermeidbar. Die erste größere D.-Anlage wurde 1860 zum Betrieb von Gesteinsbohrmaschinen durch G. SOMMEILLER beim Bau des Mont-Cenis-Tunnels erfolgreich eingesetzt.

Lit. → Pneumatik.

Druckluftbremse, → Bremse, → Eisenbahnbremse.

Druckluftmotor, mit Druckluft betriebene Kraftmaschine in Kolben-, Turbinen-, Zahnrad-, Vielzellen-Bauweise. Vorzüge: einfacher Aufbau, günstiges Leistungsgewicht, Zuverlässigkeit, Unempfindlichkeit, einfache Handhabung und Regulierbarkeit, Explosionssicherheit, daher Einsatz bes. im Steinkohlenbergbau. Motoren größerer Leistung werden aber auch dort zunehmend durch Elektromotoren ersetzt.

Druckluftsperre, → Ölsperre.

Druckluftwerkzeuge, handgeführte Bearbeitungs- und Montagegeräte, bei denen Druckluft als Energieträger zur Erzeugung mechan. Leistung aus Gründen der Verfügbarkeit (Baustellen, Unterwasserarbeiten) oder der Sicherheit (Explosionsgefahr z. B. im Bergbau) oder sonstigen meist wirtschaftl. Gesichtspunkten (einfacher Aufbau der Antriebe) elektr. Energie vorgezogen wird.

D. werden in drehende und schlagende Werkzeuge eingeteilt. **Drehende Werkzeuge,** vorwiegend in der industriellen Fertigung eingesetzt, sind Druckluftbohrmaschinen, -schrauber, -schlagschrauber, -ratschenschrauber, -verdrahtungswerkzeuge, -schleifmaschinen, -blechscheren u. ä. Sie werden durch Lamellen-, aber auch durch Zahnradmotoren angetrieben. **Schlagende Werkzeuge,** v. a. im Baubetrieb und Bergbau verwendet, sind Druckluft-Aufreiß- und -Abbauhämmer, -rammen und -pfahlzieher sowie -meißel und -niethämmer. Ein freifliegender Kolben, im Zweitakt gesteuert, schlägt auf das Einsteckwerkzeug oder auf einen Zwischenamboß. Großbohrgeräte mit Hammerbohrmaschinen oder Lochhämmern dienen zum Herstellen von Sprenglöchern, über und unter Tage. Das Ausblasen des Bohrkleins aus dem Bohrloch wird von der abströmenden Auspuffluft übernommen.

Druckluftwerkzeuge: Schema der Wirkungsweise eines Drucklufthammers; OBEN Aufwärtsphase, UNTEN Abwärtsphase des Kolbens; **1** Griff, **2** Drücker, **3** Steuerkolben, **4** Drucklufteintritt, **5** Kolben, **6** Ausströmkanal, **7** Überströmkanal, **8** Hammer

Druckmaschinen, Druckereimaschinen, dienen zur Herstellung von Druckerzeugnissen. Wesentliche Teile der D. sind: Plattenzylinder (zur Aufnahme der Druckplatten), Farbwerk (Farbbehälter und Walzen), Druckzylinder (zur Führung des Bedruckstoffs), Einrichtungen zur Zu- und Ausführung des Bedruckstoffs (Bogenanlage, Rolleneinführung, Ablage, Falzwerk, Wiederaufrollung). Bei **Bogen-D.** (auch **Plano-D.**) wird der Bedruckstoff Bogen für Bogen in die Maschine geführt, bei **Rotationsmaschinen** von der Rolle zugeführt und über das Falzwerk (Zeitungen, Zeitschriften) ausgeführt. D. gibt es in versch. Konstruktionen für jedes → Druckverfahren.

Druckmittelgetriebe übertragen mit Hilfe eines nur auf Druck beanspruchbaren Mittels (Gas, Flüssigkeit) eine Bewegung vom Antrieb zum Abtrieb einer Maschine. – **Pneumatische Getriebe** arbeiten mit Luft oder Gasen, die unter Druck auf das meist als Kolben im Zylinder geführte Abtriebsglied einwirken. Die Abtriebsbewegung wird durch zwangsläufig gesteuerte Ventile zw. Pumpe und Zylinder beeinflußt. – **Flüssigkeitsgetriebe** gliedern sich in hydrostat. und hydrodynam. Getriebe. **Hydrostatische D.** bestehen aus einer angetriebenen Verdrängerpumpe (Zahnrad-, Kolben-, Flügel-, Zellenpumpe) und einem mit ihr durch Rohrleitungen und Steuerorgane verbundenen Arbeitszylinder oder Hydraulik-Motor (als Flügel-, Kolben-, Zahnrad-, Zellenmotor). Die Energie wird wegen der Inkompressibilität der Flüssigkeiten mit hohen statischen Kräften übertragen. **Hydrodynamische Getriebe (Strömungsgetriebe, Föttinger-Getriebe)** nutzen die kinet. Energie der Flüssigkeit. Um gute Wirkungsgrade zu erreichen, werden dazu eine Kreiselpumpe und eine Turbine mit zwischengeschalteten Leitapparaten zu einem möglichst kurzen Kreislauf in einer Einheit zusammengefaßt **(hydrodynamische Wandler).** Weil sich bei dieser Anordnung zu jedem Drehzahlverhältnis zw. An- und Abtrieb selbständig ein bestimmtes Momentenverhältnis einstellt, fand der Wandler im Kraftfahrzeug- und Lokomotivbau verbreitet Anwendung für automat. Getriebe (→ Drehmomentwandler). – Besteht der Kreislauf nur aus Pumpen- und Turbinenrad, so entsteht die **hydrodynamische Kupplung** oder → Strömungskupplung, bei der An- und Abtriebsmoment gleich groß sind.

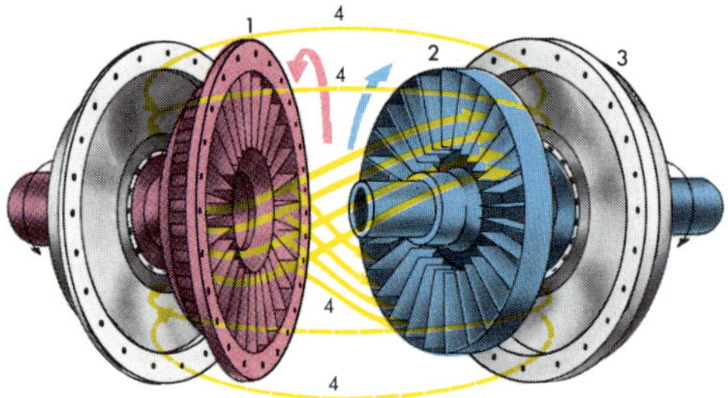

Druckmittelgetriebe: Strömungsgetriebe; **1** Pumpenrad, **2** Turbinenrad, **3** Gehäuse, **4** Ölstrom

Druckpapier, für alle Druckverfahren in Rollen oder Formaten hergestelltes Papier, entweder ungestrichen **(Natur-D.)** oder gestrichen **(Kunstdruck- und maschinengestrichenes D.).**

Druckplatte, → Druckform.

Druckpropeller, → Luftschraube.

Druckpunkt, bei Handfeuerwaffen die Stellung, in die der Abzug unmittelbar vor dem Auslösen des Schusses zurückgezogen wird, fühlbar durch einen kleinen Widerstand; manchmal auch bei Kameraauslösern.

Druckregler, Vorrichtung, die bei Strömungsanlagen verhindert, daß der Druck eine best. Grenze überschreitet und die einen stoßfreien Betrieb ermöglicht; z. B. in Gasleitungen eine kesselartige Erweiterung mit Ventil oder bei Wasserturbinen ein Nebenauslaß mit Ventil.

Druckschacht, → Druckleitung.

Druckschrift, die gedruckte (im Unterschied zur geschriebenen) → Schrift; auch die → Letter selbst.

Druckstock, das → Klischee.

Druckstollen, → Druckleitung.

Druckstoß, rasche Druckänderung in einer → Druckleitung, verursacht durch Änderung des → Durchflusses.

Drucktelegraph, Telegraphie-Endgerät mit (im Ggs. z. B. zum Morsetelegraphen) decodierter Ausgabe der Nachricht (Klartext). Beispiel → Fernschreiber.

Druckumformen, Formgebung durch von außen aufgebrachte Druckkräfte, wie Walzen, Schmieden im Gesenk, Fließpressen.

Druckverfahren, Methoden des → Druckens. Es gibt vier große D.: Hoch-, Flach-, Tief- und Siebdruck sowie einige künstlerische Verfahren (→ Aquatinta, → Holzschnitt, → Kupferstich, → Lithographie 1, → Radierung, → Stahlstich).

Beim **Hochdruck (Buchdruck, Flexodruck** u. a.) sind die druckenden Elemente erhaben, die Druckform eben oder zylindrisch. Der **Flachdruck (Offsetdruck, lithographischer Steindruck, Lichtdruck** u. a.), bei dem drukkende und nichtdruckende Elemente in derselben Ebene liegen, beruht darauf, daß die druckenden Teile durch chem. Behandlung wasserabstoßend gemacht werden. Sie können mit pastoser Druckfarbe eingefärbt werden; die nichtdruckenden Teile werden fettabstoßend gemacht, sie nehmen keine Druckfarben an. Die Druckform ist entweder eben (Steindruck) oder zylindrisch (Offsetdruck). Bei diesen tritt zu dem Farbwerk ein Feuchtwerk, das die Stein- oder Offsetplatte vor dem Einfärben anfeuchtet. Letztere druckt über einen Gummizylinder gegen den Druckzylinder. Beim **Tiefdruck (Kupfer-** oder **Rakeltiefdruck, Stahlstich, Radierung, Heliogravüre, Zeugdruck** u. a.) sind die druckenden Elemente durch Ätzen oder Gravieren tiefgelegt. Von der mit flüssiger Farbe überschwemmten Druckform wird der Farbüberschuß durch ein Stahllineal (Rakel) beim Tiefdruck oder durch eine Wischvorrichtung beim Stahlstichdruck abgenommen, so daß Farbe nur in den tiefliegenden Druckelementen (Näpfchen) verbleibt. Das Papier wird durch einen Druckzylinder (Presseur) an die Druckform gepreßt, wodurch die Farbe aus den Näpfchen auf das Papier gesaugt wird. Beim **Siebdruck (Durchdruck)** besteht die Druckform aus einer Schablone aus farbdurchlässigem Material (Metall- oder Nylonsieb). Die pastose Druckfarbe wird manuell oder in der Siebdruckmaschine mit einer Rakel durch die Maschen des Siebes auf den Bedruckstoff gedrückt.

Alle D. können ein- oder mehrfarbig (→ Farbendruck) auf den zum Verfahren gehörenden → Druckmaschinen ausgeführt werden.

Geschichte. Bereits vor J. GUTENBERG wurde in Asien und Europa von eingefärbten Stempeln und Platten auf Stoffe und Papier gedruckt. Ebenso waren die Herstellung von Metallmatrizen und der Guß (sogar von Lettern) aus festen Formen schon im 15. Jh. bekannt. Neu aber war Gutenbergs Gedanke (um 1450), die einzufärbende Druckform aus bewegl. Bleilettern zusammenzusetzen, die in beliebiger Zahl, aber völlig gleicher Gestalt mit Hilfe von Stempel, Matrize und Gießinstrument angefertigt wurden. Die Verbindung dieses metalltechn. Verfahrens mit der Praxis des Druckens war Gutenbergs eigentliche Erfindung. Gutenbergs Buchdruck rief in kurzer Zeit eine Umwälzung in der Buchherstellung hervor; an die Stelle des Einzelexemplars der Handschrift trat die gedruckte Vielzahl der ›Auflage‹.

Noch im 15. Jh. war Italien neben Dtl. ein führendes Land des Buchdrucks geworden (ALDUS MANUTIUS). Auch in Frankreich und den Niederlanden kam es im 16. und 17. Jh. zu ausgezeichneten Leistungen (Schriftschneider C. GARAMOND in Frankreich, Offizin von CH. PLANTIN und J. MORETUS in Antwerpen, Buchdruckerfamilie der ELZEVIER in Leiden). Das 18. Jh. ist reich an klass. Werken des Schriftgusses und Buchdrucks (P. S. FOURNIER, Familie DIDOT in Frankreich, W. CASLON, J. BASKERVILLE in England, G. BODONI in Italien, J. G. I. BREITKOPF und J. F. UNGER in Dtl.). Im 19. Jh. eröffneten techn. Neuerungen der Drucktechnik neue Möglichkeiten.

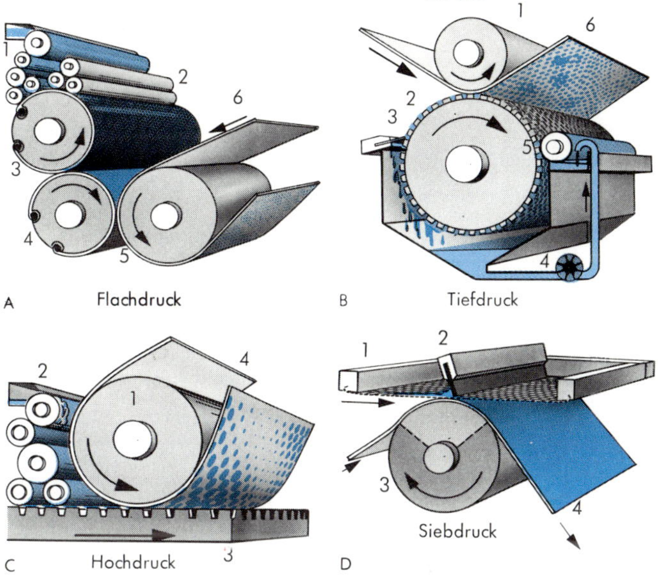

Druckverfahren (Raster stark vergrößert dargestellt): **A** Flachdruck (Offsetdruck); 1 Farbwerk, 2 Feuchtwerk, 3 Druckform, 4 Gummizylinder, 5 Druckzylinder, 6 Papierbahn. **B** Tiefdruck (Rakeltiefdruckverfahren); 1 Druckzylinder, 2 Druckform, 3 Farbrakel, 4 Farbrücklauf, 5 Farbwalze, 6 Papierbahn. **C** Hochdruck; 1 Druckzylinder, 2 Farbwerk, 3 Druckform, 4 Druckbogen. **D** Siebdruck; 1 bewegter Druckformrahmen (Schablonenträger), 2 stationäre Rakel, 3 Druckzylinder mit Vakuumvorrichtung, 4 Bedruckstoffbahn

Neben den Hochdruck traten Flachdruck und Tiefdruck. Aus A. SENEFELDERS Erfindung (1798) des Steindrucks (Lithographie) entwickelte sich der Offsetdruck. Um 1900 tauchten Flachdruckmaschinen auf, die von Metallplatten druckten. Der Amerikaner W. RUBEL erfand 1904 das Offsetverfahren. Nach seinem Prinzip soll 1905 die erste Offsetmaschine in den USA gebaut worden sein; die erste dt. Presse, von C. HERRMANN konstruiert, lief 1907 bei C. G. RÖDER in Leipzig. Als weiteres Flachdruckverfahren verbreitete sich seit 1855 der Lichtdruck.

Das moderne Tiefdruckverfahren (Rakeltiefdruck) entwickelte sich schrittweise aus Kupferstich, Radierung und Heliogravüre. Die erste Maschine für den Tiefdruck von Platten erfand C. GUY 1877 in Paris. In den 1890er Jahren gab es die ersten Maschinen für den heliograph. Rotationstiefdruck.

Schon vor Jahrhunderten wurde der Siebdruck in China erfunden; seit Ende des 19. Jh. auch in den USA und in Europa verwendet, verbreitete er sich aber erst in der zweiten Hälfte des 20. Jh. Er hat sich in best. Anwendungsbereichen durchgesetzt (Plakate, Schilder). Ähnlich erfolgreich ist eine Weiterentwicklung des Hochdrucks, der Flexodruck, der v. a. für den Verpackungsdruck geeignet ist.

Voraussetzungen für die Entwicklung der Drucktechnik waren v. a. die Herstellung von Papier als Massenerzeugnis (erste Papiermaschine 1799 in England) und die Erfindung der Photographie durch J. N. NIEPCE und L. J. M. DAGUERRE (1839), die für die Reproduktionstechnik

Druse: Kristall-D. in Dolomit

Druckversuch: an einer zylindrischen Graugußprobe

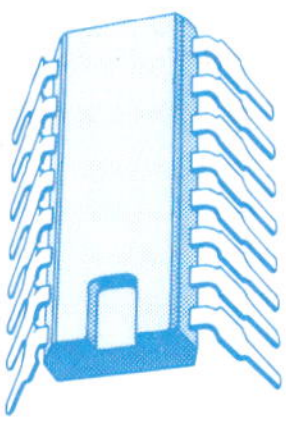

Dual-in-line-Gehäuse

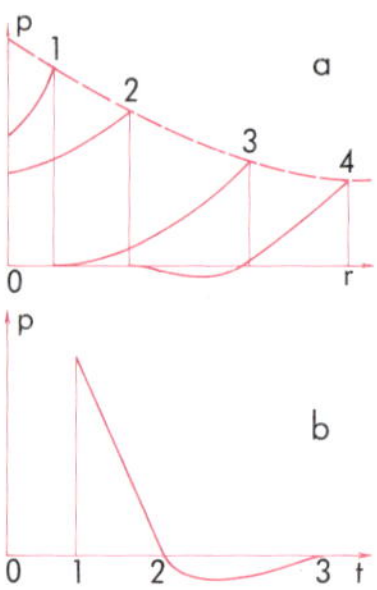

Druckwelle: **a** Änderung des Überdrucks *p* mit der Entfernung *r* vom Explosionszentrum für aufeinanderfolgende Zeiten (1, 2, 3, 4), **b** Änderung des Überdrucks mit der Zeit *t* an einem festen Ort

zentrale Bedeutung erlangte. Die Bewältigung großer Textmengen wurde vorangetrieben u. a. durch die Schnellpresse von F. KOENIG (1812), durch die Setzmaschinen Linotype von O. MERGENTHALER (1884) und Monotype von T. LANSTON (1897).

K. KIRCHNER: Satz, Druck, Einband und verwandte Dinge (^{9}1970); C. W. GERHARDT u. a.: Geschichte der D., 3 Tle. (1974–78); Lexikon der graf. Technik, hg. v. Institut für graf. Technik (^{4}1977); F. GENZMER u. a.: Umgang mit der Schwarzen Kunst (^{4}1978); E. D. STIEBNER u. a.: Bruckmanns Hb. der Drucktechnik (^{3}1981).

Druckversuch, Belastung von Probekörpern bis zum Bruch, wird in der Werkstoffprüfung meist bei spröden Stoffen angewandt (Gußeisen, Beton, Steine). Als Proben verwendet man gewöhnlich zylindr. (für Metall) oder würfelförmige Körper (für Gestein). Die erreichte Höchstlast, bezogen auf den ursprünglichen Querschnitt, ergibt die **Druckfestigkeit.** Bei spröden Stoffen entsteht der Bruch als Schiebebruch ohne vorhergehende plastische Verformung etwa unter 45° zur Druckrichtung. Verformungsfähige Stoffe (z. B. Baustahl) bauchen sich plastisch aus und bilden allenfalls Kantenrisse, ein eigentlicher Bruch tritt nicht auf. An Stelle einer Bruchlast wird dann die Belastung bis zur → Quetschgrenze oder zur bleibenden Verformung von 0,2% ermittelt.

Druckwasserreaktor, Abk. **DWR,** ein → Kernreaktor (BILD).

Druckwasserstoff|angriff, Schädigung unlegierter Stähle durch Wasserstoff bei höheren Temperaturen (ab etwa 220 °C) und Drücken (ab etwa 15 bar), die bes. in der chem. Technik (z. B. Hydrierungen, Ammoniaksynthese) beachtet werden muß. Der D. beruht auf einer Reaktion des Wasserstoffs mit dem Kohlenstoff des Stahls zu Methan. Die Beständigkeit von Stählen gegenüber D. wird durch Molybdän- und Chromzusätze verbessert.

Druckwelle, die Ausbreitung einer Druck- und Dichteänderung in Gasen, z. B. ein Verdichtungsstoß, wie er bei Explosionen oder der Bewegung von Geschossen, schneller Flugzeuge oder Flugkörper auftritt. Dabei pflanzt sich die Stoßfront wie eine bewegte Wand hochkomprimierter Luft mit Überschallgeschwindigkeit fort. Hinter der Stoßfront nimmt der Überdruck wesentlich langsamer wieder ab und kann sogar in eine Unterdruckphase übergehen (BILD). Trifft die D. auf ein Medium anderer Dichte, dann wird sie reflektiert. – Die Dauer der D. beträgt bei Explosionen chem. Sprengstoffe Millisekunden; bei großkalibrigen Kernwaffen (20 Megatonnen) kann die D. bis zu mehreren Sekunden anhalten.

Druckwindkessel, in Druckleitungen eingebauter Windkessel, ergibt bei Kolbenpumpen eine gleichmäßigere Förderung, dient bei Pumpen- und Verdichteranlagen als Speicher. D. haben ein Luft- oder Gaspolster; das Entweichen der Luft in die Leitung wird durch ein Schwimmerventil verhindert.

Drumlins [engl. drˈʌmlınz] *Mz.,* bis über 2 km lange Hügel, von ellipt. Grundriß und Walfisch-Rückenform, schwarmweise in Gebieten ehem. Vereisung, bestehen meist aus Grundmoräne, Schottern oder älterem Untergrund. D. entstanden bei Eisvorstößen durch Erosion oder Ablagerung unter dem Eis. Die zw. D. liegenden Senken sind vielfach von Seen und Sümpfen erfüllt.

Druse, Kristall-Aggregat an der Innenwand eines Gesteinshohlraumes; meist mit wohlausgebildeten Kristallflächen.

D-Schicht, Schicht der → Ionosphäre.

dt, Einheitenzeichen für **Dezitonne** (→ Tonne).

DTL, Abk. für **Dioden-Transistor-Logik,** elektron. Schaltkreisfamilie der Digitaltechnik, bei der das Nutzsignal über Dioden ein- und über bipolare Transistoren ausgekoppelt wird. Gegenüber der Transistor-Transistor-Logik (→ TTL) ist diese Schaltungstechnik von geringerer Bedeutung.

Dual-in-line-Gehäuse [djˈuəl ın laın-, engl.], Abk. **DIL-Gehäuse,** langgestrecktes Gehäuse für → integrierte Schaltungen, deren Anschlüsse als flache Stifte, die beiderseits des Kunststoffkörpers herausragen, ausgebildet sind. Die Stifte sind nach unten abgewinkelt, so daß sich das Bauelement leicht in die Löcher einer vorgefertigten → gedruckten Schaltung einsetzen und verlöten läßt. Die Anzahl der Anschlüsse hängt vom Typ und vom Aufbau der integrierten Schaltung ab; weit verbreitet sind die mit 14 Anschlüssen versehenen TTL-Schaltkreise, es gibt jedoch auch wesentlich komplexere Bauelemente mit 40 und mehr. Die Zuordnung der Anschlüsse zu den elektr. Funktionen des Schaltkreises ist dem Gehäuse i. a. nicht anzusehen, sondern in einem Datenbuch enthalten. Weitere Bauformen sind zylindrische Gehäuse und flache Leadgehäuse.

Dualismus, Dualismus von Wellen- und Teilchenbild, die experimentell vielfach nachgewiesene Tatsache, daß sich atomare und subatomare Gebilde wie → Elektronen und Photonen je nach den Bedingungen wie Wellen oder Teilchen verhalten. Die in der klass. Physik einander ausschließenden Bilder der Welle und des Teilchens sind nach der → Quantenmechanik beide nur begrenzt und deshalb widerspruchsfrei anwendbar (→ Komplementarität).

Dualität, Mathematik: die wechselseitige Zuordnung je zweier Begriffe, bei deren Vertauschung richtige Sätze wieder in richtige Sätze übergehen. So läßt sich z. B. für die → projektive Geometrie der Ebene ein Axiomensystem finden, das symmetrisch ist in den Begriffen ›Punkt‹ und ›Gerade‹. In dieser Geometrie gibt es daher zu jedem Satz über Punkte und Geraden und deren Inzidenzen einen **dualen Satz,** der aus jenem durch Vertauschung der Begriffe Punkt und Gerade hervorgeht. Z. B. entspricht dem Satz, daß zwei Geraden einen Punkt bestimmen, dual der Satz, daß zwei Punkte eine Gerade bestimmen. – Auch in der Verbandstheorie und in der Topologie werden Dualitätsbeziehungen betrachtet.

Dualitätsprinzip, eine Symmetrie bezüglich ›wahr‹ und ›falsch‹ in der → Aussagenlogik, die nur mit den Junktoren ›nicht‹, ›und‹ und ›oder‹ logisch zusammengesetzt sind. Vertauscht man in einer solchen Aussage *A* überall ›und‹ mit ›oder‹, so nennt man die entstehende Aussage A^* **dual** zur ursprünglichen. Es gilt dann: 1) Ist *A* logisch wahr, so ist A^* logisch falsch, und umgekehrt. 2) Ist *B* eine logische Folgerung aus *A*, so ist A^* eine logische Folgerung aus B^*.

Dualraum, Mathematik: der von der Menge aller Linearformen (→ Form 3) oder auch aller linearen Abbildungen eines linearen Raumes wiederum gebildete lineare Raum.

Dualsystem, dyadisches System, Zahlensystem (Stellenwertsystem) mit der Basis 2 (statt z. B. 10, im Dezimalsystem). Jede Zahl läßt sich darin durch eine Folge von nur zwei Symbolen (0 und 1) als **Dualzahl** ausdrücken, z. B. hat die Zahl 77 im D. die Darstellung 1001101, sie wird folgendermaßen ins Dezimalsystem übersetzt:

$$1\cdot 2^6+0\cdot 2^5+0\cdot 2^4+1\cdot 2^3+1\cdot 2^2+0\cdot 2^1+1\cdot 2^0=$$
$$64+\quad 0+\quad 0+\quad 8+\quad 4+\quad 1+\quad 0=77.$$

Das D. wird für das Rechnen mit Computern benutzt, da sich die Zahlen 0 und 1 in die elektr. Signale ›aus‹ und ›ein‹ umsetzen lassen (→elektronische Datenverarbeitung).

Duane-Hunt-Gesetz [du:ˈeɪn hʌnt-, n. den amerikan. Physikern W. Duane, * 1872, † 1935, und F. Hunt, * 1883], →Bremsstrahlung.

Dübel, Dobel, schubübertragende Verbindungselemente zur Sicherung der vorgesehenen Lage eines Bauteils. Sie werden in vorgebildete Löcher eingeschoben oder in den Werkstoff eingepreßt und verbinden die Teile durch Reibung, Verkeilung oder Erstarrung eines Bindemittels. Mit D. können hochbelastbare und weitgespannte Holzkonstruktionen hergestellt werden **(Dübelbau).**

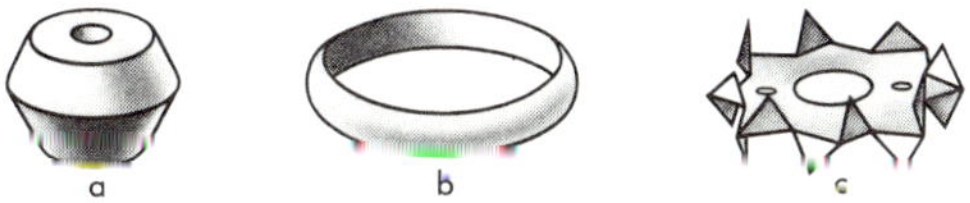

Dübel 1: a Hartholz-Runddübel, **b** Ringkeildübel, **c** Krallen-(Bulldog-)Dübel

Zur festen Verankerung von Schrauben oder Nägeln in einer Wand oder Decke diente früher ein Holzpflock, der in das ausgestemmte Loch eingegipst oder einzementiert wurde, heute meist **Preß-D.** aus elast. Kunststoff, **Stopf-D.** aus Faserstoff, **Spreiz-D.** mit Metallhülse und Faserstofffüllung und solche, bei denen durch Eindrehen der Schraube der D. gespreizt und gegen die Lochwandung gepreßt wird.

Dubhe, Stern zweiter Größe, α im Großen Bären.

Dublee, Doublé [dublˈe], mit Edelmetall, bes. mit Gold überzogene Kupferlegierungen.

Dublett, ein →Multiplett mit zwei Komponenten. (→Termschema)

Ducht *die,* Sitzbank, gleichzeitig Querversteifung eines offenen Bootes.

Duckstein, svw. →Traß.

Duftstoffe, pflanzl. oder tier. Stoffe mit besonderem Geruch, haben meist best. Funktionen im Leben der Organismen. – Bei Pflanzen sind D. flüchtige Ausscheidungsprodukte z. T. best. Drüsen, einzelner Drüsenzellen oder ganzer Pflanzenorgane. Manche D. wirken als Anlockungsstoffe, z. B. auf Insekten, und führen so u. a. zur Pollenübertragung. Für Menschen widerliche D. wie der Aasgeruch der Stinkmorchel können z. B. für Fliegen anlockend sein. Viele Pflanzen produzieren D. in ihren Blättern (z. B. Pfefferminze) und Früchten (z. B. Kümmel); einige Moose riechen nach Fäkalien, andere nach Fruchtaromen, viele Fruchtkörper der Pilze z. B. nach Mehl, Rettich, Anis, Moschus, Hering, manche Bakterien nach Ananas und Erdbeeren. – Bei Tieren werden D. in Duftdrüsen gebildet, die oft in Nähe des Afters oder der Geschlechtsorgane liegen; sie dienen der Verständigung der Artgenossen, der Anlockung der Geschlechter, der Erregung des Geschlechtspartners, der Abschreckung und der Warnung vor Feinden. – Beim Menschen werden D. von großen Duftdrüsen abgesondert, die sich in der Pubertät in Achselgrube, Leistengegend und Umgebung der Geschlechtsorgane entwickeln.

Düker, Kreuzungsbauwerk, mit dem ein Gerinne oder eine Rohrleitung als Druckleitung unter einem Geländeeinschnitt oder einem tiefliegenden Hindernis (z. B. Bauwerk, Fluß, Kanal oder eine andere Leitung) hindurchgeführt wird.

Duktilität, Bez. für Umformbarkeit, z. B. von Werkstoffen.

Dulcit, süß schmeckende Kristalle. D. ist ein sechswertiger Alkohol (Hexit) und eine stereoisomere Form (→Stereochemie) der wichtigeren Zuckeralkohole Mannit und Sorbit. D. kommt in der Dulcitmanna von Madagaskar vor.

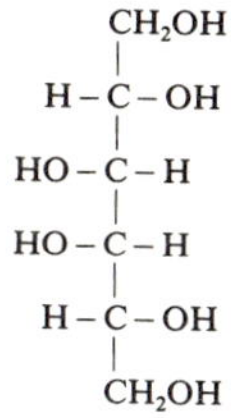

Dulcit

Dulong-Petitsche Regel [dylˈɔ̃ pti-, n. den frz. Physikern P. L. Dulong, * 1785, † 1838, und A. T. Petit, * 1791, † 1820]. 1819 gefundene Regel, daß die molare Wärmekapazität zahlreicher fester Elemente bei Zimmertemperatur konstant ist und etwa 25 J mol^{-1} K^{-1} beträgt. Die empirisch gefundene D.-P. R. wird mittels der klass. kinet. Theorie der Wärme unter Voraussetzung von Gitterschwingungen im Festkörper (→Debyesche Theorie) begründet. Die Atome fester Körper besitzen bei ihren Oszillationen um ihre Ruhelagen je drei Freiheitsgrade der kinet. und potentiellen Energie. Damit ergibt sich aus dem →Gleichverteilungssatz der Energie, daß (bei vollständiger Anregung der Gitterschwingungen) die spezif. Wärme je Atom für alle festen Elemente unabhängig von der Temperatur $6\cdot\frac{k}{2}=3k$ (k = Boltzmann-Konstante) beträgt, was einer molaren Wärmekapazität (bei konstantem Volumen) C_{mV} von $3R \approx 25$ J mol^{-1} K^{-1} entspricht.

Dumbbellnebel [dˈʌmbel-, engl.], →Hantelnebel.

Dummy [dˈʌmɪ, engl.] *der,* Versuchspuppe beim →Crash-Test.

Dumping [dˈʌmpɪŋ, engl.], Einbringen fester oder flüssiger Abfälle in die Meere. Die festen Abfälle werden versenkt, die flüssigen durch Einführen in den Schraubenstrahl von Spezialschiffen verdünnt.

Dünen, durch Wind gebildete Sandanhäufungen. Nach dem Entstehungsort werden **Strand-** oder **Küsten-D.** und **Binnen-D.,** nach dem Bewegungsgrad **feste** und **Wander-D.** unterschieden. – Binnen-D. finden sich in vegetationsarmen Trockengebieten (in der Sahara 150 bis 200 m hoch); in mittleren Breiten auftretende D. entstanden während und nach den Eiszeiten. Wandern die Flanken von D. schneller als ihre kompaktere Mitte, entsteht eine leeseitig geöffnete Sichelform, die **Sichel-D.** oder der **Barchan.** Werden die Flanken von der Vegetation oder durch kapillar aufsteigendes Grundwasser festgehalten, können **Parabel-D.** entstehen. In Windrichtung verlaufende D. heißen **Längs-** oder **Strich-D.** Stellen wandernde D. eine Gefahr für die Kulturlandschaft dar, versucht man, sie durch Bepflanzung und Bebauung festzulegen.

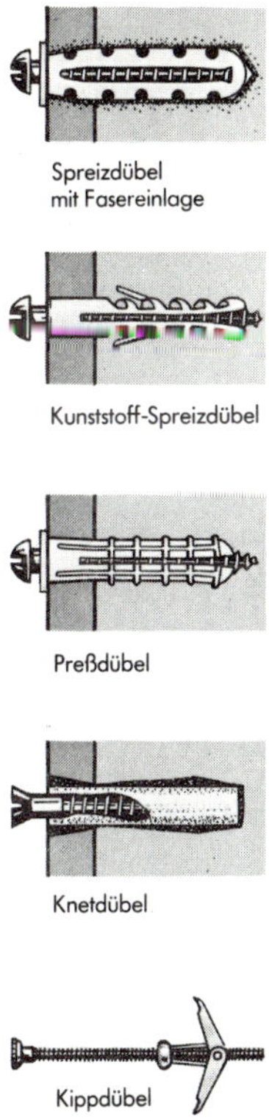

Dübel 2

Düngemittel, nach dem D.-Gesetz der Bundesrep. Dtl. Stoffe, die dazu bestimmt sind, Nutzpflanzen zugeführt zu werden, um ihr Wachstum zu fördern, ihren Ertrag zu erhöhen oder ihre Qualität zu verbessern. **Wirtschaftsdünger** werden im Bereich des Bauernhofes gewonnen, wie z. B. die organ. D. Stallmist, Gülle (Flüssigmist), Kompost und Gründüngung (frische Pflanzen). **Handelsdünger** werden industriell hergestellt oder bergmännisch abgebaut. Dabei handelt es sich z. T. um organ. D. (z. B. aus Klärschlamm), meist aber um mineral. D., in denen Pflanzennährstoffe i. d. R. in der Form vorliegen,

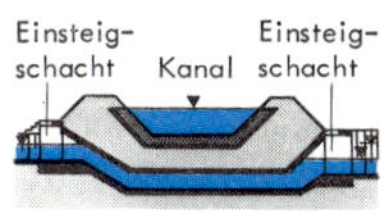

Düker

Düngerstreuer

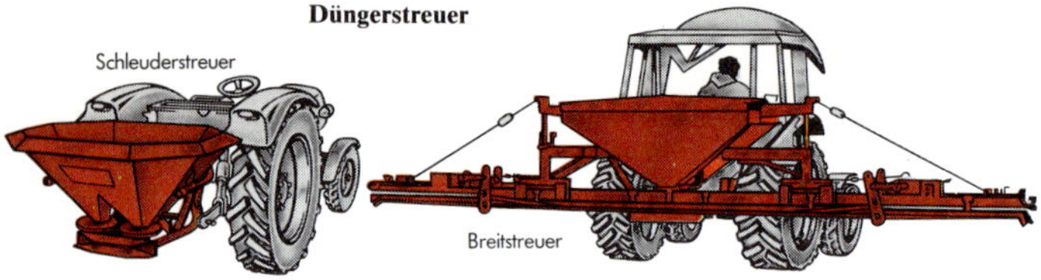

in der sie von der Pflanze aufgenommen werden können. **Organische D.** sind v. a. Bodendünger, d. h. von Bedeutung für die Bodenbeschaffenheit (z. B. Humusgehalt). Die in ihnen enthaltenen Nährstoffe müssen von Mikroorganismen zunächst in eine lösl., pflanzenverfügbare Form überführt werden (Mineralisation). **Mineraldünger** sind v. a. Pflanzendünger, die die Pflanze mit Nährstoffen versorgen sollen. Mineraldünger fördern aber auch Bodenleben und Bildung von Pflanzenrückständen und damit indirekt die Humusbildung. Die Pflanze braucht zu ihrer Ernährung Stickstoff, Phosphat, Kalium, Calcium, Magnesium und Schwefel **(Makronährstoffe)** sowie sehr geringe Mengen Eisen, Bor, Mangan, Kupfer u. a. **(Mikronährstoffe).**

Die Höhe des Pflanzenertrages richtet sich nach dem Nährstoff, der im Verhältnis zum Bedarf der Pflanze im Minimum vorhanden ist (J. v. LIEBIG 1840, Gesetz vom Minimum). Der Ertrag steigt mit dem Nährstoffangebot bis zu einem Höchstwert, der von Pflanzensorte, Bewässerung, Bodenbearbeitung u. a. abhängig ist. In der unberührten Natur (Urwald) werden in Tieren und Pflanzen gespeicherte Nährstoffe im Kreislauf geführt. Bewirtschafteten Böden werden bei der Ernte Nährstoffe entzogen (z. B. einem Hektar Ackerland beim Getreideanbau jährlich 80–210 kg Stickstoff, 20–35 kg Phosphor und 100–160 kg Kalium), die durch D. ersetzt werden können. Insbesondere durch Einführung mineral. D. konnten z. B. in Dtl. die Getreideerträge von 7,3 dt im Jahr 1800 auf 44,1 dt (1980) je Hektar erhöht werden.

Stickstoff benötigt die Pflanze zum Aufbau von Eiweißstoffen. Je nach Wirkungsart unterscheidet man langsam und nachhaltig (z. B. Kalkstickstoff, Harnstoff), schnell und nachhaltig (z. B. Ammoniumnitrat) und schnell (z. B. Kalksalpeter) wirkende **Stickstoff-D.** Alle Stickstoff-D. werden durch Bakterien des Bodens im Laufe der Zeit in leicht lösl. Nitrate umgewandelt (Nitrifikation, Gefahr der Auswaschung in das Grundwasser). – **Phosphat-D.** unterscheiden sich hauptsächlich in ihrer Löslichkeit. Die in der Natur vorkommenden schwer lösl. Rohphosphate werden mit Schwefelsäure in leicht lösl. Superphosphat übergeführt. Bei der Stahlgewinnung anfallendes Thomasphosphat ist nur mäßig löslich. Zur Beurteilung von Phosphat-D. werden die in Wasser, in Ammoniumcitratlösung und in Zitronensäurelösung lösl. Anteile bestimmt. – **Kali-D.** enthalten Kalium in Form des leicht lösl. Kaliumchlorids. – **Kalkdünger,** wie gemahlener Kalkstein, Branntkalk oder Löschkalk wirken v. a. als Bodendünger, der die Versauerung des Bodens verhindert. – **Einzeldünger** enthalten i. d. R. nur einen Makronährstoff. **Misch-** oder **Mehrnährstoffdünger** bestehen aus mindestens zwei Einzeldüngern, z. B. NP-Dünger, NPK-Dünger. **Depot-D.** geben Nährstoffe (bes. Stickstoff) verzögert ab. Sie werden z. B. durch Umhüllung leicht lösl. Düngesalze mit organ. Polymeren oder Schwefel hergestellt.

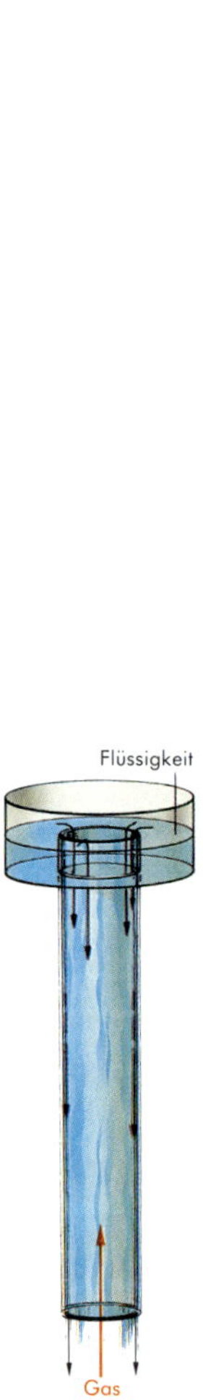

Dünnschichtreaktor

Düngerstreuer, Maschinen zum Ausstreuen von Mineral- oder Handelsdünger (i. Ggs. zum → Stalldungstreuer). **Reihenstreuer** streuen den Dünger in Reihe (in Fahrtrichtung) zw. den Pflanzenreihen, **Breitstreuer** breit und quer zur Fahrtrichtung. Bei den Breitstreuern wird zw. Kastenstreuern und Schleuderstreuern unterschieden. Der **Kastenstreuer** besteht aus einem schmalen langen Kasten, der quer zur Fahrtrichtung über das Feld gezogen wird; an der unteren Öffnung des Kastens befinden sich die Streuorgane (wie Walzen, Ketten, rotierende Teller); der **Schleuderstreuer** besteht aus einem trichterförmigen Vorratsbehälter, aus dessen unterer Öffnung der Dünger auf eine oder zwei horizontal liegende Schleuderscheiben gebracht wird, die ihn mit hoher Umfangsgeschwindigkeit ausschleudern.

Dunit, ein Tiefengestein, → magmatische Gesteine.

Dunkelfeldbeleuchtung, Mikroskopiertechnik: Objekte mit sehr feinen Strukturen werden vor dunklem Hintergrund von der Seite aus beleuchtet, so daß nur gebeugtes, aber kein direktes Licht in das Objektiv des → Mikroskops 2) eintritt und das Auge des Beobachters trifft, wodurch die Objektstrukturen deutlicher hervortreten.

Dunkelkammer, nach außen abgedunkelter Raum für Arbeiten mit lichtempfindl. Stoffen (z. B. photograph. Materialien). Für den Positivprozeß bei Schwarz/Weiß-Papieren kann die D. mit gefiltertem Licht beleuchtet werden, dessen Wellenlänge und/oder Intensität keinen schädigenden Einfluß auf das strahlungsempfindl. Material ausübt (meist wird gelbgrünes oder rotes Licht verwendet). Eine **Lichtschleuse** verhindert meist, daß beim Betreten oder Verlassen unerwünschtes Licht von außen in die D. dringt.

Dunkelwolke, Dunkelnebel, dichtes Absorptionsgebiet aus → interstellarer Materie, die das Sternlicht mehr oder minder stark absorbiert. In der Milchstraße verursachen D. scheinbar sternarme oder sternleere Gebiete, in Sternspektren zusätzl. Absorptionslinien (interstellare Spektrallinien). D. hoher Dichte sind die **Globulen,** die als Urzustand eines entstehenden Sterns angesehen werden (→ Sternentwicklung).

Dünndruckpapier, dünnes → Druckpapier aus Zellstoff, auch mit Zusatz von Hadern; mit viel Füllstoff, um das Durchscheinen zu verhindern.

Dünnfilmtechnologie, Verfahren zur Herstellung von → Hybridschaltungen. Die D. unterscheidet sich von der → Dickfilmtechnologie dadurch, daß die Leiterbahnen, Widerstände und Kondensatoren durch Aufdampfen dünner Metall- und Oxidschichten erzeugt werden. Dioden und Transistoren werden wie bei normalen Leiterplatten mit Gehäuse in die Dünnfilmschaltung eingesetzt.

Dünnsäure, verdünnte wäßrige Abfallschwefelsäure (ca. 20%), die außerdem etwa 1% organ. Verunreinigungen enthält. D. fällt bei der Herstellung organ. Zwischenprodukte und von Farbstoffen an und wurde mit behördl. Erlaubnis ins Meer verbracht, jedoch wird D. in zunehmendem Maße aufgearbeitet oder es werden Verfahren eingeführt, bei denen keine D. anfällt.

Dünnschichtchromatographie, Methode zur Trennung und Identifizierung kleinster Mengen von Stoffgemischen unter Ausnützung ihrer unterschiedl. Adsorption und Verteilung. Die Trennung geschieht in dünnen (0,2 mm), porösen Schichten von Kieselgel, Aluminiumoxid, Cellulosepulver u. a., die auf Glasplatten (z. B. 20 × 20 cm) aufgebracht sind **(Trennschicht).** Die gelöste Probe wird 2 cm vom unteren Rand der Platte punkt- oder streifenförmig aufgetragen. Nach dem Trocknen läßt man in einem ›Tank‹ ein geeignetes Lösungsmittel kapillar in der Schicht bis zum oberen Rand aufsteigen (Entwicklung). Dieses **Laufmittel** nimmt die Komponenten verschieden weit mit. Nach dem Trocknen der Platte werden die getrennten Substanzflecke durch Aufsprühen von Reagentien oder im ultravioletten Licht sichtbar gemacht.

Dünnschichtreaktor, Reaktionsapparat für schnelle Gas-Flüssigkeits-Reaktionen (z. B. Sulfonierungen mit Schwefeltrioxid), bei dem die Flüssigkeit als dünner Film an der Innenwand eines Behälters oder von Rohren herunterläuft. (BILD S. 284)

Dünnschliffe, durch Schneiden und nachfolgendes Schleifen von Mineralen und Gesteinen hergestellte dünne, durchsichtige Plättchen (meist 0,02–0,04 mm dick), die mit Kanadabalsam auf einen Objektträger aufgekittet und mit einem Deckglas abgedeckt sind. D. dienen der mikroskop. Untersuchung im Durchlicht.

Dunst, Trübung der Atmosphäre bei einer Sichtweite über 1 km durch Staub **(trockener D.,** bläulich bis schmutziggelb/rötlich) oder Wassertröpfchen **(feuchter D.,** grau). **D.-Glocke,** Ansammlung von D. mit Abgasen über Großstädten und Industriegebieten.

Dünung, ein → Seegang, der nicht mehr unter dem Einfluß des erzeugenden Windfeldes steht. Die D. zeichnet sich durch ein schmales Spektrum aus und hat Wellenperioden bis zu etwa 25 s und Wellenlängen bis zu rd. 1 000 m. Sie transportiert Wellenenergie über große Distanzen und kann zu hoher Brandung an Küsten führen, die Tausende von Kilometern vom Entstehungsort der Wellen entfernt sind.

Duodezimalsystem, Stellenwertsystem mit der Grundzahl 12, wurde in der Antike wegen der Teilbarkeit durch 2, 3, 4, 6 in manchen Systemen verwendet, Reste kommen noch in der Zeitmessung (12 h) vor.

Duplex, Betriebsart der → Nachrichtenübertragung.

Dur|aluminium, ältere Bez. für eine aushärtbare Aluminiumlegierung mit Kupfer und Magnesium.

Duran|glas, Handelsname für ein Borosilikatglas, das thermisch bes. stabil ist. Aus D. werden Laborglasgeräte und auch best. Ampullen für pharmazeut. Zwecke hergestellt.

Durchbruchspannung, diejenige elektr. Spannung, bei der eine Isolationsstrecke in den leitenden Zustand übergeht. Der Durchbruch wird i. a. durch → Stoßionisation eingeleitet, teilweise auch durch → Zener-Effekt. Die D. begrenzt z. B. die anlegbare Sperrspannung bei → Dioden und → Transistoren.

Durchdringung, Schnittlinie zweier dargestellter Flächen.

Durchdrücken, Formung eines Werkstücks, indem es durch eine formgebende Werkzeugöffnung gedrückt wird, z. B. beim Einhalsen, Fließpressen, Strangpressen.

Durchfluß, Stoffmenge (Flüssigkeiten, Gase oder Schüttgut), die je Zeiteinheit einen best. **Durchflußquerschnitt** (normal zu den Stromlinien) durchfließt, gemessen in Masse/Zeit oder Volumen/Zeit, in der Hydrometrie meist in m^3/s. Im Wasserbau ist der D. i. Ggs. zum → Abfluß unabhängig von der Zuordnung zu einem Einzugsgebiet, z. B. D. durch Schiffahrts- oder Bewässerungskanal, Tidefluß oder Rohrleitung. Bei **strömendem D.** ist die Fließtiefe größer als die → Grenztiefe, bei **schießendem D.** ist sie kleiner.

Durchflutung, 1) **elektrische D.,** Formelzeichen θ, die Summe aller elektr. Ströme, die eine Fläche A durchfließen: $\theta = \int_A J \mathrm{d}A$ (J = Stromdichte, $\mathrm{d}A$ = Flächenelement). Ist $\mathrm{d}s$ ein Linienelement der Randkurve der Fläche A (und sind Flächennormale und Randkurve rechtsschraubig einander zugeordnet), dann gilt: $\oint H \mathrm{d}s = \int_A J \mathrm{d}A$, d. h. das Linienintegral über die magnet. Feldstärke H längs der geschlossenen Randlinie ist gleich der Summe aller elektr. Ströme, die die Fläche A durchfließen **(Durchflutungsgesetz).** – Zur Berechnung des Magnetfeldes einer langen geraden Spule wird als Integrationsweg ein Rechteck senkrecht zu den Spulendrähten so gewählt, daß das 1. Teilstück (3. Teilstück) des Weges parallel zur Spulenachse innerhalb (außerhalb) der Spule verläuft. Der Gesamtstrom durch die Rechteckfläche ist dann $\theta = N \cdot I$ (N = Windungszahl, I = Stromstärke). In diesem Fall wird die D. auch als → Amperewindungszahl bezeichnet. – Da $\oint H \mathrm{d}s$ auch als **magnet. Umlaufspannung** oder **magnet. Randspannung** F_m bezeichnet wird, besagt das D.-Gesetz auch, daß die magnet. Umlaufspannung der durch die berandete Fläche tretenden elektr. D. gleich ist: $F_m = \theta$.

Das D.-Gesetz oder **Amperesche Verkettungsgesetz** ist ein Spezialfall der ersten Maxwellschen Gleichung (in Integralform) für den Fall von Gleichströmen.

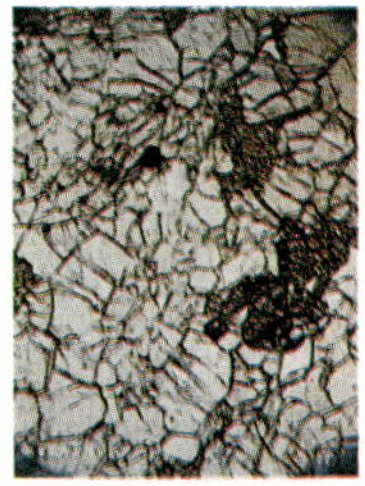

Dünnschliffe

Dünnschliffe: Dunit im monochromatischen nichtpolarisierten (OBEN) und polarisierten Licht (UNTEN)

2) **magnetische D., Verkettungsfluß,** Formelzeichen Ψ, $\Psi = \xi \cdot N \cdot \Phi$ (ξ = Wicklungsfaktor, N = Windungszahl, Φ = magnet. Fluß).

Durchführung, Isolator besonderer Bauart, meist aus Porzellan, zur Einführung einer elektr. Leitung in das Innere eines Gebäudes oder Gerätes.

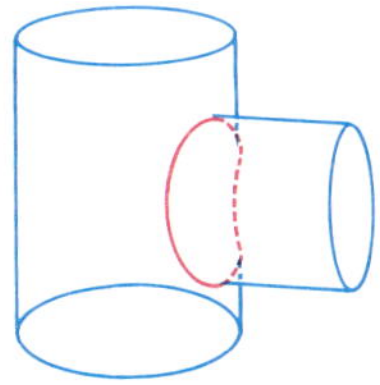

Durchdringung

Durchgang, Astronomie: für einen Erdbeobachter das Vorbeigehen der Planeten Merkur und Venus vor der Sonnenscheibe, auf der sie als dunkle Scheibchen sichtbar werden. – Allg. heißt D. auch das Vorbeigehen eines Sterns vor dem Fadenkreuz eines opt. Instruments (→ Durchgangsinstrument).

Durchgangs|instrument, Passageinstrument [pas'a:ʒə-], Instrument zur Zeitbestimmung durch Beobachtung der Meridiandurchgänge von Sternen; als um eine feste Ost-West-Achse drehbares Fernrohr 1689 von dem Dänen O. RØMER erfunden.

Durchgangswiderstand, Elektrotechnik: der Anteil des Isolationswiderstandes eines Isolierstoffs, der für die (zwar geringen, aber dennoch vorhandenen) Verluste im Isolierstoffinnern verantwortlich ist. Meßtechnisch läßt sich der D. bestimmen, wenn man durch geeignete Erdungsmaßnahmen mögliche Oberflächenströme vom Prüfling ableitet.

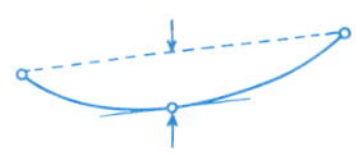

Durchhang

Durchgriff, bei Elektronenröhren das in Prozenten angegebene Verhältnis einer Gitterspannungsänderung zur Anodenspannungsänderung bei konstantem Anodenstrom. Der D. gibt an, wie stark die Anodenspannung durch das Gitter ›hindurchgreift‹. Je kleiner der D. ist, um so größer ist die Verstärkung. Der Zusammenhang mit der Steilheit und dem inneren Widerstand wird durch die → Barkhausensche Röhrenformel dargestellt.

Durchhang, bei frei gespannten Drähten oder Seilen, z. B. bei elektr. → Freileitungen 1), der größte vertikale Abstand zw. der Verbindungsgeraden der Aufhängepunkte und dem Seil.

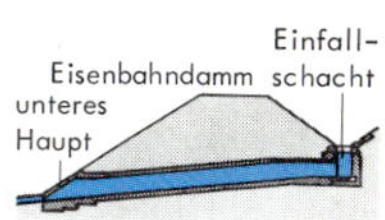

Durchlaß

Durchlaß, nicht verschließbares Kreuzungsbauwerk

mit begrenztem Durchflußquerschnitt zum Durchleiten eines offenen Gerinnes mit freiem Gefälle durch einen Damm (Eisenbahn, Straße). Bei Hochwasserabfluß ist der D. meistens eingestaut.

Durchlaßbereich, Frequenzbereich eines Systems (z. B. eines elektr. Filters), innerhalb dessen Schwingungen übertragen (durchgelassen) werden. Ggs.: **Sperrbereich.**

Durchschläger

Durchlässigkeit, 1) Grund- und Wasserbau: die **Wasserdurchlässigkeit** ist ein wichtiger Kennwert zur Berechnung von Grundwasserabsenkungen (→Wasserhaltung). Sie ist entscheidend z. B. für den Bau von Erdstaudämmen oder Brunnen.

2) Optik: **Durchlaßgrad,** veraltet für Transmissionsgrad (→Absorption 1), v. a. in der Phototechnik für das Verhältnis des vom Objektiv durchgelassenen zum auftreffenden Lichtstrom. Der Kehrwert der D. wird mit **Opazität** bezeichnet.

Durchlaßrichtung, Halbleitertechnik: die Polungsrichtung eines →pn-Überganges, die einen hohen Stromfluß (Durchlaßstrom) durch den Kristall ermöglicht. Erreicht wird dies durch Anlegen einer positiven Spannung an die p-leitende Schicht des Halbleiterkristalls; Ggs.: **Sperrichtung.**

Durchläufer, Minerale, die sich in einem weitgespannten Druck-Temperatur-Bereich bilden können und dadurch in verschiedenartigsten Gesteinen auftreten, z. B. Pyrit, Kupferkies, Quarz.

Durchlauf|erhitzer, ein →Heißwasserbereiter.

Durchlaufspeicherung ermöglicht bei einer Kette von Laufkraftwerken (→Wasserkraftwerk), vorübergehend eine größere elektr. Leistung abzugeben, als der zufließenden Wassermenge entspricht. Dazu ist am Kopf der Gruppe ein Speicher und an deren Ende ein Ausgleichsbecken erforderlich. Wird während betriebsschwacher Zeiten (z. B. nachts) ein Teil des natürl. Zuflusses im Speicher zurückgehalten, kann dieser bei Bedarf abgelassen und damit die erzeugbare Leistung erhöht werden. Das Ausgleichsbecken ermöglicht einen ausgeglichenen Ablauf des Wassers. Eine besondere Betriebsweise der D. ist der →Schwellbetrieb.

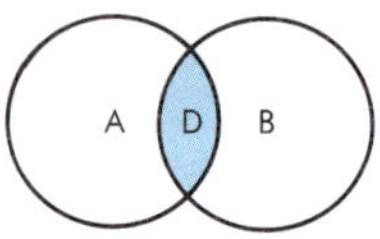

Durchschnitt 1)

Durchlaufträger, Balken und Träger, die biegesteif auf mehr als zwei Stützen ruhen, i. w. S. Rahmen mit mehr als zwei Stielen.

Durchlauftrockner, Trockner, in denen das Gut während des Durchlaufs getrocknet wird; Ggs.: **Satztrockner,** in denen es im ruhenden Zustand getrocknet wird. D. z. B. für Getreide bestehen aus einem siloartigen Behälter mit kaskadenförmigen Einbauten; das zu trocknende Gut fließt langsam von oben nach unten und wird dabei getrocknet.

Durchmesser, 1) Formelzeichen *d*, häufig verwendetes symbol. Zeichen ∅.

2) Mathematik: a) i. e. S. jede durch den Mittelpunkt eines Kreises verlaufende gerade Verbindungsstrecke zweier Punkte dieses Kreises, i. w. S. Geraden, auf denen alle Mittelpunkte einer parallelen Sehnenschar eines Kegelschnitts liegen, z. B. läuft bei der Ellipse und Hyperbel ein D. durch den Schnittpunkt der Symmetrieachsen, bei der Parabel parallel zur Symmetrieachse (→konjugierte Durchmesser). b) D. einer beschränkten Punktmenge in einem metr. Raum ist die obere Grenze aller Abstände von je zwei Punkten der Menge.

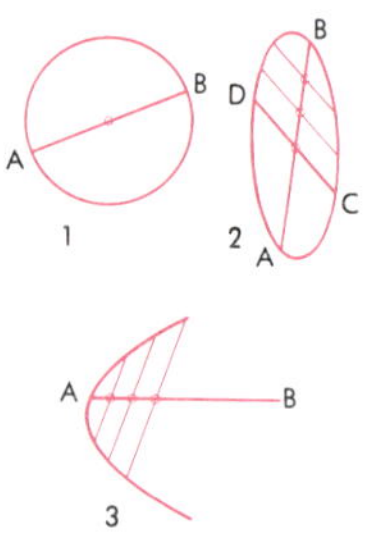

Durchmesser 2): 1 D. AB eines Kreises. 2 Konjugierte D. AB und CD einer Ellipse; jeder D. halbiert die zu dem anderen parallelen Sehnen. 3 D. AB einer Parabel (Verbindung der Mittelpunkte einer Schar beliebiger paralleler Sehnen)

Durchmusterung, ein →Sternkatalog.

Durchrutschweg, Eisenbahnwesen: Sicherheitsstrecke hinter einem Hauptsignal bis zum Gefahrenpunkt (z. B. Weiche, Anfang eines Bahnsteiges).

Durchsatz, die in der Zeiteinheit durch eine Maschine, Rohrleitung, Düse, Meßeinrichtung oder sonstige Anlage durchlaufende Menge eines Gutes; gemessen nach Stückzahl, Masse, Volumen, z. B. Stück, kg, l, m^3 je h, min, s.

Durchschallung, Durchstrahlung von Körpern und Substanzen mit →Ultraschall, z. B. zur Werkstoffprüfung.

durchscheinend, diaphan, lichtdurchlässig, jedoch so, daß wegen starker Lichtstreuung die Konturen eines Körpers hinter dem Medium nicht erkennbar sind.

durchschießen, 1) Buchbinderei: zw. je zwei bedruckte Seiten eine unbedruckte einlegen (für Ergänzungen, Änderungen u. a.). 2) Setzerei: zw. die Zeilen eines Schriftsatzes den →Durchschuß einbringen.

Durchschläger, Durchtreiber, Werkzeug zum Lochen von Blechen, von glühenden dickeren Werkstücken (Schmiedetechnik), auch von Leder o. ä. Der D. wird mit dem Hammer durch das Werkstück getrieben.

Durchschlagfestigkeit, Maß für das Isoliervermögen von elektr. →Isolierstoffen. Die D. liegt z. B. für Gläser zw. 10 und 30, für PVC bei 40, für Polystyrol bei 140 und für Glimmer zw. 150 und 200 kV/mm.

Durchschlagpapier, Papier (25–39 g/m^2) zum Herstellen von Durchschlägen auf der Schreibmaschine.

Durchschlagskraft, Kraft des Geschosses, in ein festes Ziel einzudringen und es zu durchschlagen; abhängig von der Auftreffenergie des Geschosses, seiner Form und Härte.

Durchschlagsröhre, Schlot, Geologie: meist senkrechtes röhrenartiges Gebilde, durch explosionsartige vulkan. Gasausbrüche entstanden und mit vulkan. Lockermassen (Tuffen) sowie Nebengesteinsbrocken erfüllt. An der Erdoberfläche endet die D. oft als →Maar.

Durchschnitt, 1) Mengenlehre: Sind A und B zwei Mengen, dann heißt die Menge D der Elemente, die gleichzeitig zu A und B gehören, der **D. der Mengen** A und B, in Zeichen $D = A \cap B$, und $D = \{x : x \in A \wedge x \in B\}$ (BILD). Für mehr als zwei Mengen A_1, A_2, A_3, . . . A_n wird der D. entsprechend erklärt und man schreibt $\bigcap_{i=1}^{n} A_i$, für die Menge der Elemente, die in jeder der Mengen A_1, A_2, A_3, . . . A_n liegen.

2) Statistik: typischer oder repräsentativer Wert, meist i. S. des arithmet. Mittels (→Mittelwert).

Durchschreibpapier, urspr. dünnes Papier mit farbabgebender Schicht für Durchschriften (Kohlepapier); heute auch als **Selbstdurchschreibpapier,** das i. Ggs. zum Kohlepapier keine äußerlich aufgebrachte Farbschicht besitzt, sondern mikroskopisch kleine, mit flüssigem Farbstoff gefüllte Kunstharzbläschen, die in der Papiermasse eingeschlossen sind und durch den Druck der Handschrift oder Schreibmaschinentypen aufplatzen.

Durchschuß, in der Setzerei Metallstreifen (Regletten) zur Herstellung der Zeilenabstände; auch der Zeilenabstand selbst.

Durchsichtigkeit, die →Transparenz.

Durchstich, künstliche Wasserlaufstrecke, die eine oder mehrere hintereinander liegende Krümmungen eines natürlichen Wasserlaufs abschneidet.

Durchziehen, Umformung eines Voll- oder Hohlzylinders durch Ziehen durch eine sich in Ziehrichtung verengende Werkzeugöffnung, wie Drahtziehen, Stabziehen, Rohrziehen.

Durit, Kohlenpetrographie: →Streifenarten.

Durol, 1, 2, 4, 5-Tetra|methylbenzol, ist Bestandteil von Reformat und Pyrolysebenzin und dient zur Herstellung von Pyromellithsäureanhydrid.

Duromere, →Kunststoffe.

Duroplaste, →Kunststoffe.

DUS, in der Hobbyelektronik verwendete Kurzbez. für eine **u**niversell einsetzbare **S**iliciumdiode; besteht die Diode aus Germanium, wird sie mit **DUG** bezeichnet.

Düse, Verengung eines Strömungskanals zur praktisch verlustlosen Umwandlung von Druckenergie in Geschwindigkeitsenergie. Der Innendurchmesser verjüngt

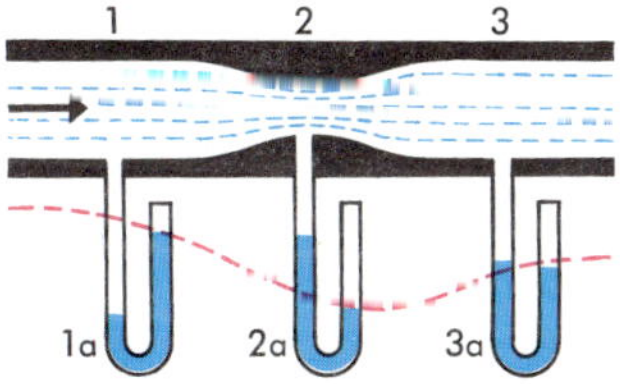

Düse: Prinzip einer D. Der statische Druck wird jeweils durch Flüssigkeitsmanometer vor (1), in (2) und hinter der Engstelle bei (3) angezeigt; 1a zeigt Überdruck; 2a Unterdruck; 3a wieder höheren statischen Druck, der aber durch Energieverlust (Strömungsreibung) geringer als bei 1a ist. Die rote Linie zeigt den Verlauf des statischen Drucks

sich stetig **(einfache D.)**, er kann sich um einen bestimmten Betrag wieder erweitern **(Laval-D.)**. Neben der Laval-D. mit innerer Entspannung eignen sich zur Erzeugung von Überschallströmungen **Ringhals-D.** mit äußerer Entspannung und **ED-D.** (Expansion-Deflection) mit Innen-Außen-Entspannung. D. dienen: 1) zur Erzeugung kompakter Flüssigkeits-, Dampf- oder Gas-Strahlen: **Nadel-D.** von Peltonturbinen, **Leitrad-D.** von Dampfturbinen, **Schub-D.** von Strahltriebwerken (daher ›Düsenflugzeug‹), von Düsenwebmaschinen, Mundstücke von Feuerlöschgeräten; **Spinn-D.** zur Herstellung von Chemiefasern durch Auspressen der Spinnlösung oder -schmelze aus kreisförmigen Bohrungen von 0,04–1,0 mm. Die **Spinnbrausen** bei Zellwolle haben 3000–60000 Bohrungen. Aus dreieckigen oder sternförmigen D.-Öffnungen werden synthet. Profilfasern ersponnen. 2) zur Verteilung durchströmender Produkte in einer best. Form, meist als feine Tröpfchen (Zerstäubung), z. B. in **Einspritz-D.**, Brennern für Ölfeuerungen, Spritzpistolen. 3) zum Mischen von Flüssigkeiten in geschlossenen Leitungen **(Misch-D.**, Strahlapparate). 4) zum Messen des Durchflusses in geschlossenen Leitungen **(Norm-D., Venturi-D.)**.

Dutzend, Bez. für zwölf Stück, Relikt aus dem →Duodezimalsystem.

DVA, Abk. für **D**aten**v**erarbeitungs**a**nlage.

DVM, Abk. für **Digitalvoltmeter,** →elektrische Meßgeräte.

Dwight-Lloyd-Apparat

Dwight-Lloyd-Apparat [dwaɪt-, n. zwei amerikan. Bergbau-Ingenieuren], **Dwight-Lloyd-Sinterband,** dient zum Sintern von Feinerz, das, mit feinkörnigem Brennstoff gemischt, in dünnen Schichten auf dem Band mit einer Geschwindigkeit von 0,5 bis 2 m je min bewegt wird. Das Mischmaterial wird von einem Zündbrenner auf helle Rotglut erhitzt.

DWR, Abk. für **Druckwasserreaktor,** ein →Kernreaktor.

dwt, Einheitenzeichen für →pennyweight.

Dy, 1) chemisches Symbol für das Element →Dysprosium.

2) ausgeflockte gallertartige Humussubstanzen auf dem Grund von dystrophen Seen **(Braunwässer)**.

dyadisches System, Dyadik, svw. →Dualsystem.

Dyas, früher für →Perm.

Dyn, Einheitenzeichen **dyn,** nicht gesetzl. Einheit der Kraft im CGS-System (→Maßsystem): $1\,dyn = 1\,g \cdot cm/s^2 = 10^{-5}\,N$ (Newton).

Dynameter, Lupe zur Vermessung der Austrittspupille an opt. Geräten.

Dynamidentheorie, 1903 aufgestellte Hypothese des dt. Physikers Ph. Lenard, daß die Masse der →Atome auf räumlich sehr kleine Zentren **(Dynamiden)** konzentriert sein müsse, die er zur Deutung seiner Experimente über den Durchgang von Elektronenstrahlen durch Materie vorschlug.

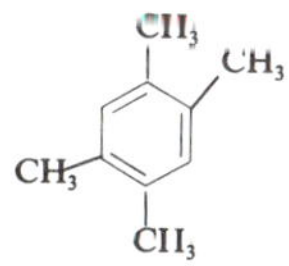

Durol

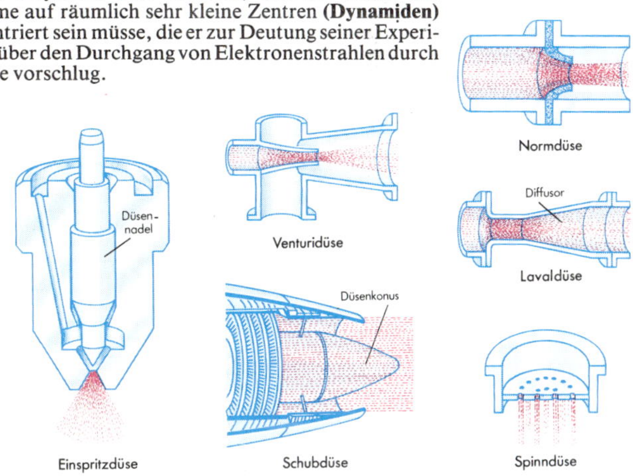

Düse

Dynamometer: mechanischer Ringkraftmesser für Zug und Druck

Dynamik, 1) Teilgebiet der Mechanik, das die Änderung des Bewegungszustandes von Körpern durch Kräfte behandelt, i. Ggs. zur → Statik und → Kinematik. Grundlage ist die **dynamische Grundgleichung (Newtonsche Bewegungsgleichung):** Kraft = Masse × Beschleunigung.

Die D. der (inkompressiblen) flüssigen Stoffe wird als **Hydrodynamik,** die der gasförmigen, solange Kompressibilität und Temperaturänderungen vernachlässigt werden dürfen, als **Aerodynamik** bezeichnet. Die D. der Gase unter besonderer Berücksichtigung ihrer Kompressibilität heißt **Gasdynamik.**

2) Elektroakustik: meist in Dezibel (dB) angegebenes Verhältnis zw. der größten und der kleinsten Amplitude elektr. oder akust. Signale. Elektroakust. Übertragungssysteme können weder sehr kleine noch sehr große Schwingungsamplituden störungs- und verzerrungsfrei übertragen. Bei Vorgängen mit hoher D., wie Orchestermusik, ist es daher üblich, die D. bei der Aufnahme dadurch einzuengen, daß die kleinen Schwingungsamplituden angehoben und die hohen Amplituden geschwächt werden (Dynamikkompression mit Hilfe eines **Dynamikkompressors).** Bei der Wiedergabe wird diese Maßnahme wieder rückgängig gemacht (Dynamikexpansion mit Hilfe eines **Dynamikexpanders).**

dynamischer Druck, → Staudruck.

Dynamit, Bez. für vorwiegend aus Nitroglycerin bestehende Sprengstoffgemische, z. B. das von dem schwed. Ingenieur A. NOBEL 1867 erfundene **Gur-D.** (75% Nitroglycerin, 25% Kieselgur). D. sind heute v. a. durch → Ammon-Gelite ersetzt worden.

Dynamitron, Teilchenbeschleuniger für Ionen und Elektronen, Weiterentwicklung des → Kaskadengenerators.

Dynamo, selbsterregter Gleichstrom-Generator, in übertragenem Sinne jeder elektr. Generator, z. B. **Fahrraddynamo,** ein Einphasen-Synchrongenerator mit Dauermagnet-Erregung. Der Strom wird durch Drehung einer Wicklung im Magnetfeld eines Permanentmagneten erzeugt.

Dynamo|bleche, Elektrobleche, Transformatorenbleche, Eisenbleche, 0,5 mm dick oder auch dünner, mit guter magnet. Leitfähigkeit (Permeabilität) und geringen → Eisenverlusten; zum Aufbau des magnet. Kreises von elektr. Maschinen, Transformatoren u. ä.

dynamo|elektrisches Prinzip, die von W. v. SIEMENS 1866 gefundene Selbsterregung von Gleichstrom-Generatoren durch den remanenten Magnetismus in den Polen und Jochen.

Dynamo|metamorphose, Dislokationsmetamorphose, Umwandlung von Gesteinen im Verlauf gebirgsbildender Krustenbewegungen, in vergleichsweise geringer Tiefe und unter starkem, gerichtetem Druck (Streß). Hierdurch Deformation der Gesteine: 1) durch Zerbrechen **(Kataklase)** und Zerreiben der Mineralkörner an Verwerfungen bis zur völligen Zermahlung des Gesteins **(Mylonitisierung)** und 2) durch laminares Gleiten (z. B. **Schieferung).**

Dynamo|meter, Meßgerät, das als wichtigstes Glied ein elast. Element enthält, dessen Verformung (Dehnung, Torsion) zur Bestimmung einer unbekannten Kraft oder eines → Drehmoments dient. Das **Brems-D.** greift direkt am Umfang einer Scheibe an und mißt so das von einer laufenden Maschine abgegebene Drehmoment.

Dynamo|theorie, Theorie zur Erklärung des Auftretens von Magnetfeldern auf Erde, Planeten und Sternen sowie in interstellaren Räumen mittels magnetohydrodynamischer Vorstellungen (→ Magnetohydrodynamik) entsprechend dem Verhalten des selbsterregenden Dynamos (→ Generator 1).

Dynode, → Elektronenvervielfacher.

Dys|odil, svw. → Blätterkohle.

Dys|prosium, chem. Symbol **Dy,** metall. → chemisches Element aus der Gruppe der → Lanthanoide, Ordnungszahl 66; z. B. in Monazitsand. D. bildet ein farbloses Oxid, Dy_2O_3, und einige schwach gelb-grünlich gefärbte Salze.

dystrophe Seen, nährstoff- und sauerstoffarme, aber humusreiche Seen.

dz, Einheitenzeichen für → Doppelzentner.

d-Zustand, Energiezustand eines Elektrons mit der Nebenquantenzahl $l = 2$ **(d-Elektron)** in einem → Atom.

E

e, 1) *e,* Formelzeichen für Elementarladung.

2) Mathematik: Abk. für die **Eulersche Zahl,** sie kann als unendl. Reihe geschrieben werden, $e = \sum_{n=0}^{\infty} \frac{1}{n!}$, oder als Grenzwert einer Folge, $e = \lim_{n \to \infty} \left(1 + \frac{1}{n}\right)^n$, sie hat den Wert e = 2,71828 . . . und ist eine reelle, transzendente Zahl; sie ist die Basis der → Exponentialfunktion und der natürlichen → Logarithmen.

3) pysikal. Symbol für das → Elektron.

E, 1) *E,* Formelzeichen für Beleuchtungsstärke, Elastizitätsmodul, elektrische Feldstärke und Energie.

2) Vorsatzzeichen für → Exa.

E-605, → Parathion.

EAN, Abk. für **Europäische Artikel-Numerierung,** ein Code, i. a. in Form eines → Balkencodes, zur Kennzeichnung von Waren.

Early Bird ['ə:lɪ bə:d, engl.], **INTELSAT I,** erster (amerikan.) kommerzieller → Nachrichtensatellit der Welt; wurde am 6. 4. 1965 gestartet und im August 1969 abgeschaltet (→ INTELSAT).

EAROM, Abk. für engl. **Electrically Alterable Read Only Memory** [ɪl'ektrɪkəlɪ 'ɔ:ltərəbl ri:d 'əʊnlɪ m'emərɪ], ein Festwertspeicher (→ Speicher), der, i. Ggs. zum → EPROM, nicht mit UV-Licht gelöscht werden kann, sondern mit elektr. Impulsen. Die Programmierung erfolgt dann wie beim EPROM mit definierten elektr. Spannungen. Der EAROM wird gelegentlich auch als **E²PROM** (svw. EEPROM für Electrically Erasable Programmable Read Only Memory) bezeichnet.

Easterly waves [ˈi:stəlı weıvz, engl. ›östl. Wellen‹], aus Osten kommende Wellenstörungen im →Passat, in denen der tiefe Druck der inneren Tropen gegen die Subtropen vordringt. Bei ihrem Durchzug löst sich die Passatinversion auf, nach kurzer Aufheiterung fallen Schauer, und der Wind dreht von O auf SO. Intensive E. w. können tropische →Wirbelstürme auslösen.

Ebbe, das Fallen des Meeresspiegels im Wechsel der →Gezeiten.

Ebene, 1) Teil der Erdoberfläche mit fehlenden oder kaum wahrnehmbaren Höhenunterschieden. Wo ein Relief vorhanden ist, spricht man von einem Flach- oder einem Hochland. Nach der Höhenlage unterscheidet man **Tiefebenen** (bis etwa 200 m ü. M.) von **Hochebenen** (bis über 4000 m, etwa in Tibet). Eine E. kann nach einer Richtung geneigt sein.

2) Grundfigur in der Geometrie (neben →Punkt und →Gerade), eine durch drei nicht auf einer Geraden liegende Punkte eindeutig bestimmte Fläche ohne Krümmung. Legt man ein kartesisches Koordinatensystem zugrunde, dann bildet die Gesamtheit der geordneten Zahlentripel (x, y, z), die Lösungen der Gleichung $ax+by+cz+d=0$ sind, als Punkte interpretiert, eine E. Die E. kann allg. als linearer Unterraum der Dimension 2 von affinen oder euklidischen Räumen der Dimension $n \geq 2$ angesehen werden.

Echappement [eʃapmˈã, frz.] *das,* bei einer Uhr das Unruhschwingsystem und die →Hemmung.

Echo, 1) akustischer Widerhall, entsteht bei Reflexion des Schalles an relativ großflächigen Hindernissen. Das Ohr braucht zur deutlichen Trennung zweier Schallimpulse etwa 0,2 s, der Abstand des Hindernisses muß also wenigstens etwa 33 m sein. Schneller aufeinanderfolgende mehrfache E., z. B. in Räumen mit parallelen Wänden, verschmelzen zu einem zusammenhängenden Eindruck, dem **Nachhall.**

2) Durch Reflexion elektromagnet. Wellen an Hindernissen (Inhomogenitäten) verursachte, dem akustischen E. vergleichbare Erscheinung: Gegenüber dem direkten Signal gedämpfte und um die Laufzeit verzögerte Signale treffen am Empfangsort ein. Das E. kann störend oder nützlich sein. Störend ist es z. B. auf langen interkontinentalen Fernsprechleitungen (nachteilig für Verständlichkeit und Stabilität), bei Funkverkehr durch Umwege in der Ausbreitung (Interferenzen, Mehrfachbilder beim Fernsehen), in der Flugsicherung (Mehrdeutigkeiten bei Landeverfahren). Nützlich ist es beim Radar zur Positionsbestimmung (auch hier gibt es jedoch störende ›Geisterbilder‹ durch Nebenzipfel der Antennen sowie ›Engelechos‹ durch fluktuierende Inhomogenitäten der Atmosphäre). Auch eine Form der →Fehlerortsbestimmung sowie andere Meßmethoden der Nachrichtentechnik beruhen auf einem E. als Nutzeffekt.

Echograph, Schreibgerät eines →Echolotes zum Schreiben eines Echogrammes. Von einer Vorratsrolle läuft mit konstanter Geschwindigkeit ein Registrierpapier ab, auf dem ein Schreibstift für jeden ausgesandten Schallimpuls dessen Sendezeitpunkt und alle Empfangszeitpunkte der Echosignale markiert.

Echolot, kombiniertes Sende-Empfangsgerät zum Messen der Entfernung von einem Schallreflektor durch Bestimmung des entfernungsproportionalen Zeitunterschiedes zw. dem Aussenden der Schallimpulse (Glockenzeichen, Explosionsdruckwellen) und dem Empfang der Echoimpulse. In der Seefahrt wird das E. (mit Ultraschallimpulsen) auf Schiffen zum bordseitigen Bestimmen der Wassertiefe, zur Kollisionsverhütung (Warnung vor unsichtbaren Schiffswracks, Unterseebooten), zur Unterwassernavigation und zur Ortung von Fischschwärmen verwendet. In der Geologie dient das E. zum Aufsuchen von Erdschichten, Erz-, Erdöl-, Erdgas- und Kohlevorkommen. In der Werkstoffprüfung wird das Ultraschall-E. zum Erkennen von Werkstoffehlern eingesetzt. Zum Aufzeichnen der Anzeige des E. dient der →Echograph.

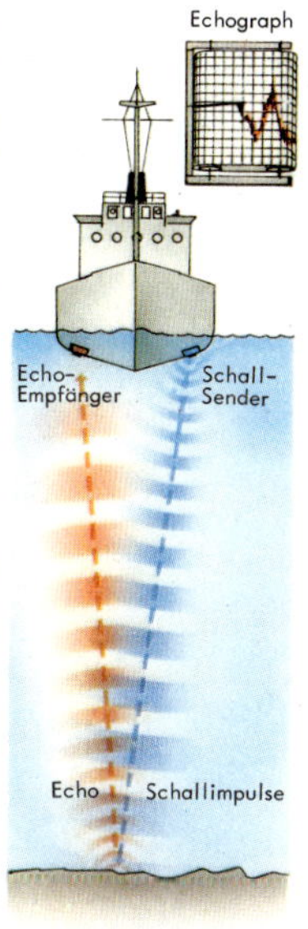

Echolot: rechts oben **Echograph**

Echtprägung, Textiltechnik: Verfahren, die beim Prägen erzielten nicht wasser- und waschechten Effekte dadurch dauerhaft zu machen, daß die textilen Flächen mit einer kunstharzbildenden Lösung behandelt werden, bevor die Musterung auf einem Kalander (Präge-, Gaufrierkalander) eingeprägt wird.

Echtzeitbetrieb, engl. **Real Time Operation** [rıəl taım ɔpərˈeıʃn], auch **Realzeitbetrieb,** Betriebsverfahren einer elektron. Datenverarbeitungsanlage, bei dem i. Ggs. zur →Stapelverarbeitung alle Aufgaben sofort vom Computer verarbeitet werden müssen, da er in die Abwicklung des Prozesses direkt eingebunden ist. Dabei sorgt das Betriebssystem für die rechtzeitige Berücksichtigung der dem Computer von außen zugeführten Daten, die dann den nächstfolgenden Programmschritt beeinflussen können. Beispiel: Prozeßrechner mit Meßwerterfassungssystemen zur Steuerung von techn. Einrichtungen.

Ecke, gemeinsamer Punkt zweier benachbarter Seiten eines Vielecks; gemeinsamer Punkt dreier oder mehrerer Kanten eines Polyeders. – **Körperliche E.** →Dreikant.

ECL-Technologie, Abk. für engl. **Emitter Coupled Logic** [ımˈıtə kʌpld lˈɔdʒık], spezielles Herstellungsverfahren für digitale →integrierte Schaltungen, bei denen Differenzverstärker die aktiven Stufen bilden und Signalauskopplung und -einkopplung über die Emitter stattfindet. Dadurch kommen die Transistoren nicht mehr in die Sättigung, wodurch die in ECL-T. hergestellten integrierten Schaltkreise zu den schnellsten überhaupt gehören (Signallaufzeiten je Stufe im Sub-Nanosekundenbereich).

ECM-Flugzeug, ECCM-Flugzeug, Militärflugzeug zur →elektronischen Kampfführung, ausgerüstet mit Geräten für elektron. Gegenmaßnahmen **(ECM,** Abk. für engl. **Electronic Counter Measures** [ılektrˈɔnık kˈaʊntə mˈeʒəz]) oder für elektron. Schutzmaßnahmen **(ECCM,** Abk. für engl. **Electronic Counter-Counter Measures).** Für diese Aufgaben werden spezialisierte Flugzeuge oder takt. Mehrzweckflugzeuge mit ECM- oder ECCM-Rüstsätzen verwendet.

Écru|seide [ekrˈy-, frz.], die →Bastseide 1).

ECS, Abk. für engl. **European Communication Satellite** [juərəpˈi:ən kəmju:nıkˈeıʃn sˈætəlaıt], seit 1976 in Entwicklung befindl. europ. Nachrichtensatellitensystem, das auf den Programmen OTS und Marecs aufbaut. ECS-1 soll im Sommer 1983, ECS-2 Frühjahr 1984 gestartet werden. Der etwa 470 kg schwere Satellit kann gleichzeitig 12000 Ferngespräche innerhalb Europas vermitteln und zugleich zwei Farbfernseh-Programme ausstrahlen.

ED_{50}, die mittlere effektive →Dosis 2).

edaphisch, vom Erdboden abhängig, bodenbezogen.

Edelgase, die gasförmigen, chemisch äußerst reaktionsträgen Elemente Helium, Neon, Argon, Krypton, Xenon und Radon der nullten Gruppe des Periodensystems mit abgeschlossener Elektronenanordnung der Atome. 1892 von J. W. RAYLEIGH und W. RAMSAY als Bestandteile der Luft entdeckt, in der sie, überwiegend als Argon, zu 0,94 Vol.-% enthalten sind. Bei der Luftverflüssigung können sie durch Rektifikation in reiner Form gewonnen werden. Helium kommt auch in einigen Erdgasquellen (USA) mit Gehalten von 1–7,5% vor. E. werden als Inertgase in der Lichttechnik, für Laser und als Kühlflüssigkeit für supraleitende Magnete verwendet.

Edelgaskonfiguration, vollbesetzte Elektronenschalen wie bei den Edelgasen (→ Atome); die E. ist energetisch bes. günstig und wird beim Eingehen einer chem. Bindung angestrebt.

Edelgasverbindungen. Erst seit 1962 ist es möglich, Verbindungen von Krypton, Xenon und Radon synthetisch herzustellen. Dabei treten die Edelgase in den Oxidationsstufen 0, +2, +4, +6 und +8 auf. Krypton und Xenon verbinden sich infolge ihrer geringeren Ionisierungsenergie mit den stark elektronegativen Elementen Fluor, Sauerstoff und Chlor. Die Art der chem. Bindung in E. wird als **Einelektronenbindung** bezeichnet.

Edelmetalle sind Silber, Gold und die Platinmetalle Ruthenium, Rhodium, Palladium, Osmium, Iridium, Rhenium und Platin. Sie besitzen geringe Affinität zu Sauerstoff und oxidieren oder korrodieren daher nicht. Gegenüber Säuren verhalten sich die E. unterschiedlich: Silber löst sich in Salpetersäure und konzentrierter Schwefelsäure, Gold, Platin und Palladium lösen sich in Königswasser. Die übrigen Platinmetalle sind selbst in diesen Säuren unlöslich.

Edelrost, → Patina.

Edelstahl, Stahlsorte, die i. a. für eine Wärmebehandlung, wie Vergüten, auf Grund ihres gleichmäßigen Ansprechens bestimmt ist. Durch besondere Herstellungsverfahren hat E. eine höhere Reinheit als Qualitäts- oder Grundstahl.

Edelsteine, Minerale, die sich durch Schönheit der Farbe oder Lichtwirkung sowie durch Härte und Seltenheit auszeichnen und deswegen zu Schmuck verarbeitet werden. Unter den Begriff E. fallen auch organ. Produkte wie Korallen, Bernstein und Perlen. – Zu den wertvollsten E. zählen der → Diamant, Varietäten des → Beryll, der → Korunde, des → Chrysoberyll, Opal u. a. Eine relativ geringere Seltenheit kommt in dem Begriff ›Schmuckstein‹ zum Ausdruck; die Bez. ›Halbedelstein‹ ist unkorrekt. – E. sind Begleitminerale anderer Minerale und Erze. Sie werden im modernen Bergbau, in Tagebauen und Steinbrüchen oder durch Auswaschen aus alluvialen Anreicherungen (E.-Seifen) gewonnen.

Jede durchsichtige E.-Art erfordert infolge ihrer opt. Materialkonstanten besondere Schlifformen, um die opt. Eigenschaften zur Wirkung zu bringen (Glanz, Brillanz, Farbenspiel, ›Feuer‹). Durchscheinende und undurchsichtige E. werden meist gewölbt (gemugelt) mit flacher Basis geschliffen (Cabochon), auch als flache Siegelsteine. Zu Gemmen und Kameen graviert werden bes. die gebänderten Achate, die aus zwei oder drei ebenen, verschiedenfarbigen Lagen bestehen.

Synthetische Steine (Synthesen) sind kristalline Substanzen, die ganz oder teilweise chemotechnisch hergestellt werden und in ihrer chem. Zusammensetzung, Feinstruktur und ihren physikal. Eigenschaften mit den natürl. E. identisch sind, z. B. Korunde, Spinelle, Smaragde. – Imitationen sind chemotechnisch hergestellte Substanzen, die ohne Übereinstimmung der chem. Zusammensetzung und physikal. Eigenschaften den natürl. E. nur äußerlich gleichen, insbes. Gläser, keram. Massen und Kunstharze. – Dubletten und Tripletten sind aus zwei oder mehreren gleichen oder verschiedenartigen natürl. oder künstl. Teilen zusammengesetzte Substanzen. – Die E.-Kunde **(Gemmologie)** ist die Wiss. von den E.

Editor [engl. ˈedɪtə] *der,* ein Programmpaket für elektron. Datenverarbeitungsanlagen, das für diese die elementaren Schreibmaschinenfunktionen übernimmt, also u. a. die Texteingabe oder -korrektur ermöglicht.

EDS, Abk. für **Elektronisches Datenvermittlungssystem,** rechnergesteuertes Vermittlungssystem für die Datenübertragung (→ Dateldienste).

Edukt, → Reaktion.

EDV, Abk. für → elektronische **D**aten**v**erarbeitung.

Effektgarne, Effektzwirne, Sammelname für alle Ziergarne und -zwirne.

effektive Masse, scheinbare Masse von Elektronen (m_n^*) oder Defektelektronen (m_p^*) in einem Kristallgitter. Die Bewegungsfreiheit eines Leitungselektrons ist im Festkörper gegenüber einem freien Elektron durch die Wechselwirkung mit den Kristallatomen eingeschränkt. Der Einfluß des Kristallpotentials wird theoretisch durch Einführung einer von der Masse des freien Elektrons m_e versch. e. M. m_n^* für das Leitungselektron berücksichtigt. m_n^* kann viel größer, aber auch kleiner als m_e sein und ändert sich i. d. R. mit der Bewegungsrichtung im Kristall. Die Größe der e. M. ist ein Maß für die Krümmung des betreffenden Energiebands (→ Bändermodell). m_n^* kann mit Hilfe der → Zyklotronenresonanz oder des → De-Haas-van-Alphen-Effekts bestimmt werden.

Effektivwert, Elektrotechnik: der quadrat. Mittelwert einer periodisch veränderlichen Wechselgröße. So gilt z. B. für den E. I_{eff} eines Wechselstromes

$$I_{\text{eff}} = \sqrt{\frac{1}{T} \int_{t=0}^{t=T} i^2 \, \mathrm{d}t}$$

wobei i der Augenblickswert des Stromes, t die Zeit und T die Periodendauer ist. Für einen sinusförmigen Strom erhält man $I_{\text{eff}} = \frac{\hat{\imath}}{\sqrt{2}}$ mit $\hat{\imath}$ als Scheitelwert (maximale Amplitude) des Wechselstroms und $\sqrt{2}$ als → Scheitelfaktor. – Ein Wechselstrom mit dem E. 1 Ampere ruft in einem → Ohmschen Widerstand dieselbe Wärmewirkung hervor wie ein Gleichstrom gleicher Größe.

Effektor, 1) als Aktivator oder Inhibitor wirkende Substanz bei organ. oder anorgan. Enzymreaktionen. 2) ausführendes Endorgan, das die Nervenerregung in Muskelbewegung, Drüsensekretion oder Pigmentbildung umwandelt.

Effusivgesteine, svw. die → Ergußgesteine.

Egalisieren, gleichmäßiges Anfärben von Textilien. Der Färbeprozeß wird durch Zugabe spezieller Hilfsmittel (z. B. Tenside) so gesteuert, daß auch Textilfasern unterschiedl. Anfärbbarkeit einheitlich angefärbt werden können. **Egalisierungsfarbstoffe** sind stark sauer zu färbende Säurefarbstoffe, die ohne Hilfsmittel egalisieren.

Egeran, Mineral, Varietät des → Vesuvian.

Egge, Gerät zum Einebnen und Feinzerkrümeln der Ackeroberfläche, auch zum Ausreißen von flachwurzelndem Unkraut und Grasnarben, zum Vermengen von vorher gestreutem Dünger oder Saatgut mit dem Boden und zum Abrechen von Pflanzenresten. E. bestehen aus einem großflächigen Rahmen mit feststehenden, gegeneinander versetzten Zinken **(Zinken-E.)** oder mit um eine horizontale Achse drehbaren Zinkensternen **(Walzen-E.)** oder Scheiben **(Scheiben-E.)**. Ferner gibt es spezielle, unter Umständen angetriebene E., z. B. die **Rüttel-E.** mit hin- und herschwingenden Zinken.

Égoutteur [egut'œ:r, frz.] *der,* mit Siebgewebe überzogene Walze der Papiermaschine zur Verbesserung der Papierstruktur, z. T. zur Herstellung von → Wasserzeichen.

EGR, Abk. für engl. **Emission Gas Recirculation** [ɪm'ɪʃn gæs rɪsə:kjul'eɪʃn], die → Abgasrückführung.

Egrenieren, Entkernen, das Abtrennen der Baumwollfasern von den Samen; **Egreniermaschine,** Baumwoll-Entkernungsmaschine. (BILD Baumwolle)

EGW, Abk. für → Einwohnergleichwert.

EHF, Abk. für engl. **Extremely High Frequency** [ɪkstr'i:mlɪ haɪ fr'i:kwənsɪ], der → Frequenzbereich von 30 bis 300 GHz, entsprechend Wellenlängen zw. 10 und 1 mm **(Millimeterwellen).**

Ehrlichs Reagens [n. dem dt. Serologen P. Ehrlich, * 1854, † 1915], → Diazoreaktion.

EIA, Abk. für → Enzymimmunoassay.

Eichen, 1) das Prüfen und Stempeln von Meßgeräten und bestimmten Behältnissen durch die Eichbehörden auf Grund des Eichgesetzes v. 11. 7. 1969. Die Eichpflicht betrifft Meßgeräte, z. T. auch Behältnisse für flüssige Lebensmittel, die im geschäftl. und amtl. Verkehr, im Bereich der Heilkunde und der Arzneimittelherstellung Verwendung finden. Die Physikalisch-Techn. Bundesanstalt in Braunschweig hat als Bundesoberbehörde im Geschäftsbereich des Bundesministers für Wirtschaft eine Reihe von eigenen Zuständigkeiten, die der Sicherung der Einheitlichkeit des gesetzl. Meßwesens dienen sollen. Oberste Behörde für die Dt. Dem. Rep.: Amt für Standardisierung, Meßwesen und Warenprüfung in Berlin (Ost), für Österreich: Bundesamt für Eich- und Vermessungswesen in Wien, für die Schweiz: Eidgenössisches Amt für Maß und Gewicht in Bern.

2) die Vermessung des Schiffsraumes (→ Schiffsvermessung).

3) im allg. Sprachgebrauch der Technik vielfach über das amtl. E. hinaus auch i. S. von Justieren (→ Justierung 4) oder → Kalibrieren 2) oder für beide Tätigkeiten zusammen verwendet.

Eichfelder, 1) Astronomie: svw. → Selected Areas.

2) Physik: physikal. Felder, die inhomogene → Eichtransformationen gestatten und → Wechselwirkungen zw. Elementarteilchen vermitteln. Beispiele sind das elektromagnet. Feld und hypothet. Felder der schwachen oder starken Wechselwirkungen.

Eichkurve, Kurve, die die Abweichung der Ist-Anzeige eines Meßgeräts von der Soll- Anzeige darstellt.

Eichtheorien, physikal. Feldtheorien, für deren Struktur → Eichtransformationen wesentlich sind. Beispiele: Elektrodynamik und neuere Theorien der schwachen und der starken → Wechselwirkungen zw. Elementarteilchen.

Eichtransformationen, in physikal. Feldtheorien mathemat. Regeln für Änderungen unbeobachtbarer Fel-

Egge

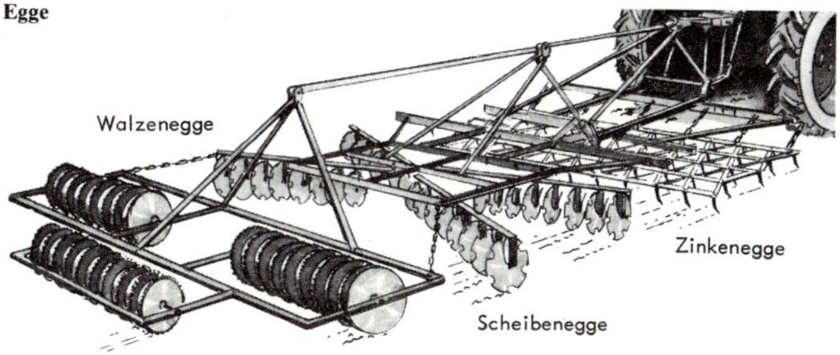

der, die mit den betreffenden Feldgleichungen verträglich sind und die Werte beobachtbarer Größen, z. B. Feldstärken oder Stromdichten, ungeändert lassen. E. haben → Erhaltungssätze zur Folge und sind mit der Existenz und Form best. Wechselwirkungen verknüpft.

5,8,11,14-Eicosa|tetraensäure, svw. → Arachidonsäure.

Eidechse, lat. **Lacerta,** ein → Sternbild des Nordhimmels.

Eidophorverfahren, Projektionsverfahren zur Wiedergabe von Fernsehbildern auf großen Bildschirmen (z. B. Kinoleinwand). Beim E. wird die Helligkeitsverteilung des Bildes in Form eines Ladungsrasters auf die Oberfläche einer zähen Flüssigkeit (Öl, geschmolzenes

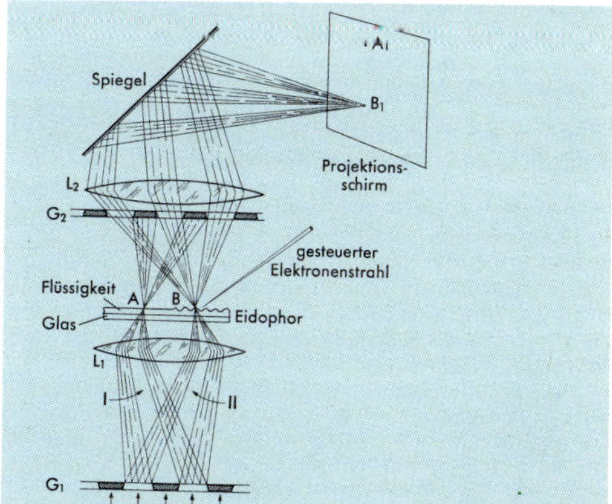

Eidophorverfahren

Paraffin), des **Eidophors,** aufgezeichnet. Dies geschieht, ähnlich wie in der Bildröhre des Fernsehempfängers, durch einen hochfrequent modulierten, zeilenweise abgelenkten Elektronenstrahl. Durch die gemäß der Bildhelligkeit von Punkt zu Punkt unterschiedl. Ladung wird die Oberfläche des Eidophors unterschiedlich stark wellenförmig deformiert und damit seine Lichtbrechung beeinflußt. Der Eidophor befindet sich zwischen zwei Balkengittern G_1 und G_2 (BILD), von denen mit der Linse L_1 die Zwischenräume des einen (G_1) auf die Balken des anderen (G_2) abgebildet werden, so daß kein Licht durch das System hindurchtreten kann, wenn die Eidophoroberfläche glatt ist (Strahlengang I durch Punkt A). Die Stellen des Eidophors, die eine Ladung tragen und daher gewellt sind (z. B. Punkt B), lassen Licht zwischen den Balken von G_2

hindurchtreten (Strahlengang II) und werden durch die Linse L_2 auf dem Projektionsschirm (im Punkt B_1) abgebildet. Der dem Punkt A entsprechende Punkt A_1 bleibt dunkel. So entsteht auf dem Bildschirm ein dem Ladungsbild auf dem Eidophor entsprechendes Projektionsbild.

Eigenbewegung, die sehr geringe, scheinbare (im Winkelmaß ausgedrückte) Ortsveränderung der Fixsterne an der Himmelskugel. Die größte E. hat mit 10,3 Bogensekunden pro Jahr → Barnards Stern. Die E. wird ermittelt aus der Differenz von Sternörtern, die bei weit (Jahrzehnte) auseinanderliegenden Vermessungen desselben Himmelsgebiets gefunden werden.

Eigen|erregung, bei elektr. Maschinen die Erregung einer Synchron- oder Gleichstrommaschine durch eine auf der gleichen Welle sitzende Gleichstrom-Erregermaschine, die nur diesem Zweck dient.

Eigenfrequenz, Frequenz einer → Eigenschwingung.

Eigenfunktion, → Eigenwertproblem.

Eigenleitung, Eigenhalbleiter, → Halbleiter.

Eigenlenkung, Selbstlenkung, Verfahren zur Beeinflussung der Bewegung von Fahrzeugen (v. a. von Flugkörpern) durch eine an Bord des Fahrzeugs befindl. Lenkanlage. Da keine Lenkbefehle von außen an das Lenkobjekt übertragen werden müssen, kann der Lenkvorgang weder durch Eingriff in die Übertragungswege noch durch Ausfall der Übertragungsanlagen gestört werden. Die gegenüber der → Fernlenkung höhere Störfestigkeit ist für militär. Anwendungen bedeutungsvoll.

Um mit Hilfe der E. ein Fahrzeug eine gewünschte Bewegungsbahn zurücklegen zu lassen oder zu einem vorbestimmten Zielpunkt zu führen, werden mit an Bord des Fahrzeugs befindl. Meßmitteln Messungen durchgeführt, aus denen durch bordeigene Computer Lenkbefehle gebildet werden, nach deren Maßgabe durch Steueranlagen Bewegungsrichtung, Lage, Geschwindigkeit oder Beschleunigung des Fahrzeugs so verändert werden, daß das Lenkprogramm erfüllt wird (geschlossener Regelkreis). Ortsfeste Zielpunkte können mit Hilfe der → Trägheitsnavigation angesteuert werden, durch deren Systeme sich der momentane Standort errechnen läßt, woraus die Lenkbefehle abgeleitet werden, die das Lenkobjekt zum Zielpunkt führen (autonomes Lenkverfahren). Die bei längerdauernden Lenkvorgängen unvermeidl. Fehler von Trägheitsnavigationsanlagen können durch unterschiedl. Kontrollverfahren berichtigt werden (→ TERCOM). Zu ortsveränderl. (bewegten) Zielen kann ein Lenkobjekt durch versch. → Zielsuchverfahren geführt werden. Sie dienen fast ausschließl. zur Führung militär. → Lenkflugkörper.

Eigenlenkverhalten, best. Fahrverhalten von Kraftwagen bei Kurvenfahrt. Die dabei auftretenden Seitenkräfte können vom Reifen nur aufgenommen werden, wenn er nicht genau in der augenblickl. Fahrtrichtung, sondern um einen best. Winkel (Schräglaufwinkel) versetzt abrollt. Ist der Schräglaufwinkel an den Hinterrädern größer als an den Vorderrädern, weist das Fahrzeug ein **übersteuerndes E.** auf. Größere Schräglaufwinkel der Vorderachse kennzeichnen das **untersteuernde,** gleiche Schräglaufwinkel vorn und hinten das **neutrale E.** Übersteuernde (kurvenwillige) Fahrzeuge erfordern bei steigender Kurvengeschwindigkeit ein Zurücknehmen des Lenkeinschlags (Gegenlenken), untersteuernde (kurvenunwillige) Fahrzeuge müssen durch zunehmenden Lenkeinschlag in der Bahn gehalten werden.

Eigenpeilung, Navigation: die bordseitige Bestimmung der Richtung zu einem Sender. (→ Funkortung)

Eigenpotentialverfahren, → Geoelektrik.

Eigenschwingung, die freie Schwingung eines abgeschlossenen, ausgedehnten Systems, bei der Zustandsgrößen in allen Raumpunkten synchron mit einer charakterist., von den Eigenschaften des Systems abhängigen Frequenz, der **Eigenfrequenz,** schwingen. Jedes schwingungsfähige System hat eine der Zahl seiner Freiheitsgrade entsprechende Anzahl von E., die sich durch ihre Eigenfrequenz, Wellenlänge sowie den Schwingungstyp (z. B. Longitudinal- oder Transversalschwingung) unterscheiden. Durch äußeren Anstoß werden i. a. mehrere E. gleichzeitig angeregt; die resultierende Schwingung kann durch Überlagerung der angeregten E. dargestellt werden. Bei schwach gedämpften Systemen ist die Eigenfrequenz gleich einer der mögl. **Resonanzfrequenzen,** bei denen eine äußere period. Anregung im System maximale Amplituden erzwingt. E. weist jede Maschine, jedes Bauwerk auf; sie können bei Resonanz so stark anwachsen, daß ein Konstruktionsteil zu Bruch geht (z. B. Wellenbruch bei Motoren, Brückeneinsturz durch Marschtritt).

Mathematisch werden schwingende Gebilde allg. durch Systeme von gewöhnl. Differentialgleichungen beschrieben, wenn sie aus diskreten Elementen aufgebaut sind, durch partielle Differentialgleichungen, wenn sie kontinuierlich ausgebreitet sind.

Eigenwert, nach der Quantentheorie hat eine physikal. Größe, z. B. die Energie, eines Systems in einem best. Zustand i. a. keinen best. Zahlenwert, sondern einen Wertevorrat mit einer zugehörigen Wahrscheinlichkeitsverteilung. Diejenigen Ausnahmewerte, die in best. Zuständen, den **Eigenzuständen,** mit Bestimmtheit vorliegen können, heißen E. (→ Energieniveau)

Eigenwertproblem, die bei mathemat. und physikal. Untersuchungen häufig wiederkehrende Fragestellung nach den Zahlwerten, die eine best. Größe annehmen muß, damit eine Gleichung oder ein Gleichungssystem aufgelöst werden oder damit ein physikal. Vorgang unter Einhaltung bestimmter Bedingungen ablaufen kann. Die allg. mathemat. Formulierung des E. lautet: Ist L ein linearer Operator auf einem Vektorraum V mit den Elementen y, so sind die Lösungen der Operatorgleichung $Ly = \lambda y$ gesucht. Die Werte λ, für die es in V nichttriviale $(y \neq 0)$ Lösungen gibt, heißen **Eigenwerte des Operators,** die Lösungen y werden als **Eigenvektoren, Eigenfunktionen** oder **Eigenlösungen** bezeichnet.

Beispiele: 1) L sei eine lineare Transformation auf einem n-dimensionalen Vektorraum. Diese läßt sich durch eine → Matrix (a_{ik}) mit n Reihen und n Spalten beschreiben; y ist ein Vektor mit n Komponenten. Die Aufgabe lautet dann: Löse das lineare Gleichungssystem

$$\begin{aligned} a_{11}x_1 + \ldots + a_{1n}x_n &= \lambda x_1 \\ a_{21}x_1 + \ldots + a_{2n}x_n &= \lambda x_2 \\ \vdots \qquad & \quad \vdots \\ a_{n1}x_1 + \ldots + a_{nn}x_n &= \lambda x_n \end{aligned}$$

Sämtliche Eigenwerte λ werden durch die Nullstellen des → charakteristischen Polynoms geliefert.

2) Ist L der Differentialoperator $\frac{-\mathrm{d}^2}{\mathrm{d}x^2}$, so ergibt sich die Operatorgleichung zu $\frac{-\mathrm{d}^2}{\mathrm{d}x^2} = \lambda y$ oder als die Schwingungsgleichung $y'' + \lambda y = 0$. Sind Randbedingungen

vorgegeben (z. B. bei einer schwingenden Saite $y(0)=0$ und $y(k)=0$), sind die Eigenwerte $\lambda_n=n^2\pi^2/k$ und die zugehörigen Eigenfunktionen $y_n=\sin(n\pi x/k)$.

Eigenzeit, das mit einem Teilchen oder einem auf einem materiellen Körper fixierten Ort verknüpfte, mit einer mitgeführten, ungestörten Uhr meßbare, physikal. Zeitmaß, das nach der Erfahrung und den Relativitätstheorien von dem Bewegungszustand des Körpers und des ihn umgebenden Gravitationsfeldes abhängt. (→Zeit, →Zeitdilatation, →Zwillingsparadoxon)

Eigenzustand, in der Quantentheorie Bez. für einen Zustand eines physikal. Systems, in dem einer physikal. Größe, z. B. der Energie, ein best., scharf festgelegter Wert und nicht nur eine Wahrscheinlichkeitsverteilung zukommt (→Eigenwert, →Energieniveau).

Eignungsprüfung, →Musterprüfung.

Eikonal *das,* mathemat. Funktion für die opt. Weglänge zw. Ausgangs- und Endpunkt eines Lichtstrahls in der geometr. Optik.

Eikörper, Bez. für konvexe Körper im euklid. Raum, Beispiel für einen E. ist die Kugel; kein E. ist z. B. der Torus.

Ein|achsschlepper, kleinere einachsige Schlepper bis zu etwa 9 kW (12 PS) für den Einsatz in Gärtnereibetrieben oder in stark hängigem Gelände, in dem der Vierradschlepper wegen der Kippgefahr nicht verwendet werden kann (z. B. für das Mähen von Gebirgswiesen). E. können mit den verschiedensten Geräten ausgerüstet werden (wie Bodenbearbeitungsgeräte, Mähwerke, Heuwender).

Ein|adreß-System, Datenverarbeitung: →Adresse.

Ein|anker-Umformer, elektr. Maschine zur Umformung der Frequenz elektr. Stroms; dabei stellt Gleichstrom mit der Frequenz $f=0$ einen Grenzfall dar. Die Umformung erfolgt innerhalb eines Ankers auf elektr. Wege. Der **synchrone E.-U.,** meist nur E.-U. genannt, dient zur Umformung von Drehstrom in Gleichstrom oder umgekehrt. Er läuft wie ein leerlaufender Synchronmotor synchron am Netz. Auf einer Seite des Ankers wird über Schleifringe Drehstrom zugeführt und auf der anderen Seite am Kommutator Gleichstrom abgenommen. Seine Bedeutung hat abgenommen, seit verschiedene Arten von Gleichrichtern zur Verfügung stehen. Der **asynchrone E.-U.,** auch **Frequenzwandler** genannt, besteht aus einem Drehstrom-Kommutatoranker mit drei Schleifringen und einem Ständer-Blechpaket ohne Wicklung. Dieser E.-U. muß zur Deckung seiner Luft- und Lagerreibungsverluste angetrieben werden.

Einband, der →Bucheinband, →Buchbinderei.

Einbettung, 1) Mathematik: E. einer mathemat. Struktur A (z. B. eines →Körpers 1) in eine mathemat. Struktur B von gleicher Art wie A ist eine umkehrbare eindeutige und operationentreue →Abbildung f von A in B. Sie dient meist dazu, A zu einer Struktur B, die in einem jeweils genauer zu erklärenden Sinn vollständiger als A ist, zu ›erweitern‹. Z. B. kann man den Ring $\mathbb{Z}$ der ganzen Zahlen, $0, \pm 1, \pm 2, \ldots$ in den Körper $\mathbb{Q}$ der rationalen Zahlen einbetten, indem man von den ganzen Zahlen zu den rationalen Zahlen als Klassen p/q von Paaren (p, q) ganzer rationaler Zahlen übergeht. Die Abbildung f, die der ganzen rationalen Zahl p die von $(p, 1)$ repräsentierte Klasse $p/1$ zuordnet, ist dann eine E. des Ringes $\mathbb{Z}$ der ganzen Zahlen in den Körper $\mathbb{Q}$ der rationalen Zahlen, da f operationentreu gegenüber der Addition und der Multiplikation und auch relationentreu bezüglich der Anordnung ist.

2) Mikroskopiertechnik: Vorbereiten eines Objektes zum Schneiden mit dem Mikrotom. In das zuvor fixierte und eventuell entwässerte Präparat wird ein gelöster, fester (Paraffin) oder flüssiger polymerisierbarer Stoff (Epoxit) eingeführt, der anschließend erhärtet.

Einbettungsmethode, Immersionsmethode, Verfahren zur Bestimmung der Lichtbrechung mineral. Substanzen und damit zu deren Identifizierung. Hierzu wird ein Kristallpulver unter dem Polarisationsmikroskop in Flüssigkeiten mit verschiedener Brechungszahl eingebettet. Bei übereinstimmender Brechungszahl sind die Mineralkörnchen nicht mehr sichtbar.

einbinden, →Bucheinband, →Buchbinderei.

Einbrennen, 1) Gerberei: Imprägnieren von Leder mit einem über den Schmelzpunkt erhitzten Gemisch aus Wachsen, Paraffin, Talg u. a.

2) Textiltechnik: auch **Krabben, Brühen, Hydrofixieren,** Behandlung von Garnen und Geweben aus Wolle mit heißem Wasser, um sie gegen nichterwünschte Auswirkungen nachfolgender Verarbeitungsprozesse unempfindlicher zu machen.

Einbrennlacke, Lacke, die meist Mischungen von Alkydharzen oder Polyestern mit Aminoplasten (bes. Melaminharzen) als Bindemittel enthalten. Beim Erhitzen auf 80–350 °C (Einbrennen) reagieren freie funktionelle Gruppen des Polyesters (z. B. – COOH) und des Melaminharzes (z. B. – OH) miteinander unter Vernetzung. E. geben glänzende, mechanisch beständige und korrosionsfeste Filme und haben deshalb große Bedeutung bei der industriellen Metallackierung (Automobilkarosserien, Haushaltsgeräte, Metallmöbel).

Einbruchsicherung, Sicherung gegen Einbruch mit Hilfe besonderer Schutzvorrichtungen. Man unterscheidet mechan. Sicherungen und →Alarmeinrichtungen. Zu den mechan. Sicherungen gehören insbes. Schlösser und Verriegelungen, von denen manche das Schloß für Unbefugte unbenutzbar machen, ferner Gitter und Wertschränke, i. w. S. auch baul. Vorkehrungen, z. B. besondere Fenster-, Tür-, Dachkonstruktionen.

eindampfen, abdampfen eines Lösungsmittels vom gelösten Stoff durch Erhitzen der Lösung. Das Lösungsmittel kann verdampfen oder durch Destillation zurückgewonnen werden. **Einengen** oder **konzentrieren** heißt das teilweise E. des Lösungsmittels. (→Verdampfung)

Eindecker, Flugzeug mit nur einem Tragflügel, im Unterschied zum Doppeldecker. (→Flugzeug)

Eindicker, 1) Aufbereitung: Gerät zur Trennung von Feststoffen und Flüssigkeit durch →Sedimentation.

2) →Schmierfette.

Eindringverfahren, zerstörungsfreie Ermittlung von mit bloßem Auge nicht erkennbaren Rissen an der Oberfläche von Werkstücken aus Metall. Man läßt eine Flüssigkeit (z. B. spezielle Farblösung oder heißes Öl) eindringen. Nach Entfernen der Flüssigkeit von der Oberfläche wird ggf. an dem Riß austretende Flüssigkeit durch chem. Behandlung (Entwickeln) oder Kalkmilch sichtbar gemacht.

ein|eindeutig, →Abbildung 1).

Ein|elektron-Tunnel|effekt, der →Tunneleffekt einzelner Elektronen i. Ggs. zum Tunneleffekt von Cooper-Paaren (→ Josephson-Effekte) durch eine dünne isolierende Schicht zw. Supraleitern und Normalleitern oder zw. zwei versch. Supraleitern. Der Tunnelstrom zw. Normal- und Supraleiter kann erst einsetzen, wenn die angelegte Vorspannung den Wert $U = \Delta/e$ (Δ = Energielücke des Supraleiters, e = Elementarladung) überschreitet, da sonst wegen der → Energielücke für die Elektronen des Normalleiters im Supraleiter keine erlaubten Zustände existieren. Aus der Kennlinie des E.-T. kann die Breite der Energielücke des Supraleiters bestimmt werden.

einfach zusammenhängend, → Gebiet.

einfachwirkender Motor, Verbrennungsmotor, bei dem nur die Oberseite des Kolbens von den Verbrennungsgasen beaufschlagt wird (Ggs.: → doppeltwirkender Motor).

Einfahren, Anfahren, 1) bergmänn. Ausdruck für in die Grube gehen oder mit Fahrzeugen oder dem Förderkorb (Seilfahrt) gefahren werden.

2) Maschinenbau: → Einlaufen 2).

Einfallen, die Schichtneigung, → Streichen und Fallen.

Einfallslot, Einfallswinkel, → Reflexion.

Einfamilienhaus, ›ein für das Wohnen nur einer Familie bestimmtes Haus‹ (Einheitsbauordnung). Das E. kann als frei stehendes **Einzelhaus,** als Hälfte eines **Doppelhauses** oder als **Einfamilien-Reihenhaus** errichtet werden.

Einfang, Wasser|einfang, Wasserentnahme aus einem Gewässer durch freien Einlauf, jedoch (i. Ggs. zur → Fassung 2) ohne Staubauwerk.

Einfangprozesse, Strahlungseinfang, Kernreaktionen, bei denen ein Teilchen (Neutron, Proton, α-Teilchen, Elektron) von einem Atomkern eingefangen (absorbiert) wird. Dabei entsteht ein angeregter Kernzustand, der durch Aussendung von γ-Strahlung oder Zerfall in einen Endzustand übergeht. Die Wahrscheinlichkeit für einen E. hängt von den reagierenden Teilchen, deren Energie und dem absorbierenden Kern ab und wird durch den energieabhängigen → Wirkungsquerschnitt (auch **Einfangquerschnitt**) beschrieben. Wichtig sind u. a. der **Neutroneneinfang** (im Kernreaktor) und der **Elektroneneinfang** von freien Elektronen (e^-) oder aus den inneren Schalen der Atomhülle **(K-Einfang, L-Einfang),** wodurch ein Proton (p) in ein Neutron (n) umgewandelt wird: $p + e^- \longrightarrow n + \nu$ (ν = Neutrino).

Einflugzeichen, engl. **Marker** [mˈɑːkə], kleine Sender (75 MHz), die, in der Einflugschneise von Flugplätzen in 7 km (Vor-E.) und 1,2 km (Haupt-E.) von der Landebahnschwelle aufgestellt, durch Tonmodulation und Tastung unterschieden, senkrechte ›Querwände‹ nach oben strahlen. Diese Entfernungsangaben für den Flugzeugführer werden bei künftigen → Landeführungssystemen durch eine laufende → Entfernungsmessung ersetzt.

Einfriertemperatur, Glasübergangs|temperatur, für hochpolymere Stoffe kennzeichnender Temperaturbereich, bei dem sie aus dem weichen, unter Umständen elast. Zustand in den glasartig-starren Zustand übergehen. Die E. bestimmt den prakt. Einsatzbereich von Kunststoffen hinsichtlich der Verarbeitungs- und Gebrauchstemperatur. Sie ist auch maßgebend für den gummielast. Zustand von Elastomeren. Beim Erwärmen geht bei der E. ein Kunststoff aus dem glasig-spröden in den durch eine Mikrobrownsche Beweglichkeit der Moleküle (eine → Brownsche Bewegung in Teilbezirken der Makromoleküle) erreichten weichen Zustand über. Z. B. liegt die E. von Kautschuk etwa bei − 70 °C, die von Polystyrol bei + 90 bis 100 °C. Durch → Weichmacher läßt sich die E. erniedrigen.

Eingabegerät, Baueinheit, durch die Daten in eine Rechenanlage eingegeben werden können. Das E. zählt zu den Peripheriegeräten einer Datenverarbeitungsanlage. Je nach Art des Datenträgers verwendet man z. B. Lochkarten-, Lochstreifen-, Beleg-, Markierungsleser oder Datensichtgeräte (Terminals).

Einheit, Element eines → Integritätsbereichs I mit Einselement, dessen Inverses bezüglich der Multiplikation ebenfalls Element von I ist. Die E. im Ring der ganzen Zahlen sind die Zahlen 1 und − 1, da das Inverse jeder Zahl $\neq$ 1 (z. B. 3) keine ganze Zahl ist ($\frac{1}{3}$); im Ring der rationalen Zahlen ist jede Zahl $\neq$ 0 Einheit.

Einheiten, früher **Maßeinheiten,** aus der Menge gleichartiger Größen ausgewählte und (heute stets international) vereinbarte Vergleichsgrößen. Das Verhältnis der zu messenden Größe (physikalische → Größe 2) zur E. ergibt einen Zahlenwert, der nur für die betreffende E. gilt. Da die zu messende Größe durch die Messung nicht beeinflußt werden soll, gilt: Größe ist Zahlenwert mal Einheit. Das bedeutet: Für eine best. Größe ist bei einer kleinen E. der Zahlenwert entsprechend groß, bei einer großen E. entsprechend klein.

Um die E. der zu messenden Größe anzupassen, gab es früher eine Vielzahl von E., die zudem regional Unterschiede zeigten. In einzelnen Fällen wurde die Unterteilung durch wiederholte Halbierung erreicht, z. B. beim inch und beim Zoll.

Die Einführung der → metrischen Einheiten brachte eine erhebl. Verbesserung und Vereinfachung: die dezimale Vervielfachung und dezimale Unterteilung der E. und deren Kennzeichnung durch → Vorsätze und Vorsatzzeichen, z. B. für die Länge: Kilometer (1 km = 1 000 m) oder Millimeter (1 mm = 0,001 m). Auch zw. den Längen-, Flächen- und Volumen-E. bestehen nun klare mathemat. Beziehungen.

Die weitere Entwicklung der metr. E. führte zum **Internationalen Einheitensystem** (kurz SI). Von seinen sieben Basiseinheiten sind alle anderen → SI-Einheiten kohärent abgeleitet (→ Einheitensystem).

Außer diesen E. gibt es noch Hinweise mit Hinweiszeichen für Größen der → Dimension eins, d. h. für Verhältnisse von Größen gleicher Dimension, die wie E. verwendet werden. Eine besondere Gruppe sind dabei Hinweise für logarithmierte → Größenverhältnisse: das → Bel mit dem Hinweiszeichen B und das → Dezibel mit dem Hinweiszeichen dB, die auf dekad. Logarithmen beruhen, und das → Neper mit dem Hinweiszeichen Np, das auf einen natürl. Logarithmus hinweist. Diese werden insbes. in der Nachrichtentechnik verwendet, zunehmend auch zur Kennzeichnung der Lautstärke in der Akustik, wobei das → Phon mit dem Hinweiszeichen phon an Bedeutung verliert. (ÜBERSICHT S. 295–299, ÜBERSICHT Angloamerikanische Einheiten, S. 300)

Einheitengesetz, Kurzbez. für **Gesetz über Einheiten im Meßwesen der Bundesrep. Dtl.** Das E. führt die → SI-Einheiten mit ihren → Vorsätzen für dezimale Vielfache und Teile als gesetzl. Einheiten ein (→ Einheiten). Übliche Namen für SI-Einheiten, deren dezimale Vielfache oder Teile wie Liter, Tonne, Bar, Hertz und Grad Celsius bleiben zugelassen. Als gesetzl. Einheiten, die nicht vom SI her definiert sind, gelten die Zeiteinheiten

Die wichtigsten Einheiten

Größenart mit Formelzeichen	Einheiten-name	Einheiten-zeichen	Beziehung	Vorsätze erlaubt	Bemerkungen
			Raum		
Länge, Strecke l	Meter	m	–	ja	SI-Basiseinheit
	Attometer	am	$1\ \text{am} = 10^{-18}\ \text{m}$	nein	gesetzlich
	Femtometer	fm	$1\ \text{fm} = 10^{-15}\ \text{m}$	nein	gesetzlich
	Fermi	f	$1\ \text{f} = 10^{-15}\ \text{m}$	–	nicht gesetzlich
	X-Einheit, Siegbahnsche	XE	$1\ \text{XE} = 1{,}002 \cdot 10^{-13}\ \text{m}$	–	nicht gesetzlich
	Picometer	pm	$1\ \text{pm} = 10^{-12}\ \text{m}$	nein	gesetzlich
	Ångström	Å	$1\ \text{Å} = 10^{-10}\ \text{m} = 0{,}1\ \text{nm}$	–	nicht gesetzlich
	Nanometer	nm	$1\ \text{nm} = 10^{-9}\ \text{m}$	nein	gesetzlich
	Mikrometer	µm	$1\ \mu\text{m} = 10^{-6}\ \text{m}$	nein	gesetzlich
	My	µ	$1\ \mu = 10^{-6}\ \text{m}$	–	nicht gesetzlich
	typographischer Punkt	p	$1\ \text{p} = 0{,}376065\ \text{mm}$	–	nicht gesetzlich
	Millimeter	mm	$1\ \text{mm} = 10^{-3}\ \text{m}$	nein	gesetzlich
	Zentimeter	cm	$1\ \text{cm} = 10^{-2}\ \text{m}$	nein	gesetzlich
	Dezimeter	dm	$1\ \text{dm} = 10^{-1}\ \text{m}$	nein	gesetzlich
	Dekameter	Dm	$1\ \text{Dm} = 10^{1}\ \text{m}$	nein	gesetzlich
	Hektometer	hm	$1\ \text{hm} = 10^{2}\ \text{m}$	nein	gesetzlich
	Kilometer	km	$1\ \text{km} = 10^{3}\ \text{m}$	nein	gesetzlich
	internationale Seemeile	sm	$1\ \text{sm} = 1{,}85\underline{2}\ \text{km}$	–	Seefahrt
	Megameter	Mm	$1\ \text{Mm} = 10^{6}\ \text{m}$	nein	gesetzlich
	Gigameter	Gm	$1\ \text{Gm} = 10^{9}\ \text{m}$	nein	gesetzlich
	astronomische Einheit	AE, AU	$1\ \text{AE} = 1\ \text{AU} = 149{,}597870\ \text{Gm}$	–	Astronomie
	Terameter	Tm	$1\ \text{Tm} = 10^{12}\ \text{m}$	nein	gesetzlich
	Petameter	Pm	$1\ \text{Pm} = 10^{15}\ \text{m}$	nein	gesetzlich
	Lichtjahr	Lj	$1\ \text{Lj} = 9{,}460528\ \text{Pm}$	–	Astronomie
	Parsec	pc	$1\ \text{pc} = 30{,}856776\ \text{Pm}$	–	Astronomie
	Exameter	Em	$1\ \text{Em} = 10^{18}\ \text{m}$	nein	gesetzlich
reziproke Länge, Brechwert D	Dioptrie	dpt	$1\ \text{dpt} = 1\ \text{m}^{-1}$	ja	gesetzl. für Brechwert opt. Systeme
Wellenzahl σ	Kayser	K	$1\ \text{K} = 1\ \text{cm}^{-1}$	–	nicht gesetzlich
ebener Winkel α, β, γ	Vollwinkel	–	$1\ \text{Vollwinkel} = 2\pi\ \text{rad} = 400\ \text{gon} = 360°$	–	gesetzlich
	Radiant	rad	$1\ \text{rad} = 1\ \text{m}/1\ \text{m}$	ja	ergänzende SI-Einheit
	Rechter Winkel	∟	$1^{∟} = \frac{\pi}{2}\ \text{rad} = 90°$	–	nicht gesetzlich
	Grad	°	$1° = \frac{\pi}{180}\ \text{rad}$	nein	gesetzlich
	Minute	′	$1' = \frac{1°}{60} = \frac{\pi}{10800}\ \text{rad}$	nein	gesetzlich
	Sekunde	″	$1'' = \frac{1'}{60} = \frac{\pi}{648000}\ \text{rad}$	nein	gesetzlich
	Gon	gon	$1\ \text{gon} = \frac{\pi}{200}\ \text{rad}$	ja	gesetzlich
	Neugrad	g	$1^{g} = 1\ \text{gon}$	–	nicht gesetzlich
	Neuminute	c	$1^{c} = 10^{-2}\ \text{gon} = 1\ \text{cgon}$	–	nicht gesetzlich
	Neusekunde	cc	$1^{cc} = 10^{-4}\ \text{gon} = 0{,}1\ \text{mgon}$	–	nicht gesetzlich
	nautischer Strich	–	$1\ \text{naut. Strich} = \frac{\pi}{16}\ \text{rad}$	–	nicht gesetzlich
	Dez	Dez	$1\ \text{Dez} = 10° = \frac{\pi}{18}\ \text{rad}$	–	nicht gesetzlich
	artilleristischer Strich	–	$1^{-} = \frac{1^{∟}}{1600} = \frac{\pi}{3200}\ \text{rad}$	–	nicht gesetzlich

Größenart mit Formelzeichen	Einheiten-name	zeichen	Beziehung	Vorsätze erlaubt	Bemerkungen
Raumwinkel Ω, ω	Steradiant	sr	1 sr = 1 m²/1 m²	ja	ergänzende SI-Einheit
	Quadrantgrad	□°	$1 \square^\circ = \left(\frac{\pi}{180}\right)^2$ sr	–	Astronomie
Flächeninhalt A, S	Quadratmeter	m^2	$1\ m^2 = 1\ m \cdot 1\ m$	ja	SI-Einheit
	Quadratmeter	qm	$1\ qm = 1\ m^2$	–	nicht gesetzlich
	Quadratfemtometer	fm^2	$1\ fm^2 = 10^{-30}\ m^2$	nein	gesetzlich
	Barn	b	$1\ b = 10^{-28}\ m^2 = 0{,}01\ fm^2$	–	nicht gesetzlich
	Quadratmillimeter	mm^2	$1\ mm^2 = 10^{-6}\ m^2$	nein	gesetzlich
	Quadratmillimeter	qmm	$1\ qmm = 1\ mm^2$	–	nicht gesetzlich
	Ar	a	$1\ a = 100\ m^2$	ja	gesetzl. f. Grundstücke
	Morgen	–	1 Morgen = 25,5–57,6 a	–	nicht gesetzlich
	Hektar	ha	$1\ ha = 100\ a = 10^4\ m^2$	nein	gesetzl. f. Grundstücke
	Quadratkilometer	km^2	$1\ km^2 = 10^6\ m^2 = 100\ ha$	nein	gesetzlich
Volumen, Rauminhalt V, τ	Kubikmeter	m^3	$1\ m^3 = 1\ m \cdot 1\ m\ \ 1\ m$	ja	SI-Einheit
	Kubikmeter	cbm	$1\ cbm = 1\ m^3$	–	nicht gesetzlich
	Festmeter	Fm	$1\ Fm = 1\ m^3$	–	nicht gesetzlich
	Raummeter	Rm	$1\ Rm = 1\ m^3$	–	nicht gesetzlich
	Normkubikmeter	Nm^3	$1\ Nm^3 = 1\ m^3$	–	nicht gesetzlich
	Liter	l	$1\ l = 1\ dm^3$	ja	gesetzlich
	Milliliter	ml	$1\ ml = 10^{-3}\ l = 1\ cm^3$	nein	gesetzlich
	Hektoliter	hl	$1\ hl = 100\ l = 0{,}1\ m^3$	nein	gesetzlich
	Kubikhektometer	hm^3	$1\ hm^3 = 10^6\ m^3$	nein	gesetzlich
			Zeit und Raum		
Zeit, Dauer t	Sekunde	s	–	ja	SI-Basiseinheit
	Minute	min	1 min = 60 s	nein	gesetzlich
	Stunde	h	1 h = 60 min = 3,6 ks	nein	gesetzlich
	Tag	d	1 d = 24 h = 86,4 ks	nein	gesetzlich
	Jahr, bürgerliches	a	1 a = 365 d	nein	im Geschäftsleben üblich
Frequenz f, ν	Hertz	Hz	$1\ Hz = s^{-1}$	ja	SI-Einheit bei periodischen Vorgängen
	Megahertz	MHz	$1\ MHz = 10^6\ Hz$	nein	gesetzlich bei periodischen Vorgängen
Aktivität einer radioaktiven Substanz A	Becquerel	Bq	$1\ Bq = 1\ s^{-1}$	ja	beim Zerfall radioaktiver Substanzen
	Curie	Ci	$1\ Ci = 3{,}7 \cdot 10^{10}\ Bq$	–	[3]) nicht gesetzlich
Drehzahl n	Umdrehungen durch Sekunde	$\frac{r}{s}$, s^{-1}	r steht für Umdrehung	nein	international genormt
	Umdrehungen durch Minute	$\frac{r}{min}$, min^{-1}	$1 \frac{r}{min} = \frac{1}{60} \frac{r}{s}$	nein	international genormt
Winkelgeschwindigkeit ω, Ω	Radiant durch Sekunde	$\frac{rad}{s}$	–	ja	SI-Einheit
Geschwindigkeit v, u	Meter durch Sekunde	$\frac{m}{s}$	–	ja	SI-Einheit
	Kilometer durch Stunde	$\frac{km}{h}$	$1\ km/h = \frac{1}{3{,}6}\ m/s$	nein	gesetzlich
	Knoten	kn	1 kn = 1 sm/h = 1,85$\underline{2}$ km/h = 0,5144 m/s	–	Seefahrt
Fallbeschleunigung g	Gal	Gal	$1\ Gal = 1\ cm/s^2$	–	nicht gesetzlich
			Mechanik		
Masse, Gewicht als Wägeergebnis m	Kilogramm	kg	–	nein	SI-Basiseinheit

Größenart mit Formelzeichen	Einheiten-name	Einheiten-zeichen	Beziehung	Vorsätze erlaubt	Bemerkungen
	Gramm	g	$1\ g = 10^{-3}\ kg$	ja	gesetzlich
	atomare Masseneinheit	u	$1\ u = 1{,}6605655 \cdot 10^{-27}\ kg$	–	gesetzlich
	Dalton	–	$1\ Dalton = 1{,}66018 \cdot 10^{-27}\ kg$	–	nicht gesetzlich
	Gamma	γ	$1\ \gamma = 1\ \mu g = 10^{-6}\ g$	–	nicht gesetzlich
	metrisches Karat	Kt	1 Kt = 0,2 g	–	gesetzl. bei Edelsteinen
	Pfund	℔	1 ℔ = 0,5 kg	–	nicht gesetzlich
	Zentner	Ztr	1 Ztr = 50 kg	–	nicht gesetzlich
	Doppelzentner, Meterzentner	dz	1 dz = 100 kg	–	nicht gesetzlich
	Tonne	t	$1\ t = 1\ Mg = 10^3\ kg$	ja	gesetzlich
	Dezitonne	dt	1 dt = 100 kg	nein	gesetzlich
	Megatonne	Mt	$1\ Mt = 10^6\ t = 10^9\ kg$	nein	gesetzlich
längenbezogene Masse m'	Tex	tex	1 tex = 1 g/km	ja	gesetzlich bei Fasern u. Garnen
	Denier	den	$1\ den = \frac{1}{9}\ tex$	–	nicht gesetzlich
Dichte ϱ	Kilogramm durch Kubikmeter	kg/m^3	–	–	SI-Einheit
Kraft F	Newton	N	$1\ N = 1\ kg \cdot m/s^2$	ja	SI-Einheit
	Dyn	dyn	$1\ dyn = 1\ cm \cdot g/s^2 = 10^{-5}\ N$	–	nicht gesetzlich
	Pond	p	$1\ p = 9{,}8066\underline{5}\ g \cdot m/s^2 = 9{,}8066\underline{5}\ mN$		nicht gesetzlich
	Kilopond	kp	$1\ kp = 9{,}8066\underline{5}\ N$	–	nicht gesetzlich
	Kraftkilogramm	kg*, kg_f	$1\ kg^* = 1\ kg_f = 9{,}8066\underline{5}\ N$	–	nicht gesetzlich
Druck p	Pascal	Pa	$1\ Pa = 1\ N/m^2$	ja	SI-Einheit
	Megapascal	MPa	$1\ MPa = 1\ N/mm^2 = 10\ bar$	nein	gesetzlich
	Bar	bar	$1\ bar = 10^6\ dyn/cm^2 = 10^5\ Pa$	ja	gesetzlich
	physikal. Atmosphäre	atm	$1\ atm = 1{,}0132\underline{5}\ bar$	–	Normwert d. Luftdruckes
	technische Atmosphäre	at	$1\ at = 1\ kp/cm^2 = 0{,}98066\underline{5}\ bar$	–	nicht gesetzlich
	Meter Wassersäule, konventionelle	mWS	$1\ mWS = 98{,}066\underline{5}\ mbar$	–	nicht gesetzlich
	Millimeter Quecksilbersäule, konventionelle	mm Hg	1 mm Hg = 1 Torr	–	nicht gesetzlich
	Torr	Torr	= 1,33322 mbar	–	nicht gesetzlich
	Millimeter Wassersäule, konvent.	mmWS	$1\ mmWS = 0{,}098066\underline{5}\ mbar$	–	nicht gesetzlich
dynamische Viskosität η	Poise	P	$1\ P = 1\ dyn \cdot s/cm^2 = 0{,}1\ Pa \cdot s$	–	nicht gesetzlich
	Zentipoise	cP	$1\ cP = 1\ mPa \cdot s$	–	nicht gesetzlich
kinematische Viskosität ν	Stokes	St	$1\ St = 1\ P \cdot cm^3/g = 1\ cm^2/s$	–	nicht gesetzlich
	Zentistokes	cSt	$1\ cSt = 1\ mm^2/s$	–	nicht gesetzlich
Energie, Arbeit E, W, A	Joule	J	$1\ J = 1\ N \cdot m = 1\ W \cdot s$	ja	SI-Einheit
	Kilowattstunde	kW·h	$1\ kW \cdot h = 3600\ kW \cdot s = 3{,}6\ MJ$	nein	gesetzlich
	Erg	erg	$1\ erg = 1\ dyn \cdot cm = 10^{-7}\ J$	–	nicht gesetzlich
	Elektronvolt	eV	$1\ eV = 1{,}6021892 \cdot 10^{-19}\ J$	ja	gesetzlich
	Tonne Steinkohleneinheiten	t SKE	$1\ t\ SKE = 29{,}3076\ GJ = 8{,}141\ MW \cdot h$	–	nicht gesetzlich
Leistung P	Watt	W	1 W = 1 J/s	ja	SI-Einheit
	Pferdestärke	PS	$1\ PS = 75\ kp \cdot m/s = 0{,}7354987\underline{5}\ kW$	–	nicht gesetzlich
			Elektrizität und Magnetismus		
elektr. Stromstärke I	Ampere	A	–	ja	SI-Basiseinheit
	Biot	Bi	1 Bi = 10 A	–	nicht gesetzlich

Größenart mit Formelzeichen	Einheiten-name	zeichen	Beziehung	Vorsätze erlaubt	Bemerkungen
elektr. Ladung, Elektrizitätsmenge Q	Coulomb	C	$1\ C = 1\ A \cdot s$	ja	SI-Einheit
	Franklin	Fr	$1\ Fr = \frac{10^{-9}}{3}\ C$	–	nicht gesetzlich
elektr. Spannung U elektr. Potential ϱ	Volt	V	$1\ V = 1\ J/C = 1\ W/A$	ja	SI-Einheit
elektr. Kapazität C	Farad	F	$1\ F = 1\ C/V = 1\ s/\Omega$	ja	SI-Einheit
elektr. Widerstand R	Ohm	Ω	$1\ \Omega = 1\ V/A = 1\ W/A^2$	ja	SI-Einheit
elektr. Leitwert G	Siemens	S	$1\ S = 1\ \Omega^{-1} = 1\ A/V$	ja	SI-Einheit
elektr. Feldstärke E	Volt durch Meter	V/m	–	ja	SI-Einheit
elektr. Flußdichte, elektr. Verschiebung D	Coulomb durch Quadratmeter	C/m^2	–	ja	SI-Einheit
magnet. Spannung V	Ampere	A	–	ja	SI-Basiseinheit
	Gilbert	Gb	$1\ Gb = 1 Oe \cdot cm = \frac{10}{4\pi}\ A$	–	nicht gesetzlich
magnet. Feldstärke H	Ampere durch Meter	A/m	–	ja	SI-Einheit
	Oersted	Oe	$1\ Oe = \frac{10}{4\pi}\ A/cm$	–	nicht gesetzlich
magnetischer Fluß Φ	Weber	Wb	$1\ Wb = 1\ V \cdot s$	ja	SI-Einheit
	Maxwell	M	$1\ M = 10^{-8}\ Wb$	–	nicht gesetzlich
magnet. Flußdichte, magnet. Induktion B	Tesla	T	$1\ T = 1\ Wb/m^2$	ja	SI-Einheit
	Gauß	G	$1\ G = 1\ M/cm^2 = 10^{-4}\ T$	–	nicht gesetzlich
Induktivität L	Henry	H	$1\ H = 1\ Wb/A = 1\ \Omega \cdot s$	ja	SI-Einheit
Scheinleistung S, P_s	Voltampere	VA	$1\ VA = 1\ V \cdot A = 1\ W$	ja	gesetzlich
Blindleistung Q, P_q	Var	var	$1\ var = 1\ V \cdot A = 1\ W$	ja	gesetzlich
			Thermodynamik		
thermodynamische Temperatur T, Θ	Kelvin	K	–	ja	SI-Basiseinheit
	Grad Kelvin	°K	$1\,°K = 1\,K$	–	nicht gesetzlich
Celsius-Temperatur t, ϑ	Grad Celsius	°C	$t_C = T - T_o$ t_C Celsius-Temperatur T thermodynam. Temperatur $T_o = 273{,}15\ K$ thermodynam. Temperatur des Eispunktes	nein	SI-Einheit
Temperaturdifferenz ΔT, Δt, $\Delta\vartheta$		K, °C	$1\ K = 1\,°C$ $\Delta T = \Delta t_C = \Delta\vartheta$	wie oben	wie oben
	Grad	grd	$1\ grd = 1\ K = 1\,°C$	–	nicht gesetzlich
Fahrenheit-Temperatur t_F	Grad Fahrenheit	°F	$x\,°C = \left(\frac{9}{5}x + 32\right)°F$ $x\,°F = \frac{5}{9}(x - 32)\,°C$	–	nicht gesetzlich
Rankine-Temperatur T_R	Grad Rankine	°Rank	$x\ K = \frac{9}{5}\ x\,°Rank$ $x\,°Rank = \frac{5}{9}\ x\ K$	–	nicht gesetzlich
Reaumur-Temperatur t_R	Grad Reaumur	°R	$x\,°C = \frac{4}{5}\ x\,°R$ $x\,°R = \frac{5}{4}\ x\,°C$	–	nicht gesetzlich

Größenart mit Formelzeichen	Einheiten- name	zeichen	Beziehung	Vorsätze erlaubt	Bemerkungen
Wärmemenge, Wärmeenergie Q	Joule	J	$1\ J = 1\ N \cdot m = 1\ W \cdot s$	ja	SI-Einheit
	Kalorie	cal	$1\ cal = 4{,}186\underline{8}\ J$	–	nicht gesetzlich
	Kilokalorie	kcal	$1\ kcal = 10^3\ cal = 4{,}186\underline{8}\ kJ = 1{,}16\underline{3}\ W \cdot h$	–	nicht gesetzlich
Entropie S	Joule durch Kelvin	J/K	–	ja	SI-Einheit
	Clausius	Cl	$1\ Cl = 1\ cal/K = 4{,}186\underline{8}\ J/K$	–	nicht gesetzlich
			Chemie		
Stoffmenge n, ν	Mol	mol	–	ja	SI-Basiseinheit
			Lichttechnik		
Lichtstärke I, I_v	Candela	cd	–	ja	SI-Basiseinheit
	Hefner-Kerze	HK	$1\ HK = 0{,}903\ cd$	–	nicht gesetzlich
	Internationale Kerze	IK	$1\ IK = 1{,}019\ cd$	–	nicht gesetzlich
Lichtstrom Φ, Φ_v	Lumen	lm	$1\ lm = 1\ cd \cdot sr$	ja	SI-Einheit
spezifische Lichtausstrahlung M, M_v	Lumen durch Quadratmeter	lm/m²	–	ja	SI-Einheit
	Phot	ph	$1\ ph = 1\ lm/cm^2$	–	nicht gesetzlich
Beleuchtungsstärke E, E_v	Lux	lx	$1\ lx = 1\ lm/m^2$	ja	SI-Einheit
	Nox	nx	$1\ nx = 10^{-3}\ lx = 1\ mlx$	–	nicht gesetzlich
Leuchtdichte L, L_v	Candela durch Quadratmeter	cd/m²	–	ja	SI-Einheit
	Nit	nt	$1\ nt = 1\ cd/m^2$	–	nicht gesetzlich
	Stilb	sb	$1\ sb = 1\ cd/cm^2$	–	nicht gesetzlich
	Lambert	la	$1\ la = \frac{1}{\pi}\ sb = \frac{1}{\pi}\ cd/cm^2$	–	nicht gesetzlich
	Apostilb	asb	$1\ asb = \frac{1}{\pi}\ cd/m^2$	–	nicht gesetzlich
			Ionisierende Strahlungen		
Energiedosis D	Gray	Gy	$1\ Gy = 1\ J/kg$	ja	SI-Einheit
	Rad[1])	rd	$1\ rd = 10^{-2}\ Gy$	–	[3]) nicht gesetzlich
Äquivalentdosis D_q, H	Sievert	Sv	$1\ Sv = 1\ J/kg$	ja	SI-Einheit
	Rem[2])	rem	$1\ rem = 10^{-2}\ J/kg$	–	[3]) nicht gesetzlich
Ionendosis J	Coulomb durch Kilogramm	C/kg	–	ja	SI-Einheit
	Röntgen	R	$1\ R = 258 \cdot 10^{-6}\ C/kg$	–	[3]) nicht gesetzlich

[1]) Abkürzung von ›radiation absorbed dose‹. [2]) Abkürzung von ›radiation equivalent men‹. [3]) Zulässig bis 31. 12. 1985 laut ›Zweite Verordnung zur Änderung der Ausführungsverordnung zum Gesetz über Einheiten im Meßwesen‹ vom 12. 12. 1977.

Minute, Stunde und Tag, die Winkeleinheiten Vollwinkel, Grad und Gon sowie auch die atomaren Einheiten Elektronvolt und (vereinheitlichte) →atomare Masseneinheit. Außerdem werden als gesetzl. abgeleitete Einheiten mit eingeschränktem Anwendungsbereich genannt: die Dioptrie für den Brechwert opt. Systeme, das Ar und das Hektar zur Angabe des Flächeninhalts von Grundstücken, das metr. Karat zur Angabe der Masse von Edelsteinen und das Tex zur Angabe der längenbezogenen Masse von textilen Fasern und Garnen.

Gesetzlich festgelegt sind die Einheitennamen und die →Einheitenzeichen. Sie sollen im geschäftl. und amtl. Verkehr angewendet werden. Für die Umstellung auf die meisten der gesetzl. Einheiten war eine Frist bis zum 31. 12. 1977 gesetzt. Die nicht gesetzl. Einheiten Curie, Rad, Rem und Röntgen sind zulässig bis 31. 12. 1985, bereits seit dem 31. 12. 1974 ist der Name Neugrad mit dem Einheitenzeichen ^{g} für das Gon, der Grad mit dem Einheitenzeichen grd bei der Angabe von Temperaturdifferenzen und das Stilb mit dem Einheitenzeichen sb bei der Angabe von Leuchtdichten verboten. Gleichzeitig sind die Abkürzungen qm für m², qcm für cm², cbm für m³, ccm für cm³ u. ä. nicht mehr zugelassen. Außerdem ist seit 5. 7. 1975 das Einheitenzeichen °K für K (Kelvin) nicht mehr gesetzlich erlaubt. Verschiedene Einheiten sind bereits seit dem Inkrafttreten des E. (am 5. 7. 1970) verboten, z. B.: ata, atü, bW (Blindwatt), den (Denier), dz (Doppelzentner), G (Gauß), Gb (Gilbert), in (inch, auch engl. Zoll), Kilogramm und Tonne als Krafteinheiten, M (Maxwell), Nm^3 (Normkubikmeter), Oe (Oersted), ℔ (Pfund), Ztr (Zentner).

Durch das E. werden gleiche Einheiten für Größen gleicher Art in allen Wissensgebieten (Ausnahme: Atomphysik) eingeführt. Für die Kraft ist es das Newton, für Arbeit, Energie und Wärme das Joule und für Leistung und Wärmestrom das Watt. Da die Stunde eine gesetzl. Einheit ist, bleibt neben dem Joule auch weiterhin die Kilowattstunde eine gesetzl. Einheit.

Einheitensystem, früher auch → Maßsystem, ein System von → Einheiten, das aus einer best. Anzahl voneinander unabhängiger → Basiseinheiten aufgebaut wird. Alle anderen Einheiten des E. (abgeleitete Einheiten) können als Potenzprodukte der Basiseinheiten ausgedrückt werden (ergänzende Einheiten, → SI-Einheiten). In einem E. ist für jede Größenart nur eine Einheit vorhanden, z. B. für die Größenart Länge im SI das Meter. Daher gehören z.B. Zentimeter und Millimeter diesem System nicht an. Ein **kohärentes E.** ist ein System, das auf einem Satz wohldefinierter Basiseinheiten beruht, in dem alle abgeleiteten Einheiten (mit zu den zugeordneten abgeleiteten → Größen analogen algebraischen Beziehungen) als Potenzprodukte aus den Basiseinheiten ausgedrückt werden, wobei numer. Faktoren entfallen; d. h. alle Einheiten können durch Einheitengleichungen verbunden werden, in denen kein von 1 abweichender Zahlenfaktor vorkommt, z. B.: $1\,N = 1\,kg \cdot 1\,m/s^2$ oder $1\,N \cdot 1\,m = 1\,J$. Dagegen ist z. B. die Pferdestärke eine **nichtkohärente Einheit** der Leistung im techn. Maßsystem: $1\,PS = 75\,kp \cdot m/s$.

Einheitenzeichen, Buchstaben oder Buchstabengruppen, die an Stelle der Namen von → Einheiten stehen. Sie sollen in senkrechten Lettern (nicht kursiv) gesetzt werden. E. sollen mit Kleinbuchstaben gedruckt werden, z. B. m (Meter), jedoch soll ein E., das sich von einem Eigennamen herleitet mit einem Großbuchstaben beginnen, z. B. Hz (Hertz).

Einheitskreis, Kreis mit dem Radius der Länge 1.

Einheitskugel, Kugel mit dem Radius der Länge 1.

Einheitsvektor, Vektor der Länge 1.

Einheitswurzeln, die n komplexen Zahlen, die Lö-

Angloamerikanische Einheiten

Größenart	Einheit		Umrechnung
Länge	1 inch	= 1 in	= $2{,}5\underline{4}$ cm
	1 mil	= 0,001 in	= $0{,}025\underline{4}$ mm
	1 foot	= 1 ft = 12 in	= $0{,}304\underline{8}$ m
	1 yard	= 1 yd = 3 ft	= $0{,}914\underline{4}$ m
	1 fathom	= 2 yd	= $1{,}828\underline{8}$ m
	1 rod	= 5,5 yd	= $5{,}029\underline{2}$ m
	1 chain	= 4 rod	= $20{,}116\underline{8}$ m
	1 furlong	= 10 chain	= $201{,}16\underline{8}$ m
	1 mile	= 80 furlong	= $1609{,}34\underline{4}$ m
	1 nautical mile	= 1 n mile	= $185\underline{2}$ m
Fläche	1 square inch	= 1 in^2	= $6{,}451\underline{6}$ cm^2
	1 square foot	= 1 ft^2	= $0{,}0929030\underline{4}$ m^2
	1 square yard	= 1 yd^2	= $0{,}836127\underline{3}\underline{6}$ m^2
	1 circular mil	= $\frac{\pi}{4} \cdot 10^{-6}$ in^2	= $5{,}06707 \cdot 10^{-4}$ mm^2
	1 circular inch	= $\frac{\pi}{4}$ in^2	= 5,06707 cm^2
	1 rood	= 40 square rods	= 1011,714 m^2
	1 acre	= 4 roods	= 4046,856 m^2
	1 square mile	= 640 acres	= 2,58999 km^2
Volumen	1 cubic inch	= 1 in^3	= $16{,}38706\underline{4}$ cm^3
	1 cubic foot	= 1 ft^3	= 28,316847 dm^3
	1 cubic yard	= 1 yd^3	= 0,76455486 m^3
Flüssigkeiten	1 minim (UK)		= 0,0591939 cm^3
	1 fluiddrachm (UK)	= 60 minims	= 3,55163 cm^3
	1 fluid ounce (UK)	= 8 fl. drachm	= 28,4130 cm^3
	1 gill (UK)	= 5 fl. ounces	= 142,065 cm^3
	1 pint (UK)	= 4 gills	= 568,261 cm^3
	1 quart (UK)	= 2 pints	= 1,13652 dm^3
	1 gallon (UK)	= 4 quarts	= 4,54609 dm^3
	1 peck (UK)	= 2 gallons	= 9,09218 dm^3
	1 bushel (UK)	= 4 pecks	= 36,3687 dm^3
	1 minim (US)		= 0,0616119 cm^3
	1 fluid dram (US)	= 60 minims	= 3,69671 cm^3
	1 fluid ounce (US)	= 8 fl. drams	= 29,5737 cm^3
	1 gill (US)	= 4 fl. ounces	= 118,295 cm^3
	1 liquid pint (US)	= 4 gills	= 473,179 cm^3
	1 liquid quart (US)	= 2 li. pints	= 946,357 cm^3
	1 gallon (US)	= 4 li. quart	= 3,78543 dm^3
	1 barrel (US, für Erdöl)	= 42 gallons	= 158,987 dm^3
	1 bushel (US)	= 2150,42 in^3 (US)	= 35,2393 dm^3

Größenart	Einheit		Umrechnung
trockene Substanzen	1 dry pint (US)		= 550,610 cm^3
	1 dry quart (US)	= 2 dry pints	= 1,10122 dm^3
	1 peck (US)	= 8 dry quarts	= 8,80976 dm^3
	1 bushel (US)	= 4 pecks	= 35,2393 dm^3
	1 dry barrel (US)	= 7056 in^3	= 115,627 dm^3
Masse, Gewicht, Avoirdupoissystem (Handelsgewicht)	1 grain	= (1/7000) lb	= $64{,}79891\underline{0}$ mg
	1 drachm	= 60 grain	= 3,8879346 g
	1 ounce	= (1/16) lb	= 28,349523 g
	1 pound	= 1 lb	= 0,45359237 kg
	1 stone (UK)	= 14 lb	= 6,35029318 kg
	1 cental (UK)	= 1 ctl = 100 lb	= 45,359237 kg
	1 hundredweight (UK), 1 centweight	= 1 cwt = 112 lb	= 50,802345 kg
	1 ton (UK)	= 20 cwt (UK)	= 1,0160469 t
	1 short hundredweight (US)	= 1 sh cwt = 100 lb	= 45,359237 kg
	1 short ton (US)	= 1 sh tn = 20 sh cwt	= 0,90718474 t
Apothecaries' system (bei Medikamenten)	1 apothecaris ounce	= 1 oz apoth (UK), 1 oz ap (US) = 480 grain	= 31,103477 g
	1 scruple (UK)	= 1 scruple (US) = 20 grain	= 1,2959782 g
	1 drachm (UK)	= 1 dram ap (US) = 60 grain	= 3,8879346 g
Troysystem (bei Edelsteinen und Edelmetallen)	1 pennyweight	= 1 dwt = 24 grain	= 1,555174 g
	1 troy ounce	= 1 oz tr (UK) = 1 oz t (US) = 480 grain	= 31,103477 g
Kraft	1 pound-force	= 1 lbf = 1 lb $\cdot$ $9{,}8066\underline{5}$ m/s^2	= 4,4482216 N
Wärmemenge (Energie)	1 British thermal unit	= 1 Btu	= 1055,06 J
Leistung	1 horsepower (UK)	= 1 hp = 550 ft $\cdot$ lbf/s	= 745,6998716 W

(UK) oder (US) hinter dem Einheitennamen bedeutet, daß die betreffende Einheit in Großbritannien bzw. in den USA gilt.

sungen der algebraischen Gleichung $x^n - 1 = 0$, der **Kreisteilungsgleichung,** sind. Die Lösungen

$$x_k = \exp(2\pi i k/n) = \cos(2\pi k/n) + i \sin(2\pi k/n)$$

sind in der → Gaußschen Zahlenebene die Eckpunkte eines regelmäßigen n-Ecks auf der Peripherie des Einheitskreises um den Nullpunkt.

Einheitszeit, für alle Orte eines Gebietes gültige Zeitangabe, insbes. die Zonenzeiten (→ Zeitmessung).

Einheitszelle, eine spezielle → Elementarzelle.

Einhorn, lat. **Monoceros,** ein → Sternbild der Äquatorzone.

einhüllende Kurve, Enveloppe [ãvl'ɔp, frz.], Kurve, die jede Kurve einer anderen Kurvenschar oder Geradenschar mindestens einmal berührt.

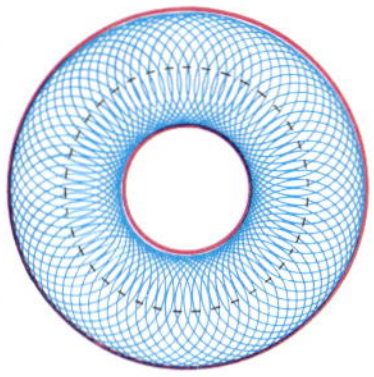

einhüllende Kurve

Einkanal-Impulshöhenanalysator, Einkanalanalysator, → Impulshöhenanalyse.

Einkieselung, Geologie: Porenfüllung von Karbonatgesteinen, Fossilschalen u. a. durch Kieselsäure (→ Verkieselung).

Einkristall, Begriff zur Kennzeichnung großer Einzelkristalle gegenüber polykristallinen Aggregaten.

Einlage, Zwischenlage aus Gewebe oder Vliesstoffen zum Formgeben und Formhalten bei Kleidungsstücken. Gewebe aus besonderen Fäden oder Metalldrähten dienen als E. für techn. Artikel (Reifen, Förderbänder, Matten u. a.), Preßfilze für Sohlen u. a.

Einlagerungsverbindungen, nichtstöchiometrische chem. Verbindungen, bei denen kleinere Atome auf Zwischengitterplätzen oder in Lücken des Kristallgitters eingelagert werden, ohne dessen Dimension wesentlich zu verändern; z. B. Fe_3C, Ti_2H.

Einlaufen, 1) das Schrumpfen von Textilien bei bestimmter Beanspruchung, z. B. Waschen, Bügeln.

2) Vorgang zum gegenseitigen Glätten der Reibpartner, d. h. zur Beseitigung der Rauhigkeiten neugefertigter Gleitelemente (Lager, Kolben, Zahnräder) von Maschinen während des Laufes, bis ihre Gleitflächen unter den normalen Betriebsbedingungen einwandfrei aufeinander laufen. Während der **Einlaufzeit,** z. B. bei Kraftwagen, wird mit geringeren Geschwindigkeiten und Belastungen und/oder öfter wechselnden Drehzahlen und Belastungen gefahren, als sie dem normalen Betrieb entsprechen **(einfahren).** Infolge besonderer Oberflächenbehandlung (insbes. → Honen) kann die Einlaufzeit stark verkürzt werden oder ganz wegfallen.

Einlege|geräte, Übergabegeräte, meist mit Greifern ausgerüstete einfache Handhabungsgeräte (→ Manipulator), die vorgegebene Bewegungsabläufe nach einem festen Programm ausführen. Sie werden seit mehreren Jahrzehnten zunehmend v. a. in der → Fertigungstechnik eingesetzt als ein Mittel der → Automatisierung sich ständig wiederholender Handhabungen an Arbeitsmaschinen. (→ Industrieroboter, → Roboter)

Einlesen, Eingabe von Daten in den Speicher eines Computers.

Einmal|eins, geordnete Zusammenstellung aller Produkte je zweier natürl. Zahlen unter 10 **(kleines E.)** oder unter 20 **(großes E.).**

einmotten, vorübergehend nicht genutztes militär. Material für den Mobilmachungsfall einlagern durch luftdichtes Einkokonieren (→ Kokonverfahren) kleinerer Geräte oder durch Konservieren der Oberflächen sowie Abdichten und Klimatisieren der Innenräume von Großgerät.

Einphasen-Wechselstrom|motor, ein → Elektromotor für einphasigen Wechselstrom: einphasiger Induktions-, einphasiger Synchron- oder Einphasen-Reihenschlußmotor.

Einrohrheizung, System der Warmwasserheizung (→ Heizung), bei der – i. Ggs. zum Zweirohrsystem mit getrennten Vor- und Rücklaufleitungen – das Heizwasser durch eine Ringleitung mit hintereinander angeordneten Heizkörpern geführt wird.

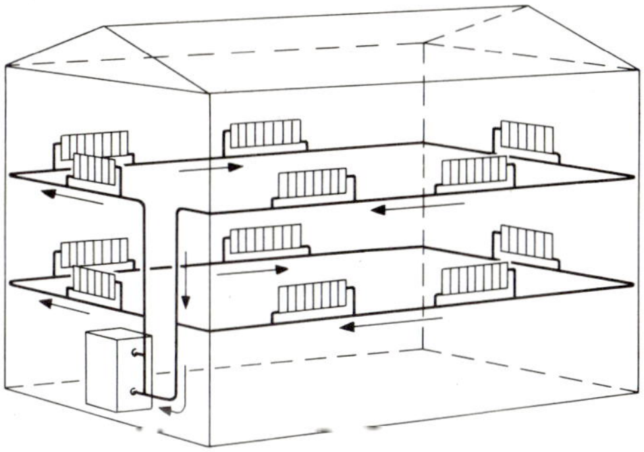

Waagerechte **Einrohrheizung** in Zweikreisschaltung

Eins → Einselement.

einsatzhärten, ein metallisches Werkstück härten durch Anreichern seiner Oberfläche mit Kohlenstoff. Als Aufkohlungsmittel dienen feste Stoffe, Flüssigkeiten (Cyan) oder Gase (CO oder Kohlenwasserstoffe), die Kohlenstoff abgeben.

einschalen, die zum Betonieren erforderl. Bauteilformen oder kompletten → Schalungen herstellen, auch Errichten von → Lehrgerüsten für die Formgebung und Lastaufnahme von Bogen oder Gewölben. Wenn der Beton erhärtet oder das Gewölbe fertiggemauert ist, wird der betreffende Bauteil **ausgeschalt.**

Einschienenbahn, spurgeführtes Transportmittel mit einer Fahrschiene zum Tragen und Führen der Fahrzeuge. Das Fahrzeug hängt unter der Schiene **(Hängebahn,** z. B. in Wuppertal seit 1901) und befährt diese mit seinen Laufwerken, oder es wird mit senkrecht auf der Schiene stehenden Triebrädern angetrieben und mit seitl. Führungsrädern gehalten **(Sattelbahn).** Eine Sattelbahn ist die → ALWEG-Bahn, 1952 bei Köln erstmals erprobt. In Betrieb befinden sich längere Strecken dieser Art in Tokio und Montreal. Vorteile der sattelförmigen E. sind: einfache Fahrbalken auf vorgefertigten Stahl- oder Stahlbetonpfeilern, die über vorhandene Verkehrswege leicht hinwegführen; Laufruhe durch Verwendung von Luftreifen; höhere Geschwindigkeit durch tiefliegenden Schwerpunkt.

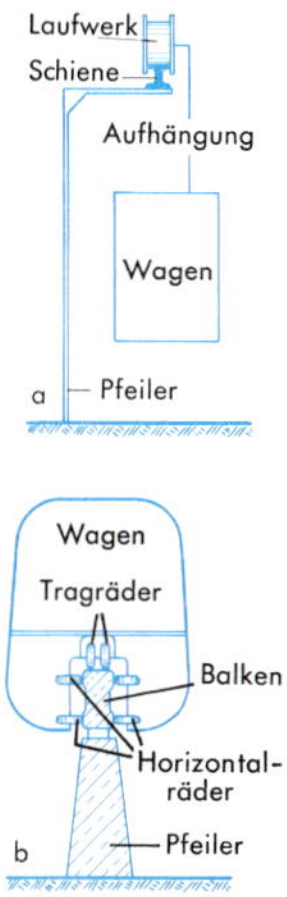

Einschienenbahn:
a Hängebahn;
b Sattelbahn

Einschießen, Einrichten einer Waffe auf ein Ziel; bei Geschützen die Ermittlung der Seitenrichtung und Erhöhung zur Erfassung des Ziels durch die Bildung einer Gabel **(eingabeln),** so lange, bis das Ziel eingeschlossen ist.

Einschluß, 1) Geologie: a) in Mineralen während des Kristallwachstums eingeschlossene Gasblasen, Flüssigkeitströpfchen oder feste Substanzen, b) in magmat. Gesteinen von der Schmelze eingeschlossene und z. T. mitgerissene grobe Einzelminerale, Mineralaggregate oder Nebengesteinsfragmente (z. B. → Xenolithe), c) in metamorphen Gesteinen Schollen von nicht oder weniger umgewandeltem Ausgangsgestein.

2) Werkstoffkunde: oft unerwünschte, meist nichtmetallische Stoffe in Metallen und Legierungen, die das Festigkeitsverhalten von Bauteilen gefährlich beeinflussen können. Sie gelangen beim Schmelzen oder Gießen in den Werkstoff.

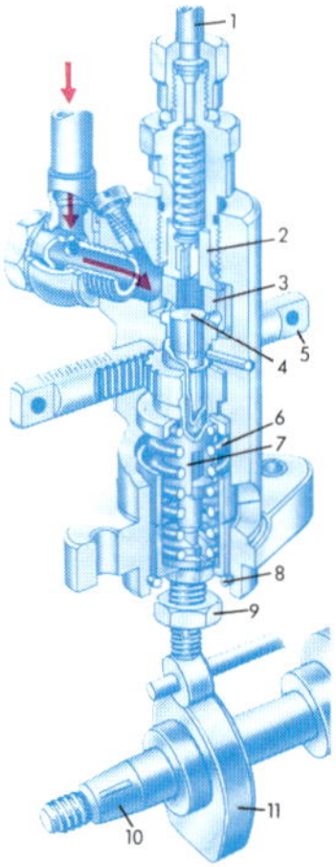

Einspritzpumpe: 1 Druckleitung, 2 Druckventil, 3 Zylinder, 4 Kolben, 5 Regelstange, 6 Kolbenfeder, 7 Regelhülse, 8 Sprengring, 9 Einstellschraube, 10 Nockenwelle, 11 Nocken (Pfeile markieren Kraftstoffzulauf)

Einschlußverbindungen, Verbindungen, bei denen eine Wirtskomponente (z. B. Graphit, Zeolithe, Eis, Harnstoff) in Hohlräumen ihres Kristallgitters eine Gastkomponente aufnimmt. Sind die Hohlräume käfigartig, spricht man von **Clathraten** (z. B. Edelgase in Eiskristallen). Techn. Bedeutung haben E. von n-Paraffinen in Kanälen des Harnstoffgitters (→ Entparaffinierung) und in Käfigen von Zeolithen (→ Molekularsiebe).

Einschmelzlegierungen, Legierungen zum Einschmelzen in Glas oder Quarz wie etwa die Stromzuführungsdrähte in Glühlampensockeln. Sie dürfen mit Glas oder Quarz nicht reagieren und müssen einen ähnlichen Ausdehnungskoeffizienten wie diese haben.

Einschmelzrohr, Bombenrohr, nach dem Füllen beiderseitig zugeschmolzenes dickwandiges Glasrohr zur Durchführung chem. Reaktionen bei höheren Temperaturen und Drücken.

Einschnitt, Ausschachtung des Bodens für ein Bauwerk, das teilweise oder ganz unter Geländeoberkante liegt, so daß die Böschungen beiderseits nach oben gerichtet sind.

Einschub, mechan. Konstruktionseinheit mit geschlossenem oder offenem → Gehäuse zum Einschieben oder Einbauen in eine größere Einheit, z. B. in einen in der elektr. Anlagen- und Gerätetechnik häufig verwendeten 19-Zoll-Schrank. E. sind i. a. mit Baugruppenträgern ausgestattet, die für die Aufnahme von meist austauschbaren Moduln, Platinen u. a. elektron. und elektromechan. Baugruppen geeignet sind. Untereinander sind die E. mit Steckverbindern (z. B. Flachkabelsteckverbinder) und Leitungen verbunden.

Einschwingvorgang, Übergangsphase bei Schwingungen zw. Beginn der Anregung und stationärem Schwingungsablauf; abhängig von der Anregungsenergie und -frequenz sowie Eigenfrequenz und Dämpfung des angeregten Systems.

Eins|element, Eins, neutrales Element, Element einer algebraischen Struktur, das bei Verknüpfung mit jedem Element a dieser Struktur wieder a ergibt; im Ring der ganzen Zahlen ist die 1 das E. bezüglich der Multiplikation ($a \cdot 1 = a$), E. bezüglich der Addition ist die Null ($a + 0 = a$). Die Existenz eines E. ist eines der Axiome einer → Gruppe 2).

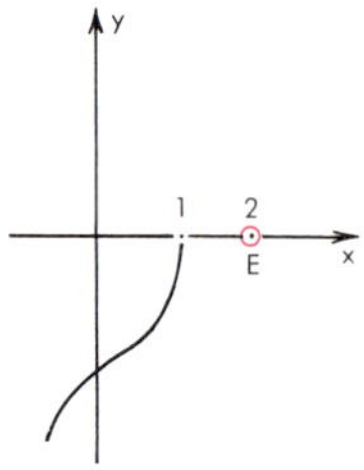

Einsiedlerpunkt: E. der Kurve der Funktion $y = (x-2)\sqrt{1-x}$

einsenken, ein Formwerkzeug (Einsenkstempel) in ein Werkstück eindrücken zum Erzeugen einer genauen Innenform, angewendet für Kunststofformen und Umformwerkzeuge.

Einsiedlerpunkt, isolierter Punkt, Punkt einer Kurve, die durch eine Funktion $y = f(x)$ beschrieben wird. Sein Abszissenwert gehört zum Definitionsbereich, doch gibt es eine Umgebung des E., in dem keine weiteren Kurvenpunkte liegen. (BILD)

Einspritzdüsen dienen dazu, den von einer Pumpe (z. B. → Einspritzpumpe) unter Druck geförderten Kraftstoff in die Ansaugleitung von Otto-Motoren einzuspritzen (→ Benzineinspritzung) oder im Brennraum von Dieselmotoren zu verteilen und zu zerstäuben. Die meisten E. haben eine federbelastete Düsennadel, die bei Förderbeginn durch den Flüssigkeitsdruck angehoben wird und die Einspritzöffnung freigibt. (BILD Düse)

Einspritzmotor, Otto-Motor, bei dem die → Gemischbildung nicht durch einen Vergaser, sondern durch → Benzineinspritzung erfolgt.

Einspritzpumpe, bei Verbrennungsmotoren meist eine Kolbenpumpe, die eine best. Kraftstoffmenge bei einer best. Kurbelwellenstellung mit einem best. Einspritzverlauf über ein Druckventil durch Einspritzleitungen und → Einspritzdüsen dem Motor zuleitet. Bei der oft verwendeten Schrägkantenregelung ist der Kolbenhub unveränderlich, der Kolben aber drehbar. Damit gibt die Schrägkante früher oder später die Ansaugöffnung frei, womit der Saug- mit dem Druckraum verbunden wird und die Förderung aufhört. Bei der **Reihen-E.** besitzt jeder Motorzylinder ein Pumpenelement, bei der **Verteiler-E.** versorgt ein Pumpenelement alle Zylinder.

Einstein-de-Haas-Effekt [n. dem dt. Physiker A. Einstein, * 1879, † 1955, und dem niederländ. Physiker H. J. de Haas, * 1878, † 1960], ein → gyromagnetischer Effekt.

Einsteinium [n. A. Einstein], chemisches Symbol **Es,** künstl. radioaktives → chemisches Element aus der Reihe der Transurane, Ordnungszahl 99, mehrere Isotope. Die Halbwertszeiten liegen zw. einigen Sekunden und 276 Tagen. E. wurde 1952 in den Reaktionsprodukten der ersten Wasserstoffbombe entdeckt. Chemisch ähnelt E. den dreiwertigen Actinoiden.

Einstein-Kondensation, svw. → Bose-Einstein-Kondensation.

Einsteinsches Gesetz, 1) E. G. über die Äquivalenz von Masse und Energie, Masse-Energie-Beziehung, in der speziellen Relativitätstheorie aufgestellte Beziehung über die Gleichwertigkeit von Masse m und Energie E: $E = m\,c^2$, $c =$ Vakuumlichtgeschwindigkeit (→ Äquivalenzprinzip).

2) Nach M. PLANCK geben die Atome eines strahlenden Körpers die Strahlungsenergie nur portionsweise ab; das gleiche gilt für die Aufnahme. Es gilt für die Energie E der Energieportionen (Energiequanten) die **Plancksche Beziehung** $E = h\nu$, $h =$ Planck-Konstante, $\nu =$ Frequenz der Strahlung. A. EINSTEIN verschärfte 1905 die Planckschen Hypothesen, indem er annahm, daß nicht nur die Abgabe und Aufnahme der Energie in Form von Quanten erfolgt, sondern die elektromagnet. Strahlungsenergie selber in Form von Quanten der Energie $E = h\nu$ auftrete. In diesem Sinne wird $E = h\nu$ auch als E. G. bezeichnet.

3) Bez. für die grundlegende Beziehung zur Erklärung des äußeren lichtelektr. Effekts (→ Photoeffekt): $E_k = h\nu - A$, $E_k =$ kinetische Energie des durch ein Lichtquant der Energie $h\nu$ abgelösten Elektrons, $\nu =$ Frequenz des eingestrahlten Lichts, $A =$ die → Austrittsarbeit.

Einstellzeit, Beruhigungszeit, Angabe (in Sekunden) über das Zeitverhalten (Schnelligkeit) von Meßgeräten (z. B. Waagen). Die E. ist die Zeitspanne, die vergeht, bis das Ausgangssignal nach sprungförmigem Eingangssignal innerhalb best. Toleranzen bleibt, z. B. bis die Anzeige einer Waage nach Auflegen eines Gewichts sich auf einen best. Wert eingependelt hat. Kurze E. bewirkt oft große Störempfindlichkeit.

Einstrom-Turbo-Luftstrahltriebwerk, Einkreis-Turbinen-Luftstrahltriebwerk, ein →Strahltriebwerk.

Eintaktverstärker, Schaltungsart für Niederfrequenz-Leistungsverstärker, bei der i. Ggs. zum →Gegentaktverstärker das gesamte Signal (also sowohl die positive wie die negative Halbwelle der Wechselspannung) von einem Verstärkerelement verarbeitet wird.

Einweg|gleichrichter, elektron. Schaltungsanordnung, bei der die Gleichrichtung einer Wechselspannung oder eines Wechselstroms von nur einem Bauelement (z. B. Diode) vorgenommen wird; weitere Schaltungen sind: Zweiweggleichrichter, Brückengleichrichter.

Einwohnergleichwert, Abk. **EGW,** die täglich im ungereinigten Abwasser eines Einwohners anfallende Menge an organ. Schmutzstoffen; für einen Einwohner ist ein Sauerstoffverbrauch von 54 g bei einem fünftägigen biolog. Abbau festgesetzt worden, daher ist der E. als Maßeinheit für Abwässer unterschiedl. Herkunft verwendbar.

Einzel|antrieb, die heute meist angewandte Form des elektr. Antriebes, bei der jede Arbeitsmaschine von einem eigenen Motor angetrieben wird, gegenüber den früher üblichen **Sammel-** oder **Gruppenantrieben** mit Transmissionen. Ist eine Maschine für best. Funktionen mit jeweils einem Motor ausgerüstet, spricht man vom **Mehrmotorenantrieb.**

Einzelfertigung, Herstellung einer Einheit eines Produktes auf Kundenbestellung.

Ein|zeller, Lebewesen, die i. Ggs. zu den Vielzellern (Gewebetiere, Metazoen) nur aus einer Zelle bestehen, z. B. Protozoen, Bakterien und viele Algen.

Einzug, 1) Setzerei: das Einrücken von Anfangszeilen oder ganzen Satzteilen zur Hervorhebung vom übrigen Satz.

2) Weberei: **Passierung, Reihung,** die Reihenfolge der Kettfäden in den Schäften oder dem Harnisch der Webmaschine.

Einzugsgebiet, in der Horizontalprojektion gemessenes Gebiet, aus dem Wasser einem best. Abflußquerschnitt eines fließenden Gewässers oder einem stehenden Gewässer zufließt. Das **oberirdische E.** wird durch oberird. Wasserscheiden begrenzt, das **unterirdische E.** durch unterird. Wasserscheiden.

Eis, feste Modifikation des Wassers (H_2O), schmilzt unter Normaldruck bei 0 °C; mit steigendem Druck nimmt die Schmelztemperatur nach dem **(Le-Chatelier-Prinzip** [ləʃatəlj'e-]) ab, da die Dichte von flüssigem Wasser größer ist als die von festem. Diese aus der Kristallstruktur des E. resultierende →Anomalie des Wassers ist von großer Bedeutung. Sie beruht auf der Fähigkeit der H_2O-Moleküle zur Ausbildung von →Wasserstoffbrückenbindungen. Unter Ausnutzung seiner relativ großen Schmelzwärme von etwa 335 kJ/kg kann E. zu Kühlzwekken verwendet werden (→Eiserzeugung).

In der Atmosphäre tritt E. meist kristallin (Plättchen, Nadeln, Prismen, Graupeln, Hagel) auf, auch amorph als Eiskörnchen, abgelagert als Reif. Viele →Wolken bestehen ganz oder z. T. aus Eiskristallen, die sich aus dem Wasserdampf durch Gefrieren über ein flüssiges Stadium bilden. – An der Erdoberfläche entsteht E. durch Gefrieren von Gewässern **(Eisverschluß),** von Bodenfeuchtigkeit (Frostboden, Glatteis), durch Ansammlung von festen Niederschlägen (Schnee, Hagel). Beim Aufschmelzen zugefrorener Gewässer bildet sich durch Eisaufbruch Treibeis. (→Meereis)

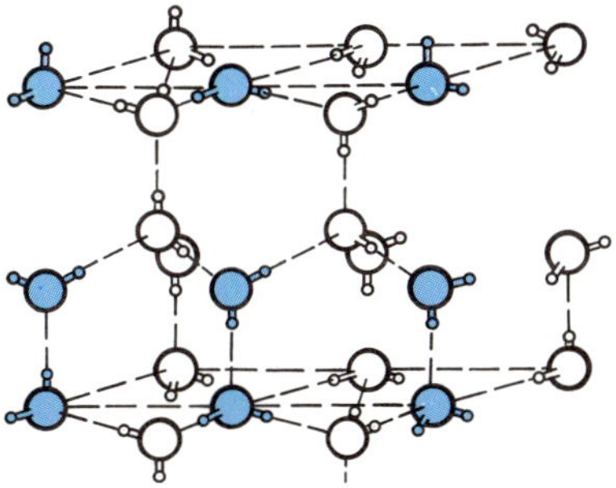

Eis

Eisbekämpfung, Maßnahmen zur Eindämmung von Schäden durch →Treibeis oder →Eisversetzung. Dazu gehören z. B. keilförmige Vorbauten vor Brückenpfeilern zum Ablenken oder Zerkleinern von Treibeisschollen, das Abschälen von Randeisfeldern mit →Eisbrechern bei drohender Eisversetzung, das Beheizen der beweglichen Unterwasserteile von Wehren und Wasserkraftwerken.

Eisberg, im Meer schwimmende große Eismasse **(Treibeis),** entsteht durch Kalben (Abbrechen) der ins Meer vorgeschobenen Zungen von Talgletschern oder des Inlandeises. E. von Talgletschern sind typisch im nördl. Atlantik, wo sie südwärts treiben und die Schiffahrt gefährden. E. vom antarkt. Eisschild gleichen riesigen Tafeln **(Tafeleisberge).** Nur 1/5 bis 1/8 der Masse eines E. ragt über die Meeresoberfläche heraus.

Eisberg

Eisbrecher, kräftiges, mit starker Antriebsanlage und besonderer Vorschiffsform versehenes Spezialschiff zum Aufbrechen und Freihalten einer Fahrrinne bei Eisgang. Der Antrieb ist heute meist diesel-elektrisch (→Elektroschiff). Kriterium ist ein schräger Vorsteven, der das Vorschiff anhebt und das Eis nach unten wegbrechen läßt. Bugpropeller treiben Schollen achteraus und verhindern das Festkeilen des E. in der Rinne. Neuerdings wird der Ponton-Steven auch mit starken, scharfen Kanten versehen, die das Eis abschneiden. Der Rumpf zerteilt dann die Eisblöcke unter Wasser in zwei Teile und schiebt sie gleichzeitig zur Seite. Wasserstrahldüsen drücken die Eisschollen quer unter das Festeis, so daß sie nicht wieder aufschwimmen können. Das aufgebrochene Fahrwasser friert so langsamer zu. Ein von unten nach oben brechender ›Eispflug‹ am Vorschiff ist nur noch selten (Kanada). Kleinere Küsten- und Binnen-E. erhalten eine Stampfanlage (rotierende Unwucht) im Vorschiff zur Verstärkung der Brechkapazität durch Massenbeschleunigung.

Eisen, lat. **ferrum,** chem. Symbol **Fe,** das vierthäufigste →chemische Element der Erde und wichtigste Gebrauchsmetall, Ordnungszahl 26; vier natürl. stabile und rd. zehn künstl. instabile Isotope. E. ist ein silberweißes, in reiner Form dehnbares, unter 768 °C **(Curiepunkt** [kyr'i-]) magnetisierbares Metall, von dem drei Zustandsformen bekannt sind (→Eisen-Kohlenstoff-Diagramm). Die elektr. Leitfähigkeit und das Wärmeleitvermögen des E. betragen 1/5 bis 1/6 von denen des Kupfers. – Chemisch ge-

Eisen:
Siemens-Martin-Stahlwerk

hört E. zu den Übergangsmetallen. Als unedles Metall wird es von verschiedenen verdünnten Säuren gelöst. Gegen konzentrierte Salpeter- und Schwefelsäure ist es infolge →Passivierung beständig, ebenso an trockener Luft. An feuchter Luft bildet es **Rost.** In feinverteilter Form entzündet es sich schon bei gewöhnlicher Temperatur an der Luft (›pyrophores E.‹).

Vorkommen: Die Erde enthält etwa 40 Gew.-% E.; für den Erdkern werden rd. 90 Gew.-% angenommen, an der zugängl. Erdkruste ist E. mit etwa 5,0 Gew.-% beteiligt (→Geochemie). Viele Minerale sind →Eisenverbindungen. Gediegenes E. **(tellurisches E.),** das stets Beimischungen von Kohlenstoff und Nickel enthält, ist dagegen in der Erdkruste selten. **Eisenmeteorite** enthalten durchschnittlich 90 Gew.-% E., ganz überwiegend in gediegener Form.

Physiolog. Bedeutung: E. gehört zu den lebensnotwendigen Spurenelementen; es ist für den Aufbau des roten Blutfarbstoffes (Hämoglobin) im Körper notwendig, ebenso für die Atemfermente des intrazellulären Stoffwechsels.

GEWINNUNG

E. wird gewonnen 1) als chemisch reines Pulver durch Reduktion von Eisenoxid mit Wasserstoff bei niedriger Temperatur; 2) als →Carbonyleisen; 3) als →Elektrolyteisen; 4) als technisches Eisen.

Zusammensetzung der technisch verwertbaren E.-Erze: Arme Erze enthalten 25–40% Fe, gute 40–55%, reiche 55–70% Fe. Die Erze werden durch Aufbereitung angereichert, gelockert oder agglomeriert. Das technische E. wird durch Verhüttung von E.-Erzen, E.-Schlacken, Kiesabbränden, Gichtstaub und durch Umschmelzen von Alt-E. und Legierungen hergestellt. Als Zuschlagstoffe dienen Mangan-Erze, Phosphat-Kreide, Kalkstein oder Dolomit, kieselsaure Schlacken, Tonschiefer, Bauxit, Sand und Flußspat. Reduktionsmittel sind der Kohlenstoff in Form von Koks oder Holzkohle, Kohlenoxid und Wasserstoff. **Roheisen** (hüttenmännisch kurz ›Eisen‹ genannt) ist wegen seiner hohen Gehalte an den Eisenbegleitern C (Kohlenstoff), Si (Silicium), P (Phosphor) und S (Schwefel) nicht schmiedbar. **Stahl** nennt man heute (nach DIN) jedes schmiedbare E. (Stahlsorten →Stahl).

Direktreduktionsverfahren. 1) Das Rennfeuer ist das älteste, bei den Naturvölkern und in industriearmen abgelegenen Gegenden noch heute übliche Verfahren zur Stahlgewinnung. Es wird in seiner einfachsten Form in einer Grube mit einem Gemisch von Holzkohle und Erz durchgeführt; dabei wird ein teigiger Stahl, die **Luppe,** erzeugt.

2) Moderne Direktreduktionsverfahren führen ohne ein von der Endstahlanalyse stark abweichendes Zwischenprodukt zu Stahl. Von ihnen haben nur die Tieftemperatur-Reduktionsverfahren Betriebsreife erlangt, und zwar mit hohen jährl. Steigerungsraten der Produktion von Eisenschwamm.

a) Bei den Kammerverfahren werden diskontinuierlich die Reaktionskammern mit Stückerz oder Pellets gefüllt und von einem Gasstrom reduziert, der aus durch H_2O partiell oxidiertem Erdgas entsteht. Aufgeheizt, reduziert und gekühlt wird in mehreren im Gasstrom nacheinander gehaltenen Kammern. Anlagen werden in Mexiko und Brasilien betrieben.

b) Beim Schachtprozeß durchlaufen Stückerze oder Pellets kontinuierlich von oben im Gegenstrom zum Reduktionsgas den Schacht. Die Reduktionsgase werden kontinuierlich in einem Röhrenofen oder diskontinuierlich, regenerativ, in wechselseitig betriebenen Gasumsetzern unter Verwendung der Schachtabgase mit Katalysatoren aus Erdgas erzeugt (Abänderungen für Öl und

Kohle sind in Vorbereitung). Es kann heißer oder gekühlter **Eisenschwamm** ausgetragen werden. Anlagen gibt es in den USA und der Bundesrep. Dtl.

c) Drehrohr-Reduktionsanlagen erlauben den Einsatz sehr verschiedener Stückgrößen der Erze und verschiedenartiger fester Brenn- und Reduktionsmittel. Diese Reduktionsverfahren erreichten durch langjährige Entwicklung eine weitgehend einheitl. Betriebsweise. In ein geneigtes sich drehendes Rohr werden Erze und Kohle aufgegeben und durchlaufen üblicherweise dieses im Gegenstrom zum Abgas (Gleichstrom ist ebenfalls verwirklicht). In der Beschickung herrscht eine reduzierende und im freien Ofenraum eine oxidierende Atmosphäre. Anlagen werden in Neuseeland, Japan, Südafrika, Brasilien und Kanada betrieben.

d) Die Reduktion in Wirbelschichten (auch Wirbelbetten oder Fluidatbetten) geschieht durch Reduktionsgase aus Erdgas. Feinerze werden durch das Reduktionsgas mit so hoher Geschwindigkeit von unten angeströmt, daß eine Wirbelschicht in der Kammer entsteht; durch Hintereinanderschalten mehrerer Wirbelschichtkammern kann kontinuierlich E.-Schwamm erzeugt werden. Eine Anlage arbeitet in Venezuela.

Das vorreduzierte Material oder der erzeugte Eisenschwamm können sowohl im Hochofen als auch bei den Stahlerzeugungsverfahren (besonders Lichtbogenofen) eingesetzt werden.

Hochofenverfahren. Roheisen und Gießereieisen werden meist in einem 10–30 m hohen Schachtofen hergestellt, dem **Blashochofen.** Darin wird im ersten Verfahrensschritt eine Zwischenschmelze **(Roheisen)** erzeugt, deren Analyse stark von der angestrebten des Stahls abweicht, so daß die eigtl. Stahlherstellung einen weiteren Schritt erfordert. Gebläse liefern den **Blaswind,** ein elektrisch angetriebener Aufzug fördert den **Möller** (Erz und Zuschläge) und den Koks in Wagen, Kübeln oder mit Förderband auf die **Gicht,** die Einfüllöffnung des Ofens; in Zeitabständen von drei bis sechs Stunden wird das Roheisen abgestochen und entweder durch Rinnen in **Transportpfannen** gefüllt oder zunächst in ein **Masselbett** geleitet. Die Leistung der Kokshochöfen beträgt bis 11 000 t täglich (1967 rd. 4000 t). Diese Leistungssteigerung wurde erreicht durch Vergrößerung des Herddurchmessers des Hochofens auf rd. 14 m, hohen Anteil an Sinter und Pellets im Möller, hohen Winddruck (2–3 bar) und entsprechend hohen Gasdruck an der Gicht (0,6–1 bar), hohe Windtemperatur (1250 °C). Auf ›gemischten‹ Hüttenwerken mit Hochöfen, Stahl- und Walzwerken wird das flüssige Roheisen in Sammelbehälter oder durch Torpedopfannen direkt zum Stahlwerk transportiert.

Im Hochofen verbrennt der Koks vor den mit Wasser gekühlten Düsen **(Windformen)** zu Kohlendioxid, CO_2, das durch den Koks im Überschuß zu Kohlenoxid, CO, umgewandelt wird. Durch dieses CO werden im Schacht 40–70% des Erzes reduziert, unter Erzeugung von CO_2 (indirekte Reduktion). In der **Rast** und im **Gestell** be-

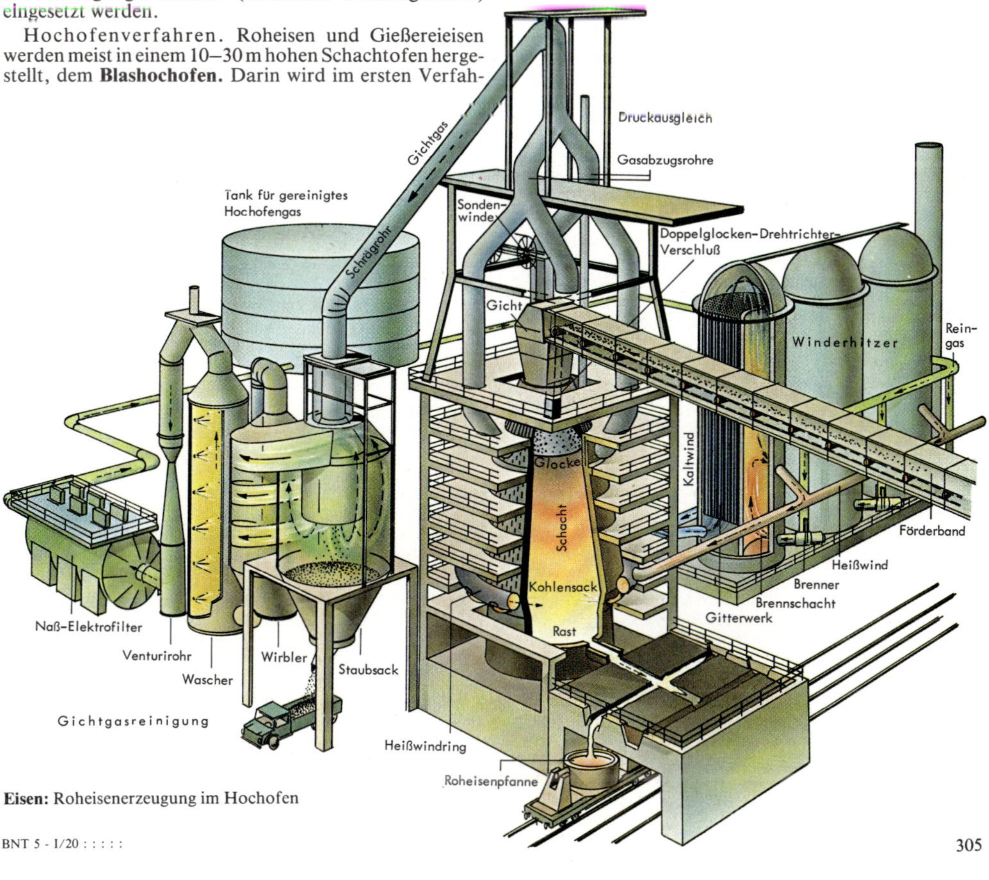

Eisen: Roheisenerzeugung im Hochofen

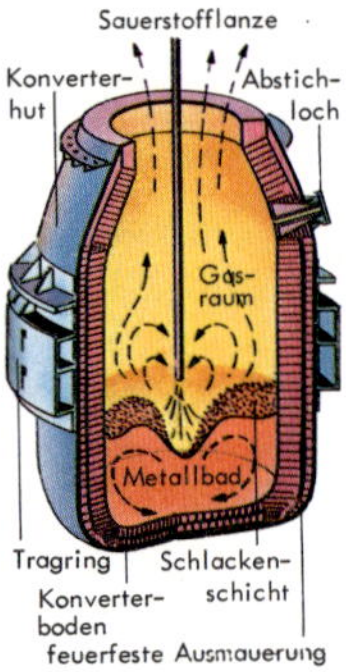

Eisen: Sauerstoff-Aufblaskonverter

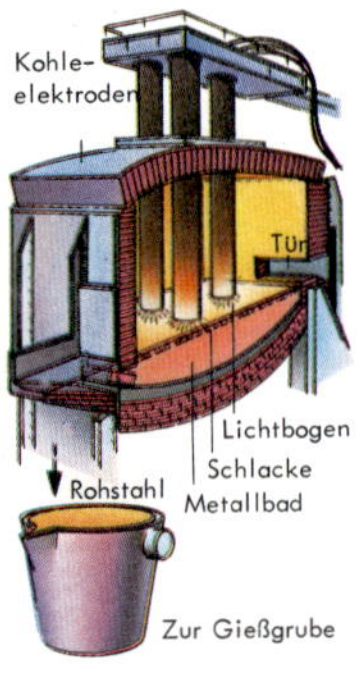

Eisen: Elektro-Lichtbogenofen

findet sich eine mehr oder weniger flüssige Schmelzmasse, in der die saure Gangart des Erzes und die Koksasche mit dem zugesetzten Kalk eine Kalksilikatschlacke bildet und vorreduziertes Erz durch CO reduziert wird; das entstehende CO_2 wird sofort wieder in CO umgewandelt (direkte Reduktion). Das bei den hohen Gestelltemperaturen geschmolzene E. nimmt die **E.-Begleiter** C, Mn, Si, P und S auf, die den Schmelz-P. des reinen E. von 1528 bis auf etwa 1100 °C erniedrigen. Das flüssige Roheisen setzt sich im Gestell unter der leichteren Schlacke ab und wird mit Temperaturen von 1250 bis 1450 °C abgestochen. Der Blaswind wird durchweg in mehreren **Cowper-Apparaten** [k'aʊpə-], **Winderhitzer,** erhitzt. Diese enthalten ein Gitterwerk aus feuerfesten Steinen, das durch Verbrennung von Hochofengas oder durch Zusatzverbrennung aufgeheizt wird (Heizperiode); danach wird Luft im Gegenstrom durch den Winderhitzer geleitet und bis auf 1250 °C erwärmt. Wegen der period. Betriebsweise sind mehrere Cowper-Apparate erforderlich.

Frischverfahren: 1) Beim (veralteten) Frischfeuerverfahren wird im Frischfeuer ein in die Holzkohlenglut eingeschobenes Roheisenstück tropfenweise abgeschmolzen und durch den eingeblasenen Wind gefrischt.

2) Das ebenfalls veraltete Puddelverfahren wird im Flammofen mit einer vom Frischherd getrennten Rostfeuerung durchgeführt. Das Roheisen wird auf dem Herd eingeschmolzen und durch den Luftüberschuß der Flamme wie auch durch Zugaben von Erz oder **Hammerschlag (Sinter)** gefrischt. Mit abnehmenden Gehalten an **E.-Begleitern** steigt die Schmelztemperatur des **E.-Bades,** wobei die Ausscheidung von C-haltigen **E.-Kristallen** beginnt und nach und nach die Schmelzmasse teigig wird. Der Frischvorgang wird durch das **Puddeln** (engl. ›rühren‹), d. h. durch das Aufbrechen und Verteilen der Schmelzmasse, unterstützt; zum Schluß wird durch Zusammenrollen des teigigen, nun zu **Weichstahl** gefrischten E. eine Luppe gebildet.

3) Beim Windfrischverfahren wird Luft durch flüssiges Roheisen geblasen, wobei die durch Verbrennung der E.-Begleiter erzeugte Wärme die Temperatur des Stahles auf 1600–1650 °C bringt. Das Verfahren wird in einem kippbaren Gefäß mit einem Düsenboden und Windkasten, der **Bessemer-Birne (Bessemer-Konverter)** oder **Thomas-Birne (Thomas-Konverter),** durchgeführt.

a) Mit dem sauren Bessemer-Verfahren wird ein siliciumreiches Roheisen in einem mit saurer Zustellung (Klebsand, Silikatstein) ausgekleideten Konverter verblasen; das Verfahren verlangt ein phosphor- und schwefelarmes Roheisen.

b) Mit dem basischen Thomas-Verfahren werden phosphorhaltige Roheisen verblasen. Die Windfrischverfahren haben wegen ihrer Umweltfeindlichkeit (hoher Staubgehalt mit Abgas) an Bedeutung verloren.

4) Das Herdfrischverfahren oder Siemens-Martin-Verfahren ist eine Weiterentwicklung der Arbeitsweise im Puddelofen mit dem Unterschied, daß die Temperatur im Ofen auf 1600–1700 °C gesteigert und die Schmelze abgegossen wird. Die Temperatursteigerung wird durch Vorwärmung von Gas und Luft oder allein von Luft mit Ölbrennern auf 1000–1200 °C mittels Regenerativfeuerung erreicht. Der feste Einsatz aus Schrott, Roheisen und Kalk wird in Mulden mittels Chargiermaschinen eingesetzt, flüssiger Einsatz über eine Rinne eingegossen. Im **Siemens-Martin-Ofen** wird sowohl Roh-E. gefrischt als auch Alt-E. umgeschmolzen. Das Frischen erfolgt durch den Luftüberschuß der Flamme und durch Zugabe von Erz oder Walzsinter. Das ›Kochen‹ der Schmelze, durch die Oxidation des Kohlenstoffs zu Kohlenoxidbläschen im Bad hervorgerufen, bringt das Stahlbad mit der Schlacke zur Reaktion und Wärmeaufnahme und fördert die Entgasung der Schmelze von Stickstoff und Wasserstoff **(Auskochen).** Der Schmelzverlauf währt beim Siemens-Martin-Verfahren bedeutend länger als beim Windfrischverfahren und ermöglicht die Herstellung von Qualitätsstählen.

5) Die Sauerstoff-Aufblasverfahren machen in Westeuropa schon bald 70% aller Stahlverfahren aus (Elektrostahl 20%, Siemens-Martin-Stahl 10%). Sie konnten eingeführt werden, nachdem es gelungen war, reinen Sauerstoff in großen Mengen preisgünstig herzustellen. Man unterscheidet zwei Verfahren:

a) LD-Verfahren, benannt nach den Werken, die das Verfahren zur Betriebsreife entwickelt haben: Vereinigte Österreich. Eisen- und Stahlwerke in Linz (L) und Österreich. Alpine Montangesellschaft in Donawitz (D). Es findet für P-armes Roheisen (Stahleisen) mit 0,08% bis 0,25% P Verwendung. Reiner Sauerstoff (99,5–99,8% O_2) wird mit einer wassergekühlten Lanze auf das in einem zylindrischen Tiegel befindliche flüssige Roh-E. zur Umwandlung in Stahl aufgeblasen. Der Frischprozeß verläuft sehr schnell (große Stundenleistung). Zur Kühlung des Bades können bis zu 30% Schrott oder entsprechende Mengen Erz zugegeben werden.

b) LD-AC-Verfahren (Linz-Donawitz-Arbed-Centre-National), auch OLP-Verfahren, dient zur Herstellung von Stahl aus P-reichen Roheisensorten **(Thomas-Roh-E.).** Es ist ein Zweischlackenverfahren erforderlich. Mit dem reinen Sauerstoff wird gleichzeitig Kalkstaub auf die Badoberfläche geblasen, wodurch frühzeitig eine reaktionsfähige, den Phosphor vor der völligen C-Verbrennung abbindende Schlacke erreicht wird. Im zweiten Blasabschnitt werden die restl. Gehalte an P und C bei kleiner Schlackenmenge entfernt und die gewünschte Analyse eingestellt. Der nach den Sauerstoff-Aufblasverfahren erzeugte Stahl (Oxygenstahl) ist dem Siemens-Martin-Stahl gleichwertig. Er zeichnet sich bes. durch seinen niedrigen Stickstoffgehalt aus. Ein Stickstoffgehalt im Stahl ist unerwünscht, da er bes. bei Weichstählen und unberuhigt vergossenen Baustählen die Alterungsversprödung begünstigt (→Alterung).

c) Eine Weiterentwicklung des alten Windfrischverfahrens (Durchblasverfahren) bedeutet das OBM-Verfahren (Oxygen-Bottom-Maxhütte, außerhalb Europas identisch mit Q-BOP-Verfahren, Abk. für engl. ›quiet basic oxygen process‹); hierbei wird Sauerstoff – umgeben von Kohlenwasserstoff als Schutzfluid – unterhalb der Badoberfläche eingeblasen. Diese Methode kann zur Erzeugung von Stahl und zur Behandlung anderer Metalle verwendet werden.

Elektrostahlverfahren. Der Elektrostahl wird vornehmlich in einem **Elektro-Lichtbogenofen** hergestellt. Die Wärme wird durch einen Lichtbogen erzeugt, wobei der Strom auch durch das Bad hindurchgeht und sehr hohe Badtemperaturen erzielt. Der Elektroofen ermöglicht eine weitgehende Feinung (Entschwefelung) und Desoxidation der Schmelze sowie ein gutes Auflösen von schwer schmelzenden Legierungselementen. Durch Verwendung von Graphit mit höherer Leitfähigkeit konnten bei der Elektrostahlerzeugung je Elektrode größere Energiemengen in den Ofen eingebracht werden:

Die **Hochleistungs-Lichtbogenöfen (UHP** = Ultra-high-power) erreichen Abstichzeiten von zwei Stunden. Zur schnelleren Temperatursteigerung der Schmelze wird hochprozentiger Sauerstoff in das Bad eingeleitet. Die Herstellung von Stahl im **Niederfrequenz-Induktions-**

Eisen: LD-AC-Stahlwerk

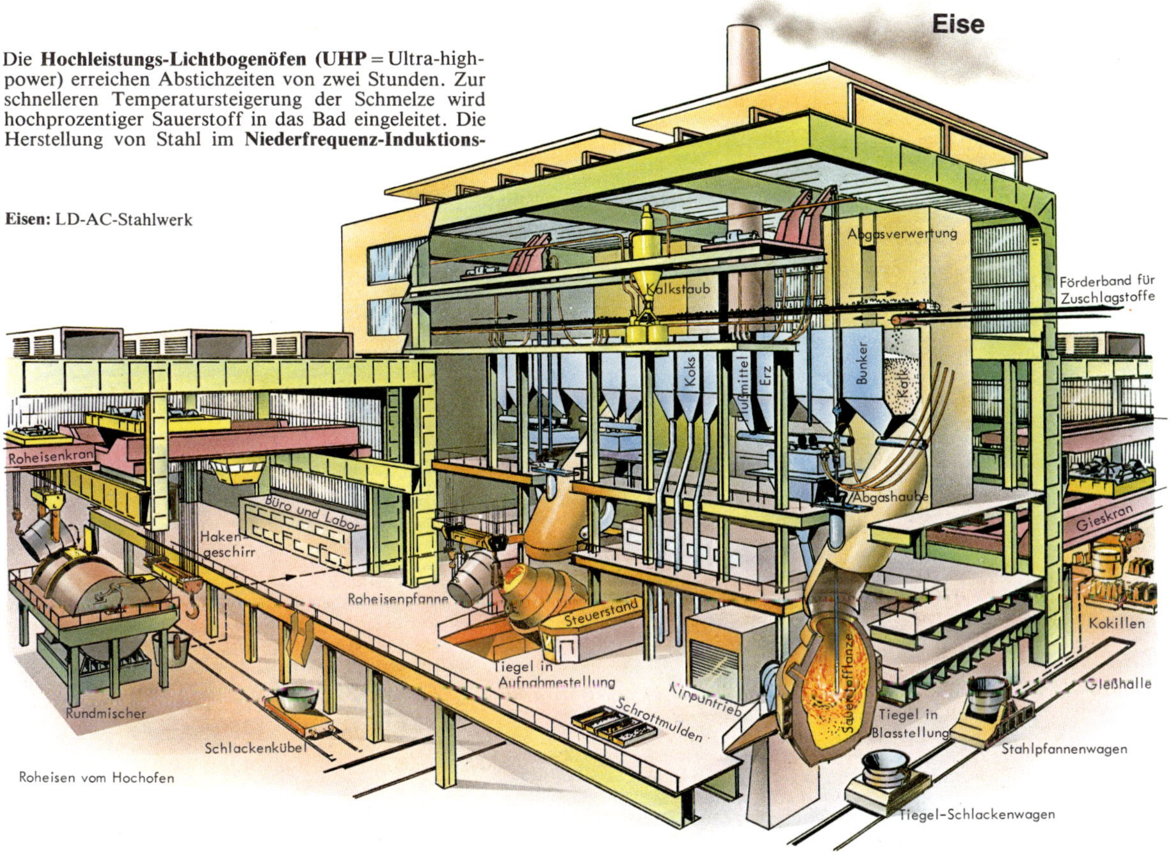

ofen, bei dem die Sekundärentwicklung durch ein ringförmiges Stahlbad gebildet wird, ist durch das Erschmelzen im **Mittelfrequenz-** und **Hochfrequenzofen** ersetzt worden. Die elektr. beheizten Öfen eignen sich bes. zum Erschmelzen und Vergießen von Stahl und Metallen unter Vakuum. Diese Stähle und Metalle zeichnen sich durch große Reinheit an nichtmetall. Einschlüssen sowie durch ihren geringen Gehalt an H (Wasserstoff) und N (Stickstoff) aus. Im Elektroschlacken-Umschmelzverfahren werden eine oder mehrere Stahlelektroden unter einer Schlackenschicht, die vorher in einem Schlackenschmelzofen aus reinen Rohstoffen (CaF_2 oder SiO_2) hergestellt wurde, ohne Bildung eines Lichtbogens umgeschmolzen. Der erstarrte Block kann nach unten abgezogen werden (→ Strangguß). Die Bedeutung des Elektroschlacken-Verfahrens liegt im einfachen Aufbau der Anlage, die mit Wechselstrom betrieben wird.

Hüttenwerke. Die Größenentwicklung von Hüttenwerken zeigt zwei Tendenzen: 1) **Eisenhüttenwerke** auf der Basis Hochofen/Blasstahlwerk sind geplant bis etwa 20 Mio. t/Jahr. Grundlage hierbei ist die Kostendegression größerer Anlagen. – 2) **Ministahlwerke** stützen sich auf örtl. Schrottvorkommen und/oder örtl. Verbrauchszentren. Diese Werke sind abgestellt auf die Herstellung einer geringen Anzahl von Produkten, z. B. Moniereisen oder Draht. Ministahlwerke können auch auf der Grundlage von Direktreduktionsanlagen (Größe von etwa 0,5 bis 1 Mio. Jahrestonnen) arbeiten; dann besteht die apparative Normalausrüstung z. Z. aus einem Direktreduktionsgerät, z. B. Schachtofen, aus UHP-Einschmelzaggregaten, Stranggußanlage und kontinuierlichem Walzwerk.

GESCHICHTE

E. trat erst verhältnismäßig spät in den Bereich der von Menschen verwendeten Materialien; es wurde in vorgeschichtl. Zeit erst gewonnen und verarbeitet, nachdem Bronze bereits bekannt war. Die Eisenerzeugung spielte sich noch in röm. Zeit in urtüml. Formen ab (offene Gruben oder niedrige Schachtöfen). Bis ins 14. Jh. wurde E. i. a. nur nach dem Rennverfahren produziert. Nach 1300 begann man, es auch in kleinen Hochöfen zu erzeugen, wenn man auch erst seit dem 16. Jh. vom eigtl. Hochofen sprechen kann. Anfang des 14. Jh. gelangte man auch zum E.-Guß. Die Einführung des Kokses in den Hochofenprozeß (A. DARBY D. J., 1736), die Erfindungen des Tiegelgußstahls (B. HUNTSMAN, 1742), des Zylindergebläses (J. SMEATON, 1768) und des Flammofenfrischens mit Steinkohle (Puddelverfahren, H. CORT, 1784) brachen dem E. als Werkstoff des Maschinen- und Industriezeitalters die Bahn. 1857 erfand E. A. COWPER den Cowper-Apparat. A. KRUPP gelang es, auch kohlenstoffärmere Stähle im Tiegel zu erschmelzen und größere

Blöcke zu gießen. Der Stahlformguß wurde erfunden (J. MAYER, 1851). H. BESSEMER entwickelte das Windfrischverfahren (1856), das durch das von S. G. THOMAS und P. C. GILCHRIST 1877 eingeführte Thomas-Verfahren eine weitgehende Verbesserung erfuhr. Das Herdfrischverfahren wurde durch F. SIEMENS (Regenerativfeuerung, 1856) und E. und P. MARTIN eingeführt. Seit 1907 entwickelten A. GRÖNWALL u. a. den Elektrohochofen.

O. JOHANNSEN: Gesch. des E. (^{3}1953); F. FRIEDENSBURG: Die Bergwirtschaft der Erde (^{6}1965); L. v. BOGDANDY u. H.-J. ENGELL: Die Reduktion der Eisenerze (1967); Gemeinfaßl. Darstellung des Eisenhüttenwesens, hg. v. Verein Dt. Eisenhüttenleute (^{17}1971); Grundlagen des Hochofenverfahrens, hg. v. dems. (1973); Stahl-Eisen-Liste, hg. v. dems. (^{5}1975); Direktreduktion von Eisenerz, im Auftrag Kommission der Europ. Gemeinschaften (^{4}1976); F. TOUSSAINT: Der Weg des E. (^{7}1977); H. BOTTKE: Lagerstättenkunde des Eisens (1979).

Eisenbahn, Bez. für Schienenbahnen mit Ausnahme der Straßenbahnen und Bahnen besonderer Art (z. B. Schwebebahnen). Zu den E. rechnen auch →S-Bahnen (Stadtschnellbahnen), nicht →Hochbahnen oder →Untergrundbahnen. Letztere sind von den →Straßenbahnen abgeleitete und weiterentwickelte →Stadtbahnen. Nach der Spurweite unterscheidet man **Regelspurbahnen** (auch **Normal-** oder **Vollspur,** 1,435 m, z. B. in den meisten europ. Staaten), **Breitspurbahnen** (über 1,435 m, z. B. in der UdSSR mit 1,524 m, in Spanien und Portugal mit 1,676 m) und **Schmalspurbahnen** (unter 1,435 m, z. B. in Japan, Süd- und Ostafrika, **Kapspur** mit 1,067 m). Das Verhältnis der drei Spurweiten auf der Erde beträgt etwa 75:12:13.

Nach der Beschaffenheit und techn. Ausstattung werden **Haupt-** und **Nebenbahnen** unterschieden. Letztere können stärker gekrümmt und geneigt sein, einfachere Signalanlagen oder technisch nicht gesicherte →Bahnübergänge aufweisen und dürfen mit höchstens 80 km/h befahren werden. Nach dem Verkehrszweck werden die E. in solche des **öffentl.** (für jegliche Personen- und Güterbeförderung) und des **nichtöffentl. Verkehrs** (Anschluß-, Werk-, Grubenbahnen) unterteilt; nach den Besitzverhältnissen in **Staats-** und **Privatbahnen,** in der Bundesrep. Dtl. bei den E. des öffentl. Verkehrs in bundeseigene E. (Dt. Bundesbahn) und in nichtbundeseigene E. (in Privateigentum oder in öffentl. Hand, nicht des Bundes). **Kleinbahnen** sind Bahnen des öffentl., nicht allgemeinen Verkehrs, z. B. Stichbahnen in ein Seitental.

Vorteile der E.: 1) geringe Rollreibung zw. Rad und Schiene (Stahl auf Stahl), niedriger Fahrwiderstand; 2) Bildung langer Zugeinheiten (in Dtl. bis 700 m Länge), wenig Zugbegleitpersonal; 3) hohe Leistungsfähigkeit, je Gleis und Stunde bis zu 40000 Personen oder 10000 t (in Dtl.); 4) geringer Flächenbedarf für den Fahrweg (eingleisige Strecke 6 m, zweigleisige 10 m breit); 5) Verwendung von elektr. Antriebsenergie bei günstigen Leistungsgewichten, umweltfreundlich; 6) sicherer, relativ einfach zu automatisierender, weitgehend witterungsunempfindlicher Transportweg.

Nachteile: 1) Wirtschaftlichkeit nur bei Beförderung großer Massen und Konzentration auf große Verkehrsströme; 2) Bindung an Fahrplan; 3) Sammlung und Verteilung von Transporteinheiten durch Rangieraufwand in Bahnhöfen; 4) lange Bremswege wegen geringer Radreibung, z. B. rd. 1000 m Bremsweg aus 140 km/h; 5) große Bogenhalbmesser im Schnellverkehr.

Zuggattungen. Die ersten E.-Züge fuhren mit Personen- und Güterwagen gemischt. Heute unterscheidet man allg. Personen- und Güterzüge. Zu den **Personenzügen** gehören **Nahverkehrszüge (N)** zur Bedienung der Unterwegsbahnhöfe zw. Eisenbahnknotenpunkten, **Eilzüge (E)** zur schnellen Beförderung zw. nahe gelegenen Eisenbahnknotenpunkten und **Schnellzüge (D)** für den nationalen und internat. Personenfernverkehr, außerdem →S-Bahnen, **Intercity-Züge (IC), Trans-Europ-Express (TEE).** Die Zugeinheiten können aus Personenzugwagen mit Lok oder aus →Triebwagen bestehen. Die Höchstgeschwindigkeit der N beträgt bis zu 140 km/h, der E und D bis zu 160 km/h, die der IC und TEE bis zu 200 km/h. Zu den **Güterzügen** gehören **Nahgüterzüge (Ng)** für die Bedienung nahe gelegener Bahnhöfe, **Durchgangsgüterzüge (Dg)** für die Bedienung großer Eisenbahnknotenpunkte (Rangierbahnhöfe) und **Schnellgüterzüge (Sg)** für den schnellen Güterfernverkehr, außerdem **TEEM, Trans-Europ-Express-Marchandises-Züge** [-marʃãd'i:z-, frz.], für den internat. Güterfernverkehr. Die **Auto-Reisezüge** dienen der Beförderung von Personen mit ihren Kraftfahrzeugen (v. a. Saisonverkehr).

Schnellverkehr. Ein wesentl. Ziel europ. E.-Verwaltungen ist der Ausbau ihrer Netze für den Schnellverkehr auf wichtigen Verbindungslinien der Siedlungs- und Verkehrsschwerpunkte. Die Hauptmagistralen sind z. T. überlastet und für einen E.-Schnellverkehr mit 200 bis 300 km/h Höchstgeschwindigkeit nicht geeignet. Um höhere Geschwindigkeiten und kürzere Fahrzeiten erreichen zu können, müssen E.-Strecken z. T. neu trassiert oder ausgebaut und mit modernen Signal- und Transportsteuereinrichtungen versehen werden. Fast ausnahmslos wird die elektr. Zugförderung vorgesehen. Zu den Neubaustrecken der Dt. Bundesbahn gehören u. a. die Strecken Mannheim–Stuttgart und Hannover–Würzburg. Im Ausland ist der Bau von Schnellverkehrsstrecken ebenfalls im Gang, z. B. in Frankreich, Italien (Direttissima), Polen und Japan. Auf der Neubaustrecke Paris–Lyon der frz. staatl. E.-Gesellschaft stellte der elektr. Schnelltriebzug ›TGV 016‹ (Train à Grande Vitesse, frz.) 1981 mit 380 km/h einen neuen Geschwindigkeitsweltrekord für E. auf. Heute verkehren auf dieser Strecke planmäßig Schnelltriebzüge TGV mit 260 km/h Höchstgeschwindigkeit.

Geschichte. Spurgeführte Bahnen, d. h. in Kalkfelsboden eingehauene Spurrillen für Fuhrwerke, gab es schon im alten Griechenland. Seit dem 16. Jh. wurden (bes. in Bergwerken) als Schienen längsliegende Holzbohlen verwendet, die 1767 in Großbritannien zum erstenmal mit Eisen beschlagen wurden. Zur besseren Spurführung wurden die Räder mit Spurkränzen versehen. 1789 führte W. JESSOP die Grundform der heutigen Schiene ein. 1801 erteilte das brit. Parlament die Konzession für die erste öffentl. Pferde-E. von Wandsworth nach Croydon, die jeder mit eigenem Fuhrwerk benutzen konnte. 1825–32 wurde die erste kontinentale Pferde-E. Linz–Budweis eingerichtet, 1860 die erste Londoner, 1865 die erste Berliner Pferdebahn. Die von G. STEPHENSON gebaute Lokomotive wurde 1825 bei der ersten öffentl. Dampf-E. (zunächst nur für Güter) Stockton–Darlington eingesetzt. Die erste Personen-Dampf-E. verkehrte seit 1830 zw. Liverpool und Manchester. Die erste Dampf-E. Dtl.s (mit der engl. Spurweite von 1,435 m) befuhr als Ludwigsbahn die am 7. 12. 1835 eröffnete Strecke von Nürnberg nach Fürth. 1837–39 folgte die 116 km lange Strecke Leipzig–Dresden. Für ein gesamtdt. E.-Netz ohne Rücksicht auf die Kleinstaaterei setzte sich bes. F. LIST ein. Für das Dt. Reich fiel der Höhepunkt des E.-Baus in die Zeit von 1870 bis 1880. Ende des 19. Jh. waren die wichtigsten E. in Dtl.

in neun Länder-E. zusammengefaßt; sie wurden 1921 reichseigen (seit 1934 Dt. Reichsbahn, in der Bundesrep. Dtl. formell seit 1951 Dt. Bundesbahn). Den fahrplanmäßigen Verkehr führte bereits die Nürnberg–Fürther Linie mit stündl. Zugfolge ein (vom 8. 12. 1835 an). Die Fahrgeschwindigkeit der E. stieg schon im 19. Jh. bis auf 120 km/h an. Die erste Diesellokomotive der Welt wurde 1912 mit 1000 PS gebaut und fuhr bis 100 km/h. Erste elektr. E. fuhren 1903 (Marienfelde–Zossen, Berlin [Potsdamer Bf.]–Lichterfelde-Ost), 1910 wurde die Hauptstrecke Bitterfeld–Dessau mit 10000 V (später 15000 V) und $16^2/_3$ Hertz eröffnet.

Die ersten Personenwagen der E. glichen Kutschen. Sie paßten sich später in Fahrgestell und Aufbauten dem Schienenweg an. In Europa zeigte ihre Innenausstattung zw. der 1. und 3. oder gar 4. Klasse krasse Unterschiede, die das Abteilsystem noch unterstrich. In Nordamerika benutzte man bereits seit 1835 Durchgangswagen mit Mittelgang. Ein Pionier des Wagenbaus wurde G. M. PULLMAN (1858 ff.). Auf den Einfluß der Pullman-Wagen geht die erste dt. Schlafwagenverbindung Berlin–Ostende (1873) zurück wie auch die Einführung dt. Speisewagen ab 1880. Der Durchgangszug (D-Zug) mit gedeckter Verbindung zw. den Wagen ist ebenfalls amerikan. Ursprungs.

Zunächst bremste allein die Lokomotive die auflaufenden Wagen, später saß auf jedem Wagen ein Bremser, der dann mit dem Einbau durchgehender Bremsen abgelöst wurde. 1834 wurden auf der Linie Liverpool–Manchester Standsignale mit drehbaren Holzpfosten und roten Brettern eingeführt. Seitdem werden für Eisenbahnsignale verschiedene Formen, Farben und Geräusche verwendet. Schon Anfang der 1850er Jahre verwendeten 39 E.-Verwaltungen den 1837 erfundenen Morsetelegraphen. Das Telephon wurde 1878 im dt. E.-Dienst eingesetzt; ein bahneigenes Fernsprechnetz entstand.

Technik: Lexikon für E.-Freunde, hg. v. E. BORN (1977); Lexikon der E., hg. v. G. ADLER ([6]1980); J. FIEDLER: Grundlagen der Bahntechnik ([2]1980); Elsners Tb. für E.-Technik (1980).

Geschichte: O. S. NOCK: E. der Gegenwart seit 1963 (1976); M. PAGE: Die großen Expreßzüge der Welt (1976); G. BEHREND: Gesch. der Luxuszüge (a. d. Frz., 1977); R. R. ROSSBERG: Gesch. der E. (1977); M. BENZENBERG: 100 Jahre elektr. E. (1979).

Eisenbahnanlagen, alle ortsfesten Anlagen der Strecken und Bahnhöfe für den → Eisenbahnbetrieb. Die **bautechn. Anlagen** umfassen den Bahnkörper, die Gleisanlagen und Weichen, die Kunstbauten (z. B. Tunnel, Brücken) und die → Eisenbahnhochbauten. **Maschinen- und elektrotechn. Anlagen** sind z. B. Betriebswerkstätten für Fahrzeuge, Ausbesserungswerke für Loks und Wagen, elektr. Fahrleitungen, Schalt- und Unterwerke für den Fahrstrom. Zu den **signal- und fernmeldetechn. Anlagen** rechnen z. B. Stellwerks- und Blockanlagen, Signale, Fernsprecher und Lautsprecher.

Eisenbahnbau umfaßt Planung, Herstellung und Erhaltung der ortsfesten → Eisenbahnanlagen. Die techn., wirtschaftl. und rechtl. Rahmenbedingungen liefert das Eisenbahnrecht.

Eisenbahnbetrieb, allg. Bez. für Zugbildung, -förderung und -auflösung schienengebundener Fahrzeuge. Zur unmittelbaren Steuerung und Sicherung des Zug- und Rangierbetriebes auf der Strecke und in Bahnhöfen sind **Betriebsstellen** erforderlich, wie Stellwerke, Abzweigstellen, Blockstellen, Anschlußstellen, Schrankenposten.

Eisenbahn-Blockeinrichtungen, Teil der → Eisenbahn-Signalanlagen zur Sicherung von Zügen auf Strecken **(Streckenblock)** und in Bahnhöfen **(Bahnhofsblock)** durch elektromechan. oder elektr. Sperren **(Blokken)** oder Entsperren **(Entblocken)** der Stellorgane der für die Zugfahrt maßgebenden Signale. Eine Zugfahrt auf Signal ist erst möglich, wenn durch **Vorblocken** das Gegenausfahrsignal des benachbarten Bahnhofes auf eingleisigen Strecken geblockt ist und evtl. weitere, auf das Streckengleis weisende Ausfahrsignale ebenfalls geblockt sind. Eine erneute Zugfahrt auf eines dieser Signale kann erst stattfinden, wenn der Zug die **Blockstrecke** geräumt hat, das am Ende der Blockstrecke gelegene Signal sich in ›Halt‹-Stellung befindet und mit Empfang des **Rückblokkes** (Entblockens) eine Signalfreigabe wieder möglich ist. Der **Streckenblock** verhindert das Einlassen eines Zuges in ein besetztes Streckengleis und damit die Gefahr des Auffahrens auf den vorausgefahrenen oder des Zusammenstoßes mit dem entgegenkommenden Zug. Entsprechende Aufgabe hat der **Bahnhofsblock** für Hauptgleise in einem Bahnhof.

In mechan. und elektromechan. → Stellwerken müssen die Blockeinrichtungen durch den Fahrdienstleiter von Hand **(Kurbelblock)** betätigt oder ausgelöst **(Relaisblock)** werden, in elektr. Stellwerken geschieht dies automatisch mit der Zugfahrt **(Selbstblock).** Eine Strecke kann in mehrere Blockabschnitte eingeteilt sein, die durch **Blocksignale** begrenzt werden. Diese werden bei mechan. Signalanlagen durch **Blockwärter** auf **Blockstellen** von Hand bedient, bei elektr. durch Zugfahrt automatisch **(Selbstblocksignale).** Grundsätzlich darf sich in jedem Blockabschnitt nur ein Zug befinden (›Fahren im Raumabstand‹). Andere Arten der Abstandshaltung sind: Fahren auf Sicht, Fahren auf → elektrische Sicht, Fahren auf Zeit.

Eisenbahnbremsen dienen 1) als **Betriebsbremse** zum Halten und zum Verringern der Geschwindigkeit von Fahrzeugen, 2) als **Schnell-, Not-** oder **Zwangsbremse** zum Halten bei Gefahr auf kürzestem Weg. Beim Bremsen muß die kinet. Energie des Zuges in Wärme oder in eine andere Energieform umgewandelt werden, z. B. beim elektr. Betrieb durch Stromrückgewinnung. Bremsbauarten sind, je nach Art der Kraftwirkung, 1) **Radbremsen,** bei denen Reibungskräfte über Bremsklötze auf die Radreifen (Klotzbremse) oder über Bremsbacken auf besondere, an den Achsen befestigte Bremskörper (Trommel- oder Scheibenbremse) ausgeübt werden; 2) **Schienenbremsen,** bei denen Reibungskräfte unmittelbar auf die Schienen ausgeübt werden (Magnetschienenbremse); 3) **Triebwerksbremsen,** bei denen durch die Bewegung im Triebwerk Kräfte erzeugt werden, die den normalen Antriebskräften entgegengerichtet sind (›Kraftbremsen‹, hydrodynam. Bremsen). Bei Radbremsen unterscheidet man, je nach Art der Krafterzeugung, **Handbremsen,** bei denen die Bremskraft durch menschl. Kraft, und **Luftbremsen,** bei denen die Bremskraft durch die Wirkung verdichteter (Druckluftbremse) oder verdünnter Luft (Saugluftbremse) in einem Bremszylinder erzeugt wird. Hierbei dient die Luft nicht nur als Energieträger, sondern auch zur Steuerung des gesamten Bremsvorganges. Bremsen, bei denen die Bremskraft z. B. durch Gewichte (Gewichtsbremsen), durch Dampfdruck (Dampfbremsen), durch elektromagnet. Wirkung (Solenoidbremsen) oder durch Reibrollengetriebe (Heberleinbremse) erzeugt

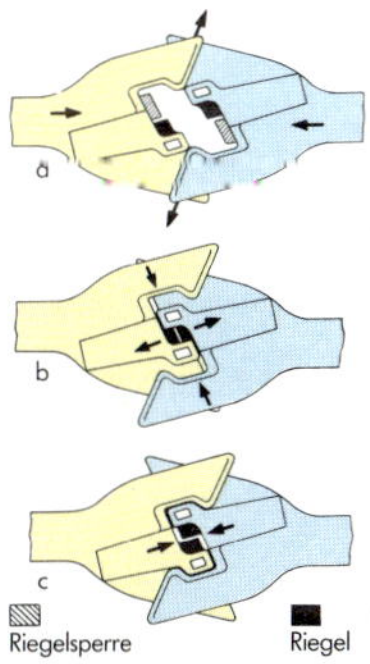

Eisenbahnkupplungen 2

Eisenbahnkupplungen 2: Automatische Eisenbahnkupplung; OBEN Arbeitsweise; a Auflaufen (Zentrierung der Kupplungsköpfe durch Gleiten auf den äußeren schrägen Flächen). b Eindringung (die Riegel drücken sich gegenseitig zurück). c Verkuppelte Köpfe (die Riegel fallen wieder zurück und werden durch Einwirkung der Riegelsperre blockiert)

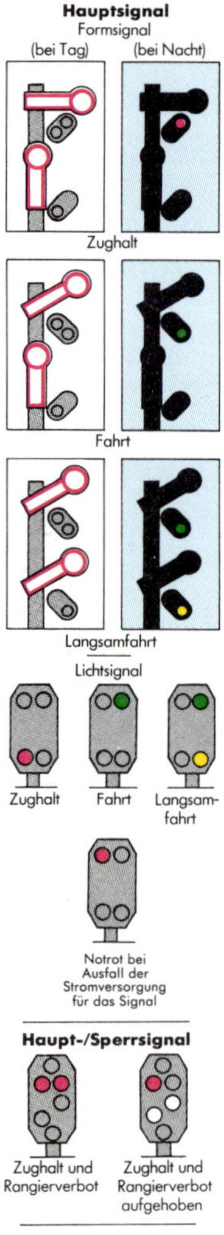

Eisenbahnsignale 8

wird, sind ebenso wie die Saugluftbremsen für Vollbahnfahrzeuge von untergeordneter Bedeutung. Die mechan., durchgehenden, selbsttätigen Druckluftbremsen (→ Bremse) sind bei Eisenbahnfahrzeugen gewöhnlich Klotz- oder Scheibenbremsen, bei Triebwagen und Reisezugwagen für mehr als 160 km/h Scheibenbremsen und Magnetschienenbremsen.

Eisenbahnfahrpläne legen die Abfahrt-, Ankunftsowie Durchfahrzeit auf Betriebsstellen (→ Eisenbahnbetrieb) fest, um einen pünktl. und regelmäßigen Betriebsablauf zu gewährleisten. Sie dienen damit auch der Sicherheit im Betrieb. Grundlage der Fahrplangestaltung ist der **Bildfahrplan** mit den Zeitwegelinien der Zugfahrten, aus dem z. B. die **Buchfahrpläne** für das Zugpersonal hervorgehen. Für den kommerziellen Gebrauch werden **Kursbücher** herausgegeben und **Aushangfahrpläne** veröffentlicht. Rechtlich sind die E. das verbindl. Beförderungsangebot, für dessen Erfüllung die Eisenbahn nach den Beförderungsbedingungen haftet.

Eisenbahnfahrzeuge, Schienenfahrzeuge der → Eisenbahn, bes. die Triebfahrzeuge (→ Lokomotive, → Triebwagen) und → Eisenbahnwagen, ferner Nebenfahrzeuge wie → Draisine 2), Fahrzeuge des → Gleisbaus.

Eisenbahn-Fernmeldeanlagen, Eisenbahn-Nachrichtenanlagen. Die Eisenbahnen besitzen eigene, meist ausgedehnte Netze von E.-F. Die **Fernsprechanlagen** werden als Selbstwählanschlußverbindungen (Bahn-Selbstwählanschlußanlage, Abk. BASA), Ortsbatterie- oder Zentralbatterieverbindungen betrieben. Die Nachrichtenübertragung geschieht über Freileitungen längs der Eisenbahnstrecken, Erdkabel in etwa 0,80 m Tiefe neben den Gleisen oder Richtfunkstrecken. Über große Entfernungen werden Spezialkabel (Hohlleiter) für Trägerfrequenzverbindungen verlegt. Bei Bahnbetriebsunfällen können eigene Unfallnachrichtenverbindungen zw. Unfallstelle und Betriebsstellen geschaltet werden.

Die **Funkanlagen** sind meist als Betriebsfunkeinrichtungen zw. Betriebsstellen, Rangier-, Bau- und Bahnunterhaltungskolonnen sowie Rangierloks gebräuchlich. In großen Rangierbahnhöfen können Rangierloks über Funk ferngesteuert werden. Triebfahrzeugführer stehen mit Stellwerken über → Zugbahnfunk in Verbindung. Reisende können in bestimmten Zügen (TEE- und IC-Zügen) über → Zugtelephonie an einem Münzautomaten Ferngespräche mit Anschlußteilnehmern im öffentlichen Postfernsprechnetz führen.

Die **Fernschreibanlagen** bestehen aus einem bahneigenen Fernschreibnetz mit Selbstwähleinrichtungen. Für Fernschreiben stehen Blatt- oder Streifenschreiber (Hellschreiber) zur Verfügung, beide evtl. mit Lochstreifengebern. Für bestimmte Betriebsaufgaben (Schreiben von Rangierzetteln, Platzbelegungszetteln, → Platzbuchungsanlage) gibt es besondere Fernschreibanlagen.

Uhrenanlagen werden als Nebenuhren durch Gleichstromimpulse mit etwa 2 s Dauer von Hauptuhren im Eisenbahnnetz zentral gesteuert. – Über **Lautsprecheranlagen** werden Reisende und Betriebspersonal auf Bahnhöfen und in Zügen informiert. Manche Lautsprecher, z. B. für Rangierer, Benutzer von Bahnübergängen mit Anrufschranken (→ Schranken 1), besitzen Wechselsprechanlagen zur Rückfrage auf dem benachbarten Stellwerk. Auch automat. **Zuglaufanzeiger** zur Unterrichtung der Reisenden auf Bahnsteigen über Abfahrtzeit und Zuglauf gehören zu den E.-F.

Eisenbahnforschung, Sammlung neuer Erkenntnisse oder Klärung bestehender Zusammenhänge auf speziellen Gebieten des Eisenbahnwesens, bes. zur Verbesserung der Sicherheit, Erhöhung der Fahrgeschwindigkeit und Steigerung der Wirtschaftlichkeit. Zu den Forschungsthemen gehören u. a.: Zuverlässigkeit von Bauteilen der Eisenbahnsignalanlagen, Ermittlung der Leistungsfähigkeit bei komplexen Betriebsabläufen, Vorgänge zw. Rad und Schiene bei Höchstgeschwindigkeiten, Übergang zum schwellenlosen Oberbau für den Schnellverkehr, Ausnutzen der Tragfähigkeit von Brücken unter dynam. Belastung, Strömungsverhalten der Luft bei Zugbegegnungen im Schnellverkehr, Verwendung von Drehstromantrieben im Lokomotivbau, Vorgänge am Stromabnehmer bei Höchstgeschwindigkeiten.

Eisenbahnhochbauten, alle Gebäude für dienstl. Zwecke oder zur Abfertigung von Reisenden und Gütern innerhalb des Eisenbahngeländes, wie Empfangsgebäude mit Fahrkartenausgabe und Gepäckabfertigung, Güterhallen, Stellwerke, Sozialgebäude mit Wasch-, Aufenthalts- und Übernachtungsräumen, Lokomotivhallen, Ausbesserungswerke für Wagen und Lokomotiven, Verwaltungsgebäude.

Eisenbahnkupplungen, Zugvorrichtungen zur Übertragung der Zugkräfte zw. Lokomotive und Wagen. Die **Mittelpufferkupplung** vereinigt die Vorrichtungen für Zug und Druck, z. B. die **Scharfenberg-Kupplung** bei U- und Straßenbahnen. Die für ganz Europa zur Einführung in z. Z. nicht absehbarer Zukunft vorgesehene **automat. E.,** die beim Kuppelvorgang zugleich auch die

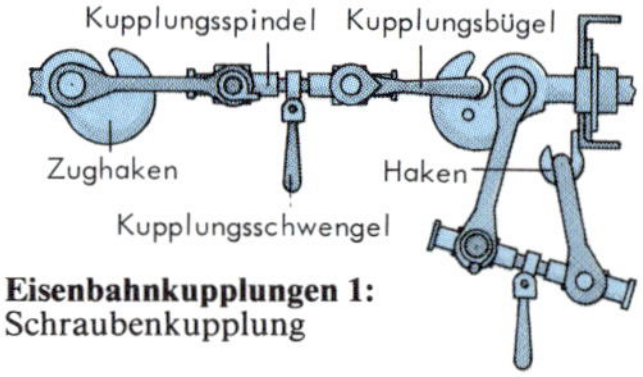

Eisenbahnkupplungen 1:
Schraubenkupplung

Brems- und elektr. Steuerleitungen verbindet, bietet dem Rangierer maximalen Schutz, da nur noch das Entkuppeln zwar manuell, aber von der Seite des Fahrzeugs aus geschieht. Bis zu ihrer Einführung in Europa herrschen noch die getrennten Zug- und Stoßvorrichtungen vor. Die Zugvorrichtung der Eisenbahnwagen besteht aus zwei Zughaken für 85 t Bruchlast, deren Führungen in den Kopfstücken des Wagenteils stecken, der durchgehenden oder geteilten Zugstange mit innerer Zugvorrichtung und an den Zughaken angreifenden Schraubenkupplungen. (Weiteres BILD S. 309)

Eisenbahnoberbau, Teil des Bahnkörpers, der die Fahrzeuge zu tragen und zu führen, d. h. die von ihnen ausgeübten stat. und dynam. Kräfte in Vertikal- und Horizontalrichtung aufzunehmen hat; außerdem muß er den Eigenspannungen (z. B. durch Wärme- und Kälteeinwirkung) standhalten. Das **Schotterbett** wird im Regelfall aus wetterfestem Hartgestein (z. B. Basalt) je nach Gleisbelastung in unterschiedl. Körnungen (z. B. in Körnung 1 mit Kantenlängen von 30 bis 65 mm) hergestellt. Die Regelbettungshöhe bis Schwellenunterkante beträgt 30 cm. Der E. wird für den Schnellverkehr (→ Eisenbahn) durch verschiedene Bauarten fester Fahrbahnen an Stelle des Schotteroberbaues weiterentwickelt, z. B. die Bauarten Schienentragrost, Schienentragplatte, Fertigteil-Einzelstützpunkte oder gummiummantelte Schwelle, um einen E. für hohe Geschwindigkeiten und steigende Radsatzlasten zu erhalten. Die bei festen Fahrbahnen auftretenden allg. höheren Lärmemissionen können durch elast. Gummizwischenteile oder federnd gelagerte Sohlplatten eingedämmt werden. Als **Schwellen** werden bei der Dt. Bundesbahn v. a. Holz- oder Stahlbetonschwellen verwendet. Die teerölgetränkten **Holzschwellen** bestehen meist aus Kiefern- oder Buchenholz mit einer Länge von 260 cm, Fußbreite von 26 cm und Höhe von 16 cm (Regelform). Die **Stahlbetonschwellen** mit Längen von 240 bis 260 cm werden zur Vorspannung mit Rundstählen bewehrt, um den unterschiedl. Lastangriffsfällen gewachsen zu sein. Als **Schienen** werden heute **Breitfußschienen** in lückenlos geschweißten Gleisen verlegt. Nicht zusammengeschweißte Schienen werden an den Enden **(Schienenstößen)** durch Laschen miteinander verschraubt. Die Dt. Bundesbahn verwendet in stark belasteten und schnellbefahrenen Gleisen die Schienenform UIC 60 mit 172 mm Schienenhöhe, 150 mm Fuß- und 74,3 mm Kopfbreite und 900 N/mm^2 Nennfestigkeit. Daneben kommen Schienen S 54, S 49 u. a. mit schwächeren Abmessungen für weniger wichtige Gleise in Frage. Die Schienen werden aus Thomas- oder Siemens-Martin-Stahl gewalzt und in Längen von 30 m geliefert, dann auf 120 m Länge in Werkstätten zusammengeschweißt und an die Einbaustellen gefahren (→ Gleisbau). Zur Schienenauflagerung und -befestigung auf den Schwellen werden verschiedene **Kleineisenteile** gewählt, wie Unterlagsplatten zum Festschrauben auf Holzschwellen und mit Hakenschrauben zum Einklemmen des Schienenfußes, Winkelführungsplatten mit Spannbügeln für Stahlbetonschwellen u. a. Die Schienen liegen mit Rücksicht auf den konischen Radreifen, der eine zentrierende Wirkung beim Fahrzeuglauf besitzt, mit 1 : 40 nach innen geneigt auf den Unterlagsplatten oder Schwellen. Dieser **Querschwellenoberbau** stellt eine elast. Gleislagerung dar, die bes. beim Schnellverkehr große Maßgenauigkeit erfordert.

Eisenbahnschienen, → Eisenbahnoberbau, → Schienen.

Eisenbahn-Signal|anlagen, Sammelbez. für alle signaltechn. Einrichtungen zur Sicherung **(Eisenbahn-Sicherungstechnik)** und Abwicklung des → Eisenbahnbetriebes; dazu gehören Stellwerks- und Blockeinrichtungen, Schalt- und Stromversorgungsanlagen, Freileitungen und Erdkabel, ortsfeste Signale (→ Eisenbahnsignale), Weichenstell- und -verschlußeinrichtungen, Gleisschaltmittel (Schienenkontakte) und Zugbeeinflussungseinrichtungen. Die herkömml. Fernsteuerung in Relaistechnik wird abgelöst durch die Prozeßsteuerung unter Anwendung von Mikrocomputern. So dienen die **Zuglaufverfolgung** im Gleisbildstellwerk (→ Stellwerk) zur Ortung des Zuges innerhalb des Gleisnetzes, die **Zuglauflenkung** zur vollautomat. Steuerung des Eisenbahnbetriebs auf Grund programmierter Eisenbahnfahrpläne. Weitere Entwicklungen sind ferngesteuerte Lokomotiven in Rangierbahnhöfen und **Infrarotstrahlschranken** zur Lademaßüberwachung. Neben dem Gleis aufgestellte **Heißläuferortungsanlagen** erfassen und melden ungewöhnlich hoch erwärmte Achslager von Eisenbahnfahrzeugen (›Heißläufer‹).

Eisenbahnsignale, sichtbare und hörbare Zeichen im → Eisenbahnbetrieb zur sicheren und flüssigen Durchführung von Zug- und Rangierfahrten.

Hauptsignale sind die wichtigsten E., die als Ausfahr-, Einfahr-, Zwischen-, Block- oder ›Deckungssignale‹ vor Gefahrstellen verwendet werden und die Fahrtfreigabe auf dem anschließenden Gleisabschnitt anzeigen. An Stelle der bisherigen **mechan. Signale (Form-** oder **Flügelsignale)** werden mehr und mehr **elektr. (Licht-)Signale** verwendet. Diese enthalten farbige Signalbilder als Ruhe- oder Blinklicht und zeigen Fahrtverbot oder -freigabe und Geschwindigkeitsbeschränkungen an. Die Hauptsignale stehen entweder rechts (wie meist in Dtl.) oder links vom Gleis. Ihr Abstand vom Gefahrpunkt ist vorgeschrieben, er berücksichtigt einen von der zulässigen Streckengeschwindigkeit abhängigen → Durchrutschweg hinter dem Signal. Die Hauptsignale werden in Verbindung mit → Eisenbahn-Blockeinrichtungen entweder durch Stellwerkspersonal bedient oder automatisch vom Zug gestellt. Die Flügelsignale bestehen aus einem Signalmast mit senkrecht schwenkbaren Flügeln und besitzen am Gelenkpunkt der Flügel angebrachte Laternen für die Nachtbilder. Bei den Lichtsignalen verwendet man Tag und Nacht die gleichen Signalbilder. Grundsätzlich bedeutet bei dt. Signalen ›Rot‹: Zughalt; ›Grün‹: Fahrt; ›Grün‹ in Verbindung mit ›Gelb‹ (senkrecht untereinander): Langsamfahrt.

Vorsignale kündigen an, welches Signalbild das folgende Hauptsignal auf Nebenbahnen in 400 m, auf Hauptbahnen in 700 m oder 1 000 m Entfernung zeigt. Die Wahrnehmung des Vorsignalbildes entbindet den Triebfahrzeugführer nicht von der Beobachtung des Hauptsignales. Bei den dt. mechan. Vorsignalen wird eine senkrecht stehende gelbe Scheibe horizontal nach hinten geklappt, bei den elektr. wechseln zwei schräg übereinander angeordnete Lichter von ›Gelb‹ in ›Grün‹, wenn das zugehörige Hauptsignal in ›Fahrtstellung‹ geht. Ist Langsamfahrt zu erwarten, erscheinen am Formsignal die senkrecht stehende Scheibe mit einem schräg nach unten weisenden gelben Flügel, am Lichtsignal ein grüner und ein gelber Lichtpunkt.

Auf dicht oder sehr schnell befahrenen Strecken werden Haupt- und Vorsignale an einem Mast vereint (Mehr-

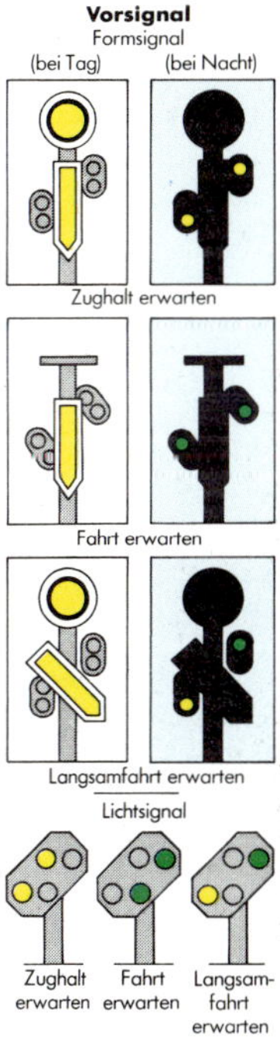

Eisenbahnsignale 9

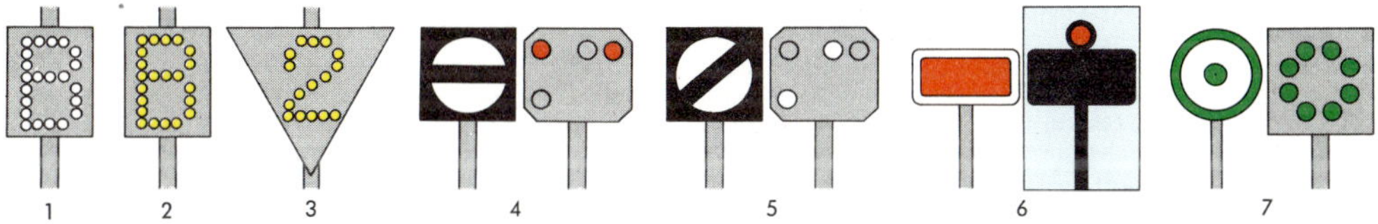

Eisenbahnsignale 1–7: 1 Richtungsanzeiger am Haupt- oder Haupt/Sperrsignal zeigt die Richtung (hier z. B. ›B . . . dorf‹) der Fahrstraße an. **2** Richtungsvoranzeiger am Vorsignal weist auf den folgenden Richtungsanzeiger hin. **3** Geschwindigkeitsvoranzeiger weist auf den folgenden Geschwindigkeitsanzeiger (mit weißleuchtender Kennziffer) hin; von dort an ist der zehnfache Wert in km/h zugelassen. **4** und **5** Schutzsignale als Form- und Lichtsignale; **4** Gleissperrsignal: Fahrten darüber hinaus sind verboten. **5** durch Schutzsignal oder Haupt/Sperrsignal ausgesprochenes Fahrverbot ist aufgehoben. **6** nicht ortsfeste Wärterscheibe als Tages- und Nachtzeichen: Gleisstelle darf vorübergehend nicht befahren werden, Züge sollen ausnahmsweise anhalten. **7** Befehlsstab des Aufsichtsbeamten und Lichtsignal zur Erteilung des Abfahrauftrages

1

2

3

Eisenbahnwagen: Güterwagen; **1** Selbstentladewagen, **2** Containertragwagen, **3** Muldenkippwagen

abschnittssignale). Aus wirtschaftl. Gründen werden auch **kombinierte Signalsysteme (Sk-Systeme)** mit den Signalen ›Grün‹ freie Fahrt, ›Gelb‹ Halt erwarten und ›Rot‹ Zughalt und mit Geschwindigkeitsanzeigern in Ziffernform eingeführt. An Stelle der ortsfesten Signale können die Signale auch als **Führerstandsignale** in die Triebfahrzeuge übertragen werden und Signalhalte sowie Langsamfahrstellen auf große Entfernung (bis etwa 5 km) anzeigen. Ein Fahren auf → elektrische Sicht setzt → Zugbeeinflussung im Streckengleis voraus.

Übrige Signale. **Gleissperrsignale** geben den Rangierabteilungen Weisung für Halt oder Fahrt. **Langsamfahrsignale** kennzeichnen langsam zu befahrende Gleisabschnitte, z. B. bei starken Gleiskrümmungen oder Baustellen. **Richtungs-, Geschwindigkeits-** und **Beschleunigungsanzeiger** ergänzen Hauptsignale. **Weichensignale** zeigen den eingestellten Fahrweg an der Weiche an. **Fahrleitungssignale** kennzeichnen wichtige Abschnitte der elektr. → Fahrleitung, **Zugsignale** die Zugspitze (bes. bei Nacht) und den Zugschluß. Ferner gehören zu den E. sichtbare und hörbare Signale der im Zug- und Rangierbetrieb tätigen Personen, wie der **Abfahrtauftrag** des Aufsichtsbeamten oder Zugführers mit dem Befehlsstab. Die dt. E. sind in der **Eisenbahn-Signalordnung (ESO)** gesetzlich verankert und z. B. im **Signalbuch** der Dt. Bundesbahn ausführlich dargestellt. (Weitere BILDER S. 310)

Eisenbahn|unterbau, → Bahnkörper.

Eisenbahnwagen zur Beförderung von Personen, Gepäck und Gütern aller Art haben gemeinsam das Untergestell mit der Zug- und Stoßvorrichtung (→ Eisenbahnkupplungen, → Puffer 1) und der → Eisenbahnbremse, den offenen oder gedeckten Wagenaufbau oder Wagenkasten (aus dem stählernen Kastengerippe und der Verschalung aus Stahlblech oder Leichtmetall bestehend) und das → Laufwerk mit → Radsätzen, Achslagern (→ Achse 4) und Tragfedern.

Reisezugwagen sind **Personenwagen** (Sitzwagen, unterteilt nach Abteil- und Durchgangswagen), Liegewagen, Speise-, Büfett-, Gesellschafts-, Salon- und Schlafwagen, Reisezug-Gepäckwagen, Autoreisezugwagen und Bahnpostwagen. Abteilwagen mit Außentüren werden in Dtl. nicht mehr gebaut. Der Bauart nach unterscheidet man zwei-, drei-, vier- und sechsachsige Wagen, der Ausstattung nach 1.- und 2.-Klasse-Wagen verschiedener Komfortstufen und nach der Raumaufteilung **Abteil-** und **Durchgangswagen** verschiedener Bauarten. Für Bauart und Ausstattung der Reisezugwagen gibt es derzeit vier **Komfortstufen:** 1) qualifizierter Fernverkehr (TEE/IC-Züge mit voll klimatisierten Abteil- und Großraumwagen); 2) allg. Fernverkehr (D-Züge mit Standard-Schnellzugwagen mit Seitengang); 3) Bezirks- und Nahverkehr (Eil- und Nahverkehrszüge mit Eilzug- und Nahverkehrswagen mit Großraumabteilen, Mittelgang und zusätzl. Mitteleinstieg); 4) Ballungsverkehr (S-Bahn-Verkehr mit Trieb- und Wagenzügen für schnellen Fahrgastwechsel). Die Wagen der Komfortstufen 1–3 sind mit Gummiwulstübergängen eingerichtet. Wichtigste Bau- und Komfortmerkmale moderner Reisezugwagen sind Laufgüte (→ Drehgestell), Klimatisierung und Heizung, Beleuchtung, Geräuschdämmung und bequeme Innenausstattung mit stoffbezogenen, stufenlos ausziehbaren Polstersitzen und Nackenstützen in beiden Klassen.

Güterwagen werden je nach Aufbau und Verwendungszweck eingeteilt in Güterzug-Gepäckwagen, Güterwagen des öffentl. Verkehrs (bahneigene Wagen), Dienstgüterwagen und Privatwagen. Man unterscheidet offene Güterwagen (E-Wagen) und gedeckte Güterwagen (G-Wagen), aus der Sicht der Wagenkonstruktion heute jedoch besser E-Wagen der Regelbauart oder für mechanisierte Schüttgutentladung, G-Wagen der Regelbauart oder mit besonderen Kastenaufbauten sowie Flachwagen der Regel- oder Sonderbauart. **Offene Wagen** und Wagen mit **öffnungsfähigem Dach** sind typische Wagen für Massen- und Schüttgüter, so u. a. der zweiachsige offene Selbstentladewagen ohne und mit Dach (Ed/Td), der vierachsige großräumige Selbstentladewagen mit schlagartiger Entladung ohne und mit Dach (Fad/Tad) sowie der sechsachsige Großraum-Erztransportwagen Fad 150 für eine erhöhte Achslast von 22 t (Ladung 100 t), ferner Hubkipper (Eo-u) und Mittenselbstentladewagen (El-u), Muldenkippwagen (Fz) und Staubbehälterwagen (Uc, Uac). **Gedeckte** zweiachsige **Güterwagen** der klass. Bauart (G) werden zukünftig durch vielseitiger verwendbare, großräumige **Schiebewandwagen** mit Festdach (Hbis) und

Schiebewand/Schiebedachwagen (Tbis) ersetzt. Um den Anforderungen der Wirtschaft besser entsprechen zu können, werden Güterwagen mit Sondereinrichtungen entwickelt, so u. a. **Drehgestellwagen** mit öffnungsfähigem Dach (Taes), gedeckte **Fährbootwagen** (Tcef) oder **Universal-Kühlwagen** mit großer Ladefläche (Ibbh) zum Transport verderbl. Güter. **Flachwagen** bilden neben solchen der klass. zweiachsigen Bauart (Kj) die Grundlage für alle Formen des kombinierten Verkehrs, so u. a. 2- bis 32achsige **Tiefladewagen** (Uai) für Großraum- und Schwerlasttransporte, **Doppelstockwagen** für Autotransporte (Lae), **Behälter- und Containertragwagen** (Lb) und Tragwagen für den Huckepackverkehr (Skss-z) mit Wechselbehältern und Sattelanhängern. **Dienstgüterwagen** sind für den inneren Betrieb der Eisenbahn, z. B. zur

4

5

Eisenbahnwagen: Güterwagen: **4** Haubenwagen, **5** Güterwagen für staubförmige Güter

Beförderung von Schutt, **Bahndienstwagen** für den Hilfsdienst, die Streckenunterhaltung, für Prüfgeräte, Unterricht und Versuche (→Meßwagen) bestimmt. **Privatgüterwagen,** oft in geringer Stückzahl hergestellt, dienen dem Transport besonderer Frachtgüter, z. B. Öle, Teer, Wein, Chemikalien, Kohlenstaub, überwiegend in Kesselwagen.

P. Wagner u. a.: Reisezugwagenarchiv ([2]1975); M. Page: Die großen Expreßzüge der Welt (a. d. Engl., 1976); G. Behrend: Geschichte der Luxuszüge (a. d. Frz., 1977); W. Deinert: E. ([3]1977); P. Wagner u. a.: Reisezugwagen dt. Eisenbahnen (1979); H. J. Obermayer: Tb. dt. Reisezugwagen ([2]1980); ders.: Tb. dt. Güterwagen (1980).

Eisenbahnwerkstätten, →Ausbesserungswerke, →Betriebswerke.

Eisenbeton, frühere Bez. für →Stahlbeton; in der Schweiz und in Österreich auch heute noch üblich.

Eisen|erze, Minerale und Gesteine mit einem Mindesteisengehalt von ~20%, was eine bergmänn. Gewinnung und wirtschaftl. Verhüttung ermöglicht. Es gibt sulfid. und oxid. E. Die wichtigsten **E.-Minerale:** Magnetit (72% Fe), Hämatit (70% Fe), Limonit (63% Fe), Siderit (48% Fe), Chamosit und Thuringit (28–40% Fe). Pyrit (46% Fe) und Magnetkies (~60% Fe) dienen über die Kiesabbrände als E. Weiteres →Eisen, →Eisenjaspilite, →Jarosit.

Eisengarn, Glanzgarn, lüstriertes Garn, festgedrehtes Baumwoll- oder Zellwollgarn, das mit Appreturmasse gesteift und auf der **Lüstriermaschine** mit Paraffin oder Wachs glatt und glänzend gebürstet wird; von Chemiefasergarnen verdrängt.

Eisenglanz, Mineral, svw. →Hämatit.

Eisenglimmer, schuppig-glimmerartige Ausbildung verschiedener Eisenminerale (Goethit, Hämatit u. a.); der Lepidomelan, →Glimmer.

Eisenglimmerschiefer, →Itabirite.

Eisenhüttenkunde, die Lehre von der Metallurgie und Technologie des Eisens und Stahls. Die E. befaßt sich mit: Gewinnung des Eisens aus Erzen und Schrott, Überführung des Roheisens und Eisenschwammes in Stahl und Gußeisen, Formgebung, Zusammenhänge zw. den mechan., physikal., chem. und technolog. Eigenschaften, der chem. Zusammensetzung und dem Gefüge sowie den Einfluß von Wärmebehandlung und Verformung auf sie. Hauptvereine sind: Verein Dt. Eisenhüttenleute (VDEh) und Verein Dt. Gießereifachleute, beide in Düsseldorf.

Eisenjaspilite, feinstkörnige und deutlich feingebänderte kieselige Eisenerze und eisenschüssige Kieselgesteine; entstanden am Meeresboden aus untermeer. vulkan. Exhalationen; abbauwürdig in metamorphen präkambr. Gesteinsserien am Oberen See (USA).

Eisenkerne werden beim Bau von Spulen, Elektromagneten, Transformatoren u. a. verwendet, um das Magnetfeld zu verstärken und in bestimmten Bahnen zu führen. Sie werden bei magnet. Wechselfeldern wegen der Wirbelströme nicht aus massivem Eisen, sondern aus geschichteten und gegeneinander isolierten Blechen aufgebaut.

Eisenkies, Mineral FeS_2, svw. →Pyrit.

Eisen-Kohlenstoff-Diagramm, die graph. Darstellung der Änderungen des Aggregatzustandes (fest—flüssig) und des kristallinen Gefüges von Eisen-Kohlenstoff-Legierungen beim Erstarren, Abkühlen und auch Erhitzen im Vergleich zum reinen Eisen. – Achsen des E.-K.-D. sind der Kohlenstoffgehalt in % und die Temperatur in °C. An der vertikalen Achse (°C) sind die Umwandlungstemperaturen des reinen Eisens aufgetragen: 1538 °C Erstarrung zu **δ-Eisen,** 1401 °C Umwandlung in **γ-Eisen,** 906 °C Umwandlung in unmagnet. **α-Eisen,** 768 °C Umwandlung in ferromagnet. α-Eisen. Mit zunehmendem Kohlenstoffgehalt ändern sich die Umwandlungstemperaturen längs charakterist. Kurven, und es kommt zu Mischkristall- und Verbindungsbildung. Im Gleichgewicht wird längs der gestrichelten Linien Graphit ausgeschieden. Das Carbid (Zementit, Fe_3C), dessen Existenzbereich durch die durchgezogenen Linien gekennzeichnet ist, ist für den Anwendungsbereich der Stähle beständig. Die Teilbereiche des Diagramms geben nach Temperatur und Kohlenstoffgehalt die Existenzbereiche der verschiedenen Phasen und damit Gefügearten an, sofern die Temperaturänderungen genügend langsam erfolgen. (Bild S. 314)

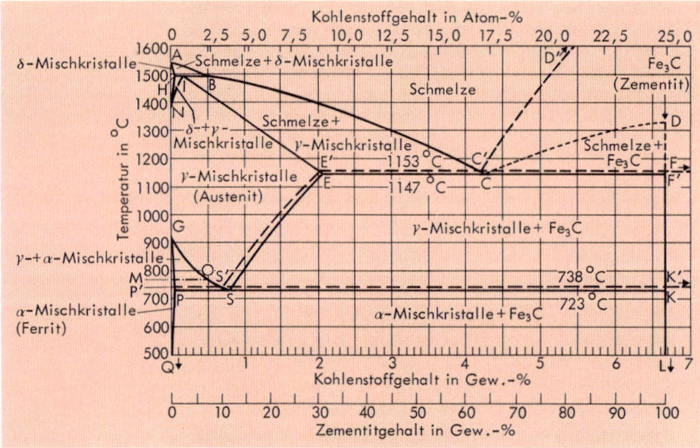

Eisen-Kohlenstoff-Diagramm

Eisenlegierungen. Die wichtigsten E. sind die verformbaren → Stähle mit Kohlenstoffgehalten bis zu 1,7 oder 2% und die nur in Sonderfällen verformbaren Gußeisenlegierungen (→ Gießerei) mit höheren Kohlenstoffgehalten. Die E. enthalten außerdem je nach Verwendungszweck oft noch weitere Legierungselemente, z. T. in recht hohen Gehalten. E., die hergestellt werden, um ein anderes Element technisch und wirtschaftlich leichter zusammen mit Eisen zu erzeugen, als es über seine Reindarstellung möglich wäre, bezeichnet man als → Ferrolegierungen.

Eisen|nickelkies, ein Nickelerz, svw. → Pentlandit.

Eisen|ocker, Mineral, → Limonit.

Eisenpigmente, natürl. und künstl. Pigmente mit Eisengehalt. Die **Eisenoxidpigmente** sind beständig gegen Licht und Wetter, mit allen Bindemitteln verträglich, sehr farbkräftig und verhältnismäßig billig. Natürlich als **Ocker, Terra di Siena, Minette, Spanisch- oder Persischrot.** Künstl. E. werden in großen Mengen als **Eisenoxidgelb, Ferritgelb** (FeOOH, **Goethit), Eisenoxidrot** (Fe_2O_3), **Eisenoxidbraun** und **Eisenoxidschwarz** (Fe_3O_4) hergestellt.

Eisenquarzit, → Itabirite.

Eisenspat, Mineral $FeCO_3$, svw. → Siderit.

Eisenverbindungen. Eisen tritt in seinen Verbindungen v. a. in den Oxidationsstufen zwei, drei und sechs auf, seltener null-, eins-, vier- und fünfwertig sowie negativ zweiwertig. Ältere Bez. für zweiwertige E.: **Ferro-** oder **Eisenoxydul-Verbindungen,** für dreiwertige E.: **Ferri-** oder **Eisenoxid-Verbindungen.**

Eisen(II)oxid, FeO, ist nicht stöchiometrisch zusammengesetzt; es zeigt Fe-Unterschuß ($Fe_{0,90-0,95}O$) und kommt als Mineral **Wüstit** vor. **Eisen(III)oxid,** Fe_2O_3, entsteht beim Erhitzen von Eisen(III)hydroxid und kommt in der Natur in verschiedenen Formen vor, z. B. als → Hämatit **(Roteisenstein, Eisenglanz)** und als → Limonit **(Brauneisenstein).** Das geglühte reine Fe_2O_3 wird als Poliermittel benutzt **(Polierrot, Englischrot)** sowie als rote Anstrichfarbe **(Berlinerrot, Eisenmennige).** Für Fe_2O_3-Feinstäube gilt ein MAK-Wert von 8 mg/m^3. Durch starkes Glühen von Fe_2O_3 sowie bei der Verbrennung von Eisen entsteht schwarzes magnet. Fe_3O_4(= FeO · Fe_2O_3), ein **Eisen(II, III)oxid (Hammerschlag),** in der Natur als → Magnetit **(Magneteisenstein)** vorkommend. Wird Eisen(II)-salzlösung mit Lauge versetzt, so entsteht weißes **Eisen(II)hydroxid,** $Fe(OH)_2$, das an der Luft und bei Einwirkung von Oxidationsmitteln in braunes **Eisen(III)-hydroxid,** $Fe(OH)_3$, übergeht. Die bei Zusatz von Lauge zu Eisen(III)salzlösungen ausfallenden braunen, wasserhaltigen Eisen(III)hydroxide gehen beim Trocknen und Erhitzen in Fe_2O_3, **Hämatit,** über. Beim Rosten des Eisens entsteht **Eisen(II)oxidhydrat,** FeO(OH). In starken Laugen lösen sich die Eisenhydroxide etwas unter Bildung von **Ferrat(II),** $[Fe(OH)_6]^{4-}$, und **Ferrat(III),** $[Fe(OH)_6]^{3-}$, durch gleichzeitige Einwirkung von Chlor und konzentrierter Alkalilauge auf Fe_2O_3 entstehen purpurrote **Ferrate(VI),** FeO_4^{2-}. Manche Oxide zweiwertiger Metalle bilden mit Fe_2O_3 Doppeloxide vom Typus des Spinell, unrichtig **Ferrite** genannt, z. B. $MgFe_2O_4$, Magnesiumferrit.

Beim Erhitzen von elementarem Eisen in Chlorwasserstoffgas entsteht weißes, sublimierbares **Eisen(II)chlorid,** $FeCl_2$. Das beim Lösen von Eisen in verdünnter Salzsäure gebildete Eisen(II)chlorid kristallisiert aus der Lösung als $FeCl_2 \cdot 4\ H_2O$. Es wird zur Herstellung von Farbstoffen und als Reduktionsmittel verwendet. Wird Eisen im Chlorstrom erhitzt, so steht **Eisen(III)chlorid,** $FeCl_3$, in Form rotbrauner, metallisch glänzender, im Chlorstrom sublimierbarer Kristalle. Bei der Oxidation von Eisen(II)-chloridlösungen erhält man Eisen(III)chloridlösungen, aus denen verschiedene **Hydrate,** z. B. das Hexahydrat, $FeCl_3 \cdot 6\ H_2O$, auskristallisieren. Beim Erhitzen dieser Produkte entsteht unter HCl-Abspaltung rotes **Eisen(III)oxidchlorid,** FeOCl. Eisen(III)chlorid dient u. a. als Oxidations- und Kondensationsmittel, Farbbeize, zum Entwickeln von Küpenfarbstoffen, als Flockungs- und Fällungsmittel in der Wasseraufbereitung, zur Herstellung von Farbstoffen und als blutstillender Zusatz bei Verbandwatte. Weitere Halogenverbindungen sind das grüne **Eisen(III)fluorid,** FeF_3, und das braune **Eisen(III)bromid,** $FeBr_3$, beide aus den Elementen darstellbar.

Schwefel-E. **Eisen(II)sulfid,** FeS, fällt aus Eisen(II)-salzlösungen mit Ammoniumsulfid als grünlichschwarzer, in Säure lösl. Niederschlag aus. An feuchter Luft oxidiert es sich zu Eisen(III)hydroxid und Schwefel. Technisch wird es durch Zusammenschmelzen von Eisen und Schwefel hergestellt; es dient zur Schwefelwasserstofferzeugung im Labor. Im wichtigen **Pyrit,** FeS_2 **(Eisenkies, Schwefelkies),** liegt ein Eisen(II)disulfid mit S_2^{2-}-Ionen vor. Er dient zur Schwefelsäuregewinnung und Eisenherstellung. **Eisen(III)sulfid,** Fe_2S_3, ist nur in Form von Doppelsulfiden beständig, z. B. als → Chalkopyrit **(Kupferkies).** – **Eisen(II)sulfat,** $FeSO_4$, entsteht technisch beim Lösen von Eisenabfällen in Schwefelsäure und kristallisiert als hellgrüner, an der Luft unbeständiger **Eisenvitriol,** $FeSO_4 \cdot 7\ H_2O$, aus. Er ist das technisch wichtigste Eisensalz und findet Anwendungen z. B. zur Herstellung von Tinten, in der Färberei und Gerberei, im Pflanzenschutz, in der Tierheilkunde und zur Holzkonservierung. – Das Doppelsulfat mit Ammonium, $(NH_4)_2Fe(SO_4)_2$ **(Mohrsches Salz),** ist an der Luft beständig und findet in der Maßanalyse Verwendung. – **Eisen(III)sulfat,** $Fe_2(SO_4)_3$, entsteht beim Abrauchen von Fe_2O_3 mit konzentrierter Schwefelsäure als weißes Salz, das in Wasser unter Abscheidung brauner, basischer Salze hydrolysiert.

Andere E. **Eisen(II)carbonat,** $FeCO_3$, fällt aus Eisen(II)salzlösungen mit Alkalicarbonat als weißer Niederschlag aus, der an der Luft leicht unter Bildung von Eisen(III)hydroxiden oxidiert wird. In der Natur kommt $FeCO_3$ als → Siderit **(Spateisenstein)** vor. In kohlensäurehaltigen Wässern löst sich Eisen(II)carbonat unter Bildung von **Eisen(II)hydrogencarbonat,** $Fe(HCO_3)_2$, das auch Bestandteil mancher Mineralwässer **(Eisensäuerlinge)** ist. Lufteinwirkung führt zu Abscheidung von **Eisen(III)-oxidhydrat (Ocker).** Das hellgrüne **Eisen(II)nitrat,** $Fe(NO_3)_2 \cdot 6\ H_2O$, und das fast farblose **Eisen(III)nitrat,** $Fe(NO_3)_3 \cdot 6\ (9)\ H_2O$, sind Salze des Eisens mit Salpetersäure. **Eisen(II)phosphat** kommt als Mineral →Vivianit, $Fe_3(PO_4)_2 \cdot 8\ H_2O$, vor. Die Eisensalze der Kieselsäure sind im Gemisch mit anderen Silikaten als gesteinsbildende Minerale weit verbreitet. Das **Eisen(III)rhodanid,** $Fe(SCN)_3$, entsteht aus Eisen(III)salzlösungen mit Alkalirhodaniden als intensiv rotgefärbter, lösl., mit Äther extrahierbarer Stoff, der zum empfindlichen Eisennachweis dient. In wäßrigen Lösungen aller einfachen Eisensalze liegen infolge von Hydrolyse hydratationsisomere Ionen vor, die sich in der Farbe unterscheiden, z. B.

$$\underset{\text{schwachgelb}}{[Fe(H_2O)_6]^{3+}} \rightleftharpoons \underset{\text{braun}}{[Fe(OH)_x(H_2O)_y]^{3-x}} + xH^+ \quad (x+y=6).$$

Komplexverbindungen. Zahlreiche Komplexverbindungen des zwei- und dreiwertigen Eisens zeichnen sich durch besondere Beständigkeit aus. Mit Cyanidion entstehen **Hexacyanoferrat(II),** $[Fe(CN)_6]^{4-}$, und **Hexacyanoferrat(III)ion,** $[Fe(CN)_6]^{3-}$, deren Kaliumsalze als gelbes oder rotes **Blutlaugensalz** bekannt sind. Die Hexacyanoferrationen reagieren mit zahlreichen Kationen unter Bildung schwerlösl. Niederschläge, z. B. das rotbraune **Kupferhexacyanoferrat(II),** $Cu_2[Fe(CN)_6]$. Das entsprechende Zinksalz wird zur maßanalyt. Bestimmung des Zinks benutzt, **Eisen(II)hexacyanoferrat(II),** $Fe_4[Fe(CN)_6]_3$, und **Eisen(II)hexacyanoferrat(III)** sind intensiv blaugefärbte Niederschläge **(Berlinerblau, Turnbulls-Blau),** die zum Nachweis des Eisens geeignet sind. Die intensive Färbung rührt von der gleichzeitigen Anwesenheit zweier Wertigkeitsstufen des gleichen Elements her **(charge-transfer-Komplex).** Wird eine Cyangruppe im Hexacyanferrat-Ion durch eine andere Gruppe ersetzt, so entstehen die **Prussiate,** z. B. das Natriumnitrosylprussiat, $Na_2[Fe(CN)_5NO] \cdot 2\ H_2O$ (Nitroprussidnatrium).

Eisenpentacarbonyl, $Fe(CO)_5$, ist eine gelbe Flüssigkeit vom Siede-P. 103 °C, die aus feinverteiltem Eisen und Kohlenmonoxid bei 100–250 bar und 150–220 °C entsteht. Durch therm. Zersetzung von Eisenpentacarbonyl entsteht sehr reines Eisen **(Carbonyleisen). Trieisendodecacarbonyl,** $Fe_3(CO)_{12}$, bildet tiefgrüne Kristalle. Im **Dicyclopentadienyleisen,** $Fe(C_5H_5)_2$ **(Ferrocen),** einer orangefarbenen, stabilen, unzersetzt sublimierbaren, 1951 entdeckten Verbindung, ist das Metallatom zw. den zwei parallel angeordneten C_5H_5-Molekülen unter Einbeziehung der π-Elektronen der Doppelbindungen eingebettet (→Sandwich-Verbindungen, →chemische Bindung).

Eisenverluste, Energieverluste in →Eisenkernen elektr. Maschinen und Geräte mit magnet. Wechselfeldern. Sie setzen sich aus den Ummagnetisierungsverlusten infolge der Hysterese und den Stromwärmeverlusten der im Eisen induzierten Wirbelströme zusammen. Wirbelstromverluste verringert man durch Unterteilung des Eisenkerns in gegeneinander isolierte Dynamobleche, die zur Erhöhung des elektr. Widerstandes mit Silicium legiert sind.

Eisenvitriol, $FeSO_4 \cdot 7\ H_2O$, als Mineral Melanterit genannt (→Eisenverbindungen).

Eiserner Hut, bergmännisch für →Oxidationszone.

Eis|erzeugung, Herstellung von Kunsteis unter Anwendung von Verfahren der →Kältetechnik. Die Produkte der E. sind Wassereis, festes Kohlendioxid (→Trockeneis) und Gefrorenes (Speiseeis).

Für die Wassereiserzeugung gibt es mehrere Verfahren: Blockeis wird durch Ausfrieren des Wassers in Eiszellen, Platteneis an gekühlten Wänden hergestellt. Verschiedene neuere Verfahren liefern im automat. Betrieb Eis in zerkleinerter Form (Schnee-Eis, Scherben- oder Flake-Eis, Röhren-Eis, Schuppen-Eis).

Eis|essig, wasserfreie →Essigsäure.

Eisflockenpunkt, →Gefrierschutzmittel.

Eisgang, massenhaftes Abschwimmen von Eis, das vorher in Ruhe war, z. B. bei →Eisstand oder als →Eisversetzung.

Eisglas, Craquelée-Glas [krakl'e-, frz.], entsteht durch Abschrecken von ofenheißem Glas derart, daß sich im Glaskörper ein dichtes Netz von Sprüngen bildet. Der Zusammenhalt wird durch nachfolgendes kurzes Erhitzen wiederhergestellt. Eine Art E. wird auch durch Anätzen mit verdünnter Flußsäure hergestellt.

Eisheilige, Kälterückfälle (→Singularitäten) Mitte Mai (12.–14.: Pankratius, Servatius, Bonifatius), in Nord-Dtl. statt des 14. der 11. (Mamertus), in Süd-Dtl., Österreich, der Schweiz auch noch der 15. (kalte Sophie).

Eiskeil, keilartige Form des Bodeneises. Bis 10 m tiefe und 3 m breite E. entstanden während der Eiszeiten in Mitteleuropa; sie wurden nach Abschmelzen des Eises mit Sand, Kies, Löß oder Lehm ausgefüllt und erscheinen als **Bodenkeile.**

Eispunkt, Gleichgewichtstemperatur zw. Eis und luftgesättigtem Wasser bei dem Luftdruck von 101325 N/m^2 (= 760 Torr). Der E. ist einer der beiden →Fundamentalpunkte, dem der Wert 0 °C zugeordnet wurde.

Eisrandtäler, →Urstromtäler.

Eisstand, Zustand, nach dem in einem Wasserlaufabschnitt →Treibeis zum Stehen gekommen und an der Oberfläche zusammengefroren ist.

Eisstoß, aus der kinet. Energie von →Treibeis resultierende Kraft beim Auftreffen auf ein Hindernis.

Eis|tag, Klimatologie: ein Tag, an dem die Lufttemperatur nicht über 0 °C ansteigt.

Eisversetzung, an einem Hindernis im Fluß (z. B. einer Brücke) zur Ruhe gekommenes und zusammengeschobenes →Treibeis; engt den Abflußquerschnitt stark ein. Dadurch kann es zu einem **Eishochwasser** kommen.

Eisverstärkung, von den Klassifikationsgesellschaften vorgeschriebene örtliche Verstärkung der →Außenhaut 2) und der Innenverbände von Schiffen für die Eisfahrt. Der Grad der Verstärkung wird im Klassifikationszertifikat angegeben (→Schiffsklassifikation).

Eisvulkan, der →Pingo.

Eiszeit, Abschnitt der Erdgeschichte, in dem infolge Klimaänderungen die Vergletscherung ein wesentlich größeres Ausmaß hatte als heute. Als mögliche Ursachen kommen in Betracht außerhalb der Erde: Reduzierung der Sonneneinstrahlung, Änderungen der Erdbahn; auf der Erde selbst: Verlagerung des Pols oder des Golfstroms, größere Höhe der Gebirge, andere Lage der Kontinente, Veränderung des Kohlensäuregehalts der Luft durch verstärkten Vulkanismus. Außer im Quartär gab es E. v. a. während des Paläozoikums, wahrscheinlich auch im →Proterozoikum.

Das **quartäre Eiszeitalter, Pleistozän (Diluvium)** ist die Epoche unmittelbar vor der geolog. Gegenwart. Sein An-

Eiszeit: das quartäre Eiszeitalter (Gliederung)

	Alpen	Nordeuropa	Nordamerika
Holozän	Postglazialzeit		
Jung-	Würm-Kaltzeit	Weichsel-Kaltzeit	Wisconsin
Pleistozän	Riß-/Würm-Warmzeit	Eem-Warmzeit	Sangamon
Mittel-	Riß-Kaltzeit	Saale-Kaltzeit	Illinoian
Pleistozän	Mindel-/Riß-Warmzeit	Holstein-Warmzeit	Yarmouth
	Mindel-Kaltzeit	Elster-Kaltzeit	Kansan
Alt-	Günz-/Mindel-Warmzeit	Cromer-Warmzeit	Aftonian
Pleistozän	Günz-Kaltzeit	Menapium	Nebrascan
	Donau-Günz-Warmzeit	Waal-Warmzeit	?
Ältest-	Donau-Kaltzeit	Eburonium	?
Pleistozän	Biber-Donau-Warmzeit	Tegelen-Warmzeit	?
	Biber-Kaltzeit	Prätiglium	?

fang liegt etwa 1000000, sein Ende rd. 10000 Jahre zurück. Als Folge eines allg. Temperaturrückgangs fand eine äquatorwärtige Verlagerung der Luftdruck- und Windgürtel und damit eine globale Verschiebung der Klimagürtel statt. Im Mittelmeergebiet wirkte sich die E. als eine Pluvial- oder Regenzeit aus. Der Wechsel von Kaltzeiten mit ausgedehnten Vereisungen (Glaziale) und Warmzeiten mit Gletscherrückgang (Interglaziale) ist für das Pleistozän kennzeichnend. Die Warmzeiten ähnelten in Klima und Vegetation der Gegenwart. Vereist waren Nordeuropa, die Alpen, Teile Sibiriens, Nordamerikas und Patagonien. Insgesamt erreichte das vergletscherte Gebiet eine Fläche von rd. 55 Mio. km² (heute rd. 15 Mio. km²). Lokalvergletscherungen gab es in den Vogesen, im Schwarzwald, Harz, Böhmerwald, Riesengebirge sowie in den Pyrenäen und in der Tatra. Die Vereisung erreichte in der Riß-Kaltzeit ihre größte Ausdehnung.

Im Umkreis von Inlandeis und Gletscher entstanden periglaziale Ablagerungen, Dauerfrost- und Strukturböden, Blockmeere, Löß- und (Solifluktions-)Lehmgebiete. Das eisfreie Gebiet zw. den Alpen und dem Inlandeis wurde von einer Frostschutt- und Lößtundra eingenommen; dort lebten Mammut, Höhlenbär, wollhaariges Nashorn, Wisent, Reh, Eisfuchs, Lemming u. a. kältegewohnte Tiere. Mit dem Pleistozän ist die Geschichte der Menschheit und ihrer Kulturen aufs engste verknüpft.

Das Pleistozän hat weitgehend die Morphologie der Landschaft, bes. in den vergletscherten Gebieten, geprägt.

P. WOLSTEDT: Das Eiszeitalter, 1: Die allg. Erscheinungen (1954), 2: Europa, Vorderasien und Nordafrika (1958), 3: Afrika, Asien, Australien und Amerika (1965); J. MARCINEK: Die Erde im Eiszeitalter; Genese, Formenschatz und jüngste Entwicklung (Leipzig 1980).

Eiszeit: das quartäre Eiszeitalter

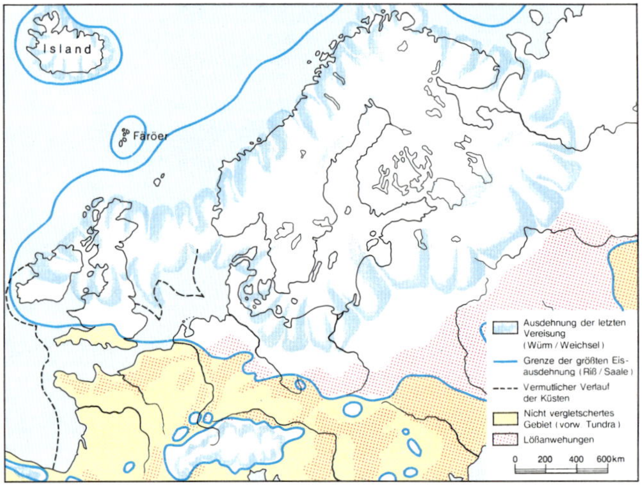

Eiweiß-Chemiefasern, Proteinfasern, früher aus pflanzl. oder tierischen Eiweißkörpern erzeugte Fasern, z. B. die **Vicara-Faser** aus dem Maisprotein (Zein), die **Ardil-Faser** aus dem Erdnußeiweiß (Ardein) und die **Casein-Faser** (Lanital, Merinova, Fibrolane, Wipolan) aus dem Milcheiweiß.

Eiweiße, Eiweißkörper, Proteine, Klasse von meist höher- und hochmolekularen, stickstoffhaltigen organ. Verbindungen, die durch Verknüpfung einzelner →Aminosäuren über die Peptidbindung im lebenden Organismus aufgebaut werden (FORMEL).

R und R′ sind die Reste (Atomgruppen) der etwa 20 am Aufbau der Peptidketten beteiligten Aminosäuren. Der Aufbau der E. unterscheidet sich chemisch nicht von dem der Peptide; Aminosäureketten bis zu einem Molekulargewicht von etwa 10000 (oder rd. 100 Aminosäurebausteinen) nennt man →Peptide, höher molekulare Verbindungen dieser Art bilden die E. Sie stellen mit über 50% der organ. Protoplasmabestandteile und auf Grund ihrer strukturellen Vielfalt die funktionell wichtigsten Bestandteile lebender Organismen dar. Als →Enzyme spielen viele E. eine grundlegende Rolle im Zellstoffwechsel und sind als wichtige Gerüstsubstanz (Keratin, Collagen u. a.) an der Bildung von Strukturen in Organen und Geweben beteiligt. Mehr und mehr wurde ihre funktionelle Bedeutung, z. B. als Muskeleiweiß (Actin, Myosin) bei der Kontraktion von Muskelfasern erkannt.

Eine Einteilung nach der Struktur wäre nur dann sinnvoll, wenn alle Strukturen bekannt wären; bis heute konnte jedoch nur ein sehr kleiner Anteil von einigen 100 Sequenzen ›entziffert‹ werden. Bewährt hat sich die Unterteilung in einfache (reine) und zusammengesetzte (konjugierte) E.:

1) Einfache E.: a) **Globuläre E.,** die in Wasser oder verdünnten Salzlösungen löslich sind. Dazu gehören u. a. Albumine, Globuline, Protamine, Prolamine, Histone und Gluteline. b) **Fibrilläre E.,** die in Wasser und Salzlösungen unlösl. Struktur- E. Sie sind gegenüber Säuren, Alkalien und best. Enzymen sehr beständig.

2) Zusammengesetzte E.: Neben Aminosäuren enthalten sie einen meist essentiellen nicht eiweißartigen Bestandteil, der die →prosthetische Gruppe 1) bildet. Es kann sich dabei um Kohlenhydrate, Fette, Metalle, Nucleinsäuren, Hämgruppen, Phosphorsäuren oder Chromogene handeln, die dem Molekül ihren Namen geben (Glyco-, Lipo-, Metall-E. u. a.).

Bei der Einteilung nach der Funktion werden unterschieden: **Enzyme:** (Speicher-Enzyme, z. B. Ovalbumin, Casein, Ferritin; Transport-Enzyme, z. B. Hämoglobin, Serumalbumin; Kontrakt-Enzyme wie Actin, Myosin); **Abwehrproteine** im Wirbeltierblut, **Antikörper** und Komplement des Immunisierungsapparates, **Toxine** (tox. E.); **Strukturproteine** (Virushüllproteine, Glycoproteine, Keratin, Fibroin, Collagen u. a.).

Aufbau und Struktur. Die Verknüpfung der Aminosäuren über die Peptidbindung, d. h. ihre Reihenfolge, ist die genetisch festgelegte **Primärstruktur.** Sie kann durch chem. Abbau und/oder enzymat. Spaltung ermittelt werden. Dazu werden die Spaltprodukte getrennt und ihre Aminosäurezusammensetzung bestimmt. Die Bruchstücke werden dann zur **Primärstruktur** zusammengesetzt. Der Abbau kann im **Sequenator** automatisch durchgeführt werden. Die Primärstruktur sagt noch nichts über den Wirkungsmechanismus der E. aus. Dazu werden Sekundär- und Tertiärstruktur benötigt.

Als **Sekundärstruktur** wird die Art der Kettenfaltung (Faltblattstruktur) bezeichnet. Sie kommt durch Wasserstoffbrückenbindungen (H-Brücken) zw. dem Sauerstoff der Carbonylgruppe und dem Wasserstoff der Amidgruppe zustande. Liegt nur eine E.-Kette vor und bilden sich in ihr H-Brücken aus, dann entsteht statt der Faltblattstruktur eine α-Helix(Schraubenstruktur).

$$H_2N-\underset{\displaystyle R}{\underset{|}{CH}}-COOH+H_2N-\underset{\displaystyle R'}{\underset{|}{CH}}-COOH\longrightarrow$$

$$H_2N-\underset{\displaystyle R}{\underset{|}{CH}}-\overset{\displaystyle O}{\overset{\|}{C}}-NH-\underset{\displaystyle R'}{\underset{|}{CH}}-COOH+H_2O$$

Peptid-
bindung

$$\longrightarrow H_2N-\left[\underset{\displaystyle R}{\underset{|}{CH}}-\overset{\displaystyle O}{\overset{\|}{C}}-NH-\underset{\displaystyle R'}{\underset{|}{CH}}\right]_n-COOH$$

Ketten- und Helixstrukturen ordnen sich räumlich an, was als **Tertiärstruktur** der E. bezeichnet wird. Sie liefert Informationen über die Anordnung von Aminosäuren, z. B. in den aktiven Zentren, die für die Wirkung und Spezifität der E. verantwortlich sind.

Mehrere ident. oder verschiedene E. können sich zur **Quartärstruktur** aggregieren oder assoziieren. Dabei spielen intermolekulare Wechselwirkungen die entscheidende Rolle. Zur Ausbildung echter chem. Bindungen kommt es dagegen nicht. Bekanntestes Protein mit Quartärstruktur ist das → Hämoglobin. – Durch Denaturierung können E. ihre räuml. Struktur und damit die biolog. Wirksamkeit verlieren. Häufig ist die Denaturierung reversibel; nur bei völlig ungeordneten Strukturen ist sie irreversibel. Die Ermittlung von Sekundär-, Tertiär- und Quartärstruktur ist mit Hilfe aufwendiger physikal. und physikochem. Methoden wie der Röntgenstrukturanalyse möglich. Auch opt. Verfahren werden eingesetzt (opt. Rotationsdispersion, Zirkulardichroismus).

Biosynthese und Abbau. Die Biosynthese erfolgt nur in lebenden Zellen über einen zykl., energieverbrauchenden Mehrstufenprozeß. Freie Aminosäuren werden in genetisch fixierter Reihenfolge zu Polypeptidketten polymerisiert. Die einzelnen Schritte: Die → DNS der Gene in den Chromosomen des Zellkerns haben ein spezif. Aufbaumuster in der Reihenfolge ihrer Nucleotide (und der Basen Adenin, Cytosin, Thymin und Guanin). Jeweils drei aufeinanderfolgende Basen bilden eine Einheit, ein **Codon,** das die Information für eine Aminosäure verschlüsselt. Nun beginnt die erste Phase der Aktivierung der Aminosäuren, wobei sie auf spezif. → Transfer-Ribonucleinsäure(tRNS)-Moleküle übertragen werden. In der Phase der Einleitung (Initiation) wird eine → Matrizen-RNS(mRNS) an eine ribosomale Untereinheit gebunden. Es entsteht über mehrere Stufen ein **Initiationskomplex,** so daß die folgenden Polymerisationsschritte möglich werden. Die dritte Stufe ist die **Verlängerungs-** und **Elon-**

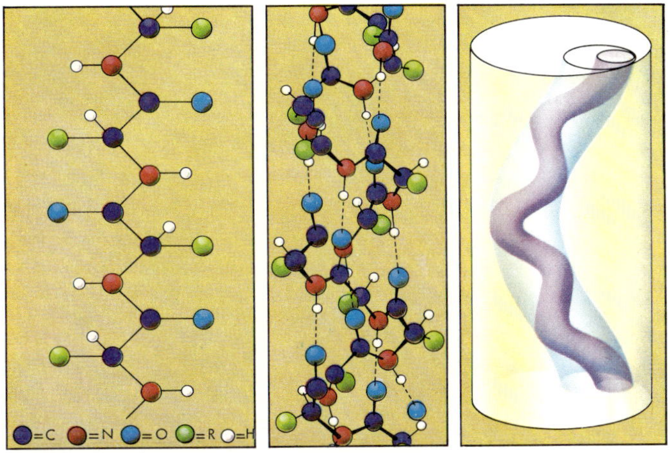

Eiweiße: LINKS Schematischer Aufbau eines Eiweißmoleküls (Polypeptidkette); C Kohlenstoff, N Stickstoff, O Sauerstoff, R Aminosäurerest, H Wasserstoff. MITTE Räumlicher Aufbau desselben Moleküls in Form einer Wendel (α-Helix); die gestrichelten Bindungen sind Wasserstoffbrückenbindungen. RECHTS In sich gewendelte Schraube der Polypeptidketten als Tripelhelix in Faserproteinen. Im gezeichneten Zylinder – seinerseits gewendelt – sind weitere zwei Polypeptidketten analog der gezeigten enthalten

Eiweiße: Sekundärstruktur, Faltblattstruktur

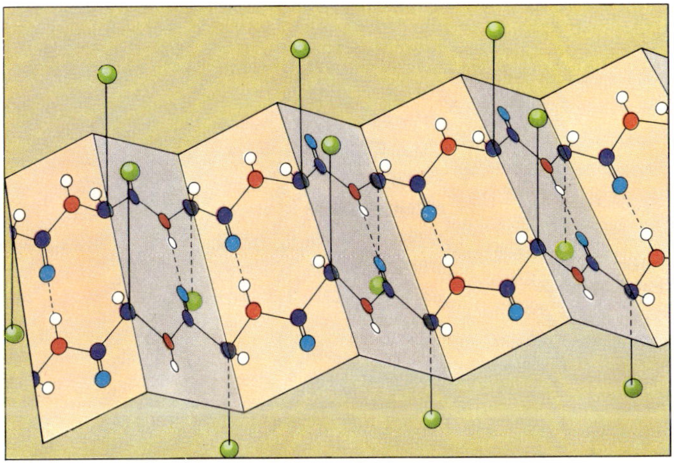

Eiweiße: Molekulargewichte (MG) und Aminosäurezahl (AS) einiger bekannter E.

	MG	AS
Proinsulin	8 690	81
Histon IV	11 300	104
β_2-Mikroglobulin	11 820	100
Cytochrom c	12 400	104
Lysozym	14 400	129
Myoglobin	17 200	153
Trypsin	23 300	233
Enterotoxin B	28 370	239
Carboxypeptidase	34 410	307
Pepsin	34 500	327
Actin	41 720	374

gationsphase. Dabei werden die im vorangegangenen Schritt fixierten, energiereichen Aminosäureester schrittweise an die entstehende Kette geknüpft. Nach jeder Verlängerungsstufe wird die tRNS abgespalten. Der vierte Schritt besteht in der **Termination** oder **Abschlußphase.** In der mRNS tritt dann ein bestimmtes Codon auf, welches das Signal für den Abbruch der Kettenverlängerung gibt.

E. können im Körper durch Enzyme im Magen-Darm-Kanal gespalten werden. Enzyme spalten nur ganz spezif. Bindungen. Chemisch können E. hydrolytisch und mit verschiedenen Reagenzien (z. B. Bromcyan) zerlegt werden.

Physikalisch-chem. Eigenschaften. Da in den E. freie saure und bas. Gruppen vorliegen, besitzen sie Ampholytcharakter, reagieren also in Abhängigkeit des pH-Werts als Säure oder Base. Ihre Löslichkeit ist abhängig von der Aminosäure-Zusammensetzung, der Verteilung polarer und apolarer Aminosäuren an der Moleküloberfläche, von der Gestalt der Moleküle (Tertiär- und Quartärstruktur) und dem Milieu, das sie umgibt (pH, Temperatur u. a.). Durch Zugabe verschiedener Lösungsmittel wie Alkohol oder Aceton und best. Salze können E. ausgefällt werden.

Molekulargewichtsbestimmung. Im Vordergrund stehen Ultrazentrifugation (Sedimentationsanalyse), die Gelfiltration und die Gelelektrophorese. Isolierung und Reinigung aus biolog. Material geschieht durch Extraktion und sich daran anschließende meist chromatograph. Prozesse. Dabei werden v. a. die Affinitäts- und Ionenfiltrationschromatographie eingesetzt. Des weiteren kommen Ultrafiltration und Elektrophorese zur Anwendung und als neues Verfahren die Hochdruckflüssigkeitschromatographie.

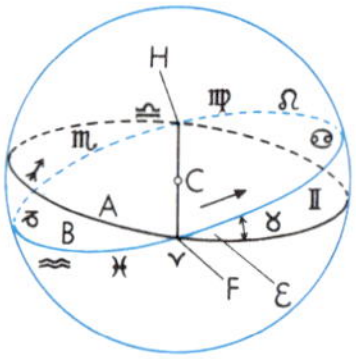

Ekliptik: A Himmelsäquator, B E. mit den Tierkreiszeichen (ÜBERSICHT astronomische Zeichen), C Erde, F Frühlingspunkt (Widderpunkt), H Herbstpunkt (Waagepunkt), ε Schiefe der E. Infolge der Präzession verschiebt sich der Frühlingspunkt (und der Herbstpunkt). Während er im Altertum im Sternbild Widder stand (daher auch Widderpunkt) steht er heute im Sternbild Fische.

Eiweißreaktionen, 1) Reaktionen von Eiweißkörpern mit anderen chem. Verbindungen. 2) Reaktionen zum Abbau von Eiweiß zur qualitativen und quantitativen Analyse. Chem. Methoden, wie Fällung, sind heute weitgehend durch → Chromatographie ersetzt.

Eiweißspaltung, Abbau von Eiweißstoffen in Bruchstücke und einzelne Aminosäuren. Außer zur industriellen Herstellung von Aminosäuren findet die E. auch im Magen-Darm-Kanal mit Hilfe spezifisch wirkender Enzyme statt.

Ejektion, → Eruption 2).

Ejektor, 1) eine → Strahlpumpe, meist eine → Dampfstrahlpumpe.

2) der → Auswerfer.

Eka-, Vorsilbe zur Bez. der bei der Aufstellung des Periodensystems noch unbekannten Elemente unterhalb eines bekannten Elements. Die Bez. wurde dann in den heute gebräuchl. Elementnamen umgewandelt, z. B. Eka-Aluminium in Gallium, Eka-Silicium in Germanium.

Eklipse, die Sonnen- und die Mondfinsternis.

Ekliptik, Projektion der Erdbahnebene an die Himmelskugel. Die **E.-Ebene** ist definiert durch die Verbindungslinie Sonnenmittelpunkt–Schwerpunkt des Systems Erde–Mond und die Bewegungsrichtung dieses Systemschwerpunktes um die Sonne; dieser Schwerpunkt fällt nicht mit dem Erdmittelpunkt zusammen, auf den bei astronom. Messungen die ekliptikalen Koordinaten bezogen werden. Vielmehr pendelt der Erdmittelpunkt wegen der Bewegung Erde–Mond um den Systemschwerpunkt mit einer Periode von einem Monat um die E.-Ebene. Der Winkel von 23°27′, den die E. mit dem Äquator bildet, heißt **Schiefe der E.** Dieser Winkel verändert sich gering unter der Wirkung von Präzession und Nutation. Zur Zeit der Tagundnachtgleichen befindet sich die Sonne im Schnittpunkt zw. E. und Äquator, um den Tag der Sommersonnenwende erreicht sie den nördlichsten, um den der Wintersonnenwende den südlichsten Punkt der E. Durch den jährl. Umlauf der Erde um die Sonne entsteht der Eindruck, als bewege sich die Sonne unter den von ihr durchlaufenen (ekliptikalen) Sternbildern oder Tierkreissternbildern. (BILD astronomische Koordinaten)

Eklogit *der,* metamorphes Gestein; Hauptbestandteile: roter Granat und grüner Pyroxen **(Omphacit);** seine hohe Dichte (um 3,5) weist auf Bildung unter hohem Druck hin. Wenig auf der Erdoberfläche, dagegen vermutlich vermehrt im oberen Erdmantel: **E.-Schale** (Einschlüsse im Kimberlit). – **E.-Fazies,** → Mineralfazies.

Ekonomiser [ɪkˈɔnəmaɪzə, engl.], in → Dampferzeugern Vorwärme-Einrichtung für Kesselspeisewasser mittels Rauchgasen.